·开发宝典丛书·

U0668087

Java Web

编程实战宝典

——JSP+Servlet+Struts 2+Hibernate+Spring+Ajax

李宁 刘岩 张国平 等编著

内 容 简 介

本书全面介绍了如何使用 Java Web 中的流行技术开发 Java EE 应用程序，书中对 JSP+Servlet+JavaBean 和 Struts 2+Spring+Hibernate 这两种解决方案进行了详细介绍。另外，为了让读者更加直观、高效地学习，作者专门为本书录制了近 20 小时多媒体教学视频。这些视频与本书涉及的源程序及赠送的进阶学习视频和源代码一起收录于配书 DVD 光盘中。

本书共 28 章，分为 5 篇。主要内容包括：搭建 Java Web 开发环境；掌握 Java Web 技术基础，重点介绍 Web 客户端技术和 JSP+Servlet+JavaBean 解决方案；深入剖析 Struts 2 框架技术，重点介绍拦截器、类型转换、输入校验、上传和下载文件的各种标签和 Struts 2 对 AJAX 的支持等；详细讲解 Hibernate 框架技术，重点介绍会话、映射、标准查询 API、HQL、事务管理和锁等；全面介绍 Spring 框架技术，重点介绍 Ioc 容器、装配 Java Bean、Jdbc 和 Hibernate 模板、事务管理和 Spring AOP 等；最后详细介绍了两个利用 Struts 2+Spring+Hibernate 解决方案开发实际项目应用的完整过程。

本书适合广大从事 Java Web 开发工作的技术人员和对 SSH 开发感兴趣的人员阅读，尤其是具有一定 Web 开发经验的技术人员，也适合广大大中专院校的学生作为软件开发的实践读物进行阅读。

图书在版编目（CIP）数据

Java Web 编程实战宝典：JSP+Servlet+Struts 2+Hibernate+Spring+Ajax ／李宁等编著. —北京：清华大学出版社，2014（2017.8 重印）
（开发宝典丛书）
ISBN 978-7-302-34795-8

Ⅰ. ①J… Ⅱ. ①李… Ⅲ. ①JAVA 语言–程序设计 Ⅳ. ①TP312

中国版本图书馆 CIP 数据核字（2013）第 301375 号

责任编辑：夏兆彦
封面设计：欧振旭
责任校对：胡伟民
责任印制：宋 林

出版发行：清华大学出版社
　　　网　　址：http://www.tup.com.cn, http://www.wqbook.com
　　　地　　址：北京清华大学学研大厦 A 座　　　　邮　　编：100084
　　　社 总 机：010-62770175　　　　　　　　　　邮　　购：010-62786544
　　　投稿与读者服务：010-62776969，c-service@tup.tsinghua.edu.cn
　　　质 量 反 馈：010-62772015，zhiliang@tup.tsinghua.edu.cn
印 装 者：三河市君旺印务有限公司

前　言

在前几年 JSP+Servlet+JavaBean 是采用 Java 语言进行 Web 开发的常用技术，但后来 Struts 2 框架逐渐流行起来，再后来 Spring 框架成了当仁不让的霸主，而 Hibernate 框架则成了持久层处理技术的代表。如果细细比较，可以发现这几种技术各有千秋，因此 Struts 2+Spring+Hibernate 的组合成了采用 Java 语言进行 Web 开发的主流。为了使读者尽快了解和掌握如何使用 Struts 2+Spring+Hibernate 这 3 个框架整合的方式来开发 Web 应用系统，笔者花费了大量的时间来完成这本关于 Struts 2 + Spring +Hibernate 整合的书。为了尽可能保证内容的准确和权威性，笔者查阅了大量的官方文档，并针对关键部分阅读了相应的源代码。

本书的写作目标就是力争让读者尽可能地掌握 JSP+Servlet+JavaBean 和 Struts 2+Spring+Hibernate 这两个解决方案，以及相关框架整合的相关知识。本书以现实职场中经典模块和完整系统的项目为背景，通过多种前台技术和后台技术的不同组合，让读者深入地了解这些流行架构的使用方法。

本书有何特色

1．从基础开始，由浅入深

JSP/Servlet 技术是 Java Web 技术的基础，很多初学者在学习 SSH 之前并没有很好地掌握该技术，因此本书考虑这个原因，在第 1 篇讲解了如何搭建 Java Web 开发环境，第 2 篇介绍了 JSP+Servlet+JavaBean 技术解决方案，使读者对 Java Web 开发技术有一个初步的了解。同时每一篇的章节按照由浅入深、循序渐进的顺序编排，从而可以使读者渐进式地学习本书的知识。

2．各篇独立，内容完整

本书的每一篇都是相对独立的。如第 3 篇讲解了 Struts 2 的各种技术；第 4 篇讲解了 Hibernate 的主要技术，而且每一篇讲解的技术比较完整。这样就会给想学习 SSH 整合技术，但却未掌握 SSH 中的一项或几项技术的读者带来方便，至少不需要同时准备几本书，从而给读者节省了大量的时间和金钱。

3．各章实例丰富，使读者更容易理解书中的知识

本书几乎在每一章都提供了大量的实例。这些实例充分展现了相关知识点的实现细节。读者可以在学习相关知识点后，通过上机实践这些例子来更深入地了解并掌握这些知

识点。

4．提供了完整的实例，使读者更进一步体会SSH开发模式的精髓

本书以现实职场中经典模块和完整系统的项目为背景，结合当前 Java Web 技术的主流开发技能需求，组织和编写最后两个完整的实例（网络硬盘和论坛系统）。这两个实例都采用了 SSH 模式进行开发。通过对这两个实例的深入研究，读者可以比较全面地掌握基于SSH 模式的 Web 应用程序的开发步骤和开发方法，并可将实例中所采用的技术应用到自己的项目中。

5．使用最新版本的开发工具和框架

本书所使用的开发工具和相关的框架在笔者写作本书时都是最新版本，如 MyEclipse 10.6、Struts 2.3、Hibernate 4.1 和 Spring 3.2 等。读者可以在学习 SSH 开发技术的同时，接触到目前最新版本的开发工具和框架。即使读者目前所使用的软件版本低于本书所使用的软件版本，也可以为未来的工作奠定基础。

6．配有源代码与视频光盘，方便读者使用

为了方便读者实验本书提供的实例程序，特将所有的源代码都收录到了配书光盘中，以方便读者使用。另外，作者特别为本书录制了近 20 小时高清教学视频，将书中的一些相关操作直观地展示给读者，以达到更好的学习效果。另外，光盘中还赠送了大量的进阶学习视频和实例源代码。

本书内容

本书共 28 章，分为 5 篇，结合目前最新软件开发环境 MyEclipse 10.6，全方位介绍了关于 Java Web 开发的基本概念和各种解决方案。从搭建 Java Web 环境讲起，然后详细介绍了 JSP+Servelt+JavaBean 解决方案、Struts 2 框架、Hibernate 框架和 Spring 框架，最后结合笔者的经验，利用 Struts 2+Spring+Hibernate 解决方案讲解了两个完整项目。

第 1 篇　Web 开发基础篇（第 1～6 章）

本篇首先介绍了 Java Web 环境的搭建过程，包括 JDK 7、Eclipse 4、MyEclipse 10、Eclipse IDE for Java EE Developers 和 Tomcat 7 等软件的下载、安装和配置，然后详细讲解了 Windows 平台下数据库 MySQL 软件和数据库客户端 SQLyog 软件的安装和配置过程。接着重点介绍了 JSP+Servlet+JavaBean 技术解决方案和通过该方案实现项目的过程。其中前者首先介绍了 Web 技术的发展历史和 JSP 的两种模型，然后详细介绍了 Java Web 的客户端技术、Servlet 技术和 JSP 技术。为了便于读者掌握 JSP+Servlet+JavaBean 技术解决方案，最后以用户注册登录系统为例，详细讲解了其开发过程。

第 2 篇　Struts 2 篇（第 7～16 章）

本篇主要介绍了 Struts 2 框架和通过该框架实现项目的过程。其中前者首先介绍了 Struts 2 框架的体系结构、MVC 模式和相关基础知识，例如 Struts 2 Action、处理结果、模型驱动和异常处理；然后详细介绍了 Struts 2 框架的各种高级知识，如拦截器技术、类型转换器、输入校验技术、文件上传技术、国际化技术和 Struts 2 标签。为了便于读者掌握 Struts 2 框架，最后以用户注册登录系统为例，详细讲解了其开发过程。

第 3 篇　Hibernate 篇（第 17～21 章）

本篇主要介绍了 Hibernate 框架的基础知识和高级知识。其中前者首先介绍了 Hibernate 框架基础知识，例如 ORM 技术、Hibernate 与 EJB 关系等；然后详细介绍了 Hibernate 框架的各种核心知识，通过配置文件和注释，对 Hibernate 进行配置、O/R 映射、会话的基本操作、标准（Criteria）查询 API 技术等。最后又简单介绍了 Hibernate 框架的一些高级技术，例如事务、锁、拦截器、事件和过滤器。

第 4 篇　Spring 篇（第 22～25 章）

本篇主要介绍了 Spring 框架和通过该框架实现项目的过程。其中前者首先介绍了 Spring 框架的主要特性和核心技术；然后详细介绍了 Spring 框架的各种核心知识，如反向控制技术（Ioc）、数据库技术和 AOP 技术。

第 5 篇　综合实例篇（第 26～28 章）

本篇首先介绍了 SSH 5 三大框架的整合思路和流程，然后重点介绍了 Java Web 技术的应用和实战开发。其中，用 Struts 2+Hibernate 4+Spring 3 技术解决方案实现网络硬盘项目。为了便于读者掌握该项目，在具体讲解时按照面向应用的方式对该系统分成 4 层，即持久对象层、数据访问层、业务逻辑层和 Web 表示层，然后详细介绍了各层。最后介绍了一个网络论坛系统的实现，该系统不仅使用 Struts 2+Hibernate 4+Spring 3 技术解决方案实现，而且还涉及一个 Web 编辑器（FCKEditor）的安装和使用。

本书超值 DVD 光盘内容

- ❑ 本书各章涉及的实例源文件；
- ❑ 19.4 小时本书配套教学视频；
- ❑ 15.5 小时 Struts 2+Hibernate+Spring 整合开发教学视频；
- ❑ 19 个 Java Web 典型模块源程序及 9.2 小时教学视频；
- ❑ 5 个 Java Web 项目案例源程序及 1.3 小时教学视频。

适合阅读本书的读者

- ❑ 需要全面学习 Java Web 开发技术的读者；
- ❑ 初步掌握 Java 技术，想进一步学习 Java Web 开发的读者；

❑ 对 SSH 整合技术有了一定的了解，想进一步提高的读者；

❑ 正在使用 SSH 整合技术开发项目，想作为参考的程序员；

❑ 大中专院校的学生；

❑ 社会培训学生；

❑ 需要作为案头必备手册的程序员。

本书作者

本书第 1~8 章主要由李宁编写，第 9~16 章主要由南阳理工学院的刘岩编写，第 17~28 章主要由张国平编写。其他参与编写的人员有陈一东、高阳、蒋欣、卢晓洋、秦婧、张婉婉、周萌、祝翠、宾光富、陈非凡、陈泓石、陈曦、崔晓明、房伟、高素芳、高志雷、郭靖、郭晓博、胡敏、黄翌、姜艳丽、黎敬硕、李海涛、李槐、李锐、林映红、马航、宁伟斌、邵明洋、孙浏毅、唐颂侃、王倩、王永静。

本书的编写对笔者而言是一个"浩大的工程"。虽然作者投入了大量的精力和时间，但只怕百密难免一疏。若有任何疑问或疏漏，请发邮件至 bookservice2008@163.com。最后祝读者读书快乐！

编著者

目　　录

第 1 篇　Web 开发基础篇

第 1 章　搭建开发环境（ 教学视频：23 分钟） ···2

1.1　各种软件和框架的版本 ···2

1.2　下载与安装 JDK 7 ··2

1.3　下载与安装 Eclipse 4 ··3

1.4　下载与安装 MyEclipse 10 ···4

1.5　下载与安装 Eclipse IDE for Java EE Developers ···5

1.6　下载与安装 Tomcat 7 ··5

1.7　在 MyEclipse 中配置 Tomcat ··7

1.8　在 Eclipse IDE for Java EE Developers 中配置 Tomcat ···8

1.9　下载与安装 MySQL 5 数据库 ···8

1.10　下载与安装数据库客户端软件 SQLyog ··9

1.11　小结 ··10

1.12　实战练习 ···10

第 2 章　Java Web 应用开发基础（ 教学视频：14 分钟） ···11

2.1　Web 技术的发展 ···11

2.2　了解 Java Web 技术 ···14

2.2.1　认识 Java Web 程序的基本组成 ··14

2.2.2　认识 Java Web 程序的目录结构 ··14

2.2.3　了解 Java Web 程序的配置文件 ··15

2.3　了解 MVC 模式与 MVC 框架 ···15

2.3.1　认识 JSP 模型 1 和 JSP 模型 2 ···15

2.3.2　认识 Web 应用程序的基础服务 ··16

2.3.3　MVC 模式概述 ··17

2.3.4　了解常用的 MVC 框架 ···18

2.4　小结 ··19

2.5　实战练习 ···19

第 3 章　Web 开发必会的客户端技术（ 教学视频：82 分钟） ···20

3.1　学习客户端技术的开发工具 ··20

3.1.1 在 MyEclipse 中使用 HTML 技术 ························· 20

3.1.2 在 MyEclipse 中使用 JavaScript 技术 ···················· 21

3.1.3 在 MyEclipse 中使用 CSS 技术 ························· 22

3.2 学习超文本标签语言 HTML ································· 23

3.2.1 HTML 基本构成 ···································· 24

3.2.2 HTML 基本标签——段落格式设置标签 ················· 25

3.2.3 HTML 基本标签——超级链接标签 ···················· 26

3.2.4 HTML 基本标签——图像标签 ······················· 27

3.2.5 HTML 基本标签——表格标签 ······················· 29

3.2.6 HTML 基本标签——框架标签 ······················· 30

3.2.7 HTML 基本标签——表单标签 ······················· 32

3.3 学习 JavaScript 技术 ···································· 34

3.3.1 实例：编写第一个 JavaScript 程序：Greet ·············· 34

3.3.2 学习变量 ······································· 35

3.3.3 学习原始类型 ···································· 36

3.3.4 掌握类型转换 ···································· 40

3.3.5 学习函数与函数调用 ······························ 42

3.3.6 学习类和对象 ···································· 44

3.4 其他客户端技术 ·· 46

3.4.1 了解 DOM ······································ 46

3.4.2 获得 HTML 元素的 3 种方法 ························· 48

3.4.3 实例：图像自动切换 ······························ 50

3.4.4 了解正则表达式 ·································· 52

3.4.5 实例：表格排序 ·································· 53

3.5 学习 CSS 技术 ··· 56

3.5.1 了解 CSS ······································· 56

3.5.2 在 Style 属性中定义样式 ···························· 57

3.5.3 在 HTML 中定义样式 ······························ 57

3.5.4 在外部文件中定义样式 ···························· 58

3.5.5 实现样式的继承 ·································· 59

3.6 学习 AJAX 技术 ·· 59

3.6.1 了解 AJAX 技术 ·································· 59

3.6.2 实例：使用 XMLHttpRequest 获得 Web 资源 ············· 60

3.6.3 实例：使用 XMLHttpRequest 跨域访问 Web 资源 ·········· 61

3.6.4 实例：AJAX 的 3 种交换数据方法 ····················· 62

3.7 小结 ··· 64

3.8 实战练习 ·· 65

第 4 章 Java Web 的核心技术——Servlet（ 教学视频：79 分钟） ··········· 66

4.1 编写 Servlet 的 Helloworld 程序 ····························· 66

  4.1.1 实例：用 MyEclipse 工具编写第一个 Servlet 程序——Helloworld ················· 66

  4.1.2 实例：手工编写第一个 Servlet 程序——Helloworld ································ 70

4.2 学习 Servlet 技术 ·· 72

  4.2.1 配置 Tomcat 7 服务器的数据库连接池 ·· 72

  4.2.2 实例：通过数据库连接池连接 MySQL 数据库 ································· 74

  4.2.3 实例：处理客户端 HTTP GET 请求——doGet 方法 ····················· 76

  4.2.4 实例：处理客户端 HTTP POST 请求——doPost 方法 ·················· 77

  4.2.5 实例：处理客户端各种请求——service 方法 ······························ 78

  4.2.6 实例：初始化（init）和销毁（destroy）Servlet ······················· 80

  4.2.7 实例：输出字符流响应消息——PrintWriter 类 ··························· 82

  4.2.8 实例：输出字节流响应消息——ServletOutputStream 类 ············ 83

  4.2.9 实例：包含 Web 资源——RequestDispatcher.include 方法 ········ 84

  4.2.10 实例：转发 Web 资源——RequestDispatcher.forward 方法 ······ 86

4.3 掌握 HttpServletResponse 类 ··· 88

  4.3.1 产生状态响应码 ·· 88

  4.3.2 设置响应消息头 ·· 89

  4.3.3 实例：验证响应消息头设置情况 ··· 91

4.4 掌握 HttpServletRequest 类 ·· 92

  4.4.1 获取请求行消息 ·· 92

  4.4.2 获取网络连接消息 ·· 93

  4.4.3 获取请求头消息 ·· 94

4.5 处理 Cookie ·· 94

  4.5.1 什么是 Cookie ··· 94

  4.5.2 认识操作 Cookie 的方法 ··· 95

  4.5.3 实例：通过 Cookie 技术读写客户端信息 ·· 96

  4.5.4 实例：通过 Cookie 技术读写复杂数据 ··· 98

4.6 处理 Session ··· 100

  4.6.1 什么是 Session ·· 100

  4.6.2 认识操作 Session 的方法 ·· 101

  4.6.3 创建 Session 对象 ··· 102

  4.6.4 实例：通过 Cookie 跟踪 Session ··· 103

  4.6.5 实例：通过重写 URL 跟踪 Session ·· 104

4.7 解决 Web 开发的乱码问题 ·· 106

  4.7.1 认识 Java 语言编码原理 ··· 106

  4.7.2 实例：解决输出乱码问题 ··· 108

  4.7.3 实例：解决服务端程序读取中文请求消息的乱码问题 ··························· 110

  4.7.4 实例：用 AJAX 技术发送和接收中文信息 ··· 112

  4.7.5 实例：实现请求消息头和响应消息头中转输中文 ··································· 115

4.8 小结 ·· 116

4.9 实战练习 ·· 117

第 5 章 JSP 技术（ 🎥 教学视频：62 分钟）·· 119

5.1 通过 MyEclipse 工具编写第一个 JSP 程序 ··· 119
　　5.1.1 实例：编写显示服务器当前时间的 JSP 程序 ······························· 119
　　5.1.2 调试 JSP 程序 ··· 122
　　5.1.3 改变 JSP 的访问路径和扩展名 ··· 123
　　5.1.4 手动发布 JSP 程序 ··· 124
5.2 了解 JSP 的运行原理 ··· 124
　　5.2.1 了解 Tomcat 处理 JSP 页过程 ·· 124
　　5.2.2 分析由 JSP 生成的 Servlet 代码 ··· 127
5.3 学习 JSP 基本语法 ··· 130
　　5.3.1 学习 JSP 表达式 ·· 131
　　5.3.2 实现在 JSP 中嵌入 Java 代码 ·· 131
　　5.3.3 学习 JSP 声明 ·· 133
　　5.3.4 学习 JSP 表达式语言（EL） ·· 135
　　5.3.5 实例：利用 EL 函数替换 HTML 中的特殊字符 ······························ 137
　　5.3.6 学习 JSP 页面中的注释 ··· 140
5.4 学习 JSP 指令 ·· 140
　　5.4.1 了解 JSP 指令 ·· 140
　　5.4.2 JSP 指令 page ·· 141
　　5.4.3 JSP 指令 include ··· 147
5.5 学习 JSP 内置对象 ··· 149
　　5.5.1 内置对象 out ·· 149
　　5.5.2 内置对象 pageContext ··· 151
　　5.5.3 其他内置对象 ·· 152
5.6 学习 JSP 标签 ·· 154
　　5.6.1 包含标签<jsp:include> ··· 155
　　5.6.2 转发标签<jsp:forward> ··· 157
　　5.6.3 传参标签<jsp:param> ··· 157
　　5.6.4 创建 Bean 标签<jsp:useBean> ·· 158
　　5.6.5 设置属性值标签<jsp:setProperty> ·· 160
　　5.6.6 获取属性值标签<jsp:getProperty> ··· 162
5.7 学习 JSP 的标准标签库（JSTL） ·· 163
　　5.7.1 了解 JSTL ··· 163
　　5.7.2 JSTL 中的条件标签 ·· 165
　　5.7.3 JSTL 中的循环标签 ·· 167
5.8 小结 ·· 170
5.9 实战练习 ·· 170

第 6 章 用 Servlet 和 JSP 实现注册登录系统（ 🎥 教学视频：28 分钟）··············· 172

6.1 系统概述 ·· 172

6.1.1 系统功能简介 ……………………………………………………… 172

6.1.2 系统总体结构 ……………………………………………………… 173

6.2 设计数据库 …………………………………………………………………… 173

6.3 实现系统的基础类 …………………………………………………………… 174

6.3.1 实现访问数据库的 DBServlet 类 …………………………………… 174

6.3.2 实现 MD5 加密 ……………………………………………………… 176

6.3.3 实现图形验证码 ……………………………………………………… 177

6.4 实现注册系统 ………………………………………………………………… 179

6.4.1 实现注册 Servlet 类 ………………………………………………… 179

6.4.2 实现注册系统的主页面 ……………………………………………… 181

6.4.3 实现结果 JSP 页面 ………………………………………………… 184

6.5 实现登录系统 ………………………………………………………………… 185

6.5.1 实现登录 Servlet …………………………………………………… 185

6.5.2 实现登录系统主页面 ………………………………………………… 187

6.6 小结 …………………………………………………………………………… 188

6.7 实战练习 ……………………………………………………………………… 188

第 2 篇　Struts 2 篇

第 7 章　编写 Struts 2 第一个程序（教学视频：28 分钟）……………………………… 192

7.1 Struts 2 的 MVC 模式 ……………………………………………………… 192

7.2 Struts 2 的体系结构 ………………………………………………………… 193

7.2.1 工作流程 ……………………………………………………………… 193

7.2.2 配置文件 ……………………………………………………………… 193

7.2.3 控制器 ………………………………………………………………… 195

7.3 Struts 2 实例：图书查询系统 ……………………………………………… 196

7.3.1 下载和安装 Struts 2 ………………………………………………… 196

7.3.2 编写数据处理类 ……………………………………………………… 197

7.3.3 编写和配置 Action 类 ……………………………………………… 198

7.3.4 编写显示查询结果的 JSP 页面 …………………………………… 200

7.3.5 编写输入查询信息的 JSP 页面 …………………………………… 202

7.4 小结 …………………………………………………………………………… 203

7.5 实战练习 ……………………………………………………………………… 203

第 8 章　Struts 2 进阶（教学视频：72 分钟）…………………………………………… 205

8.1 认识 Struts 2 的基本配置 …………………………………………………… 205

8.1.1 配置 web.xml ………………………………………………………… 205

8.1.2 配置 struts.xml ……………………………………………………… 207

8.1.3 配置 struts.properties ……………………………………………… 210

8.1.4 学习 Struts 2 的 DTD ································ 213

8.2 深入认识 Struts 2 的配置元素 ··························· 215

8.2.1 配置 Bean ································ 216

8.2.2 配置常量（constant） ···························· 217

8.2.3 配置包含（include） ···························· 219

8.2.4 配置包（package） ···························· 219

8.2.5 配置命名空间 ································ 220

8.2.6 配置拦截器 ································ 222

8.3 掌握 Struts 2 注释（Annotation） ························· 223

8.3.1 设置当前包的父包——ParentPackage 注释 ·················· 223

8.3.2 指定当前包的命名空间——Namespace 注释 ················· 224

8.3.3 指定当前 Action 结果——Results 与 Result 注释 ·············· 224

8.3.4 实例：通过注释配置 Action ·························· 225

8.4 掌握 Struts 2 的 Action ································ 228

8.4.1 了解 Action 类的 getter 和 setter 方法 ···················· 228

8.4.2 实现 Action 接口 ································ 229

8.4.3 继承 ActionSupport 类 ···························· 231

8.4.4 实例：用 ActionContext 访问 Servlet API ·················· 232

8.4.5 实例：通过 aware 拦截器访问 Servlet API ·················· 237

8.4.6 实例：利用动态方法处理多个提交请求 ···················· 239

8.4.7 实例：利用 method 属性处理多个提交请求 ·················· 241

8.4.8 使用通配符 ································ 242

8.4.9 设置默认的 Action ································ 245

8.5 配置跳转结果 ································ 246

8.5.1 了解 Struts 2 的配置结果 ···························· 246

8.5.2 Struts 2 支持的处理结果类型 ························· 247

8.5.3 配置带有通配符的结果 ···························· 249

8.5.4 通过请求参数指定结果 ···························· 250

8.6 掌握模型驱动 ································ 252

8.6.1 了解模型驱动——ModelDriven ························· 252

8.6.2 实例：使用模型驱动改进登录程序 ······················ 254

8.7 处理 Struts 2 中的异常 ································ 256

8.7.1 了解 Struts 2 处理异常的原理 ························· 257

8.7.2 实例：登录系统的异常处理 ·························· 258

8.8 小结 ································ 261

8.9 实战练习 ································ 261

第 9 章 Struts 2 的拦截器（教学视频：32 分钟） ···················· 262

9.1 理解拦截器 ································ 262

9.1.1 掌握拦截器的实现原理 ···························· 262

9.1.2 实例：模拟 Struts 2 实现一个拦截器系统 ·································· 265

9.2 配置 Struts 2 拦截器 ··· 270

9.2.1 配置拦截器 ··· 270

9.2.2 使用拦截器 ··· 272

9.2.3 设置默认拦截器 ··· 273

9.3 实例：自定义拦截器 ··· 275

9.3.1 编写拦截器类 ··· 276

9.3.2 配置自定义拦截器 ··· 277

9.4 理解拦截器的高级技术 ··· 279

9.4.1 过滤指定的方法 ··· 279

9.4.2 拦截器的执行顺序 ··· 282

9.4.3 应用结果监听器 ··· 284

9.5 理解 Struts 2 内建的拦截器 ·· 287

9.5.1 认识内建拦截器 ··· 287

9.5.2 掌握内建拦截器的配置 ··· 288

9.6 实例：编写权限验证拦截器 ··· 291

9.6.1 编写权限验证拦截器类 ··· 291

9.6.2 配置权限控制拦截器 ··· 292

9.7 小结 ·· 294

9.8 实战练习 ·· 294

第 10 章 Struts 2 的类型转换（📷 教学视频：48 分钟） ····························· 295

10.1 为什么要进行类型转换 ·· 295

10.1.1 了解客户端和服务端之间的数据处理过程 ··································· 295

10.1.2 了解传统的类型转换 ·· 296

10.2 使用 Struts 2 类型转换器 ··· 299

10.2.1 了解 Struts 2 内建的类型转换器 ·· 300

10.2.2 实例：实现基于 OGNL 的类型转换器 ····································· 303

10.2.3 配置全局类型转换器 ·· 307

10.2.4 实例：实现基于 Struts 2 的类型转换器 ···································· 309

10.2.5 实例：实现数组类型转换器 ·· 311

10.2.6 实例：实现集合类型转换器 ·· 314

10.3 实例：使用 OGNL 表达式进行类型转换 ······································· 316

10.4 Struts 2 对 Collection 和 Map 的支持 ·· 319

10.4.1 指定集合元素的类型 ·· 319

10.4.2 掌握 Set 和索引属性 ·· 321

10.5 掌握类型转换的错误处理 ·· 322

10.6 小结 ··· 323

10.7 实战练习 ··· 324

第 11 章　Struts 2 的输入校验（ 教学视频：39 分钟） 326
11.1　了解传统的数据校验方法 326
11.1.1　用 JavaScript 进行客户端校验 326
11.1.2　手工进行服务端校验 331
11.2　了解 Struts 2 所支持的数据校验 334
11.2.1　了解使用 validate 方法校验数据的原理 334
11.2.2　实例：使用 validate 方法进行输入校验 336
11.2.3　实例：使用 validateXxx 方法进行输入校验 340
11.2.4　掌握 Struts 2 的输入校验流程 342
11.3　使用 Validation 框架进行输入校验 344
11.3.1　实例：服务端校验 344
11.3.2　使用字段校验器和非字段校验器 346
11.3.3　实现国际化错误提示信息 348
11.3.4　实例：客户端校验 350
11.3.5　了解校验文件的命名规则 354
11.3.6　了解短路校验器 356
11.4　Validation 框架的内建校验器 358
11.4.1　使用注册和引用校验器 358
11.4.2　使用转换（conversion）校验器 359
11.4.3　使用日期（date）校验器 360
11.4.4　使用双精度浮点数（double）校验器 361
11.4.5　使用邮件地址（email）校验器 362
11.4.6　使用表达式（expression）校验器 363
11.4.7　使用字段表达式（fieldexpression）校验器 363
11.4.8　使用整数（int）校验器 364
11.4.9　使用正则表达式（regex）校验器 365
11.4.10　使用必填（required）校验器 366
11.4.11　使用必填字符串（requiredstring）校验器 366
11.4.12　使用字符串长度（stringlength）校验器 367
11.4.13　使用网址（URL）校验器 368
11.4.14　使用 visitor 校验器 368
11.5　小结 372
11.6　实战练习 372
第 12 章　文件的上传和下载（ 教学视频：44 分钟） 374
12.1　了解文件上传原理 374
12.1.1　掌握表单数据的编码方式 374
12.1.2　掌握 applicaiton/x-www.form-urlencoded 编码方式 375
12.1.3　掌握 multipart/form-data 编码方式 378
12.2　使用 Commons-FileUpload 上传文件 380

12.2.1 下载和安装 Commons-FileUpload 组件 ················· 381

12.2.2 实例：上传单个文件 ················· 381

12.2.3 实例：上传任意多个文件 ················· 384

12.3 实例：通过 Struts 2 实现文件上传 ················· 387

12.3.1 了解 Struts 2 对上传文件组件的支持 ················· 387

12.3.2 编写上传文件的 JSP 页 ················· 388

12.3.3 编写上传文件的 Action 类 ················· 388

12.3.4 配置上传文件的 Action 类 ················· 390

12.3.5 手工过滤上传文件的类型 ················· 391

12.3.6 用 fileUpload 拦截器过滤上传文件的类型 ················· 394

12.4 实例：通过 Struts 2 实现上传多个文件 ················· 395

12.4.1 实例：用数组上传固定数目的文件 ················· 395

12.4.2 实例：用 List 上传任意数目的文件 ················· 399

12.5 学习文件下载 ················· 400

12.5.1 解决下载文件的中文问题 ················· 401

12.5.2 通过 stream 结果下载文件 ················· 401

12.5.3 控制下载文件的授权 ················· 404

12.6 小结 ················· 405

12.7 实战练习 ················· 405

第 13 章 程序的国际化（ 教学视频：27 分钟） ················· 407

13.1 了解国际化基础 ················· 407

13.1.1 程序为什么需要国际化 ················· 407

13.1.2 学习编写 Java 国际化中的资源文件 ················· 408

13.1.3 了解 Java 支持的语言和国家 ················· 409

13.1.4 实现资源文件的中文支持 ················· 410

13.1.5 编写国际化程序 ················· 411

13.1.6 编写带占位符的国际化信息 ················· 413

13.1.7 实例：使用资源文件编写国际化程序 ················· 415

13.1.8 掌握 Java 国际化中的资源类 ················· 417

13.1.9 实例：使用资源类编写国际化程序 ················· 418

13.2 了解 Struts 2 的国际化基础 ················· 420

13.2.1 学习 Struts 2 中的全局资源文件 ················· 420

13.2.2 实现在 Struts 2 中访问国际化信息 ················· 420

13.2.3 实现在 Struts 2 中输出带占位符的国际化信息 ················· 423

13.3 学习资源文件的作用范围和加载顺序 ················· 426

13.3.1 掌握包范围资源文件 ················· 426

13.3.2 掌握接口范围资源文件 ················· 428

13.3.3 掌握 Action 基类范围资源文件 ················· 429

13.3.4 掌握 Action 范围资源文件 ················· 431

13.3.5 掌握临时资源文件 ·· 432

13.3.6 掌握加载资源文件的顺序 ·· 433

13.4 实例：编写支持多国语言的 Web 应用程序 ·· 434

13.4.1 通过 i18n 拦截器实现国际化 ··· 435

13.4.2 为 register.jsp 页面增加语言选择列表 ··· 436

13.4.3 将 register.jsp 页面映射成 Action ·· 438

13.5 小结 ··· 439

13.6 实战练习 ··· 439

第 14 章 Struts 2 的标签库（ 教学视频：67 分钟）··· 441

14.1 认识 Struts 2 标签基础 ··· 441

14.1.1 了解 Struts 2 标签的分类 ··· 441

14.1.2 使用 Struts 2 标签 ·· 442

14.1.3 掌握 Struts 2 中的 OGNL 表达式 ··· 444

14.1.4 通过 OGNL 表达式访问内置对象 ·· 447

14.1.5 通过 OGNL 表达式操作集合 ·· 448

14.1.6 掌握 Lamdba（λ）表达式 ·· 450

14.2 控制标签 ··· 451

14.2.1 条件逻辑控制标签 if/elseif/else ·· 451

14.2.2 数组、集合迭代标签 iterator ··· 454

14.2.3 将集合以追加方式合并为新集合的标签 append ·· 458

14.2.4 实现字符串分割成多个子串的标签 generator ·· 460

14.2.5 实现将集合以交替方式合并为新集合的标签 merge ·· 463

14.2.6 获得集合子集标签的 subset ··· 464

14.2.7 对集合进行排序的标签 sort ··· 466

14.3 数据标签 ··· 468

14.3.1 在 JSP 页面中直接访问 Action 的标签 action ·· 468

14.3.2 创建 JavaBean 的对象实例标签 bean ·· 470

14.3.3 格式化日期/时间的标签 date ·· 472

14.3.4 显示调试信息的标签 debug ·· 474

14.3.5 包含 Web 资源的标签 include ··· 475

14.3.6 为其他的标签提供参数的标签 param ·· 476

14.3.7 输出指定值的标签 property ··· 476

14.3.8 将指定值放到 ValueStack 栈顶的标签 push ·· 477

14.3.9 将某个值保存在指定范围的标签 set ··· 478

14.3.10 生成 URL 地址的标签 url ··· 480

14.4 学习表单标签 ·· 482

14.4.1 了解表单标签的通用属性 ·· 482

14.4.2 掌握表单标签的 name 和 value 属性 ·· 483

14.4.3 与表单相关的标签：form、submit 和 reset 标签 ·· 485

14.4.4　生成多个复选框的标签 checkboxlist ································· 485

14.4.5　实现组合单行文本框和下拉列表框的标签 combobox ·········· 488

14.4.6　实现组合文本框和日期、时间选择框的标签 datetimespicker ····· 490

14.4.7　生成级联列表框的标签 doubleselect ······························ 493

14.4.8　添加 CSS 和 JavaScript 的标签 head ····························· 495

14.4.9　生成可交互的两个列表框的标签 optiontransferselect ········· 495

14.4.10　生成列表框的标签 select ·· 497

14.4.11　生成下拉列表框选项组的标签 optgroup ························· 498

14.4.12　生成多个单选框的标签 radio ····································· 500

14.4.13　防止多次提交表单的标签 token ·································· 501

14.4.14　生成高级列表框列表的标签 updownselect ······················ 501

14.4.15　其他常见的表单标签 ··· 503

14.5　学习非表单标签 ·· 503

14.5.1　显示字段错误信息的标签 fielderror ······························ 503

14.5.2　显示动作错误和动作消息的标签 actionerror 和 actionmessage ··· 504

14.5.3　调用模板的标签 component ·· 505

14.6　小结 ·· 507

14.7　实战练习 ··· 507

第 15 章　Struts 2 对 AJAX 的支持（📹 教学视频：56 分钟）··············· 508

15.1　了解 Struts 2 的 AJAX 主题 ·· 508

15.2　基于 AJAX 的输入校验 ··· 510

15.2.1　下载和安装 DWR 框架 ··· 510

15.2.2　编写具有 AJAX 校验功能的注册页面 ····························· 511

15.2.3　编写 Action 类 ·· 512

15.2.4　设置校验规则 ··· 513

15.3　在表单中使用 AJAX ··· 515

15.3.1　实现可异步提交的表单 ··· 515

15.3.2　实现 Action 类 ·· 515

15.3.3　实现结果处理页面 ·· 516

15.3.4　执行 JavaScript 代码 ·· 517

15.4　发布-订阅（pub-sub）事件模型 ··· 519

15.4.1　了解 pub-sub 事件模型的原理 ······································ 519

15.4.2　实现 pub-sub 事件模型 ·· 520

15.4.3　阻止请求服务端资源 ·· 523

15.5　使用 Struts 2 中的 AJAX 标签 ·· 524

15.5.1　掌握 div 标签的基本应用 ··· 524

15.5.2　通过 div 标签执行 JavaScript ······································· 527

15.5.3　手动控制 div 标签的更新 ··· 529

15.5.4　发送异步请求的标签 submit 标签 ··································· 532

15.5.5 异步提交请求的链接 a 标签 ·· 534

15.5.6 自运完成功能的文本框 autocompleter 标签 ···································· 537

15.5.7 生成 Tab 页的标签 tabbedPanel 标签 ·· 543

15.5.8 实现树节点和树的组件：treenode 和 tree 标签 ····························· 547

15.6 使用 JSON 插件实现 AJAX ·· 549

15.6.1 下载和安装 JSON 插件 ·· 549

15.6.2 下载和安装 prototype.js ·· 549

15.6.3 实现 Action 类 ·· 550

15.6.4 在 JSP 页面中通过 Prototype 请求 Action ································· 551

15.7 小结 ·· 553

15.8 实战练习 ·· 553

第 16 章 用 Struts 2 实现注册登录系统（ 教学视频：26 分钟） ·············· 555

16.1 系统总体结构 ·· 555

16.2 实现 DAO 层 ·· 555

16.2.1 实现 DAOSupport 类 ·· 556

16.2.2 实现 UserDAO 接口 ·· 557

16.2.3 实现 UserDAOImpl 类 ··· 557

16.3 实现 Action 类 ·· 559

16.3.1 实现模型类（User） ·· 559

16.3.2 实现 LoginAction 类 ·· 560

16.3.3 实现 RegisterAction 类 ·· 562

16.4 实现输入校验 ·· 563

16.4.1 校验登录页面 ·· 563

16.4.2 校验注册页面 ·· 564

16.5 实现表现层页面 ·· 565

16.5.1 实现登录页面（login.jsp） ··· 565

16.5.2 实现注册页面（register.jsp） ·· 567

16.5.3 实现主页面（main.jsp） ··· 569

16.6 实现其他的功能 ·· 569

16.6.1 使用 Action 类生成验证码图像 ·· 569

16.6.2 使用拦截器验证页面访问权限 ·· 572

16.7 小结 ·· 573

16.8 实战练习 ·· 574

第 3 篇　Hibernate 篇

第 17 章 Hibernate 的 Helloworld 程序（ 教学视频：33 分钟） ················· 578

17.1 关于 Hibernate 概述 ·· 578

17.1.1 为什么要使用 ORM ………………………………………………………………… 578

17.1.2 Hibernate 和 EJB 的关系 ………………………………………………………… 579

17.2 在应用程序中使用 Hibernate 4 ………………………………………………………… 579

17.2.1 MyEclipse 对 Hibernate 4 的支持 ………………………………………………… 580

17.2.2 下载和安装新版本的 Hibernate 4 ………………………………………………… 582

17.3 实现第 1 个 Hibernate 程序 …………………………………………………………… 583

17.3.1 开发 Hibernate 程序的基本步骤 ………………………………………………… 583

17.3.2 建立数据表 ………………………………………………………………………… 584

17.3.3 建立 Hibernate 配置文件 ………………………………………………………… 584

17.3.4 建立会话工厂（SessionFactory）类 …………………………………………… 585

17.3.5 建立实体 Bean 和 Struts 2 的模型类 …………………………………………… 588

17.3.6 建立映射文件 ……………………………………………………………………… 588

17.3.7 建立添加记录的 Action 类 ……………………………………………………… 589

17.3.8 建立录入信息的 JSP 页面 ……………………………………………………… 591

17.4 小结 ……………………………………………………………………………………… 593

17.5 实战练习 ………………………………………………………………………………… 593

第 18 章 实现 Hibernate 基本配置（🎥 教学视频：32 分钟）…………………………… 595

18.1 用传统的方法配置 Hibernate ………………………………………………………… 595

18.1.1 用 XML 文件配置 Hibernate ……………………………………………………… 595

18.1.2 用属性文件配置 Hibernate ……………………………………………………… 598

18.1.3 用编程的方式配置 Hibernate …………………………………………………… 598

18.1.4 学习 Hibernate 框架的配置属性 ………………………………………………… 599

18.1.5 掌握 SQL 方言（Dialect）……………………………………………………… 603

18.1.6 使用 JNDI 数据源 ………………………………………………………………… 604

18.1.7 掌握配置映射文件 ………………………………………………………………… 605

18.2 使用注释（Annotations）配置 Hibernate …………………………………………… 606

18.2.1 了解 Hibernate 注释 ……………………………………………………………… 606

18.2.2 安装 Hibernate 注释 ……………………………………………………………… 606

18.2.3 使用@Entity 注释实体 Bean ……………………………………………………… 606

18.2.4 使用@Table 注释实体 Bean ……………………………………………………… 607

18.2.5 使用@Id 注释主键 ………………………………………………………………… 607

18.2.6 使用@GenericGenerator 注释产生主键值 ……………………………………… 609

18.2.7 使用@Basic 和@Transient 注释 ………………………………………………… 609

18.2.8 更高级的 Hibernate 注释 ………………………………………………………… 610

18.3 使用注释重新实现添加信息程序 ……………………………………………………… 610

18.3.1 使用注释配置实体 Bean …………………………………………………………… 610

18.3.2 在 Hibernate 配置文件中指定实体 Bean 的位置 ……………………………… 611

18.3.3 使用 AnnotationConfiguration 类处理 annotation.cfg.xml 文件 ……………… 612

18.3.4 通过 AnnotationSessionFactory 类获得 Session 对象 ………………………… 613

18.4 小结···614

18.5 实战练习···614

第 19 章 Hibernate 的会话与 O/R 映射（ 📹 教学视频：61 分钟）·········616

19.1 会话（Session）的基本应用···616

   19.1.1 保存持久化对象···616

   19.1.2 判断持久化对象之间的关系···617

   19.1.3 装载持久化对象···618

   19.1.4 刷新持久化对象···620

   19.1.5 更新持久化对象···621

   19.1.6 删除持久化对象···622

19.2 建立 O/R 映射··622

   19.2.1 映射主键··623

   19.2.2 映射复合主键···623

   19.2.3 实例：主键和复合主键的查询和更新···································624

   19.2.4 映射普通属性···630

   19.2.5 建立组件（Component）映射···630

   19.2.6 实例：组件映射的应用···631

   19.2.7 基于注释的组件映射···635

   19.2.8 建立多对一（many-to-one）单向关联关系··························636

   19.2.9 实例：多对一关系的演示··637

   19.2.10 基于注释的多对一关系映射···641

   19.2.11 建立一对多（one-to-many）的双向关联关系·······················641

   19.2.12 实例：一对多双向关联的演示···642

   19.2.13 基于注释的一对多映射··645

   19.2.14 建立基于外键的一对一（one-to-one）的关系映射·················646

   19.2.15 实例：基于外键的一对一关系演示·····································646

   19.2.16 建立基于主键的一对一的关系映射·····································650

   19.2.17 实例：基于主键的一对一关系映射·····································650

19.3 小结···654

19.4 实战练习···654

第 20 章 Hibernate 的查询与更新技术（ 📹 教学视频：43 分钟）·········657

20.1 学习标准（Criteria）查询 API···657

   20.1.1 实例：一个简单的例子···657

   20.1.2 设置查询的约束条件···658

   20.1.3 对查询结果进行分页···661

   20.1.4 实例：实现 Web 分页功能···662

   20.1.5 实现只获得一个持久化对象···665

   20.1.6 对查询结果进行排序···666

   20.1.7 实现多个 Criteria 之间的关联··666

20.1.8　实现聚合和分组查询 ··· 667

20.1.9　使用 QBE（Query By Example） ·· 669

20.2　掌握 HQL 和 SQL 技术 ·· 671

20.2.1　实例：使用 HQL 的第一个例子 ·· 671

20.2.2　使用 From 子句简化实体 Bean 类名 ·· 672

20.2.3　使用 Select 子句选择返回属性 ··· 673

20.2.4　使用 Where 子句指定条件 ·· 674

20.2.5　使用命名参数 ··· 675

20.2.6　使用 Query 进行分页 ·· 677

20.2.7　实例：使用 HQL 实现 Web 分页功能 ··· 677

20.2.8　使用 HQL 进行排序和分组 ··· 678

20.2.9　实现关联查询 ··· 679

20.2.10　实现聚合函数查询 ·· 681

20.2.11　使用 Update 和 Delete 语句更新持久化对象 ······························· 682

20.2.12　使用 Insert 语句插入记录 ··· 683

20.2.13　掌握命名查询 ··· 684

20.2.14　使用 SQL 查询 ··· 685

20.3　小结 ·· 687

20.4　实战练习 ··· 687

第 21 章　Hibernate 的高级技术（　　教学视频：40 分钟） ··································· 689

21.1　什么是事务 ··· 689

21.1.1　事务的特性 ·· 689

21.1.2　认识事务的隔离等级 ··· 690

21.1.3　Hibernate 所支持的事务管理 ··· 691

21.1.4　基于 JDBC 的事务管理 ·· 691

21.1.5　基于 JTA 的事务管理 ·· 692

21.2　学习锁（Locking） ·· 692

21.2.1　认识悲观锁（Pessimistic Locking） ·· 693

21.2.2　认识乐观锁（Optimistic Locking） ·· 694

21.3　应用查询缓存（Query Cache） ··· 696

21.4　学习拦截器和事件 ··· 697

21.4.1　了解拦截器（Interceptors） ··· 697

21.4.2　实例：编写一个 Hibernate 拦截器 ·· 698

21.4.3　了解事件（Events） ·· 702

21.4.4　实例：编写和注册事件类 ·· 703

21.5　学习过滤器 ··· 705

21.6　小结 ·· 706

21.7　实战练习 ··· 707

第 4 篇　Sping 篇

第 22 章　Spring 的第一个 Helloworld 程序（📹 教学视频：16 分钟）⋯⋯⋯⋯⋯⋯⋯⋯ 710

22.1　Spring 简介 ⋯⋯⋯⋯⋯⋯⋯⋯⋯⋯⋯⋯⋯⋯⋯⋯⋯⋯⋯⋯⋯⋯⋯⋯⋯⋯⋯⋯⋯⋯⋯ 710

　　22.1.1　了解 Spring 的主要特性 ⋯⋯⋯⋯⋯⋯⋯⋯⋯⋯⋯⋯⋯⋯⋯⋯⋯⋯⋯⋯⋯⋯ 710

　　22.1.2　学习 Spring 的核心技术 ⋯⋯⋯⋯⋯⋯⋯⋯⋯⋯⋯⋯⋯⋯⋯⋯⋯⋯⋯⋯⋯⋯ 711

22.2　在应用程序中使用 Spring ⋯⋯⋯⋯⋯⋯⋯⋯⋯⋯⋯⋯⋯⋯⋯⋯⋯⋯⋯⋯⋯⋯⋯⋯⋯ 712

　　22.2.1　MyEclipse 10.6 对 Spring 的支持 ⋯⋯⋯⋯⋯⋯⋯⋯⋯⋯⋯⋯⋯⋯⋯⋯⋯ 712

　　22.2.2　下载和安装 Spring ⋯⋯⋯⋯⋯⋯⋯⋯⋯⋯⋯⋯⋯⋯⋯⋯⋯⋯⋯⋯⋯⋯⋯⋯ 713

22.3　实例：开发一个 Helloworld 程序 ⋯⋯⋯⋯⋯⋯⋯⋯⋯⋯⋯⋯⋯⋯⋯⋯⋯⋯⋯⋯⋯ 714

　　22.3.1　编写 HelloService 接口 ⋯⋯⋯⋯⋯⋯⋯⋯⋯⋯⋯⋯⋯⋯⋯⋯⋯⋯⋯⋯⋯⋯ 714

　　22.3.2　编写 HelloServiceImpl 类 ⋯⋯⋯⋯⋯⋯⋯⋯⋯⋯⋯⋯⋯⋯⋯⋯⋯⋯⋯⋯⋯ 715

　　22.3.3　装配 HelloServiceImpl 类 ⋯⋯⋯⋯⋯⋯⋯⋯⋯⋯⋯⋯⋯⋯⋯⋯⋯⋯⋯⋯⋯ 715

　　22.3.4　通过装配 Bean 的方式获得 HelloService 对象 ⋯⋯⋯⋯⋯⋯⋯⋯⋯⋯⋯ 716

22.4　小结 ⋯⋯⋯⋯⋯⋯⋯⋯⋯⋯⋯⋯⋯⋯⋯⋯⋯⋯⋯⋯⋯⋯⋯⋯⋯⋯⋯⋯⋯⋯⋯⋯⋯⋯ 716

22.5　实战练习 ⋯⋯⋯⋯⋯⋯⋯⋯⋯⋯⋯⋯⋯⋯⋯⋯⋯⋯⋯⋯⋯⋯⋯⋯⋯⋯⋯⋯⋯⋯⋯⋯ 717

第 23 章　反向控制（Ioc）与装配 JavaBean（📹 教学视频：30 分钟）⋯⋯⋯⋯⋯⋯⋯ 718

23.1　为什么要使用反向控制（Ioc）⋯⋯⋯⋯⋯⋯⋯⋯⋯⋯⋯⋯⋯⋯⋯⋯⋯⋯⋯⋯⋯⋯⋯ 718

　　23.1.1　什么是依赖注入 ⋯⋯⋯⋯⋯⋯⋯⋯⋯⋯⋯⋯⋯⋯⋯⋯⋯⋯⋯⋯⋯⋯⋯⋯⋯ 718

　　23.1.2　传统解决方案的缺陷 ⋯⋯⋯⋯⋯⋯⋯⋯⋯⋯⋯⋯⋯⋯⋯⋯⋯⋯⋯⋯⋯⋯⋯ 719

　　23.1.3　通过 Ioc 降低耦合度 ⋯⋯⋯⋯⋯⋯⋯⋯⋯⋯⋯⋯⋯⋯⋯⋯⋯⋯⋯⋯⋯⋯⋯ 720

23.2　手动装配 JavaBean ⋯⋯⋯⋯⋯⋯⋯⋯⋯⋯⋯⋯⋯⋯⋯⋯⋯⋯⋯⋯⋯⋯⋯⋯⋯⋯⋯⋯ 721

　　23.2.1　掌握装配 Bean 的方法 ⋯⋯⋯⋯⋯⋯⋯⋯⋯⋯⋯⋯⋯⋯⋯⋯⋯⋯⋯⋯⋯⋯ 721

　　23.2.2　掌握与 Bean 相关的接口 ⋯⋯⋯⋯⋯⋯⋯⋯⋯⋯⋯⋯⋯⋯⋯⋯⋯⋯⋯⋯⋯ 722

　　23.2.3　了解<bean>标签的常用属性 ⋯⋯⋯⋯⋯⋯⋯⋯⋯⋯⋯⋯⋯⋯⋯⋯⋯⋯⋯ 723

　　23.2.4　装配普通属性 ⋯⋯⋯⋯⋯⋯⋯⋯⋯⋯⋯⋯⋯⋯⋯⋯⋯⋯⋯⋯⋯⋯⋯⋯⋯⋯ 724

　　23.2.5　装配集合属性 ⋯⋯⋯⋯⋯⋯⋯⋯⋯⋯⋯⋯⋯⋯⋯⋯⋯⋯⋯⋯⋯⋯⋯⋯⋯⋯ 727

　　23.2.6　设置属性值为 null ⋯⋯⋯⋯⋯⋯⋯⋯⋯⋯⋯⋯⋯⋯⋯⋯⋯⋯⋯⋯⋯⋯⋯⋯ 731

　　23.2.7　装配构造方法 ⋯⋯⋯⋯⋯⋯⋯⋯⋯⋯⋯⋯⋯⋯⋯⋯⋯⋯⋯⋯⋯⋯⋯⋯⋯⋯ 731

23.3　自动装配 JavaBean ⋯⋯⋯⋯⋯⋯⋯⋯⋯⋯⋯⋯⋯⋯⋯⋯⋯⋯⋯⋯⋯⋯⋯⋯⋯⋯⋯⋯ 734

23.4　分散配置 ⋯⋯⋯⋯⋯⋯⋯⋯⋯⋯⋯⋯⋯⋯⋯⋯⋯⋯⋯⋯⋯⋯⋯⋯⋯⋯⋯⋯⋯⋯⋯⋯ 736

23.5　定制属性编辑器 ⋯⋯⋯⋯⋯⋯⋯⋯⋯⋯⋯⋯⋯⋯⋯⋯⋯⋯⋯⋯⋯⋯⋯⋯⋯⋯⋯⋯⋯ 738

23.6　小结 ⋯⋯⋯⋯⋯⋯⋯⋯⋯⋯⋯⋯⋯⋯⋯⋯⋯⋯⋯⋯⋯⋯⋯⋯⋯⋯⋯⋯⋯⋯⋯⋯⋯⋯ 742

23.7　实战练习 ⋯⋯⋯⋯⋯⋯⋯⋯⋯⋯⋯⋯⋯⋯⋯⋯⋯⋯⋯⋯⋯⋯⋯⋯⋯⋯⋯⋯⋯⋯⋯⋯ 742

第 24 章　Spring 中的数据库技术（📹 教学视频：25 分钟）⋯⋯⋯⋯⋯⋯⋯⋯⋯⋯⋯⋯ 744

24.1　获得 DataSource ⋯⋯⋯⋯⋯⋯⋯⋯⋯⋯⋯⋯⋯⋯⋯⋯⋯⋯⋯⋯⋯⋯⋯⋯⋯⋯⋯⋯⋯ 744

　　24.1.1　通过 JNDI 获得 DataSource ⋯⋯⋯⋯⋯⋯⋯⋯⋯⋯⋯⋯⋯⋯⋯⋯⋯⋯⋯⋯ 744

　　24.1.2　从第三方的连接池获得 DataSource ⋯⋯⋯⋯⋯⋯⋯⋯⋯⋯⋯⋯⋯⋯⋯⋯ 745

24.1.3 使用 DriverManagerDataSource ·· 746

24.2 在 Spring 中使用 JDBC ··· 746

24.2.1 装配 JdbcTemplate 类 ··· 746

24.2.2 向数据库中写数据 ·· 747

24.2.3 从数据库中读数据 ·· 749

24.2.4 调用存储过程 ··· 752

24.3 实现自增键 ·· 753

24.4 Spring 的异常处理 ·· 754

24.5 在 Spring 中使用 Hibernate ·· 755

24.5.1 集成 Spring 和 Hibernate ·· 755

24.5.2 使用 HibernateTemplate ·· 757

24.6 小结 ··· 758

24.7 实战练习 ·· 758

第 25 章 Spring 的其他高级技术（ 教学视频：39 分钟）······································ 760

25.1 Spring AOP ·· 760

25.1.1 了解 AOP 基本概念 ··· 760

25.1.2 了解 AOP 术语 ··· 761

25.1.3 掌握 4 种通知（Advice）的作用 ·· 762

25.1.4 通过 Advisor 指定切入点 ··· 768

25.1.5 使用控制流切入点 ·· 771

25.2 学习 Spring 的事务管理 ··· 773

25.2.1 实例：使用程序控制事务 ·· 773

25.2.2 掌握声明式事务 ·· 775

25.2.3 了解事务属性的种类 ·· 778

25.2.4 设置事务属性 ··· 779

25.2.5 设置特定方法的事务属性 ·· 780

25.3 实例：建立和访问 RMI 服务 ·· 782

25.4 实例：发送 E-mail ··· 784

25.5 调度任务 ·· 786

25.6 小结 ··· 788

25.7 实战练习 ·· 788

第 5 篇　综合实例篇

第 26 章 Struts 2 与 Hibernate、Spring 的整合（ 教学视频：12 分钟）······················· 792

26.1 整合 Struts 2 和 Hibernate 框架 ··· 792

26.1.1 整合的思路 ··· 792

26.1.2 整合后的系统层次 ·· 793

　　　26.1.3　实现数据访问层 ·· 793

　　　26.1.4　实现业务逻辑层 ·· 795

　　　26.1.5　实现 Struts 2 和 Hibernate 共享实体 Bean ···························· 797

　26.2　整合 Spring 框架 ··· 798

　　　26.2.1　装配数据访问层 ·· 799

　　　26.2.2　装配业务逻辑层 ·· 800

　　　26.2.3　使用 Struts 2 的 Spring 插件 ·· 801

　26.3　小结 ·· 802

　26.4　实战练习 ·· 802

第 27 章　网络硬盘（　　教学视频：57 分钟）····································· 804

　27.1　了解系统功能 ·· 804

　　　27.1.1　系统功能简介 ·· 804

　　　27.1.2　系统架构设计 ·· 806

　27.2　实现数据库设计 ·· 806

　27.3　实现持久对象层 ·· 808

　　　27.3.1　实现用户实体 Bean ··· 809

　　　27.3.2　实现目录实体 Bean ··· 810

　　　27.3.3　实现文件实体 Bean ··· 811

　　　27.3.4　映射 MySQL 存储过程 ··· 812

　　　27.3.5　配置 hibernate.cfg.xml ··· 813

　27.4　实现数据访问层 ·· 814

　　　27.4.1　实现 DAOSupport 类 ··· 814

　　　27.4.2　实现 UserDAO 接口和 UserDAOImpl 类 ································· 814

　　　27.4.3　实现 DirectoryDAO 接口和 DirectoryDAOImpl 类 ···················· 816

　　　27.4.4　实现 FileDAO 接口和 FileDAOImpl 类 ··································· 817

　27.5　实现业务逻辑层 ·· 819

　　　27.5.1　实现 UserService 接口和 UserServiceImpl 类 ·························· 819

　　　27.5.2　实现 DirectoryService 接口和 DirectoryServiceImpl 类 ············· 820

　　　27.5.3　实现 FileService 接口和 FileServiceImpl 类 ·························· 822

　　　27.5.4　实现服务管理类 ·· 825

　　　27.5.5　配置 applicationContext.xml ·· 826

　27.6　实现 Web 表现层 ··· 828

　　　27.6.1　实现基础动作类（BaseAction）··· 829

　　　27.6.2　实现用户登录页面和处理登录的 Action 类 ······························ 830

　　　27.6.3　实现注册登录页面和处理注册的 Action 类 ······························ 832

　　　27.6.4　网络硬盘主页 ·· 833

　　　27.6.5　建立目录 ··· 834

　　　27.6.6　文件上传 ··· 836

　　　27.6.7　文件和目录下载 ·· 836

27.6.8　使用拦截器控制页面访问权限 ·································· 841

27.6.9　其他的功能 ·· 842

27.7　小结 ··· 842

第 28 章　论坛系统（📹 教学视频：50 分钟） ························· 843

28.1　系统功能设计 ·· 843

28.2　实现数据库设计 ·· 844

28.3　实现持久对象层 ·· 846

28.3.1　实现主题实体 Bean ·· 846

28.3.2　实现回复实体 Bean ·· 848

28.3.3　配置 hibernate.cfg.xml ···································· 849

28.4　实现数据访问层 ·· 850

28.4.1　实现 TopicDAO 接口和 TopicDAOImpl 类 ··················· 850

28.4.2　实现 ReviewDAO 接口和 ReviewDAOImpl 类 ················ 851

28.5　实现业务逻辑层 ·· 852

28.5.1　实现 TopicService 接口和 TopicServiceImpl 类 ··············· 852

28.5.2　实现 ReviewService 接口和 ReviewServiceImpl 类 ············· 855

28.5.3　实现服务管理类 ··· 857

28.5.4　配置 applicationContext.xml ································· 857

28.6　整合 FCKEditor 内容编辑组件 ···································· 858

28.6.1　安装 FCKEditor ·· 858

28.6.2　配置 FCKEditor ·· 858

28.6.3　修改 FCKEditor 自带的 Servlet ····························· 862

28.6.4　生成 FCKEditor 的客户端脚本 ····························· 862

28.7　实现 Web 表现层 ·· 863

28.7.1　浏览主题列表 ··· 863

28.7.2　发布新主题 ··· 866

28.7.3　浏览某个主题和它的回复内容 ······························ 867

28.7.4　回复当前主题 ··· 868

28.8　小结 ··· 869

第 1 篇　Web 开发基础篇

▶▶▶ 第 1 章　搭建开发环境

▶▶▶ 第 2 章　Java Web 应用开发基础

▶▶▶ 第 3 章　Web 开发必会的客户端技术

▶▶▶ 第 4 章　Java Web 的核心技术——Servlet

▶▶▶ 第 5 章　JSP 技术

▶▶▶ 第 6 章　用 Servlet 和 JSP 实现注册登录系统

第1章 搭建开发环境

在开始学习本书的内容之前，首先介绍了一下本书所使用的 JDK、开发工具和各种 jar 包、框架的版本和安装方法。读者可以通过本章的内容来搭建 Java Web 开发环境。如果读者的机器上已经安装了本章所介绍的开发环境，可以略过本章，从下一章开始学习。本章的主要内容如下：

- ❑ JDK 7 的下载与安装；
- ❑ Eclipse 4 的下载与安装；
- ❑ MyEclipse 10 的下载与安装；
- ❑ Eclipse IDE for Java EE Developers 的下载与安装；
- ❑ Tomcat 7 的下载与安装；
- ❑ 配置 MyEclipse 10；
- ❑ 配置 Eclipse IDE for Java EE Developers；
- ❑ MySQL 5 数据库的下载与安装；
- ❑ SQLyog 9 数据库客户端的下载与安装。

1.1 各种软件和框架的版本

进行 Java Web 项目开发，第一步不是学习各种语言的语法，而是熟练掌握 Java Web 环境的配置。本书开发环境中所涉及 JDK、开发工具和主要框架的版本如下：

- ❑ JDK 7 Update 9；
- ❑ Eclipse 4.2；
- ❑ MyEclipse 10.6；
- ❑ Tomcat 7.0.32；
- ❑ MySQL 5.5.13；
- ❑ SQLyog 9.6.3；
- ❑ Struts 2.3.4；
- ❑ Hibernate 4.1.8；
- ❑ Spring 3.2.0。

1.2 下载与安装 JDK 7

JDK（Java SE Development Kit）全称是 Java 标准版开发工具包，是 Java 开发和运行

的基本平台。Java 语言程序代码的运行离不开该 JDK，使用它可以编译 Java 源代码为类文件。在笔者写作本书时，JDK 7 的最新版本是 JDK7 Update 9，读者可以从如下网址下载 JDK 7 的最新版本。

```
http://www.oracle.com/technetwork/java/javase/downloads/index.html
```

如图 1.1 是 JDK 7 Update 9 的下载页面。

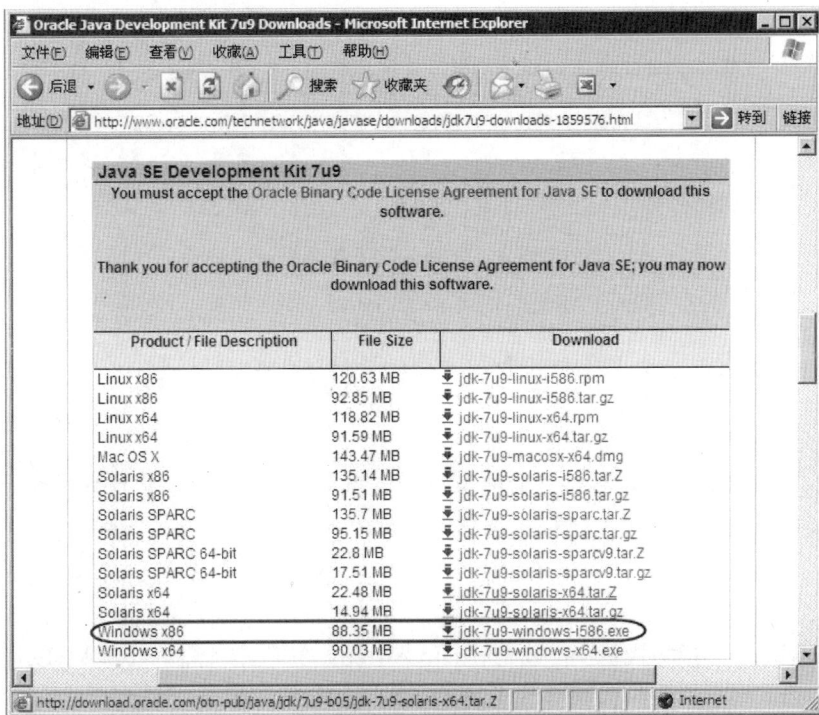

图 1.1　JDK 7 的下载页面

如果读者使用的是 Windows 操作系统，可以下载 Windows 版的 JDK，该版本是一个可执行的 exe 文件。双击安装程序即可安装 JDK。

1.3　下载与安装 Eclipse 4

Eclipse 是替代 IBM Visual Age for Java（以下简称 IVJ）的下一代 IDE 开发环境，但它未来的目标不仅仅是成为专门开发 Java 程序的 IDE 环境。根据 Eclipse 的体系结构，通过开发插件，它能扩展到支持任何语言的开发和支持任何类型项目。

如果读者只想开发基于控制台的 Java 程序，可以使用 Eclipse 进行开发。在笔者写作本书时 Eclipse 的最新版本是 Eclipse 4.2，读者可以从如下网址下载最新的 Eclipse 版本。

```
http://www.eclipse.org/downloads/
```

如图 1.2 是 Eclipse 4.2 的下载页面。

Eclipse 的发行文件是一个 zip 压缩包，解压后运行 eclipse.exe 文件即可启动 Eclipse IDE。

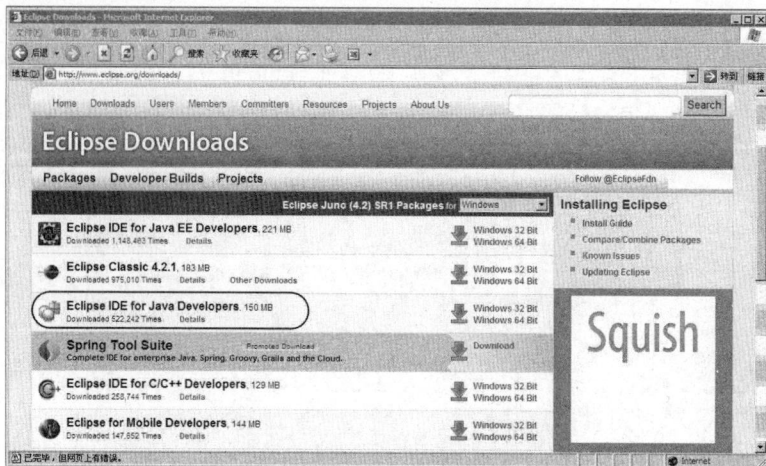

图 1.2　Eclipse 的下载页面

1.4　下载与安装 MyEclipse 10

　　MyEclipse 是由 Genuitec 公司开发的一款商业软件,从本质上讲其是基于 Eclipse 的 Java EE 方面的插件。该软件除了支持代码编写、编译和测试等,还增加了 UML 双向建模工具、JSP/StrutsDesigner、可视化的 Hibernate/ORM 工具、Spring 和 Web services 等各个方面的功能

　　本书开发 Java EE 程序使用的是 MyEclipse 10.6。在笔者写作本书时 MyEclipse 的最新版本是 10.6。读者可以从下面的网址下载 MyEclipse 10.6。

```
http://www.myeclipseide.com
```

　　在 MyEclipse 下载页面可以发现该工具有两种发行方式。一种是以集成的方式发行,该发行版本集成了 Eclipse 和 JRE。在安装的过程中不需要网络连接。在下载完集成版的 MyEclipse 10.6 后,直接运行安装程序,并按着提示一步步安装即可。如图 1.3 是集成发行版本的安装界面。

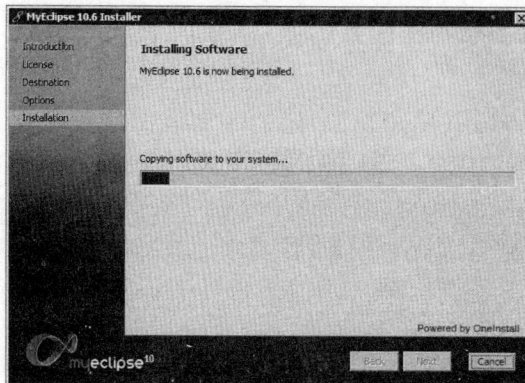

图 1.3　集成发行版本的安装界面

除此之外，MyEclipse 还提供了 pulse 发行方式。该发行版本的安装程序非常小（6MB 左右），也是一个可执行的安装程序。在运行该安装程序后，会自动从 MyEclipse 的官方网站下载当前版本的 MyEclipse。也就是说，该发行版本的安装文件虽小，但在安装时需要稳定的网络连接。

1.5　下载与安装 Eclipse IDE for Java EE Developers

虽然本书使用 MyEclipse 10.6 开发 Java EE 程序，但读者也可以采用其他的 Java IDE 来开发 Java EE 程序。如 Eclipse IDE for Java EE Developers 就是其中之一。读者可以从以下网址下载这个 IDE。

`http://www.eclipse.org/downloads/`

这个 IDE 的下载页面如图 1.4 所示。

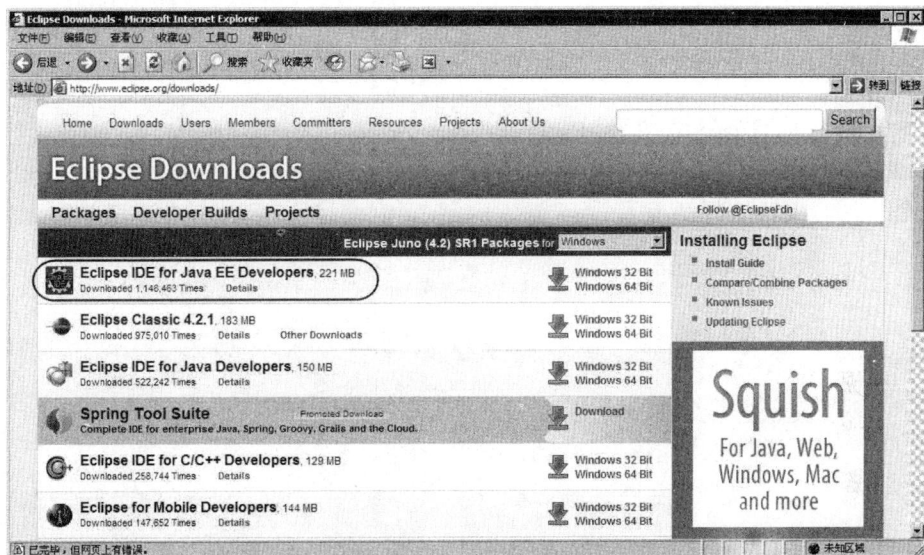

图 1.4　IDE 的下载页面

Eclipse IDE for Java EE Developers 的下载文件是一个 zip 压缩包，但其中并不包含 JRE 或 JDK，因此，在运行该 IDE 之前，读者机器上必须安装 JDK 或 JRE，并设置 JAVA_HOME 环境变量。在解压 zip 包后，直接运行 eclipse.exe 文件即可。

1.6　下载与安装 Tomcat 7

本书使用了 Tomcat 的最新版本 7.x 作为 Web 服务器。读者可以从 http://tomcat. apache.org/download-70.cgi 下载 Tomcat 的最新版。Tomcat 7 的下载页面如图 1.5 所示。

如果下载 Tomcat 的压缩包形式的发行文件，直接解压，并运行<Tomcat 解压目录>\bin\startup.bat 命令即可启动 Tomcat。Tomcat 的默认端口号是 8080。如果本机的 8080 端口已被占用，可以打开<Tomcat 解压目录>\conf\server.xml 文件，找到如下的配置代码：

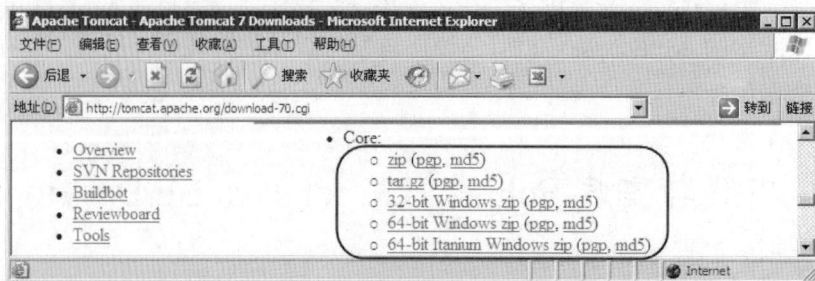

图 1.5　Tomcat 7 的下载页面

```
<Connector port="8080" protocol="HTTP/1.1" connectionTimeout="20000"
          redirectPort="8443" URIEncoding="UTF-8"/>
```

将上面配置代码中的 8080 改成其他不冲突的端口即可。如果其他的端口冲突，也可以在 server.xml 文件中找到这些冲突端口的配置代码，并将其修改成其他未被占用的端口号。

如果读者下载 Tomcat 的 Windows 版本，可以通过执行 exe 文件的方式安装 Tomcat。在安装的过程中可以指定 Tomcat 的端口号、管理员用户名和密码，如图 1.6 所示。

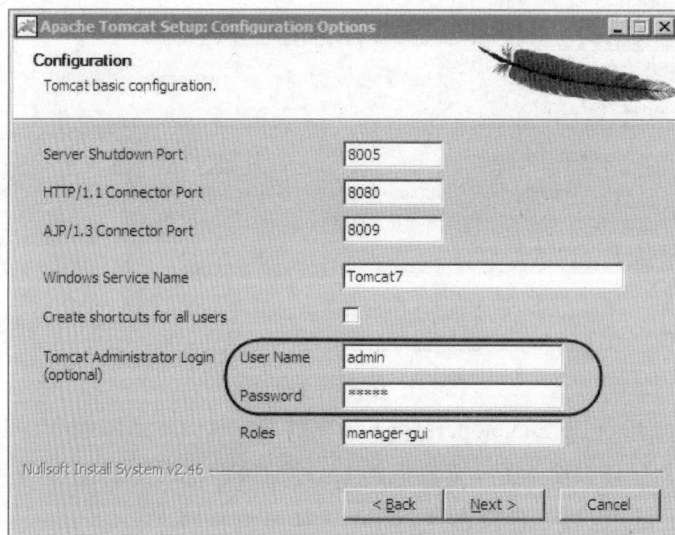

图 1.6　设置 Tomcat 7 的端口号、管理员用户名和密码

Tomcat 的 Windows 安装版本会安装一个 Windows 服务来启动 Tomcat，如图 1.7 所示。启动 Apache Tomcat 服务后，在浏览器地址栏中输入如下 URL：

```
http://localhost:8080/
```

如果在浏览器中显示如图 1.8 所示的页面，则表示 Tomcat 已经安装成功，并成功启动了 Tomcat。

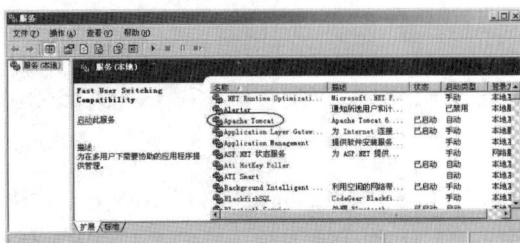

图 1.7　Apache Tomcat 服务

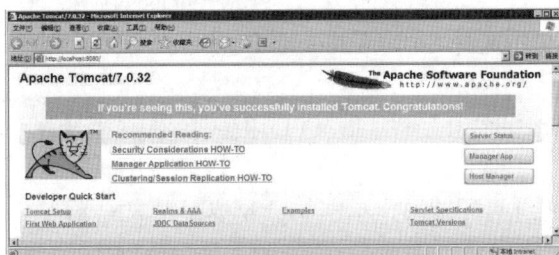

图 1.8　Tomcat 的首页

1.7　在 MyEclipse 中配置 Tomcat

安装完 MyEclipse 工具后，并不能马上进行关于 Java Web 的开发，还必须进行一些必要的配置。由于 MyEclipse 默认使用的服务器是内置的 Tomcat，因此读者想使用最新版本的 Tomcat，需要在 MyEclipse 中进行配置。下面讲解配置方法。

（1）选择 Window|Preferences 命令，打开 Preferences 对话框。

（2）在左侧的列表树中选择【MyEclipse|Servers】|【Tomcat|Tomcat 7.x】节点，将在右侧出现设置 Tomcat 7.x 服务器的界面。

（3）单击 Browse 按钮，按照如图 1.9 所示配置 Tomcat。

（4）单击 Apply 按钮使配置生效，最后单击 OK 按钮完成配置。

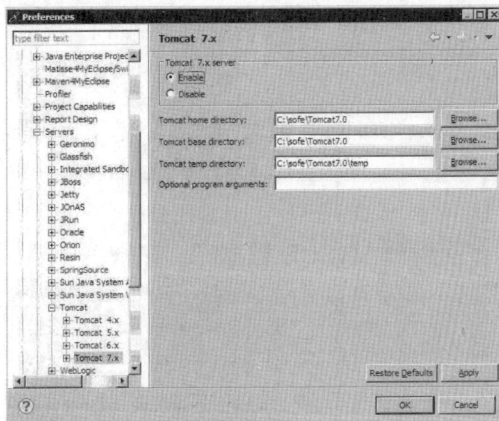

图 1.9　在 MyEclipse 中配置 Tomcat

1.8　在 Eclipse IDE for Java EE Developers 中配置 Tomcat

同 1.7 节一样，安装完 Eclipse IDE for Java EE Developers 工具后，也不能马上进行关于 Java Web 的开发，也需要进行一些必要的配置。在该工具中配置 Tomcat 和在 MyEclipse 中配置 Tomcat 类似。下面讲解配置方法。

（1）选择 Window|Preferences 命令，打开 Preferences 对话框。

（2）在左侧的列表树中选择 Server|Runtime Environments 节点，将在右侧出现设置 Java EE 服务器的界面。

（3）单击 Add 按钮，选择要配置的 Java EE 服务器，在这里选择了 Apache Tomcat v7.0，如图 1.10 所示。

（4）单击 Next 按钮进行配置后，单击 Finish 按钮完成配置。

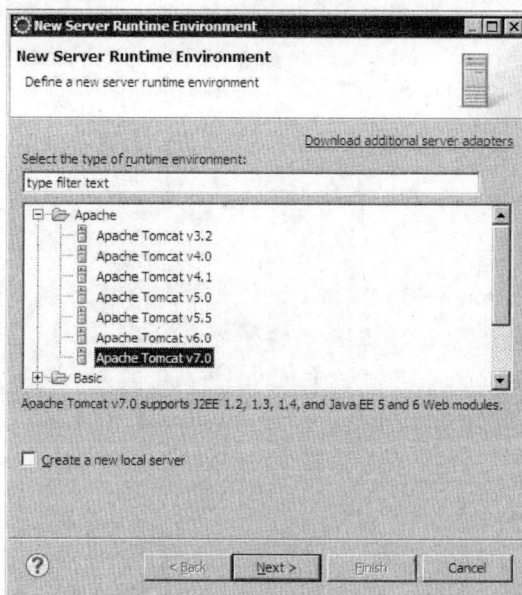

图 1.10　选择 Java EE 服务器

1.9　下载与安装 MySQL 5 数据库

在本书的项目中，曾多次用到 MySQL 数据库。该数据库是一款免费的数据库，目前最新的版本为 MySQL 5.5.13，读者可以从如下网址下载 MySQL 5 的最新版本。

```
http://mysql.com
```

如果读者使用的是 Windows 操作系统，可以下载 Windows 版的 MySQL 数据库，该版本也是一个可执行的 exe 文件。双击安装程序即可安装 MySQL。如图 1.11 是 MySQL 5.5.13

的下载页面。

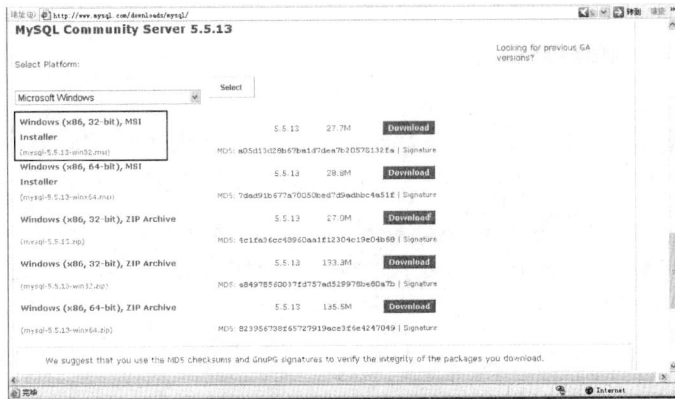

图 1.11 MySQL 5 下载页面

下载完 mysql-5.5.13-win32 后，双击安装程序即可安装 MySQL 数据库服务器。

1.10 下载与安装数据库客户端软件 SQLyog

市场上几乎所有的数据库管理系统都是基于客户端/服务器模式的。MySQL 数据库也不例外，该数据库最常用的客户端为 SQLyog 软件。目前该软件最新的版本为 SQLyog-9.6.3-0，读者可以从如下网址下载 SQLyog 9 的最新版本。

http://www.webyog.com

如图 1.12 是 SQLyog-9.6.3-0 的下载页面。在下载 SQLyog 产品页面中，关于"SQLyog MySQL GUI"的下载类型有两种，分别为 GA (Stable) 9.6.3-0 Trial 和 GA (Stable) 9.6.3-0 Full，其中前者表示试用版本，可以免费使用 30 天，而后者如果使用，需要输入相应信息。

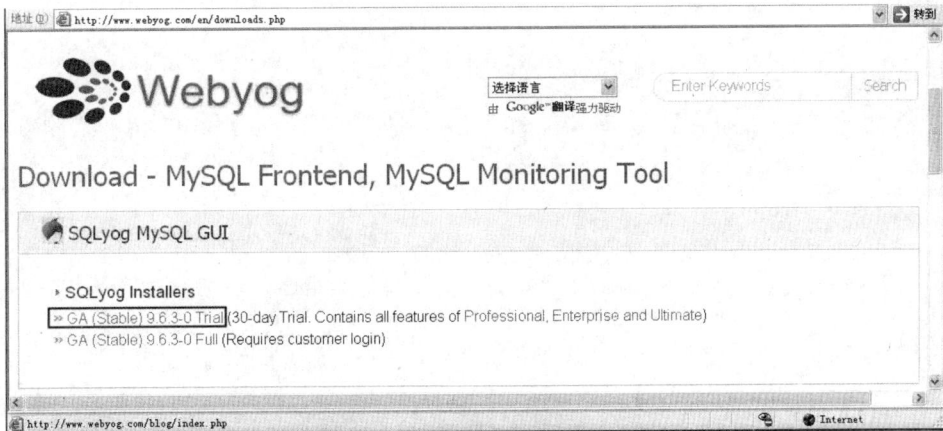

图 1.12 下载 SQLyog 9 软件

下载完 SQLyog-9.6.3-0Trial 后，双击安装程序即可安装 SQLyog 数据库客户端。

1.11　小　　结

本章介绍了书中所使用的各种工具、框架的版本及下载、安装方法。笔者在编写本书时使用了 JDK 7 + MyEclipse 10.6 + Struts 2.3 + Spring 3.2 +Hibernate 4.1 的整合方案。在这个整合方案中使用的大多数软件都是笔者写作本书时的最新版本。在本书出版后有可能这些软件有了更新的版本。一般软件是向下兼容的，因此读者也可以采用更新的软件版本来运行和调试本书提供的例子程序。

1.12　实　战　练　习

简答题

1．如何搭建一个 Java Web 开发环境？

【提示】安装本书所介绍的各种软件。

2．安装 MyEclipse 开发工具后，需要进行一些必须的设置，才能便于 Java Web 系统的开发。那么对于 MyEclipse 开发工具需要进行哪些设置呢？

【提示】参考本章的 1.7 节。

第 2 章　Java Web 应用开发基础

自从进入 21 世纪以来，基于 B/S（浏览器/服务器）架构的应用程序逐渐成为企业应用的主流。其中 B/S 中的 B 就是客户端（浏览器）、S 就是服务器端。基于 B/S 架构的应用程序也被称为 Web 应用程序。随着 Web 应用程序规模的不断增大，传统的 Web 应用模式已经无法满足目前的需求，所以更先进的 MVC 模式被广泛地应用到 Web 应用程序中。随之而来的就是一系列基于 MVC 模式的框架，Struts 框架就是其中之一。本章的主要内容如下：

- ❑ Web 技术的发展；
- ❑ Java Web 程序的基本组成；
- ❑ Java Web 程序的目录结构；
- ❑ Java Web 程序的配置文件；
- ❑ JSP 模型 1 和 JSP 模型 2；
- ❑ Web 应用程序需要的基础服务；
- ❑ MVC 模式概述；
- ❑ 常用的 MVC 框架。

2.1　Web 技术的发展

实际上，Web 技术早在 20 世纪 90 年代初，就已经有了一定范围的应用，但那时的 Web 应用大多数都是基于静态 HTML 页面的，就算有一些基于动态页面的 Web 程序，可是由于当时的硬件环境和 Web 技术的限制，这些动态程序运行起来并没有现在这么流畅。而如果使用静态页面，只能起到信息发布的作用，这些静态页面是不具备交互能力的。

不管是何种类型的程序，如果没有和用户交互的功能，或者和用户交互的功能很少，是绝对不可能流行的。当然，Web 程序也不能例外。因此很多这方面的专家提出了不同的实现动态 Web 程序的方案，其中最早的解决方案是 CGI（通用网关接口），通过 CGI 技术可以使 Web 应用程序与客户端浏览器交互。这些交互的动作可以由静态的 HTML 产生，也可以由 CGI 程序生成相应的交互页面，当然，这些交互页面也是静态的。CGI 还可以访问数据库，这一点非常重要，因为几乎每一个 Web 程序都需要对数据进行存取，这些数据基本上都保存在数据库中。

CGI 程序的诞生，就像阿里巴巴用"芝麻开门"开启宝库大门一样，开启了动态 Web 应用的时代，给了这种技术无限的可能性。但 CGI 技术也存在很多不足之处，如实现 CGI 程序的难度较大，而且 CGI 的性能也面临考验。

1998 年是值得纪念的一年，在这一年里，Java 家族迎来了第一个支持动态 Web 技术的成员，这就是 Servlet。由于 Servlet 是由 Java 实现的，因此，Servlet 将继承 Java 的所有优点。Servlet 的主要优势可归纳为如下几点：

- 由于 Java 是跨平台的，Servlet 也就自然成了跨平台的技术。如果在 Java 支持的操作系统平台上的 Web 服务器包含 Servlet 引擎，Servlet 程序就可以在该操作系统平台上运行。
- 由于 Java 可以通过 JDBC 访问数据库，而且支持 JDBC 的数据库非常多，因此 Servlet 也就可以利用 Java 的这项特性访问更多的数据库。
- 除此之外，Java 还具有更高级的特性，如多线程、网络等技术。Servlet 自然也就可以利用这些技术增强 Web 程序的功能了。

实际上，Servlet 程序的运行原理就相当于远程方法调用。在服务端的 Servlet 程序中（一个 Servlet 程序就是 HttpServlet 类的子类）有一个 service 方法。当客户端提交请求时，Web 服务器接收到这个请求，就将该请求交给 Servlet 引擎来处理。当 Servlet 引擎找到该请求指定的 Servlet 时，就会调用 Servlet 类中的 service 方法，并且将请求信息和响应信息传入 service 方法。

所有的响应和请求的服务端逻辑都要写在 service 方法中。在 service 方法中，用户可以在处理完逻辑时给客户端返回相应的信息，当然，也可以什么都不返回。从这一点可以看出，在客户端访问 Servlet，就相当于发送一个远程调用服务端组件的方法的请求。如图 2.1 是 Servlet 请求响应流程。

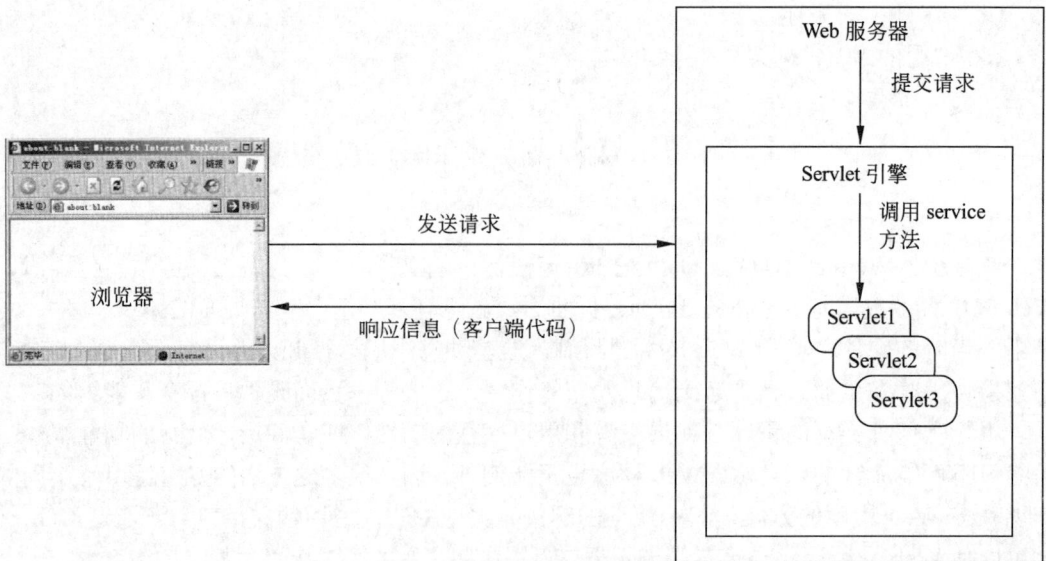

图 2.1　Servlet 的请求响应流程

从图 2.1 所示的请求响应流程可以看出，浏览器首先向 Web 服务器发送请求，然后 Web 服务器接收到请求后，将该请求提交给了 Servlet 引擎，并且由 Servlet 引擎负责调用 Servlet 对象实例的 service 方法，最后返回相应的客户端代码（HTML、JavaScript 等）。

Servlet 虽然可以实现全部的动态 Web 应用程序的功能，但是用 Servlet 显示用户接口时，必须将客户端代码使用 HttpServletResponse 对象发送到客户端。如果客户端的页面非常复杂，则这样做的工作量是相当大的，而且代码不易维护。

为了使设计页面更方便，Sun 公司在 1999 年发布了 JSP 规范。JSP 和 ASP 非常相似，它们都是在同一个页面中混合了客户端代码和服务端代码。在 ASP 页面中可以将 HTML、JavaScript 等客户端代码和 VBScript 等服务端脚本混合在一起，而 JSP 页面中可以使用 Java 代码作为服务端脚本。

Sun 公司为了充分利用已有的 Servlet 技术，在第一次访问 JSP 页面时，JSP 页面会被 JSP 引擎翻译成 Servlet，然后再交由 Servlet 引擎来运行。因此，JSP 页面在本质上也属于 Servlet 的一种。图 2.2 是 JSP 页面的请求、响应和运行流程。

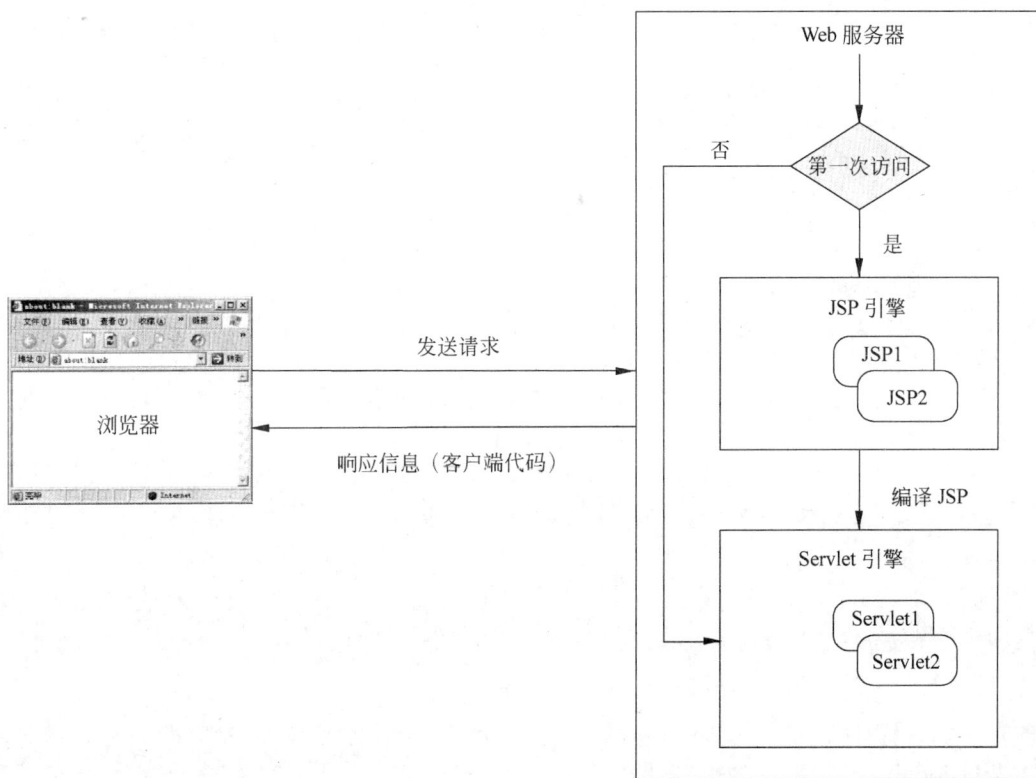

图 2.2　JSP 页面的请求、响应和运行流程

从图 2.2 所示的流程可以看出，当浏览器请求 Web 服务器中的 JSP 页面时，Web 服务器会判断该 JSP 页面是否第一次被访问（根据该 JSP 页面是否已生成相应的 Servlet 程序来判断）。如果是第一次请求，则将该请求交给 JSP 引擎，并由 JSP 引擎将 JSP 页面翻译成 Servlet，再交由 Servlet 引擎来运行由 JSP 页面生成的 Servlet 程序。

如果该页面不是第一次被访问，则 Web 服务器会直接将请求交由 Servlet 引擎来运行由 JSP 生成的 Servlet 程序。因此，JSP 页面只在第一次被访问时有些慢，当再次访问 JSP 页面时，就和访问 Servlet 完全一样了。当 JSP 页面被改动时，JSP 引擎仍然会重新将被修改的 JSP 页面翻译成 Servlet，关于 JSP 原理的详细内容，将在第 5 章介绍。

2.2　了解 Java Web 技术

Java Web 技术主要指 JSP/Servlet，这两项技术也是 Java Web 的核心技术。目前支持 JSP/Servlet 的 Web 服务器非常多，如轻量级的 Tomcat、还有重量级的 JBoss、Weblogic 等。在本书中将采用 Tomcat 作为 Web 服务器。本节将介绍 Tomcat 下的 Java Web 程序的组成和结构。

2.2.1　认识 Java Web 程序的基本组成

在一个典型的 Java Web 程序中应该包含 Servlet、JSP 页面、HTML 页面、Java 类等 Web 组件。总之一句话，一个 Java Web 应用程序是由一个或多个 Web 组件组成的集合。这些 Web 组件一般被打包在一起，并在 Web 容器中运行。下面是一个典型 Java Web 应用程序的组成列表：

- ❑ Servlet；
- ❑ Java Server Pages（JSP）；
- ❑ JSP 标准标签（JSTL）和定制标签；
- ❑ 在 Web 应用程序中使用的 Java 类；
- ❑ 静态的文件，包括 HTML、图像、JavaScript 和 CSS 等；
- ❑ 描述 Web 应用程序的元信息（web.xml）。

2.2.2　认识 Java Web 程序的目录结构

通常一个 Java Web 应用程序中的所有文件会放在一个目录下。Tomcat 的默认 Web 根目录是<Tomcat 安装目录>\webapps。所有放在该目录下的 Java Web 应用程序都会自动发布。假设有一个论坛系统的根目录是 forum，则该系统通常会有如下的目录结构。

- ❑ forum：论坛系统的根目录。
- ❑ forum\WEB-INF：保存论坛系统的一些配置文件、Java 类和 jar 包等资源。
- ❑ forum\WEB-INF\classes：保存论坛系统所需要的 Java 类（.class 文件）。
- ❑ forum\WEB-INF\lib：保存论坛系统所需要的 jar 包。

除此之外，在 forum\WEB-INF 目录下一般会有一个 web.xml 文件用于配置 Java Web 系统。该论坛系统的结构如图 2.3 所示。

从图 2.3 所示的目录结构可以看出，在 Tomcat 的 webapps 目录下还有一些其他的目录，如 ROOT，这些都是 Tomcat 自带的例子程序或文档。

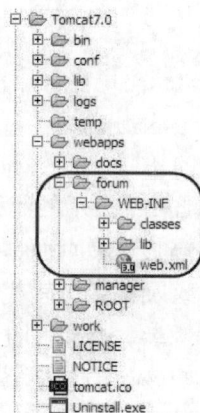

图 2.3　论坛系统的目录结构

2.2.3　了解 Java Web 程序的配置文件

配置文件是所有 Java Web 应用程序的支柱。这里的配置文件主要指位于 WEB-INF 目录的 web.xml 文件。该文件几乎配置了 Java Web 应用程序需要的所有东西。除此之外，在 <Tomcat 安装目录>\conf 目录中有一个 web.xml 文件。这个配置文件对于当前的 Tomcat 服务器是全局的。也就是说，在这个 web.xml 文件中配置的信息，将对所有运行在当前 Tomcat 服务器中的 Java Web 应用程序有效。web.xml 文件中配置的主要内容如下：

- ❑ ServletContext 初始化参数；
- ❑ Session 配置；
- ❑ Servlet/JSP 定义；
- ❑ Servlet/JSP 映射；
- ❑ 标签库引用；
- ❑ MIME 类型映射；
- ❑ 欢迎页；
- ❑ 错误页；
- ❑ 安全信息。

2.3　了解 MVC 模式与 MVC 框架

Servlet/JSP 技术虽然在很长时间内被广泛应用，但随着时间的推移，人们逐渐发现 Servlet/JSP 技术存在着很多弊端。如 JSP 页面将静态的 HTML 代码、JavaScript、CSS 和动态的 JSTL、Java 代码混在一起，这样非常不利于后期的程序维护。为了解决这个问题，有人提出了将页面和服务端代码分离，这就是 MVC 模式的基本思想之一。

2.3.1　认识 JSP 模型 1 和 JSP 模型 2

Sun 公司在引入 JSP/Servlet 技术时，制定了两种开发模型来建立基于 JSP 的 Web 应用程序，这就是众所周知的 Model 1 和 Model 2。Model 1 要比 Model 2 简单得多，在 JSP 被引入的初期，基于 JSP 的 Web 应用程序大多数使用的都是 Model 1。然而随着时间的推移，应用程序的规模越来越大，Model 1 已经不能满足程序开发的需要了，这时，Model 2 走进了我们的视线。Model 2 的核心思想是 MVC 模式。基于 MVC 模式的框架，如 Struts 2，也已经成为目前开发大型 Web 应用程序的首选。

1．JSP Model 1

Model 1 非常简单，一般由 3 部分组成，这 3 部分是客户端浏览器、服务端程序（JSP/Servlet）和数据库。Model 1 在 JSP/Servlet 中处理所有的服务端工作，其中包括接收请求、商业逻辑、表现层逻辑和产生响应。Model 1 的构架如图 2.4 所示。

图 2.4　Model1 的构架

虽然这种模型在概念和使用上非常简单，但将商业逻辑和表现层逻辑及其他的处理代码都写在 JSP/Servlet 中，将大大降低程序的灵活性和可维护性。假设有一个 JSP 页面的客户端代码使用的是 HTML，并且在 JSP 页面中混有很多的服务端程序，如 Java 代码，如果要想使这个 JSP 页面拥有多个表现层接口，如为其增加 WML（无线标记语言），这就意味着所有的商业逻辑和表现层逻辑都要进行修改。在这种情况下，使用 Model 1 来开发 JSP 页面就会大大增加工作量，并且非常容易出错。

2．JSP Model 2

Model 2 是现今最流行的开发模式，这个模型是基于 MVC 模式的。MVC 是模型（Model）-视图（View）-控制器（Controller）的简称。Model 2 可以解决很多 Model 1 的遗留问题。在 MVC 模式中，以控制器为中心。在一般情况下，用 Servlet 来充当控制器，负责接收视图（一般是 JSP 页面）的请求，并向视图发送响应信息。同时也和模型进行交互，来获得数据库的信息，或者向数据库中写入信息。Model 2 的构架如图 2.5 所示。

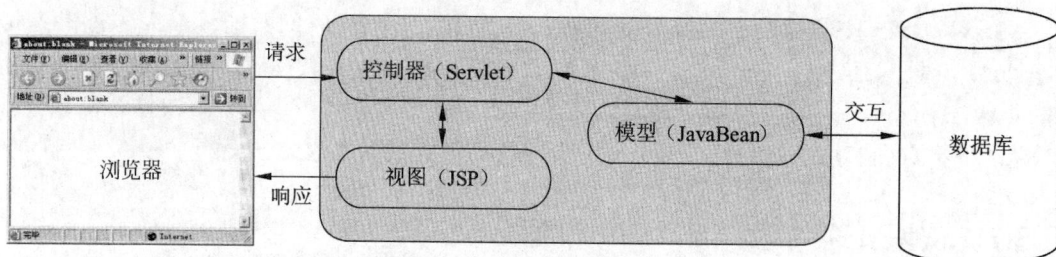

图 2.5　Model 2 的构架

MVC 模式将表现层（视图）、商业逻辑层（控制器）和数据层（模型）分开处理。因此，很容易替换其中的任何一部分，如需要不同的表现层接口时，只需要修改视图即可，其他两层并不需要进行修改，这样将会达到最大限度的代码重用。

2.3.2　认识 Web 应用程序的基础服务

Java Web 应用程序除了需要将页面和服务端代码分离外，还有一些基础功能在很多页面都会重复出现。为了尽可能地减少重复代码量，就需要通过框架的方式来完成这些基础功能。Java Web 应用程序需要的主要基础服务如下。

❑ 页面导航：该功能就是从一个页面切换到另一个页面。这些功能最好放在服务端逻辑中，而不要直接放到 JSP 页面中。

❑ 页面布局：这是几乎每一个 JSP 页面所必须做的工作。为了对这项工作统一管理，最好通过一些标准的方法来实现页面布局。

❑ 数据验证和错误处理：这个功能虽然和业务逻辑没太大关系，但是为了系统的健壮，应该根据系统中数据的要求加入相应的验证机制。对于很多数据的验证都是有规律可循的，如字段不能为空、输入字符串长度的范围、日期格式等。这些有规律的验证如果使用框架实现，将是一个非常不错的想法。

❑ 业务逻辑的重用：有很多系统的业务逻辑是类似或相同的。开发人员往往很"懒"，并不想为每一个相似的逻辑重新编写代码，这就要求在编写 Web 应用程序时应将业务逻辑从系统中分离，形成一系列和其他层相互独立的组件，这样重用起来就非常容易了。

为了将上面的功能提炼出来形成可以重用的组件，最常用的方法就是使用 MVC 模式以及实现 MVC 模式的各种框架，如 Struts。在后面的部分将介绍 MVC 模式的基本思想及常用的 MVC 框架。

2.3.3　MVC 模式概述

虽然现在的 MVC 应用大多是 Web 程序，但 MVC 模式并不是 Web 程序的专利。实际上，MVC 模式是为面向对象语言而提出的，也就是说，所有使用面向对象语言开发出的系统（包括 B/S、C/S 以及其他类型的程序）都应遵循 MVC 模式。

MVC 模式将一个应用分成 3 个部分：Model（模型）、View（视图）和 Controller（控制器），这 3 个部分应尽可能少地耦合，从而可提高应用程序的可扩展性和可维护性。

在通常的 MVC 模式中，控制器负责接收事件，并根据接收到的事件来处理视图层和模型层的组件。对于 Web 应用程序来说，事件就是客户端发送的请求。每个模型对应一系列的视图。在后面要讲的 Struts 2 的模型（Model）类就相当于模型层的组件。而使用 Struts 2 标签的 JSP 页面可以看作是视图。

当 JSP 页面请求 Struts 2 的 Action 时（Controller），Action 会将模型类和视图层的 JSP 页面联系起来。也就是说，将 JSP 页面提交的数据自动封装在模型对象实例中，或者在 JSP 页面读取模型对象实例中的属性值。如图 2.6 是 Struts 2 框架的工作流程。其他基于 MVC 模式的应用程序的工作流程和图 2.6 所示的工作流程类似。

从图 2.6 所示的 Struts 框架的工作流程可以将 MVC 模式的主要优势总结如下：

❑ 多个视图可以对应一个模型，这样有利于代码的重用。如果模型发生改变，也容易升级和维护。

❑ 由于模型和视图由 Controller 进行控制，并且模型和视图是分离的，因此，可以通过模型为视图提供不同的数据，如各种类型的数据库、XML 和 Excel 等。

❑ 由于控制器负责访问视图和模型，因此，可以在控制器中加入权限验证来限制用户对敏感资源的访问。

❑ 在 MVC 模式中，3 个层次是分离的，降低了各个层次之间的耦合性，这样有利于对系统中的各层进行扩展。

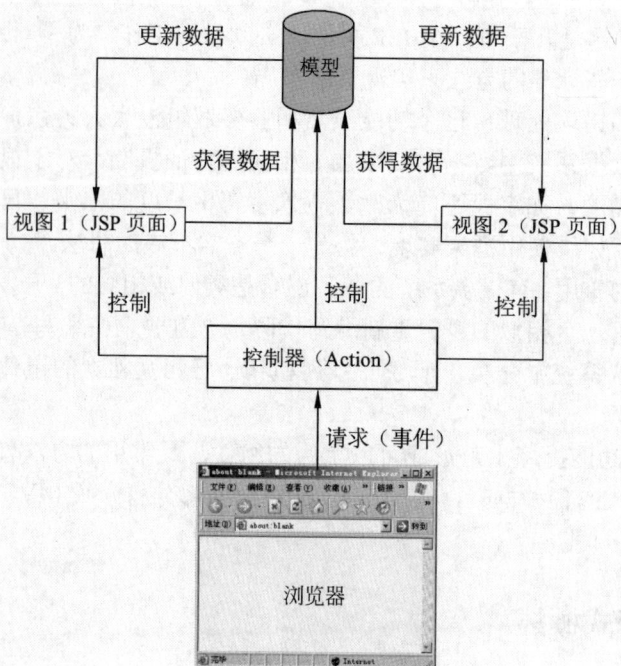

图 2.6 Struts 2 框架的工作流程

2.3.4 了解常用的 MVC 框架

目前基于 MVC 模式的框架非常多，这些框架都提供了很好的分层能力，并且在实现 MVC 模式的基础上，还提供了很多辅助开发的类库。目前比较流行的 MVC 框架如下。

1. Struts 1.x

Struts 1.x 是 apache 的一个开源项目，也是最早实现 MVC 模式的框架。目前使用 Struts 1.x 框架的用户群非常大。Struts 1.x 中相对于 MVC 模式有如下 3 层。

- □ 视图层（View）：该层主要包括 JSP、HTML 等页面及 JavaScript 等客户端脚本。该层通过 ActionForm 和服务端进行交互。
- □ 控制层（Controller）：Struts 1.x 的 Action 属于控制层。通过 Action，可以控制视图和模型。
- □ 模型层（Model）：该层主要是一系列处理业务逻辑和操作数据的 Java 类。

2. Struts 2.x

Struts 2.x 虽然从版本号上看是 Struts 1.x 的升级版本，但实际上 Struts 2.x 是从 Webwork 框架升级过来的。Struts 2.x 框架虽然在概念上和 Struts 1.x 类似，但在实现上却大不相同。Struts 2.x 的 Action 类可以是 POJO，而 Struts 1.x 的 Action 类和 ActionForm 类需要从特定的类继承。而且 Struts 2.x 的 Action 对视图的控制也更灵活（关于 Struts 2.x 的详细内容请读者参阅第 2 篇的各个章节）。

3. Spring MVC

Spring MVC 是 Spring 框架自带的一个 MVC 框架。该框架为视图、模型和控制器之间提供了一个非常清晰的划分，各部分耦合度极低。Spring MVC 框架完全基于接口编程，真正实现了与视图无关。在 Spring MVC 框架中并不要求视图一定要使用 JSP。在该框架中视图可以使用 Velocity、XSLT 或其他的视图技术，甚至可以使用自定义的视图技术，当然，这需要实现 View 接口。

Spring 的控制器由 Ioc 容器管理，因此，对控制器进行维护更容易。Spring MVC 框架通过 DispatcherServlet 进行控制。DispatcherServlet 负责拦截所有的用户请求，并将请求分发给不同的控制器。

Spring MVC 虽然很灵活，但由于 Spring MVC 框架和 Servlet API 耦合，因此，Spring MVC 框架的运行不能脱离 Servlet 容器，这也限制了 Spring MVC 框架的扩展性，而且 Spring MVC 框架的角色划分得太细，使用太繁琐，从而降低了开发效率。

2.4　小　　结

本章介绍了 Web 技术的历史及其发展过程。随着硬件性能的提高和 Web 技术的发展，Web 程序也从一开始的静态页面发展到了现在的动态和静态页面组合的模式。随着 Web 应用系统规模的不断增大，往往一个 Web 程序需要很多人合作才能完成，这就要求有更好的设计模式来满足团队开发的需要。MVC 模式就是其中一个比较出色的解决方案。随着 MVC 模式的不断流行，越来越多的基于 MVC 模式的框架也不断涌现。本书要讲的 Struts 2 框架就是被很多人看好的 MVC 框架之一。在后面的部分将详细讲解 Struts 2 的各种特性和功能。读者将会从中了解并掌握 MVC 模式在 Struts 2 框架中的精彩表现。

2.5　实　战　练　习

简答题

1. 简述 Web 技术的发展？

【提示】参考本章的 2.1 节。

2. 简述目前阶段中，常用的 MVC 框架？

【提示】参考本章的 2.3.4 节。

第 3 章　Web 开发必会的客户端技术

客户端技术是 Web 程序中最重要的技术之一。客户端技术主要用来设置浏览器中页面元素的布局和显示效果，以及利用 JavaScript 技术对页面进行控制，与服务端进行通信等。常用的客户端技术主要包括 HTML、CSS、DOM、JavaScript 和 AJAX 等。读者通过学习这些客户端技术，可以很容易地编写具有良好用户体验的 Web 程序页面。本章将主要介绍 JavaScript 的基本功能，同时还涉及了 CSS、DOM、AJAX 等技术。本章的主要内容如下：

- ❑ 常用 JavaScript IDE 简介；
- ❑ JavaScript 的基本语法；
- ❑ JavaScript 中的内置对象；
- ❑ DOM 技术；
- ❑ 正则表达式；
- ❑ CSS 基础知识；
- ❑ AJAX 技术。

3.1　学习客户端技术的开发工具

工欲善其事，必先利其器。要想提高客户端技术的开发效率，选择一个合适的开发工具是非常必要的。现在几乎所有能开发 Web 程序的开发工具都支持客户端技术，如 MyEclipse、Eclipse、NetBeans、Dreamweaver 和 Visual Studio 2010 等。这些工具在编写客户端技术上各有千秋。在本节将讲解如何在 MyEclipse 开发工具中使用各种客户端技术。

3.1.1　在 MyEclipse 中使用 HTML 技术

MyEclipse 是本书主要使用的 HTML IDE。MyEclipse 不仅支持 Java EE 的开发，也支持 HTML 的开发。读者可右击 Web 工程，在弹出的快捷菜单中选择 New|Other 命令，打开 New 对话框。在该对话框中选择 MyEclipse|Web|HTML(Basic Templates)节点，如图 3.1 所示。

单击 Next 按钮，进入下一步操作。在 File name 文本框中输入一个文件名（不需要带文件扩展名），单击 Finish 按钮就会创建一个带有 ".html" 后缀名的 HTML 程序文件。

MyEclipse 中的 HTML 编辑器支持代码辅助功能，如图 3.2 所示。

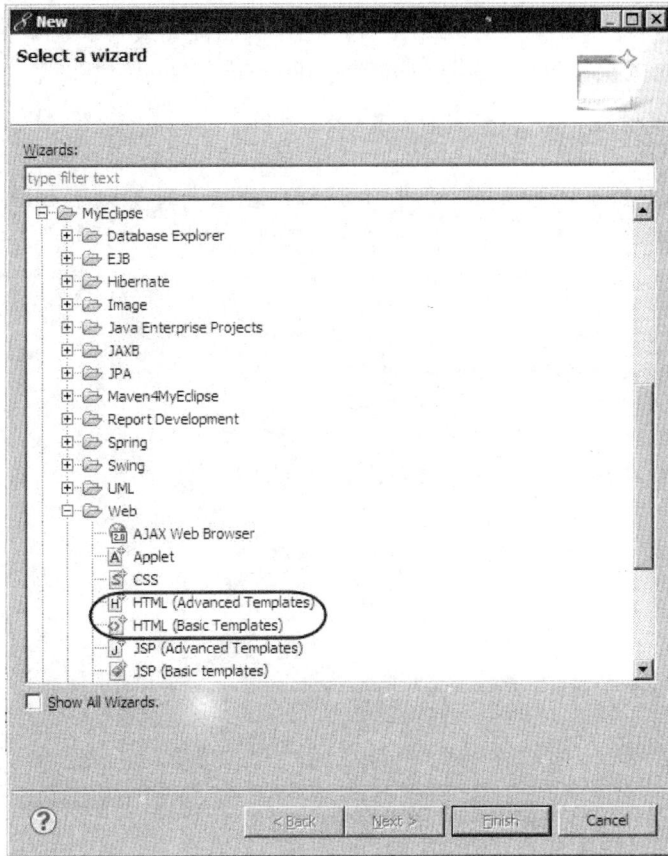

图 3.1　新建 HTML 文件

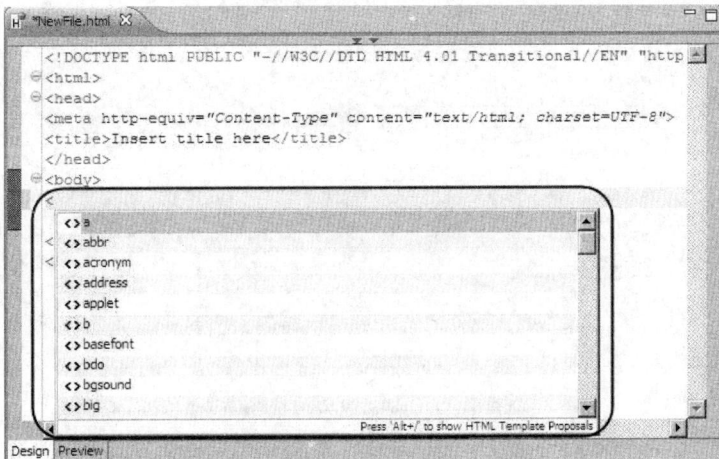

图 3.2　支持 HTML 语言

3.1.2　在 MyEclipse 中使用 JavaScript 技术

MyEclipse 是本书主要使用的 Java IDE。MyEclipse 不仅支持 Java EE 的开发，同时也

支持 JavaScript 开发。读者可右击 Web 工程，在弹出的快捷菜单中选择 New|Other 命令，打开 New 对话框。在该对话框中选择 JavaScript|JavaScript Source File 节点，如图 3.3 所示。

　　单击 Next 按钮，进入下一步操作。在 File name 文本框中输入一个文件名（不需要带文件扩展名），单击 Finish 按钮就会创建一个带有 ".js" 后缀名的 JavaScript 程序文件。

　　MyEclipse 中的 JavaScript 编辑器支持代码辅助功能，即在 JavaScript 的内置对象，如 window、document 等，在输入 "." 后，都可以列出这些对象的内部成员。如在输入 "window." 后，就会出现如图 3.4 所示的成员列表，同时还会显示支持这些成员的浏览器，如图 3.5 所示。

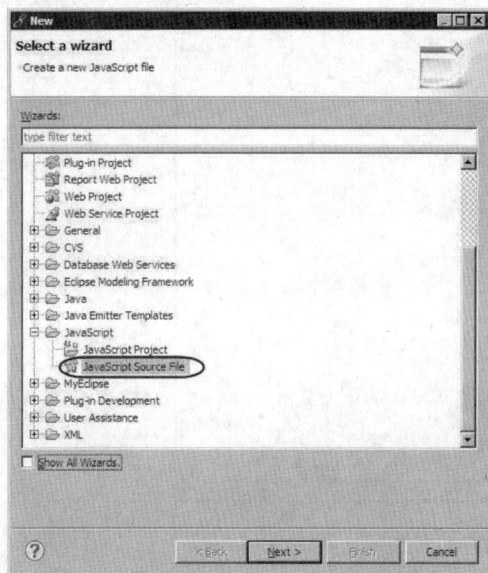

图 3.3　新建 JavaScript 文件　　　　　　图 3.4　window 对象的成员列表

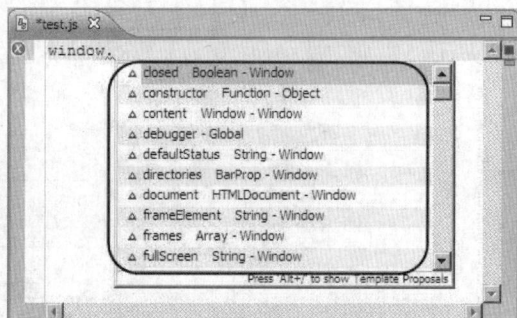

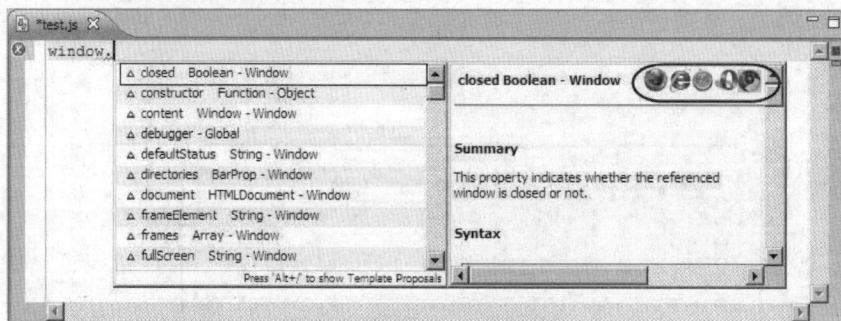

图 3.5　所支持的浏览器

3.1.3　在 MyEclipse 中使用 CSS 技术

　　MyEclipse 是本书主要使用的 HTML IDE。MyEclipse 不仅支持 Java EE 的开发，同时也支持 HTML 开发。读者可右击 Web 工程，在弹出的快捷菜单中选择 New|Other 命令，打开 New 对话框。在该对话框中选择 MyEclipse|Web|CSS 节点，如图 3.6 所示。

单击 Next 按钮，进入下一步操作。在 File name 文本框中输入一个文件名（不需要带文件扩展名），单击 Finish 按钮就会创建一个带有 ".css" 后缀名的 CSS 程序文件。

MyEclipse 中的 CSS 编辑器支持代码辅助功能，如图 3.7 所示。

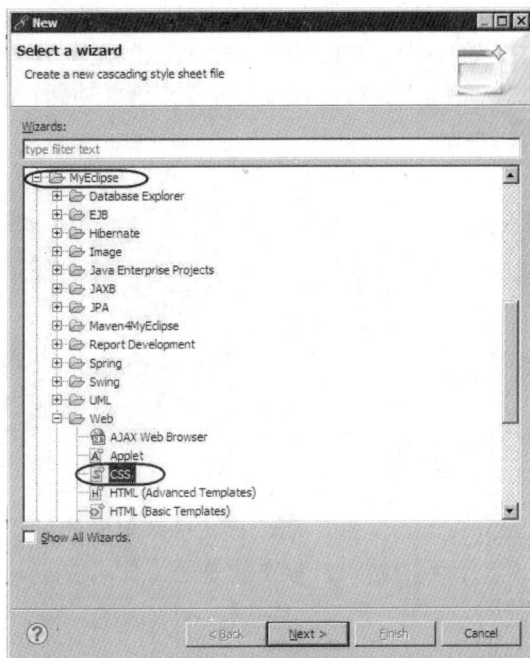

图 3.6　新建 CSS 文件

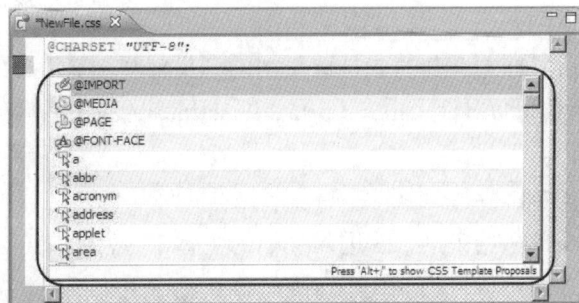

图 3.7　支持 CSS 语言

3.2　学习超文本标签语言 HTML

HTML 的全称为 Hypertext Markup Language，中文意思是超文本标签语言，是一种用来制作超文本文档的简单标签语言，也就是用于制作网页的内容。本节将介绍 HTML 的基本语法，内容包含该语言的基本结构和基本标签，分别是段落格式标签、超级链接标签、图像标签、表格标签、框架标签和表单标签。

3.2.1　HTML 基本构成

HTML 语言是 Web 用于创建和识别文档的标准语言，该语言是学习网页编程的基础，其主要应用就是对网页内容的排版。HTML 最大的优点就是在浏览器运行时有统一的规则和可用标准。所谓超文本，是因为其可以加入图片、声音、动画、影视等非单一文本内容。一个简单 HTML 文档的代码如下：

```
<!-- html1.html -->
<HTML>                                 <!--  HTML 文档的开始标签   -->
    <HEAD>                             <!--  HTML 文档的开头标签   -->
        <TITLE>第一个 HTML 文档：Hello</TITLE><!--  HTML 文档的标题标签   -->
    </HEAD>
    <BODY>                             <!--  HTML 文档的主体标签   -->
        第一个 HTML 文档!
    </BODY>
</HTML>
```

代码说明：

保存上面的文档为 html1.html 文件，双击该文件，页面的显示如图 3.8 所示。上述代码中之所以会产生如图 3.8 所示的结果，最主要是因为代码中的一系列标签，下面将一一介绍这些标签。

（1）<HTML></HTML>

<HTML>标签用来标识 HTML 文档的开始，而</HTML>标签 HTML 文档的结束，两者必须同时出现配套使用，这是 HTML 语言的最基本标签。

（2）<HEAD></HEAD>

HTML 文档开始后，首先遇到的就是该文档的开头部分，其用<HEAD>和</HEAD>标签来标识。在该标签对中可以使用<title></title>和<script></script>等标签，用来描述 HTML 文档的相关信息。

（3）<BODY></BODY>

HTML 文档的开头部分结束后，就进入文档的主体部分，用<BODY>和</BODY>标签来标识。在此标签对之间可以使用<p><h1>
等标签，用来描述浏览器中显示出来的内容。同时<BODY>标签中还可以有以下属性。

❑ Bgcolor：设置背景颜色。

❑ Text：设置文本的颜色。

❑ Link：设置链接的颜色。

❑ Vlink：设置已使用的链接的颜色。

❑ Alink：设置被单击的链接的颜色。

（4）<title></title>

在使用<HEAD>和</HEAD>标签对时，会出现一对非常重要的标签<title></title>，用来修改浏览器窗口标题栏上的文本信息。

通过对基本标签的理解，可以把上述代码分成两部分，如图 3.9 所示。

图 3.8　HTML 文档的结构　　　　　　　图 3.9　运行结果

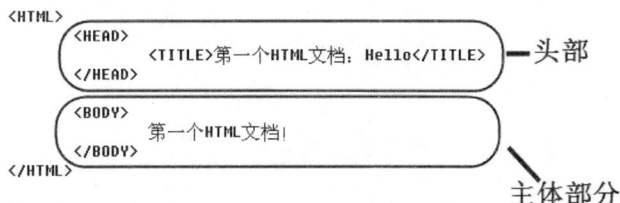

🔔注意：标签不区分大小写，所以可以使用<html>代替<HTML>标签。

3.2.2　HTML 基本标签——段落格式设置标签

在编写一篇长文章或评论的时候，经常会把文章内容分成一系列段落，以显示作者的逻辑思想，在 HTML 文档中也可以把文本内容分成多个段落。段落标签可以是：

（1）<p></p>

<p></p>标签用来创建一个段落，在此标签对之间加入的文本，将按照段落的格式显示在浏览器中。另外，该标签还可以使用 align 属性来说明对齐方式，而属性值可以是 left、Center、和 Right 这 3 个中的任何一个。

🔔注意：段落标签<p>用于标记段落的开始，段落结束标签</p>并非必须，是可以省略的。

（2）

是一个很简单的标签，它没有结束标签，因为它用来创建一个回车换行。

如果把
放在<p></p>外边，将创建一个大的回车换行，若放在<p></p>里将创建一个小的回车换行。

下面代码的具体内容为标签
在标签对<p></p>外。

```
<!-- html2.html -->
<HTML>
    <HEAD>
        <TITLE>区别</TITLE>
    </HEAD>

    <BODY >
        <p>在标签对外</p><br>        <!--  <br>标签在<p>标签的外边  -->
        <p>在标签对外</p>
    </BODY>
</HTML>
```

下面代码的具体内容为标签
在标签对<p></p>里。

```
<!-- html3.html -->
<HTML>
    <HEAD>
        <TITLE>区别</TITLE>
    </HEAD>

    <BODY >
```

```
        <p>在标签对里<br></p>        <!--  <br>标签在<p>标签的里边  -->
        <p>在标签对里</p>
    </BODY>
</HTML>
```

运行上面两段代码结果如图 3.10 和图 3.11 所示。

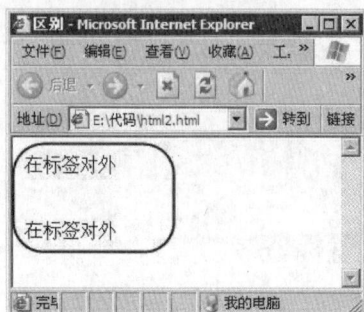

图 3.10　外边运行结果　　　　　图 3.11　里边运行结果

（3）<div></div>、<span></span>

<div></div>标签对用于文档分节，也用于格式化表，此标签对的用法与<p></p>标签对非常相似。<span></span>标签用于在行内控制特定内容的显示，如果要为一行内容的某几个字设置特殊的格式，可以使用该标签将这几个文字包围起来，然后设置格式。

3.2.3　HTML 基本标签——超级链接标签

在 HTML 语言中超级链接用来实现页面的联系和转换，即当用户单击超级链接时就会进入链接中指定的文档或文件（图形、音频、视频）。超级链接的基本格式如下：

```
<a href=链接目标的位置>链接的名称</a>
```

在上述定义中链接名称是指向链接目标的链接指针，可以是文字或图片。而链接的目标位置可以使用 URL 指定。如果链接目标的网页位于同一站点下，可以使用相对 URL。如果链接目标的网页位于其他站点，需要使用绝对 URL。单击链接的名称，就会跳转到相应链接目标的网页。下面是具体的代码演示。

（1）链接到同一站点内的文档。该方式的例子如下：

```
<a href=myhtml.htm>示例</a>
```

当单击"示例"这个链接时，可以跳转到同一文件夹下的 myhtml.htm 文件。

（2）链接到其他站点内的文档。该方式的例子如下：

```
<a href=HTTP://www.myWeb.edu.cn >示例</a>
```

当单击"示例"这个链接时，页面就转到 HTTP://www.myWeb.edu.cn 网址的首页。

（3）E_mail 链接。该方式的例子如下：

```
<a href=mailto:mymail@126.com >示例</a>
```

当单击"示例"这个链接时，将调用系统设定的电子邮件程序，建立一个空白的邮件，

mailto 中指定的邮件地址被填写到"收件人"一栏中。

（4）页面内部链接。首先在页面中给需要链接的位置命名，方法如下：

```
<a name=myword></a>
```

用 name 属性把放置此标签的位置命名为 myword，<a>和</a>之间没有任何内容。然后就可以设置指向该位置的链接了，方法如下：

```
<a href=#myword>转到</a>
```

当单击"转到"这个链接时，就从当前页的当前位置转到标记名为 myword 的位置。下面代码演示了超级链接的用法。

```
<!-- html4.html -->
<HTML>
    <HEAD>
        <TITLE>超级链接</TITLE>
    </HEAD>

    <BODY >
        <a href=html1.htm>示例</a>          <!-- 链接到同一站点内的文档 -->
        <!-- 链接到其他站点 -->
        <a href=HTTP://www.myWeb.edu.cn >示例</a>
        <!-- E_mail 链接 -->
        <a href=mailto:mymail@126.com >示例</a>
        <a name=myword></a>
        标记的<a name=myword>位置</a>
        <a href=#myword>转到</a>              <!-- 转到标记处 -->
    </BODY>
</HTML>
```

保存并使用浏览器浏览该页面，结果如图 3.12 所示。

图 3.12　网页中链接的运行结果

3.2.4　HTML 基本标签——图像标签

在网页中经常会用到图像，使用 img 标签就可以在网页中加入图像，常用的属性如表 3.1 所示。

表 3.1　标签img的属性

属　　性	说　　明
src	指明图形文件的文件路径和文件名

续表

属　　性	说　　明
alt	当鼠标移动到图像上时显示的文本。即在浏览器还没完全读入图像时，在图像位置上显示的备用文字
Height 属性和width属性	决定图像的高度和宽度，以像素为单位。利用这两个属性能提高图像的传输速度，原因是小的图像占用空间少，网上传输的时间短。所以可以创建一个比较小的图像，然后在浏览器上显示时按比例放大
border	决定边框线的宽度，0表示无边框

在使用 src 属性时，如果图片 pic.gif 放在 HTML 文档的同一个目录下，则可以将代码写成<img src="pic.gif">；如果图片 pic.gif 放在当前 HTML 文档所在目录的一个子目录（子目录名假设为 image）下，则代码写成<img src="images/pic.gif">；如果图片 pic.gif 放在当前 HTML 文档所在目录的上层目录（根目录下只有一个文件夹名 Web）下，则代码写成<img src="../Web/pic.gif">。

下面代码演示了图像的用法。

```
<!-- html5.html -->
<HTML>
    <HEAD>
        <TITLE>图像</TITLE>
    </HEAD>

    <BODY >
        <img src=Sunset.jpg  alt=花>     <!--  图像标签的使用  -->
    </BODY>
</HTML>
```

保存并使用浏览器浏览页面，结果如图 3.13 所示。

图 3.13　网页中图像的运行结果

3.2.5　HTML 基本标签——表格标签

表格标签对于制作网页是很重要的，因为其在一定程度上控制文本和图像在网页中的位置。表格是 HTML 高级构件之一，其由特定数目的行和列组成。关于表格的标签包含：

（1）<table></table>

该标签对用来创建一个表格，具有的属性如表 3.2 所示。

表 3.2　table标签的属性

属　　性	说　　明
bgcolor	设置表格的背景色
border	设置边框的宽度，其默认值为0
bordercolor	设置边框颜色
bordercolorlight	设置边框亮部分的颜色
bordercolordark	设置边框暗部分的颜色
cellspacing	设置表格格子之间空间的大小
cellpadding	设置表格格子边框与其内部内容之间空间的大小
width	设置表格的宽度

（2）<tr></tr>、td></td>和<th></th>

<tr></tr>标签对用于设置表格的一行，具有的属性如表 3.3 所示。

表 3.3　tr标签的属性

属　　性	说　　明
align	用来设置单元格中文字的水平方向的对齐方式
valign	用来设置单元格中文字的垂直方向的对齐方式

<td></td>标签对用于设置表格中除了标题行中单元格的文字格式。具有的属性如表 3.4 所示。

表 3.4　td标签的属性

属　　性	说　　明
colspan	可以设定跨多列的单元格
rowspan	可以设定跨多行的单元格

<th></th>标签对用于设置表格标题行中单元格的文字格式，通常默认的格式是黑体居中。

下面代码演示了表格的用法。

```
<!-- html6.html -->
<HTML>
    <HEAD>
        <TITLE>表格</TITLE>
    </HEAD>

    <BODY >
```

```
        <table border="1" width="100%" >        <!--   表格   -->
        <tr>                                     <!--   表格的第 1 行   -->
            <td>表格 1.1</td>                     <!--   表格第 1 行第 1 列   -->
            <td>表格 1.2</td>
            <td>表格 1.3</td>
            <td>表格 1.4</td>
            <td>表格 1.5</td>
            <td>表格 1.6</td>                     <!--   表格第 1 行第 6 列   -->
        </tr>
        <tr>                                     <!--   表格的第 2 行   -->
            <td>表格 2.1</td>                     <!--   表格第 2 行第 1 列   -->
            <td>表格 2.2</td>
            <td>表格 2.3</td>
            <td>表格 2.4</td>
            <td>表格 2.5</td>
            <td>表格 2.6</td>                     <!--   表格第 2 行第 6 列   -->
        </tr>
        <tr>                                     <!--   表格的第 3 行   -->
            <td>表格 3.1</td>                     <!--   表格第 3 行第 1 列   -->
            <td>表格 3.2</td>
            <td>表格 3.3</td>
            <td>表格 3.4</td>
            <td>表格 3.5</td>
            <td>表格 3.6</td>                     <!--   表格第 3 行第 6 列   -->
        </tr>
    </table>
</BODY>
</HTML>
```

保存并使用浏览器浏览页面，结果如图 3.14 所示。

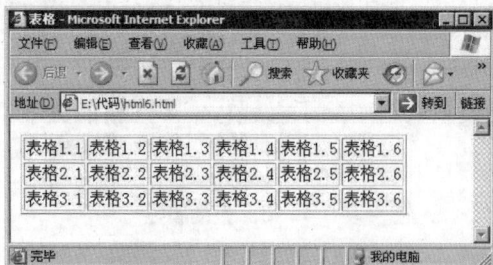

图 3.14　表格的运行结果

3.2.6　HTML 基本标签——框架标签

　　框架的标签为 Frame，它可以用来向浏览器窗口中装载多个 HTML 文件，即每个 HTML 文件占据一个框架，而多个框架可以同时显示在同一个浏览器窗口中，它们组成了一个最大的框架，即一个包含多个 HTML 文档的 HTML 文件。常用的方法是在一个框架中放置目录，然后将 HTML 文件显示在另一个框架中。

　　（1）<frameset></frameset>

　　<frameset></frameset>标签对放在框架主文档的<body></body>标签对的外边，也可以

嵌在其他框架文档中，并且可以嵌套使用。该标签对有两个属性，即 rows 属性和 cols 属性，当使用该标签时必须至少选择一个。

属性 rows 用来规定主文档中各个框架的行定位，而属性 cols 用来规定主文档中各个框架的列定义。这两个属性的取值可以是百分数、绝对像素值或星号（"*"），其中星号代表那些没被说明的空间，如果同一个属性中出现多个星号，则将剩下的没被说明的空间平均分配。同时，所有的框架按照 rows 和 cols 的值从左到右，然后从上到下排列。

（2）<frame>

<frame>标签放在<frameset></frameset>之间，用来定义某一个具体的框架。<frame>标签具有 src 属性和 name 属性，这两个属性都是必须赋值的。

- □ src 是此框架的源 HTML 文件名，浏览器将会在此框架中显示 src 指定的 HTML 文件。
- □ name 是此框架的名字，这个名字是用来供超文本链接标签<a href="target="">中的 target 属性，来指定链接的 HTML 文件将显示在哪一个框架中。

注意：<frame>标签还有 scrolling 和 noresize 属性，scrolling 用来指定是否显示滚动条，取值可以是 yes、no 或 auto；noresize 属性直接加入标签中即可使用，不需赋值，用来禁止调整一个框架的大小。

（3）

标签对也是放在<frameset></frameset>标签对之间，用来在那些不支持框架的浏览器中显示文本或图像信息。在此标签对之间先紧跟<body></body>标签对，然后才可以使用以前讲过的任何标签。

下面代码演示了框架的用法。

```
<!-- html7.html -->
<HTML>
    <HEAD>
        <TITLE>框架</TITLE>
    </HEAD>

    <frameset col ="25%,*">        <!-- 定义一个带有两列的框架  -->
        <!--设置左框架的内容-->
        <frame src="left.html" scrolling="no" name="left">
        <!--设置右框架的内容-->
        <frame src="page1.html" scrolling="auto" name="Main">
        <noframes>                      <!-- 浏览器不支持框架显示的内容  -->
            <BODY>
                <p> 你的浏览器不支持框架!</p>
            </BODY>
        </noframes>
    </frameset>
</HTML>

<!-- left.html -->
<HTML>
    <HEAD>
        <TITLE>导航</TITLE>
    </HEAD>

    <BODY >
```

```
        <p> 导航</p>
        <!--  设置"第一页"超链接  -->
        <p><a href="page1.html" target="Main">第一页</a></p>
        <!--  设置"第二页"超链接  -->
        <p><a href="page2.html" target="Main">第二页</a></p>
    </BODY>
</HTML>

<!--  page1.html  -->
<HTML>
    <HEAD>
        <TITLE>第一页</TITLE>
    </HEAD>

    <BODY >                   <!--  定义第一页的内容  -->
        <p>这是第一页</p>
    </BODY>
</HTML>

<!--  page2.html  -->
<HTML>
    <HEAD>
        <TITLE>第二页</TITLE>
    </HEAD>

    <BODY >                   <!--  定义第二页的内容  -->
        <p>这是第二页</p>
    </BODY>
</HTML>
```

3.2.7　HTML 基本标签——表单标签

表单是用来输入信息的区域，它是使网页具有交互功能的关键。利用表单可以接收用户输入，以便向服务器传送。服务器端程序接收并处理这些信息，然后动态产生网页。

（1）文本框。文本框分为单行文本框和多行文本框，密码框可以认为是一种特殊的文本框。单行文本框的格式如下：

```
<input type=text name=控件名称 value=传出值>
```

密码文本框的格式如下：

```
<input type=password name=控件名称 value=传出值>
```

多行文本框的格式如下：

```
<textarea row=行数 cols=列数 name=控件名称></textarea>
```

（2）按钮。按钮有 3 种类型，分别是提交按钮、重置按钮和普通按钮。提交按钮的格式如下：

```
<input type=submit name=控件名称 value=显示值>
```

重置按钮的格式如下：

```
<input type=reset name=控件名称 value=显示值>
```

提交按钮的格式如下：

```
<input type=button name=控件名称 value=显示值>
```

（3）单选按钮。一组单选按钮只能有一个单选按钮被选中，同一组内的多个单选按钮必须使用一个名称，格式如下：

```
<input type=radio name=控件名称 value=传出值>
```

（4）复选框。跟单选按钮相反，可以有多项被选中。格式如下：

```
<input type=checkbox name=控件名称 value=传出值>
```

（5）下拉菜单。下拉菜单格式如下：

```
<select name=控件名称 size=显示项数>
<option>选项 1</option>
<option>选项 2</option>
<option>选项 3</option>
</select>
```

下面代码演示了表单的用法。

```
<!-- html8.html -->
<HTML>
    <HEAD>
        <TITLE>表单</TITLE>
    </HEAD>

    <BODY >
        <form method="post" >
            <table>
                <tr>    <!-- 定义了输入文本框  -->
                    <td>用户名: </td>
                    <td><input  name="UserName" type="text" size="10">
                    </td>
                </tr>
                <tr>    <!-- 定义了密码文本框  -->
                    <td>密 码: </td>
                    <td><input  name="Password1" type="password" size=
                    "10"></td>
                </tr>
                <tr>    <!-- 定义了下拉菜单  -->
                    <td>选 择</td>
                    <td>
                        <select name="myselect" multiple size="4">
                            <option value="1" selected>选项 1</option>
                            <option value="2">选项 2</option>
                            <option value="3">选项 3</option>
                            <option value="4">选项 4</option>
                        </ select >
                    </td>
                </tr>
                <tr>    <!-- 定义了单选按钮  -->
                    <td>性 别</td>
                    <td><input name="myradio" type="radio" value="M">
                    男;
```

```
            </td>
            <td><input name="myradio" type="radio" value="F">
            女;
            </td>
          </tr>
        </table>
      </form>
    </BODY>
</HTML>
```

运行结果如图 3.15 所示。

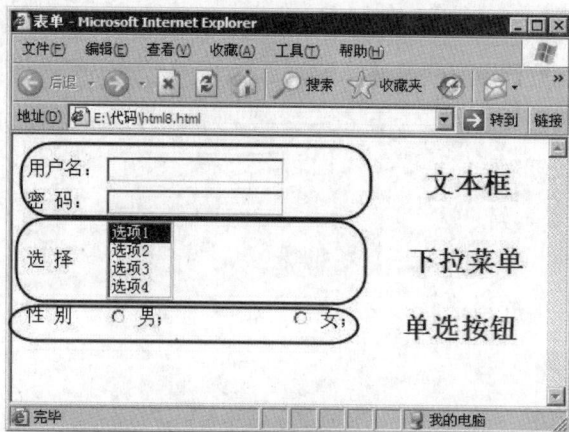

图 3.15　表单的运行结果

3.3　学习 JavaScript 技术

Web 开发中的客户端技术，除了 3.2 节介绍的 HTML 语言外，还有 JavaScript 技术。本节将介绍 JavaScript 的基本语法，内容包括 JavaScript 的基本数据类型、引用类型，以及类型之间的转换。在 JavaScript 中还经常会使用到函数和类，因此本节还介绍了函数的基本使用方法，以及类的编写、使用和继承。

3.3.1　实例：编写第一个 JavaScript 程序：Greet

本节的例子是一个非常简单的 JavaScript 程序。这个程序通过 DOM 技术获得了 name 文本框，并从 name 文本框中读出用户输入的值，最后使用 alert 函数将这个值以对话框形式显示，该程序的代码如下：

```
<!-- greet.html -->
<html>
  <head>
    <title>Greet</title>
    <!-- 开始编写 JavaScript 代码 -->
    <script type="text/javascript">
      // 由按钮单击事件调用的函数
      function greet()
```

```
        {
            var name = document.getElementById("name");
                                            //  得到 name 文本框
            //  如果找到 name 文本框
            if(name)
                alert("Hello " + name.value);      //  显示对话框
        }
    </script>
  </head>
  <body>
    <!--  用于输入消息的文本框  -->
    <input type="text" id="name" />
    <!--  调用 greet 方法的按钮  -->
    <input type="button" value="Greet" onclick="greet()"/>
  </body>
</html>
```

上面的 JavaScript 代码嵌入到了 HTML 中，在这种情况下，必须将 JavaScript 代码写在<script>标签中，也可以将 JavaScript 代码写在一个单独的文件中，如 greet.js，代码如下：

```
//  greet.js
//  显示问候语的 JavaScript 函数
function greet()
{
    var name = document.getElementById("name");      //  得到 name 文本框
    //  如果找到 name 文本框
    if(name)
        alert("Hello " + name.value);                //  显示对话框
}
```

在 HTML 中也可以通过<script>标签来引用 greet.js，代码如下：

```
<script type="text/javascript" src="greet.js">
</script>
```

☐注意：不能使用<script type="text/javascript" src="greet.js"/>来引用 JavaScript 文件，否则在 IE 和 Firefox 3 中将无法正常工作，只有在 Firefox 2 中可以正常运行。

　　JavaScript 程序可以不依赖 Web 服务器运行，但在本章中将所有的 JavaScript 程序文件放到了 webdemo 工程 WebRoot\chapter3 目录中，并通过 Tomcat 将其发送到客户端浏览器运行。由于本章的程序并未涉及任何的服务端技术，因此读者也可以使用其他的 Web 服务器（如 IIS、Apache 等）来运行本章提供的例子。

3.3.2　学习变量

　　学习任何一门语言或技术，一般都会从变量开始，对于 JavaScript 技术同样如此。本节将详细介绍关于 JavaScript 的变量，其有如下两种定义变量的方法：

❑ 在为变量第一次赋值时定义。
❑ 使用关键字 var 定义变量。

第一种方法实现起来非常容易，代码如下：

```
name = "姓名";                          //  定义 name 变量
age = 23;                              //  定义 age 变量
```

```
alert(name);                    // 显示 name 变量的值
alert(age);                     // 显示 age 变量的值
```

使用 var 来定义变量和第一种方法差不多，代码如下：

```
var product = "自行车";         // 使用 var 关键字定义 product 变量
alert(product);                 // 显示 product 变量的值
```

虽然这两种定义变量的方法类似，但是通过 var 定义变量会有一些不同，如在 MyEclipse 中通过 Content Assist 功能显示当前可用的变量时就是根据 var 来寻找这些变量的。如果不使用 var 定义变量，这些变量将不会在列表框中显示。因此笔者建议使用 var 来定义 JavaScript 变量。使用 var 可以在一行定义多个变量，中间使用逗号（,）分隔，代码如下：

```
var p1 = "abc", p2 = 1234;      // 定义两个变量，中间使用逗号分隔
```

由于 JavaScript 是弱类型语言，因此在第一次为变量赋值时，JavaScript 解析器就会为变量创建一个相应类型的值，如为 p1 创建一个字符串值，为 p2 创建一个整型的值。与 Java 不同的是，JavaScript 变量还可以存放不同类型的值，变量的当前值类型就是最后一次为这个变量赋的值的类型，如下面的代码所示。

```
var p = "abc";                  // 当前值类型是 String
alert(p);                       // 显示 p 变量的值
p = 1234;                       // 当前值类型是 Integer
alert(p);                       // 显示改变数据类型的 p 变量的值
```

JavaScript 变量名需要遵循如下两条规则：

❑ 第一个字符必须是字母、下划线（_）和美元符号（$）；
❑ 其他的字符可以是下划线、美元符号、任何字母或数字字符。

🔔注意：本节中涉及的代码存放到了 webdemo 工程的 WebRoot\chapter3\var.html 文件里。

3.3.3　学习原始类型

JavaScript 有 5 种原始类型，即 Undefined、Null、Boolean、Number 和 String。每一种原始类型都定义了自身的取值范围和表示形式，在 JavaScript 中提供 typeof 运算符获得一个变量的类型，可以用 typeof 判断一个变量是否属于原始类型，以及属于哪一个原始类型。下面是使用 typeof 获得变量类型的一个例子。

```
var iValue = 20;                // 定义整型变量 iValue
var sValue = "字符串";          // 定义字符串变量
alert(typeof iValue);           // 输出 number
alert(typeof sValue);           // 输出 string
```

在运行上面的代码后，将弹出两个对话框，分别显示 number 和 string。这是上述 5 种原始类型中的两个。typeof 运算符可以返回如下 5 个值中的一个。

❑ undefined：变量是 Undefined 型。
❑ boolean：变量是 Boolean 型。

> ❑ number：变量是 Number 型。
> ❑ string：变量是 String 型。
> ❑ object：变量是引用类型或 Null 类型。

下面就分别介绍上面的 5 种返回值。

1．Undefined类型

Undefined 类型只有一个值，也就是 undefined，如果要判断未使用关键字 var 定义的变量是否为 undefined，需要编写如下的代码：

```
alert(typeof abc);          // 显示 undefined
// 条件为 true，弹出"未定义"对话框
if(typeof abc == "undefined")
        alert("abc 未定义");
```

由于 typeof 返回的是字符串，因此，需要使用 undefined 的字符串形式，不能使用如下的代码来判断 abc 是否为 Undefined 类型。

```
// 无法使用 undefined 来判断 abc 是否定义
if(typeof abc == undefined)
        alert("abc 未定义");
```

如果变量是使用关键字 var 来定义的，并且未初始化，这个变量的初始值就是 undefined，因此，可以使用如下代码判断变量是否为 Undefined 类型。

```
var name;               // 定义 name 变量
// 通过 undefined 值判断 name 变量是否为 Undefined 类型
if(name == undefined)
        alert("name 未初始化");
```

当然，用 var 定义的变量也可以使用如下代码判断变量类型是否为 Undefined。

```
var name;               // 定义 name 变量
// 通过"undefined"值判断 name 变量是否为 Undefined 类型
if(typeof name == "undefined")
        alert("name 未初始化");
```

🔔注意：未使用 var 定义的变量不能使用 if(name = undefined)形式判断变量类型是否为 Undefined。

2．Boolean类型

Boolean 类型是 JavaScript 中最常用的类型之一，它只有两个值（true 和 false），也可以用 1 表示 true，0 表示 false，如下代码所示。

```
var bYes = true;        // 定义 bYes 变量
var bNo = false;        // 定义 bNo 变量
alert(bYes);            // 显示 bYes 变量
alert(bNo);             // 显示 bNo 变量
// true 相当于 1，所以条件为 true
if(bYes == 1)
```

```
    alert("bYes 的值是 true");
//  false 相当于 0, 所以条件为 true
if(bNo == 0)
    alert("bNo 的值是 false");
```

3. Number类型

Number 类型是 JavaScript 中最特殊的原始类型。这种类型既可以表示 32 位整数, 也可以表示 64 位的浮点数。如下面的代码声明了一个存放整数值的变量, 这个变量的值是 120。

```
var iNum=120;
```

整数也可以被表示成八进制和十六进制的数。八进制数必须以 0 开头, 十六进制数必须以 0x 开头, 如下面代码所示。

```
var iOctalNum = 0213;      //   八进制数
var iHexNum = 0xFE;        //   十六进制数
alert(iOctalNum);          //   显示十进制数（139）
alert(iHexNum);            //   显示十进制数（254）
```

⌂注意: 虽然可以使用八进制和十六进制表示 Number 类型的值, 但所有的数学运算返回的值都是十进制结果。

要表示浮点数, 必须包括小数点和小数点后的至少一位数字（如要使用 1.0,而不是 1）, 如下面的代码所示。

```
var fNum1 = 23.0;          //   定义浮点类型变量 fNum1
var fNum2 = 12.45;         //   定义浮点类型变量 fNum2
```

如果表示的浮点数非常大, 也可以采用科学计数法来表示浮点数, 如 432450000, 可以将这个数表示成 $4.3245*10^8$。在科学计数法中, 使用 e 或 E 表示 10^, 因此, 可以使用下面的科学计数法来表示这个大数:

```
var fNum = 4.3245e8;       //   用科学计数法表示 432450000
alert(fNum);               //   显示 432450000
```

也可以用科学计数法表示非常小的数, 如 0.00000567, 可以将这个数表示成 5.67e-8, 如下面的代码所示。

```
var iNum = 5.67e-8;        //   用科学计数法表示小数
alert(iNum);               //   仍然会显示 5.67e-8
```

JavaScript 默认会将具有 6 个或 6 个以上前导 0 的浮点数自动用科学计数法表示。如表 3.5 所列的是 Number 类型的几个特殊值。

表 3.5　Number类型的特殊值

特　殊　值	含　　义
Number.MAX_VALUE	表示 Number 类型所能存储的最大值
Number.MIN_VALUE	表示 Number 类型所能存储的最小值
Number.POSITIVE_ INFINITY	表示正无穷大, 可以使用 isFinite 函数判断一个 Number 类型变量是否为正无穷大。这个值不能参加算术运算

续表

特　殊　值	含　　义
Number.NEGATIVE_ INFINITY	表示负无穷大，可以使用 isFinite 函数判断一个 Number 类型变量是否为负无穷大。这个值不能参加算术运算
Number.NaN	表示某个值是否可以被转换成 Number 类型的值，可以使用 isNaN 函数判断一个变量或一个值是否为 NaN，如 isNaN（"12"）返回 false，而 isNan（"12a"）返回 true，这说明 "12" 可以被转换成 Number 类型的值，而 "12a" 无法转换成 Number 类型的值，如果将 "12a" 改为十六进制形式 "0x12a"，则 isNAN（"0x12a"）返回 false。这个值不能参加算术运算

4．String类型

String 类型是 JavaScript 中唯一没有固定大小的原始类型。它可以存储 0 个或更多的 UCS2 编码的字符（UCS2 是两个字节长度的 Unicode 编码，Unicode 编码是一种国际通用的字符集，可以表示世界上所有语言）。String 类型的值可以使用双引号（"）和单引号（'）表示，如下面的代码所示。

```
var sName1 = "未来";          // 定义字符串变量 sName1
var sName2 = '希望';          // 定义字符串变量 sName2
```

如果要获得 String 类型值的长度，可以使用如下的代码：

```
var sName = "聪慧";          // 定义字符串变量 sName
alert(sName.length);         // 显示 2
```

由于 String 类型值是以 UCS2 编码格式保存的，因此所有的字符的长度都是 1，如中文的每一个汉字的长度是 1。如果要以字节为单位获得字符串的长度，可以编写如下的代码：

```
// 使用 String 的 prototype 为 String 对象添加新方法
String.prototype.lenB = function ()
{
    // 将每一个中文替换成##
    return this.replace(/[^\x0-\xf]/g, "##").length;
}
var sName = " a聪慧b";                // 定义包含中文和英文的字符串变量 sName
alert(sName.lenB());                 // 显示 6
```

在上面的代码中使用了原始的方式向 String 类（String 类是 string 原始类型的对象表示形式）中添加了一个 lenB 方法，用来以字节为单位获得字符串的长度。基本原理是将每一个中文使用正则表达式替换成 "##"，这样一个汉字就变成了两个 "##"，因此，也就能以字节为单位得到字符串的长度了。

由于在 JavaScript 中有一些特殊的符号，如果这些特殊的符号要想在字符串中表示的话，就需要使用如表 3.6 所示的转义符号。

表 3.6　String类型中的转义符号

转　义　符　号	含　　义
\n	换行
\t	制表符

续表

转 义 符 号	含 义
\b	空格
\r	回车
\f	换页符
\\	反斜杠
\'	单引号
\"	双引号
\0nnn	八进制数 nnn（n 的值从 0～7）表示的字符
\xnn	十六进制数 nn（n 的值从 0～F）表示的字符
\unnnn	十六进制数 nnnn（n 的值从 0～F）表示的 Unicode 字符

注意：本节中涉及的代码存放到了 webdemo 工程的 WebRoot\chapter3\primitive.html 文件里。

3.3.4 掌握类型转换

在类型转换中，最常用的是将其他类型的值转换成 String 类型的值。任何类型的变量都有一个 toString 方法，通过这个方法，可以将相应类型的值转换成字符串，如下面的代码所示。

```
var iNum = 123;                         // 定义整型变量
var sStr = iNum.toString();             // 将整数转换成字符串
alert(sStr);                            // 显示 123
```

如果被转换的是八进制或十六进制数，使用 toString 方法仍然以十进制输出这些数，如下面的代码所示。

```
var iOctalNum = 0345;                   // 定义八进制整数
var iHexNum = 0xF1;                      // 定义十六进制整数
var sOctalNum = iOctalNum.toString();   // sOctalNum 的值是 229
var sHexNum = iHexNum.toString();       // sHexNum 的值是 241
alert(sOctalNum);                       // 显示 229
alert(sHexNum);                         // 显示 241
```

如果想直接获得二进制、八进制和十六进制的变量值，可以使用如下代码：

```
var iNum = 123;
alert(iNum.toString(2));                // 显示二进制数 1111011
alert(iNum.toString(8));                // 显示八进制数 173
alert(iNum.toString(16));               // 显示十六进制数 7b
```

在 JavaScript 中提供了两个函数用来将字符串转换成数字，这两个函数是 parseInt 和 parseFloat，其中 parseInt 可以将字符串转换成整型值，parseFloat 函数可以将字符串转换成浮点值。使用 parseInt 函数的示例代码如下：

```
var iNum1 = parseInt("1234xyz");        // 返回 1234
var iNum2 = parseInt("0123");           // 返回 83
var iNum3 = parseInt("43.4");           // 返回 43
```

```
var iNum4 = parseInt("false");              // 返回 NaN
alert(iNum1);                               // 显示 1234
alert(iNum2);                               // 显示 83
alert(iNum3);                               // 显示 43
alert(iNum4);                               // 显示 NaN
```

还可以使用 parseInt 函数的基模式，将二进制、八进制、十六进制或其他进制的字符串转换成整数，即是由 parseInt 方法的第 2 个参数指定的，代码如下：

```
var iNum1 = parseInt("110101", 2);          // 按二进制转换，返回 53
var iNum2 = parseInt("110101", 8);          // 按八进制转换，返回 36929
var iNum3 = parseInt("110101", 16);         // 按十六进制转换，返回 1114369
alert(iNum1);                               // 显示 53
alert(iNum2);                               // 显示 36929
alert(iNum3);                               // 显示 1114369
```

parseFloat 函数和 parseInt 函数的使用方法类似，所不同的是 parseFloat 函数所转换的字符串必须以十进制形式表示浮点数，而不能以二进制、八进制、十六进制或其他进制表示浮点数，对于十六进制的数，如 0xAB，parseFloat 函数将返回 0。下面的代码是一个使用 parseFloat 函数的例子。

```
var fNum1 = parseFloat("1234xyz");          // 返回 1234.0
var fNum2 = parseFloat("0xAB");             // 返回 0
var fNum3 = parseFloat("22.4");             // 返回 22.4
var fNum4 = parseFloat("22.6.12");          // 返回 22.6
var fNum5 = parseFloat("0123");             // 返回 123
var fNum6 = parseFloat("xyz");              // 返回 NaN
alert(fNum1);                               // 显示 1234
alert(fNum2);                               // 显示 0
alert(fNum3);                               // 显示 22.4
alert(fNum4);                               // 显示 22.6
alert(fNum5);                               // 显示 123
alert(fNum6);                               // 显示 NaN
```

在 JavaScript 中还可以使用强制类型转换来处理变量值的类型。下面是 JavaScript 支持的 3 种强制类型转换。

❑ Boolean（value）：把 value 中的值转换成 Boolean 类型。
❑ Number（value）：把 value 中的值转换成数字（整数或浮点数）。
❑ String（value）：把 value 中的值转换成字符串。
下面的代码演示了如何使用 Boolean（value）强制将 value 转换成 Boolean 类型的值：

```
// 强制转换成 Boolean 类型
var b1 = Boolean("");                       // 返回 false
var b2 = Boolean("abc");                    // 返回 true（非空字符串都返回 true）
var b3 = Boolean(100);                      // 返回 true（非 0 数都返回 true）
var b4 = Boolean(0);                        // 返回 false
var b5 = Boolean(null);                     // 返回 false
var b6 = Boolean(new String());             // 返回 true
```

Number()的强制类型转换与 parseInt()及 parseFloat()的处理方式类似，只是 Number()转换的是整个值，而不是部分值，如"12ab"，使用 parseInt()转换后返回 12，而使用 Number()

转换后返回 NaN。下面的代码演示了 Number()强制类型转换的各种情况。

```
//   强制转换成 Number 类型
var n1 = Number(false);           //  返回 0
var n2 = Number(true);            //  返回 1
var n3 = Number(undefined);       //  返回 NaN
var n4 = Number(null);            //  返回 0
var n5 = Number("12.1");          //  返回 12.1
var n6 = Number("66");            //  返回 66
var n7 = Number("12ab");          //  返回 NaN
var n8 = Number(new Object());    //  返回 NaN
```

String()是这 3 种强制类型转换中最简单的一种，它和 toString 方法唯一不同的是可以将 null 和 undefined 值强制转换成相应的字符串（"null"和"undefined"）而不引发错误，如下面的代码所示。

```
var s1 = String(null);            //  返回"null"
var s2 = String(undefined);       //  返回"undefined"
var s3 = String(true);            //  返回"true"
alert(s1);                        //  显示 null
alert(s2);                        //  显示 undefined
alert(s3);                        //  显示 true
```

🔔注意：本节中涉及的代码存放到了 webdemo 工程的 WebRoot\chapter3\conversion.html 文件里。

3.3.5　学习函数与函数调用

对于 JavaScript 技术来说，除了要掌握上面章节所介绍的变量、类型外，函数也是其最重要的技术之一。函数需要使用关键字 function 来声明，函数的基本语法如下：

```
function funName(arg0, arg1, ...,argN)
{
    statements
}
```

函数可以加多个参数，中间使用逗号（,）分隔。下面的代码是一个具体的函数声明。

```
//   定义并实现一个 JavaScript 函数
function greet(sName)
{
    alert("你好 " + sName);
}
```

调用 greet 函数的代码如下：

```
greet("bill");
```

执行上面的代码后，将会弹出如图 3.16 所示的警告对话框。

JavaScript 中的函数没有返回类型，但也可以使用 return 语句来返回值，代码如下：

图 3.16　调用 greet 函数弹出的警告框

```
//  求 n1 和 n2 的和
function sum(n1, n2)
{
    return n1 + n2;          //  返回 n1 和 n2 之和
}
```

下面的代码把 sum 函数返回的值赋给一个变量，并在警告对话框中显示这个值。

```
var iSum = sum(12, 22);     //  返回 12 和 22 的和
alert(iSum);                //  显示 34
```

由于 JavaScript 是弱类型语言，因此，在 JavaScript 中的函数不能重载，如果函数重名，后面的会覆盖前面的，代码如下：

```
function fun1()
{
    alert(100);
}
//  这个 fun1 覆盖了上一个 fun1
function fun1()
{
    alert(10);
}
fun1();          //  显示 10
```

在 JavaScript 中，函数还可以使用 arguments 对象实现动态参数，也就是在声明函数时并不需要定义参数，而在函数体内使用 arguments 对象来获得当前函数的参数值，如下面的代码所示。

```
//  求不定数目的 Number 类型值的和
function sum()
{
    var n = 0;
    //  从 arguments 对象中取出 sum 函数的参数值，并将这些参数值相加
    for(var i = 0; i < arguments.length; i++)
    {
        n += arguments[i];          //  迭代求和
    }
    return n;
}
```

下面的代码调用了这个 sum 函数。

```
alert(sum(1,2,3));          //  显示 6
alert(sum(-1,4,5,6));       //  显示 14
```

在 JavaScript 中，一个函数实际上相当于一个对象。也就是说，可以使用 Function 类来建立任何的函数，使用 Function 类创建函数的语法如下：

```
var funName = new Function(arg1, arg2,...,argN, functionBody);
```

下面的代码使用 Function 类创建了上面的 fnSum 函数。

```
var fnSum = new Function("n1", "n2", "return n1 + n2");
```

下面的代码调用了 fnSum 函数。

```
alert(fnSum(-1, 20));          // 显示 19
```

🔔注意：本节中涉及的代码存放到了 webdemo 工程的 WebRoot\chapter3\fun.html 文件里。

3.3.6　学习类和对象

类在 JavaScript 中的使用非常灵活。在 JavaScript 中有一些预定义的类，如 Object、Array、String 和 Number 等。在创建对象时，要使用 new 关键字，如下面的代码创建了一个数组对象。

```
var aValues = new Array();      // 定义一个数组变量
aValues[0] = "v1";
aValues[1] = "v2";
aValues[2] = "v3";
```

如果类的构造方法没有参数，也可以将括号省略，代码如下：

```
var aValues = new Array;         // 用省略括号的方式定义一个数组变量
```

在 JavaScript 中自定义类是非常灵活的，可以使用下面的 3 种方法来自定义 JavaScript 类。

1．工厂方式（动态添加类成员）

由于 JavaScript 对象的属性可以动态加入，因此可以使用下面的代码创建一个对象，并调用其中的 study 方法。

```
var oStudent = new Object;        // 创建一个对象变量
oStudent.id = '01';               // 定义 id 属性
oStudent.xm = '赵子龙';           // 定义 xm 属性
oStudent.age = 16;                // 定义 age 属性
//  定义 study 方法
oStudent.study = function()
{
    alert(this.xm + '开始学习');
};
oStudent.study();                 // 调用 study 方法
```

为了使创建对象更方便，可以建立一个对象工厂函数来建立 Student 对象，代码如下：

```
//  建立 Student 对象的工厂函数
function createStudent(id, xm, age)
{
    var oStudent = new Object;    // 创建一个对象变量
    oStudent.id = id;             // 定义 id 属性
    oStudent.xm = xm;             // 定义 xm 属性
    oStudent.age = age;           // 定义 age 属性
    //  定义 study 方法
    oStudent.study = function()
    {
        alert(this.xm + '开始学习');
    };
    return oStudent;              // 返回 oStudent 对象
}
```

下面的代码通过 createStudent 函数创建了两个对象，并分别调用了这两个对象的 study 方法。

```
//  使用 createStudent 函数创建 oStudent1 对象
var oStudent1 = createStudent('02', '赵明', 12);
//  使用 createStudent 函数创建 oStudent2 对象
var oStudent2 = createStudent('03', 'bill', 33);
oStudent1.study();              //  调用 oStudent1 对象的 study 方法
oStudent2.study();              //  调用 oStudent2 对象的 study 方法
```

虽然上面的代码可以方便地建立 Student 对象，但是每次建立 Student 对象时，都要重新创建 study 方法。实际上，也可以使多个对象可以共享同一个 study 函数，如下面的代码所示。

```
//  多个对象共享的 study 方法
function study()
{
    alert(this.xm + "开始学习");
}
//  创建 Student 对象的工厂函数，可以共享 study 方法
function createStudent(id, xm, age)
{
    var oStudent = new Object;
    oStudent.id = id;          //  定义 id 属性
    oStudent.xm = xm;          //  定义 xm 属性
    oStudent.age = age;        //  定义 age 属性
    oStudent.study = study;    //  将全局的 study 方法赋给 Student 对象的 study 方法
    return oStudent;           //  返回 oStudent 对象
}
```

2．构造函数方式

用构造函数方式创建对象和工厂方式非常像，如下面的代码所示。

```
//  多个对象共享的 study 方法
function study()
{
    alert(this.xm + "开始学习");
}
//  Student 类的构造方法
function Student(id, xm, age)
{
    this.id = id;             //  定义 id 属性
    this.xm = xm;             //  定义 xm 属性
    this.age = age;           //  定义 age 属性
    this.study = study;       //  将全局的 study 方法赋给 Student 对象的 study 方法
}
//  使用构造方法创建 oStudent1 对象
var oStudent1 = new Student('10', 'Mike', 22);
//  使用构造方法创建 oStudent2 对象
var oStudent2 = new Student('20', '比尔', 123);
oStudent1.study();             //  调用 oStudent1 对象的 study 方法
oStudent2.study();             //  调用 oStudent2 对象的 study 方法
```

从上面的代码可以看出，构造函数方式和工厂方式的最大区别就是不在 Student 函数

内部建立对象,而是直接使用 this 来代表当前的对象实例。实际上 Student 函数就是 Student 类的构造方法。

3. 原型方式

该方式使用了对象的 prototype 属性,可以把 prototype 属性看成是创建新对象所依赖的原型。可以使用空构造函数来创建一个空类,然后使用 prototype 属性为其添加成员(属性和方法),如下面的代码使用原型方式重写了 Student 类。

```
//  建立一个空的构造方法
function Student()
{
}
//  使用 prototype 为 Student 类添加属性
Student.prototype.id = '12';
Student.prototype.xm = 'bill';
Student.prototype.age = 20;
//  使用 prototype 为 Student 类添加方法
Student.prototype.study = function()
{
    alert(this.xm + '开始学习');
};
var oStudent  = new Student();
oStudent.study();
```

使用原型方式的另一个好处是可以为已经存在的类添加新的成员,如下面的代码为 String 类添加一个可以获得字节长度的 lenB 方法。

```
String.prototype.lenB = function ()
{
    //  将每一个中文替换成##
    return this.replace(/[^\x0-\xf]/g, "##").length;
}
var s = "超人abc";                       // 定义一个包含中文和英文的字符串变量
alert(s.lenB());                         // 显示 7,如果使用 length,则输出 5
```

⌚注意:本节中涉及的代码存放到了 webdemo 工程的 WebRoot\chapter3\class.html 文件里。

3.4　其他客户端技术

在本节将介绍一些其他客户端技术,如操作 DOM 技术、JavaScript 的内置对象、表单对象的使用、正则表达式等,还给出了一些比较实用的例子,如图像自动切换、用正则表达式验证客户端输入数据、表格排序等。

3.4.1　了解 DOM

DOM 是为了方便处理层次型文档(如 XML、HTML)的一种技术。DOM 还提供了一套 API,使开发人员可以用面向对象的方式来处理这些文档。对于 XML 文档来说,有专门处理 XML 文档的 XML DOM，然而在本节中将主要介绍处理 HTML 文档的 HTML DOM。在后面的内容中，如果不特别说明，DOM 指的都是 HTML DOM。

DOM 主要的功能是获得 HTML 语言中的各个元素（如 div、form 等），从而可以很容易地获得这些元素的信息，或动态向这些元素中添加新的元素。操作 DOM 的对象实际上也需要使用 JavaScript，也就是说，调用 DOM API 也要编写 JavaScript 代码。在 JavaScript 中描述 DOM 的对象是 document，其实 document 不仅是 HTML DOM，它也是 XML DOM，如果要直接操作 HTML 文档，可以使用 documentElement 属性，如下面代码所示。

```
var oHtml = document.documentElement;
```

oHtml 对象表示了当前的整个 HTML 文档。在 HTML 文档的最下一层有两个元素，即 head 和 body，这两个元素可以分别使用 firstChild 属性和 lastChild 属性获得，代码如下：

```
var oHead = oHtml.firstChild;          // 获得 head 对象
var oBody = oHtml.lastChild;           // 获得 body 对象
```

当然，除了使用 firstChild 和 lastChild 属性外，还可以使用 childNodes 属性来获得同样的对象，代码如下：

```
var oHead = oHtml.childNodes[0];       // 获得 head 对象
var oBody = oHtml.childNodes[1];       // 获得 body 对象
```

通过 HTML 元素对象的 outerHTML 和 innerHTML 属性，可以分别得到当前元素的包括元素本身和不包括元素本身的 HTML 代码，代码如下：

```
alert(oHead.outerHTML);                // 显示包括 head 标签本身的内容
alert(oBody.innerHTML);                // 显示不包括 body 标签本身的内容
```

下面的代码是使用 innerHTML 和 outerHTML 属性显示<head>及<body>标签的内容的一个例子。

```
<!-- dom1.html -->
<html>
    <head>
        <title>dom</title>
        <script type="text/javascript">
        // 显示 head 标签的内容
        function showHead()
        {
            // 得到 Html 对象
            var oHtml = document.documentElement;
            // 到 Head 对象
            var oHead = oHtml.firstChild;
            alert(oHead.outerHTML);         // 显示 outerHTML 属性的值
            alert(oHead.innerHTML);         // 显示 innerHTML 属性的值
        }
        // 显示 body 标签的内容
        function showBody()
        {
            var oHtml = document.documentElement;
            var oBody = oHtml.childNodes[1]; // 得到 body 对象
            alert(oBody.outerHTML);         // 显示 outerHTML 属性值
            alert(oBody.innerHTML);         // 显示 innerHTML 属性值
        }
```

```
        </script>
    </head>
    <body>
        <input type="button" onclick="showHead()" value="显示 head 标签的内
        容" />
         <p/>
        <input type="button" onclick="showBody()" value="显示 body 标签的内
        容" />
    </body>
</html>
```

在运行上面的代码后，单击"显示 head 标签的内容"按钮，就会弹出一个显示<head>标签内容的对话框，如图 3.17 所示。

在关闭图 3.17 所示的对话框后，又会弹出如图 3.18 所示的显示 innerHTML 属性值的对话框。如果单击"显示 body 标签的内容"按钮，显示的内容类似。从上面的描述可以看出，使用 DOM 技术来操作 HTML 文档是非常容易的。

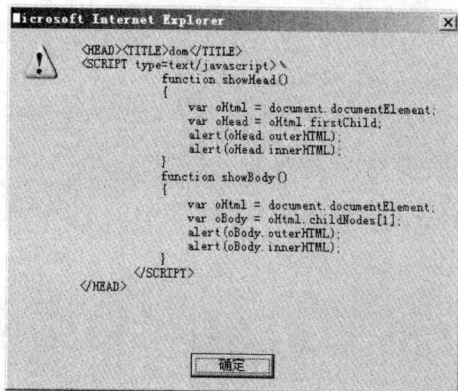

图 3.17　outerHTML 属性的值

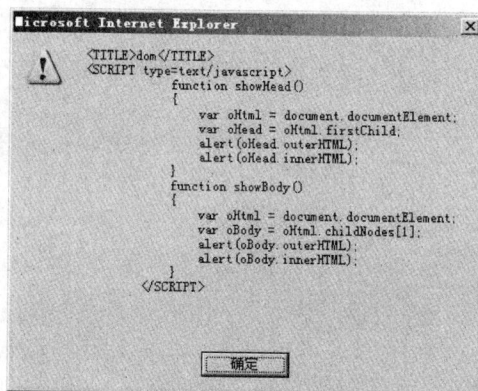

图 3.18　innerHTML 属性的值

3.4.2　获得 HTML 元素的 3 种方法

在 DOM 中有 3 种方法可以获得当前 HTML 文档中的任意一个 HTML 元素，实际上，这 3 种方法也就是 HTML Document 的 3 个方法，分别是 getElementById、getElementByName 和 getElementByTagName。

1．getElementById 方法

getElementById 方法是这 3 个方法中最简单的一个，这个方法可以根据 HTML 元素的 id 属性值得到 HTML 元素。在 HTML 文档中，id 属性值是唯一的，也就是说，没有两个 HTML 元素的 id 属性值是相同的。假设有如下的 HTML 代码：

```
<!--  dom2.html  -->
<html>
    <head>
        <title>dom</title>
    </head>
    <body>
        <!--  文本输入框  -->
```

```
        <input type="text" id = "my_text"/>
  </body>
</html>
```

在其中有一个 id 值为 my_test 的文本框。现在通过 getElementById 方法可以使用下面的代码来获得这个文本框元素，并向其中赋一个值，然后再得到并显示这个值。

```
var oText = document.getElementById("my_text");//  得到文本框元素
oText.value = "小超人";                          //  向文本框中赋值
alert(oText.value);                              //  得到并显示文本框中的值
```

在运行上面的代码后，文本框中的值变成了"小超人"，然后会显示一个对话框，如图 3.19 所示。

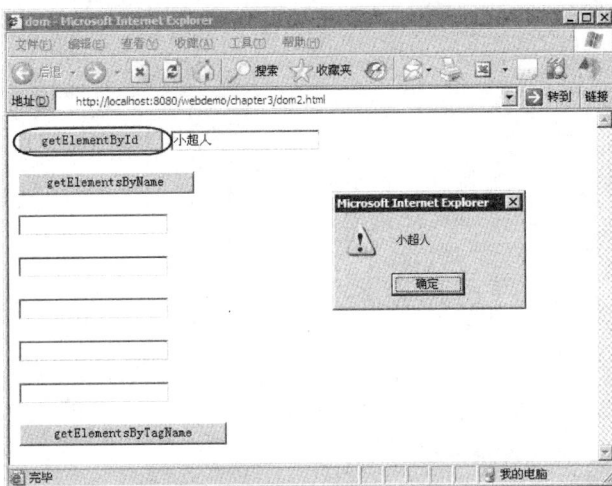

图 3.19　用 DOM 技术修改文本框中的值

2．getElementsByName方法

这个方法可以通过 HTML 元素的 name 属性获得相应的 HTML 元素集合。由于 HTML 元素的 name 属性值并不唯一，因此，使用 getElementsByName 方法有可能得到多个相同 name 属性值的 HTML 元素。假设有如下的 HTML 文档：

```
<!--  dom2.html  -->
<html>
  <head>
     <title>dom</title>
  </head>
  <body>
    <!--  5 个文本框  -->
    <input type="text" id = "text"/> <p/>
    <input type="text" id = "text"/> <p/>
    <input type="text" id = "text"/> <p/>
    <input type="text" id = "text"/> <p/>
    <input type="text" id = "text"/> <p/>
  </body>
</html>
```

在上面的代码中有 5 个 name 属性值为 text 的文本框，可以通过如下的代码为这 5 个文本框赋值。

```
var oTexts = document.getElementsByName("text"); //  获得一个文本框对象数组
//  循环为这 5 个文本框赋值
for(var i = 0; i < oTexts.length; i++)
   oTexts[i].value = i;
```

如图 3.20 所示为上面代码的运行效果。

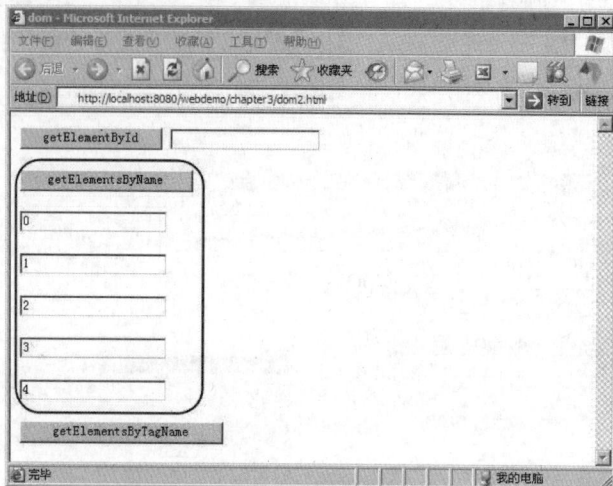

图 3.20　用 DOM 技术修改多个文本框的内容

3．getElementsByTagName方法

getElementsByTagName 方法获得的 HTML 元素的范围最大，它可以根据 HTML 元素的标签类型来获得一个相同 HTML 元素的数组，代码如下：

```
<!-- dom2.html -->
var oInputs = document.getElementsByTagName("input");//  获得所有 Input 对象
//  循环显示 Input 对象的 type 值
for(var i = 0; i < oInputs.length; i++)
   alert(oInputs[i].type);
```

上面的代码可获得当前 HTML 文档内所有的<input>标签。如果想获得所有的 HTML 元素，可以使用"*"，代码如下：

```
var oAllElements = document.getElementsByTagName("*");
```

在运行上面的代码后，就会显示出 from 组件的类型，如图 3.21 所示，显示第一个组件为 button 类型。

3.4.3　实例：图像自动切换

图像自动切换一般可以通过 JavaScript 的定时器按照一定的时间间隔更新<img>标签中的 src 属性。JavaScript 中的定时器可通过 setInterval 函数实现，代码如下：

```
setInterval("function()", interval);
```

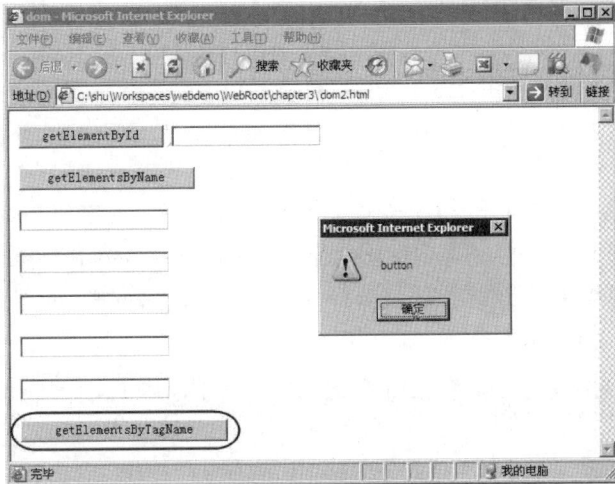

图 3.21　用 DOM 技术获取组件类型

其中第一个参数是定时器要调用的函数名（带括号），interval 表示时间间隔，单位是毫秒。在本节将给出一个可循环切换图像的例子，时间间隔为 3 秒。读者可以自己准备 5 个 jpg 图像文件，也可以使用随书光盘中的 jpg 图像文件，将这些图像文件放到 WebRoot\images 目录中，并取名为 01.jpg、02.jpg、...、05.jpg，然后编写下面的代码：

```html
<!-- changeimage.html -->
<html>
    <head>
        <title>自动切换图像</title>
        <script type="text/javascript">
            setInterval("loadImage()",3000);      //  启动定时器
            var images = ['01.jpg','02.jpg','03.jpg','04.jpg','05.jpg'];
                                                  //  指定图像文件名
            var i = 0;                            //  从第一个图像文件开始显示
            //  装载图像文件（定时器调用）
            function loadImage()
            {
                i++;
                //  当显示到第 5 个图像文件时，再从第 1 个图像开始循环
                if(i == 5)
                    i = 0;
                //  得到 Img 标签
                var oImage = document.getElementById('image');
                //  得到 Label 标签
                var oLabel = document.getElementById('info');
                //  为 img 标签的 src 属性赋值
                oImage.src = '../images/' + images[i];
                oLabel.innerText = images[i];    //  显示当前的图像文件名
            }
        </script>
    </head>
    <body>
        当前图像名：<label id="info"></label>
        <p/>
        <img src="../images/01.jpg" id="image"  width="320" height = "240"/>
        <script type="text/javascript">
```

```
            var oLabel = document.getElementById('info');
            //　在初始化时显示第一个图像文件
            oLabel.innerText = images[i];
        </script>
    </body>
</html>
```

　　在上面的代码中，定时器每隔 3 秒就会调用 loadImage 函数装载图像文件，并显示当前的图像文件名。由于<head>标签中的 JavaScript 执行时，<label>标签还没有创建，因此，要想在初始化时为<label>标签赋值，就要将 JavaScript 代码放到<label>标签的后面，在运行这段代码后，显示的效果如图 3.22 所示。

图 3.22　自动切换图像

3.4.4　了解正则表达式

　　正则表达式是具有特殊语法的字符串，用来表示一组字符串的规则。如要描述所有以"i"开头的字符串，可以使用正则表达式"^i\w*"。在 JavaScript 中使用以下两种方式定义正则表达式：

　　❑　通过 RegExp 类进行定义。

　　❑　通过两个斜杠（/）进行定义。

　　RegExp 类的构造方法可以有一个或两个参数。构造方法的第一个参数表示正则表达式字符串，代码如下：

```
//　使用正则表达式和 RegExp 类创建一个 RegExp 对象
var reExp = new RegExp("^i\w*");
```

　　构造方法的第 2 个参数是一些控制正则表达式的指令。在默认情况下，正则表达式是对大小写敏感的，但可以通过 i 指令使其不区分大小写，也可以使用 g 指令将正则表达式应用于整个字符串，如下面的代码所示。

```
var reExp = new RegExp("abc", "gi");    //　在构造方法中指定指令
```

在 JavaScript 中还可以使用两个斜杠来定义正则表达式，代码如下：

```
var reg = /a\w*b/;                          // 使用两个斜杠来定义正则表达式变量
```

其中"*"表示 0 次或多次出现，"\w"表示单词字符（所有的字母、数字和下划线）。这个正则表达式的含义就是以 a 开头，以 b 结尾，中间是单词字符的字符串。可以使用 test 方法来判断一个字符串是否满足这个正则表达式，代码如下：

```
var reg = /a\w*b/;
alert(reg.test("axyzb"));                   // 显示 true
alert(reg.test("axyzc"));                   // 显示 false
```

也可以使用如下的形式指定一些特殊的指令。

```
var reg1 = /a\wb/gi;                        // 以 a 开头，以 b 结尾，中间是一个单词字符
```

在 String 类中有一个 replace 方法，可以根据正则表达式来替换字符串中所有满足条件的子串，代码如下：

```
var reg1 = /a\wb/gi;
var s = "axbcdaybx";                        // 被替换的字符串
// 使用"ok"来替换所有满足条件的子串，替换结果是 okcdokx
alert(s.replace(reg1, "ok"));
```

正则表达式经常被用来进行客户端验证，如电话号、E-mail 等，如下面是验证电话号码和 E-mail 的代码：

```
var regPhone = /^0\d{2,3}\-\d{7,8}$/;       // 验证电话号码的正则表达式
alert(regPhone.test("024-12345678"));       // 显示 true
var regEmail = /^(\w+\.?)*\w+@\w+\.\w+/;     // 验证 E-mail 的正则表达式
alert(regEmail.test("abc.xyz@sun.com"));     // 显示 true
```

在上面的代码中，假设电话号码的规则是"区号-电话号"，其中区号第 1 位是 0，后面可跟两位或三位数字，电话号是 7 位或 8 位的数字。E-mail 的规则只有如下两种：

```
abc@sun.com
abc.xyz@sun.com
```

第一种规则是"@"前面的部分没有"."，另一种规则是"@"前面的部分有"."。验证 E-mail 的正则表达式中的"?"表示出现 0 或 1 次，"+"表示至少出现 1 次，"*"表示出现 0 或多次。由于"."在正则表达式中有特殊含义，因此，使用转义符"\."来表示"."。

🔔注意：本节中涉及的代码存放到了 webdemo 工程的 WebRoot\chapter3\regexp.html 文件里。

3.4.5　实例：表格排序

表格排序是 Web 程序中最常用的功能之一，按照通常的做法，是要依赖服务端将排序好的数据发送到客户端，然后，客户端浏览器将这些已被排序的数据显示出来。虽然这样可以解决排序问题，但是会造成客户端和服务端之间频繁交换数据，从而导致大量带宽被

占用等问题。但如果使用 JavaScript 对表格进行排序，这些问题就会迎刃而解。

表格排序要依赖于 JavaScript 中的 Array 对象的 sort 方法。sort 方法可以不带参数，也可以带一个参数。如果不带参数，sort 方法会将数组中的数据按字符串排序规则进行排序，对于表格中的字符串列，这么做是可以的，但如果表格中的某一列是数字，如序号，就必须用 sort 方法的第二种形式。

可以通过 sort 方法的参数指定一个比较函数，至于按什么规则来排序，就由开发人员在这个比较函数中指定。在本节中将采用比较函数对表格进行排序。假设有如下的表格代码：

```html
<!-- tablesort.html -->
<!-- 表格标签 -->
<table border = "1" id = "tblSort">
    <thead>                              <!-- 表头标签 -->
        <tr>
            <th>序号</th>
            <th>姓名</th>
        </tr>
    </thead>
    <tbody>                              <!-- 表体标签 -->
        <tr>
            <td>1</td>
            <td>王明</td>
        </tr>
        <tr>
            <td>12</td>
            <td>超人</td>
        </tr>
        <tr>
            <td>3</td>
            <td>张三</td>
        </tr>
        <tr>
            <td>4</td>
            <td>李四</td>
        </tr>
    </tbody>
</table>
```

对于要排序的表格，最好的方法是使用<thead>和<tbody>标签，因为这两个标签可以将表头和表体的数据分开。

由于本节的例子需要对两列进行排序，为了避免重复编写代码，需要编写一个产生比较函数的函数，在这个函数中指定要对哪一列进行排序，代码如下：

```javascript
<!-- tablesort.html -->
// 产生比较函数的函数
function generateCompareTRs(iCol)
{
    // 比较函数
    return function compare(tr1, tr2)
    {
        var v1 = tr1.cells[iCol].firstChild.nodeValue;
```

```
                                              //  获得上一个单元格的值
    var v2 = tr2.cells[iCol].firstChild.nodeValue;
                                              //  获得下一个单元格的值
    //  序号列，降序
    if(iCol == 0)
    {
        //  当 v1 大于 v2 时返回-1 为降序
        if(parseInt(v1) > parseInt(v2))
            return -1;
        //  当 v1 小于 v2 时返回 1，为升序
        else if(parseInt(v1) < parseInt(v2))
              return 1;
        //  当 v1 等于 v2 时，返回 0
        else
              return 0;
    }
    //  姓名列，升序
    else
    {
        //  当 v1 大于 v2 时返回 1，为降序
        if(v1 > v2)
            return 1;
        //  当 v1 小于 v2 时返回-1，为升序
        else if(v1 < v2)
            return -1;
        //  当 v1 等于 v2 时返回 0
        else
            return 0;
    }
    };
}
```

下面的代码通过调用 generateCompareTRs 函数获得一个比较函数，并通过获取的比较
函数对指定列进行升序或降序排序。

```
<!-- tablesort.html -->
//  排序表格的函数
function sortTable(iCol)
{
    var oTable = document.getElementById("tblSort");//  获得等待排序的表格
    var oTBody = oTable.tBodies[0];                 //  得到<tbody>标签对象
    var aRows = oTBody.rows;                         //  得到表格体的行对象
    //  创建一个数组，用于保存 aRows 中的行引用
    var aTRs = new Array;
    //  循环将行引用放到 aTRs 数组中
    for(var i = 0; i < aRows.length; i++)
    {
        aTRs.push(aRows[i]);
    }
    //  对 sTRs 进行排序
    aTRs.sort(generateCompareTRs(iCol));
    //  创建一个文档碎片
    var oFragment = document.createDocumentFragment();
```

```
for(var i = 0; i < aTRs.length; i++)
{
    //  向文档碎片中加入每一行数据
    oFragment.appendChild(aTRs[i]);
}
// 删除原来表中的数据，并添加新的已排序后的数据
oTBody.appendChild(oFragment);
}
```

如图 3.23 所示为排序的效果。

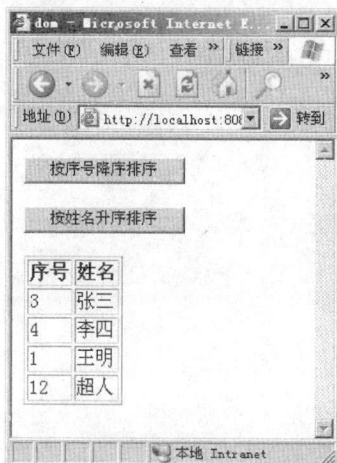

图 3.23　按姓名升序排序的结果

3.5　学习 CSS 技术

CSS 是 Cascading Style Sheet（层叠样式化表单）的简称，是一种格式化网页的语言。这是由 W3C 协会（World Wide Web Consortium）为了弥补 HTML 在样式编排上的不足而制定的一套扩展样式标准。在以前做网页时，网页的内容和样式都混在一起，这将使网页很难维护，而 CSS 的出现解决了这个问题，它专门用于网页的样式设置，使网页内容和样式分开。

3.5.1　了解 CSS

对于初学者来说，如果想掌握 CSS 语言，需要从该语言的基本语法开始。关于 CSS 语言的基本语法格式如下：

```
H3{color:red}
```

其格式分为两部分：选择器（Selector）和样式规则（Rule）。在上例中，H3 为选择器，{}中的内容为样式规则。样式规则用于设置样式内容，选择器用来指定哪些 HTML 元素采用该样式规则。如上面的代码中，指定所有在<H3>标签中的内容都显示为红色。如果有多个样式规则，中间用分号（;）隔开，代码如下：

```
H3{font-family:Arial; text-align:center; color:red}
```

为了增加可读性，可以将上面的代码分行编写，如下所示。

```
H3
{
    font-family:Arial;
    text-align:center;
    color:red
}
```

如果要为一个属性赋多个值，中间使用逗号（,）分隔，代码如下：

```
H3
{
    font-family:Arial, sans-serif;
    text-align:center;
    color:red
}
```

上面的 font-family 属性提供了两个字体，浏览器会依次选择，直到遇见可识别的字体为止。

3.5.2　在 Style 属性中定义样式

最简单的 CSS 使用方法就是直接设置 HTML 元素的 style 属性，如下面的代码所示。

```html
<!-- css1.html  -->
<html>
    <head>
        <title>css</title>
    </head>
    <!-- 关于 body 的样式  -->
    <body style="background-color: '#0000FF'">
        <!-- 关于 a 的样式  -->
        <a href="http://nokiaguy.cnblogs.com" style="color:
        red;font-size: 40px">
        nokiaguy.cnblogs.com</a>
        <!-- 关于 h3 的样式  -->
        <h3 style="font-size:50px">1234</h3>
    </body>
</html>
```

上面的代码设置了<body>的背景颜色、<a>的字体颜色和文字大小、<h3>的文字大小。虽然看上去这么设置很方便，但是如果代码很多的话，修改起来就不太方便了，而且如果多个 HTML 元素使用了相同的样式，那就会产生大量的重复代码。为了解决这个问题，就需要将要经常使用到的样式集中写在一起，就像函数一样，在需要的地方只要引用这些事先定义好的样式就可以了，这就是 3.5.3 节要讲的在 HTML 中定义样式。

3.5.3　在 HTML 中定义样式

在 HTML 中通过<style>标签可以将 HTML 元素中的样式提炼出来，并且可以通过 3 种方式指定哪些 HTML 元素可以使用这些样式，这 3 种方式如下：

- ❏ 指定 HTML 元素的 id。
- ❏ 通过 HTML 元素的 class 属性。
- ❏ 指定 HTML 元素的标签名。

在选择器前面加"井号"（#）表示这个选择器就是一个 id 属性值，任何一个 HTML 元素，只要它的 id 属性值为选择器名，就会应用这个样式，如下面的代码所示：

```
#link{color: red;font-size: 40px}
```

如果一个<a>标签的 id 属性值是 link，那么这个<a>标签就会应用 link 样式，代码如下：

```
<a href="http://nokiaguy.cnblogs.com" id="link">nokiaguy.cnblogs.com</a>
```

在选择器前加实心点（.）表示这个选择器的名可以放在 HTML 元素的 class 属性中，代码如下：

```
.bg{background-color: '#0000FF'};
```

当<body>标签的 class 属性值为 bg 时，会自动应用 bg 样式，代码如下：

```
<body  class="bg">...</body>
```

当选择器名正好是一个 HTML 元素名的话，所有相应的 HTML 元素都会应用这个样式，代码如下：

```
h3{font-size:50px}
```

下面的例子演示了如何将 3.5.2 节的样式放到<style>标签中，然后通过选择器来应用样式。

```
<html>
    <head>
        <title>css</title>
        <!--  定义样式  -->
        <style type="text/css">
            .bg{background-color: '#0000FF'};
            h3{font-size:50px}
            #link{color: red;font-size: 40px}
        </style>
    </head>
    <!--  使用类选择器  -->
    <body class="bg">
        <a href="http://nokiaguy.cnblogs.com" id="link">nokiaguy.cnblogs.
        com</a>
        <h3 >1234</h3>
    </body>
</html>
```

3.5.4　在外部文件中定义样式

虽然在 HTML 中定义样式可以在一定范围上重用，但在不同的 HTML 页面之间，却无法共享样式，因此，CSS 标准中允许将样式单独写在一个.css 文件中，然后通过<link>标签引用这个文件，从而达到多个 HTML 页面共享样式的目的。假设 3.5.3 节中的样式写在了一个 style.css 文件中（与 html 页面在同一个目录下），引用 style.css 文件的 HTML 代码如下：

```
<!-- css2.html -->
<html>
    <head>
        <title>css</title>
        <!-- 引用 style.css 文件 -->
        <link type="text/css" rel="stylesheet" href="style.css"/>
    </head>
    <!-- 使用类选择器 -->
    <body class="bg">
        <!-- 应用在 style.css 文件中定义的样式 -->
        <a href="http://nokiaguy.cnblogs.com" id="link">nokiaguy.
        cnblogs.com</a>
        <h3 >1234</h3>
    </body>
</html>
```

3.5.5　实现样式的继承

继承样式在 CSS 中非常容易实现。所谓继承，就是如果 HTML 元素未设置某些样式，但在其父元素中设置了，在子元素中就会继承父元素中的样式，如下面的代码所示。

```
<h3 style="font-size:50px">
    <!-- 继承 h3 标签的样式 -->
    <a href="http://nokiaguy.cnblogs.com" style="color:red">
        nokiaguy.cnblogs.com
    </a>
</h3>
```

在上面的代码中，<a>标签未设置 font-size 样式，而其父元素<h3>设置了 font-size 样式，因此<a>也会应用 font-size 样式。

3.6　学习 AJAX 技术

AJAX 是目前最流行的 Web 技术之一。通过 AJAX 技术，可以实现以无刷新的方式更新 HTML 元素中的内容。因此，在本节将介绍一下 AJAX 技术的基本原理和一些常用的技巧，如通过 XMLHttpRequest 访问服务端资源，跨域访问及信息传输的几种方法。

3.6.1　了解 AJAX 技术

实际上，AJAX 技术并不是一种新的技术，它只是由 4 种技术组成的结合体，这 4 种技术是 JavaScript、CSS、DOM 和 XMLHttpRequest。其中前 3 种技术在前面已经讲过了，这 3 种技术都是客户端技术，它们和服务端一点关系都没有。然而，XMLHttpRequest 组件和服务端的关系却密不可分。可以说，AJAX 技术中最核心同时也是最简单的部分就是 XMLHttpRequest。因为如果没有 XMLHttpRequest，AJAX 就变成了 DHTML，虽然可以利用 JavaScript 做出非常酷的效果，但不管多酷，使用的也只是客户端的数据。

有了 XMLHttpRequest，客户端就可以使用 DHTML 原有的技术，并利用从服务端获得数据做出具有更好的用户体验的系统来。XMLHttpRequest 的工作原理也非常简单，其实它只是一个发送 HTTP 请求的客户端组件。开发人员可以根据不同的情况选择以同步或异步的方式来发送 HTTP 请求，并获得服务端的响应消息。

如果读者曾编写过 C/S 模式的程序，就会发觉使用 XMLHttpRequest 组件和服务端通信的方式来编写 Web 程序和编写 C/S 模式的程序的方式非常类似。在 C/S 程序中，客户端一般可直接运行.exe 文件，界面叫做 form。在更新 form 中控件的数据时，整个 form 并不需要刷新和重新装载，而只需要触发某个事件（可能是单击一个按钮或选择一个菜单，也可能按了一个快捷键），在这个事件代码中负责取数据的代码就会从服务端获得相应的数据，并按照某些规则更新 form 中控件的数据。

在 Web 客户端程序中使用 XMLHttpRequest 组件和上述的方法类似，通过同步或异步的方式从服务端获得相应的数据，然后使用 DOM 技术找到要更新的某些 HTML 元素（相当于在 form 中通过控件名来引用相应的控件），并用这些数据进行更新。因此，在一般情况下，编写过基于 C/S 系统的开发人员会更容易适应 AJAX 的开发方式。

🔔注意：在本书中如未特殊指明，使用 XMLHttpRequest 开发 Web 应用程序，都只适合于 IE 浏览器。如果要开发可跨浏览器的基于 AJAX 的 Web 程序，可以使用 JSON 等客户端框架。这些基于 AJAX 的框架一般都考虑到了 AJAX 跨平台的问题。

3.6.2　实例：使用 XMLHttpRequest 获得 Web 资源

XMLHttpRequest 组件是以 COM 组件形式发布的，因此，在客户端需要使用如下的代码创建一个 XMLHttpRequest 对象。

```
var myRequest;
//  创建 XMLHttpRequest 对象
myRequest = new ActiveXObject("Microsoft.XMLHTTP");
```

在 XMLHttpRequest 对象中有一个 open 方法，负责向服务端发送 HTTP 请求消息，这个方法有 3 个参数，第 1 个参数是 HTTP 请求方法（GET、POST 等），第 2 个参数是服务端的 URL，第 3 个参数指定了 XMLHttpRequest 对象是以同步，还是以异步的方式发送请求消息。如果为 true，表示以异步的方式发送，如果为 false，表示以同步的方式发送。XMLHttpRequest 的 send 方法负责向服务端发送数据。下面的代码演示了如何用同步的方式发送 HTTP 请求消息，并接收服务端的响应消息。

```
var myRequest = getXMLHTTPRequest();            //  获得 XMLHTTPRequest 对象
//  如果 XMLHttpRequest 对象创建成功，以同步的方式向服务端发送请求，并接收响应消息
if (myRequest)
{
    myRequest.open("POST", "url", false);       //  同步发送 HTTP 请求消息
    myRequest.send(null);                       //  向服务端发送空数据
    alert(myRequest.responseText);              //  获得并显示 HTTP 响应消息
}
```

下面的代码演示了以异步方式发送请求的方法。

```
var myRequest = getXMLHTTPRequest();                      // 获得 XMLHTTPRequest 对象
// 如果 XMLHttpRequest 对象创建成功，以异步的方式向服务端发送请求，并接收响应消息
if (myRequest)
{
    // 建立一个用于接收异步响应消息的方法
    myRequest.onreadystatechange = function ()
    {
        // 状态为 4 时表示响应消息成功返回
        if (myRequest.readyState == 4)
        {
            alert(myRequest.responseText);        // 获得响应消息并显示这些消息
        }
    };
    // 异步发送 HTTP 请求消息
    myRequest.open("POST", "/webdemo/servlet/AjaxEncode", true);
    myRequest.send(null);                            // 向服务端发送空数据
}
```

由于使用异步方式发送 HTTP 请求后，send 方法会立即返回，因此，不能直接在 open 方法后访问 responseText 属性，而是使用 XMLHttpRequest 对象的一个 onreadystatechange 方法，这个方法在 XMLHttpRequest 访问服务端资源的过程中在不同的状态下调用。其中当 readState 的状态是 4 时，表示成功获得了响应消息。

3.6.3　实例：使用 XMLHttpRequest 跨域访问 Web 资源

为了安全起见，在默认情况下，XMLHttpRequest 不允许跨域访问 Web 资源，但可以通过某些方法屏蔽这些安全措施。在 Firefox 中，可以通过如下两步打开跨域访问 Web 资源的功能。

（1）打开 Firefox，在地址栏中输入 about:config，将会输出如图 3.24 所示的配置项列表。

图 3.24　Firefox 的配置项列表

在"过滤器"文本框中输入 signed.applets.codebase_principal_support，Firefox 会自动找到这个配置，如图 3.25 所示。

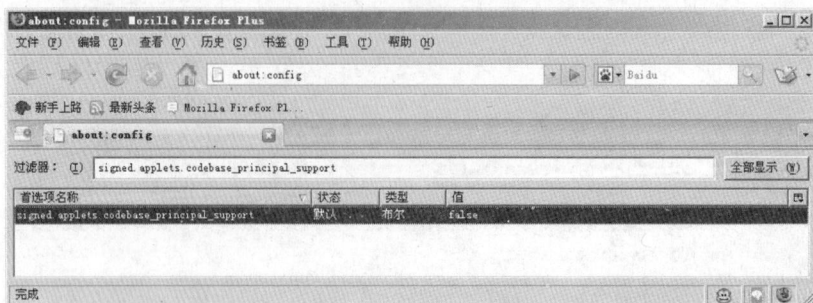

图 3.25　signed.applets.codebase_principal_support 的配置

选中 signed.applets.codebase_principal_support 选项，使它的值为 true（如果已经是 true 了，就继续执行下一步）。

（2）在调用 XMLHttpRequest 对象的 open 方法之前加上如下的代码：

```
// 只适用于 Firefox
if(window.XMLHttpRequest)
{
    try
    {
        // 打开跨域访问权限
        netscape.security.PrivilegeManager.enablePrivilege
        ("UniversalBrowserRead");
    }
    catch (exception)
    {
        alert(exception);
    }
}
```

执行完上述两步后，再次使用 open 方法跨域访问 Web 资源，Firefox 就会弹出一个如图 3.26 所示的提示对话框。

单击"是"按钮，就可以跨域访问了。如果是 IE 6 浏览器，并不需要上面的设置和代码，但在跨域访问时会出现一个如图 3.27 所示的提示对话框。

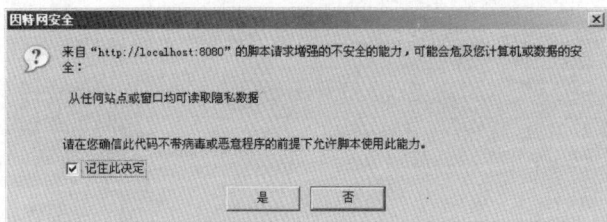

图 3.26　Firefox 的安全询问对话框

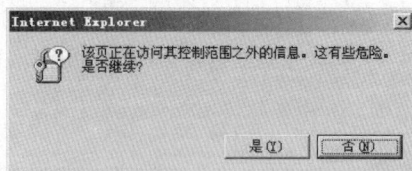

图 3.27　IE 6 的安全提示对话框

单击"是(Y)"按钮后，就可以跨域访问了。

3.6.4　实例：AJAX 的 3 种交换数据方法

通过 XMLHttpRequest 组件和服务端交换数据可以使用多种数据格式，在本节将介绍其中的 3 种，分别是 XML、HTML 和 JavaScript 代码。

客户端从服务端获得 XML 格式的数据是一种比较常用的交换数据的方式。当 XMLHttpRequest 对象获得 XML 格式的响应消息后，就可以通过 responseXML 属性直接获得 XML DOM 对象，然后从中取出相应的数据进行处理，例如，下面的 HTML 代码包含一个\<select\>元素，在后面的代码中，将使用 JavaScript 和 DOM 技术从服务端获得 XML 数据，并动态为该\<select\>元素添加选项。

```
<html>
    <head>
        <title>AJAX 传输数据的三种方式</title>
    </head>
    <body>
        <select id="opt">            <!--   选择标签   -->
        </select>
    </body>
</html>
```

下面的代码将从服务端获得 XML 格式的数据，然后将数据动态地加入到\<select\>标签中。

```
var myRequest = getXMLHTTPRequest();    //  获得 XMLHTTPRequest 对象
if (myRequest)
{
    //  同步发送 HTTP 请求消息
    myRequest.open("GET", "data.xml", false);
    myRequest.send(null);              //  向服务端发送空的请求内容
    var xml = myRequest.responseXML;    //  获得 XML DOM 对象
    var select = document.getElementById("opt");
    var html = "";
    html = "<select id='opt'><option>" + xml.childNodes[0].childNodes[0].
    text + "</option>";
    html += "<option>" + xml.childNodes[0].childNodes[1].text + "</option>
    </select>";
    //  将生成的 html 代码赋给 outerHTML 属性
    select.outerHTML = html;
}
```

在上面的代码中，通过从 XML DOM 对象（Xml 变量）中获得相应的数据，然后组合成 HTML 代码，再赋给\<select\>标签的 outerHTML 属性。由于本章未涉及服务端程序，因此，在本例中通过一个静态文件 data.xml 来模拟服务端发送过来的 XML 格式的数据，这个文件的内容如下：

```
<data>
    <value1>bike</value1>
    <value2>car</value2>
</data>
```

下面的例子是从服务端获得一个 HTML 格式的数据，返回的 HTML 代码正好是 \<select\>标签里的内容，这些代码保存在 data.html 中，这个文件的内容如下：

```
<option>clothing</option>
<option>shoes</option>
```

例子代码如下：

```
var myRequest = getXMLHTTPRequest();                      //  获得 XMLHTTPRequest 对象
if (myRequest)
```

```
{
    myRequest.open("GET", "data.html", false);   // 同步发送 HTTP 请求消息
    myRequest.send(null);                         // 向服务端发送空的请求内容
    var html = myRequest.responseText;            // 获得 HTML 代码
    var select = document.getElementById("opt");
    select.outerHTML = "<select id='opt'>" + html + "</option>";
}
```

上面的代码在获得 HTML 代码后，直接和<select>标签组合成了完整的<select>标签，并赋给了<select>标签的 outerHTML 属性。

最后一种方法是从服务端返回 JavaScript 代码，并通过 eval 函数执行这些代码。在这个例子中涉及一个 data.js 文件，里面保存了 JavaScript 代码，内容如下：

```
var aList = new Array;
aList[0] = 'basketball';
aList[1] = 'football';
```

下面的代码从服务端获得 JavaScript 代码（data.js 文件里的内容），并通过 eval 函数执行这些 JavaScript 代码，然后从 aList 数组中读取相应的数据进行处理。

```
var myRequest = getXMLHTTPRequest();              // 获得 XMLHTTPRequest 对象
if (myRequest)
{
    myRequest.open("GET", "data.js", false);      // 同步发送 HTTP 请求消息
    myRequest.send(null);                         // 向服务端发送空的请求内容
    var javascript = myRequest.responseText;      // 获得 JavaScript 代码
    var select = document.getElementById("opt");
    eval(javascript);                             // 执行 JavaScript 代码
    html = "<select id='opt'><option>" + aList[0] + "</option>";
    html += "<option>" + aList[1] + "</option></select>";
    select.outerHTML = html;
}
```

上述的 3 种方法各有千秋，并不能简单地说哪一种是好是坏。如使用 HTML 格式交换数据时，在客户端写的代码比较少，但这种方法不灵活。而采用 JavaScript 代码的方式来交换数据，客户端的代码显得更容易理解，但服务端如果用程序来控制生成 JavaScript 代码，有时会比较麻烦。至于采用哪种方法，读者可根据实际情况而定。

🔔注意：本节中涉及的代码存放到了 webdemo 工程的 WebRoot\chapter3\transmit.html 文件里。

3.7　小　　结

本章讲解了 Web 系统中的客户端技术，其中 HTML 是客户端技术的基础，而 JavaScript 是客户端技术的核心。通过 JavaScript，可以进行逻辑处理、使用 DOM 技术来控制 HTML 元素。还可以通过正则表达式对客户端的输入进行验证，而且还可以进行更高级的应用，如通过 Array 对象对表格进行排序。虽然 JavaScript 功能强大，但长久以来，功能强大的 JavaScript IDE 却并不多。幸好在最近几年，出现了一些不错的 JavaScript IDE，如 MyEclipse

开发工具就属于其中的佼佼者。

除了 JavaScript 外，CSS 在客户端代码中的作用也不可小视。通过 CSS 的应用，可以使 HTML 中的样式达到最大限度的重用，从而有效地减少了客户端的代码量，当然这也会在一定程度上节省网络带宽。虽然 AJAX 主要依赖于 JavaScript，但 AJAX 的核心却是 XMLHttpRequest 组件，正是因为有了这个组件，客户端浏览器才能通过无刷新的方式更新页面的内容。

3.8　实　战　练　习

编码题

1. 在项目开发中，经常为了多显示内容而使用树形结构，利用本章所学的知识，实现简单的树形结构。

【提示】主要涉及 JavaScript 和 DOM 技术，关键代码如下：

```
//通过层对象的显示和隐藏实现树形结构的展开和收缩
function show(d1){
    if(document.getElementById(d1).style.display=='none'){
    //如果触动的层处于隐藏状态，即显示
    document.getElementById(d1).style.display='block';
    }
    //如果触动的层处于显示状态，即隐藏
    else{
    document.getElementById(d1).style.display='none';
    }
}
```

2. 利用本章所学的客户端技术，首先设计"简易购物车"界面（如图 3.28 所示），然后实现"合计"按钮功能。

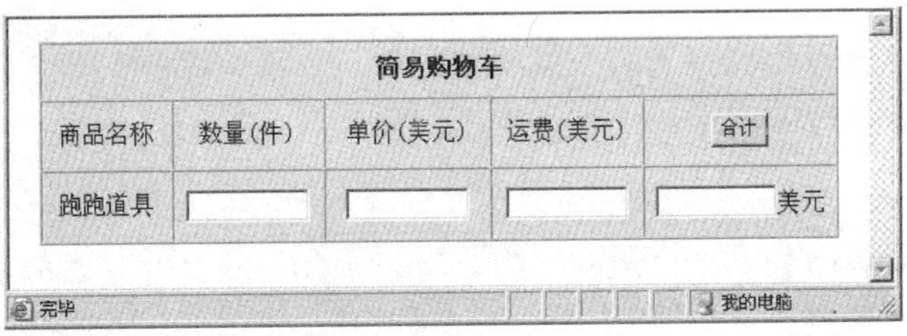

图 3.28　"简易购物车"界面

【提示】主要涉及 HTML、JavaScript 和 DOM 技术，关键代码如下：

```
//简易购物车的计算方式：商品数量*单价+运费=合计
function cal(){
    var num= parseInt(document.myform.num.value);        //获得商品数量
    var price=parseFloat(document.myform.price.value);   //获得商品单价
    var cost=parseFloat(document.myform.cost.value);     //获得运费
    var amount=num*price+cost;
    //计算费用并向文本框复制赋值
    document.myform.amount.value=amount;
}
```

第4章 Java Web 的核心技术——Servlet

Servlet 是 Java Web 程序的核心技术。JSP 和绝大多数 Java Web 框架(如 Struts、Webwork 等)的底层实现都会看到 Servlet 的影子。因此,充分了解 Servlet 的原理和使用方法,对于以后学习 Struts 等 Java Web 框架将起到非常大的帮助。目前,Servlet 规范的最新版本是 Servlet 3.0,本章将使用这个版本来进行学习。本章的主要内容如下:

- ❑ 通过 Helloworld 例子演示 Servlet 的开发步骤;
- ❑ Servlet 的基本配置;
- ❑ HttpServlet 中常用方法的使用;
- ❑ 包含和转发 Java Web 资源;
- ❑ Java Web 开发的中文问题;
- ❑ 网页定时刷新和定时跳转;
- ❑ 动态下载文件;
- ❑ Cookie 和 Session 的原理及应用。

4.1 编写 Servlet 的 Helloworld 程序

在本节将介绍如何开发一个简单的 Servlet 程序(Helloworld)。其中 4.1.1 节使用 MyEclipse 开发这个 Servlet 程序。为了让读者更好地了解 Servlet 的开发过程,在 4.1.2 节使用手工方式重新开发这个 Servlet 程序。

4.1.1 实例:用 MyEclipse 工具编写第一个 Servlet 程序——Helloworld

学习任何语言语法,都会从 Helloworld 这个程序开始。对于 Servlet 语法,Helloworld 程序的功能是向客户端浏览器中输出 Hello world 信息。通过 MyEclipse 开发这个 Servlet 程序的步骤如下。

(1)启动 MyEclipse10.6。

(2)选择 File|New|Web Project 命令,打开 New Web Project 对话框。

(3)在 Project Name 文本框中输入"webdemo",选择 J2EE Specification Level 选项组中的 Java EE 6.0 单选按钮,如图 4.1 所示。

(4)单击 Finish 按钮建立一个 Web 工程。Web 工程的结构如图 4.2 所示。

(5)右击 Web 工程,在弹出的快捷菜单中选择 New|Servlet 命令,打开 Create a new Servlet 对话框,如图 4.3 所示。

(6)在图 4.3 对话框的 Package 文本框中输入 chapter4,在 Name 文本框中输入

Helloworld，并选择 doGet 复选框。

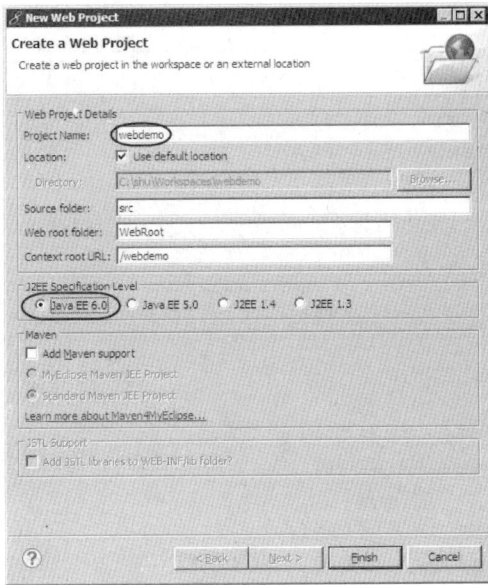

图 4.1　建立 Web 工程图

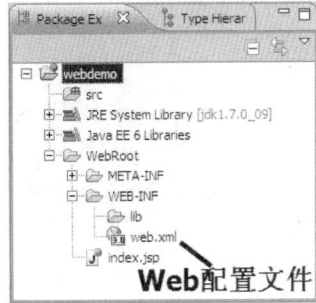

图 4.2　Web 工程的目录结构

（7）单击 Next 按钮进入下一步，如图 4.4 所示。在 Servlet/JSP Mapping URL 文本框中输入"/servlet/helloworld"，其中 helloworld 中的 h 为小写。

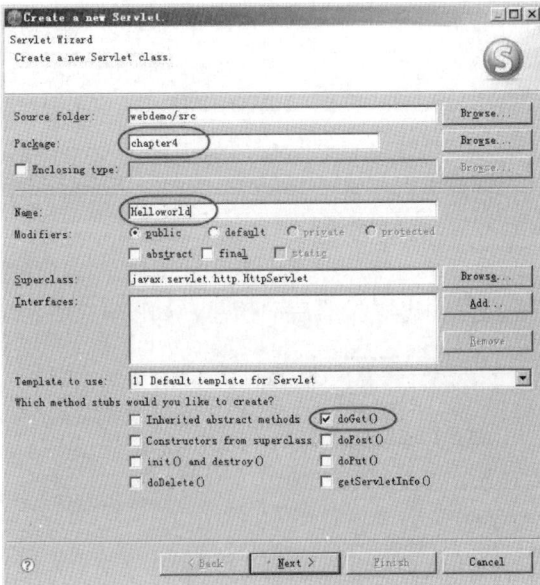

图 4.3　建立 Servlet（第 1 页）

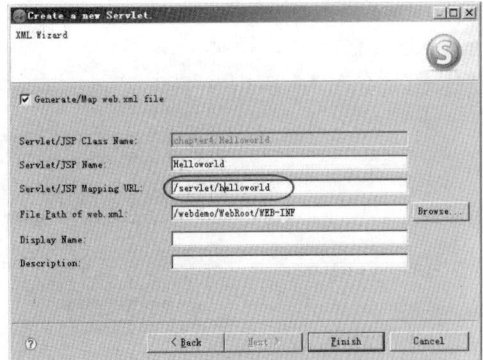

图 4.4　建立 Servlet（第 2 页）

（8）单击 Finish 按钮完成建立 Servlet 的过程。

（9）打开 Helloworld.java 文件，并输入如下的代码：

```
package chapter4;
```

```
//  导入相应的包
import java.io.IOException;
import java.io.PrintWriter;
import javax.servlet.ServletException;
import javax.servlet.http.HttpServlet;
import javax.servlet.http.HttpServletRequest;
import javax.servlet.http.HttpServletResponse;
//  继承类 HttpServlet
public class Helloworld extends HttpServlet
{
    //  处理客户端的 GET 请求
    public void doGet(HttpServletRequest request, HttpServletResponse
    response)
            throws ServletException, IOException
    {
        //  设置 HTTP 响应头的 Content-Type 字段值
        response.setContentType("text/html");
        //  获得用于输出消息的 PrintWriter 对象
        PrintWriter out = response.getWriter();
        out.println("<b>Hello world</b>");    //  向客户端输出 Hello world
    }
}
```

代码说明：

❏ Servlet 类必须从 javax.servlet.http.HttpServlet 类继承。

❏ 由于在本例中向客户端浏览器输出的消息中含有 HTML 代码（...），所以必须使用 setContentType()方法设置 HTTP 响应头字段 Content-Type 的值，在本例中 Content-Type 属性的值是"text/html"。

❏ 在输出消息之前，需要使用 HttpServletResponse 类的 getWriter()方法获得一个 PrintWriter 对象，并使用 PrintWriter 类的 println 方法向客户端输出消息。

（10）右击 Web 工程，在弹出的快捷菜单中选择 Run As|MyEclipse Server Application 命令，打开 Server Selection 对话框。

（11）在 Server Selection 对话框中选择 Tomcat 7.x 选项，然后单击 OK 按钮，如图 4.5 所示，就会在 MyEclipse 开发工具的 Console 窗口中输出服务器启动信息，如图 4.6 所示。

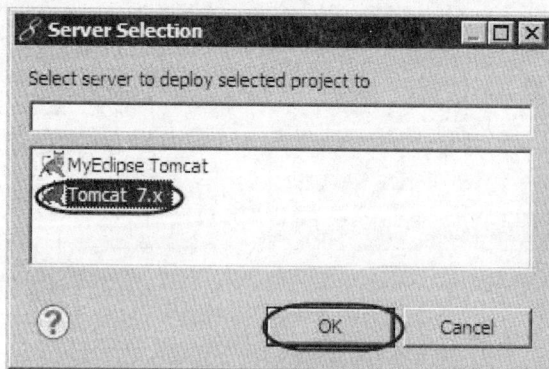

图 4.5　选择服务器

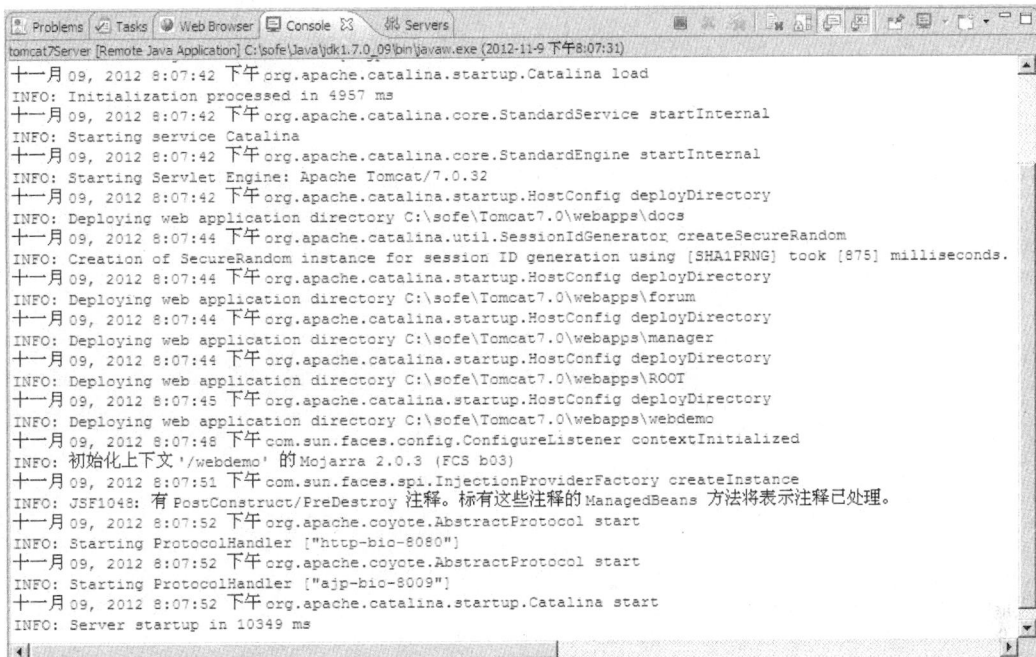

图 4.6　服务器启动信息

至此，Helloworld 程序已经全部编写完成了，读者可以在浏览器地址栏中输入如下的 URL 来测试这个程序。

```
http://localhost:8080/webdemo/servlet/helloworld
```

在输入上面的 URL 后，读者将会看到在 IE 中以黑体字输出的 Hello world 信息，如图 4.7 所示。

在建立 Servlet 的过程中，MyEclipse 还会自动在 web.xml 文件（这个文件可以在 WebRoot\WEB-INF 目录中找到）中添加 Servlet 的配置代码，如在本例中自动生成的 web.xml 文件的代码如下：

```xml
<?xml version="1.0" encoding="UTF-8"?>
<!-- 配置文件的根标签，指定了命名空间、版本等信息 -->
<web-app version="3.0"
    xmlns="http://java.sun.com/xml/ns/javaee"
    xmlns:xsi="http://www.w3.org/2001/XMLSchema-instance"
    xsi:schemaLocation="http://java.sun.com/xml/ns/javaee
    http://java.sun.com/xml/ns/javaee/web-app_3_0.xsd">
    <!-- 定义 Servlet 本身的属性 -->
    <servlet>
        <!-- 指定 Servlet 的名称 -->
        <servlet-name>Helloworld</servlet-name>
        <!-- 指定 Servlet 类的全名 -->
        <servlet-class>chapter4.Helloworld</servlet-class>
    </servlet>
    <!-- 定义 Servlet 映射信息 -->
    <servlet-mapping>
        <!-- 指定 Servlet 名 -->
        <servlet-name>Helloworld</servlet-name>
```

```
    <!--　指定在浏览器中访问的 Servlet 的 URL　-->
    <url-pattern>/servlet/helloworld</url-pattern>
  </servlet-mapping>
  <!--　配置欢迎页　-->
  <welcome-file-list>
    <!--　指定 index.jsp 页面为系统默认的访问页面　-->
    <welcome-file>index.jsp</welcome-file>
  </welcome-file-list>
</web-app>
```

图 4.7　Helloworld 的输出结果

在上面代码中的黑体字部分就是 Helloworld 程序的配置代码，其中<servlet-name>标签表示 Servlet 名，可以是任意合法的 XML 字符，<servlet-class>标签表示 Servlet 类的全名，<url-pattern>标签表示在浏览器中访问当前 Servlet 的 URL，这个 URL 要放到上下文路径的后面，在本例中的上下文路径是 webdemo（也就是工程名）。

4.1.2　实例：手工编写第一个 Servlet 程序——Helloworld

在本节将介绍如何脱离 MyEclipse 开发工具，通过手工的方式来编写和发布 Helloworld 程序，从而能够深层次地理解 Java Web 项目的目录结构和运行原理。

通过手工方式开发 Helloworld 程序的步骤如下。

（1）在<Tomcat 安装目录>\webapps 目录下建立一个 manualweb 目录。

（2）在<Tomcat 安装目录>\webapps\manualweb 目录下建立两个子目录，即 chapter4 和 WEB-INF。

（3）在<Tomcat 安装目录>\webapps\manualweb\WEB-INF 目录下建立一个 classes 目录和 lib 目录。

（4）在<Tomcat 安装目录>\webapps\manualweb\chapter4 目录下建立一个 Helloworld.java 文件，并将 4.1.1 节中第（9）步给出的代码复制到这个文件中。

（5）运行"Windows 控制台"程序，并进入<Tomcat 安装目录>\webapps\manualweb 目录。

（6）在"Windows 控制台"中输入如下命令编译 Helloworld.java。

```
javac -classpath .;..\..\lib\servlet-api.jar -d WEB-INF\classes
chapter4\Helloworld.java
```

代码说明：

❑　命令 javac 的第一个参数"-classpath"，用来设置配置环境变量 classpath 的值。其中"."表示当前目录，"..\..\lib\servlet-api.jar"表示<Tomcat 安装目录>\lib 目录下的 servlet-api.jar 文件。

❏ 命令 javac 的第二个参数 "-d"，用来设置编译后文件的目录地址。其中 "WEB-INF\classes" 表示 <Tomcat 安装目录>\webapps\manualweb\WEB-INF\classes 文件。

🔔注意：目录 "..\" 属于相对路径，表示上一级目录。

（7）在 <Tomcat 安装目录>\webapps\manualweb\WEB-INF 目录下建立一个 web.xml 文件，内容和 4.1.1 节所示的 web.xml 文件中的内容相同。

（8）启动 Tomcat 7 服务器后，然后在浏览器地址栏中输入如下的 URL 打开服务器首页。

```
http://localhost:8080
```

（9）在 Tomcat 7 服务器的首页中，单击 "Manager App" 按钮，IE 会弹出一个登录对话框，要求输入用户名和密码，如图 4.8 所示。输入正确的用户名和密码后，就会进入 "Tomcat Web Application Manager" 页面，如图 4.9 所示，在该页面中的 "Applications" 列表中，单击 "/manualweb" 记录的 "Reload" 按钮则可以实现该项目的发布。

如果读者不知道 Tomcat 的用户名和密码，可以打开 <Tomcat 安装目录>\conf\tomcat-users.xml 文件，在其中添加一个 admin 用户，tomcat-users.xml 文件的内容如下：

图 4.8 Tomcat 登录对话框

图 4.9 Tomcat Web Application Manager

```
<?xml version='1.0' encoding='cp936'?>
<!-- 在<tomcat-users>标签中定义 Tomcat 的用户 -->
<tomcat-users>
    <!-- 定义 admin 用户，密码也是 admin，用户的
    角色是manager-gui -->
    <user name="admin" password="admin" roles="manager-gui" />
</tomcat-users>
```

其中黑体字部分就是添加 admin 用户的配置代码，密码也是 admin。

（10）在发布 manualweb 后，读者可以在浏览器地址栏中输入如下的 URL 测试这个程序。

```
http://localhost:8080/manualweb/servlet/helloworld
```

再次访问上面的 URL 后，会得到图 4.7 所示的输出结果。

4.2　学习 Servlet 技术

本节将介绍 Servlet 的基础知识，主要包括数据库连接池的配置和应用；处理 HTTP 请求的 doGet、doPost 和 execute 方法；向客户端输出响应文本消息和字节流消息；初始化和销毁 Servlet 以及包含和转发 Web 资源。

4.2.1　配置 Tomcat 7 服务器的数据库连接池

由于基于 HTTP 协议的 Web 程序是无状态的，因此，在应用程序中使用 JDBC 时，每次处理客户端请求都会重新建立数据库连接。如果客户端的请求频繁，将会消耗非常多的资源。因此 Tomcat 服务器提供了一种数据库连接优化技术——数据库连接池技术。数据库连接池负责分配、管理和释放数据库连接，它允许应用程序重复使用一个现有的数据库连接，而不是重新建立一个数据库连接。在使用完一个数据库连接后，将其归还数据库连接池，以备其他程序使用。在 Tomcat 中配置数据库连接池有如下两种方式：

❑　配置全局数据库连接池；

❑　配置局部数据库连接池。

读者可以通过如下步骤配置全局数据库连接池。

（1）在<Tomcat 安装目录>\conf\server.xml 文件中找到<GlobalNamingResources>标签，并加入一个子标签<Resource>，这个子标签的配置如下：

```
<!-- 为 webdb 数据库配置数据源连接池 -->
 <Resource name="jdbc/webdb" auth="Container"
          type="javax.sql.DataSource"
          <!-- 指定 MySQL 的 JDBC 驱动类名 -->
          driverClassName="com.mysql.jdbc.Driver"
          <!-- 指定连接字符串 -->
          url="jdbc:mysql://localhost:3306/webdb?characterEncoding=
          utf-8"
          <!-- 指定用户名 -->
          username="root"
          <!-- 指定密码 -->
```

```
       password="1234"
       maxActive="200"
       maxIdle="50"
       maxWait="3000"/>
```

上面的配置代码有几个和数据库连接池性能有关的属性需要说明一下。

❑ name：设置数据源名称（JDNI），通常为"jdbc/xxx"格式。

❑ auth：设置数据源的管理者（Manager），其有两个可选值 Container 和 Application 。
其中 Container 表示由容器来创建和管理数据源；Application 表示由 Web 应用来
创建和管理数据源。

❑ type：设置数据源的类型，该属性值通常为 javax.sql.DataSource 类型。

❑ maxActive：连接池可以存储的最大连接数，也就是应用程序可以同时获得的最大
连接数。这个属性值一般根据 Web 程序的最大访问量设置。

❑ maxIdle：最大空闲连接数。当应用程序使用完一个数据库连接后，如果连接池中
存储的连接数小于 maxIdle，这个数据库连接并不马上释放，而是存储在连接池中，
以备其他程序使用。这个属性值一般根据 Web 程序的平均访问量设置。

❑ maxWait：暂时无法获得数据库连接的等待时间（单位：毫秒）。如果应用程序从
数据库连接池中获得的数据库连接已经等于 maxActive，而且都没有归还给数据库
连接池，这时再有程序想获得数据库连接，就会等待 maxWait 所指定的时间。如
果超过 maxWait 所指定的时间还无法获得数据库连接，就会抛出异常。

（2）在<Tomcat 安装目录>\conf\Catalina\localhost 中建立一个 webdemo.xml 文件，然后
在 webdemo.xml 文件中输入如下内容：

```
<!-- 引用全局资源 -->
<Context path="/webdemo" docBase="webdemo" debug="0">
    <ResourceLink name="jdbc/webdb" global="jdbc/webdb" type="javax.
    sql.DataSource"/>
</Context>
```

⚠注意：所创建文件的名字（webdemo）必须要跟<Tomcat 安装目录>\conf\server.xml 文件
中<Context>标签的 path 属性值一致。

读者如果想配置局部数据库连接池，可以直接在<Tomcat 安装目录
>\conf\Catalina\localhost 下建立一个 webdemo.xml 文件，然后输入如下内容：

```
<!-- 定义局部数据源连接池 -->
<Context path="/webdemo" docBase="webdemo" debug="0">
    <Resource name="jdbc/webdb" auth="Container"
           type="javax.sql.DataSource"
           <!-- 指定 MySQL 的 JDBC 驱动类名 -->
           driverClassName="com.mysql.jdbc.Driver"
           <!-- 指定连接字符串 -->
           url="jdbc:mysql://localhost:3306/webdb?characterEncoding=
           utf-8"
           <!-- 指定用户名 -->
           username="root"
           <!-- 指定密码 -->
           password="1234"
           maxActive="200"
           maxIdle="50"
```

```
                        maxWait="3000"/>
</Context>
```

4.2.2　实例：通过数据库连接池连接 MySQL 数据库

在本节将给出一个使用数据库连接池的例子。在这个例子中，将使用 webdb 数据源获取一个 MySQL 数据库连接，并查询其中的 t_dictionary 表，最后将查询结果显示在客户端浏览器。在编写程序之前，需要使用如下的 SQL 语句建立一个 webdb 数据库和一个 t_dictionary 表，并且向 t_dictionary 表中插入 3 条记录。

```sql
#   建立数据库 webdb
CREATE DATABASE IF NOT EXISTS webdb DEFAULT CHARACTER SET utf8 COLLATE
utf8_unicode_ci;
#   删除表 t_dictionary
DROP TABLE IF EXISTS webdb.t_dictionary;
#   建立表 t_dictionary
CREATE TABLE IF NOT EXISTS webdb.t_dictionary (
  english varchar(20) character set utf8 collate utf8_bin NOT NULL,
  chinese varchar(50) collate utf8_unicode_ci NOT NULL,
  PRIMARY KEY (english)
) ENGINE=InnoDB DEFAULT CHARSET=utf8 COLLATE=utf8_unicode_ci;
#   向 t_dictionary 表中插入 3 条记录
INSERT INTO webdb.t_dictionary (english, chinese) VALUES
('Olympic Games', '奥运会'),
('aeroplane', '飞机'),
('bike', '自行车');
```

ViewDictionary 类演示了如何使用数据库连接池获取数据库连接，代码如下：

```java
package chapter4;
import java.io.IOException;
import java.io.PrintWriter;
import java.sql.Connection;
import java.sql.PreparedStatement;
import java.sql.ResultSet;
import javax.servlet.ServletException;
import javax.servlet.http.HttpServlet;
import javax.servlet.http.HttpServletRequest;
import javax.servlet.http.HttpServletResponse;
public class ViewDictionary extends HttpServlet
{
    //  处理客户端的 GET 请求
    public void doGet(HttpServletRequest request, HttpServletResponse
    response)
            throws ServletException, IOException
    {
        //  设置 Content-Type 字段值
        response.setContentType("text/html;charset=UTF-8");
        //  获取字符输出流
        PrintWriter out = response.getWriter();
        try
        {
            //  获得 Context 对象实例
            javax.naming.Context ctx = new javax.naming.InitialContext();
            //  根据 webdb 数据源获得 DataSource 对象
            javax.sql.DataSource ds = (javax.sql.DataSource) ctx.lookup
```

```
                    ("java:/comp/env/jdbc/webdb");
                    //   获得 Connection 对象
                    Connection conn = ds.getConnection();
                    //   根据 SELECt 语句建立一个 PreparedStatement 对象实例
                    PreparedStatement pstmt = conns.prepareStatement("SELECT * FROM
                    t_dictionary");
                    //   执行 SQL 语句
                    ResultSet rs = pstmt.executeQuery();
                    StringBuilder table = new StringBuilder();
                    //   添加<table>标签的 HTML 代码
                    table.append("<table border='1'>");
                    table.append("<tr><td>书名</td><td>价格</td></tr>");
                    //   生成查询结果
                    while (rs.next())
                    {
                    //   添加<table>标签的 HTML 代码
                        table.append("<tr><td>" + rs.getString("english") +
                        "</td><td>");
                        table.append(rs.getString("chinese") + "</td></tr>");
                    }
                    table.append("</table>");
                    out.println(table.toString());  //   输出查询结果
                    pstmt.close();                  //   关闭 PreparedStatement 对象
            }
            catch (Exception e)
            {
                out.println(e.getMessage());    //   输出错误消息
            }
        }
    }
}
```

代码说明：

❑ 要从数据源中获得数据库连接对象，需要使用 javax.naming.Context 的 lookup 方法。

❑ 在应用程序中通过数据源连接池连接数据库时，除了通过数据源获取数据库连接
    这一步骤外，其他的步骤和直接使用 JDBC 操作数据库是完全一样的。

下面是 ViewDictionary 类的配置代码。

```
<servlet>
  <!--   定义 Servlet 的名称：ViewDictionary  -->
  <servlet-name>ViewDictionary</servlet-name>
  <!--   指定 Servlet 的类名   -->
  <servlet-class>chapter4.ViewDictionary</servlet-class>
</servlet>
<servlet-mapping>
  <!--   指定 Servlet 的映射路径   -->
  <servlet-name>ViewDictionary</servlet-name>
  <!--   指定客户端访问 Servlet 时的 URL   -->
  <url-pattern>/servlet/ViewDictionary</url-pattern>
</servlet-mapping>
```

在编写完上面的程序后，读者可以在浏览器的地址栏中输入如下 URL 测试程序。

```
http://localhost:8080/webdemo/servlet/ViewDictionary
```

在访问上面的 URL 后，将在浏览器中显示如图 4.10 所示的输出结果。

图 4.10　ViewDictionary 的输出结果

4.2.3　实例：处理客户端 HTTP GET 请求——doGet 方法

在 HttpServlet 中提供了一组 doXxx 方法，通过这些方法可以处理各种 HTTP 请求，如在本节要讲的 doGet 方法可以处理 HTTP GET 请求。如果客户端发送其他的请求，如 HTTP POST，HttpServlet 将会抛出异常。doGet 方法的定义如下：

```
protected void doGet(HttpServletRequest req, HttpServletResponse resp)
throws ServletException, IOException
```

下面是一个演示 doGet 方法的例子。建立一个名为 TestDoGet 的 Servlet 类，代码如下：

```
public class TestDoGet extends HttpServlet
{
    //  处理客户端的 GET 请求
    public void doGet(HttpServletRequest request, HttpServletResponse
    response)
        throws ServletException, IOException
    {
        response.setContentType("text/html; charset=UTF-8");
                                                //  设置 Content-Type 字段
        PrintWriter out = response.getWriter();//  获得 PrintWriter 对象
        out.println("处理 HTTP GET 请求");        //  向客户端输出消息
    }
}
```

下面是 TestDoGet 类的配置代码。

```
  <!--  定义 Servlet 的名称：TestDoGet  -->
<servlet>
    <servlet-name>TestDoGet</servlet-name>
    <servlet-class>chapter4.TestDoGet</servlet-class>
</servlet>
  <!--  指定 Servlet 的映射路径  -->
<servlet-mapping>
    <servlet-name>TestDoGet</servlet-name>
    <url-pattern>/servlet/TestDoGet</url-pattern>
</servlet-mapping>
```

如果读者直接在浏览器中输入如下 URL，TestDoGet 类将会被正常访问，并输出正确的结果，如图 4.11 所示。

```
http://localhost:8080/webdemo/servlet/TestDoGet
```

图 4.11　TestDoGet 类的输出结果

下面将使用 HTTP POST 方法来访问 TestDoGet 类。在 WebRoot\chapter4 目录下建立一个 post.html 文件，并在其中加入如下代码：

```
<!-- 使用<form>通过 post 方法访问 TestDoGet  -->
<form action="../servlet/TestDoGet" method="post">
    <!-- 产生 name 请求参数  -->
    <input type="text" name="name" /><p/>
    <input type="submit" value="提交"/>
</form>
```

在浏览器地址栏中输入如下的 URL：

```
http://localhost:8080/webdemo/chapter4/post.html
```

单击"提交"按钮，将会在浏览器中显示如图 4.12 所示的异常提示信息。该异常信息说明了 TestDoGet 不支持 HTTP POST 请求。

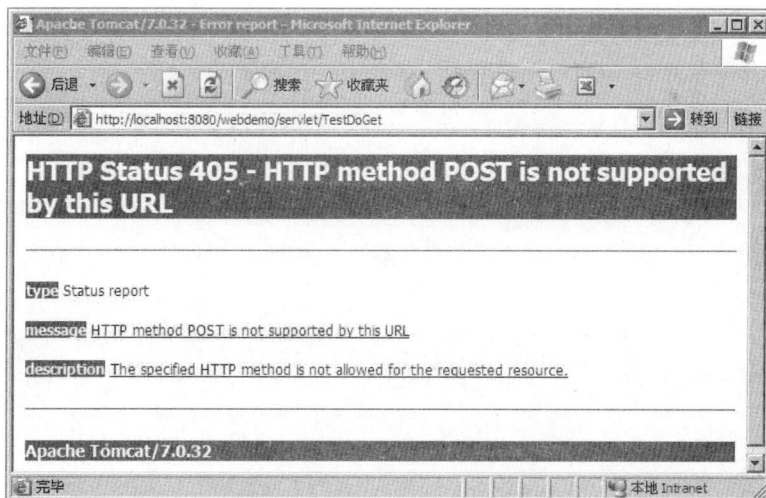

图 4.12　处理 post 方法时抛出的异常

4.2.4　实例：处理客户端 HTTP POST 请求——doPost 方法

doPost 方法用来处理客户端的 HTTP POST 请求。如果客户端浏览器通过 HTTP POST 请求来访问 Servlet，而在 Servlet 类中并没有 doPost 方法，这时在客户端浏览器中将会显示与图 4.12 类似的异常消息。doPost 方法的定义如下：

```
protected void doPost(HttpServletRequest req, HttpServletResponse resp)
```

```
throws ServletException, IOException
```

下面的例子演示了如何使用 doPost 方法处理 HTTP POST 请求。建立一个名为 TestDoPost 的 Servlet 类，代码如下：

```java
public class TestDoPost extends HttpServlet
{
    //  处理客户端的 POST 请求
    public void doPost(HttpServletRequest request, HttpServletResponse
    response)
            throws ServletException, IOException
    {
        response.setContentType("text/html; charset=UTF-8");
                                                //  设置 Content-Type 字段值
        PrintWriter out = response.getWriter();//  获得 PrintWriter 对象
        out.println("处理 HTTP POST 请求");       //  向客户端输出消息
    }
}
```

从上面的代码可以看出，doPost 方法和 doGet 方法在使用上类似，只要将 doGet 改为 doPost 即可。TestDoPost 类的配置代码如下：

```xml
<!--  定义 Servlet 的名称：TestDoPost  -->
<servlet>
    <servlet-name>TestDoPost</servlet-name>
    <servlet-class>chapter4.TestDoPost</servlet-class>
</servlet>
<!--  指定 Servlet 的映射路径  -->
<servlet-mapping>
    <servlet-name>TestDoPost</servlet-name>
    <url-pattern>/servlet/TestDoPost</url-pattern>
</servlet-mapping>
```

如果通过如下的 URL 地址访问 TestDoPost，将会抛出与图 4.10 类似的异常信息。

```
http://localhost:8080/webdemo/servlet/TestDoPost
```

为了正确显示出 TestDoPost 类的输出文本——"处理 HTTP POST 请求"，需要创建访问页面，具体 html 代码如下所示。

```html
<!--  使用<form>通过 post 方法访问 TestDoPost  -->
<form action="../servlet/TestDoPost" method="post">
    <input type="text" name="name" /><p/>
    <input type="submit" value="提交"/>
</form>
```

4.2.5　实例：处理客户端各种请求——service 方法

如果要同时处理 HTTP GET 和 HTTP POST 请求，而且这两个请求的处理代码是一样的，就必须在 Servlet 类中同时包含 doGet 方法和 doPost 方法，并且在其中一个方法中编写实际的代码，而在另外一个方法中则不需要编写相同的代码，只需要简单的调用另一个方法就可以，代码如下：

```java
public class TestGetAndPost extends HttpServlet
{
```

```
    //  处理客户端的 GET 请求
    public void doGet(HttpServletRequest request, HttpServletResponse
    response)
            throws ServletException, IOException
    {
        //  编写实际的代码
    }
    //  处理客户端的 POST 请求
    public void doPost(HttpServletRequest request, HttpServletResponse
    response)
            throws ServletException, IOException
    {
        //  处理代码和 doGet 一样，需要调用 doGet 方法
        doGet(request, response);
    }
}
```

虽然这样做可以解决问题，但是代码写起来比较麻烦，因此可以通过覆盖 HttpServlet 类的 service 方法来使代码看起来更加简洁。当具体执行 HttpServlet 类的 service 方法时，会根据 HTTP 协议的请求方式调用不同的 doXxx 方法，例如如果为 HTTP GET 请求则调用 doGet 方法，如果为 HTTP POST 请求则调用 doPost 方法。关于 service 方法的部分实现代码如下：

```
//  HttpServlet 类中的 service 方法
protected void service(HttpServletRequest req, HttpServletResponse
resp)
        throws ServletException, IOException
{
    String method = req.getMethod();     //  获得 HTTP 请求方法
    //  METHOD_GET 表示 HTTP GET 方法
    if (method.equals(METHOD_GET))
    {
        doGet(req, resp);                    //  调用 doGet 方法
    }
    //  METHOD_POST 表示 HTTP POST 方法
    else if (method.equals(METHOD_POST))
    {
        doPost(req, resp);                   //  调用 doPost 方法
    }
    …
    //  不支持当前的 HTTP 方法，将抛出异常
    else
    {
        //  获得异常信息
        String errMsg = lStrings.getString("http.method_not_
        implemented");
        Object[] errArgs = new Object[1];
        errArgs[0] = method;                 //  获得当前 HTTP 请求方法名
        errMsg = MessageFormat.format(errMsg, errArgs);
                                             //  格式化异常消息
        //  向客户端发送抛出异常信息的通知
        resp.sendError(HttpServletResponse.SC_NOT_IMPLEMENTED,
        errMsg);
    }
}
```

如果在 Servlet 子类中覆盖了 service 方法，doXxx 方法就不会再被调用。如果想要覆盖后的 service 方法中仍然调用 doXxx 方法，可以在 service 方法中加入如下代码：

```
super.service(request, response);
```

TestGetAndPost 类演示了如何使用 service 方法处理 HTTP 的 POST 和 GET 请求，代码如下：

```
// 继承 HttpServlet 类
public class TestGetAndPost extends HttpServlet
{
    // 覆盖了 HttpServlet 类中的 service 方法
    @Override
    protected void service(HttpServletRequest request, HttpServletResponse
response)
            throws ServletException, IOException
    {
        response.setContentType("text/html; charset=UTF-8");
        PrintWriter out = response.getWriter();
        out.println("处理所有的 HTTP 请求");         // 向客户端输出消息
    }
}
```

@Override 是 J2SE 5.0 的新语法——注释，该注释表示 service 方法是覆盖父类（HttpServlet）的同名、同参数、同返回类型的方法。之所以使用@Override 注释，是为了防止由于人为的因素，将 TestGetAndPost 类中关于 service 方法的一些信息写错，从而导致程序将无法编译通过。TestGetAndPost 类的配置代码如下：

```
<!--  定义 Servlet 的名称: TestGetAndPost  -->
<servlet>
    <servlet-name>TestGetAndPost</servlet-name>
    <servlet-class>chapter4.TestGetAndPost</servlet-class>
</servlet>
<!--  指定 Servlet 的映射路径  -->
<servlet-mapping>
    <servlet-name>TestGetAndPost</servlet-name>
    <url-pattern>/servlet/TestGetAndPost</url-pattern>
</servlet-mapping>
```

现在无论使用哪一种 HTTP 请求访问 TestGetAndPost，都会输出正确的结果。读者可以使用下面的 URL 测试这个程序。

```
http://localhost:8080/webdemo/servlet/TestGetAndPost
```

也可以通过 HTML 中的<form>标签发送 HTTP POST 请求测试 TestGetAndPost。

4.2.6　实例：初始化（init）和销毁（destroy）Servlet

当 Servlet 对象实例被 Web 服务器第一次创建时，会调用 HttpServlet 类的 init 方法。因此开发人员可以在这个方法里实现初始化 Servlet 的功能，例如 Servlet 中经常会使用的数据库、网络等资源。当 Web 服务器销毁 Servlet 对象实例时，会调用 HttpServlet 类的 destroy 方法，开发人员可以在这个方法中释放由 Servlet 所占用的各种资源。init 方法和 destroy 方法在 Servlet 的整个生命周期中都只调用一次。

TestInitDestroy 类演示了 init 方法和 destroy 方法的调用顺序，代码如下：

```java
public class TestInitDestroy extends HttpServlet
{
    // 覆盖 destroy 方法，该方法将在 Web 服务器销毁 TestInitDestroy 实例时被调用
    @Override,
    public void destroy()
    {
        // 输出提示信息，以表明 Servlet 被销毁
        System.out.println("Servlet 被销毁!");
    }
    // 覆盖了 init 方法，该方法将在 Web 服务器第一次实例化时被调用
    @Override
    public void init() throws ServletException
    {
        // 输出提示信息，以表明 Servlet 对象实例被创建，并调用了 init 方法
        System.out.println("初始化 Servlet!");
    }
    // 覆盖了 doGet 方法
    @Override
    protected void doGet(HttpServletRequest request, HttpServletResponse
response)
            throws ServletException, IOException
    {
        // 为了使程序不至于出错，需要加上此方法
    }
}
```

TestInitDestroy 类的配置代码如下：

```xml
<!-- 定义 Servlet 的名称: TestInitDestroy -->
<servlet>
    <servlet-name>TestInitDestroy</servlet-name>
    <servlet-class>chapter4.TestInitDestroy</servlet-class>
</servlet>
<!-- 指定 Servlet 的映射路径 -->
<servlet-mapping>
    <servlet-name>TestInitDestroy</servlet-name>
    <url-pattern>/servlet/TestInitDestroy</url-pattern>
</servlet-mapping>
```

读者可以使用下面的步骤测试这个程序。

（1）在浏览器地址栏中输入如下 URL：

```
http://localhost:8080/webdemo/servlet/TestInitDestroy
```

在第一次通过上面的 URL 访问 TestInitDestroy 后，在 Tomcat 控制台中会输出 "初始化 Servlet" 的消息。

（2）在浏览器地址栏中输入如下 URL 销毁 Servlet。

```
http://localhost:8080/manager/reload?path=/webdemo
```

实际上，上面的 URL 的功能是重新发布 webdemo 工程，在重新发布 Web 工程之前，Tomcat 会先销毁当前 Web 工程中的所有 Servlet 对象实例，因此会调用 Servlet 中的 destroy 方法。

（3）再次使用第（1）步中的 URL 访问 TestinitDestroy。这时，Tomcat 控制台中又输

出了"初始化 Servlet"的消息，如图 4.13 所示。

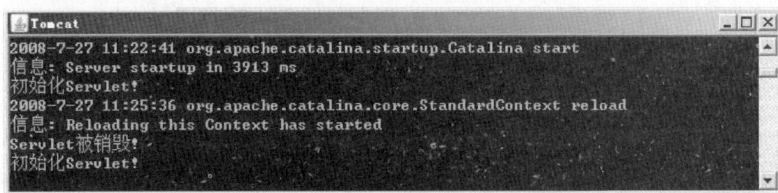

图 4.13　初始化和销毁 Servlet 的输出消息

4.2.7　实例：输出字符流响应消息——PrintWriter 类

在前面的例子中曾多次使用 PrintWriter 对象向客户端输出消息，读者可以通过 HttpServletResponse 类的 getWriter 方法获得 PrintWriter 类的对象实例，在具体使用该对象时要注意下面 3 点：

- 当通过 HttpServletResponse 类的 getWriter 方法获取 PrintWriter 类对象之前，需要使用 setContentType 方法设置 Content-Type 字段值，否则 setContentType 方法不起作用。
- HttpServletResponse 类的 addHeader 和 setHeader 方法用来进行响应头的设置，可以在调用 getWriter 方法前后被调用。
- 虽然可以使用 addHeader 和 setHeader 方法在调用 getWriter 方法后设置 Content-Type 字段的值，但如果在调用 getWriter 方法之前未使用 setContentType 方法设置响应消息的字符集编码，在客户端浏览器中的中文信息仍然会显示"?"乱码。

TestPrintWriter 类演示了如何使用 PrintWriter 对象向客户端输出消息。在这个程序中，调用 getWriter 方法之后调用了 setContentType 方法，并且使用了 setHeader 方法在调用 getWriter 方法前后分别设置了一个自定义的 HTTP 字段，在这种情况下，客户浏览器将会显示"?"，TestPrintWriter 类的代码如下：

```java
public class TestPrintWriter extends HttpServlet
{
    // 覆盖 service 方法
    @Override
    protected void service(HttpServletRequest request, HttpServletResponse
response)
            throws ServletException, IOException
    {
        response.setHeader("myhead1", "value1");   // 添加一个新的 HTTP 头
        // 获得 PrintWriter 对象
        PrintWriter out = response.getWriter();
        // 这条语句不能写在这个位置，设置 HTTP 响应消息头必须在调用 getWriter 方法之
           前进行
        response.setContentType("text/html; charset=utf-8");
        // 虽然可以成功设置 Content-Type 字段的值，但输出的仍然是"?"
        response.setHeader("Content-Type","text/html; charset=utf-8");
        response.setHeader("myhead2", "value2");          // 这条语句是有效的
        out.println("<b>响应消息</b>");                    // 向客户端输出消息
    }
```

```
}
```

读者可以在浏览器地址栏中输入如下 URL 测试这个程序。

```
http://localhost:8080/webdemo/servlet/TestPrintWriter
```

在访问上面的 URL 后，将会在 IE 中输出如图 4.14 所示的 "?" 消息。

为了查看 TestPrintWriter 返回的 HTTP 响应消息，可以利用一些常用的工具，如 Net Transport。HTTP Watch Pro 工具是一个查看 HTTP 协议数据的工具，通过查看该工具的 Headers Received 区，就可以获得相应的 HTTP 响应消息。输入 URL 地址后，打开 HTTP Watch Pro 工具，在该工具的 Headers Received 状态区中显示的 HTTP 响应消息如图 4.15 所示。从图 4.15 中可以看出，虽然设置了 Content-Type 字段头，但仍然会在 IE 中显示 "?"，这是由编码方式决定的，这方面的知识将在后面的部分讲解。

图 4.14　显示 "?" 消息

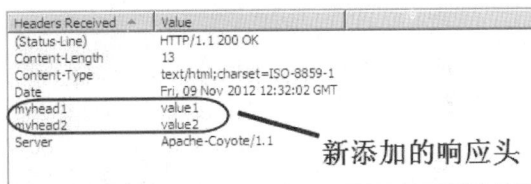

图 4.15　HTTP 响应消息

4.2.8　实例：输出字节流响应消息——ServletOutputStream 类

如果要向客户端输出文本消息，使用 PrintWriter 类就可以完成这个工作，但要向客户端输出字节消息，如图像、视频文件等，就必须要使用 ServletOutputStream 类，读者可以通过 HttpServletResponse 类的 getOutputStream 方法获得 ServletOutputStream 对象实例。

ShowImage 类演示了如何使用 ServletOutputStream 对象在客户端浏览器中显示图像，代码如下：

```java
// 显示硬盘上的图像消息，需要使用 name 请求参数传递图像文件的绝对路径
public class ShowImage extends HttpServlet
{
    @Override
    protected void service(HttpServletRequest request, HttpServletResponse response)
            throws ServletException, IOException
    {
        // 设置响应消息的类型为图像
        response.setContentType("image/jpeg");
        // 获得 ServletOutputStream 对象
        OutputStream os = response.getOutputStream();
        byte[] buffer = new byte[8192];        // 每次从文件输入流中读取 8K 字节
        // 获得 name 请求参数所指定的图像绝对路径
        String imageName = request.getParameter("name");
        // 获取图像文件的输入流
        FileInputStream fis = new FileInputStream(imageName);
        int count = 0;
        // 通过循环读取并传送 name 所指定的图像数据
```

```
        while (true)
        {
            count = fis.read(buffer);          //  将字节读到 buffer 缓冲区
            //  当文件输入流中的字节读完后，退出 while 循环
            if (count <= 0)
                break;
            os.write(buffer, 0, count);        //  向客户端输出图像字节消息
        }
        fis.close();                           //  关闭文件输入流
    }
}
```

代码说明：

❑ 在显示图像时，必须将 Content-Type 字段值设为"image/jpeg"，否则浏览器会将其当成普通的字节流来处理。

❑ 在本例中处理图像文件时，每次从文件流读取 8K 字节的数据，这是为了节省服务器资源。如果图像尺寸比较小，也可以一次性将图像的内容读到内存中，然后再发送给客户端。

❑ ShowImage 类使用了请求参数 name 来获得客户端指定的图像绝对路径。读者也可以使用相对路径，但要使用 ServletContext 接口的 getRealPath 方法将相对路径转换成绝对路径。

❑ getWriter 方法和 getOutputStream 方法不能同时使用，否则就会抛出如图 4.16 所示的异常信息。

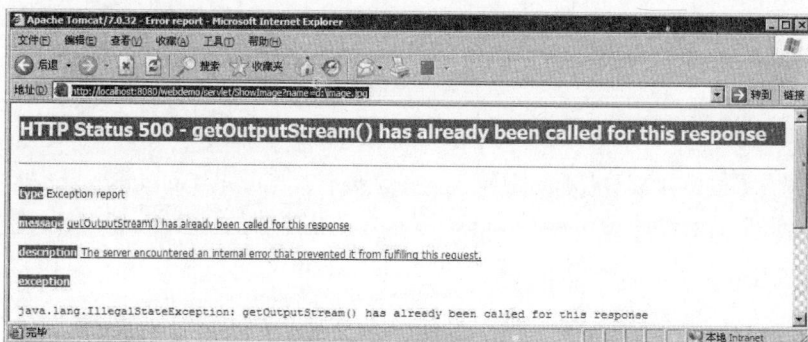

图 4.16　同时使用 getWriter 方法和 getOutputStream 方法抛出的异常

假设在 D 盘根目录有一个 image.jpg 文件，在浏览器地址栏中输入如下 URL 将会显示这个图像，如图 4.17 所示。

```
http://localhost:8080/webdemo/servlet/Show
Image?name=d:\image.jpg
```

🔔注意：参数 name 的值为所显示图像的绝对路径。

4.2.9　实例：包含 Web 资源——RequestDispatcher.include 方法

图 4.17　在浏览器中显示图像

有时为了实现代码重用，需要将某些公用的代码和数据放到一个或几个 Servlet 中，以

供其他的 Servlet 使用。为了实现上述功能，专门提供了 RequestDispatcher.include 方法。
在具体使用该方法时，可以首先通过 getServletContext 方法获取 ServletContext 对象，然后
通过 ServletContext.getRequestDispatcher 方法获取 RequestDispatcher 对象。

IncludingServlet 类演示了如何使用 include 方法包含 Web 资源，代码如下：

```
// 包含了一个 Servlet: IncludedServlet, 和一个 html 页面
public class IncludingServlet extends HttpServlet
{
    @Override
    protected void service(HttpServletRequest request,
            HttpServletResponse response) throws ServletException,
            IOException
    {
        // 设置 Content-Type 字段值，即类型为 text/html，编码格式为 gb2312
        response.setContentType("text/html; charset=gb2312");
        PrintWriter out = response.getWriter();
        out.println("中国<br/>");                  // 向客户端输出消息
        // 向客户端输出请求 URI
        out.println("IncludingServlet URI: " + request.getRequestURI() +
        "<p/>");
        // 封装名为 IncludedServlet 的 Servlet
        RequestDispatcher rd =this.getServletContext()
        .getRequestDispatcher
        ("/servlet/IncludedServlet");
        rd.include(request, response);          // 包含 IncludedServlet
        // 封装 IncludedHtml.html 页面
        rd = getServletContext().getRequestDispatcher("/chapter4/
        IncludedHtml.html");
        rd.include(request, response);          // 包含 includedHtml.html 页面
    }
}
```

代码说明：

❑ 在上面的程序中包含了两个 Web 资源，映射路径为"**/servlet/IncludedServlet**"的
Servlet 类（IncludedServlet 类）和名为 IncludedHtml.html 的静态页面。

❑ getRequestDispatcher 方法的参数值必须以"/"开头。

IncludedServlet 类的代码如下：

```
public class IncludedServlet extends HttpServlet
{
    @Override
    protected void service(HttpServletRequest request,
            HttpServletResponse response) throws ServletException,
            IOException
    {
        // 设置 Content-Type 字段值，即类型为 text/plain，编码格式为 utf-8
        response.setContentType("text/plain; charset=utf-8");
        PrintWriter out = response.getWriter();
        out.println("<b>超人</b><br/>");      // 输出带 HTML 代码的信息
        out.println("IncludedServlet URI: " + request.getRequestURI() +
        "<p/>");                               // 向客户端输出请求 URI
    }
}
```

在 WebRoot\chapter4 目录下创建一个 IncludedHtml.html 文件，代码如下：

```
<!- 利用表格显示相关信息 -->
<table border="1">
    <tr>
        <td>书名</td>
        <td>出版日期</td>
    </tr>
    <tr>
        <td>Java 基础</td>
        <td>2006 年 12 月</td>
    </tr>
</table>
```

在浏览器地址栏中输入如下 URL，将会得到如图 4.18 所示的输出结果。

```
http://localhost:8080/webdemo/servlet/IncludingServlet
```

使用 include 方法时，Servlet 引擎并不会调整 HttpServletRequest 中的消息。因此，
IncludingServet 和 IncludedServlet 都输出了访问 IncludingServlet 时的 URI。从这一点可以
看出，调用 include 方法就相当于 Servlet 引擎在 IncludingServlet 的 service 方法中又调用了
IncludedServlet 的 service 方法，并将 IncludingServlet 的 service 方法的两个参数传入了
IncludedServlet 的 service 方法，因此才会得出同样的 URI 值。

在被调用者中（在本例中为 IncludedServlet）设置的响应消息头将被忽略。读者从
IncludedServlet 类中可以看到，已经将响应正文的编码格式设置成了 utf-8。但在 IE 中选择
"查看" | "编码" | "Unicode（UTF-8）" 命令后，所有的汉字都变成了乱码，如图 4.19 所
示。这说明 Servlet 引擎发送的并不是 utf-8 编码格式，而是 gb2312。另外在 IncludedServlet
类中设置了 MIME 类型是 "text/plain"，而在输出 "超人" 时变成了粗体，而不是直接输
出 "超人
"。因此可以断定，在 IncludedServlet 中调用的 setContentType 方法
并没有生效。

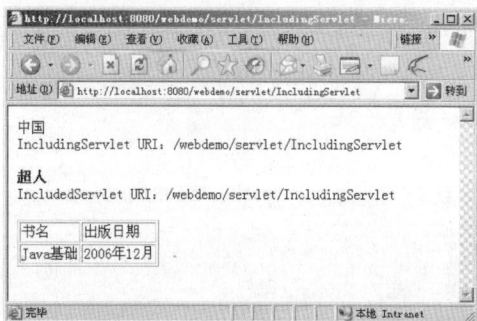

图 4.18　包含 Web 资源

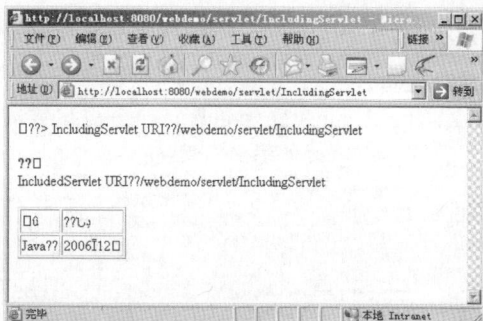

图 4.19　设置成 utf-8 编码格式后出现乱码

4.2.10　实例：转发 Web 资源——RequestDispatcher.forward 方法

通过 RequestDispatcher 类的 forward 方法可以转发 Web 资源，在具体使用该方法时，
跟 include 方法非常类似，但这两个方法有如下 5 点不同：

❑ 在调用 forward 方法之前，输出缓冲区中的数据会被清空。也就是说，使用 forward
　方法进行请求转发时，只可能输出被转发的 Web 资源中的消息。

❑ 如果在调用 forward 方法之前，已经将缓冲区中的数据发送到客户端，在调用

forward 方法时会抛出 IllegalStateException 异常。这个异常消息会在 Tomcat 控制台或是在 MyEclipse 的 Console 窗口中显示，而在 IE 中仍然会输出已经发送过来的消息。

❑ 在调用者和被调用者中设置响应消息头都不会被忽略，而调用 include 方法时，只有在调用者中设置响应消息头才会生效。

❑ Servlet 引擎会根据 RequestDispatcher 对象所包含的资源对 HttpServletRequest 对象中的请求路径和参数消息进行调整。而使用 include 方法时 Servlet 引擎并不调整这些消息。

❑ forward 方法只能使用一次，否则会抛出 IllegalStateException 异常，而 include 方法可以多次使用。

ForwardServlet 类演示了如何使用 forward 方法请求转发 Web 资源，代码如下：

```java
public class ForwardServlet extends HttpServlet
{
    @Override
    protected void service(HttpServletRequest request,
            HttpServletResponse response) throws ServletException,
            IOException
    {
        //  RequestDispatcher 对象封装的资源路径前必须加 "/"
        RequestDispatcher rd = getServletContext().getRequestDispatcher
        ("/servlet/IncludingServlet");
        rd.forward(request, response);          // 转发到 IncludingServlet
    }
}
```

通过如下 URL 访问 ForwardServlet 后，将会得到如图 4.20 所示的输出结果。

```
http://localhost:8080/webdemo/servlet/ForwardServlet
```

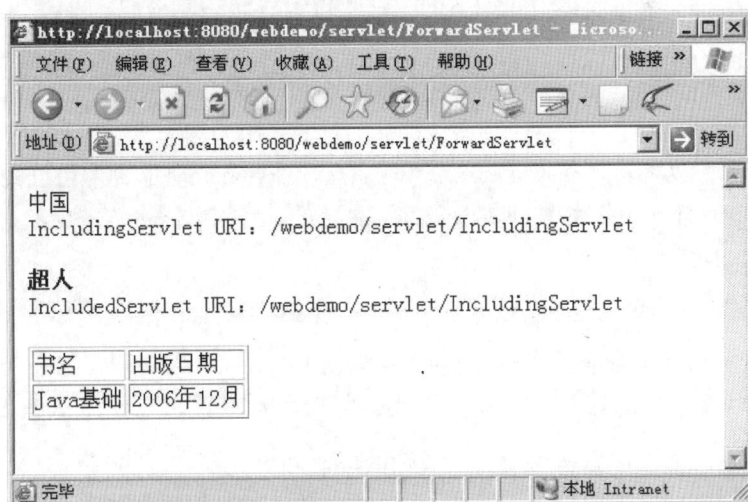

图 4.20　用 forward 转发 web 资源

从图 4.18 所示的输出结果可以看出，在被转入的 Web 资源（IncludingServlet）中改变了 HttpServletRequest 中的请求路径，因此会输出/webdemo/servlet/IncludingServlet，而不是 ForwardServlet 的请求路径。

4.3　掌握 HttpServletResponse 类

本节将介绍 HTTP 协议的状态响应码，这些状态响应码可以为客户端提供服务端的各种状态信息。同时还介绍了 HttpServlet 类的其他功能，如产生状态响应码、产生响应消息头，重定向到其他的 Web 资源等功能。

4.3.1　产生状态响应码

当客户端浏览器请求服务器后，该服务器就会将返回信息封装到类 HttpServletResponse 里进行响应。返回信息中的第一行为状态行，具体格式如下：

```
HTTP/1.1 200 OK
```

上面的状态行分为 3 部分，分别是 HTTP 版本（HTTP/1.1）、状态响应码（200）和状态消息（OK）。HTTP 协议的状态响应码为 3 位正整数，共分为如下 5 类。

- ❑ 100～199：表示服务端成功接收请求，但要求客户端继续提交下一次请求才能完成全部处理过程。
- ❑ 200～299：表示服务端已成功接收请求，并完成了全部处理过程。
- ❑ 300～399：表示客户端请求的资源已经移到了别的位置，并向客户端提供了一个新的地址，一般这个新地址由 HTTP 响应消息头的 Location 字段指定。
- ❑ 400～499：表示客户端的请求有错误。
- ❑ 500～599：表示服务端出现错误。

在 HttpServletResponse 类中有如下的方法可以设置状态响应码。

1. 设置状态响应码——setStatus方法

setStatus()方法可以设置任何 HTTP 响应消息的状态响应码，并生成响应状态行。由于响应状态行中的协议版本（在 server.xml 文件中的<Connector>标签中可以找到 Tomcat 定义的 HTTP 协议版本）和状态消息是由服务端决定的，因此只需设置响应状态码就可以了。setStatus()方法的定义如下：

```
public void setStatus(int sc);
```

其中 sc 表示状态响应码，它可以直接使用整数形式，也可以使用在 HttpServletResponse 中定义的常量（建议使用这种方式），如 200 的常量为 HttpServletResponse.SC_OK。

2. 302状态响应码的具体应用——sendRedirect方法

虽然 setStatus 方法可以设置任意的状态响应码，但 HttpServletResponse 还是提供了一个 sendRedirect 方法用更快捷的方式来设置响应状态码 302。该状态码可以实现客户端重定向到 URL（由 HTTP 响应消息头的 Location 字段指定的地址）。sendRedirect 方法的定义如下：

```
public void sendRedirect(String location) throws IOException;
```

通过 sendRedirect 方法可以将当前的 Servlet 重定向到其他的 URL 上，这个 URL 可以是绝对的（如 http://www.csdn.net），也可以是相对的（如/webdemo/test.html）。

3．400～599状态响应码的具体应用——sendError方法

sendError 方法用于发送表示错误消息的状态响应码（也就是 400～599 之间的状态响应码），而且还可以设置状态消息。sendError 方法的定义如下：

```
public void sendError(int sc) throws IOException;
public void sendError(int sc, String msg) throws IOException;
```

其中 sc 表示响应状态响应码（一般是 404，但也可以是其他的状态响应码，如 500），msg 表示状态消息。

4.3.2　设置响应消息头

当客户端浏览器请求服务器后，该服务器就会将返回信息封装到类 HttpServletResponse 里进行响应。返回信息中状态行下面的内容就是响应消息头，是 HTTP 响应消息的重要组成部分。

响应消息头由字段和字段值组成，如下面的内容就是一组标准的响应消息头。

```
Content-Length: 129053
Content-Type: text/html
Content-Location: http://www.csdn.net/index.htm
Last-Modified: Tue, 25 Dec 2007 11:30:06 GMT
Accept-Ranges: bytes
Server: Microsoft-IIS/6.0
X-Powered-By: ASP.NET
Date: Tue, 25 Dec 2007 11:49:53 GMT
```

从上面的内容可以看出，每一行都由一个字段和字段值组成，字段和字段值之间用冒号（:）分隔（如 Content-Length: 129053）。当使用 Servlet 向客户端发送响应消息时，为了达到某些目的，如通知浏览器使用何种字符集显示网页、指定响应正文的类型等，需要对某些响应消息头进行设置。

在 HttpServletResponse 中提供了许多操作响应消息头的方法，如 addHeader、setHeader、addDateHeader 和 setDateHeader 等。其中 setHeader 方法已经在前面的例子中使用过，在本节将学习和回顾如何使用这些方法来设置响应消息头。在 HttpServletResponse 类中有如下的方法和响应消息头有关：

1．添加和设置响应消息头——addHeader与setHeader方法

addHeader 和 setHeader 方法可用于设置 HTTP 响应消息头的所有字段，它们的定义如下：

```
public void addHeader(String name, String value);
public void setHeader(String name, String value);
```

其中 name 参数表示响应消息头的字段名，value 表示响应消息头的字段值，这两个方

法都向响应消息头增加一个字段。它们不同的是如果 name 所指的字段名已经存在，setHeader 方法会用 value 来覆盖旧的字段值，而 addHeader 方法会增加一个同名的字段（HTTP 响应消息头允许存在多个同名的字段）。在设置时，name 不区分大小写，如设置 Content-Type 时可使用下面两行代码中的任意一行。

```
response.setHeader("Content-Type", "image/jpeg");
response.setHeader("content-type", "image/jpeg");
```

2．操作整数类型的响应消息头——addIntHeader与setIntHeader方法

HttpServletResponse 提供了两个专门设置整型字段值的方法，它们的定义如下：
```
public void addIntHeader(String name, int value);
public void setIntHeader(String name, int value);
```

这两个方法和 setHeader 及 addHeade 方法的用法类似，它们在设置整型字段值时避免了将 int 类型转换为 String 类型值的麻烦。

3．操作时间类型的响应消息头——addDateHeader与setDateHeader方法

HttpServletResponse 提供了两个专门设置日期字段值的方法，它们的定义如下：

```
public void addDateHeader(String name, long date);
public void setDateHeader(String name, long date);
```

这两个方法和 setHeader 及 addHeader 方法的用法类似。HTTP 响应头中的日期一般为 GMT 时间格式。这两个方法在设置日期字段值时省去了将自 1970 年 1 月 1 日 0 点 0 分 0 秒开始计算的一个以毫秒为单位的长整数值转换为 GMT 时间字符串的麻烦。

4．设置响应正文类型的响应消息头——Content-Type

setContentType 方法用于设置 Servlet 的响应正文的 MIME 类型，对于 HTTP 协议来说，就是设置 Content-Type 字段的值，如响应正文是 jpeg 格式的图形数据，就需要使用这个设置将响应正文的 MIME 类型设置成"image/jpeg"，代码如下：

```
response.setContentType("image/jpge");
```

关于更详细的 MIME 类型消息，可以在<Tomcat 安装目录>\conf\web.xml 中找到。setContentType 方法还可指定响应正文所使用的字符集类型，如"text/html; charset=GBK"，在设置字符集类型时，charset 应为小写，否则不起作用。如果在 MIME 类型中未指定字符集编码类型，并且使用 getWriter 方法返回 PrintWriter 对象输出文本时，Tomcat 将使用默认的字符集编码 ISO8859-1。因此，如果在 Servlet 中要向客户端输出中文时，应使用 setContentType 方法设置相应的 MIME 类型。

5．设置响应正文字符集的响应消息头——Content-Type

这个方法实际上是设置 Content-Type 字段的字符集部分，也就是上面所讲的"text/html; charset=GBK"中的"charset=GBK"部分。在使用 setCharacterEncoding 方法之前，如果 Content-Type 不存在，必须使用 setContentType 或 setHeader 方法添加 Content-Type 字段，否则 setCharacterEncoding 方法的字符集类型不会出现在响应消息头上。

6．设置响应正文字大小的响应消息头——Content-Length

setContentLength 方法用于设置响应正文的大小（单位是字节）。对于 HTTP 协议来说，这个方法就是设置 Content-Length 字段的值。大家在使用很多下载工具下载文件时，会发现在每个下载文件的消息栏中都会显示文件大小，其实这个值就是从 Content-Length 字段中获得的。如果下载某些文件时，无法正确显示文件大小，说明 HTTP 响应消息头中未设置 Content-Length 字段。一般来说，在 Servlet 中并不需要使用 setContentLength 方法设置 Content-Length 的值，因为 Servlet 引擎会根据向客户端实际输出的响应正文的大小自动设置 Content-Length 字段的值。

7．检查响应消息头——containsHeader方法

containsHeader 方法用于检查某个字段名是否在响应消息头中存在，如果存在，返回 true，否则返回 false。containsHeader 方法的定义如下：

```
public boolean containsHeader(String name);
```

4.3.3　实例：验证响应消息头设置情况

响应消息头是 HTTP 响应消息中非常重要的部分，运用的恰当可以实现许多重要功能。但是在具体编程时要非常小心，因为代码位置不同，响应消息头的作用也不同。在本节中将给出一个完整的例子演示如何通过 HttpServletResponse 来设置 HTTP 响应消息头，代码如下：

```
public class ExploreResponseHeader extends HttpServlet
{
    //  处理客户端的 GET 请求
    public void doGet(HttpServletRequest request, HttpServletResponse
    response)
            throws ServletException, IOException
    {
        //  设置 Content-Content 字段的值
        response.setContentType("text/html;charset=UTF-8");
        response.setHeader("Content-Length", "1234");
        //  加一个 NewField1 字段
        response.addHeader("NewField1", "value1");
        //  获得 Calendar 对象
        Calendar cal = Calendar.getInstance();
        cal.set(2008, 11, 25);        //  月从 0～11，也就是说 1 月用 0 表示
        //  加一个 MyDate 字段
        response.addDateHeader("MyDate", cal.getTimeInMillis());
        //  加一个 NewField2 字段
        response.setIntHeader("NewField2", 3000);
    }
}
```

读者可以输入 URL 地址后，打开 HTTP Watch Pro 工具，在该工具的 Headers Received 状态区中查看新加的 HTTP 响应消息头。

```
http://localhost:8080/webdemo/servlet/ExploreResponseHeader
```

如图 4.21 所示为这些新加的 HTTP 响应消息头。

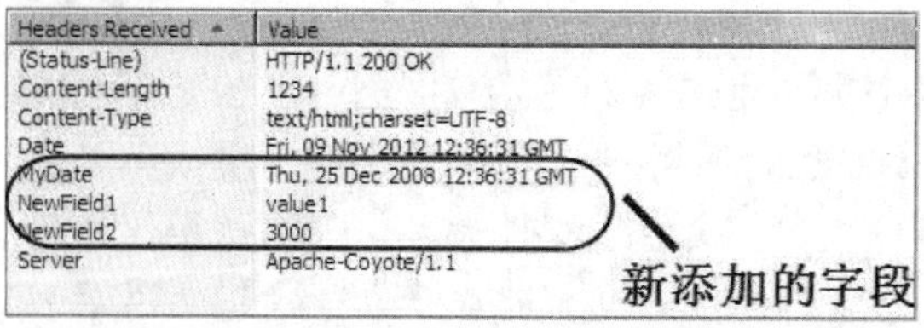

图 4.21　新加的 HTTP 响应消息头

4.4　掌握 HttpServletRequest 类

HTTP 请求消息和 HTTP 响应消息类似，也分为 3 部分，即请求行、请求消息头、消息正文。在客户端请求某一个 Servlet 时，Servlet 引擎为这个 Servlet 创建了一个 HttpServletRequest 对象来存储客户端的请求消息，并在调用 service 方法时将 HttpServletRequest 对象作为参数传给了 service 方法。

4.4.1　获取请求行消息

当客户端浏览器请求服务器时，该客户端浏览器会将 HTTP 请求信息封装到类 HttpServletRequest 类里。HTTP 请求信息中的第一行为请求行，具体格式如下：

```
GET /webdemo/servlet/Helloworld?name=bill&age=52 HTTP/1.1
```

上面的请求行分为 3 部分，分别是请求方式（GET、POST、HEAD 等）、资源路径和 HTTP 协议版本。如果要产生上面的请求行消息，可以通过如下 URL 实现。

```
http://localhost:8080/webdemo/servlet/Helloworld?name=bill&age=52
```

HttpServletRequest 接口中定义了若干的方法来获取请求行中各部分的消息，如表 4.1 列出了这些方法的方法名、功能和从上面的请求行中获取的值。

表 4.1　获得请求行消息的方法

方 法 名	功　　能	值
getMethod	返回请求行中的请求方法（如 GET、POST、HEAD、PUT、DELETE 等）	GET
getRequestURI	返回请求行中的资源部分（不包括参数部分）	/webdemo/servlet/Helloworld
getQueryString	返回请求行中的参数部分，也就是资源路径后面的 "?" 以后的所有内容。如果资源路径后面没有参数部分，返回 null	name=bill&age=52
getProtocol	返回请求行中的协议部分	HTTP/1.1
getContextPath	返回 Web 应用程序的上下文路径。实际上就是 <Context> 标签中的 path 属性的值。如果 Web 应用程序处于根目录，返回空字符串（""）	/webdemo

续表

方　法　名	功　　能	值
getPathInfo	返回额外的路径部分。额外路径位于资源路径和参数之间，以"/"开头。如 FirstServlet 在 web.xml 中映射成了 /FirstServlet/*，那么就可以用 /FirstServlet/a、/FirstServlet/b 访问 FirstServlet，其中/a、/b 就是额外路径。如果没有额外路径，返回 null	null
getPathTranslated	获得额外路径在服务端的本地路径。如果没有额外路径，返回 null	null
getServletPath	返回 web.xml 中<url-pattern>标签定义的 Servlet 映射路径	/servlet/Helloworld
getParameter	返回某一个参数的值，如获得 name 参数值的代码是 getParameter（"name"）	bill

4.4.2　获取网络连接消息

如果要运行 Java Web 程序，首先需要在服务器端部署 Java Web 程序，然后才能通过客户端连接服务器进行请求。在具体编写程序时，有时需要获取客户端与服务器端网络连接的消息。本节将详细介绍如何获取网络连接消息。

假设客户端的 IP 是 192.168.18.10，服务器的 IP 是 192.168.18.254，服务器主机名为 webserver，通过如下 URL 来访问 Servlet。

```
http://localhost:8080/webdemo/servlet/Helloworld?name=bill&age=52
```

使用上面的 URL 访问 Sevlet 将产生如下 HTTP 请求消息。

```
GET /webdemo/servlet/Helloworld?name=bill&age=52 HTTP/1.1
Accept: */*
Accept-Language: zh-cn
Accept-Encoding: gzip, deflate
User-Agent: Mozilla/4.0
Host: localhost:8080
Connection: Keep-Alive
```

如表 4.2 列出了 HttpServletRequest 接口中，用于获得客户端和服务端与网络连接有关的信息的方法，并根据上面的假设给出了方法返回值。

表 4.2　获得网络消息的方法

方　法　名	功　　能	返　回　值
getRemoteAddr	返回客户机用于发送请求的 IP 地址	192.168.18.10
getRemoteHost	返回发出请求的客户机的主机名。如果 Servlet 引擎不能解析出客户机的主机名，返回客户机的 IP	192.168.18.10
getRemotePort	返回客户机所使用的网络接口的端口号（这个值是由客户机的网络接口随机分配的）	1065（在读者的机器上可能是其他的值）
getLocalAddr	返回 Web 服务器上接收请求的网络接口使用的 IP 地址	192.168.18.254
getLocalName	返回 Web 服务器上接收请求的网络接口使用的 IP 地址所对应的主机名	webserver
getLocalPort	返回 Web 服务器上接收请求的网络接口的端口号	8080

续表

方　法　名	功　　能	返　回　值
getServerName	返回 HTTP 请求消息的 Host 字段的值的主机名部分	localhost
getServerPort	返回 HTTP 请求消息的 Host 字段的值的端口号部分	8080
getScheme	返回请求的协议名，如 http、https 等	http
getRequestURL	返回完整的请求 URL（不包括参数部分）。这个方法返回的是 StringBuffer 类型，而不是 String 类型	http://localhost:8080/webdemo/servlet/Helloworld

4.4.3　获取请求头消息

跟类 HttpServletResponse 非常相似，类 HttpServletRequest 中也定义了许多方法来操作请求消息中的请求头。查看 API 帮助文档，HttpServletRequest 接口中定义了一些用于获得请求头消息的方法，如表 4.3 所示。

表 4.3　获得请求头消息的方法

方　法　名	功　　能	返　回　值
getHeader	返回指定的 HTTP 请求消息头字段的值，如获得 Host 字段值的代码为 getHeader("Host")	localhost:8080
getHeaders	返回重名头字段的所有的值。这个方法返回一个 java.util.Enumeration 集合对象	由所有重复字段的值组成
getHeaderNames	返回一个包含 HTTP 请求消息中的所有头字段名的 Enumeration 对象	所有的字段名
getIntHeader	返回一个指定的头字段的值，并将其转换为整型	整数
getDateHeader	返回一个指定的头字段的值，并将其按 GMT 时间转换为一个长整型的数	长整数
getContentType	返回请求消息中请求正文的内容类型	null
getContentLength	返回请求消息中请求正文的长度（单位：字节）。如果未指定长度，返回–1	–1
getCharacter-Encoding	返回请求正文的字符集编码，如果未指定字符集编码，返回 null	null

4.5　处理 Cookie

Cookie 是一种在客户端保存信息的技术，在本节将详细介绍 Cookie 的原理、Cookie 类的常用方法，以及如何通过 Cookie 向客户端写入和读取消息。最后还将讲解如何通过编码的方式向 Cookie 中写入复杂数据，如被序列化的对象实例、图像等。

4.5.1　什么是 Cookie

读者在浏览网页时可能会注意到这样的现象，如在打开某个登录网页时，第一次打开时，用户名文本框是空的。当输入一个用户名并成功登录后，第二次打开这个登录网页时，第一次输入的用户名会被自动填入这个用户名文本框，就算重启计算机后，仍然如此。其实这就是 Cookie 所起的作用。

由于 HTTP 协议是无状态的,因此它是不可能保存这个用户名的。那么只有一种可能,就是在第一次登录后,将这个用户名(或其他与用户名相关的标识)保存在了客户机硬盘的某个地方。当再次访问这个页面时,IE 会根据这个被保存在客户端硬盘上的用户名或标识知道这个用户曾经访问过这个页面,并对这个用户做进一步地处理。这个被保存的用户名或用户标识就被称为一个 Cookie。

在了解 Cookie 如何工作之前,先给 Cookie 下个定义:Cookie 是在浏览器访问某个 Web 资源时,由 Web 服务器在 HTTP 响应消息头中通过 Set-Cookie 字段发送给浏览器的一组消息。

浏览器会根据 Set-Cookie 字段中的 Cookie 数据决定是否保存这些 Cookie。当浏览器下一次访问这个 Web 资源时,会自动读取这些被保存的 Cookie,并加到 HTTP 请求消息头的 Cookie 字段中,Web 服务器会根据 Cookie 字段的内容做出相应的处理。如上述的用户名信息将使用 Cookie 字段发送到 Web 服务器,然后 Web 服务器会获得这个用户名,并做进一步处理。

一个 Cookie 只能表示一个 key-value 对,这个 key-value 对由 Cookie 名和 Cookie 值组成。Web 服务器可以给一个 Web 浏览器发送多个 Cookie,但每个 Cookie 的大小一般被限制为 4KB。

4.5.2　认识操作 Cookie 的方法

在 Servlet API 中,使用 java.servlet.http.Cookie 类来封装一个 Cookie 消息,在 HttpServletResponse 接口中定义了一个 addCookie 方法来向浏览器发送 Cookie 消息(也就是 Cookie 对象),在 HttpServletRequest 接口中定义了一个 getCookies 方法来读取浏览器传递过来的 Cookie 消息。Cookie 类中定义了生成和获取 Cookie 消息的各个属性的方法。Cookie 类只有一个构造方法,它的定义如下:

```
public Cookie(String name, String value)
```

其中 name 表示 Cookie 名(在 name 参数值中不能包含任何空格字符、逗号(,)、分号(;),并且不能以$字符开头),value 表示 Cookie 的值。Cookie 类中的其他常用方法如下所示。

❑ getName 方法:该方法用于返回 Cookie 的名称。

❑ setValue 和 getValue 方法:这两个方法分别用于设置和返回 Cookie 的值。

❑ setMaxAge 和 getMaxAge 方法:这两个方法分别用于设置和返回 Cookie 在客户机的有效时间,也就是 Cookie 在客户机上的有效秒数。如果设置为 0,表示当 Cookie 消息发送到客户端浏览器时被立即删除。如果设置为负数,表示浏览器并不会把这个 Cookie 保存在硬盘上,这种 Cookie 被称为临时 Cookie(保存在硬盘上的 Cookie 也被称为永久 Cookie)。它们只存在于当前浏览器的进程中,当浏览器关闭后,Cookie 自动失效。对于 IE 浏览器来说,不同的窗口不能共享临时 Cookie,但按 Ctrl+N 快捷键或使用 JavaScript 的 windows.open 语句打开的窗口由于和它们的父窗口属于同一个浏览器进程,因此它们可以共享临时 Cookie。而在 FireFox 中,所有的进程和标签页都可以共享临时 Cookie。

- ❏ setPath 和 getPath 方法：这两个方法分别用于设置和返回当前 Cookie 的有效 Web 路径。如果在创建某个 Cookie 时未设置它的 path 属性，那么该 Cookie 只对当前访问的 Servlet 所在的 Web 路径及其子路径有效。如果要想使 Cookie 对整个 Web 站点中的所有可访问的路径都有效，需要将 path 属性值设置为 "/"。
- ❏ setDomain 和 getDomain 方法：这两个方法分别用于设置和返回当前 Cookie 的有效域。该方法不推崇使用，IE 已经过滤该方法。
- ❏ setComment 和 getComment 方法：这两个方法分别用于设置和返回当前 Cookie 的注释部分。
- ❏ setVersion 与 getVersion 方法：这两个方法分别用于设置和返回当前 Cookie 的协议版本。
- ❏ setSecure 和 getSecure 方法：这两个方法分别用于设置和返回当前 Cookie 是否只能使用安全的协议传输 Cookie。

4.5.3　实例：通过 Cookie 技术读写客户端信息

本节将给出一个完整的实例来演示如何在 Servlet 中使用 Cookie。其中 SaveCookie 类负责向客户端浏览器写入 3 种 Cookie：永久 Cookie、临时 Cookie 和有效时间为 0 的 Cookie，代码如下：

```java
public class SaveCookie extends HttpServlet
{
    @Override
    protected void service(HttpServletRequest request,
            HttpServletResponse response) throws ServletException,
            IOException
    {
        // 设置 Content-Type 字段的值
        response.setContentType("text/html; charset=UTF-8");
        // 获取输出对象 out
        PrintWriter out = response.getWriter();
        // 设置临时 Cookie，临时 Cookie 不用设置 MaxAge 属性
        Cookie tempCookie = new Cookie("temp", "87654321");
        response.addCookie(tempCookie);        // 添加临时 Cookie 对象
        // 设置 MaxAge 为 0 的 Cookie
        Cookie cookie = new Cookie("cookie", "6666");
        // 建立超时时间为 0 的 Cookie
        // MaxAge 设为 0，浏览器接收到 Cookie 后，Cookie 立即被删除
        cookie.setMaxAge(0);
        response.addCookie(cookie);            // 添加超时时间为 0 的 Cookie 对象
        // 获得请求参数 user 的值
        String user = request.getParameter("user");
        // 如果请求 url 含有 user 参数，创建这个永久 Cookie
        if (user != null)
        {
            // 建立永久 Cookie 对象
            Cookie userCookie = new Cookie("user", user);
            userCookie.setMaxAge(60 * 60 * 24);    // 将 MaxAge 设为 1 天
            // 这个 Cookie 对站点中所有目录下的访问路径都有效
            userCookie.setPath("/");
            response.addCookie(userCookie);        // 添加永久 Cookie 对象
```

```
    }
    // 转发到 ReadCookie，并读出已经保存的 Cookie 值
    RequestDispatcher readCookie =
    getServletContext().getRequestDispatcher("/servlet/ReadCookie");
    readCookie.include(request, response);      // 开始转发
    }
}
```

代码说明：

❑ 上述代码中创建了 3 种类型的 Cookie，分别为临时 Cookie 对象 tempCookie、有效
期为 0 的 Cookie 对象 cookie 和永久 Cookie 对象 userCookie。

❑ 使用 Cookie 时，需要经过 3 个步骤，首先通过 Cookie 类的构造函数创建一个包含
保存信息的 Cookie 对象，然后通过 setMaxAge 方法设置 Cookie 对象在客户端的
保存时间和通过 setPath 方法设置客户端访问什么路径传递 Cookie 对象，最后通过
addCookie 方法将 Cookie 对象传递给客户端。

❑ 对象 tempCookie 之所以叫做临时 Cookie，是因为其生命周期为客户端（IE）的会
话期间，只要关闭浏览器窗口就消失。通过对象 cookie 可以发现，如果想删除客
户端的 Cookie 对象，只要设置该 Cookie 对象的 MaxAge 属性值为 0 就可以。

在 SaveCookie 中使用了一个 ReadCookie 类，这个类负责读取被保存的 Cookie 值，代
码如下：

```java
public class ReadCookie extends HttpServlet
{
    // 通过一个 Cookie 名获得 Cookie 对象，未找到指定名的 Cookie 对象，返回 null
    protected Cookie getCookieValue(Cookie[] cookies, String name)
    {
        // 如果有写入的 Cookie，继续下面的操作
        if (cookies != null)
        {
            // 在 Cookie 数组中查找指定的 Cookie 对象
            for (Cookie c : cookies)
            {
                if (c.getName().equals(name))
                    return c;                  // 返回查到的 Cookie 对象
            }
        }
        return null;
    }
    @Override
    public void service(HttpServletRequest request, HttpServletResponse
    response)
            throws ServletException, IOException
    {
        // 设置 Content-Type 字段值
        response.setContentType("text/html; charset=UTF-8");
        // 获取对象 out
        PrintWriter out = response.getWriter();
        // 调用 getCookieValue 方法获得临时 Cookie，getCookies 方法获得一个保存
了请求消息头中所有 Cookie 的数组
        Cookie tempCookie = getCookieValue(request.getCookies(), "temp");
        if (tempCookie != null)
            out.println("临时 Cookie 值:" + tempCookie.getValue() + "<br/>");
        else
```

```
        out.println("临时 Cookie 未设置! <br/>");
        // 这个 Cookie 永远不可能获得，因为它的 MaxAge 为 0
        Cookie cookie = getCookieValue(request.getCookies(), "cookie");
        if (cookie != null)
            out.println("cookie: " + cookie.getValue() + "<br/>");
        else
            out.println("cookie 已经被删除!<br/>");
        // 获得永久 Cookie
        Cookie userCookie = getCookieValue(request.getCookies(), "user");
        if (userCookie != null)
            out.println("user: " + userCookie.getValue());
        else
            out.println("user 未设置! ");
    }
}
```

由于通过 HttpServletRequest 只能获得包含所有 Cookie 的数组，因此，要想获得某一个指定的 Cookie，就必须在这个数组中查找，详见 ReadCookie 类的 getCookieValue 方法。在浏览器地址栏中输入如下 URL 测试程序。

```
http://localhost:8080/webdemo/servlet/
SaveCookie?user=bill
```

通过访问上面的 URL，可得到如图 4.22 所示的输出结果。

访问如下 URL 也可以得到图 4.22 所示的输出结果。

```
http://localhost:8080/webdemo/servlet/
ReadCookie
```

图 4.22　读取 Cookie 值

4.5.4　实例：通过 Cookie 技术读写复杂数据

在 Cookie 中只能保存 ISO-8859-1 编码支持的字符，如果要想在 Cookie 中保存更复杂的数据，就必须对其进行编码，一般将复杂的数据以 Base64 格式进行编码。在本节将给出一个例子来演示如何在 Cookie 中保存一个被序列化的对象实例，并再次从 Cookie 中将其读出。SaveComplexCookie 类负责将 MyCookie 类的对象实例写到 Cookie 中，代码如下：

```
public class SaveComplexCookie extends HttpServlet
{
    @Override
    protected void service(HttpServletRequest request,
            HttpServletResponse response) throws ServletException,
            IOException
    {
        // 创建一个用于进行 Base64 编码的 BASE64Encoder 对象
        sun.misc.BASE64Encoder base64Encoder = new sun.misc.
        BASE64Encoder();
        // 创建一个用于接收被序列化的对象实例字节流的 ByteArrayOutputStream 对象
        ByteArrayOutputStream classBytes = new ByteArrayOutputStream();
        // 创建一个用于向流中写入对象的 ObjectOutputStream 对象
        ObjectOutputStream oos = new ObjectOutputStream(classBytes);
        oos.writeObject(new MyCookie());    // 写入 MyCookie 对象实例
```

```
        oos.close();                            // 关闭 ObjectOutputStream 对象
        // 将被序列化的对象实例的字节流按 Base64 编码格式进行编码
        String classStr = base64Encoder.encode(classBytes.toByteArray());
        Cookie cookie = new Cookie("mycookie", classStr);
        // 将 Base64 编码写入 Cookie
        cookie.setMaxAge(60 * 60 * 24);         // Cookie 的有效时间为 1 天
        response.addCookie(cookie);
        response.setContentType("text/html;charset=utf-8");
        PrintWriter out = response.getWriter();
        // 输出提示消息
        out.println("MyCookie 的对象实例已写入 Cookie");
    }
}
```

代码说明：

上述代码中首先获取类 MyCookie 的字节码数组，然后通过 Base64 编码将字节码解析成字符串 classStr，最后通过 Cookie 将字符串 classStr 保存到客户端。

MyCookie 类的代码如下：

```
//实现序列化的类 MyCookie
public class MyCookie implements java.io.Serializable
{
    //获取字符串
    public String getMsg()
    {
        return "MyCookie 对象实例是从 Cookie 获得的";
    }
}
```

由于 MyCookie 类需要被序列化，因此它必须实现 java.io.Serializable 接口，否则会抛出 java.io.NotSerializableException 异常。

ReadComplexCookie 类负责从 Cookie 中读取 MyCookie 的对象实例，并调用其中的 getMsg 方法。代码如下：

```
// 继承类 ReadCookie
public class ReadComplexCookie extends ReadCookie
{
    @Override
    public void service(HttpServletRequest request,
            HttpServletResponse response) throws ServletException,
            IOException
    {
        try
        {
            // 创建一个用于进行 Base64 解码的 BASE64Decoder 对象
            sun.misc.BASE64Decoder base64Decoder = new sun.misc.
            BASE64Decoder();
            // 通过调用方法 getCookieValue 获得名为 mycookie 的 Cookie
            Cookie cookie = getCookieValue(request.getCookies(),
            "mycookie");
            if (cookie == null)
                return;
            // 取 mycookir 的值，也就是被序列化的 MyCookie 类
            String classStr = cookie.getValue();
```

```
        //  对 classStr 字符串进行 Base64 解码
        byte[] classBytes = base64Decoder.decodeBuffer(classStr);
        //  根据序列化的字节流创建 ObjectInputStream 对象
        ObjectInputStream ois = new ObjectInputStream(new
        ByteArrayInputStream(classBytes));
        //  得到 MyCookie 对象实例
        MyCookie myCookie = (MyCookie) ois.readObject();
        response.setContentType("text/html;charset=utf-8");
        PrintWriter out = response.getWriter();
        out.println(myCookie.getMsg());      //  调用 getMsg 方法
    }
    catch (Exception e)
    {
    }
    }
}
```

由于在 ReadComplexCookie 中使用了 getCookieValue 方法，因此这个类需要从 ReadCookie 类继承。读者可以在浏览器地址栏中输入如下两个 URL 来观察程序的输出结果。

```
http://localhost:8080/webdemo/servlet/SaveComplexCookie
http://localhost:8080/webdemo/servlet/ReadComplexCookie
```

如果想在 Cookie 中保存中文，除了使用 Base64 编码外，还可以使用 java.net.URLEncoder 和 java.net.URLDecoder 将中文消息转换成 "%xx" 格式，这两个类的详细使用方法请读者参阅 4.7.4 节和 4.7.5 节的内容。

4.6　处理 Session

Session 是一种将信息保存在服务端的技术，本节将详细介绍 Session 的原理、HttpSession 接口的常用方法，以及如何通过 Cookie 跟踪 Session 对象。最后还将讲解在客户端浏览器不支持 Cookie 或未打开 Cookie 功能的情况下，如何通过 URL 跟踪 Session 对象。

4.6.1　什么是 Session

虽然 Cookie 可以在客户机上保存一定数量的信息，但当数据量非常大（超过 4KB，就算小于 4KB，如 3KB，也会由于在服务端和客户端频繁传送 Cookie 信息而浪费大量的网络带宽）或数据结构复杂（如保存一个对象）时，Cookie 就显得力不从心。因此，在服务端的开发方案中提供了一种将大量数据保存在服务端的技术，并使用 SessionID（每一个 Session 都有一个唯一标识，叫做 SessionID）对这些数据进行跟踪，这就是 Session 技术。

在 Servlet 中使用 HttpSession 类来描述 Session，一个 HttpSession 对象就是一个 Session。使用 HttpServletRequest 接口的 getSession 方法可以获得一个 HttpSession 对象。

4.6.2　认识操作 Session 的方法

在 Servlet API 中，使用 javax.servlet.http.HttpSession 接口来封装 Session 信息，在该接口中定义了操作 Session 信息的各种方法，其中主要方法如下。

- ❑ getId 方法：该方法用于返回当前 HttpSession 对象的 SessionID。由于 SessionID 是由 Servlet 引擎自动生成的，因此，并不需要利用 setId 方法来设置这个 SessionID。
- ❑ getCreationTime 方法：该方法用于返回当前 HttpSession 对象的创建时间，返回的时间是一个自 1970 年 1 月 1 日的 0 点 0 分 0 秒开始计算的毫秒数。
- ❑ getLastAccessedTime 方法：该方法用于返回当前 HttpSession 对象的上一次被访问的时间，返回的时间格式是一个自 1970 年 1 月 1 日的 0 点 0 分 0 秒开始计算的毫秒数。
- ❑ setMaxInactiveInterval 和 getMaxInactiveInterval 方法：这两个方法分别用来设置和返回当前 HttpSession 对象可空闲的最长时间（单位：秒），这个时间也就是当前会话的有效时间。当某个 HttpSession 对象在超过这个最长时间后仍然没有被访问时，该 HttpSession 对象就会失效，整个会话过程就会结束。如果有效时间被设置成负数，则表示会话在当前 Web 应用程序结束之前永远有效。
- ❑ isNew 方法：该方法用来判断当前的 HttpSession 对象是否是新创建的，如果是，则返回 true，否则返回 false。在请求消息中不包含 SessionID，这时调用 getSession 方法获得的 HttpSession 对象一定是新创建的。在请求消息中包含 SessionID，但这个 SessionID 在服务端没有找到与其匹配的 HttpSession 对象，这时也会新创建 Session。
- ❑ isvalidate 方法：该方法用于强制当前的 HttpSession 对象失效，这样 Web 服务器可以立即释放该 HttpSession 对象。虽然会话在有效时间后会自动释放，但为了减少服务器 HttpSession 对象的数量，节省服务端的资源开销，建议在不需要某个 HttpSession 对象时显式地调用 invalidate 方法，以尽快释放 HttpSession 对象。
- ❑ getServletContext 方法：该方法用于返回当前 HttpSession 对象所属的 Web 应用程序的 ServletContext 对象。这个方法和 GenericServlet 的 getServletContext 方法返回的是同一个 ServletContext 对象。
- ❑ setAttribute 方法：该方法用于将一个 String 类型的 ID 和一个对象相关联，并将其保存在当前的 HttpSession 对象中。如果用 setAttribute 方法保存了一个实现 HttpSessionBindingListener 接口类的对象，那么系统将自动调用 HttpSessionBindingListener 接口的 valueBound 方法。
- ❑ getAttribute 方法：该方法用于返回一个和 String 类型的 ID 相关联的对象。其实 setAttribute 方法和 getAttribute 方法就相当于向一个 HashMap 对象中增加 key-value 对，以及根据 key 检索 value。
- ❑ remoteAttribute 方法：该方法用于删除与一个 String 类型的 ID 相关联的对象。当这个对象的类实现 HttpSessionBindingListener 接口时，如果调用该类的 remoteAttribute 方法，那么系统将自动调用 HttpSessionBindingListener 接口的 valueUnbound 方法，除了调用 remoteAttribute 方法时会调用 HttpSessionBinding-Listener 接口的 valueUnbound 方法外，当调用 invalidate 方法使当前 HttpSession

对象失效时，或使用 setAttribute 方法添加一个 ID 和对象（但这个 ID 已经存在），并且这个对象和已经存在的 ID 所关联的对象不同时，系统也会调用 HttpSessionBindingListener 接口的 valueUnbound 方法。

❑ getAttributeNames 方法：该方法用于返回一个包含当前 HttpSession 对象中所有的属性名（也就是 ID）的 Enumeration 对象。可以利用这个方法获得保存在 HttpSession 对象中的所有属性名。

🔔注意：ServletRequest、HttpSession 和 ServletContext 对象都可以存储对象。ServletRequest 对象存储的对象只能被当前请求的 Servlet 访问，HttpSession 对象存储对象可以被当前会话中所有的 Servlet 访问，而 ServletContext 对象存储的对象可以被所有的 Servlet 访问和共享。读者应根据需要选择使用它们中的一个或几个来存储对象。

4.6.3　创建 Session 对象

一个请求只能属于一个 Session，但一个 Session 也可以拥有多个请求。因此 Session 和请求之间有着密切的关系。HttpServletRequest 接口中定义了一些与 Session 相关的方法，其中 getSession() 方法是 HttpServletRequest 接口的方法。这个方法用于返回与当前请求相关的 HttpSession 对象，该方法有两种重载形式，它们的定义如下：

```
public HttpSession getSession();
public HttpSession getSession(boolean create);
```

调用第一种重载形式时，如果在请求消息中含有 SessionID，就根据这个 SessionID 返回一个 HttpSession 对象，如果在请求消息中不包含 SessionID，就创建一个新的 HttpSession 对象，并返回它。在调用第二种重载形式时，如果 create 参数为 true 时，与第一种重载形式完全一样；如果 create 为 false 时，当请求消息中不包含 SessionID 时，并不创建一个新的 HttpSession 对象，而是直接返回 null。

🔔注意：在具体编程时，方法 getSession() 或方法 getSession(true) 用来实现创建 Session 对象，而方法 getSession(flase) 用来实现获取 Session 对象。

HttpServletRequest 接口中其他和 Session 相关的方法如下。

❑ isRequestedSessionIdValid 方法：当请求消息中包含的 SessionID 所指向的 HttpSession 对象已经超过了最大空闲时间间隔，也就是说 HttpSession 对象无效，isRequestedSessionIdValid 方法返回 false，否则返回 true（当请求信息中不包含 SessionID 时，isRequestedSessionIdValid 返回 false）。

❑ isRequestedSessionIdFromCookie 方法：该方法用于判断 SessionID 是否是通过 HTTP 请求信息中的 Cookie 字段传递过来的。

❑ isRequestedSessionIdFromURL 方法：该方法用于判断 SessionID 是否是通过 HTTP 请求消息的 URL 参数传递过来的。在使用这个方法时要注意，还有一个 isRequestedSessionIdFromUrl 方法和这个方法的功能完全一样，只是最后的 URL

变成了 Url。这个方法已经被加了 @deprecated 标记，也就是并不建议使用。因此，建议使用 isRequestedSessionIdFromURL 方法来完成这个功能。

4.6.4　实例：通过 Cookie 跟踪 Session

客户端必须通过一个 SessionID 才能找到以前在服务端创建的某一个 HttpSession 对象。通过 SessionID 寻找 HttpSession 对象的过程也叫做 Session 跟踪。

通常客户端的 SessionID 通过 HTTP 请求消息头的 Cookie 字段发送给服务端，然后服务端通过 getSession 方法读取 Cookie 字段的值，以确定是需要新建一个 HttpSession 对象，还是获得一个已经存在的 HttpSession 对象，或者什么都不做，直接返回 null。从这个过程可以看出，客户端浏览器并不能控制服务端的 Session，因此客户端浏览器关闭后，服务端的 Session 就销毁的说法是错误的。下面的 SessionServlet 类演示了使用 Cookie 跟踪 Session 的过程。代码如下：

```java
public class SessionServlet extends HttpServlet
{
    @Override
    protected void service(HttpServletRequest request,
            HttpServletResponse response) throws ServletException,
            IOException
    {
        response.setContentType("text/html; charset=UTF-8");
        PrintWriter out = response.getWriter();
        //　获得一个 HttpSession 对象
        HttpSession session = request.getSession();
        //　设置 Session 的有效间隔为 1 天
        session.setMaxInactiveInterval(60 * 60 * 24);
        //　如果是新建立的 Session 对象，保存属性值
        if (session.isNew())
        {
            //　向 Session 中写入一个值
            session.setAttribute("session", "宇宙");
            out.println("新会话已经建立！");  //　输出提示消息
        }
        else
            //　如果是以前建立的会话，输出这个属性值
            out.println("会话属性值：" + session.getAttribute("session"));
    }
}
```

在上面的程序中，当 HttpSession 对象是第一次创建时，向这个对象中写一个字符串值。如果 HttpSession 对象不是第一次创建，那么将保存在 HttpSession 对象中的字符串值输出到客户端。

读者可以输入 URL 地址后，打开 HTTP Watch Pro 工具，在该工具的 Headers Received 状态区中查看新加的 HTTP 响应消息头。

```
http://localhost:8080/webdemo/servlet/SessionServlet
```

如图 4.23 所示为这些新加的 HTTP 响应消息头。

图 4.23　访问 SessionServlet 的响应消息头

从图 4.23 中可以看出，当第一次访问上面的 URL 时，在服务端新建了一个 HttpSession 对象，同时在生成响应消息头时将这个 SessionID 作为一个临时 Cookie 放到了 Set-Cookie 字段中（Cookie 名为 JSESSIONID），以便通知客户端浏览器在内存中保存这个 SessionID。在 IE 中第一次输入上面的 URL，将会输出"新会话已经建立！"，如图 4.24 所示。而在同一个 IE 窗口或当前 IE 窗口的子窗口中再次通过上面的 URL 访问 SessionServlet 时，就会输出被保存的属性值，如图 4.25 所示。

图 4.24　第一次访问 SessionServlet

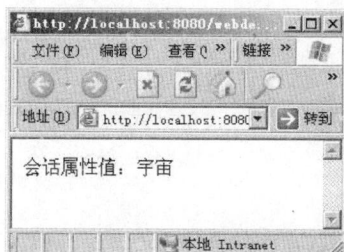

图 4.25　再次访问 SessionServlet

如果使用 telnet 等工具访问 SessionServlet，并发送如下的请求消息，将会重新获得上面所建立的 HttpSession 对象。

```
GET /webdemo/servlet/SessionServlet HTTP/1.1
Host:localhost
Cookie: JSESSIONID=D332CF0A232EE335BBF9677F4BE78CFA
Connection: close
```

下面的响应消息头是在服务端接收到上面的请求消息头后返回的。

```
HTTP/1.1 200 OK
Server: Apache-Coyote/1.1
Content-Type: text/html;charset=UTF-8
Content-Length: 41
Date: Tue, 29 Jul 2008 03:43:14 GMT
Connection: close
```

如果在请求响应头的 JSESSIONID 的值所指定的 SessionID 在服务端并不存在，也就是 SessionID 是一个无效值，那么响应消息头仍然会返回一个 Set-Cookie 字段，并将新的 SessionID 发送给客户端。

4.6.5　实例：通过重写 URL 跟踪 Session

如果客户端浏览器不支持 Cookie 或是将 Cookie 功能关闭，那么就无法使用 Cookie 来保存和传递 SessionID。为了确保在这种情况下仍然可以使用 Session，Servlet 规范提供了一种补充会话管理机制。这种管理机制允许在 Cookie 无法工作的情况下使用 URL 参数传递 SessionID。

要想通过 URL 发送 SessionID，必须要重写 URL。HttpServletResponse 提供了如下两个方法用于重写 URL。

❑ encodeURL 方法：用于对所有内嵌在 Sevlet 中的 URL 进行重写。

❑ encodeRedirectURL 方法：用于对 sendRedirect 方法所使用的 URL 进行重写。

如果 HTTP 请求消息头中没有 Cookie 字段，或是 Cookie 字段中没有名为 JSESSIONID 的 Cookie，这两个方法就会在调用 getSession 方法获得 SessionID 后，将这个 SessionID 写到当前请求的 URL 后面。下面是一个通过重写 URL 来跟踪 Session 的例子，完成这个例子需要执行如下 4 步。

（1）在 IE 中选择“工具”|“Internet 选项”命令，打开“Internet 选项”对话框。在该对话框中选择“隐私”标签，然后单击“高级”按钮，打开“高级隐私策略设置”对话框，在其中选中“覆盖自动 cookie 处理”复选框，再选中两个“拒绝”单选按钮，如图 4.26 所示。

（2）建立一个 NewSessionServlet 类，这个类包含了 SessionServlet 类，并调用了 encodeURL 来重写 URL，NewSessionServlet 类的代码如下：

```java
public class NewSessionServlet extends HttpServlet
{
    @Override
    protected void service(HttpServletRequest request,
            HttpServletResponse response) throws ServletException,
            IOException
    {
        response.setContentType("text/html; charset=UTF-8");
        PrintWriter out = response.getWriter();
        // 获得得指向 SessionServlet 的 RequestDispatche 对象
        RequestDispatcher sessionServlet = getServletContext()
                .getRequestDispatcher("/servlet/SessionServlet");
        sessionServlet.include(request, response);
                                        // 开始包含 SessionServlet
        // 向客户端输出被重写的 URL
        out.println("<br><a href='" + response.
        encodeURL("SessionServlet") + "'>SessionServlet</a>");
    }
}
```

（3）在 IE 的地址栏中输入如下 URL（假设本机的 IP 地址是 192.168.17.127）：

```
http://192.168.17.127:8080/webdemo/servlet/NewSessionServlet
```

在访问上面的 URL 后，在 IE 中将会得到如图 4.27 所示的输出结果。

（4）单击图 4.27 中的“SessionServlet”链接后，在 IE 中将显示“会话属性值：宇宙”信息。同时，IE 地址栏中的 URL 也变成了如下的形式：

```
http://192.168.17.127:8080/webdemo/servlet/SessionServlet;jsessionid=46
40622BB5529F884FED862B4A6A8EA2
```

在同一个会话期间，任何一个浏览器（如 FireFox）中输入上面的 URL，都会显示同样的内容。

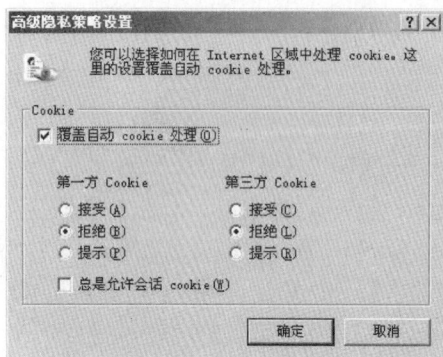

图 4.26　"高级隐私策略设置"对话框

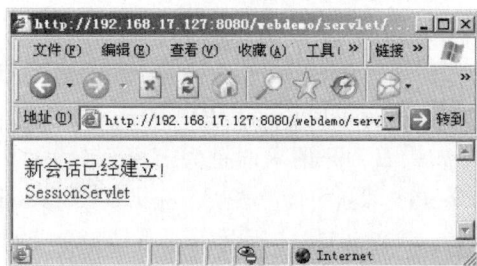

图 4.27　NewSessionServlet 的输出结果

注意：URL 参数 jsessionid 前是 "；"，而不是 "？"。在 IE 中，如果使用 localhost 访问 NewSessionServlet，就算把 Cookie 功能关闭，仍然会通过请求消息头的 Cookie 字段来传递 SessionID。读者可以将上面的 IP 地址改成 localhost，看看是否还会生成带 jsessionid 的 URL。

4.7　解决 Web 开发的乱码问题

在 Web 开发中经常会遇到在浏览器中显示中文时出现 "？" 等乱码，或是在服务端读取客户端发过来的中文信息时出现乱码的情况。出现这种情况的原因很多，但实际上，产生这种问题最根本的原因，也可以说是唯一的原因就是开发人员使用了不支持中文或是错误的编码格式来对中文进行编码或解码。在本节将就这个问题进行详细讨论，读者在通过本节的学习后，可以基本了解和掌握 Java 语言中的编码原理和乱码解决方案。

4.7.1　认识 Java 语言编码原理

众所周知，在 Java 内部使用的是 UCS2 编码（2 个字节的 Unicode 编码）。这种编码并不属于某个语系的语言编码，它实际上是一种编码格式的世界语。在这个世界上所有可以在计算机中使用的自然语言都有对应的 UCS2 编码。

但在编写 Java 程序时，使用的并不是 UCS2 编码，而一般采用的是操作系统默认的编码，对于中文操作系统来说，默认的编码是 GB18030。读者可以使用 MyEclipse 建立一个 Java 源程序文件，在右键菜单中选择 "Properties" 命令，打开 "Properties" 对话框，就可查看当前文件的编码格式。

除了可以使用操作系统默认的编码格式外，还可以使用其他的字符集编码，如在国内一般开发人员会在 Java 源文件中输入中文，所以文件所使用的编码格式必须支持中文，一般采用的是 UTF-8 编码。但不管采用哪种编码格式，Java 在编译源代码时，都会将其转换成 UCS2 编码。由于 UCS2 支持世界上所有的语言，因此，Java 源代码中的元素（包括变量名、类名、方法名等）可以使用任何一个国家的语言来编写，如下面的代码所示：

```java
// 设计类鸟
class 鸟
{
    public void 飞()            // 关于飞的方法
    {
        System.out.println("飞翔");
    }
    public void 叫()            // 关于叫的方法
    {
        System.out.println("鸣叫");
    }
}
// 下面的代码调用了"飞"和"叫"方法
鸟 小鸟 = new 鸟();              // 实例化"鸟"类
小鸟.飞();                       // 调用"飞"方法
小鸟.叫();                       // 调用"叫"方法
```

Java 编译器（javac）对上面的代码进行编译时，所有字符（包括中文和英文）都会被转换成 UCS2 编码。不仅 Java 程序的元素会被转换成 UCS2 编码，而且在 Java 中使用的字符串变量值也会被转换成 UCS2 编码，如下面的代码所示。

```java
String s = "飞翔";              // 这条语句相当于将 GB18030 编码转换成 UCS2 编码
```

UCS2 编码中所有的字符都是由两个字节组成（单字节的英文字母也不例外），如果在程序中并没有多少中文字符，在转换到 UCS2 编码后，.class 文件的大小会成倍的增长，因此，就需要使用另外一种和 UCS2 相当的编码来取代 UCS2，唯一的条件是这种编码要转换成 UCS2 编码非常容易，这就是 UTF-8 编码。

UTF-8 编码和 UCS2 的互转换实际上只需要使用一个很简单的公式。对于像英文字符一样的单字节字符，UTF-8 编码只使用一个字节来表示。而对于中文，则使用 3 个字节来表示。但从总体来说，程序中的英文会远多于中文，因此使用 UTF-8 编码格式对字符进行编码是比较合适的。读者可以使用如下的代码获得"飞翔"的十六进制的 UTF-8 编码，以及使用 GBK 编码格式对 UTF-8 编码格式的字节数组进行解码。

```java
String s = "飞翔";
byte[] utf8 = s.getBytes("utf-8");        // 获得 utf-8 编码的字节数组（十进制）
// 用 GBK 编码格式对 UTF-8 编码格式的字节数组进行解码，将产生乱码
System.out.println(new String(utf8, "gbk"));
// 以十六进制形式输出"飞翔"的 UTF-8 编码
for (int i = 0; i < utf8.length; i++)
{
    System.out.print(Integer.toHexString(0xff & utf8[i]) + " ");
}
```

上面代码的输出结果如下：

```
椋炵繑
e9 a3 9e e7 bf 94
```

🔔注意：在上面的程序中使用了 GBK 编码，实际上，这个编码要比 GB18030 编码表示的字符范围小一些，但一般使用 GBK 编码格式就足够了，如果想表示一些少数民族语言，应采用 GB18030 编码格式。

读者可以使用 UltraEdit 查看一下"鸟.class"文件的字节码内容（只要使用 UltraEdit 直接打开"鸟.class"文件即可），如图 4.28 所示。

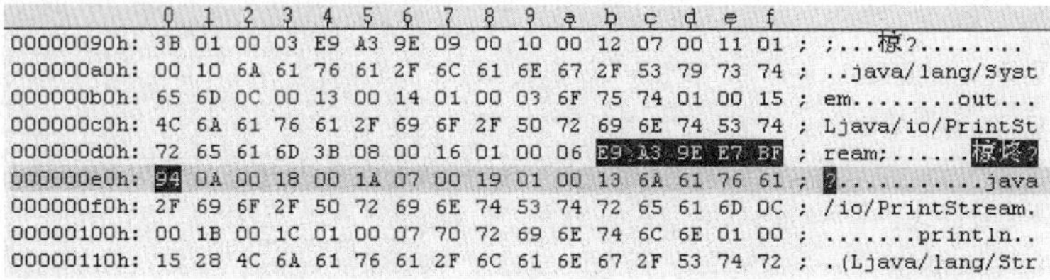

图 4.28　"鸟.class"的字节码内容

从图 4.28 可以看出，在十六进制区域被选中的部分就是"飞翔"的 UTF-8 编码的十六进制格式"E9 A3 9E E7 BF 94"，而右侧被选中的部分就是"飞翔"的 UTF-8 编码按 GBK 解码后的乱码字符。由于 Java 源程序文件是以 GB18030 编码格式保存的，因此可以断定，Java 在编译源文件时，将文件的内容都转换成了 UTF-8 编码。

既然 UTF-8 和 UCS2 是等效的，因此，可以通过 String 类的 getBytes 方法将其还原成任何编码格式的字节数组（十进制形式），但这种编码要支持中文，如下面的代码将会输出"?"。

```
String s = "飞翔";
// 先将字符串飞翔用 ISO-8859-1 编码成字节数组，然后用 GBK 编码将字节数组转换成字符串
输出
System.out.println(new String(s.getBytes("ISO-8859-1"), "GBK"));
```

由于 ISO-8859-1 编码不支持中文，而 Java 在使用的编码格式不支持当前语言时，就会使用"?"来代替，因此，上面的代码在执行 s.getBytes 时就已经获得了一个长度为 2 的字节数组，只不过这个字节数组中的值都一样，也就是"?"的 ASCII 值（十六进制是 3F）。当然，也可以直接获得 UCS2 的编码，代码如下：

```
String s = "飞翔";
// 先将字符串飞翔用 Unicode 编码成字节数组，然后用 Unicode 编码将字节数组转换成字符串
输出
System.out.println(new String(s.getBytes("Unicode"), "Unicode"));
```

上面代码的功能是先用 getBytes 方法获得了 UCS2 编码的字节数组，然后再将其按 UCS2 编码格式转换成 UCS2 编码，实际上，上面的代码并没有什么意义，笔者只是为了演示 Java 的字符集编码而编写的。本节的源代码请读者参见"测试编码.java"。

4.7.2　实例：解决输出乱码问题

在具体编写程序时，经常会遇到客户端浏览器输出中文时出现乱码或"?"。之所以会出现上述问题，根本原因是服务器端对响应信息的编码方式与客户端输出响应信息的编码

方式不一致。最常用的解决方案的代码如下：

```
protected void service(HttpServletRequest request,
        HttpServletResponse response) throws ServletException, IOException
{
    String s = "中文消息";
    // 设置编码格式
    response.setContentType("text/html;charset=utf-8");
    PrintWriter out = response.getWriter();
    out.println(s);                        // 向客户端输出消息
}
```

上面解决方案的核心就是 setContentType 方法的使用。通过这个方法，不仅设置了服务端转换字符时所使用的编码方式，而且还设置了客户端显示字符串的解码方式，在本例中是 UTF-8。

但据笔者发现，有的 Web 服务器并不支持使用 setContentType 或 setCharacterEncoding 方法设置服务端转换字符时的编码格式。如果是这种情况，这种解决方案就失灵了。因此，就需要采用下面更为通用的解决方案来处理乱码问题。

既然上面的解决方案是设置转换字符时的编码格式，那么也可以手动调用相应方法来实现。下面的代码是另外一种解决方案：

```
public class OutChinese extends HttpServlet
{
    @Override
    protected void service(HttpServletRequest request,
            HttpServletResponse response) throws ServletException,
            IOException
    {
        String s = "中文消息";
        // 获取对象 out
        PrintWriter out = response.getWriter();
        // 设置客户端的解码方式为 utf-8
        response.setHeader("Content-Type", "text/html;charset=utf-8");
        // 获得 UTF-8 编码的字节数组后，将其按原样保存在 String 对象中
        out.println(new String(s.getBytes("utf-8"), "iso-8859-1"));
    }
}
```

代码说明：

❑ 由于本例中使用的是 UTF-8 字符集编码，因此必须使用 setHeader 方法设置 Content-Type 字段值，否则无法保证客户端浏览器一定使用 UTF-8 编码格式进行解码。但在这时不能使用 setContentType 方法，因为这个方法在调用 getWriter 方法后再调用，就不起任何作用了。

❑ 在这个解决方案中首先获得了 "中文消息" 的 UTF-8 编码格式的字节数组，然后使用 UTF-8 编码格式将中文信息保存在字符串中。现在向客户端输出的字符串中的字节编码已经是 UTF-8 编码格式的了，而不再是 UCS2 编码格式。因此，在客户端浏览器中仍可以正常显示中文信息。

读者可以根据具体情况选择使用上面两种解决方案中的一个。但由于第 2 种解决方案是通过 Java 本身的编码转换功能来完成这个工作的，因此，这种方法并不依赖于 Web 服务器。如果读者想使用更为通用的方法来解决中文乱码问题，笔者建议使用第 2 种解决

方案。

4.7.3　实例：解决服务端程序读取中文请求消息的乱码问题

在客户端浏览器向访问服务端的 Servlet 发送数据时，经常会在请求参数名或参数值中含有中文字符。但有时在 Servlet 类中读取这些中文消息时会出现乱码。例如 ReadText 类读取了一个请求参数值，但显示的却是乱码，ReadText 类的代码如下：

```
public class ReadText extends HttpServlet
{
    protected void service(HttpServletRequest request, HttpServletResponse
    response)
            throws ServletException, IOException
    {
        //　读取 name 请求参数值
        String name = request.getParameter("name");
        System.out.println(name);          //　向控制台输出 name 请求参数值
    }
}
```

下面是 encode.html 文件的部分代码，这些代码负责向 ReadText 提供 name 请求参数：

```
<!--　form 表单　-->
<form action="../servlet/ReadText" method="get">
    <!--　请求参数名为 name　-->
    名称(英文参数名): <input type="text" name="name" /><p/>
    <!--　请求参数名为"名称"　-->
    名称(中文参数名): <input type="text" name="名称" /><p/>
    <input type="submit" value="submit"/>
</form>
```

在 IE 中输入如下的 URL 来访问 encode.html。

```
http://localhost:8080/webdemo/chapter4/encode.html
```

显示页面后，在"名称（英文参数名）"文本框中输入"飞翔"，如图 4.29 所示。

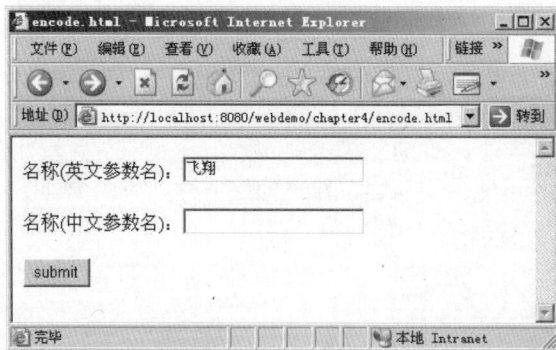

图 4.29　encode.html 的页面

单击 submit 按钮后，在 Tomcat 控制台中有可能会显示"飞翔"，也有可能会显示乱码（根据 Web 服务器的不同配置，会显示不同的结果）。如果读者遇到这种乱码的情况，可以按照以下两种情况来考虑。

1. 认识URI编码

假设客户端浏览器的当前编码格式是 UTF-8，在请求参数名或请求参数值为中文时，会使用 "%xx" 形式将其按 UTF-8 格式进行编码（如果是 GBK 编码格式，就按着 GBK 格式进行编码），如 "飞翔" 被转换成了 "%E9%A3%9E%E7%BF%94"。在向服务端发送请求时，实际上发送的中文消息就是 "%xx" 形式的字符串。如果在服务端能直接获得 "%E9%A3%9E%E7%BF%94"，并使用 java.net.URLDecoder 类的 decode 方法，就很容易获得 "飞翔" 了，代码如下：

```
String s = "%E9%A3%9E%E7%BF%94";          // 包含URL编码的字符串
// 使用utf-8字符集编码对该字符串解码
System.out.println(java.net.URLDecoder.decode(s, "utf-8"));
```

但 Tomcat 为了尽可能减少工作量，就在内部自动完成了这一步，也就是当开发人员通过 HttpServletRequest 的 getParameter 方法获得 name 参数值时，Tomcat 已经使用 decode 方法对请求参数进行编码转换了。因此这里就会产生一个问题，Tomcat 并不知道要使用 UTF-8 编码格式进行转换，而 decode 方法的第二个参数需要一个指定的编码格式。那么 Tomcat 又是根据什么编码格式进行编码转换的呢？实际上，在默认情况下，Tomcat 是使用 ISO-8859-1 编码格式进行转换的，如果按照 ISO-8859-1 进行编码，就相当于直接将字节放到 String 变量中，不做任何转换。如下面代码所示：

```
String s = "%E9%A3%9E%E7%BF%94";     // 包含URL编码的字符串
// 使用iso-8850-1字符集编码对该字符串解码
String s = java.net.URLDecoder.decode(s, "iso-8859-1");
System.out.println(s);
```

上面代码中的 s 变量所对应的字节仍然是 "E9 A3 9E E7 BF 94"。由于 Java 内部使用的是 UCS2 编码，但现在 s 变量里保存的是 UTF-8 编码。更糟糕的是，Java 把这些编码当成了 UCS2 编码来解析了，也就是说，对于 Java 来说，这 6 个字节的 UTF-8 编码就成了 3 个 UCS2 编码格式的字符，因此就会出现乱码。既然知道了原理，那就非常容易解决了，只需要将这些 UTF-8 编码再转换成 UCS2 编码保存在 s 变量中即可，代码如下：

```
String name = request.getParameter("name");
// 将字符串name先通过iso-8859-1解码成字节数组，然后通过UTF-8编码成字符串
String name1 = new String(name.getBytes("iso-8859-1"), "utf-8");
System.out.println(name1);              // 输出经过转换后的name请求参数值
```

如果在读者的机器上出现了乱码，在使用上面的代码后，就会正常显示出中文。在图 4.29 所示的页面中的 "名称（中文参数名）" 文本框中输入一个中文字符串，由于这个文本框的 name 属性值是 "名称"，因此，在服务端需要通过如下代码获得 "名称" 参数的值。

```
// 将字符串"名称"先通过iso-8859-1解码成字节数组，然后通过UTF-8编码成字符串
String name = request.getParameter(new String("名称".getBytes("utf-8"),
"iso-8859-1"));
```

在获得了 "名称" 参数值后，其他的操作和处理英文参数值完全一样。

2. 使用URI编码

在上一种情况中讲过，在默认情况下，Tomcat 是使用 ISO-8859-1 进行编码的，但如果修改了这个默认值，就可以直接输出中文了。

打开<Tomcat 安装目录>\conf\server.xml 文件，找到如下内容：

```
<Connector port="8080" protocol="HTTP/1.1" connectionTimeout="20000"
redirectPort="8443" />
```

在<Connector>标签中加一个 URIEncoding 属性，属性值是"UTF-8"，代码如下：

```
<Connector  port="8080"  protocol="HTTP/1.1"  connectionTimeout="20000"
redirectPort="8443" URIEncoding="UTF-8" />
```

重启 Tomcat 后，就可以直接使用下面的代码读取中文消息了。

```
String name = request.getParameter("name");   //  读取 name 请求参数值
System.out.println(name);                      //  向控制台输出 name 请求参数值
```

这种情况下，处理中文参数名和英文参数名的方式完全相同，如可以使用下面的代码来获得"名称"参数的值。

```
String name = request.getParameter("名称");
```

注意：在第 2 种方案下，不能使用第 1 种情况下的解决方案，否则会输出"?"。推崇使用第 1 种方案。

4.7.4　实例：用 AJAX 技术发送和接收中文信息

AJAX 是目前非常流行的 Web 技术，但是在发送和接收中文消息时，也会出现乱码问题。AJAX 中负责向服务端发送请求，以及从服务端获得响应信息的是 Microsoft.XMLHTTP（只针对 IE 浏览器）组件。这个组件无论 IE 当前的编码是什么，都会以 UTF-8 编码格式发送和接收消息。ajax_encode.html 是一个使用 Microsoft.XMLHTTP 来发送请求消息和接收响应消息的页面。

下面是 ajax_encode.html 页面中相关的 JavaScript 和 html 代码。

```
<script type="text/javascript">
    // 为 String 类型添加一个 lenB 类，这个类能获得一个字符串的长度（单位是字节）
    String.prototype.lenB = function ()
    {
        // 将所有的中文信息都替换成"##"
        return this.replace(/[^\x0-\xf]/g, "##").length;
    }
    // 获得并返回 Microsoft.XMLHTTP 对象
    function getXMLHTTPRequest()
    {
        var myRequest = null;
        // 建立 Microsoft.XMLHTTP 对象
        myRequest = new ActiveXObject("Microsoft.XMLHTTP");
        return myRequest;
    }
```

```
    //  向服务端发送并获得消息
    function send()
    {
        var obj = document.getElementById("name");  // 查询 name 文件框
        try
        {
            //  获得 Microsoft.XMLHTTP 对象
            var myRequest = getXMLHTTPRequest();
            //  如果成功获得 Microsoft.XMLHTTP 对象，则向服务端发送请求消息
            if (myRequest)
            {
                //  在异步发送请求消息后，接收响应消息的方法
                myRequest.onreadystatechange = function ()
                {
                    //  readyState 的值为 4，表示成功接收了服务端的响应消息
                    if (myRequest.readyState == 4)
                    {
                        alert(myRequest.responseText);
                                                    //  显示服务端的响应消息
                    }
                };
                //  异步发送请求消息
                myRequest.open("POST", "/webdemo/servlet/AjaxEncode",
                true);
                //  获得要发送的消息
                var msg = "name=" + obj.value;
                //  设置 Content-Length 字段的值
                myRequest.setRequestHeader("Content-Length", msg.lenB());
                //  设置 Content-Type 字段的值，这条语句必须要写
                myRequest.setRequestHeader("content-type",
                "application/x-www-form-urlencoded");
                myRequest.send(msg);            //  发送请求消息
            }
        }
        catch (e)
        {
            alert(e);                                //  显示异常信息
        }
    }
</script>
<!-- 用于输入消息的文本框  -->
<input name="name" /><p />
<!-- 提交按钮，调用了 send 方法  -->
<input type="button" value="提交" onclick="send()" />
```

如果使用上面的方法发送中文请求消息，并且在 Servlet 中使用如下代码来获得 name 请求参数的值，就会输出乱码。

```
// 使用这段代码获得 name 请求参数的值，并会输出乱码
String name = request.getParameter("name");
// 获得 name 请求参数的值
System.out.println(name);
```

要解决这个问题也很简单，只需要使用 4.7.3 节中的第 1 种情况的解决方案即可，AjaxEncode 类演示了这一问题的解决过程，代码如下：

```
public class AjaxEncode extends HttpServlet
```

```
{
    @Override
    protected void service(HttpServletRequest request,
            HttpServletResponse response) throws ServletException,
            IOException
    {
        String name = request.getParameter("name");
        // 将 name 参数值以 UTF-8 编码格式保存在 name 变量中
        name = new String(name.getBytes("iso-8859-1"), "utf-8");
        System.out.println(name);                   // 向控制台输出 name 参数值
        response.setCharacterEncoding("utf-8");//  设置服务端字符集编码
        response.getWriter().println(name);         // 向客户端输出 name 参数值
    }
}
```

由于 Microsoft.XMLHTTP 组件在对响应消息进行解码时使用的也是 UTF-8 编码，因此，必须使用 setCharacterEncoding 方法将服务端字符集编码设置成 UTF-8。

除了上面的解决方案外，还有另外一个解决方案，就是将发送的中文请求消息按 URL 编码格式进行编码，也就是要转换成"%xx"形式。

在客户端应使用如下 JavaScript 代码将请求消息转换成"%xx"形式。

```
var msg = encodeURI(encodeURI("name=" + obj.value));
```

🔔注意：必须使用两次 encodeURI 函数对请求消息进行编码，如果只使用一次 encodeURI 函数，和不使用 encodeURI 进行编码的效果是一样的，对于只使用一次 encodeURI 函数的情况，仍然可以使用前面所述的第一种方法来解决乱码问题。读者可以自己去做实验。

在服务端的 AjaxEncode 类中需要使用如下代码进行解码。

```
String name = request.getParameter("name");
// 将%xx 形式的编码转换成 utf-8 格式
name = java.net.URLDecoder.decode(name, "UTF-8");
System.out.println(name);
```

读者可以在 IE 中输入如下 URL 访问 ajax_encode.html。

```
http://localhost:8080/webdemo/chapter4/ajax_encode.html
```

在访问上面的 URL 后，将出现如图 4.30 所示的页面。在 name 文本框中输入"飞翔"，单击"提交"按钮，如果读者按照上面所述的两种方法编写代码，系统将会弹出如图 4.31 所示的对话框。

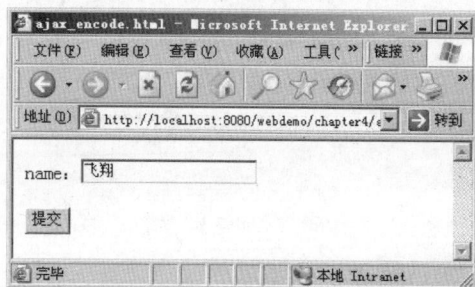

图 4.30　ajax_encode.html 的界面

图 4.31　显示返回的响应消息

4.7.5 实例：实现请求消息头和响应消息头中转输中文

HTTP 消息头不仅可以传递 HTTP 协议本身的消息，还可以在其中夹带用户自定义的消息。如果只传递英文消息，是非常容易实现的，只需要使用 setHeader 和 getHeader 方法根据自定义的消息字段名来设置和获得响应的字段值即可。但是需要传递中文消息时，就可能会出现乱码的情况。在本节将介绍两种在 HTTP 消息头传递中文的方法，读者可以根据需要选择适合自己的方法。这两种方法的基本实现如下：

❑ 将中文消息转换成 UTF-8 或 GBK 编码格式的字节流进行传送，然后在服务端或客户端再对这些中文信息进行解码。

❑ 将中文消息按照 URL 方式编码，也就是要转换成 "%xx" 形式，然后在服务端或客户端再对其进行解码。

ChineseResponseHeader 类是发送 HTTP 中文消息响应头的 Servlet 类，代码如下：

```java
public class ChineseResponseHeader extends HttpServlet
{
    @Override
    protected void service(HttpServletRequest request,
            HttpServletResponse response) throws ServletException,
            IOException
    {
        //  获得消息头 chinese_utf8 的值
        String chineseUTF8 = request.getHeader("chinese_utf8");
        //  获得消息头 chineseURLEncode 的值
        String chineseURLEncode = request.getHeader("chineseURLEncode");
        // 取出 iso-8859-1 编码，再将其转换成 utf-8 编码格式，保存在 chineseUTF8 中
        chineseUTF8 = new String(chineseUTF8.getBytes("iso-8859-1"),
        "utf-8");
        System.out.println(chineseUTF8);    //  向控制台输出 chineseUTF8 的值
        // 设置响应消息头 chinese_utf8 的值，需要将 UTF-8 编码直接放到 String 对象中
        response.setHeader("chinese_utf8", new String(chineseUTF8.
        getBytes("UTF-8"), "ISO-8859-1"));
        // 设置响应消息头 chineseURLEncode 的值，将%xx 形式的编码按原样返回
        response.setHeader("chineseURLEncode", chineseURLEncode);
        // 对客户端发过来的%xx 形式的中文消息进行解码
        chineseURLEncode = java.net.URLDecoder.decode(chineseURLEncode,
        "UTF-8");
        System.out.println(chineseURLEncode); //  输出 chineseURLEncode 的值
    }
}
```

ChineseRequestHeader 类是一个控制台类，负责向 ChineseResponseHeader 发送中文请求消息头，并对 ChineseResponseHeader 返回的中文响应消息头进行解码，并输出到控制台。ChineseRequestHeader 类的代码如下：

```java
public class ChineseRequestHeader
{
    public static void main(String[] args) throws Exception
    {
        String chineseUTF8 = "中文信息";
        // 设置字符串的编码方式为 utf-8
        String chineseURLEncode = java.net.URLEncoder.encode(chineseUTF8,
```

```
"UTF-8");
        // 用 Socket 类连接服务器
Socket socket = new Socket("localhost", 8080);
        // 获得 OutputStream 对象
OutputStream os = socket.getOutputStream();
        // 以 UTF8 编码格式接收 ChineseResponseHeader 返回的响应消息
java.io.OutputStreamWriter osw = new OutputStreamWriter(os,
"UTF-8");
        // 开始向 ChineseResponseHeader 发送 HTTP 请求头消息
osw.write("GET /webdemo/servlet/ChineseResponseHeader HTTP/1.1\
r\n");
osw.write("Host:localhost:8080\r\n");
        // 发送 UTF8 编码的中文消息
osw.write("chinese_utf8:" + chineseUTF8 + "\r\n");
osw.write("chineseURLEncode:" + chineseURLEncode + "\r\n");
                            // 发送 URL 编码的中文消息
osw.write("Connection:close\r\n\r\n");
osw.flush();                // 刷新缓冲区
        // 获得 InputStream 对象
InputStream is = socket.getInputStream();
        // 以 UTF-8 编码格式读取 ChineseResponseHeader 返回的 HTTP 响应消息头
InputStreamReader isr = new InputStreamReader(is, "UTF-8");
BufferedReader br = new BufferedReader(isr);
String s = "";
        // 开始以行为单位读取响应消息
while((s = br.readLine()) != null)
{
    String strArray[] = s.split(":");
                            // 用正则表达式获得消息字段半和消息字段值
    if(strArray.length == 2)
    {
        // 当字段名是 chinese_utf8 时，输出字段名和字段值
        if(strArray[0].trim().equals("chinese_utf8"))
        {
            System.out.println(s);
        }
        // 当字段名是 chineseURLEncode 时，输出字段名和字段值
        else if(strArray[0].trim().equals("chineseURLEncode"))
        {
            System.out.println(java.net.URLDecoder.decode(s,
            "UTF-8"));
        }
    }
}
is.close();
osw.close();
}
}
```

在 运 行 ChineseRequestHeader 类 后 ， 读 者 就 会 看 到 在 Tomcat 控 制 台 和
ChineseRequestHeader 运行的控制台中都正常输出了中文。

4.8　小　　结

本章讲解了 Servlet 的基本原理，并分别给出了使用 MyEclipse 和用手工方式来编写

Servlet 的方法。在 Servlet 中可以处理所有的 HTTP 请求，而 doGet 方法只能处理 HTTP GET 请求，doPost 方法只能处理 HTTP POST 请求，如果想利用一个方法来处理所有的 HTTP 请求，就需要使用 service 方法。

Cookie 和 Session 是 Web 应用程序中最常用的技术。由于 Cookie 只能保存 ISO-8859-1 编码格式的字符，因此要想保存更复杂的数据，一般需要对这些数据进行 Base64 编码。而 Session 和 Cookie 的关系是非常密切的，因为 Session 需要通过一个叫 JSESSIONID 的 Cookie 来跟踪 Session 对象。

Web 应用程序的中文问题往往被很多读者认为是很严重的。在本章中详细讲解了大多数 Web 应用程序中涉及的中文问题产生的原因和解决方案。从技术上分析，产生乱码的原因只有两种，一种是将中文编码转换成了不支持中文的编码格式，如 ISO-8859-1，另外一种就是使用了错误的编码格式进行编码转换，如使用 GBK 编码对 UTF-8 编码格式的字节数组进行编码。读者在学习完本章中的解决方案后，这些问题就可以迎刃而解了。

4.9　实　战　练　习

编码题

1. 现在社会里每个人基本都有网上购物的经验，在购物网站上查看商品时，都会有一个"显示历史浏览记录"的功能。通过本章所学的知识，实现"显示历史浏览记录"功能。

【提示】可以通过本节所讲的 Cookie 技术来实现，关键代码如下：

```
// 显示所浏览过的书籍(查找 Cookies)
out.write("曾经浏览过的书籍: " + "<br>");
Cookie[] cookies = request.getCookies();
for (int i = 0; cookies != null && i < cookies.length; i++) {
    if (cookies[i].getName().equals("histroy")) {

        String valueString = cookies[i].getValue();
        String[] array = valueString.split("\\,");
        for (String str : array) {
            out.write(Db.getMaps().get(str).getName() + "<br>");
        }
    }
}
```

2. 在购物网站上，有一个非常经典的功能模块，那就是用户购买完商品后，会出现"购物车"页面来实现结账功能。通过本章所学的知识，实现"购物车"功能。

【提示】可以通过本节所讲的 Session 技术来实现，关键代码如下：

```
//实现购买功能
HttpSession session = request.getSession();
List<Book> list =(List<Book>)session.getAttribute("cart");
if (null == list) {                    //第一次购买
```

```
        list = new ArrayList<Book>();
        list.add(book);
        session.setAttribute("cart", list);
    } else {                                //第一次以后
        list.add(book);
    }
```

第 5 章　JSP 技术

虽然 Servlet 从技术角度来说可以满足 Java Web 应用程序的所有需求，但当动态 Java Web 应用中的静态内容远远多于动态内容时，在 Servlet 中通过 PrintWriter 对象或 OutputStream 对象向客户端输出这些静态的内容就显得十分麻烦，而且写出来的代码也不容易阅读。基于上述原因，Sun 公司在 Servlet 的基础上推出了 JSP（Java Server Page）技术。JSP 技术可以将静态内容（如 HTML、JavaScript 等）和动态内容（如 Java 代码）混合在一个文件中。本章的主要内容如下：

- ❑ JSP 的运行原理；
- ❑ JSP 的基本语法；
- ❑ JSP 表达式语言（EL）；
- ❑ JSP 指令；
- ❑ JSP 的内置对象；
- ❑ JSP 标签；
- ❑ JSP 的标准标签库（JSTL）。

5.1　通过 MyEclipse 工具编写第一个 JSP 程序

本节将使用 MyEclipse 开发一个简单的 JSP 程序。这个 JSP 程序的功能是显示服务器的当前时间。在开发完这个 JSP 程序后，将讲解如何使用 MyEclipse 来调试 JSP 程序。在本节还将讲解两个 JSP 小技巧，即改变 JSP 的访问路径和扩展名。最后将介绍如何通过手工的方式发布 JSP 程序。

5.1.1　实例：编写显示服务器当前时间的 JSP 程序

JSP 页面由静态内容和动态内容（Java 语句）组成。所有的动态内容都放在<%...%>之间。而出现在<%...%>之外的所有内容都被认为是静态的内容。在<%...%>之外可以出现任何内容，如 HTML、JavaScript 等，这些内容将被原封不动地发送到客户端，而<%...%>之间的内容则在 JSP 页面被翻译成 Servlet 的过程中被提取出来，当成普通的 Java 语句来执行。

JSP 文件需要直接放到 Web 应用根目录或是除了 WEB-INF 外的其他子目录中。在默认情况下，JSP 文件的扩展名为*.jsp，可以像访问 HTML 页面一样访问 JSP 页面，如下面的 URL 所示。

```
http://localhost:8080/webdemo/abc.jsp
```

下面将使用 MyEclipse 开发一个 JSP 程序。要完成这个程序需要执行如下几步。

（1）在 WebRoot 目录中建立一个 chapter5 目录，如图 5.1 所示。

（2）在 chapter5 目录中建立一个 JSP 程序。

MyEclipse 提供了两个可以建立 JSP 程序的模板，即 JSP（Basic templates）和 JSP（Advanced Templates）。第 1 个模板可以生成一个简单的 JSP 程序，也可以生成一个空的 JSP 程序，而第 2 个模板拥有一些更高级的功能，如生成可以使用 Struts 的 JSP 程序。在本章中使用了第 1 个 JSP 模板建立 JSP 程序。

单击 chapter5 目录，在右键菜单中选择 New|Other 命令，打开 New 对话框，在其中选择 MyEclipse|Web|JSP（Basic templates）节点，如图 5.2 所示。

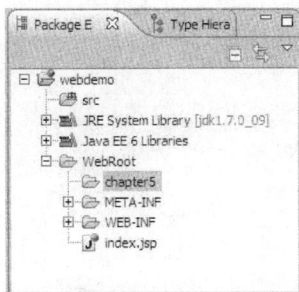

图 5.1　chapter5 目录的位置　　　　图 5.2　选择 JSP（Basic templates）节点

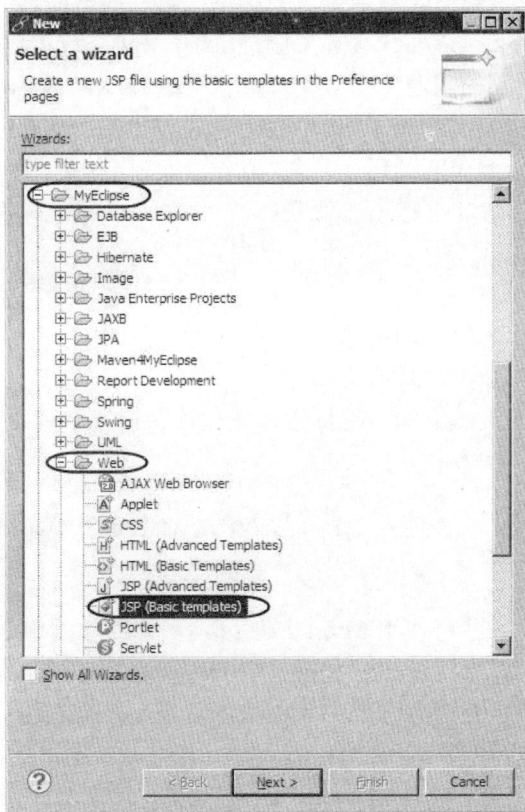

单击 Next 按钮进入下一步。在 File name 文本框中输入"servertime"，当然，也可以输入"servertime.jsp"，如果不加扩展名 MyEclipse 会自动将 jsp 作为其扩展名，如图 5.3 所示。

在输入文件名后，可以直接单击 Finish 按钮建立 JSP 程序，也可以单击 Next 按钮进入下一步来选择是否使用模板生成 JSP 程序，以及使用哪一个模板生成 JSP 程序。在本例中不使用模板生成 JSP 程序，因此单击 Next 按钮进入下一步，将 Use JSP Template 复选框设成未选中状态，如图 5.4 所示。

单击 Finish 按钮后在 chapter5 中建立了一个 servertime.jsp 文件，这个文件里没有任何内容。

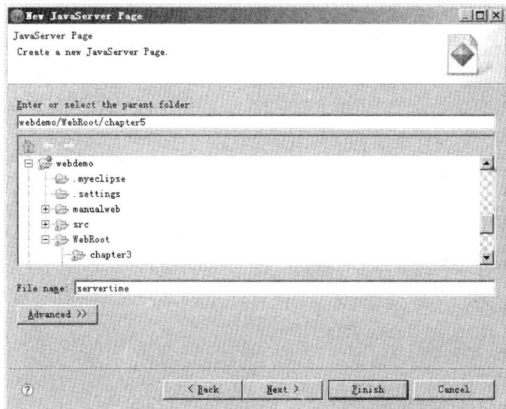

图 5.3　指定 JSP 文件名　　　　　　　　　图 5.4　不使用模板

（3）在 servertime.jsp 文件中输入如下代码：

```jsp
<%@ page language="java" contentType="text/html; charset=UTF-8"
pageEncoding="UTF-8"%>
<!-- 导入相应包 -->
<%@page import="java.text.*,java.util.*"%>
<html>
    <head>
        <title>显示服务器的当前时间</title>
    </head>
    <body>
        现在服务器的时间是：
        <!-- 将时间部分设置成线色 -->
        <font color="red">
        <%
            // 设置格式化时间字符串
            SimpleDateFormat format = new SimpleDateFormat("yyyy-MM-dd
            HH:mm:ss");
            out.println(format.format(new Date()));  // 输出被格式化的时间
        %>
        </font>
    </body>
</html>
```

（4）单击 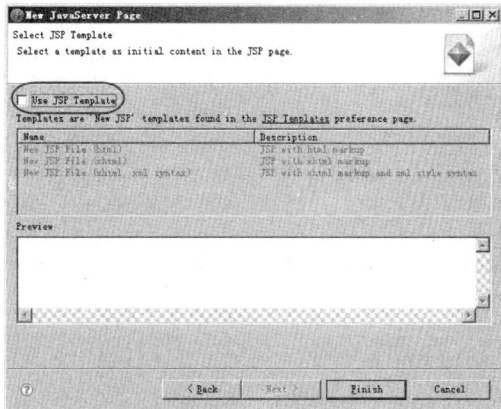 按钮发布项目 webdemo，然后启动 Tomcat 服务器（如果 Tomcat 已经启动，则可忽略此步骤）。

（5）在 IE 中输入如下 URL：

```
http://localhost:8080/webdemo/chapter5/servertime.jsp
```

在 IE 中显示的输出结果如图 5.5 所示。

图 5.5　显示服务器当前时间

读者可以按下 F5 键不断刷新图 5.5 所示的页面，会发现 IE 中显示的时间在不断变化。

注意：在 MyEclipse 中建立 JSP 程序时，不会自动向 web.xml 文件中添加任何东西。实际上，单独的 JSP 程序在运行时并不需要 web.xml 文件，甚至不需要 WEB-INF 目录。

5.1.2　调试 JSP 程序

在 MyEclipse 中调试 JSP 页面也非常简单，在调试前需要通过双击代码前面的区域设置断点，但要注意断点只能在<%...%>之间设置，JSP 中的静态内容不能调试。在设置完断点后，用 Tomcat 的调试模式启动 Tomcat。在 IE 中输入上节第（5）步的 URL 后，MyEclipse 会弹出一个调试确认对话框，单击 Yes 按钮进入调试状态，如图 5.6 所示。

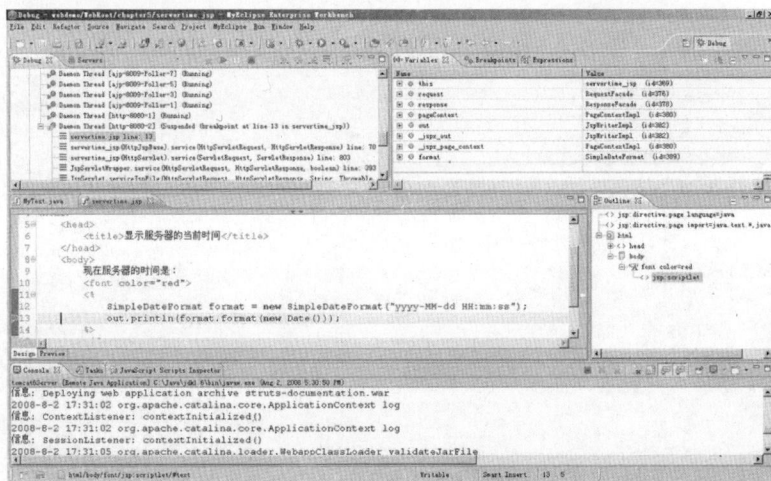

图 5.6　MyEclipse 的调试界面

注意：在 MyEclipse 中配置 Tomcat 时，默认方式为 Debug mode（调式模式），如图 5.7 所示。

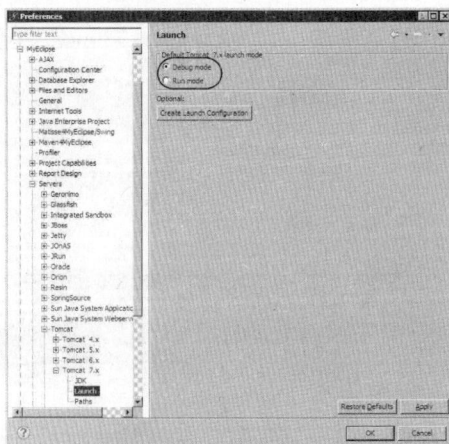

图 5.7　Tomcat 的运行模式

5.1.3　改变 JSP 的访问路径和扩展名

JSP 程序也可以像 Servlet 一样将 JSP 的文件路径映射成一个新的路径，如在 5.1.1 节建立的 JSP 程序可以在 web.xml 文件中加入如下的内容映射它的访问路径。

```
<!--  定义 Servlet 本身的属性  -->
<servlet>
    <servlet-name>servertime</servlet-name>
    <jsp-file>/chapter5/servertime.jsp</jsp-file>
</servlet>
<!--  定义 Servlet 映射信息  -->
<servlet-mapping>
    <servlet-name>servertime</servlet-name>
    <url-pattern>/servertime.html</url-pattern>
</servlet-mapping>
```

在 web.xml 中加入上面的内容后，在 IE 中输入如下的 URL：

```
http://localhost:8080/webdemo/servertime.html
```

在访问上面的 URL 后，仍然可以得到如图 5.5 所示的输出结果。在设置 JSP 路径时要注意的是 JSP 文件的路径必须以"/"开头，这个"/"表示 JSP 文件所在的 Web 应用程序的根目录。

除了可以改变 JSP 的访问路径外，还可以直接将 JSP 的扩展名改成其他的名称，如".html"。下面是修改 JSP 扩展名的一个例子。

将 servertime.jsp 文件复制一份，将复制的 servertime.jsp 文件改名为 servertime.html（如果出现乱码，将 servertime.html 改为 UTF-8 编码格式。然后在 IE 中输入如下的 URL：

```
http://localhost:8080/webdemo/chapter5/servertime.html
```

在访问上面的 URL 后，读者可以看到在 IE 中只显示出了"现在服务器的时间是："信息，并没有动态的时间。这是因为 Tomcat 将 first.html 当成了静态页面来处理，在<%...%>中所有内容将被忽略。要想使<%...%>中的内容生效，可以通过如下两种方法解决。

（1）在<Tomcat 安装目录>\conf\web.xml 文件中加入如下内容：

```
<!--  定义 Servlet 映射信息  -->
<servlet-mapping>
    <servlet-name>jsp</servlet-name>
    <url-pattern>*.html</url-pattern>
</servlet-mapping>
```

使用这种方法后，Tomcat 所有 Web 应用程序的 html 文件都被当成 JSP 程序处理。笔者并不建议使用这种方法来配置 Tomcat。

（2）在 Web 应用程序的 web.xml 文件中加入方法（1）中的配置代码。使用这种方法只对当前的 Web 应用程序起作用。这种方法是笔者推荐的改变 JSP 扩展名方法。

在本节介绍的改变 JSP 扩展名的方法都可以达到同样的目的。如果想将*.jsp 改成已知的静态页面的扩展名，如*.html。建议使用改变 JSP 访问路径的方法，因为如果使用其他方法，Tomcat 会将 Web 应用程序中所有的*.html 文件都当成 JSP 程序进行翻译后才会运行，这样会降低一定的效率，而如果要改成其他的扩展名，如*.abc 则使用哪种方法都可以。

5.1.4 手动发布 JSP 程序

发布 JSP 要比 Servlet 容易得多。单独的 JSP 程序并不需要 web.xml 文件，当然，也不需要 WEB-INF 目录。在发布 JSP 时，只需要将 JSP 文件放到一个空目录中，然后通过 Tomcat 发布这个目录即可。最简单的方法就是在<Tomcat 安装目录>\webapps 中建立一个目录，如 myweb，然后将 JSP 页面文件放到这个目录中，如将 servertime.jsp 文件放到 myweb 目录中。在 IE 中输入如下的 URL 就可以访问 servertime.jsp。

```
http://localhost:8080/myweb/servertime.jsp
```

还可以将 JSP 文件放在任何其他的目录中发布，如将 JSP 文件放到 D:\myweb 目录中。在<Tomcat 安装目录>\conf\server.xml 文件中的<Host>标签内输入如下内容后，启动 Tomcat，也可以使用上面的 URL 访问 servertime.jsp。

```
<Context path="/myweb" docBase="d:\myweb" debug="0" />
```

也可以在<Tomcat 安装目录>\conf\Catalina\localhost 中建立一个 myweb.xml 文件，并将上面的配置内容放到这个文件中，就可以发布 myweb 目录了。

如果要改变 JSP 路径或扩展名，使用 Servlet 或进行其他的配置工作，就需要在 JSP 程序所在的根目录中建立 WEB-INF 目录，并在 WEB-INF 目录中建立一个 web.xml 文件对 JSP 进行相应的配置。

5.2 了解 JSP 的运行原理

虽然 JSP 在编写和发布上非常简单，但仍然有必要了解一下 JSP 的运行原理。这是因为 JSP 和其他的脚本语言（如 PHP、ASP 等）的运行方式有一定的区别。虽然 JSP 从表面上看也是服务器端的语言，但它的运行效率和 Servlet 是一样的。下面就来揭示其中的奥妙。

5.2.1 了解 Tomcat 处理 JSP 页过程

在默认情况下，当 Tomcat 接收到以.jsp 为扩展名的 URL 请求时，就会转交给 JSP 引擎来处理。在 5.1.3 节中改变 JSP 的扩展名时，进行了如下的配置：

```
<!-- 定义 Servlet 映射信息 -->
<servlet-mapping>
    <servlet-name>jsp</servlet-name>
    <url-pattern>*.html</url-pattern>
</servlet-mapping>
```

在上面的配置代码里映射到了一个名为 jsp 的 Servlet。这是 Tomcat 自带的一个 Servlet，它的定义可以在<Tomcat 安装目录>\conf\web.xml 文件中找到。代码如下：

```
<!-- 定义 Servlet 本身的属性  -->
<servlet>
    <servlet-name>jsp</servlet-name>
    <!-- 处理 JSP 页面的 Servlet 类  -->
    <servlet-class>org.apache.jasper.servlet.JspServlet</servlet-class>
    …
    <load-on-startup>3</load-on-startup>
</servlet>
```

从上面的配置代码中可以发现，这个 Servlet 实际上是一个专门处理 JSP 程序的 Servlet 类，类名为 JSPServlet。因此还可以在<Tomcat 安装目录>\conf\web.xml 中找到如下的配置：

```
<!-- 定义 Servlet 映射信息  -->
<servlet-mapping>
    <servlet-name>jsp</servlet-name>
    <url-pattern>*.jsp</url-pattern>
</servlet-mapping>
```

根据上面的配置，所有扩展名为 jsp 的 URL 都会交由 JSPServlet 类处理，也就是交由 JSP 引擎进行处理。而未定义的其他扩展名的 URL 所指的 Web 资源就直接由 Tomcat 按照原样返回给客户端（实际上，也是通过 Tomcat 自带的一个 DefaultServlet 类来处理的）。如果不将 html 映射成 JSP 的扩展名，那么扩展名为 html 的 URL 就会被交给 DefaultServlet 类来处理。因此 html 也就变成了静态的 Web 资源了。

JSP 引擎分两步对 JSP 页面进行处理。首先将 JSP 页面生成一个 Servlet 源程序文件，然后再调用 Java 编译器将这个 Servlet 源程序文件编译成.class 文件，并由 Servlet 引擎装载并执行这个.class 文件。如果在 IE 地址栏中输入如下的 URL，servertime.jsp 页面就会生成两个文件即 servertime_jsp.java 和 servertime_jsp.class。

```
http://localhost:8080/webdemo/chapter5/servertime.jsp
```

这两个文件在<Tomcat 安装目录>\work\Catalina\localhost\webdemo\org\apache\jsp\chapter5 目录中可以找到，如图 5.8 所示。

为了提高 JSP 的执行效率，并不是每次访问 JSP 时都进行翻译。只有在第一次访问 JSP 页面时才会执行这个翻译过程。当再次访问这个 JSP 页面时，Servlet 引擎会检查 JSP 页面是否被更新，如果已经被更新，会再次翻译这个 JSP 页面，然后执行它。如果未被更新，Servlet 引擎会直接装载并执行由这个 JSP 页面翻译生成的.class 文件。

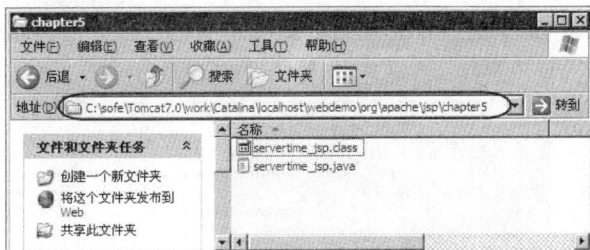

图 5.8　JSP 程序编译后的生成的文件位置

也就是说，JSP 页面只有在第一次被访问时才被翻译成.class 文件，对于该 JSP 页面的后续访问，除非这个 JSP 页面被修改，否则 Web 容器将直接调用被翻译好的.class 文件。

因此，JSP 页面从运行原理上看就是在运行 Servlet 程序。所以习惯上将同时执行 JSP 和 Servlet 的程序称为 Servlet 容器，而不是分别叫 JSP 容器和 Servlet 容器。

虽然在每次访问 JSP 页面时，JSP 引擎都会检查 JSP 页面和由 JSP 页面翻译而成的 Servlet 源文件的生成时间，这对于调试程序非常方便，但是在发布时每次访问 JSP 页面都要做这项工作就会降低系统的性能，因此一般在发布 JSP 程序时将检查生成时间的功能关闭。在<Tomcat 安装目录>\conf\web.xml 中为类 JSPServlet 加上一个参数 development，并将这个参数值设为 false 就可以关闭检查生成时间的功能，配置代码如下：

```
<servlet>
    <servlet-name>jsp</servlet-name>
    <servlet-class>org.apache.jasper.servlet.JspServlet</servlet-class>
    <!--  将 development 参数值设为 false，Servlet 就不会再编译 JSP 程序了  -->
    <init-param>
        <!--  关闭检查生成时间的功能  -->
        <param-name>development</param-name>
        <param-name>false</param-value>
    </init-param>
    …
</servlet>
```

JSPServlet 还有很多参数。关于这些参数的配置和详细描述，可以在启动 Tomcat 后，在 IE 地址栏中输入如下的 URL 查看：

```
http://localhost:8080/docs/
```

输入上面的 URL 后，将出现 Tomcat 的帮助文档，并单击 JSPs 链接查看 JSP 帮助，如图 5.9 所示。

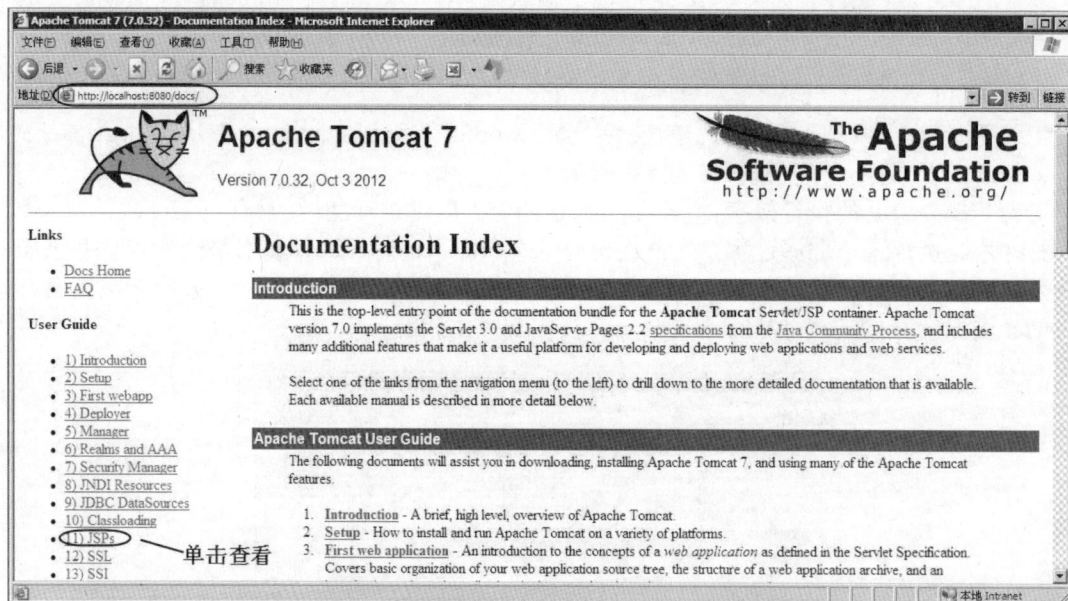

图 5.9　JSP 帮助文档

由于 JSP 在第一次访问时要经过 JSP 引擎翻译成 Servlet 才能运行，因此在第一次访问 JSP 页面时比较慢。在 Tomcat 的文档中提供了一种通过 Ant 软件将 JSP 页面翻译成.class

文件再发布的方法，通过这种方法就可以有效地解决这个问题。Ant 命令的使用方法读者可以从 Tomcat 提供的文档中找到。

5.2.2 分析由 JSP 生成的 Servlet 代码

在 5.2.1 节讲到 JSP 在第一次运行时被翻译成 Servlet 的源代码，然后又被编译成.class 文件，最终 Servlet 引擎装载并运行了这个.class 文件来完成 JSP 的第一次运行。在这个过程中最关键的一步就是 JSP 页面翻译成 Servlet 源代码。下面就讲一下 JSP 引擎如何将 JSP 中的各个组成部分转换为 Servlet 的源代码。先建一个 random.jsp 页面，代码如下：

```jsp
<%@page language="java" contentType="text/html; charset=UTF-8"
pageEncoding="UTF-8"%>
<!-- 导入相应包 -->
<%@page import="java.util.Random"%>
<!-- java 代码 -->
<%
    Random rand = new Random();
    int n = rand.nextInt(1000);     // 产生第 1 个 0~1000 的随机数
    int m = rand.nextInt(1000);     // 产生第 2 个 0~1000 的随机数
%>
<html>
    <head>
        <title>random</title>
    </head>
    <body>
        第 1 个随机数：<%  out.println(n);  %> <!-- 输出第 1 个随机数  -->
        <br>
        <input type="button" value="单击显示第 2 个随机数" onclick=
        "javascript:alert('<%= m %>')"/>
    </body>
</html>
```

在 IE 地址栏中输入如下的 URL 后，random.jsp 页面产生了两个文件，即 random_jsp.java 和 random_jsp.class。

```
http://localhost:8080/webdemo/chapter5/random.jsp
```

其中 random_jsp.java 就是 random.jsp 被 JSP 引擎翻译后所生成的 Servlet 源代码文件，而 random_jsp.class 是 random_jsp.java 编译后生成的.class 文件。这两个文件可以在如下的目录中找到：

```
<Tomcat 安装目录> \work\Catalina\localhost\webdemo\org\apache\jsp\chapter5
```

其中 random_jsp.java 的代码如下：
```java
package org.apache.jsp.chapter5;
import javax.servlet.*;
import javax.servlet.http.*;
import javax.servlet.jsp.*;
// <%@page import="java.util.Random"%>中 import 部分将作为 Java 代码的 import
    语句
import java.util.Random;
// JSP 文件在被编译成 Servlet 源代码后，自动加"_jsp"
```

```java
public final class random_jsp extends org.apache.jasper.runtime.
HttpJspBase
    implements org.apache.jasper.runtime.JspSourceDependent
{
    // 下面的代码定义了一系列 JSP 要使用的对象
    private static final JspFactory _jspxFactory = JspFactory.
getDefaultFactory();
    private static java.util.List _jspx_dependants;
    private javax.el.ExpressionFactory _el_expressionfactory;
    private org.apache.AnnotationProcessor _jsp_annotationprocessor;
    public Object getDependants()
    {
        return _jspx_dependants;
    }
    // 初始化 JSP
    public void _jspInit()
    {
        _el_expressionfactory =
        _jspxFactory.getJspApplicationContext(getServletConfig().
getServletContext()).getExpressionFactory();
        _jsp_annotationprocessor = (org.apache.AnnotationProcessor)
getServletConfig().getServletContext().
getAttribute(org.apache.AnnotationProcessor.class.getName());
    }
    public void _jspDestroy()
    {
    }
    public void _jspService(HttpServletRequest request,
HttpServletResponse response)
        throws java.io.IOException, ServletException
    {
        // 开始定义 JSP 的内置对象
        PageContext pageContext = null;    // 定义 JSP 的内置对象 pageContext
        HttpSession session = null;        // 定义 JSP 的内置对象 session
        // 定义 JSP 的内置对象 application
        ServletContext application = null;
        ServletConfig config = null;       // 定义 JSP 的内置对象 config
        JspWriter out = null;              // 定义 JSP 的内置对象 out
        Object page = this;                // 定义 JSP 的内置对象 page
        JspWriter _jspx_out = null;
        PageContext _jspx_page_context = null;
        try
        {
            // 将 contentType="text/html; charset=UTF-8"转换成
            //     setContentType 方法的调用
            response.setContentType("text/html; charset=UTF-8");
            pageContext = _jspxFactory.getPageContext(this, request,
response, null, true, 8192, true);
            _jspx_page_context = pageContext;
                    application = pageContext.getServletContext();
            config = pageContext.getServletConfig(); // 获得 config 内置对象
            session = pageContext.getSession();       // 获得 session 内置对象
            out = pageContext.getOut();               // 获得 out 内置对象
            _jspx_out = out;
            out.write("\r\n");
            out.write("\r\n");
            // 将 JSP 页面中的 Java 代码按原样放到 Servlet 类中
            Random rand = new Random();
            int n = rand.nextInt(1000);
```

```
        int m = rand.nextInt(1000);
        // 开始输出 JSP 页面的静态部分
        out.write("\r\n");
        out.write("<html>\r\n");
        out.write("<head>\r\n");
        out.write("<title>random</title>\r\n");
        out.write("</head>\r\n");
        out.write("<body>\r\n");
        out.write("第 1 个随机数：");
        // 将<%  out.println(n);  %>中的 Java 代码直接插入到源程序中
        out.println(n);
        out.write("<br>\r\n");
        out.write("<input type=\"button\" value=\"单击显示第 2 个随机数\"
        onclick=\"javascript:alert('");
        out.print( m );                             // 转换<%= m %>
        out.write("')\"/> \r\n");
        out.write("</body>\r\n");
        out.write("</html> ");
    }
    catch (Throwable t)
    {
        if (!(t instanceof SkipPageException))
        {
            out = _jspx_out;
            if (out != null && out.getBufferSize() != 0)
            {
                try
                {
                    out.clearBuffer();              // 清除 JSP 的缓冲
                }
                catch (java.io.IOException e)
                {
                }
            }
            if (_jspx_page_context != null)
                _jspx_page_context.handlePageException(t);
        }
    }
    finally
    {
        _jspxFactory.releasePageContext(_jspx_page_context);
    }
  }
}
```

　　从上面的代码可以看出，由 random.jsp 生成的 Servlet 源代码非常长，这些代码一般对于仅仅使用 JSP 的开发人员无须深入掌握，但了解其中的原理对于更进一步地学习 JSP 会有非常大的帮助。下面将分 4 部分解释一下上面的代码。

1．random_jsp类的结构

　　所有由 JSP 页面生成的 Servlet 类的类名由 JSP 文件名加上"_jsp"组成，如 random_jsp。这些类都从 org.apache.jasper.runtime.HttpJspBase 类继承，这个类是一个抽象类，可以在

Tomcat 的源代码中找到这个类。从源代码中可以看出，HttpJspBase 类是 HttpServlet 的子类，因此，所有从 HttpJSPBase 继承的类都具有 HttpServlet 类的特性，也就是说，这些类都可以当作 Servlet 使用。

2．JSP 静态部分的转换

JSP 的静态部分就是在客户端运行的代码，如 HTML、JavaScript 等。在 random.jsp 中除了用<%...%>括起来的内容（包括<%=...%>和<%@page...%>）外，其他的部分都属于静态部分。这些静态的内容在转换时都作为字符串，并通过 write()方法按原样输出到客户端。

3．JSP 动态部分的转换

JSP 的动态部分就是被括在<%...%>中的内容。这部分内容分为如下 3 种形式进行转换。

❏ <%...%>形式：JSP 引擎如果遇到这种形式，就将<%...%>中的内容按原样插入由 JSP 生成的 Servlet 源代码中。

❏ <%=...%>形式：JSP 引擎如果遇到这种形式，并不把其中的内容直接放到 Servlet 源程序中，而是通过 print 方法将"="后面的内容输出到客户端。

❏ JSP 指令：<%@ page ... %>就是一个 JSP 的 page 指令。对于这种形式。JSP 引擎按照指令类型和它的属性翻译成相应的 Java 代码。

4．JSP 的内置对象

在 JSP 中的 9 个内置对象都是在 JSP 页面生成的 Servlet 类中建立的，其中 6 个是在_jspService 方法中定义的，request 和 response 是_jspService 方法的两个参数，而 exception 对象只有将<%@ page ... %>中的 isErrorPage 属性设为 true 时才会建立，这些内容将在本章后面的部分详细讲解。

注意：从 random_jsp 类可以看出，所有的静态内容都是使用 write 方法输出到客户端的，而动态的内容，如<%=...%>形式，都使用了 print 方法向客户端输出。实际上，write 方法和 print 方法在功能上类似。它们的区别是 write 方法只能输出字符串、字符数组和 int 类型的数据，而 print 方法可以将任何类型的数据转换成字符串输出。由于静态的内容都是以字符串形式保存在 JSP 源文件中，因此使用 write 方法就足够了。而动态的内容什么类型的值都可能有，所以必须使用 print 方法向客户端输出数据。

5.3　学习 JSP 基本语法

本节将介绍 JSP 的基础知识，主要内容包括 JSP 的服务端代码，如 Java 代码、JSP 声明、JSP 表达式语言（EL）的语法与基本规则，以及在 JSP 页面中涉及到的 3 种注释。通过对本节的学习，读者可以掌握编写 JSP 页面的基本语法，这将为以后的学习打下基础。

5.3.1　学习 JSP 表达式

JSP 表达式（Expression）可以非常容易地将 Java 表达式返回的值发送到客户端。JSP 表达式的语法如下：

```
<%= Java 表达式 %>
```

<%= ... %>中的 Java 表达式，在由 JSP 页面生成的 Servlet 类中将被直接通过 print 方法发送到客户端。从本质上讲，<%= ... %>中的 Java 表达式就相当于 out.print(...)中 print 方法的参数。也就是说<%= new java.util.Random().nextInt(1000) %>就相当于在 Servlet 中输入如下的语句：

```
out.print(new java.util.Random().nextInt(1000));
```

因此，<%= ... %>中的 Java 表达式后面不能加分号（;）。读者也可以从 5.2.2 节给出的由 JSP 页面生成的 Servlet 源代码中看出这一点。所有在<%= ... %>中的 Java 表达式都被直接作为 print 方法的参数加入到了 Servlet 源代码中。

5.3.2　实现在 JSP 中嵌入 Java 代码

虽然 JSP 表达式也可以在 JSP 页面中嵌入 Java 代码，但所嵌入的 Java 代码只不过是 print 方法的一个参数，其实也就是一个值而已，这在很大程度上限制了 JSP 的灵活性。因此 JSP 又提供了另外一种可以在 JSP 页面中嵌入一切合法 Java 代码的方式，即将 Java 代码放在<% ... %>语法中，如下面的代码所示。

```
<!-- jspjava.jsp -->
<%@ page language="java"  pageEncoding="UTF-8"%>
<html>
    <head>
        <title>在 JSP 中嵌入 Java 代码</title>
    </head>
    <body>
        <!-- java 代码 -->
        <%
            // 定义一个 Random 对象
            java.util.Random rand = new java.util.Random();
            // 循环生成 10 个随机数，新输出到客户端
            for (int i = 0; i < 10; i++)
            {
                out.print(rand.nextInt(1000));  // 输出 1000 以内的随机整数
                out.print("<br>");
            }
        %>
    </body>
</html>
```

既然<% ... %>中的内容是合法的 Java 代码，那么这些 Java 代码必须满足 Java 的语法规则，如每条语句后面必须使用分号（;）作为结束标记。在 JSP 页面中嵌入 Java 代码应注意如下两点：

- 一个 JSP 页面中可以在任何位置使用<% ... %>插入 Java 代码，<% ... %>可以有任意多个。
- 每一个<% ... %>中的代码可以不完整，但是这个<% ... %>中的内容和 JSP 页面中的一个或多个<% ... %>中的内容组合起来必须完整。

在 JSP 代码中可以将一条 Java 语句分别写在多个<% ... %>中，JSP 引擎在将 JSP 页面翻译成 Servlet 源代码时，就会将夹在多个<% ... %>中间的静态部分放在相应的 Java 语句内部，作为这些 Java 语句的子语句，并通过 out.write 输出到客户端。下面是将一条 Java 语句分拆到多个<% ... %>的例子，代码如下：

```jsp
<!-- multisegment.jsp -->
<%@ page language="java" pageEncoding="UTF-8"%>
<html>
    <head>
        <title>在 JSP 中嵌入多段不完整的 Java 代码，但总体是完整的</title>
    </head>
    <body>
        <!-- 第 1 段 Java 代码  -->
        <%
            // 定义一个 Random 对象
            java.util.Random rand = new java.util.Random();
            for (int i = 0; i < 10; i++)
            {
                out.print(rand.nextInt(1000));// 输出一个 1000 以内的随机整数
        %>
        <br>
        <!-- 第 2 段 Java 代码，补齐上一段 Java 代码中 for 语句的"}"  -->
        <%
            }
        %>
        <!-- 第 3 段 Java 代码  -->
        <%
            int n = rand.nextInt(100);          // 获得一个 100 以内的随机整数
            if (n >= 0 && n <= 30)
            {
        %>
        small
        <!-- 第 4 段 Java 代码，补上一段 Java 代码中 if 语句的一部分  -->
        <%
            } else if (n > 30 && n <= 60)
            {
        %>
        middle
        <!-- 第 5 段 Java 代码，补齐第 3 段 Java 代码中 if 语句的一部分  -->
        <%
            } else
            {
        %>
        <!-- 第 6 段 Java 代码，补齐第 3 段 Java 代码中 if 语句  -->
        large
        <%
            }
        %>
    </body>
</html>
```

在上面的代码中，将两条 Java 语句（for 语句和 if 语句）分拆成了多条<% … %>语句，由上面的 JSP 页面生成的 Servlet 类的部分代码如下。从这些代码中可以看到，夹在<% … %>中间的静态部分都被作为相应 Java 语句的子语句了。

```java
java.util.Random rand = new java.util.Random();
for (int i = 0; i < 10; i++)
{
    out.print(rand.nextInt(1000));
    out.write("\r\n");
    out.write("\t\t<br>\r\n");          // JSP 的静态部分
    out.write("\t\t");
}
out.write("\r\n");
out.write("\t\t");
int n = rand.nextInt(100);
if (n >= 0 && n <= 30)
{
    out.write("\r\n");
    out.write("\t\tsmall\r\n");          // JSP 的静态部分
    out.write("\t\t");
}
else if (n > 30 && n <= 60)
{
    out.write("\r\n");
    out.write("\t\tmiddle\r\n");         // JSP 的静态部分
    out.write("\t\t");
}
else
{
    out.write("\r\n");
    out.write("\t\tlarge\r\n");          // JSP 的静态部分
    out.write("\t\t");
}
```

注意：在 JSP 代码中将一条完整的 Java 语句分成多个<% … %>时，建议使用{…}将属于这些语句的子语句括起来。这样做主要是因为虽然从 JSP 代码中看只是一条语句或是一个字符串，但 JSP 引擎在转换时可能会生成多条 Java 代码。如果不加{…}，所转换成的 Servlet 代码可能会出现逻辑或语法错误。如上面的 JSP 代码中的 if…else 语句，如果不加{…}，就会产生语法错误。

5.3.3　学习 JSP 声明

JSP 页面在被翻译成 Servlet 类时，将<%…%>中的所有的 Java 代码按原样插入到了_jspService 方法中，但如果在<%…%>中定义了方法或其他不能在 Java 方法中出现的 Java 语法元素，在翻译 JSP 页面时就会抛出异常。为此 JSP 规范提供了 JSP 声明（Declaration）来解决这个问题。

JSP 声明的内容放到<%! … %>内。所有放到<%! … %>中的内容都会被插入到_jspService 方法外，也就是说，JSP 声明中的内容将作为 Servlet 类的全局内容被插入到由 JSP 页面生成的 Servlet 类中。因此<%! … %>中的内容必须符合 Java 类的定义规则，如不能直接使用 System.out.println（"…"）。要将单独的语句放到 static{…}中。如 static{System.out.println（"…"）;}，如下面的代码所示。

```
<!-- declare.jsp -->
<%@ page language="java" pageEncoding="UTF-8"%>
<%!
    // 定义 Servlet 类的全局部分
    static
    {
        System.out.println("正在装载由 JSP 生成的 Servlet! ");
    }
    private int globalCount = 0;
    // 覆盖 jspinit 方法
    public void jspInit()
    {
        System.out.println("正在初始化 JSP! ");
    }
    // 覆盖 jspDestroy 方法
    public void jspDestroy()
    {
        System.out.println("JSP 已经被销毁!");
    }
%>
localCount:
<%
    int localCount = 0;
    out.print(++localCount);
%>
<br>
<!-- 输出 globalCount 自增后的值 -->
globalCount: <%=++globalCount%>
```

在用 IE 第一次访问 declare.jsp 后，JSP 引擎就会将 declare.jsp 页面翻译成 declare_jsp.java，代码如下：

```
public final class declare_jsp extends org.apache.jasper.runtime.
HttpJspBase
    implements org.apache.jasper.runtime.JspSourceDependent
{
    // <%! ... %>中的部分被插入到 static{ ... }语句中
    static
    {
        System.out.println("正在装载由 JSP 生成的 Servlet! ");
    }
    private int globalCount = 0;
    // 初始化 JSP 页面
    public void jspInit()
    {
        System.out.println("正在初始化 JSP! ");
    }
    // 销毁 JSP 页面
    public void jspDestroy()
    {
        System.out.println("JSP 已经被销毁!");
    }
    …
    public void _jspService(HttpServletRequest request,
HttpServletResponse response)
        throws java.io.IOException, ServletException
    {
    try
```

```
{
    …
    out.write("localCount: \r\n");
    int localCount = 0;
    out.print(++localCount);
    out.write(" \r\n");
    out.write("<br> \r\n");
    out.write("globalCount: ");
    out.print(++globalCount);
}
    …
}
```

在首次访问 declare.jsp 后，在 IE 窗口中显示的 globalCount 和 localCount 变量的值都为 1，而在 Tomcat 的命令行窗口中打印出了如下两行信息：

```
正在装载由 JSP 生成的 Servlet!
正在初始化 JSP!
```

当多次刷新浏览器时，globalCount 变量的值在每次刷新时都增 1，而 localCount 变量的值始终为 1。在 declare.jsp 页面中加一个空格或其他的字符，然后保存 declare.jsp 页面，这样 declare.jsp 页面的内容就被改变了。当再次访问 declare.jsp 后，JSP 引擎就会重新翻译 declare.jsp 页面，这时在 Tomcat 的命令行窗口中就会打印出如下 3 行信息：

```
JSP 已经被销毁!
正在装载由 JSP 生成的 Servlet!
正在初始化 JSP!
```

5.3.4　学习 JSP 表达式语言（EL）

JSP 表达式语言（Expression Language），简称 EL（在本书后面的部分都称 JSP 表达式语言为 EL）。EL 是 JSP 2.0 规范新增的用于简化 JSP 开发的一种技术。

虽然可以通过在 JSP 中嵌入 Java 代码来完成复杂的功能，但一般编写 JSP 页面的都是设计人员，而不是开发人员。对于这些设计人员来说，可能他们并不熟悉 Java 语言，那么如果要在 JSP 中嵌入 Java 代码，就会增加学习难度和开发周期，而 EL 恰恰弥补了 JSP 的这个不足。

在 EL 中提供了对 JSP 页面的相关数据的基本操作、关系和逻辑运算等。在 JSP 中使用 EL，可以在不写一行 Java 代码的情况下完成 JSP 页面的编码工作。由于嵌入 Java 代码的 JSP 页面难于维护，因此可维护性也是在 JSP 中使用 EL 的一个重要原因。

EL 的基本语法为"${表达式}"。由于 EL 只代表一个值（与<%= … %>中的内容类似），因此它不仅可以出现在 JSP 标准标签和定制标签的属性值中，而且也可以出现在 JSP 页面的模板文本（也就是 JSP 页面的静态内容区域）中。

使用 EL 可以很方便地访问和 JSP 页面相关的数据和 JavaBean 的属性，如要访问名为 key 的请求参数的 Java 代码如下：

```
<%= request.getParameter("key") %>
```

而与之对应的 EL 的代码如下：

```
${param.key}
```

访问 JavaBean 属性的 Java 代码如下：

```
<% MyBean myBean = (MyBean)pageContext.findAttribute("myBean"); %>
<%= myBean.getName() %>
```

与其相应的 EL 如下：

```
${myBean.name}
```

如果 name 属性返回了一个对象，这个对象包含 firstName 和 lastName 两个属性，那么在 Java 中使用这两个属性的代码如下：

```
<%= myBean.getName().getfirstName() %>
<%= myBean.getName().getlastName() %>
```

而使用 EL 访问这两个属性的代码如下：

```
${myBean.name.firstName}
${myBean.name.lastName}
```

下面是一个完整的使用 EL 表达式的例子，代码如下：

```
<!-- el.jsp -->
<%@ page language="java" pageEncoding="UTF-8"%>
<html>
    <head>
        <title>在 JSP 中使用 EL</title>
    </head>
    <body>
        <form method="post">
              key:
            <input type="text" name="key" />
            <p>
            value:
            <input type="text" name="value" />
            <p>
            <input type="submit" value="提交" />
            <p>
        </form>
          key: ${param.key}          <!-- 用 EL 获得请求参数 key 的值  -->
        <p>
        value:${param.value }          <!-- 用 EL 获得请求参数 value 的值  -->
        <!-- 建立一个 java.util.Date 类的对象实例，并以"t"作为 key 保存在
        request 中 -->
        <jsp:useBean id="t" class="java.util.Date" scope="request" />
        <p>
        自 1970 年 1 月 1 日 00:00:00 GMT 到现在的毫秒数：${t.time}
    </body>
</html>
```

在上面的代码中使用了<jsp:useBean>标签，这个标签将在后面的部分讲解，在这里只要知道这个标签的功能是根据 class 属性的值创建一个类的对象实例，而 id 属性的值就是这个对象变量。当 EL 返回的值为 null 时，输出空串（即不输出任何内容），而使用 Java 代码会输出 null 字符串。如上面的代码中将 ${param.key} 改为 <%= request.getParameter("key") %>后，在第一次访问 el.jsp 后，由于还没有提交，所以会输出 null，而使用 EL 后就会输出空串。

　　上面代码中的 EL 使用了 param 对象，这个 param 是 EL 的内置对象，用于获取请求参数的值。在 EL 中还提供了其他的对象，如 cookie 等，例如可以使用${cookie.name}获取名为 name 的 Cookie 的值，但通过 Cookie 名来获取 Cookie 的值在 Java 代码中是无法直接做到的（必须通过扫描 Cookie 集合的方式获取某个 Cookie 的值）。

　　如果 EL 表达式出错，并不会像 Java 代码一样抛出异常，而是向客户端输出一个描述错误的信息。如${5/0}会向客户端输出 Infinity 信息，表示分母为 0，会产生一个无穷大的数。如果使用<%= 5/0 %>，则会抛出 ArithmeticException 异常。

5.3.5　实例：利用 EL 函数替换 HTML 中的特殊字符

　　由于 EL 本身的功能十分有限，因此 JSP 规范允许在 EL 中调用 Java 类的静态方法来扩展 EL。Java 类的静态方法在 EL 中称为 EL 函数，调用 EL 函数的形式如下：

```
${fun:myfun(p1, p2, …,pn)}
```

　　其中 fun 表示 EL 函数的前缀（相当于包名），myfun 表示 EL 函数名（相当于 Java 类名和静态方法名的组合），p1,p2,...,pn 表示 EL 函数的参数。下面通过一个实例来演示如何编写 EL 函数，并在 EL 中调用这个函数。本例要实现的 EL 函数的功能是将一个字符串中的特殊字符（空格、"<"和">"）转换为网页可以显示的字符（" "、"<"和">"）。编写这个实例需要执行如下 3 步。

　　（1）建立 Java 类的静态方法，代码如下：

```java
package chapter5;
public class ELFun
{
    //  EL 函数
    public static String processStr(String s)
    {
        s = s.replaceAll("<", "&lt;");       //  将"<"替换成"&lt;
        s = s.replaceAll(">", "&gt;");       //  将">"替换成"&gt;
        s = s.replaceAll(" ", " ");     //  将空格替换成" 
        return s;
    }
}
```

　　（2）编写 TLD 文件。在 WEB-INF 目录中建立一个 tld 目录，然后在 tld 目录中建立一个 elfun.tld 文件，这个文件的内容如下：

```xml
<?xml version="1.0" encoding="UTF-8" ?>
<taglib xmlns="http://java.sun.com/xml/ns/javaee"
    xmlns:xsi="http://www.w3.org/2001/XMLSchema-instance"
    xsi:schemaLocation="http://java.sun.com/xml/ns/javaee/web-jsptaglibr
    ary_2_1.xsd"
    version="2.1">
    <tlib-version>1.0</tlib-version>
    <description>用于转换特殊字符</description>
    <uri>myelfun</uri>                           <!--  定义 URI  -->
    <function>
        <name>ps</name>                          <!--  定义 EL 函数名  -->
        <!--  指定 EL 函数所在的类  -->
        <function-class>chapter5.ELFun</function-class>
```

```
    <function-signature>
        <!--  指定 EL 函数名  -->
        java.lang.String processStr(java.lang.String)
    </function-signature>
    </function>
</taglib>
```

再修改 web.xml 文件，添加如下代码到该文件里：

```
<jsp-config>
    <taglib>
        <taglib-uri>/WEB-INF/tld/elfun.tld</taglib-uri>
        <taglib-location>/WEB-INF/tld/elfun.tld</taglib-location>
    </taglib>
</jsp-config>
```

（3）调用 EL 函数。在 chapter5 目录下建立一个 elfun.jsp 文件，该 JSP 文件的代码如下：

```
<%@ page language="java" pageEncoding="UTF-8"%>
<!-- 声明 tld 文件  -->
<%@ taglib uri="/WEB-INF/tld/elfun.tld" prefix="elfun" %>
<html>
    <head>
        <title>调用 EL 函数</title>
    </head>
    <body>
        <!--  通过 form 为 EL 函数比较一个字符串  ->
        <form method="post">
            请输入一个字符串：
            <input type="text" name="text" />
            <p>
            <input type="submit" value="提交" />
        </form>
        <p>
            直接输出文本框中的内容：
        <p>
            ${param.text}          <!--  输出请求参数 text 的值  -->
        <p>
            使用定制函数输出文本框中的内容：
        <p>
            <!--  调用 EL 函数来替换字符串中的特殊符号  -->
            ${elfun:ps(param.text)}
    </body>
</html>
```

在编写完上述代码后，在 IE 地址栏中输入如下的 URL：

```
http://localhost:8080/webdemo/chapter5/elfun.jsp
```

在页面中的文本框中输入如下的字符串：

```
<input type="text" name="text" />
```

单击“提交”按钮后，运行结果如图 5.10 所示。从图 5.10 所示的输出效果可以看出，如果直接输出文本框中的字符串，IE 就会将其解析为一个文本框标签，而使用 EL 函数 processStr 将其转换后，就会将文本框中的字符串按原样显示在页面上。在使用 EL 函数时，需要注意如下 5 点：

- EL 函数对应的 Java 类的方法必须是静态的。
- TLD 文件的扩展名必须为.tld。
- 除了使用 TLD 文件的路径引用 TLD 文件外，还可以使用在 TLD 文件中定义的 URI 引用 TLD 文件。如可以将上述的 TLD 文件的内容改为<%@ taglib uri="myelfun" prefix="elfun" %>，其中 myelfun 表示在 TLD 文件中定义的 URI，但为了避免和其他的 TLD 文件中定义的 EL 函数产生冲突，这个 URI 在向外发布时最好使用域名，如 http://www.sun.com/myelfun。

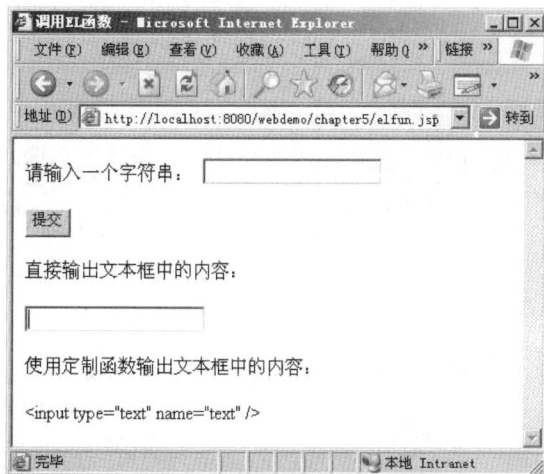

图 5.10　调用 EL 函数后的输出结果

- 如果使用路径引用 TLD 文件，TLD 文件可以放到 Web 工程中的任何目录下（包括 META-INF、classes、lib 等系统目录）。而如果用 TLD 文件中定义的 URI 来引用 TLD 文件时，这个 TLD 文件必须放到 WEB-INF 目录中或 WEB-INF 目录的子目录中（包括 lib 和 classes 目录）。
- 在使用路径引用 TLD 文件时，在修改调用 EL 函数的 JSP 页面后，无须重启 Tomcat，或重新发布 Web 工程即可生效。但如果使用 URI 引用 TLD 文件，在修改调用 EL 函数的 JSP 页面后，必须重启 Tomcat 或重新发布 Web 工程才能生效。

其实不管使用哪种方式来引用 TLD 文件，从本质上都是一样的。感兴趣的读者可以使用两种方式来引用 TLD 文件，并分别查看 JSP 生成的 Servlet 源码。不管使用哪种方式，都会得到类似下面的代码：

```
static {
  _jspx_dependants = new java.util.ArrayList(1);
  _jspx_dependants.add("/WEB-INF/tld/elfun.tld");
}
```

如果使用 URI 引用 TLD 文件，JSP 引擎会先在 WEB-INF 目录及其子目录中寻找所有的*.tld 文件，如果发现某个.tld 文件中的<uri>标签定义的 URI 和 taglib 中 uri 属性的值相等，就会记住这个.tld 路径，在生成 Servlet 的同时，就会将这个 TLD 文件的路径也加进来。

如果直接使用路径引用 TLD 文件，JSP 引擎就会直接将 TLD 文件的路径加入到 Servlet 源码中。这两种引用 TLD 文件的方法使用哪种都可以，但使用 URI 的方式更灵活，这是因为如果改变了 TLD 文件的位置，无须修改调用 EL 函数的 JSP 页面，只需要重启 Tomcat

或重新发布 Web 工程即可生效。

5.3.6　学习 JSP 页面中的注释

在学习 JSP 基本语法时，除了前面所介绍的各种基础语法外，还需要掌握注释语法。在 JSP 页面中有 3 种注释，分别是 JSP 注释、Java 注释和 HTML 注释。

1. JSP注释

这种注释的格式如下：

```
<%--  JSP注释  --%>
```

JSP 引擎在处理 JSP 页面时，会忽略 JSP 注释。也就是说，JSP 注释不会在由 JSP 生成的 Servlet 源代码中留下任何痕迹，这种注释只是为了使 JSP 代码更容易理解而存在。

2. Java注释

这种注释被应用于<% ... %>中的 Java 代码中。JSP 引擎将 Java 注释的 Java 代码一同插入到由 JSP 生成的 Servlet 源代码中。这种注释的格式如下：

```
<%
    /*  Java注释1  */
    //  Java注释2
%>
```

3. HTML注释

这种注释的格式如下：

```
<!--  HTML注释  -->
```

JSP 引擎在处理这类注释时，将它们和 JSP 页面的其他静态内容一起使用 write 方法输出到客户端。也就是说，HTML 注释将被当成 JSP 页面中的静态内容处理。

5.4　学习 JSP 指令

JSP 指令是 JSP 程序的控制部分。如果将 JSP 指令和由 JSP 页面生成的 Servlet 类源代码相对照，相当于 Servlet 类中的引用部分（如 import 语句），以及一些设置方法的调用，如 setContentType 方法等。此外通过 JSP 指令还可以实现包含其他的 Web 资源。

5.4.1　了解 JSP 指令

在 JSP 规范中还定义了一种 JSP 元素：JSP 指令（Directive）。JSP 指令也会被 JSP 引擎翻译成 Java 代码，但这些由 JSP 指令转换而来的 Java 代码并不会向客户端输出任何消息正文，而只是设置 Servlet 引擎如何处理 JSP 页面（如设置 JSP 页面的编码格式）；或是向 Servlet 源代码中添加一些其他 JSP 元素无法生成的 Java 代码（如 import、extends 等）。JSP 指令的语法格式如下：

```
<%@ 指令 属性名="值" %>
```

在 JSP 2.0 规范中提供了 3 种指令，分别是 page、include 和 taglib（这个指令将在后面的部分介绍）。每种指令都定义了若干属性。根据具体的需求，每个指令可以选择只使用一个属性，也可以选择使用多个属性的组合。如下面两条 page 指令分别设置了 contentType 和 pageEncoding 属性。

```
<%@ page  contentType="text/html"  %>
<%@ page  pageEncoding="UTF-8"  %>
```

上面的两条指令也可以写成一条 page 指令，如下面代码所示。

```
<%@ page  contentType="text/html"  pageEncoding="UTF-8"  %>
```

在使用 JSP 指令时应注意，JSP 指令和属性名都是对大小写敏感的。JSP 指令的所有字母都要小写，而属性名要符合 Java 的命名规则（第 1 个单词的所有字母小写；第 2 个及后面所有单词的首字母大写，其余的字母则小写）。

在 MyEclipse 中可以很方便地列出这 3 种指令及它们各自的所有属性名（如果某个属性有默认值，也会同时列出）。因此在 MyEclipse 中使用 JSP 指令并不需要记忆 JSP 指令的属性名，而只需要了解它们的功能即可。在 MyEclipse 中打开一个 JSP 文件，先输入"<%@"，并将光标放到"@"后面，按下 Content Assist 快捷键（默认为"Alt+/"键组合），就会列出上述的 3 种指令，如图 5.11 所示。

将光标放到 page 后面的空白处（不要放到属性名或属性值上），按下 Content Assist 快捷键，会列出当前 JSP 指令未被使用的属性（如果某个属性已经被当前 JSP 指令使用，就不会再列出了）。如图 5.12 列出了 JSP 指令中除了 contentType 和 pageEncoding 属性以外的所有属性名及其默认值。

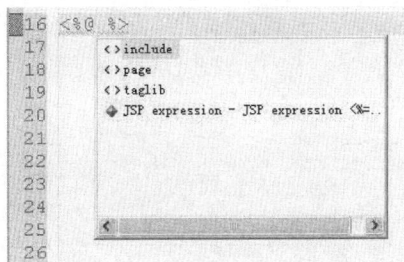

图 5.11　自动列出 JSP 指令　　　　图 5.12　列出 JSP 指令的属性及其默认值

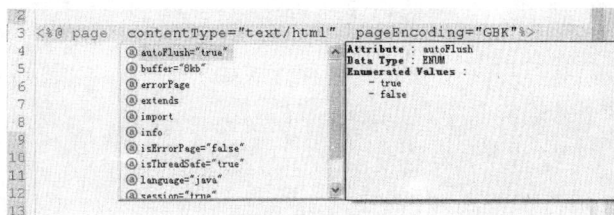

5.4.2　JSP 指令 page

page 指令用于设置 JSP 页面的全局属性。大多数的 JSP 页面中都含有 page 指令。通常应将 page 指令放到 JSP 页面的起始位置。page 指令在 JSP2.0 规范中的定义如下：

```
<%@ page
    [ language="java" ] [ extends="package.class" ]
    [ import="{package.class | package.*} , ... " ]
```

```
[ session="true|false" ]
[ buffer="none|  8kb|sizekb" ] [ autoFlush="true|false" ]
[ isThreadSafe="true|false" ] [ info="text" ]
[ errorPage="relativeURL" ] [ isErrorPage="true|  false" ]
[ contentType="{mimeType [ ; charset=characterSet ] | text/html ; c
harset=ISO-8859-1}" ]
[ pageEncoding="{characterSet | ISO-8859-1}" ]
[ isELIgnored="true |  false" ]
%>
```

上面定义中的每对方括号（[]）分别表示 page 指令的一个属性。属性值中用竖杠（|）分隔的不同部分为该属性可以设置的值，如 session 属性可以设置为 true 或 false。在这些属性中，import 属性是唯一允许出现多次的属性。下面是对 page 指令所有属性的详细描述。

1．language属性

language 属性用来设置 JSP 页面所使用的开发语言（就是<% ... %>中所使用的语言）。由于目前 JSP 只支持 Java，因此 language 属性的值只能为 Java，而且这个值也是 language 属性的默认值。这个属性也可以不设置。

2．extends属性

extends 属性设置了由 JSP 页面生成的 Servlet 类所继承的父类。一般不需要设置这个属性。如果在某些特殊情况下非要设置这个属性，应该注意设置后可能会对 JSP 页面造成的影响。

3．import属性

import 属性指定在 JSP 页面被翻译成 Servlet 源代码后要导入的包或类，也就是翻译成 Java 中的 import 语句。在 page 指令中可以有多个 import 属性，如下面的 page 指令所示。

```
<%@ page  import="java.util.*"  import ="java.io.*"  import =
"java.util.Random" %>
```

上面的 page 指令将被翻译成如下的 Java 代码：

```
import java.util.*;
import java.io.*;
import java.util.Random;
```

在 page 指令中不仅可以有多个 import 属性，还可以在一个 import 属性中使用逗号（,）分割不同的包或类。如上面的 page 指令也可以写成如下的形式：

```
<%@ page  import="java.util.*, java.io.*, java.util.Random" %>
```

4．session属性

session 属性用于指定在 JSP 页面中是否创建内置 session 对象。session 属性的默认值为 true。也就是说，JSP 页面在默认的情况下会自动创建 HttpSession 对象。

在 JSP 页面被翻译成 Servlet 类时，JSP 引擎会自动在 Servlet 类中添加相应的语句创建一个 HttpSession 对象。下面是 Servlet 类中创建 HttpSession 对象的代码片段。

```
HttpSession session = null;
//  在 JSP 中使用的 session 就是这个 HttpSession 对象
pageContext = _jspxFactory.getPageContext(this, request, response, null,
true, 8192, true);
session = pageContext.getSession();  //  创建一个 HttpSession 对象
```

注意：在 Servlet 中除了需要建立 HttpSession 对象的代码外，getPageContext 方法的第 5
个参数的值必须为 true（如上面代码的第 2 行所示），这个参数会通知 Servlet
引擎是否需要一个 HttpSession 对象。

如果将 session 属性设为 false，那么上面代码的第 1 行和第 3 行就不会在 Servlet 类中
存在。而且 getPageContext 方法的第 5 个参数的值被设为 false，因此在 JSP 页面中也就不
能使用 session 了。

当 session 属性设为 false 后，即使在 JSP 页面中使用 getSession 方法也只能获得一个
空的 HttpSession 对象，如下面的 JSP 代码所示。

```
<%@ page  session="false"  contentType="text/html"  %>
<%
HttpSession newSession = pageContext.getSession();//  newSession 为 null
System.out.println(newSession);                 //  在控制台中输出 null
%>
```

注意：如果当某个客户端访问一个 JSP 页面时，而这个 JSP 页面又不需要对这个客户端
进行跟踪，那么这个 JSP 页面就会白白为这个客户端创建一个 HttpSession 对象。
当这样的情况非常多时，服务器就会存在大量无用的 HttpSession 对象。因此，
如果某个 JSP 页面不需要对客户端进行跟踪时，最好将 session 属性的值设为
false，以避免过多地创建 HttpSession 对象。

5. buffer属性

buffer 属性用于设置 JSP 的内置对象 out 的缓冲区大小，默认值是 8KB。如果将 buffer
设为 none，out 对象则不使用缓冲区。还可以通过这个属性来自定义 out 对象的缓冲区大
小，但单位必须是 KB。也就是说，buffer 属性的值的最后两个字母必须是 KB，而且必须
是非负整数，如 16KB、20KB 等。将 buffer 属性的值设为 0KB 的效果和设为 none 是一样的。

实际上，在 JSP 页面被翻译成 Servlet 时，JSP 引擎会自动将 buffer 属性的值翻译成
getPageContext 方法的第 6 个参数的值，如下面代码所示。

```
pageContext = _jspxFactory.getPageContext(this, request, response,
null, true, 8192, true);
```

6. autoFlush属性

autoFlush 属性用于设置当内置对象 out 的缓冲区已满时，是将缓冲区中的内容刷新到
客户端（autoFlush 的属性值为 true），还是抛出缓冲区溢出的异常（autoFlush 的属性值为
false），该属性的默认值是 true。如果 buffer 属性的值为 none 或 0KB，autoFlush 属性的值

不能为 false。因为将 buffer 属性的值设为 none 或 0KB，表明未使用缓冲区，也就相当于缓冲区永远是满的。这时将 autoFlush 属性值设为 false，JSP 引擎将无法成功翻译 JSP 页面，也就是说，会产生一个内部错误。

autoFlush 属性的值实际上就是 getPageContext 方法的最后一个参数值，如下面的代码所示。

```
pageContext = _jspxFactory.getPageContext(this, request, response,
null, true, 8192, true);
```

7. isThreadSafe属性

isThreadSafe 属性用于设置 JSP 页面是否是线程安全的，默认值为 true。当 isThreadSafe 属性值为 true 时，说明当前的 JSP 页面在设计时没有考虑线程方面的问题（如全局共享的资源同步等问题），需要 Servlet 引擎再来考虑这些问题了。当 isThreadSafe 属性为 false 时，JSP 引擎将 JSP 页面翻译成实现 SingleThreadModel 接口的 Servlet 类，不需要再考虑线程安全问题。

8. info属性

info 属性用于定义一个用于描述当前 JSP 页面的字符串信息。在由 JSP 页面生成的 Servlet 中，info 属性值被翻译成 getServletInfo 方法的返回值，如下面的 JSP 代码所示。

```
<%@ page info ="输出 info 属性的值" contentType="text/html"
pageEncoding="UTF-8"%>
<%-- 输出 info 属性的值 --%>
info 属性的值: <%= getServletInfo() %>
```

在 IE 中输入 http://localhost:8080/webdemo/chapter5/info.jsp 后，由 info.jsp 生成的 Servlet 类的代码片段如下：

```
…
public final class info_jsp extends org.apache.jasper.runtime.HttpJspBase
    implements org.apache.jasper.runtime.JspSourceDependent
{
    // 将 info 属性的值转换成了 getServletInfo 方法的返回值
    public String getServletInfo()
    {
        return "输出 info 属性的值";
    }
    …
    public void _jspService(HttpServletRequest request,
    HttpServletResponse response)
        throws java.io.IOException, ServletException
{
    …
    out.write("info 属性的值: ");
    out.print( getServletInfo() );
```

```
    ...
}
```

从上面的代码片段中可以看到，如果设置了 info 属性，JSP 页面在被翻译成 Servlet 类时就会在 Servlet 类中加入一个 getServletInfo 方法，将 info 属性的值作为 getServletInfo 方法的返回值。

9．errorPage属性

errorPage 属性用于设置如何处理 JSP 页面抛出的异常。如果 JSP 页面抛出了未被捕获的异常，就会自动跳转到 errorPage 属性所指定的页面。errorPage 属性的值必须是相对路径。如果以 "/" 开头，表示相对于当前 Web 应用程序的根目录，否则，表示相对于当前 JSP 页面所在的目录。errorPage 属性实际上对应了 getPageContext 方法的第 4 个参数的值，如下面代码所示。

```
pageContext = _jspxFactory.getPageContext(this, request, response,
"error.jsp", true, 1024, true);
```

⚠注意：errorPage 属性的值可以是 JSP 页面，也可以是静态的 Web 资源（如 html、图像文件等）。

10．isErrorPage属性

isErrorPage 属性用来指定当前 JSP 页面是否可用于处理其他 JSP 页面未捕获的异常，默认值为 false。errorPage 属性所指的异常处理页面必须将 isErrorPage 属性设为 true。否则，无法在异常处理页中引用内置对象 exception。因此 exception 对象只有在 isErrorPage 属性设为 true 时才存在。下面的例子演示了如何在 JSP 页面中处理异常。先建立一个 testError.jsp 文件，在这个 JSP 程序中将抛出一个异常，代码如下：

```
<!-- testError.jsp -->
<%@ page errorPage="error.jsp" contentType=" text/html"
pageEncoding="UTF-8"%>
<%
    java.util.Random rand = null;
    out.println(rand.nextInt());    // 抛出一个 NullPointerException 异常
%>
```

下面的 error.jsp 页面负责处理由 testError.jsp 抛出的异常，代码如下：

```
<!-- error.jsp -->
<%@ page isErrorPage="true" contentType=" text/html"
pageEncoding="UTF-8"%>
<%
    out.println("错误跟踪信息：<br>");
    // 当 isErrorPage 的值为 false 时，无法使用 exception 对象
    exception.printStackTrace(new java.io.PrintWriter(out));
%>
```

在 IE 中输入如下的 URL：

```
http://localhost:8080/webdemo/chapter5/testError.jsp
```

在 IE 中显示的输出结果如图 5.13 所示。

除了通过 errorPage 属性指定异常处理页外，还可以在 web.xml 中指定全局的异常处理页。有如下两种方法可以指定全局异常处理页。首先是通过异常类型指定全局处理页，在 web.xml 的<web-app>标签中加入如下的子标签。

```
<error-page>
    <!-- 指定截获的异常类 -->
    <exception-type>java.lang.NullPointerException</exception-type>
    <!-- 指定处理异常的 JSP 页面 -->
    <location>/chapter5/error.jsp</location>
</error-page>
```

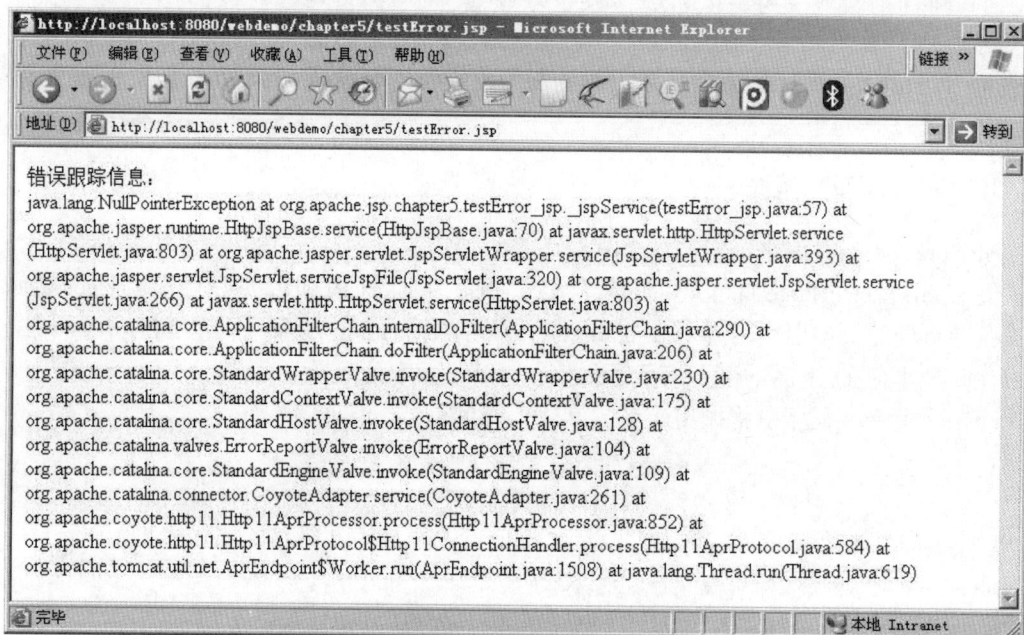

图 5.13　处理抛出的异常

再者可以通过错误代码指定全局处理页，在 web.xml 的<web-app>标签中加入如下的子标签。

```
<error-page>
    <!-- 指定要截获的错误代码 -->
    <error-code>404</error-code>
    <!-- 指定处理异常的 JSP 页面 -->
    <location>/404.jsp</location>
</error-page>
```

其中，<location>标签的值必须以 "/" 开头，表示相对于 Web 应用程序的根目录。

🔔注意：这两种方法不能一起使用，也就是<error-code>和<exception-type>不能同时出现在一个<error-page>标签中。尤其第 2 种方法非常有用。如网站的某些资源被删除后，就会发生 404 错误（表示资源未找到），如果这时使用了第 2 种方法，就会为用户显示更友好的错误信息。

11. contentType属性

contentType 属性用于设置响应正文的 MIME 类型和 JSP 页面中文本内容的字符集编码（也表示发送给客户端的响应正文的字符集编码）。这个属性值实际上就是 Content-Type 响应头字段的值。contentType 属性的默认 MIME 类型是 text/html，默认字符集是 ISO-8859-1。对于中文来说，可以将 contentType 属性设为如下两个值中的任何一个。

```
<!-- 设置编码格式为 UTF-8，以支持中文 -->
<%@ page errorPage="error.jsp" contentType=" text/html; charset=UTF-8"%>
<!-- 设置编码格式为 GBK，以支持中文 -->
<%@ page errorPage="error.jsp" contentType=" text/html; charset=GBK"%>
```

12. pageEncoding属性

pageEncoding 属性用于指定 JSP 页面中文本内容的字符集编码格式。如果指定了 pageEncoding 属性，contentType 属性中的 charset 就不再具有指定 JSP 页面中文本内容的字符集编码的作用了。如果 contentType 属性中未指定字符集编码格式（也就是没有 charset），则 pageEncoding 属性同时还具有设置 Content-Type 响应头字段的值中的字符集编码的作用（相当于设置了 contentType 属性的 charset）。

13. isELIgnored属性

isELIgnored 属性用于设置 JSP 页面是否支持 EL。如果 Web 应用程序使用了 Servlet 2.3 或更低的版本，isELIgnored 属性的默认值为 true（表示 JSP 页面在默认情况下不支持 EL），如果遵循 Servlet 2.4 或更高版本，isELIgnored 属性的默认值为 false（表示 JSP 页面在默认情况下支持 EL）。

5.4.3　JSP 指令 include

include 指令用于将其他的文件（包括 JSP 文件和其他的静态文件，如 HTML 文件等）静态地加入到当前的 JSP 页面中。include 指令的语法格式如下：

```
<%@ include file="relativeURL" %>
```

include 指令只有一个 file 属性。这个属性的值是一个相对路径，如果以 "/" 开头，则相对于 Web 应用程序的根目录，否则相对于当前 JSP 文件所在的目录。在使用 include 指令时应注意以下几点：

- ❑ 被引入的文件可以是任何扩展名。JSP 引擎会按照处理 JSP 页面的方式处理被引入的文件。
- ❑ include 指令是静态引入文件的，也就是说，被引入文件内容将作为使用 include 指令的 JSP 页面所生成的 Servlet 源代码的一部分而存在。在这一过程中，如果被引入的文件是 JSP 程序，并不会生成相应的 Servlet。而是由 JSP 引擎翻译被引入的文件时，直接将翻译后的内容（Servlet 源代码）放到了由使用 include 指令的 JSP 页面生成的 Servlet 源代码中。

❏ 在 page 指令中除了 import 和 pageEncoding 属性外，其他的属性不能在当前的 JSP 程序和被引入的 JSP 页面中设为一样的值，否则 JSP 引擎在翻译 JSP 页面时将会抛出 JasperException 异常。

❏ 如果在当前的 JSP 页面中未通过 page 指令的 contentType 属性设置字符集编码，则在被引入的 JSP 程序中通过 page 指令设置的 pageEncoding 属性值将作为当前 JSP 页面内容的编码格式（与在当前 JSP 页面中使用 page 指令设置 pageEncoding 属性的效果是一样的）。

下面的例子演示了 include 指令的用法。在 chapter5 目录中建立一个 testInclude.jsp 文件，这个文件将包含一个 included.myjsp 文件，testInclude.jsp 文件的代码如下：

```
<%@ page pageEncoding="UTF-8" %>
<!-- 包含文件 -->
<%@include file="included.myjsp" %>
小于10000的随机数：<%= new java.util.Random().nextInt(10000) %>
```

下面来编写 included.myjsp 页面，代码如下：

```
<%@ page import = "java.util.*" contentType="text/html; charset=UTF-8"%>
included.myjsp中的内容<br>
```

🖮注意：included.myjsp 文件要以 UTF-8 编码格式保存。

在 IE 中输入如下 URL：

```
http://localhost:8080/webdemo/chapter5/testInclude.jsp
```

在 IE 中显示的结果如图 5.14 所示。

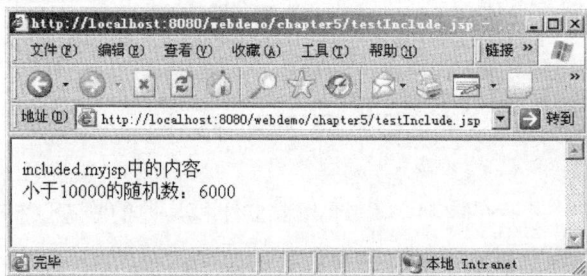

图 5.14　程序运行结果图

在被引用的 JSP 页面中如果含有中文字符，必须在被引用的 JSP 页面中使用 page 指令的 contentType 属性或 pageEncoding 属性，指定 JSP 页面的字符集编码，如 included.myjsp 页面所示。而在使用 include 指令的 JSP 页面中，如果设置的页面字符集编码并不能代表被引用文件的字符集编码，如将 included.myjsp 页面中的 contentType="text/html; charset=UTF-8"去掉，在 included.myjsp 页面中的所有中文在客户端浏览器中就会显示成乱码。

5.5　学习 JSP 内置对象

在 JSP 程序中也需要实现一些常见功能，如向客户端输出消息、处理请求消息和响应消息、获得请求参数、读取配置文件中的信息。这些功能如果在 Servlet 中实现是非常简单的，如获得请求参数只需要使用 HttpServletRequest 类的相应方法即可。但在 JSP 页面中，这些功能都是由 JSP 的内置对象来完成的。从本质上讲，这些内置的对象等同于 Servlet 中相应的对象。

5.5.1　内置对象 out

out 对象是 JSP 中最常用的内置对象。这个对象用于向客户端输出文本形式的数据。out 对象实际上是一个 JSPWriter 对象，由 pageContext 对象的 getOut 方法获取。JSPWriter 对象和 ServletResponse.getWriter 方法返回的 PrintWriter 对象类似，也有自己的缓冲区。在使用 out 对象向客户端输出数据时，系统首先会将这些数据放到 out 对象的缓冲区中（如果使用缓冲区的话），直到缓冲区被装满或整个 JSP 页面结束，这时缓冲区中的内容就会被写到由 Servlet 引擎提供的缓冲区中，最后系统将 Servlet 引擎中的数据输出到客户端。

从上面的描述可以看出，通过 out 对象向客户端输出数据一般需要经过两个缓冲区（JSPWriter 对象提供的缓冲区和 Servlet 引擎提供的缓冲区）。因此，在 JSP 页面中同时使用 out 对象和 PrintWriter 对象时要注意它们的输出顺序。下面给出一个例子来演示 PrintWriter 和 JSPWriter 对象的输出结果。在 chapter5 目录中建立一个 testBuffer.jsp 文件，代码如下：

```
<!-- 将 JSP 的缓冲区设为 1kb  -->
<%@  page  buffer="1kb"    import="java.io.*"    contentType="text/html"
pageEncoding="UTF-8"%>
<%
    out.clear();                          // 清除 out 对象缓冲区中的内容
    // 根据请求参数 count 的值生成 "1"，以使其占满缓冲区
    int count = Integer.parseInt(request.getParameter("count"));
    for (int i = 0; i < count; i++)
    {
        out.write("1");                   // 通过 JspWriter 对象将数据输出到客户端
    }
    // 通过 PrintWriter 对象将数据输出到客户端
    PrintWriter servletOut = pageContext.getResponse().getWriter();
    servletOut.write("使用 PrintWriter 对象输出数据！");
%>
```

在 IE 地址栏中输入如下的 URL：

```
http://localhost:8080/webdemo/chapter5/testBuffer.jsp?count=1000
```

在 IE 中的输出结果如图 5.15 所示。

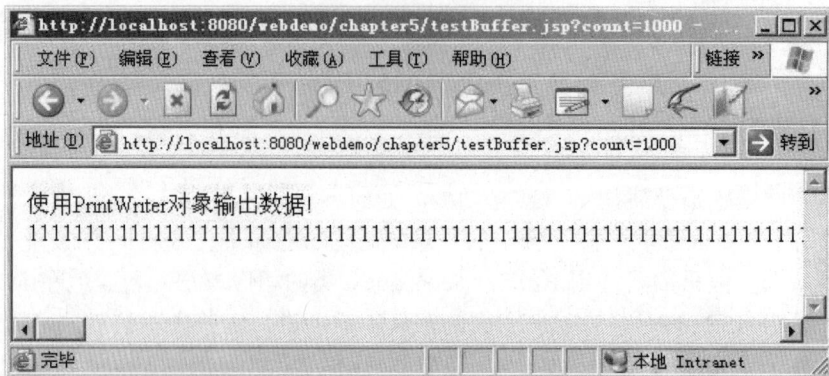

图 5.15　缓冲区未满时的输出结果

在 IE 地址栏中再次输入如下的 URL：

http://localhost:8080/webdemo/chapter5/testBuffer.jsp?count=1026

在 IE 中的输出结果如图 5.16 所示。

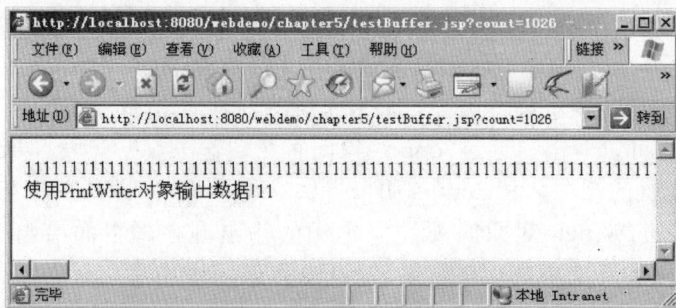

图 5.16　缓冲区已满时的输出结果

从图 5.15 所示的输出结果可以看出，虽然在 testBuffer.jsp 页面的最后使用了 PrintWriter 对象，但是使用 PrintWriter 对象向客户端输出的数据却跑到了最前面。这是因为使用 JSPWriter 对象输出数据时，首先会将数据放到 JSPWriter 对象缓冲区中，直到 JSPWriter 对象缓冲区被装满后，再将 JSPWriter 对象缓冲区中的数据写入 Servlet 引擎提供的缓冲区。而 PrintWriter 对象在写数据时是直接将数据写到 Servlet 引擎提供的缓冲区中。

从上面的描述可以清楚地知道产生图 5.15 的输出结果的原因了。由于只使用 JSPWriter 对象向客户端输出了 1000 个（URL 的参数：count = 1000）字符（字符"1"），还没有将 JSPWriter 对象的缓冲区填满。这时如果使用 PrintWriter 对象写数据，就会先将 PrintWriter 对象要写的数据放到 Servlet 引擎提供的缓冲区的前面，而当整个 testBuffer.jsp 页面结束后，会将 JSPWriter 对象缓冲区中的剩余数据写入 Servlet 引擎提供的缓冲区中。这样，那 1000 个"1"就会跑到"使用 PrintWriter 对象输出数据！"后面。因此，PrintWriter 对象输出的数据会最先输出到客户端。

如果将请求参数 count 的值增加到 1026（如图 5.16 所示）后，当输出到第 1024 个"1"时，JSPWriter 缓冲区已满，因此，会将这 1024 个"1"放到 Servlet 引擎提供的缓冲区的最前面，而剩下那两个"1"会在 JSPWriter 缓冲区被清空后，再次保存在里面。而"使用

PrintWriter 对象输出数据!"字符串会放到 1024 个"1"后面，但却在另外两个"1"的前面，因此，才会出现如图 5.16 所示的输出结果。

💬注意：要想产生上面的运行结果，需要在 testBuffer.jsp 页面中使用 out.clear 方法将 JSPWriter 缓冲区的内容先清除。这是因为在<%…%>前面可能会有一些字符，如空格、"\r"、"\n"等。如果是这样，在使用 JSPWriter 对象输出字符"1"的时候，JSPWriter 对象的缓冲区就不为空了，那么 count 参数也就不会是在 1024 的值时开始处理 JSPWriter 对象的缓冲区（会比 1024 小）。因此，为了使 count 参数正好在 1024 时处理 JSPWriter 对象的缓冲区，需要提前使用 clear 方法清除 JSPWriter 对象的缓冲区。

5.5.2　内置对象 pageContext

pageContext 对象是 javax.servlet.jsp.PageContext 类的对象实例。pageContext 对象封装了 JSP 页面的运行信息。可以通过这个对象的 getXxx 方法来获得其他 8 个 JSP 内置对象。这 8 个 getXxx 方法的定义如下：

```
abstract public Exception getException();        //  返回 exception 内置对象
abstract public Object getPage();                //  返回 page 内置对象
abstract public ServletRequest getRequest();     //  返回 request 内置对象
abstract public ServletResponse getResponse();   //  返回 response 内置对象
//  返回 config 内置对象
abstract public ServletConfig getServletConfig();
//  返回 application 内置对象
abstract public ServletContext getServletContext();
abstract public HttpSession getSession();        //  返回 session 内置对象
abstract public JspWriter getOut();              //  返回 out 内置对象
```

由于 pageContext 对象可以获得其他 8 个内置对象，因此，当 JSP 页面调用普通的 Java 类时，可以只将 pageContext 对象作为参数传入相应的方法，这样，在方法中就可以通过 pageContext 对象获取和操作其他的 JSP 内置对象了。

在 PageContext 类中引入了一个 include 方法来简化和替代 RequestDispatcher.include 方法。PageContext 类的 include 方法有两种重载形式，它们的定义如下：

```
abstract public void include(String relativeUrlPath) throws
ServletException, IOException;
abstract public void include(String relativeUrlPath, boolean flush) throws
ServletException, IOException;
```

在调用第 1 个 include 方法之前会先将 out 对象缓冲区中的数据刷新，而第 2 个 include 方法提供了一个 flush 参数，来控制在调用 include 方法之前是否刷新 out 对象缓冲区。include 方法的 relativeUrlPath 参数必须是相对路径，如果以"/"开头，表示相对于当前 Web 应用程序的根目录。

PageContext 类还提供了一个 forward 方法来简化和替代 RequestDispatcher.forward 方法的调用。PageContext 类的 forward 方法的定义如下：

```
abstract public void forward(String relativeUrlPath) throws
ServletException, IOException;
```

forward 方法的 relativeUrlPath 参数必须是相对路径，如果以 "/" 开头，表示相对于当前 Web 应用程序的根目录。

5.5.3　其他内置对象

在 JSP 中包含 9 个对象，除了 5.5.1 节和 5.5.2 节中的两个重要对象之外，还包含有其他一些内置对象，分别为 request、response、session、page、exception、config 和 appliaction 对象。

1．request、response和session对象

这 3 个对象分别由 PageContext 类的 getRequest、getResponse 和 getSession 方法返回。它们的使用方法与 Servlet 的相应对象完全一样，请读者详见 4.3 节、4.4 节和 4.6 节的内容。

2．page对象

page 对象表示当前 JSP 页面所对应的 Servlet 类的对象实例。可以使用如下 JSP 代码输出由当前 JSP 页面翻译生成的 Servlet 的类名。

```
<!-- testPage.jsp -->
<%
    // 输出 Servlet 的类名
    out.println(page.getClass().getName());
%>
```

在 IE 地址栏中输入如下的 URL：

```
http://localhost:8080/webdemo/chapter5/testPage.jsp
```

在 IE 中将会输出如下的字符串：

```
org.apache.jsp.chapter5.testPage_jsp
```

3．exception对象

只有 page 指令的 isErrorPage 属性值为 true 时，才会创建 exception 对象。通过这个对象可以获得异常的相关信息。

4．config对象

从 config 对象中可以获得 web.xml 文件中与当前 JSP 页面相关的配置信息，如初始化参数和 Servlet 名等。config 对象由 PageContext 类的 getServletConfig 方法返回。下面的代码演示了如何使用 config 对象。

```
<!-- testConfig.jsp -->
<%@ page contentType="text/html; charset=UTF-8"%>
Servlet 名:
<!-- 输出 Servlet 类名 -->
<%=config.getServletName()%>
<br>
```

初始化参数值:

```
<!--  输出初始化参数值  -->
<%=config.getInitParameter("jsparg")%>
```

在 web.xml 文件的<web-app>标签中加入如下的子标签:

```
<servlet>
    <servlet-name>testConfigServletName</servlet-name>
    <jsp-file>/chapter5/testConfig.jsp</jsp-file>
    <!--  设置初始化参数  -->
    <init-param>
        <!--  初始化参数名  -->
        <param-name>jsparg</param-name>
        <!--  初始化参数值  -->
        <param-value>jspargvalue</param-value>
    </init-param>
</servlet>
<servlet-mapping>
    <servlet-name>testConfigServletName</servlet-name>
    <url-pattern>/chapter5/testConfig.jsp</url-pattern>
</servlet-mapping>
```

在 IE 地址栏中输入如下的 URL:

```
http://localhost:8080/webdemo/chapter5/testConfig.jsp
```

在 IE 中会输出如图 5.17 所示的结果。

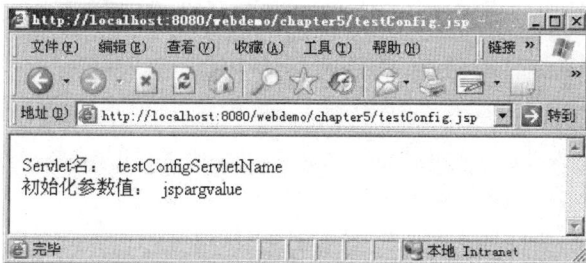

图 5.17　输出初始化参数的值

5．application对象

application 对象用于获得和当前 Web 应用程序相关的信息。这个对象由 PageContext 类的 getServletContext 方法返回。application 对象可用于获得全局的初始化参数、某个 Web 资源的绝对路径、Servlet 引擎的版本号等信息,也可以用于保存和获得全局的对象(使用 setAttribute 方法和 getAttribute 方法)。testApplication.jsp 页面演示了 application 对象的使用方法,代码如下:

```
<%@ page contentType="text/html; charset=UTF-8"%>
全局初始化参数值:
<!--  获取初始化参数 globalArg 的值  -->
<%= application.getInitParameter("globalArg") %>
```

```
<br>
testApplication.jsp 的绝对路径:
<!-- 获取路径 -->
<%= application.getRealPath("testApplicaiton.jsp") %>
<br>
Servlet 的版本号:
<!-- 获取 Servlet 版本号 -->
<%= application.getMajorVersion() + "." + application.getMinorVersion() %>
<br>
Web 工程路径:
<!-- 获取应用路径 -->
<%= application.getContextPath() %>
```

在 web.xml 的<web-app>节点中加入如下的子节点:

```
<!-- 设置全局初始化参数 globalArg -->
<context-param>
    <param-name>globalArg</param-name>
    <param-value>globalValue</param-value>
</context-param>
```

在 IE 地址栏中输入如下的 URL:

```
http://localhost:8080/webdemo/chapter5/testApplication.jsp
```

在 IE 中的输出结果如图 5.18 所示。

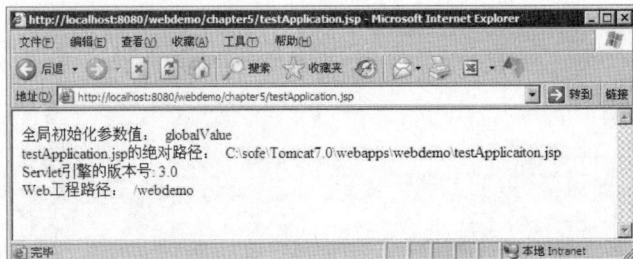

图 5.18　application 对象输出的信息

5.6　学习 JSP 标签

在 JSP 页面中嵌入动态内容最直接的方法, 就是使用<% ... %>在 JSP 页面中写 Java 代码。但将 Java 代码和 JSP 页面的静态部分(如 HTML、JavaScript 等) 混合在一起, 网页设计人员和程序员开发人员就要操作同一个文件, 这样并不利于团队开发, 也不利于程序的维护和升级。因此, 在 JSP 规范中定义了一些标准的标签, 这些标签也被称为标准动作 (Standard Actions)。这些标签使用了 XML 格式进行描述。它们都以 jsp 开头, 如 <jsp:include> 和 <jsp:forward>和<jsp:useBean>等。在 MyEclipse 中打开一个.jsp 文件, 输入一个 "<", 就会自动列出当前 JSP 版本所支持的所有 JSP 标签, 如图 5.19 所示。

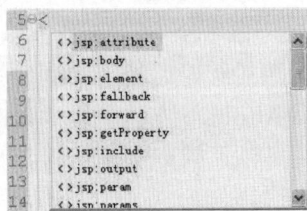

图 5.19　JSP 标签列表

要下载 JSP 的最新规范，请访问如下的 URL：

```
http://java.sun.com/products/jsp/reference/api/index.html
```

读者可以通过 JSP 的最新规范更深入地了解 JSP 标签，以及后面要讲解的 JSTL 等相关信息。

5.6.1　包含标签\<jsp:include\>

\<jsp:include\>标签用于将另一个静态或动态资源插入到当前的 JSP 页面中。插入的过程是动态的，也就是说，只有当 JSP 页面运行到了\<jsp:include\>指令时才执行插入动作。\<jsp:include\>标签的语法格式如下所示。

语法格式 1：

```
<jsp:include page="relativeURL" flush="true|false"/>
```

语法格式 2：

```
<jsp:include page= "relativeURL" flush="true|false">
{ <jsp:param ... /> }*
</jsp:include>
```

其中 page 属性表示一个相对于当前页的相对路径。flush 属性表示在插入资源之前是否清空 out 缓冲区，默认值是 false。第 2 种语法格式可以向 relativeURL 所指的 Web 资源传递参数，关于\<jsp:param\>标签的使用，将在 5.6.3 节讲解。

到现在为止，已经涉及了 4 个 include 即 RequestDispatcher.include、pageContext.include、include 指令和\<jsp:include\>标签。下面讲一下这 4 个 include 的区别。

RequestDispatcher.include 和 pageContext.include 在 功 能 上 是 完 全 相 同 的，pageContext.include 只是为了简化 RequestDispatcher.include 而存在的。因此，这两个 include 可以看做一个 include 并统称为 include 方法。include 指令、include 方法和\<jsp:include\>标签主要有以下 5 点区别。

1．引入资源的方式

只有 include 指令是静态引入 Web 资源的，include 方法和\<jsp:include\>标签是动态引入 Web 资源的。

2．HTTP响应头的改变

include 方法和\<jsp:include\>标签都不能在被引入的页面中改变响应状态码，也不能改变 HTTP 响应头，而 include 指令却可以改变这些信息。

3．Web资源的路径

include 方法和\<jsp:include\>标签的相对路径都是相对于页面的，而 include 指令的相对路径是相对于文件的。compareInclude.jsp 页面演示了它们之间在相对路径上的差别，代码如下：

```
<%@page pageEncoding="UTF-8"%>
include 指令：
<%@include file="included.jsp"%>
<br>
include 标签：
<jsp:include page="included.jsp"/>
<br>
include 方法：
<%
    pageContext.include("included.jsp");
%>
```

在 IE 地址栏中输入如下的 URL：

```
http://localhost:8080/webdemo/chapter5/compareInclude.jsp
```

在访问上面的 URL 后，3 个 include 都执行成功（都找到了 included.jsp 文件）了，但是要将 compareInclude.jsp 映射到其他的路径，如在 web.xml 中加入下面的配置代码，将 compareInclude.jsp 页面映射到新的 Web 路径。

```
<!-- 定义 JSP 本身的属性 -->
<servlet>
    <servlet-name>CompareInclude</servlet-name>
    <jsp-file>/chapter5/compareInclude.jsp</jsp-file>
</servlet>
<!-- 定义 JSP 映射信息 -->
<servlet-mapping>
    <servlet-name>CompareInclude</servlet-name>
    <url-pattern>/myspace/compareInclude.jsp</url-pattern>
</servlet-mapping>
```

在 IE 地址栏中输入如下的 URL：

```
http://localhost:8080/webdemo/myspace/compareInclude.jsp
```

在访问上面的 URL 后，就只有 include 指令可以正常显示 included.jsp 页面中的内容，include 标签和 include 方法都没有找到 included.jsp 页面。这是因为 include 指令的相对路径是文件的相对路径。而 include 标签和 include 方法的相对路径是相对于 Web 路径的，也就是说，在使用新的 URL 访问后，included.jsp 就变成了 http://localhost:8080/webdemo/myspace/included.jsp，而这个 URL 目前是不可访问的。解决这个问题的方法有两个：

- ❑ 将 include.jsp 页面和 compareInclude.jsp 页面映射在同一个 Web 路径下。
- ❑ 在 include 标签和 include 方法中使用相对于 Web 根目录的相对路径（也就是路径前面加 "/"），如将 compareInclude.jsp 页面中的 included.jsp 改为 "/chapter5/included.jsp"，就都可以找到 included.jsp 文件了。

4．Web资源的扩展名

include 指令在引用 JSP 文件时，无论 JSP 文件的扩展名是不是.jsp，都会将其按照 JSP 页面来处理，而 include 方法和<jsp:include>标签所引用的 JSP 文件的扩展名必须是.jsp 才可以，如果是其他的扩展名，就会将其内容当成静态文件处理。如将 included.jsp 改成 included.myjsp后，只有 include指令正常输出。include 方法和 include 标签都将 included.myjsp 中的内容按照原样输出到了客户端（如果读者使用的是 IE，可以通过选择 "查看" | "源文

件"命令查看 HTML 代码）。

5．处理不存在的Web资源

当相对路径所指的 Web 资源不存在时，include 指令抛出异常，而 include 方法和 <jsp:include>标签会向客户端输出一条提示信息后，继续执行后面的 JSP 代码。

5.6.2　转发标签<jsp:forward>

在 JSP 中存在一个实现转发功能的标签——<jsp:forward>，该标签主要用于将当前请求转发给其他的静态资源、JSP 页面或 Servlet。<jsp:forward>标签的语法格式如下：

```
语法格式 1:
<jsp:forward page="relativeURL | <%= expression %>" />
语法格式 2:
<jsp:forward page="relativeURL | <%= expression %>">
{ <jsp:param ... /> }*
</jsp:forward>
```

<jsp:forward>标签的 page 属性不仅可以是相对路径，而且也可以是 JSP 表达式返回的值。<jsp:forward>标签和 forward 方法（pageContext.forward 和 RequestDispatcher.forward）的功能与使用规则相同。在使用<jsp:forward>标签时应注意以下 4 点：

❑ 如果当前 JSP 页面的 out 缓冲区中有数据，在 forward 之前会清空 out 缓冲区。

❑ 如果在调用<jsp:forward>标签之前，out 缓冲区已经被刷新（也就是调用了 flush 方法），当调用<jsp:forward>时会抛出 java.io.IOException 异常。

❑ 当<jsp:forward>标签前面的输出字符数量（包括静态的和用 out 对象输出的字符）大于缓冲区的尺寸时，系统就会抛出 java.lang.IllegalStateException 异常。

❑ 如果当前页未使用 out 缓冲区，并且在<jsp:forward>标签前有任意字符（包括"\r"、"\n"），系统就会抛出 java.lang.IllegalStateException 异常。

5.6.3　传参标签<jsp:param>

在 JSP 中存在一个实现传递参数功能的标签——<jsp:param>，该标签主要用来作为其他 JSP 标签的子标签，以便向其他的标签传递参数。<jsp:param>标签的语法格式如下：

```
<jsp:param name="name" value="value | <%= expression %>" />
```

对于<jsp:include>和<jsp:forward>标签来说，<jsp:param>标签传递的是 URL 的参数。尽管<jsp:include>和<jsp:forward>标签可以将 URL 参数放到 URL 后面，如下面的代码所示：

```
<jsp:include page="/param.jsp?name=bill"/>
<jsp:forward page="/param.jsp?name=bill"/>
```

但是直接将 URL 参数放到 URL 后面时，如果 URL 参数很多，看起来很不直观，而且也不能在 URL 参数中使用 JSP 表达式，这些问题使用<jsp:param>标签就可以迎刃而解。

下面的例子演示<jsp:param>标签的用法，建立一个 testParam.jsp 页面，该页面包含了 processParam.jsp 页面，testParam.jsp 页面的代码如下：

```
<jsp:include page="/chapter5/processParam.jsp?id=1234&age=30">
    <!-- 使用 param 标签为 URL 添加请求参数 -->
    <jsp:param name="name" value="bill" />
    <jsp:param name="age" value="35" />
    <jsp:param name="salary" value="<%=3000 / 1.2%>" />
</jsp:include>
```

processParam.jsp 页面处理输出由 testParam.jsp 页面传过来的请求参数，代码如下：

```
<%@page pageEncoding = "UTF-8" %>
<!-- 使用 EL 输出请求参数值 -->
d: ${param.id}<br>
name: ${param.name}<br>
age: ${param.age}<br>
salary: ${param.salary}
```

在 IE 地址栏中输入如下的 URL：

```
http://localhost:8080/webdemo/chapter5/testParam.jsp
```

访问上面的 URL 后，输出结果如图 5.20 所示（将 include 换成 forward，也会得到同样的运行结果）。

从 testParam.jsp 的代码可以看出，在 URL 和<jsp:param>标签中都有 age 参数，但 processParam.jsp 显示的是 URL 中的 age 参数，因此可以得出一个结论，当 URL 中的参数和<jsp:param>中的参数相同时，URL 中的参数值会覆盖<jsp:param>标签中的同名参数值。

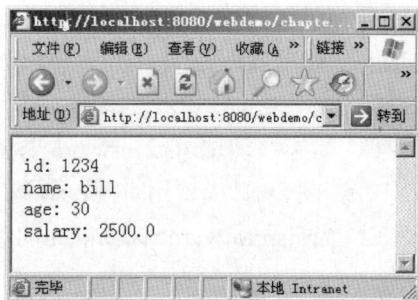

图 5.20　testParam.jsp 的输出结果

5.6.4　创建 Bean 标签<jsp:useBean>

在 JSP 中存在一个实现创建 JavaBean 类对象功能的标签——<jsp:useBean>，该标签主要用于在不使用 Java 代码的前提下创建类的对象实例。<jsp:useBean>的语法格式如下：

```
语法格式 1
<jsp:useBean id="name" scope="page|request|session|application"
typeSpec/>
语法格式 2
<jsp:useBean id="name" scope="page|request|session|application" typeSpec>
标签体
</jsp:useBean>
typeSpec ::= class="className" |
class="className" type="typeName" |
beanName="beanName | <%= expression %> | EL" type="typeName"
```

<jsp:useBean>标签有 5 个属性，分别为 id、scope、class、beanName 和 type，这 5 个属性的意义和作用如下所示。

- ❏ id：表示对象实例名，如 Object obj = new Object。id 就是其中的 obj。
- ❏ scope：表示对象实例的有效范围。可选的范围有 4 个，从小到大依次是 page、request、session 和 application，默认值为 page。如将 scope 设为 session，就意味着所有属于同一个 session 的 JSP 页面和 Servlet 都可以访问该对象实例。
- ❏ class：要实例化的类名（必须是 package.classname）。这个类名必须是有效的，否则系统将抛出异常。
- ❏ beanName：与 class 属性类似，beanName 属性也是要实例化的类名。只是在 JSP 引擎翻译 JSP 页面时有所差异。JSP 引擎将 class 属性翻译成静态创建对象实例（也就是使用 new 来创建对象实例），而将 beanName 属性翻译成动态创建对象实例（也就是使用 java.beans.Beans.instantiate 方法创建对象实例）。beanName 和 class 的另一个差异是 beanName 可以使用 JSP 表达式(<%= ... %>)和 EL（${...}）作为其属性值，而 class 的属性值只能是静态的字符串。
- ❏ type：要实例化的类的父类名（必须是 package.classname 形式）。这个类名必须是有效的，否则系统将抛出异常。

<jsp:useBean>标签有如下 3 种使用方法。

1．最简单的方法

```
<jsp:useBean id="myDate"  class = "java.util.Date">
```

上面的代码相当于如下的 Java 代码：

```
<%
    java.util.Date myDate = new java.util.Date();
%>
```

2．使用class和type

```
<jsp:useBean id="myDate"  class = "java.util.Date"  type = "Object">
```

上面的代码相当于如下的 Java 代码：

```
<%
    Object myDate = new java.util.Date();
%>
```

3．使用beanName和type

```
<jsp:useBean id="myDate"  type = "Object"  beanName = "java.util.Date">
```

上面的代码相当于如下的 Java 代码：

```
<%
    Object myDate = (Object) java.beans.Beans.instantiate(this.getClass().
    getClassLoader(" java.util.Date ");
%>
```

☺注意：beanName 属性和 type 属性必须成对出现，并且 beanName 属性和 class 属性不能同时使用。

　　\<jsp:useBean\>标签还可以有标签体（如语法格式 2 所示）。在标签体中可以是任意内
容，包括 JSP 表达式、EL 或是\<jsp:setProperty\>标签（将在 5.6.5 节讲解），如下面的代码
所示。

```
<!--  testPageScope.jsp  -->
<%@page pageEncoding="UTF-8" %>
<!--  保存到当面页面域里   -->
<jsp:useBean id = "myDate" scope="page" class = "java.util.Date" >
这是一个标签体
</jsp:useBean>
```

　　在 IE 地址栏中输入如下的 URL：

```
http://localhost:8080/webdemo/chapter5/testPageScope.jsp
```

　　第一次运行 testPageScope.jsp 后，会在 IE 中显示"这是一个标签体"信息。再次刷新，
仍然会显示同样的信息。下面再建一个 testSessionScope.jsp 文件，代码如下：

```
<%@page pageEncoding="GBK" %>
<!--  保存到 session 域里   -->
<jsp:useBean id = "myDate" scope="session" class = "java.util.Date" >
这是一个标签体
</jsp:useBean>
```

　　在 IE 地址栏中输入如下的 URL：

```
http://localhost:8080/webdemo/chapter5/testSessionScope.jsp
```

　　在访问上面的 URL 后，只有第一次访问 testSessionScope.jsp 时才会显示"这是一个标
签体"信息。再次刷新页面后，就什么也不显示了。

　　这是因为如果将 scope 属性设为 page 时，\<jsp:useBean\>标签创建的对象只对当前页面
有效，并且\<jsp:useBean\>标签在创建对象之前，会先在 page 域里查找是否存在和 id 属性
值同名的对象。如果存在，就不会再创建新的对象实例。由于每次刷新页面时，page 对象
都是新的，因此，每次刷新页面时，都会创建新对象。而这个标签体只有在创建新对象时
输出。所以当 scope 属性的值为 page 时，每次刷新页面时都会输出标签体。但当 scope 属
性的值为 session 时，由于刷新页面时仍然位于同一个 IE 窗口，所以 session 是共享的。因
此，只有第一次访问 testSessionScope.jsp 页面时创建了新对象，而刷新页面时，就不会再
次创建对象了，所以也就不会再输出"这是一个标签体"信息了。

5.6.5 设置属性值标签\<jsp:setProperty\>

　　\<jsp:setProperty\>标签用来设置对象实例的属性值，可以放到\<jsp:useBean\>的标签体
中，也可以单独使用。\<jsp:setProperty\>标签的语法格式如下：

```
<jsp:setProperty name="beanName" prop_expr />
prop_expr ::=
property="*" |
property="propertyName"|
property="propertyName" param="parameterName"|
property="propertyName" value="propertyValue"
propertyValue :: = string | <%= expression %> | EL
```

<jsp:setProperty>标签有 4 个属性，这些属性的意义和作用如下。

- name：对象实例名，与<jsp:useBean>中的 id 属性值是一样的。
- property：对象实例的属性名。如果该属性值为"*"，系统会自动扫描 URL 的所有参数名，并将和对象属性同名的参数值作为属性值赋给对象实例的属性。
- param：URL 中的参数名。如果设置这个属性，会将同该属性值同名的 URL 参数的值赋给 property 属性所指的对象属性。这个属性是可选的。
- value：用于指定某个属性的值。这个属性是可选的，并且不能和 param 同时出现。value 属性的值可以是 JSP 表达式或 EL。

Java 类的属性实际上是一对 setter 和 getter 方法。在<jsp:setProperty>标签和<jsp:getProperty>标签中使用的属性名是 setter 和 getter 方法分别去掉 set 或 get 后剩余部分，并将剩余部分的第 1 个单词的首字母小写，其他单词的首字母大写，如下面代码所示。

```
public class MyClass
{
    //  name 属性
    private String name;
    //  name 属性的 getter 方法
    public String getName()
    {
        return name;
    }
    //  name 属性的 setter 方法
    public void setName(String name)
    {
        …
    }
}
```

在<jsp:setProperty>标签中设置 MyClass 对象实例的属性时，property 属性的值为 name。下面的例子演示如何使用<jsp:setProperty>标签设置属性值。先建一个 MyClass 类，代码如下：

```
package chapter5;
public class MyClass
{
    //  name 属性
    private String name;
    //  age 属性
    private int age;
    //  name 属性的 getter 方法
    public String getName()
    {
        return name;
    }
    //  name 属性的 setter 方法
    public void setName(String name)
    {
        this.name = name;
    }
    //  age 属性的 getter 方法
    public int getAge()
    {
        return age;
```

```
    }
    //  age 属性的 setter 方法
    public void setAge(int age)
    {
        this.age = age;
    }
}
```

在 WebRoot\chapter5 目录中建立一个 setProperty.jsp 文件，代码如下：

```
<%@ page pageEncoding = "UTF-8" %>
<%-- 创建 MyClass 类的对象实例 --%>
<jsp:useBean id="myClass" class = "chapter5.MyClass"/>
<%--
    也可以这样创建 MyClass 类的对象实例
    <jsp:useBean id="myClass" beanName = "chapter5.MyClass" type =
    "chapter5.MyClass"/>
--%>
<%-- 直接设置属性值 --%>
<jsp:setProperty property="name" name="myClass" value = "bill"/>
<jsp:setProperty property="age" name="myClass" value = "32"/>
<%-- 使用同名的 URL 请求参数设置属性值，也就是说，URL 的参数中必须有 name 和 age  --%>
<jsp:setProperty property="name" name="myClass" />
<jsp:setProperty property="age" name="myClass" />
<%-- 使用不同名的 URL 请求参数设置属性值 --%>
<jsp:setProperty property="name" name="myClass" param = "newName"/>
<jsp:setProperty property="age" name="myClass" param = "newParam"/>
<%-- 使用 URL 请求参数自动设置所有的属性 --%>
<jsp:setProperty property="*" name="myClass" />
<%
    //获取域里名为"myClass"值的 name 属性的值
    String name = ((chapter5.MyClass) pageContext.getAttribute
    ("myClass")).getName();
    //获取域里名为"myClass"值的 age 属性的值
    int age = ((chapter5.MyClass) pageContext.getAttribute("myClass")).
    getAge();
    out.println("name:" + name);                //输出属性 name 的值
    out.println("<br>age:");
    out.println(age);                           //输出属性 age 的值
%>
```

从上面代码中的<% ... %>包含的代码可以看出，使用 Java 代码从 pageContext 对象中也可以获得 myClass 类的对象实例，并输出相应的属性值（也可以通过<jsp:getProperty>标签获得对象属性值）。

如果使用 URL 请求参数设置属性值，且和属性同名的 URL 请求参数不存在时，就会使用 param 参数指定的请求参数来设置这个属性。读者可以在 IE 地址栏中输入如下两个 URL，并观察输出结果。

```
http://localhost:8080/webdemo/chapter5/setProperty.jsp
http://localhost:8080/webdemo/chapter5/setProperty.jsp?name=mike&age=21
```

5.6.6　获取属性值标签<jsp:getProperty>

在 JSP 中存在一个实现获取对象属性功能的标签——<jsp:getProperty>，该标签主要用于获得对象实例的属性值。<jsp:getProperty>标签的语法格式如下：

```
<jsp:getProperty name="name" property="propertyName" />
```

这里的 name 和 property 属性与<jsp:getProperty>标签中的同名属性的意义和作用相同。getProperty.jsp 页面演示了<jsp:getProperty>标签的使用方法，在这个例子中，使用<jsp:getProperty>标签来获得 MyClass 对象的 name 和 age 属性值。getProperty.jsp 页面的代码如下：

```
<!-- 创建 MyClass 类的对象实例 -->
<jsp:useBean id="myClass" beanName = "chapter5.MyClass" type =
"chapter5.MyClass"/>
<!-- 设置 MyClass 对象实例的 name 属性 -->
<jsp:setProperty property="name" name="myClass" value = "bill"/>
<!-- 设置 MyClass 对象实例的 age 属性 -->
<jsp:setProperty property="age" name="myClass" value = "32"/>
<!-- 输出 MyClass 对象实例的 name 属性值 -->
name: <jsp:getProperty property="name" name = "myClass" />
<br>
<!-- 输出 MyClass 对象实例的 age 属性值 -->
age: <jsp:getProperty property="age" name = "myClass" />
```

在 IE 地址栏中输入如下的 URL 就会输出 name 和 age 属性的值。

```
http://localhost:8080/webdemo/chapter5/getProperty.jsp
```

5.7　学习 JSP 的标准标签库（JSTL）

JSTL 的全称是 JavaServer Pages Standard Tag Library。它是一系列 JSP 标签的集合，用于简化 JSP 程序的开发，并使 JSP 程序更易于维护和管理。JSTL 在 2002 年由 JCP 组织首次发布，2003 年发布了 JSTL1.1，在 2006 年 5 月正式发布了 JSTL1.2。JSTL 比 JSP 规范定义的标签更为强大，可以完成很多复杂的功能，甚至在 JSP 页面中不需要写一行 Java 代码就可以完成大多数的工作。

JSTL 中的标签提供了很多只有使用 Java 代码才能做到的功能，如条件判断、循环、数据库、格式化和 XML 等。由于 MyEclipse 7.x 已经自带了 JSTL1.2 的 jar 包，因此，在 MyEclipse 7.x 中可以直接使用 JSTL。在本节只介绍 JSTL 中比较常用的标签，关于 JSTL 中更多的标签的使用，读者可以从下面的网址下载 JSTL 规范。

```
http://java.sun.com/products/jsp/jstl/
```

5.7.1　了解 JSTL

如果要使用 JSP 中的 JSTL，首先需要掌握 taglib 指令，该指令主要用于为 JSP 代码引入 JSTL。查看帮助文档，可以发现该指令的语法格式如下：

```
<%@ taglib uri="tagLibraryURI" prefix="tagPrefix" %>
```

taglib 指令属性的意义和作用如下所述。

- ❏ uri：JSTL 中的标签库的唯一标识，可以是任意字符串。
- ❏ prefix：JSTL 中的标签库的前缀。目的是为了区分其他同名的标签。prefix 的作用类似 Java 中的包名，在不同的包中可以有同名的类。

JSTL 的调用格式如下：

```
<tagPrefix:tagName args1,...,args2 />
```

下面以两个比较简单的标签<c:out>和<c:set>来演示 JSTL 库中的标签的使用方法。
<c:out>的语法格式如下：

```
语法格式 1 (通过 default 属性设置默认值)
<c:out value=" String | <%= expression %> | EL" [escapeXml="{true|false}"]
[default="defaultValue"] />
语法格式 2 (通过标签体设置默认值)
<c:out value="String | <%= expression %> | EL" [escapeXml="{true|false}"]>
    defaultValue
</c:out>
```

如果 escapeXml 属性的值为 true，表示将<c:out>标签的输出结果中的特殊符号（如"<"、
">"、"&"等）转换成相应的字符串，以便在客户端浏览器中可以正常显示输出结果。
如果 escapteXml 属性为 false，则按原样输出结果值。escapteXml 属性的默认值为 true。当
<c:out>标签的 value 属性值为 null 时，输出 default 属性的值。<c:set>标签的语法格式如下：

```
语法格式 1 (将变量保存在 scope 中，并用 value 属性赋值)
<c:set value=" String | <%= expression %> | EL" var="varName"
[scope="{page|request|session|application}"]/>
语法格式 2 (将变量保存在 scope 中，并用标签体赋值)
<c:set var="varName" [scope="{page|request|session|application}"]>
    String | <%= expression %> | EL
</c:set>
```

下面的代码演示这两个标签的使用方法：

```
<!-- firstJSTL.jsp -->
<%@ page contentType="text/html; charset=UTF-8"%>
<%@ taglib uri="http://java.sun.com/jsp/jstl/core" prefix="c"%>
<c:out value="用<c:out>输出字符串!"/>
<br>
<c:set var="scopeVar1" value="为变量赋值，并将变量保存在 request"
scope="request" />
scopeVar1 = <c:out value="${scopeVar1}" escapeXml="true"/>
<br>
<!-- 设置变量 scopeVar2 的值 -->
<c:set var="scopeVar2" scope = "session">
hello ${param.name}
</c:set>
<!-- 输出变量 scopeVar2 的值 -->
scopeVar2 = <c:out value="${scopeVar2}" />
```

在 IE 地址栏中输入如下的 URL 测试 firstJSTL.jsp。

```
http://localhost:8080/webdemo/chapter5/firstJSTL.jsp
```

在访问上面的 URL 后，在 IE 中的输出结果如图 5.21 所示。

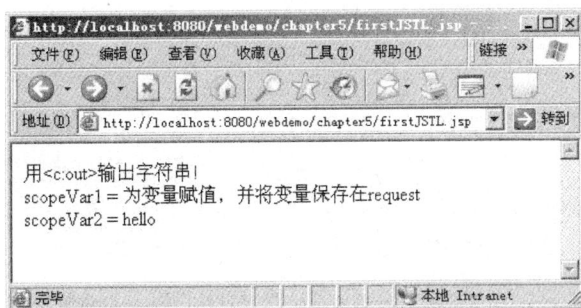

图 5.21 firstJSTL.jsp 的输出结果

在 firstJSTL.jsp 页面的第 3 行的 uri 属性值是 http://java.sun.com/jsp/jstl/core。读者不要误会这个 JSTL 库是在 JSP 程序运行时从这个 URL 下载的，其实这个 URL 只是个普通的字符串而已，除了唯一标识这个 JSTL 库外，没有任何意义。读者可以在 MyEclipse 中打开 webdemo 工程的 Java EE 6 Libraries 节点，展开 jstl-impl.jar，从 META-INF 目录中找到 c.tld，并双击打开这个文件。从这个文件中会发现一行代码：<uri>http://java.sun.com/jsp/jstl/core</uri>。uri 属性的值就是这个<uri>标签的值。如果读者使用的是 JSTL1.0，uri 属性应该使用如下的值：

```
http://java.sun.com/jstl/core
```

读者可以在 c-1_0.tld 文件中找到<uri>http://java.sun.com/jstl/core</uri>，之所以更改新版本的 JSTL 的 uri，主要是为了使新旧版本的 JSTL 可以共存。除此之外，还可以在 META-INF 目录中找到其他的.tld 文件，要想引用某个文件，uri 属性值应该是相应文件的<uri>标签的值。

5.7.2 JSTL 中的条件标签

在 JSP 中的 JSTL 中，存在一种非常重要的标签——条件标签，该标签主要用于实现在 JSP 代码中控制程序的执行顺序。条件标签有多种，在本节中将详细介绍这些标签。

1. <c:if>标签

<c:if>标签是最简单的条件标签。这个标签的语法格式如下：

```
<c:if test="testCondition"
[var="varName"] [scope="{page|request|session|application}"]>
    标签体(包括 JSP 表达式和 EL)
</c:if>
```

其中 testCondition 实际上就是一个可以返回 true 的表达式（包括 JSP 表达式和 EL）。当 testCondition 为 true 时，会执行标签体部分。var 属性和 scope 属性是可选的（这两个属性必须同时出现）。其中 var 属性可以将 testCondition 的值保存在一个由 scope 属性所指定范围的一个变量中（其实这个值就是 true 或 false），主要用来供其他的 JSP 代码来提取 testCondition 的结果，这么做的好处是当需要 testCondition 的值时，不需要再执行一遍 testCondition 中的表达式就可以从 varName 中获得这个结果。

2. <c:choose>、<c:when>和<c:otherwise>标签

<c:if>标签只能处理单一的条件，而<c:choose>标签可以处理一个条件组。<c:choose>标签相当于 Java 中的 switch 语句。而<c:when>标签相当于 switch 语句中的 case 关键字。<c:otherwise>相当于 switch 语句中的 default 关键字。在<c:choose>标签中可以有任意多个<c:when>标签和一个<c:otherwise>标签。这 3 个标签的语法格式如下：

```
<!-- <c:choose>的语法格式 -->
<c:choose>
    标签体(<c:when> 和<c:otherwise> 子标签)
</c:choose>
```

在<c:choose>标签中可以没有<c:otherwise>子标签，但必须至少有一个<c:when>子标签。而且<c:choose>标签中除了<c:otherwise>和<c:when>外，还可以有空格及制表符，除此之外，在<c:choose>标签中不能有任何其他的字符，如下面的代码是不合法的：

```
<c:choose>
    abcd <%-- 不能在这出现除了空格和制表符的其他字符 --%>
    <c:when test = "true">abcd</c:when>
</c:choose>
```

下面介绍一下<c:when>和<c:otherwise>的语法格式：

```
<!-- <c:when> 的语法格式 -->
<c:when test="testCondition">
    标签体(包括 JSP 表达式和 EL)
</c:when>
<!-- <c:otherwise>的语法格式 -->
<c:otherwise>
    标签体(包括 JSP 表达式和 EL)
</c:otherwise>
```

在使用<c:when>和<c:otherwise>时应注意以下 3 点：

❑ <c:when>必须在<c:otherwise>前出现。

❑ <c:when>和<c:otherwise>必须是<c:choose>的子标签，不能单独使用<c:when>标签。

❑ 如果<c:choose>标签中包含<c:otherwise>标签，<c::otherwise>必须是<c:choose>标签中最后一个子标签。

testCondition.jsp 演示了条件标签的使用，在这个程序中，通过<c:if>标签根据时间来返回"上午好"或"下午好"，通过<c:choose>标签对分数进行判断，当分数在某一区间时，就会返回不同的等级，如分数在 90 分以上（包括 90 分），就会返回"优秀"。testCondition.jsp 的代码如下：

```
<%@ page import="java.util.*" contentType="text/html; charset=UTF-8"%>
<%@ taglib uri="http://java.sun.com/jsp/jstl/core" prefix="c"%>
<c:if test="true">
当 test 为 true 是输出标签体
</c:if>
<br>
<!-- 通过<c:if>标签判断时间 -->
<c:set var="hour" value="<%=Calendar.getInstance().
```

```
get(Calendar.HOUR_OF_DAY)%>" />
<c:if test="${hour < 12}">  上午好 </c:if>
<c:if test="${hour >= 12}"> 下午好 </c:if>
<br>
<!--  通过<c:choose>标签判断分数  -->
<c:choose>
    <c:when test="${param.grade >= 90 && param.grade <= 100}">优秀</c:when>
    <c:when test="${param.grade >= 80 && param.grade < 90}">良好</c:when>
    <c:when test="${param.grade >= 70 && param.grade < 80}">中等</c:when>
    <c:when test="${param.grade >= 60 && param.grade < 70}">及格</c:when>
    <c:otherwise>不及格</c:otherwise>
</c:choose>
```

在 IE 地址栏中输入如下 URL 来测试 firstCondition.jsp。

```
http://localhost:8080/webdemo/chapter5/testCondition.jsp?grade=95
```

5.7.3 JSTL 中的循环标签

在 JSP 中的 JSTL 中，存在一种非常重要的标签——循环标签，顾名思义该标签主要用于实现在 JSP 代码中控制程序的循环执行。循环标签有多种，在本节中将详细介绍这些标签。

1．<c:forEach>标签

<c:forEach>标签用于迭代一个集合对象中的元素，或者用来循环指定的次数。<c:forEach>标签可以对如下的 6 种数据类型进行枚举：

- ❑ 数组。
- ❑ 实现 java.util.Collection 接口的类的对象实例。
- ❑ 实现 java.util.Iterator 接口的类的对象实例。
- ❑ 实现 java.util.Enumeration 接口的类的对象实例。
- ❑ 实现 java.util.Map 接口的类的对象实例。
- ❑ 用逗号（,）分割的字符串。

<c:forEach>的语法格式如下所述。

- ❑ 语法格式 1：枚举集合对象中的元素，如下所示。

```
<c:forEach[var="varName"] items="collection"
[varStatus="varStatusName"]
[begin="begin"] [end="end"] [step="step"]>
     标签体(包括 JSP 标签和 EL)
</c:forEach>
```

- ❑ 语法格式 2：循环指定次数，如下所示。

```
<c:forEach [var="varName"]
[varStatus="varStatusName"]
begin="begin" end="end" [step="step"]>
    标签体(包括 JSP 标签和 EL)
</c:forEach>
```

<c:forEach>标签的属性的意义和作用如下。

□ var：定义一个变量，表示集合对象中每个元素的值。如果是对指定次数进行循环，这个变量表示 begin 和 end 之间的一个数。

□ items：一个用于枚举的集合。如果为空，则不进行枚举。

□ varStatus：一个 javax.servlet.jsp.jstl.core.LoopStatus 类的对象实例名。用于获得循环过程中的状态信息。如 getIndex 方法可以获得当前迭代的对象元素的索引（从 0 开始），getCount 方法可获得当前迭代了多少个元素。

□ begin 和 end：如果存在 items 属性，则分别表示枚举集合中的从 begin 到 end 的元素。如果不存在 items 属性，则分别表示循环的起始位置和终止位置。begin 的默认值是 0，end 的默认值是集合的最后一个元素的位置。begin 的取值范围是 begin>=0，如果 end 的值小于 begin 的值，循环不执行。

□ step：迭代的步长，默认值是 1。step 的取值范围是 step>=1。

2．<c:forTokens>标签

<c:forTokens>标签用于对字符串的子串进行迭代，该字符串可以包含一个或多个分隔符。<c:forTokens>标签的语法格式如下：

```
<c:forTokens items="stringOfTokens" delims="delimiters"
    [var="varName"]
    [varStatus="varStatusName"]
    [begin="begin"] [end="end"] [step="step"]>
    标签体(包括 JSP 表达式和 EL)
</c:forTokens>
```

<c:forTokens>标签的 delims 属性表示分隔符集合，如"*$"表示使用分隔符"*"和"$"来分割字符串。其他的属性的意义和作用与<c:forEach>标签类似。testIterator.jsp 页面演示了<c:forEach>标签和<c:forTokens>标签的每一种使用方法，代码如下：

```
<%@ page import="java.util.*" contentType="text/html; charset=UTF-8%>
<%@ taglib uri="http://java.sun.com/jsp/jstl/core" prefix="c"%>
<%
    String array[] =  "bill", "王明", "赵阳" }; //  定义一个 String 数组
    pageContext.setAttribute("array", array); //  将字符串数组保存在 page 域中
    List<String> list = new LinkedList<String>();//  定义一个 List 类型的对象
    //  向 List 对象中添加两个元素
    list.add("计算机");
    list.add("英语");
    pageContext.setAttribute("list", list);    //  将 List 对象保存在 page 域中
    pageContext.setAttribute("iterator", list.iterator());
    //  将 Iterator 对象保存在 page 域中
    Vector<String> vector = new Vector<String>(); //  定义一个 Vector 对象
    vector.addAll(list);    //  将 List 对象添加到 Vector 对象中
    //  将 Enumeration 对象保存在 page 域中
    pageContext.setAttribute("enumeration", vector.elements());
    //  定义一个 Map 对象
    Map<String, String> map = new HashMap<String, String>();
    //  向 Map 对象中添加两个 key-value 对
    map.put("book", "书");
    map.put("apple", "苹果");
    //  将 Map 对象的 key 集合保存在 page 域中
```

```
        pageContext.setAttribute("keySet", map.keySet());
        //  将 Map 对象的 value 集合保存在 page 域中
        pageContext.setAttribute("entrySet", map.entrySet());
%>
```

对数组进行循环：
<c:forEach var="s" items="${array}"> [${s}] </c:forEach>

对部分数组进行循环：
<c:forEach begin="1" end="2" varStatus="i" var="s" items="${array}">
{array[${i.index}]=${s}}
</c:forEach>

对实现 Collection 接口的类的对象实例进行循环：
<c:forEach varStatus="i" var="s" items="${list}">
{list[${i.index}]=${s}}
</c:forEach>

对实现 Iterator 接口的类的对象实例进行循环：
<c:forEach varStatus="i" var="s" items="${iterator}">
{list[${i.index}]=${s}}
</c:forEach>

对实现 Enumeration 接口的类的对象实例进行循环：
<c:forEach var="s" items="${enumeration}">
[${s}]
</c:forEach>

对 key 进行循环：
<c:forEach var="s" items="${keySet}">
[${s}]
</c:forEach>

对 entry 进行循环：
<c:forEach var="entry" items="${entrySet}">
{${entry.key} = ${entry.value}}
</c:forEach>

用 forEach 对分割字符串（分割符号为逗号）：
<c:forEach var="s" items="a,b,c,d" >
[${s}]
</c:forEach>

使用 forEach 循环 n 次
<c:forEach var = "s" begin="2" end = "8" varStatus = "i" step = "2">
[${i.count}](${s})
</c:forEach>

使用 forTokens 分割字符串：
<c:forTokens var = "s" items="a&b&c*d" delims="&*" >
[${s}]
</c:forTokens>

在 IE 地址栏中输入如下 URL：

`http://localhost:8080/webdemo/chapter5/testIterator.jsp`

在访问上面的 URL 后，在 IE 中的输出结果如图 5.22 所示。

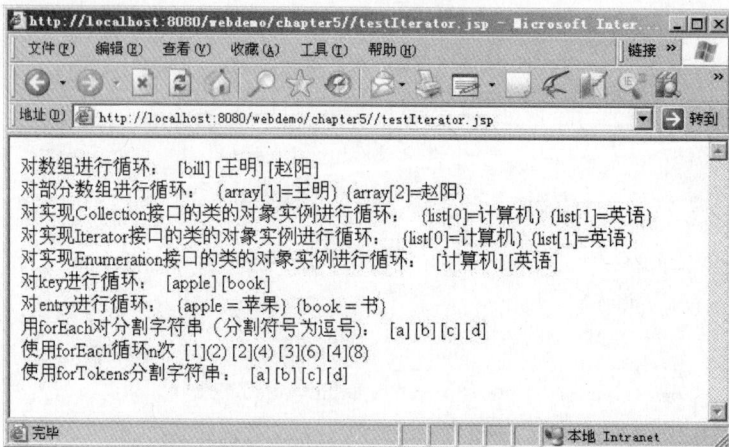

图 5.22　testIterator.jsp 的输出结果

5.8　小　　结

本章讲解了如何在 MyEclipse 中开发、调试 JSP 程序，以及 JSP 的运行原理。从中可以知道 JSP 实际上是以 Servlet 的形式运行的，因此，JSP 页面的运行效率和 Servlet 是相同的。本章还介绍了 JSP 的基本语法，如 JSP 表达式、JSP 声明、EL 等。这些语法是每一个 JSP 程序必需的。最后讲解了 JSP 的一些高级特性，如 JSP 指令、JSP 的内置对象、JSP 标签和 JSTL。通过对这些技术的学习，读者可以编写出较为复杂的 JSP 程序。

5.9　实 战 练 习

编码题

1. 编写一个 JSP 页面，实现统计该网页被访问的次数。

【提示】可以通过本节所讲的 application 对象来实现，关键代码如下：

```
int counter = 1; //计数器
//从全局范围内取出计数器
if (application.getAttribute("COUNTER") != null) {
    counter = ((Integer) application.
    getAttribute("COUNTER")).intValue()+1;
}
application.setAttribute("COUNTER",new Integer(counter));
```

2. 某登录系统中有如下需求。

（1）编写绘制验证码图片的 JSP：code.jsp

（2）然后编写提交验证码的 JSP，包含文本框提交验证码、验证码图片和"提交"按钮。

【提示】使用 Java2D 绘制验证码图片，然后将生成的验证码保存在 session 对象中，关键代码如下：

```
String s = "";
int intCount = 0;
intCount = (new Random()).nextInt(9999);
if (intCount < 1000)
    intCount += 1000;
s = intCount + "";
//  保存入 session,用于与用户的输入进行比较.
//  注意比较完之后清除 session.
session.setAttribute("validateCode", s);
response.setContentType("image/gif");
BufferedImage image = new BufferedImage(35, 14,
        BufferedImage.TYPE_INT_RGB);
Graphics gra = image.getGraphics();
//  设置背景色
gra.setColor(Color.yellow);
gra.fillRect(1, 1, 33, 12);
//  设置字体色
gra.setColor(Color.black);
gra.setFont(new Font("宋体", Font.PLAIN, 12));
//  输出数字
char c;
for (int i = 0; i < 4; i++) {
    c = s.charAt(i);
    //  7 为宽度，11 为上下高度位置
    gra.drawString(c + "", i * 7 + 4, 11);
}
OutputStream toClient = response.getOutputStream();
JPEGImageEncoder encoder = JPEGCodec.createJPEGEncoder(toClient);
encoder.encode(image);
toClient.close();
out.clear();
out = pageContext.pushBody();
```

第6章 用 Servlet 和 JSP 实现
注册登录系统

注册登录系统几乎是每一个 Web 程序必须拥有的功能。因此，在本章单独将其提炼出来，并使用 Servlet 和 JSP 技术来实现这个系统。虽然注册登录系统并不复杂，但该系统却拥有一个完整系统的必要功能，如验证客户端输入和数据库访问等。因此，通过本章的学习，读者可以基本上了解使用 JSP+Servlet 技术开发一个完整系统的一般步骤。本章的主要内容如下：

- ❑ 系统概述；
- ❑ 设计数据库；
- ❑ MD5 加密的实现；
- ❑ 图形验证码的实现；
- ❑ 注册系统的实现；
- ❑ 登录系统的实现。

6.1 系统概述

本章介绍了一个简单的 Java Web 系统，该系统实现了用户注册、用户登录两个功能。本系统的实现是基于 Servlet 和 JSP 技术的，并使用 JavaScript 代码进行客户端的验证。本章所介绍的系统虽然功能单一，业务逻辑简单，但是却向读者详细展示了如何使用 Servlet 和 JSP 技术开发一个完整的 Java Web 系统。

6.1.1 系统功能简介

本系统分为两个功能：注册和登录，所谓注册功能，就是向数据库的 t_users 表中添加一条记录；所谓登录功能，就是查询数据库中 t_users 表的相关记录。

当用户输入注册信息时，本系统提供了基于 JavaScript 技术的客户端验证来判断用户输入的合法性，只有当用户的输入满足系统的要求时，才会将用户输入的数据提交到服务端负责处理注册信息的 Servlet。在注册 Servlet 成功处理完用户提交的注册信息后，客户端仍然会回到注册页面。如果用户想使用已经注册的用户名来登录，可以通过单击"登录"按钮转到登录页面进行登录。

在用户注册页面有一个随机生成的图形验证码，用户在注册或登录时必须要正确输入这个图形验证码，系统才会将相应的信息提交给服务端。这个图形验证码主要是为了防止客户端通过其他方式（如通过编程的方式）恶意注册多个用户。

当用户在登录页面正确输入用户名、密码和验证码时，就可以成功登录了。在用户登录页面也拥有和用户注册页面类似的客户端验证机制。也就是说，只有当用户名、密码和验证码都输入正确时，系统才会向服务端登录的 Servlet 提交信息。通过用户登录页面的图形验证码，可以防止通过编程方式或其他的方式进行暴力破解密码。

6.1.2　系统总体结构

本系统的注册系统和登录系统是相互独立的，但可以通过使用注册和登录系统的相应按钮导航到另一个系统中。每一个系统分别由一个处理业务逻辑的 Servlet 和若干 JSP 页面组成。其中注册系统的 Servlet 是 Register 类，另外还有一个用于显示用户注册信息页面的 register.jsp 文件和一个负责显示注册结果的 result.jsp 文件。登录系统的 Servlet 是 Login 类，另外还有一个用于显示用户登录信息页面的 login.jsp 文件和一个表示用户已经成功登录的 main.jsp 文件。用户注册登录系统的工作流程如图 6.1 所示。

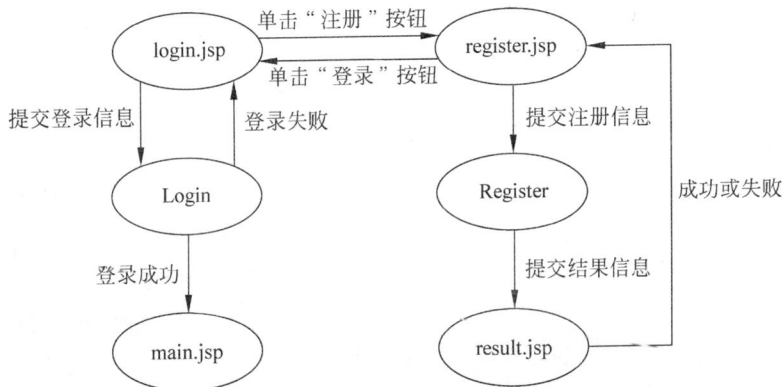

图 6.1　注册登录系统工作流程图

从图 6.1 中可以看出，当 Register 处理完用户提交的注册信息后，会向 result.jsp 提交一个结果信息，在 result.jsp 中会显示这个提示信息，然后不管是否注册成功，都会返回到 register.jsp 页面，以便用户重新输入注册信息。

6.2　设计数据库

在注册登录系统中只涉及一个 t_users 表，这个表对于注册系统来说，每处理一个正确的注册信息后，就会向这个表添加一条记录。对于登录系统来说，每当用户输入正确的登录信息和验证码后，系统就会在 t_users 表中查找相关的记录，以确定当前登录用户和密码是否合法。在本节将给出建立这个表的 SQL 语句。

读者可以在 webdemo 工程的根目录下找到 script.txt 文件，本书所有的数据库脚本都在这个文件中，可以将这个文件的内容复制到 MySQL 的命令行控制台中执行。t_users 表的结构如表 6.1 所示。

表 6.1　t_users 表的结构

字　段　名	类　　型	含　　义
user_name	varchar(20)	用户名
password_md5	varchar(50)	密码（md5 加密字符串）
email	varchar(30)	邮件地址

建立 t_users 表的 SQL 语句如下：

```
CREATE TABLE IF NOT EXISTS webdb.t_users (
 user_name varchar(20) collate utf8_unicode_ci NOT NULL,
 password_md5 varchar(50) collate utf8_unicode_ci NOT NULL,
 email varchar(30) collate utf8_unicode_ci NOT NULL,
 PRIMARY KEY (user_name)
) ENGINE=InnoDB DEFAULT CHARSET=utf8 COLLATE=utf8_unicode_ci;
```

注意：本节中涉及的数据库代码存放到了 webdemo 工程的 WebRoot\db\db.sql 文件里。

6.3　实现系统的基础类

在本节将实现在注册登录系统中使用的一些重要类，如用于连接和操作数据库的 DBServlet 类、用于对字符串进行 MD5 加密的 Encrypter 类以及实现图形验证码的 ValidationCode 类。这些类都在本系统中起着举足轻重的作用。

6.3.1　实现访问数据库的 DBServlet 类

DBServlet 实际上是一个 Servlet 类，由于注册系统和登录系统都需要访问和操作数据库，因此将这些功能都封装在 DBServlet 类中，然后让 Login 类和 Register 类从 DBServlet 类继承，这样 Login 类和 Register 类就都可以访问和操作数据库了。DBServlet 类有如下 3 个功能：

- ❑ 通过数据库连接池创建一个 Connection 对象。这个功能在 service 方法中完成。
- ❑ 执行 SQL。如果所执行的 SQL 是 select 语句，就返回 ResultSet 对象，否则返回 null。这个功能通过 execSQL 方法完成。
- ❑ 核对验证码。这个功能通过 checkValidationCode 方法来完成。

DBServlet 类的实现代码如下：

```
public class DBServlet extends HttpServlet
{
    // 用于连接数据库的 Connection 对象
    protected java.sql.Connection conn = null;
    // 执行各种 SQL 语句的方法
    protected java.sql.ResultSet execSQL(String sql, Object... args)
        throws Exception
    {
        // 建立 PreparedStatement 对象
```

```java
        java.sql.PreparedStatement pStmt = conn.prepareStatement(sql);
        // 为 pStmt 对象设置 SQL 参数值
        for (int i = 0; i < args.length; i++)
        {
            pStmt.setObject(i + 1, args[i]);        // 设置 SQL 参数值
        }
        pStmt.execute();                            // 执行 SQL 语句
        // 返回结果集，如果执行的 SQL 语句不返回结果集，则返回 null
        return pStmt.getResultSet();
    }
    // 核对用户输入的验证码是否合法
    protected boolean checkValidationCode(HttpServletRequest request,
    String validationCode)
    {
        // 从 HttpSession 对象中获得系统随机生成的验证码
        String validationCodeSession = (String)request.getSession().
        getAttribute("validation_code");
        // 如果获得的验证码为 null，说明验证码过期，用户必须刷新客户端页面，以重新获
        得新的验证码
        if(validationCodeSession == null)
        {
            // 设置 result.jsp 需要的结果信息
            request.setAttribute("info", "验证码过期");
            // 设置 login.jsp 需要的错误信息
            request.setAttribute("codeError", "验证码过期");
            return false;
        }
        // 将用户输入的验证码和系统随机生成的验证码进行比较
        if(!validationCode.equalsIgnoreCase(validationCodeSession))
        {
            // 设置 result.jsp 需要的结果信息
            request.setAttribute("info", "验证码不正确");
            // 设置 login.jsp 需要的错误信息
            request.setAttribute("codeError", "验证码不正确");
            return false;
        }
        return true;
    }
    @Override
    protected void service(HttpServletRequest request,
            HttpServletResponse response) throws ServletException,
            IOException
    {
        try
        {
            // 如果 conn 为 null，打开数据库连接
            if (conn == null)
            {
                // 创建上下文对象 ctx
                javax.naming.Context ctx = new javax.naming.
                InitialContext();
                // 获取数据源
                javax.sql.DataSource ds = (javax.sql.DataSource) ctx.
                lookup("java:/comp/env/jdbc/webdb");
                conn = ds.getConnection();          // 为 Connection 对象赋值
            }
        }
        catch (Exception e)
```

```
        {
        }
    }
    @Override
    public void destroy()
    {
        try
        {
            //  如果数据库连接正常打开，关闭它
            if (conn != null)
                conn.close();
        }
        catch (Exception e)
        {
        }
    }
}
```

在生成图形验证码的同时，系统会将这个随机生成的验证码保存在 Session 中，key 为 validation_code。因此在 checkValidationCode 方法中需要根据 validation_code 从 Session 中获得验证码，然后再和用户输入的验证码进行比较。关于图形验证码生成的细节将在 6.3.3 节介绍。

6.3.2　实现 MD5 加密

本系统保存在数据库中的密码是通过 MD5 算法加密的。在 JDK 7 中提供了实现 MD5 算法的类。通过 java.security.MessageDigest 类的 getInstance 方法可以获得支持 MD5 算法的 MessageDigest 对象实例，代码如下：

```
MessageDigest md5 = MessageDigest.getInstance("MD5");
```

由于被 MD5 算法加密后字符串可能含有非可视的字符，这些字符可能无法保存在数据库中，因此需要将被加密后的字符串再次使用 Base64 格式进行编码。实现 MD5 加密的完整代码如下：

```
package common;
import java.security.*;
public class Encrypter
{
    // 用 MD5 算法加密字符串
    public static String md5Encrypt(String s) throws Exception
    {
        // 获得支持 MD5 算法的 MessageDigest
        MessageDigest md5 = MessageDigest.getInstance("MD5");
        // 获得 BASE64Encoder 对象，用 Base64 格式对字符串进行编码
        sun.misc.BASE64Encoder base64Encoder = new sun.misc.
        BASE64Encoder();
        // 对字符串进行加密，并将加密后的字符串按 Base64 格式进行编码，并将结果返回
        return base64Encoder.encode(md5.digest(s.getBytes("utf-8")));
    }
}
```

6.3.3　实现图形验证码

图形验证码是注册登录系统中的必备功能之一，主要用于防止暴力破解。图形验证码的基本原理很简单，可分为以下 5 步来完成。

（1）建立一个图形缓冲区。

（2）在图形缓冲区上用随机颜色填充背景。

（3）在图形缓冲区上输出验证码。

（4）将验证码保存在 HttpSession 对象中。

（5）向客户输出图形验证码。

第（1）步可以通过 BufferedImage 类实现，代码如下：

```
// 建立图形缓冲区
BufferedImage image = new BufferedImage(width, height,
BufferedImage.TYPE_INT_RGB);
```

如果想填充图形缓冲区的背景，以及在上面输出文本，需要使用 Graphics 对象，代码如下：

```
Graphics g = image.getGraphics();        // 获得用于输出文字的 Graphics 对象
Random random = new Random();            // 创建一个 Random 对象
g.setColor(getRandomColor(180, 250));    // 随机设置要填充的颜色
g.fillRect(0, 0, width, height);         // 填充图形背景
```

最后可以通过 javax.imageio.ImageIO 类的 write 方法向客户端输出图形验证码，代码如下：

```
OutputStream os = response.getOutputStream();
ImageIO.write(image, "JPEG", os);        // 以 JPEG 格式向客户端发送图形验证码
```

在上面的代码中，write 方法将图形缓冲区中的图像信息以 JPEG 格式发送到 Servlet 的输出流中。

在本例中通过 ValidationCode 类实现图形验证码功能，其实这个类是一个 Servlet 类，在客户端只需要像访问普通 Servlet 一样访问 ValidationCode 类即可。ValidationCode 类的代码如下：

```
package chapter6;
import java.awt.*;
import java.awt.image.BufferedImage;
import java.io.*;
import java.util.Random;
import javax.imageio.ImageIO;
import javax.servlet.*;
import javax.servlet.http.*;
public class ValidationCode extends HttpServlet
{
    // 图形验证码的字符集合，系统将随机从这个字符串中选择一些字符作为验证码
    private static String codeChars =
        "%#23456789abcdefghkmnpqrstuvwxyzABCDEFGHKLMNPQRSTUVWXYZ";
    // 返回一个随机颜色（Color 对象）
    private static Color getRandomColor(int minColor, int maxColor)
```

```
{
    Random random = new Random();
    // 保存 minColor 最大不会超过 255
    if (minColor > 255)
        minColor = 255;
    // 保存 minColor 最大不会超过 255
    if (maxColor > 255)
        maxColor = 255;
    // 获得红色的随机颜色值
    int red = minColor + random.nextInt(maxColor - minColor);
    // 获得绿色的随机颜色值
    int green = minColor + random.nextInt(maxColor - minColor);
    // 获得蓝色的随机颜色值
    int blue = minColor + random.nextInt(maxColor - minColor);
    return new Color(red, green, blue);
}
@Override
protected void service(HttpServletRequest request,
        HttpServletResponse response) throws ServletException,
        IOException
{
    // 获得验证码集合的长度
    int charsLength = codeChars.length();
    // 下面 3 条记录是关闭客户端浏览器的缓冲区
    // 这 3 条语句都可以关闭浏览器的缓冲区，但是由于浏览器的版本不同，对这 3 条语
    句的支持也不同
    // 因此，为了保险起见，建议同时使用这 3 条语句关闭浏览器的缓冲区
    response.setHeader("ragma", "No-cache");
    response.setHeader("Cache-Control", "no-cache");
    response.setDateHeader("Expires", 0);
    // 设置图形验证码的长和宽（图形的大小）
    int width = 90, height = 20;
    BufferedImage image = new BufferedImage(width, height,
    BufferedImage.TYPE_INT_RGB);
    // 获得用于输出文字的 Graphics 对象
    Graphics g = image.getGraphics();
    Random random = new Random();
    g.setColor(getRandomColor(180, 250));   // 随机设置要填充的颜色
    g.fillRect(0, 0, width, height);         // 填充图形背景
    // 设置初始字体
    g.setFont(new Font("Times New Roman", Font.ITALIC, height));
    g.setColor(getRandomColor(120, 180));   // 随机设置字体颜色
    // 用于保存最后随机生成的验证码
    StringBuilder validationCode = new StringBuilder();
    // 验证码的随机字体
    String[] fontNames = { "Times New Roman", "Book antiqua",  "Arial" };
    // 随机生成 3～5 个验证码
    for (int i = 0; i < 3 + random.nextInt(3); i++)
    {
        // 随机设置当前验证码的字符的字体
        g.setFont(new Font(fontNames[random.nextInt(3)], Font.ITALIC,
        height));
        // 随机获得当前验证码的字符
        char codeChar = codeChars.charAt(random.nextInt(charsLength));
        validationCode.append(codeChar);
        // 随机设置当前验证码字符的颜色
        g.setColor(getRandomColor(10, 100));
        // 在图形上输出验证码字符，x 和 y 都是随机生成的
```

```
            g.drawString(String.valueOf(codeChar), 16 * i + random.
            nextInt(7), height - random.nextInt(6));
        }
        // 获得 HttpSession 对象
        HttpSession session = request.getSession();
        // 设置 session 对象 5 分钟失效
        session.setMaxInactiveInterval(5 * 60);
        // 将验证码保存在 session 对象中, key 为 validation_code
        session.setAttribute("validation_code", validationCode.
        toString());
        g.dispose();                                // 关闭 Graphics 对象
        OutputStream os = response.getOutputStream();
        // 以 JPEG 格式向客户端发送图形验证码
        ImageIO.write(image, "JPEG", os);
    }
}
```

在上面的代码中产生的随机验证码个数并不是固定的（随机生成 3～5 个验证码），主要是为了使验证码看起来更随机。下面为 ValidationCode 类的配置代码：

```
<!-- 定义 Servlet 本身的属性 -->
<servlet>
    <servlet-name>ValidationCode</servlet-name>
    <servlet-class>chapter6.ValidationCode</servlet-class>
</servlet>
<!-- 定义 Servlet 映射信息 -->
<servlet-mapping>
    <servlet-name>ValidationCode</servlet-name>
    <url-pattern>/chapter6/validation_code</url-pattern>
</servlet-mapping>
```

6.4　实现注册系统

在本节将实现注册系统。在这个系统中有一个处理用户提交的注册信息的 Register 类，除此之外，还有一个 register.jsp，这个页面负责显示注册页面。当 Register 类处理完注册信息后，会将处理结果消息传给 result.jsp，然后 result.jsp 在显示处理结果消息后，会重新转到 register.jsp 页面。

6.4.1　实现注册 Servlet 类

DBServlet 类负责处理用户提交的注册信息。如果注册信息正确，就向 t_users 表中添加一条记录，否则，会通过消息对话框显示出现消息。

在 DBServlet 类的 service 方法一开始便处理了 login 请求参数，这个参数是通过注册页面的"登录"提交按钮发出的，如果用户单击这个按钮，系统就会重定向到 login.jsp 页面。

在开始处理用户注册信息之前，需要先调用 DBServlet 类的 service 方法打开数据库。然后在向 t_users 表中插入记录之前，需要先判断一下用户输入的验证码是否正确，核对验证码的工作是通过在 6.3.1 节实现的 checkValidationCode 方法中完成的。

如果验证码输入正确，就使用 insert 语句向 t_users 表中根据用户输入的注册信息插入一条记录。如果无法成功插入记录，说明该用户在 t_users 表中已经存在了。为了更稳妥，读者也可以先使用 select 语句来查询用户名是否存在，然后再向 t_users 中插入记录。

不管最后记录是否插入成功，系统都会转到 result.jsp 页面。这也是为什么将转发代码放到 finally 块中的原因。Register 类的完整实现代码如下：

```java
public class Register extends DBServlet
{
    @Override
    protected void service(HttpServletRequest request,
            HttpServletResponse response) throws ServletException,
            IOException
    {
        String userName = null;
        // 下面的语句必须放在 try{...}前面，否则会调用 finally 中的 forward
        // 在调用 sendRedirect 方法后，不能再调用 forward 方法
        if(request.getParameter("login") != null)
        {
            // 重定向到 login.jsp
            response.sendRedirect("login.jsp");
            return;
        }
        try
        {
            // 调用 DBServlet 的 service 方法
            super.service(request, response);
            // 获得参数 username、password、email 和 validation_code 的值
            userName = request.getParameter("username");
            String password = request.getParameter("password");
            String email = request.getParameter("email");
            String validationCode = request.getParameter
            ("validation_code");
            // 用户名和密码不能为 null
            if(userName == null || password == null || validationCode == null)
            return;
            // 用户名和密码必须输入
            if(userName.equals("") || password.equals("") ||
            validationCode.equals("")) return;
            // 进行编码转换，以支持中文用户名
            userName = new String(userName.getBytes("ISO-8859-1"),
            "UTF-8");
            // 在 result.jsp 中要跳转到 register.jsp 页
            request.setAttribute("page", "register.jsp");
            // 核对验证码
            if(!checkValidationCode(request, validationCode))
            {
                return;
            }
            email = (email == null)?"":email;  // 将空值的 email 赋为空串
            // 用 MD5 算法对密码字符串加密
            String passwordMD5 = common.Encrypter.md5Encrypt(password);
            // 定义插入记录的 SQL 语句
            String sql = "insert into t_users(user_name, password_md5,
            email) values(?, ?, ?)";
            // 执行 SQL 语句
            execSQL(sql, userName, passwordMD5, email);
```

```
        // 定义 result.jsp 中使用的消息
        request.setAttribute("info", "用户注册成功!");
    }
    catch (Exception e)
    {
        System.out.println(e.getMessage());
        request.setAttribute("info", userName + "已经被使用!");
    }
    finally
    {
        // 转发到 result.jsp
        RequestDispatcher rd = request.getRequestDispatcher
        ("result.jsp");
        rd.forward(request, response);
    }
}
}
```

下面是 Register 类的配置代码:

```
<!-- 定义 Servlet 本身的属性 -->
<servlet>
    <servlet-name>Register</servlet-name>
    <servlet-class>chapter6.Register</servlet-class>
</servlet>
<!-- 定义 Servlet 映射信息 -->
<servlet-mapping>
    <servlet-name>Register</servlet-name>
    <url-pattern>/chapter6/register</url-pattern>
</servlet-mapping>
```

6.4.2 实现注册系统的主页面

register.jsp 页面显示了用户输入注册信息的页面。在 register.jsp 中使用<form>向 Register 提交注册信息。下面是提交注册信息的核心代码:

```
<!-- form 表单 -->
<form name="register_form" action="register" method="post">
    <span class="require">*</span> 用户名:
    <!-- 用户名输入框 -->
    <input type="text" id = "username" name="username" size="30" maxLength=
    "30"/>
    <span class="require">*</span> 密码: </div>
    <!-- 密码输入框 -->
    <input type="password"  id="password" name="password" size="30"
    maxLength="30" />
    <span class="require">*</span> 请再次输入密码:
    <!-- 确认密码输入框 -->
    <input type="password" id="repassword" name="repassword" size="30"
    maxlength="30"/>
    邮箱地址:
    <!-- 邮箱输入框 -->
    <input type="text" id="email" name="email" size="30" maxlength="30"/>
    <span class="require">*</span>验证码:
    <!-- 验证码输入框 -->
    <input type="text" id="validation_code" name="validation_code" style=
```

```
    "width:60px;margin-top:
    2px" size="30" maxlength="30"/>
    <!-- 显示图像  -->
    <img id="img_validation_code" src="validation_code"/>
    <!-- 刷新按钮  -->
    <input type="button" value="刷新" onclick="refresh()" />
    <!-- 注册按钮  -->
    <input type="button" value="注册" onclick="checkRegister()"/>
    <!-- 登录按钮  -->
    <input type="submit" value="登录" name="login" />
</form>
```

使用 ValidationCode 获得图形验证码的方法非常简单，只需将 validation_code 作为 <img>标签的 src 属性值即可。

在上面的代码中只有一个登录按钮是提交按钮，单击这个按钮，会向 Register 发送一个 login 请求参数。实际上，注册按钮也是一个提交按钮，只是在提交之前，需要对用户输入的注册信息进行客户端验证，因此，注册按钮通过调用 checkRegister 方法进行验证和提交，代码如下：

```
// 验证注册信息，并提交
function checkRegister()
{
    // 获得 username 文本框对象
    var username = document.getElementById("username");
    // 用户名必须输入
    if(username.value == "")
    {
        alert("必须输入用户名!");
        username.focus();        // 将焦点放到 username 文本框上
        return;
    }
    // 获得 password 文本框对象
    var password = document.getElementById("password");
    // 密码必须输入
    if(password.value == "")
    {
        alert("必须输入密码!");
        password.focus();        // 将焦点放到 password 文本框上
        return;
    }
    // 获得 repassword 文本框对象
    var repassword = document.getElementById("repassword");
    // 两次输入的密码必须一致
    if(password.value != repassword.value)
    {
        alert("输入的密码不一致!");
        repassword.focus();      // 将焦点放到 repassword 文本框上
        return;
    }
    // 获得 email 文本框对象
    var email = document.getElementById("email");
    // 验证 E-mail
    if(email.value != "")
```

```
    {
        // 用 checkEmail 函数验证 E-mail 的合法性
        if(!checkEmail(email)) return;
    }
    // 获得 validation_code 文本框对象（用于输入验证码）
    var validation_code = document.getElementById("validation_code");
    // 必须输入验证码
    if(validation_code.value == "")
    {
        alert("验证码必须输入!");
        validation_code.focus();  //  将焦点放到 validation_code 文本框上
        return;
    }
    register_form.submit();        //  提交用户注册信息
}
```

在上面的代码中涉及一个验证 E-mail 的 **checkEmail** 函数，代码如下：

```
// 验证 E-mail 的格式是否合法
function checkEmail(email)
{
    var email = email.value;       //  获得用户输入的 E-mail
    // 验证 E-mail 的正则表达式
    var pattern = /^([a-zA-Z0-9._-])+@([a-zA-Z0-9_-])+(\.[a-zA-Z0-9_-])+/;
    // 验证 E-mail 是否匹配正则表达式
    flag = pattern.test(email);
    // 如果 E-mail 不合法，返回 false，并将焦点放在 email 文本框上
    if(!flag)
    {
        alert("email 格式不正确!");
        email.focus();
        return false;
    }
    return true;
}
```

如果某一个随机生成的图形验证码看不清楚，可以单击"刷新"按钮重新获得一个图形验证码，这个功能是由 refresh 方法完成的，代码如下：

```
// 重新获得图形验证码
function refresh()
{
    // 获得验证码对象
    var img = document.getElementById("img_validation_code")
    img.src = "validation_code?" + Math.random();
    // 附加随机请求参数，以保证每次的 src 属性值不同
}
```

在上面代码中的 validation_code 后面加了一个随机的请求参数。实际上，这个请求参数没有任何意义，只是因为有些浏览器（如 Firefox）在一定时间间隔内为 src 属性设置同一个值，由于缓冲的作用，<img>标签并不会被刷新。因此，在后面为其加了个随机参数，以保证每次 src 属性值都不一样。当然，也可以使用其他的方法加参数（如使用当前时间作为请求参数），但要保证每次的参数都不同。

6.4.3　实现结果 JSP 页面

在 Register 类中，处理完注册信息后，无论成功或失败，都会转到 result.jsp 页面。这个页面负责显示处理结果消息，并返回指定的页面（在这里就是 register.jsp）。result.jsp 页面的代码如下：

```
<%@ page language="java" pageEncoding="UTF-8"%>
<%@ taglib uri="http://java.sun.com/jsp/jstl/core" prefix="c"%>
<html>
    <body>
        <!--  通过提交的方式回到指定的 JSP 页面  -->
        <form name = "form" action="${requestScope.page}" method="post"/>
        <script type="text/javascript">
            //  如果结果消息不为 null，则执行下面的操作
            <c:if test="${requestScope.info != null}">
                alert('${requestScope.info}');    //  显示结果消息
                form.submit();                     //  提交 form
            </c:if>
        </script>
    </body>
</html>
```

在 result.jsp 页面中，要返回的页面和处理结果消息都是通过 request 域传递的，并通过 EL 来获得这些值。到目前为止，注册系统已经实现完了，启动 Tomcat 后，在 IE 地址栏中输入如下的 URL：

```
http://localhost:8080/webdemo/chapter6/register.jsp
```

在访问上面的 URL 后，在 IE 中的显示页面如图 6.2 所示。

如果用户输入正确的注册信息和注册码后，单击"注册"按钮后，系统就会弹出如图 6.3 所示的对话框，提示注册成功。当提交的注册信息错误时，也会弹出类似图 6.3 所示的提示对话框，如"user1 已经被使用！"等信息。

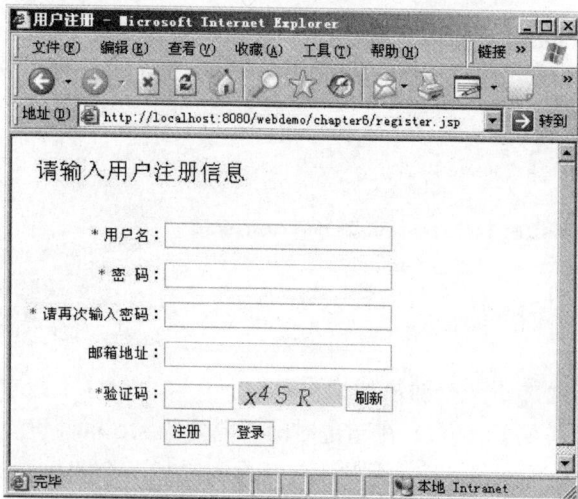

图 6.2　注册系统主界面

图 6.3　提示注册成功

6.5　实现登录系统

在本节中将实现登录系统。在这个系统中有一个处理用户提交的登录信息的 Login 类。除此之外，还有一个 login.jsp 页面，该页面负责采集用户登录信息。当 Login 类处理完登录信息后，如果登录成功，系统会转入 main.jsp 页面，否则，会在 login.jsp 页面的相应位置输出错误信息。

6.5.1　实现登录 Servlet

Login 类负责处理用户提交的登录信息。这个类和 Register 类的工作流程类似。下面是 Login 类的实现代码。

```java
//  继承类 DBServlet
public class Login extends DBServlet
{
    @Override
    protected void service(HttpServletRequest request,
            HttpServletResponse response) throws ServletException,
            IOException
    {
        //  如果存在 register 请求参数，重定向到 register.jsp 页面
        if (request.getParameter("register") != null)
        {
            response.sendRedirect("register.jsp");
            return;
        }
        String page = "login.jsp";
        String userName = "";
        try
        {
            //  调用父类的 service 方法
            super.service(request, response);
            //  获得 username 请求参数
            userName = request.getParameter("username");
            //  获得 password 请求参数
            String password = request.getParameter("password");
            //  获得 validation_code（验证码）请求参数
            String validationCode = request.getParameter
            ("validation_code");
            //  如果这 3 个请求参数值有一个为 null，则退出 service 方法
            if (userName == null || password == null || validationCode == null)
                return;
            //  如果这 3 个请求参数值有一个为空串，则退出 service 方法
            if (userName.equals("") || password.equals("") ||
            validationCode.equals(""))
                return;
            //  进行了编码转换，以便支持中文用户名
            userName = new String(userName.getBytes("ISO-8859-1"), "UTF-8");
            //  核对验证码
```

```
    if(!checkValidationCode(request, validationCode))
    {
        return;
    }
    String sql = "select user_name, password_md5 from t_users where
    user_name = ?";
    //  查询登录用户是否存在
    ResultSet rs = execSQL(sql, new Object[] { userName });
    if (rs.next() == false)
    {
        //  设置用于在 login.jsp 中显示的用户名错误信息
        request.setAttribute("userError", userName + "不存在");
    }
    else
    {
        //· 得到登录用户的 MD5 加密字符串
        String passwordMD5 = common.Encrypter.md5Encrypt(password);
        if(!rs.getString("password_md5").equals(passwordMD5))
        {
            //  设置用于在 login.jsp 中显示的密码错误信息
            request.setAttribute("passwordError", "密码不正确");
        }
        else
        {
            page = "/WEB-INF/chapter6/main.jsp";
            //  登录成功, 设置要转发的页面
        }
    }
}
catch (Exception e)
{
}
finally
{
    //  将用户名存放在 request 中
    request.setAttribute("username", userName);
    RequestDispatcher rd = request.getRequestDispatcher(page);
    rd.forward(request, response);//  转发相应的页面(默认是 login.jsp)
}
}
}
```

在上面的代码中，核对完验证码后，就开始使用 select 语句从 t_users 表中查找登录用户是否存在，如果存在，将加密后的登录密码和从 t_users 表中查找的密码进行比较，如果匹配，表示登录成功，并转入 main.jsp 页面。在本例中，main.jsp 页面只是一个表示登录成功的页面，里面并没有什么实质性的东西，只是显示了当前登录的用户名和一些信息。

🔔注意：之所以要把 main.jsp 页面放到 WebRoot\WEB-INF\chapter6 目录中，是因为这个目录中的文件在客户端浏览器是无法直接访问的，一般需要验证才能访问的页面都应放在 WEB-INF 目录及其子目录中。

如果将这些页面放在可访问的 Web 目录，用户就可以通过直接访问这些页面的方式来

绕过验证而进入相应的页面，但如果将其放在 WEB-INF 及其子目录中，则通过像 Servlet
一样的验证类进行验证，如果验证通过，就可以转发到相应的敏感页面（通过 forward 方
式可以访问 WEB-INF 目录及其子目录中的页面）。Login 类的配置代码如下：

```
<!-- 定义 Servlet 本身的属性  -->
<servlet>
    <servlet-name>Login</servlet-name>
    <servlet-class>chapter6.Login</servlet-class>
</servlet>
<!-- 定义 Servlet 映射信息  -->
<servlet-mapping>
    <servlet-name>Login</servlet-name>
    <url-pattern>/chapter6/login</url-pattern>
</servlet-mapping>
```

6.5.2　实现登录系统主页面

login.jsp 显示了用户登录页面。在 login.jsp 页面中使用<form>标签向 Login 提交登录
信息。下面是提交登录信息的核心代码。

```
<form name = "login_form" action="login" method="post">
    用户名：
    <!--  使用 EL 重新获得用户名，以使被转发到 login.jsp 时用户名丢失  -->
    <input type="text" id = "username" value="${requestScope.username}"
    class="input_list"
    name="username" size="30" maxLength="30"/>
    <font color-"#FF0000">${requestScope.userError}</font>
    密 码：
    <input type="password"  id="password" class="input_list" name=
    "password" size="30"
    maxLength="30" /><font color="#FF0000">${requestScope.passwordError}
    </font>
    验证码：
    <input type="text" id="validation_code"  name="validation_code"
    style="width:60px;margin-top:
    2px" size="30" maxlength="30"/>
    <img id="img_validation_code" src="validation_code"/>
    <input type="button"  value="刷新" onclick="refresh()" />
    <font color="#FF0000">${requestScope.codeError}</font>
    <!--  登录按钮  -->
    <input type="button" value="登录" name="login" onclick="checkLogin()"
    />
    <!--  注册按钮  -->
    <input type="submit" value="注册" name="register" />
</form>
```

在 login.jsp 页面中的 JavaScript 代码和 6.4.2 节中的 JavaScript 类似，读者可参阅 6.4.2
节中相应的 JavaScript 代码，也可以查看本书提供的源代码。在 IE 中输入如下的 URL：

```
http://localhost:8080/webdemo/chapter6/login.jsp
```

在访问上面的 URL 后，在 IE 中将显示如图 6.4 所示的界面。如果登录信息输入有误，
就会显示如图 6.5 所示的错误信息。

图 6.4　登录系统主界面　　　　　　　　　　　图 6.5　登录主界面的错误提示信息

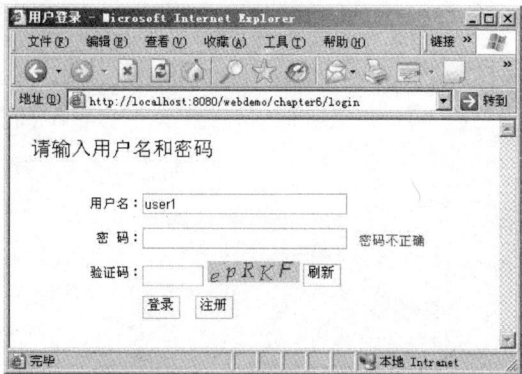

6.6　小　　结

本章给出了一个简单的例子演示如何使用 Servlet 和 JSP 开发一个基于 JDBC 技术的 Web 程序。在本章中实现了 3 个关键类：操作数据库的 DBServlet 类、实现 MD5 加密的 Encrypter 类和实现图形验证码的 ValidationCode 类。其中 ValidationCode 类从表面看实现起来比较复杂，其实在这个类中只是使用了 BufferedImage 类来建立一个图像缓冲区，然后通过 ImageIO 类将图像流发送到客户端。至于在这个图像缓冲区上画些什么，就需要读者的想象力了。

在介绍完上述的 3 个关键类后，又分别讲解了注册系统和登录系统的设计和实现。这两个系统的实现原理非常类似，只要能够实现一个，另一个也就水到渠成了。

6.7　实 战 练 习

编码题

1. 编写一个 JSP 页面 luncknum.jsp，产生 0～9 之间的随机数作为用户幸运数字，将其保存到会话中，并重定向到另一个页面 showLuckNum.jsp 中，在该页面中将用户的幸运数字显示出来。

【提示】使用 Math 类的 random()方法生成 0.0～1.0 之间的随机数作为幸运数字，然后把随机数存放到 Session 对象中，在 showLuckNum.jsp 中，把幸运数字从 Session 对象取出来，并将其显示到页面上。

产生随机数幸运数的代码如下：

```
<%
int luckNum = (int)(Math.random() * 10);
session.setAttribute("LuckNum",String.valueOf(luckNum));
response.sendRedirect("showLucknum.jsp");
%>
```

显示幸运数的代码如下：

```
<%
String luckLum ="";
if(session.getAttribute("LuckNum")!=null){
  luckLum = (String)session.getAttribute("LuckNum");
}
%>
```

2．本章通过 Servlet 和 JSP 技术实现注册登录系统，通过 MVC 架构重构该系统，利用多层包组织项目代码。

【提示】可以通过如下步骤实现重构：

（1）根据用户表创建实体类。

（2）创建操作用户表的数据访问层。

（3）通过调研数据访问层创建服务层。

（4）通过在 Servlet 中调用服务层的相关方法实现登录和注册功能。

第 2 篇　Struts 2 篇

▶▶　第 7 章　编写 Struts 2 第一个程序

▶▶　第 8 章　Struts 2 进阶

▶▶　第 9 章　Struts 2 的拦截器

▶▶　第 10 章　Struts 2 的类型转换

▶▶　第 11 章　Struts 2 的输入校验

▶▶　第 12 章　文件的上传和下载

▶▶　第 13 章　程序的国际化

▶▶　第 14 章　Struts 2 的标签库

▶▶　第 15 章　Struts 2 对 AJAX 的支持

▶▶　第 16 章　用 Struts 2 实现注册登录系统

第7章 编写 Struts 2 第一个程序

本章将开始介绍 Struts 2 的基本原理和使用方法。Struts 2 是目前非常流行的 MVC 框架，虽然被称为 Struts 的第 2 个版本，但它与 Struts 1 却完全不同。实际上，Struts 2 只是 WebWork 框架的升级版。在 Struts 2 中有许多功能都是依赖于 WebWork 框架的，由于 WebWork 在使用上要比 Struts 1 更容易，而且 Struts 2 在 WebWork 框架的基础上又增加了更多的功能，因此 Struts 2 要比 Struts 1 的功能更为强大。本章的主要内容如下：

- ❑ Struts 2 中的 MVC 模式；
- ❑ Struts 2 的工作流程；
- ❑ Struts 2 的配置文件；
- ❑ Struts 2 的控制器；
- ❑ 下载和安装 Struts 2；
- ❑ 配置 Struts 2；
- ❑ 实例：图书查询系统。

7.1 Struts 2 的 MVC 模式

在最近几年，基于 B/S（浏览器/服务器）架构的应用开始大行其道，其中的服务器就是指 Web 服务器。由此可见，Web 应用是目前被广泛使用的系统架构，而 MVC 模式逐渐成为实现 Web 应用的首选设计模式。在目前众多的 MVC 框架中，Struts 2 要算其中的佼佼者。虽然 Struts 2 是 Struts 的第 2 个版本，发布时间也比较晚，但 Struts 2 已经凭借着强大的功能和易用性赢得了许多开发者的心。

在 Struts 2 中的控制器类（Action 类）可以是一个 POJO 类，也可以从 ActionSupport 类继承。开发人员可以将数据逻辑和业务逻辑的代码写在控制器中，也可以再进一步划分，将操作数据和处理业务逻辑的代码分别写在数据逻辑层和业务逻辑层。视图层由 JSP 页面和一些 Struts 2 标签组成。在 Action 类中也包含了用于封装客户端提交的请求参数的 setter 和 getter 方法。Action 类用于进行流控制，这项工作主要在 Action 类的 execute 方法中进行。Struts 2 中的控制器主要有如下 4 个功能。

- ❑ 简单验证：该验证主要指不需要数据库参与的验证，如校验客户端输入的用户名是否为空，两次输入密码是否一致等。
- ❑ 复杂验证：该验证主要指需要数据库参与的验证，如验证用户名是否存在，或产品号是否唯一等。
- ❑ 商业逻辑：在控制器中进行的主要工作就是进行业务逻辑处理（可能是调用业务逻辑层的组件），如计算购物车中商品的付款总额。

□　流控制：可以在 Action 类的 execute 方法中通过指定结果（Result）的方式转入其他的网络资源（包括 JSP 页面或 Servlet）。

Struts 2 框架的结构可分为以下 4 部分：

□　JSP/Struts 2 标签（视图层）；

□　ActionSupport 的子类（控制层）；

□　处理业务逻辑和数据逻辑的 JavaBean（模型层）；

□　用于保存 Struts 2 配置的 struts.xml 文件。

一个完整和规范的基于 Struts 2 框架的 Web 程序必须具有上述的 4 部分。在 7.3 节将会以一个例子来演示在 MyEclipse 中如何建立一个完整的 Struts 2 应用程序，读者可以根据本书给出的操作步骤和上述的 4 个组成部分，来充分地学习和理解 Struts 2 应用程序结构的实现方法。

7.2　Struts 2 的体系结构

Struts 2 的体系结构与 Struts 1 的体系结构有非常大的差别，这是因为 Struts 2 使用了 WebWork 框架的技术，而并不是沿用 Struts 1 的核心技术，因此 Struts 2 看起来更像 WebWork 框架的升级版。Struts 2 与 Struts 1 最大的不同是 Struts 2 使用了大量的拦截器来处理用户请求，从而将业务逻辑控制器和 Servlet API 分离。

7.2.1　工作流程

Struts 2 与 WebWork 的工作方式类似，它同样使用了拦截器作为其处理用户请求的控制器。在 Struts 2 中有一个核心控制器 FilterDispatcher，这个核心控制器相当于 Struts 1 的 ActionServlet 类。FilterDispatcher 负责处理用户的所有请求，如果遇到以.action 结尾的请求 URL，就会交给 Struts 2 框架来处理。下面是 Struts 2 框架的基本工作流程：

（1）客户端浏览器发送请求，如 abc/page.action、excel/abc.xls 等。

（2）核心控制器 FilterDispatcher 接收请求后，根据后面的扩展名，决定是否调用 Action 及调用哪个 Action。

（3）在调用 Action 的 execute 方法之前，Struts 2 会调用一系列的拦截器来提供一些通用的功能，如 workflow、验证或文件上传等功能。这些拦截器的组合被称为拦截器链。

（4）在调用完拦截器链后，Struts 2 就会调用 Action 的 execute 方法。在 execute 方法中就会执行用户的相关操作，如执行某种数据库操作，处理业务逻辑等。

（5）根据 Action 的 execute 方法的返回值，会将处理结果信息返回到浏览器，这些结果可以是 HTML 页面、JSP 页面、图像，也可以是其他的任何 Web 资源。

Struts 2 的工作流程如图 7.1 所示。

7.2.2　配置文件

在 Struts 2 中的配置文件和 Struts 1 中也有很大的不同。Struts 2 的核心配置文件是

struts.xml。一般将这个文件放到<Web 根目录>\WEB-INF\classes 目录中。struts.xml 文件的根标签是<struts>，每一个 Action 对应一个<action>标签，在<action>标签中定义如何处理返回结果，以及拦截器等信息。下面是一个 struts.xml 文件的例子。

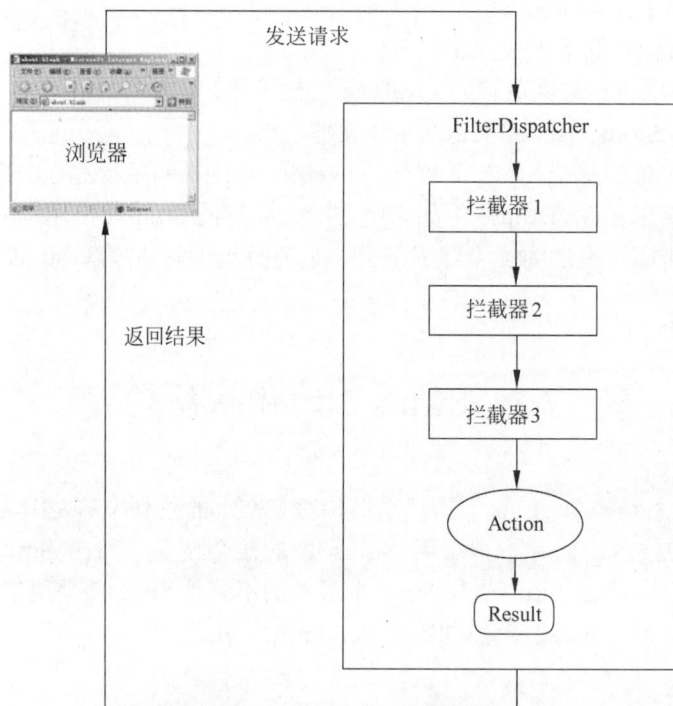

图 7.1　Struts 2 的工作流程图

```xml
<?xml version="1.0" encoding="UTF-8" ?>
<!DOCTYPE struts PUBLIC
    "-//Apache Software Foundation//DTD Struts Configuration 2.3//EN"
    "http://struts.apache.org/dtds/struts-2.3.dtd">
<struts>
    <!--  Struts 2 的 action 必须要在 package 里配置  -->
    <package name="default" extends="struts-default">
        <!--  定义一个处理登录信息的 Action  -->
        <action name="login" class="action.LoginAction">
            <!--  execute 方法返回 success 时，转入/WEB-INF/main.jsp  -->
            <result name="success">/WEB-INF/main.jsp</result>
            <!--  execute 方法返回 input 时，转入/WEB-INF/login.jsp  -->
            <result name="input">/WEB-INF/login.jsp</result>
        </action>
        <!--  定义一个处理注册信息的 Action  -->
        <action name="register" class="action.RegisterAction">
            <!--  execute 方法返回 success 时，转入/WEB-INF/login.jsp  -->
            <result name="success">/WEB-INF/login.jsp</result>
            <!--  execute 方法返回 input 时，转入/WEB-INF/register.jsp  -->
            <result name="input">/WEB-INF/register.jsp</result>
        </action>
    </package>
</struts>
```

上面的 struts.xml 中配置了两个 Action，定义 Action 时，至少要指定 Action 的 name

属性和 class 属性，其中 name 属性的值就是访问这个 Action 的 URL 的一部分，而 class 属性值就是这个 Action 的类名。关于 sturts.xml 文件及其他的 Struts 2 配置文件的具体内容将在第 8 章详细介绍。

7.2.3　控制器

Struts 2 与 Struts 1 相比，最大的改进之一就是 Action 类，在 Struts 1 中，Action 类要求必须实现 Action 接口，而在 Struts 2 中虽然也有 Action 接口，但并不要求一定要实现这个接口。实际上，只要是一个包含 execute 方法的 POJO 类就可以作为 Struts 2 的 Action 类。Struts 2 的 Action 类不仅仅起到了控制器的作用，而且还相当于 Struts 1 的 ActionForm 类，因为在 Struts 2 的控制类中也可以包含用于封装客户端请求参数的 getter 和 setter 方法。下面是 Struts 2 的 Action 类代码示例。

```
public class RegisterAction
{
    private String username;        // 封装用户请求参数值的 username 属性
    private String password;        // 封装用户请求参数值的 password 属性
    private String email;           // 封装用户请求参数值的 email 属性
    // username 属性的 getter 方法
    public String getUsername()
    {
        return username;
    }
    // username 属性的 setter 方法
    public void setUsername(Stirng username)
    {
        this.username = username;
    }
    // password 属性的 getter 方法
    public String getPassword()
    {
        return password;
    }
    // password 属性的 setter 方法
    public void setPassword(String password)
    {
        this.password = password;
    }
    // email 属性的 getter 方法
    public String getEmail()
    {
        return email;
    }
    // email 属性的 setter 方法
    public void setEmail(String email)
    {
        this.email = email;
    }
    // 处理用户请求的 execute 方法
    public String execute() throws Exception
    {
        // bill 用户已经存在，无法成功注册
        if(getUsername().equals("bill"))
```

```
        {
            return "input";            //  返回 input 结果
        }
        else
        {
            return "success";          //  返回 success 结果
        }
    }
}
```

从上面的代码可以看出，RegisterAction 类并没有实现任何接口，也没有继承任何类，它只是一个 POJO 类而已。在 RegisterAction 类中并未涉及任何的 Servlet API，因此 Struts 2 的 Action 类可归纳为如下 3 个特点。

❑ Action 类可以实现 Action 接口，也可以继承 ActionSupport 类（一个默认的 Action 接口的实现，将在后面详细介绍），但 Struts 2 并不强迫这样做。事实上，任何一个包含 execute 方法的 POJO 类都可以作为 Action 类。

❑ Action 类和 Servlet API 是松散耦合的，这样做有利于单独对 Action 类进行测试。

❑ execute 方法只返回一个字符串，通过 struts.xml 配置文件，可以将这个返回字符串映射到任何一个 Web 资源上，如 HTML、JSP、JPG、DOC 等。

7.3　Struts 2 实例：图书查询系统

由于 MyEclipse 早期并不支持 Struts 2，因此要想在 MyEclipse 的早期版本中开发基于 Struts 2 的 Web 程序就需要手工进行配置。不过幸好 MyEclipse 10.6 支持 Struts 2 框架，所以在该版本中，不仅可以手工配置 Struts 2 框架，而且还可以通过向导来实现。

7.3.1　下载和安装 Struts 2

读者可以访问 http://struts.apache.org 下载最新版的 Struts 2。在本书中使用的 Strut 2 版本是 2.3.4.1，在下载完 Struts 2 后，将 zip 包解压。在 webdemo 工程的右键菜单上选择 Properties 命令，打开 Properties for webdemo 对话框。在该对话框的左侧选择 Java Build Path 节点，并选择其右侧的 Libraries 标签，然后单击 Add External JARs...按钮，在 Struts 2 解压后的 lib 目录中选择如下 11 个文件：

❑ struts2-core-2.3.4.1.jar；

❑ xwork-core-2.3.4.1.jar；

❑ ognl-3.0.5.jar；

❑ freemarker-2.3.19.jar；

❑ asm-3.3.jar；

❑ asm-commons-3.3.jar；

❑ asm-tree-3.3.jar；

❑ commons-fileupload-1.2.2.jar；

❑ commons-io-2.0.1.jar；

❑ commons-lang3-3.1.jar；

❑ javassist-3.11.0.GA.jar。

配置完上面 11 个 jar 文件后的效果如图 7.2 所示。

🔔注意：在 struts 2.2.3 版本之前只需要导 5 个包 就可以利用 strtus 2 框架。而对于 struts 2.3.4 版本则需要导入 11 个包。

在引用完上述 5 个 jar 包后，在 web.xml 文件中添加如下的配置代码来安装 Struts 2。

```xml
<!-- 指定 Struts 2 过滤器的类名  -->
<filter>
    <filter-name>struts2</filter-name>
<filter-class>org.apache.struts2.dispatcher.ng.filter.StrutsPrepareAndExecuteFilter</filter-class>
</filter>
<!-- 配置 Struts 2 过滤器要过滤的路径  -->
<filter-mapping>
    <filter-name>struts2</filter-name>
    <url-pattern>/*</url-pattern>
</filter-mapping>
```

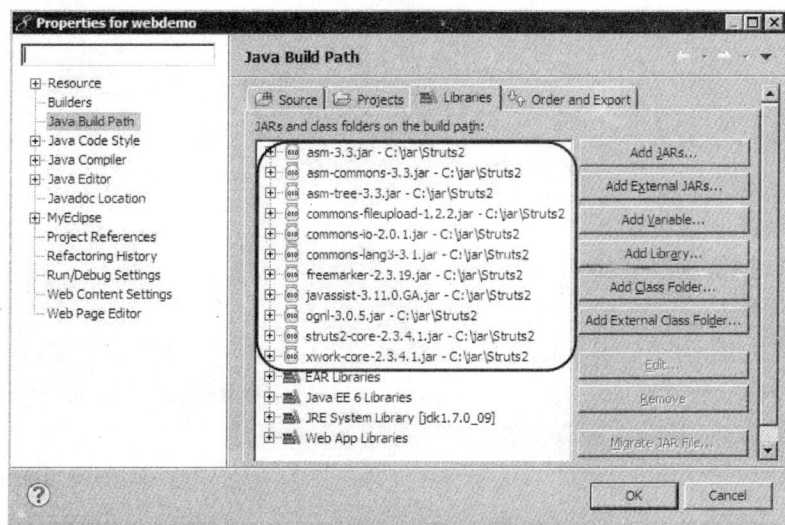

图 7.2　Struts 2 依赖的 jar 包

7.3.2　编写数据处理类

为了方便读者测试程序，在数据处理类（BookDAO 类）中可以直接将数据放在一个静态的 Map 对象中，在查询时，系统会直接扫描这个 Map 对象来寻找相应的图书信息。在 BookDAO 类中还有一个 getBooks 方法，用于根据书名进行模糊查询（不区分大小写），这个方法返回一个 Map 对象，用来保存模糊查询的结果。BookDAO 类的实现代码如下：

```java
package chapter7.dao;
import java.util.*;
public class BookDAO
{
```

```
// 定义一个保存图书信息的静态 Map 对象
private static Map<String, Integer> books= new LinkedHashMap<String,
Integer>();
// 在静态块中对 Map 对象进行初始化，Map 的 key 表示书名，Map 的 value 表示价格
static
{
    books.put("J2EE 整合详解与典型案例", 79);
    books.put("VISUAL C# 2008 开发技术实例详解", 89);
    books.put("STRUTS 2 技术详解", 69);
    books.put("ASP 经典模块开发大全", 69);
    books.put("ASP.NET 3.5 网络数据库开发实例自学手册", 79);
    books.put("XML 开发典型应用：数据标记、处理、共享与分析", 65);
}
// 根据书名进行模糊查询，返回用于保存查询结果的 Map 对象
public Map<String, Integer> getBooks(String name)
{
    // 定义一个保存查询结果的 books 对象
    Map<String, Integer> books = new LinkedHashMap<String, Integer>();
    // 对 BookDAO.books 对象进行扫描，查询出满足条件的结果
    for(Map.Entry<String, Integer> entry: BookDAO.books.entrySet())
    {
        // 将 key 和 name 都转换成小写后，使用 contains 方法进行查询
        if(entry.getKey().toLowerCase().contains(name.toLowerCase()))
            books.put(entry.getKey(), entry.getValue());
            // 找到后，将 key 和 value 加到 books 中
    }
    return books;              // 返回查询结果
}
}
```

7.3.3　编写和配置 Action 类

在本例中直接使用 POJO 类来作为 Action 类。在 Action 类中需要获得客户端的 name 请求参数值（表示图书名），并根据这个 name 参数值进行查询。但是 Action 类并没有直接关联 Servlet API，因此，最直接的方法是使用 com.opensymphony.xwork2.ActionContext 类来获得 HttpServletRequest 对象，代码如下：

```
HttpServletRequest request = (HttpServletRequest) ActionContext.
getContext().get(
                org.apache.Struts 2.StrutsStatics.HTTP_REQUEST);
```

只要获得了 HttpServletRequest 对象，就会很容易地得到客户端发送过来的信息。下面的代码使用了 HttpServletRequest 对象来完成相关的工作。

```
package chapter7.action;
import chapter7.dao.*;
import com.opensymphony.xwork2.*;
import javax.servlet.http.*;
import java.util.*;
public class QueryAction
{
    public String execute() throws Exception
    {
        try
```

```
    {
            // 获得 HttpServletRequest 对象
            HttpServletRequest request = (HttpServletRequest) ActionContext.
            getContext().get(
                            org.apache.Struts 2.StrutsStatics.HTTP_REQUEST);
            // 获得 name 参数值
            String name = request.getParameter("name");
            BookDAO book = new BookDAO();       // 创建 BookDAO 对象实例
            // 根据 name 参数值进行模糊查询
            Map<String, Integer> books = book.getBooks(name);
            // 将查询结果放到 request 域中
            request.setAttribute("result", books);
            return "result";                    // 返回字符串"result"
        }
    catch (Exception e)
        {
            return "error";                     // 如果发生异常，返回"error"字符串
        }
    }
}
```

虽然上面的代码可以很好地完成这个工作，但 Struts 2 提供了更为人性化的实现方法，这种方式就是在 QueryAction 类中加入 getter 和 setter 方法用来获得和设置 name 请求参数的值。QueryAction 类的改进代码如下：

```
public class QueryAction
{
    // 用于保存请求参数的 name 属性
    private String name;
    // name 属性的 getter 方法
    public String getName()
    {
        return name;
    }
    // name 属性的 setter 方法
    public void setName(String name)
    {
        this.name = name;
    }
    // 用于保存转入页面所需要的数据的 result 属性
    private Map<String, Integer> result;
    // result 属性的 getter 方法
    public Map<String, Integer> getResult()
    {
        return result;
    }
    // result 属性的 setter 方法
    public void setResult(Map<String, Integer> result)
    {
        this.result = result;
    }
    // Action 类的 execute 方法
    public String execute() throws Exception
    {
        try
        {
            BookDAO book = new BookDAO();       // 创建 BookDAO 对象
            // 根据 name 属性的值进行查询
```

```
        Map<String, Integer> books = book.getBooks(name);
        setResult(books);               // 设置转入页面所需要的数据
        return "success";               // 返回字符串"result"
    }
    catch (Exception e)
    {
        return "error";                 // 返回字符串"error"
    }
  }
}
```

从上面的代码可以看出，在 execute 方法中的代码得到了很大的简化，也无须再使用 HttpServletRequest 对象了，而且这么做还可以和 Struts 2 的标签有机地结合（在 7.3.4 节中将详细介绍）。

在 webdemo 工程的 src 目录下建立一个 struts.xml 文件，并添加如下代码配置 QueryAction 类。

```
<struts>
    <package name="Struts 2" extends="struts-default">
        <!--  将 QueryAction 的访问路径设为 query  -->
        <action name="query" class="chapter7.action.QueryAction">
            <!--  如果返回 result，则转入 result.jsp 页面  -->
            <result name="success">/chapter7/result.jsp</result>
            <!--  如果返回 error，则转入 error.jsp 页面  -->
            <result name="error">/error.jsp</result>
        </action>
    </package>
</struts>
```

在配置完 QueryAction 类后，可以在 IE 地址栏中输入如下 URL 测试 QueryAction 类。

```
http://localhost:8080/webdemo/chapter7/query.action?name=asp
```

7.3.4　编写显示查询结果的 JSP 页面

在本例中显示查询结果的 JSP 页面是 result.jsp，这个页面的实现非常简单，在本例中使用了 3 种方法来读取 QueryAction 查询到的结果。

1．Java代码

使用 Java 代码读取查询结果是最直接的方法，也很容易理解。只需要从 request 对象中获得查询结果（名为 result 的 Map 对象），并使用标准的 Java 代码输出 Map 对象的值即可，代码如下：

```
<%@ page language="java" import="java.util.*" pageEncoding="UTF-8"%>
<!--  表格布局  -->
<table border="1">
    <tr>
        <td>书名</td>
        <td>价格</td>
    </tr>
    <%
        // 获得查询结果
```

```
        Map<String, Integer> result =(Map<String, Integer>) request.
        getAttribute("result");
        //  对查询结果进行循环，并输出查询结果
        for(Map.Entry<String, Integer> entry: result.entrySet())
        {
%>
<tr>
        <!--  将当前元素的 key 插入到第 1 列的单元格中  -->
        <td><%= entry.getKey() %></td>
        <!--  将当前元素的 value 插入到第 2 列的单元格中  -->
        <td><%= entry.getValue() %></td>
</tr>
        <%  }  %>
</table>
```

2. JSTL

JSTL 的核心标签库提供了用于输出集合或 Map 对象的<c:forEach>标签，实现代码如下：

```
<%@ page language="java" pageEncoding="UTF-8"%>
<!--  引用 JSTL 的核心标签库  -->
<%@ taglib uri="http://java.sun.com/jsp/jstl/core" prefix="c"%>
<table border="1">
    <tr>
        <td>书名</td>
        <td>价格</td>
    </tr>
    <c:forEach var="entry" items="${result}">
    <tr>
        <!--  将当前迭代元素的 key 插入到第 1 列的单元格中  -->
        <td>${entry.key}</td>
        <!--  将当前行迭代元素的 value 插入到第 2 列的单元格中  -->
        <td>${entry.value}</td>
    </tr>
    </c:forEach>
</table>
```

从上面的代码不难发现，不仅不需在 result.jsp 中写一行 Java 代码，而且实现代码也变得更简单了。

3. Struts 2标签

在 Struts 2 的标签中也提供了用于输出集合或 Map 对象的<s:iterator>标签。对于本例来说，只需要使用<s:iterator>标签的 value 属性，这个属性表示数组、集合或 Map 对象。如果 value 属性值是 Map 对象，则可直接使用 key 和 value 属性获得 Map 对象的键名和键值，代码如下：

```
<%@ page language="java" pageEncoding="UTF-8"%>
<!--  引用 Struts 2 标签  -->
<%@ taglib prefix="s" uri="/struts-tags" %>
<table border="1">
    <tr>
        <td>书名</td>
        <td>价格</td>
    </tr>
```

```
<!-- 使用 iterator 标签获得查询 -->
<s:iterator value="result" >
<tr>
    <!-- 将当前迭代元素的 key 插入到第 1 列的单元格中 -->
    <td><s:property value="key" /></td>
    <!-- 将当前迭代元素的 value 插入到第 2 列的单元格中 -->
    <td><s:property value="value" /></td>
</tr>
</s:iterator>
</table>
```

🗨注意：如果在 QueryAction 类中直接将查询结果放到 HttpServletRequest 对象中，则无法
使用<s:iterator>标签来获得查询结果，因此在 JSP 页面中使用 Struts 2 标签的情况
下，应使用 Action 类的属性来设置转入页面所需要的数据。

在具体设置关于 Struts 2 框架的 taglib 指令时，可以通过查看所引入的 jar 文件
struts2-core-2.3.4.1.jar 来实现，在该 jar 中存在一个目录为 META-INF|struts-tags.tld 的文件。

7.3.5　编写输入查询信息的 JSP 页面

用户输入查询信息的 JSP 页面是 querybooks.jsp，在这个页面中使用 Struts 2 的 UI 标签
生成了 HTML 的表单、文本框和提交按钮，代码如下：

```
<%@ page language="java" pageEncoding="UTF-8"%>
<!-- 引用 Struts 2 标签 -->
<%@ taglib prefix="s" uri="/struts-tags"%>
<html>
    <head>
        <title>查询图书信息</title>
    </head>
    <body>
        <!-- Struts 2 的 form 标签，query 为 QueryAction 类的访问路径 -->
        <s:form action="query">
            <!-- name 属性值必须为"name" -->
          <s:textfield label="书名" name="name" />
        <!-- Struts 2 的提交按钮 -->
          <s:submit value="查询"/>
        </s:form>
    </body>
</html>
```

在上面的代码中使用了 3 个 Struts 2 的 UI 标签：<s:form>、<s:textfield>和<s:submit>。
其中<s:textfield>标签的 label 属性值会显示在页面中，并在后面加冒号（：）。name 属性值
相当于 Struts 1 的 UI 标签的 property 属性值，这个值必须和 Action 类的某个属性名一致。
当然，和 Struts 1 不同的是，如果不一致，JSP 页面也可以正常显示，只是 Action 类会抛
出异常。在 IE 地址栏中输入如下的 URL 访问 querybooks.jsp。

```
http://localhost:8080/webdemo/chapter7/querybooks.jsp
```

在"书名"文本框中输入"网络"，如图 7.3 所示。单击"查询"按钮后，会显示如
图 7.4 所示的查询结果。在图 7.4 所示的输出结果中显示了使用 7.3.4 节所述的 3 种方法输
出的查询结果。

图 7.3　querybooks.jsp 页面　　　　　　图 7.4　查询结果

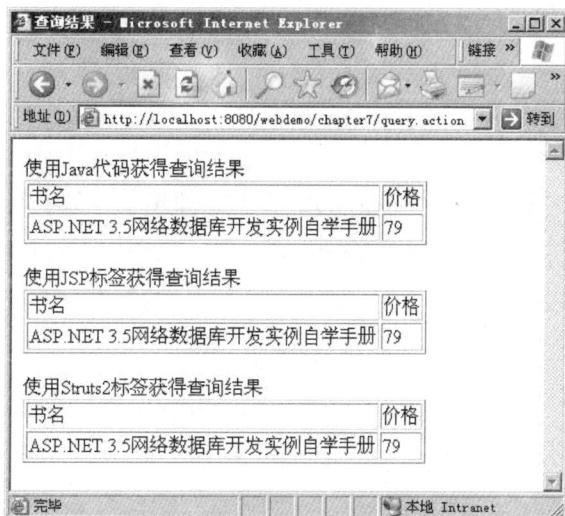

7.4　小　　结

　　Struts 是目前使用最广泛的 MVC 框架，而作为后起之秀的 Struts 2 的势头一直很猛，大有超过 Struts 1 的趋势。Struts 2 无论是在功能上还是在易用性上，都大大胜过 Struts 1，尤其是在 Action 类的编写上，更显示出其灵活性。因此，如果不出意外的话，Struts 2 框架在不远的未来，定会超越 Struts 1 及其他 MVC 框架，成为新一代 MVC 框架的主流。

　　在本章的最后给出了一个例子来演示如何使用 Struts 2 框架编写完整的 Web 程序。在 Struts 2 的 Action 类中向其他的页面传递数据可以有多种方式，如通过 HttpServletRequest 对象、Action 类属性等。但如果在 JSP 页面中使用了 Struts 2 标签来获得这些数据，最好使用 Action 类属性来封装这些数据。

7.5　实　战　练　习

一．选择题

1．下面（　　）没有支持 MVC 框架。

    A．Struts 2　　　　　　　　　　　B．Spring

    C．Hibernate　　　　　　　　　　D．Struts 1

2．Struts 2 拥有许多优势，下面（　　）不属于该框架的优势。

    A．由于 Struts 2 框架具有无侵入性，所以在软件设计上 Struts2 的应用可以不依赖于 Servlet API 和 struts 2 API

    B．Struts 2 提供了全局范围、包范围和 Action 范围的国际化资源文件管理实现

    C．Struts 2 提供了 ORM 映射

    D．Struts 2 支持多种表现层技术，如 JSP、freeMarker、Velocity 等

二．编码题

本章通过 Struts 2 框架实现图书查询系统，而所操作的数据则是通过集合模拟数据库表。在数据库 MySQL 里创建相应的表，通过 Strus 2 框架操作数据库重新实现图书查询系统。

【提示】可以在 MySQL 数据库里创建如下表：

```
t_book(book_id,book_name,book_price)
```

第 8 章　Struts 2 进阶

在第 7 章介绍了 Struts 2 的基本原理和工作流程，并且涉及了 struts.xml 配置文件，但只讲解了该文件的<package>和<action>标签的基本功能，而并未对这两个标签做更详细的介绍。在本章将继续对这两个标签及其他的标签做更进一步的讲解，其中包括 Bean 配置、常量配置、包含配置、命名空间配置等。

除此之外，本章重点介绍 Struts 2 的核心部分，也就是 Action 的配置和实现，包括如何在 Action 中访问 Servlet API、动态方法等。与 Action 关系非常紧密的是结果（Result）的配置。结果指定了当前 Action 处理请求结束时，系统下一步要做的工作是什么。本章将详细介绍 Struts 2 中所支持的结果类型，以及如何配置这些结果。在本章的最后还介绍了 Struts 2 的模型驱动模式和异常处理机制等核心内容。本章的主要内容如下：

- ❑ Struts 2 的基本配置；
- ❑ Struts 2 中的配置元素；
- ❑ 用注释配置 Struts 2；
- ❑ Action 接口和 ActionSupport 类；
- ❑ Action 访问 Servlet API；
- ❑ 动态方法调用；
- ❑ Struts 2 支持的结果类型；
- ❑ 模型驱动；
- ❑ Struts 2 的异常机制。

8.1　认识 Struts 2 的基本配置

学会配置 Struts 2 是用好 Struts 2 的第一步。在 Struts 2 中涉及了 3 个常用的配置文件，web.xml、struts.xml 和 struts.properties。其中 struts.xml 是 Struts 2 的核心配置文件。在这个文件中配置了 Struts 2 中的所有动作以及其他重要的元素。在本节将讲解这些配置文件的作用和基本配置方法。

8.1.1　配置 web.xml

不管是基于 MVC 模式的框架，还是完成其他功能的框架，只要参与了 Web 应用程序的请求与响应动作，就必须要借助 web.xml 文件来安装这个框架。如 Struts 2 框架首先需要依赖于过滤器 **StrutsPrepareAndExecuteFilter** 来截获 Web 程序的客户端请求，然后才能做进一步处理。这就必须要在 web.xml 配置文件中配置 **StrutsPrepareAndExecuteFilter**

过滤器。配置 **StrutsPrepareAndExecuteFilter** 过滤器的代码片段如下：

```xml
<!-- 配置 Struts 2 框架的核心 Filter -->
<filter>
    <!-- 配置核心 Filter 的名字 -->
    <filter-name>struts 2</filter-name>
    <!-- 配置核心 Filter 的类名 -->

<filter-class>org.apache.struts2.dispatcher.ng.filter.StrutsPrepareAndE
xecuteFilter</filter-class>
    <init-param>
        <!-- 配置 Struts 2 框架默认加载的包 -->
        <param-name>actionPackages</param-name>
        <param-value>com.mycompany.myapp.actions</param-value>
    </init-param>
    <init-param>
        <!-- 配置 Struts 2 框架的配置提供者 -->
        <param-name>configProviders</param-name>
        <param-value>providers.MyConfigurationProvider</param-value>
    </init-param>
</filter>
```

从上面的配置代码可以看出，当配置 Struts 2 的 **StrutsPrepareAndExecuteFilter** 类时，可以指定一系列的初始化参数，**StrutsPrepareAndExecuteFilter** 类的初始化参数有如下 3 个。

- ❑ config：该参数表示 Struts 2 框架自动加载的系列配置文件。如果有多个配置文件，中间用逗号（,）分隔。
- ❑ actionPackages：该参数表示 Struts 2 框架要扫描的包，如在默认情况下，Struts 2 会扫描 org.apache.Struts 2.static 包，以获得相应的静态资源。Struts 2 还会通过该属性指定的包搜索使用注释定义的 Action 类（将在 8.3 节介绍）。如果有多个包，中间使用逗号（,）分隔。
- ❑ configProviders：该参数表示自定义的 ConfigurationProvider 类，用户可以提供一个或多个实现了 ConfigurationProvider 接口的类，并将这些类名设置成 configProviders 属性值。如果有多个 ConfigurationProvider 类，中间用逗号（,）分隔。

除了上述的 3 个初始化参数外，其他的参数都会作为常量处理。关于常量的讲解，请读者参阅本书第 8.2.2 节。

在 web.xml 文件中除了配置 Filter 的主体部分，还需要配置该 Filter 拦截的 URL。通常可以使用如下的代码配置 **StrutsPrepareAndExecuteFilter** 要拦截的 URL。

```xml
<!-- 配置 StrutsPrepareAndExecuteFilter 要拦截的 URL -->
<filter-mapping>
    <!-- StrutsPrepareAndExecuteFilter 要拦截所有的用户请求 -->
    <filter-name>Struts 2</filter-name>
    <url-pattern>/*</url-pattern>
</filter-mapping>
```

在配置完 **StrutsPrepareAndExecuteFilter** 过滤器后，Struts 2 就已经成功整合到 Web 应用中了。

8.1.2　配置 struts.xml

　　struts.xml 是 Struts 2 框架的核心配置文件。该文件主要负责管理 Struts 2 框架中的 Action。在默认情况下，Struts 2 会自动加载 WEB-INF\classes 目录中的 struts.xml 文件。但随着 Action 数量的不断增加，将所有的 Action 都配置在一个 struts.xml 文件中会显得非常臃肿，也不利于维护和管理。为了避免这个问题，在 struts.xml 中可以使用<include>标签将配置文件的内容分散到多个配置文件中，如下面的代码所示。

```
<!--  struts.xml  -->
<?xml version="1.0" encoding="UTF-8" ?>
<!--  指定 struts.xml 的 DTD 信息  -->
<!DOCTYPE struts PUBLIC
    "-//Apache Software Foundation//DTD Struts Configuration 2.3//EN"
    "http://struts.apache.org/dtds/struts-2.3.dtd">
<!--  下面是 Struts 2 的具体配置  -->
<struts>
    <!--  在 struts.xml 中包含 struts1.xml 文件  -->
    <include file="struts1.xml"/>
    <!--  在 struts.xml 文件中包含 Struts2.xml 文件  -->
    <include file="Struts2.xml"/>
    …
    <!--  在 struts.xml 中配置的 package  -->
    <package name="test" extends="struts-default">
        …
    </package>
</struts>
```

　　虽然可以方便地使用<include>标签来包含其他的配置文件，但在 Struts 2 中有很多常用的配置需要每次都包含在 struts.xml 中，这样会给开发人员带来诸多的不便，因此在 Struts 2 中提供了一个默认的配置文件 struts-default.xml，struts.xml 会自动包含这个配置文件。读者可以在 MyEclipse 中选择 webdemo 工程的 Referenced Libraries|struts2-core-2.3.4.1.jar 节点，列出 struts2-core-2.3.4.1.jar 中的所有包，在倒数第 2 个节点会看到一个 struts-default.xml 文件，如图 8.1 所示。

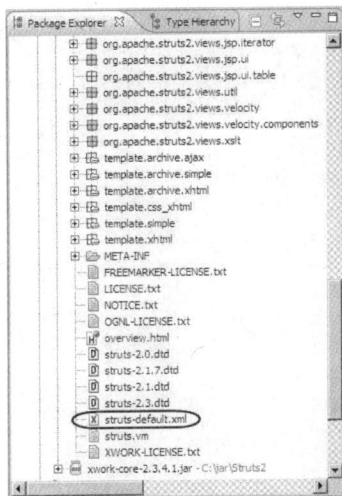

图 8.1　struts-default.xml 文件的位置

选择 struts-default.xml 节点打开这个文件，可以看到如下的代码片段：

```xml
<!-- struts-default.xml 的代码片段 -->
<?xml version="1.0" encoding="UTF-8" ?>
<!-- 指定了 struts-default.xml 的 DTD 信息 -->
<!DOCTYPE struts PUBLIC
    "-//Apache Software Foundation//DTD Struts Configuration 2.3//EN"
    "http://struts.apache.org/dtds/struts-2.3.dtd">
<struts>
    <!-- 下面配置了一些常用的 Bean -->
    <bean class="com.opensymphony.xwork2.ObjectFactory" name="xwork" />
    <bean type="com.opensymphony.xwork2.ObjectFactory" name="struts"
    class="org.apache.struts2.impl.StrutsObjectFactory" />

    <bean type="com.opensymphony.xwork2.FileManager" class="com
    .opensymphony.xwork2.util.fs.DefaultFileManager" name="xwork"/>
    <bean type="com.opensymphony.xwork2.FileManager" class="com.
    opensymphony.xwork2.util.fs.DefaultFileManager" name="struts"/>
...

    <!-- 下面定义了默认的包 struts-default，这个包的 abstract 属性值为 true，表
    示不能在 struts-default.xml 中包含 action -->
    <package name="struts-default" abstract="true">
    <!-- 定义 Struts 2 支持的结果类型 -->
        <result-types>
            <result-type name="chain" class="com.opensymphony.xwork2.
            ActionChainResult"/>
            <result-type name="dispatcher" class="org.apache.struts2.
            dispatcher.ServletDispatcherResult" default="true"/>
            <result-type name="freemarker" class="org.apache.struts2.
            views.freemarker.FreemarkerResult"/>
            <result-type name="httpheader" class="org.apache.struts2.
            dispatcher.HttpHeaderResult"/>
            <result-type name="redirect" class="org.apache.struts2.
            dispatcher.ServletRedirectResult"/>
            <result-type name="redirectAction" class="org.apache.struts2.
            dispatcher.ServletActionRedirectResult"/>
            <result-type name="stream" class="org.apache.struts2.
            dispatcher.StreamResult"/>
            <result-type name="velocity" class="org.apache.struts2.
            dispatcher.VelocityResult"/>
            <result-type name="xslt" class="org.apache.struts2.
            views.xslt.XSLTResult"/>
            <result-type name="plainText" class="org.apache.struts2.
            dispatcher.PlainTextResult" />
        </result-types>
    <!-- 定义 Struts 2 的内建拦截器 -->
        <interceptors>
            <interceptor name="alias" class="com.opensymphony.xwork2.
            interceptor.AliasInterceptor"/>
            <interceptor name="autowiring" class="com.opensymphony.xwork2
            .spring.interceptor.ActionAutowiringInterceptor"/>
            ...
        </interceptors>
    <!-- 定义了默认的拦截器栈引用 -->
        <default-interceptor-ref name="defaultStack"/>
```

```
            <default-class-ref class="com.opensymphony.xwork2.ActionSupport" />
        </package>
</struts>
```

上面的代码只列出了 struts-default.xml 文件的部分内容，但从这些代码中足可以看出在该文件中配置了 Struts 2 中很多的内建 Bean、结果类型、拦截器和拦截器栈，在文件的最后还定义了默认的拦截器栈引用。

struts-default.xml 是 Struts 2 框架的默认配置文件，Struts 2 框架每次都会自动加载这个文件。在 struts.xml 及其他被包含的配置文件中的 <package> 标签的 extends 属性值，般都是 struts-default，这个默认包就是在 struts-default.xml 文件中定义的。由此可见，Struts 2 在装载 struts.xml 文件之前，确实自动装载了 struts-default.xml 文件。

Struts 2 和 Struts 1 一样，也支持插件扩展。在 Struts 2 的发行包中提供了整合 JSF、Spring、JFreeChart 等框架的插件。这些插件一般是以 jar 包形式发布的，每个插件都提供了类似 Struts 2-XXX-plugin.jar 的文件。将这些文件放到 WEB-INF\lib 目录下，Struts 2 框架就会自动加载这些插件。

用 WinRAR 工具打开 struts2-spring-plugin-2.3.4.1.jar 文件，可以找到一个 struts-plugin.xml 文件，打开该文件，会看到如下的代码：

```xml
<!-- struts-plugin.xml -->
<?xml version="1.0" encoding="UTF-8" ?>
<!-- 指定 struts-plugin.xml 文件中的 DTD -->
<!DOCTYPE struts PUBLIC
    "-//Apache Software Foundation//DTD Struts Configuration 2.3//EN"
    "http://struts.apache.org/dtds/struts-2.3.dtd">
<struts>
    <!-- 定义名为 spring 的 ObjectFactory 对象 -->
    <bean    type="com.opensymphony.xwork2.ObjectFactory"    name="spring"
class="org.apache.struts2.spring.StrutsSpringObjectFactory" />
    <!-- 定义常量 -->
    <constant name="struts.objectFactory" value="spring" />
    <constant name="struts.class.reloading.watchList" value="" />
    <constant name="struts.class.reloading.acceptClasses" value="" />
    <constant name="struts.class.reloading.reloadConfig" value="false" />

    <package name="spring-default">
        <!-- 定义整合 Spring 框架所必须的拦截器列表 -->
        <interceptors>
            <interceptor                                      name="autowiring"
class="com.opensymphony.xwork2.spring.interceptor.ActionAutowiringInter
ceptor"/>
        </interceptors>
    </package>
</struts>
```

上面的配置文件实际上就是 struts.xml 文件的格式，但该文件配置的是 Struts 2 插件，因此，文件名为 struts-plugin.xml。当 Struts 2 扫描到当前的插件 jar 包后，会自动加载 jar 文件中相应的 struts-plugin.xml。如果想卸载某个插件，只需要将该插件直接从 WEB-INF\lib

目录中删除即可。

8.1.3　配置 struts.properties

　　Struts 2 框架除了包含 struts.xml 配置文件外，还有另外一个核心配置文件，这就是 struts.properties。struts.xml 文件主要负责管理 Struts 2 的 Action 映射及 Result 等。而 struts.properties 文件则用于配置 Struts 2 中所需的大量属性。

　　struts.properties 文件是一个标准的属性文件，该文件包含了大量的 key-value 对，每个 key 就是一个 Struts 2 属性，该 key 所对应的 value 就是 Struts 2 的一个属性值。

　　struts.properties 文件一般放在 WEB-INF\classes 目录中，或将其放在 Web 应用程序的 CLASSPATH 路径下，如果将其放在这些路径下，Struts 2 框架就可以找到 struts.properties，并装载这个文件。

　　struts.properties 文件中有很多 key-value 对，而且有很多 key-value 对都有其默认值，下面就对这些 key-value 对及其默认值进行详细讲解。struts.properties 文件中的 key-value 对如下。

- ❑ struts.configuration：该属性指定加载 Struts 2 配置文件的配置管理器。默认值是 org.apache.Struts 2.config.DefaultConfiguration，这是 Struts 2 默认的配置管理器。如果读者要实现自己的配置管理器，可以编写一个实现 com.opensymphony.xwork2.config.Configuration 接口的类，并在该类中进一步处理 Struts 2 的配置信息。
- ❑ struts.locale：指定了 Web 应用程序默认的 locate 和 encoding scheme，默认值是 en_US。
- ❑ struts.i18n.encoding：指定了 Web 应用程序的默认编码集，正确地设置该属性可以解决客户端请求的中文编码问题。该属性的默认值是 UTF-8，因此，如果 Web 应用程序采用了 UTF-8 格式，在请求消息中的中文就会以 UTF-8 格式进行编码。如果设置了这个属性值（如设成 GBK），就相当于调用了 HttpServletRequest 类（这个编码格式和 HttpServletResponse 类无关）的 setCharacterEncoding 方法。
- ❑ struts.objectFactory ：指定了 Struts 2 默认的 ObjectFactory Bean，默认值是 spring。这个值也可以使用类的全名，如指定一个 com.opensymphony.xwork2.ObjectFactory 的子类。
- ❑ struts.objectFactory.spring.autoWire：指定 Spring 框架的自动装配模式，该属性的默认值是 name，也就是说，在默认情况下，Spring 是根据 name 属性自动装配的。该属性可以取的值是 name、 type、auto 和 constructor。
- ❑ struts.objectFactory.spring.useClassCache：指定在整合 Spring 框架时，是否缓存 Bean 的实例，该属性只允许设置 false 和 true，默认值是 true。笔者并不建议改变该属性的值，除非确实有必要这样做。
- ❑ struts.objectTypeDeterminer：指定了 Struts 2 的类型检测机制，该属性可以设置为 tiger 或 notiger，也可以设置成实现 com.opensymphony.xwork2.util.ObjectTypeDeterminer 接口的类。Struts 2 在默认情况下使用 com.opensymphony.xwork2.util.DefaultObjectTypeDeterminer 类处理类型检测。
- ❑ struts.multipart.parser：指定了处理 multipart/form-data 的 MIME 类型请求框架，该

属性支持 cos、pell 和 jakarta，即分别对应于 cos 的文件上传框架、pell 文件上传框架以及 common-fileupload 文件上传框架。该属性的默认值是 jakarta。

❑ struts.multipart.saveDir：指定了保存上传文件的临时路径，该属性的默认值是 javax.servlet.context.tempdir 属性所指的路径。

❑ struts.multipart.maxSize：该属性指定了 Struts 2 允许上传文件的最大的字节数（所有上传文件的字节数之和），默认值是 2097152，也就是 2M。

❑ struts.custom.properties：指定了 Struts 2 架载的用户自定义属性文件，该自定义属性文件指定的属性不会覆盖 struts.properties 文件中预定义的属性，因此，在自定义属性文件中只能设置用户新添加的自定义属性。如果有多个自定义属性文件，中间用逗号（,）分隔。

❑ struts.mapper.class：指定将 HTTP 请求映射到指定 Action 的映射器，Struts 2 提供了一个默认的映射器 org.apache.Struts 2.dispatcher.mapper.DefaultActionMapper，这个类也是该属性默认值。该映射器会根据请求 URL 的后缀来匹配相应的 Action 的 name 属性完成映射。

❑ struts.action.extension：该属性指定了由 Struts 2 处理的请求 URL 的后缀，默认值是 action，即所有请求 URL 的后缀为 action 的请求都交由 Struts 2 来处理。如果用户要指定多个请求后缀，中间用逗号（,）分隔。

❑ struts.serve.static：该属性设置了是否从 jar 文件中获得静态内容服务，它只支持 true 和 false，默认值是 true。

❑ struts.serve.static.browserCache：该属性设置了浏览器是否缓存静态内容，但要注意，该属性只有在 struts.servc.static 属性值为 true 时才有效。该属性值只支持 true 和 false，默认值为 true。如果该属性值为 true，Struts 2 会设置一些 HTTP 响应头（如 Date、Cache-Content、Expires）来使浏览器缓存静态内容；如果该属性值为 false，Struts 2 也会通过一些 HTTP 响应头来关闭浏览器的缓存功能。

❑ struts.enable.DynamicMethodInvocation：该属性设置了 Struts 2 是否支持动态方法调用，默认值是 true。

❑ struts.enable.SlashesInActionNames：该属性设置了 Struts 2 是否允许在 Action 名中使用斜线（/），默认值是 false。

❑ struts.tag.altSyntax：该属性指定了是否允许在 Struts 2 标签中使用表达式语法，默认值是 true。

❑ struts.devMode：该属性指定 Struts 2 是否使用开发模式，默认值是 false。如果该属性值为 true，则会显示出更多、更友好的提示信息。在开发阶段，一般将该属性值设为 true。

❑ struts.i18n.reload：该属性指定在 HTTP 请求达到时，是否每次都装载资源文件，默认值是 false。在开发阶段，将该属性值设为 true 会更方便开发。

❑ struts.ui.theme：该属性指定了 UI 标签的默认视图主题，默认值是 xhtml。

❑ struts.ui.templateDir：该属性指定了视图主题所使用的模板文件的位置，默认值是 template，表示默认加载 template 路径下的模板文件。

❑ struts.ui.templateSuffix：该属性指定了模板文件的后缀，默认值是 ftl。它还允许使用 vm 和 jsp。ftl、vm 和 jsp 分别对应 FreeMarker、Velocity 和 JSP 模板。

- ❏ struts.configuration.xml.reload：该属性指定了在 struts.xml 文件的内容改变后，系统是否会自动重新加载该文件，默认值是 false。
- ❏ struts.velocity.configfile：该属性指定了 Velocity 框架所使用的 velocity.properties 文件的位置，默认值是 velocity.properties。
- ❏ struts.velocity.contexts：该属性指定了 Velocity 框架的 Context，如果该框架有多个 Context，中间用逗号（,）分隔。
- ❏ struts.velocity.toolboxlocation：该属性指定了 Velocity 框架的 toolbox 的位置。
- ❏ struts.url.http.port：该属性指定了 Web 应用程序所使用的监听端口，默认值是 80，并且一般在使用 Struts 2 URL 标签建立 URL 时使用。
- ❏ struts.url.https.port：该属性类似于 struts.url.http.port，区别是它设置的是 HTTPS 协议的监听端口。该属性的默认值是 443。
- ❏ struts.url.includeParams：该属性指定了 Struts 2 在生成 URL 时是否包含请求参数。它只支持 none、get 和 all，分别对应于不包含、只包含 GET 类型的请求参数和包含所有的请求参数。
- ❏ struts.custom.i18n.resources：该属性指定了 Struts 2 所使用的国际化资源文件，如果有多个资源文件，中间用逗号（,）分隔。
- ❏ struts.dispatcher.parametersWorkaround：如果某些 Java EE 服务器不支持 HttpServletRequest 类的 getParameterMap 方法（如 WebLogic、Orion 和 OC4J），在这种情况下，就需要将该属性值设为 true 来解决这个问题，默认值是 false。
- ❏ struts.freemarker.manager.classname：该属性指定了 Struts 2 使用的 FreeMarker 管理器。它的默认值是 org.apache.Struts 2.views.freemarker.FreemarkerManager，这是 Struts 2 内建的 FreeMarker 管理器。
- ❏ struts.freemarker.templatesCache：指定了是否打开 FreeMarker 模板的缓存。如果该属性值为 true，就相当于将模板复制到 WEB_APP/templates 路径下，默认值是 false。
- ❏ struts.freemarker.beanwrapperCache：该属性指定了是否打开 BeanWrapper 上的模型的缓存，默认值是 false。
- ❏ struts.freemarker.wrapper.altMap：该属性只支持 true 和 false 两个属性值，默认值是 true。这个属性值一般不需要修改。
- ❏ struts.xslt.nocache：该属性指定 XSLTResult 类是否使用样式表缓存，如果处于开发阶段，一般将它设为 true，默认值是 false。
- ❏ struts.configuration.files：该属性指定了 Struts 2 自动装载的配置文件列表。如果有多个配置文件，中间使用逗号（,）分隔，默认值是 struts-default.xml，struts-plugin.xml，struts.xml。读者从其默认值可以看出，Struts 2 会自动装载 struts-default.xml、struts-plugin.xml 和 struts.xml。
- ❏ struts.mapper.alwaysSelectFullNamespace：该属性指定了是否一直在最后一个斜线（/）之前的任何位置选定 namespace.，默认值是 false。

🔔注意：上述在 struts.properties 文件里设置的 key-value 对，可以在【struts2-ore-2.3.4.1.jar|org.apache.struts2|default.properties】文件中查找到。

除了在 struts.properties 文件中配置 Struts 2 属性外，还可以通过 struts.xml 配置文件的常量来配置 Struts 2 属性，代码如下：

```
<!-- 在 struts.xml 中配置 Struts 2 属性 -->
<?xml version="1.0" encoding="UTF-8" ?>
<!-- 指定 Struts 2 的 DTD -->
<!DOCTYPE struts PUBLIC
    "-//Apache Software Foundation//DTD Struts Configuration 2.3//EN"
    "http://struts.apache.org/dtds/struts-2.3.dtd">
<struts>
    <!-- 通过 constant 标签来配置编码格式 -->
    <constant name="struts.i18n.encoding" value="GBK" />
</struts>
```

上面的代码通过<constant>标签配置了 struts.i18n.encoding 属性。该属性值被设为 GBK。

注意：Struts 2 提供了两种设置其属性的方式：通过 struts.properties 文件以 key-value 方式来设置 Struts 2 属性，也可以在 struts.xml 文件中通过<constant>标签来设置。

8.1.4　学习 Struts 2 的 DTD

在前面很多 struts.xml 配置文件中都涉及了 Struts 2 的 DTD 信息。这些存在于 struts.xml 文件中的 DTD 非常重要，因为 Struts 2 在装载 struts.xml 文件时根据这些 DTD 信息来核对 struts.xml 文件中的标签设置是否合法。DTD 信息除了有核查功能外，MyEclipse 还会根据 DTD 信息自动列出当前标签允许设置的子标签以及标签的所有属性（在 struts.xml 编辑器中输入"<"或按 Content Assist 快捷键可以显示相关的内容），如图 8.2 所示。

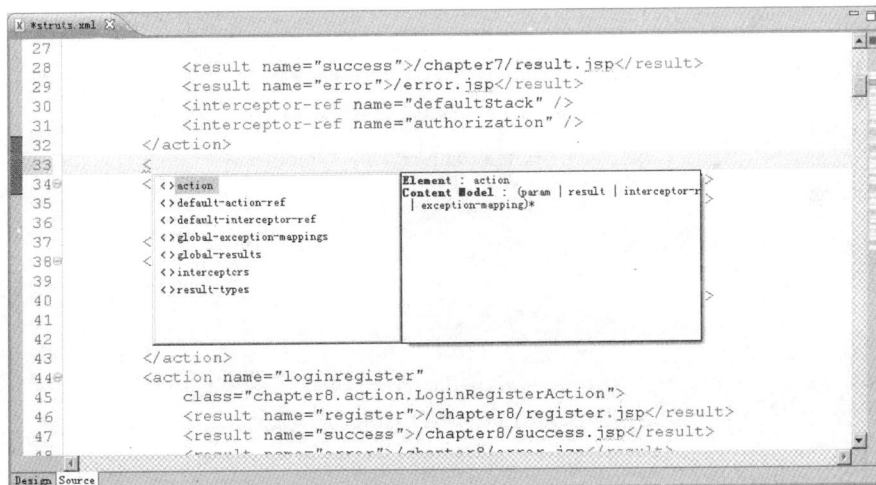

图 8.2　自动列出<package>标签中的子标签

除了通过 MyEclipse 自动列出相应的子标签和属性外，还可以通过直接查看 DTD 文件的方式获得相关信息。在 struts2-core-2.3.4.1.jar 文件中找到 struts-2.3.dtd 文件（与 struts-default.xml 在同一个路径下），并在 MyEclipse 中打开这个文件，代码如下：

```
<?xml version="1.0" encoding="UTF-8"?>
<!-- 定义 package 标签的子标签及其顺序 -->
```

```
<!ELEMENT struts ((package|include|bean|constant)*, unknown-
handler-stack?)>
<!ATTLIST struts
    order CDATA #IMPLIED
>
<!-- 定义 package 标签的子标签及其顺序  -->
<!ELEMENT package (result-types?, interceptors?, default-interceptor-ref?,
default-action-ref?, default-class-ref?, global-results?, global-exception-
mappings?, action*)>
<!-- 定义 package 标签的属性  -->
<!ATTLIST package
    name CDATA #REQUIRED
    extends CDATA #IMPLIED
    namespace CDATA #IMPLIED
    abstract CDATA #IMPLIED
    strict-method-invocation CDATA #IMPLIED
    externalReferenceResolver NMTOKEN #IMPLIED
>
<!-- 定义 result-types 标签是至少要有一个 result-type 子标签  -->
<!ELEMENT result-types (result-type+)>
<!ELEMENT result-type (param*)>
<!-- 定义 result-type 标签的属性  -->
<!ATTLIST result-type
    name CDATA #REQUIRED
    class CDATA #REQUIRED
    default (true|false) "false"
>
<!ELEMENT interceptors (interceptor|interceptor-stack)+>
<!ELEMENT interceptor (param*)>
<!ATTLIST interceptor
    name CDATA #REQUIRED
    class CDATA #REQUIRED
>
<!ELEMENT interceptor-stack (interceptor-ref*)>
<!ATTLIST interceptor-stack
    name CDATA #REQUIRED
>
<!ELEMENT interceptor-ref (param*)>
<!ATTLIST interceptor-ref
    name CDATA #REQUIRED
>
<!ELEMENT default-interceptor-ref (#PCDATA)>
<!ATTLIST default-interceptor-ref
    name CDATA #REQUIRED
>
<!ELEMENT default-action-ref (#PCDATA)>
<!ATTLIST default-action-ref
    name CDATA #REQUIRED
>
<!ELEMENT default-class-ref (#PCDATA)>
<!ATTLIST default-class-ref
    class CDATA #REQUIRED
>
<!ELEMENT global-results (result+)>

<!ELEMENT global-exception-mappings (exception-mapping+)>
<!ELEMENT action ((param|result|interceptor-ref|exception-mapping)*,
allowed-methods?)>
<!ATTLIST action
    name CDATA #REQUIRED
    class CDATA #IMPLIED
```

```
     method CDATA #IMPLIED
     converter CDATA #IMPLIED
>
<!ELEMENT param (#PCDATA)>
<!ATTLIST param
   name CDATA #REQUIRED
>
<!ELEMENT result (#PCDATA|param)*>
<!ATTLIST result
   name CDATA #IMPLIED
   type CDATA #IMPLIED
>
<!ELEMENT exception-mapping (#PCDATA|param)*>
<!ATTLIST exception-mapping
   name CDATA #IMPLIED
   exception CDATA #REQUIRED
   result CDATA #REQUIRED
>
<!ELEMENT allowed-methods (#PCDATA)>
<!ELEMENT include (#PCDATA)>
<!ATTLIST include
   file CDATA #REQUIRED
>
<!ELEMENT bean (#PCDATA)>
<!ATTLIST bean
   type CDATA #IMPLIED
   name CDATA #IMPLIED
   class CDATA #REQUIRED
   scope CDATA #IMPLIED
   static CDATA #IMPLIED
   optional CDATA #IMPLIED
>
<!ELEMENT constant (#PCDATA)>
<!ATTLIST constant
   name CDATA #REQUIRED
   value CDATA #REQUIRED
>
<!ELEMENT unknown-handler-stack (unknown-handler-ref*)>
<!ELEMENT unknown-handler-ref (#PCDATA)>
<!ATTLIST unknown-handler-ref
   name CDATA #REQUIRED
>
```

通过上面的代码可以看出，<!ELEMENT>标签定义了 struts.xml 文件中标签的约束条件，如标签中的子标签和子标签的顺序。而<!ATTLIST>标签则定义了标签中的属性及属性的约束，如某个属性是否是必须的（REQUIRED）。关于 Struts 2 配置文件各种标签及其属性的具体含义将在后面的部分详细介绍。

8.2　深入认识 Struts 2 的配置元素

8.1 节已经介绍了 Struts 2 配置文件的基本结构和基本配置，但并没有详细介绍每个配置元素的具体含义和配置方法。在本节将具体讲解 struts.xml 文件中每个配置元素的含义，这些元素主要包括 bean、constant、include、package 和 interceptor。

8.2.1　配置 Bean

在 Struts 2 中的大部分组件，如类型转换器、上传文件处理器等，并不是直接用硬编码的方式写到程序中，而是通过 Ioc（控制反转）的方式来管理这些组件。

Struts 2 框架可以通过可配置的方式很方便地管理 Struts 2 的核心组件。当开发者需要扩展，或者要用自己的组件来替换 Struts 2 的核心组件时，只需要提供相应的组件类，并使用<bean>标签部署到 Struts 2 的 Ioc 容器中即可。

读者可以打开 struts2-core-2.3.4.1.jar 中的 struts-default.xml 文件，在这个文件中会看到大量的 Bean 定义，如下面的代码片段配置了 Struts 2 的类型检测器、上传文件处理器和模板引擎管理器。

```
<!--  下面配置了 Struts 2 的 3 个类型检测器 Bean  -->
<bean type="com.opensymphony.xwork2.conversion.ObjectTypeDeterminer"
name="tiger" class="com.opensymphony.xwork2.conversion.impl.
DefaultObjectTypeDeterminer"/>
<bean type="com.opensymphony.xwork2.conversion.ObjectTypeDeterminer"
name="notiger" class="com.opensymphony.xwork2.conversion.impl.
DefaultObjectTypeDeterminer"/>
<bean type="com.opensymphony.xwork2.conversion.ObjectTypeDeterminer"
name="struts" class="com.opensymphony.xwork2.conversion.impl
.DefaultObjectTypeDeterminer"/>
…
…  下面配置了 Struts 2 的两个文件上传处理器 Bean  -->
<bean type="org.apache.struts2.dispatcher.multipart.MultiPartRequest"
name="struts" class="org.apache.struts2.dispatcher.multipart.
JakartaMultiPartRequest" scope="default"/>
<bean type="org.apache.struts2.dispatcher.multipart.MultiPartRequest"
name="jakarta" class="org.apache.struts2.dispatcher.multipart
.JakartaMultiPartRequest" scope="default" />
…
<!--  下面配置了 Struts 2 的 3 个模板引擎管理器 Bean  -->
<bean type="org.apache.struts2.components.template.TemplateEngine"
name="ftl" class="org.apache.struts2.components.template.
FreemarkerTemplateEngine" />
<bean type="org.apache.struts2.components.template.TemplateEngine"
name="vm" class="org.apache.struts2.components.template
.VelocityTemplateEngine" />
<bean type="org.apache.struts2.components.template.TemplateEngine"
name="jsp" class="org.apache.struts2.components.template
.JspTemplateEngine" />
```

从上面的配置代码可以看出，在 struts.properties 文件中使用的类型检测器、上传文件处理器的属性值都是在这里配置的。在 struts.xml 文件中定义的 Bean 有如下两个作用：

❑ Struts 2 创建该 Bean 的实例，并作为框架的内部对象使用。

❑ 对 Bean 包含的静态方法进行直接注入。

对于第 1 种用法，如果用户需要加入自己的类作为 Struts 2 的内部对象使用，往往需要实现 Struts 2 提供的一些接口。如要加入一个新的文件上传处理器 Bean，可以使用如下的配置代码：

```
<struts>
   <!--  配置一个新的上传组件管理器 UploadMultiPartRequest  -->
   <bean type="org.apache.Struts 2.dispatcher.multipart.
```

```
MultiPartRequest"
name="myUpload"
class="com.company.UploadMultiPartRequest" scope="default" optional=
"true"/>
…
</struts>
```

从上面的配置代码可以看出，新加入的上传文件管理器实现了 MultiPartRequest 接口，这个接口是所有上传文件管理器类必须实现的，如上面代码中的 UploadMultiPartRequest 类就实现了这个接口。

对于第 2 种用法，允许在容器中不创建类的对象实例的前提下，接收框架常量。在这种用法下，一般将 static 属性设为 true。下面是 struts-default.xml 文件中关于第 2 种用法的代码片段。

```
<struts>
    <!-- 直接配置静态方法 -->
    <bean class="com.opensymphony.xwork2.util.OgnlValueStack" static=
    "true" />
    …
</struts>
```

从上面的代码可以看出，<bean>标签在 struts.xml 文件中定义了 Bean，<bean>标签有如下几个属性。

❑ class（必选）：表示 Bean 的类名。

❑ type（可选）：表示 Bean 实现的接口。

❑ name（可选）：表示 Bean 实例的名字，对于相同类型的多个 Bean 来说，它们的 name 属性值必须唯一。

❑ scope（可选）：表示 Bean 实例的作用域，这个属性值必须是 default、singleton、request、session 或 thread 其中之一。

❑ static（可选）：该属性指定 Bean 是否使用静态方法注入。当指定 type 属性时，该属性值不能为 true。

❑ optional（可选）：表示 Bean 是否为一个可选 Bean。

8.2.2　配置常量（constant）

在 Struts 2 框架中有 3 种配置常量的方式，或者说是可以在 3 类文件中配置常量，这 3 种配置常量的方式如下所述。

❑ 在 struts.properties 文件中配置常量：这种配置常量的方式是从 WebWork 框架继承下来的，目的是为了保持与 WebWork 框架的兼容性。在 Struts 2 中并不建议使用这种方式来配置常量。

❑ 在 struts.xml 文件及其他 Struts 2 配置文件中配置常量：这是 Struts 2 推荐的配置常量的方式。在 Struts 2 中可以使用<constant>标签来配置常量。

❑ 在 web.xml 文件中配置常量：这种配置常量的方式在前面已经提到过。对于和 Web 整合的框架来说，应尽量在框架自身的文件（如 struts.xml）中配置和框架相关的信息。因此除非必须，应尽量避免在 web.xml 文件中配置常量。

既然 Struts 2 可以在多个文件中配置常量，那就涉及一个搜索和加载顺序的问题。

Struts 2 框架将按如下的搜索顺序加载 Struts 2 常量：

- ❑ struts-default.xml：该文件保存在 Struts 2-core-2.0.11.2.jar 文件中。
- ❑ struts-plugin.xml：该文件是 Struts 2 插件配置文件，保存在类似 Struts 2-Xxx-2.0.11.jar 这样的文件中。
- ❑ struts.xml：该文件是 Struts 2 框架默认的配置文件。
- ❑ struts.properties：该文件是 Struts 2 框架默认的属性文件（为了保持和 WebWork 框架兼容）。
- ❑ web.xml：该文件是 Web 应用程序的核心配置文件。

如果在多个文件中配置同一个常量，则后一个配置文件中的常量会覆盖前一个配置文件中同名常量的值。虽然在不同的配置文件中配置常量的方式不同，但配置常量都需要以下必须的属性。

- ❑ name：该属性指定了常量名。
- ❑ value：该属性指定了常量值。

如果在 struts.xml 中通过 devMode 属性设置 Struts 2 的工作模式，可以按照如下的代码来设置：

```xml
<struts>
    <!-- 设置了 Struts 2 的工作模式为开发模式  -->
    <constant name="struts.devMode" value="true" />
    …
</struts>
```

struts.properties 文件中的属性和属性值是 key-value 对，其中 key 对应于 Struts 2 常量的 name 属性，而 value 对应于 Struts 2 常量的 value 属性，配置代码如下：

```
# 设置了 Struts 2 处于开发模式
struts.devMode = true
```

在 web.xml 文件中配置 Struts 2 常量，可通过<filter>标签的<init-param>子标签来指定，每个<init-param>标签配置了一个 Struts 2 常量。下面的代码通过 web.xml 文件配置 devMode 属性。

```xml
<?xml version="1.0" encoding="UTF-8"?>
<!-- 配置了 Struts 2 的 DTD 信息  -->
<web-app version="3.0" xmlns="http://java.sun.com/xml/ns/javaee"
    xmlns:xsi="http://www.w3.org/2001/XMLSchema-instance"
    xsi:schemaLocation="http://java.sun.com/xml/ns/javaee
    http://java.sun.com/xml/ns/javaee/web-app_3_0.xsd">
    <filter>
        <!-- 指定了 Struts 2 的核心过滤器  -->
        <filter-name>struts</filter-name>
        <filter-class>org.apache.Struts 2.dispatcher.FilterDispatcher
        </filter-class>
        <!-- 通过 init-param 元素配置 Struts 2 常量  -->
        <init-param>
         <param-name>struts.devMode</param-name>
         <param-value>true</param-value>
        </init-param>
    </filter>
    …
</web-app>
```

🔔**注意**：在实际的开发中，最好不要在 struts.properties 和 web.xml 文件中配置常量，而 Struts 2 推荐在 struts.xml 中配置常量。

8.2.3　配置包含（include）

Struts 2 允许将一个配置文件分解成多个配置文件，从而达到更容易维护的目的。由于 Struts 2 在默认情况下只装载 WEB-INF\classes 目录中的 struts.xml 文件，因此需要在 struts.xml 文件中使用<include>标签来包含其他的 Struts 2 配置文件才能达到"分而治之"的目的。下面是一个包含了 4 个配置文件的 struts.xml 文件，该配置文件的代码片段如下：

```
<struts>
    <!-- 下面包含了 4 个配置文件 -->
    <include file="struts-portlet-default.xml"/>
    <include file="struts-view.xml"/>
    <include file="struts-edit.xml"/>
    <include file="struts-help.xml"/>
</struts>
```

🔔**注意**：被包含的 struts-view.xml、struts-edit.xml 等配置文件必须是完整的 Struts 2 配置文件，也就是说，必须包含 DTD、配置文件的<struts>标签等信息。一般情况下，将被包含的配置文件和 struts.xml 都放到 WEB-INF\classes 目录中。

8.2.4　配置包（package）

在 struts.xml 文件中使用<package>标签配置包，包也是 struts.xml 中的核心元素。Struts 2 框架中的核心组件，如 Action、结果、结果类型、拦截器和拦截器栈，都是由包管理的。也就是说，包将这些核心组件组织成了一个逻辑配置单元。从概念上讲，包同 OOP 中的类非常类似，也同样可以被继承，或某一个单独的部分被子包中的相应部分所覆盖。

除此之外，Struts 2 还提供了一种抽象包，在抽象包中不能包含 Action。在具体创建抽象包时可以将<package>标签的 abstract 属性值设为 true 来实现，如在 struts-default.xml 文件中定义的默认包 struts-default 就是一个抽象包，代码片段如下：

```
<!-- 定义抽象包 struts-default -->
<package name="struts-default" abstract="true">
…
</package>
```

<package>标签有如下几个属性可供设置。

- ❏ name（必选）：该属性指定了包的名字。这个名字也是其他包引用的 key。
- ❏ extends（可选）：该属性指定了该包继承的其他包的名字。如果该包继承了其他的包，可以继承包中的 Action 和拦截器等。
- ❏ namespace（可选）：该属性指定了包的命名空间。
- ❏ abstract（可选）：该属性指定当前包是否为一个抽象包。抽象包不能包含 Action。

下面是一个 struts.xml 文件的配置代码，在这个文件中演示了<package>标签的使用。

```
<struts>
    <!-- 配置第 1 个包，该包名为 default，这个包继承于 struts-default -->
```

```
<package name="default" extends="struts-default">
    <!-- 下面定义了一个拦截器栈 -->
    <interceptors>
        <interceptor-stack name="crudStack">
            <interceptor-ref name="checkbox" />
            <interceptor-ref name="static-params" />
        </interceptor-stack>
    </interceptors>
    <!-- 下面定义了两个 Action -->
    <action name="showcase">
        <result>showcase.jsp</result>
    </action>
    <action name="viewSource" class="org.company.action.
ViewSourceAction">
        <result>viewSource.jsp</result>
    </action>
</package>
<!-- 配置第 2 个包，该包名为 skill，这个包继承于 default -->
<package name="skill" extends="default" namespace="/skill">
    <!-- 定义默认的拦截器引用 -->
    <default-interceptor-ref name="crudStack"/>
    <!-- 定义名为 list 的 Action，将结果直接指向了 listSkills.jsp -->
    <action name="list" class="org.company.action.SkillAction" method=
"list">
        <result>/manager/listSkills.jsp</result>
        <interceptor-ref name="basicStack"/>
    </action>
    <!-- 定义名为 edit 的 Action，将结果直接指向了 editSkill.jsp -->
    <action name="edit" class="org.company.action.SkillAction">
        <result>/empmanager/editSkill.jsp</result>
        <interceptor-ref name="params" />
        <interceptor-ref name="basicStack"/>
    </action>
    <!-- 定义名为 delete 的 Action，该 Action 通过 delete 方法来处理请求 -->
    <action name="delete" class="org.company.action.SkillAction"
method="delete">
        <result name="error">/empmanager/editSkill.jsp</result>
        <result type="redirect">edit.action?skillName=${currentSkill.
name}</result>
    </action>
</package>
```

从上面的配置代码可以看出，在定义 skill 包时指定了 namespace 属性值为/skill，实际上这是访问命名空间的 URL 的一部分，关于命名空间的详细内容将在 8.2.5 节讲解。

8.2.5　配置命名空间

命名空间用来解决在同一个 Web 应用中 Action 重名的问题。Struts 2 的命名空间相当于 Java 中的 package 关键字，或者也可以把命名空间看成是 Struts 1 的模块，只是它要比 Struts 1 中的模块在使用上更方便和灵活。

下面是 struts.xml 中的配置代码片段,在这段代码中使用了<package>标签的 namespace 属性指定当前包的命名空间。

```
<struts>
    <!-- 指定包 edit 的命名空间是/edit -->
```

```
    <package name="edit" extends="struts-portlet-default" namespace=
"/edit">
        <action name="test"
            class="com.opensymphony.xwork2.ActionSupport">
            <result name="success">/WEB-INF/edit/test.jsp</result>
        </action>
    </package>
    <!--  指定包 editTest 的命名空间是/edit/dummy/test  -->
    <package name="editTest" extends="edit" namespace="/edit/dummy/test">
        <action name="testAction"
            class="com.opensymphony.xwork2.ActionSupport">
            <result name="success">/WEB-INF/edit/test.jsp</result>
        </action>
    </package>
    <!--  包 view 的命名空间是默认的命名空间  -->
    <package name="view" extends="struts-default" >
        <action name="test"
            class="com.opensymphony.xwork2.ActionSupport">
            <result >/WEB-INF/view/view.jsp</result>
        </action>
    </package>
</struts>
```

在上面的代码中配置了 3 个包，分别是 edit、editTest 和 view，在配置 edit 和 editTest 包时分别指定了/edit 和/edit/dummy/test 作为其命名空间，而在配置 view 时，并未指定 namespace 属性，在这种情况下，该包则使用默认的命名空间。

在为包指定命名空间后，在访问包中的 Action 时就要在 Action 的 name 前加上命名空间的名字。如访问 edit 包中的 test 动作的 URL 如下：

```
http://localhost:8080/web/edit/test.action
```

如果将包 edit 的 namespace 属性去掉，则可以使用下面的 URL 访问 test 动作。

```
http://localhost:8080/web/test.action
```

除此之外，Struts 2 还可以显式地指定根命名空间，通过将 namespace 属性的值设为"/"来指定根命名空间。

假设一个客户端请求是/abcd/test.action，则 Struts 2 会首先在命名空间/abcd 中查找名为 test 的 Action，如果未找到，就会在默认命名空间的包中查找名为 test 的 Action，如果仍未找到，则系统会抛出异常。从 Struts 2 查询 Action 的规则可以看出，默认命名空间可以处理任何命名空间中的 Action 请求，也就是说，在当前命名空间中（如/abcd）如果没有要查找的 Action，则 Struts 2 就会在默认的命名空间查找这个 Action。在使用命名空间时要注意以下 3 点：

❑ 命名空间名必须以斜线（/）开头，否则 Struts 2 不识别该命名空间。

❑ 根命名空间和默认命名空间是不同的。如使用 namespace="/"设置了根命名空间后，如果请求为/register.action，系统会先在根命名空间中查找 register 动作，如果 register 动作不存在，则会到默认命名空间中去查找这个 Action。

❑ Struts 2 不会对命名空间分层查找，也就是说，如果请求为/edit/dummy/test.action，当命名空间/edit/dummy 下没有 test 动作时，系统会直接到默认命名空间去查找 test 动作，而不会再到命名空间/edit 去查找。

8.2.6　配置拦截器

拦截器在前面已经多次提到了。实际上，拦截器有点类似于 Java Web 应用的过滤器，或者是 AOP 中的切面编程。说白了，拦截器就是在多个 Action 处理之前或之后加入开发人员自定义的代码。

在很多时候，需要对不同的 Action 进行权限验证、日志跟踪及其他处理。在这种情况下，单独处理每一个 Action 是非常麻烦的，就算可以通过继承、组合等面向对象思想来解决代码重用的问题。但如果要修改这些代码，每个 Action 也得或多或少地进行一些修改（至少在 Action 中还有调用或引用部分的代码需要处理），而使用拦截器，就只需修改拦截器本身的代码（这就相当于修改了 AOP 的切面代码），所有被拦截器拦截的 Action 就都会有所体现了。

Struts 2 为了更方便使用拦截器，还增加拦截器栈的概念（使用<interceptor-stack>标签配置），实际上，这个拦截器栈就是使不同的拦截器形成一个拦截器组，只要引用了拦截器栈，Struts 2 就会引用拦截器栈中的所有拦截器。下面是定义拦截器的代码片段。

```
<interceptors>
    <!-- 下面定义了 3 个拦截器 -->
    <interceptor name="autowiring"
        class="com.opensymphony.xwork2.spring.interceptor.
        ActionAutowiringInterceptor"/>
    <interceptor name="chain" class="com.opensymphony.xwork2.interceptor.
    ChainingInterceptor"/>
    <interceptor name="conversionError"
        class="org.apache.Struts 2.interceptor.
        StrutsConversionErrorInterceptor"/>
    <!-- 下面定义了一个拦截器栈 -->
    <interceptor-stack name="validationWorkflowStack">
        <interceptor-ref name="basicStack"/>
        <interceptor-ref name="validation"/>
        <interceptor-ref name="workflow"/>
    </interceptor-stack>
</interceptors>
```

在 Action 中使用<interceptor-ref>标签引用拦截器或拦截器栈，如引用上面代码中的 autowiring 拦截器和 validationworkflowStack 拦截器栈的代码如下：

```
<action name = "who" class="who.ShopAction">
    <result name="success">/WEB-INF/shop/index.jsp</result>
    <!-- 引用拦截器 autowiring -->
    <interceptor-ref name="autowiring"/>
    <!-- 引用拦截器栈 autowiring -->
    <interceptor-ref name="validationworkflowStack"/>
</action>
```

关于拦截器更详细的用法，请读者参阅第 9 章。

8.3　掌握 Struts 2 注释（Annotation）

注释是 Java SE5 新增加的功能。通过注释可以使 Java 程序本身具有自描述功能。在 Struts 2 框架中也提供了一系列的注释用来简化 Struts 2 的配置工作。虽然 Struts 2 注释可以配置 Struts 2 框架的 Action，但也并不是说就不需要 struts.xml 了。比较好的方式是将 struts.xml 和 Struts 2 注释结合起来配置 Action，这样既简化了配置文件的代码量，又使配置变得更加灵活。

8.3.1　设置当前包的父包——ParentPackage 注释

在前面讲过，Struts 2 中的包和 Java 中的 package 是非常相似的。因此从 ParentPackage 注释的名字可以推断，这个注释相当于<package>标签的 extends 属性，也就是设置当前包的父包。

ParentPackage 注释有一个 value 属性，表示父包名。这个属性值就是 struts.xml 文件中<package>标签的 name 属性值。下面的代码使用 ParentPackage 注释指定了当前包的父包。

```
package chapter8.childns;
// 引用 ParentPackage
import org.apache.Struts 2.config.ParentPackage;
// 指定当前包的父包是 parentns
@ParentPackage(value = "parentns")
// 当前包的 Action 类
public class ChildAction
{
    // 处理请求逻辑的 execute 方法
    public String execute() throws Exception
    {
        …
        return "success";                    // 返回 success 结果
    }
}
```

在编写完上面的代码后，还需要在 struts.xml 文件中编写如下的代码配置 parentns 包。

```
<!-- 定义 parentns 包 -->
<package name="parentns">
    <!-- 定义 parentns 包的 parent 动作 -->
    <action name="parent" class="chapter8.parentns.ParentAction"/>
</package>
```

在编写完上面的代码后，可以通过如下的 URL 访问 ParentAction 动作。

```
http://localhost:8080/webdemo/childns/parent.action
```

关于命名空间和 Action 名的规则将在后面的部分讲解。

注意：在使用 ParentPackage 定义父包时只需要在当前 Java 包（在本例中是 chapter8. childns）中的任何一个类中定义即可，因为 ParentPackage 是针对包的。

8.3.2　指定当前包的命名空间——Namespace 注释

　　Namespace 注释用来指定当前包的命名空间。这个注释只有一个 value 属性，表示命名空间的名字。value 属性值和<package>标签的 namespace 属性值的规则一样，也就是说 value 属性值也同样满足 8.2.5 节所讲的 3 条命名空间规则。下面的代码演示如何使用 Namespace 注释来指定当前包的命名空间。

```
package chapter8.childns;
import org.apache.Struts 2.config.Namespace;
//  指定当前包的命名空间为/mychild
@Namespace(value = "/mychild")
public class ChildAction
{
    //  处理请求逻辑的 execute 方法
    public String execute() throws Exception
    {
        return null;              //  返回空的结果
    }
}
```

8.3.3　指定当前 Action 结果——Results 与 Result 注释

　　Results 和 Result 注释要在一起使用。Results 注释有一个 Result 数组类型的 value 属性。Result 注释有如下 4 个参数。

- ❑ name：String 类型，表示结果名。默认值是 Action.SUCCESS。
- ❑ type：Class 类型，相当于<result>标签的 type 属性。默认值是 NullResult.class。
- ❑ value：String 类型，结果值。可以是任何有效的 Web 资源 URL。
- ❑ params：String[]类型。相当于<result>标签的<param>子标签，格式为{key1, value1, key2, value2, ...,keyn, valuen}。

　　下面的代码是一个典型的指定当前 Action 结果的代码。

```
package chapter8.childns;
import org.apache.Struts 2.config.Result;
import org.apache.Struts 2.config.Results;
//  指定两个结果：success 和 error，一个指向了/success.jsp，另一个指向了/error.jsp
@Results( { @Result(name = "success", value = "/success.jsp"),
        @Result(name = "error", value = "/error.jsp") })
public class ChildAction
{
    //  处理请求逻辑的 execute 方法
    public String execute() throws Exception
    {
        try
        {
            System.out.println("child");
            return "success";                //  转发到/success.jsp
        }
        catch (Exception e)
        {
            return "error";                  //  转发到/error.jsp
```

```
        }
    }
}
```

注意：在这里并未定义 Action 的名字，实际上，Struts 2 注释有一个约定，Action 名字
就是名为 XxxAction 动作类的 xxx。也就是说，如果 Action 类为 ChildAction，则
Action 类名为 child。

8.3.4　实例：通过注释配置 Action

在本节给出一个简单的实例来演示用注释配置 Action 的完整过程。要完成这个例子需
要执行如下几步。

（1）编写 ChildAction 类。ChildAction 是一个 Action 类，这个类的包是 chapter8.chi-
ldns，这个包的父包是 parentns。ChildAction 类的代码如下：

```
package chapter8.childns;
import org.apache.Struts 2.config.ParentPackage;
import org.apache.Struts 2.config.Namespace;
import org.apache.Struts 2.config.Result;
import org.apache.Struts 2.config.Results;
// 指定父包是 parentns
@ParentPackage(value = "parentns")
// 指定命名空间是/mychild
@Namespace(value = "/mychild")
// 指定两个结果
@Results( { @Result(name = "success", value = "/success.jsp"),
        @Result(name = "error", value = "/error.jsp") })
public class ChildAction
{
    // 处理请求逻辑的 execute 方法
    public String execute() throws Exception
    {
        try
        {
            System.out.println("child");
            return "success";              // 返回 success 结果
        }
        catch (Exception e)
        {
            return "error";                // 返回 error 结果
        }
    }
}
```

（2）编写 ParentAction 类。ParentAction 是一个 Action 类，但在这个类中并未加入任
何的 Struts 2 注释。ParentAction 类的代码如下：

```
package chapter8.parentns;
public class ParentAction
{
    // 处理请求逻辑的 execute 方法
    public String execute() throws Exception
    {
        System.out.println("parent");
        return null;                       // 返回 null，表示并不使用任何结果
```

```
    }
}
```

（3）配置 web.xml。在这里就需要使用 StrutsPrepareAndExecuteFilter 过滤器的 actionPackages 参数，配置代码如下：

```
<filter>
    <filter-name>Struts 2</filter-name>
    <filter-class>
org.apache.struts2.dispatcher.ng.filter.StrutsPrepareAndExecuteFilter
    </filter-class>
    <!--  配置 actionPackages 参数，指定 Action 类所在的包  -->
    <init-param>
        <param-name>actionPackages</param-name>
        <param-value>chapter8</param-value>
    </init-param>
</filter>
<filter-mapping>
    <filter-name>Struts 2</filter-name>
    <url-pattern>/*</url-pattern>
</filter-mapping>
```

在这里要讲一个 Struts 2 注释的另外一个关于命名空间的约定。虽然命名空间可以使用 Namespace 注释来指定，但如果不使用这个注释来指定，则 Struts 2 就会根据 Action 类的部分包名来确定命名空间。假设 Action 的类名是 chapter8.childns.ChildAction，并且 actionPackages 参数的值是 chapter8，则 Struts 2 就会将 childns 当成是包的命名空间。如果 actionPackages 参数值是 chapter8.childns，那么包的命名空间就是“/”了。假设用户在浏览器中输入如下的 URL：

```
http://localhost:8080/webdemo/childns/child.action
```

Struts 2 就会将 actionPackages 参数的值（chapter8）和 childns 组合成 chapter8.childns，并会在这个包中查找 ChildAction 类（可以按照前面讲的 Action 名的约定来反推出 Action 类名，也就是如果一个 Action 名为 test，那么和其对应的 Action 类名就是 TestAction）。

🔔注意：如果使用 Namespace 注释设置了命名空间，仍然可以使用由 Java 包名组成的命名空间，如 ChildAction 类使用 Namespace 注释设置命名空间为 mychild，那么 ChildAction 现在就拥有两个命名空间，即 childns 和 mychild。

（4）编写 success.jsp 页面。由于 error.jsp 页面在前面的章节已经编写完了，因此在这一步只编写 success.jsp 页面。其实 success.jsp 页面只是为了能够正常访问 Action 而编写的，页面可以是任何内容。现在读者可以在 webdemo 工程的 WebRoot 目录下建立一个 success.jsp 文件，内容如下：

```
<%@ page language="java" import="java.util.*" pageEncoding="UTF-8"%>
<html>
    <head>
        <title>成功</title>
    </head>
    <body>
        成功
    </body>
</html>
```

在 IE 中输入如下的 URL：

```
http://localhost:8080/webdemo/mychild/child.action
```

在访问上面的 URL 后，会在 IE 中输出"成功"信息。在 IE 中输入如下的 URL：

```
http://localhost:8080/webdemo/mychild/parent.action
```

在访问上面的 URL 后，系统将会抛出异常，如图 8.3 所示。

按照命名空间的约定，在 ParentAction 类中未使用 Namespace 注释来定义命名空间，而且包名为 chapter8.parentns，actionPackages 参数值为 chapter8，从这些条件可以断定，ParentAction 所在包的命名空间就是 parentns。在这里 struts.xml 文件并未起到任何作用，为了确保 struts.xml 不发挥作用，读者可以将 struts.xml 改成其他的文件名，如 struts123.xml，并且将 ChildAction 的 ParentPackage 语句注释去掉，然后重启 Tomcat。这时在 IE 中输入如下的 URL：

```
http://localhost:8080/webdemo/parentns/parent.action
```

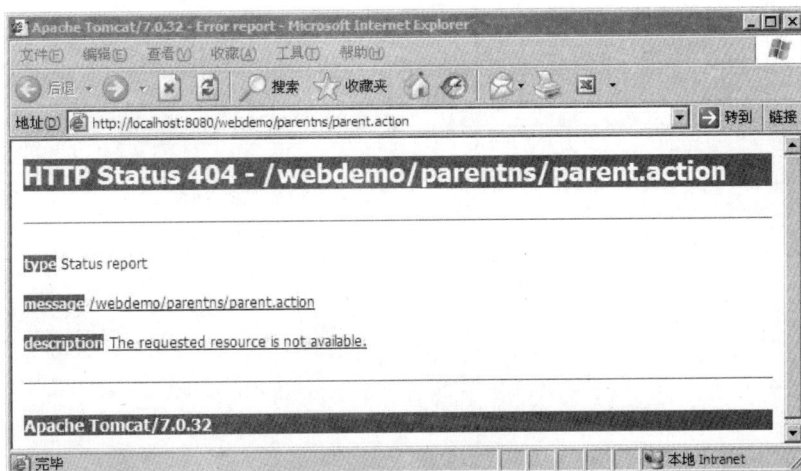

图 8.3　访问 parent.action 抛出的异常信息

读者会发现在 Tomcat 控制台中输出了 parent 信息，这说明 parent 所有包的命名空间确实是 parentns。但如果将 ChildAction 类中的 ParentPackage 语句注释去掉，重启 Tomcat，这时会在 Tomcat 控制台中抛出异常，提示没有找到命名空间 parentns。产生这个问题的原因是未指定 ParentAction 类所在包的名字，这个名字需要在 struts.xml 文件中通过<package>标签的 name 属性值来指定，现在将 struts123.xml 改回 struts.xml，并加入如下的代码：

```
<!-- 配置 parentns 包  -->
<package name="parentns" >
   <action name="parent"  class="chapter8.parentns.ParentAction"/>
</package>
```

这时再访问上面的 URL，就可以在 Tomcat 控制台正常输出 parent 信息了。

8.4　掌握 Struts 2 的 Action

Action 是 Struts 2 的核心，在本节将讲解 Action 的一些常用技术。如 Action 接口、Action 接口的默认实现类 ActionSupport、在 Action 中访问 Servlet API，处理多个提交动作和使用通配符等技术。通过本节的学习，读者可以基本了解 Action 中的常用技术和操作。

8.4.1　了解 Action 类的 getter 和 setter 方法

Struts 2 的 Action 类和 Struts 1 的 Action 类的最大的不同就是 Struts 2 的 Action 类不需要实现任何接口，也不需要继承任何的类，而只是一个普通的 POJO 类即可。一般在这个 POJO 类中需要有一个 execute 方法处理请求。

在 Struts 2 中通过直接使用 Action 封装 HTTP 请求参数，因此在 Action 类里需要有和请求参数相对应的属性。如在用户请求中有两个参数 employee 和 salary，则在 Action 类中要想获得这两个请求参数值，需要编写如下的代码：

```java
//  处理用户请求的Action类，这个类只是一个POJO类，未实现任何接口，未继承任何类
public class CompanyAction{
//  和employee请求参数对应的属性
private String employee;
//  和salary请求参数对应的属性
private float salary;
//  employee属性的getter方法
public String getEmployee()
{
    return employee;
}
//  employee属性的setter方法
public void setEmployee(String employee)
{
    this.employee = employee;
}
//  salary属性的getter方法
public float getSalary()
{
    return salary;
}
//  salary属性的setter方法
public void setSalary(float salary)
{
    this.salary = salary;
}
//  Action类默认的处理用户请求的方法
public String execute()
{
    System.out.println(employee);        //  输出employee请求参数值
    System.out.println(salary);          //  输出salary请求参数值
    …
```

```
            return "success";
        }
    }
```

上面的类提供了 employee 和 salary 属性，分别用来获得 employee 和 salary 请求参数值，如果使用如下的 URL 来访问 CompanyAction，就会在控制台输出 employee 和 salary 请求参数值。

```
http://localhost:8080/webdemo/company.action?employee=bill&salary=2000
```

注意：如果某个请求参数在 Action 类中没有相对应的属性，系统也不会出错，这是因为 Struts 2 将根据属性来处理请求参数。也就是说，系统发现 Action 类中有 setEmployee 和 getEmployee 方法，就会去查看是否有 employee 请求参数。如果存在，就会将 employee 请求参数值赋给 Action 类的 employee 属性，否则忽略这个属性。

在 Action 类里，属性不仅可以封装请求参数，还可以为转入的页面传递处理结果信息。如果在 Action 类中处理完某项任务，并转入 result.jsp 页面，并且在 result.jsp 页面要接收 Action 类处理任务的结果（成功或失败），这时就可以在 Action 类中加一个 result 属性，代码如下：

```
// 返回处理结果的属性
private String result;
// result 属性的 getter 方法
public String getResult();
{
    return result;
}
// result 属性的 setter 方法
public void setResult(String result)
{
    this.result = result;
}
```

在 result.jsp 页面中可以通过如下的 Struts 2 标签读取 result 属性值。

```
<!-- 使用 Struts 2 标签来输出 result 属性值 -->
<s:property value="result"/>
```

由此可见，Action 类的 getter 和 setter 方法不仅可以封装 HTTP 请求参数，还可以封装处理结果信息。但 Struts 2 并不区分哪些属性封装的是请求参数，哪些属性封装的是处理结果。因此使用 Struts 2 标签不仅可以输出处理结果信息，也同样可以输出请求参数值。

Action 类的属性不仅能封装简单类型的值，也可以封装复杂类型的值，如数组、Map 对象等。至于如何输出这些属性值，将在第 12 章详细介绍。

8.4.2　实现 Action 接口

虽然 Struts 2 中的 Action 类不需要实现任何接口，也不需要继承任何的类，但 execute 方法的返回值可能会使 Action 类变得不规范，如在 execute 方法中成功处理任务后，有的开发人员会返回 success 字符串，而有的开发人员会返回 ok 字符串，这样就会造成配置 Action 的结果时发生混乱。为了使 Action 类更加规范，Struts 2 中提供了一个 Action 接口 （实际上这个接口属于 WebWork 框架），在这个接口中定义了一些常用的结果常量，如 Action.SUCCESS 表示"success"，Action.ERROR 表示"error"等。而且在 Action 接口中还有 一个 execute 方法，如果要实现 Action 接口，就必须要实现 execute 方法。Action 接口的代 码如下：

```
package com.opensymphony.xwork2;
public interface Action
{
    public static final String SUCCESS = "success";   // 定义 success 结果
    public static final String NONE = "none";         // 定义 none 结果
    public static final String ERROR = "error";       // 定义 error 结果
    public static final String INPUT = "input";       // 定义 input 结果
    public static final String LOGIN = "login";       // 定义 login 结果
    // 定义处理用户请求的 execute 方法
    public String execute() throws Exception;
}
```

如果在 Action 类中想使用 Action 接口中的常量，可以实现 Action 这个接口，代码 如下：

```
import com.opensymphony.xwork2.Action;
// 实现接口 Action
public MyAction implements Action
{
    // 必须实现 execute 方法
    public String execute()
    {
        if(…)
            return SUCCESS;          // 返回"success"
        else
            return ERROR;            // 返回"error"
    }
}
```

虽然上面的代码可以很方便地使用 Action 接口的常量，但如果在定义 Action 时修改了 Action 的默认处理请求的方法，如将其改为 process 方法。如果是这种情况，那么在实现 Action 接口的 Action 类中不仅要有 process 方法，而且必须实现 execute 方法，这就有点画 蛇添足了。为了使用 Action 接口中的常量，且不用实现 execute 方法，可以直接引用 Action 接口，代码如下：

```
// 引入接口 Action
import com.opensymphony.xwork2.Action;
public MyAction                            // 此处未实现 Action 接口
{
    // 在 process 方法中处理用户请求
    public String process()
    {
        if(…)
            return Action.SUCCESS;          // 返回"success"
        else
            return Action.ERROR;            // 返回"error"
```

```
    }
}
```

但这样做还需要写 Action 接口，仍然有些麻烦，为了使代码最大化地简化，可以使用 Java SE5 新增加的静态导入功能，代码如下：

```
//  静态导入 Action 接口中的所有常量
import static com.opensymphony.xwork2.Action.*;
public MyAction                 //  此处未实现 Action 接口
{
    //  在 process 方法中处理用户请求
    public String process()
    {
        if(…)
            return SUCCESS;     //  返回"success"
        else
            return ERROR;       //  返回"error"
    }
}
```

8.4.3　继承 ActionSupport 类

在 Struts 2 中还提供了一个 ActionSupport 类，这个类是很多 Struts 2 框架中基础接口（包括 Action 接口）的默认实现。Action 类通过继承 ActionSupport 类，可以大大简化它的开发。ActionSupport 类的部分代码如下：

```
//  Struts 2 提供的 ActionSupport 类
package com.opensymphony.xwork2;
//  ActionSupport 类实现了很多接口
public class ActionSupport implements Action, Validateable,
ValidationAware, TextProvider, LocaleProvider, Serializable
{
    …
    //  设置校验错误的方法
    public void setActionErrors(Collection errorMessages)
    {
        validationAware.setActionErrors(errorMessages);
    }
    //  获得校验错误的方法
    public Collection getActionErrors()
    {
        return validationAware.getActionErrors();
    }
    //  获得字段错误的方法
    public Map getErrors()
    {
        return getFieldErrors();
    }
    //  设置字段错误的方法
    public void setFieldErrors(Map errorMap)
    {
        validationAware.setFieldErrors(errorMap);
    }
    public Map getFieldErrors()
```

```
{
    return validationAware.getFieldErrors();
}
//  返回国际化信息的方法
public String getText(String aTextName, String defaultValue, String obj)
{
    return textProvider.getText(aTextName, defaultValue, obj);
}
public String getText(String aTextName, List args)
{
    return textProvider.getText(aTextName, args);
}
//  默认的处理请求的方法，返回 SUCCESS
public String execute() throws Exception
{
    return SUCCESS;
}
//  判断是否有 Action 错误的方法
public boolean hasActionErrors() {
    return validationAware.hasActionErrors();
}
//  用于校验的方法
public void validate()
{
}
…
}
```

从上面的代码可以看出，ActionSupport 实现了非常多的接口，如 Validateable、ValidationAware 等，并提供了这些接口中的默认实现方法。如果 Action 类从 ActionSupport 类继承，将会大大简化 Action 类的开发。

8.4.4　实例：用 ActionContext 访问 Servlet API

Struts 2 的 Action 并没有直接和 Servlet API 进行耦合，也就是说在 Struts 2 的 Action 中并不能像 Struts 1 的 Action 一样直接访问 Servlet API。虽然 Struts 2 的 Action 访问 Servlet API 麻烦一些，但这却是 Struts 2 中 Action 的重要改良之一，如果 Action 不再与 Servlet API 进行耦合，那么测试 Action 类就变得非常容易了。

尽管 Action 和 Servlet API 脱离会带来很多的好处，但在 Action 中要想完全不访问 Servlet API 几乎是不可能的。因此，Struts 2 提供了很多在 Action 中访问 Servlet API 的方法。

一般来讲，在 Java Web 程序中最常访问的 Servlet API 是 HttpServletRequest、HttpSession 和 ServletContext，这 3 个类分别与 JSP 内置对象中的 request、session 和 application 对应。

在 Struts 2 中提供了一个 com.opensymphony.xwork2.ActionContext 类，Struts 2 的 Action 可以通过这个类来访问相应的 Servlet API。ActionContext 类可以使用以下两种方法来访问 Servlet API：

❑ 通过 getXxx 方法获得 Map 对象。
❑ 通过 get 方法获得相应的 Servlet API 类的对象实例。

在 ActionContext 类中存在一些 getXxx 方法，这些方法可以获得相应 Servlet API 中操作 key-value 对的 Map 对象。也就是说，在 Servlet API 中，如 HttpSession，都可以使用 setAttribute 和 getAttribute 方法设置和获得 key-value 对，这也相当于一个 Map 对象。ActionContext 中主要的 getXxx 方法如下。

- ❑ public static ActionContext getContext()：返回一个 ActionContext 对象。这个 getter 方法比较特殊，它返回了 ActionContext 的对象实例，而不是 Map 对象。使用 ActionContext 类的 put 方法可以加入 key-value 对，这也相当于使用 HttpServletRequest 类的 setAttribute 方法加入 key-value 对。同样，使用 ActionContext 类的 get 方法就相当于调用 HttpServletRequest 类的 getAttribute 方法。
- ❑ public Map getApplication()：返回一个 Map 对象，使用 Map 类的 put 和 get 方法，相当于分别调用 ServletContext 类的 setAttribute 和 getAttribute 方法设置和获得 key-value 对。
- ❑ public Map getSession()：返回一个 Map 对象，使用 Map 类的 put 和 get 方法，相当于分别调用 HttpSession 类的 setAttribute 和 getAttribute 方法设置和获得 key-value 对。

下面给出一个例子演示如何使用 ActionContext 的 getXxx 方法访问 Servlet API，这个例子是一个简单的登录程序，通过登录页面向 Action 提交用户名和密码，然后在 Action 中处理后，将相关的信息保存在 ServletContext、HttpSession 和 HttpServletRequest 对象中，并在 JSP 页面中输出相关的信息。实现这个例子需要执行如下几步。

（1）编写登录页面 login.jsp。这个页面非常简单。在这个页面中使用 Struts 2 标签生成一个<form>和两个文本框，分别用来输入用户名和密码，在 WebRoot\chapter8 目录中建立一个 login.jsp 文件，代码如下：

```
<%@ page language="java" pageEncoding="UTF-8"%>
<!-- 引用 Struts 2 标签 -->
<%@ taglib prefix="s" uri="/struts-tags" %>
<html>
    <head>
        <title>用户登录</title>
    </head>
    <body>
        <!-- 用 Struts 2 标签生成 form -->
        <s:form action="login">
            <s:textfield label="用户" name="username"/>
            <s:textfield label="密码" name="password"/>
            <s:submit value="登录" />
        </s:form>
    </body>
</html>
```

在 IE 中输入如下的 URL：

```
http://localhost:8080/webdemo/chapter8/login.jsp
```

访问上面的 URL 后，在 IE 中将显示登录页面，并在"用户"和"密码"文本框中分别输入"bill"和"1234"，如图 8.4 所示。

在输入完用户和密码后，先不要单击"登录"按钮提交，等下面步骤进行完再提交。

（2）编写 LoginAction 类。LoginAction 类是一个处理登录信息的 Action 类。在这个类中设置了一个计数器变量 counter，并将这个计数器变量保存在 ServletContext 对象中，每次用户登录成功后，这个计数器就加 1。在 LoginAction 类中将用户登录名保存在 HttpSession 对象中，将处理结果信息保存在 HttpServletRequest 对象中。以上保存在 3 个 Servlet API 对象中的值都将在 success.jsp 中显示。LoginAction 类的代码如下：

图 8.4　用户登录界面

```
// 处理用户登录信息的 LoginAction 类
public class LoginAction implements Action
{
    private String username;              // 封装 username 请求参数的属性
    private String password;              // 封装 password 请求参数的属性
    // 保存用户信息的 Map 对象
    private static Map<String, String> users = new java.util.HashMap<String,
    String>();
    // username 属性的 getter 方法
    public String getUsername()
    {
        return username;
    }
    // username 属性的 setter 方法
    public void setUsername(String username)
    {
        this.username = username;
    }
    // password 属性的 getter 方法和 setter 方法
    …
    // 在静态块中初始化用户列表
    static
    {
        users.put("bill", "1234");
        users.put("mike", "4321");
    }
    // 用户处理用户请求的 execute 方法
    public String execute() throws Exception
    {
        try
        {
            // 获得 ActionContext 对象，可以通过该对象实例访问 Servlet API
            ActionContext ctx = ActionContext.getContext();
            // 获得 Map 对象，可以用这个 Map 对象访问 ServletContext 对象
            Map application = ctx.getApplication();
            // 获得 Map 对象，可以用这个 Map 对象访问 HttpSession 对象
            Map session = ctx.getSession();
            // 从 ServletContext 对象中获得计数器变量
            Integer counter = (Integer) application.get("counter");
            // 将用户名保存在 HttpSession 对象中
```

```
        session.put("username", getUsername());
        String pw = users.get(username);    // 查找用户是否存在
        // 未找到用户，用户不存在，登录失败
        if (pw == null)
        {
            ctx.put("info", "该用户不存在，登录失败!");
            // 将处理结果保存在 HttpServletRequest 对象中
            return ERROR;
        }
        else
        {
            if (pw.equals(getPassword()))
            {
                // 计数器变量为 null，将其初始化为 1
                if (counter == null)
                {
                    counter = 1;
                }
                else
                {
                    counter++;       // 计数器变量加 1
                }
                // 将计数器保存在 ServletContext 对象中
                application.put("counter", counter);
                ctx.put("info", "已成功登录!");
                return SUCCESS;
            }
            else
            {
                // 将处理结果保存在 HttpServletRequest 对象中
                ctx.put("info", "该用户不存在，登录失败!");
                return ERROR;
            }
        }
    }
    catch (Exception e)
    {
        return ERROR;
    }
    }
}
```

（3）配置 LoginAction 类。在配置 LoginAction 类时，如果 execute 方法返回 success，则转入 success.jsp 页面，如果返回 error，则转入 error.jsp 页面，LoginAction 类的配置代码如下：

```xml
<?xml version="1.0" encoding="UTF-8" ?>
<!-- 配置 Struts 2 的 DTD 信息 -->
<!DOCTYPE struts PUBLIC
    "-//Apache Software Foundation//DTD Struts Configuration 2.3//EN"
    "http://struts.apache.org/dtds/struts-2.3.dtd">
<struts>
    <package name="Struts 2" extends="struts-default">
        <!-- 配置 LoginAction 类, Action 名为 login -->
        <action name="login" class="chapter8.action.LoginAction">
            <!-- execute 方法返回"success"时，转入 success.jsp -->
            <result name="success">/chapter8/success.jsp</result>
            <!-- execute 方法返回"error"时，转入 error.jsp -->
```

```
            <result name="error">/chapter8/error.jsp</result>
        </action>
    </package>
</struts>
```

（4）编写 success.jsp 和 error.jsp。这两个文件实现非常简单，在 success.jsp 页面中使用 EL 显示了在 LoginAction 类中设置的 3 个变量，success.jsp 页面的代码如下：

```
<%@ page language="java" pageEncoding="UTF-8"%>
<html>
    <head>
        <title>成功登录</title>
    </head>
    <body>
        <!-- 通过 EL 访问 ServletContext 对象，并显示计数器的值  -->
        本站访问次数：${ applicationScope.counter}<p/>
        <!-- 通过 EL 访问 HttpSession 对象，并显示登录用户名  -->
        用户名：${sessionScope.username}<p/>
        <!-- 通过 EL 访问 HttpServletRequest 对象，并显示处理结果信息  -->
        ${requestScope.info}
    </body>
</html>
```

error.jsp 页面的实现和 success.jsp 页面类似，只是由于在登录失败时，网站访问计数器的值不变化，因此，在 error.jsp 页面中不显示计数器的值，其他的内容和 success.jsp 页面的实现基本一样，读者可参阅本书提供的源代码。

当按照图 8.4 所示输入用户名和密码后，单击"登录"按钮，然后再次访问 login.jsp 页面，再次输入正确的用户名和密码，并单击"登录"按钮，这时在 IE 中会输出如图 8.5 所示的信息。

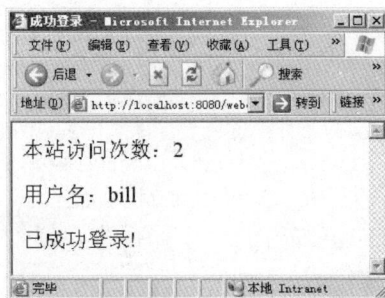

图 8.5　登录成功后输出的信息

前面讲的是如何使用 ActionContext 类的 getXxx 方法访问 Servlet API，这种方法虽然可以很方便地访问 Servlet API，但只能通过 Map 对象处理 key-value 对。有时开发人员需要直接访问 Servlet API 对象，如访问 HttpServletRequest 对象，这时就需要使用 ActionContext 类的 get 方法来获得相应的 Servlet API 对象，如下面的代码分别获得了 ServletContext、HttpServletRequest 和 HttpServletResponse 对象。

```
// 定义用于获得 Servlet API 对象的常量
final String SERVLET_CONTEXT = org.apache.Struts 2.StrutsStatics. SERVLET_
CONTEXT;
final String HTTP_REQUEST = org.apache.Struts 2.StrutsStatics.
HTTP_REQUEST;
final String HTTP_RESPONSE = org.apache.Struts 2.StrutsStatics.
HTTP_RESPONSE;
// 获得 ServletContext 对象
ServletContext ctx = (ServletContext) ActionContext.getContext().
get(SERVLET_CONTEXT);
// 获得 HttpServletRequest 对象
HttpServletRequest request = (HttpServletRequest) ActionContext.
getContext().get(HTTP_REQUEST);
// 获得 HttpServletResponse 对象
```

```
HttpServletResponse response = (HttpServletResponse) ActionContext.
getContext().get(HTTP_RESPONSE);
```

从上面的代码可以看出，通过向 get 方法传递一个常量字符串，就可以获得相应的
Servlet API 对象。

8.4.5　实例：通过 aware 拦截器访问 Servlet API

拦截器的概念在前面已经不止一次提到了，在 Struts 2 框架中，有很多功能都是通过
拦截器实现的。在这些拦截器中，有一类拦截器类名中含有 aware，通过这类拦截器，同
样可以访问 Servlet API。这些拦截器在 org.apache.Struts 2.interceptor 包中。如下面所述的
几个拦截器可用于获得相应的 Servlet API 对象。

❑　ApplicationAware 接口：获得和 ServletContext 关联的 Map 对象。

❑　CookieAware 接口：获得和 Cookie 数组关联的 Map 对象。

❑　ParameterAware 接口：获得和请求参数关联的 Map 对象。

❑　ServletRequestAware 接口：获得 HttpServletRequest 对象。

❑　ServletResponseAware 接口：获得 HttpServletResponse 对象。

Action 类只要实现上面的接口，就可以获得相应的 Map 对象或 Servlet API 对象，下
面的例子是通过使用拦截器获得 Servlet API 对象的方式重写 8.4.4 节的 LoginAction 类，并
将这个类重命名为 LoginAwareAction，代码如下：

```java
// LognAwareAction 类实现了 ServletRequestAware 和 ApplicationAware 接口
public class LoginAwareAction implements Action, ServletRequestAware,
ApplicationAware
{
    private String username;              // 封装请求参数的 username 属性
    private String password;              // 封装请求参数的 password 属性
    // HttpServletRequest 类型变量 request
    private HttpServletRequest request;
    // Map 类型变量 application
    private Map application;
    // 实现 ServletRequestAware 接口中的 setServletRequest 方法
    public void setServletRequest(HttpServletRequest request)
    {
        // 通过拦截器将 HttpServletRequest 对象传入 Action 类
        this.request = request;
    }
    public void setApplication(Map application)
    {
        // 通过拦截器将 Map 对象传入 Action 类
        this.application = application;
    }
    // 保存用户信息的 Map 对象
    private static Map<String, String> users = new java.util.HashMap<String,
    String>();
    // username 属性的 getter 方法
    public String getUsername()
    {
        return username;
    }
    // username 属性的 setter 方法
    public void setUsername(String username)
```

```
{
    this.username = username;
}
// password 属性的 getter 方法
public String getPassword()
{
    return password;
}
// password 属性的 setter 方法
public void setPassword(String password)
{
    this.password = password;
}
//  封装用户信息
static
{
    users.put("bill", "1234");
    users.put("mike", "4321");
}
public String execute() throws Exception
{
    try
    {
        //  获取 HttpSession 对象
        HttpSession session = request.getSession();
        // 从 ServletContext 对象中获得计数器变量
        Integer counter = (Integer) application.get("counter");
        // 计数器变量为 null，将其初始化为 1
        session.setAttribute("username", getUsername());
        // 将用户名保存在 HttpSession 对象中
        String pw = users.get(username);        // 查找用户是否存在
        // 未找到用户，用户不存在，登录失败
        if (pw == null)
        {
            // 将处理结果保存在 HttpServletRequest 对象中
            request.setAttribute("info", "该用户不存在，登录失败!");
            return ERROR;
        }
        else
        {
            if (pw.equals(getPassword()))
            {
                if (counter == null)
                {
                    counter = 1;
                }
                else
                {
                    counter++;                  // 计数器变量加 1
                }
                application.put("counter", counter);
                // 将计数器保存在 ServletContext 对象中
                request.setAttribute("info", "已成功登录!");
                return SUCCESS;
            }
            else
            {
                // 将处理结果保存在 HttpServletRequest 对象中
                request.setAttribute("info", "密码错误，登录失败!");
```

```
                return ERROR;
            }
        }
    }
    catch (Exception e)
    {
        return ERROR;
    }
  }
}
```

从上面的代码可以看出，LoginAwareAction 类通过实现 ServletRequestAware 和 ApplicationAware 接口，获得了 HttpServletRequest 对象和同 ServletContext 关联的 Map 对象，并通过 HttpServletRequest 对象获得了 HttpSession 对象。LoginAwareAction 类的配置代码如下：

```
<struts>
  <package name="Struts 2" extends="struts-default">
    <!-- 配置 action 类 -->
    <action name="loginaware" class="chapter8.action.
    LoginAwareAction">
        <result name="success">/chapter8/success.jsp</result>
        <result name="error">/chapter8/error.jsp</result>
    </action>
  </package>
</struts>
```

按照 login.jsp 页面的方式编写 loginaware.jsp 页面，这两个页面的内容基本相同，只是在 loginaware.jsp 页面中 form 标签的 action 属性值为 loginaware。

在 IE 中输入如下的 URL，并输入相应的用户名和密码，单击"登录"按钮后，将输出和图 8.5 相同的信息：

```
http://localhost:8080/webdemo/chapter8/loginaware.jsp
```

8.4.6　实例：利用动态方法处理多个提交请求

在很多时间，一个<form>标签中不止一个提交按钮，如一个登录页面除了登录按钮外，还可能有一个注册按钮，在单击"注册"按钮后，就会转入注册页面。对于这种情况，处理的方法很多。有很多 Web 框架也给出了自己的解决方案。如 Struts 1 可以通过 DispatchAction 来解决，如果开发人员直接使用 JSP 和 Servlet 编写程序，可以通过判断请求参数是否存在的方式来解决这个问题。

在 Struts 2 中也提供了关于这类问题的解决方案。在前面讲过，Action 类的默认处理用户请求的方法是 execute，但这个方法也是可以改变的，而且无须修改配置文件。假设客户端在访问某个 Action 类时，要通过 Action 类的 process 方法而不是 execute 方法来处理请求，可以使用如下的 URL：

```
http://localhost:8080/webdemo/actionname!process.action
```

LoginRegisterAction 类是一个可以处理登录和注册动作的 Action 类，代码如下：

```
public class LoginRegisterAction implements Action
{
```

```
private String username;              // 封装请求参数的 username 属性
private String password;              // 封装请求参数的 password 属性
// 保存用户信息的 Map 对象
private static Map<String, String> users = new java.util.HashMap<String,
String>();
…
//  处理注册信息的方法
public String register() throws Exception
{
    //  处理注册请求
    return "register";
}
//  处理登录请求的方法
public String execute() throws Exception
{
    //  处理登录请求
    return SUCCESS;
}
}
```

LoginRegisterAction 类的登录处理部分和 LoginAction 完全一样。登录请求仍然在 execute 方法中处理，而在这个类中又多了个 register 方法，这个方法用来处理注册动作。LoginRegisterAction 类的配置代码如下：

```
<struts>
    <package name="Struts 2" extends="struts-default">
        <!-- 配置名为 loginregister 的动作 -->
        <action name="loginregister" class="chapter8.action.
        LoginRegisterAction">
            <!-- 配置 register 结果，并转入 register.jsp -->s
            <result name="register">/chapter8/register.jsp</result>
            <!-- 配置 success 结果，并转入 success.jsp -->s
            <result name="success">/chapter8/success.jsp</result>
            <!-- 配置 error 结果，并转入 error.jsp -->s
            <result name="error">/chapter8/error.jsp</result>
        </action>
    </package>
</struts>
```

下面的代码演示了如何通过<form>标签调用不同的处理请求。

```
<!-- loginregister.jsp -->
<s:form action="loginregister" theme="simple">
    用户: <s:textfield name="username"/><p/>
    密码: <s:textfield name="password"/><p/>
    <s:submit value="登录" />     <!-- 提交登录请求 -->
    <s:submit value="注册" action="loginregister!register" />
    <!-- 提交注册请求 -->
</s:form>
```

从上面的代码可以看出，提交注册请求需要通过<s:submit>标签的 action 属性，在本例中，action 属性值为 loginregister!register，注意在后面不要加 ".action"，也就是说，在惊叹号（!）后面直接跟要调用的 Action 类中的方法名。当然，还可以通过如下的 URL 来调用 register 方法：

```
http://localhost:8080/webdemo/chapter8/loginregister!register.action
```

　　读者可以利用 JavaScript 代码通过上面的 URL 提交注册请求。关于如何使用 JavaScript 提交请求，请参阅 3.5 节所讲的内容。

8.4.7　实例：利用 method 属性处理多个提交请求

　　除了在 8.4.6 节讲到的处理多个提交请求的方法外，还可以通过<action>标签的 method 属性解决这个问题。这种方法的基本原理是为同一个 Action 类指定多个 name 值，这样一个 Action 就变成多个 Action 类了，再通过<action.>标签的 method 属性为每一个 Action 类指定一个处理请求的方法。这样就可以将一个 Action 类当成多个不同的 Action 类来处理。

　　下面的代码是 LoginRegisterAction 类的改进版，在这个版本中加入了 login 方法用来处理登录请求，代码如下：

```java
public class LoginRegisterAction implements Action
{
    private String username;              //  封装请求参数的 username 属性
    private String password;              //  封装请求参数的 password 属性
    //  保存用户信息的 Map 对象
    private static Map<String, String> users = new java.util.HashMap<String,
    String>();
    …
    //  处理注册请求
    public String register() throws Exception
    {
        System.out.println("register");
        return "register";
    }
    //  处理登录请求
    public String login() throws Exception
    {
        System.out.println("login");
        return execute();
    }
    //  处理业务请求
    public String execute() throws Exception
    {
        return SUCCESS;
    }
}
```

下面是配置 LoginRegisterAction 类的代码：

```xml
<struts>
    <package name="Struts 2" extends="struts-default">
        <!-- 配置处理登录请求的 Action 类  -->
        <action name="mylogin" class="chapter8.action.LoginRegisterAction"
        method="login">
            <result name="success">/chapter8/success.jsp</result>
            <result name="error">/chapter8/error.jsp</result>
        </action>
        <!-- 配置处理注册请求的 Action 类  -->
        <action name="myregister" class="chapter8.action.
        LoginRegisterAction" method="register">
            <result name="register">/chapter8/register.jsp</result>
        </action>
```

```
      </package>
</struts>
```

读者可以通过如下的 JavaScript 代码提交相应的请求。

```
//   提交登录请求
function login()
{
    form.action = "mylogin.action";
    form.submit();
}
//   提交注册请求
function register()
{
    form.action = "myregister.action";
    form.submit();
}
```

其中 form 是<form>标签的 name 属性值，代码如下：

```
<!--   创建名为 form 的表单   -->
<s:form name="form" theme="simple" >
    用户：<s:textfield name="username" /><p />
    密码：<s:textfield name="password" /><p />
    <!--   调用 login 函数提交登录请求   -->
    <s:submit value="登录" onclick="login()" />
    <!--   调用 register 函数提交注册请求   -->
    <s:submit value="注册" onclick="register()" />
</s:form>
```

利用上面的方法，仍然可以处理多个提交请求。但从上面的配置代码可以看出，两个
Action，mylogin 和 myregister，大多数的配置代码是相同的，这就会造成代码冗余，因此，
Struts 2 提供了通配符的方式来解决这个问题。

8.4.8　使用通配符

使用通配符可以使 Struts 2 的配置更简单，更易维护。<action>标签的 name、class 和
method 属性都支持通配符。在 8.4.7 节给出的例子中配置了 mylogin 和 myregister 两个
Action，这两个 Action 的配置代码基本相似，只是它们的 name 属性和 method 属性的值不
同（虽然<result>的配置也不同，但在设计系统时可以采用同样的结果配置）。但 name 属
性和 method 属性的值有一个规律，也就是说，mylogin 和 myregister 各自的 name 属性和
method 属性有相同的部分，因此，这部分就可以使用通配符来代替。先看看下面的 struts.xml
配置文件代码：

```
<?xml version="1.0" encoding="UTF-8" ?>
<!--   指定 Struts 2 配置文件的 DTD 信息   -->
<!DOCTYPE struts PUBLIC
    "-//Apache Software Foundation//DTD Struts Configuration 2.3//EN"
    "http://struts.apache.org/dtds/struts-2.3.dtd">
<struts>
    <!--   配置一个 package   -->
    <package name="Struts 2" extends="struts-default">
        <!--   使用通配符配置了 Action 外，method 属性是动态指定的   -->
        <action name="*Action" class="chapter8.action.wildcard.
```

```
        LoginRegisterAction" method="{1}">
        <!--   定义了两个 Result  -->
        <result name="success">/chapter8/success.jsp</result>
        <result name="error">/chapter8/error.jsp</result>
    </action>
  </package>
</struts>
```

从上面的代码可以看出，<action name="*Action" .../>中的 name 属性值并不是一个普通的 Action 名，而是使用了星号（*）作为通配符的 Action 名。这个 Action 名匹配所有以 Action 结尾的 Action，如/abcAction.action、/loginAction.action 等。而 method 属性则使用了{1}来表示配置 Action 名的第一个值，如 Action 名为/loginAction.action，则{1}的值为 login。下面的代码为 LoginRegisterAction 类的代码。

```
//   创建处理登录和注册功能的 Action
public class LoginRegisterAction extends ActionSupport implements
ServletRequestAware
{
    private String username;              // 封装请求参数的 username 属性
    .private String password;              // 封装请求参数的 password 属性
    private HttpServletRequest request; // HttpServletRequest 对象实例
    //   实现 ServletRequestAware 接口的 setServletRequest 方法，获得
    HttpServletRequest 对象
    public void setServletRequest(HttpServletRequest request)
    {
        this.request = request;
    }
    // username 属性的 getter 方法
    public String getUsername()
    {
        return username;
    }
    // username 属性的 setter 方法
    public void setUsername(String username)
    {
        this.username = username;
    }
    // password 属性的 getter 方法
    public String getPassword()
    {
        return password;
    }
    // password 属性的 setter 方法
    public void setPassword(String password)
    {
        this.password = password;
    }
    //   处理注册请求的方法
    public String register() throws Exception
    {
        request.setAttribute("info", "您已经注册成功");
        return SUCCESS;
    }
    //   处理登录请求的方法
    public String login() throws Exception
    {
        try
```

```
        {
            //　判断用户名和密码是否正确
            if (getUsername().equals("bill") && getPassword().
            equals("1234"))
            {
                request.setAttribute("info", "登录成功");
                return SUCCESS;            // 登录成功, 返回"success"
            }
            else
            {
                request.setAttribute("info", "登录失败");
                return ERROR;              // 登录失败, 返回"error"
            }
        }
        catch (Exception e)
        {
            return ERROR;                  // 登录出错, 返回"error"
        }
    }
}
```

上面的 Action 类并不包含 execute 方法，而只包含了 register 和 login 两个方法，这两个方法分别处理注册和登录请求，它们虽然与 execute 不同名，但作用是完全相同的，都负责处理用户请求。读者可以将 8.4.7 节的 JavaScript 代码中 register 函数修改成如下形式：

```
function register()
{
    form.action = "registerAction.action"; //  动态修改 form 的 action 属性
    form.submit();                          //  提交 form
}
```

从上面的代码可以看出，当单击"注册"按钮时，form 就会提交 registerAction.action 请求，该请求匹配 struts.xml 文件中的 name 属性值为*Action 的 Action，并将 register 作为 method 属性值（也就是{1}的值）来调用 LoginRegisterAction 类的 register 方法处理注册请求。除此之外，<action>标签的 class 属性也可以使用表达式，如下面的配置代码所示。

```
<?xml version="1.0" encoding="UTF-8" ?>
<!-- 指定 Struts 2 配置文件的 DTD 信息  -->
<!DOCTYPE struts PUBLIC
    "-//Apache Software Foundation//DTD Struts Configuration 2.3//EN"
    "http://struts.apache.org/dtds/struts-2.3.dtd">
<struts>
    <!--  配置一个 package  -->
    <package name="Struts 2" extends="struts-default">
        <!--  使用通配符配置了 Action 外, method 属性是动态指定的   -->
        <action name="*Action" class="chapter8.action.{1}Action"
         method="{1}">
            <result name="result">/result.jsp</result>
        </action>
    </package>
</struts>
```

在上面的代码中，除了 method 属性使用了{1}，在 class 属性中也使用了{1}，这就意味着如果客户端发送的请求是/RegisterAction，则对应的 Action 类就是 chapter8.action.RegisterAction，而调用的 Action 方法是 Register。

由于 Java 方法名一般是第 1 个单词首字母小写，而类名第 1 个单词的首字母是大写，所以在发送请求时就希望同时将这两类名字作为 Action 的名字。要达到这种目的，就需要使用两个通配符来分别匹配类名和方法名，如可以使用*_*来匹配这类 Action，如下面的代码所示。

```
<action name="*_*" class="chapter8.action. {1}Action" method="{2}">
```

当客户端发送/Product_select.action 请求时，class 属性的{1}匹配第 1 个通配符，值为 chapter8.action.ProductAction，而 method 属性匹配第 2 个通配符，值为 select。

为了使通配符不至于产生冲突，在 Struts 2 使用了一个约定。如果在 struts.xml 配置文件中有多个<action>标签的 name 属性值使用了通配符，而且这些通配符都匹配某些 Action，那么系统会取排在最前面的<action>标签，如下面的代码所示。

```
<struts>
  <!-- 配置一个package -->
  <package name="Struts 2" extends="struts-default">
    <!- 下面配置了两个使用通配符的Action  -->
    <action name="* " class="chapter8.action. NewAction" method="{1}">
      <result name="result">/result.jsp</result>
    </action>
    <action name="*Action" class="chapter8.action. MyAction" method=
    "{1}"/>
    <!-- 下面的Action 未使用通配符  -->
    <action name = "loginAction" class="chapter8.action. LoginAction" />
  </package>
</struts>
```

从上面的代码可以看出，一个<action>标签的 name 属性值为*，这就意味着所有的 Action 都会匹配这个通配符，而第 2 个<action>标签的 name 属性值为*Action，这个标签只能匹配以 Action 结尾的用户请求。第 3 个<action>标签的 name 属性值并未使用通配符，这个标签会直接匹配/loginAction.action。

如果客户端请求是/registerAction，毫无疑问，第 3 个 Action 是肯定不会匹配的，而如果在 struts.xml 配置文件中有多个使用通配符的 Action 同时匹配一个用户请求，Struts 2 会按照 Action 的配置顺序来匹配。也就是说，对于上面的配置代码，系统会匹配第 1 个<action>标签，而不会匹配第 2 个<action>标签。如果将这两个<action>标签的位置调换，则正好相反。如果客户端请求是/loginAction，系统会直接匹配第 3 个未使用通配符的<action>。

综上所述，Struts 2 匹配 Action 的规则是，先配置不使用通配符的<action>标签，如果未找到相匹配的，就从前往后寻找使用通配符的<action>标签，直到发现第 1 个与之匹配的<action>标签为止；如果在 struts.xml 中没有与之匹配的<action>标签，系统则抛出异常。

8.4.9　设置默认的 Action

在某些情况下，可能需要一些功能单一的 Action，如只负责转发请求，或显示一些简单的信息等。在这种情况下，可以使用 name 属性值为*的 Action 来完成这个工作（一定要将这个 Action 放在包的最后定义）。

除此之外，还可以使用默认 Action 来达到同样的效果。默认 Action 使用

<default-action-ref>标签定义，代码如下：

```
<struts>
    <package name="Struts 2" extends="struts-default">
        <!-- 配置一个默认的 Action -->
        <default-action-ref name = "forwardAction" />
        <!-- 默认 Action 的配置 -->
        <action name="forwardAction" class=" action.ForwardAction">
          …
        </action>
</struts>
```

从上面的代码片段可以看出，<default-action-ref>标签的 name 属性值是一个 Action 的 name 属性值。在配置完默认 Action 后，对于所有无效的 Action 请求，系统都会调用 forwardAction。但要注意，默认 Action 一定要在所有的<action>之前配置。也就是说 <default-action-ref>标签必须放在所有的<action>标签之前。

8.5　配置跳转结果

由于 Action 只是一个控制器，因此，它只负责处理用户请求，一般在 Action 中并不负责直接提供对浏览器的响应，如向浏览器输出信息、转发 URL 等。当 Action 处理完用户请求后，会通过 execute 方法或其他负责处理用户请求的方法返回一个字符串，通过这个字符串，Action 可以将处理结果交由视图资源来完成，而控制器的作用应该是控制将哪个视图呈现给用户。

8.5.1　了解 Struts 2 的配置结果

当 Action 处理完用户请求后，会返回一个字符串，这个字符串也可以称为结果名。通过这个结果名，可以找到一个 Web 资源，并根据结果类型进行不同的操作。

上面描述的是 Action 处理完用户请求后所做的事情，所提到的结果可通过<result>标签进行配置。这个标签有两个属性，name 和 type，分别表示结果名和结果类型。其中 Action 返回的字符串必须和其中一个<result>标签的 name 属性值相匹配，否则系统会抛出异常。type 属性表示结果类型，默认值是 dispatcher，也就是转发类型，相当于使用 forward 方法。

<result>标签必须作为<action>的子标签存在，一个<action>可以有多个<result>子标签，下面是一个典型的结果配置代码：

```
<!-- 配置结果 -->
<action name="register" class="action.RegisterAction">
   <!-- 配置 Result 通过 type 指定结果类型 -->
   <result name="success" type="dispatcher">
      <!-- 指定 Web 资源 -->
      <param name="location">/success.jsp</param>
   </result>
</action>
```

上面的代码中使用了<param>标签来设置结果参数 location 的值，这是一种比较繁琐的写法，为了方便，也可以采用下面的简写形式：

```
<action name="register" class="action.RegisterAction">
    <!-- 配置 Result，通过 type 指定结果类型 -->
    <result name="success" type="dispatcher">/success.jsp</result>
</action>
```

由于默认的结果类型就是 dispatcher，因此，如果要使用 dispatcher 的话，就不用设置 type 属性了，代码如下：

```
<result name="success">/success.jsp</result>
```

在很多情况下，会有一些 URL 经常被结果标签用到，如很多 Action 在返回 success 后都会转入 success.jsp 页面，如果在每一个结果中都指定这个页面就会很麻烦，因此，Struts 2 提供了全局结果来解决这个问题。全局结果使用<global-results>标签来定义，代码如下：

```
<?xml version="1.0" encoding="UTF-8" ?>
<!-- 指定 Struts 2 配置文件的 DTD 信息 -->
<!DOCTYPE struts PUBLIC
    "-//Apache Software Foundation//DTD Struts Configuration 2.3//EN"
    "http://struts.apache.org/dtds/struts-2.3.dtd">
<struts>
    <package name="Struts 2" extends="struts-default">
        <!-- 定义全局结果 -->
        <global-results>
            <result name="success">/success.jsp</result>
        </global-results>
        <!-- 如果 Action 返回 success，会转入到 success.jsp 页面 -->
        <action name="query" class=" action.QueryAction"/>
    </package>
</struts>
```

上面的代码配置了一个全局结果和一个 Action，这个 Action 没有配置任何结果，当 Action 返回 success 时，就会转入全局结果 success 中定义的 success.jsp 页面。

△注意：全局结果对当前包中所有的 Action 有效，如果某个结果不是在大多数 Action 中使用，就没有必要放在全局结果里定义。

8.5.2　Struts 2 支持的处理结果类型

在 Struts 2.0.11.2 中支持很多结果类型，读者可以打开 struts-default.xml 文件，在里面可以找到包 struts-default 的定义部分。代码片段如下：

```
<package name="struts-default" abstract="true">
    <result-types>
        <!-- Action 链式处理的结果类型 -->
        <result-type name="chain" class="com.opensymphony.xwork2.
        ActionChainResult"/>
        <!-- 用于转发 URL 的结果类型，一般转发的是 JSP 页面 -->
        <result-type name="dispatcher" class="org.apache.Struts 2.
        dispatcher.ServletDispatcherResult" default="true"/>
        <!-- 用于与 FreeMarker 整合的结果类型 -->
        <result-type name="freemarker" class="org.apache.Struts 2.views.
        freemarker.FreemarkerResult"/>
```

```
        <!-- 用于控制 HTTP 头的结果类型 -->
        <result-type name="httpheader" class="org.apache.Struts 2.
        dispatcher.HttpHeaderResult"/>
        <!-- 用于重定向的结果类型 -->
        <result-type name="redirect" class="org.apache.Struts 2.dispatcher.
        ServletRedirectResult"/>
        <!-- 用于重定向到其他 Action 的结果类型 -->
        <result-type name="redirectAction"
            class="org.apache.Struts 2.dispatcher.
            ServletActionRedirectResult"/>
        <!-- 用于向客户端输出字节流的结果类型 -->
        <result-type name="stream" class="org.apache.Struts 2.
        dispatcher.StreamResult"/>
        <!-- 用于整合 Velocity 的结果类型 -->
        <result-type name="velocity" class="org.apache.Struts 2.dispatcher.
        VelocityResult"/>
        <!-- 用于整合 XML/XSLT 的结果类型 -->
        <result-type name="xslt" class="org.apache.Struts 2.views.xslt.
        XSLTResult"/>
        <!-- 用于显示页面原始代码的结果类型 -->
        <result-type name="plainText" class="org.apache.Struts 2.
        dispatcher.PlainTextResult" />
    </result-types>
    …
</package>
```

上面的结果类型是在 struts-default 中定义的，这就意味着所有继承于 struts-default 的包都支持上面 8 种结果类型。

除此之外，还可以在 struts2-jfreechart-plugin-2.3.4.1.jar 文件中的 struts-plugin.xml 配置文件中，找到如下的代码片段：

```
<package name="jfreechart-default" extends="struts-default">
    <result-types>
        <!- 用于整合 JFreeChart 的结果类型 -->
        <result-type name="chart" class="org.apache.Struts 2.dispatcher.
        ChartResult">
            <param name="height">150</param>
            <param name="width">200</param>
        </result-type>
    </result-types>
</package>
```

在 struts2-jasperreports-plugin-2.3.4.1.jar 文件中的 struts-plugin.xml 配置文件中，可以找到如下的代码片段：

```
<package name="jasperreports-default" extends="struts-default">
    <result-types>
        <!-- 用于整合 JasperReport 的结果类型 -->
        <resuit-type name="jasper" class="org.apache.Struts 2.views.
        jasperreports.JasperReportsResult"/>
    </result-types>
</package>
```

在 struts2-jsf-plugin-2.3.4.1.jar 文件的 struts-plugin.xml 配置文件中，可以找到如下的代码片段：

```
<package name="jsf-default" extends="struts-default">
```

```
    <result-types>
      <!-- 用于整合 JSP 的结果类型  -->
      <result-type name="jsf" class="org.apache.Struts 2.jsf.FacesResult"
      />
    </result-types>
    …
</package>
```

在 struts2-tiles-plugin-2.3.4.1.jar 文件的 struts-plugin.xml 配置文件中，可以找到如下的代码片段：

```
<package name="tiles-default" extends="struts-default">
   <result-types>
      <!-- 用于整合 Tiles 的结果类型  -->
      <result-type name="tiles" class="org.apache.Struts 2.views.tiles.
      TilesResult"/>
   </result-types>
</package>
```

从上面的几段代码可以看出，Struts 2 还支持 chart、jasper、jsf 和 tiles 4 种结果类型。如果想使用上面的结果类型，可以使用<result>标签的 type 属性指定结果类型名，如使用 redirect 结果类型的代码如下：

```
<?xml version="1.0" encoding="UTF-8" ?>
<!-- 指定 Struts 2 配置文件的 DTD 信息  -->
<!DOCTYPE struts PUBLIC
    "-//Apache Software Foundation//DTD Struts Configuration 2.3//EN"
    "http://struts.apache.org/dtds/struts-2.3.dtd">
<struts>
    <package name="Struts 2" extends="struts-default">
       <!-- 定义处理用户请求的 Action -->
       <action name="query" class=" action.QueryAction">
          <!-- 定义 redirect 结果类型的 result -->
          <result name="success" type="redirect" >/success.
          jsp</result>
       </action>
    </package>
</struts>
```

如果 QueryAction 返回 success，则系统会重定向到 success.jsp，而不是转入 success.jsp，在浏览器的地址栏中也会直接出现 success.jsp 的链接，如图 8.6 所示。

图 8.6　重定向到 success.jsp

8.5.3　配置带有通配符的结果

结果中的 URL 也可以使用通配符指定，代码如下：

```
<!--  结果中 URL 的通配符  -->
<action name = "*Action" class="action.MyAction">
    <result name="success">/{1}.jsp</result>
</action>
```

在上面的代码中，使用{1}指定了结果的 JSP 页面名，当 MyAction 返回 success 时，就会根据第 1 个通配符匹配的字符串确定要转入的 JSP 文件名，如用户请求为/abcAction.action，则要转入的 JSP 文件名为 abc.jsp。

在 Struts 2 中，除非必要，否则并不建议直接访问像 JSP 页面一样的 Web 资源，而要通过 Action 进行转发。那么这就会带来一个问题，如果这种 Web 资源很多的话，就需要为每一个 Web 资源都做一个 Action，这很明显是不可能的，而解决这个问题最简单的方法就是使用通配符指定要转发的 Web 资源。

下面来做个实验，为了保证实验效果，在 WEB-INF 中建立两个 JSP 文件，web1.jsp 和 web2.jsp，这两个文件的内容并不重要，只是为了演示如何通过一个 Action 访问这两个 JSP 页面。之所以将这两个 JSP 页面放到 WEB-INF 目录中，是因为客户端就算想直接访问这两个 JSP 页面也是不可能的，因为 WEB-INF 目录中的所有资源是不能直接由客户端访问的。下面使用通配符来配置 Action 和结果，代码如下：

```
<struts>
    <package name="Struts 2" extends="struts-default">
        <!--  配置其他的 Action  -->
        …
        <!--  处理所有无效的 Action  -->
        <action name="*">
            <result name="success">/WEB-INF/{1}.jsp</result>
        </action>
    </package>
</struts>
```

现在读者可以在 IE 中输入如下两个 URL：

```
http://localhost:8080/webdemo/web1.action
http://localhost:8080/webdemo/web2.action
```

在访问上面两个 URL 后，可以在 IE 中正常输入 web1.jsp 和 web2.jsp 的内容，这是因为这两个 Action 都是无效的（在 struts.xml 中并没有和它们匹配的 Action）。因此，这两个 Action 只能匹配最后一个 name 属性值为*的 Action，而且在这个 Action 中未指定 class 属性，如果不指定 class 属性，默认的 class 就是 ActionSupport 类。由于这个类的 execute 方法返回的是 success，因此，<result>标签的 name 属性值是 success。要转入的 Web 资源为/WEB-INF/{1}.jsp，这时{1}就会用与通配符相匹配的字符串代替，如请求为/web1.action，这个 Web 资源就会变为/WEB-INF/web1.jsp，因此转入到 web1.jsp 页面。

8.5.4 通过请求参数指定结果

由于 Action 的属性既可以获得请求参数值，也可以在要转入的 JSP 页面中获得（一般使用 EL 方式获得），因此，可以通过请求参数来指定结果的 URL。如 ForwardAction 类通过 forward 属性获得了 forward 请求参数，代码如下：

```
//　实现接口 Action
public class ForwardAction implements Action
{
    //　获得请求参数的 forward 属性
    private String forward;
    //　forward 属性的 getter 方法
    public String getForward()
    {
        return forward;
    }
    //　forward 属性的 setter 方法
    public void setForward(String forward)
    {
        this.forward = forward;
    }
    //　用于处理用户请求的 execute 方法
    public String execute() throws Exception
    {
        return SUCCESS;
    }
}
```

通过下面的配置代码，用户可以通过 URL 访问 WEB-INF 目录中的资源。

```
<struts>
    <package name="Struts 2" extends="struts-default">
    <!--　配置动作　-->
    <action name="forwardAction" class="chapter8.action.
    ForwardAction">
        <!--　从请求参数中获得 JSP 文件名　-->
        <result name="success">/WEB-INF/${forward}.jsp</result>
    </action>
    </package>
</struts>
```

在上面的代码中，使用${forward}从 ForwardAction 类的 forward 属性获得 forward 请求参数的值。在 IE 地址栏中输入如下的 URL：

```
http://localhost:8080/webdemo/forwardAction.action?forward=web1
```

在访问上面的 URL 后，将会在 IE 中输出 web1.jsp 页面的内容，如图 8.7 所示。

图 8.7　转入 web1.jsp

当用户输入的 URL 中 forward 参数指定的 JSP 文件名错误时，系统就会抛出异常，如在 IE 中输入如下的 URL：

```
http://localhost:8080/webdemo/forwardAction.action?forward=web3
```

在 IE 中将会抛出如图 8.8 所示的异常信息。

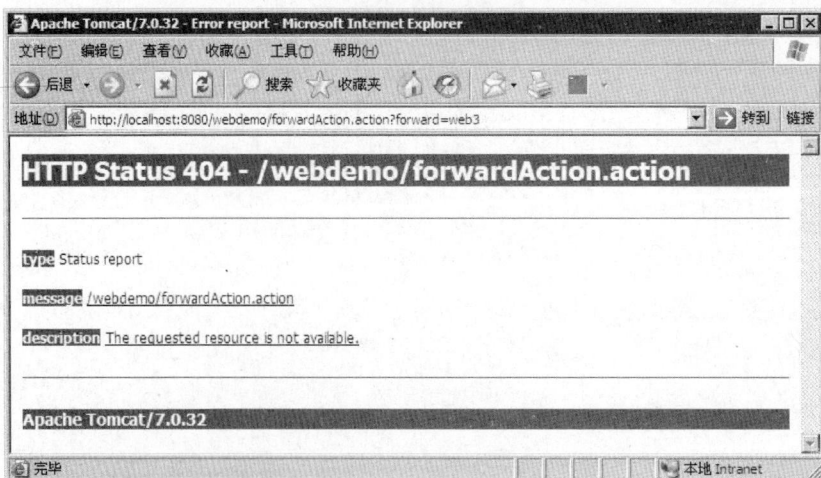

图 8.8　抛出未找到 Web 资源异常

8.6　掌握模型驱动

在 Struts 1 中使用 ActionForm 专门封装用户请求。这种使用单独的 JavaBean 来处理用户请求的方法显得结构更清晰。在这种方式下，ActionForm 和 Action 分别用来处理用户请求信息和控制逻辑。而在 Struts 2 中取消了 ActionForm，将处理用户请求的任务交给了Action。这样 Action 就既负责处理控制逻辑，也负责处理用户请求，从而显得有些混乱。当然，在 Struts 2 中也可以使用另一种方法达到和 Struts 1 类似的效果，这就是模型驱动，这种方法也可以将用户请求单独封装在一个 JavaBean 中。

8.6.1　了解模型驱动——ModelDriven

在 Struts 2 的 Action 中封装了太多的东西，读者可以回想前面的 Action，代码风格基本都是以下的形式：

```
// 同时封装了用户请求和控制逻辑
public class MyAction implements Action
{
    private String name;        // 封装 name 请求参数的属性
    private int age;            // 封装 age 请求参数的属性
    …
    // name 属性的 setter 方法
    public void setName(String name)
    {
        this.name = name;
    }
    // name 属性的 getter 方法
    public String getName()
    {
        return name;
    }
    // 处理方法
```

```
public String execute() throws Exception
{
    //　处理用户请求的代码
    return SUCCESS;
}
}
```

从上面的代码可以看出，Struts 2 的 Action 同时承担了封装用户请求和处理控制逻辑的工作。虽然这种模式省去了建立 ActionForm 的麻烦，但代码看起来不太清晰，为了使代码结构更加清晰，就需要将封装用户请求的代码和处理控制逻辑的代码分离，也就是说，需要利用如下的代码将用户请求封装起来：

```
//　只封装了用户请求
public class UserForm
{
    private String name;            //　封装 name 请求参数的属性
    …
    //　name 属性的 setter 方法
    public void setName(String name)
    {
        this.name = name;
    }
    //　name 属性的 getter 方法
    public String getName()
    {
        return name;
    }
}
```

在 Action 类中还需要知道是哪个 JavaBean 封装了用户请求，这就需要 Action 类实现 com.opensymphony.xwork2.ModelDriven 接口。代码如下：

```
//　实现接口 Action 和 ModelDriven
public class MyAction implements Action, ModelDriven<UserForm>
{
    //　手动创建 JavaBean 对象
    private UserForm userForm = new UserForm();
    //　处理用户请求的代码
    public String execute()
    {
        return SUCCESS;
    }
    //　实现 ModelDriver 接口的 getModel 方法，用于获得 UserForm 对象
    public UserForm getModel()
    {
        return userForm
    }
}
```

从上面的代码可以看出，通过在 MyAction 类中的 getModel 方法可以获得用于封装用户请求的 UserForm 对象。在 MyAction 中只有一个 UserForm 对象实例，具体的用户请求都被封装在了 UserForm 类中。

综上所述，可以得出一个结论，模型驱动是使用模型类的对象实例来封装用户请求和处理结果，并且这些模型贯穿整个 MVC 流程。而模型就是指封装用户请求和处理结果的 JavaBean。

8.6.2　实例：使用模型驱动改进登录程序

在本节将通过一个简单的登录程序演示如何使用模型驱动的方法编写基于 Struts 2 框架的程序。这个登录程序有两个请求参数，username 和 password，分别用来表示用户名和密码，并且将这两个请求参数封装在一个单独的 UserForm 类中。在这个类中还有一个处理结果属性 result，用来返回登录成功或失败的信息。UserForm 类的实现代码如下：

```java
// 创建用户模型类 UseLogin
public class UserLogin
{
    private String username;            //  封装 username 请求参数的属性
    private String password;            //  封装 password 请求参数的属性
    // 用于封装处理结果的属性
    private String result;

    // username 属性的 getter 方法
    public String getUsername()
    {
        return username;
    }
    // username 属性的 setter 方法
    public void setUsername(String username)
    {
        this.username = username;
    }
    // password 属性的 getter 方法
    public String getPassword()
    {
        return password;
    }
    // password 属性的 setter 方法
    public void setPassword(String password)
    {
        this.password = password;
    }
    // result 属性的 getter 方法
    public String getResult()
    {
        return result;
    }
    // result 属性的 setter 方法
    public void setResult(String result)
    {
        this.result = result;
    }
}
```

从上面的代码可以看出，在 UserForm 类中只有 3 个属性，并没有其他的任何东西。这个 UserForm 类也相当于 Struts 1 的 ActionForm。

下面来实现 LoginAction 类，这是一个 Action 类，在这个类中有一个用于处理控制逻辑的 execute 方法和一个获得模型类（UserForm 类）对象实例的 getModel 方法。LoginAction 类的代码如下：

```java
package chapter8.modeldriven;
import com.opensymphony.xwork2.*;
// 创建实现接口 ModelDriven 和继承类 ActionSupport
public class LoginAction extends ActionSupport implements ModelDriven
<UserLogin>
{
    // 创建对象 model
    private UserLogin model = new UserLogin();
    // 用于获得 UserLogin 对象实例的方法
    public UserLogin getModel()
    {
        return model;
    }
    // 处理控制逻辑
    @Override
    public String execute() throws Exception
    {
        // 核对用户名和密码
        if(getModel().getUsername().equals("bill") && getModel().
        getPassword().equals("1234"))
        {
            getModel().setResult("登录成功，终于进来了！");  //  设置处理结果
            return SUCCESS;                         //  返回字符串 success
        }
        else
        {
            return ERROR;                           //  返回字符串 error
        }
    }
}
```

从上面的代码可以看出，LoginAction 类中的代码非常整洁、清楚，起到这种效果的作用就是模型驱动开发模式。当用户请求参数和处理结果多了的时候，Action 类也不会显得过于庞大。LoginAction 的配置代码如下：

```xml
<!-- 配置名为 model_login 的 action  -->
<action name="model_login" class="chapter8.modeldriven.LoginAction">
    <result name="success">/WEB-INF/result.jsp</result>
    <result name="error">/WEB-INF/error.jsp</result>
</action>
```

在 JSP 中可以使用 Struts 2 的<s:property>取得处理结果的值，代码如下：

```
<s:property value="model.result"/>
```

除了上面的代码外，也可以使用如下的代码获得处理结果的值。

```
<s:property value="result"/>
```

由于 Action 类中没有 result 属性，而且 Action 类采用了模型驱动模式进行开发，因此，Struts 2 会直接输出 model 属性中的 result 属性值。

实际上，Struts 2 的模型驱动也是基于拦截器实现的，读者可以打开 struts-default.xml 文件，在 struts-default 包中找到如下的代码：

```xml
<package name="struts-default" abstract="true">
    <interceptors>
        <!-- 定义了 modelDriven 拦截器  -->
```

```xml
<interceptor name="modelDriven"
    class="com.opensymphony.xwork2.interceptor.
    ModelDrivenInterceptor"/>
…
<interceptor-stack name="defaultStack">
    <interceptor-ref name="exception"/>
    <interceptor-ref name="alias"/>
    <interceptor-ref name="servletConfig"/>
    <interceptor-ref name="prepare"/>
    <interceptor-ref name="i18n"/>
    <interceptor-ref name="chain"/>
    <interceptor-ref name="debugging"/>
    <interceptor-ref name="profiling"/>
    <interceptor-ref name="scopedModelDriven"/>
    <!-- 引用了 modelDriven 拦截器 -->
    <interceptor-ref name="modelDriven"/>
    …
</interceptor-stack>
…
</interceptors>
<!-- 引用了 defaultStack 拦截器栈 -->
<default-interceptor-ref name="defaultStack"/>
</package>
```

从上面的配置代码可以看出，在 struts-default 包中配置了一个拦截器类 ModelDriven-Interceptor，并将这个拦截器加到默认的拦截器栈 defaultStack 中，在 struts-default 包的最后引用了这个拦截器栈。所以任何继承 struts-default 的包都支持模型驱动开发模式。读者可以使用如下的 URL 测试 LoginAction 类。

图 8.9　成功登录页面

```
http://localhost:8080/webdemo/model_
login.action?username=bill&password
=1234
```

在访问上面的 URL 后，将会看到如图 8.9 所示的页面。

8.7　处理 Struts 2 中的异常

异常处理是任何成熟的 MVC 框架都必须有的功能之一。虽然在 Struts 2 中完全可以采用手工的方式在 Action 类的 execute 方法中通过 try…catch 来处理异常，但这么做最大的缺点是异常处理和代码的耦合过于紧密，不利于维护。如果以后要改变异常的处理方式，就必须要修改源代码才可以。在 Struts 2 中提供了用于处理异常的拦截器，使 Struts 2 可以在 struts.xml 文件中配置异常，以更灵活的方式处理异常。

8.7.1 了解 Struts 2 处理异常的原理

在 MVC 框架中，一般的异常处理流程是当异常出现时，根据不同的异常类型转入相应的异常处理页面。对于 Struts 2 来说，可以在 Action 类的 execute 方法中通过 catch 块将不同的异常转入到相应的异常处理页，代码如下：

```
public class Exception
{
    …
    public String execute()
    {
        try
        {
            …
        }
        catch(Exception1 e)
        {
            return 结果 1;
        }
        catch(Exception 2 e)
        {
            return 结果 2;
        }
    }
}
```

在上面的代码中使用 try…catch 捕捉异常，又在不同的 catch 块中返回不同的结果，以便可以转入不同的异常处理页面。这种方式属于采用纯手工的方式处理异常，而且是将处理异常的代码写到了程序中，这样不利于以后对代码的维护。

如果使 execute 方法抛出异常，从而将 execute 方法中所抛出的异常完全交给 Struts 2 来处理（实际上是一个处理异常的拦截器），这样在 execute 方法中就不用有任何处理异常的代码了。

为了更进一步地了解 Struts 2 的异常处理机制，读者可以打开 struts-default.xml 文件，从中找到如下的代码段：

```
<package name="struts-default" abstract="true">
  <interceptors>
      …
      <!-- 定义处理异常的拦截器  -->
      <interceptor name="exception"
        class="com.opensymphony.xwork2.interceptor.
        ExceptionMappingInterceptor"/>
      …
      <interceptor-stack name="defaultStack">
        <!-- 在拦截器栈中引用 exception 拦截器  -->
        <interceptor-ref name="exception"/>
          …
      </interceptor-stack>
      …
  </interceptors>
  <!-- 引用默认拦截器  -->
```

```
<default-interceptor-ref name="defaultStack"/>
</package>
```

从上面的配置代码可以看出，在 defaultStack 栈中引用了 exception 拦截器，这就意味着所有继承 struts-default 的包都可以在 struts.xml 中配置异常处理。

8.7.2　实例：登录系统的异常处理

在本节给出一个简单的登录程序，并使用 8.7.1 节讲的异常处理机制来处理 execute 方法抛出的异常。在 execute 方法中抛出两个异常。当 username 请求参数值为 user 时，抛出 UserException 异常；当 username 请求参数值为 sql 时，抛出 SQLException 异常。LoginAction 类的实现代码如下：

```java
package chapter8.exception;
import com.opensymphony.xwork2.*;
//  创建实现 Action 的 LoginAction
public class LoginAction implements Action
{
    private String username;         //  封装请求参数的 username 属性
    private String password;         //  封装请求参数的 password 属性
    private String result;           //  封装处理结果
    //  result 属性的 getter 方法
    public String getResult()
    {
        return result;
    }
    //  result 属性的 setter 方法
    public void setResult(String result)
    {
        this.result = result;
    }
    //  username 属性的 getter 方法
    public String getUsername()
    {
        return username;
    }
    //  username 属性的 setter 方法
    public void setUsername(String username)
    {
        this.username = username;
    }
    //  password 属性的 getter 方法
    public String getPassword()
    {
        return password;
    }
    //  password 属性的 setter 方法
    public void setPassword(String password)
    {
        this.password = password;
    }
    //  处理控制逻辑的 execute 方法
    public String execute() throws Exception
    {
        //  验证用户名和密码
```

```
        if(getUsername().equals("bill") && getPassword().equals("1234"))
        {
            setResult("登录成功，进入主界面");    // 保存处理结果信息
            return SUCCESS;                        // 返回登录成功字符串
        }
        else if(getUsername().equals("user"))
        {
            // 抛出 UserException 异常
            throw new UserException("用户名不能为 user，抛出用户异常");
        }
        else if(getUsername().equals("sql"))
        {
            // 抛出 SQLException 异常
            throw new java.sql.SQLException("用户名不能 sql，抛出 SQL 异常");
        }
        else
        {
            return ERROR;                          // 返回登录出错字符串
        }
    }
}
```

在上面的代码中采用手工的方式抛出了 UserException 和 SQLException 两个异常，来模拟 execute 抛出异常的情况。为了让 Struts 2 处理这两个抛出的异常，需要在 struts.xml 文件中加入下面的配置代码：

```xml
<struts>
    <package name="Struts 2" extends="struts-default">
        <!-- 配置 action -->
        <action name="exception_login" class="chapter8.exception.
        LoginAction">
            <!-- 配置两个异常处理映射 -->
            <exception-mapping result="exception" exception="chapter8.
            exception.UserException" />
            <exception-mapping result="exception" exception="java.sql.
            SQLException" />
            <!-- 配置异常处理结果 -->
            <result name="exception">/WEB-INF/exception.jsp</result>
            <!-- 配置两个返回的处理结果 -->
            <result name="success">/WEB-INF/result.jsp</result>
            <result name="error">/WEB-INF/error.jsp</result>
        </action>
    </package>
</struts>
```

在上面的代码中，通过<exception-mapping>标签配置了异常处理映射，其中 result 属性表示处理结果的名字，在这里是 exception，exception 属性表示异常类型。如果要处理的异常会在多个 Action 中被抛出，可以使用<global-exception-mappings>标签配置全局的异常映射，代码如下：

```xml
<struts>
    <package name="Struts 2" extends="struts-default">
        <global-results>
            <!-- 配置全局异常结果 -->
            <result name="exception">/WEB-INF/exception.jsp</result>
        </global-results>
        <global-exception-mappings>
```

```
            <!--  配置两个全局异常映射  -->
            <exception-mapping result="exception" exception="chapter8.
            exception.UserException" />
            <exception-mapping result="exception" exception="java.sql.
            SQLException" />
        </ global-exception-mappings>
        <action name="exception_login" class="chapter8.exception.
        LoginAction">
            <!--  配置两个返回的处理结果  -->
            <result name="success">/WEB-INF/result.jsp</result>
            <result name="error">/WEB-INF/error.jsp</result>
        </action>
    </package>
</struts>
```

在 JSP 中可以使用如下两种方式输出异常信息：

❑ <s:property value="exception.message" />：输出异常消息。

❑ <s:property value="exceptionStack" />：输出异常堆栈的信息。

如下面的 exception.jsp 页面将显示异常消息和异常堆栈的信息，代码如下：

```
<%@ page language="java" pageEncoding="UTF-8"%>
<%@ taglib prefix="s" uri="/struts-tags"%>
<html>
    <head>
        <title>异常处理页面</title>
    </head>
    <body>
        异常消息<p/>
        <font color="red"> <s:property value="exception.message"/>
        </font><p/>
        异常栈信息<p/>
        <font color="red"> <s:property value="exceptionStack"/></font>
    </body>
</html>
```

在 IE 地址栏中输入如下的 URL：

```
http://localhost:8080/webdemo/exception_login.action?username=user&pass
word=1234
```

访问上面的 URL 后，在 IE 中将显示如图 8.10 所示的输出结果。

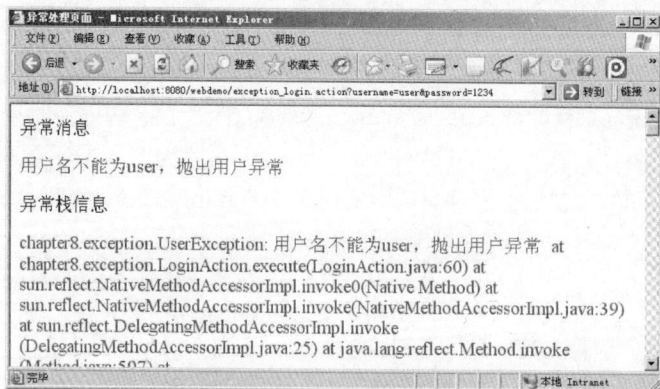

图 8.10　显示异常信息

8.8　小　　结

本章讲解了 Struts 2 的核心知识和技术。在前两节集中讲解了 Struts 2 的常用配置。尤其详细阐述了 Struts 2 的核心配置文件 struts.xml 中的主要元素的配置方法。从 Java SE5 开始，Java 提供了一种叫注释的新特性，在 Struts 2 中也开始支持通过注释进行配置的功能，从而尽可能地减小配置文件的代码量。在本章的 8.3 节介绍了关于如何用注释来配置 Struts 2 的基础知识和配置方法。

Action 是 Struts 2 框架最重要的部分，它也是处理用户请求的中枢神经。在本章详细讲解了和 Action 相关的技术，如在 Action 中访问 Servlet API、处理多个提交请求（Action 接口、ActionSupport 类）等。与 Action 关系最紧密是处理结果，通过 Action 类的 execute 方法返回相应的处理结果字符串，再通过 struts.xml 中的<result>标签转入相应的处理页面。在 Struts 2 中支持很多处理结果类型，这些处理结果类型大多都定义在 struts-default.xml 文件中，还有一少部分定义在一些插件的配置文件中。

在 Struts 2 中的 Action 可以同时封装请求参数、处理结果和处理控制逻辑，但还有更好的处理方式，这就是模型驱动。通过模型驱动的开发模式，可以将封装请求参数和处理结果的代码从 Action 中提炼出来，从而使代码变得更加清晰，也更易于维护。

异常处理几乎是每一个成熟的系统都要涉及的技术。为了更好地处理异常，在 Struts 2 中提供了一个拦截器，通过这个拦截器，可以实现异常的可配置性，也就是在 struts.xml 文件中配置异常（主要是配置抛出异常的类型和要转入的异常处理页面）。这样做的最大好处是使异常处理和其他的代码相分离，有利于以后更容易地修改异常的处理方式。

8.9　实战练习

一．选择题

1．下面不属于 struts.xml 文件配置文件标签的是（　　　）。

    A．<package>标签　　　　　　　　B．<action>标签

    C．<result>标签　　　　　　　　　D．<struts>标签

2．不属于 Struts 2 的动作类的常量返回值的是（　　　）。

    A．success　　　　　　　　　　　B．input

    C．login　　　　　　　　　　　　D．never

二．编程题

本章在 8.6 节通过模型驱动方式实现了登录系统，在具体实现登录功能时只是通过简单的判断字符串来实现。重构该登录系统，在数据库 MySQL 里创建相应的表，并创建相应的登录页面，然后通过 Struts 2 框架操作数据库重新实现登录系统。

【提示】可以在 MySQL 数据库里创建如下表：

```
t_user(user_id,user_name,user_password)
```

第 9 章 Struts 2 的拦截器

拦截器是 Struts 2 框架中的重要组成部分，也可以说是 Struts 2 不可缺少的组件之一。对于 Struts 2 框架而言，可以将其理解为一个微内核系统，拦截器可以理解为一个个插件。Struts 2 正是由于安装了这些插件（拦截器）才可以完成大量的工作，如 params 拦截器可以将 HTTP 请求中的参数信息解析出来，并将参数值封装在 Action 的属性中；fileUpload 拦截器则负责分析 HTTP 请求中的文件块信息，并将这些信息封装在 Action 的相应属性中。在 Struts 2 中，像这样的拦截器还很多。实际上编程中的通用操作在 Struts 2 中基本都是由拦截器完成的。本章的主要内容如下：

- ❑ 拦截器的实现原理和作用；
- ❑ 配置拦截器；
- ❑ 拦截器中的方法过滤；
- ❑ 拦截器中的监听器；
- ❑ Struts 2 中的内建拦截器；
- ❑ 自定义拦截器。

9.1 理解拦截器

拦截器可以动态地拦截发送到指定 Action 的请求。通过拦截器机制，可以在 Action 的执行前后插入相关的代码。如果将拦截器同时应用于多个 Action，就可以将这些 Action 中相同的处理代码放到拦截器中，从而使代码更容易维护，更容易实现重用。

9.1.1 掌握拦截器的实现原理

Struts 2 拦截器的基本实现相当于方法的嵌套调用。假设有 3 个方法，method1、method2 和 method3。可以将这 3 个方法看作是 3 个拦截器。在这 3 个方法执行完后，就调用 execute 方法（可以将这个方法看作是 Action 的 execute 方法）。在 Struts 2 中，在调用完所有的拦截器后，就会调用 execute 方法（当然，也可能是其他处理控制逻辑的方法）执行 Action。按照一般的做法，可以有下面的调用关系：

```
//  下面的代码依次调用 method1、method2 和 method3
method1();
method2();
method3();
execute();            //  最后调用 execute 方法
```

上面的代码虽然完全符合先调用 method1、method2 和 method3，再调用 execute 的规则，但对于拦截器却不能这样调用。因为按照这种调用方法，这 4 个方法并不发生任何关系。也就是说，如果将 method2 方法去掉的话，其他 3 个方法仍然会执行到，但并不能起到控制的作用。

实际上，Struts 2 拦截器机制采用的是嵌套的调用方式。也就是说，在 method1 方法中调用 method2，在 method2 方法中调用 method3，而 execute 方法则在 method3 中调用。代码如下：

```
public void method1()
{
    method2();                    // 调用 method2 方法
}
public void method2()
{
    method3();                    // 调用 method3 方法
}
public void method3()
{
    execute();                    // 调用 execute 方法
}
public void execute()
{
    ...
}
```

从上面的代码可以看出，只要调用了 method1 方法，就会以嵌套的方式调用 method2、method3 和 execute 方法，而且必须在 method1、method2 和 method3 方法中调用下一个方法，否则调用链将断裂。如将 method2 方法中调用 method3 方法的代码去掉，method3 方法和 execute 方法就都不会被调用了。通过这种方式也可以有效地控制调用链中方法的调用，或是在执行方法之前或之后插入其他的代码，这也正好满足拦截器的功能需求。

虽然 Struts 2 拦截器采用的是嵌套调用的方法，但其实现要复杂得多。Struts 2 的拦截器机制采用了使用动作调用链的方式来嵌套调用拦截器，并且将动作调用链封装在实现 ActionInvocation 接口的类中，而且每一个拦截器方法都有一个 ActionInvocation 类型的参数，在 ActionInvocation 接口中有一个 invoke 方法，在某一个拦截器方法中调用 invoke 方法时，就会调用下一个拦截器方法，如果当前拦截器是最后一个拦截器，就会调用 Action 的 execute 方法。下面的代码模拟了这一过程。

```
public void method1(ActionInvocation invocation)
{
    invocation.invoke();                    // 相当于调用 method2 方法
}
public void method2(ActionInvocation invocation)
{
    invocation.invoke();                    // 相当于调用 method3 方法
}
public void method3(ActionInvocation invocation)
{
    invocation.invoke()                     // 相当于调用 execute 方法
}
public void execute()
{
```

```
    ...
}
//  启动拦截器
public void startInterceptor()
{
    //  建立动作调用链对象
    ActionInvocation invocation = new MyActionInvocation();
    invocation.register(...);
    //  注册拦截器和要拦截的对象，在这里就是 execute 方法
    invocation.invoke();                //  相当于调用 method1 方法
}
```

从上面的代码可以看出，3 个拦截器方法都加了一个 ActionInvocation 类型的参数。通过调用 ActionInvocation.invoke 方法，可以间接地执行调用链上的下一个拦截器方法或 execute 方法，而 startInterceptor 方法就相当于 Struts 2 接收到一个请求后，开始进行一系列的准备工作，并在最后调用了 invoke 方法引发调用链中方法的调用。也就是说，系统只有执行调用链中的第 1 个方法，才能引发一系列的嵌套调用。下面是 MyActionInvocation 类的示意代码，这段代码给出了 invoke 方法的基本实现原理。

```
//  MyActionInvocation 类的示意代码
public class MyActionInvocation implements ActionInvocation
{
    private List interceptors = new LinkedList();
    //  用于保存注册的拦截器对象
    private int interceptorIndex = 0;     //  表示当前要调用的拦截器的索引
    private Action action;                //  Action 对象
    public void register(...)
    {
        //  注册拦截器和要拦截的对象（就是 Action 对象）
    }
    //  负责执行调用链中下一个拦截器方法，或执行 Action.execute 方法
    public void invoke()
    {
        //  所有的拦截器方法已经调用完毕，开始调用 Action.execute 方法
        if (interceptorIndex == interceptors.size())
        {
            action.execute();            //  调用 Action.execute 方法
            return;
        }
        //  根据拦截器索引调用当前拦截器方法 intercept
        //  实际上，这个方法就相当于前面讲的 method1、method2、method3 等拦截器
        //  方法
        interceptors.get(interceptorIndex++).intercept(this);
    }
}
```

从上面的代码可以看出，MyActionInvocation 类通过 List 对象保存被注册的拦截器。在 invoke 方法中从 List 对象的第 1 个元素（拦截器）开始调用，直到 List 对象中所有的拦截器都被调用完成，在最后是调用 Action 的 execute 方法。

🔔注意：Struts 2 中的拦截器方法是 intercept，这是 Interceptor 接口中的一个方法，在 Struts 2 中的拦截器类都要实现 Interceptor 接口。

关于 Struts 2 拦截器的实现将在后面进行详细介绍。在这里只要知道 intercept 方法相

当于前面所讲的拦截器方法 method1、method2 和 method3 即可。为了使用方便，所以拦截器方法应该统一，在 Struts 2 拦截器中就是 intercept 方法，而且这个方法也有一个 ActionInvocation 类型的参数，因此，需要将当前 MyActionInvocation 类的对象实例（this）传入 intercept 方法，如果在第 2 个拦截器的 intercept 方法中调用了 invoke 方法，就会调用第 3 个拦截器的 intercept 方法，依次类推，最终就会调用 Action.execute 方法。

为了更好地理解 Struts 2 拦截器的实现原理，读者可以查看 Struts 2 内建的拦截器代码，如用于处理模型驱动的拦截器类是 com.opensymphony.xwork2.interceptor.ModelDriven-Interceptor，这个类中 intercept 方法的实现代码如下：

```
public String intercept(ActionInvocation invocation) throws Exception
{
    Object action = invocation.getAction();        // 获得 Action 对象
    // 判断 Action 类是否实现了 ModelDriven 接口
    if (action instanceof ModelDriven)
    {
        ModelDriven modelDriven = (ModelDriven) action;
        // 将 Action 对象转换成 ModelDriven 对象实例
        ValueStack stack = invocation.getStack();// 获得 ValueStack 对象实例
        Object model = modelDriven.getModel();        // 获得模型类的对象实例
        // 如果成功返回模型类的对象实例，继续下面的工作
        if (model != null)
        {
            stack.push(model);                         // 将模型类放到值栈中
        }
        if (refreshModelBeforeResult)
        {
            // 添加监听器
            invocation.addPreResultListener(new RefreshModelBeforeResult
            (modelDriven, model));
        }
    }
    // 调用 ActionInvocation 的 invoke 方法，调用下一个拦截器的 intercept 方法或
    Action.execute 方法
    return invocation.invoke();
}
```

从上面的 intercept 方法可以看出，在最后调用了 invoke 方法继续执行调用链中的拦截器。Struts 2 拦截器的实现原理如图 9.1 所示。

从图 9.1 中可以很容易地看出，Struts 2 负责建立 Action 对象、拦截器对象和拦截器调用链（实际上，就相当于上面代码中的 List 对象），将这 3 个对象都封装在 ActionInvocation 对象中。也就是说，从 ActionInvocation 对象可以访问这 3 个对象，然后 Struts 2 负责第一次调用 invoke 方法引发拦截器的嵌套调用。

9.1.2　实例：模拟 Struts 2 实现一个拦截器系统

在本节将给出一个完整的例子演示 Struts 2 拦截器的工作过程。在这个例子中，用 MyInvocation 代替 Struts 2 拦截器中的 ActionInvocation，为了方便起见，MyInvocation 并没有实现任何接口，它只是一个 POJO 类。MyInvocation 类有如下 3 个功能：

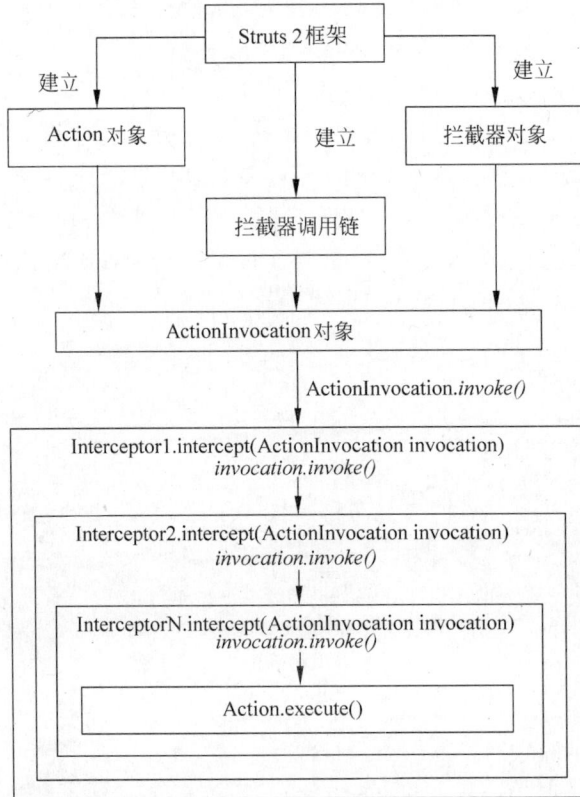

图 9.1　拦截器实现原理

❑ 通过构造方法注册拦截器和被拦截的对象（Action 对象）。

❑ 通过 invoke 方法调用拦截器调用链中的拦截器方法和 execute 方法。

❑ 通过 getAction 方法获得 Action 对象。

MyInvocation 类的实现代码如下：

```java
package chapter9.interceptor;
import java.util.*;
public class MyInvocation
{
    //  保存拦截器对象
    private List<Interceptor> interceptors = new LinkedList<Interceptor>();
    private Object action;                      //  被拦截的对象
    private int interceptorIndex = 0;           //  拦截器的调用索引
    //  构造方法，用于注册拦截器和 Action 对象
    public MyInvocation(Object action, Interceptor... interceptors)
    {
        //  将拦截器对象加到 intercetors 中
        for (int i = 0; i < interceptors.length; i++)
        {
        //  将注册的拦截器添加到 List 集合中
            this.interceptors.add(interceptors[i]);
        }
        this.action = action;
    }
    //  执行调用链中的拦截器方法和 execute 方法
```

```
public void invoke() throws Exception
{
    // 调用链中的所有拦截器方法都执行完了, 开始调用 execute 方法
    if (interceptorIndex == interceptors.size())
    {
        try
        {
            // 通过反射技术在 Action 对象中寻找 execute 方法, 如果未找到, 将抛出
              异常
            java.lang.reflect.Method method = action.getClass().
            getMethod("execute");
            method.invoke(getAction());   // 调用 execute 方法
        }
        catch (Exception e)
        {
            throw new Exception("在 action 中未发现 execute 方法!");
        }
        return;
    }
    // 执行调用链中的拦截器方法, 并将拦截器的调用索引增 1
    interceptors.get(interceptorIndex++).intercept(this);
}
// 获得 Action 对象
public Object getAction()
{
    return this.action;
}
}
```

在上面代码中通过反射技术获得 Action 的 execute 方法的 Method 对象实例, 因此被拦截的对象只要是一个含有 execute 方法的 POJO 类即可。用于保存注册拦截器的集合是一个 List<Interceptor>类型, 其中 Interceptor 是一个接口, 所有要注册到 MyInvocation 中的拦截器类必须实现这个接口。Interceptor 接口的实现代码如下:

```
package chapter9.interceptor;
public interface Interceptor
{
    // 拦截器方法
    public void intercept(MyInvocation invocation) throws Exception;
}
```

在 Interceptor 接口中有一个拦截器方法 intercept, 在 intercept 方法中可以通过 invocation 参数调用 MyInvocation 类的 invoke 方法, 从而执行调用链的下一个拦截器方法。

下面定义一个简单的 MyAction 类, 这个类相当于 Struts 2 的 Action 类。它有一个 execute 方法, 这个方法会被最后一个注册的拦截器方法(intercept 方法)调用。MyAction 类的实现代码如下:

```
package chapter9.interceptor;
// 实现接口 Property
public class MyAction implements Property
{
    // 实现 Property 的方法
    public String getValue()
    {
        return "属性值";
    }
```

```
//    被拦截的 execute 方法
public void execute()
{
    System.out.println("execute");
}
}
```

上面代码中的 Property 接口是为下面要实现的一个拦截器类准备的。这个拦截器类要想起作用，MyAction 类必须实现该接口。在 Property 接口中有一个 getValue 方法，可以获得一个字符串值，代码如下：

```
package chapter9.interceptor;
//    创建接口 Property
public interface Property
{
    public String getValue();
}
```

下面来实现 3 个拦截器类，其中一个拦截器需要由 MyAction 类实现 Property 接口。这个拦截器的功能就是当发现 MyAction 类实现 Property 接口后，就通过 getValue 方法获得这个字符串值，然后输出到控制台。这种方式类似处理模型驱动的 ModelDriven 拦截器，要想使这个拦截器生效，Action 类就必须要实现 ModelDriven 接口。

实际上，在 ModelDriven 拦截器的 intercept 方法中，也是通过判断 Action 类是否实现了 ModelDriven 接口，从而决定是否采用模型驱动的方式来处理请求参数。读者可以从 9.1.1 节给出的 ModelDriven 拦截器的 intercept 方法中看到这一点。这个拦截器类的代码如下：

```
package chapter9.interceptor;
//    实现接口 Interceptor
public class PropertyInterceptor implements Interceptor
{
    //    拦截器方法
    public void intercept(MyInvocation invocation) throws Exception
    {
        System.out.println("PropertyInterceptor before invoke");
        //    获得 MyAction 对象实例
        Object action = invocation.getAction();
        //    判断 MyAction 类是否实现了 Property 接口
        if(action instanceof Property)
        {
            Property property = (Property)action;
            //    将 MyAction 对象转换成 Property 对象
            //    输出 getValue 方法返回的值
            System.out.println("property value:" + property.getValue());
        }
        invocation.invoke();   //    调用 invoke 方法执行调用链中下一个拦截器方法
        System.out.println("PropertyInterceptor after invoke");
    }
}
```

下面是另外两个拦截器类的代码，这两个拦截器的代码基本一样，只是输出的信息不同。MyInterceptor1 类的代码如下：

```
package chapter9.interceptor;
//    实现接口 Interceptor
public class MyInterceptor1 implements Interceptor
```

```
{
    //  实现拦截器方法
    public void intercept(MyInvocation invocation) throws Exception
    {
        System.out.println("MyInterceptor1 before invoke");
        invocation.invoke();            //  执行调用链中下一个拦截器方法
        System.out.println("MyInterceptor1 after invoke");
    }
}
```

MyInterceptor2 类的代码如下：

```
package chapter9.interceptor;
//  实现接口 Interceptor
public class MyInterceptor2 implements Interceptor
{
    //  实现拦截器方法
    public void intercept(MyInvocation invocation) throws Exception
    {
        System.out.println("MyInterceptor2 before invoke");
        invocation.invoke();            //  执行调用链中下一个拦截器方法
        System.out.println("MyInterceptor2 after invoke");
    }
}
```

下面是实现调用拦截器的代码。在这段代码中，建立了 3 个拦截器的对象实例和一个
MyAction 类的对象实例，并通过 MyInvocation 类的构造方法注册了它们，最后通过调用
invoke 方法引发拦截器方法的嵌套调用。

```
package chapter9.interceptor;
public class TestInterceptor
{
    public static void main(String[] args) throws Exception
    {
        //  建立 3 个拦截器的对象实例
        MyInterceptor1 myInterceptor1 = new MyInterceptor1();
        MyInterceptor2 myInterceptor2 = new MyInterceptor2();
        PropertyInterceptor propertyInterceptor = new
        PropertyInterceptor();
        //  建立 MyAction 的对象实例
        MyAction myAction = new MyAction();
        //  建立 MyInvocation 的对象实例，并注册 MyAction 对象和拦截器对象
        MyInvocation myInvocation = new MyInvocation(myAction,
                                     myInterceptor1,
                                     myInterceptor2,
                                     propertyInterceptor);
        myInvocation.invoke();              //  执行调用链中下一个拦截器方法
    }
}
```

运行上面的代码后，将在控制台中输出如下的信息：

```
MyInterceptor1 before invoke
MyInterceptor2 before invoke
PropertyInterceptor before invoke
property value:属性值
execute
PropertyInterceptor after invoke
MyInterceptor2 after invoke
```

```
MyInterceptor1 after invoke
```

根据上面的输出结果很容易看出，只有嵌套调用才可能输出这样的信息（输出的结果有些类似于嵌套括号）。

由于拦截器的执行顺序就是其注册的顺序，所以将 myInterceptor1 和 myInterceptor2 的注册顺序修改一下，将会输出另外一种结果，如下面代码所示。

```
MyInvocation myInvocation = new MyInvocation(myAction,
                                             myInterceptor2,
                                             myInterceptor1,
                                             propertyInterceptor);
```

按照上面的注册顺序修改代码后，运行程序，将会输出如下结果：

```
MyInterceptor2 before invoke
MyInterceptor1 before invoke
PropertyInterceptor before invoke
property value:属性值
execute
PropertyInterceptor after invoke
MyInterceptor1 after invoke
MyInterceptor2 after invoke
```

读者还可以将 MyAction 实现的接口去掉，再运行程序，将不会输出 value 属性的值。当然，在 Struts 2 中，所有的拦截器都不是硬编码到程序中的，而是需要在配置文件（struts-default.xml、struts.xml 等）中定义和引用，而且 Action 类的对象实例也是动态创建的。这样将会大大增加可扩展性，也更容易维护。在本章下面的部分将详细介绍 Struts 2 拦截器的配置和拦截器类的编写。

9.2　配置 Struts 2 拦截器

Struts 2 允许以一种插件的方式管理 Action 需要完成的通用功能。这些功能都是由 Struts 2 拦截器完成的。这些内建的拦截器都是在随 Struts 2 发行的配置文件（如 struts-default.xml）中配置的。对于自定义的拦截器，也可以在 struts.xml 文件或其他的配置文件中定义和使用它们。如果要卸载某些功能，只需要删除相应的拦截器即可。

9.2.1　配置拦截器

对于自定义的拦截器来说，一般应在 struts.xml 文件中进行定义。在 struts.xml 文件中定义拦截器非常简单，只需要使用<interceptor>标签为拦截器指定一个拦截器名和拦截器实现类即可，代码如下：

```
<!-- 通过指定拦截器名和拦截器实现类来定义拦截器  -->
<interceptor name="拦截器名"  class="拦截器实现类"  />
```

在大多数时候，只需要上面的配置代码就足够了，但有时还需要为拦截器指定参数，这时就需要指定<interceptor>标签的<param>子标签。下面的代码在定义了拦截器的同时，还为拦截器指定了一个参数。

```
<!-- 通过指定拦截器名和拦截器实现类来定义拦截器  -->
<interceptor name="拦截器名"  class="拦截器实现类" >
   <!-- 可以不使用 param 标签，也可以无限次使用 param 标签来为拦截器指定参数  -->
   <param name="参数名">参数值</param>
</interceptor>
```

在多个 Action 中可能要使用同样的拦截器（至少大部分是相同的），这时可以使用拦截器栈将某些拦截器封装成一个栈，然后在 Action 中只要引用拦截器栈就可以引用拦截器栈中的拦截器。定义拦截器栈的代码如下：

```
<interceptor-stack name="拦截器栈名">
   <interceptor-ref name="拦截器 1"/>
   <interceptor-ref name="拦截器 2"/>
   <!-- 下面还可以引用更多的拦截器  -->
   ...
</interceptor-stack>
```

上面的拦截器栈通过<interceptor-ref>标签引用拦截器。这个标签只有一个 name 属性，表示拦截器名或拦截器栈名。为了使配置代码最大限度地复用，往往在一个拦截器栈中引用另外一个或多个拦截器或拦截器栈，代码如下：

```
<interceptor-stack name="拦截器栈 1">
   <interceptor-ref name="拦截器 1"/>
   <interceptor-ref name="拦截器 2"/>
   <!-- 可以引用更多的拦截器  -->
   ...
</interceptor-stack>
<interceptor-stack name="拦截器栈 2">
   <interceptor-ref name="拦截器栈 1"/>
   <interceptor-ref name="拦截器 3"/>
   <interceptor-ref name="拦截器 4"/>
   <!-- 可以引用更多的拦截器  -->
   ...
</interceptor-stack>
```

可以使用如下所述的两种方法为拦截器指定参数。

❑ 定义拦截器时指定参数值：在这里指定的参数值是拦截器参数的默认值。这种方法前面已经讲过了。

❑ 使用拦截器时指定参数值：这种方法需要在<interceptor-ref>标签中使用<param>子标签传递参数值。

下面的代码在使用拦截器时为拦截器传递参数值。

```
<interceptor-stack name="拦截器栈 1">
   <interceptor-ref name="拦截器 1">
      <!-- 下面定义了两个拦截器参数  -->
      <param name="参数 1">参数值 1</param>
      <param name="参数 2">参数值 2</param>
      <!-- 还可定义更多的参数值  -->
      ...
   </interceptor-ref>
   <interceptor-ref name="拦截器 2"/>
```

```
        <!-- 可以引用更多的拦截器  -->
        ...
    </interceptor-stack>
    <interceptor-stack name="拦截器栈 2">
        <interceptor-ref name="拦截器栈 1"/>
        <interceptor-ref name="拦截器 3"/>
        <interceptor-ref name="拦截器 4"/>
        <!-- 可以引用更多的拦截器  -->
        ...
    </interceptor-stack>
```

如果<interceptor-ref>标签引用的是拦截器栈，还可以使用下面的方法为拦截器栈中某个拦截器指定参数。

```
    <interceptor-stack name="拦截器栈 1">
        <interceptor-ref name="拦截器 1"/>
        <interceptor-ref name="拦截器 2"/>
        <!-- 可以引用更多的拦截器  -->
        ...
    </interceptor-stack>
    <interceptor-stack name="拦截器栈 2">
        <interceptor-ref name="拦截器栈 1">
            <param name="拦截器 1.参数 1">拦截器 1 的参数值 1</param>
            <param name="拦截器 2.参数 1">拦截器 2 的参数值 1</param>
        </interceptor-ref>
        <interceptor-ref name="拦截器 3"/>
        <interceptor-ref name="拦截器 4"/>
        <!-- 可以引用更多的拦截器  -->
        ...
    </interceptor-stack>
```

📌注意：如果在定义拦截器（栈）和使用拦截器（栈）时为同一个参数赋值，那么使用拦截器（栈）时赋的参数值将覆盖默认的参数值。

9.2.2　使用拦截器

当拦截器定义后，就可以在 Action 中使用拦截器或拦截器栈了。所有的拦截器都会在 Action 的 execute 方法执行之前被执行。拦截器可通过<interceptor-ref>标签引用。在 Action 中引用拦截器和在拦截器栈中引用拦截器的语法是一样的。下面的配置代码是一个在 Action 中配置拦截器的示例。

```
<!-- 定义拦截器  -->
<interceptors>
    <!-- 定义 interceptor1 拦截器  -->
    <interceptor name="interceptor1" class="interceptor.Interceptor1" />
    <!-- 定义 property 拦截器  -->
    <interceptor name="property" class="interceptor.PropertyInterceptor"
    >
        <!-- 指定拦截器的默认参数  -->
        <param name="user">bill</param>
    </interceptor>
    <!- 定义 validate 拦截器  -->
    <interceptor name="validate" class="interceptor.
```

```
     ValidationInterceptor"/>
     <!-- 定义 mystack 拦截器栈  -->
     <interceptor-stack name="mystack">
        <interceptor-ref name="property"/>
        <interceptor-ref name="validate"/>
     </interceptor-stack>
</interceptors>
...
<!- 配置 Action  -->
<action name="register"  class="action.RegisterAction">
    <!-- 配置两个结果  -->
    <result name="success">/success.jsp</result>
    <result name="error">/error.jsp</result>
    <!-- 使用 defaultStack 拦截器栈  -->
    <interceptor-ref name = "defaultStack"/>
    <!- 使用拦截器  -->
    <interceptor-ref name = "interceptor1">
        <!-- 为该拦截器动态指定参数  -->
        <param name = "param1">value1</param>
    </interceptor-ref>
    <!-- 使用拦截器栈  -->
    <interceptor-ref name="mystack">
        <!-- 为拦截器栈中的 validate 拦截器动态指定参数  -->
        <param name = "validate.data">test</param>
    </interceptor>
</action>
```

在上面的配置代码中定义了 interceptor1、property 和 validate 这 3 个拦截器，而且还使用了默认拦截器栈 defaultStack（默认拦截器将在 9.2.3 节详细介绍）。在前面出现的配置代码中，并没有引用 defaultStack 默认拦截器栈，而在这里要引用它的原因是当在<action>标签中使用<interceptor-ref>标签引用拦截器或拦截器栈后，在 strtus-default.xml 中使用<default-interceptor-ref>定义的默认拦截器栈就不起作用了，因此，如果要使用默认拦截器栈中的拦截器，就必须显式地引用 defaultStack 默认拦截器栈。

9.2.3　设置默认拦截器

在配置一个包时，可以为其指定一个默认的拦截器。如果为某个包指定了默认拦截器，而在包中未显式地指定拦截器，那么这个包就会使用这个默认拦截器。当其他的包继承这个包时，如果在子包中未显式地指定拦截器，则在子包中也会继承父包中的默认拦截器。Struts 2 提供了 struts-default 包中的默认拦截器栈 defaultStack 就是这个原理。看下面的 struts-default.xml 中的代码段：

```
<package name="struts-default" abstract="true">
    ...
    <!-- 定义 defaultStack 拦截器栈  -->
    <interceptor-stack name="defaultStack">
        ...
    </interceptor-stack>
    ...
    <!-- 将 defaultStack 定义成为默认拦截器栈  -->
    <default-interceptor-ref name="defaultStack"/>
</package>
```

从上面的代码可以看出，需要使用<default-interceptor-ref>标签定义默认拦截器。这个标签有一个 name 属性，该 name 属性表示拦截器或拦截器栈的名字。每个包只能有一个默认拦截器。下面是配置默认拦截器的标准代码。

```
<package name="包名">
   <!-- 定义拦截器和拦截器栈 -->
   <interceptors>
      <!-- 定义拦截器 -->
      <interceptor .../>
      <!-- 定义拦截器栈 -->
      <interceptor-stack .../>
   </interceptors>
   <!-- 配置默认拦截器或拦截器栈 -->
   <default-interceptor-ref name="拦截器名或拦截器栈名"/>
   <!-- 配置 Action -->
   <action.../>
</package>
```

与使用拦截器一样，也可以为默认拦截器指定参数，因此，在<default-interceptor-ref>标签中也可以使用<param>子标签。下面是在配置默认拦截器时为该拦截器指定参数值的配置代码。

```
<package name="包名">
   <!-- 定义拦截器和拦截器栈 -->
   <interceptors>
      <!-- 定义拦截器 -->
      <interceptor .../>
      <!-- 定义拦截器栈 -->
      <interceptor-stack .../>
   </interceptors>
   <!-- 配置默认拦截器或拦截器栈 -->
   <default-interceptor-ref name="拦截器名或拦截器栈名">
      <!-- 在配置默认拦截器时为该拦截器动态指定参数值 -->
      <param name="参数名">参数值</param>
      <!-- 下面可以配置更多的参数 -->
   </default-interceptor-ref>
   <!-- 配置 Action -->
   <action .../>
</package>
```

如果在包中显式地使用了其他的拦截器（栈），则默认拦截器就不起作用了。因此，在 struts-default.xml 中的很多拦截器栈中都引用了 defaultStack 或 basicStack 拦截器栈（包含了大多数 Action 都需要的拦截器）。这么做的主要目的，就是当 struts-default 的子包显式地使用了这些拦截器栈时，就不会再显式地使用 defaultStack 或 basicStack 拦截器栈了。下面是 struts.xml 中的关于使用 defaultStack 或 basicStack 拦截器栈的部分代码。

```
<!-- 定义 basicStack 拦截器栈 -->
<interceptor-stack name="basicStack">
   <interceptor-ref name="exception"/>
   <interceptor-ref name="servletConfig"/>
   <interceptor-ref name="prepare"/>
   <interceptor-ref name="checkbox"/>
   <interceptor-ref name="params"/>
```

```
    <interceptor-ref name="conversionError"/>
</interceptor-stack>
<!-- 定义 validationWorkflowStack 拦截器栈  -->
<interceptor-stack name="validationWorkflowStack">
    <interceptor-ref name="basicStack"/> <!-- 使用 basicStack 拦截器栈  -->
    <interceptor-ref name="validation"/>
    <interceptor-ref name="workflow"/>
</interceptor-stack>
<!-- 定义 fileUploadStack 拦截器栈  -->
<interceptor-stack name="fileUploadStack">
    <interceptor-ref name="fileUpload"/>
    <interceptor-ref name="basicStack"/> <!-- 使用 basicStack 拦截器栈  -->
</interceptor-stack>
<!-- 定义 executeAndWaitStack 拦截器栈  -->
<interceptor-stack name="executeAndWaitStack">
    <interceptor-ref name="execAndWait">
        <param name="excludeMethods">input,back,cancel</param>
    </interceptor-ref>
    <interceptor-ref name="defaultStack"/>
    <!-- 使用 defaultStack 拦截器栈  -->
    <interceptor-ref name="execAndWait">
        <param name="excludeMethods">input,back,cancel</param>
    </interceptor-ref>
</interceptor-stack>
```

如果读者建立自己的拦截器栈，最好也加上对 defaultStack 或 basicStack 的引用。综上所述，与拦截器相关的标签有以下 5 个。

❑ <interceptors>标签：该标签用于定义拦截器和拦截器栈。也就是说，所有的拦截器和拦截器栈必须在该标签下定义。该标签包含<interceptor>和<interceptor-stack>子标签，分别用于定义拦截器和拦截器栈。

❑ <interceptor>标签：该标签用于定义拦截器。定义拦截器只需要两个属性 name 和 class，分别表示拦截器名和拦截器实现类。

❑ <interceptor-stack>标签：该标签用于定义拦截器栈，可包含多个<interceptor-ref>标签，用于将多个拦截器和拦截器栈组合成一个新的拦截器栈。

❑ <interceptor-ref>标签：用于引用一个拦截器或拦截器栈。该标签只有一个 name 属性，表示拦截器名或拦截器栈名，可作为<interceptor-stack>和<action>标签的子标签使用。

❑ <param>标签：该标签用于指定拦截器参数，可以作为<interceptor>和<interceptor-ref>标签的子标签使用。

9.3　实例：自定义拦截器

在 Struts 2 框架中提供了很多内建的拦截器，这些拦截器实现了 Struts 2 的大部分功能，因此，对于大多数 Web 应用的通用功能都可以利用这些内建的拦截器完成。除此之外，还有一些和系统逻辑或功能相关的功能必须通过自定义拦截器来实现。在 Struts 2 中实现自定义拦截器和使用拦截器同样地简单。

9.3.1　编写拦截器类

一个拦截器类必须实现 com.opensymphony.xwork2.interceptor.Interceptor 接口，这个接口的定义如下：

```
//  拦截器类必须实现这个接口
public interface Interceptor extends Serializable
{
    //  销毁拦截器之前调用的方法
    void destroy();
    //  初始化拦截器时调用的方法
    void init();
    //  实现拦截器逻辑的方法
    String intercept(ActionInvocation invocation) throws Exception;
}
```

从上面的代码可以看出，在 Interceptor 接口中包含如下 3 个方法。

❑ init 方法：在该拦截器类的对象实例建立后，系统会先调用这个方法对该拦截器进行初始化。该方法只在拦截器的生命周期内执行一次。因此，该方法用来打开一些在拦截器的生命周期中都要使用的资源，如数据库资源等。

❑ destroy 方法：该方法在拦截器类的对象实例被销毁之前由系统调用。destroy 方法和 init 方法类似，在拦截器的生命周期内也执行一次，一般用于释放在 init 方法中打开的资源。

❑ intercept 方法：用于实现拦截器逻辑。该方法类似于 Action 的 execute 方法，intercept 方法也会返回一个字符串，这个字符串控制着要转入哪一个逻辑视图。在 intercept 方法中可以通过调用 ActionInvocation 的 invoke 方法将控制权交给下一个拦截器。如果在 Action 的每一个拦截器方法（intercept 方法）中都通过 invoke 方法返回字符串，那么拦截器最终返回的字符串就是 Action 的 execute 方法返回的字符串。

由于 Interceptor 接口的 init 和 destroy 方法并不是在每一个拦截器类中都用到，因此每一个拦截器类都要实现 init 和 destroy 方法就显得非常麻烦。所以在 Struts 2 中还提供了一个抽象类 AbstractInterceptor，该类实现了 Interceptor 接口，并提供了 init 和 destroy 方法的空实现，但 intercept 方法仍然是抽象方法。也就是说，如果拦截器类继承 AbstractInterceptor 类，就只需要实现 intercept 方法，而对于 init 和 destroy 方法，当需要时再覆盖它们即可。AbstractInterceptor 类的实现代码如下：

```
//  实现接口 Interceptor 的抽象类 AbstractInterceptor
public abstract class AbstractInterceptor implements Interceptor
{
    //  init 方法的空实现
    public void init()
    {
    }
    //  destroy 方法的空实现
    public void destroy()
    {
    }
    //  intercept 方法必须由拦截器类实现
    public abstract String intercept(ActionInvocation invocation) throws
```

```
    Exception;
}
```

下面的例子实现了一个简单的自定义拦截器类，该拦截器的功能是计算 Action 的 execute 方法的执行时间（单位是毫秒），并将计算结果输出到控制台。计算的方法是在 execute 方法执行前，将当前时间的毫秒数赋给一个变量（start），在 execute 方法执行后，再将当前时间的毫秒数赋给另一个变量（end），然后取两个变量的差（end - start）。拦截器类的实现代码如下：

```java
// 实现抽象类 AbstractInterceptor
public class ExecuteTimeInterceptor extends AbstractInterceptor
{
    private String name;                        // 创建属性 name
    // name 属性的 getter 方法
    public String getName()
    {
        return name;
    }
    // name 属性的 setter 方法
    public void setName(String name)
    {
        this.name = name;
    }
    // 拦截器方法
    @Override
    public String intercept(ActionInvocation invocation) throws Exception
    {
        System.out.println(getName() + " 开始执行");  // 输出 name 参数值
        long start = System.currentTimeMillis();      // 获得当前时间的毫秒数
        // 调用 invoke 方法调用下一个拦截器的 intercept 方法或 Action 的 execute
           方法
        String result = invocation.invoke();
        long end = System.currentTimeMillis();        // 获得当前时间的毫秒数
        // 输出 execute 方法执行的时间
        System.out.println(getName() + " 执行Action方法的时间:" + (end - start)
        + "毫秒");
        System.out.println(getName() + " 执行结束");
        return result;
    }
}
```

在上面的拦截器类中有一个 name 属性，实际上，这个属性就是该拦截器的一个参数，需要使用<param>标签进行定义。也就是说，要想读取拦截器参数，需要在拦截器类中定义同名的属性才可以。

9.3.2　配置自定义拦截器

配置 9.3.1 节编写的拦截器类需要执行如下 3 个步骤。

（1）通过<interceptor>标签定义拦截器。

（2）通过<interceptor-stack>标签定义一个拦截器栈，这个拦截器栈包括对 defaultStack 的引用。

（3）通过<interceptor-ref>标签引用第（2）步定义的拦截器栈。

下面是 ExecuteTimeInterceptor 类的配置代码。

```xml
<?xml version="1.0" encoding="UTF-8" ?>
<!-- 指定 Struts 2 配置文件的 DTD 信息  -->
<!DOCTYPE struts PUBLIC
    "-//Apache Software Foundation//DTD Struts Configuration 2.3//EN"
    "http://struts.apache.org/dtds/struts-2.3.dtd">
<struts>
    <package name="Struts 2" extends="struts-default">
        <!-- 配置拦截器和拦截器栈  -->
        <interceptors>
            <!-- 定义 executeTime 拦截器  -->
            <interceptor name="executeTime" class="chapter9.
            ExecuteTimeInterceptor">
                <!-- 为该拦截器定义默认参数值  -->
                <param name="name">执行时间</param>
            </interceptor>
            <!-- 定义一个拦截器栈  -->
            <interceptor-stack name="customStack">
                <!-- 引用 defaultStack 拦截器栈  -->
                <interceptor-ref name="defaultStack" />
                <!-- 引用拦截器 executeTime  -->
                <interceptor-ref name="executeTime" />
            </interceptor-stack>
        </interceptors>
        <action name="model_login" class="chapter8.modeldriven.
        LoginAction">
            <!-- 配置结果  -->
            <result name="success">/WEB-INF/result.jsp</result>
            <result name="error">/WEB-INF/error.jsp</result>
            <!-- 引用 customStack 拦截器栈  -->
            <interceptor-ref name="customStack">
                <!-- 覆盖 executeTime 拦截器的默认参数值  -->
                <param name="executeTime.name">计算执行时间的拦截器</param>
            </interceptor-ref>
        </action>
    </package>
</struts>
```

从上面的配置代码中可以看出，将 ExecuteTimeInterceptor 拦截器定义成了名为 executeTime 的拦截器，并在名为 model-login 的 Action 中使用了该拦截器，但要注意以下两点：

❑ 由于在 Action 中显式地使用了拦截器，因此，必须显式地使用 defaultStack 拦截器栈。否则，该 Action 将不具有 defaultStack 拦截器栈中拦截器所实现的功能，如处理 HTTP 请求参数。在本例中通过一个拦截器栈引用 defaultStack 和 executeTime 的方式使用 defaultStack。读者也可以直接在<action>标签中通过<interceptor-ref>标签来使用 defaultStack。

❑ 由于该拦截器的功能是计算 execute 方法的执行时间，因此，需要将该拦截器的引用放在最后。这是因为调用 invoke 方法不一定是调用 execute 方法，有可能是调用下一个拦截器的 intercept 方法。但如果将该拦截器在最后一个引用，那么 invoke 方法调用的就一定是 execute 方法了。

为了有更好的效果，读者可以在 chapter8.modeldriven.LoginAction 类的 execute 方法的开始处加上如下的代码：

```
Thread.sleep(5000);        //   延迟 5 秒
```

在 IE 地址栏中输入如下的 URL：

```
http://localhost:8080/webdemo/model_login.action?username=bill&password
=1234
```

在访问上面的 URL 后，在 Tomcat 控制台中就会输出如下的信息：

```
计算执行时间的拦截器 开始执行
执行 Action 方法的时间：5062 毫秒
计算执行时间的拦截器 执行结束
```

9.4　理解拦截器的高级技术

在前面的部分已经讲了 Struts 2 拦截器的基本配置和技术，但拦截器的功能还不止这些，而且在使用拦截器时还有很多应该注意的地方。在本节将介绍关于 Struts 2 拦截器的一些高级技术，如对指定方法的过滤、结果监听器等。

9.4.1　过滤指定的方法

在默认情况下，Struts 2 拦截器会拦截 Action 类中的所有方法。但在有些情况下，并不需要拦截所有的方法，或者系统的逻辑就要求只拦截指定的方法，在这种情况下，就需要使用 Struts 2 拦截器的方法过滤特性来解决这个问题了。

实际上，在拦截器类中过滤某些 Action 的方法是非常容易的。开发人员只需要在拦截器类中知道 Action 当前要执行的方法即可（一个 Action 同时只能执行一个 Action 方法，或者是 execute 方法，或者是其他的方法，因此，拦截器也只能同时拦截一个 Action 的某一个方法）。在拦截器方法中可以通过 ActionInvocation 的 getProxy 方法获得 ActionProxy 对象，再通过 ActionProxy 的 getMethod 方法获得当前被拦截的 Action 方法名，代码如下：

```
public String intercept(ActionInvocation invocation) throws Exception
{
    //   获得当前被拦截的 Action 方法名
    String method = invocation.getProxy().getMethod();
    //   如果当前被拦截的 Action 方法是 execute，则执行拦截方法的处理逻辑
    if(method.equals("execute"))
    {
        return doIntercept(invocation);        //   执行拦截方法中的处理逻辑
    }
    //   如果当前拦截的 Action 方法不是 execute,
    return innvocation.invoke(); //   直接调用 invoke 方法调用下一个拦截器方法
}
```

在上面的代码中只对 execute 方法进行拦截，如果当前被拦截的是其他的方法，则通过直接调用 invoke 方法的方式调用下一个拦截器方法，也就是忽略当前拦截器的处理逻辑。如果当前被拦截的方法正好是 execute，则调用 doIntercept 方法。该方法可以设计成一个抽

象的方法，开发人员在这个方法中编写拦截器的处理逻辑。该方法与 intercept 方法在参数和返回值上是完全一样的。虽然上面的代码可以很好地解决方法过滤的问题，但这种解决方案会带来如下两个问题：

- ❑ 直接将要过滤的方法硬编码在程序中，不利于维护和扩展。
- ❑ 如果需要方法过滤功能的拦截器很多，就会在每个拦截器类中都有类似的代码，将会造成大量的代码重复。

第 1 个问题可以通过拦截器的参数解决，也就是说，要拦截的方法可以作为拦截器参数传入拦截器类。在 Struts 2 中提供了一个 MethodFilterInterceptor 类，解决了第 2 个问题。MethodFilterInterceptor 类是一个抽象类，并从 AbstractInterceptor 类继承。该类实现了 intercept 方法，其实现逻辑和上面代码的实现逻辑类似，而在 MethodFilterInterceptor 类中包含了一个抽象方法 doIntercept。该方法只有在当前的 Action 方法可被拦截的情况下才被调用。开发人员可以在该方法中编写拦截器处理逻辑。

在 MethodFilterInterceptor 方法中还包含了两个属性，excludeMethods 和 includeMethods，并带有相应的 getter 和 setter 方法。这两个属性实际上和拦截器的两个同名参数对应。其中在 excludeMethods 参数中指定的方法都不会被拦截器拦截，而在 includeMethods 参数中指定的方法都会被拦截器拦截。如果不定义这两个参数，那么 Action 类中所有的方法都会被拦截器拦截。

如果想编写一个可以过滤方法的拦截器类，该拦截器类只需从 MethodFilterInterceptor 类继承即可，代码如下：

```
//  拥有方法过滤功能的拦截器
public class ExecuteTimeInterceptor extends MethodFilterInterceptor
{
    private String name;                              //  关于 name 属性
    // name 属性的 getter 方法
    public String getName()
    {
        return name;
    }
    // name 属性的 setter 方法
    public void setName(String name)
    {
        this.name = name;
    }
    @Override
    public String doIntercept(ActionInvocation invocation) throws Exception
    {
        System.out.println(getName() + " 开始执行");  //  输出 name 参数值
        long start = System.currentTimeMillis();      //  获得当前时间的毫秒数
        //  调用 invoke 方法调用下一个拦截器的 intercept 方法或 Action 的 execute
            方法
        String result = invocation.invoke();
        long end = System.currentTimeMillis();         //  获得当前时间的毫秒数
        //  输出 execute 方法执行的时间
        System.out.println(getName() + " 执行Action方法的时间:" + (end - start)
        + "毫秒");
        System.out.println(getName() + " 执行结束");
        return result;
    }
```

```
}
```

从上面的代码可以看出，拥有方法过滤功能的 ExecuteTimeInterceptor 类和在 9.3.2 节
给出的 ExecuteTimeInterceptor 类的实现代码基本相同，但有如下两个地方有差异：

❑ 本节的 ExecuteTimeInterceptor 类从 MethodFilterInterceptor 类继承，而 9.3.2 节的
ExecuteTimeInterceptor 类是从 AbstractInterceptor 类继承。

❑ 拦截器处理逻辑写在了 doIntercept 方法中，而 9.3.1 节中的相应处理逻辑写在了
intercept 方法中。

虽然 ExecuteTimeInterceptor 类继承了 MethodFilterInterceptor 类，已经拥有了方法过滤
的功能，但必须在 struts.xml 文件中指定相应的方法名，方法过滤才能生效，如下面的配置
代码所示。

```xml
<package name="Struts 2" extends="struts-default">
    <!-- 配置拦截器和拦截器栈 -->
    <interceptors>
        <!-- 定义 executeTime 拦截器 -->
        <interceptor name="executeTime" class="chapter9.
        ExecuteTimeInterceptor">
            <!-- 为该拦截器定义默认参数值 -->
            <param name="name">执行时间</param>
        </interceptor>
        <!-- 定义一个拦截器栈 -->
        <interceptor-stack name="customStack">
            <!-- 引用 defaultStack 拦截器栈 -->
            <interceptor-ref name="defaultStack" />
            <!-- 引用拦截器 executeTime -->
            <interceptor-ref name="executeTime" />
        </interceptor-stack>
    </interceptors>
    <!-- 定义 model_login -->
    <action name="model_login" class="chapter8.modeldriven.LoginAction">
        <!-- 下面定义两个结果 -->
        <result name="success">/WEB-INF/result.jsp</result>
        <result name="error">/WEB-INF/error.jsp</result>
        <!-- 使用 customStack -->
        <interceptor-ref name="customStack">
            <!-- 指定 executeTime 的 name 参数值 -->
            <param name="executeTime.name">计算执行时间的拦截器</param>
            <!-- 指定 executeTime 的 excludeMethods 参数值 -->
            <param name="executeTime.excludeMethods">execute</param>
        </interceptor-ref>
    </action>
</package>
```

在上面的配置代码中，通过 excludeMethods 参数指定的 execute 方法不会被拦截，在
浏览器中访问 model_login 可以看出，在控制台中并未输出 execute 方法的执行时间。如果
要指定多个方法，中间使用逗号（,）分隔，代码如下：

```xml
<!-- 引用拦截器栈 customStack -->
<interceptor-ref name="customStack">
    <!-- 指定 executeTime 的 name 参数值 -->
    <param name="executeTime.name">计算执行时间的拦截器</param>
    <!-- 指定了 execute 和 process 方法不需要被拦截 -->
```

```
    <param name="executeTime.excludeMethods">execute, process</param>
</interceptor-ref>
```

从上面的配置代码中可以看到，execute 和 process 方法都不会被 executeTime 拦截器拦截。如果 excludeMethods 和 includeMethods 参数同时指定一个方法名，那么 includeMethods 参数的优先级要高，如下面的配置代码所示。

```
<!--  引用拦截器栈 customStack  -->
<interceptor-ref name="customStack">
    <!--  指定 executeTime 的 name 参数值  -->
    <param name="executeTime.name">计算执行时间的拦截器</param>
    <!--  指定了 execute 方法不需要被拦截  -->
    <param name="executeTime.excludeMethods">execute </param>
    <!--  指定了 execute 方法需要被拦截  -->
    <param name="executeTime.includeMethods">execute </param>
</interceptor-ref>
```

上面的配置代码中的 excludeMethods 和 includeMethods 参数都指定了 execute 方法，由于 includeMethods 参数的优先级高，因此，execute 方法仍然会被拦截。Struts 2 中提供了方法过滤功能的拦截有如下几个：

❑ ExecuteAndWaitInterceptor；
❑ ParametersInterceptor；
❑ PrepareInterceptor；
❑ TokenInterceptor；
❑ TokenSessionStoreInterceptor；
❑ AnnotationValidationInterceptor；
❑ DefaultWorkflowInterceptor。

9.4.2   拦截器的执行顺序

一般认为，拦截器的执行顺序就是其使用时的顺序。也就是说，哪个拦截器先使用，系统就会先调用哪个拦截器的 intercept 方法，如下面的代码所示：

```
<package name="Struts 2" extends="struts-default">
    <!--  配置动作  -->
    <action name="login"  class="actionLoginAction">
        <!--  下面定义两个结果  -->
        <result name="success">/WEB-INF/result.jsp</result>
        <result name="error">/WEB-INF/error.jsp</result>
        <!--  引用拦截器 1  -->
        <interceptor-ref name="interceptor1"/>
        <!--  引用拦截器 2  -->
        <interceptor-ref  name="interceptor2"/>
        <!--  引用拦截器 3  -->
        <interceptor-ref name="interceptor3"/>
    </action>
</package>
```

在上面的代码中使用了 3 个拦截器，其中 interceptor1 是在最前面引用的，因此，该拦截器的 intercept 方法会被首先调用，而 interceptor3 是在最后引用的，因此，该拦截的 intercept

方法会在最后调用。由于 Struts 2 拦截器的调用方式是嵌套调用，而不是顺序调用，所以在 execute 方法执行前后的拦截逻辑代码的执行顺序是有差异的，看如下的配置代码：

```
<package name="Struts 2" extends="struts-default">
    <!-- 配置拦截器和拦截器栈 -->
    <interceptors>
        <!-- 定义 executeTime 拦截器 -->
        <interceptor name="executeTime" class="chapter9.
        ExecuteTimeInterceptor">
            <!-- 为该拦截器定义默认参数值 -->
            <param name="name">执行时间</param>
        </interceptor>
    </interceptors>
    <!-- 定义 model_login -->
    <action name="model_login"  class="chapter8.modeldriven.LoginAction">
        <!-- 下面定义两个结果 -->
        <result name="success">/WEB-INF/result.jsp</result>
        <result name="error">/WEB-INF/error.jsp</result>
        <!-- 引用默认拦截器栈 -->
        <interceptor-ref name="defaultStack"/>
        <!-- 下面引用了两次 executeTime -->
        <interceptor-ref name="executeTime">
            <param name="name">第一次引用</param>
        </interceptor-ref>
        <interceptor-ref name="executeTime">
            <param name="name">第二次引用</param>
        </interceptor-ref>
    </action>
</package>
```

从上面的配置代码可以看出，executeTime 拦截器被引用了两次，并且使用 name 参数值来区分这两次引用。在访问 model_login 后，在控制台将会输出如图 9.2 所示的信息。

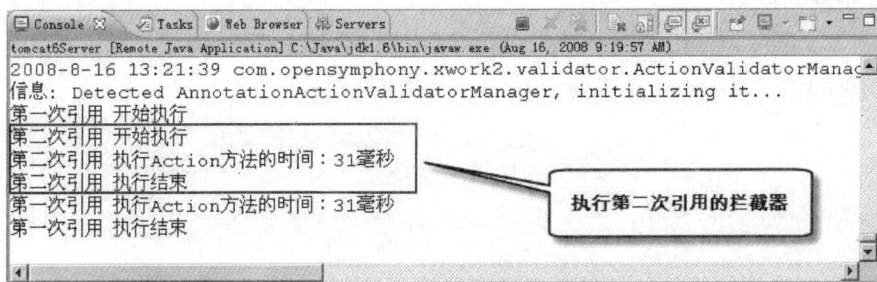

图 9.2　两个拦截器的调用顺序

从图 9.2 所示的输出结果可以看出，在调用 execute 方法之前的处理逻辑是按照在 struts.xml 中拦截器引用的顺序输出的，但 execute 方法调用之后的处理逻辑正好相反（后引用的先输出）。这也和嵌套表达式类似，看下面的表达式：

```
(3 * ( 5 / ( 7 - 20 ) ) )
```

上面的表达式在处理完最右边的左括号时，遇到的就是在和最后一个出现的左括号对应的右括号。所以拦截器的调用也一样，在最后一个引用的拦截器的 execute 方法调用之前的逻辑执行完毕后，就会调用 execute 方法，然后一定会执行和最后一个拦截器相对应的 execute 方法调用之后的逻辑代码。

9.4.3　应用结果监听器

在 execute 方法执行之前和之后的代码都写在 intercept 方法中，但这种方式看起来不够清晰。虽然可以将一些代码放到其他的方法中，但 Struts 2 提供了更好的解决方案，这就是结果监听器。

结果监听器是指在 execute 方法执行完后，系统就会调用结果监听器，将 execute 方法的返回值传入结果监听器。实际上，结果监听器也是一个类，该类需要实现 PreResultListener 接口，如下面是一个结果监听器类的代码。

```java
// 实现 PreResultListener 接口的拦截器类 MyPreResultListener
public class MyPreResultListener implements PreResultListener
{
    // 实现 PreResultListener 接口中的 beforeResult 方法
    public void beforeResult(ActionInvocation invocation, String
    resultCode)
    {
        // 输出 execute 方法返回的字符串（结果）
        System.out.println("execute 方法的返回值: " + resultCode);
    }
}
```

从上面的代码可以看出，PreResultListener 接口有一个 beforeResult 方法。该方法有两个参数，invocation 和 resultCode。其中 invocation 就是 intercept 方法中的 invocation，但该参数在 beforeResult 方法中没多大作用，因此，在调用 beforeResult 方法之前，execute 方法已经执行完毕了，而 invocation 对 Action 的控制力已经没那么大了。resultCode 表示execute 方法返回的字符串。

要想使用结果监听器，必须使用 ActionInvocation 的 addPreResultListener 方法进行注册，代码如下：

```java
// 实现 AbstractInterceptor 抽象类的拦截器类 ExecuteTimeInterceptor
public class ExecuteTimeInterceptor extends AbstractInterceptor
{
    public String intercept(ActionInvocation invocation) throws Exception
    {
        // 注册结果监听器
        invocation.addPreResultListener(new MyPreResultListener());
        System.out.println("开始执行");
        String result = invocation.invoke();      // 开始调用 invoke 方法
        System.out.println("执行结束");
        return result;
    }
}
```

在上面的代码中，手动注册了一个结果监听器。在访问执行 executeTime 拦截器后，将在控制台中输出如下的信息：

```
开始执行
execute 方法的返回值: success
执行结束
```

　　如果想在结果监听器中使用 intercept 方法产生的数据，如在 executeTime 监听器的 intercept 方法中，在调用 invoke 方法之前有一个 start 变量，记录调用 invoke 方法的开始时间，但如果将调用 invoke 方法后面的处理逻辑放到结果监听器中，就需要将 start 的值传入结果监听器类。

　　最简单的方法可以使用 ActionInvocation 类的 getStack 方法获得一个 ValueStack 对象，再将 start 保存在该对象中。ValueStack 是一个接口，在 Struts 2 框架中有默认的实现。ValueStack 一直贯穿 Action 生命周期的始终，因此，可以通过 ValueStack 对象在不同的拦截器或监听器中传递数据。代码如下：

```java
// 继承类 MethodFilterInterceptor 的类 ExecuteTimeInterceptor
public class ExecuteTimeInterceptor extends MethodFilterInterceptor
{
    private String name;                          // 创建属性 name
    // name 属性的 getter 方法
    public String getName()
    {
        return name;
    }
    // name 属性的 setter 方法
    public void setName(String name)
    {
        this.name = name;
    }
    @Override
    public String doIntercept(ActionInvocation invocation) throws Exception
    {
        // 注册监听器
        invocation.addPreResultListener(new MyPreResultListener());
        System.out.println(getName() + " 开始执行");
        long start = System.currentTimeMillis();
        // 获得 execute 方法执行的开始时间
        // 将 start 变量的值保存在 ValueStack 对象中
        invocation.getStack().set("start", start);
        String result = invocation.invoke();    // 调用 invoke 方法
        return result;
    }
}
```

　　从上面的代码可以看出，在调用 invoke 方法后，并没有其他的处理代码（除了返回 result 外）。实际上，在系统调用完 invoke 方法后，会立刻调用结果监听器的 beforeResult 方法。结果监听器的实现代码如下：

```java
// 实现类 PreResultListener 的类 MyPreResultListener
public class MyPreResultListener implements PreResultListener
{
    public void beforeResult(ActionInvocation invocation, String
    resultCode)
    {
        System.out.println("execute 方法的返回值: " + resultCode);
        // 从 ValueStack 对象中获得 start 变量的值
        long start = (Long)invocation.getStack().findValue("start");
        long end = System.currentTimeMillis();
        // 获得执行 execute 方法后的当前毫秒数
```

```
        // 输出执行时间
        System.out.println("执行 Action 方法的时间: " + (end - start)+"毫秒");
        System.out.println("执行结束");
    }
}
```

在使用上面的拦截器和监听器后，会在控制台输出如下的结果：

```
计算执行时间的拦截器 开始执行
execute 方法的返回值: success
执行 Action 方法的时间: 31 毫秒
执行结束
计算执行时间的拦截器 执行 Action 方法的时间: 47 毫秒
计算执行时间的拦截器 执行结束
```

除了使用 ValueStack 对象向监听器类传值外，也可以通过拦截器类的构造方法、属性或方法来传值，代码如下：

```java
// 实现类 PreResultListener 的类 MyPreResultListener
public class MyPreResultListener implements PreResultListener
{
    private long start;                        // 创建属性 start
    // 通过构造方法将 start 传入监听器
    public MyPreResultListener(long start)
    {
        this.start = start;
    }
    // 实现监听器方法
    public void beforeResult(ActionInvocation invocation, String
    resultCode)
    {
        System.out.println("开始时间: " + start);;
        ...
    }
}
```

在注册监听器时可以使用如下的代码来传值。

```java
// 实现类 MethodFilterInterceptor 的类 ExecuteTimeInterceptor
public class ExecuteTimeInterceptor extends MethodFilterInterceptor
{
    public String doIntercept(ActionInvocation invocation) throws Exception
    {
        System.out.println(getName() + " 开始执行");
        // 获得 execute 方法执行的开始时间
        long start = System.currentTimeMillis();
        // 注册监听器
        invocation.addPreResultListener(new MyPreResultListener(start));
        // 将 start 变量的值保存在 ValueStack 对象中
        invocation.getStack().set("start", start);
        String result = invocation.invoke();
        // 调用 invoke 方法
        return result;
    }
}
```

🔔注意：在监听器的 beforeResult 方法中不能再调用 ActionInvocation 的 invoke 方法，否则系统会陷入死循环，直至最后抛出 StackOverflowError 异常。

9.5　理解 Struts 2 内建的拦截器

Struts 2 框架中的绝大多数工作都是由拦截器完成的，其中包括解析请求参数、数据校验、文件上传、模型驱动、国际化等。Struts 2 能够巧妙地完成这些工作，在很大程度上得益于它的拦截器设计，当需要扩展某些功能时，只需要提供相应的拦截器和配置即可。如果不需要该功能时，只需要删除相应的拦截器配置。也就是说，Struts 2 基于拦截器的设计实际上是一种基于热插拔（PNP，即插即用）的设计，这也是软件设计领域一直不断追求的目标。

9.5.1　认识内建拦截器

Struts 2 中内建了大量的拦截器，这些拦截器通过<intercept>标签在 struts-default.xml 中的 struts-default 包中定义。所有继承 struts-default 的 package 都可以使用这些内建的拦截器。如果 package 不从 struts-default 或 struts-default 的子包继承，那么这些内建的拦截器就需手工重新定义。下面所述的是 Struts 2 内建拦截器的简介。

- alias：实现在不同请求中相似参数别名的转换。
- autowiring：这是一个自动装配的拦截器。主要用于 Struts 2 和 Spring 的整合。Struts 2 通过这个拦截器可以使用自动装配的方式来访问 Spring 容器中的 Bean。
- chain：创建一个 Action 链，使当前 Action 可以访问前一个 Action 的属性，一般和 chain 结果一起使用，也就是<result type="chain" .../>。
- conversionError：该拦截器负责处理类型转换错误。它将类型转换错误从 ActionContext 中提取出来，并转换成 Action 的 FieldError 错误。
- cookie：该拦截器负责将 Cookie 的 key-value 对设置成 Action 对应的属性值。其中 key 表示 Cookie 的 name，value 则表示 Cookie 的值。
- createSession：该拦截器负责创建一个 HttpSession 对象，这个对象可以在 Action 中访问。
- debugging：当使用 Struts 2 的开发模式时，该拦截器会提供更多的调试信息。
- execAndWait：它可以在后台执行 Action（以单独的线程执行），以避免 Action 由于执行时间过长而超时。它还负责将执行 Action 过程中的等待画面发给客户端。
- exception：该拦截器负责处理异常。它通过将异常映射成结果的方式，转入异常处理页面。
- fileUpload：该拦截器负责文件上传。它会解析 HTTP 请求中的上传文件信息。
- i18n：该拦截器支持国际化，负责将所有语言、国家区域放到 Session 中。
- logger：该拦截器负责记录日志，主要用于输出 Action 的名字。
- modelDriven：该拦截器负责模型驱动开发。当 Action 实现了 ModelDriven 接口后，该拦截器负责通过 getModel 方法将模型 Bean 的对象实例放入 ValueStack 中。

❑ scopedModelDriven：如果某个 Action 实现了 ScopedModelDriven 接口，该拦截器负责从指定范围中找到 Model 的对象实例，并通过 setModel 方法将该 Model 的对象实例传给 Action 实例。

❑ params：该拦截器负责解析 HTTP 请求参数，并将其设置成 Action 中相应的属性值。

❑ prepare：如果 Action 类实现了 Preparable 接口，将会调用 Preparable 接口的 prepare 方法。

❑ staticParams：该拦截器负责将<action>标签的<param>子标签中的参数值设置成 Action 中相应的属性值。

❑ scope：该拦截器负责范围转换。它可以将 Action 的状态信息保存在 HttpSession 或 ServletContext 中。

❑ servletConfig：该拦截器可以在 Action 中直接访问 Servlet API。

❑ timer：该拦截器负责输出 Action 的执行时间，并可以使用它分析 Action 的性能瓶颈。

❑ token：该拦截器负责阻止重复提交。该拦截器分别检查 Action 中的 token，从而防止多次提交。

❑ tokenSession：该拦截器也可阻止重复提交，只是它将 token 保存在了 HttpSession 中。

❑ validation：该拦截器可通过在验证文件中定义的校验器对输入数据进行校验。

❑ workflow：该拦截确保在拦截器继续执行之前，没有错误。它不执行任何验证操作。

❑ store：该拦截器可以将 Action 消息、Action 或 Field 错误保存在 HttpSession 中。

❑ checkbox：该拦截器可以查找表示 checkbox 原值的隐藏标识字段，并将其值保存在请求参数中。

❑ profiling：只有访问者有访问某个 Action 的权限时，被该拦截器拦截的 Action 才可被该用户访问。

9.5.2　掌握内建拦截器的配置

struts-default.xml 文件是 Struts 2 的默认配置文件之一，只要 Struts 2 启动，就会自动装载这个配置文件。Struts 2 的大部分内建拦截器都在这个文件中配置。下面是在 struts-default.xml 文件中配置内建拦截器的代码片段。

```
<interceptor name="alias" class="com.opensymphony.xwork2.interceptor.
AliasInterceptor"/>
<interceptor name="autowiring"
 class="com.opensymphony.xwork2.spring.interceptor.
ActionAutowiringInterceptor"/>
<interceptor name="chain" class="com.opensymphony.xwork2.interceptor.
ChainingInterceptor"/>
<interceptor name="conversionError" class="org.apache.Struts 2.
interceptor.StrutsConversionErrorInterceptor"/>
<interceptor name="cookie" class="org.apache.Struts 2.interceptor.
CookieInterceptor"/>
<interceptor name="createSession" class="org.apache.Struts 2.interceptor.
CreateSessionInterceptor" />
```

```
<interceptor name="debugging" class="org.apache.Struts 2.interceptor.
debugging.DebuggingInterceptor" />
<interceptor name="externalRef"
class="com.opensymphony.xwork2.interceptor.ExternalReferencesIntercepto
r"/>
<interceptor name="execAndWait" class="org.apache.Struts 2.interceptor.
ExecuteAndWaitInterceptor"/>
<interceptor name="exception" class="com.opensymphony.xwork2.interceptor.
ExceptionMappingInterceptor"/>
<interceptor name="fileUpload" class="org.apache.Struts 2.interceptor.
FileUploadInterceptor"/>
<interceptor name="i18n" class="com.opensymphony.xwork2.interceptor.
I18nInterceptor"/>
<interceptor name="logger" class="com.opensymphony.xwork2.interceptor.
LoggingInterceptor"/>
<interceptor name="modelDriven" class="com.opensymphony.xwork2.
interceptor.ModelDrivenInterceptor"/>
<interceptor name="scopedModelDriven"
class="com.opensymphony.xwork2.interceptor.
ScopedModelDrivenInterceptor"/>
<interceptor name="params" class="com.opensymphony.xwork2.interceptor.
ParametersInterceptor"/>
<interceptor name="prepare" class="com.opensymphony.xwork2.interceptor.
PrepareInterceptor"/>
<interceptor name="staticParams" class="com.opensymphony.xwork2.
interceptor.StaticParametersInterceptor"/>
<interceptor name="scope" class="org.apache.Struts 2.interceptor.
ScopeInterceptor"/>
<interceptor name="servletConfig" class="org.apache.Struts 2.interceptor.
ServletConfigInterceptor"/>
<interceptor name="sessionAutowiring"
class="org.apache.Struts
2.spring.interceptor.SessionContextAutowiringInterceptor"/>
<interceptor name="timer" class="com.opensymphony.xwork2.interceptor.
TimerInterceptor"/>
<interceptor name="token" class="org.apache.Struts 2.interceptor.
TokenInterceptor"/>
<interceptor name="tokenSession" class="org.apache.Struts 2.interceptor.
TokenSessionStoreInterceptor"/>
<interceptor name="validation"
class="org.apache.Struts 2.interceptor.validation.AnnotationValidationIn
terceptor"/>
<interceptor name="workflow" class="com.opensymphony.xwork2.interceptor.
DefaultWorkflowInterceptor"/>
<interceptor name="store" class="org.apache.Struts 2.interceptor.
MessageStoreInterceptor" />
<interceptor name="checkbox" class="org.apache.Struts 2.interceptor.
CheckboxInterceptor" />
<interceptor name="profiling" class="org.apache.Struts 2.interceptor.
ProfilingActivationInterceptor" />
<interceptor name="roles" class="org.apache.Struts 2.interceptor.
RolesInterceptor" />
```

在上面的代码片段中定义了内建的拦截器，在 struts-default.xml 文件中还根据这些拦截器定义了一系列的拦截器栈，其中包括默认拦截器栈 struts-default。如下面是这些拦截器栈的代码片段：

```
<!-- 含有基本功能的拦截器栈  -->
<interceptor-stack name="basicStack">
   <interceptor-ref name="exception"/>
```

```
        <interceptor-ref name="servletConfig"/>
        <interceptor-ref name="prepare"/>
        <interceptor-ref name="checkbox"/>
        <interceptor-ref name="params"/>
        <interceptor-ref name="conversionError"/>
</interceptor-stack>
<!-- 验证和 workflow 拦截器栈 -->
<interceptor-stack name="validationWorkflowStack">
        <interceptor-ref name="basicStack"/>
        <interceptor-ref name="validation"/>
        <interceptor-ref name="workflow"/>
</interceptor-stack>
<!-- 上传拦截器栈 -->
<interceptor-stack name="fileUploadStack">
        <interceptor-ref name="fileUpload"/>
        <interceptor-ref name="basicStack"/>
</interceptor-stack>
<!-- 模型驱动拦截器栈 -->
<interceptor-stack name="modelDrivenStack">
        <interceptor-ref name="modelDriven"/>
        <interceptor-ref name="basicStack"/>
</interceptor-stack>
<!-- Action 链拦截器栈 -->
<interceptor-stack name="chainStack">
        <interceptor-ref name="chain"/>
        <interceptor-ref name="basicStack"/>
</interceptor-stack>
<!-- 国际化拦截器栈 -->
<interceptor-stack name="i18nStack">
        <interceptor-ref name="i18n"/>
        <interceptor-ref name="basicStack"/>
</interceptor-stack>
<!-- 默认拦截器栈 defaultStack -->
<interceptor-stack name="defaultStack">
        <interceptor-ref name="exception"/>
        <interceptor-ref name="alias"/>
        <interceptor-ref name="servletConfig"/>
        <interceptor-ref name="prepare"/>
        <interceptor-ref name="i18n"/>
        <interceptor-ref name="chain"/>
        <interceptor-ref name="debugging"/>
        <interceptor-ref name="profiling"/>
        <interceptor-ref name="scopedModelDriven"/>
        <interceptor-ref name="modelDriven"/>
        <interceptor-ref name="fileUpload"/>
        <interceptor-ref name="checkbox"/>
        <interceptor-ref name="staticParams"/>
        <interceptor-ref name="params">
          <param name="excludeParams">dojo\..*</param>
        </interceptor-ref>
        <interceptor-ref name="conversionError"/>
        <interceptor-ref name="validation">
            <param name="excludeMethods">input,back,cancel,browse</param>
        </interceptor-ref>
        <interceptor-ref name="workflow">
            <param name="excludeMethods">input,back,cancel,browse</param>
        </interceptor-ref>
</interceptor-stack>
```

从上面的代码片段可以看出，在所有的拦截器栈中都引用了 basicStack。这个拦截器栈中引用了 Struts 2 中常用的拦截器栈。通过这种方式可以尽可能地减少在每个 Action 中引用拦截器的代码，从而可大大降低工作量。在默认包 struts-default 的最后，使用了下面的代码引用了默认拦截器栈 defaultStack。

```
<default-interceptor-ref name="defaultStack"/>
```

如果继承 struts-default 的包未显式地引用任何拦截器或拦截器栈，那么该包将会自动引用 defaultStack 中的拦截器。

9.6　实例：编写权限验证拦截器

几乎所有的 Web 程序都涉及了权限验证的问题。当用户访问某个 Web 资源时，系统会首先验证当前用户是否已经登录。如果未登录，会直接转入登录页面，要求用户登录后才能访问该 Web 资源。当用户成功登录后，再次访问该 Web 资源时，就无须再次登录。

9.6.1　编写权限验证拦截器类

本例给出的拦截器用于保证只有在用户登录后才能访问被拦截的 Action。如果当前用户未登录，则直接转入 login.jsp 页面要求用户登录。当用户登录成功后，系统会将用户名以 username 作为 key 写入 HttpSession 中。当再次访问这些被该拦截器拦截的 Action 时，该拦截器会判断 HttpSession 中是否有 username，如果存在，就说明此用户曾经登录过，则调用 invoke 方法继续执行下一个拦截器或 execute 方法；如果不存在，则权限验证拦截器直接返回结果字符串。

虽然这个功能很简单，也可以直接在 Action 中完成这个工作，并通过继承等方式达到复用，但将这个功能放到拦截器中会显得更加透明，也更易维护。因为这么做 Action 就不用做任何改变。如果想去掉对某个 Action 的验证，只需要去掉该 Action 对权限控制拦截器的引用即可。权限验证拦截器类的实现代码如下：

```java
// 继承类 AbstractInterceptor 的实现类 AuthorizationInterceptor
public class AuthorizationInterceptor extends AbstractInterceptor
{
    @Override
    public String intercept(ActionInvocation invocation) throws Exception
    {
        // 获得 ActionContext 对象
        ActionContext ctx = invocation.getInvocationContext();
        Map session = ctx.getSession();        // 获得和 Session 相关的 Map 对象
        // 从 Session 中获得用户名
        String user = (String)session.get("username");
        // 判断用户是否已经登录
        if(user != null && "bill".equals(user))
        {
```

```
                  //  用户已登录，继续执行下一个拦截器或 execute 方法
        return invocation.invoke();
    }
    else
    {
        return Action.LOGIN;              //  用户未登录，返回登录结果
    }
  }
}
```

在上面的代码中，首先获得了 ActionContext 和 Session，然后判断 Session 中是否有一个叫 username 的 key-value 对。如果存在，则判断 value 是否为 bill。当这一切都满足时，表明用户已经登录了，将继续执行下一个拦截器或 execute 方法。

9.6.2 配置权限控制拦截器

当编写完拦截器类时，就需要通过 struts.xml 配置这个拦截器。第 1 步是通过 <interceptor>标签定义这个拦截器类，代码如下：

```
<!--  配置拦截器 authorization  -->
<interceptors>
    <interceptor name="authorization"  class="chapter9.
    AuthorizationInterceptor" />
</interceptors>
```

下面在 query Action 里引用这个拦截器，配置代码如下：

```
<!--  定义一个名为 query 的 Action  -->
<action name="query" class="chapter7.action.QueryAction">
    <!--  下面定义两个结果  -->
    <result name="success">/chapter7/result.jsp</result>
    <result name="error">/error.jsp</result>
    <!--  定义拦截器返回的结果，用于转入登录界面  -->
    <result name = "login">/chapter8/login.jsp</result>
    <!--  引用默认拦截器栈 defaultStack  -->
    <interceptor-ref name="defaultStack" />
    <!--  引用拦截器 authorization  -->
     <interceptor-ref name="authorization" />
</action>
```

上面的配置代码中引用了拦截器 authorization，并且定义了 authorization 拦截器返回的 login 结果。如果有多个 Action 都引用这个拦截器，可以将 login 结果定义成全局的结果，配置代码如下：

```
<!--  定义全局结果  -->
<global-results>
    <!--  当返回 login 结果时，转入 login.jsp  -->
    <result name="login">/chapter8/login.jsp</result>
</global-results>
```

在进行完上面的配置后，在 IE 地址栏中输入如下的 URL：

```
http://localhost:8080/webdemo/query.action?name=net
```

如果在此之前未通过 login.jsp 登录，访问上面的 URL 会直接显示登录页面。当登录成

功后，再次访问上面的 URL，就会输出如图 9.3 所示的信息。

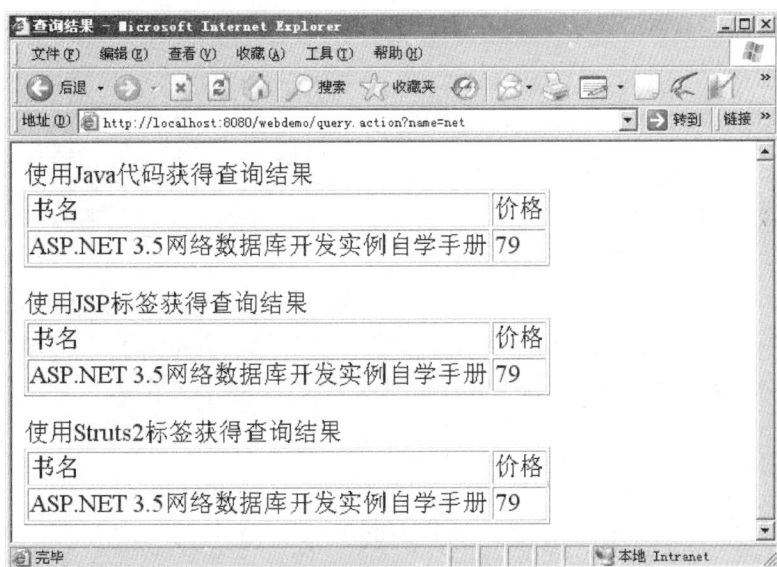

图 9.3　经过权限验证后输出查询结果

如果有很多定制的拦截器需要引用，也可以使用拦截器栈的方式配置拦截器，配置代码如下：

```
<interceptors>
    <!-- 定义 executeTime 拦截器  -->
    <interceptor name="executeTime" class="chapter9.
    ExecuteTimeInterceptor">
        <param name="name">执行时间</param>
    </interceptor>
    <!-- 定义 authorization 拦截器  -->
    <interceptor name="authorization" class="chapter9.
    AuthorizationInterceptor" />
    <!-- 定义一个拦截器栈，其中引用了 executeTime 和 authorization  -->
    <interceptor-stack name="customStack">
        <interceptor-ref name="defaultStack" />
        <interceptor-ref name="executeTime" />
        <!-- 引用权限验证拦截器  -->
        <interceptor-ref name="authorization" />
    </interceptor-stack>
</interceptors>
```

在定义了 customStack 之后，就可以直接在<action>标签中引用 customStack 了。如果定义的包会被其他的包继承，或是为了更进一步简化配置代码，可以使用<default-interceptor-ref>标签定义一个默认拦截器栈，代码如下：

```
<default-interceptor-ref name="customStack"/>
```

一旦在包中定义了默认拦截器栈，如果在 Action 中不显式地引用其他的拦截器或拦截器栈，该 Action 就会自动引用默认拦截器栈中的拦截器，也就同时拥有了权限验证的功能。

9.7　小　　结

本章详细介绍了 Struts 2 拦截器的实现原理，并通过一个例子演示了 Struts 2 实现拦截器的基本过程。还详细介绍了 Struts 2 拦截器的配置和使用，以及默认拦截器，并通过一个例子演示了如何开发自己的拦截器。除此之外，本章还讨论了拦截器的一些高级技术，如过滤指定的方法、拦截器监听器等。

除此之外，本章还介绍了 Struts 2 的内建拦截器的含义，并给出在 struts-default.xml 中内建拦截器的定义。在最后给出了一个完整的权限验证拦截器的例子。读者通过这个例子，可基本掌握拦截器的编写和配置过程，并了解如何通过拦截器栈和默认拦截器简化拦截器的配置。

9.8　实 战 练 习

一．选择题

1. 下面不属于配置拦截器标签的是（　　　）。

A. <interceptor>标签　　　　　　　　　B. <interceptor-stack>标签

C. <interceptors>标签　　　　　　　　　D. <interceptor-ref>标签

2. 下面不属于 Struts 2 自带的拦截器的是（　　　）。

A. alias 拦截器　　　　　　　　　　　　B. createSession 拦截器

C. cookie 拦截器　　　　　　　　　　　D. cookies 拦截器

二．编码题

本章在 9.6 节通过编写权限验证拦截器实现图书查询系统中的登录功能，在具体实现登录功能时只是通过简单的判断字符串来实现。重构该图书查询系统，在数据库 MySQL 里创建相应的表：用户表和图书表，然后通过 Struts 2 框架中的拦截器操作数据库里表实现登录功能。

【提示】可以在 MySQL 数据库里创建如下表：

```
t_user(user_id,user_name,user_password)
t_book(book_id,book_name,book_password)
```

第 10 章　Struts 2 的类型转换

Web 系统都是基于网页形式的，也就是说，都是通过网页收集信息，并通过 HTTP 请求发送给服务端；同时从服务端获得相应信息，并在网页中显示。网页收集到的信息不管是什么类型的，都是以字符串形式提交给服务端。Java 是强类型语言，要想接收客户端提交的信息，就必须将这些信息转换成相应的 Java 数据类型。在传统的 Web 系统中，以上这些工作都必须由开发人员自己来完成，而现在如果使用 MVC 框架，以上这些类型转换的工作就可以由 MVC 框架代替了。

实现 MVC 框架的 Struts 2 提供了非常强大的类型转换机制。Struts 2 的类型转换是基于 OGNL 表达式的。只要将 HTML 表单元素（文本框、选择框等）中的 name 属性按照 OGNL 的规则命名，然后提交后系统就会将提交的数据转换成 Java 相应的数据类型。除此之外，Struts 2 还可以开发自己的类型转换器完成更复杂的类型转换工作，如完成字符串到实体类的转换。除此之外，该框架还可以自动处理类型转换异常，并将异常信息在页面中显示。本章的主要内容如下：

- ❏ 客户端和服务端之间的数据处理过程；
- ❏ 传统的类型转换；
- ❏ Struts 2 内建的类型转换器；
- ❏ 局部和全局类型转换器；
- ❏ 自定义 Struts 2 的类型转换器；
- ❏ 处理数组和集合的类型转换；
- ❏ 使用 OGNL 表达式进行类型转换；
- ❏ 指定集合元素的类型和索引属性；
- ❏ 类型转换的错误处理。

10.1　为什么要进行类型转换

在 MVC 框架中，类型转换是必备的功能。这是因为网页所处理和提交的只是字符串数据，而实现服务端程序的 Java 语言则需要为提交的数据指定类型。在这两种不同的环境中，就必须提供一种机制将两者联系在一起，这就是类型转换。通过类型转换机制，可以将 HTML 提交的数据映射成丰富的 Java 数据类型。

10.1.1　了解客户端和服务端之间的数据处理过程

对于 Web 系统而言，其客户端的浏览器也被称之为表现层。表现层主要用于和用户交互，如收集用户的输入数据，显示服务端的响应信息等。因此表现层显示的数据是双向的，一个方向是当表现层收集完用户输入的数据后，会提交给服务端，这个方向的数据是向服务端流动的；另一个方向正好相反，当服务端处理完用户请求后，会向客户端发送响应信息，然后表现层就会根据这些响应信息按照某些规则进行显示，该方向的数据是向客户端流动的。

对于第二个方向的数据流，也就是数据从服务端向客户端流动的情况非常容易处理。由于在浏览器中显示的数据都是字符串，而且服务端向客户端转送的信息也是字符串，因此，在这种情况下，表现层并不需要做任何处理，而只要按照一定的格式（如在 CSS 中定义的样式）显示这些数据即可。

对于第一种情况，就显得有些麻烦了。由于客户端提交的都是字符串形式的数据，而在服务端必须将这些字符串形式的数据都转换成相应的 Java 数据类型，才能用 Java 语言正常处理这些请求数据。按照通常的做法，需要用手工的方式进行类型转换。客户端和服务端之间的数据流向和类型转换如图 10.1 所示。

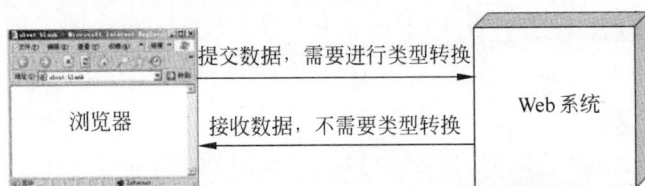

图 10.1　客户端和服务端之间的数据流向和类型转换

在 Web 系统中，除了表现层发送请求数据，服务端进行类型转换外，还需要在客户端和服务端对用户输入的数据进行校验，这个工作也是数据处理过程中的部分。

首先进行的是客户端输入校验。这种校验一般只校验用户在表现层是否输入了必须的信息，以及输入的信息格式是否合法等。这些验证都不需要访问服务端程序，更不需要访问数据库。当客户端验证完成后，如果验证通过，就会提交用户输入的信息，并进入服务端校验阶段。

服务端校验要复杂得多，有业务逻辑校验，也有和数据库相关的校验，如校验用户名是否存在，就需要访问数据库，这是一个典型的服务端校验。

至于在什么情况下使用客户端校验，什么情况下使用服务端校验，应根据具体情况而定，但基本的原则是如果能采用客户端校验，应尽量采用客户端校验，因为这样可以有效减轻服务端的负荷。关于数据校验的知识将在第 11 章详细讲解。

10.1.2　了解传统的类型转换

在传统的 Web 程序中，所提交的数据是非字符串类型则需要手工将其转换成相应的 Java 数据类型。如图 10.2 所示的用户注册页面涉及如下 3 个 Java 数据类型。

❑　字符串类型：用户名和密码。

❑　整数类型：年龄。

❑　日期类型：生日。

其中用户名和密码是字符串类型，因此，这两个值不需要进行类型转换。而年龄是整数类型，生日是日期类型，所以在服务端需要对这两个值进行类型转换才能使用。

图 10.2　用户注册页面

假设在服务端将注册信息封装在 UserBean 类中。UserBean 类的代码如下：

```java
//　表示用户的 JavaBean
public class UserBean
{
    private String name;            //　封装 name 请求参数的属性
    private String password;        //　封装 password 请求参数的属性
    private int age;                //　封装 age 请求参数的属性
    private Date birthday;          //　封装 birthday 请求参数的属性
    //　name 属性的 getter 方法
    public String getName()
    {
        return name;
    }
    //　name 属性的 setter 方法
    public void setName(String name)
    {
        this.name = name;
    }
    //　password 属性的 getter 方法
    public String getPassword()
    {
        return password;
    }
    //　password 属性的 setter 方法
    public void setPassword(String password)
    {
        this.password = password;
    }
    //　age 属性的 getter 方法
    public int getAge()
    {
        return age;
    }
    //　age 属性的 setter 方法
    public void setAge(int age)
    {
        this.age = age;
```

```
    }
    // birthday 属性的 getter 方法
    public Date getBirthday()
    {
        return birthday;
    }
    // birthday 属性的 setter 方法
    public void setBirthday(Date birthday)
    {
        this.birthday = birthday;
    }
}
```

　　读者可以看出，UserBean 类有 4 个属性，分别对应于注册信息的 4 个请求参数值。其中 age 被定义成了 int 类型，而 birthday 被定义成了 Date 类型。因此需要在处理请求的 Servlet 里将 age 和 birthday 请求参数值进行类型转换，处理请求的 Servlet 类 Register 具体代码如下：

```
// 处理请求的 Servlet
public class Register extends HttpServlet
{
    public void service(HttpServletRequest request, HttpServletResponse
    response)
            throws ServletException, IOException
    {
        // 设置 Content-Type 字段值
        response.setContentType("text/html;charset=UTF-8");
        PrintWriter out = response.getWriter();
        try
        {
            // 获得 name 请求参数
            String name = request.getParameter("name");
            // 获得 password 请求参数
            String password = request.getParameter("password");
            // 获得 age 请求参数
            String strAge = request.getParameter("age");
            // 获得 birthday 请求参数
            String strBirthday = request.getParameter("birthday");
            // 对 age 请求参数值进行类型转换
            int age = Integer.parseInt(strAge);
            // 定义格式化日期的类
            java.text.SimpleDateFormat format = new java.text.Simple
            DateFormat("yyyy-MM-DD");
            // 对 birthday 请求参数值进行类型转换
            Date birthday = format.parse(strBirthday);
            UserBean user = new UserBean();          // 建立 UserBean 对象实例
            // 为 UserBean 对象实例的属性赋值
            user.setName(name);
            user.setPassword(password);
            user.setAge(age);
            user.setBirthday(birthday);
            // 定义要输出到客户端的 HTML 代码
            String html = "";
            html += "<h2>输出 UserBean 的属性值</h2>";
            html += "<b>";
```

```
        html += user.getName() + "<p/>";
        html += user.getPassword() + "<p/>";
        html += user.getAge() + "<p/>";
        html += user.getBirthday() + "<p/>";
        html += "<b/>";
        out.println(html);
    }
    catch (Exception e)
    {
        out.println(e.getMessage());
    }
  }
}
```

从上面的代码可以看出，在处理 age 和 birthday 请求参数时分别对其进行了类型转换。在 IE 地址栏中输入如下的 URL，将会出现如图 10.2 所示的注册页面。

```
http://localhost:8080/webdemo/chapter10/register.jsp
```

出现注册页面后，在"用户名"文本框中输入 bill，在"密码"文本框中输入"1234"，在"年龄"文本框中输入"21"，在"生日"文本框中输入"2012-11-18"，单击"注册"按钮，将在 IE 中输出如图 10.3 所示的信息。

图 10.3　输出注册信息

在上面的程序中，虽然可以很好地完成类型转换和信息封装，但却需要手工编写大量的代码。如果在一个 Web 系统中需要进行类型转换的页面非常多，这种代码转换的工作量是非常大的。在基于 MVC 的框架中，这种类型转换的工作已经完全由 MVC 框架代劳了，而用户直接接触到的就是经过封装的 JavaBean（相当于本例中的 UserBean）。下面将介绍 Struts 2 框架是如何进行类型转换的。

10.2　使用 Struts 2 类型转换器

对于 Web 应用而言，所有的请求参数都是字符串类型，而在实际应用中，往往需要将字符串类型的参数转换成其他的 Java 数据类型。在传统的 Web 应用中，这些都必须通过手工编码的方式来解决。然而，在基于 MVC 模式的 Struts 2 中，这一切都变得非常简单了。在 Struts 2 框架中提供了强大的类型转换机制，开发人员可以利用 Struts 2 的这个机制进行任意复杂的类型转换。

10.2.1　了解 Struts 2 内建的类型转换器

对于 Java 的常用类型来说，开发人员根本无须为它们建立自己的类型转换器。在 Struts 2 中可以自动完成这些数据类型的转换工作。这些常用的类型转换是通过 Struts 2 自带的类型转换器完成的，Struts 2 自带类型转换器支持如下的几种类型。

- ❑ boolean 和 Boolean：完成字符串类型与布尔类型之间的转换。
- ❑ char 和 Character：完成字符串类型与布尔类型之间的转换。
- ❑ int 和 Integer：完成字符串类型与整数类型之间的转换。
- ❑ float / Float：完成字符串类型与单精度浮点类型之间的转换。
- ❑ long / Long：完成字符串类型与长整数类型之间的转换。
- ❑ double / Double：完成字符串类型与双精度浮点类型之间的转换。
- ❑ Date：完成字符串类型与日期类型之间的转换。日期格式使用当前请求的本地 SHORT 格式。

上面的类型是 Struts 2 所支持的简单类型。在 Struts 2 自带类型转换器中还支持如下两种复杂类型。

- ❑ 数组：完成一组字符串对数组类型的转换。数组元素类型可以是上面的任何一种简单类型。在默认情况下，数组元素是字符串类型。
- ❑ 集合：完成一组字符串对集合类型的转换。集合元素类型可以是上面的任何一种简单类型。在默认情况下，集合元素是字符串类型。

对于简单类型来说，转换是非常容易的也非常容易理解。下面给出一个示例演示一下如何将 JSP 页面提供的信息转换成数组类型和集合类型。在 Struts 2 中将同名的请求参数作为数组元素或集合元素，看下面的 URL：

```
http://localhost:8080/webdemo/type.action?name=abc&name=xyz
```

如果在 Action 类中有一个名为 name 的属性，而恰巧这个 name 属性的类型是字符串类型的数组或集合，那么 Struts 2 的类型转换器就会将 abc 和 xyz 分别作为数组或集合属性的第 1 个和第 2 个元素赋给 name 属性。因此，只需要在<form>中提供相同 name 属性值的<input>表单，就可以为数组或集合类型赋值了，如下面的 JSP 代码所示。

```html
<!-- type.jsp -->
<s:form action=" type conversion ">
    <!-- 对应 products 属性 -->
    <s:textfield label="产品 1" name="products"/>
    <s:textfield label="产品 2" name="products"/>
    <s:textfield label="产品 3" name="products"/>
    <!-- 对应 numbers 属性 -->
    <s:textfield label="数字 1" name="numbers"/>
    <s:textfield label="数字 2" name="numbers"/>
```

```
   <s:textfield label="数字 3" name="numbers"/>
   <!-- 对应 collections 属性  -->
   <s:textfield label="集合 1" name="collections"/>
   <s:textfield label="集合 2" name="collections"/>
   <s:textfield label="集合 3" name="collections"/>
   <s:submit value="提交"/>
</s:form>
```

上面的代码由 1 个<s:form>、9 个<s:textfield>及 1 个<s:submit>组成，其中 9 个<s:textfield>被分成了 3 组，每一组的 name 属性值是相同的。也就是说，这 9 个<s:textfield>分别对应 Action 的 3 个数组或集合属性。

下面是 type.jsp 请求的 TypeConversionAction 类，该类是一个 Action 类，负责处理type.jsp 的请求，在这个类中包含了 products、numbers 和 collections 3 个属性，这 3 个属性中前两个是数组类型，最后一个是集合类型。TypeConversionAction 类的实现代码如下：

```java
public class TypeConversionAction implements Action
{
   // 对应 products 请求参数的属性
   private String[] products = new String[3];
   // 对应 numbers 请求参数的属性
   private int[] numbers = new int[3];
   // 对应 collections 请求参数的属性
   private List<Integer> collections;
   // collections 属性的 getter 方法
   public List<Integer> getCollections()
   {
       return collections;
   }
   // collections 属性的 setter 方法
   public void setCollections(List<Integer> collections)
   {
       this.collections = collections;
   }
   // products 属性的 getter 方法
   public String[] getProducts()
   {
       return products;
   }
   // products 属性的 setter 方法
   public void setProducts(String[] products)
   {
       this.products = products;
   }
   // numbers 属性的 getter 方法
   public int[] getNumbers()
   {
       return numbers;
   }
   // numbers 属性的 setter 方法
   public void setNumbers(int[] numbers)
   {
       this.numbers = numbers;
   }
```

```
    public String execute() throws Exception
    {
        return SUCCESS;                          // 返回 success
    }
}
```

从上面的代码可以看出，products 属性的类型是 String[]，对于字符串类型的数组，类型转换器并不需要对数组元素进行转换，因为请求参数值也是字符串类型的，而 numbers 属性的类型是 int[]，类型转换器对于数组元素不是字符串类型的数组，会对每一个数组元素进行类型转换。collections 属性的类型是 List<Integer>，对于集合元素是非字符类型的集合，处理的方式和数组类似，类型转换器也会对每个集合元素进行类型转换。

对于数组类型的属性，Struts 2 的类型转换器并不会自动为数组进行初始化，因此，必须再为数组类型属性创建数组对象，否则系统会抛出异常。对于集合类型的属性则不需要创建集合对象，Struts 2 的类型转换器会自动为集合类型属性创建 ArrayList 对象实例（实际上，创建的是 XWorkList 对象实例，但这个类是 ArrayList 类的子类），如果用户自己创建了其他的集合对象，类型转换器仍然会为集合属性创建 XWorkList 对象实例。也就是说，collections 属性的数据类型永远是 XWorkList 类型。下面是 TypeConversionAction 类的配置代码。

```
<!-- 定义 action -->
<action name="type_conversion" class="chapter10.action.TypeConversion
Action">
    <!-- 定义一个结果，转入 conversion.jsp -->
    <result name="success">/chapter10/conversion.jsp</result>
</action>
```

其中 conversion.jsp 负责显示 TypeConversionAction 的属性值，代码如下：

```
<b>产品</b><br>
<!-- 输出 products 属性值 -->
<s:property value="products[0]"/>
<s:property value="products[1]"/>
<s:property value="products[2]"/><p/>
<b>数字</b><br>
<!-- 输出 numbers 属性值 -->
<s:property value="numbers[0]"/>
<s:property value="numbers[1]"/>
<s:property value="numbers[2]"/><p/>
<b>集合</b><br>
<!-- 输出 collections 属性值 -->
<s:property value="collections[0]"/>
<s:property value="collections[1]"/>
<s:property value="collections[2]"/>
```

上面的代码使用了 Struts 2 的 <s:property>标签输出 TypeConversionAction 对象的 3 个属性的值。在 IE 地址栏中输入如下的 URL：

```
http://localhost:8080/webdemo/chapter10/type.jsp
```

在访问上面的 URL 后，将出现一个信息录入页面，并按照如图 10.4 所示输入信息。在输入完信息后，单击"提交"按钮，将显示如图 10.5 所示的信息。

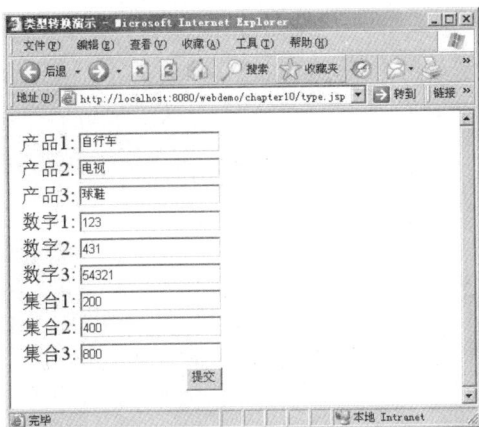

图 10.4　类型转换信息录入界面

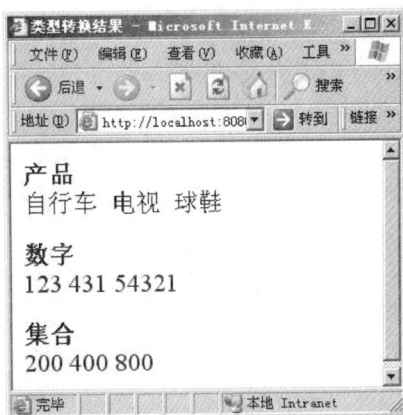

图 10.5　类型转换结果

10.2.2　实例：实现基于 OGNL 的类型转换器

虽然在 Struts 2 中可以实现简单类型、数组和集合类型的自动转换，但这在实际应用中并不够。假设有如下的类型转换需求：

有一个 Product 类，该类有 name、price 和 count 一共 3 个属性，分别为 String、float 和 int 类型。现在的需求是在页面中将这 3 个属性值放到一起输入，中间使用逗号（,）分隔。如"自行车,1208.5,100"，而在服务端需要将这个中间用逗号分隔的请求参数值转换成 Product 对象。

当然上述要求通过手工方式也可以实现，但如果这种情况非常多的话，就需要编写大量的转换代码。在本节将提供一个实例，演示如何通过编写基于 OGNL 的类型转换器完成上述请求。下面先给出 Product 类的代码：

```java
// 表示产品的 JavaBean
public class Product
{
    private String name;        // 封装 name 请求参数的属性
    private float price;         // 封装 price 请求参数的属性
    private int count;           // 封装 count 请求参数的属性
    // name 属性的 getter 方法
    public String getName()
    {
        return name;
    }
    // name 属性的 setter 方法
    public void setName(String name)
    {
        this.name = name;
    }
    // price 属性的 getter 方法
    public float getPrice()
    {
        return price;
    }
    // price 属性的 setter 方法
```

```
public void setPrice(float price)
{
    this.price = price;
}
//  count 属性的 getter 方法
public int getCount()
{
    return count;
}
//  count 属性的 setter 方法
public void setCount(int count)
{
    this.count = count;
}
}
```

ProductAction 类负责处理客户端的请求。这个类有一个 product 属性，类型是 Product，在本节给出的类型转换器就负责将像"自行车,1208.5,100"的字符串转换成 Product 对象，并赋给 product 属性。ProductAction 类的代码如下：

```
//  处理请求的 Action
public class ProductAction implements Action
{
    private Product product;                        //  Product 类型属性
    //  product 属性的 getter 方法
    public Product getProduct()
    {
        return product;
    }
    //  product 属性的 setter 方法
    public void setProduct(Product product)
    {
        this.product = product;
    }
    //  处理控制逻辑的 execute 方法
    public String execute() throws Exception
    {
        return SUCCESS;
    }
}
```

从上面的代码可以看出，ProductAction 类有一个 Product 类型的属性，很显然，在客户端页面不可能输入 Product 类型的信息，因此必须通过类型转换产生 Product 类型的数据。下面是配置 ProductAction 的代码：

```
<!--  配置 product 动作  -->
<action name="product" class="chapter10.action.ProductAction">
    <result name="success">/chapter10/productview.jsp</result>
</action>
```

Struts 2 的类型转换器实际上是基于 OGNL 实现的，在 OGNL 项目中有一个 ognl.TypeConverter 接口，所有的类型转换器必须实现这个接口。TypeConverter 接口的代码如下：

```
//  OGNL 提供的类型转换器接口
```

```
public interface TypeConverter
{
    // 类型转换方法
    public Object convertValue(Map context, Object target, Member member,
    String propertyName, Object value, Class toType);
}
```

由于 TypeConverter 接口的 convertValue 方法的参数过于复杂，因此在 OGNL 项目中又提供了一个 TypeConverter 接口的默认实现类 DefaultTypeConverter，通过继承这个类，也可以实现类型转换器。DefaultTypeConverter 类的实现代码如下：

```
// 实现接口 TypeConverter 的默认类型转换器
public class DefaultTypeConverter implements TypeConverter
{
    // 默认构造方法
    public DefaultTypeConverter()
    {
        super();
    }
    // 简化后的 convertValue 方法
    public Object convertValue(Map context, Object value, Class toType)
    {
        // 调用了 OgnlOps 类的 convertValue 方法
        return OgnlOps.convertValue(value, toType);
    }
    public Object convertValue(Map context, Object target, Member member,
    String propertyName, Object value, Class toType)
    {
        return convertValue(context, value, toType);
    }
}
```

从上面的代码可以看出，DefaultTypeConverter 中简化后的 convertValue 方法只有 3 个参数，一般在类型转换器类中只需要覆盖这个简化后的 convertValue 方法即可。下面是完成字符串到 Product 对象转换的类型转换器类的代码。

```
// 从 DefaultTypeConverter 类继承的类型转换器类
public class ProductConverter extends ognl.DefaultTypeConverter
{
    // 重写了经过简化后的 convertValue 方法
    @Override
    public Object convertValue(Map context, Object value, Class toType)
    {
        // 将字符串转换成 Product 类型
        if (toType == Product.class)
        {
            // 系统的请求参数通过 value 值转入，并且是一个字符串数组
            String[] params = (String[]) value;
            // 创建一个 Product 对象实例
            Product product = new Product();
            // 只处理请求参数数组的第一个元素，并将其转换为字符串数组
            String[] productValues = params[0].split(",");
            // 开始设置 product 的 3 个属性
            product.setName(productValues[0].trim());
            product.setPrice(Float.parseFloat(productValues[1].trim()));
```

```
                product.setCount(Integer.parseInt(productValues[2].trim()));
                return product;            //  返回 product
        }
        //  将 Product 类型转换成字符串
        else if (toType == String.class)
        {
                Product product = (Product) value; //  将 value 转换成 Product 类型
                //  将 product 的 3 个属性值组合成以逗号分隔的字符串，并返回
                return product.getName() + "," + product.getPrice() + "," +
                product.getCount();
        }
        return null;
    }
}
```

从上面的代码可以看出，convertValue 方法的转换是双向的，也就是从字符串到 Product
与从 Product 到字符串。当从字符串到 Product 转换时，toType 的类型是 Product，value 的
值是请求参数值，也就是一个字符串；而从 Product 转换成字符串时，toType 的类型是 String，
value 的值是 Product 对象。

当把字符串向 Product 转换时，如果客户端只有一个名为 product 的请求参数，那么 value
所表示的请求参数数组也只有一个元素，而如果在请求参数中有多个名为 product 的请求
参数，那么 value 所表示的请求参数数组的元素个数就是 product 请求参数的个数，但为了
通用，就算只有一个 product 请求参数也会使用数组来表示。

在编写完类型转换器类之后，必须要配置这个类型转换器类才能工作。在本节只介绍
局部类型转换器的配置，在后面的部分将介绍更高级的配置过程。

局部类型转换器的配置非常简单，只需要在 Action 类的同级目录下建立一个
ActionName-conversion.properties 文件即可，其中 ActionName 表示 Action 类的全名（包
名+类名），然后加上后缀-conversion.properties。如在本例中这个文件名为 ProductAction-
conversion.properties，而由于 ProductAction 类的包为 chapter10.action，因此，需要将
ProductAction-conversion.properties 文件放到 WEB-INF\classes\chapter10\action 目录中。

该文件的内容也非常简单，只需要一个 key-value 对即可，其中 key 表示要转换的属性
名，对于本例是 product，value 表示类型转换器类，在本例中是 chapter10.converter.Product
Converter。因此该属性文件的内容如下：

```
product= chapter10.converter.ProductConverter
```

读者可通过如下的 JSP 代码提交请求。

```
<!-- product.jsp -->
<s:form action="product">
    <!--  为 product 属性提供信息  -->
    <s:textfield label="请输入产品信息" name="product"/>
    <s:submit value="提交"/>
</s:form>
```

在上面的代码中，将在 product 文本框中输入以逗号分隔的 Product 属性值。在类型转
换完后，可以通过如下的 JSP 代码显示 Product 对象的属性值。

```
<!-- productview.jsp -->
<s:property value="product.name" /><p/>
<s:property value="product.price" /><p/>
<s:property value="product.count" /><p/>
```

在 IE 地址栏中输入如下的 URL：

```
http://localhost:8080/webdemo/chapter10/product.jsp
```

出现信息录入页面后，在"产品信息"文本框中输入"自行车,1003.4,20"，如图 10.6 所示。单击"提交"按钮后，会显示如图 10.7 所示的结果。

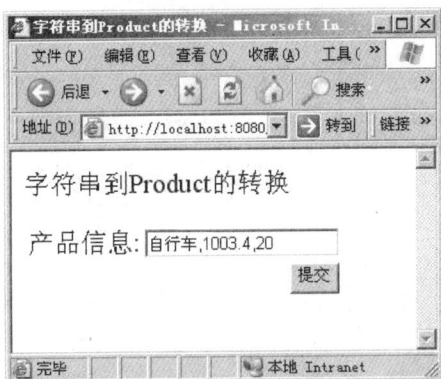

图 10.6　输入 Product 的属性值　　　　　图 10.7　输出 Product 的属性值

10.2.3　配置全局类型转换器

在 10.2.2 节介绍了如何配置局部类型转换器，但这种配置方式只能适用于属性文件所对应的 Action 类，而如果多个 Action 类需要处理 Product 类型的属性，或是同一个 Action 类中有多个 Product 类型的属性需要处理，就得配置多个属性文件或在一个属性文件中配置多个 key-value 对象。因此在 Struts 2 中提供了一种更方便的配置类型转换器的方法，这就是全局类型转换器。

既然叫全局类型转换器，当然是在 Web 应用中所有 Product 类型的属性都可以进行转换，而只需要配置一个属性文件和一个 key-value 对。假设有如下的 JSP 文件提交两个 Product 类型的请求参数，代码如下：

```
<!-- products.jsp -->
<s:form action="products">
  <!-- 提交第 1 个 Product 类型的请求参数 -->
  <s:textfield label="产品1" name="product1"/>
  <!-- 提交第 2 个 Product 类型的请求参数 -->
  <s:textfield label="产品2" name="product2"/>
  <s:submit value="提交"/>
</s:form>
```

在上面的代码中，向 products 动作提交了请求，在访问上面的 JSP 页面后，将得到如图 10.8 所示的信息录入页面。

图 10.8　产品信息录入页面

products 动作所对应的 Action 类的实现代码如下：

```
//  实现接口 Action 的类 ProductsAction
public class ProductsAction implements Action
{
    private Product product1;              //  封装 product1 请求参数的属性
    private Product product2;              //  封装 product2 请求参数的属性
    //  product1 属性的 getter 方法
    public Product getProduct1()
    {
        return product1;
    }
    //  product1 属性的 setter 方法
    public void setProduct1(Product product1)
    {
        this.product1 = product1;
    }
    //  product2 属性的 getter 方法
    public Product getProduct2()
    {
        return product2;
    }
    //  product2 属性的 setter 方法
    public void setProduct2(Product product2)
    {
        this.product2 = product2;
    }
    //  处理控制逻辑的 execute 方法
    public String execute() throws Exception
    {
        return SUCCESS;
    }
}
```

从上面的代码可以看出，有两个 Product 类型的属性 product1 和 product2。如果配置了全局的类型转换器，就可以自动将相应格式的字符串转换为 Product 对象，并赋给这两个属性。ProductsAction 类的配置代码如下：

```
<!-- 配置动作  -->
<action name="products" class="chapter10.action.ProductsAction">
   <result name="success">/chapter10/productsview.jsp</result>
</action>
```

其中 productsview.jsp 页面负责显示 product1 和 product2 的属性值，代码如下：

```
<b>产品 1</b><p/>
名称：<s:property value="product1.name" /><br>
价格：<s:property value="product1.price" /><br>
数量：<s:property value="product1.count" /><p/>
<b>产品 2</b><p/>
名称：<s:property value="product2.name" /><br>
价格：<s:property value="product2.price" /><br>
数量：<s:property value="product2.count" /><br>
```

注册全局类型转换器也非常简单，只需要提供一个 xwork-conversion.properties 文件，并且将这个文件放在 WEB-INF\classes 目录下。

xwork-conversion.properties 文件的格式和局部类型转换器类似，也是 key-value 对，只是 key 表示类型转换器要转换的类名，在本例中是 chapter10.Product。xwork-conversion. properties 文件的内容如下：

```
chapter10.Product= chapter10.converter.ProductConverter
```

当注册全局类型转换器后，在图 10.8 所示的"产品 1"和"产品 2"文本框中分别输入"自行车,1023.5,100"和"运动鞋,508.6, 120"，单击"提交"按钮，将会显示如图 10.9 所示的输出结果。

从图 10.9 中的输出结果可以看出，Struts 2 已经成功将两个文本框中输入的字符串转换成了 Product 对象。

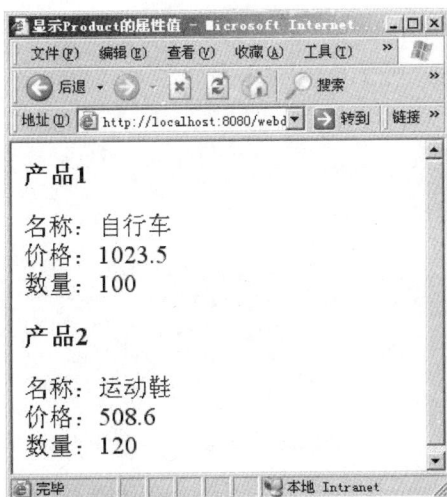

图 10.9　输出产生信息

10.2.4　实例：实现基于 Struts 2 的类型转换器

在前面编写的类型转换器是基于 OGNL 的 DefaultTypeConverter 类实现的。使用该类实现类型转换器类时，需要将从字符串转到目标类型和从目标类型转到字符串的代码都写在 convertValue 方法中，并且要通过 toType 参数判断使用的是哪种方式。虽然这种方式对于完成类型转换功能没有任何问题，但是实现起来比较麻烦也不利于维护，为了解决上述问题，Struts 2 提供了一个 StrutsTypeConverter 类。该类是 DefaultTypeConverter 类的子类，并且通过在这个类中提供的 convertFromString 和 convertToString 方法将上述的两种转换类型的代码分开。StrutsTypeConverter 类的实现代码如下：

```
//  抽象类 StrutsTypeConverter 的具体内容
public abstract class StrutsTypeConverter extends DefaultTypeConverter
{
    //  覆盖 DefaultTypeConverter 的 convertValue 方法
    public Object convertValue(Map context, Object o, Class toClass)
    {
        //  需要将目标类型转换成字符串
        if (toClass.equals(String.class))
        {
            return convertToString(context, o);
        }
        //  需要将字符串转换成目标类型
        else if (o instanceof String[])
        {
            return convertFromString(context, (String[]) o, toClass);
        }
        //  需要将字符串转换成目录类型
        else if (o instanceof String)
        {
            return convertFromString(context, new String[] { (String) o },
                toClass);
        }
        else
        {
            return performFallbackConversion(context, o, toClass);
        }
    }
    protected Object performFallbackConversion(Map context, Object o,
        Class toClass)
    {
        return super.convertValue(context, o, toClass);
    }
    //  下面两个是抽象方法，在子类中必须实现
    public abstract Object convertFromString(Map context, String[] values,
    Class toClass);
    public abstract String convertToString(Map context, Object o);
}
```

从上面的代码可以看出，convertFromString 和 convertToString 方法是抽象方法，而且在 StrutsTypeConverter 类中调用了这两个方法。因此在 StrutsTypeConverter 的子类中只要实现了这两个方法就可以完成类型转换工作了。

下面的 StrutsProductConverter 类继承 StrutsTypeConverter 类，实现了转换 Product 类型转换器，代码如下：

```
//  实现类 StrutsTypeConverter
public class StrutsProductConverter extends org.apache.Struts 2.util.
StrutsTypeConverter
{
    //  从字符串转换到目录对象（Product）
```

```
    @Override
    public Object convertFromString(Map context, String[] values, Class
toClass)
    {
        Product product = new Product();        // 创建 Product 对象
        // 根据逗号分解请求参数值
        String[] productValues = values[0].split(",");
        // 设置 product 的 3 个属性值
        product.setName(productValues[0].trim());
        product.setPrice(Float.parseFloat(productValues[1].trim()));
        product.setCount(Integer.parseInt(productValues[2].trim()));
        return product;
    }
    // 从目录对象（Product）转换到字符串
    @Override
    public String convertToString(Map context, Object o)
    {
        Product product = (Product) o;              // 将参数 o 转换成 Product 对象
        // 将 3 个属性值使用逗号连接起来
        return product.getName() + "," + product.getPrice() + "," +
        product.getCount();
    }
}
```

从上面的代码可以看出，StrutsProductConverter 要比 ProductConverter 类更容易理解和维护。在 xwork-conversion.properties 文件中将 key-value 对改为如下的内容就可以使用 StrutsProductConverter 了。

```
chapter10.Product= chapter10.converter.StrutsProductConverter
```

10.2.5　实例：实现数组类型转换器

在前面的实例中从字符串转换成目标对象的过程中，一直是处理字符串数组的第一个元素，但很多情况下，字符串数组不只是一个元素，这就需要在编写类型转换器时考虑到数组的所有元素。

如果在请求参数中存在多个同名的请求参数，就会在字符串数组中出现多个元素，如下面的 JSP 代码所示。

```
<!-- products.jsp -->
<s:form action="products">
    <!-- 下面 3 个 textfield 标签将使字符串数组有 3 个元素  -->
    <s:textfield label="产品数组[0]" name="products"/>
    <s:textfield label="产品数组[1]" name="products"/>
    <s:textfield label="产品数组[2]" name="products"/>
    <s:submit value="提交"/>
</s:form>
```

从上面的代码可以看出，3 个<s:textfield>标签的 name 属性值都是 products，在提交时，HTTP 请求中就会有 3 个名为 products 的请求参数，如果在 products 动作类中正好有一个名为 products，而且类型是 Product[]的属性，那么 convertFromString 方法的 values 参数表示的 String 数组就会有 3 个值，分别是上面 3 个文本框提交的信息。假设 ProductsAction

类中有一个 Product[]类型的 products 属性，代码如下：

```
// 实现接口 Action 的 Action 类
public class ProductsAction implements Action
{
    private Product[] products;              // 封装多个 products 请求参数的属性
    // products 属性的 getter 方法
    public Product[] getProducts()
    {
        return products;
    }
    // products 属性的 setter 方法
    public void setProducts(Product[] products)
    {
        this.products = products;
    }
    // 处理控制逻辑的 execute 方法
    public String execute() throws Exception
    {
        return SUCCESS;
    }
}
```

上面的代码使用了 Product[]数组封装多个 products 请求参数，下面编写新的类型转换器，在这个类型转换器中，根据 values 参数表示的数组的元素个数来决定是转换成 Product 对象，还是转换成 Product[]对象。该类型转换器的代码如下：

```
// 继承 StrutsTypeConverter 类的类型转换器
public class StrutsProductsConverter extends org.apache.Struts 2.util.
StrutsTypeConverter
{
    // 实现从字符串转换成 Product 对象类型
    @Override
    public Object convertFromString(Map context, String[] values, Class
    toClass)
    {
        // 当字符串数组长度大于 1，转换成 Product[]对象
        if (values.length > 1)
        {
            // 根据 values 数组元素的个数来创建 Product 数组
            Product[] products = new Product[values.length];
            // 循环处理 values 数组中的元素
            for (int i = 0; i < values.length; i++)
            {
                Product product = new Product();        // 创建 Product 对象
                String[] productValues = values[i].split(",");
                                                // 使用逗号分隔符拆分字符串
                // 下面的代码开始为当前 Product 对象属性赋值
                product.setName(productValues[0].trim());
                product.setPrice(Float.parseFloat(productValues[1].trim()));
                product.setCount(Integer.parseInt(productValues[2].trim()));
                products[i] = product;
            }
            return products;                            // 返回 products 对象
        }
        // 如果 values 数组长度为 1，转换成 Product 对象
        else
        {
```

```
        Product product = new Product();      //  创建 Product 对象
        String[] productValues = values[0].split(",");
                                              //  使用逗号分隔符拆分字符串
        //  下面的代码开始为当前 Product 对象属性赋值
        product.setName(productValues[0].trim());
        product.setPrice(Float.parseFloat(productValues[1].trim()));
        product.setCount(Integer.parseInt(productValues[2].trim()));
        return product;                       //  返回 product 对象
    }
}
//  实现从 Product 对象类型到字符串转换成
@Override
public String convertToString(Map context, Object o)
{
    //  当 o 是 Product 对象时, 将其转换成字符串
    if (o instanceof Product)
    {
        Product product = (Product) o;        //  将参数 o 转换成 Product 对象
        //  将 3 个属性值使用逗号分隔符连接起来
        return product.getName() + "," + product.getPrice() + "," +
        product.getCount();
    }
    //  当 o 是 Product 数组对象时, 将数组中每一个 Product 对象转换成字符串, 使用
    [..]将字符串括起来
    else if (o instanceof Product[])
    {
        String result = "";
        Product[] products = (Product[]) o;  //  将参数 o 转换成 Product 数
                                              //  组对象
        for (Product product : products)
        {
            result += "[" + product.getName() + "," + product.getPrice()
            + "," + product.getCount() + "]";
        }
        return result;
    }
    else
        return "";
}
}
```

在编写完上面的类型转换器代码后，需要将 xwork-conversion.properties 文件中的配置
改成如下的内容：

```
chapter10.Product= chapter10.converter.StrutsProductsConverter
```

对于数组属性，可以使用 Struts 2 的<s:iterator>标签来显示，代码如下：

```
<!-- productsview.jsp -->
<s:iterator id="product" status="i" value="products">
    产品数组[${i.index}]<p/>
    名称: ${product.name}  
    价格: ${product.price}  
    数量: ${product.count}<p/>
</s:iterator>
```

在 IE 地址栏中输入如下的 URL：

```
http://localhost:8080/webdemo/chapter10/products.jsp
```

在出现的 3 个文本框中输入如图 10.10 所示的信息。单击"提交"按钮后，将显示如图 10.11 所示的信息。

图 10.10　Product 数组信息录入界面

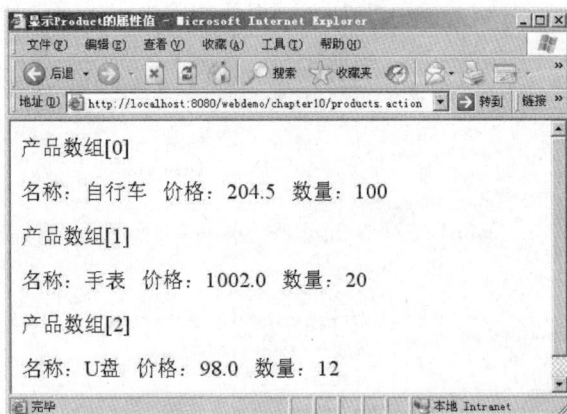

图 10.11　输出 Product 数组的属性

注意：类型转换器处理 Action 中的每一个属性，但一个类型转换器只对其所对应的类型的属性调用一次 convertFromString 方法，不管是该类型的属性，还是该类型数组或是集合的属性。如 Product、Product[]类型各自都只调用一次 convertFromString 方法，因此 convertFromString 方法的 values 参数才会是 String[]类型。

10.2.6　实例：实现集合类型转换器

除了可以使用数组封装多个同名的请求参数外，也可以使用 List 对象封装多个同名的请求参数。如在 ProductsAction 类中加入了一个 List<Product>类型的 productList 属性，代码如下：

```java
public class ProductsAction implements Action
{
    // 封装多个请求参数的 productList 属性
    private List<Product> productList;
    // productList 属性的 getter 方法
    public List<Product> getProductList()
    {
        return productList;
    }
    // productList 属性的 setter 方法
    public void setProductList(List<Product> productList)
    {
        this.productList = productList;
    }
    // 处理控制逻辑的 execute 方法
    public String execute() throws Exception
    {
        return SUCCESS;
    }
}
```

对于 List<Product>类型的转换，需要进一步地修改 StrutsProductsConverter 类的代码，为了判断目标对象是 Product[]还是 List<Product>，需要使用 convertFromString 方法的第 3 个参数 toClass。这个参数表示目标对象的 Class。StrutsProductsConverter 类最新版本的代码如下：

```java
// 继承类 StrutsTypeConverter 的类转换器
public class StrutsProductsConverter extends org.apache.Struts 2.util.
StrutsTypeConverter
{
    // 覆盖 convertFromString 方法
    @Override
    public Object convertFromString(Map context, String[] values, Class
    toClass)
    {
        // 将字符串转换到数组或集合类型的属性
        if (values.length > 1)
        {
            // 属性类型是 List
            if (toClass == java.util.List.class)
            {
                // 为 List 类型的属性创建 List<Product>类型的对象
                java.util.List<Product> products = new java.util.ArrayList
                <Product>();
                for (int i = 0; i < values.length; i++)
                {
                    Product product = new Product();    // 创建 Product 对象
                    String[] productValues = values[i].split(",");
                                                // 使用逗号分隔符拆分字符串
                    // 下面的代码开始为当前 Product 对象属性赋值
                    product.setName(productValues[0].trim());
                    product.setPrice(Float.parseFloat(productValues[1].
                    trim()));
                    product.setCount(Integer.parseInt(productValues[2].
                    trim()));
                    products.add(product);    // 将 product 对象加到 List 对象中
                }
                return products;
            }
            else
            {
                // 将字符串数组类型转换成 Product[]类型
                ...
            }
        }
        else
        {
            // 将字符串类型转换成 Product 类型
            ...
        }
    }
    // 覆盖 convertToString 方法
    @Override
```

```
    public String convertToString(Map context, Object o)
{
    //  参数 o 是 Product 类型
    if (o instanceof Product)
    {
        //  将 Product 类型转换成字符串
        ...
    }
    //  参数 o 是 Product 数组类型
    else if (o instanceof Product[])
    {
        //  将 Product[]转换成字符串数组
    }
    //  如果 o 是 List 类型，将 List 转换成字符串数组
    else if (o instanceof java.util.List)
    {
        String result = "";
        //  将参数 o 转换成 List<Product>类型
        java.util.List<Product> products = (java.util.List<Product>) o;
        //  循环处理 List<Product>中的元素
        for (Product product : products)
        {
            //  将 Product 类的 3 个属性使用逗号分隔符连接起来
            result += "[" + product.getName() + "," + product.getPrice()
            + "," + product.getCount() + "]";
        }
        return result;
    }
    else
        return "";
    }
}
```

从上面的代码可以看出，在 convertFromString 中使用了 toClass 判断要转换的目录对象的类型是 Product[]，还是 List<Product>。

现在该类型转换器已经可以处理 Product、Product[]和 List<Product>类型的属性了，读者可以通过下面的 URL 测试该拦截器。

```
http://localhost:8080/webdemo/chapter10/products.jsp
```

10.3 实例：使用 OGNL 表达式进行类型转换

由于 Struts 2 提供了内建的 OGNL 表达式的支持，因此，可以使用一种简单的方式将请求参数转换成相应的对象类型。这种方法就是在本节要介绍的 OGNL 表达式。通过 OGNL 表达式，可以完成十分复杂的类型转换，如 List、Map 类型转换等。

对于如下的 Action 类，在前面曾编写了类型转换器对其进行类型转换，但是通过 OGNL 表达式，编写类型转换器的步骤就省了，代码如下：

```
public class ProductAction implements Action
{
```

```
//  封装请求参数的 product 属性，将使用 OGNL 表达式进行类型转换
private Product product;
// product 属性的 getter 方法
public Product getProduct()
{
    return product;
}
// product 属性的 setter 方法
public void setProduct(Product product)
{
    this.product = product;
}
//  处理控制逻辑的 execute 方法
public String execute() throws Exception
{
    return SUCCESS;
}
}
```

在上面的 Action 类中有一个 Product 类型的属性，在前面的代码中曾使用类型转换器将请求参数转换成 Product 对象。下面的 JSP 代码将使用 OGNL 表达式将请求参数转换成 Product 对象。

```
<s:form action="product">
    <!--  提供的请求参数为 product.name  -->
    <s:textfield label="名称" name="product.name"/>
    <!--  提供的请求参数为 product.price  -->
    <s:textfield label="价格" name="product.price"/>
    <!--  提供的请求参数为 product.count  -->
    <s:textfield label="数量" name="product.count"/>
    <s:submit value="提交"/>
</s:form>
```

上面代码中的 name 属性值都是由 Action 类的 product 属性加上相应的 Product 类的属性名组成。Struts 2 会根据 OGNL 表达式风格的请求参数创建新的 Product 对象，并为其属性赋值。在使用 OGNL 表达式进行类型转换时应注意如下两点：

❑ 由于使用 OGNL 表达式进行类型转换时，由 Struts 2 负责建立对象实例（如 Product 对象），因此，该对象所对应的类必须有一个无参数的构造方法，这一点和 Action 类相同。

❑ 在该类中必须有 setter 方法，如在 Product 类中必须有 setName、setPrice 和 setCount 方法，因为 Struts 2 是通过 setter 方法为属性赋值的，而且 Action 类必须有设置相应属性的 setter 方法，如 ProductAction 类必须有 setProduct 方法。

OGNL 表达式不仅能转换普通的对象类型，而且还可以对数组、集合、Map 类型进行转换。如下面的 Action 类有一个 Map<String, Product>类型的属性，代码如下：

```
public class ProductsAction implements Action
{
    //  用于封装请求参数的 products 属性
    private Map<String, Product> products;
    //  products 属性的 getter 方法
    public Map<String, Product> getProducts()
```

```
{
    return products;
}
// products 属性的 setter 方法
public void setProducts(Map<String, Product> products)
{
    this.products = products;
}
//  处理控制逻辑的 execute 方法
public String execute() throws Exception
{
    return SUCCESS;
}
}
```

在 JSP 代码中要想使用 OGNL 表达式将请求参数转换成 Map<String, Product>对象，需要使用如下的代码：

```
<!-- products_ognl.jsp -->
<s:form action="products_ognl">
    <!-- 提交第 1 个产品的信息 -->
    <s:textfield label="产品映射[bike].name" name="products['bike'].name"/>
    <s:textfield label="产品映射[bike].price" name="products['bike'].price"/>
    <s:textfield label="产品映射[bike].count" name="products['bike'].count"/>
    <!-- 提交第 2 个产品的信息 -->
    <s:textfield label="产品映射[car].name" name="products['car'].name"/>
    <s:textfield label="产品映射[car].price" name="products['car'].price"/>
    <s:textfield label="产品映射[car].count" name="products['car'].count"/>
    <s:submit value="提交"/>
</s:form>
```

上面代码中<s:textfield>标签的 name 属性使用了 products[key].property 形式作为请求参数。Struts 2 将根据这种 OGNL 表达式创建 Map<String, Product>对象，并为其添加每一个 key-value 对。

要想在 JSP 中显示 products 属性中的数据，可以使用 Struts 2 的<s:iterator>标签，代码如下：

```
<!-- productsview_ognl.jsp -->
<s:iterator id="product" value="products">
    产品映射[${product.key}]<p/>
    名称：${product.value.name}  
    价格：${product.value.price}  
    数量：${product.value.count}<p/>
</s:iterator>
```

在 IE 地址栏中输入如下的 URL：

```
http://localhost:8080/webdemo/chapter10/products_ognl.jsp
```

在 IE 中显示出信息录入页面后，按图 10.12 所示输入相应的信息。单击"提交"按钮后，将显示如图 10.13 所示的信息。

图 10.12　信息输入页面

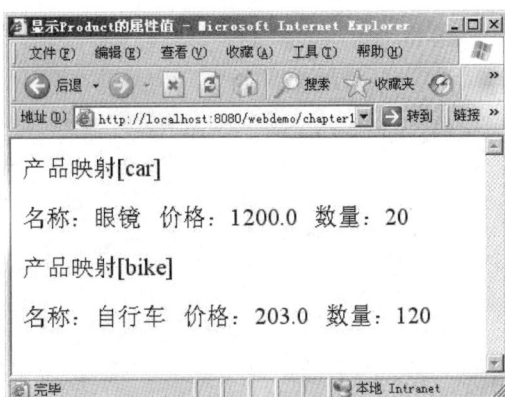

图 10.13　显示 products 属性中的信息

10.4　Struts 2 对 Collection 和 Map 的支持

在前面的部分已经介绍过如何对 Collection 和 Map 类型进行类型转换了，但这些 Collection 和 Map 类型都使用了泛型，如 List<Product>、Map<String, Product>等。Struts 2 也正是通过泛型决定了Collection对象和Map对象中元素的key的类型，但如果在Collection 对象和 Map 对象中不使用泛型，如只使用 List、Map 定义属性，那么 Struts 2 就无法得知元素的类型了。为了解决这个问题，在 Struts 2 中提供了另外一种指定元素类型的方法。

10.4.1　指定集合元素的类型

假设在 ProductsAction 类中有 myProductList 和 myProductMap 两个属性，它们的类型分别是 List 和 Map，代码如下：

```
public class ProductsAction implements Action
{
    private List myProductList;      // 封装 myProductList 请求参数的属性
    private Map myProductMap;        // 封装 myProductMap 请求参数的属性
    // myProductList 属性的 getter 方法
    public List getMyProductList()
    {
        return myProductList;
    }
    // myProductList 属性的 setter 方法
    public void setMyProductList(List myProductList)
    {
        this.myProductList = myProductList;
    }
    // myProductMap 属性的 getter 方法
    public Map getMyProductMap()
    {
        return myProductMap;
```

```
    }
    // myProductMap 属性的 setter 方法
    public void setMyProductMap(Map myProductMap)
    {
        this.myProductMap = myProductMap;
}
//  处理控制逻辑的 execute 方法
    public String execute() throws Exception
    {
        return SUCCESS;
    }
}
```

Struts 2 单纯地通过上面的代码无法得到 List 对象和 Map 对象中元素的类型，因此，也就无法使用类型转换器或 OGNL 表达式进行类型转换了。为了让 Struts 2 知道 List 和 Map 中元素的类型，可以采取在属性文件中设置数据类型的方法。

在 ProductsAction.class 文件所在的目录中建立一个 ProductsAction-conversion. properties 文件（这个文件也是配置局部类型转换器的文件）。如果要配置 Collection 类型，则需要加入如下的配置代码：

```
Element_xxx = 对象类型
```

如果要配置的是 Map 类型，则需要加入如下的配置代码：

```
Key_xxx = 对象类型
Element_xxx = 对象类型
```

其中 xxx 表示 Action 类的相应属性名。对于 ProductsAction 类中的 myProductList 和 myProductMap 属性，则可配置如下的代码：

```
#  配置 List
Element_myProductList = chapter10.Product
#  配置 Map
Key_myProductMap = java.lang.String
Element_myProductMap = chapter10.Product
```

在配置完 List 和 Map 对象后，<form>中提交相应信息的代码和使用泛型的 List 和 Map 所对应的提交代码完全相同。显示 myProductList 和 myProductMap 属性值的 JSP 代码如下：

```
<s:iterator id="product" status="i" value="myProductList">
    产品列表[${i.index}]<p/>
    名称: ${product.name}  
    价格: ${product.price}  
    数量: ${product.count}<p/>
</s:iterator>
<s:iterator id="product" value="myProductMap">
    产品映射[${product.key}]<p/>
    名称: ${product.value.name}  
    价格: ${product.value.price}  
    数量: ${product.value.count}<p/>
</s:iterator>
```

10.4.2　掌握 Set 和索引属性

对于 List 和 Map 类型的属性都可以使用索引或 key 来定义其中某一个元素，但对于 Set 类型的属性，就无法通过索引或 key 来找到其中某一个元素了，因为 Set 是无序的。

为了更好地处理 Set 类型的属性，Struts 2 允许为 Set 指定一个索引属性。所谓索引属性，就是指将 Set 中元素类型对象中的某一个属性作为 key，如 Set 元素类型是 Product，可以将 Product 类的 name 属性指定为索引属性。这时，就可以像使用 Map 类型属性的方式来使用 Set 了。在 ProductsAction 类中有一个 Set 类型的属性 myProductSet，代码如下：

```
public class ProductsAction implements Action
{
    private Set myProductSet;                // 封装请求参数的 myProductSet 属性
    // myProductSet 属性的 getter 方法
    public Set getMyProductSet()
    {
        return myProductSet;
    }
    // myProductSet 属性的 setter 方法
    public void setMyProductSet(Set myProductSet)
    {
        this.myProductSet = myProductSet;
    }
    // 处理控制逻辑的 execute 方法
    public String execute() throws Exception
    {
        return SUCCESS;
    }
}
```

下面的 JSP 代码将请求参数提交给 ProductsAction。

```
<!-- products.jsp -->
<s:form action="products">
    <s:textfield label="产品 Set1（非泛型）" name="myProductSet"/>
    <s:textfield label="产品 Set2（非泛型）" name="myProductSet"/>
    <s:submit value="提交"/>
</s:form>
```

索引属性也需要在 ProductsAction-conversion.properties 文件中配置，配置代码如下：

```
KeyProperty_xxx = 属性名
```

其中 xxx 表示 Action 类的相应属性名。对于 ProductsAction 类来说，配置索引属性的代码如下：

```
# 配置 Set 元素的类型
Element_myProductSet = chapter10.Product
# 配置索引属性
KeyProperty_myProductSet = name
```

访问 products.jsp 页面后，按照图 10.14 所示输入相应信息。

要通过索引属性输出 Set 类型属性的值，可以使用<s:property>标签，代码如下：

```
产品 1<p/>
```

```
名称: <s:property value="myProductSet('bike').name"/><br/>
价格: <s:property value="myProductSet('bike').price"/><br/>
数量: <s:property value="myProductSet('bike').count"/><p/>
产品 2<p/>s
名称: <s:property value="myProductSet('car').name"/><br/>
价格: <s:property value="myProductSet('car').price"/><br/>
数量: <s:property value="myProductSet('car').count"/><br/>
```

单击"提交"按钮后，将显示如图 10.15 所示的信息。

图 10.14　信息录入界面

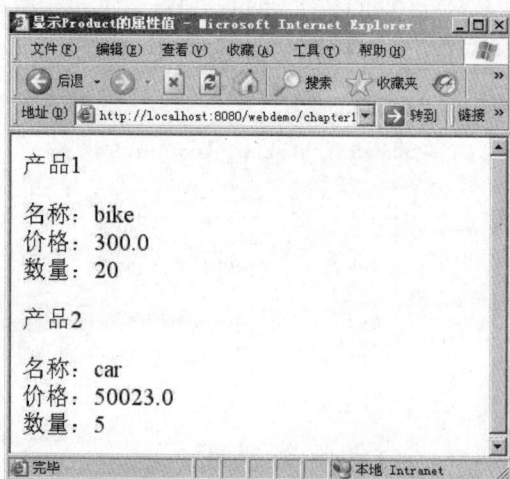

图 10.15　输出 Set 类型属性的值

注意：使用索引属性访问 Set 元素时要使用圆括号，而不能使用方括号，但对于数组、List 和 Map 类型的属性，则需要通过方括号访问指定集合的元素。

10.5　掌握类型转换的错误处理

在系统运行的实际过程中，并不是只会输入正确的信息。在很多情况下，用户可能不了解输入信息的规则或是恶意输入错误的信息，这时系统就需要对这些异常信息进行处理。类型转换也是如此，如果系统无法成功对用户输入的信息进行类型转换，那么也需要抛出异常。

在 Struts 2 中提供了一个 conversionError 拦截器，它专门负责拦截并处理由于类型转换所导致的错误。这个拦截器在 defaultStack 栈中被引用，因此并不需要在<action>标签中单独引用它。在 defaultStack 栈中引用的代码片段如下：

```
<interceptor-stack name="defaultStack">
    ...
    <!-- 引用 conversionError 拦截器 -->
    <interceptor-ref name="conversionError"/>
    <!-- 引用数据验证拦截器 -->
    <interceptor-ref name="validation">
        <!-- 定义被忽略的方法 -->
```

```
        <param name="excludeMethods">input,back,cancel,browse</param>
    </interceptor-ref>
</interceptor-stack>
```

要想使用 conversionError 拦截器处理类型转换错误，Action 类必须从 ActionSupport 类继承，而不能直接实现 Action 接口，如下面的代码所示。

```
//  实现类 ActionSupport
public class ProductAction extends ActionSupport
{
    private Product product;
    ...
}
```

而在 Action 类的配置代码中需要配置 input 结果，代码如下：

```
<action name="product" class="chapter10.action.ProductAction">
    <!--  配置 input 结果  -->
    <result name="input">/chapter10/product.jsp</result>
    <!--  配置 success 结果  -->
    <result name="success">/chapter10/productview.jsp</result>
</action>
```

如果使用 Struts 2 的标签编写信息录入页面（如在 product.jsp 页面中使用了<s:form>、<s:property>标签），当发生类型转换错误时，系统会返回 input 结果，并转入 product.jsp 页面。在 product.jsp 页面中会在相应的出错字段上方显示如图 10.16 所示的错误信息。

图 10.16　显示类型转换错误信息

从图 10.16 中可以看出，在"产品信息"文本框上方显示出错误信息，只是这些错误信息都是英文的。这些英文信息可以通过 Struts 2 的国际化机制显示成中文或其他国家的文字。关于国际化的知识将在以后的章节介绍。如果开发人员直接使用 HTML 代码编写信息录入页面，那么需要使用 Struts 2 的<s:fielderror>标签来显示出错信息。

10.6　小　　结

本章主要介绍了 Struts 2 的类型转换机制。由于表现层所提交的请求参数只有字符串类型，而 Java 语言有着丰富的数据类型，因此，要想充分利用 Java 的数据类型特性，就必须将表现层所提交的请求参数转换成相应的 Java 类型。

按照传统的作法，需要手工对每一个请求参数进行类型转换，但在 Struts 2 中提供了很多内建的类型转换器，通过这些类型转换器，可以用透明的方式将请求参数转换成相应类型的 Action 属性。对于更复杂的类型转换，Struts 2 还允许建立自定义的类型转换器。通过这种类型转换器，开发人员可以进行任意复杂的类型转换工作。

虽然自定义类型转换器很灵活也很强大，但却非常麻烦。为了使类型转换工作更简单，在 Struts 2 中还允许使用 OGNL 表达式进行类型转换。通过 OGNL 表达式，无须建立类型转换器类也无须配置，就可以直接将字符串转换成相应的对象类型。

泛型是 Java SE5 提供的新特性。有的开发人员可能不喜欢使用泛型，或是使用的 JDK 版本较低（如 JDK1.4）并不支持泛型。在这种情况下，就无法通过泛型来指定 List、Map、Set 对象的元素类型，那么 Struts 2 也就不会通过程序得知集合元素的类型了，这样就无法进行类型转换。在这种情况下，使 Struts 2 的类型转换器仍能正常工作，在 Struts 2 中提供了一种通过属性文件来指定元素类型的方式解决这个问题，并且还可以通过属性文件为 Set 类型的对象指定索引属性，通过索引属性，就可以像使用 Map 一样使用 Set 了。

10.7　实 战 练 习

一．选择题

1．不属于 Struts 2 自带类型转换器支持的类型是（　　　）。

    A．字符串类型与布尔类型（boolean）之间的转换

    B．字符串类型与布尔封装类类型（Boolean）之间的转换

    C．字符串类型与字节类型（byte）之间的转换

    D．字符串类型与日期类型（Date）之间的转换

2．在 Struts 2 框架中可以通过多种方式自定义类型转换器，不属于 Struts 2 框架支持的方式是（　　　）。

    A．实现接口 TypeConverter 方式

    B．继承类 StrutsTypeConverter 方式

    C．实现接口 Converter 方式

    D．继承类 DefaultTypeConverter 方式

二．编程题

如果用户在一个输入电话的页面（如图 10.17 所示）中输入 0325-56891111，而我们在其他页面中（如图 10.18 所示）想要显示用户的电话号码和区号。为了解决该问题，需要通过 Struts 2 提供的自定义类型转换实现。

图 10.17　输入页面

区号：0325 电话：56891111

完毕　　　　　　　　　　　　　　本地 Intranet

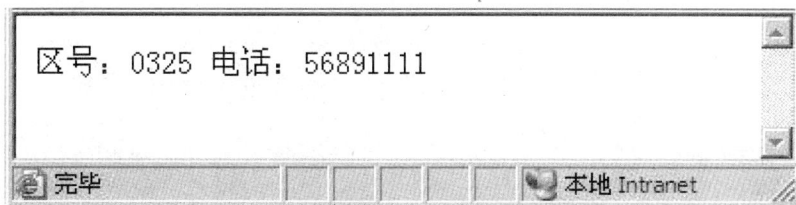

图 10.18　显示页面

【提示】关于自定义类型转换器类的关键代码为：

```
public class TypeConverter extends StrutsTypeConverter {
    // 重写的 convertFromString 方法
    public Object convertFromString(Map context, String[] values, Class
toClass) {
        Tel tel = new Tel();
        String[] telValues = values[0].split("-");
        tel.setSectionNo(telValues[0]);
        tel.setTelNo(telValues[1]);
        return tel;
    }
    // 重写的 convertToString 方法
    public String convertToString(Map context, Object o) {
        Tel tel = (Tel) o;
        return "<" + tel.getSectionNo() + "-" + tel.getTelNo() + ">";
    }
}
```

第 11 章　Struts 2 的输入校验

输入校验是所有 Web 应用必备的功能，由于 Web 应用的开放性导致了用户的多样性，因此用户的输入信息不符合 Web 系统要求的可能性非常大，所以就要求 Web 系统必须具有对用户输入信息的校验功能。

输入校验分为客户端校验和服务端校验。客户端校验一般是通过 JavaScript 对用户输入的信息做前期校验，如保证输入不能为空、查看输入的格式是否正确等。但客户端校验并不是有效的屏障，有编程经验的用户完全有可能绕过客户端校验来提交错误的请求信息。因此，在加入客户端校验的同时，服务端校验是必不可少的，也是保证用户提交数据正确性的最后一道屏障。

在 Struts 2 中同时提供了客户端和服务端校验机制。Struts 2 中的客户端校验也是采用了 JavaScript，但这些 JavaScript 代码是由 Struts 2 自动添加的。而 Struts 2 的服务端校验为开发人员提供了多种选择，如 validate 方法和 Validation 框架等，而且 Struts 2 的开放性允许开发人员提供自定义的校验器。本章的主要内容如下：

- ❏ 手工编写 JavaScript 代码进行客户端校验；
- ❏ 用传统的方式进行服务端校验；
- ❏ 在 Action 中进行输入校验；
- ❏ 使用 validate 方法进行输入校验；
- ❏ Validation 框架的客户端校验；
- ❏ Validation 框架的服务端校验；
- ❏ 校验嵌套属性；
- ❏ 校验器的配置风格；
- ❏ Validation 框架中的内建校验器。

11.1　了解传统的数据校验方法

从 Web 应用诞生的那一刻起，数据校验就是 Web 应用的重要功能之一。但在很长一段时间，开发人员都是通过手工的方式编写数据校验代码。如在客户端直接编写 JavaScript 代码校验用户输入的信息；在 Servlet 中通过客户端提交的请求参数进行服务端校验。

11.1.1　用 JavaScript 进行客户端校验

客户端校验就是通过 JavaScript 获得客户端的输入信息，然后按照一定的规则对这些信息进行校验。在 JavaScript 中可以使用正则表达式对用户输入信息进行校验。如果在客户端校验中有必要访问服务端程序，可以采用 AJAX 的异步方式从服务端获得客户端所需要的信息。下面的 JSP 代码在浏览器中显示一个注册页面，并通过 JavaScript 对用户的注册信息进行校验。

```html
<!-- register.jsp -->
<form action="register" method="post" >
    <table style="text-align: right;">
        <tr>
            <td>用户名: </td>
            <td><input type="text" name="username"/></td>
        </tr>
        <tr>
            <td>密码: </td>
            <td><input type="password" name="password"/></td>
        </tr>
        <tr>
            <td>重新输入密码: </td>
            <td><input type="password" name="repassword"/></td>
        </tr>
        <tr>
            <td>年龄: </td>
            <td><input type="text" name="age"/></td>
        </tr>
        <tr>
            <td>生日: </td>
            <td><input type="text" name="birthday"/></td>
        </tr>
        <tr>
            <td></td>
            <td>
                <!-- 注册按钮, 调用了 JavaScript 代码进行客户端校验  -->
                <input type="button" value="注册" onclick="register(this.
                form)" style="width:50px"/>
            </td>
        </tr>
    </table>
</form>
```

上面的代码有 5 个用于输入信息的文本框。每一个文本框都有 name 属性，在使用 JavaScript 对输入信息进行校验时，会根据这个 name 属性值获得相应的用户输入信息。在输入完信息后，单击"登录"按钮就会调用负责校验用户输入信息的 register 函数。在编写这个函数之前，先使用原型的方式为 JavaScript 的 String 类添加一个 trim 方法，这个方法负责截取字符串前后的空格。trim 方法的代码如下：

```javascript
<script type="text/javascript">
    // 截取字符串前后的空格
    String.prototype.trim = function()
    {
    // 将字符串中的空格、tab 等字符都替换成空串
        return this.replace(/(^\s*)|(\s*$)/g, "");
    }
</script>
```

在注册页面中有一个"出生日期"文本框。这个文本框要求输入 yyyy-mm-dd 格式的字符串，并且年、月、日要符合正确的日期范围。对日期的校验是由 validateDate 函数完

成的，代码如下：

```
// 校验日期，date 表示日期字符串
function validateDate(date)
{
    var pos1 = date.indexOf("-");                     // 得到第 1 个 "-" 的位置
    var pos2 = date.indexOf("-", pos1 + 1);           // 得到第 2 个 "-" 的位置
    // 两个 "-" 只要有一个未找到，就认为日期格式是错误的
    if(pos1 == -1 || pos2 == -1)
        return false;
    var year = date.substr(0, pos1);                  // 从日期字符串中得到年
    // 从日期字符串中得到月
    var month = date.substr(pos1+1, pos2 - pos1 -1);
    var day = date.substr(pos2+1);                    // 从日期字符串中得到日
    // 月必须在 1 和 12 之间
    if (month < 1 || month > 12)
    {
        return false;
    }
    // 日必须在 1 和 31 之间
    if (day < 1 || day > 31)
    {
        return false;
    }
    // 4、6、9、11 月的天数是 30 天，如果在这 4 个月中为 31 天，则日期不合法
    if ((month == 4 || month == 6 || month == 9 || month == 11) && (day ==
31))
    {
        return false;
    }
    // 处理特殊的 2 月
    if (month == 2)
    {
        // 判断是否为闰年
        var leap = (year % 4 == 0 && (year % 100 != 0 || year % 400 == 0));
        // 如果天数大于 29 天，或非闰年里天数等于 29 天，则日期不合法
        if (day > 29 || (day == 29 && !leap))
        {
            return false;
        }
    }
    return true;                                       // 校验成功，返回 true
}
```

从上面的代码可以看出，如果 validateDate 函数校验成功，返回 true；否则返回 false。validateDate 函数的校验过程比较复杂，在这个函数中首先校验了月和日是否在最大的范围区间内（月：1～12，日：1～31），然后校验了 4、6、9、11 月的天数是否为 30 天。最后根据日期中的年是否为闰年，来校验 2 月份的特殊情况。

除了日期校验外，其他的输入校验就非常简单了，主要是校验用户输入是否为空、输入信息的长度等。对用户输入信息的校验是由 validate 函数完成的，代码如下：

```
// 校验用户输入的信息，form 表示 form 对象
function validate(form)
{
    // 取得用户名信息，并截取两端的空格
```

```
var username = form.username.value.trim();
// 取得密码信息，并截取两端的空格
var password = form.password.value.trim();
// 取得重输入密码信息，并截取两端的空格
var repassword = form.repassword.value.trim();
// 取得年龄信息，并截取两端的空格
var age = form.age.value.trim();
// 取得出生日期信息，并截取两端的空格
var birthday = form.birthday.value.trim();
// 判断用户名是否被输入，如果未输入用户名，校验失败
if(username == "" || username == null)
{
    alert("用户名必须输入!");
    form.username.focus();          // 将焦点设置到用户名文本框上
    return false;                   // 校验失败，返回 false
}
// 用正则表达式判断用户名是否为字母和数字，如果输入了其他的字符则校验失败
if(!/^\w*$/.test(username))
{
    alert("用户名必须是字母和数字!");
    form.username.focus();          // 将焦点设置到用户名文本框上
    return false;                   // 校验失败，返回 false
}
// 判断用户名的长度，如果用户名过长或过短则校验失败
if(username.length <4 || username.length > 20)
{
    alert("用户名的长度必须介于 4 和 20 之间!");
    form.username.focus();          // 将焦点设置到用户名文本框上
    return false;                   // 校验失败，返回 false
}
// 判断密码是否被输入
if(password == "" || password == null)
{
    alert("密码必须输入!");
    form.password.focus();          // 将焦点设置到密码文本框上
    return false;                   // 校验失败，返回 false
}
// 判断密码的长度
if(password.length < 8 || password.length > 30)
{
    alert("密码的长度必须介于 8 和 30 之间!");
    form.password.focus();          // 将焦点设置到密码文本框上
    return false;                   // 校验失败，返回 false
}
// 判断重输密码是否被输入
if(password != repassword)
{
    alert("再次输入的密码不一致!");
    form.repassword.focus();        // 将焦点设置到重新输入密码文本框上
    return false;                   // 校验失败，返回 false
}
// 判断年龄是否被输入
if(age == "" || age == null)
{
    alert("您的年龄必须输入!");
    form.age.focus();               // 将焦点设置到年龄文本框上
```

```
        return false;                       //  校验失败，返回 false
    }
    //  用正则表达式判断年龄的范围，如果输入的年龄超过了这个范围则校验失效
    if(!/^[0-1]?[0-9]?[0-9]$/.test(age))
    {
        alert("您必须输入一个有效的年龄!");
        form.age.focus();                   //  将焦点设置到年龄文本框上
        return false;                       //  校验失败，返回 false
    }
    //  判断出生日期是否被输入
    if(birthday == "" || birthday == null)
    {
        alert("出生日期必须输入!");
        form.birthday.focus();              //  将焦点设置到出生日期文本框上
        return false;                       //  校验失败，返回 false
    }
    //  判断输入的日期是否合法
    if(!validateDate(form.birthday.value))
    {
        alert("出生日期输入不正确!");
        form.birthday.focus();              //  将焦点设置到出生日期文本框上
        return false;                       //  校验失败，返回 false
    }
    return true;                            //  校验成功，返回 true
}
```

在 register 函数中调用了 validate 函数，当 validate 函数返回 true 时，提交 form。register 函数的代码如下：

```
//  对 form 中的输入信息进行校验，如果校验成功，提交 form，其中 form 参数表示 form 对象
function register(form)
{
    //  校验输入信息
    if(validate(form))
        form.submit();              //  提交 form
}
```

在 IE 地址栏中输入如下的 URL：

```
http://localhost:8080/webdemo/chapter11/register.jsp
```

当出现用户注册页面后，输入不合法的信息，如输入出生日期为 1989-2-29，单击"注册"按钮，将会弹出如图 11.1 所示的错误提示对话框。

图 11.1　客户端校验

由于 1989 年不是闰年，因此 2 月份只有 28 天，所以会弹出"出生日期输入不正确！"的提示信息框。

11.1.2　手工进行服务端校验

使用 JavaScript 代码虽然可以在客户端起到一定的校验作用，但这种客户端的校验机制非常容易逾越。也就是说，稍微懂得点 HTML 和 JavaScript 知识的人都会很容易地绕开 JavaScript 校验而直接将错误的信息提交给服务端。

一个屏蔽客户端校验的最简单方法就是通过选择 IE 中的"文件"|"另存为"命令，将注册页面保存成 html 静态网页，然后打开这个网页，将<form>标签修改成如下的形式：

```
<FORM action="http://localhost:8080/webdemo/chapter11/register" method=
post>
    ...
</FORM>
```

在上面的代码中将 action 属性修改为绝对路径，这个绝对路径指向接收提交信息的服务端程序（如本例中的 register，register 是一个 Servlet 类）。下一步就是将 register 函数中校验输入信息的 validate 函数的调用部分去掉，这样就可以屏蔽 JavaScript 校验了。

如果用 IE 打开刚才保存并修改了代码的 HTML 页，并单击"注册"按钮，这时就会向 register 提交请求。由于目前还没有编写 register，因此将会抛出如图 11.2 所示的异常信息。

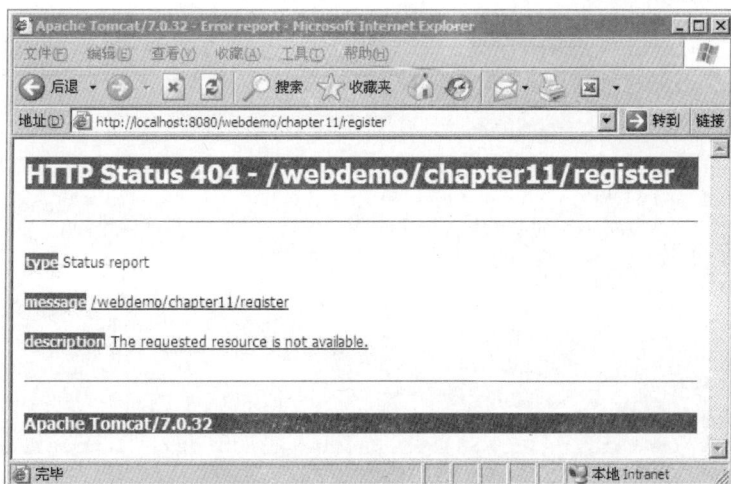

图 11.2　由于 Servlet 不存在而抛出的异常信息

虽然客户端校验不能从根本上杜绝错误信息的提交。但在大多数时候，用户并不会通过修改 HTML 代码的方式提交错误信息。因此仍然可以使用客户端校验来过滤用户输入的信息。这样做可以在一定程度上降低由于用户频繁提交请求而造成的服务端资源的损耗。但客户端校验终究代替不了服务端校验，因为虽然用户通过非正常的手段（包括黑客攻击）提交错误信息的可能性并不大，但不等于没有，所以服务端校验将是过滤用户提交的非法请求信息的最后一道屏障。

单从校验逻辑上来看，服务端校验和客户端校验基本相同。也就是说，从理论上讲，客户端对用户输入信息如何校验的，服务端也应该对用户提交的信息如何校验。

下面是 Register 类的代码，这是一个 Servlet 类，在 service 方法中实现了和 validate 方法中类似的校验功能。

```java
// 实现服务器端校验的 Servlet 类
public class Register extends HttpServlet
{
    // 校验日期，相当于 JavaScript 中的 validateDate 函数
    private boolean validateDate(String date)
    {
        int pos1 = date.indexOf("-");              // 得到第 1 个 "-" 的位置
        int pos2 = date.indexOf("-", pos1 + 1);    // 得到第 2 个 "-" 的位置
        // 从日期中取得年
        int year = Integer.parseInt(date.substring(0, pos1));
        // 从日期中取得月
        int month = Integer.parseInt(date.substring(pos1 + 1, pos2));
        // 从日期中取得日
        int day = Integer.parseInt(date.substring(pos2 + 1));
        if (month < 1 || month > 12){              // 月必须在 1 和 12 之间
            return false;
        }
        if (day < 1 || day > 31){                  // 日必须在 1 和 31 之间
            return false;
        }
        // 4、6、9 和 11 月只有 30 天
        if ((month == 4 || month == 6 || month == 9 || month == 11) && (day == 31)){
            return false;
        }
        if (month == 2){                           // 处理 2 月的特殊情况
            // 得到日期中的年是否为闰年
            boolean leap = (year % 4 == 0 && (year % 100 != 0 || year % 400 == 0));
            // 2 月份最多是 29 天，如果不是闰年，只有 28 天
            if (day > 29 || (day == 29 && !leap)){
                return false;
            }
        }
        return true;
    }
    // 处理客户端请求的 service 方法
    public void service(HttpServletRequest request, HttpServletResponse response)
        throws ServletException, IOException
    {
        // 设置 Content-Type 响应信息头
        response.setContentType("text/html; charset=UTF-8");
        // 得到 PrintWriter 对象
        PrintWriter out = response.getWriter();
        try{
            // 得到 username 请求参数
            String username = request.getParameter("username");
            // 得到 password 请求参数
            String password = request.getParameter("password");
```

```
    //　得到 age 请求参数
    String strAge = request.getParameter("age");
    //　得到 birthday 请求参数
    String strBirthday = request.getParameter("birthday");
    int age = -1;
    java.util.Date birthday = null;
    String errorMsg = "";
    //　用户名必须输入
    if (username == null || username.trim().equals("")){
        errorMsg = "用户名必须输入!";
    }else if (!username.trim().matches("^\\w*$")){
                                                    //　用户名必须是数字和字母
        errorMsg = "用户名必须是字母和数字!";
    }else if (username.trim().length() < 4 || username.trim().length()
    > 20){   //　校验用户名的长度
        errorMsg = "用户名的长度必须介于 4 和 20 之间!";
    }else if (password == null || password.trim().equals("")){
                                                    //　密码必须输入
        errorMsg = "密码必须输入!";
    }else if (password.trim().length() < 8 || password.trim().length()
    > 30){   //　校验密码的长度
        errorMsg = "密码的长度必须介于 8 和 30 之间!";
    }else if (strAge == null || strAge.trim().equals("")){
                                                    //　年龄必须输入
        errorMsg = "您的年龄必须输入!";
    }else if (!strAge.trim().matches("^[0-1]?[0-9]?[0-9]$")){
                                                    //　校验输入的年龄是否有效
        errorMsg = "您必须输入一个有效的年龄!";
    }else if (strBirthday == null || strBirthday.trim().equals("")){
                                                    //　出生日期必须输入
        errorMsg = "出生日期必须输入!";
    }else{
        age = Integer.parseInt(strAge);        //　将年龄转换成整数类型
        try
        {
            if (!validateDate(strBirthday))    //　校验出生日期
                errorMsg = "出生日期输入不正确!";
            //　将出生日期转换成 Date 类型
            java.text.SimpleDateFormat formatDate = new java.text.
            SimpleDateFormat("yyyy-MM-DD");
            birthday = formatDate.parse(strBirthday);
                                                    //　解析日期字符串
        }
        catch (Exception e)
        {
            errorMsg = "出生日期输入不正确!";
        }
    }
    //　errorMsg 变量是空串，表示没有错误信息，校验成功
    if (errorMsg.equals(""))
        out.println("校验成功!");
    //　校验失败，输出错误信息
    else
        out.println(errorMsg);
}
catch (Exception e)
```

```
        {
            out.println(e.getMessage());
        }
    }
}
```

从上面的代码可以看出，服务端校验代码的校验逻辑和 validate 函数的校验逻辑相同。此时，即使在客户端通过其他的方式向 Register 提交信息，并且绕过了客户端校验，也无法避开服务端的校验。如果提交的请求参数有误，是无法成功提交的。

11.2　了解 Struts 2 所支持的数据校验

虽然可以在 Servlet 中进行服务端的输入校验，但这种校验非常繁琐。在上面的代码中，只完成了对 4 个请求参数的校验就需要几十行代码。而且这些代码中还有一些是类型转换代码，这将使开发效率大大降低。在 Struts 2 中，这种情况得到了很大的改观。由于 Struts 2 有内建的类型转换器，因此至少不需要编写和类型转换相关的代码，而且 Struts 2 的 Action 类或 Model 类的属性可以自动封装请求参数，这将大大简化读取请求参数值的代码。

11.2.1　了解使用 validate 方法校验数据的原理

在 Struts 2 中提供了两个和校验相关的 Validateable 和 ValidationAware 接口，其中 Validateable 接口只有一个 validate 方法，代码如下：

```
// Validateable 接口的具体内容
package com.opensymphony.xwork2;
public interface Validateable
{
    void validate();          //  用于校验的方法
}
```

在 Struts 2 调用 Action 的 execute 之前会调用 Validateable 接口的 validate 方法，因此，可以将校验代码写在该方法中。但 validate 方法并没有返回值，这就意味着无法通过 validate 方法的返回值来通知 Struts 2 校验是否通过。

为了使 Struts 2 得知是否校验成功，就需要使用另外一个校验感知接口 ValidationAware。该接口提供了一系列的 addXxx 方法，可以将在校验过程中发生的错误信息添加到系统中（实际上是添加到一个 Map 对象中）。ValidationAware 接口的代码如下：

```
// ValidationAware 接口的具体内容
package com.opensymphony.xwork2;
import java.util.Collection;
import java.util.Map;
public interface ValidationAware
{
    //  获得保存 Action 错误的 Collection 对象
```

```
Collection getActionErrors();
//  获得保存 Action 消息的 Collection 对象
Collection getActionMessages();
//  设置保存字段错误的 Map 对象
void setFieldErrors(Map errorMap);
//  获得保存字段错误的 Map 对象
Map getFieldErrors();
void addActionError(String anErrorMessage);      //  添加 Action 错误消息
void addActionMessage(String aMessage);          //  添加 Action 消息
void addFieldError(String fieldName, String errorMessage);
                                                 //  添加字段错误字和消息
boolean hasActionErrors();                       //  是否有 Action 错误
boolean hasActionMessages();                     //  是否有 Action 消息
boolean hasErrors();                             //  是否有错误
boolean hasFieldErrors();                        //  是否有字段错误
}
```

从上面的代码可以看出，有 3 个 addXxx 方法。这 3 个 addXxx 方法被用来向系统添加不同的消息，其中 addFieldError 方法最常用，该方法用来向系统添加对每一个字段（请求参数）的校验错误，如果某个字段校验成功，则该字段没有错误信息。

由于 Struts 2 在校验过程中将使用在这两个接口中定义的方法，因此只要 Action 类实现这两个接口的方法即可。但这样做是非常麻烦的，因此 Struts 2 提供的 ActionSupport 类也同时实现了这两个接口。addFieldError 的实现代码如下：

```
//  重写方法 addFieldError
public void addFieldError(String fieldName, String errorMessage)
{
    validationAware.addFieldError(fieldName, errorMessage);
}
```

在 addFieldError 方法中使用了一个 validationAware 变量，实际上该变量是 ValidationAwareSupport 类的对象实例。ValidationAwareSupport 类也实现了 ValidationAware 接口，并且最终实现了 addFieldError 方法，代码如下：

```
//  得到保存字段错误消息的 Map 对象
private Map internalGetFieldErrors()
{
    if (fieldErrors == null)
    {
        fieldErrors = new LinkedHashMap();   //  创建一个 LinkedHashMap 对象
    }
    return fieldErrors;
}
public synchronized void addFieldError(String fieldName, String errorMessage)
{
    final Map errors = internalGetFieldErrors();
                                                //  得到保存字段错误消息的 Map 对象
    List thisFieldErrors = (List) errors.get(fieldName);//
                                                //  得到指定字段的错误列表
    //  指定字段的错误列表不存在
    if (thisFieldErrors == null)
```

```
{
    //  创建一个 ArrayList 对象保存字段错误消息列表
    thisFieldErrors = new ArrayList()
    errors.put(fieldName, thisFieldErrors);
}
thisFieldErrors.add(errorMessage);          //  添加字段错误消息
}
```

从上面的代码可以看出，使用 addFieldError 方法添加字段错误消息，实际上是将这个错误消息以字段名作为 key，添加到一个 Map 对象中，并且一个字段可以添加多个错误消息（因为每个字段的错误消息是使用 ArrayList 对象保存的）。

Struts 2 在执行完 validate 方法后，会判断该 Map 对象中是否有字段错误消息，也就是判断该 Map 对象中是否有 key-value 对。如果有 key-value 对，就不会执行 execute 方法，而直接返回 input；如果没有 key-value 对，就会继续执行 execute 方法。

11.2.2　实例：使用 validate 方法进行输入校验

在 11.2.1 节介绍了 Struts 2 使用 validate 方法校验数据的原理，在本节将给出一个实例演示如何使用 validate 方法校验数据。register_Struts 2.jsp 是一个注册页面，代码如下：

```
<!-- form 表单 -->
<s:form action="register" namespace="/chapter11" >
    <s:textfield label="用户名" name="username" />
    <s:textfield label="密码" name="password" />
    <s:textfield label="重新输入密码" name="repassword" />
    <s:textfield label="年龄" name="age"/>
    <s:textfield label="生日" name="birthday"/>
    <s:submit value="注册"/>
</s:form>
```

上面的代码和 register.jsp 页面的显示效果类似，只是在 register_Struts 2.jsp 页面中使用了 Struts 2 的 UI 标签来编写信息录入页面。其中 register 是处理注册信息的 Action，这个 Action 被定义在命名空间为 chapter11 的包中。RegisterAction 是一个 Action 类，负责校验注册信息，并处理这些信息。该类的实现代码如下：

```
//  继承 ActionSupport 类的 Action 类 RegisterAction
public class RegisterAction extends ActionSupport
{
    private String username;        //  封装 username 请求参数的属性
    private String password;        //  封装 password 请求参数的属性
    private int age;                //  封装 age 请求参数的属性
    private Date birthday;          //  封装 birthday 请求参数的属性
    private String result;          //  封装处理结果的属性
    //  result 属性的 getter 方法
    public String getResult(){
        return result;
    }
    //  result 属性的 setter 方法
    public void setResult(String result){
```

```java
        this.result = result;
    }
    // username 属性的 getter 方法
    public String getUsername(){
        return username;
    }
    // username 属性的 setter 方法
    public void setUsername(String username){
        this.username = username;
    }
    // password 属性的 getter 方法
    public String getPassword(){
        return password;
    }
    // password 属性的 setter 方法
    public void setPassword(String password){
        this.password = password;
    }
    // age 属性的 getter 方法
    public int getAge(){
        return age;
    }
    // age 属性的 setter 方法
    public void setAge(int age){
        this.age = age;
    }
    // birthday 属性的 getter 方法
    public Date getBirthday(){
        return birthday;
    }
    // birthday 属性的 setter 方法
    public void setBirthday(Date birthday){
        this.birthday = birthday;
    }
    // 执行方法
    public String execute() throws Exception
    {
        setResult("注册成功!");
        return SUCCESS;
    }
    // 用于校验数据的 validate 方法
    @Override
    public void validate()
    {
        // 校验用户名
        if (username == null || username.equals("")
                || !username.matches("^\\w*$") || username.length() < 4
                || username.length() > 20)
        {
            // 将用户名字段的错误消息加入到错误列表中（Map 对象）
            addFieldError("username", "用户名必须是字母和数字,且长度必须介于 4 和
            20 之间!");
        }
        // 校验密码
        if (password == null || password.equals("") || password.length() < 8
                || password.length() > 30)
        {
```

```
        addFieldError("password", "密码的长度必须介于 8 和 30 之间!");
    }
    //  校验年龄
    if (age <= 0 && age <= 200)
    {
        addFieldError("age", "您必须输入一个有效的年龄!");
    }
    //  出生日期不能为空
    if (birthday == null)
    {
        addFieldError("birthday", "出生日期必须输入! ");
    }
    //  校验出生日期的范围
    else
    {
        Calendar endDate = Calendar.getInstance();
                                        //  设置日期最大值（当前日间）
        Calendar startDate = Calendar.getInstance();
        startDate.set(1900, 1, 1);            //  设置日期最小值
        //  判断出生日期是否在最大值和最小值之间
        if (birthday.after(endDate.getTime()) || birthday.before(start
        Date.getTime()))
        {
            addFieldError("birthday", "出生日期必须在一个有效范围内! ");
        }
    }
}
}
```

从上面的代码可以看出，在每一次校验失败后，都会使用 addFieldError 方法添加当前字段的错误消息。在校验出生日期字段时，先设置了日期的最大值和最小值，然后使用 Calendar 的 after 和 before 方法判断出生日期是否落在了这个日期区间。下面是 RegisterAction 的配置代码：

```
<!-- 配置动作  -->
<package name="chapter11" namespace="/chapter11" extends="struts-
default">
    <!--  配置 RegisterAction  -->
    <action name="register" class="chapter11.action.RegisterAction">
        <!-- 配置 SUCCESS 结果 -->
        <result name="success">/chapter11/success.jsp</result>
        <!-- 配置 INPUT 结果  -->
        <result name="input">/chapter11/register_Struts 2.jsp</result>
    </action>
</package>
```

当 validate 校验失败，也就是错误消息列表不为空时，将会返回 input 结果，根据上面的配置代码，一旦校验失败会重新转入到 register_Struts 2.jsp 页面。在浏览器地址栏中输入如下的 URL：

```
http://localhost:8080/webdemo/chapter11/register_Struts 2.jsp
```

当浏览器显示出注册页面后，在"生日"文本框中输入 20-1-1，并单击"注册"按钮，将会显示如图 11.3 所示的错误信息。

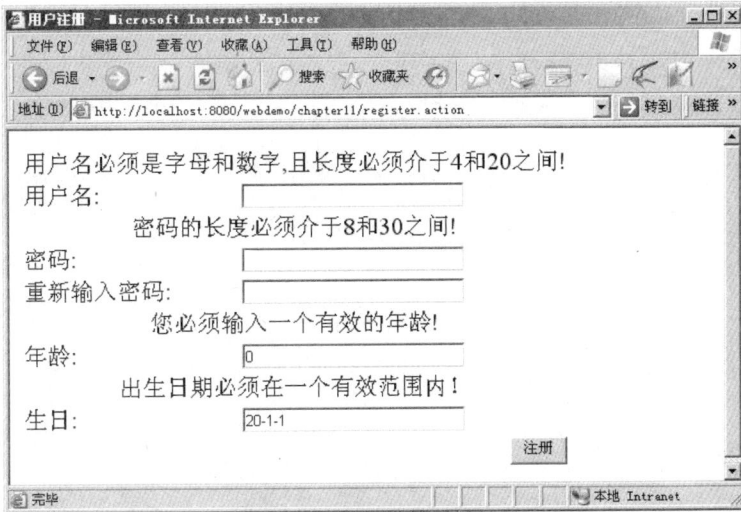

图 11.3　使用 validate 方法校验失败后的错误信息

从图 11.3 中可以看出，在每一个出错字段的上方都会出现相应的错误消息。这是由于使用 Struts 2 的 UI 标签编写 JSP 页面时，每个 UI 标签会自动检测服务端的错误消息列表是否有属于自己的错误消息，如果有，就会自动显示在该字段的上方。

如果直接使用 HTML 代码编写 JSP 页面，就会不自动显示错误消息，在这种情况下，可以使用<s:fielderror/>标签显示错误消息。如果使用该标签，会将所有的错误消息都显示在页面上。如将 RegisterAction 的配置代码修改为如下的形式：

```
<!-- 配置动作 -->
<package name="chapter11" namespace="/chapter11" extends="struts-default">
   <!-- 配置 RegisterAction -->
   <action name="register" class="chapter11.action.RegisterAction">
      <!-- 配置 SUCCESS 结果 -->
      <result name="success">/chapter11/success.jsp</result>
      <!-- 配置 INPUT 结果 -->
      <result name="input">/chapter11/input.jsp</result>
   </action>
</package>
```

在上面的代码中，将 input 结果的转入页面改为 input.jsp，并在该页面中使用<s:fielderror/>标签显示错误消息，代码如下：

```
<%@ page language="java" pageEncoding="UTF-8"%>
<%@ taglib prefix="s" uri="/struts-tags"%>
<html>
   <head>
      <title>错误</title>
   </head>
   <body>
      <!-- 显示字段错误信息 -->
      <s:fielderror/>
   </body>
</html>
```

在浏览器地址栏中再次输入上面的 URL，并单击"注册"按钮，将显示如图 11.4 所示的错误消息。

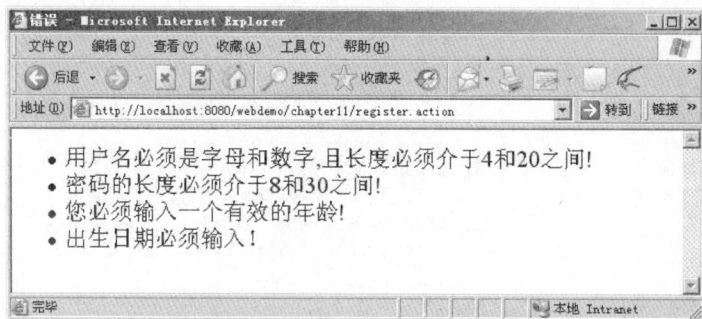

图 11.4　使用<s:fielderror/>显示错误消息

11.2.3　实例：使用 validateXxx 方法进行输入校验

Action 类除了可以使用 execute 方法处理逻辑外，还可以在<action>标签中通过 method 属性指定其他的处理逻辑的方法。而 validate 方法将对所有处理逻辑的方法进行校验，也就是说，在 Struts 2 调用任何一个 Action 类的逻辑处理方法之前，都会调用 validate 方法进行校验。

如果输入校验只想校验某个处理逻辑的方法，而在 validate 方法中就必须通过如下的代码获得当前调用的 Action 方法名。

```
String methodName = ActionContext.getContext().getActionInvocation().
getProxy().getMethod();
```

虽然在 validate 方法中可以通过上面的代码获得的调用方法名判断当前调用的是哪个方法，但将处理所有逻辑的代码都写在 validate 方法中并不利于以后的维护，也不是一个好的编程习惯。因此，Struts 2 提供了 validateXxx 方法，将处理某个逻辑的校验代码从 validate 方法中分离出去。其中，Xxx 表示当前调用的 Action 方法名。

这种方式有些像在 Servlet 中将处理不同 HTTP 请求的代码通过 doXxx 方法分开。如处理 HTTP GET 请求的是 doXxx 方法，处理 HTTP POST 请求的是 doXxx 方法，这样非常有利于代码管理。

下面来修改 RegisterAction 类，在该类中加入两个新方法 register 和 validateRegister。其中 register 是一个进行逻辑处理的 Action 方法，而 validateRegister 方法负责校验 register 方法。RegisterAction 类的代码如下：

```java
// 修改后的 RegisterAction 类
public class RegisterAction extends ActionSupport
{
    private String username;        // 封装 username 请求参数的属性
    private String password;        // 封装 password 请求参数的属性
    private int age;                // 封装 age 请求参数的属性
    private Date birthday;          // 封装 birthday 请求参数的属性
    private String result;          // 封装处理结果的属性
    // 此处理省略了 5 对 getter 和 setter 方法，以及 execute 方法
    ...
    // 处理逻辑的 register 方法
    public String register() throws Exception
    {
        setResult("注册成功（由 register 方法处理）!");
```

```java
        return SUCCESS;
    }
    // 校验 register 的方法
    public void validateRegister()
    {
        // 校验用户名
        if (username == null || username.equals("")
                || !username.matches("^\\w*$") || username.length() < 4
                || username.length() > 20)
        {
            // 加入新的字段错误消息
            addFieldError("username", "validateRegister 方法校验, " +
                            "用户名必须是字母和数字，且长度必须介于 4 和 20 之间!");
        }
        // 校验密码
        if (password == null || password.equals("") || password.length() < 8
                || password.length() > 30)
        {
            addFieldError("password", "validateRegister 方法校验，密码的长度必
                须介于 8 和 30 之间!");
        }
        // 校验年龄
        if (age <= 0 && age <= 200)
        {
            addFieldError("age", "validateRegister 方法校验，您必须输入一个有效
                的年龄!");
        }
        // 校验出生日期
        if (birthday == null)
        {
            addFieldError("birthday", "validateRegister 方法校验，出生日期必须
                输入! ");
        }
        else
        {
            Calendar endDate = Calendar.getInstance();
                                                        // 设置日期最大值（当前日间）
            Calendar startDate = Calendar.getInstance();
            startDate.set(1900, 1, 1);                   // 设置日期的最小值
            if (birthday.after(endDate.getTime())
                    || birthday.before(startDate.getTime()))
            {
                addFieldError("birthday", "validateRegister 方法校验，出生日期
                    必须在一个有效范围内! ");
            }
        }
    }
    // 校验所有逻辑的 validate 方法
    @Override
    public void validate()
    {
        ...
    }
}
```

实际上，上面的 validateRegister 方法和 register 方法类似，在这里仅仅是演示这两个方法的校验过程，以及如何使用 validateXxx 方法实现只校验某个处理逻辑。

为了让 Struts 2 调用 RegisterAction 的 register 方法，需要将 RegisterAction 的配置代码修改成如下的形式：

```
<!--  配置 RegisterAction 类  -->
<action  name="register_method"  class="chapter11.action.RegisterAction"
method="register">
    <result name="success">/chapter11/success.jsp</result>
    <result name="input">/chapter11/input.jsp</result>
</action>
```

从上面的配置代码可以看出，将 name 属性值改为 register_method，并加了一个 method 属性，值为 register。同时还需要将 register_Struts 2.jsp 页面中<s:form>标签的 action 属性值改为 register_method，并在浏览器中访问 register_Struts 2.jsp，然后单击"注册"按钮，将显示如图 11.5 所示的错误消息。

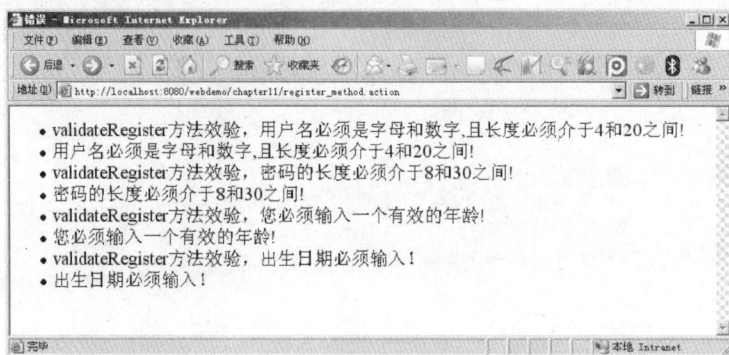

图 11.5　validate 方法和 validateXxx 方法同时校验字段值

从图 11.5 中可以看出，由 validateRegister 方法校验的字段错误消息先显示出来，然后是显示由 validate 方法校验的字段错误消息。也就是说，字段错误消息是交替出现的。出现这种情况的原因有如下两点：

❑ 虽然使用了 validateRegister 方法，但 validate 方法仍然会被调用，只是 Struts 2 先调用了 validateRegister 方法进行校验，然后再调用 validate 方法对所有的逻辑进行校验。因此，图 11.5 所显示的字段错误会同时出现 validateRegister 和 validate 方法中添加的字段错误消息。

❑ 由于每个字段所有的错误消息是保存在 ArrayList 对象中（详见第 10 章 10.2.1 节中的介绍），因此，哪个校验方法先调用，在哪个校验方法中添加的字段错误消息就会排在前面。

11.2.4　掌握 Struts 2 的输入校验流程

根据前面几节的描述，很容易发现 Struts 2 的输入校验流程有如下几步。

（1）在客户端提交数据后，Struts 2 会进行类型转换。

（2）如果类型转换成功，会继续调用 validateXxx 方法。如果类型转换失败，则会将类型转换错误保存在 ActionContext，并转换成字段错误（fieldError）。

（3）在调用 validateXxx 方法后，会继续调用 validate 方法。

（4）当 validateXxx 方法和 validate 方法都调用完后，Struts 2 会检查是否有字段错误，如果没有字段错误，会继续调用 Action 的处理方法；如果有字段错误，会直接返回 INPUT

结果，并转入 INPUT 结果所指的 Web 资源。

（5）当调用 Action 的处理方法后，会返回一个结果，然后也会转入相应的 Web 资源。

Struts 2 的输入校验流程如图 11.6 所示。该图中的 conversionErrors 实际上是一个 Map
对象，用于保存类型转换错误，然后由 conversionError 拦截器将这些类型转换错误添加到
保存字段错误消息的 Map 对象中，最后在 JSP 页面显示字段错误消息时，会将相应字段的
类型转换信息和使用 addFieldError 方法添加的字段错误都显示出来。而且由于先进行类型
转换，然后才执行 validateXxx 和 validate 方法，因此，类型转换错误消息会排在字段错误
消息的前面。

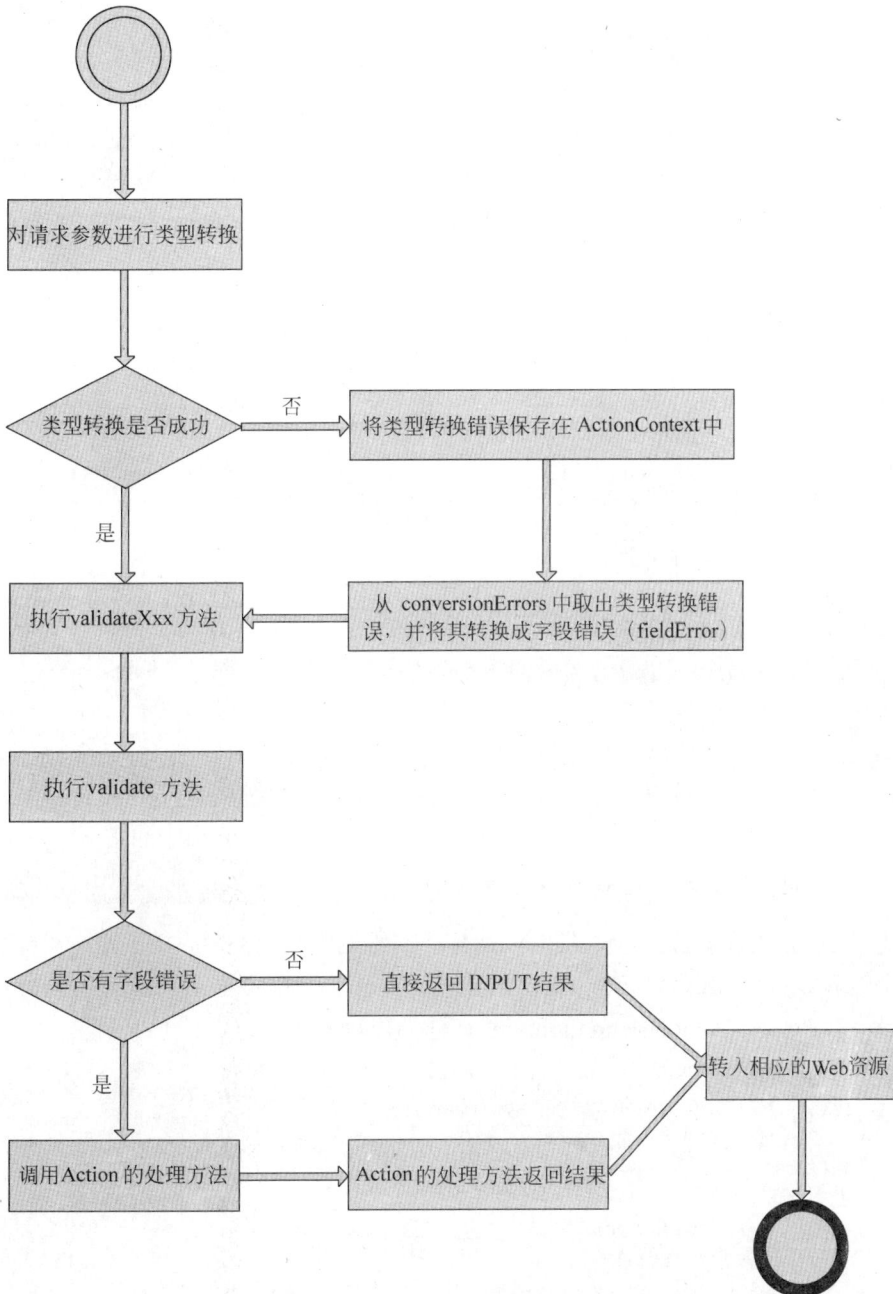

图 11.6　Struts 2 的输入校验流程图

11.3　使用 Validation 框架进行输入校验

上面介绍了如何通过 validate 方法和 validateXxx 方法进行输入校验,虽然使用这种校验方法可以减少一些工作量,但仍然需要编写大量的代码,而且代码复用率不高。为此,Struts 2 提供了另一种解决方案:Validation 校验框架。通过该框架,只需要在配置文件中配置要校验的字段和校验规则,就可以对相应的字段进行校验。

11.3.1　实例:服务端校验

在本节仍然以使用 RegisterAction 类为例进行校验。为了使用 Validation 框架进行输入校验,需要将 RegisterAction 类的 validateRegister 方法和 validate 方法注释掉,或将这两个方法改成其他的名字,而只保留 RegisterAction 类中的属性和 Action 处理方法。修改后的 RegisterAction 类的代码如下:

```
// 注册类
public class RegisterAction extends ActionSupport
{
    private String username;      // 封装 username 请求参数的属性
    private String password;      // 封装 password 请求参数的属性
    private int age;              // 封装 age 请求参数的属性
    private Date birthday;        // 封装 birthday 请求参数的属性
    private String result;        // 封装处理结果的属性
    // 此处省略了 5 个 getter 和 setter 方法,以及 Action 处理方法
    ...
}
```

修改后的 RegisterAction 类仍然保留了 4 个封装请求参数的属性。下面将通过 Validation 校验框架对这 4 个属性进行校验。

Validation 校验框架需要一个配置校验规则的 xml 文件,一般将这个文件放到和 Action 类的.class 文件同级的目录下,RegisterAction.class 在 WEB-INF\classes\chapter11\action 目录下,因此 xml 文件也应放到这个目录下。校验规则文件的命名规则如下:

```
<ActionClassName>-validation.xml
```

其中<ActionClassName 表示 Action 类名,在本例中是 RegisterAction。也就是说,应该将这个校验规则文件命名为 RegisterAction-validation.xml,并放到 RegisterAction.class 所在的目录中。RegisterAction-validation.xml 文件的内容如下:

```
<?xml version="1.0" encoding="UTF-8"?>
<!DOCTYPE validators PUBLIC "-//Apache Struts//XWork Validator 1.0.3//EN"
     "http://struts.apache.org/dtds/xwork-validator-1.0.3.dtd">
<validators>
    <!-- 校验 username 字段 -->
    <field name="username">
        <!-- 用户名必须输入 -->
        <field-validator type="requiredstring">
            <message>用户名必须输入</message>
```

```
        </field-validator>
        <!-- 指定用户名长度在 4 和 20 之间  -->
        <field-validator type="stringlength">
            <param name="minLength">4</param>
            <param name="maxLength">20</param>
            <param name="trim">true</param>
            <message>用户名长度必须介于 4 和 20 之间!</message>
        </field-validator>
        <!-- 通过正则表达式限定用户名只能输入字母和数字  -->
        <field-validator type="regex">
            <param name="expression"><![CDATA[(^\w*$)]]></param>
            <param name="trim">true</param>
            <message>用户名必须是字母和数字!</message>
        </field-validator>
    </field>
    <!-- 校验密码  -->
    <field name="password">
        <!-- 密码必须输入  -->
        <field-validator type="requiredstring">
            <message>密码必须输入</message>
        </field-validator>
        <!-- 指定密码长度必须在 8 和 30 之间  -->
        <field-validator type="stringlength">
            <param name="minLength">8</param>
            <param name="maxLength">30</param>
            <param name="trim">true</param>
            <message>密码的长度必须介于 8 和 30 之间!</message>
        </field-validator>
    </field>
    <!-- 校验年龄  -->
    <field name="age">
        <!-- 指定年龄的范围  -->
        <field-validator type="int">
            <param name="min">1</param>
            <param name="max">200</param>
            <message>您必须输入一个有效的年龄!</message>
        </field-validator>
    </field>
    <!-- 校验日期  -->
    <field name="birthday">
        <!-- 出生日期必须输入  -->
        <field-validator type="requiredstring">
            <message>出生日期必须输入</message>
        </field-validator>
        <!-- 指定出生日期的范围  -->
        <field-validator type="date">
            <param name="min">1900-1-1</param>
            <param name="max">2020-1-1</param>
            <message>出生日期必须在 ${min}和${max}之间!</message>
        </field-validator>
    </field>
</validators>
```

在上面的配置代码中，<field-validator>标签的 type 属性表示校验器类型，这将在后面的部分详细介绍。在浏览器地址栏中输入如下的 URL：

```
http://localhost:8080/webdemo/chapter11/register_Struts 2.jsp
```

当浏览器显示出注册页面后，在"用户名"文本框中输入 ab，然后单击"注册"按钮，将会显示如图 11.7 所示的错误消息。

从图 11.7 所示的输出结果可以看出，使用 Validation 框架校验产生的字段错误和手工通过 addFieldError 方法添加的字段错误完全相同。因此，使用 Validation 框架完全可以代替手工的方式进行输入校验。

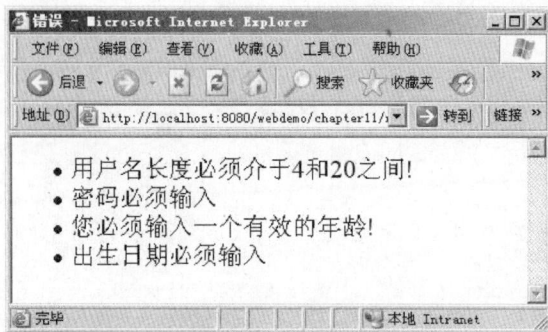

图 11.7　Validation 框架的校验结果

11.3.2　使用字段校验器和非字段校验器

在 11.3.1 节已经给出了一个校验规则文件 RegisterAction-validation.xml，在该文件中将每个字段的校验规则封装在了<field>标签中，然后通过<field-validator>子标签的 type 属性指定校验器类型。也就是说，一个<field-validator>标签就是一种校验类型，而且只校验父标签<field>所指定的字段。这种配置校验规则的方式被称为以字段为中心的校验器，简称字段校验器。

Struts 2 还提供了另外一种配置校验规则的方法，这种方法是以校验规则为中心，使用<validator>标签的 type 属性指定校验器类型，并通过<param>子标签指定该校验器的参数。通过这种方法配置出来的校验器也可称为非字段校验器，如下面的代码所示。

```xml
<validators>
    <validator type="requiredstring">
        <!--  指定该校验器要校验的字段名  -->
        <param name="fieldName">username</param>
        <message>用户名必须输入</message>
    </validator>
</validators>
```

注意：使用<validator>配置非字段校验器时，必须指定 fieldName 参数，该参数表示当前校验器要校验的字段。

如果使用非字段校验器来配置校验规则，RegisterAction-validation.xml 文件可以改成如下的形式：

```xml
<?xml version="1.0" encoding="UTF-8"?>
<!DOCTYPE validators PUBLIC "-//Apache Struts//XWork Validator 1.0.3//EN"
        "http://struts.apache.org/dtds/xwork-validator-1.0.3.dtd">
```

```
<validators>
    <!-- 配置用于校验 username 字段的 reqiredstring 校验规则  -->
    <validator type="requiredstring">
        <param name="fieldName">username</param>
        <message>用户名必须输入</message>
    </validator>
    <!-- 配置用于校验 password 字段的 reqiredstring 校验规则  -->
    <validator type="requiredstring">
        <param name="fieldName">password</param>
        <message>密码必须输入</message>
    </validator>
    <!-- 配置用于校验 birthday 字段的 reqiredstring 校验规则  -->
    <validator type="requiredstring">
        <param name="fieldName">birthday</param>
        <message>出生日期必须输入</message>
    </validator>
    <!-- 配置用于校验 username 字段的 stringlength 校验规则  -->
    <validator type="stringlength">
        <param name="fieldName">username</param>
        <param name="minLength">4</param>
        <param name="maxLength">20</param>
        <param name="trim">true</param>
        <message>用户名长度必须介于 4 和 20 之间!</message>
    </validator>
    <!-- 配置用于校验 password 字段的 stringlength 校验规则  -->
    <validator type="stringlength">
        <param name="fieldName">password</param>
        <param name="minLength">8</param>
        <param name="maxLength">30</param>
        <param name="trim">true</param>
        <message>密码的长度必须介于 8 和 30 之间!</message>
    </validator>
    <!-- 配置用于校验 username 字段的 regex 校验规则  -->
    <validator type="regex">
        <param name="fieldName">username</param>
        <param name="expression"><![CDATA[(^\w*$)]]></param>
        <param name="trim">true</param>
        <message>用户名必须是字母和数字!</message>
    </validator>
    <!-- 配置用于校验 age 字段的 int 校验规则  -->
    <validator type="int">
        <param name="fieldName">age</param>
        <param name="min">1</param>
        <param name="max">200</param>
        <message>您必须输入一个有效的年龄!</message>
    </validator>
    <!-- 配置用于校验 birthday 字段的 dates 校验规则  -->
    <validator type="date">
        <param name="fieldName">birthday</param>
        <param name="min">1900-1-1</param>
        <param name="max">2020-1-1</param>
        <message>出生日期必须在 ${min}和${max}之间!</message>
    </validator>
</validators>
```

从上面的配置代码可以看出，每一个<validator>标签代表一个校验器，并且在这些校验器中使用 fieldName 参数指定了要校验的字段名。

如果使用上面的校验规则文件，在 register_Struts 2.jsp 页面中的"用户名"文本框输入 ab，然后单击"注册"按钮，会输出图 11.8 所示的错误消息。

图 11.8 所示的输出结果和图 11.7 所示的输出结果相同，只是输出错误消息的顺序不同，这是由于 Struts 2 根据在校验规则文件中规则配置顺序来依次进行校验。由于在本节中的校验规则文件中将 requiredstring 规则放到了最前面，将 stringlength 规则放在了 3 个 requiredstring 规则的后面，因此，校验字符串长度的字段错误消息会在校验字段是否输入的字段错误消息之后输出。

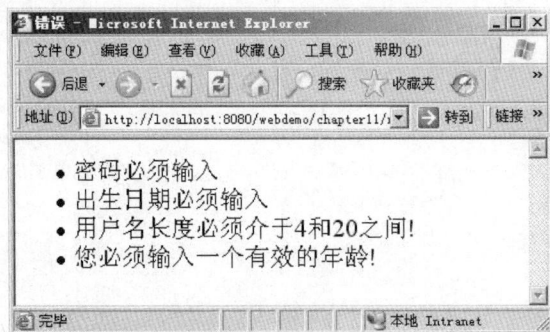

图 11.8　使用非字段校验器的效果

11.3.3　实现国际化错误提示信息

上面校验文件中的错误提示信息都是硬编码在配置文件中的，这样做显然不利于国际化，由于这些信息和规则都混在了一起，也不利于以后的维护和管理。因此在本节将介绍如何将这些错误信息提炼出来，并将其放到单独的属性文件中。

Struts 2 中用于国际化的属性文件有多种命名规则，但在本节只介绍一种局部属性文件，其他的规则将在后面的国际化章节详细介绍。

局部属性文件只针对相应的 Action 类。如对于 RegisterAction 类来说，属于该类的属性文件需要命名为 RegisterAction.properties，并将该文件放到 RegisterAction.class 文件所在的同级目录中。该文件的内容如下：

```
# 定义必填字段规则的错误信息
username.required=用户名必须输入!
password.required=密码必须输入!
birthday.required=出生日期必须输入!
# 定义字段长度规则的错误信息
username.stringlength=用户名长度必须介于${minLength}和${maxLength}之间!
password.stringlength=密码的长度必须介于${minLength}和${maxLength}之间!
# 定义正则表达式规则的错误信息
username.regex=用户名必须是字母和数字!
# 定义整型范围规则的错误信息
age.int=年龄必须在${min}和${max}之间!
```

由于 MyEclipse 的属性文件只支持 ISO-8859-1 编码格式，因此当属性文件中包含中文信息时，该属性文件需要保存成 UTF-8 或 GBK 格式，而且还必须使用 native2ascii.exe 命令将包含中文信息的属性文件转换成\uxxxx 格式的 Unicode 2 编码格式。其中，xxxx 表示 2 个字节的 Unicode 2 编码的十六进制数。native2ascii.exe 命令可以在<JDK 安装目录>\bin 目录中找到。如上面的 RegisterAction.properties 文件可以按照如下的两步进行转换。

（1）将 RegisterAction.properties 改名为 RegisterAction1.properties。

（2）使用如下的命令对 RegisterAction1.properties 文件进行编码转换。

```
native2ascii.exe RegisterAction1.properties > RegisterAction.properties
```

经过转换后的 RegisterAction.properties 文件的内容如下：

```
#  \u5b9a\u4e49\u5fc5\u586b\u5b57\u6bb5\u89c4\u5219\u7684\u9519\u8bef\
u4fe1\u606f
username.required=\u7528\u6237\u540d\u5fc5\u987b\u8f93\u5165!
password.required=\u5bc6\u7801\u5fc5\u987b\u8f93\u5165!
birthday.required=\u51fa\u751f\u65e5\u671f\u5fc5\u987b\u8f93\u5165!
#  \u5b9a\u4e49\u5b57\u6bb5\u957f\u5ea6\u89c4\u5219\u7684\u9519\u8bef\
u4fe1\u606f
username.stringlength=\u7528\u6237\u540d\u957f\u5ea6\u5fc5\u987b\u4ecb\
u4e8e${minLength}\u548c${maxLength}\u4e4b\u95f4!
password.stringlength=\u5bc6\u7801\u7684\u957f\u5ea6\u5fc5\u987b\u4ecb\
u4e8e${minLength}\u548c${maxLength}\u4e4b\u95f4!
#  \u5b9a\u4e49\u6b63\u5219\u8868\u8fbe\u5f0f\u89c4\u5219\u7684\u9519\
u8bef\u4fe1\u606f
username.regex=\u7528\u6237\u540d\u5fc5\u987b\u662f\u5b57\u6bcd\u548c\u
6570\u5b57!
#  \u5b9a\u4e49\u6574\u578b\u8303\u56f4\u89c4\u5219\u7684\u9519\u8bef\
u4fe1\u606f
age.int=\u5e74\u9f84\u5fc5\u987b\u5728${min}\u548c${max}\u4e4b\u95f4!
```

从上面的代码可以看到，所在的中文字符都被转换成了\uxxxx 形式（也包括注释部分）。虽然使用 native2ascii.exe 命令可以很好地完成编码转换工作，但这种转换编码的方式显得有些笨拙，至少要修改文件名，而且还要启动控制台。不过读者也不用为此而烦恼，在后面的国际化章节将介绍两个 MyEclipse 插件，使用这两个插件，就可以像编辑其他文件一样编辑属性文件，而编码转换工作对用户完全是透明的。

现在用于国际化的属性文件已经编写完了，然后可以使用下面的格式引用这些在属性文件中定义的错误信息。

```
<message key="在属性文件中定义的错误信息的 key 值" />
```

按照上面的格式，可以将 RegisterAction-validation.xml 文件的内容修改成如下的形式：

```
<?xml version="1.0" encoding="UTF-8"?>
<!DOCTYPE validators PUBLIC "-//Apache Struts//XWork Validator 1.0.3//EN"
     "http://struts.apache.org/dtds/xwork-validator-1.0.3.dtd">
<validators>
    <!-- 配置用于校验 username 字段的 reqiredstring 校验规则  -->
    <validator type="requiredstring">
        <param name="fieldName">username</param>
        <message key="username.required" />
    </validator>
    <!-- 配置用于校验 password 字段的 reqiredstring 校验规则  -->
    <validator type="requiredstring">
        <param name="fieldName">password</param>
        <message key="password.required" />
    </validator>
```

```
    <!-- 配置用于校验 birthday 字段的 reqiredstring 校验规则  -->
    <validator type="requiredstring">
        <param name="fieldName">birthday</param>
        <message key="birthday.required" />
    </validator>
    <!-- 配置用于校验 username 字段的 stringlength 校验规则  -->
    <validator type="stringlength">
        <param name="fieldName">username</param>
        <param name="minLength">4</param>
        <param name="maxLength">20</param>
        <param name="trim">true</param>
        <message key="username.stringlength" />
    </validator>
    <!-- 配置用于校验 password 字段的 stringlength 校验规则  -->
    <validator type="stringlength">
        <param name="fieldName">password</param>
        <param name="minLength">8</param>
        <param name="maxLength">30</param>
        <param name="trim">true</param>
        <message key="password.stringlength" />
    </validator>
    <!-- 配置用于校验 username 字段的 regex 校验规则  -->
    <validator type="regex">
        <param name="fieldName">username</param>
        <param name="expression"><![CDATA[(^\w*$)]]></param>
        <param name="trim">true</param>
        <message key="username.regex" />
    </validator>
    <!-- 配置用于校验 age 字段的 int 校验规则  -->
    <validator type="int">
        <param name="fieldName">age</param>
        <param name="min">1</param>
        <param name="max">200</param>
        <message key="age.int" />
    </validator>
    <!-- 配置用于校验 birthday 字段的 date 校验规则  -->
    <validator type="date">
        <param name="fieldName">birthday</param>
        <param name="min">1900-1-1</param>
        <param name="max">2020-1-1</param>
        <message key="birthday.date" />
    </validator>
</validators>
```

　　从上面的配置代码可以看出，所有的<message>标签都使用 key 属性引用了在属性文件中定义的错误信息。如果读取在访问 register_Struts 2.jsp 后，单击"注册"按钮，仍然会显示图 11.8 所示的错误信息。

11.3.4　实例：客户端校验

　　在 11.1.1 节曾讲过如何使用 JavaScript 进行客户端校验，从 11.1.1 节中的代码可以看到，手工编写 JavaScript 代码进行客户端校验是非常麻烦的，而且很容易出错。但在 Struts 2 的校验框架中，一切将得到改变，变得非常简单。

　　Struts 2 的校验框架可以很容易地将服务端校验转换成客户端校验，而开发人员要做的只是将<s:form>标签的 validate 属性设为 true。下面是修改后的 register_Struts 2.jsp 页面的代码，目前该页面使用的是客户端校验。

```
<%@ page language="java" pageEncoding="UTF-8"%>
<%@ taglib prefix="s" uri="/struts-tags"%>
<html>
    <head>
        <title>用户注册</title>
        <style type="text/css">
            input{width: 200px}
        </style>
    </head>
    <body>
        <!-- 将 validate 属性的值设为 true  -->
        <s:form action="register_method" namespace="/chapter11" validate=
        "true">
            <s:textfield label="用户名" name="username" />
            <s:password label="密码" name="password" />
            <s:password  label="重新输入密码" name="repassword" />
            <s:textfield label="年龄" name="age"/>
            <s:textfield label="生日" name="birthday"/>
            <s:submit value="注册"  cssStyle="width:50px"/>
        </s:form>
    </body>
</html>
```

从上面的代码可以看出，<s:form>的 validate 属性已经被设为 true 了。在浏览器地址栏中输入如下的 URL：

```
http://localhost:8080/webdemo/chapter11/register_Struts 2.jsp
```

在访问上面的 URL 后，浏览器并未正常显示注册页面，而是在注册页面的后面显示出图 11.9 所示的异常信息。

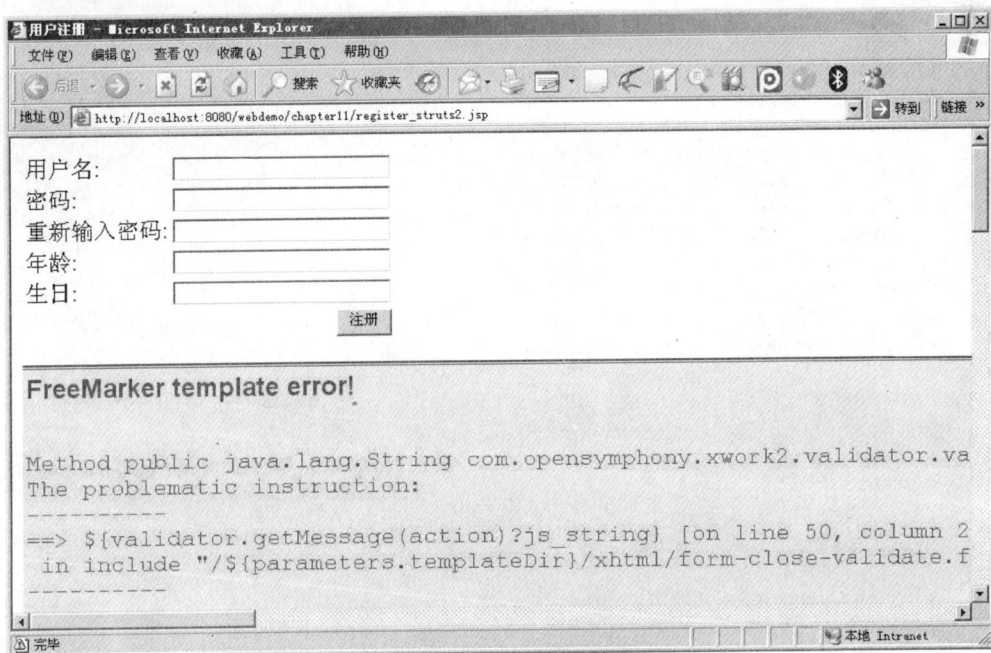

图 11.9　使用客户端校验后抛出的异常信息

抛出图 11.9 所示异常的原因是 Struts 2 校验框架在客户端校验模式下，无法使用 <message>标签的 key 属性来引用在资源文件中定义的错误提示信息。不过幸好还可以使用 getTest 方法获得资源文件中定义的信息。因此，需要将 RegisterAction-validation.xml 文件中使用 key 属性获得资源的部分修改为使用 getText 方法获得资源。修改后的代码如下：

```xml
<?xml version="1.0" encoding="UTF-8"?>
<!DOCTYPE validators PUBLIC "-//Apache Struts//XWork Validator 1.0.3//EN"
    "http://struts.apache.org/dtds/xwork-validator-1.0.3.dtd">
<validators>
    <!-- 配置用于校验 username 字段的 reqiredstring 校验规则  -->
    <validator type="requiredstring">
        <param name="fieldName">username</param>
        <!-- 使用 getText 函数来获得资源文件中定义的错误信息  -->s
        <message>${getText("username.required")}</message>
    </validator>
    <!-- 配置用于校验 password 字段的 reqiredstring 校验规则  -->
    <validator type="requiredstring">
        <param name="fieldName">password</param>
        <!-- 使用 getText 函数来获得资源文件中定义的错误信息  -->s
        <message>${getText("password.required")}</message>
    </validator>
    <!-- 配置用于校验 birthday 字段的 reqiredstring 校验规则  -->
    <validator type="requiredstring">
        <param name="fieldName">birthday</param>
        <message>${getText("birthday.required")}</message>
    </validator>
    <!-- 配置用于校验 username 字段的 stringlength 校验规则  -->
    <validator type="stringlength">
        <param name="fieldName">username</param>
        <param name="minLength">4</param>
        <param name="maxLength">20</param>
        <param name="trim">true</param>
        <message>${getText("username.stringlength")}</message>
    </validator>
    <!-- 配置用于校验 password 字段的 stringlength 校验规则  -->
    <validator type="stringlength">
        <param name="fieldName">password</param>
        <param name="minLength">8</param>
        <param name="maxLength">30</param>
        <param name="trim">true</param>
        <message>${getText("password.stringlength")}</message>
    </validator>
    <!-- 配置用于校验 username 字段的 regex 校验规则  -->
    <validator type="regex">
        <param name="fieldName">username</param>
        <param name="expression"><![CDATA[(^\w*$)]]></param>
        <param name="trim">true</param>
        <message>${getText("username.regex")}</message>
    </validator>
    <!-- 配置用于校验 age 字段的 int 校验规则  -->
    <validator type="int">
        <param name="fieldName">age</param>
        <param name="min">1</param>
        <param name="max">200</param>
        <message>${getText("age.int")}</message>
    </validator>
```

```
    <!-- 配置用于校验 birthday 字段的 date 校验规则  -->
    <validator type="date">
        <param name="fieldName">birthday</param>
        <param name="min">1900-1-1</param>
        <param name="max">2020-1-1</param>
        <message>${getText("birthday.date")}</message>
    </validator>
</validators>
```

使用 getText 方法无法从局部资源文件中获得错误信息，因此，需要定义一个全局的资源文件。在 struts.xml 文件中的<struts>标签中加入如下的子标签：

```
<constant name="struts.custom.i18n.resources" value="error" />
```

在 WEB-INF\classes 目录中创建一个 error.properties 文件，内容如下：

```
# 定义必填字段规则的错误信息
username.required=用户名必须输入!
password.required=密码必须输入!
birthday.required=出生日期必须输入!
# 定义字段长度规则的错误信息
username.stringlength=用户名长度必须介于 4 和 20 之间!
password.stringlength=密码的长度必须介于 8 和 30 之间!
# 定义正则表达式规则的错误信息
username.regex=用户名必须是字母和数字!
# 定义整型范围规则的错误信息
age.int=年龄必须在 1 和$200 之间!
# 定义日期范围规则的错误信息
birthday.date=出生日期必须在 00-1-1 和 20-1-1 之间!
```

这时再访问上面的 URL，就会正常显示用户注册页面了，然后在"用户名"和"密码"文本框中都输入 abc，并单击"注册"按钮，就会显示图 11.10 所示的错误信息。

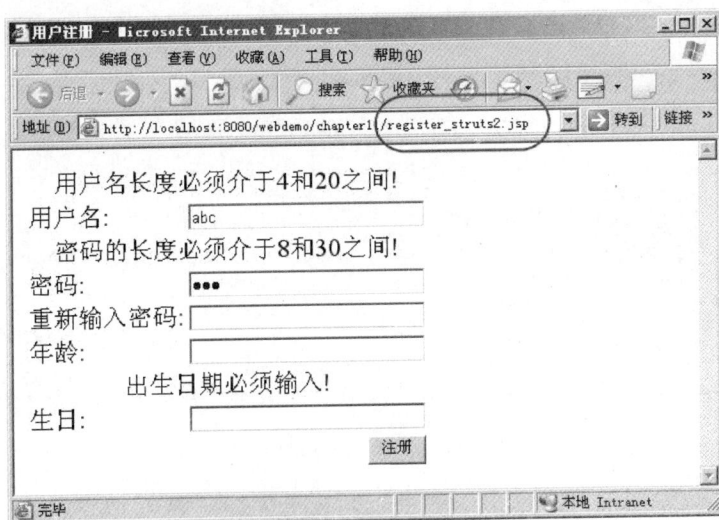

图 11.10　使用客户端校验输出的字段错误

从图 11.10 中可以看出，客户端校验并未弹出错误提示对话框，而是直接在页面上输出了类似服务端校验的错误信息。仔细观察页面不难发现，浏览器地址栏中的 URL 仍然是

register_Struts 2.jsp，这说明当前页面并未刷新，而是通过 JavaScript 代码直接将字段错误信息显示在了 register_Struts 2.jsp 页面上。

虽然客户端校验和服务端校验可以很容易地转换，但并不是所有的服务端校验器都有与之对应的客户端校验。客户端校验仅支持如下的校验器：

- ❑ required；
- ❑ requiredstring；
- ❑ stringlength；
- ❑ regex；
- ❑ email；
- ❑ url；
- ❑ int；
- ❑ double。

另外，在使用客户端校验时还要注意一点，就是并不是所有的主题（theme）都支持客户端校验，也就是如果使用客户端校验，<s:form>标签的 theme 属性不能设置成不支持客户端校验的主题，如 simple。

11.3.5　了解校验文件的命名规则

Struts 2 的 Action 中可能有多个处理逻辑，也就是说，Action 类中可能包含多个类似 execute 的方法，每一个这样的方法都是一个处理逻辑。如果要求每一个处理逻辑有各自的校验规则，只使用 ActionName-validation.xml 文件，系统将无法确定每一个处理逻辑要使用哪个校验规则。

在 struts.xml 文件中为 Action 配置多个处理逻辑时，可以使用<action>标签的 method 属性。为此，Struts 2 校验框架提供了另外一个校验文件的命名规则，该命名规则如下：

```
<ActionName>-<ActionAliasName>-validation.xml
```

其中，<ActionAliasName>就是<action>标签的 name 属性值。下面是配置两个 Action 的代码片段：

```
<!--  为同一个 Action 配置两个动作  -->
<action name="register" class="chapter11.action.RegisterAction">
    <result name="success">/chapter11/success.jsp</result>
    <result name="input">/chapter11/input.jsp</result>
</action>
<!--  该动作处理逻辑的方法是 register  -->
<action  name="register_method"  class="chapter11.action.RegisterAction"
method="register">
    <result name="success">/chapter11/success.jsp</result>
    <result name="input">/chapter11/input.jsp</result>
</action>
```

为了使上面代码中配置的两个 Action 拥有不同的校验逻辑，就需要按照上面的命名规则建立校验文件。如对于 register_method 来说，校验文件的名称如下：

```
RegisterAction-register_method-validation.xml
```

当然，该文件也必须放在 RegisterAction.class 文件所在的目录中。在该文件中添加一个新的校验规则，该校验规则不允许用户名是 system，在这里使用 fieldexpression 规则来完成这个校验，代码如下：

```xml
<?xml version="1.0" encoding="UTF-8"?>
<!DOCTYPE validators PUBLIC "-//Apache Struts//XWork Validator 1.0.3//EN"
        "http://struts.apache.org/dtds/xwork-validator-1.0.3.dtd">
<validators>
    <!-- 配置用于校验 username 字段的 fieldexpression 校验规则  -->
    <field name="username">
        <field-validator type="fieldexpression">
            <!-- 不允许用户名是 system  -->
            <param name="expression"><![CDATA[username !="system"]]>
            </param>
            <message>
                用户名不能是 system
            </message>
        </field-validator>
    </field>
</validators>
```

虽然建立了 RegisterAction-register_method-validation.xml 校验文件，但 RegisterAction-validation.xml 文件仍然起作用，也就是说对 register_method 的校验结果是这两个校验文件共同作用的结果。

在用户注册页面的"用户名"文本框中输入 system，并单击"注册"按钮，将会显示如图 11.11 所示的字段错误信息（使用服务端校验）。

从图 11.11 中可以看出，RegisterAction-register_method-validation.xml 文件中定义的校验规则的错误信息出现在了最后，因此可以断定，Struts 2 校验框架首先会使用 RegisterAction-validati-on.xml 中的校验器进行校验，然后才会使用 RegisterAction-register_method-validation.xml 中的校验器进行校验。

除此之外，如果 Action 类之间有继承关系，Struts 2 校验框架会先使用父 Action 的校验文件，然后再使用子 Action 的校验文件。如有两个 Action

图 11.11　两个校验文件共同作用后输出的
字段错误信息

类：ParentAction 和 ChildAction，其中 ParentAction 是 ChildAction 的父类。Struts 2 校验框架会按照如下的顺序来搜索校验文件。

❑ ParentAction-validation.xml；

❑ ParentAction-<ActionAliasName>-validation.xml；

❑ ChildAction-validation.xml；

❑ ChildAction-<ActionAliasName>-validation.xml。

其中<ActionAliasName>表示当前访问的 Action 的名字，也就是<action>标签的 name 属性值。假设有如下的配置代码：

```xml
<action name="child" class="action.ChildAction" method="myExecute">
    ...
</action>
```

在访问上面配置的 child 动作时，在该 Action 上使用的校验器应该是如下 4 个校验文件中定义的校验器之和。

- ParentAction-validation.xml；
- ParentAction-child-validation.xml；
- ChildAction-validation.xml；
- ChildAction-child-validation.xml。

如果上述 4 个校验文件中的某个文件不存在，则忽略该校验文件。如果在不同的校验文件中定义的校验器有冲突，则有冲突的校验器会共同作用于所校验的字段。如在 RegisterAction-register_method-validation.xml 文件中加入如下的校验规则：

```
<!--　配置用于校验 username 字段的 reqiredstring 校验规则　-->
<validator type="requiredstring">
    <param name="fieldName">username</param>
    <message>必须输入用户名</message>
</validator>
```

则上面定义的校验规则和 RegisterAction-validation.xml 文件中定义的校验规则有冲突，但这两个校验规则将共同作用于 username 字段，如果不输入用户名，将会显示如图 11.12 所示的字段错误信息。

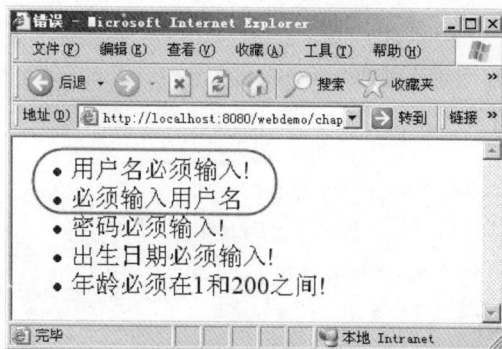

图 11.12　冲突的校验器共同作用于字段

11.3.6　了解短路校验器

在前面的例子中可以看到，虽然校验器可以对字段值的合法性进行校验，但是对于一个字段的不同校验器会同时作用于该字段。也就是说，在校验过程中，可能会同时输出某个字段的两条或多条出错信息。如在 11.3.1 节的例子中用户注册页面的"用户名"文本框中输入&字符，然后单击"注册"按钮，将会输出如图 11.13 所示的字段错误信息。

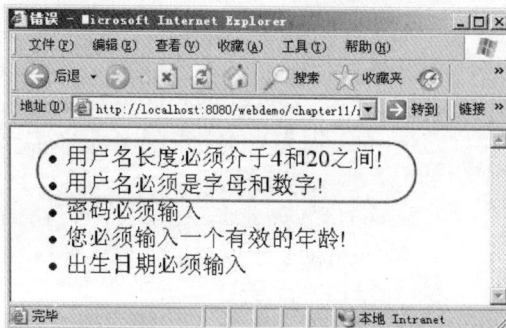

图 11.13　显示字段错误信息

在图 11.13 所示的前两条字段错误信息都是对用户名进行校验的，虽然这两个校验器都正常工作了，但是它们却同时对 username 字段进行了校验。而输入的 "&" 又恰巧同时使这两个校验器的条件为 false。因此，就同时输出了两条字段错误信息。

虽然这并不影响程序的正常工作，但却使得页面不太友好。读者可以试想，如果应用于某个字段的校验非常多的话，而又恰巧这些校验器的条件都为 false，那么这些校验器的出错信息都将显示出来，这将使出错页面显得非常混乱。

通过查看 xwork-validator-1.0.2.dtd 文件可知，<field-validator>和<validator>标签都有一个 short-circuit 属性，该属性表示当前校验器是否可短路。如可短路，就是指当前作用于某个字段的校验器的条件是 false，那么作用于该字段的其他校验器都不会执行。如果按照这样的规则，当应用于 username 字段的 stringlength 校验器的条件是 false 时，应用于 username 字段的 regex 校验器就不会再执行了，当然也就不会同时输出针对 username 的两条错误信息了。

下面的配置代码为应用于 username 字段的 stringlength 校验器增加了 short-circuit 属性，并将 short-circuit 属性值设为 true（该属性的默认值是 false）。

```
<field name="username">
    <!-- 应用于 username 字段的 requiredstring 校验器  -->
    <field-validator type="requiredstring">
        <message>用户名必须输入</message>
    </field-validator>
    <!--  将 stringlength 校验器的 short-circuit 属性设为 true  -->
    <field-validator type="stringlength" short-circuit="true">
        <param name="minLength">4</param>
        <param name="maxLength">20</param>
        <param name="trim">true</param>
        <message>用户名长度必须介于 4 和 20 之间!</message>
    </field-validator>
    <!-- 应用于 username 的 regex 校验器  -->
    <field-validator type="regex">
        <param name="expression"><![CDATA[(^\w*$)]]></param>
        <param name="trim">true</param>
        <message>用户名必须是字母和数字!</message>
    </field-validator>
</field>
```

如果使用上面的校验规则，再进行本节开始部分的操作，将会显示如图 11.14 所示的错误信息。

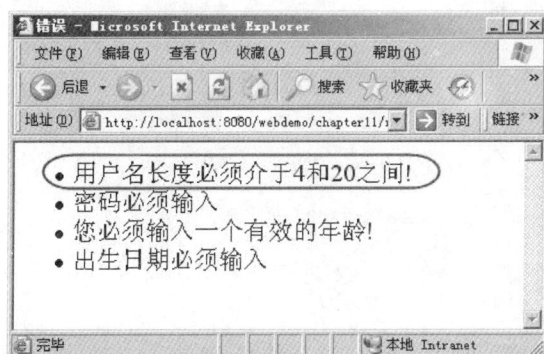

图 11.14　stringlength 短路后输出的出错信息

从图 11.14 所示的输出信息可以看出，当在"用户名"文本框中输入&字符，只执行了 stringlength 校验器，当 stringlength 校验器的条件为 false 时，该校验器短路，因此，regex 校验器并未执行，所以只显示了 stringlength 校验器中的出错信息。

11.4　Validation 框架的内建校验器

在 Struts 2 中内建了很多校验器，而且完成校验功能的 validation 拦截器已经在 struts-default 包的 defaultStack 拦截器栈中被引用，该拦截器可以使用 Struts 2 中的内建校验器进行校验。因此，所有继承于 struts-default 的包都可以直接使用 Struts 2 的内建校验器。如果有比较复杂的校验需求，开发人员还可以实现自己的校验器完成这些复杂的校验需求。

11.4.1　使用注册和引用校验器

Struts 2 的内建校验器实际上就是 xwork 引擎中定义的校验器。读者可以在 MyEclipse 中的 webdemo 工程中打开 xwork-core-2.3.4.1.jar 文件，并在 com.opensymphony.xwork2. validator.validators 包中找到 default.xml 文件。Struts 2 中所有的内建校验器都定义在该文件中。代码如下：

```xml
<validators>
    <!-- 定义必填校验器 -->
    <validator name="required"
        class="com.opensymphony.xwork2.validator.validators.RequiredField
        Validator"/>
    <!-- 定义必填字符串校验器 -->
    <validator name="requiredstring"
        class="com.opensymphony.xwork2.validator.validators.Required
        StringValidator"/>
    <!-- 定义整数校验器 -->
    <validator name="int" class="com.opensymphony.xwork2.validator.vali-
        dators.IntRangeFieldValidator"/>
    <!-- 定义双精度浮点校验器 -->
    <validator name="double"
        class="com.opensymphony.xwork2.validator.validators.DoubleRange
        FieldValidator"/>
    <!-- 定义日期校验器 -->
    <validator name="date" class="com.opensymphony.xwork2.validator.vali-
        dators.DateRangeFieldValidator"/>
    <!-- 定义表达式校验器 -->
    <validator name="expression"
        class="com.opensymphony.xwork2.validator.validators.Expression-
        Validator"/>
    <!-- 定义字段表达式校验器 -->
    <validator name="fieldexpression"
        class="com.opensymphony.xwork2.validator.validators.FieldExpres-
        sionValidator"/>
    <!-- 定义邮件地址校验器 -->
    <validator name="email" class="com.opensymphony.xwork2.validator.
        validators.EmailValidator"/>
```

```
<!-- 定义网址校验器 -->
<validator name="url" class="com.opensymphony.xwork2.validator.valid-
ators.URLValidator"/>
<!-- 定义 visitor 校验器 -->
<validator name="visitor" class="com.opensymphony.xwork2.validator.
validators.VisitorFieldValidator"/>
<!-- 定义转换校验器 -->s
<validator name="conversion"
    class="com.opensymphony.xwork2.validator.validators.Conversion-
    ErrorFieldValidator"/>
<!-- 定义字符串长度校验器 -->
<validator name="stringlength"
    class="com.opensymphony.xwork2.validator.validators.StringLeng-
    thFieldValidator"/>
<!-- 定义正则表达式校验器 -->
<validator name="regex" class="com.opensymphony.xwork2.validator.
validators.RegexFieldValidator"/>
</validators>
```

在上面的代码中定义了 Struts 2 中全部的内建校验器。每一个校验器使用<validator>标签定义，<validator>标签有两个属性，即 name 和 class。其中 name 表示校验器的名字，class 表示校验器的实现类。

如果开发人员要开发一个自己的校验器，则可以在 WEB-INF\classes 路径下建立一个 validators.xml 文件注册校验器。validators.xml 文件的内容和 default.xml 文件中的内容类似，也是通过在<validators>标签中定义多个<validator>子标签的方式注册自定义的校验器。

注意：如果在 WEB-INF\classes 路径下存在 validators.xml 文件，则系统不会再加载默认的校验器注册文件 default.xml。因此，如果开发人员在 WEB-INF\classes 路径下建立 validators.xml 文件注册自定义的校验器，需要将 default.xml 文件中的内容复制到 validators.xml 文件中。

在 struts-default.xml 文件中的 defaultStack 拦截器栈中已经引用了 validation 拦截器，该拦截器可以使用上述在 default.xml 文件中定义的校验器。引用 validation 拦截器的代码如下：

```
<interceptor-stack name="defaultStack">
    ...
    <!-- 引用 validation 拦截器 -->
    <interceptor-ref name="validation">
        <param name="excludeMethods">input,back,cancel,browse</param>
    </interceptor-ref>
    <interceptor-ref name="workflow">
        <param name="excludeMethods">input,back,cancel,browse</param>
    </interceptor-ref>
</interceptor-stack>
```

11.4.2　使用转换（conversion）校验器

转换校验器的名字是 conversion。该校验器负责校验字段在类型转换过程中是否出错误。conversion 校验器只有 fieldName 一个参数。该参数指定了校验器的 Action 属性名，也就是要校验的字段名。如果采用字段校验风格，则无须该参数。下面是采用字段校验器风格的配置代码示例。

```
<validators>
    <!--  使用字段校验器风格来配置转换校验器，校验 birthday 属性  -->
    <field name="birthday">
        <field-validator type="conversion">
            <!--  指定校验失败的错误提示信息  -->
            <message>请输入正确的出生日期</message>
        </field-validator>
        ...
    </field>
    ...
</validators>
```

采用非字段校验器风格的配置代码如下：

```
<validators>
    <!--  使用非字段校验器风格配置转换校验器，校验 birthday 属性  -->
    <validator type="conversion">
        <!--  指定要校验的字段名  -->
        <param name="fieldName">birthday</param>
        <!--  指定校验失败的错误提示信息  -->
        <message>请输入正确的出生日期</message>
    </validator>
</validators>
```

11.4.3　使用日期（date）校验器

日期校验器的名字是 date，它负责校验日期值是否在一个指定的范围内。该校验器有如下 3 个参数。

- ❑ fieldName：该参数指定了要校验的 Action 属性名，如果采用字段校验器风格，则无须指定该属性。
- ❑ min：指定了日期范围的最小值，该参数可选，如果未指定该参数，则不检查日期范围的最小值。
- ❑ max：指定了日期范围的最大值，该参数可选，如果未指定该参数，则不检查日期范围的最大值。

☐注意：如果未使用 date 校验器，则会使用系统默认的转换器 XWorkBasicConverter 完成日期转换，该类在 com.opensymphony.xwork2.util 包中。该转换器使用 struts.properties 中指定的 Locale 进行日期转换，如果未指定 Locale，则使用系统默认的 SHORT 格式进行日期转换。

下面是采用字段校验器风格的配置代码。

```
<validators>
    ...
    <!--  使用字段校验器风格来配置 date 校验器，校验 birthday 属性  -->
    <field name="birthday">
        ...
        <field-validator type="date">
```

```
        <!-- 指定 birthday 属性的最小值  -->
        <param name="min">1900-1-1</param>
        <!-- 指定 birthday 属性的最大值  -->
        <param name="max">2020-1-1</param>
        <!-- 指定校验日期失败的错误提示信息  -->
        <message>出生日期必须在 ${min}和${max}之间!</message>
      </field-validator>
   </field>
</validators>
```

下面是采用非字段校验器风格的配置代码。

```
<validators>
   <!-- 使用非字段校验器风格来配置 date 校验器，校验 birthday 属性  -->
   <validator type="date">
    <!-- 指定需要校验的字段名  -->
    <param name="fieldName">birthday</param>
    <!-- 指定 birthday 属性的最小值  -->
    <param name="min">1900-1-1</param>
    <!-- 指定 birthday 属性的最大值  -->
    <param name="max">2020-1-1</param>
    <!-- 指定校验日期失败的错误提示信息  -->
    <message>出生日期必须在 ${min}和${max}之间!</message>
   </validator>
   ...
</validators>
```

11.4.4　使用双精度浮点数（double）校验器

双精度浮点数校验器的名字是 double，该校验器负责校验一个双精度浮点数是否在一个范围内。double 校验器有如下 5 个参数。

- ❏ fieldName：该参数指定了要校验的 Action 属性名，如果采用字段校验器风格，则无需指定该属性。
- ❏ minInclusive：该参数指定了浮点数的最小值（包括该值）。
- ❏ maxInclusive：该参数指定了浮点数的最大值（包括该值）。
- ❏ minExclusive：该参数指定了浮点数的最小值（不包括该值）。
- ❏ maxExclusive：该参数指定了浮点数的最大值（不包括该值）。

下面是采用字段校验器风格的配置代码。

```
<validators>
   ...
   <!-- 使用字段校验器风格来配置 double 校验器，校验 price 属性  -->
   <field name="price">
     ...
     <field-validator type="double">
       <!-- 指定 price 属性的最小值  -->
       <param name="minInclusive">100.25</param>
       <!-- 指定 price 属性的最大值  -->
       <param name="maxInclusive">320.5</param>
       <!-- 指定校验浮点数失败的错误提示信息  -->
       <message>价格必须在 ${minInclusive}和${maxInclusive}之间
        (inclusive)!</message>
```

```
        </field-validator>
    </field>
</validators>
```

下面是采用非字段校验器风格的配置代码。

```
<validators>
    <!-- 使用非字段校验器风格来配置 double 校验器，校验 price 属性 -->
    <validator type="double">
        <!-- 指定需要校验的字段名 -->
        <param name="fieldName">price</param>
        <!-- 指定 price 属性的最小值 -->
        <param name="minExclusive ">120.5</param>
        <!-- 指定 price 属性的最大值 -->
        <param name="maxExclusive">200.25</param>
        <!-- 指定校验浮点数失败的错误提示信息 -->
        <message>价格必须在 ${minExclusive}和${maxExclusive}之间(exclusive)!
        </message>
    </validator>
    ...
</validators>
```

11.4.5　使用邮件地址（email）校验器

邮件地址校验器的名字是 email，它负责检查字段值是否是一个合法的邮件地址。该校验器可能是 Struts 2 中所有内建校验器中实现代码最少的。实际上，email 校验器是通过正则表达式来校验邮件地址的。email 校验器的实现代码如下：

```
public class EmailValidator extends RegexFieldValidator
{
    // 定义用于校验邮件地址的正则表达式
    public static final String emailAddressPattern ="\\b(^[_A-Za-z0-9-]+
    (\\.[_A-Za-z0-9-]+)*@([A-Za-z0-9-])+(\\.[A-Za-z0-9-]+)*((\\.[A-Za-z0-9]
    {2,})|(\\.[A-Za-z0-9]{2,}\\.[A-Za-z0-9]{2,}))$)\\b";
    // email 校验器的构造方法，用于进行一些初始化工作
    public EmailValidator()
    {
        setExpression(emailAddressPattern);
        setCaseSensitive(false);
    }
}
```

从上面的代码可以看出，在 email 校验器类中定义了一个正则表达式校验邮件地址。它正是通过这个正则表达式来校验邮件地址的。

该校验器只有一个参数，fieldName 参数指定了要校验的 Action 属性名，如果采用字段校验器风格，则无须指定该属性。下面是采用字段校验器风格的配置代码。

```
<validators>
    ...
    <!-- 使用字段校验器风格来配置 email 校验器，校验 emails 属性 -->
    <field name="email">
        ...
        <field-validator type="email">
            <!-- 指定校验邮件地址失败的错误提示信息 -->
            <message>电子邮件地址必须是一个有效的邮件地址！</message>
```

```
        </field-validator>
    </field>
</validators>
```

下面是采用非字段校验器风格的配置代码。

```
<validators>
    <!-- 使用非字段校验器风格来配置 email 校验器，校验 email 属性  -->
    <validator type="email">
        <!-- 指定需要校验的字段名  -->
        <param name="fieldName">email</param>
        <!-- 指定校验浮点数失败的错误提示信息  -->
        <message>电子邮件地址必须是一个有效的邮件地址！</message>
    </validator>
    ...
</validators>
```

11.4.6　使用表达式（expression）校验器

表达式校验器的名字是 expression，它是一个非字段校验器，也就是说，expression 校验器不能使用在字段校验器风格的校验规则中。该校验器使用 OGNL 表达式进行校验。如果 OGNL 表达式返回 true，则校验通过；否则，校验失败。

该校验器只有一个参数，expression 参数指定了一个 OGNL 表达式，该表达式要求返回一个 Boolean 类型的值，当返回 true 时，校验通过，否则校验失败。下面是采用非字段校验器风格的配置代码。

```
<validators>
    <!-- 使用非字段校验器风格来配置 expression 校验器  -->
    <validator type="expression">
        <!-- 指定校验器表达式 -->
        <param name="expression">…</param>
        <!-- 指定校验失败的错误提示信息  -->
        <message>OGNL 表达式校验失败！</message>
    </validator>
</validators>
```

11.4.7　使用字段表达式（fieldexpression）校验器

字段表达式校验器的名字是 fieldexpression，该校验器需要指定一个逻辑表达式。fieldexpression 校验器有如下两个参数。

- □ fieldName：该参数指定了要校验的 Action 属性名，如果采用字段校验器风格，则无须指定该属性。
- □ expression：该参数指定了一个逻辑表达式，如果该表达式返回 true，则校验通过，否则校验失败。

下面是采用字段校验器风格的配置代码。

```
<validators>
    <!-- 配置应用于校验 username 字段的 fieldexpression 校验规则  -->
    <field name="username">
        <field-validator type="fieldexpression" >
```

```
    <!-- 指定一个逻辑表达式  -->
    <param name="expression"><![CDATA[username !="system"]]></param>
    <!-- 指定校验失败的错误提示信息  -->
    <message>
        用户名不能是 system
    </message>
    </field-validator>
  </field>
  ...
</validators>
```

下面是采用非字段校验器风格的配置代码。

```
<validators>
    <!-- 使用非字段校验器风格来配置 fieldexpression 校验器,校验 username 属性  -->
    <validator type="fieldexpression">
        <!-- 指定需要校验的字段名  -->
        <param name="fieldName">username</param>
        <!-- 指定一个逻辑表达式  -->
        <param name="expression"><![CDATA[username !="system"]]></param>
        <!-- 指定校验失败的错误提示信息  -->
        <message>
            用户名不能是 system
        </message>
    </validator>
    ...
</validators>
```

11.4.8　使用整数（int）校验器

整数校验器的名字是 int，该校验器负责检查某个字段值是否在指定的整数范围内，int 校验器有如下 3 个参数。

❑ fieldName：该参数指定了要校验的 Action 属性名，如果采用字段校验器风格，则无须指定该属性。

❑ min：指定整数范围的最小值，该参数可选，如果未指定该参数，则不检查最小值。

❑ max：指定整数范围的最大值，该参数可选，如果未指定该参数，则不检查最大值。

下面是采用字段校验器风格的配置代码。

```
<validators>
    <!-- 使用字段校验器风格来配置 int 校验器，校验 age 属性  -->
    <field name="age">
        <field-validator type="int">
            <!-- 指定 age 属性的最小值  -->
            <param name="min">1</param>
            <!-- 指定 age 属性的最大值  -->
            <param name="max">200</param>
            <!-- 指定校验失败的错误提示信息  -->
            <message>您必须输入一个有效的年龄!</message>
        </field-validator>
    </field>
    ...
</validators>
```

下面是采用非字段校验器风格的配置代码。

```
<validators>
    <!-- 使用非字段校验器风格来配置 int 校验器，校验 age 属性 -->
    <validator type="int">
        <!-- 指定需要校验的字段名 -->
        <param name="fieldName">age</param>
        <!-- 指定 age 属性的最小值 -->
        <param name="min">1</param>
        <!-- 指定 age 属性的最大值 -->
        <param name="max">200</param>
        <!-- 指定校验失败的错误提示信息 -->
        <message>您必须输入一个有效的年龄!</message>
    </validator>
    ...
</validators>
```

11.4.9　使用正则表达式（regex）校验器

正则表达式校验器的名字是 regex，该校验器检查字段值是否匹配一个正则表达式，regex 校验器有如下 4 个参数。

- ❑ fieldName：该参数指定了要校验的 Action 属性名，如果采用字段校验器风格，则无须指定该属性。
- ❑ expression：该参数指定了正则表达式。该参数是必须的。
- ❑ caseSensitive：该参数指明在匹配字段值时，是否区分大小写。该参数是可选的，默认值是 true。
- ❑ trim：该参数指定指明了在匹配字段值之前，是否应该截取字段值前后的空格。该参数是可选的，默认值是 true。

下面是采用字段校验器风格的配置代码。

```
<validators>
    <!-- 使用字段校验器风格配置 regex 校验器，校验 username 属性 -->
    <field name="username">
        ...
        <field-validator type="regex">
            <!-- 指定正则表达式 -->s
            <param name="expression"><![CDATA[(^\w*$)]]></param>
            <!-- 指定校验失败的错误提示信息 -->
            <message>用户名必须是字母和数字!</message>
        </field-validator>
    </field>
</validators>
```

下面是采用非字段校验器风格的配置代码。

```
<validators>
    <!-- 使用字段校验器风格来配置 regex 校验器，校验 username 属性 -->
    <validator type="regex">
        <!-- 指定需要校验的字段名 -->
        <param name="fieldName">username</param>
        <!-- 指定正则表达式 -->s
        <param name="expression"><![CDATA[(^\w*$)]]></param>
        <!-- 指定校验失败的错误提示信息 -->
        <message>用户名必须是字母和数字!</message>
    </validator>
    ...
```

```
</validators>
```

11.4.10　使用必填（required）校验器

必填校验器的名字是 required，该校验器要求指定的字段不能为空（必须输入值）。required 校验器只有一个 fieldName 参数，该参数指定了要校验的 Action 属性名，如果采用字段校验器风格，则无须指定该属性。下面是采用字段校验器风格的配置代码。

```
<validators>
    <!-- 使用字段校验器风格来配置 required 校验器，校验 username 属性 -->
    <field name="username">
        ...
        <field-validator type="required">
            <!-- 指定校验失败的错误提示信息 -->
            <message>用户名不能为空!</message>
        </field-validator>
    </field>
</validators>
```

下面是采用非字段校验器风格的配置代码。

```
<validators>
    <!-- 使用字段校验器风格来配置 required 校验器，校验 username 属性 -->
    <validator type="required">
        <!-- 指定需要校验的字段名 -->
        <param name="fieldName">username</param>
        <!-- 指定校验失败的错误提示信息 -->
        <message>用户名不能为空!</message>
    </validator>
    ...
</validators>
```

11.4.11　使用必填字符串（requiredstring）校验器

必填字符串校验器的名字是 requiredstring，该校验器要求字段值不能为空，而且长度必须大于 0，也就是说，该字段值不能是空串（""）。requiredstring 校验器有如下两个参数。

❑ fieldName：该参数指定了要校验的 Action 属性名，如果采用字段校验器风格，则无须指定该属性。

❑ trim：该参数指定了在匹配字段值之前，是否应该截取字段值前后的空格。该参数是可选的，默认值是 true。

下面是采用字段校验器风格的配置代码。

```
<validators>
    <!-- 使用字段校验器风格来配置 requiredstring 校验器，校验 username 属性 -->
    <field name="username">
        <field-validator type="requiredstring">
            <!-- 设置 trim 属性为 true，截取 username 前后的空格 -->
            <param name = "trim">true</trim>
            <!-- 指定校验失败的错误提示信息 -->
            <message>用户名必须输入</message>
        </field-validator>
```

```
        ...
    </field>
    ...
</validators>
```

下面是采用非字段校验器风格的配置代码。

```
<validators>
    <!--  使用字段校验器风格来配置 requiredstring 校验器，校验 username 属性  -->
    <validator type="requiredstring">
        <!--  指定需要校验的字段名  -->
        <param name="fieldName">username</param>
        <!--  设置 trim 属性为 true，截取 username 前后的空格  -->
        <param name = "trim">true</trim>
        <!--  指定校验失败的错误提示信息  -->
        <message>用户名必须输入</message>
    </validator>
    ...
</validators>
```

11.4.12　使用字符串长度（stringlength）校验器

字符串长度校验器的名字是 stringlength，该校验器要求字段值的长度必须在一个指定的范围内。stringlength 校验器有如下 4 个参数。

- ❑ fieldName：该参数指定了要校验的 Action 属性名，如果采用字段校验器风格，则无须指定该属性。
- ❑ maxLength：该参数指定了字段值的最大长度。该参数可选，如果不指定该参数，则忽略该参数，也就是字段值的最大长度不受限制。
- ❑ minLength：该参数指定了字段值的最小长度。该参数可选，如果不指定该参数，则忽略该参数，也就是字段值的最小长度不受限制。
- ❑ trim：该参数指定了在匹配字段值之前，是否应该截取字段值前后的空格。该参数是可选的，默认值是 true。

下面是采用字段校验器风格的配置代码。

```
<validators>
    <!--  使用字段校验器风格来配置 stringlength 校验器，校验 password 属性  -->
    <field name="password">
        ...
        <field-validator type="stringlength">
            <!--  定义 password 属性值的最小长度  -->
            <param name="minLength">8</param>
            <!--  定义 password 属性值的最大长度  -->
            <param name="maxLength">30</param>
            <!--  设置 trim 属性为 true，截取 username 前后的空格  -->
            <param name = "trim">true</param>
            <!--  指定校验失败的错误提示信息  -->
            <message>密码的长度必须介于 8 和 30 之间!</message>
        </field-validator>
    </field>
    ...
</validators>
```

下面是采用非字段校验器风格的配置代码。

```
<validators>
    <!-- 使用字段校验器风格来配置 stringlength 校验器，校验 password 属性 -->
    <validator type="stringlength">
        <!-- 指定需要校验的字段名 -->
        <param name="fieldName">password</param>
        <!-- 定义 password 属性值的最小长度 -->
        <param name="minLength">8</param>
        <!-- 定义 password 属性值的最大长度 -->
        <param name="maxLength">30</param>
        <!-- 设置 trim 属性为 true，截取 username 前后的空格 -->
        <param name = "trim">true</trim>
        <!-- 指定校验失败的错误提示信息 -->
        <message>密码的长度必须介于 8 和 30 之间!</message>
    </validator>
    ...
</validators>
```

11.4.13　使用网址（URL）校验器

网址校验器的名字是 url，该校验器要求字段值是一个合法的 URL，并且字段值不能为空。url 校验器只有如下一个参数，fieldName 参数指定了要校验的 Action 属性名，如果采用字段校验器风格，则无须指定该属性。下面是采用字段校验器风格的配置代码。

```
<validators>
    <!-- 使用字段校验器风格来配置 url 校验器，校验 url 属性 -->
    <field name="url">
        <field-validator type="url">
            <!-- 指定校验失败的错误提示信息 -->
            <message>必须输入一个有效的网址!</message>
        </field-validator>
    </field>
    ...
</validators>
```

下面是采用非字段校验器风格的配置代码。

```
<validators>
    <!-- 使用字段校验器风格来配置 url 校验器，校验 url 属性 -->
    <validator type="url">
        <!-- 指定需要校验的字段名 -->
        <param name="fieldName">url</param>
        <!-- 指定校验失败的错误提示信息 -->
        <message>必须输入一个有效的网址!</message>
    </validator>
    ...
</validators>
```

11.4.14　使用 visitor 校验器

visitor 校验器用于校验 Action 类中的复合属性。假设有如下的一个 Action 类，在该类中包含一个 User 类型的属性，代码如下：

```
public class RegisterAction extends ActionSupport
{
    private User user;          // User 类型的属性
    //  user 属性的getter
    public User getUser()
    {
        return this.user;
    }
    //  user 属性的setter 方法
    public void setUser(User user)
    {
        this.user = user;
    }
    ...
}
```

RegisterAction 类的配置代码如下。

```
<package name="chapter11" namespace="/chapter11" extends="struts-
default">
    <!-- 配置register_visitor 动作 -->
    <action name="register_visitor" class="chapter11.visitor.action.
    RegisterAction" >
        <result name="success">/chapter11/success.jsp</result>
        <result name="input">/chapter11/input.jsp</result>
    </action>
</package>
```

其中 User 类的代码如下：

```
public class User
{
    private String name;           // 封装name 请求参数的属性
    private String password;       // 封装password 请求参数的属性
    private int age;               // 封装age 请求参数的属性
    private Date birthday;         // 封装birthday 请求参数的属性
    //  下面省略了上面四个属性的getter 和 setter 方法
    ...
}
```

由于 RegisterAction 类中的 user 属性类型是 User 类，在这种情况下，该属性不能使用上面介绍的任何内建校验器进行校验，因此，就必须对该属性使用 vistor 校验器。visitor 校验器有如下 3 个属性。

❑ fieldName：该参数指定了要校验的 Action 属性名，如果采用字段校验器风格，则无须指定该属性。

❑ context：该参数指定了校验的上下文，为可选参数。

❑ appendPrefix：该参数指定了字段错误信息的前缀。

下面是校验 user 属性的校验规则。

```
<?xml version="1.0" encoding="UTF-8"?>
<!DOCTYPE validators PUBLIC "-//Apache Struts//XWork Validator 1.0.3//EN"
        "http://struts.apache.org/dtds/xwork-validator-1.0.3.dtd">
<validators>
    <field name="user">
        <!-- 使用了visitor 校验器 -->
        <field-validator type="visitor">
```

```
        <!--   指定 context 属性值   -->
        <param name="context">userContext</param>
        <!--   指定 appendPrefix 属性值   -->
        <param name="appendPrefix">true</param>
        <!--   指定字段错误信息的前缀   -->
        <message>用户: </message>
      </field-validator>
    </field>
</validators>
```

上面的配置代码所在的文件名是 RegisterAction-validation.xml，应将其放在 Register Action.class 文件所在的目录中。

在上面的代码中并未指定如何校验 user 属性，而只是指定了用于校验 user 属性的校验规则文件的 context。在本例中将 context 属性设为 userContext，因此，用于校验 user 属性的校验规则文件名为 User-userContext-validation.xml。如果未设置 context 属性，则校验 user 属性的校验规则文件名是 User-validation.xml。该文件应该放在 User.class 文件所在的目录中。下面给出的是 User-userContext-validation.xml 文件的配置代码。

```
<?xml version="1.0" encoding="UTF-8"?>
<!DOCTYPE validators PUBLIC "-//Apache Struts//XWork Validator 1.0.3//EN"
        "http://struts.apache.org/dtds/xwork-validator-1.0.3.dtd">
<validators>
    <!--   校验 name 字段   -->
    <field name="name">
        <field-validator type="requiredstring">
            <message>用户名必须输入</message>
        </field-validator>
        <field-validator type="stringlength" short-circuit="true">
            <param name="minLength">4</param>
            <param name="maxLength">20</param>
            <param name="trim">true</param>
            <message>用户名长度必须介于 4 和 20 之间!</message>
        </field-validator>
        <field-validator type="regex">
            <param name="expression"><![CDATA[(^\w*$)]]></param>
            <param name="trim">true</param>
            <message>用户名必须是字母和数字!</message>
        </field-validator>
    </field>
    <!--   校验 password 字段   -->
    <field name="password">
        <field-validator type="requiredstring">
            <message>密码必须输入</message>
        </field-validator>
        <field-validator type="stringlength">
            <param name="minLength">8</param>
            <param name="maxLength">30</param>
            <param name="trim">true</param>
            <message>密码的长度必须介于 8 和 30 之间!</message>
        </field-validator>
    </field>
    <!--   校验 age 字段   -->
    <field name="age">
        <field-validator type="int">
```

```
        <param name="min">1</param>
        <param name="max">200</param>
        <message>您必须输入一个有效的年龄!</message>
    </field-validator>
  </field>
  <!--  校验 birthday 字段  -->
  <field name="birthday">
    <field-validator type="requiredstring" >
      <message>出生日期必须输入</message>
    </field-validator>
    <field-validator type="date">
      <param name="min">1900-1-1</param>
      <param name="max">2020-1-1</param>
      <message>出生日期必须在 ${min}和${max}之间!</message>
    </field-validator>
  </field>
</validators>
```

从上面的配置代码可以看出，与前面给出的校验规则文件的内容基本相同，所不同的是它们的文件命名规则。register_visitor.jsp 文件负责向 RegisterAction 提交用户注册信息，代码如下：

```
<!--  form 表单  -->
<s:form action="register_visitor" namespace="/chapter11" >
  <s:textfield label="用户名" name="user.name" />
  <s:password label="密码" name="user.password" />
  <s:password  label="重新输入密码" name="repassword" />
  <s:textfield label="年龄" name="user.age"/>
  <s:textfield label="生日" name="user.birthday"/>
  <s:submit value="注册" cssStyle="width:50px"/>
</s:form>
```

在上面的代码中，name 属性值需要使用 user.property 的形式，如 user.name。在浏览器地址栏中输入如下的 URL：

```
http://localhost:8080/webdemo/chapter11/register_visitor.jsp
```

在用户注册界面中单击“注册”按钮，将会显示图 11.15 所示的错误信息。

从图 11.15 中可以看出，字段错误信息的前缀是在 RegisterAction-validation.xml 中定义的字段错误信息。如果将 visitor 校验器的 appendPrefix 参数的值设为 false，则该前缀不会加到字段错误信息中。

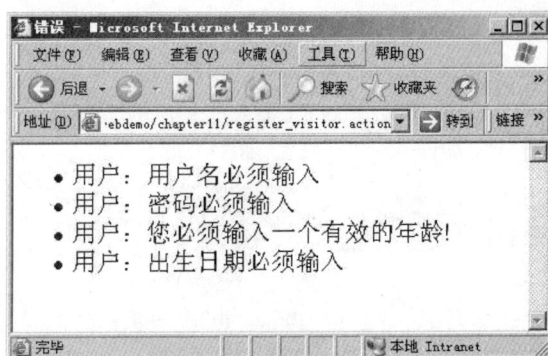

图 11.15　复合校验的字段错误信息

11.5　小　　结

本章讲解了 Struts 2 的输入校验技术。在传统的 Web 应用程序中，客户端校验一般直接使用 JavaScript 对用户输入的数据进行校验，而服务端校验则通过直接获得请求参数的方式进行。这样做虽然灵活，但需要编写大量的代码，而且容易出错。

Struts 2 为了解决手工校验所带来的各种问题，提供了多种简便的方法对数据进行校验。如 validate 和 validateXxx 方法，要想使用这两个方法进行校验，Action 类需要继承 ActionSupport 类。使用这两个方法进行校验，虽然无须为类型转换等工作编写代码，但仍然需要编写大量的校验逻辑代码，而且不易复用。为此，Struts 2 又提供了 Validation 框架，该框架只需要通过配置校验规则文件，而无须编写一行代码即可完成校验工作。

Validation 框架也可进行服务端校验和客户端校验。使用 Validation 框架在两者之间切换非常容易，只需要在<s:form>标签中将 validate 属性值设为 true 即可。但并不是所有的服务端校验都有对应的客户端校验，读者在进行两者之间的切换时应注意这一点。在 Struts 2 中提供了一些常用的内建校验器，通过这些校验器，可以只通过配置校验规则文件校验大多数的校验逻辑。当然，如果这些内建的校验器满足不了开发的需要，开发人员还可以实现自己的校验器。

11.6　实　战　练　习

一．选择题

1．下面说法哪一项是正确的（　　　）。

　A．Struts 2 不支持客户端校验

　B．Struts 2 不支持服务器端校验

　C．Struts 2 框架中不支持通过 JavaScript 技术进行校验

　D．Struts 2 框架支持 Validation 框架校验

2．不属于 Validation 框架支持的内建校验器是（　　　）。

　A．身份证校验器　　　　　　　　　B．注册和引用校验器

　C．转换校验器　　　　　　　　　　D．邮件地址校验器

二．编码题

在项目中需自定义一个校验器，实现输入数字必须在 1～99 之间，如果超过该数，则出现相应的提示（如图 11.16 所示）。

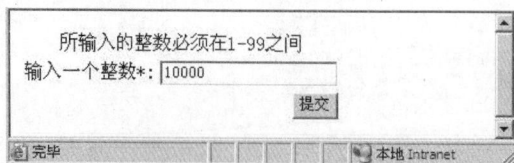

图 11.6　校验结果

【提示】关于自定义校验器的关键代码如下：

```
public class NumberRange extends FieldValidatorSupport {
    public void validate(Object obj) throws ValidationException {
        //获得校验字段名称
        String fieldName = getFieldName();
        //获得输入数据的值
        Integer number = (Integer) getFieldValue(fieldName, obj);
        //如果获得值小于1或者大于99，添加错误信息
        if (number < 1 || number > 99)
            addFieldError(fieldName, obj);
    }
}
```

第 12 章　文件的上传和下载

本章讲解了 Java Web 应用程序中常用的文件上传技术。在 Java Web 应用程序中，可以通过分析上传文件的数据格式手工实现上传文件的功能，但这样会编写大量的代码，而且代码的复用性不强。为此 Apache 组织开发了一个用于上传文件的组件 Common-FileUpload，使用该组件可以非常容易地实现文件上传功能。

在 Struts 2 中对该组件进行了封装，使上传的过程更加透明、简单。除此之外，Struts 2 还封装了一个叫 COS 的上传文件项目，在 Struts 2 中实现文件上传非常简单，只需要为 Action 类中配置几个属性即可。

除此之外，Struts 2 还提供了支持文件下载的 stream 结果类型，通过为 Action 类配置该结果类型，可以实现非 ISO-8859-1 编码格式文件名的文件下载，而且可以在下载文件之前检查用户的权限，从而通过授权的方式来控制文件的下载。本章的主要内容如下：

- ❑ 表单数据的编码方式；
- ❑ 使用 Common-FileUpload 组件上传一个文件；
- ❑ 使用 Common-FileUpload 组件上传多个文件；
- ❑ 使用 Struts 2 上传单个文件；
- ❑ 过滤上传文件的类型；
- ❑ 上传文件的参数配置；
- ❑ 使用 Struts 2 上传固定数目的文件；
- ❑ 使用 Struts 2 上传任意数目的文件；
- ❑ Struts 2 的文件下载支持；
- ❑ stream 类型的结果。

12.1　了解文件上传原理

在很多 Web 应用程序中都有上传文件的功能。上传文件从表面上看并不复杂，即在客户端使用表单（form）以 multipart/form-data 编码格式向服务端发送要上传的文件字节流；服务端的程序读取这些字节流，并做进一步的处理。但很多开发人员在编写实际的上传文件程序时，往往会遇到各式各样的问题，归根结底，就是对上传文件的原理不了解。因此，在本节将从上传文件的原理开始讲起，希望对读者彻底解决文件上传的问题有所帮助。

12.1.1　掌握表单数据的编码方式

在大多数时候，不需要设置表单的 enctype 属性，一般只需要设置表单的 method 和

action 属性即可。其中 method 属性指定了是以 POST 方式还是以 GET 方式提交请求，action 属性指定了表单要提交的 URL。enctype 属性指定了表单数据的编码方式，该属性有如下 3 个值。

- ❑ text/plain：该编码方式指定了表单以文本方式发送请求。它主要适合直接使用表单发送电子邮件的方式（设置表单的 action 属性，如 action="mailto:abc@126.com?subject=xyz"）。
- ❑ application/x-www-form-urlencoded：这是默认的编码方式，该编码方式只处理表单域的 value 属性值，并将表单域的值按照 URL 编码的方式处理。
- ❑ multipart/form-data：该编码方式以二进制的方式来处理表单中的数据，这种编码方式会把文件域所指定的文件内容也封装在请求中。

在 12.1.2 和 12.1.3 两节将分别介绍 application/x-www-form-urlencoded 和 multipart/form-data 编码方式所提交的数据格式。

12.1.2 掌握 applicaiton/x-www.form-urlencoded 编码方式

当表单使用 applicaiton/x-www.form-urlencoded 编码格式时，如果表单域的 value 属性值中包含非 ISO-8859-1 编码格式的字符，如中文字符，在提交时就会将这些非 ISO-8859-1 编码格式的字符转换成 URL 编码的格式，即%XX 的格式，其中 XX 表示一个字节的十六进制形式。下面的 JSP 代码向服务端提交一个文件和一个请求参数，代码如下：

```jsp
<!-- upload_app.jsp -->
<%@ page language="java" pageEncoding="UTF-8"%>
<html>
    <body>
        <!-- 表单使用了 application/x-www-form-urlencoded编码方式 -->
        <form action="OutDataServlet" method = "post" enctype=
        "application/x-www-form-urlencoded" >
            <table style="text-align: right;">
              <tr>
                    <td>上传文件: </td>
                    <td><input type="file" name="file"/></td>
              </tr>
              <tr>
                    <td>请求参数: </td>
                    <td><input type="text" name="request" style="width:
                    200px"/></td>
              </tr>
              <tr>
                    <td></td>
                    <td><input type="submit" value="提交" style="width:50px"/>
                    </td>
              </tr>
            </table>
        </form>
    </body>
</html>
```

上面表单的 enctype 属性值是 application/x-www-form-urlencoded，这是 enctype 属性的默认编码方式，如果不指定 enctype 属性，表单仍然会采用该编码方式。

表单的 action 属性指定了一个 Servlet，该 Servlet 负责将由表单提交的请求信息输出到客户端。该 Servlet 类的代码如下：

```
//  实现 HttpServlet 类的 Servlet
public class OutDataServlet extends HttpServlet
{
    //  处理 HTTP 请求的 service 方法
    public void service(HttpServletRequest request, HttpServletResponse
    response)
          throws ServletException, IOException
    {
        //  设置 Content-Type 字段值
        response.setContentType("text/html;charset=UTF-8");
        //  获得 PrintWriter 对象
        PrintWriter out = response.getWriter();
        //  获得请求信息的 InputStream 对象
        InputStream is = request.getInputStream();
        //  通过 InputStream 对象获得 InputStreamReader 对象
        InputStreamReader isr = new InputStreamReader(is);
        //  通过 InputStreamReader 对象获得 BufferedReader 对象
        BufferedReader br = new BufferedReader(isr);
        String requestData = "";
        String s = "";
        //  开始读取请求信息
        while((s = br.readLine()) != null)
        {
            requestData += s;
        }
        out.println(requestData);                   //  向客户端输出请求信息
    }
}
```

OutDataServlet 类的配置代码如下：

```
<!--  定义 Servlet 本身的属性  -->
<servlet>
    <servlet-name>OutDataServlet</servlet-name>
    <servlet-class>chapter12.servlet.OutDataServlet</servlet-class>
</servlet>
<!--  定义 Servlet 映射信息  -->
<servlet-mapping>
    <servlet-name>OutDataServlet</servlet-name>
    <url-pattern>/chapter12/OutDataServlet</url-pattern>
</servlet-mapping>
```

为了演示文件上传的效果，在 D 盘建立一个"我的文档.txt"文件，该文件的内容如下：

上传文件中的内容

在浏览器地址栏中输入如下的 URL：

```
http://localhost:8080/webdemo/chapter12/upload_app.jsp
```

浏览器出现上传页面后，单击"浏览..."按钮，选择"我的文档.txt"文件，并在"请求参数"文本框中输入"中文请求参数"，如图 12.1 所示。单击"提交"按钮，将输出如图 12.2 所示的信息。

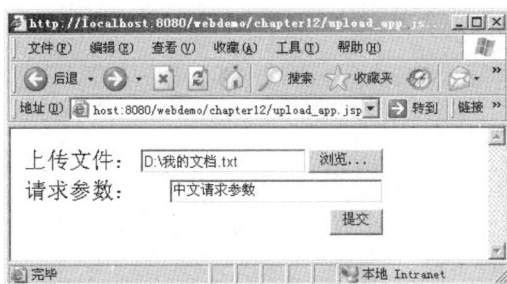

<table>
<tr><td>图 12.1 上传文件页面</td><td>图 12.2 输出请求信息</td></tr>
</table>

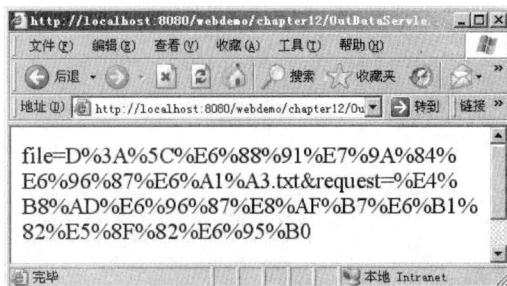

从图 12.2 所示的输出信息可以看出，所有表单域的 value 值中的中文字符都按照 URL 编码格式进行编码了，如"中文请求参数"被转换成了如下的格式：

```
%E4%B8%AD%E6%96%87%E8%AF%B7%E6%B1%82%E5%8F%82%E6%95%B0
```

从这个编码结果可以看出，"中文请求参数"是按照 UTF-8 格式编码的。这是因为在 UTF-8 编码中，一个汉字由 3 个字节组成，而上面的编码正好由 18 个字节组成（有 18 个%号）。如果将 upload_app.jsp 页面的编码格式改成 GBK（修改 pageEncoding 属性的值），那么 value 值中的中文字符将会以 GBK 的编码格式进行编码，读者可以自己去做这个实验。

如果要想对该 URL 编码进行解码也非常简单，只需要调用 java.net.URLDecoder.decode 方法即可，代码如下：

```
String decodedRequestData = java.net.URLDecoder.decode(requestData,
"UTF-8");
```

其中 requestData 表示未解码的字符串，也就是图 12.2 中显示的信息。如果解码后再输出请求参数，则会看到如图 12.3 所示的信息。

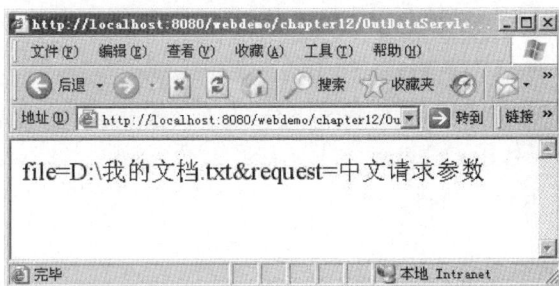

图 12.3 输出解码后的请求参数

从图 12.3 中可以清晰地看到，输出的信息只有两个请求参数和它们的值，并没有"我的文档.txt"文件中的内容，这是由于采用 application/x-www-form-urlencoded 编码方式提交表单时，并不会将上传文件的内容封装在请求参数中，如果要封装上传文件的内容，就必须使用 12.1.3 节要讲的 multipart/form-data 编码方式。

12.1.3　掌握 multipart/form-data 编码方式

如果表单使用 multipart/form-data 编码方式，可以将上传文件的内容封装在请求参数中。下面的 JSP 页面使用了 multipart/form-data 编码方式提交表单，代码如下：

```
<!-- upload_multipart.jsp -->
<%@ page language="java" pageEncoding="UTF-8"%>
<html>
    <body>
        <!-- 表单使用了 multipart/form-data 编码方式 -->
        <form action="OutMultipartDataServlet" method = "post" enctype=
        "multipart/form-data" >
            <table style="text-align: right;">
              <tr>
                  <td>上传文件：</td>
                  <td><input type="file" name="file"/></td>
              </tr>
              <tr>
                  <td>请求参数：</td>
                  <td><input type="text" name="request" style="width:
                  200px"/></td>
              </tr>
              <tr>
                  <td></td>
                  <td><input type="submit" value="提交" style="width:
                  50px"/></td>
              </tr>
            </table>
        </form>
    </body>
</html>
```

上面表单的 enctype 属性值是 multipart/form-data，表示将以 multipart/form-data 编码格式提交表单。以该编码格式提交表单时，value 属性值并不会按照 URL 格式进行编码，而是直接按照 GBK 或 UTF-8 编码格式进行编码（根据 JSP 页面的编码格式决定采用哪一种编码格式来对 value 属性值进行编码）。在上面的 JSP 页面中采用了 UTF-8 编码格式，因此，表单提交的数据将以 UTF-8 格式进行编码。

由于表单提交的数据未使用 URL 格式进行编码，因此处理提交数据的 Servlet 也需要修改一下。上面表单中的 action 属性所指定的就是修改后的 Servlet。在该 Servlet 中输出了请求消息头和请求消息正文，代码如下：

```
// 实现 HttpServlet 的 Servlet
public class OutMultipartDataServlet extends HttpServlet
{
    public void service(HttpServletRequest request, HttpServletResponse
    response)
        throws ServletException, IOException
    {
        // 设置 Content-Type 响应消息头
        response.setContentType("text/html;charset=UTF-8");
        // 获得 PrintWriter 对象
        PrintWriter out = response.getWriter();
```

```
            // 获得 InputStream 对象
    InputStream is = request.getInputStream();
            // 通过 InputStream 对象获得 InputStreamReader 对象
    InputStreamReader isr = new InputStreamReader(is, "UTF-8");
            // 通过 InputStreamReader 对象获得 BufferedReader 对象
    BufferedReader br = new BufferedReader(isr);
    String requestData = "";
    String s = "";
            // 获取所有的请求头信息
    java.util.Enumeration<String> headers = request.getHeaderNames();
            // 开始输出请求消息头
    out.println("请求消息头<br>");
    while(headers.hasMoreElements())
    {
        String header = headers.nextElement();   // 获得请求消息头字段
        // 输出请求消息头字段和字段值
        out.println(header + ":" + request.getHeader(header) + "<br>");
    }
    out.println("<p/>");
    out.println("请求消息正文<br>");                    // 开始输出请求消息正文
    while((s = br.readLine()) != null)
    {
        requestData = requestData + s + "<br>";
    }
    out.println(requestData);                        // 向客户端输出消息正文
    }
}
```

　　由于表单提交的是 UTF-8 编码格式的二进制数据，因此，在上面的代码中读取请求消息时要使用 UTF-8 编码格式（通过 InputStreamReader 类的构造方法的第 2 个参数指定编码格式）。

🔔注意：由于请求参数和文件名都是以 UTF-8 格式编码的，因此，"我的文档.txt"文件也应以 UTF-8 格式保存（读者可以使用 Windows 记事本打开该文件，并将其保存成 UTF-8 编码格式）。同时还要注意，如果表单采用了 multipart/form-data 编码方式提交数据，在 Servlet 中无法使用 HttpServletRequest 接口的 getParameter 方法获得请求参数值，也就是说，使用 getParameter 方法获得任何的请求参数值都为 null。

在浏览器地址栏中输入如下的 URL：

```
http://localhost:8080/webdemo/chapter12/upload_multipart.jsp
```

　　在出现和图 12.1 相同的页面后，单击"浏览..."按钮选择"我的文档.txt"文件，并在"请求参数"文本框中输入"中文请求参数"，然后单击"提交"按钮，将会输出如图 12.4 所示的信息。

　　从图 12.4 中输出的信息可以看出，在消息正文中输出了上传文件的内容，而且每个表单域使用"-----------------------------7d81481e420a38"来分隔。这个分隔行可以从请求消息头的 content-type：multipart/form-data 字段的 boundary 属性获得。在服务端分析上传文件的数据格式时，就可以通过这个 boundary 属性的值将不同的表单域分开，以便找到相应的上传文件域，并处理上传文件的内容。而且在请求消息中的上传文件域部分还使用了 filename 属性将上传文件的名字提交给了服务端。因此在服务端仍然可以采用该文件名来保存上传的文件。

　　虽然可以通过采用手工分析上传文件的数据格式的方式来实现上传文件的工作，但需要编写大量的代码，而在一般的基于 Web 的上传文件功能都是使用上传组件来完成的，如在 12.2 节要讲的 Common-FileUpload 组件，这些上传文件组件可以使分析上传文件数据的工作变得透明、简单，从而大大减少编写代码的工作量。

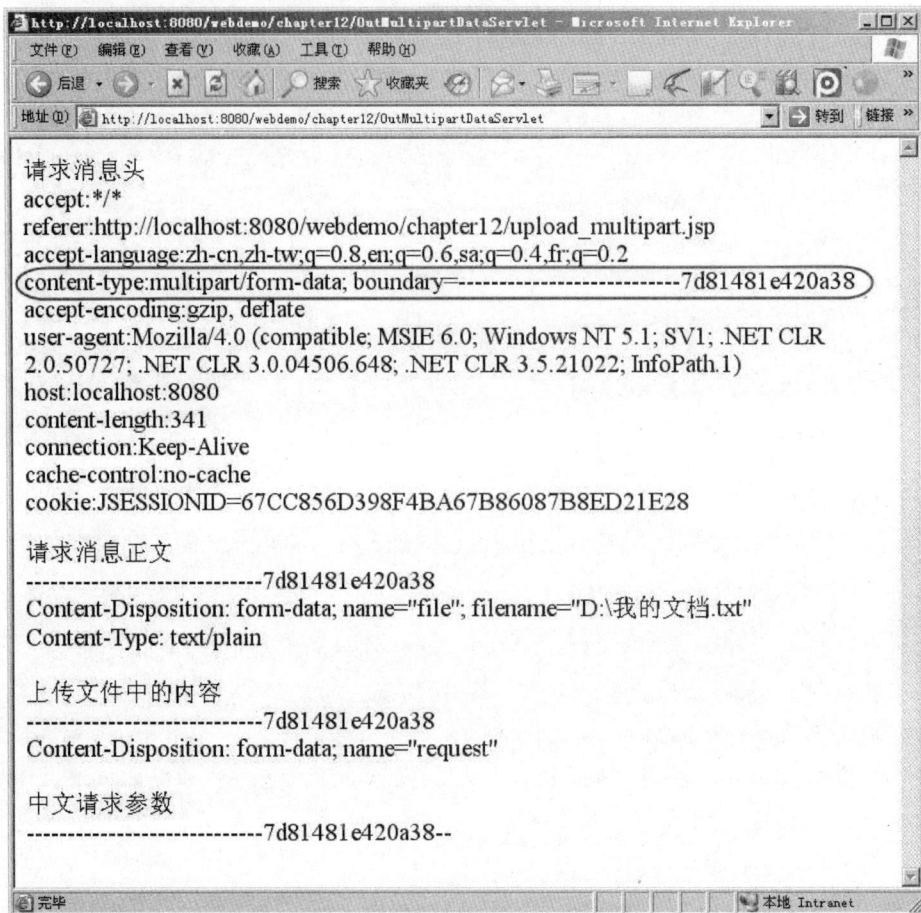

图 12.4　输出 multipart/form-data 编码方式提交的数据

12.2　使用 Commons-FileUpload 上传文件

　　Commons-FileUpload 是 Apache 组织开发的一个用于上传文件的组件，通过该组件，用户可以很容易地上传一个或多个文件。在 Struts 2 中的上传拦截器中，也可以使用 Commons-FileUpload 组件上传文件。本节将介绍如何使用该组件上传一个或多个文件。

12.2.1　下载和安装 Commons-FileUpload 组件

Commons-FileUpload 组件是 Apache 的 Commons 组件包中的一个组件，读者可以通过如下的 URL 下载 Commons-FileUpload 的最新版本。

```
http://commons.apache.org/fileupload/
```

Commons-FileUpload 组件目前的最新版本是 1.2.2，在解开压缩包后，需要在 MyEclipse 的 webdemo 工程中引用 commons-fileupload-1.2.2.jar 文件。

Commons-FileUpload 组件还依赖一个 Commons-IO 组件，该组件可以从如下的 URL 下载最新的版本：

```
http://commons.apache.org/io/
```

Commons-IO 组件目前的最新版本是 2.4。在解开压缩包后，需要在 MyEclipse 的 webdemo 工程中引用 commons-io-2.4.jar 文件。

12.2.2　实例：上传单个文件

使用 Commons-FileUpload 上传单个文件非常简单。在 JSP 页面中只需要提供一个 <input type="file" .../>，并且将表单的 enctype 属性值设为 multipart/form-data 即可。

uploadservlet.jsp 页面负责采集上传文件的信息，该页面有一个输入上传文件的文本框和一个输入新文件名的文本框。如果用户不输入新文件名，则保存在服务端的文件名和客户端的上传文件名相同，如果用户输入新文件名，则服务端采用这个新输入的文件名来保存上传的文件。uploadservlet.jsp 页面的代码如下：

```html
<!-- uploadservlet.jsp -->
<%@ page language="java" pageEncoding="UTF-8"%>
<html>
    <head>
        <title>上传单个文件</title>
    </head>
    <body>
        <form action="UploadServlet" method = "post" enctype="multipart/
        form-data" >
            <!-- 文件组件  -->
            上传文件：<input type="file" name="file"/><p/>
            新文件名：<input type="text" name = "filename" /><p/>
            <input type="submit" value="上传" style="width:50px"/>
        </form>
    </body>
</html>
```

其中 UploadServlet 是一个 Servlet 类，负责处理由 uploadservlet.jsp 提交的请求。这个 Servlet 类的实现代码如下：

```java
public class UploadServlet extends HttpServlet
{
    public void service(HttpServletRequest request, HttpServletResponse
    response)
```

```
                throws ServletException, IOException
{
    try
    {
        // 设置处理请求参数的编码格式
        request.setCharacterEncoding("UTF-8");
        // 设置 Content-Type 字段值
        response.setContentType("text/html;charset=UTF-8");
        PrintWriter out = response.getWriter();
        // 下面的代码开始使用 Commons-UploadFile 组件处理上传的文件数据
        // 建立 FileItemFactory 对象和 ServletFileUpload 对象
        FileItemFactory factory = new DiskFileItemFactory();
        ServletFileUpload upload = new ServletFileUpload(factory);
        // 分析请求，并得到上传文件的 FileItem 对象
        List<FileItem> items = upload.parseRequest(request);
        // 从 web.xml 文件中的参数中得到上传文件所在服务器端的路径
        String uploadPath = this.getInitParameter("path");
        String filename = "";              // 上传文件保存到服务器的文件名
        InputStream is = null;             // 当前上传文件的 InputStream 对象
        // 循环处理上传文件
        for (FileItem item : items)
        {
            // 处理普通的表单域，获取文件名
            if(item.isFormField())
            {
                if (item.getFieldName().equals("filename"))
                {
                    // 如果新文件不为空，将其保存在 filename 中
                    if (!item.getString().equals(""))
                        filename = item.getString("UTF-8");
                }
            }
            // 处理上传文件，获取文件的输入流
            else if (item.getName() != null && !item.getName().equals(""))
            {
                // 从客户端发送过来的上传文件路径中截取文件名
                filename = item.getName().substring(item.getName().last-
                IndexOf("\\") + 1);
                // 得到上传文件的 InputStream 对象
                is = item.getInputStream();
            }
        }
        // 将路径和上传文件名组合成完整的服务端路径
        filename = uploadPath + filename;
        // 如果服务器已经存在和上传文件同名的文件，则输出提示信息
        if (new File(filename).exists())
        {
            out.println("该文件已经存在，请为文件指定一个新的文件名！");
        }
        // 开始上传文件
        else if (!filename.equals(""))
        {
            // 用 FileOutputStream 打开服务端的上传文件
            FileOutputStream fos = new FileOutputStream(filename);
            byte[] buffer = new byte[8192];    // 每次读 8K 字节
            int count = 0;
            // 开始读取上传文件的字节，并将其输出到服务端的上传文件输出流中
            while ((count = is.read(buffer)) > 0)
```

```
            {
                fos.write(buffer, 0, count);    //  向服务端文件写入字节流
            }
            fos.close();                        //  关闭 FileOutputStream 对象
            is.close();                         //  InputStream 对象
            out.println("文件上传成功!");
        }
    }
    catch (Exception e)
    {
        System.err.println(e.getMessage());
    }
    }
}
```

UploadServlet 类的配置代码如下：

```
<!--  定义 Servlet 本身的属性  -->
<servlet>
    <servlet-name>UploadServlet</servlet-name>
    <servlet-class>
        chapter12.servlet.UploadServlet
    </servlet-class>
    <!--  配置服务端用于保存上传文件的路径，后面要加反斜杠（\）  -->
    <init-param>
        <param-name>path</param-name>
        <param-value>d:\upload\</param-value>
    </init-param>
</servlet>
<!-- 定义 Servlet 映射信息  -->
<servlet-mapping>
    <servlet-name>UploadServlet</servlet-name>
    <url-pattern>/chapter12/UploadServlet</url-pattern>
</servlet-mapping>
```

在浏览器的地址栏中输入如下的 URL：

```
http://localhost:8080/webdemo/chapter12/uploadservlet.jsp
```

浏览器出现上传页面后，分别在"上传文件"文本框输入一个要上传的本地文件名，并在"新文件名"文本框中输入一个新的文件名，如图 12.5 所示。

单击"上传"按钮，如果上传文件成功，将会在上传文件路径（在本例中是 D:\upload，读者也可以设置其他的路径）中出现一个"你好吗.mp3"文件。如果在上传文件路径中已经存在同名的文件，则会出现如图 12.6 所示的提示信息。

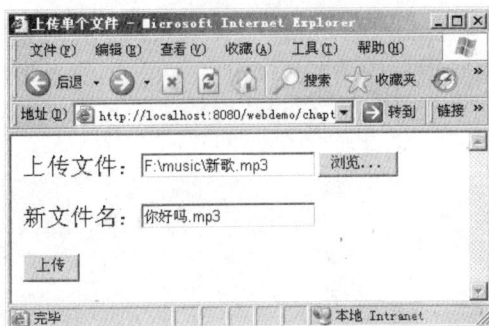

图 12.5 上件单个文件的页面

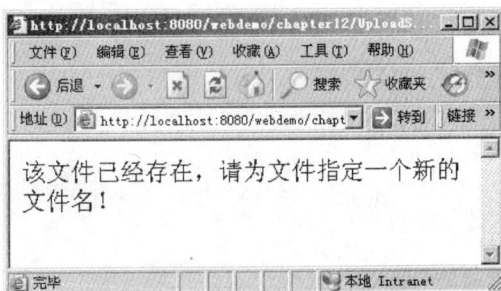

图 12.6 文件名重复的提示信息

Commons-FileUpload 组件在处理上传文件的过程中，将每一个表单域封装在一个 FileItem 对象中。这些表单域包括普通的表单域和文件域。FileItem 实际上是一个接口，该接口在 Commons-FileUpload 组件中被实现。可以通过 FileItem 接口的 isFormField 方法来判断当前的表单域是文件域，还是普通的表单域，如果 isFormField 方法返回 true，表明当前的 FileItem 对象封装的是普通的表单域，否则封装的是文件域。在 FileItem 接口中还定义了如下几个方法来获得表单域中的信息。

- ❑ getFieldName 方法：该方法用于获得表单域的 name 属性值。
- ❑ getString 方法：该方法用于获得表单 value 属性值，其中方法的参数用于设置 value 属性值的编码格式。
- ❑ getName 方法：该方法仅对文件域有效，用于返回上传文件的文件名。
- ❑ getContentType 方法：该方法仅对文件域有效，用于返回上传文件的文件类型。
- ❑ get 方法：该方法仅对文件域有效，用于返回上传文件的字节数组。
- ❑ getInputStream 方法：该方法仅对文件域有效，用于返回上传文件对应的输入流。

UploadServlet 类通过从初始化参数中读取上传文件在服务端保存的路径。并通过上述 FileItem 接口中的方法获得上传文件的字节流，并判断服务器的上传文件保存路径中是否存在同名的文件，如果存在，则输出错误提示信息，要求用户重新输入一个文件名；如果不存在，则正常上传该文件。

由于 ServletFileUpload 的 parseRequest 方法会返回一个 List<FileItem>对象，该对象已经将客户端发送到服务端的所有表单域（包括普通表单域和文件域）封装在了多个 FileItem 对象中，并将这些 FileItem 对象放到了 List 对象中，因此在这一步实际上文件已经上传完成了，只是这些文件被保存在了 Tomcat 的临时目录中，该目录的默认值是<Tomcat 安装目录>\temp，读者可以通过如下代码获得 Tomcat 的临时目录：

```
System.out.println(System.getProperty("java.io.tmpdir"));
```

使用 getInputStream 方法获得的上传文件输入流，实际上就是已经上传到 Tomcat 临时目录中的上传文件的输入流，也就是说，该输入流所对应的文件已经是服务端的文件了。

12.2.3　实例：上传任意多个文件

上传多个文件和上传单个文件的基本原理是一样的，但需要做如下两个改进：

- ❑ 在 JSP 页面中需要通过 JavaScript 动态生成文件域。
- ❑ 在 Servlet 类中需要考虑到处理多个文件域的问题，如文件名的命名规则。

新建一个 uploadmoreservlet.jsp 页面，该页面可动态生成多个文件域，代码如下：

```
<!-- uploadmoreservlet.jsp -->
<%@ page language="java" pageEncoding="UTF-8"%>
<html>
    <head>
        <title>上传多个文件</title>
        <script language="javascript">
            // 动态体检文件域（只使用于 IE）
```

```
        function addFile()
        {
            // 创建一个文件域
            var uploadHTML = document.createElement( "<input type='file'
            name='upload'/>");
            // 向 span 中添加一个文件域
            document.getElementById("files").appendChild(uploadHTML);
            // 创建一个<p/>标签
            uploadHTML = document.createElement( "<p/>");
            // 向 span 中添加一个<p/>标签，使每一个文件域在单独一行
            document.getElementById("files").appendChild(uploadHTML);
        }
    </script>
</head>
<body>
    <!-- 用于添加文件域的按钮  -->
    <input type="button" onclick="addFile();" value="添加文件" />
    <!-- 表单 -->
    <form action="UploadMoreServlet" method = "post" enctype=
    "multipart/form-data" >
        <span id="files">
            <!--  默认只有一个文件域  -->
            <input type='file' name='upload' /><p/>
        </span>
        <input type="submit" value="上传" style="width:50px"/>
    </form>
</body>
</html>
```

从上面的代码可以看出，在<form>标签中有一个<span>标签，在该页面中通过 addFile
函数将文件域添加到<span>标签中，作为<span>标签的子标签。其中文件域的 name 属性
可以是任意值，也可以没有 name 属性，因为在服务端的 Servlet 并不需要 name 属性。

UploadMoreServlet 类是处理上传多个文件的 Servlet，在该类中将当前的毫秒数作为上
传文件的文件名。UploadMoreServlet 类的实现代码如下：

```
// 处理多文件上传的 Servlet
public class UploadMoreServlet extends HttpServlet
{
    // 处理 HTTP 请求的 service 方法
    public void service(HttpServletRequest request, HttpServletResponse
    response)
            throws ServletException, IOException
    {
        try
        {
            // 设置请求消息的编码格式
            request.setCharacterEncoding("UTF-8");
            // 设置 Content-Type 字段值
            response.setContentType("text/html;charset=UTF-8");
            // 获得 PrintWriter 对象
            PrintWriter out = response.getWriter();
            // 创建 FileItemFactory 对象、ServletFileUpload 对象和 FileItem 集合
            FileItemFactory factory = new DiskFileItemFactory();
            ServletFileUpload upload = new ServletFileUpload(factory);
            List<FileItem> items = upload.parseRequest(request);
            // 从 Servlet 配置中获得上传文件的路径
            String uploadPath = this.getInitParameter("path")   ;
```

```
        String filename = "";
        // 循环处理上传文件
        for (FileItem item : items)
        {
            if (!item.isFormField())              // 当为文本域时
            {
                filename = item.getName();        // 获得当前文件域中的上传文件名
                // 当前文件域未输入文件名，则忽略此文件域
                if(filename.equal(""))
                    continue;
                // 生成当前上传文件在服务端的文件名（以当前毫秒作为文件名）
                filename = uploadPath + System.currentTimeMillis()
                        + filename.substring(filename.lastIndexOf("."));
                FileOutputStream fos = new FileOutputStream(filename);
                // 如果该文件已经在内存中，直接通过文件的字节数组来保存
                if (item.isInMemory())
                {
                    // 一次性将上传文件的内容写到服务端的相应文件中
                    fos.write(item.get());
                }
                else
                {
                    // 获得上传文件的输入流
                    InputStream is = item.getInputStream();
                    // 每次读 8K 字节
                    byte[] buffer = new byte[8192];
                    int count = 0;
                    while ((count = is.read(buffer)) > 0)
                    {
                        // 向服务端的上传文件写入客户端上传的文件的字节流
                        fos.write(buffer, 0, count);
                    }
                    is.close();                    // 关闭上传文件的输入流对象
                }
                // 关闭服务端上传文件的文件输出流对象
                fos.close();
            }
        }
        out.println("文件上传成功!");
    }
    catch (Exception e)
    {
        System.err.println(e.getMessage()); // 输出出错信息
    }
    }
}
```

从上面的代码可以看出，UploadMoreServlet 类通过 List<FileItem>对象获得所有的上传文件的 FileItem 对象，并依次处理它们。在该类中的实现比较简单，读者在编写上传文件程序时，也可以采用更复杂的逻辑，如为每个上传文件指定新的文件名等。在浏览器中输入如下的 URL：

```
http://localhost:8080/webdemo/chapter12/uploadmoreservlet.jsp
```

浏览器出现上传文件页面时，单击"添加文件"按钮，增加几个文件域，并输入本地要上传文件的文件名，如图 12.7 所示。

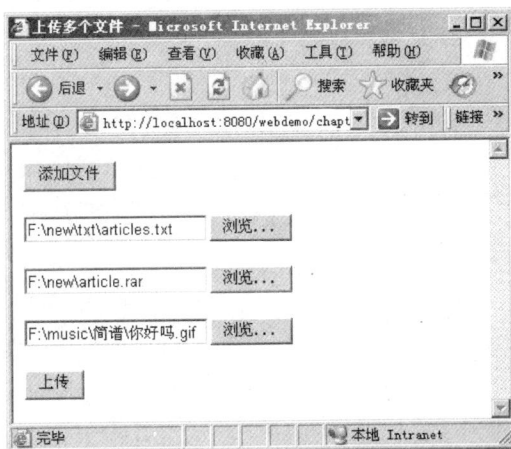

图 12.7　上传多个文件的页面

单击"上传"按钮，在 D:\upload 目录下将出现 3 个以当前毫秒作为文件名的文件。

注意：笔者发现，如果 Web 应用程序中安装了 Struts 2，本例无法正常工作。因此读者在运行本例时，可以先将 web.xml 文件中安装 Struts 2 框架的部分注释掉。不过也不必担心，本例只是为了演示 Commons-FileUpload 的功能，如果 Web 应用程序中使用了 Struts 2 框架，建议读者使用 Struts 2 中的上传功能。

12.3　实例：通过 Struts 2 实现文件上传

Struts 2 并未提供自己的上传文件组件，也就是说它自己并不具备上传文件的功能，但 Struts 2 却可以使用其他的上传文件组件，如 Commons-FileUpload、COS 等。Struts 2 为这些上传文件组件做了统一的接口，开发人员在使用它上传文件时，并不需要知道这些上传组件的细节就可以轻松使用它们，甚至从一种上传文件组件切换到另外一种上传文件组件，并不需要修改程序，而只需要修改配置文件即可。

12.3.1　了解 Struts 2 对上传文件组件的支持

目前 Struts 2 支持 3 种上传文件组件，分别是 jakarta（Commons-FileUpload）、cos 和 pell。这 3 种上传文件组件可以在 struts.properties 文件中配置，如下面的代码所示。

```
# 指定使用 COS 文件上传解析器
# struts.multipart.parser=cos
# 指定使用 pell 文件上传解析器
# struts.multipart.parser=pell
# Struts 2 默认的文件上传解析器，实际上就是 Commons-FileUpload 上传组件
struts.multipart.parser=jakarta
```

除了文件上传解析器的配置外，在 struts.properties 文件中还可以配置上传文件保存的临时目录及上传文件总大小（以字节为单位），如下面的代码所示。

```
#  设置保存上传文件的临时目录
struts.multipart.saveDir=
#  设置上传文件总大小（以字节为单位），默认是 2M
struts.multipart.maxSize=2097152
```

如果使用 Commons-FileUpload 上传组件，需要在 MyEclipse 中引用 commons-io-2.4.jar 和 commons-fileupload-1.2.2.jar 文件，这一点和直接使用 Commons-FileUpload 上传组件相同。如果使用 cos 或 pell 文件上传组件，也需要在 MyEclipse 中引用相应的 jar 包才可以正常使用。

12.3.2　编写上传文件的 JSP 页

上传文件的 JSP 页面和 12.2.2 节所给出的上传文件页面的功能相同，只是本节所给出的 JSP 页面采用了 Struts 2 标签来实现，代码如下：

```
<!-- uploadstruts.jsp -->
<%@ page language="java" pageEncoding="UTF-8"%>
<%@ taglib prefix="s" uri="/struts-tags"%>
<html>
  <head>
     <title>上传单个文件</title>
  </head>
  <body>
     <!-- 用 struts 2 标签编写一个表单域 -->
     <s:form action="UploadAction" namespace="/chapter12" enctype=
"multipart/form-data">
        <s:file label="上传文件" name="upload" />
        <s:textfield label="新文件名" name="filename" />
        <s:submit value="上传" />
     </s:form>
  </body>
</html>
```

其中 UploadAction 是处理上传文件请求的 Action 类的名字，该 Action 类所对应的类名也为 UploadAction，该类的实现细节将在 12.3.3 节详细介绍。

12.3.3　编写上传文件的 Action 类

虽然这个例子使用了 Struts 2 来实现，但是上传文件过程中所产生的信息是不会变的，如上传文件名、上传文件类型和上传文件的内容。因此，在 Action 类中必须有与这些信息对应的属性，才能在 Action 类中使用这些信息。Action 类需要如下 3 个属性和文件域中的信息对应。

- □ xxx 属性：该属性封装了文件域中上传文件的内容，为 java.io.File 类型。其中 xxx 表示上传域的 name 属性值，在本例中 xxx 属性值是 upload。
- □ xxxFileName：该属性封装了文件域中的文件名，为 String 类型。其中 xxx 表示上传域的 name 属性值，在本例中 xxxFileName 属性值是 uploadFileName。
- □ xxxContentType：该属性封装了文件域中的文件类型，为 String 类型，其中 xxx 表示上传域的 name 属性值，在本例中 xxxContentType 属性值是 uploadContentType。

UploadAction 是一个 Action 类，该类实现了上传单个文件的功能，代码如下：

```
public class UploadAction extends ActionSupport
{
    private File upload;                    //  封装上传文件域的属性
    private String uploadContentType;       //  封装上传文件类型的属性
    private String uploadFileName;          //  封装上传文件名的属性
    //  封装上传文件新文件名的属性（中是文件名部分，不包含文件路径）
    private String filename;
    //  封装上传文件保存在服务器的路径，通过参数设置
    private String uploadPath;
    private String result;                          //  封装处理结果的属性
    //  result 属性的 getter 方法
    public String getResult(){
        return result;
    }
    //  result 属性的 setter 方法
    public void setResult(String result){
        this.result = result;
    }
    //  upload 属性的 getter 方法
    public File getUpload(){
        return upload;
    }
    //  upload 属性的 setter 方法
    public void setUpload(File upload){
        this.upload = upload;
    }
    //  uploadContentType 属性的 getter 方法
    public String getUploadContentType(){
        return uploadContentType;
    }
    //  uploadContentType 属性的 setter 方法
    public void setUploadContentType(String uploadContentType){
        this.uploadContentType = uploadContentType;
    }
    //  uploadFileName 属性的 getter 方法
    public String getUploadFileName(){
        return uploadFileName;
    }
    //  uploadFileName 属性的 setter 方法
    public void setUploadFileName(String uploadFileName){
        this.uploadFileName = uploadFileName;
    }
    //  filename 属性的 getter 方法
    public String getFilename(){
        return filename;
    }
    //  filename 属性的 setter 方法
    public void setFilename(String filename){
        this.filename = filename;
    }
    //  uploadPath 属性的 getter 方法
    public String getUploadPath(){
        return uploadPath;
    }
    //  uploadPath 属性的 setter 方法
```

```
public void setUploadPath(String uploadPath){
    this.uploadPath = uploadPath;
}
// 处理上传文件请求
public String execute() throws Exception
{
    String fn = "";
    // 如果新文件名未输入，则使用上传文件的文件名作为服务器保存的文件名
    if (filename.equals(""))
    {
        fn = uploadPath + uploadFileName;    // 获得上传文件名
    }
    else
    {
        fn = uploadPath + filename;          // 使用用户输入的新文件名
    }
    // 如果服务器存在同名的文件，则输出提示信息
    if (new File(fn).exists())
    {
        result = "该文件已经存在，请为文件指定一个新的文件名！";
    }
    else
    {
        // 文件输出流
        FileOutputStream fos = new FileOutputStream(fn);
        // 文件输入流
        InputStream is = new FileInputStream(upload);
        // 每次读 8K 字节
        byte[] buffer = new byte[8192];
        int count = 0;
        // 通过循环实现文件上传
        while ((count = is.read(buffer)) > 0)
        {
            fos.write(buffer, 0, count);
        }
        fos.close();
        is.close();
        result = "文件上传成功！";
    }
    return "result";
}
}
```

在 UploadAction 类中除了上述的 3 个封装文件域相关信息的属性外，还封装了用户输入的新文件名属性（filename 属性）及处理结果属性（result 属性）。在 UploadAction 类中还有一个 UploadPath 属性，该属性的值从 Action 参数中获得。该属性表示服务器保存上传文件的路径。

execute 方法中的代码和 12.2.2 节给出的上传文件的相应代码实现类似。只是获得相关信息的方式不同，在 execute 方法中更容易获得这些信息，如新文件名、上传文件路径和上传文件的 File 对象等。在获得这些信息后，保存上传文件的实现代码是完全相同的。

12.3.4　配置上传文件的 Action 类

配置 UploadAction 类的方法和配置普通的 Action 类的方法类似，只是需要使用

<param>标签设置上传文件的保存路径。配置 UploadAction 类的代码如下：

```
<package name="chapter12" namespace="/chapter12" extends=
"struts-default">
    <!-- 配置 UploadAction 类 -->
    <action name="UploadAction" class="chapter12.action.UploadAction">
        <!-- 配置 result 结果 -->
        <result name="result">/chapter12/result.jsp</result>
        <!-- 设置上传文件的保存路径 -->
        <param name="uploadPath">D:\upload\</param>
    </action>
</package>
```

在上面的配置代码中涉及一个 result.jsp 文件，该文件负责显示处理结果信息，代码如下：

```
<%@ page language="java" pageEncoding="UTF-8"%>
<%@ taglib prefix="s" uri="/struts-tags"%>
<html>
    <head>
        <title>结果信息</title>
    </head>
    <body>
        <!-- 显示结果信息 -->
        <s:property value="result"/>
    </body>
</html>
```

如果设置了 UploadAction 类的 result 属性，该属性值就会显示在 result.jsp 页面中。在浏览器中输入如下的 URL：

```
http://localhost:8080/webdemo/chapter12/uploadstruts.jsp
```

浏览器出现上传页面后，按照图 12.8 所示输入上传文件名和新文件名（读者也可以输入其他的信息）后，单击"上传"按钮，如果 D:\upload 目录下没有同名的文件，并且上传文件的字节数小于 2M，文件才能上传成功。

图 12.8　基于 Struts 2 的上传单个文件页面

12.3.5　手工过滤上传文件的类型

有很多上传文件的程序会限制上传文件的类型，如只允许上传图像文件，在 Struts 2

中要实现这个功能也非常简单。在 UploadAction 类中有一个 uploadContentType 属性，通过这个属性可以获得上传文件的类型，如上传文件的扩展名是 jpg，则 uploadContentType 属性的值是 image/jpeg。

为了使程序更灵活，可以像设置上传文件的保存路径一样，也在 Action 参数中设置允许上传的文件类型，如下面的配置代码所示。

```
<package name="chapter12" namespace="/chapter12" extends="struts-default">
    <!--  配置 UploadAction 类  -->
    <action name="UploadAction" class="chapter12.action.UploadAction">
        <!--  配置 result 结果  -->
        <result name="result">/chapter12/result.jsp</result>
        <!--  设置上传文件的保存路径  -->
        <param name="uploadPath">D:\upload\</param>
        <!--  设置允许上传的文件类型  -->
        <param name="allowTypes"> image/jpeg,image/gif,image/pjpeg</param>
    </action>
</package>
```

从上面的配置代码可以看出，使用了 allowTypes 参数来设置允许上传的文件类型，中间用逗号（,）分隔。

🔎注意：经笔者测试，在 IE 6 中会将 jpg 格式的图像文件类型设置成 image/pjpeg，而 FireFox 会设置成 image/jpeg，因此，在设置 allowTypes 参数时，建议同时设置 image/jpeg 和 image/pjpeg。

为了读取 allowType 属性值，还需要在 UploadAction 类中加一个 allowTypes 属性，代码如下：

```
public class UploadAction extends ActionSupport
{
    //  封装允许上传的文件类型的属性，通过参数设置
    private String allowTypes;
    ...
    //  uploadTypes 属性的 getter 方法
    public String getAllowTypes()
    {
        return allowTypes;
    }
    //  uploadTypes 属性的 setter 方法
    public void setAllowTypes(String allowTypes)
    {
        this.allowTypes = allowTypes;
    }
    ...
}
```

在获得允许上传的文件类型后，在上传文件之前，需要对当前上传文件的类型进行核对，这个功能由 allowType 方法完成，代码如下：

```
//  核对当前上传文件的类型是否被允许
private boolean allowType(String contentType)
{
    //  将以逗号分隔的上传文件允许的类型转换成 String 数组扫描所有的文件类型，以查找是
        否存在当前上传文件的类型
```

```
String[] types = allowTypes.split(",");
for (String type : types)
{
    //  当前上传文件的类型被允许，返回 true
    if (contentType.equals(type.trim()))
        return true;
}
return false;                          // 当前上传文件的类型不被允许，返回 false
}
```

在 execute 方法的开始部分需要使用 allowType 方法进行上传文件类型的核对，代码如下：

```
public String execute() throws Exception
{
    //  核对当前上传文件的类型是否被允许
    if (!allowType(uploadContentType))
    {
        result = "不允许上传该类型的文件！";
    }
    else
    {
        String fn = "";
        if (filename.equals(""))
        {
            //  获得上传文件名
            fn = uploadPath + uploadFileName.substring(uploadFileName.
            lastIndexOf("\\") + 1);
        }
        else
        {
            fn = uploadPath + filename;
        }
        if (new File(fn).exists())
        {
            result = "该文件已经存在，请为文件指定一个新的文件名！";
        }
        else
        {
            FileOutputStream fos = new FileOutputStream(fn);
            InputStream is = new FileInputStream(upload);
            byte[] buffer = new byte[8192];           // 每次读 8K 字节
            int count = 0;
            while ((count = is.read(buffer)) > 0)
            {
                fos.write(buffer, 0, count);
            }
            fos.close();
            is.close();
            result = "文件上传成功！";
        }
    }
    return "result";
}
```

在上传文件页面的"上传文件"文本框中输入一个非 image/jpeg（image/pjpeg）和 image/gif 格式文件的文件名，单击"上传"按钮，将会输出"不允许上传该类型的文件！"提示信息。

除了可以采用文件类型来限制上传文件的类型外，还可以使用上传文件的扩展名限制上传文件类型，实际上，使用上传文件的扩展名会更精确。因为文件类型可以通过编程的方式修改，而上传文件的扩展名是无法修改的。

12.3.6　用 fileUpload 拦截器过滤上传文件的类型

上面过滤上传文件类型的方法虽然并不复杂，但是必须编写许多代码，而编写程序的基本原则就是在完成任务的前提下，尽量少写代码。Struts 2 中的上传文件功能是由fileUpload 拦截器实现的，该拦截器有如下两个参数。

❏ allowedTypes：该参数指定了允许上传的文件类型。设置格式和上面的 allowTypes参数完全一样。

❏ maximumSize：该参数指定允许上传的文件大小（以字节为单位）。

在配置 Action 类时，可以通过<interceptor-ref>标签设置上述两个 fileUpload 拦截器的参数，配置代码如下：

```
<package name="chapter12" namespace="/chapter12" extends="struts-
default">
    <!-- 配置 UploadAction 类 -->
    <action name="UploadAction" class="chapter12.action.UploadAction">
        <result name="result">/chapter12/result.jsp</result>
        <!-- 配置了 input 结果 -->
        <result name="input">/chapter12/uploadstruts.jsp</result>
        <!-- 引用 defaultStack 栈 -->
        <interceptor-ref name="defaultStack">
            <!-- 设置 allowedTypes 参数的值 -->
            <param name="fileUpload.allowedTypes">image/jpeg,image/
gif,image/pjpeg</param>
            <!-- 设置 maximumSize 参数的值 -->
            <param name="fileUpload.maximumSize">4096</param>
        </interceptor-ref>
        <param name="uploadPath">D:\upload\</param>
    </action>
</package>
```

上面的配置代码中的 allowedTypes 和 allowTypes 参数值相同，maximumSize 参数值被设为 4096（4K）。并且配置了 input 结果。当上传文件验证出错后，将返回 input 结果，并转入 uploadstruts.jsp 页面。如果在 uploadstruts.jsp 页面中使用了 Struts 2 标签编写表单，则会自动显示出错信息。如果直接使用了 HTML 来编写表单，则需要使用<s:fielderror/>标签来显示错误信息。当上传文件校验失败后，则会显示如图 12.9 所示的错误信息。

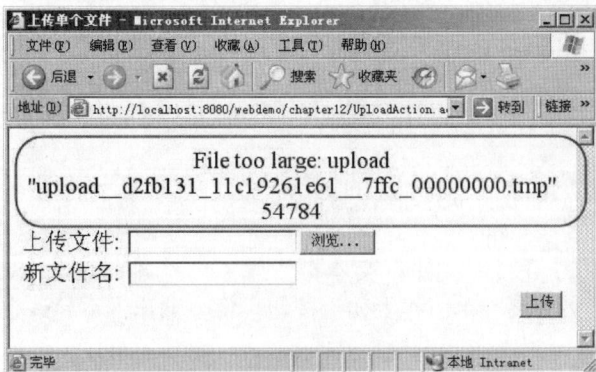

图 12.9　fileUpload 拦截器校验失败的错误信息

从图 12.9 中可以看出，出错信息并未经过处理，而是直接将系统内部的默认出错信息显示了出来。这样非常不友好。实际上，allowedType 和 maximumSize 参数有和其对应的两个用于国际化的 key，这两个 key 分别是：struts.messages.error.content.type.not.allowed 和 struts.messages.error.file.too.large。只要在 error.properties 文件中加入这两个 key，并设置相应的 value，系统就会将 value 值作为出错信息显示。在 error.proeprties 文件中的配置如下：

```
#  定义上传文件类型错误信息
struts.messages.error.content.type.not.allowed=不允许上传该类型的文件！
#  定义上传文件大小错误信息
struts.messages.error.file.too.large=上传的文件太大！
```

当使用 error.properties 文件对出错信息进行国际化后，就会显示如图 12.10 所示的出错信息。

在 struts.properties 文件中有一个 struts.multipart.maxSize 参数，该参数也可设置允许上传的文件大小，默认是 2M，只有在上传文件大小在 maximumSize 和 struts.multipart.maxSize 之间时，才会在上传页面显示出错信息。如果上传文件的大小超过 struts.multipart.maxSize，并不会显示出错信息，只会在 Tomcat 控制台输出一条如下的日志信息。

图 12.10 显示国际化的出错信息

```
严重: the request was rejected because its size (12542052) exceeds the
configured maximum (2097152)
```

12.4 实例：通过 Struts 2 实现上传多个文件

在实际的 Web 系统中，往往需要同时上传多个文件。在 12.2.3 节读者已经了解了如何使用 Commons-FileUpload 组件完成上传多个文件的功能，但这样的功能用 Commons-FileUpload 组件实现起来比较麻烦，需要进行很多判断和处理工作。然而，这些麻烦的操作将在 Struts 2 中被终结。在 Struts 2 中只需要简单地定义几个数组或 List 对象，就可以很容易将多个文件域上传的数据进行封装，以使开发人员只关注处理逻辑本身。

12.4.1 实例：用数组上传固定数目的文件

在 Struts 2 中上传单个文件和上传多个文件的 Action 类的实现类似，只是需要将如下 3 个属性的类型改为数组形式。

```
// 封装上传文件域的属性
private File upload;
// 封装上传文件类型的属性
private String uploadContentType;
```

```
// 封装上传文件名的属性
private String uploadFileName;
```

上面 3 个属性是在处理上传单个文件的 Action 类中,定义的封装文件域中信息的属性。但如果要处理多个上传文件,需要将这 3 个属性的类型改为相应类型的数组形式,代码如下:

```
// 封装上传文件域的属性
private File[] upload;
// 封装上传文件类型的属性
private String[] uploadContentType;
// 封装上传文件名的属性
private String[] uploadFileName;
```

上面 3 个属性并不需要对其进行实例化,在上传的过程中,fileUpload 拦截器根据实际上传的文件数对建立相应长度的数组对象。UploadMoreAction 类是处理上传多个文件的 Action 类,该类的实现代码如下:

```
public class UploadMoreAction extends ActionSupport
{
    private File[] upload;                          //  封装上传文件域的属性
    private String[] uploadContentType;             //  封装上传文件类型的属性
    private String[] uploadFileName;                //  封装上传文件名的属性
    //  封装上传文件保存在服务器的路径
    private String uploadPath;
    private String result;                          //  封装处理结果的属性
    // result 属性的 getter 方法
    public String getResult()
    {
        return result;
    }
    // result 属性的 setter 方法
    public void setResult(String result)
    {
        this.result = result;
    }
    // upload 属性的 getter 方法
    public File[] getUpload()
    {
        return upload;
    }
    // upload 属性的 setter 方法
    public void setUpload(File[] upload)
    {
        this.upload = upload;
    }
    // uploadContentType 属性的 getter 方法
    public String[] getUploadContentType()
    {
        return uploadContentType;
    }
    // uploadContentType 属性的 setter 方法
    public void setUploadContentType(String[] uploadContentType)
    {
        this.uploadContentType = uploadContentType;
    }
    // uploadFileName 属性的 getter 方法
```

```java
public String[] getUploadFileName()
{
    return uploadFileName;
}
// uploadFileName 属性的 setter 方法
public void setUploadFileName(String[] uploadFileName)
{
    this.uploadFileName = uploadFileName;
}
// uploadPath 属性的 getter 方法
public String getUploadPath()
{
    return uploadPath;
}
// uploadPath 属性的 setter 方法
public void setUploadPath(String uploadPath)
{
    this.uploadPath = uploadPath;
}
// 执行业务逻辑
public String execute() throws Exception
{
    // 依次上传每一个文件
    for(int i = 0; i < uploadFileName.length; i++)
    {
        // 得到上传文件保存在服务器上的文件名
        String fn = uploadPath + uploadFileName[i];
        FileOutputStream fos = new FileOutputStream(fn);
        InputStream is = new FileInputStream(upload[i]);
        byte[] buffer = new byte[8192];         // 每次读 8K 字节
        int count = 0;
        while ((count = is.read(buffer)) > 0)
        {
            fos.write(buffer, 0, count);
        }
        fos.close();
        is.close();
    }
    result = "文件上传成功！";
    return "result";
}
}
```

可以看出，上面代码中的 getter、setter 方法部分与 UploadAction 类十分相似，只是将封装文件域的属性类型改为了数组形式。在 execute 方法中的处理代码非常简单，只是对 UploadFileName 进行循环，依次处理上传的文件。Uploadmorestruts.jsp 是上传多个文件的页面，代码如下：

```jsp
<%@ page language="java" pageEncoding="UTF-8"%>
<%@ taglib prefix="s" uri="/struts-tags"%>
<html>
    <head>
        <title>上传多个文件</title>
        <script language="javascript">
            // 实现动态添加文件域功能
            function addFile()
            {
                // 建立 file 表单域
```

```
        var uploadHTML = document.createElement( "<input type='file'
        name='upload'/>");
        //　添加一个 file 表单域
        document.getElementById("files").appendChild(uploadHTML);
        //　建立一个<p/>
        uploadHTML = document.createElement( "<p/>");
        //　添加<p/>
        document.getElementById("files").appendChild(uploadHTML);
        }
    </script>
</head>
<body>
    <!--　显示错误信息　-->
    <s:fielderror/>
    <input type="button" onclick="addFile();" value="添加文件" />
    <!--　form 表单　-->
    <s:form action="UploadMoreAction" namespace="/chapter12" enctype=
    "multipart/form-data">
        <span id="files"> <input type='file' name='upload' /><p/>
        </span>
        <input type="submit" value="上传" style="width:50px"/>
    </s:form>
</body>
</html>
```

上面的代码中虽然使用了<s:form>标签生成<form>标签，但仍然使用了动态生成文本域的方式添加要上传的文件。因此，如果出错，就需要使用<s:fielderror/>标签显示相应的错误信息。在浏览器地址栏中输入如下的 URL：

```
http://localhost:8080/webdemo/chapter12/uploadmorestruts.jsp
```

浏览器显示上传文件页面后，增加几个文件域，并输入一些上传文件名，如图 12.11 所示。

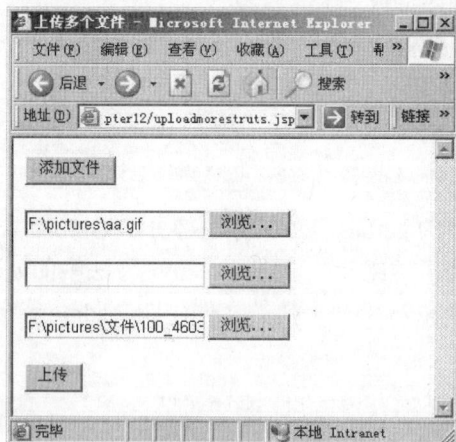

图 12.11　用 Struts 2 实现的上传多个文件的页面

从图 12.11 中可以看出，在页面上有 3 个文件域，在其中的第 1 个和第 3 个文件域中输入了文件名，而第 2 个文件域未输入任何信息。当单击"上传"按钮时，如果这两个文件的类型和大小都符合要求，将成功上传这两个文件。而由于第 2 个文件域是空字符串，因此，Struts 2 将忽略该文件域。也就是说，UploadMoreAction 类中封装文件域的数组类型属性的长度是 2，而不是 3。

12.4.2　实例：用 List 上传任意数目的文件

除了可以使用数组处理多个上传文件外，还可以使用 java.util.List 对象完成和数组同样的工作。如 UploadMoreAction 类代码中的数组类型属性可以修改成 List 类型。修改后的代码如下：

```java
public class UploadMoreAction extends ActionSupport
{
    private List<File> upload;                       //  封装上传文件域的属性
    private List<String> uploadContentType;          //  封装上传文件类型的属性
    private List<String> uploadFileName;             //  封装上传文件名的属性
    //  封装上传文件保存在服务器的路径，通过参数设置
    private String uploadPath;
    private String result;                           //  封装处理结果的属性
    //  result 属性的 getter 方法
    public String getResult()
    {
        return result;
    }
    //  result 属性的 setter 方法
    public void setResult(String result)
    {
        this.result = result;
    }
    //  upload 属性的 getter 方法
    public List<File> gctUpload()
    {
        return upload;
    }
    //  upload 属性的 setter 方法
    public void setUpload(List<File> upload)
    {
        this.upload = upload;
    }
    //  uploadContentType 属性的 getter 方法
    public List<String> getUploadContentType()
    {
        return uploadContentType;
    }
    //  uploadContentType 属性的 setter 方法
    public void setUploadContentType(List<String> uploadContentType)
    {
        this.uploadContentType = uploadContentType;
    }
    //  uploadFileName 属性的 getter 方法
    public List<String> getUploadFileName()
    {
        return uploadFileName;
    }
    //  uploadFileName 属性的 setter 方法
    public void setUploadFileName(List<String> uploadFileName)
    {
```

```
        this.uploadFileName = uploadFileName;
    }
    //  uploadPath 属性的 getter 方法
    public String getUploadPath()
    {
        return uploadPath;
    }
    //  uploadPath 属性的 setter 方法
    public void setUploadPath(String uploadPath)
    {
        this.uploadPath = uploadPath;
    }
    //  处理业务逻辑
    public String execute() throws Exception
    {
        //  循环处理所有的上传文件
        for(int i = 0; i < uploadFileName.size(); i++)
        {
            //  获得保存在服务端的上传文件名
            String fn = uploadPath + uploadFileName.get(i);
            //  创建文件输出流对象
            FileOutputStream fos = new FileOutputStream(fn);
            //  创建上传文件的输入流对象
            InputStream is = new FileInputStream(upload.get(i));
            byte[] buffer = new byte[8192];   //  每次读 8K 字节
            int count = 0;
            //  通过循环实现上传文件
            while ((count = is.read(buffer)) > 0)
            {
                fos.write(buffer, 0, count);  //  向服务端的上传文件输出字节流
            }
            fos.close();                      //  关闭文件输出流对象
            is.close();                       //  关闭文件输入流对象
        }
        result = "文件上传成功! ";
        return "result";
    }
}
```

从上面的代码可以看出，修改后的 UploadMoreAction 类的代码和修改前的代码大同小异，只是将数组改成了 List 对象。

fileUpload 拦截器在建立 List 对象时实际上使用的是 ArrayList 类。因此，使用 List 对象和使用数组来处理多个上传文件的效果是完全相同的。读者可以根据自己的需要来选择使用哪种方式。

12.5　学习文件下载

Struts 2 提供了一个 stream 结果。该结果只需要简单地配置，就可以使用 Action 类实现文件下载。实际上，stream 结果的作用就是通过 Action 作为要下载的文件和浏览器之间的代理，也就是说客户端访问的是 Action，而不是直接访问下载的文件，而 Action 负责将要下载的文件以 InputStream 对象的方式返回给系统，并由系统自动生成下载文件所需要的 HTTP 响应消息头。由于下载文件必须要通过 Action 类，因此可以在 Action 类中编写一些

处理逻辑，如对下载文件的授权控制。

12.5.1　解决下载文件的中文问题

也许很多读者可能会觉得，下载文件根本就不需要编写程序来实现，只需要将要下载的文件放到 Web 应用程序可访问的目录中即可。实际上，对于一般的情况这样做是没有任何问题的，但在使用中文文件名时，就会带来一些麻烦。如在 images 目录中有一个"图像.gif"文件，可以通过如下的 URL 下载这个文件。

```
http://localhost:8080/webdemo/images/图像.gif
```

在浏览器中并未显示出"图像.gif"的内容，而是出现了如图 12.12 所示的错误信息。

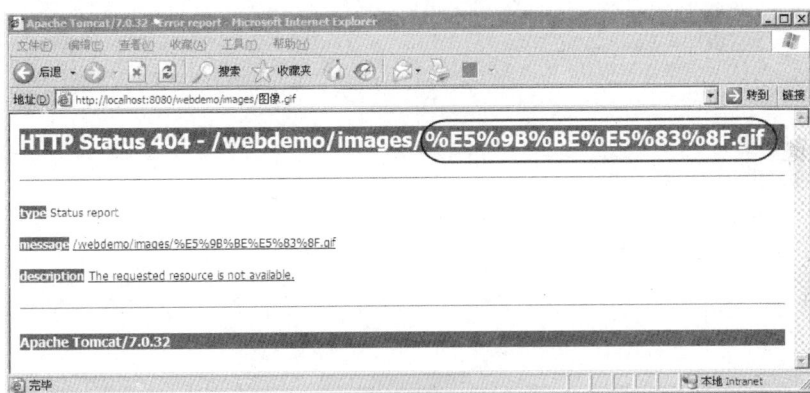

图 12.12　下载文件名是中文时出错信息

从图 12.12 所示的错误信息来看，这些错误是由于服务端没有找到相应的文件而引起的。之所以没有找到文件，是因为浏览器将请求 URL 中的中文信息都按照 URL 格式进行编码了（UTF-8 格式），编码后的文件名是"%E5%98%BE%E5%83%8F.gif"，而服务器中要下载的文件名是"图像.gif"，所以也就没找到服务器的相应文件。虽然可以在服务端通过对被编码的文件名进行解码，然后再下载，但这也需要编写一定的代码。而在 Struts 2 中提供了另一种解决方案，这就是 stream 结果。

12.5.2　通过 stream 结果下载文件

stream 结果是 Struts 2 内建的结果之一。如果要使用 stream 结果，需要为其设置如下 4 个参数。

- ❑ contentType：该参数指定被下载文件的文件类型，也就是 HTTP 响应消息头的 Content-Type 字段。
- ❑ inputName：该参数指定获得被下载文件的 InputStream 对象的 Action 属性名。
- ❑ contentDisposition：该参数指定被下载文件的文件名。也就是在浏览器的下载对话框中显示的那个文件名。

❑ bufferSize：该参数指定下载文件时所使用的缓冲区的大小。

在 Action 类中必须有 inputName 参数指定的属性名。DownloadAction 是负责下载的 Action 类，实现代码如下：

```java
// 实现文件下载的 Action
public class DownloadAction extends ActionSupport
{
    private String inputPath;          //  封装 inputPath 参数的属性
    // inputPath 属性的 getter 方法
    public String getInputPath()
    {
        return inputPath;
    }
    // inputPath 属性的 setter 方法
    public void setInputPath(String inputPath)
    {
        this.inputPath = inputPath;
    }
     // 获取所下载文件的输入流
    public InputStream getTargetInputStream() throws Exception
    {
        // 获得 ServletContext 对象
        javax.servlet.ServletContext servletContext =
            org.apache.Struts 2.ServletActionContext.getServletContext();
        // 返回被下载文件的 InputStream 对象
        return servletContext.getResourceAsStream(inputPath);
    }
    // 处理控制逻辑的 execute 方法
    public String execute() throws Exception
    {
        return SUCCESS;
    }
}
```

在 DownloadAction 类中有一个 inputPath 属性，该属性设置了要下载的文件名。除了这个属性，还有一个 getTargetInputStream 方法，实际上，这个方法是 targetInputStream 属性的 getter 方法，由于系统只需要 targetInputStream 属性的 getter 方法，因此，在 DownloadAction 类中就未编写 setter 方法和类变量。DownloadAction 类的配置代码如下：

```xml
<package name="chapter12" namespace="/chapter12" extends="struts-default">
    <!-- 配置 DownloadAction 类 -->
    <action name="DownloadAction" class="chapter12.action.DownloadAction">
        <!-- 通过 inputPath 参数设置 inputPath 属性的值 -->
        <param name="inputPath">/images/图像.gif</param>
        <!-- 配置 success 结果，结果使用 stream -->
        <result name="success" type="stream">
            <!-- 指定被下载文件的类型 -->
            <param name="contentType">image/gif</param>
            <!-- 指定获得被下载文件的 InputStream 对象的 Action 属性 -->
            <param name="inputName">targetInputStream</param>
            <!-- 指定被下载的文件名 -->
            <param name="contentDisposition">
                filename="abc.gif"
            </param>
```

```
                <!--  指定被下载文件时所使用的缓冲区大小  -->
                <param name="bufferSize">100000</param>
        </result>
    </action>
</package>
```

在上面的配置代码中设置了 DownloadAction 类的初始化参数 inputPath，该参数指定了服务器上被下载的文件名。实际上，这个参数也可以通过请求参数指定。在设置 stream 结果的参数时，指定了 contentDisposition 参数，该参数表示文件被下载后的文件名（在浏览器下载对话框或"另存图像对话框"中显示的默认文件名），也就是说，虽然服务器的被下载文件名是"图像.gif"，但下载后的文件名为 abc.gif。在浏览器地址栏中输入如下的URL：

```
http://localhost:8080/webdemo/chapter12/DownloadAction.action
```

浏览器将显示出"图像.gif"的内容，但另存图像时，默认保存的文件名是"abc.gif"。由于通过请求参数指定 inputPath 属性值时，只能使用 HTTP POST 请求，因此可以使用如下的 JSP 代码来向 DownloadAction.action 传递 inputPath 请求参数，并显示服务器的其他图像。

```
<!--  download.jsp  -->
<%@ page language="java" pageEncoding="UTF-8"%>
<%@ taglib prefix="s" uri="/struts-tags"%>
<html>
    <head>
        <title>下载文件</title>
    </head>
    <body>
        <s:form action="DownloadAction" method="post" namespace="/chapter12">
            <!--  向 DownloadAction.action 提供 inputPath 属性值  -->
            <s:textfield label="下载文件路径" name="inputPath" />
            <s:submit value="下载" />
        </s:form>
    </body>
</html>
```

在浏览器地址栏中输入如下的 URL：

```
http://localhost:8080/webdemo/chapter12/download.jsp
```

浏览器显示下载页面后，在"上传文件路径"文本框中输入"/images/我的图像.jpg"，如图 12.13 所示。

图 12.13　文件下载页面

单击"下载"按钮，如果在服务器上存在"我的图像.jpg"文件的话，将会在浏览器中显示该图像的内容。

12.5.3　控制下载文件的授权

由于下载文件需要先通过 Action，因此可以在下载文件之前检查当前用户是否有权限下载该文件。如果该用户未登录，或登录用户没有权限下载该文件，则 execute 方法返回 login，否则返回 success。

AuthorizationDownloadAction 是负责对下载文件进行权限验证的 Action 类，该类继承了 12.5.2 节中给出的 DownloadAction 类。AuthorizationDownloadAction 类的实现代码如下：

```java
public class AuthorizationDownloadAction extends DownloadAction
{
    public String execute() throws Exception
    {
        //  获得 ActionContext 对象
        ActionContext ctx = ActionContext.getContext();
        Map session = ctx.getSession();            //  获得保存 Session 的 Map 对象
        //  从 Session 中得到用户名
        String username = (String)session.get("username");
        //  如果登录的用户是 mike，则返回 success
        if(username != null && username.equals("mike"))
        {
            return SUCCESS;
        }
        return LOGIN;                              //  校验失败，返回 login
    }
}
```

从上面的代码可以看出，在权限校验失败后，execute 方法返回 login，并转入登录页面。AuthorizationDownloadAction 类的配置代码如下：

```xml
<package name="chapter12" namespace="/chapter12" extends="struts-default">
    <!--  配置 AuthorizationDownloadAction 类  -->
    <action name="AuthorizationDownloadAction" class="chapter12.action.
    AuthorizationDownloadAction">
        <param name="inputPath">/images/我的图像.jpg</param>
    <!--  配置 login 结果  -->
    <result name="login">/chapter8/login.jsp</result>
    <!--  配置 success 结果  -->
    <result name="success" type="stream">
        <param name="contentType">image/gif</param>
        <param name="inputName">targetInputStream</param>
        <param name="contentDisposition">
            filename="abc.gif"
        </param>
        <param name="bufferSize">100000</param>
    </result>
    </action>
</package>
```

上面的配置代码和配置 DownloadAction 类的代码类似，除了类名和 name 属性不同外，还加了一个 login 结果，当权限校验失败后，则通过 login 结果转换 login.jsp 页面。在浏览器地址栏中输入如下的 URL：

```
http://localhost:8080/webdemo/chapter12/AuthorizationDownloadAction.
action
```

如果用户未使用 mike 登录，则在浏览器中会显示登录页面，在输入用户名（mike）和密码（4321），单击"登录"按钮后，再次访问上面的 URL，则会在浏览器中显示"我的图像.gif"的内容。

12.6　小　　结

本章讲解了 Web 应用程序中上传文件的原理和实现方法。在传统的 Web 程序中，可以通过手工的方式分析文件域发送给服务端的数据从而实现文件上传功能，但这种方式过于麻烦，而且容易出错。除此之外，也可以使用像 Commons-FileUpload 组件一样的上传组件实现文件上传的功能，虽然这些上传组件大大减少了编写代码的工作量，但仍然还有很多工作需要开发人员手工去处理。

Struts 2 为了更进一步地降低工作量，将常用的上传组件（Commons-FileUpload、cos 等）做了进一步的封装，使上传单个文件和多个文件的功能变得非常容易实现，从而使代码量又减少了很多。除此之外，在 Struts 2 中还提供了拦截器可以过滤上传文件的类型，而且不需要编写一行代码。

在 Struts 2 中提供了一个 stream 结果，通过这个结果，可以非常容易地编写下载文件的 Action 类。通过这个 Action 类，可以对被下载的文件进行授权控制，并且可以有效地处理中文文件名的问题。

12.7　实　战　练　习

一．选择题

1．下面不属于 Struts 2 框架所支持的上传文件组件式（　　　）。

    A．cos 组件　　　　　　　　　　　　　B．file 组件

    C．pell 组件　　　　　　　　　　　　　D．jakarta 组件

2．下面可以通过（　　　）结果类型来实现文件下载。

    A．login　　　　　　　　　　　　　　　B．success

    C．stream　　　　　　　　　　　　　　D．false

二．编程题

某文件管理系统中有如下需求。

（1）通过自定义拦截器实现只有具有相应权限的用户才可以上传和下载文件。

（2）在 Struts 2 框架中通过组件 Commons-FileUpload 实现多文件上传功能。

（3）在 Struts 2 框架中通过 stream 结果类型实现文件下载。

【提示】综合 12.4 和 12.5 小节内容，实现上述功能。

关于上传文件代码如下：

```java
public String execute() throws Exception
{
    //  循环处理所有的上传文件
    for(int i = 0; i < uploadFileName.size(); i++)
    {
        //  获得保存在服务端的上传文件名
        String fn = uploadPath + uploadFileName.get(i);
        //  创建文件输出流对象
        FileOutputStream fos = new FileOutputStream(fn);
        //  创建上传文件的输入流对象
        InputStream is = new FileInputStream(upload.get(i));
        byte[] buffer = new byte[8192];  //  每次读 8K 字节
        int count = 0;
        //  通过循环实现上传文件
        while ((count = is.read(buffer)) > 0)
        {
            fos.write(buffer, 0, count);  //  向服务端的上传文件输出字节流
        }
        fos.close();                      //  关闭文件输出流对象
        is.close();                       //  关闭文件输入流对象
    }
    result = "文件上传成功！";
    return "result";
}
```

第 13 章　程序的国际化

由于 Web 应用程序的浏览者可能不只是本国的用户，尤其是面向全球 Web 应用的用户来自世界各地，当然就不能期望这些用户都使用一种语言。因此这就需要用户在浏览 Web 应用时以本国的语言和习惯显示页面，程序的这种功能被称为国际化，其是成熟商业系统的一个重要标志。

Struts 2 的国际化功能做得比较出色。在 Struts 2 中可以读取资源文件中的国际化信息，并可以将这些国际化信息应用到不同的地方，如输入校验、类型转换等的出错信息，JSP 页面的国际化信息等，在 Action 类中也可以通过编程的方式获得资源文件中的国际化信息。本章的主要内容如下：

- ❑ 程序为什么需要国际化；
- ❑ Java 国际化中的资源文件；
- ❑ Java 支持的语言和国家；
- ❑ 资源文件的中文支持；
- ❑ Java 国际化中的资源类；
- ❑ Struts 2 中的全局资源文件；
- ❑ 在 Struts 2 中访问国际化消息；
- ❑ 在 Struts 2 中访问带占位符的国际化消息；
- ❑ 使用<s:il8n.../>指定国际化资源文件；
- ❑ 资源文件的作用域；
- ❑ 加载资源文件的顺序。

13.1　了解国际化基础

国际化是指应用程序在运行时，根据客户端请求中所带的国家/地区、语言的不同而显示不同的界面。如当请求来自中文操作系统的客户端，则应用程序中的各种提示和状态信息都显示成中文，而如果请求来自英文操作系统的客户端时，则应用程序就会显示相应的英文信息。

13.1.1　程序为什么需要国际化

当一个应用程序需要面对全球的用户时，就必须要考虑在不同语言环境下的使用情况，最基本的要求就是用户界面上的各种信息可以使用和本地操作系统相同的语言显示出来。当然一个成熟的面向全球发布的系统，对国际化和本地化的要求就远不止这些，在这些系统中，可能还会要求用户的数据按照本地的习惯处理和显示，如日期就是最典型的例子，在不同的国家，日期的显示格式不同，但在一个国际化的程序中，就要求根据"本地操作系统的语言和国家地区"显示相应格式的日期。

由于 Java 语言本身使用的是 UCS2 编码，一个 UCS2 字符占两个字节，因此也可以称为 Unicode 16，其中 16 表示 16 位，也就是两个字节。UCS2 是编码格式中的世界语，也就是说，UCS2 提供了对不同国家和不同语言的支持。因此 Java 语言本身对各种语言的支持也就水到渠成。

如果只是 Java 语言本身支持各种语言是不够的，一个真正的国际化程序应该是不需要修改程序的逻辑，就可以为不同国家的用户显示其本国语言和信息格式的界面。国际化的英文单词是 Internationalization，由于这个单词有 20 个字符，用起来很不方便，因此，在很多时候也将其称为 I18N，其中 I 表示该单词的首字母，N 表示该单词的尾字母，而 18 表示在 I 和 N 之间的字符串（共 18 个字符）。

由于国际化实际上就是按照本地操作系统的语言来显示界面信息，因此国际化也可以叫做本地化，本地化的英文单词是 Localization，该单词和 Internationalization 一样，也可以简写成 L10N。

13.1.2　学习编写 Java 国际化中的资源文件

Java 实现国际化的基本原理就是将国际化信息保存在资源文件中，然后在程序中通过 SUN 公司提供的 API 读取这些信息。在资源文件中保存的国际化信息实际上就是 key-value 对，程序根据 key 读取国际化信息。key 在资源文件中是保持不变的，但 value 值随着语言和国家的不同而变化。

虽然资源文件中的国际化信息是 key-value 对，也可以直接通过程序读出国际化信息，并取得相应的值，但实际上 Java 会根据当前的语言和国家自动找到相应的资源文件，而并不需要在程序中直接指定资源文件名。因此资源文件名就需要有一定的命名规则，而且命名规则要和语言及国家有关。资源文件的命名规则有如下 3 种形式：

❑ baseName_language_country.properties；

❑ baseName_language.properties；

❑ baseName.properties。

其中 baseName 是资源文件的基本名，用户可以任意指定这个基本名。而 language 和 country 分别表示语言和国家，它们的值必须是 Java 支持的语言和国家。如 baseName_zh_CN.properties，其中 zh 是语言，CN 是国家。

不同的国家虽然可能讲一种语言，但是这些讲同一种语言的国家在信息的显示风格及格式上也存在着一定的差异，如这个世界上讲英语的国家非常多，如爱尔兰、美国、加拿大和南非等，这些国家虽然都使用英语，但在某些信息上却有着自己的特色，因此资源文件名要精确到国家。这样就可以单独对某个国家或地区进行本地化。

应用程序在根据语言和国家确定资源文件名时，首先会组合语言和国家，如果未找到这类资源文件，然后会再考虑语言，如果仍未找到这类资源文件，就会寻找 baseName.properties 文件。如对于来自美国地区的请求，系统会首先寻找 baseName_en_US.properties，如果该文件不存在，系统会再寻找 baseName_en.properties，如果仍未找到该文件，则会寻找 ·baseName.properties。当然如果这 3 个文件都不存在，则会找不到资源文件，即国际化失败。Java 程序的国际化功能主要由如下 3 个类来完成。

❑ java.util.ResourceBundle：该类用于加载一个资源文件。

❑ java.util.Locale：该类对应一个特定的语言和国家/地区。

❑ java.text.MessageFormat：该类用于格式化消息。

13.1.3　了解 Java 支持的语言和国家

虽然 Java 支持的语言和国家非常多，但并不是支持所有的语言和国家。要想了解当前的 JDK 版本支持的语言和国家，可以使用 Locale 类的 getAvaliableLocale 方法返回一个 Locale 数组，该数组中包含了当前 JDK 版本所支持的所有语言和国家。locales.jsp 页面显示了当前 JDK 版本所支持的所有语言和国家，该页面的代码如下：

```
< !-- locales.jsp -->
<%@ page language="java" pageEncoding="UTF-8"%>
<%@ page import ="java.util.*" %>
<html>
    <head>
        <title>Java 支持的语言和国家</title>
    </head>
    <body>
        <%
            // 返回 Locale 对象数组
            Locale[] locales = Locale.getAvailableLocales();
            // 遍历数组的每一个 Locale 对象，并输出语言和国家的相关信息
            for(Locale locale: locales)
            {
                // 获得当前环境的语言描述
                String displayLanguage = locale.getDisplayLanguage();
                // 获得当前环境的语言
                String language = locale.getLanguage();
                // 获得当前环境的国家描述
                String displayCountry = locale.getDisplayCountry();
                // 获得当前环境的国家
                String country = locale.getCountry();
                // 输出语言描述和语言信息
                out.println(displayLanguage + "=" + language + "  ");
                // 输出国家描述和国家信息
                out.println(displayCountry + "=" + country + "<br/>");
            }
        %>
    </body>
</html>
```

在浏览器地址栏中输入如下的 URL：

```
http://localhost:8080/webdemo/chapter13/locales.jsp
```

浏览器输出的信息如图 13.1 所示。

资源文件名可以使用图 13.1 所示的语言和国家来命名，如要为澳大利亚建立一个国际化资源文件，则文件名可以为 baseName_en_AU.properties。

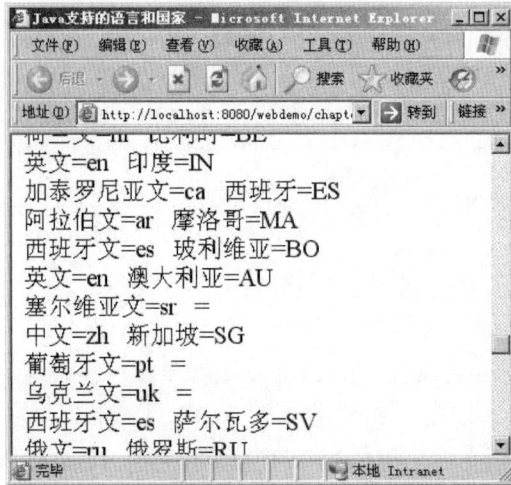

图 13.1　显示当前 JDK 版本支持的语言和国家

13.1.4　实现资源文件的中文支持

Java 中的资源文件只支持 ISO-8859-1 编码格式的字符，但有很多国家的语言是非 ISO-8859-1 编码格式的，要想在资源文件中保存这些非 ISO-8859-1 编码格式的字符，就必须对资源文件的内容进行转换。在 11.3.3 节曾讲过可以使用 JDK 自带的 native2ascii.exe 命令对资源文件的内容进行转换，该命令可以将非 ISO-8859-1 编码格式的字符转换成\uxxxx 格式的 UCS2 编码。但是每次都使用 native2ascii.exe 命令对资源文件进行转换比较麻烦，因此在本节将介绍两个 MyEclipse 插件编辑资源文件。

1．Properties Editor插件

PropertiesEdiitor 插件可以从如下的网址下载：

```
http://sourceforge.jp/projects/propedit
```

这个插件分为 3 个版本：独立运行的版本、JBuilder 版本和 Eclipse 版本。该插件编辑属性文件的方式和 Eclipse 内嵌的资源文件编辑器（Properties File Editor）类似。在下载插件压缩包后，将其解压，然后将解压目录中的 features 和 plugins 两个目录复制到<MyEclipse 安装目录>\eclipse 目录中即可。用 Properties Editor 插件编辑属性文件的界面如图 13.2 所示。

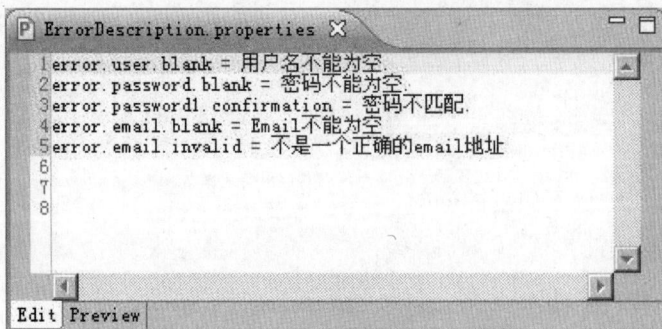

图 13.2　Properties Editor 插件的编辑界面

从图 13.2 中可以看出，可以直接在 Properties Editor 插件的资源文件编辑器中输入中文信息。该插件在保存资源文件时，在后台将所有非 ISO-8859-1 编码格式的字符转换成\uxxxx 格式的 UCS2 编码，而这一切对于开发人员都是透明的。读者可以选择某一个资源文件，在右键菜单上选择 Open With|Text Editor 命令打开当前的资源文件，就会看到所有的非 ISO-8859-1 编码格式的字符都显示成了\uxxxx 的形式。

2．JInto插件

JInto 插件可以从如下的网址下载：

```
http://www.guh-software.de/jinto.html
```

该插件编辑属性文件的方式和 MyEclipse 内嵌的资源文件编辑器（MyEclipse Properties Editor）类似，是以表格的形式编辑资源文件，JInto 插件的编辑界面如图 13.3 所示。

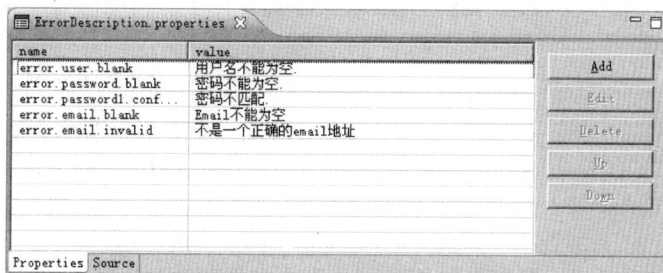

图 13.3　JInto 插件的编辑界面

在编辑资源文件时，可以通过右键菜单的 Open With 子菜单，选择使用哪个插件的资源文件编辑器打开资源文件，如图 13.4 所示。

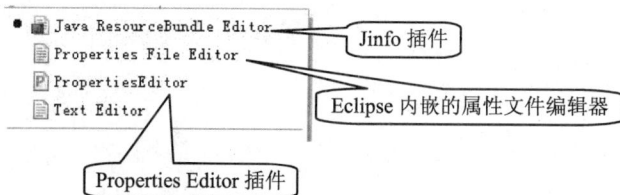

图 13.4　选择资源文件编辑器的菜单

注意：笔者发现在以前的版本的 MyEclipse 开发工具里，是需要安装相应的资源文件插件，而在新版本的 MyEclipse（MyEclipse 10.6 以上）里却不需要安装资源文件插件，只需要通过默认资源文件编辑器来（MyEclipse Properties Editor）操作该类型文件。

13.1.5　编写国际化程序

一个支持国际化的程序，不能将需要国际化的信息硬编码在程序中。先看看下面的

Servlet 类：

```
public class MyServlet extends HttpServlet
{
    //  处理 HTTP 请求的 service 方法
    public void service(HttpServletRequest request, HttpServletResponse
    response)
        throws ServletException, IOException
    {
        //  设置 Content-Type 字段值
        response.setContentType("text/html;charset=UTF-8");
        //  获得 PrintWriter 对象
        PrintWriter out = response.getWriter();
        out.println("你好吗？");                        //输出相应内容
    }
}
```

上面的 Servlet 类再简单不过了，只是往客户端发送一条简单的中文信息。但这个程序并不支持国际化，原因是如果要输入其他语言的信息，如输入英文 "How are you?"，就必须得改动程序，而这对于面向全球发布或服务的程序是不允许的。要使该程序支持国际化，就必须将要输出的字符串和程序脱离，也就是说在修改字符串后，不需要重新编译程序就可以发布并运行程序。

为了使上面的程序支持国际化，需要使用资源文件保存输出的字符串。假设 MyServlet 需要支持中文和英文（美国）两种语言，那么就需要在 WEB-INF\classes 目录中建立如下两个文件。

❑ myServlet_zh_CN.properties：该文件存储了中文国际化信息。

❑ myServlet_en_US.properties：该文件存储了英文国际化信息。

其中 myServlet_zh_CN.properties 文件的内容如下：

```
# 资源文件的内容是 key-value 对
message = 你好吗?
```

myServlet_en_US.properties 文件的内容如下：

```
# 资源文件的内容是 key-value 对
message = How are you?
```

在编辑 myServlet_zh_CN.properties 文件时，需要使用 13.1.4 节介绍的两个资源文件编辑插件，当然也可以使用 native2ascii.exe 命令将资源文件的中文信息转换成\uxxxx 格式的 UCS2 编码。

实际上，如果中文和英文分别只有一种，可以使用 myServlet_zh.properties 和 myServlet_en.properties 文件分别代替 myServlet_zh_CN.properties 和 myServlet_en_US. properties 文件。在处理完上面两个资源文件后，可以将 MyServlet 类按照如下的代码修改。

```
public class MyServlet extends HttpServlet
{
    //  处理 HTTP 请求的 service 方法
    public void service(HttpServletRequest request, HttpServletResponse
    response)
        throws ServletException, IOException
    {
        response.setContentType("text/html;charset=UTF-8");
```

```
        PrintWriter out  = response.getWriter();
        //  获得客户端请求的 Locale 对象，其中包含客户端的语言和国家
        Locale locale = request.getLocale();
        //  通过 baseName、语言和国家找到资源文件
        ResourceBundle bundle = java.util.ResourceBundle.getBundle
        ("myServlet", locale);
        //  输出资源文件中的国际化信息
        out.println(bundle.getString("message"));
    }
}
```

在上面的代码中通过 HttpRequestServlet 接口的 getLocale 方法返回了客户端请求的 Locale 对象。该对象中包含的语言和国家信息由浏览器的当前所处的语言和国家而定（可以手工修改，详见 13.1.7 节的例子）。

从 13.1.2 节得知，一个资源文件名由 baseName、language 和 country 决定。由于 language 和 country 被封装在了 Locale 对象中，因此只要知道 baseName 和 Locale 对象就可以确定一个资源文件名。由于在本节所建立资源文件的 baseName 是 myServlet。所以在 MyServlet 类中使用了 ResourceBundle 类的 getBundle 方法，返回一个资源文件的 ResourceBundle 对象，如下面的代码所示。

```
ResourceBundle bundle = java.util.ResourceBundle.getBundle("myServlet",
locale);
```

getBundle 方法的第 1 个参数要提供一个 baseName 名，第 2 个参数是 Locale 对象。通过 ResourceBundle 类的 getString 方法可以读取资源文件中的国际化信息。如在 MyServlet 中使用如下的代码读取并输出 key 为 message 的国际化信息：

```
out.println(bundle.getString("message"));
```

在浏览器中访问 MyServlet 时，如果浏览器的当前语言和国家是 zh_cn，则 getBundle 方法就会在 WEB-INF\classes 目录中寻找 myServlet_zh_CN.properties 文件。如果浏览器的当前语言和国家是 en_us，则 getBundle 方法就会在 WEB-INF\classes 目录中寻找 myServlet_en_US.properties 文件。关于浏览器的语言和国家的设置将在 13.1.7 节详细介绍。

13.1.6　编写带占位符的国际化信息

将国际化信息放到资源文件中固然会使程序变得更灵活，但有时也会带来一些麻烦。例如当国际化信息中的某些部分是动态生成的，在这种情况下，将信息完全放到资源文件中，显然不能达到我们的要求。对于这种需求，也可以参考一下 JSP 的编写方式。

在 JSP 页面中，既可以有静态的 HTML 代码，也可以有动态的 Java 代码、EL 等。那么就需要一些机制来区分静态和动态部分。如使用<% ... %>来包含动态的 Java 代码；使用 ${...}来包含 EL。

在资源文件中的国际化消息也可以使用类似的机制，也就是说，国际化文件内容可以是静态和动态部分的组合体，静态部分可以按原样保存，而动态部分实际上就是一个占位符，格式是{n}，其中 n 是一个从 0 开始的整数。如 myServlet_zh_CN.properties 文件要想有一个动态的人名，可以使用如下的国际化消息。

```
message = {0}！你好吗？
```

mySerlvet_en_US.properties 文件的内容如下：

```
message = {0}!How are you?
```

对于上面的国际化信息，仍可以使用 ResourceBundle 类的 getString 方法读取，但信息仍然会包含{0}，如果要将{0}替换成我们想要的人名，就需要使用 MessageFormat 类。该类有一个静态的 format 方法，定义如下：

```
public static String format(String pattern, Object ... arguments) ;
```

format 方法可以将字符串中的{n}格式的占位符替换成用户指定的值。其中 pattern 参数表示带{n}占位符的字符串，arguments 参数是一个 Object...类型，该参数中元素的数量应该和 pattern 参数值中的{n}占位符一样多，并且会依次将占位符替换成 arguments 参数中对应的值，也就是说，arguments 参数中的第 1 个值替换{0}，第 2 个值替换{1}，依次类推。

```java
public class MyServlet extends HttpServlet
{
    //  处理 HTTP 请求的 service 方法
    public void service(HttpServletRequest request, HttpServletResponse
    response)
        throws ServletException, IOException
    {
        response.setContentType("text/html;charset=UTF-8");
        PrintWriter out  = response.getWriter();
        //  获得客户端请求的 Locale 对象，其中包含客户端的语言和国家
        Locale locale = request.getLocale();
        //  通过 baseName、语言和国家找到资源文件
        ResourceBundle bundle = java.util.ResourceBundle.getBundle
        ("myServlet", locale);
        //  读取资源文件中的国际化信息
        String msg = bundle.getString("message");
        //  格式化并输出国际化信息
        out.println(MessageFormat.format(msg, "Mike"));
    }
}
```

如果浏览器的语言和国家是 zh_cn，则访问 MyServlet 后，会在浏览器中输出如下的信息：

```
Mike！你好吗？
```

如果资源文件存在，系统会输出上面的信息。如果资源文件不存在时，系统将会按照如下的顺序搜索 3 类资源文件。

❑ mySerlvet_zh_CN.properties：当系统未找到与 baseName、语言和国家相匹配的资源文件时，就会寻找同 baseName 和语言相匹配的资源文件。

❑ mySerlvet_zh.properties：当系统未找到同 baseName 和语言相匹配的资源文件时，就会寻找同 baseName 相匹配的资源文件。

❑ mySerlvet.properties：当系统未找到同 baseName 相匹配的资源文件时，就会抛出 java.util.MissingResourceException 异常。

13.1.7　实例：使用资源文件编写国际化程序

在本节给出一个完整的实例演示如何通过资源文件来编写支持国际化的程序，并通过修改浏览器语言和国家地区的方式来模拟处在不同语言环境下用户来访问本例中的 Servlet，以观察国际化的效果。

在 WEB-INF\classes 目录建立两个资源文件：resource_zh_CN.properties 和 resource_en_US.properties。resource_zh_CN.properties 文件的内容如下：

```
#  中文国际化信息
product.name = 产品名
product.price= 产品价格
#  带占位符的中文国际化信息
message = 你好，{0}！现在的时间是{1}.
```

resource_en_US.properties 文件的内容如下：

```
#  英文国际化信息
product.name = product name
product.price= product price
#  带占位符的英文国际化信息
message = Hello,{0}! Now is {1}.
```

上面两个资源文件中各有一个带占位符的国际化信息，该信息有两个占位符，在程序中将分别被替换成人名和当前的时间。

LocaleServlet 是一个 Servlet 类，负责根据客户端请求中的语言和国家地区信息读取其中一个资源文件中的国际化信息，并将国际化信息中的占位符替换成相应的信息。LocaleServlet 类的代码如下：

```
//  继承 HttpServlet 类的 Servlet
public class LocaleServlet extends HttpServlet
{
    public void service(HttpServletRequest request, HttpServletResponse
    response)
        throws ServletException, IOException
    {
        //  设置编码格式和获取输出对象 out
        response.setContentType("text/html;charset=UTF-8");
        PrintWriter out = response.getWriter();
        //  获得客户端请求的 Locale 对象，其中包含客户端的语言和国家
        Locale locale = request.getLocale();
        //  获得资源文件的 ResourceBundle 对象
        ResourceBundle bundle = java.util.ResourceBundle.getBundle
        ("resource", locale);
        //  输出客户端请求中的语言名，如"中文"
        out.println(locale.getDisplayLanguage() + "<p/>");
        //  输出资源文件中的国际化信息
        out.println(bundle.getString("product.name") + "<br>");
        out.println(bundle.getString("product.price") + "<br>");
        //  读取带占位符的国际化信息
        String msg = bundle.getString("message");
        //  格式化时间
```

```
    SimpleDateFormat dateFormat = new SimpleDateFormat("HH:mm:ss");
    //　格式化带占位符的字符串，并输出的客户端
    out.println(MessageFormat.format(msg, "Mike", dateFormat.format
    (new Date())));
    }
}
```

LocaleServlet 类的配置代码如下：

```
<!--　定义 Servlet 本身的属性　-->
<servlet>
    <servlet-name>LocaleServlet</servlet-name>
    <servlet-class>chapter13.servlet.LocaleServlet</servlet-class>
</servlet>
<!--　定义 Servlet 映射信息　-->
<servlet-mapping>
    <servlet-name>LocaleServlet</servlet-name>
    <url-pattern>/chapter13/LocaleServlet</url-pattern>
</servlet-mapping>
```

在浏览器地址栏中输入如下的 URL：

```
http://localhost:8080/webdemo/chapter13/LocaleServlet
```

如果浏览器当前的语言和国家地区是 zh_cn，则在浏览中的显示如图 13.5 所示。

为了测试在英文环境下的国际化结果，需要手动修改 IE 的语言和国家。在 IE 中选择"工具"|"Internet 选项"命令，打开"Internet 选项"对话框，如图 13.6 所示。

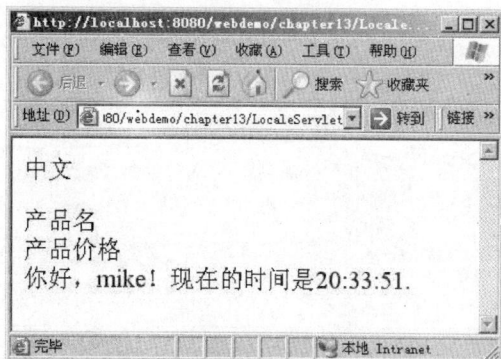

图 13.5　中文环境下的输出结果

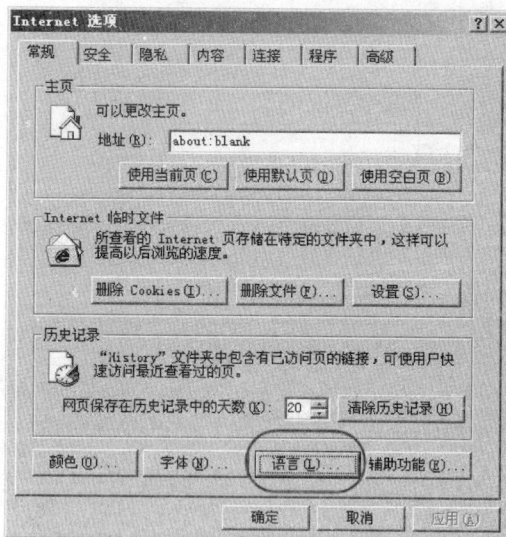

图 13.6　"Internet 选项"对话框

在"常规"页单击"语言(L)..."按钮，打开"语言首选项"对话框，如图 13.7 所示。

从图 13.7 中可以看出，浏览器当前的语言和国家是 zh-cn，为了增加英文语言，单击"添加(A)..."按钮，打开"添加语言"对话框，选择"英语（美国）[en-us]"选项，如图 13.8 所示。

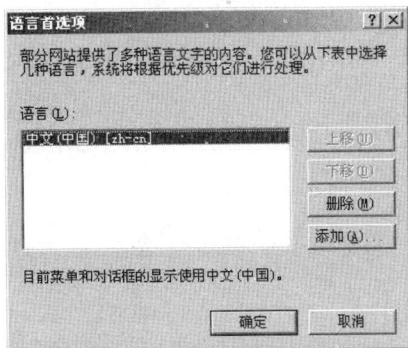

图 13.7　"语言首选项"对话框

图 13.8　"添加语言"对话框

在添加语言后，使用"上移(U)"按钮将 en-us 移动到"语言"列表的最上端，如图 13.9 所示。

在保存设置后，现在浏览器的语言就是 en-us 了。这时再访问如下的 URL：

```
http://localhost:8080/webdemo/chapter13/LocaleServlet
```

浏览器中输出的信息如图 13.10 所示。

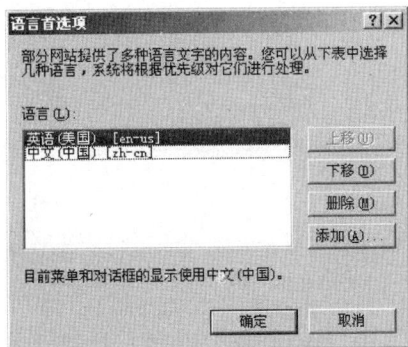

图 13.9　将 en-us 移动到最上端

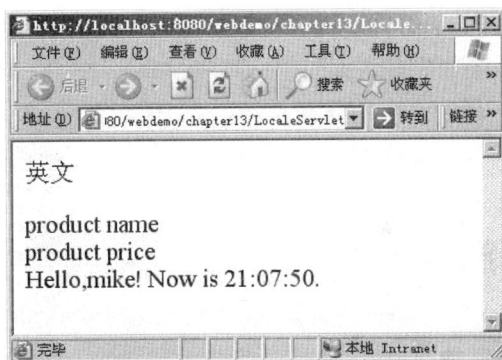

图 13.10　英文环境下的输出结果

从图 3.10 中可以看出，当浏览器的语言被设置成 en-us 时，浏览器中输出的英文信息，也就是 resource_en_US.properties 资源文件中的国际化信息。

当浏览器在改变语言后，如果服务端有相应的资源文件，则系统会输出相应的国际化信息，如果不存在同 baseName、语言和国家相匹配的资源文件，系统就会继续寻找另外两种资源文件。如果未找到，就会抛出异常。为了防止浏览器设置的语言在服务器没有与之对应的资源文件，笔者建议最好建立一个默认的资源文件，如 baseName.properties，这样当服务端不支持浏览器所设置的语言时，就会使用 baseName.properties 文件作为默认的资源文件。

13.1.8　掌握 Java 国际化中的资源类

虽然使用资源文件来保存国际化信息非常方便，但有时可能需要做一些动态的工作，这些动态的工作要比使用占位符动态地传递参数更复杂，如执行一些 Java 代码等。要完成这种功能，就需要使用另一种保存国际化信息的方式资源类。资源类和普通类相似，但有如下两点差异：

❑ 资源类名的命名规则和资源文件相同，必须是 baseName_language_country、baseName_language 或 baseName 中的一个。

❑ 资源类必须从 ListResourceBundle 类继承，ListResourceBundle 是一个抽象类，该类有一个抽象方法 getContents，在资源类中必须实现。getContents 方法返回一个 Object 类型的二维数组，用来保存国际化信息。该数组的第一维保存 key 值，第二维保存 value 值。

如果 13.1.5 节中的 MyServlet 类采用资源类的方式保存国际化信息，则保存中文国际化信息的资源类代码如下：

```
//   继承 ListResourceBundle 类的 Servlet
public class myServlet_zh_CN extends ListResourceBundle
{
    //   定义中文国际化资源
    private final Object resources[][] =
    {
        {"message", "你好吗？"}
    };
    //   实现 getContents 方法，并返回 resources 二维数组
    public Object[][] getContents()
    {
        return resources;
    }
}
```

该类和资源文件放到同一个目录下（WEB-INF\classes 目录）。如果在 Web 应用程序中同时存在资源文件和资源类，则系统会首先考虑资源类。下面是 ResourceBundle 搜索资源的顺序：

❑ baseName_language_country.class。

❑ baseName_language_country.properties。

❑ baseName_language.class。

❑ baseName_language.properties。

❑ baseName.class。

❑ baseName.properties。

系统会从上面的第一个文件开始找起，如果上一个文件未找到，则会继续寻找下一个文件，如果上面的 6 个文件都未找到，则系统会抛出异常。

13.1.9　实例：使用资源类编写国际化程序

在本节中给出一个使用资源类编写国际化程序的例子。这个例子和 13.1.7 节中的例子相同，只是国际化信息保存在了资源类中，而不是保存在资源文件中。对于 LocaleServlet

类，本节的实现代码和 13.1.7 节中的实现代码相同，关于 LocaleServlet 类的实现代码，请读者参阅 13.1.7 节中的内容。

在本节只需要将两个资源文件改成相应的两个资源类即可。保存中文国际化信息的资源类名是 resource_zh_CN，该类的实现代码如下：

```java
import java.util.ListResourceBundle;
// 继承 ListResourceBundle 类的资源类
public class resource_zh_CN extends ListResourceBundle
{
    // 保存 3 条中文国际化信息
    private final Object resources[][] =
    {
        { "product.name", "产品名（类文件）" },
        { "product.price", "产品价格（类文件）" },
        { "message", "你好,{0}！现在的时间是{1}（类文件）" }
    };
    // 实现 getContents 方法，并返回二维数组形式的中文国际化信息
    @Override
    protected Object[][] getContents()
    {
        return resources;
    }
}
```

保存英文国际化信息的资源类名是 resource_en_US，该类的实现代码如下：

```java
import java.util.ListResourceBundle;
// 继承 ListResourceBundle 类的资源类
public class resource_en_US extends ListResourceBundle
{
    // 保存 3 条英文国际化信息
    private final Object resources[][] =
    {
        { "product.name", "product name（类文件）" },
        { "product.price", "product price（类文件）" },
        { "message", "Hello,{0}! Now is {1}（类文件）" }
    };
    // 实现 getContents 方法，并返回二维数组形式的英文国际化信息
    @Override
    protected Object[][] getContents()
    {
        return resources;
    }
}
```

由于资源类的优先级大于同名的资源文件，因此当访问 LocaleServlet 时，系统会输出相应的资源类中的信息。在浏览器地址栏中输入如下的 URL：

```
http://localhost:8080/webdemo/chapter13/LocaleServlet
```

如果浏览器的当前语言是 zh-cn，则会输出如图 13.11 所示的信息。

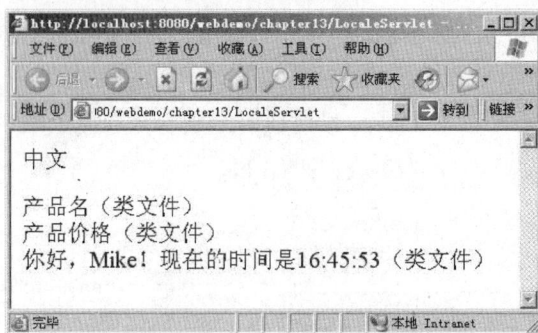

图 13.11　从资源类中读取中文国际化信息

13.2　了解 Struts 2 的国际化基础

Struts 2 的国际化实际上也是建立在 Java 基础上的。从技术层面上看，Struts 2 在底层也是使用 ResourceBundle 类的 getBundle 方法通过 baseName 和 Locale 对象来查找资源文件，并通过 getString 方法读取资源文件中的国际化信息。虽然 Struts 2 也使用了 Java 技术来处理资源文件，但用户在使用它时完全感觉不到这一点。因为在 Struts 2 中提供了很多机制（如标签、getText 方法等）隐藏读取国际化信息的复杂性，从而使编写国际化程序更容易。

13.2.1　学习 Struts 2 中的全局资源文件

Struts 2 提供了很多种加载资源文件的方式，但最简单的方式就是加载全局范围的资源文件。如果要使用全局范围的资源文件，需要在 struts.properties 或 struts.xml 文件中配置 struts.custom.i18n.resources 常量。该常量指定了全局资源文件的 baseName。

假设全局资源文件的 baseName 为 globalResource，则在 struts.properties 文件中可以通过如下的代码设置：

```
#  通过 struts.properties 文件指定全局资源文件的 baseName
struts.custom.i18n.resources = globalResource
```

在 struts.xml 文件中配置 struts.custom.i18n.resources 常量的代码如下：

```
#  通过 struts.xml 文件指定全局资源文件的 baseName
<constant name="struts.custom.i18n.resources" value="globalResource" />
```

通过上面两种方式中的一种指定全局资源文件的 baseName 后，在程序中就可以使用全局资源文件了。

13.2.2　实现在 Struts 2 中访问国际化信息

Struts 2 既可以在 JSP 页面中输出国际化信息，也可以在 Action 类中输出国际化信息。

按照输出的方式分类，在 Struts 2 中可以有如下 3 种输出国际化信息的方式：

- 使用<s:text.../>标签在 JSP 页面中直接输出国际化信息。<s:text.../>标签有一个 name 属性，该属性值就是资源文件中的 key。
- 使用表单标签输出国际化信息（如<s:textfield.../>、<s:submit.../>、<s:checkbox .../>等），这些表单标签都有一个 key 属性，该属性值就是资源文件中的 key。使用表单标签会将国际化标签输出到表单标签的 Label 里，也就是说，相当于将资源文件中的国际化信息直接赋给 label 属性。
- 如果 Action 类从 ActionSupport 类继承，可以通过 ActionSupport 类的 getText 方法返回资源文件中的国际化信息。getText 方法有一个 name 参数，该参数值就是资源文件中的 key。

假设有一个注册页面，需要实现国际化功能，需要分别在 WEB-INF\classes 目录中建立如下的两个全局资源文件。

- globalResource_zh_CN.properties：该资源文件保存了中文国际化信息。
- globalResource_en_US.properties：该资源文件保存了英文国际化信息。

globalResource_zh_CN.properties 文件的内容如下：

```
#  注册页面的中文国际化信息
registerPage = 注册页面
username = 用户名
password = 密码
age = 年龄
birthday = 出生日期
register = 注册
successResult = 注册成功!
failresult = 注册失败!
```

globalResource_en_US.properties 文件的内容如下：

```
#  注册页面的英文国际化信息
registerPage = Register Page
username = User Name
password = Password
age = Age
birthday = Birthday
register = Register
successResult = register is successful!
failresult = register is failed!
```

下面是注册页面 register.jsp 的代码：

```
<%@ page language="java" pageEncoding="UTF-8"%>
<!-- 引用 Struts 2 标签库  -->
<%@ taglib prefix="s" uri="/struts-tags"%>
<html>
    <head>
        <title>
            <!--  使用 s:text 标签输出国际化信息  -->
            <s:text name = "registerPage" />
        </title>
    </head>
    <body>
```

```
        <s:form action = "register" >
          <!--  使用表单标签输出国际化信息  -->           .
          <s:textfield name="username" key = "username" />
          <s:textfield name="password" key = "password" />
          <s:textfield name="age" key = "age" />
          <s:textfield name="birthday" key = "birthday" />
          <s:submit key="register" />
        </s:form>
    </body>
</html>
```

register.jsp 页面的代码使用了<s:text.../>标签输出国际化页面标签的信息，使用了
<s:textfield.../>和<s:submit.../>标签，输出输入文本框中国际化 Label 的信息和国际化提交按
钮的 value 属性值的信息。

注意：如果在<s:textfield.../>标签中包含了 label 属性，则系统会优先考虑 label 属性的值。
　　　<s:submit>标签也是一样，如果在该标签中包含了 value 属性，则系统会优先考虑
　　　value 属性的值。

在浏览器地址栏中输入如下的 URL：

http://localhost:8080/webdemo/chapter13/register.jsp

如果浏览器的当前语言是中文，则浏览器会显示如图 13.12 所示的页面。按照 13.1.7
节的方法将浏览器的语言改为英文，刷新页面后，会在浏览器中显示如图 13.13 所示的
页面。

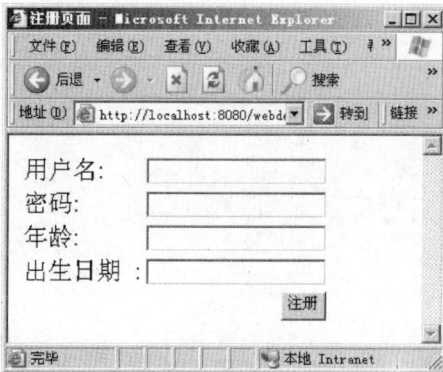

图 13.12　在中文环境中显示的注册页面　　　图 13.13　在英文环境中显示的注册页面

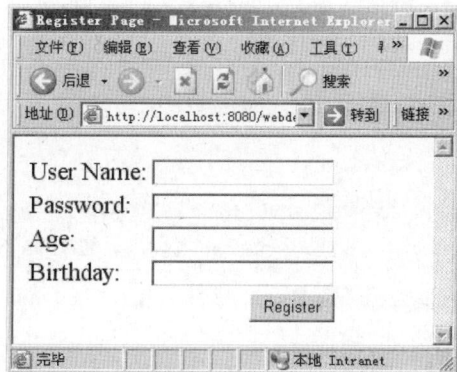

在 Action 类中也可以利用 ActionSupport 类的 getText 方法返回国际化信息。
RegisterAction 类负责校验，并处理这些注册信息。由于本例只是为了演示 getText 方法的
使用，因此，在 RegisterAction 类中只校验了用户名的长度。RegisterAction 类的代码如下：

```
// 实现 ActionSupport 类的 Action
public class RegisterAction extends ActionSupport
{
    private String username;            // 封装 username 请求参数的属性
    private String password;            // 封装 password 请求参数的属性
    private int age;                    // 封装 age 请求参数的属性
    private java.util.Date birthday;    // 封装 birthday 请求参数的属性
```

```
    private String result;                  //  封装了处理结果的属性
    //  下面隐藏了相关的 getter 和 setter 方法
    ...
    //  处理用户注册逻辑的 execute 方法
    public String execute() throws Exception
    {
        //  获取上下文对象 ctx
        ActionContext ctx = ActionContext.getContext();
        if(getUsername().length() <4)
        {
            //  如果校验失败，则通过 getText 方法取出 key 为 failResult 的国际化信息
            setResult(getText("failResult"));
            return ERROR;
        }
        //  如果注册成功，则通过 getText 方法取出 key 为 successResult 的国际化信息
        setResult(getText("successResult"));
        return SUCCESS;
    }
}
```

RegisterAction 类的配置代码如下：

```
<package name="chapter13" namespace="/chapter13" extends="struts-default">
    <!-- 配置 RegisterAction 类 -->
    <action name="register" class="chapter13.action.RegisterAction">
        <!-- 配置 success 结果 -->
        <result name="success">/chapter13/success.jsp</result>
        <!-- 配置 error 结果 -->
        <result name="error">/chapter13/error.jsp</result>
    </action>
</package>
```

按照 13.1.7 节介绍的方式修改浏览器的语言，发现在单击"注册"按钮后，注册成功或失败的提示信息会随着浏览器语言的不同而不同。

13.2.3　实现在 Struts 2 中输出带占位符的国际化信息

在前面已经讲过，国际化信息可以带占位符。这些带占位符的国际化信息可以使用 MessageFormat 类来完成填充这些占位符。但在 Struts 2 中提供了更简单的方法填充占位符，在 Struts 2 中可以使用如下两种方式来填充占位符。

❑ 如果要在 JSP 中使用带占位符的国际化信息，可以使用 Struts 2 标签（如<s:text.../>、<s:textfield.../>等）的<s:param.../>子标签填充这些占位符。<s:param... />标签可以有多个，第 1 个标签对应第 1 个占位符，第 2 个标签对应第 2 个占位符，……，依次类推。

❑ 如果要在 Action 中使用带占位符的国际化信息，可以通过 getText 方法的两个重载形式 getText（String aTextName, List args）或 getText（String key, String[] args）方法来填充占位符。这两个方法的第 2 个参数分别是一个 List 类型和 String[]类型。其中 List 集合、String 数组的第 1 个元素对应第 1 个占位符，List 集合、String 数组的第 2 个元素对应第 2 个占位符，……，依次类推。

假设在 globalResource_zh_CN.properties 和 globalResource_en_US.properties 文件中分

别有 3 条带占位符的国际化信息，globalResource_zh_CN.properties 文件中带占位符的国际化信息如下：

```
#　带有占位符的中文国际化信息
successResult = {0}注册成功！
failResult = {0}注册失败！
message = 你好，{0}！现在的时间是{1}.
```

globalResource_en_US.properties 文件中带占位符的国际化信息如下：

```
#　带有占位符的英文国际化信息
successResult = {0}, register is successful!
failResult = {0}, register is failed!
message = Hello,{0}! Now is {1}.
```

其中{0}表示用户名，也就是 Action 类中的 username 属性，{1}表示当前的时间（时：分：秒）。{0}和{1}都是在 Action 类中得到的，其中 username 直接通过 getText 方法填充，而当前时间是通过 Action 类的 time 属性传入到 success.jsp 和 error.jsp 页面，在该页面通过 <s:param .../>标签进行填充。下面是可以填充上面的占位符的 RegisterAction 类的代码。

```java
//　继承 ActionSupport 类的 Action
public class RegisterAction extends ActionSupport
{
    private String username;              //　封装 username 请求参数的属性
    private String password;              //　封装 password 请求参数的属性
    private int age;                      //　封装 age 请求参数的属性
    private java.util.Date birthday;      //　封装 birthday 请求参数的属性
    private String result;                //　封装处理结果的属性
    private String time;                  //　封装 time 属性
    //　下面省略了 RegisterAction 类属性的 getter 和 setter 方法
    ...
    public String execute() throws Exception
    {
        //　获取上下文对象
        ActionContext ctx = ActionContext.getContext();
        //　定义格式化时间的字符串
        SimpleDateFormat dateFormat = new SimpleDateFormat("HH:mm:ss");
        //　将被格式化的时间赋给 time 属性
        setTime( dateFormat.format(new Date()));
        //　校验用户名长度
        if(getUsername().length() <4)
        {
            //　通过 getText 方法填充占位符
            setResult(getText("failResult", new String[]{username}));
            return ERROR;
        }
        //　通过 getText 方法填充占位符
        setResult(getText("successResult", new String[]{username}));
        return SUCCESS;
    }
}
```

在上面的代码中使用 getText 方法填充了 failResult 和 successResult 国际化信息的占位符，并将被格式化的时间赋给 time 属性。

为了在 success.jsp 页面中显示 message 信息，需要使用<s:param.../>参数填充 message

信息的两个占位符,第1个占位符通过 username 填充,而第2个占位符要通过 RegisterAction 类的 time 属性填充。success.jsp 页面的代码如下:

```jsp
<%@ page language="java" pageEncoding="UTF-8"%>
<!--  引用 Struts 2 标签  -->
<%@ taglib prefix="s" uri="/struts-tags"%>
<html>
    <head>
        <!--  在标题栏中输出 result 属性的值  -->
        <title><s:property value="result" /></title>
    </head>
    <body>
        <!--  输出 result 属性的值   -->
        <s:property value="result" />
        <p />
        <!--  输出 message 国际化信息,并填充占位符   -->
        <s:text name="message">
            <!--  用 username 属性填充第一个占位符   -->
            <s:param value="username" />
            <!--  用 time 属性填充第二个占位符   -->
            <s:param>
                <s:property value="time" />
            </s:param>
        </s:text>
    </body>
</html>
```

上面的代码分别使用了 RegisterAction 类的 username 和 time 属性填充了第一个和第二个占位符。这两个占位符都使用了<s:param.../>标签进行填充。在浏览器地址栏中输入如下的 URL:

```
http://localhost:8080/webdemo/chapter13/register.jsp
```

浏览器显示出注册页面后,在"用户名"文本框中输入 bill,单击"注册"按钮,如果浏览器当前的语言是中文,则显示的信息如图 13.14 所示。如果浏览器当前的语言是英文,则显示的信息如图 13.15 所示。

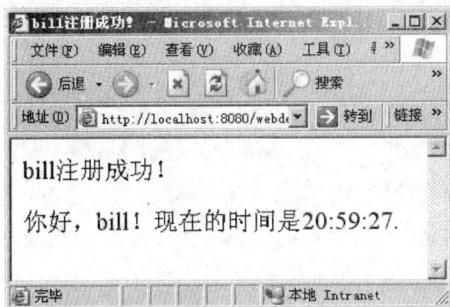

图 13.14　中文环境下输出的提示信息　　　　图 13.15　英文环境下输出的提示信息

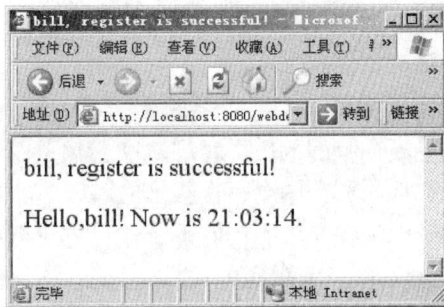

为了更进一步简化填充占位符的步骤,Struts 2 允许在国际化信息文件里使用 EL 表达式替代占位符。如 globalResource_zh_CN.properties 和 globalResource_en_US.properties 文件中带占位符的国际化信息可以修改为如下的形式。

globalResource_zh_CN.properties 文件中带占位符的国际化信息如下:

```
#  带有 EL 表达式的中文国际化信息
successResult = ${username}注册成功!
failResult = ${username}注册失败!
message = 你好, ${username}! 现在的时间是${time}.
```

globalResource_en_US.properties 文件中带占位符的国际化信息如下:

```
#  带有 EL 表达式的英文国际化信息
successResult = ${username}, register is successful!
failResult = ${username}, register is failed!
message = Hello, ${username}! Now is  ${time}.
```

如果想使用上面的国际化信息，在 success.jsp、error.jsp 页面中的<s:param.../>标签和 RegisterAction 类中使用 getText 方法填充占位符的语句都可以去掉。如 success.jsp 页面中只利用如下的代码就可以使用 message 信息。

```
<s:text name="message"/>
```

在 RegisterAction 类中只需要使用如下的代码就可以返回国际化信息。

```
String success = getText("successResult");
```

13.3　学习资源文件的作用范围和加载顺序

在前面介绍了全局国际化资源文件，这是资源文件最常用的方式。除此之外，Struts 2 还可以使用很多其他的方式来加载国际化资源文件，这其中包括 Action 范围资源文件、Action 基类范围资源文件、包范围资源文件及临时资源文件等。Struts 2 对这些资源文件的加载顺序也采用了一定的规则。

13.3.1　掌握包范围资源文件

对于一个应用程序来说，国际化资源也许非常多，将这么多的国际化资源都放到一个全局的资源文件中，那么这个全局资源文件将非常庞大，这样将非常不利于管理资源文件中的国际化资源。

为了更好地体现"分而治之"的设计理念，Struts 2 允许在不同的层次建立资源文件，以满足不同范围的应用程序对国际化资源的需要。

在应用程序中会存在很多的包，每个包中包含了和该包相关的各种类和接口。为了将全局资源文件分成不同的部分，最先想到的就是将各个包所用的国际化资源分到不同的包中，这就是包范围资源文件。

包范围资源文件和全局资源文件一样，文件名也有一定的命名规则。包范围的资源文件名的 baseName 部分是固定的，就是 package。而 language 和 country 部分和全局资源文件的相应部分一样，表示语言和国家。包范围的资源文件可以保存在所属包的任何一层目录下，假设一个包是 com.sun.action，其中 com、sun 和 action 是该包的三层目录，而 package_zh_CN.properties 文件是应用到该包的包范围资源文件，那么该文件可以放到 com、com\sun 和 com\sun\action 目录中的任何一个目录。

下面为 RegisterAction 类建立两个包范围的资源文件 package_zh_CN.properties 和 package_en_US.properties。由于 RegisterAction 类的包是 chapter13.action，因此，可以将这两个资源文件保存在 chapter13 目录中，当然，也可以将这两个资源文件保存在 chapter13\action 目录中。package_zh_CN.properties 文件的内容如下：

```
#  中文国际化信息
successResult = ${username}注册成功（包范围）!
failResult = ${username}注册失败（包范围）!
message = 你好，${username}! 现在的时间是${time}（包范围）.
```

package_en_US.properties 文件的内容如下：

```
#  英文国际化信息
successResult = ${username}, register is successful(package)!
failResult = ${username}, register is failed(package)!
message = Hello, ${username}! Now is ${time}(package).
```

如果使用上面的包范围资源文件，仍然可以使用下面的 RegisterAction 类读取资源文件中的信息。

```
package chapter13.action;
//  此处省略了导入的包
...
public class RegisterAction extends ActionSupport
{
    private String username;    //  封装 username 请求参数的属性
    private String result;      //  封装处理结果的属性
    private String time;        //  封装 time 属性
    //  此处省略了属性的 getter 和 setter 方法
    ...
    //  处理控制逻辑的 execute 方法
    public String execute() throws Exception
    {
        //  获取上下文对象
        ActionContext ctx = ActionContext.getContext();
        //  定义格式化时间的字符串
        SimpleDateFormat dateFormat = new SimpleDateFormat("HH:mm:ss");
        //  将被格式化的时间赋给 time 属性
        setTime( dateFormat.format(new Date()));
        if(getUsername().length() <4)
        {
            //  从国际化资源文件中获得 failResult 资源信息，并赋给 result 属性
            setResult(getText("failResult"));
            return ERROR;
        }
        //  从国际化资源文件中获得 successResult 资源信息，并赋给 result 属性
        setResult(getText("successResult"));
        return SUCCESS;
    }
}
```

在浏览器地址栏中输入如下的 URL：

```
http://localhost:8080/webdemo/chapter13/register.jsp
```

在"用户名"文本框中输入 bill，单击"注册"按钮，如果浏览器当前的语言是中文，

则显示的信息如图 13.16 所示。

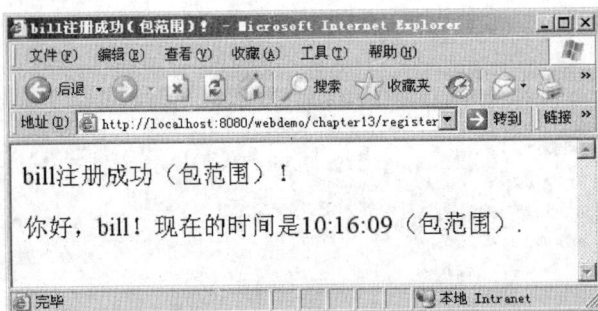

图 13.16　输出包范围资源文件中的国际化信息

13.3.2　掌握接口范围资源文件

如果应用程序中的某些包非常大，就算将全局资源文件中的信息分在不同的包范围资源文件，这些包范围资源文件仍然会庞大，那么就需要继续细分。

每个类都有可能实现一些接口，如大多数 Action 类都会实现 Action 接口，这就给我们带来了更进一步细分资源文件的可能。也就是说，可以按照 Action 类所实现的接口更进一步地细分资源文件，这就是接口范围的资源文件。

接口范围资源文件也按照 baseName_language_country.properties 规则进行命名，其中 baseName 表示 Action 类所实现的接口名。但要注意，接口范围资源文件必须放在 baseName.class 文件所在的目录。假设 Action 类实现的接口为 MyAction，而 MyAction 的包为 chapter13，则需要将 MyAction_zh_CN.properties 文件放到 WEB-INF\classes\chapter13 目录中。

按照上述的规则，虽然一般 Action 类都会实现 Action 接口，但由于 Action 接口是 Struts 2 带的接口，因此不能使用 Action_zh_CN.properties 作为接口范围资源文件（除非将这个接口放到 Struts 2 带的 jar 包中，放到 Action.class 文件所在的目录中）。

要想使用接口范围资源文件，可以建立一个标识接口，不需要在这些接口中定义任何方法，只需要让 Action 类实现这些接口。如在 RegisterAction 类中使用接口范围资源文件，可以建立一个 MyAction 接口，代码如下：

```
package chapter13;
// 创建标识接口类 MyAction
public interface MyAction
{
}
```

从上面的代码可以看出，MyAction 接口未定义任何方法，只起到了标识作用。如果 RegisterAction 类实现了 MyAction 接口，就可以使用接口范围资源文件了。实现 MyAction 接口的 RegisterAction 类的实现代码如下：

```
// 实现标识接口类 MyAction 的类 RegisterAction
public class RegisterAction extends MyActionSupport implements MyAction
{
```

```
    //   此处省略了 RegisterAction 类的具体实现
    ...
}
```

由于接口范围资源文件必须和 baseName.class 文件在同一个目录，因此，需要在 WEB-INF\classes\chapter13 目录中建立如下两个国际化资源文件。

- ❏ MyAction_zh_CN.properties：该资源文件保存中文国际化信息。
- ❏ MyAction_en_US.properties：该资源文件保存英文国际化信息。

MyAction_zh_CN.properties 文件的内容如下：

```
#   中文国际化信息
successResult = ${username}注册成功（接口）!
failResult = ${username}注册失败（接口）!
message = 你好，${username}！现在的时间是${time}（接口）.
```

MyAction_en_US.properties 文件的内容如下：

```
#   英文国际化信息
successResult = ${username}, register is successful(Interface)!
failResult =  ${username}, register is failed(Interface)!
message = Hello, ${username}! Now is  ${time}(Interface).
```

在浏览器地址栏中输入如下的 URL：

```
http://localhost:8080/webdemo/chapter13/register.jsp
```

在“用户名”文本框中输入 bill，单击“注册”按钮，如果浏览器当前的语言是英文，则显示的信息如图 13.17 所示。

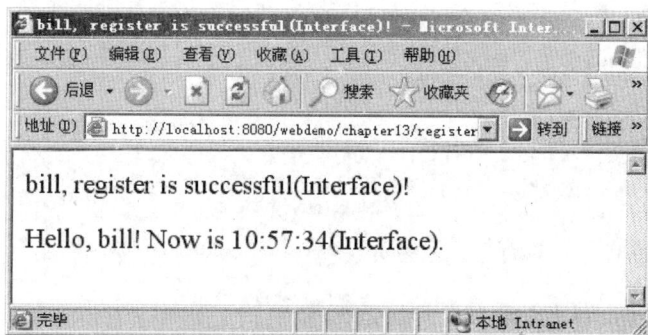

图 13.17   输出接口范围资源文件中的国际化信息

如果想让某些 Action 类都使用 MyAction_zh_CN.properties 和 MyAction_en_US.properties 资源文件，只需要这些 Action 类实现 MyAction 接口即可。

13.3.3   掌握 Action 基类范围资源文件

Action 基类范围的资源文件和接口范围资源文件类似，只是 Action 基类范围资源文件是利用 Action 类的基类定位资源文件，而接口范围资源文件是利用 Action 类实现的接口定位资源文件。

有很多 Action 类继承了 ActionSupport 类，但一般并不利用 ActionSupport 类定位资源文件，因为 ActionSupport 类和 Action 接口一样，都在系统包中，必须将资源文件建在系统包中才能起作用。为了能使用 Action 基类范围的资源文件，可以建立一些继承 ActionSupport 类的类，如 MyActionSupport 类继承了 ActionSupport 类，代码如下：

```
package chapter13;
//    此处省略了引用包的语句
...
//    继承 ActionSupport 类的类 MyActionSupport
public class MyActionSupport extends ActionSupport
{
}
```

在 MyActionSupport 类中并不需要覆盖 ActionSupport 类的任何方法，它只是一个空类。Action 基类范围的资源文件一般放在 baseName.class 文件所在的目录。为了让 RegisterAction 类可以使用 Action 基类范围的资源文件，RegisterAction 类需要从 MyActionSupport 类继承，代码如下：

```
//    继承 MyActionSupport 类的类 RegisterAction
public class RegisterAction extends MyActionSupport
{
    //    此处省略了 RegisterAction 类的实现代码
    ...
}
```

下面在 WEB-INF\classes\chapter13 目录中建立如下两个资源文件。

❏ MyActionSupport.zh_CN.properties：该文件保存中文国际化信息。

❏ MyActionSupport_en_US.properties：该文件保存英文国际化信息。

MyActionSupport.zh_CN.properties 文件的内容如下：

```
#    中文国际化信息
successResult = ${username}注册成功（基类）！
failResult = ${username}注册失败（基类）！
message = 你好，${username}！现在的时间是${time}（基类）.
```

MyActionSupport.en_US.properties 文件的内容如下：

```
#    英文国际化信息
successResult = ${username}, register is successful(BaseClass)！
failResult = ${username}, register is failed(BaseClass)！
message = Hello, ${username}! Now is  ${time}(BaseClass).
```

现在使用 RegisterAction 类的 getText 方法就会从 Action 基类范围的资源文件中读取国际化信息。

在浏览器地址栏中输入如下的 URL：

```
http://localhost:8080/webdemo/chapter13/register.jsp
```

在"用户名"文本框中输入 bill，单击"注册"按钮，如果浏览器当前的语言是中文，则显示的信息如图 13.18 所示。

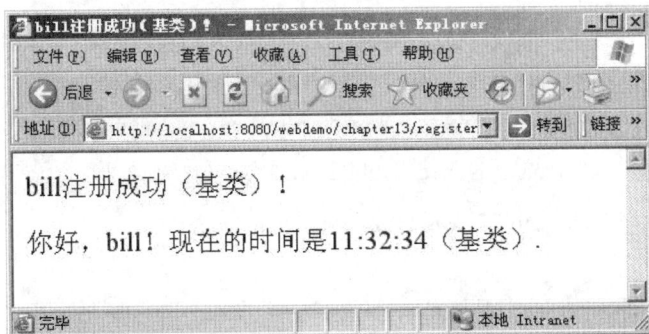

图 13.18　输出 Action 基类范围资源文件中的国际化信息

⚠注意：在使用 Action 基类范围的资源文件时，需要将 RegisterAction 类实现的 MyAction
接口去掉，否则，RegisterAction 仍然会使用接口范围的资源文件。

13.3.4　掌握 Action 范围资源文件

Action 范围的资源文件进一步缩小了资源文件的范围。Action 范围的资源文件仅作用
于该 Action 类。资源文件名的命名规则是 baseName_language_country.properties，其中
baseName 表示 Action 类名。Action 范围资源文件位于 Action.class 文件所在的目录。

如果 RegisterAction 类要使用 Action 范围的资源文件，需要在 WEB-INF\classes\
chapter13\action 目录中建立如下两个文件。

- ❑ RegisterAction_zh_CN.properties：该文件保存中文国际化信息。
- ❑ RegisterAction_en_US.properties：该文件保存英文国际化信息。

RegisterAction_zh_CN.properties 文件的内容如下：

```
#  中文国际化信息
successResult = ${username}注册成功（Action 范围）！
failResult = ${username}注册失败（Action 范围）！
message = 你好，${username}！现在的时间是${time}（Action 范围）.
```

RegisterAction_en_US.properties 文件的内容如下：

```
#  英文国际化信息
successResult = ${username}, register is successful(Action Scope)!
failResult =  ${username}, register is failed(Action Scope)!
message = Hello, ${username}! Now is  ${time}(Action Scope).
```

在浏览器地址栏中输入如下的 URL：

```
http://localhost:8080/webdemo/chapter13/register.jsp
```

在"用户名"文本框中输入 bill，单击"注册"按钮，如果浏览器当前的语言是英文，
则显示的信息如图 13.19 所示。

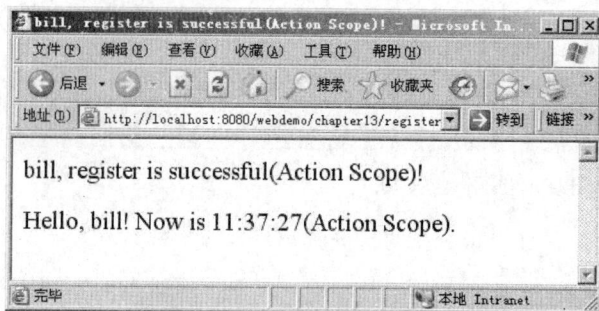

图 13.19　输出 Action 范围资源文件中的国际化信息

13.3.5　掌握临时资源文件

在 Struts 2 中还提供了一种指定临时资源文件的方法，可以在 JSP 中输出临时国际化资源文件中的国际化信息。要想使用临时国际化资源文件，需要使用 Struts 2 的<s:i18n.../>标签指定临时国际化资源文件的 baseName。

如果 Struts 2 标签要使用通过<s:i18n.../>标签指定的临时资源文件中的国际化信息，需要将这些 Struts 2 标签作为<s:i18n.../>标签的子标签使用。临时资源文件应该被保存在 WEB-INF\classes 目录中，在该目录建立如下两个临时资源文件。

❑ temp_zh_CN.properties：该文件保存中文国际化信息。

❑ temp_en_US.properties：该文件保存英文国际化信息。

temp_zh_CN.properties 文件的内容如下：

```
#　定义临时资源文件中的中文国际化信息
registerPage = 注册页面
username = 用户名（临时资源）
password = 密码（临时资源）
age = 年龄（临时资源）
birthday = 出生日期 （临时资源）
register = 注册
successResult = ${username}注册成功(临时资源文件)！
failResult = ${username}注册失败(临时资源文件)！
message = 你好, ${username}！现在的时间是${time}(临时资源文件).
```

temp_en_US.properties 文件的内容如下：

```
#　定义临时资源文件中的英文国际化信息
registerPage = Register Page
username = User Name(temporary resource)
password = Password(temporary resource)
age = Age(temporary resource)
birthday = Birthday(temporary resource)
register = Register
successResult = ${username}, register is successful(temporary resource)!
failResult = ${username}, register is failed(temporary resource)!
message = Hello, ${username}! Now is ${time}(temporary resource).
```

下面是使用临时资源文件的 JSP 代码。

```
<%@ page language="java" pageEncoding="UTF-8"%>
<!-- 引用 Struts 2 的标签 -->
<%@ taglib prefix="s" uri="/struts-tags"%>
<html>
    <head>
        <title>
            <!-- 在标题栏中输出 registerPage 属性的值 -->
            <s:text name = "registerPage" />
        </title>
    </head>
    <body>
        <!-- 使用 s:i18n 标签引用临时资源文件 -->
        <s:i18n name="temp">
            <s:form action = "register" >
                <s:textfield name="username" key = "username" />
                <s:textfield name="password" key = "password" />
                <s:textfield name="age" key = "age" />
                <s:textfield name="birthday" key = "birthday" />
                <s:submit key="register" />
            </s:form>
        </s:i18n>
    </body>
</html>
```

在浏览器地址栏中输入如下的 URL：

```
http://localhost:8080/webdemo/chapter13/register.jsp
```

浏览器显示的信息如图 13.20 所示。

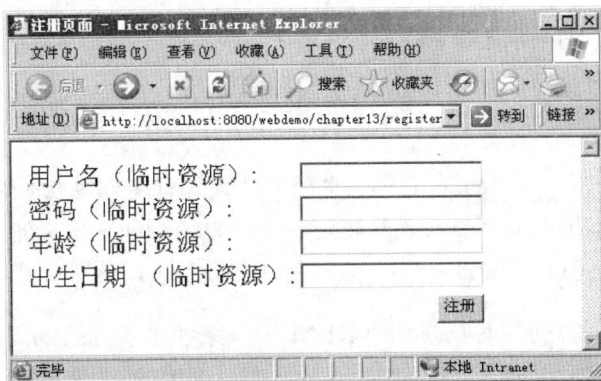

图 13.20　用临时资源文件中的信息国际化注册页面

13.3.6　掌握加载资源文件的顺序

　　Struts 2 的各种层次的资源文件非常多，因此，如果这些资源文件同时存在的话，Struts 2 就需要按照一定的顺序优先选择资源文件。Struts 2 选择资源文件的顺序如下。

　　（1）Action 范围资源文件：Struts 2 会首先查找当前 Action 类是否有对应的 Action 范围的资源文件。系统在查找这类及其他类型的资源文件时，都会按照 baseName_language_country.properties、baseName_language.properties 和 baseName.properties 这 3 个文件依次查找。如果这 3 个文件都未找到，则开始寻找下一个类型的资源文件。

（2）接口范围的资源文件：如果 Struts 2 无法找到 Action 范围的资源文件，就会继续寻找接口范围的资源文件。如果 Action 类实现了多个接口，则 Struts 2 会依次扫描所有的接口来查找这些接口各自对应的 3 个资源文件。

（3）Action 基类范围资源文件：如果 Action 类实现的所有接口都没有与之对应的资源文件，则 Struts 2 会继续寻找和 Action 基类对应的资源文件。

（4）如果上面 3 种资源文件都未找到，那么 Struts 2 会检查 Action 类是否实现了 ModelDriven（也就是使用了模型驱动模式）接口，如果 Action 类实现了 ModelDriven 接口，则对 getModel 方法返回的 model 对象所对应的类重复执行第（1）步，也就是 Struts 2 会根据 model 类依次查找和该类对应的 model 类资源文件、接口资源文件和 model 基类资源文件。

（5）如果到目前为止未找到任何资源文件，Struts 2 则会寻找和当前 Action 类所有包对应的包范围资源文件。由于包范围资源文件可以放在包的任何一层，因此，在寻找包范围资源文件时也会有一个顺序。Struts 2 会从最深一层的包目录开始寻找。假设当前 Action 类 的 包 是 chapter13.action，在 chapter13 和 chapter13\action 目录都有一个 package_zh_CN.properties 文件，Struts 2 会先选择 chapter13\action 目录中的 package_zh_CN.properties 文件，如果该目录中不存在这个资源文件，则才会选择 chapter13 目录中的 package_zh_CN.properties 文件。

（6）如果包范围资源文件也不存在，Struts 2 则会查找由 struts.custom.i18n.resources 常量指定 baseName 所对应的资源文件。

（7）如果执行完上述步骤，仍然未找到任何资源文件，则 Struts 2 会停止搜索，Struts 2 标签会直接输出 key 对应的字符串信息。

🖰**注意**：Struts 2 关于资源文件的搜索是针对某个具体 key 的，也就是说，如果使用 getText 方法根据某个 key 读取资源文件中相应的信息，Struts 2 就会按照上面的顺序搜索这个 key。在一个 Action 类中使用的资源文件信息可以位于不同层次的资源文件中，如可以同时位于 Action 基类范围资源文件和包范围资源文件。如果位于这些资源文件中的 key 相同，则按照上面的搜索顺序，读取先找到的这个 key 的值。

在 JSP 中搜索资源文件的顺序就简单的多，如果使用了<s:i18n.../>标签来指定临时资源文件，则 Struts 2 会首先搜索由<s:i18n.../>标签指定的临时资源文件，如果未找临时资源文件，则会搜索由 struts.custom.i18n.resources 常量指定 baseName 的系列资源文件。如果仍未找到相应的资源文件，则直接将 key 值当成普通字符串输出。

如果未使用<s:i18n.../>标签指定临时资源文件，则 Struts 2 会直接搜索由 struts.custom.i18n.resources 常量指定 baseName 的系列资源文件，如果未找到该资源文件，则直接将 key 值当成普通字符串输出。如果找到资源文件，并且资源文件中有相应的国际化信息，则输出该国际化信息。

13.4　实例：编写支持多国语言的 Web 应用程序

在很多应用程序中需要有自由切换语言的功能，虽然 Web 程序可以通过该功能达到切换语言的目的，但这太麻烦了。而最理想的方式应该是在页面上提供一些语言选项供用户选择，当用户选择某一种语言后，就会自动切换到这种语言的页面。在 Struts 2 中可以非常容易地实现这种功能，而且要比通过手工的方式实现更容易。

13.4.1　通过 i18n 拦截器实现国际化

在 Struts 2 中可以通过 ActionContext.setLocale 方法设置用户的默认语言，不过这种方法必须通过手工编写程序的方式实现，比较麻烦。

为了简化设置用户默认语言的工作，Struts 2 提供了一个名为 i18n 的拦截器，通过该拦截器可以非常容易地实现上述的国际化功能。i18n 拦截器被定义在 defaultStack 拦截器栈中，也就是说，在默认的情况下，在继承 struts-default 的 package 中无须引用就可以使用 i18n 拦截器。下面是 Struts 2 中 defaultStack 拦截器栈的配置，i18n 就是其中引用的第 5 个拦截器。

```xml
<interceptor-stack name="defaultStack">
    <interceptor-ref name="exception"/>
    <interceptor-ref name="alias"/>
    <interceptor-ref name="servletConfig"/>
    <interceptor-ref name="prepare"/>
    <!--  引用 i18n 拦截器  -->
    <interceptor-ref name="i18n"/>
    <interceptor-ref name="chain"/>
    <interceptor-ref name="debugging"/>
    <interceptor-ref name="profiling"/>
    <interceptor-ref name="scopedModelDriven"/>
    <interceptor-ref name="modelDriven"/>
    <interceptor-ref name="fileUpload"/>
    <interceptor-ref name="checkbox"/>
    <interceptor-ref name="staticParams"/>
    <interceptor-ref name="params">
      <param name="excludeParams">dojo\..*</param>
    </interceptor-ref>
    <interceptor-ref name="conversionError"/>
    <interceptor-ref name="validation">
        <param name="excludeMethods">input,back,cancel,browse</param>
    </interceptor-ref>
    <interceptor-ref name="workflow">
        <param name="excludeMethods">input,back,cancel,browse</param>
    </interceptor-ref>
</interceptor-stack>
```

i18n 拦截器需要接收一个叫 request_locale 的请求参数。该请求参数指定了语言和国家（格式为 language_country），然后在 i18n 拦截器中，通过 com.opensymphony.xwork2.util.LocalizedTextUtil 类的 localeFromString 方法，将 language_country 格式的请求参数值转换成 Locale 对象，例如，request_locale 参数的值是 zh_CN，则可以通过如下的代码将 zh_CN 转换成 Locale 对象：

```java
Locale locale = LocalizedTextUtil.localeFromString("zh_CN", null);
```

上面的代码只是为了让读者了解 i18n 拦截器如何将 request_locale 请求参数转换成 Locale 对象，实际上这一切都是由系统完成的，用户根本不用管它们，而只需要提供正确的 request_locale 请求参数即可。

虽然可以通过 request_locale 请求参数设置当前的语言,但是在 JSP 页面中并不知道当前设置的用户语言是什么,为了解决这个问题,i18n 拦截器将由 request_locale 请求参数转换而成的 Locale 对象保存在 Session 中,key 为 WW_TRANS_I18N_LOCALE。这样在 JSP 页面中选择某种语言而导致当前页面刷新时,就可以在 JSP 页面直接获得当前语言的 Locale 对象了,也可以利用该 Locale 对象使语言列表定位到当前语言项上,而不是仍然定位在第 1 项上(语言列表定位将在后面详细讲解)。

13.4.2　为 register.jsp 页面增加语言选择列表

在页面中通过选择语言列表中的语言,以使页面信息显示成所选中的语言的基本原理是将<select>标签的 name 属性设为 request_locale,并在<select>标签中提供若干语言选择。而且这个<select>标签要位于<form>标签中,并且<form>标签的 action 属性值要指向当前页面,如下面的代码所示。

```
<form name="localeForm" action="<s:url/>" method="post">
    <!--  语言选择列表  -->
    <select name="request_locale" onchange="requestLocale()">
        <option value="zh_CN" >简体中文</option>
        <option value="en_US" >美式英语</option>
    </select>
</form>
```

在上面的代码中通过<select>标签定义了一个语言选择列表,并通过<s:url/>标签获得当前页面的 URL,并赋给<form>标签的 action 属性。其中<select>标签的 onchange 属性指定了一个 JavaScript 函数,实际上,这个函数非常简单,它的功能就是提交当前的 form。现在可以将这段代码加入 register.jsp 页面,使注册页面通过该语言列表框可以在"简体中文"和"美式英语"之间切换。修改后的 register.jsp 页面的完成代码如下:

```
<%@ page language="java" pageEncoding="UTF-8"%>
<!--  引用 Struts 2 标签  -->
<%@ taglib prefix="s" uri="/struts-tags"%>
<html>
    <head>
        <title>
            <s:text name = "registerPage" />
        </title>
        <!--  实现表单提交的功能  -->
        <script type="text/javascript">
            // 提交 localeForm 的 JavaScript 函数
            function requestLocale()
            {
                localeForm.submit();
            }
        </script>
    </head>
    <body>
        <!--  将当前的 Locale 对象保存在 locale 变量中  -->
        <s:set name="locale" value="#session['WW_TRANS_I18N_LOCALE']" />
```

```
                <!--  定义用于提交语言的 form  -->
                <form name="localeForm" action="<s:url/>" method="post">
                    <!--  定义语言选择列表，name 属性值为 request_locale  -->
                    <select name="request_locale" onchange="requestLocale()">
                        <option value="zh_CN"  >简体中文</option>
                        <!--  根据 locale 对象的 language 属性来定位语言选择列表项  -->
                        <option value="en_US" <s:if test="#locale.language ==
                        'en'">selected="selected"</s:if>  >
                            美式英语
                        </option>
                    </select>
                </form>
                <!--  注册用户信息的 form  -->
                <s:form action = "register" name="form" >
                    <s:textfield name="username" key = "username" />
                    <s:textfield name="password" key = "password" />
                    <s:textfield name="age" key = "age" />
                    <s:textfield name="birthday" key = "birthday" />
                    <s:submit  key="register" />
                </s:form>
            </body>
        </html>
```

在上面的代码中将保存在 Session 中的 Locale 对象通过<s:set>标签保存在了 locale 变量中，然后判断该 locale 的 language 属性是否为 en，如果是 en，则选中语言列表中的"美式英语"选项，否则，选中"简体中文"语言。

当提交 localeForm 时，向服务端发送了 request_locale 请求参数，根据语言列表的选择，该请求参数的值可能是 zh_CN 或 en_US。在浏览器地址栏中输入如下的 URL：

```
http://localhost:8080/webdemo/chapter13/i18n/register.jsp
```

浏览器显示如图 13.21 所示的注册页面。

图 13.21　带语言选择列表的注册页面

如果读者选择语言列表的语言就会发现，当前页面的显示语言并未发生变化，这是由于 i18n 拦截器可以拦截 Action，但无法拦截 JSP 页面，因此，需要将 register.jsp 映射成 Action。

13.4.3　将 register.jsp 页面映射成 Action

将 JSP 页面映射成 Action 的基本原理就是利用 Action 的通配符和结果（result）转入
到相应的 JSP 页面。如将 register.jsp 映射成 Action 的配置代码如下：

```
<package name="chapter13" namespace="/chapter13" extends="struts-default">
    <!--  使用通配符定义映射 JSP 页面的 Action  -->
    <action name="*_jsp">
       <result>/chapter13/i18n/{1}.jsp</result>
    </action>
</package>
```

在上面的配置代码中使用"*_jsp"作为映射通配符，也就是说，映射 JSP 的 Action
名后面必须要有一个"_jsp"，如下面的 URL 所示：

```
http://localhost:8080/webdemo/chapter13/abc_jsp.action
```

上面的 URL 就相当于直接访问下面的 URL。

```
http://localhost:8080/webdemo/chapter13/i18n/abc.jsp
```

在浏览器地址栏中输入如下的 URL：

```
http://localhost:8080/webdemo/chapter13/register_jsp.action
```

浏览器显示的页面如图 13.22 所示。如果读者在语言列表中选择"美式英语"选项，
当前页面就会立即变成英文页面，如图 13.23 所示。

图 13.22　显示中文注册页面　　　　图 13.23　显示英文注册页面

在 User Name 文本框中输入 bill，单击 Register 按钮，就会在浏览器中显示如图 13.24
所示的英文提示信息。

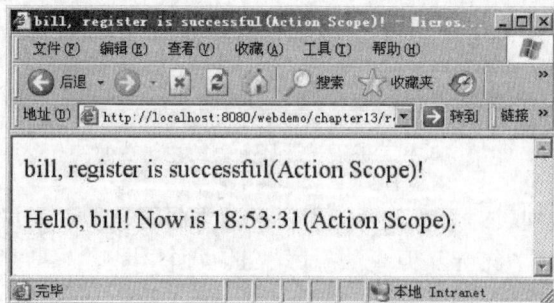

图 13.24　显示英文提示信息

　　如果用户选择"简体中文"语言后，按照上面的操作步骤，将会在浏览器中显示相应的中文提示信息。

13.5　小　　结

　　国际化是一个成熟的应用程序必有的功能。在传统的应用程序中，需要使用 ResourceBundle、Locale 和 MessageFormat 类通过手工的方式读取和格式化资源文件中的国际化信息。但在 Struts 2 中，这一切将变得非常容易实现。

　　Struts 2 的国际化功能从技术层面上来看，仍然使用了 Java 的国际化机制。但它又对 Java 的国际化机制做了进一步地封装，使其在操作上更容易和快捷。在 Struts 2 中既可以在 JSP 中通过 Struts 2 标签来读取国际化信息，也可以通过 ActionSupport 类的 getText 方法来读取国际化信息。在使用 getText 方法时，Action 类必须继承 ActionSupport 类。

　　为了体现"分而治之"的原则，在 Struts 2 中可以将国际化信息放到不同范围的资源文件中。在 Action 类中使用 getText 方法读取国际化信息时，会从 Action 范围、接口范围、Action 基类范围、包范围和全局范围的资源文件中依次寻找要读取的国际化信息。而在 JSP 中的资源文件搜索顺序就简单得多。如果在 JSP 中使用<s:i18n.../>标签指定了临时资源文件，则 Struts 2 会先搜索临时资源文件中的国际化信息，如果临时资源文件中不存在指定的国际化信息，则会在全局资源文件中查找，如果仍不存在，则将 key 直接作为字符串输出。

　　最常用的国际化的例子就是页面可以自由切换语言。在 13.4 节给出了一个利用 Struts 2 的国际化功能来实现语言切换的例子。在该例子中支持"简体中文"和"美式英语"语言，用户可以通过语言选择列表自由切换当前页面的语言。

13.6　实　战　练　习

一．选择题

1. Java 语言是支持国际化，下面说法错误的是（　　　）。
   A．Java 语言支持所有的国家和语言
   B．Java 语言提供了支持国际化的类 ResourceBundle
   C．Java 语言提供了支持国际化的类 Locale
   D．Java 语言提供了支持国际化的类 MessageFormat

2. 为了实现国际化功能，下面不属于 Struts 2 支持的资源是（　　　）。
   A．包范围资源文件
   B．接口范围资源文件
   C．Action 范围资源文件
   D．临时资源文件
   E．持久资源文件

二．编码题

编写支持多国语言的登录系统，相关页面如下：

（1）中文登录页面如图 13.25 所示。

（2）英文登录页面如图 13.26 所示。

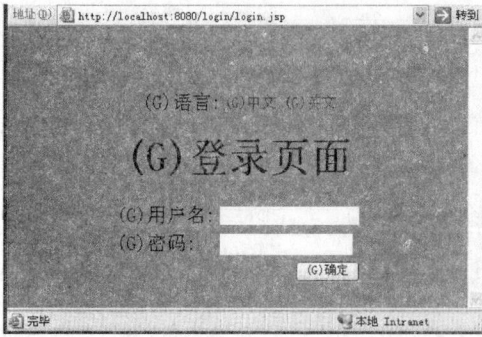

图 13.25　中文登录页面　　　　　　　　　　图 13.26　英文登录页面

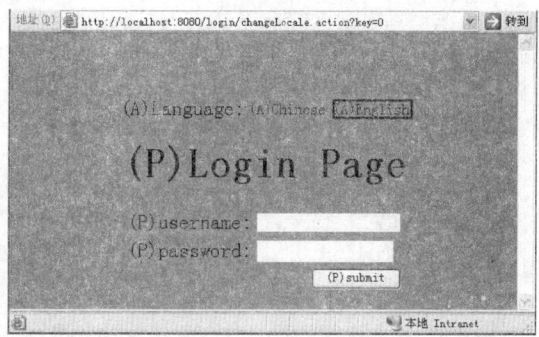

实现登录页面的关键代码如下：

```
<center>
    <!--超级链接-->
    <table>
        <td><s:text name="language" />:</td><td>
        <a href="changeLocale.action?key=1"><s:text name="
        chinese" /> </a>
        <a href="changeLocale.action?key=0"><s:text name="
        english" /> </a>
        </td>
    </table>
    <h1><s:property value="%{getText('login')}" /></h1>
    <!--显示出错信息-->
    <s:actionerror/>
    <!--表单-->
    <s:form action="login">
    <s:textfield name="u.name" key="username"/>
    <!--用户输入框-->
    <s:password name="u.psw" key="password"/>    <!--密码输入框-->
    <s:submit key="submit"/>                     <!--提交按钮-->
    </s:form>
</center>
```

关于中文的资源文件为 global_zh_CN.properties，具体代码如下：

```
username=(G)\u7528\u6237\u540D
password=(G)\u5BC6\u7801
submit=(G)\u786E\u5B9A
chinese=(G)\u4E2D\u6587
english=(G)\u82F1\u6587
language=(G)\u8BED\u8A00
login=(G)\u767B\u5F55\u9875\u9762
firstpage=\u8FD9\u662F\u6210\u529F\u9875\u9762
```

关于中文的资源文件为 global_en_US.properties，具体代码如下：

```
username=(G)username
password=(G)password
submit=(G)submit
chinese=(G)Chinese
english=(G)English
language=(G)Language
login=(G)Login Page
firstpage=This is the sucess page.
```

第 14 章　Struts 2 的标签库

Struts 2 和 Struts 1 一样，也提供了大量的标签。但 Struts 2 标签库可以整合 Dojo 技术，可以生成更多的页面效果。除此之外，Struts 2 还提供了很多在 Struts 1 中没有的标签和功能，如日期选择器、树形结构、主题、模板等。Struts 2 还实现了 DWR 的支持，使标签库提供了对 AJAX 的支持，即可以通过 Struts 2 标签库完成各种 AJAX 的效果。本章的主要内容如下：

- ❑　Struts 2 标签的分类；
- ❑　使用标签库；
- ❑　OGNL 的基础知识；
- ❑　Lamdba 表达式；
- ❑　使用控制标签；
- ❑　使用数据标签；
- ❑　使用表单标签；
- ❑　使用非表单标签。

14.1　认识 Struts 2 标签基础

在早期的 Java Web 程序中，JSP 页面主要依靠 Java 代码控制输出，在这种情况下，JSP 页面中嵌套了大量的 Java 代码，并且通过无数的 if、else、for 等语句将该页面中的静态和动态部分进行分割，使页面代码显得非常零乱。从 JSP 规范 1.1 版以后，JSP 增加了自定义标签功能，自此以后，很多基于 Java Web 技术的框架也纷纷提供了大量功能丰富的标签，如 Struts 1.x 和 Struts 2.x。

虽然 Struts 1.x 提供的标签已经可以在某种程度上简化 JSP 页面的编写，但 Struts 2 提供了比 Struts 1.x 更强大的标签库，使用 Struts 2 的标签库可以大大简化数据的输出，同时也提供了大量标签来显示更绚丽的效果。

14.1.1　了解 Struts 2 标签的分类

与 Struts 1.x 的标签库不同，Struts 2.x 标签库中的标签并不依赖于任何表现层技术，也就是说，Struts 2 中的大部分标签，可以在各种表现层技术中使用。这些表现层技术主要包括 JSP、Velocity、FreeMarker 等技术。当然，并不是每一个 Struts 2 的标签都可以在所有的表现层技术中使用。有极少数的标签，在某些表现层技术中使用时会受到一些限制，在本章将对这些限制进行详细介绍。

　　Struts 1.x 和 Struts 2 还有一个不同就是 Struts 1.x 的标签库根据标签的功能被分成了 5 类标签库，即 html、bean、logic、nested 和 tiles。而 Struts 2 的标签库并未进行分类，所有的 Struts 2 标签都被放到了 s 标签库中。下面总结了 Struts 1.x 和 Struts 2 的主要差异。

❑ Struts 1.x 将标签库分成了 html、bean、logic、nested 和 tiles 这 5 类，而 Struts 2 只有一种 s 标签库。该标签库的 URI 为 "/struts-tags"。

❑ Struts 1.x 支持的表现层技术非常有限，而 Struts 2 可以支持各种表现层，如 JSP、Velocity 和 FreeMarker 等。

❑ Struts 1.x 的标签在默认情况下不支持表达式语言（EL），而要想让 Struts 1.x 支持 EL，就需要增加 struts-el.jar 和相应的 JSTL 库。Struts 2 在默认情况下支持 OGNL、JSTL、Groovy 和 Velcity 表达式。

　　虽然 Struts 2 的标签库没有从物理上进行分隔，但仍然可以根据 Struts 2 标签的功能对其进行逻辑分类。如果按最大范围进行分类，可以将 Struts 2 的标签分为如下两类。

❑ UI（User Interface，用户界面）标签：主要用于生成 HTML 元素的标签，如 <s:textfield.../>、<s:checkbox.../>等标签。

❑ 非 UI 标签：主要用于数据访问、逻辑控制等操作的标签，如<s:if.../>、<s:else.../>、<s:include.../>等标签。

　　由于 Struts 2 的标签支持 AJAX 技术，因此 UI 标签又可细分为如下 3 类。

❑ 表单（form）标签：表单标签主要用于生成 HTML 页面的 form 标签，以及普通表单元素（如<input type="text".../>、<input type="checkbox".../>等）的标签。

❑ 非表单标签：非表单标签主要用于生成 HTML 页面的其他 HTML 元素或显示某些信息的标签，如<s:div.../>、<s:fielderror.../>等标签。

❑ AJAX 标签：支持 AJAX 的 UI 标签，如<s:tree.../>、<s:textarea.../>等标签。

　　对于非 UI 标签，也可以细分为如下两类。

❑ 控制标签：主要用于实现条件判断、循环控制的标签。

❑ 数据标签：主要用于输出 ValueStack 中的值，以完成国际化等功能的标签。

Struts 2 标签库的分类层次如图 14.1 所示。

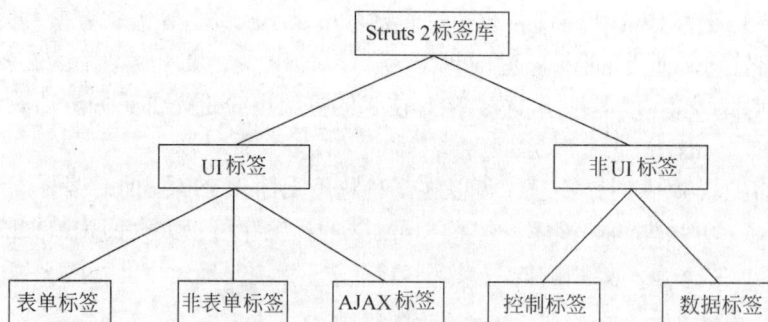

图 14.1　Struts 2 标签库的分类层次

14.1.2　使用 Struts 2 标签

　　标 签 库 被 定 义 在 tld 文 件 中， 在 MyEclipse 中 的 webdemo 工 程 中 选 择 struts2-core-2.3.4.1.jar 包，并在 META-INF 目录中找到 struts-tags.tld 文件。在 struts-tags.tld

文件中定义了 Struts 2 中的所有标签。

　　如果使用的 Servlet 规范是 2.3 及以前的版本，在引用 struts-tags.tld 之前，还需要在 web.xml 文件定义标签库的 URI，并指定 struts2-core-2.3.4.1.jar 文件的位置，如下面的配置代码所示。

```xml
<?xml version="1.0" encoding="UTF-8"?>
<!-- 指定 web.xml 配置文件的 DTD 信息 -->
<web-app version="3.0" xmlns="http://java.sun.com/xml/ns/javaee"
    xmlns:xsi="http://www.w3.org/2001/XMLSchema-instance"
    xsi:schemaLocation="http://java.sun.com/xml/ns/javaee
http://java.sun.com/xml/ns/javaee/web-app_3_0.xsd">
    <display-name></display-name>
    <!-- 指定 Struts 2 过滤器的类名 -->
    <filter>
        <filter-name>struts2</filter-name>
        <filter-class>org.apache.struts2.dispatcher.ng.filter.StrutsPrepareA
ndExecuteFilter</filter-class>
    </filter>
    <!-- 配置 Struts 2 过滤器要过滤的路径 -->
    <filter-mapping>
        <filter-name>struts2</filter-name>
        <url-pattern>/*</url-pattern>
    </filter-mapping>
    ...
    <!-- 定义 Struts 2 标签库的 URI，并指定 jar 包的位置 -->
    <taglib>
        <taglib-uri>/struts-tags</taglib-uri>
        <tablib-location>/WEB-INF/lib/struts2-core-2.3.4.1.jar</taglib-
        location>
    </taglib>
</web-app>
```

　　如果用户使用了 Servlet 2.4 及以上的版本，则并不需要使用<tablib>指定标签库的 URI，而只需要在 JSP 页面中引用标签库。实际上，在 struts-tags.tld 中已经定义了 URI，下面是 struts-tags.tld 的代码片段。

```xml
<?xml version="1.0" encoding="UTF-8" standalone="no"?>
<!-- 指定 struts-tags.tld 文件中的 DTD 信息 -->
<taglib                          xmlns="http://java.sun.com/xml/ns/j2ee"
xmlns:xsi="http://www.w3.org/2001/XMLSchema-instance"
    version="2.0"
    xsi:schemaLocation="http://java.sun.com/xml/ns/j2ee
http://java.sun.com/xml/ns/j2ee/web-jsptaglibrary_2_0.xsd">
    <display-name>Struts Tags</display-name>
    <!-- 指定了当前标签库的版本 -->
    <tlib-version>2.3</tlib-version>
    <!-- 指定标签库默认的短名 -->
    <short-name>s</short-name>
    <!-- 指定标签库的 URI -->
    <uri>/struts-tags</uri>
    <!-- 每一个 tag 标签定义一个 Struts 2 标签 -->
    <tag...>...</tag>
    <tag...>...</tag>
    ...
</taglib>
```

　　在上面的配置代码中，使用了<uri>标签定义 Struts 2 标签库的 URI，因此可以直接在

JSP 页面中通过 taglib 指令引用这个 URI，并通过 prefix 属性指定一个前缀，一般为 s，如下面的代码所示。

```
<%@ taglib prefix="s" uri="/struts-tags"%>
```

在 Servlet 2.4 及以上版本中，只需要在 JSP 页面中加入上面的代码就可以使用 Struts 2 标签库中的标签了，但在 Servlet 2.3 及以下版本中，除了要在 JSP 页面中加入上面的代码外，还要在 web.xml 文件中使用<taglib>标签指定 URI 和 struts2-core-2.3.4.1.jar 的位置（见上面的 web.xml 文件中的配置）才可以使用 Struts 2 标签库中的标签。

在引用 Struts 2 标签库后，就可以在 JSP 页面中使用 Struts 2 标签库中所有的标签了，使用标签的语法如下：

```
<s:标签名　属性1=值 1　属性 2=值 2　... />
或
<s:标签名　属性1=值 1　属性 2=值 2　... >
</s:标签名>
```

如使用<s:url.../>标签的代码如下：

```
<s:url/> <!-- 该标签显示当前页面的 URL  -->
```

14.1.3　掌握 Struts 2 中的 OGNL 表达式

由于 Struts 2 支持 OGNL 表达式，因此它的数据访问能力得到了大大的增强。XWork 在原有的 OGNL 的基础上，增加了对 ValueStack（值栈）的支持。

在传统的 OGNL 表达式中，系统都会假设只有一个"根"对象，而在 Struts 2 中可以有多个"根"对象，其中 ValueStack 对象就是众多"根"对象中的一个。假设有如下的 Action 类：

```java
// 实现 ActionSupport 的 Action 类
public class ValueStackAction extends ActionSupport
{
    private String value = "ValueStack 中的值";  // 封装 value 参数的属性
    private Product product = new Product();    // 封装 product 参数的属性
    // product 属性的 getter 方法
    public Product getProduct()
    {
        return product;
    }
    // product 属性的 setter 方法
    public void setProduct(Product product)
    {
        this.product = product;
    }
    // name 属性的 getter 方法
    public String getValue()
    {
        return value;
    }
    // name 属性的 setter 方法
    public void setValue(String value)
    {
```

```
        this.value = value;
    }
    // 处理控制逻辑的 execute 方法
    public String execute() throws Exception
    {
        // 得到 ActionContext 对象
        ActionContext context = ActionContext.getContext();
        // 将当前 Action 类的对象实例加到 ActionContext 对象中
        context.put("valueStackAction", this);
        // 将 Product 对象实例加到 ActionContext 对象中
        context.put("newProduct", product);
        // 为 Product 对象的两个属性赋值
        product.setName("自行车");
        product.setPrice((float)343.5);
        return SUCCESS;
    }
}
```

在上面代码中涉及一个 Product 类，该类的代码如下：

```
// 表示产品的 JavaBean 类
public class Product
{
    private String name;          // 封装 name 请求参数的属性
    private float price;          // 封装 price 请求参数的属性
    // name 属性的 getter 方法
    public String getName()
    {
        return name;
    }
    // name 属性的 setter 方法
    public void setName(String name)
    {
        this.name = name;
    }
    // price 属性的 getter 方法
    public float getPrice()
    {
        return price;
    }
    // price 属性的 setter 方法
    public void setPrice(float price)
    {
        this.price = price;
    }
}
```

ValueStackAction 的配置代码如下：

```
<!-- 配置动作 -->
<package name="chapter14" namespace="/chapter14" extends="struts-default">
    <!-- 配置 ValueStackAction 类 -->
    <action name="valuestack" class="chapter14.action.ValueStackAction">
        <!-- 配置 success 结果 -->
        <result name="success">/chapter14/success.jsp</result>
    </action>
</package>
```

在 ValueStackAction 类的 execute 方法中向 ActionContext 对象中加入了两个对象，key 分别为 valueStackAction 和 newProduct。这两个保存在 ActionContext 中的对象可以通过 OGNL 表达式得到它们的属性值，代码如下：

```jsp
<!-- success.jsp -->
<%@ page language="java" pageEncoding="UTF-8"%>
<%@ taglib prefix="s" uri="/struts-tags"%>
<html>
    <head>
        <title>OGNL 表达式</title>
    </head>
    <body>
    <!-- 输出 product 对象的 name 属性值  -->
    <s:property value="#newProduct.name"/>
    <!-- 输出 product 对象的 price 属性值  -->
    <s:property value="#newProduct.price"/><p/>
    <!-- 输出 ValueStackAction 对象的 value 属性值  -->
    <s:property value="#valueStackAction.value"/>
    <!-- 输出 ValueStackAction 对象的 product 属性的 name 属性值  -->
    <s:property value="#valueStackAction.product.name"/>
    </body>
</html>
```

上面的代码使用了 4 个 OGNL 表达式分别输出保存在 ActionContext 对象中的 newProduct 和 valueStackAction 的属性值。由于 ValueStackAction 类的 product 属性的类型是 Product，因此在输出 ValueStackAction 对象中 product 对象的 name 属性时，需要使用如下的 OGNL 表达式：

```
#valueStackAction.product.name
```

在浏览器地址栏中输入如下的 URL：

```
http://localhost:8080/webdemo/chapter14/valuestack.action
```

浏览器显示的信息如图 14.2 所示。

图 14.2　用 OGNL 表达式输出对象属性

如果访问的对象位于"根"对象中，可以直接访问该对象的属性，如下面代码所示。

```jsp
<s:property value="value"/>
<s:property value="product.name"/><p/>
```

在直接访问"根"对象中的对象属性时，不需要在属性前加"#"号。

14.1.4　通过 OGNL 表达式访问内置对象

Struts 2 提供了一些内置对象，这些对象也可以通过 OGNL 表达式访问。Struts 2 将这些对象保存在 Stack Context 中。在访问这些内置对象时前面加 "#"。Struts 2 中的内置对象如下。

❑ parameters 对象：该对象用于访问 HTTP 请求参数，可以通过#parameters.name 或 #parameters['name']格式访问 HTTP 请求参数，其中 name 是请求参数名。使用上述两种格式相当于调用 HttpServletRequest 接口的 getParameter("name")方法返回 HTTP 请求参数值。

❑ request 对象：该对象用于访问 HttpServletRequest 的属性。如#request.name 或 #request['name']，相当于调用 HttpServletRequest 接口的 getAttribute("name")方法返回 name 属性值。

❑ session 对象：该对象用于访问 HttpSession 的属性。如 #session.name 或 #session['name']，相当于调用 HttpSession 接口的 getAttribute("name")方法返回 name 属性值。

❑ application 对象：该对象用于访问 ServletContext 的属性，如#application.name 或 #application['name']，相当于调用 ServletContext 接口的 getAttribute("name")返回 name 属性值。

❑ att 对象：该对象用于访问 PageContext 的属性，如#att.name 或#att['name']，相当于调用 PageContext 接口的 getAttribute("name")方法返回 name 属性值。如果 name 属性不存在，则该对象依次访问 HttpServletRequest、HttpSession 和 ServletContext 中的同名属性。

ognl.jsp 页面演示了上述 5 个内置对象的使用方法，该页面的代码如下：

```jsp
<%@ page language="java" pageEncoding="UTF-8"%>
<%@ taglib prefix="s" uri="/struts-tags"%>
<%@ page import="chapter14.*"%>
<html>
    <head>
        <title>用 OGNL 表达式访问内置对象</title>
    </head>
    <body>
    <%
        // 建立 Product 对象，并给 name 和 price 属性赋值
        Product product = new Product();
        product.setName("空调");                    // 初始化 name 属性值
        product.setPrice(3200);                     // 初始化 price 属性值
        // 分别将 product 对象保存在 request、session、application 和 pageContext
          对象中
        request.setAttribute("product", product);   // 将 product 对象保存在
                                                        request 域中
        session.setAttribute("product", product);   // 将 product 对象保存在
                                                        session 域中
        application.setAttribute("product", product);  // 将 product 对象
                                                           保存在 application 域中
        pageContext.setAttribute("product", product);
```

```
    %>                                                  //  将 product 对象保存在 page 域中
<!-- 使用 parameters 对象输出 HTTP 请求参数的值   -->
parameters: <s:property value="#parameters['name']"/><p/>
<!-- 使用 request 对象输出 product 对象属性的值   -->
request: <s:property value="#request.product.name"/>
<s:property value="#request.product.price"/><p/>
<!-- 使用 session 对象输出 product 对象属性的值   -->
session: <s:property value="#session['product']['name']"/>
<s:property value="#session.product.price"/><p/>
<!-- 使用 application 对象输出 product 对象属性的值   -->
application: <s:property value="#application.product.name"/>
<s:property value="#application.product.price"/><p/>
<!-- 使用 pageContext 对象输出 product 对象属性的值   -->
pageContext: <s:property value="#attr.product.name"/>
<s:property value="#attr.product.price"/><p/>
</body>
</html>
```

在浏览器地址栏中输入如下的 URL：

```
http://localhost:8080/webdemo/chapter14/ognl.jsp?name=bill
```

浏览器显示的信息如图 14.3 所示。

图 14.3　使用 Struts 2 内置对象输出请求参数和对象属性值

14.1.5　通过 OGNL 表达式操作集合

用 OGNL 表达式操作集合也非常容易，如用 OGNL 表达式生成一个 List 类型的集合的语法如下：

```
{element1, element2, ... ,elementn}
```

如果要生成 Map 类型的集合，可以使用如下的语法：

```
#{key1:value1, key2:value2, ... ,keyn:valuen}
```

OGNL 表达式还提供了 in 和 not in 两个集合运算符，分别表示集合包含和不包含某个元素。除此之外，OGNL 还可以使用<s:iterator.../>标签扫描集合。而且还可以利用如下 3 个操作符获取集合中的部分元素。

- ❑ ?：该操作符用于获得集合中符合条件的所有元素。
- ❑ ^：该操作符用于获得集合中符合条件的第一个元素。
- ❑ $：该操作符用于获得集合中符合条件的最后一个元素。

如下面的代码获得 persons 中的所有满足 name 属性为 bill 的元素：

```
persons.{? #this.name == 'bill'}
```

其中 this 表示集合中的元素，name 表示集合中元素的属性。下面的 JSP 代码演示了 OGNL 操作集合的方法。

```
<!-- ognlset.jsp -->
<%@ page language="java" pageEncoding="UTF-8"%>
<%@ taglib prefix="s" uri="/struts-tags"%>
<html>
    <head>
        <title>用 OGNL 表达式操作集合</title>
    </head>
    <body>
<!--    in 和 not in 运算符的演示  -->
<s:if test="'自行车' in {'自行车','电冰箱'}">
    包含<br>
</s:if>
<s:if test="'自行车' not in {'自行车','电冰箱'}">
    不包含<br>
</s:if>
---------------------------------<br>
<!-- 用 iterator 标签扫描集合(List 类型的集合)   -->
<s:iterator id="element" value="{'自行车','电冰箱'}">
    <s:property value="#element" /><br>
</s:iterator>
---------------------------------<br>
<!-- 用?操作符获得集合子集，并扫描这个子集   -->
<s:iterator id="element" value="{'自行车','电冰箱'}.{? #this =='自行
车'}">
    <s:property value="#element" /><br>
</s:iterator>
---------------------------------<br>
<!-- 用 iterator 标签扫描集合(Map 类型的集合)   -->
<s:iterator id="element" value="#{'bike':'自行车','refrigerator': '电冰
箱'}">
    <s:property value="#element.key" /> :<s:property value="#element.
    value" /><br>
</s:iterator>
    </body>
</html>
```

在浏览器地址栏中输入如下的 URL：

```
http://localhost:8080/webdemo/chapter14/ognlset.jsp
```

浏览器显示的信息如图 14.4 所示。

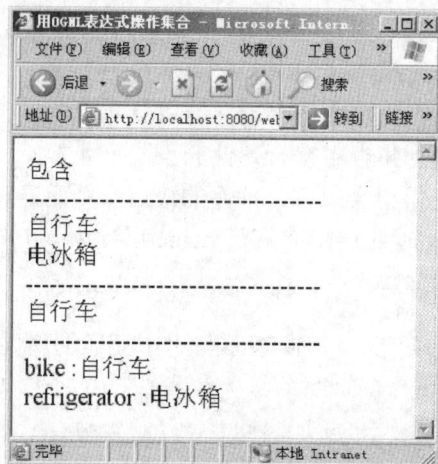

图 14.4　用 OGNL 表达式输出集合元素

14.1.6　掌握 Lamdba（λ）表达式

OGNL 支持基本的 Lamdba 表达式语法，通过 Lamdba 表达式，可以在 OGNL 表达式中使用一些简单的表达式，如下面是一个计算阶乘（n!）的 Java 方法。

```
//　计算 n 的阶乘
public int jc(int n)
{
    //　如果 n 等于 0，阶乘为 1
    if(n == 0)
    {
        return 1;
    }
    else
    {
        return jc(n - 1) * n;          //　返回 n 乘以 (n-1) 的阶乘
    }
}
```

如果将上面的方法用 Lamdba 表达式进行改写，则可以使用如下的代码：

```
< !-- lambda.jsp -->
<%@ page language="java" pageEncoding="UTF-8"%>
<%@ taglib prefix="s" uri="/struts-tags"%>
<html>
    <head>
        <title>Lamdba 表达式</title>
    </head>
    <body>
    <!-- 用 Lambda 表达式编写计算阶乘的函数  -->
    <s:property value="#jc =: [#this == 0?1: #jc(#this - 1)*#this],
    #jc(10)"/>
    </body>
</html>
```

其中#jc =: [#this == 0?1: #jc(#this - 1)*#this]表示定义一个计算阶乘的函数，其中#this

相当于 Java 方法中的 n。value 等于#jc(10)，表示计算 10 的阶乘。在浏览器地址栏中输入如下的 URL：

```
http://localhost:8080/webdemo/chapter14/lambda.jsp
```

浏览器将会输出 3628800。

14.2　控制标签

Struts 2 的非 UI 标签包括控制标签和数据标签。其中控制标签主要完成条件逻辑、循环逻辑的控制，以及对集合的合并、排序等操作。控制标签有如下 9 个。

- ❑ if：用于控制条件逻辑的标签，可以和 elseif、else 配合使用，也可以单独使用。
- ❑ elseif：与 if 结合使用，用于控制条件逻辑的标签。
- ❑ else：与 if 结合使用，用于控制条件逻辑的标签。
- ❑ iterator：用于处理循环逻辑。一般用于处理集合对象。
- ❑ append：用于将多个集合拼接成一个新的集合。
- ❑ generator：用于将一个字符串解析成一个集合。
- ❑ merge：用于将多个集合拼接成一个新的集合，但与 append 标签的拼接方法不同。
- ❑ sort：该标签用于对集合进行排序。
- ❑ subset：该标签用于截取集合的部分元素，形成新的子集合。

14.2.1　条件逻辑控制标签 if/elseif/else

if/elseif/else 这 3 个标签都可用于实现条件逻辑控制，其中 if 和 elseif 标签通过 test 属性返回一个 Boolean 值，并根据该值是否为 true 决定是否执行标签体，当 if、elseif 标签的 test 属性值都为 false 时，执行 else 标签的标签体。

这 3 个标签中的<s:if.../>标签可以单独使用，也可以和<s:else.../>或<s:elseif.../>标签组合使用，但<s:else.../>和<s:elseif.../>标签不能单独使用，这两个标签必须和<s:if.../>标签组合使用。if/elseif/else 标签组合使用的语法格式如下：

```
<s:if test = "表达式" >
    标签体
</s:if>
<s:elseif test="表达式">
    标签体
</s:elseif>
<!--  此处可以出现多个 elseif 标签  -->
...
<s:else>
    标签体
</s:else>
```

实际上，这 3 个标签的使用方法和 Java 语言中相应的条件控制语句的用法相似，如在下面的 JSP 代码中使用这 3 个标签来判断请求参数 grade 的值，并输出相应的等级信息：

```
<!-- condition.jsp -->
<%@ page language="java" pageEncoding="UTF-8"%>
<%@ taglib prefix="s" uri="/struts-tags"%>
<html>
    <head>
        <title>if/elseif/else 标签</title>
    </head>
    <body>
        <!-- 使用 EL 获得 grade 请求参数值，并根据 grade 的值输出相应的等级信息  -->
        <s:if test="${param.grade >= 90 && param.grade <= 100}">
            优秀
        </s:if>
        <s:elseif test="${param.grade >= 80 && param.grade < 90}">
            良好
        </s:elseif>
        <s:elseif test="${param.grade >= 70 && param.grade < 80}">
            中等
        </s:elseif>
        <s:elseif test="${param.grade >= 60 && param.grade < 70}">
            及格
        </s:elseif>
        <s:else>
            不及格
        </s:else>
    </body>
</html>
```

在浏览器地址栏中输入如下 URL：

```
http://localhost:8080/webdemo/chapter14/condition.jsp?grade=90
```

按照正常的逻辑，上面的代码应该在浏览器中输出"优秀"，但并未输出这条信息，而是抛出了如图 14.5 所示的异常。

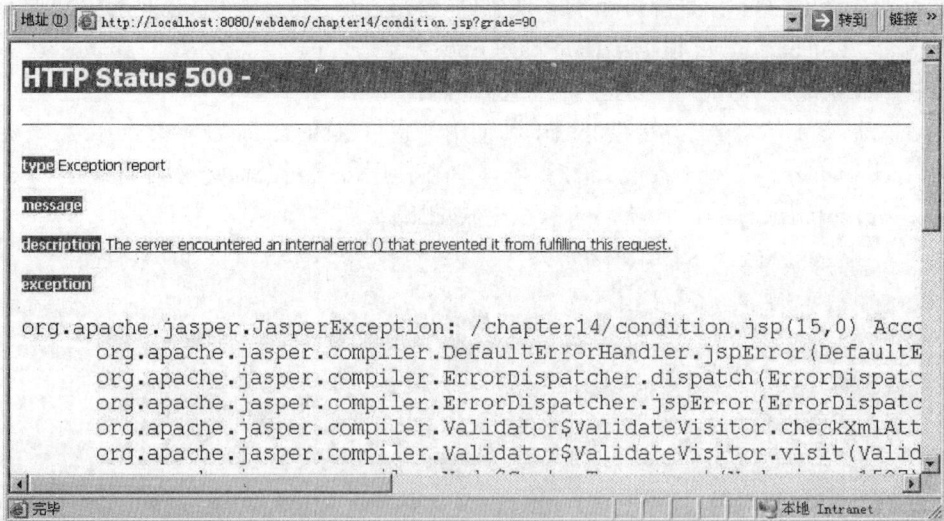

图 14.5　访问 condition.jsp 页面抛出的异常

也许有的读者会感到奇怪，condition.jsp 页面会在有的 Struts 2.x 版本中可正确输出信息，但是却在本书所使用的 Struts 2.3.4.1 版本中抛出异常。

实际上，原因也非常简单，读者可以选择一个 Struts 2 的老版本，如 Struts 2.0.6，并打开 jar 包中位于 META-INF 目录中的 struts-tags.tld 文件，可查找到如下所示的 if 和 elseif 标签的配置代码。

```
<!-- 配置 if 标签 -->
<tag>
    <name>if</name>
    <tag-class>org.apache.Struts 2.views.jsp.IfTag</tag-class>
    ...
    <attribute>
        <name>test</name>
        <required>true</required>
        <!-- rtexprvalue 属性值为 true，可以使用 EL 表达式 -->
        <rtexprvalue>true</rtexprvalue>
        <description><![CDATA[Expression to determine if body of tag is to
        be displayed]]></description>
    </attribute>
</tag>
<!-- 配置 elseif 标签 -->
<tag>
    <name>elseif</name>
    <tag-class>org.apache.Struts 2.views.jsp.ElseIfTag</tag-class>
    ...
    <attribute>
        <name>test</name>
        <required>true</required>
        <!-- rtexprvalue 属性值为 true，可以使用 EL 表达式 -->
        <rtexprvalue>true</rtexprvalue>
        <description><![CDATA[Expression to determine if body of tag is to
        be displayed]]></description>
    </attribute>
</tag>
```

从上面的配置代码可以看出，if 和 elseif 标签的 test 属性的<rtexprvalue>标签值都是 true，说明在 Struts 2.0.6 中 if 和 elseif 标签的 test 属性可以使用 EL 表达式。

读者可以按照同样的方式打开本书所采用的 Struts 2.3.4.1 的 struts-tags.tld 文件，会发现 if 和 elseif 标签的 test 属性的<rtexprvalue>标签值都是 false，也就是说在 Struts 2.3.4.1 中，默认情况下 if 和 elseif 标签的 test 属性都不支持 EL 表达式。事实上，从 Struts 2.0.10 开始，<rtexprvalue>标签的值就已经是 false 了，据 Apache 官方解释，由于 EL 存在着潜在的安全风险，因此在默认情况下，不支持 EL 表达式。

如果读者想在 Struts 2.0.10 及以后版本中的 if 和 elseif 标签中使用 EL 表达式，可以先将 struts-tags.tld 文件解压，并将 if 及 elseif 的<rtexprvalue>标签值改为 true 后，将 struts-tags.tld 文件重新加入到 struts 2.0.11.2 的 jar 包中，并覆盖原来的 struts-tags.tld 文件即可。打开其他标签的 EL 表达式支持，也可采用同样的方法。按照上述方法修改了 if 和 elseif 的<rtexprvalue>标签值后，再次访问下面的 URL：

http://localhost:8080/webdemo/chapter14/condition.jsp?grade=90

这时浏览器将输出“优秀”。如果读者不想修改 struts-tags.tld 文件，也不想使用 EL 表达式，可以在 test 属性中使用 OGNL 表达式。但要注意，如果判断请求参数，不能写成如下的形式：

```
<!--  如果 grade 在 90 和 100 之间，并不会输出"优秀"
<s:if test="#parameters.grade >= 90 && #parameters.grade <= 100}">
    优秀
</s:if>
```

在 Struts 2 中要取得请求参数的值，然后进行逻辑运算，应在 Action 类中定义属性来封装请求参数，并通过结果转入 condition.jsp 页面，再使用 OGNL 表达式进行逻辑运算。如下面的 Action 类的代码所示。

```
public class Condition extends ActionSupport
{
    private int grade;          // 封装 grade 请求参数的属性
    //  grade 属性的 getter 方法
    public int getGrade()
    {
        return grade;
    }
    //  grade 属性的 setter 方法
    public void setGrade(int grade)
    {
        this.grade = grade;
    }
    //  处理控制逻辑的 execute 方法
    public String execute()
    {
        return SUCCESS;
    }
}
```

在通过 SUCCESS 结果转入 condition.jsp 页面后，可以通过如下代码进行逻辑运算。

```
<s:if test="grade >= 90 && grade <= 100}">
    优秀
</s:if>
```

14.2.2　数组、集合迭代标签 iterator

iterator 标签主要用于实现对集合进行扫描，这里的集合包括数组、List、Set 及 Map 对象。使用<s:iterator.../>标签对集合进行迭代时可以使用如下 3 个属性。

- ❑ value（可选）：该属性指定被迭代的集合。被迭代的集合通常使用 OGNL 表达式指定，如果未指定 name 属性值，则使用 ValueStack 栈顶的集合。
- ❑ id（可选）：该属性表示集合里的当前元素。
- ❑ status（可选）：该属性指定了集合的 IteratorStatus 对象，在迭代集合的每一个元素时，都会有一个描述当前状态的 IteratorStatus 对象被放到 ValueStack 栈顶。通过 IteratorStatus 对象，可以获得集合当前的各种状态信息，如当前集合元素的索引等。

下面的代码使用<s:iterator.../>输出一个集合中的所有元素。

```
<table border="1" width= "150" style="text-align: center">
    <!-  扫描 value 指定的集合  -->
    <s:iterator id="sentense" value="{'日照香炉生紫烟', '遥看瀑布挂前川', '飞流
```

```
直下三千尺', '疑是银河落九天'}" >
    <tr>
        <!--   输出集合中每一个元素   -->
        <td><s:property value="sentense"/></td>
    </tr>
</s:iterator>
</table>
```

在浏览器地址栏中输入如下的 URL：

```
http://localhost:8080/webdemo/chapter14/iterator.jsp
```

浏览器显示的信息如图 14.6 所示。

图 14.6　使用 iterator 标签迭代输出集合中的所有元素

value 属性除了可以使用 OGNL 表达式定义的集合外，也可以扫描 Action 类的集合属性，如下面的 Action 类所示。

```
public class IteratorAction extends ActionSupport
{
    //  poetry 属性将在 iterator.jsp 中输出其全部的内容
    private List<String> poetry = new ArrayList<String>();
    //  poetry 属性的 getter 方法
    public List<String> getPoetry()
    {
        return poetry;
    }
    //  poetry 属性的 setter 方法
    public void setPoetry(List<String> poetry)
    {
        this.poetry = poetry;
    }
    //  处理控制逻辑的 execute 方法
    public String execute() throws Exception
    {
        //  初始化 poetry 集合
        poetry.add("日照香炉生紫烟");
        poetry.add("遥看瀑布挂前川");
        poetry.add("飞流直下三千尺");
        poetry.add("疑是银河落九天");
        return SUCCESS;
    }
}
```

IteratorAction 类的配置代码如下：

```
<!--　配置动作　-->
<package name="chapter14" namespace="/chapter14" extends="struts-default">
    <!--　配置 IteratorAction 类　-->
    <action name="iterator" class="chapter14.action.IteratorAction">
        <!--　配置 success 结果　-->
        <result name="success" >/chapter14/iterator.jsp</result>
    </action>
</package>
```

使用<s:iterator.../>标签输出 poetry 属性的代码如下：

```
<!--　iterator.jsp　-->
<table border="1" width= "150" style="text-align: center">
    <!- 扫描 value 指定的集合　-->
    <s:iterator id="sentense" value="poetry" >
        <tr>
            <!--　输出集合中每一个元素　-->
            <td><s:property value="sentense"/></td>
        </tr>
    </s:iterator>
</table>
```

在浏览器地址栏中输入如下的 URL：

```
http://localhost:8080/webdemo/chapter14/iterator.action
```

浏览器将显示和图 14.6 相同的的信息。通过<s:iterator.../>标签的 status 属性，可以获得每一个被迭代的集合元素的各种信息，status 属性指定了描述当前集合状态信息的 IteratorStatus 对象，IteratorStatus 类包括如下几个方法。

- ❑ getCount：该方法返回一个 int 类型的值，表示当前已经迭代的集合元素个数。
- ❑ getIndex：该方法返回一个 int 类型的值，表示当前集合元素的索引（从 0 开始）。
- ❑ isEven：该方法返回一个 boolean 类型的值，表示当前迭代的元素索引是否为偶数。
- ❑ isFirst：该方法返回一个 boolean 类型的值，表示当前迭代的元素是否为集合的第 1 个元素。
- ❑ isLast：该方法返回一个 boolean 类型的值，表示当前迭代的元素是否为集合的最后一个元素。
- ❑ isOdd：该方法返回一个 boolean 类型的值，表示当前迭代的元素的索引是否为奇数。

下面的代码利用 IteratorStatus 类的 odd 属性实现偶数行改变背景色，并在第 1 列显示 index 属性的值：

```
<table border="1" width="200" style="text-align: center">
    <s:iterator id="sentense" value="poetry" status="status">
        <!--　利用 odd 属性实现偶数行改变背景色　-->
        <tr <s:if test="#status.odd">style="background-color:#CCCCCC"
        </s:if>>
            <td width="15%">
                <!--　显示当前元素的索引　-->
                <s:property value="#status.index" />
            </td>
            <td>
                <!--　显示当前元素值　-->
```

```
            <s:property value="sentense" />
        </td>
    </tr>
</s:iterator>
</table>
```

在浏览器地址栏中输入如下的 URL：

```
http://localhost:8080/webdemo/chapter14/iterator.action
```

浏览器显示的信息如图 14.7 所示。

图 14.7　根据 odd 属性改变偶数行背景色

除此之外，<s:iterator.../>标签还可以扫描 Map 类型的对象。在扫描 Map 类型的对象时，将每一个 key-value 对象看作一个元素，也就是有几个 key-value 对，<s:iterator.../>标签就会循环几次。在扫描的过程中，可以分别输出当前元素的 key 和 value，这两个值可以通过当前元素的 Map.Entry 类的 key 和 value 属性输出。如下面的代码所示。

```
<table border="1" width="200" style="text-align: center">
    <tr>
        <th>软件</th>
        <th>类型</th>
    </tr>
    <!-- 对 Map 对象进行扫描 -->
    <s:iterator id="software" status="status"
        value="#{'Windows':'操作系统', 'Office':'办公软件', 'Visual Studio':'
        开发工具', 'Java':'编程语言'}">
        <tr <s:if test="#status.odd">style="background-color:#CCCCCC"
        </s:if>>
        <td>
            <!-- 输出当前元素的 key -->
            <s:property value="key" />
        </td>
        <td>
            <!-- 输出当前元素的 value 值 -->
            <s:property value="value" />
        </td>
    </tr>
    </s:iterator>
</table>
```

在浏览器地址栏中输入如下的 URL：

```
http://localhost:8080/webdemo/chapter14/iterator.action
```

浏览器显示的信息如图 14.8 所示。

图 14.8　使用 iterator 扫描 Map 对象

14.2.3　将集合以追加方式合并为新集合的标签 append

append 标签用于将多个集合合并成一个新集合，以便通过<s:iterator.../>标签可以对这个新集合进行扫描，并处理该集合中的每一个元素。

使用<s:append.../>标签时需要指定一个 id 属性，该属性指定一个新集合的名字。在<s:append.../>标签中可以指定多个<s:param.../>子标签，每一个<s:param.../>标签指定一个集合。下面的代码将两个集合合并成了一个，并使用<s:iterator.../>标签输出了合并后集合中的每一个元素：

```
<!--  append.jsp  -->
<!-- 使用 append 标签合并两个集合  -->
<s:append id="newList" >
    <s:param value="{'日照香炉生紫烟','遥看瀑布挂前川','飞流直下三千尺','疑是银
    河落九天'}" />
    <s:param value="{'天生我才必有用','千金散尽还复来'}" />
</s:append>
<table border="1" width="150" style="text-align: center">
    <!-- 扫描新集合，并输出集合中的每一个元素  -->
    <s:iterator id="sentense" status = "status" value="#newList">
        <tr <s:if test="#status.odd">style="background-color:#CCCCCC"
        </s:if>>
            <td>
                <s:property value="sentense" />
            </td>
        </tr>
    </s:iterator>
</table>
```

在浏览器地址栏中输入如下的 URL：

http://localhost:8080/webdemo/chapter14/append.jsp

浏览器显示的信息如图 14.9 所示。

<s:append.../>标签除了可以合并多个集合外，还可以合并 Map 类型的对象，甚至可以将 Map 类型的对象和 List 对象进行合并，如下面的代码所示。

图 14.9　使用 append 标签合并两个集合

```html
<!-- 将一个 Map 对象和一个 List 对象进行合并，产生一个新的 Map 对象  -->
<s:append id="newMap" >
    <s:param value="#{'日照香炉生紫烟', ,'遥看瀑布挂前川', '飞流直下三千尺', '疑
是银河落九天'}" />
    <s:param value="#{'Windows':'操作系统', 'Office':'办公软件', 'Visual
    Studio':'开发工具', 'Java':'编程语言'}" />
</s:append>
<table border="1" width="200" style="text-align: center">
    <!-- 扫描 newMap 对象中的元素，并输出这些元素  -->
    <s:iterator id="element" status = "status" value="#newMap">
        <!-- 如果是奇数行，设置背景颜色  -->
        <tr <s:if test="#status.odd">style="background-color:#CCCCCC"
        </s:if>>
            <td>
                <s:property value="key" />
            </td>
            <td>
                <s:property value="value" />
            </td>
        </tr>
    </s:iterator>
</table>
```

如果将 List 对象和 Map 对象合并，将生成一个新的 Map 对象，而且 List 对象的元素
都将作为新 Map 对象的 key，而 value 为空。在浏览器地址栏中输入如下的 URL：

```
http://localhost:8080/webdemo/chapter14/append.jsp
```

浏览器显示的信息如图 14.10 所示。

图 14.10　使用 append 标签合并 List 和 Map

14.2.4　实现字符串分割成多个子串的标签 generator

generator 标签用于将指定字符串按照指定分隔符分割成多个临时子串，也可以理解为转换成一个集合对象。转换后的集合对象可以使用 iterator 标签来迭代输出。使用 generator 标签生成的集合被保存在 ValueStack 的顶端，当 generator 标签结束后，该集合将被从 ValueStack 栈顶移走。<s:generator.../>标签有如下 5 个属性。

❑ separator（必填）：该属性指定了用于分割字符串的分隔符。

❑ val（必填）：该属性指定了被转换的字符串。

❑ count（可选）：该属性指定集合中最多可以拥有的元素个数，也就是生成的集合的最大长度。

❑ converter（可选）：该属性指定一个转换器，通过这个转换器，可以将集合中的每个字符串转换成对象。

❑ id（可选）：如果指定该属性，则 generator 标签将生成的集合放在 pageContext 属性中。

下面的代码使用<s:generator.../>标签将一个字符串转换成一个集合，并利用<s:iterator.../>标签输出集合中的所有元素。

```jsp
<!-- generator.jsp -->
<!-- 使用 generator 标签将字符串转换成集合对象 -->
<s:generator separator=";"
    val="'Windows（操作系统）;Office（办公软件）;Visual Studio（开发工具）;Java
    （编程语言）'">
    <table border="1" width="200" style="text-align: center">
        <!-- 输出集合中的所有元素 -->
        <s:iterator status="status">
            <!-- 如果当前是奇数行，设置背景颜色 -->
            <tr <s:if test="#status.odd">style="background-color:#CCCCCC"
            </s:if>>
                <td>
                    <s:property />
                </td>
            </tr>
        </s:iterator>
    </table>
</s:generator>
```

上面的代码中的<s:iterator.../>标签未使用 id 属性，在<s:property/>标签中也未使用 value 属性，实际上，这些都是使用 ValueStack 来保存集合当前迭代的元素。如果要为<s:iterator.../>标签加上 id 属性，也可以使用如下代码迭代输出集合中的元素。

```jsp
<s:iterator id="element" status="status">
    <!-- 如果当前是奇数行，设置背景颜色 -->
    <tr <s:if test="#status.odd">style="background-color:#CCCCCC"
    </s:if>>
        <td>
            <s:property value="element" />
        </td>
    </tr>
</s:iterator>
```

在浏览器地址栏中输入如下 URL：

```
http://localhost:8080/webdemo/chapter14/generator.jsp
```

浏览器显示的信息如图 14.11 所示。

图 14.11　使用 generator 标签将字符串转换成集合

在下面的 JSP 代码中将进行更复杂的操作。在这段代码中通过 count 属性限制了产生的集合大小，并通过 id 属性将产生的集合对象保存在 PageContext 对象中。最后提供了一个转换器将集合中的每一个字符串转换成 StringObject 对象。

转换器用 converter 属性指定，实际上该转换器就是 Action 类的一个 getter 方法，这个 getter 方法返回一个 org.apache.Struts 2.util.IteratorGenerator.Converter 类型的对象。下面是实现转换器 getter 方法的 Action 类的实现代码。

```java
//   实现类 ActionSupport 的 Action
public class GeneratorAction extends ActionSupport
{
    private String str;                         //   封装被转换字符串的属性
    //   将集合中的字符串转换成 StringObject 对象
    static class StringObject
    {
        private String s;                       //   创建字符串变量 s
        //   StringObject 类的构造方法
        public StringObject(String s)
        {
            this.s = s;
        }
        public String getStr()                  //   属性 str 的 getter 方法
        {
            return "StringObject: " + s;
        }
    }
    //   str 属性的 getter 方法
    public String getStr()
    {
        return str;
    }
    //   str 属性的 setter 方法
    public void setStr(String str)
    {
        this.str = str;
    }
    //   处理控制逻辑的 execute 方法
    public String execute() throws Exception
    {
        //   初始化被转换的字符串
        str = "Windows（操作系统）;Office（办公软件）;Visual Studio（开发工具）;Java
（编程语言）";
```

```
        return SUCCESS;
    }
    // 转换器 getter 方法
    public Converter getMyConverter()
    {
        // 隐式实现 Converter 接口
        return new Converter()
        {
            // value 表示集合中的元素
            public Object convert(String value) throws Exception
            {
                // 将集合中每一个字符串转换成 StringObject 对象
                return new StringObject(value);
            }
        };
    }
}
```

GeneratorAction 类的配置代码如下：

```
<package name="chapter14" namespace="/chapter14" extends="struts-default">
    <!-- 配置 GeneratorAction 类 -->
    <action name="generator" class="chapter14.action.GeneratorAction">
        <result name="success">/chapter14/generator.jsp</result>
    </action>
</package>
```

使用上面实现的转换器对字符串进行转换的 JSP 代码如下：

```
<s:generator id="software" count="3" converter="myConverter" separator=";"
val="str">
    <table border="1" width="300" style="text-align: center">
        <!-- 使用 attr 内置对象从 PageContext 对象中取出转换生成的集合对象，并迭代输
        出集合的元素 -->
        <s:iterator id="element" value="#attr.software" status="status">
            <!-- 如果当前是奇数行，设置背景颜色 -->
            <tr <s:if test="#status.odd">style="background-color:#CCCCCC"
            </s:if>>
                <td> <s:property value="#element.str" /></td>
            </tr>
        </s:iterator>
    </table>
</s:generator>
```

在浏览器地址栏中输入如下 URL：

```
http://localhost:8080/webdemo/chapter14/generator.action
```

浏览器显示的信息如图 14.12 所示。

图 14.12　count、id 和 converter 属性的应用

14.2.5　实现将集合以交替方式合并为新集合的标签 merge

merge 标签和 append 标签的功能类似，都是将多个集合合并成一个新的集合。这两个标签都有一个 id 属性，表示新集合的名字，但这两个标签合并集合的方式不同。

append 标签采用的是追加的方式，也就是多个集合按照<s:param.../>标签的顺序首尾相接进行合并，而 merge 采用了交替的合并方式，即先将要合并的 n 个集合的第 1 个元素按照<s:param.../>标签的顺序加入新集合，再取这 n 个集合的第 2 个元素，仍然按照<s:param.../>标签的顺序加入新集合，……，依次类推。假设有 3 个集合，每个集合有 3 个元素，则使用 append 标签合并后的新集合的元素位置如下：

```
1.  第 1 个集合的第 1 个元素
2.  第 1 个集合的第 2 个元素
3.  第 1 个集合的第 3 个元素
4.  第 2 个集合的第 1 个元素
5.  第 2 个集合的第 2 个元素
6.  第 2 个集合的第 3 个元素
7.  第 3 个集合的第 1 个元素
8.  第 3 个集合的第 2 个元素
9.  第 3 个集合的第 3 个元素
```

使用 merge 标签合并集合的结果如下：

```
1.  第 1 个集合的第 1 个元素
2.  第 2 个集合的第 1 个元素
3.  第 3 个集合的第 1 个元素
4.  第 1 个集合的第 2 个元素
5.  第 2 个集合的第 2 个元素
6.  第 3 个集合的第 2 个元素
7.  第 1 个集合的第 3 个元素
8.  第 2 个集合的第 3 个元素
9.  第 3 个集合的第 3 个元素
```

下面的程序将 14.2.3 节合并 List 和 Map 对象的 JSP 程序中的<s:append.../>标签，替换成<s:merge.../>标签。

```
<!-- 标签 merge 的使用 -->
<s:merge id="newMap" >
    <s:param value="#{'日照香炉生紫烟','遥看瀑布挂前川','飞流直下三千尺','疑是
    银河落九天'}" />
    <s:param value="#{'Windows':'操作系统', 'Office':'办公软件', 'Visual
    Studio':'开发工具', 'Java':'编程语言'}" />
</s:merge>
```

在浏览器的地址栏中输入如下的 URL：

```
http://localhost:8080/webdemo/chapter14/merge.jsp
```

浏览器显示的信息如图 14.13 所示。

从图 14.13 中可以看出，在合并后的新集合中，两个集合的元素交替出现，这也符合 merge 标签的合并原则，读者可以将图 14.13 和图 14.10 进行对比，就会对 append 和 merge

标签合并集合的规则有一个更直观的认识。

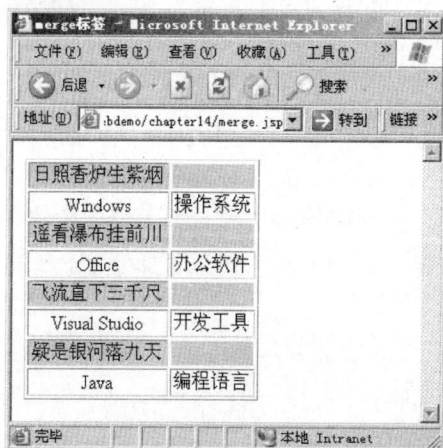

图 14.13　使用 merge 标签合并 List 和 Map

14.2.6　获得集合子集标签的 subset

subset 标签用于获得集合的子集，该标签有如下几个属性。

- ❑ count（可选）：该属性指定了子集元素的个数。如果未指定该属性，默认获得集合的所有元素。
- ❑ source（可选）：该属性指定了源集合。如果未指定该属性，默认使用 ValueStack 栈顶的集合作为源集合。
- ❑ start（可选）：该属性指定子集的第 1 个元素在源集合的索引。如果未指定该属性，则默认值是 0，也就是从源集合的第 1 个元素开始取得子集。
- ❑ decider（可选）：该属性指定了一个自定义的子集规则对象实例。该规则类必须实现 SubsetIteratorFilter.Decider 接口。

下面的代码使用 subset 标签截取了源集合的子集，在使用 subset 标签时，指定了 start 属性为 2，也就是从源集合的第 3 个元素开始截取，指定 count 属性为 2，表明子集的长度为 2。

```
<!-- 使用 subset 标签截取源集合的最后两个元素  -->
<s:subset source="{'日照香炉生紫烟','遥看瀑布挂前川','飞流直下三千尺','疑是银
河落九天'}" start="2" count="2">
  <table border="1" width="200" style="text-align: center">
    <!-- 从 ValueStack 栈顶取得子集  -->
    <s:iterator status="status">
      <!-- 如果当前是奇数行，设置背景颜色  -->
      <tr <s:if test="#status.odd">style="background-color:#CCCCCC"
      </s:if>>
        <td>
          <s:property/>
        </td>
      </tr>
    </s:iterator>
  </table>
```

```
</s:subset>
```

由于<s:subset.../>标签生成的子集被放在了 ValueStack 栈顶，因此，在使用<s:iterator.../>标签时会自动取得 ValueStack 栈顶的子集对象。在浏览器地址栏中输入如下的 URL：

```
http://localhost:8080/webdemo/chapter14/subset.jsp
```

浏览器显示的信息如图 14.14 所示。

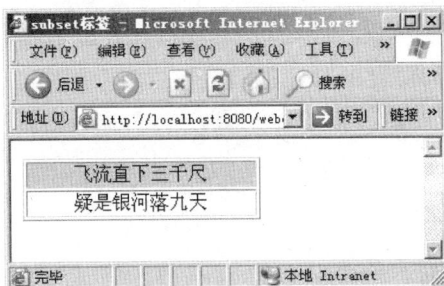

图 14.14　使用 subset 标签截取的子集

除此之外，subset 标签还允许开发人员指定自己的截取标准。实际上，截取标准就是一个实现 SubsetIteratorFilter.Decider 接口的类。Decider 接口中定义了一个 decide 方法，该方法的定义如下：

```
boolean decide(Object element) throws Exception;
```

其中 element 参数表示源集合的当前元素，如果 decide 方法返回 true，则表示当前元素被选中。下面的代码是一个可以指定正则表达式的截取类，代码如下：

```
package chapter14;
import org.apache.Struts 2.util.SubsetIteratorFilter;
// 实现接口 SubsetIteratorFilter.Decider 的类 RegexDecider
public class RegexDecider implements SubsetIteratorFilter.Decider
{
    private String regex;                      // 封装正则表达式的 regex 属性
    // regex 属性的 setter 方法
    public void setRegex(String regex)
    {
        this.regex = regex;
    }
    // 实现 Decider 接口的 decide 方法
    public boolean decide(Object arg) throws Exception
    {
        String str = (String)arg;
        return str.matches(regex);             // 用当前元素和正则表达式进行匹配
    }
}
```

在编写完 RegexDecider 类后，可以在 JSP 页面中创建 RegexDecider 类的对象实例，并用<s:subset.../>标签的 decider 属性指定 RegexDecider 类的对象实例。JSP 页面的实现代码如下：

```
<!-- 使用 bean 标签创建了 RegexDecider 对象实例 -->
<s:bean id="regexDecider" name="chapter14.RegexDecider">
```

```
    <!--  为 regex 属性赋一个正则表达式,该正则表达式过滤所有包含 J2EE 的集合元素  -->
    <s:param name="regex" value="'^.*(?i)J2EE.*$'" />
</s:bean>
<!--  在 subset 标签中通过 RegexDecider 对象过滤源集合  -->
<s:subset source="{'J2EE开发大全','Java大讲堂','精通J2EE之Struts、Hibernate、
Spring整合', 'C#从入门到精通'}"  decider="#regexDecider" >
    <table border="1" width="350" style="text-align: center">
        <s:iterator status="status">
            <tr <s:if test="#status.odd">style="background-color:#CCCCCC"
            </s:if>>
                <td> <s:property /></td>
            </tr>
        </s:iterator>
    </table>
</s:subset>
```

在浏览器地址栏中输入如下的 URL：

```
http://localhost:8080/webdemo/chapter14/subset.jsp
```

浏览器显示的信息如图 14.15 所示。

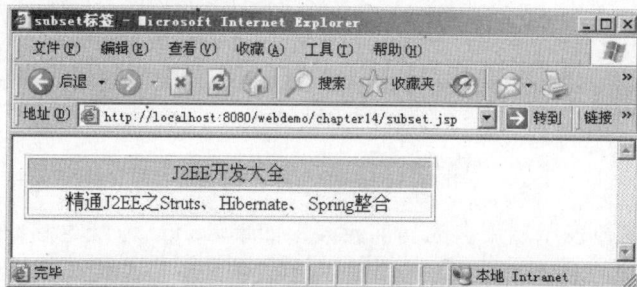

图 14.15　使用自定义 Decider 类过滤源集合

注意：如果同时指定 decider、start 和 count 属性，则 subset 会取它们的交集，相当于先
按照 start、count 属性取子集，再将 decider 属性应用到该子集上。

14.2.7　对集合进行排序的标签 sort

sort 标签用于对指定的集合元素进行排序，sort 标签并未提供自己的排序规则，因此
在使用 sort 标签对集合元素进行排序时，必须由开发人员提供排序规则。排序规则实际上
是实现 java.util.Comparator 接口的类。sort 标签有如下几个属性。

- comparator（必填）：该属性指定排序规则类的对象实例。
- source（可选）：该属性指定被排序的集合。如果未指定该属性，则对 ValueStack
  栈顶的集合进行排序。

注意：在 sort 标签体内，由 sort 标签生成的集合被放到 ValueStack 栈顶，如果该标签结
束，ValueStack 栈顶的集合将会被移除，因此，操作该集合的标签必须放在 sort
标签体内。

下面是一个排序规则类的实现代码。

```
package chapter14;
import java.util.Comparator;
// 实现接口 Comparator 的排序规则类
public class MyComparator implements Comparator
{
    // 用于定义排序规则的 compare 方法
    public int compare(Object o1, Object o2)
    {
        String str1 = (String)o1;
        String str2 = (String)o2;
        return str2.length() - str1.length();  // 按降序规则排序
    }
}
```

compare 方法如果返回 o1 和 o2 的长度之和，则表示升序，返回 o2 和 o1 的长度之差，表示降序。在本例中按降序排序。下面的 JSP 代码使用了 MyComparator 排序规则按降序排列集合中的元素。

```
<!-- sort.jsp -->
<!-- 创建 MyComparator 类的对象实例 -->
<s:bean id="myComparator" name="chapter14.MyComparator"/>
<!-- 使用 sort 标签和 MyComparator 排序规则对集合元素进行排序 -->
<s:sort source="{'J2EE 开发大全','Java 大讲堂','精通 J2EE 之 Struts、Hibernate、
Spring 整合', 'C#从入门到精通'}"  comparator="#myComparator" >
    <table border="1" width="350" style="text-align: center">
        <s:iterator status="status">
            <!-- 如果当前是奇数行，设置背景颜色 -->
            <tr <s:if test="#status.odd">style="background-color:#CCCCCC"
            </s:if>>
                <td>
                    <s:property />
                </td>
            </tr>
        </s:iterator>
    </table>
</s:sort>
```

在浏览器地址栏中输入如下的 URL：

```
http://localhost:8080/webdemo/chapter14/sort.jsp
```

浏览器显示的信息如图 14.16 所示。

图 14.16　使用 sort 标签对集合元素进行排序

从图 14.16 中可以看出，集合中的元素按照字符串长度从大到小进行降序排列。

14.3　数据标签

数据标签主要用于提供各种和数据访问相关的功能，如创建一个类的对象实例、输出国际化信息、包括其他的 Web 资源等。数据标签包括如下几个。

- □ action：该标签用于在 JSP 页面中直接使用一个 Action，通过将 executeResult 属性设为 true，还可以将该 Action 的处理结果直接包含到本页面中。
- □ bean：该标签用于创建一个 JavaBean 对象实例。如果指定 id 属性，可以将创建的 JavaBean 对象实例放入 Stack Context 中。
- □ date：该标签用于格式化输出一个日期。
- □ debug：该标签用于在页面上生成一个调试链接，当单击该链接时，可以看到当前 ValueStack 和 Stack Context 中的内容。
- □ i18n：该标签用于指定临时国际化资源文件的 baseName。
- □ include：该标签用于在 JSP 页面中包含其他的 Web 资源（如 JSP、Servlet 等）。
- □ param：该标签用于设置一个参数，通常作为 bean、append 等标签的子标签。
- □ push：该标签用于将指定值放入 ValueStack 的栈顶。
- □ set：该标签用于定义一个新变量，并将该变量保存在指定的范围内。
- □ text：该标签用于输出国际化信息。
- □ url：该标签用于生成一个 URL 地址。
- □ property：该标签用于输出某个值，包括输出 ValueStack、Stack Context 和 Action Context 中的值。

在上面的标签中，i18n 和 text 标签在第 13 章的"国际化"部分曾讲过，关于这两个标签的使用方法，请读者参阅 13.3.5 节的内容，在本章将不再介绍这两个标签。

14.3.1　在 JSP 页面中直接访问 Action 的标签 action

action 标签允许在 JSP 页面中访问调用 Action。在访问 Action 时，Action 的名字是必不可少的。当然如果 Action 所在的包指定了 namespace 属性，在调用 Action 时还必须指定 namespace。除了调用 Action 外，action 标签还可以通过 executeResult 属性选择是否将处理结果（视图资源）包含在当前页面中。action 标签有如下几个属性。

- □ name（必填）：该属性指定了要调用的 Action 的名字。
- □ id（可选）：该属性指定了要访问的 Action 的对象实例名，在 JSP 页面中可以通过该名字访问 Action 的对象实例。
- □ namespace（可选）：该属性指定了 Action 的命名空间名。
- □ executeResult（可选）：该属性指定了是否将处理结果页面包含在当前页面中。该属性值为 true，包含处理结果页面。executeResult 属性的默认值为 false，即不包含。
- □ ignoreContextParams（可选）：该属性指定是否将当前页面的请求参数传给 action 标签访问的 Action。该属性的默认值为 false，即将当前页面的请求参数传入被访问的 Action。

❑ flush（可选）：该属性指定了是否应该在 action 标签结束时刷新缓存。该属性的
默认值是 true，即在 action 标签结束时刷新缓存。

下面的 Action 类将在 JSP 页面中被调用。这个 Action 类非常简单，有一个 value 属性
（该属性用于封装请求参数）和一个逻辑处理方法 execute。该 Action 类的实现代码如下：

```java
//  实现接口 ActionSupport 的类 MyAction
public class MyAction extends ActionSupport
{
   private String value;                    //  封装请求参数的 value 属性
   //  value 属性的 getter 方法
   public String getValue()
   {
      return value;
   }
   //  value 属性的 setter 方法
   public void setValue(String value)
   {
      this.value = value;
   }
   //  MyAction 类的逻辑处理方法
   @Override
   public String execute() throws Exception
   {
      return SUCCESS;
   }
}
```

MyAction 类的配置代码如下：

```xml
<package name="chapter14" namespace="/chapter14" extends="struts-default">
   <!--  配置 MyAction 类 -->
   <action name="my" class="chapter14.action.MyAction">
      <!--  定义 success 结果 -->
      <result name="success">/chapter14/succ.jsp</result>
   </action>
</package>
```

其中 succ.jsp 是 success 结果转入的页面，代码如下：

```jsp
<%@ page language="java" pageEncoding="UTF-8"%>
<%@ taglib prefix="s" uri="/struts-tags"%>
<html>
   <head>
      <title>调用成功</title>
   </head>
   <body>
      调用成功, value=<s:property value="value"/>
   </body>
</html>
```

下面的 JSP 代码通过<s:action.../>标签访问 MyAction。

```jsp
<!--  action.jsp  -->
调用 Action，将结果包含到本页面中，并将请求参数传入 Action<p/>
<s:action     id="myAction"     name="my"             namespace="/chapter14"
executeResult="true"/>
<br>
直接访问 Action 的属性：MyAction.value：<s:property value="#myAction.value"/>
```

```
<br>
------------------------------------------------------
<br>
调用 Action，将结果包含到本页面中，未将请求参数传入 Action<p/>
<s:action      name="my"      namespace="/chapter14"      executeResult="true"
ignoreContextParams="true"/>
<br>
------------------------------------------------------
 <br>
调用 Action，未将结果包含到本页面中，将请求参数传入 Action<p/>
<s:action id ="myAction" name="my" namespace="/chapter14" />
直接获得请求参数，value=<s:property value="#parameters.value" /><br>
直接访问 Action 的属性: MyAction.value: <s:property value="#myAction.value"/>
```

在上面的 JSP 代码中，通过 executeResult 属性控制是否将 Action 的处理结果包含在当前页面中。并在第 1 次调用 MyAction 时将<s:action.../>标签的 id 属性设为 myAction，然后通过如下代码直接输出了 value 属性的值。

```
<s:property value="#myAction.value"/>
```

在浏览器地址栏中输入如下的 URL：

```
http://localhost:8080/webdemo/chapter14/action.jsp?value=xyz
```

浏览器显示的信息如图 14.17 所示。

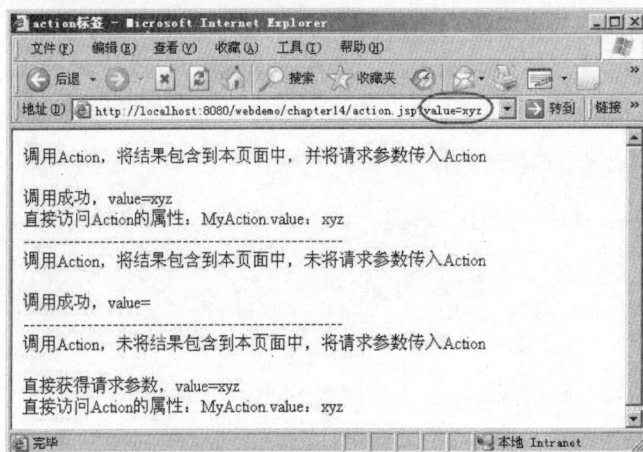

图 14.17　使用 action 标签调用 Action

从图 14.17 显示的内容中可以看出，在访问 action.jsp 页面时包含了一个名为 value 的请求参数，而在第 1 次访问 MyAction 时，将请求参数传给了 MyAction，因此，在页面中输出了请求参数的值。而在第 2 次访问 MyAction 时，并未将请求参数传入 MyAction，因此，在 succ.jsp 中输出的 value 属性值为空串。而在第 3 次调用 MyAction 时，虽然<s:action.../>标签未包含处理结果页面，但仍然将请求参数传入 MyAction，因此，通过 MyAction 对象实例的 value 属性仍然可以输出请求参数值。

14.3.2　创建 JavaBean 的对象实例标签 bean

bean 标签用于创建一个 JavaBean 的对象实例。如果在创建 JavaBean 对象时，需要设置 JavaBean 的属性，可以在 bean 标签体内使用<s:param.../>标签。从技术层面看，bean 标签和 action 标签都可以调用 Action 类，但 action 标签的调用相当于通过 Action 的 Web 路径访问该 Action，而 bean 标签只是简单地创建 Action 类的对象实例，相当于 Java 中的 new 关键字。在使用 bean 和 action 标签时应注意它们的区别。bean 标签有如下几个属性。

- ❏ name（必填）：该属性指定要创建对象实例的 JavaBean 的实现类。
- ❏ id（可选）：该属性指定了 JavaBean 对象的实例名。如果指定该属性，则 JavaBean 的对象实例会被放入 Stack Context（不是 ValueStack）中，并允许通过 id 属性所指的对象实例名访问该 JavaBean 的对象实例。

由于 bean 标签在创建 JavaBean 对象时，将该对象放在了 ValueStack 的栈顶，因此，在 bean 标签体内可以直接使用 JavaBean 的属性。一旦 bean 标签结束，JavaBean 对象会从 ValueStack 的栈顶删除，这时要想访问该 JavaBean 对象，必须在 bean 标签中使用 id 属性指定 JavaBean 对象实例名。

下面是一个简单的 JavaBean，这个 JavaBean 将在 JSP 页面中被<s:bean.../>标签引用。该 JavaBean 有 name 和 grade 两个属性，这两个属性在<s:bean.../>标签中被赋值，并在当前页面中输出这两个属性值。

```java
// 表示学生的 JavaBean 对象 Student
public class Student
{
    private String name;            // 封装 name 请求参数的属性
    private int grade;              // 封装 grade 请求参数的属性
    // name 属性的 getter 方法
    public String getName()
    {
        return name;
    }
    // name 属性的 setter 方法
    public void setName(String name)
    {
        this.name = name;
    }
    // grade 属性的 getter 方法
    public int getGrade()
    {
        return grade;
    }
    // grade 属性的 setter 方法
    public void setGrade(int grade)
    {
        this.grade = grade;
    }
}
```

下面的 JSP 代码通过<s:bean.../>标签创建了 Student 的对象实例，在<s:bean.../>标签体内为该对象的两个属性赋值，并输出这两个属性的值。

```jsp
<!-- bean.jsp -->
<!-- 使用 bean 标签创建一个 chapter14.Student 类的对象实例 -->
<s:bean name="chapter14.Student">
    <!-- 为 Student 的两个属性赋值 -->
    <s:param name="name" value= "'bill'"/>
    <s:param name="grade" value = "95" />
```

```
    <!--  输出 Student 的两个属性值   -->
    Student 的属性值: <br>
    name: <s:property value="name"/><br>
    grade: <s:property value="grade"/>
</s:bean>
```

在浏览器地址栏中输入如下的 URL:

```
http://localhost:8080/webdemo/chapter14/bean.jsp
```

浏览器显示的信息如图 14.18 所示。

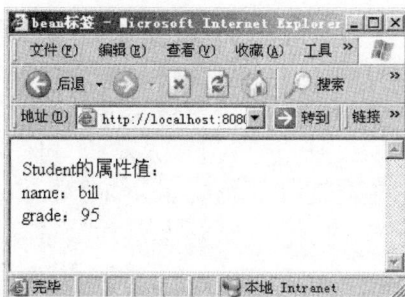

图 14.18　使用 bean 标签创建 JavaBean 的对象实例

如果想在<s:bean.../>标签外使用该标签创建的 JavaBean 对象实例,可以在<s:bean.../>标签中指定 id 属性,如下面的 JSP 代码所示。

```
<!-- bean.jsp  -->
<!--  使用 bean 标签创建一个 chapter14.Student 类的对象实例,并指定 id 属性 -->
<s:bean id = "student" name="chapter14.Student">
    <!--  为 Student 的两个属性赋值   -->]
    <s:param name="name" value="'bill'" />
    <s:param name="grade" value="95" />
</s:bean>
<br>
Student 的属性值: <br>
<!--  根据 id 属性指引用 Student 对象实例,并输出该对象的两个属性   -->
name: <s:property value="#student.name"/><br>
grade: <s:property value="#student.grade"/>
```

在访问上面的 JSP 页面后,将会得到和图 14.18 完全相同的输出信息。

14.3.3　格式化日期/时间的标签 date

date 标签用于格式化输出 java.util.Date 类型的值。除了可以格式化日期外,date 标签还可以输出指定日期和当前日期之间的时间差。date 标签有如下几个属性。

- name(必填):该属性指定要格式化的 Date 类型的值。
- format(可选):该属性指定了用来格式化日期的格式化字符串。如果未指定该属性,则 Struts 2 会从资源文件中寻找 key 为 struts..date.format 的格式化信息,如果未找到该信息,则采用默认的 DateFormat.MEDIUM 格式对日期进行格式化。
- nice(可选):该属性指定 date 标签是否输出指定日期和当前日期的时差。如果该属性为 true,则显示时差,否则,显示格式化后的日期。如果同时指定了 nice 和

format 属性，则 nice 优先级要高于 format，也就是说，这时如果 nice 属性的值为 true，会输出时差。

❑ id（可选）：该属性指定引用被格式化后的日期的 id 值。

下面的 JSP 代码分别对过去、现在和未来 3 个日期进行格式化，并输出相应的日期或时差。

```jsp
<!-- date.jsp -->
<%
    java.util.Calendar calendar = java.util.Calendar.getInstance();
    calendar.set(2007, 8, 20);                    // 指定过去的日期
    // 将过去的日期保存在请求域中
    request.setAttribute("oldDate", calendar.getTime());
    calendar.set(2014, 8, 20);                    // 指定未来的日期
    // 将未来的日期保存在请求域中
    request.setAttribute("futureDate", calendar.getTime());
%>
<s:bean id = "date" name="java.util.Date"/>
name 属性的值为当前日期，nice="false"，format="yyyy-MM-dd HH:mm:ss"<br>
<s:date name="#date" format="yyyy-MM-dd HH:mm:ss" nice = "false" /><hr><br>
name 属性的值为当前日期，nice="true"，format="yyyy-MM-dd HH:mm:ss"<br>
<s:date name="#date" format="yyyy-MM-dd HH:mm:ss" nice = "true" /><hr><br>
name 属性的值为以前的日期，nice="true"，format="yyyy-MM-dd HH:mm:ss"<br>
<s:date name="#request.oldDate" format="yyyy-MM-dd HH:mm:ss" nice = "true"
/><hr><br>
name 属性的值为未来的日期，nice="true"，未指定 format 属性<br>
<s:date name="#request.futureDate" nice = "true" /><hr><br>
name 属性的值为以前的日期，id = "myDate"，nice="false"，未指定 format 属性<br>
<s:date id="myDate" name="#request.oldDate" nice = "false" />
<s:property value="#myDate"/>
```

在浏览器地址栏中输入如下的 URL：

```
http://localhost:8080/webdemo/chapter14/date.jsp
```

浏览器显示的信息如图 14.19 所示。

图 14.19　使用 date 标签格式化输出日期

从图 14.19 所示的输出信息可以看出，在最后一次调用<s:date.../>标签时未指定 format
属性，而且 nice 属性的值为 false，因此 Struts 2 会在全局资源文件中寻找 key 为
struts.date.format 的日期格式化信息。在本书中的全局资源文件是 globalResource.properties，
该文件中的日期格式化信息如下：

```
#  指定默认的日期格式
struts.date.format=yyyy年MM月dd日
```

14.3.4　显示调试信息的标签 debug

debug 标签用于输出服务端对象（如 request、application、ValueStack 等）中的信息，
该标签可用于辅助调试 Java Web 程序。

debug 标签只有一个 id 属性，该属性的用处不大，只表示 debug 标签的一个引用。在
使用 debug 标签后，会在页面上生成一个[Debug]链接，单击该链接后，会输出各种服务端
对象中的信息。

下面的 JSP 代码使用<s:bean.../>标签创建了一个 Student 对象实例，并在<s:bean...>标
签中为 Student 的两个属性赋值，然后在<s:bean.../>标签体中使用<s:debug.../>标签生成
[Debug]链接。

```
<!-- debug.jsp -->
<!-- 创建Student对象实例 -->
<s:bean name="chapter14.Student">
    <!-- 为Student的两个属性赋值 -->
    <s:param name="name" value="'bill'" />
    <s:param name="grade" value="95" />
    <!-- 生成[Debug]链接 -->
    <s:debug/>
</s:bean>
```

如果<s:bean.../>标签未结束，该标签创建的 JavaBean 对象实例会被放到 ValueStack 栈
顶。在浏览器地址栏中输入如下的 URL：

```
http://localhost:8080/webdemo/chapter14/debug.jsp
```

浏览器显示[Debug]链接后，单击该链接，浏览器显示的信息如图 14.20 所示。

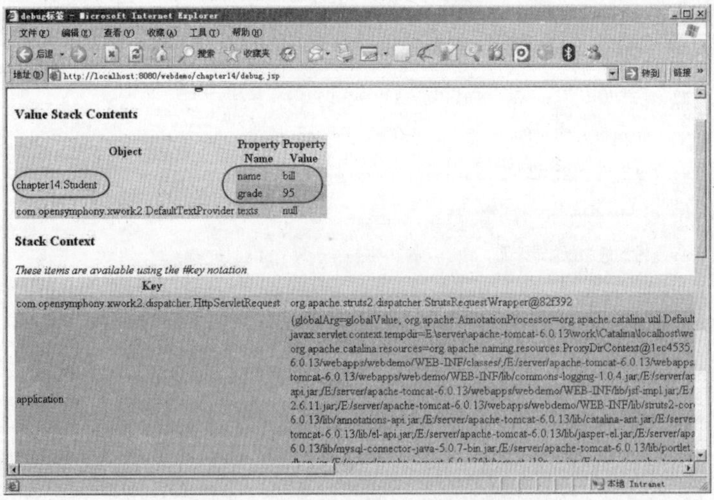

图 14.20　debug 标签显示的调试信息

从图 14.20 所示的信息中可以看出，ValueStack 栈顶的元素是 Student 类的对象。

14.3.5　包含 Web 资源的标签 include

include 标签用于在当前页面包含另外一个 Web 资源，如 HTML、JSP、Servlet 等。该标签有如下几个属性。

- ❑ value（必填）：该属性指定被包含的 Web 资源的 URL，如 included.jsp、/chapter3/css.html 等。
- ❑ id（可选）：该属性指定 include 标签的 ID 引用。

include 标签还可以通过<s:param.../>标签给被包含的 Web 资源传递请求参数。在下面的 JSP 代码中，通过 include 标签包含了一个 css.html 页面和一个 included.jsp 页面。

```
<!-- include.jsp -->
<font style="font-style: italic">
   css.html 页面的内容
</font><br><br>
<!-- 包含 css.html 页面 -->
<s:include value="/chapter3/css.html"/><hr>
<font style="font-style: italic">
included.jsp 页面的内容
</font><br>
<!-- 包含 included.jsp 页面 -->
<s:include value="included.jsp">
   <s:param name="name" value="'Mike'" />
</s:include>
```

其中 included.jsp 页面的代码如下：

```
<%@ page language="java" pageEncoding="UTF-8"%>
<h2>被包含的页面</h2>
<!-- 输出 name 请求参数的值 -->
${param.name}
```

在浏览器地址栏中输入如下的 URL：

```
http://localhost:8080/webdemo/chapter14/include.jsp
```

浏览器显示的信息如图 14.21 所示。

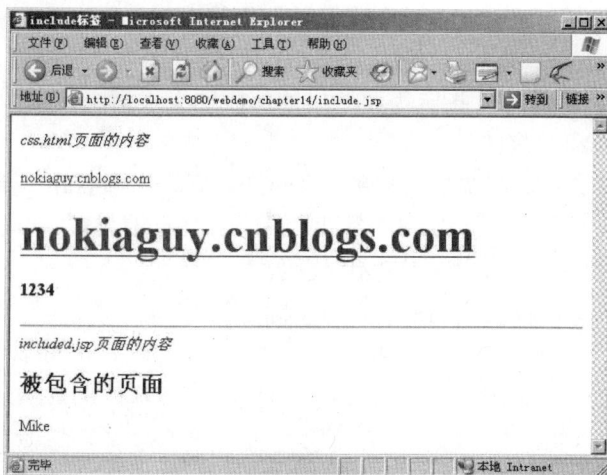

图 14.21　使用 include 标签包含其他的页面

14.3.6　为其他的标签提供参数的标签 param

param 标签主要用于为其他的标签提供参数，如 include 和 append 等标签。param 标签有如下几个参数。

- ❑ name（可选）：该属性指定要设置的参数名。
- ❑ value（可选）：该属性指定要设置的参数值。
- ❑ id（可选）：该属性指定引用该元素的 ID。

param 标签除了可以通过 value 指定参数值外，还可以在 param 标签体中指定参数值，下面所述的是 param 标签的两种用法。

通过 value 属性指定参数值，如下所示。

```
<s:param name="name" value="'bill'"/>
```

在 param 标签体中指定参数值，如下所示。

```
<s:param name="name">bill</s:param>
```

上面两条语句为 name 属性设置了一个字符串值（bill）。在使用<s:param.../>标签时有如下 3 点需要注意：

- ❑ 在为属性设置字符串值时，如果使用 value 属性设置该值，需要加单引号（'），如果使用 param 标签体设置该值时，不需要加单引号（'）。
- ❑ 如果使用 value 属性指定参数值时未加单引号，则表示该值是一个对象，如果该对象不存在，则为属性赋 null 值。
- ❑ 如果在 param 标签中指定 name 属性，则外层标签指定的对象必须有该属性相对应的 setter 方法，如果外层标签指定的对象没有相应的 setter 方法，则外层标签必须实现 UnnamedParametric 接口。

14.3.7　输出指定值的标签 property

property 标签的作用就是输出指定的值。该标签输出的值用 value 属性指定，如果未指定该属性，则输出 ValueStack 栈顶的值。property 标签有如下几个属性。

- ❑ value（可选）：该属性指定需要输出的值，如果未指定该属性的值，则默认输出 ValueStack 栈顶的值。
- ❑ default（可选）：如果需要输出的值为 null，则输出 default 属性指定的值。
- ❑ escape（可选）：该属性指定是否忽略输出值中的 HTML 代码，该属性的默认值是 true，即忽略输出值中的 HTML 代码。
- ❑ id（可选）：该属性指定引用 property 标签的 ID 值。

下面的代码演示了<s:property.../>标签的主要功能，读者也可以参考前面章节中的<s:property.../>标签的使用方法。

```
<!-- property.jsp -->
<!-- 输出字符串 name -->
<s:property value="'name'"/><br>
```

```
<!--  忽略输出值中的 HTML 代码  -->
<s:property value="'<h2>name</h2>'" escape="true"/><br>
<!--  不忽略输出值中的 HTML 代码  -->
<s:property value="'<h2>name</h2>'" escape="false"/>
<!--  输出请求参数 name 的值  -->
<s:property  value="#parameters.name"/><br>
<!--  name 对象为 null，输出 default 属性的值  -->
<s:property  value="name" default="default_name"/>
```

在浏览器地址栏中输入如下的 URL：

```
http://localhost:8080/webdemo/chapter14/property.jsp?name=bill
```

浏览器显示的信息如图 14.22 所示。

图 14.22　使用 property 输出信息

14.3.8　将指定值放到 ValueStack 栈顶的标签 push

push 标签用于将指定值放到 ValueStack 的栈顶，从而可以通过更简单的方式访问该值。push 标签有如下几个属性。

❑ value（必填）：该属性指定需要放到 ValueStack 栈顶的值。

❑ id（可选）：该属性指定引用该标签的值。

下面的代码使用 bean 标签创建一个 Student 类的对象实例，并使用 push 标签将该对象放到 ValueStack 的栈顶：

```
<!--  push.js  -->
<s:bean id = "student" name="chapter14.Student">
    <s:param name="name" value="'bill'" />
    <s:param name="grade" value="95" />
</s:bean>
使用 push 标签将 student 对象放到 ValueStack 栈顶<p/>
<s:push  value="#student">
    <!--  输出 student 对象的两个属性值  -->
    <s:property value="name" />
    <s:property value="grade" />
    <!--  显示调试信息  -->
    <s:debug/>
</s:push>
```

在上面的代码中，通过 push 标签将 student 对象放到 ValueStack 栈顶，并在 push 标签体中输出 student 对象的两个属性的值，同时，在 push 标签体内使用 debug 标签显示 ValueStack 栈的内容，以观察 student 对象是否在 ValueStack 栈的顶端。在浏览器地址栏中输入如下的 URL：

```
http://localhost:8080/webdemo/chapter14/push.jsp
```

浏览器显示的信息如图 14.23 所示。单击[Debug]链接，显示的 ValueStack 栈顶内容和图 14.20 所示相同。

图 14.23 使用 push 标签将指定值放到 ValueStack 的栈顶

14.3.9 将某个值保存在指定范围的标签 set

set 标签用于将某一个值保存在指定的范围，例如 application 和 request 等范围。如果某个值需要很深访问层次，例如 my.value.name.firstname，在每次访问该值时不仅会降低性能，而且会使程序变得不易维护。为了避免这个问题，可以使用 set 标签将该值保存在指定的范围内，当再次访问该值时，只需要从某个范围取得该值即可。set 标签有如下几个属性。

- name（必填）：该属性指定一个新的变量名字。
- value（可选）：该属性指定赋给新变量的值，如果未指定该属性，则将 ValueStack 栈顶的值赋值新变量。
- scope（可选）：该属性指定保存变量的范围，它可以是 application、session、request、page 和 action 5 个范围。如果未指定该属性，则默认将变量保存在 Stack Context 中。
- id（可选）：该属性指定引用该标签的 ID 值。

下面的代码将 student 对象及其属性值分别保存在了 application、session、request、page 和默认的 Stack Context 中，当将变量保存在 Stack Context 时由于未指定 set 标签的 value 属性，因此 set 标签会取 ValueStack 栈顶的值赋给新变量。而页面当前 ValueStack 栈顶的值是通过 push 标签放入的。

```
<!-- set.jsp -->
<!-- 创建 Student 对象 -->
<s:bean id="student" name="chapter14.Student">
    <s:param name="name" value="'bill'" />
```

```
      <s:param name="grade" value="95" />
</s:bean>
将 student.name 保存在 application 中
<br>
<s:set value="#student.name" name="name" scope="application" />
<s:property value="#application.name" />
<br>
将 student.grade 保存在 session 中
<br>
<s:set value="#student.grade" name="grade" scope="session" />
<s:property value="#session.grade" />
<br>
将 student.grade 保存在 request 中
<br>
<s:set value="#student.grade" name="grade" scope="request" />
<s:property value="#request.grade" />
<br>
将 Student 对象保存在 page 中
<br>
<s:set value="#student" name="stu" scope="page" />
<s:property value="#attr.stu.name" />
<br>
<s:property value="#attr.stu.grade" />
<br>
 将 student 对象放到 ValueStack 的栈顶，并保存在 Stack Context 中<br>
<s:push value="#student">
    <!-- set 标签从 ValueStack 栈顶取值，赋给新变量 -->
    <s:set name="stu" />
    <s:property value="#stu.name" />
    <s:property value="#stu.grade" />
    <!-- 输出调试信息 -->
    <s:debug />
</s:push>
```

在浏览器地址栏中输入如下的 URL：

```
http://localhost:8080/webdemo/chapter14/set.jsp
```

浏览器显示的信息如图 14.24 所示。

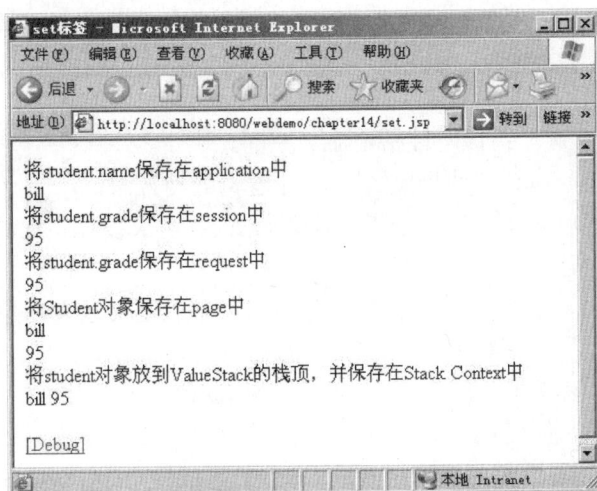

图 14.24　使用 set 标签将某个值保存在指定的范围内

单击[Debug]链接，可以看到不同范围中的 student 对象及其属性的值，如图 14.25 所示。

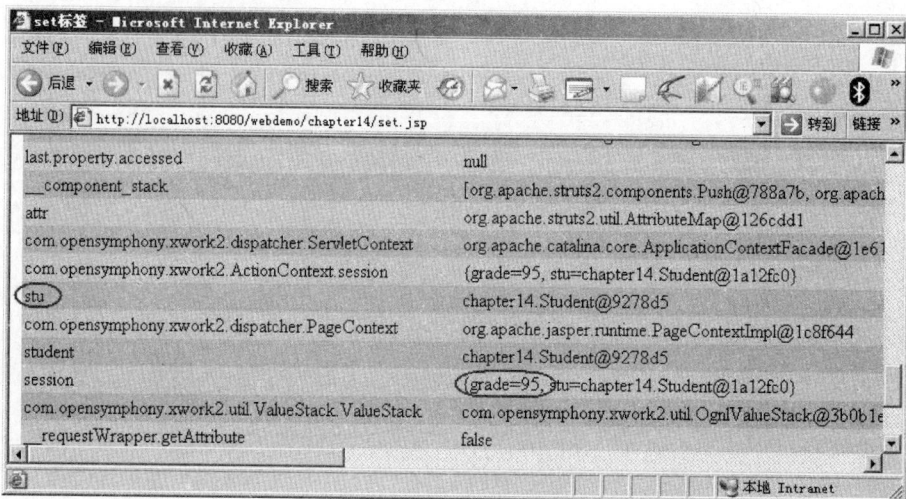

图 14.25　使用 debug 标签显示保存在不同范围内的变量值

14.3.10　生成 URL 地址的标签 url

url 标签用于生成 URL 地址。可以在 url 标签体内使用 param 子标签生成 URL 的请求参数，url 标签有如下几个属性。

- ❑ action（可选）：该属性指定生成 URL 所需的地址。如果未指定该属性，则使用 value 属性指定的地址。
- ❑ value（可选）：该属性指定生成 URL 所需的地址。如果不指定该属性，则使用 action 属性指定的地址。如果同时指定了 action 和 value 属性，则优先使用 value 属性指定的地址。
- ❑ includeParams（可选）：该属性指定生成的 URL 中是否包含请求参数，该属性值只能是 none、get 和 all。它的默认值是 get。
- ❑ scheme（可选）：用于设置 scheme 属性。
- ❑ namespace（可选）：该属性指定命名空间。
- ❑ method（可选）：该属性指定 Action 的逻辑处理方法。
- ❑ encode（可选）：该属性指定是否需要 encode 请求参数。默认值是 true，表示需要 encode 请求参数。
- ❑ includeContext（可选）：该属性指定是否将当前上下文包含在生成的 URL 地址中。
- ❑ anchor（可选）：该属性指定了 URL 的锚点。
- ❑ id（可选）：该属性指定了引用 url 标签的 ID 值。

在使用 url 标签时，应注意如下 4 点：

- ❑ action 和 value 属性都可以指定生成 URL 所需的地址，但 action 属性专门用来指定 Action 的地址，也就是说，url 标签会在 Action 地址后加上 “.action”。而 value

属性值可以是任何路径，url 标签不会在 value 属性值后面加任何东西。

❑ 如果在 value 属性值开头加 "/"，则 url 标签会在生成的 URL 中加入上下文路径，如 "\webdemo\abc.action"。而 action 属性值开头不需要加 "/"，就会自动在生成的 URL 中加入上文路径。

❑ 要想在生成 Action 路径时加命名空间，应使用 namespace 属性，如 namespace="/action"。

❑ 如果 url 标签不指定任何属性，则生成当前页面的 URL。

下面的代码演示了如何使用 url 标签生成 URL。

```
<!-- url.jsp -->
不指定任何属性，输出当前页面的 URL<br>
<s:url/><br><hr>
指定 action 和 namespace 属性：action="hello", namespace="/action"<br>
<s:url action="hello" namespace="/action" /><br><hr>
指定 value 属性：value="yellow.action"<br>
<s:url value="yellow.action" /><br><hr>
指定 value 属性：value="/yellow.action"<br>
<s:url value="/yellow.action"   /><br><hr>
指定 action 属性，并通过 param 传入请求参数：value="yellow.action"<br>
<s:url value="action" >
    <s:param name="name" value="'John'" />
</s:url>
<br><hr>
指定 action 属性，通过 param 传入请求参数：action="yellow"，并调用 process 方法<br>
<s:url action="yellow" method="process" >
    <s:param name="name" value="'John'" />
</s:url>
```

在浏览器地址栏中输入如下的 URL：

```
http://localhost:8080/webdemo/chapter14/url.jsp
```

浏览器显示的信息如图 14.26 所示。

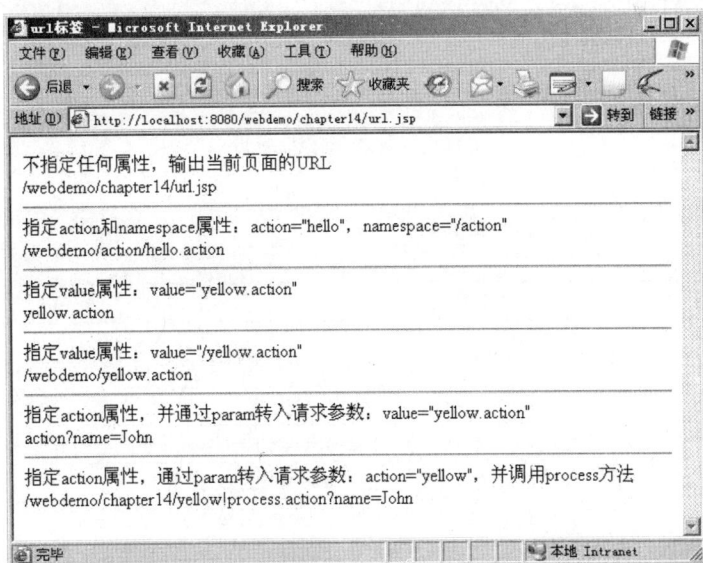

图 14.26　使用 url 标签生成 URL

14.4　学习表单标签

Struts 2 的表单标签通常用于向服务端提交用户输入的信息。大多数表单标签都有和其相对应的 HTML 标签，例如，<s:textfield.../>标签对应于 HTML 中的<input type="text".../>标签。在 Struts 2 的表单标签中有很多属性，这些属性中的大多数都和 HTML 标签中相应的属性相对应。

14.4.1　了解表单标签的通用属性

Struts 2 中所有的表单标签类都继承于 org.apache.Struts 2.components.UIBean 类，在该类中定义了一些通用属性，这些属性在所有的表单标签中都存在。

感兴趣的读者可以查看 UIBean 类的源代码，从中可以发现非常多的通用属性，按照功能划分，这些属性可分成如下 4 类：

- ❑　模板相关的属性。
- ❑　JavaScript 相关的属性。
- ❑　tooltip 相关的属性。
- ❑　通用属性。

除此之外，每一个表单元素都有一个 form 属性，通过该属性，可以引用当前表单元素所在的表单。从而可以很容易地使表单元素和表单之间进行交互，如下面的代码所示。

```
<!-- 表单标签 -->
<s:form action="register">
    <s:textfield  label="Name" name="name"/>
</s:form>
<script type="text/javascript">
    // 通过 textfield 标签的 form 属性获得 form 的 action 属性值
    alert(document.getElementsByTagName("input")[0].form.action);
</script>
```

上述 4 类属性的详细描述分别如表 14.1、表 14.2、表 14.3 和表 14.4 所示。

表 14.1　模板相关的属性

属　　性	功　能　描　述
templateDir	指定当前表单所用的模板文件目录
theme	指定当前表单所用的主题，如 simple、xhtml、ajax 等
template	指定当前表单所用的模板

表 14.2　JavaScript相关的属性

属　　性	功　能　描　述
onclick	指定鼠标单击表单元素时触发的 JavaScript 函数或代码
ondbclick	指定鼠标双击表单元素时触发的 JavaScript 函数或代码
onmousedown	指定鼠标在表单元素上按下时触发的 JavaScript 函数或代码
onmouseup	指定鼠标在表单元素上抬起时触发的 JavaScript 函数或代码
onmouseover	指定鼠标在表单元素上悬停时触发的 JavaScript 函数或代码

续表

属　　性	功 能 描 述
onmouseout	指定鼠标移出表单元素时触发的 JavaScript 函数或代码
onfocus	指定表单元素得到焦点时触发的 JavaScript 函数或代码
onblur	指定表单元素失去焦点时触发的 JavaScript 函数或代码
onkeypress	指定单击键盘某个键时触发的 JavaScript 函数或代码
onkeyup	指定松开键盘某个键时触发的 JavaScript 函数或代码
onkeydown	指定按下键盘某个键时触发的 JavaScript 函数或代码
onselect	该属性用于下拉列表框等表单元素，指定选中该元素时触发的 JavaScript 函数或代码
onchange	指定当表单元素的值改变时触发的 JavaScript 函数或代码

表 14.3　tooltip 相关的属性

属　　性	默 认 值	功 能 描 述
tooltip	无	设置组件的 tooltip 值
jsTooltipEnabled	false	设置是否支持 JavaScript
tooltipIcon	/struts/static/tooltip/tooltip.gif	设置 tooltip 图像的 URL
tooltipDelay	500	设置显示 tooltip 之前需要等待的时间（单位是毫秒）

表 14.4　通用属性

属　　性	功 能 描 述
cssClass	设置 HTML 标签的 class 属性
cssStyle	设置 HTML 标签的 style 属性
title	设置 HTML 标签的 title 属性
disabled	设置 HTML 标签的 disabled 属性
label	设置表单元素的 label 属性，该属性值将根据当前表单元素不同的设置显示在页面的适当位置，系统会在该属性值后自动加冒号（:）
labelPosition	设置 label 属性值显示的位置，该属性有 top（上面）和 left（左边）两个值，默认值是 left
requiredposition	设置必填字段显示的必填标记（默认是星号（*））的位置，该属性可设置的值为 left（左边）和 right（右边），默认值是右边
name	定义表单元素的 name 属性，该属性值需要和 Action 类的相应属性对应
required	指定当前表单元素是否为必填字段，如果是必填字段，会在该表单元素的相应的位置显示必填标记（默认是星号（*））
tabIndex	设置 HTML 标签的 tabIndex 属性
value	设置 HTML 标签的 value 属性

14.4.2　掌握表单标签的 name 和 value 属性

　　表单标签中的 name 和 value 属性对应于 HTML 表单元素中的 name 和 value 属性，但表单标签中的 name 和 value 属性值会在服务端进行处理，然后将处理完的结果作为 HTML 表单元素的 name 和 value 属性值发送给客户端。

　　从 HTML 表单元素的角度看，name 和 value 属性实际上在表单提交时被解释成一个请求参数名和请求参数值。如下面的 HTML 代码所示。

```
<!-- form 表单 -->
<form action="test.jsp">
    <input type="text" name="age" value="20"/>
    <input type="submt" value="提交"/>
```

```
</form>
```

在上面的表单提交后，将会产生如下的 URL：

```
http://localhost:8080/test.jsp?age=20
```

Struts 2 的表单标签中的 name 和 value 属性和 HTML 表单一样，也会以请求参数的形式提交。但如果表单向一个 Action 提交，并且该 Action 类的某个属性名和某个表单元素的 name 属性值相同，那么 Struts 2 会将该表单元素的 name 属性映射成 Action 类相应的属性，并通过类型转换，将表单元素的 value 属性值赋给 Action 的相应属性。

虽然 Struts 1.x 也可以映射表单元素的 name 属性，但和 Struts 2 的区别是 Struts 1.x 中所有表单元素的 name 属性必须在 Action 类中有相对应的属性，否则访问该页面时会抛出异常，而 Struts 2 则不会抛出异常，仍然会正常显示页面。

如果 Action 类中有嵌套属性，也就是属性类型是另外一个类，也可以通过 name 属性指定希望绑定的属性，如下面的代码所示。

```
<!-- 将下面文本框的值赋给 Action 类的 student 属性的 grade 属性  -->
<s:textfield name = "student.grade"/>
```

如果在加载页面时希望表单元素能够自动填入相应的值，可以通过在 value 属性中使用表达式来实现，如下面的代码所示。

```
<!-- 通过 OGNL 表达式为下面的文本框赋值 -->
<s:textfield name = "student.grade" value = "student.grade"/>
```

如果该页面是通过 Action 转入的，Action 对象会被保存到 ValueStack 的栈顶，这时如果被转入的页面中的<s:form.../>标签的 action 属性是该 Action 的名字，并且<s:form.../>标签的某个子标签（表单元素）的 name 属性值和 Action 类的某个属性名相同，则 Struts 2 会将 Action 对象的属性值赋给相应的表单元素的 value 属性。读者可以在<Web 根目录>\chapter14\succ.jsp 文件中加入如下的代码：

```
<s:debug/>
<!--  form 表单  -->
<s:form action="my">
    <s:textfield name="value" />
</s:form>
```

在浏览器地址栏中输入如下的 URL：

```
http://localhost:8080/webdemo/chapter14/action.jsp?value=xyz
```

浏览器显示的内容如图 14.27 所示。

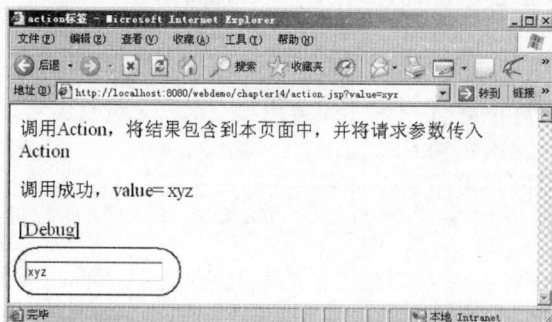

图 14.27　Struts 2 为表单元素自动赋值

从图 14.27 中可以看出，在文本框中自动出现了 xyz，在 my 动态类中正好有一个 value 属性，而这个属性先被请求参数赋值，然后又读取这个值为文本框表单的 value 赋值。

☺注意：Struts 2 中为表单元素赋值是自动完成的，并不需要开发人员指定表单元素的 value 属性。

14.4.3　与表单相关的标签：form、submit 和 reset 标签

Struts 2 中的 form、submit 和 reset 标签分别和 HTML 表单的 form、submit 及 reset 元素相对应。其中 form 标签是其他表单标签的上一层标签。可以通过 form 标签的 action 属性指定 Action 名字，Struts 2 中的 form 标签的 action 属性不能是其他的 Web 资源，因为表单在提交时会在 action 属性值后面加上 ".action"。

如果 action 属性指定的 Action 需要指定命名空间，则需要设置<s:form.../>标签的 namespace 属性值，代码如下：

```
<s:form action="register" namespace = "/action">
    ...
<s:form>
```

上面的代码提交时会产生如下的 URL：

```
http://localhost:8080/webdemo/action/register.action
```

其中 "/webdemo" 是上下文路径， "/action" 是命名空间。submit 标签用于提交表单，reset 标签用于将当前表单中所有的表单元素都恢复到默认值，也就加载页面时，与表单元素 value 属性的初始值相同，如下面的代码所示。

```
<!-- form.jsp -->
<s:form action="register">
   <s:textfield  label="姓名" name="name" value="小明"/>
   <s:textfield  label="年龄" name="age" value=""/>
   <s:checkbox label="学生" name="isStudent" />
   <s:submit value="注册"/>
   <s:reset value="重置"/>
</s:form>
```

上面的代码是一个典型的表单，在该表单里有两个文本框，其中"姓名"文本框的 value 属性有一个默认值，而"年龄"文本框的默认值为空串， "学生"复选框的默认值为未选中。

在浏览器显示上面的页面后，单击"注册"按钮会向 register 动作提交，单击"重置"按钮，会将表单中相应的表单元素恢复到默认值，也就是 value 属性的值。

14.4.4　生成多个复选框的标签 checkboxlist

checkboxlist 标签可以一次性地创建多个复选框，也就是说可以一次性地生成多个<input type="checkbox" .../>标签。checkboxlist 标签有如下几个常用属性。

❑ list（必填）：该属性指定要生成的复选框的数据。该属性值可以是数组、List、Map、对象数组等类型，如 list="{'checkbox1', 'checkbox2'}"。

❑ listKey（可选）：如果 list 属性值是对象数组，该属性表示对象中作为 key 的属性，如 product.id。

❑ listValue（可选）：如果 list 属性值是对象数组，该属性表示对象中作为 value 的属性，如 product.name。

⚠注意：如果 list 属性是数组或 List 对象，提交的请求参数值就是数组或 List 对象相应元素的值；如果 list 属性是 Map 对象，提交的请求参数值是 Map 对象相应元素的 key；如果 list 属性的值是对象数组，则提交的请求参数值是 listKey 属性所指的数组中相应对象的属性值。

下面的代码使用 3 个 checkboxlist 标签生成了 3 个调查项，这 3 个 checkboxlist 的 list 属性值分别是 List 对象、Map 对象和对象数组。

```
<!-- checkboxlist.jsp -->
<!-- 创建一个 Cities 对象实例 -->
<s:bean name="chapter14.Cities">
    <s:form action="investigate" namespace="/chapter14">
        <!-- 第 1 个调查项，list 属性值是 List 对象 -->
        <s:checkboxlist name="hobbies" label="请选择您的兴趣爱好" labelposi-
        tion="top"
         list="{'登山', '游泳', '阅读'}" />
        <!-- 第 2 个调查项，list 属性值是 Map 对象 -->
        <s:checkboxlist name="j2eeServers" label="请选择您擅长的 J2EE 服务器"
        labelposition="top"
            list="#{'weblogic':'Weblogic (Oracle)', 'websphere':'WebSphere
            (IBM)', 'jboss':'JBoss (开源)'}" />
        <!-- 第 3 个调查项，list 属性值是对象数组 -->
        <s:checkboxlist name="cities" label="请选择您最想去的城市" labelposi-
        tion="top"
            list="cities" listKey="abbreviation" listValue="name" />
        <s:submit value="确定" align="left" />
    </s:form>
</s:bean>
```

在上面的代码中，第 3 个 checkboxlist 标签使用了 Cities 类的 cities 属性返回一个对象数组，该对象是 City 类的实例。City 类的实现代码如下：

```
// 创建表示城市的 JavaBean
public class City
{
    private String abbreviation;            // 封装 abbreviation 请求参数的属性
    private String name;                    // 封装 name 请求参数的属性
    // 此处省略了 abbreviation 和 name 属性的 getter 和 setter 方法
    ...
    // 定义一个带参数的构造方法
    public City(String abbreviation, String name)
    {
        this.abbreviation = abbreviation;
        this.name = name;
    }
}
```

Cities 类的实现代码如下：

```
//  创建表示城市组的 JavaBean
public class Cities
{
    //  定义一个返回 City 对象数组的 getter 方法
    public City[] getCities()
    {
        City[] cities = new City[4];
        //  创建城市元素
        cities[0] = new City("bj", "北京");
        cities[1] = new City("sh", "上海");
        cities[2] = new City("gz", "广州");
        cities[3] = new City("others", "其他");
        return cities;
    }
}
```

在 checkboxlist.jsp 页面中还涉及一个 investigate 动作，该动作对应的 Action 类是
InvestigateAction，在该类中定义了 3 个属性，分别对应 3 个 checkboxlist 表单提交的值，
InvestigateAction 类的实现代码如下：

```
public class InvestigateAction extends ActionSupport
{
    private String[] hobbies;                    //  封装 hobbies 请求参数的属性
    //  封装 j2eeServers 请求参数的属性
    private java.util.List<String> j2eeServers;
    //  封装 cities 请求参数的属性
    private java.util.List<String> cities; //  封装 cities 请求参数的属性
    //  此处省略了上面 3 个属性的 getter 和 setter 方法
    ...
    //  处理逻辑的 execute 方法
    @Override
    public String execute() throws Exception
    {
        return SUCCESS;
    }
}
```

InvestigateAction 类的配置代码如下：

```
<package name="chapter14" namespace="/chapter14" extends="struts-default">
    <!-- 配置 InvestigateAction 类 -->
    <action name="investigate" class="chapter14.action.InvestigateAction">
        <result name="success">/chapter14/investigate.jsp</result>
    </action>
</package>
```

用于显示用户调查结果的 investigate.jsp 页面的代码如下：

```
<%@ page language="java" pageEncoding="UTF-8"%>
<%@ taglib prefix="s" uri="/struts-tags"%>
<html>
    <head>
        <title>调查结果</title>
    </head>
```

```
    <body>
        <!-- 显示调查结果  -->
        <s:property value="hobbies" /><br>
        <s:property value="j2eeServers" /><br>
        <s:property value="cities" />
    </body>
</html>
```

在浏览器中输入如下的 URL：

```
http://localhost:8080/webdemo/chapter14/checkboxlist.jsp
```

浏览器显示注册页面后，按照图 14.28 所示选择复选框。

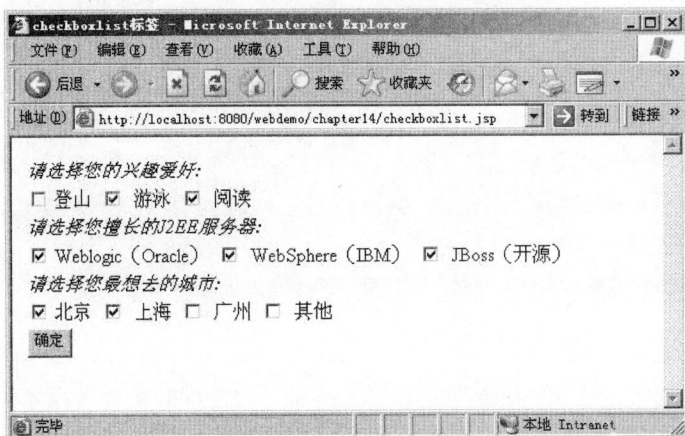

图 14.28　使用 checkboxlist 一次性生成多个复选框

单击"确定"按钮提交调查结果，浏览器显示的信息如图 14.29 所示。

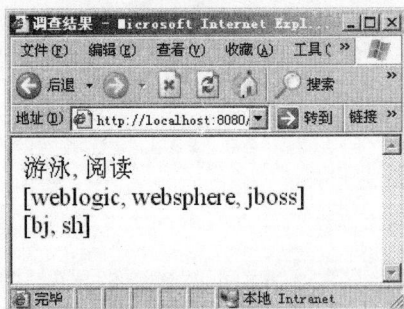

图 14.29　显示调查结果

14.4.5　实现组合单行文本框和下拉列表框的标签 combobox

combobox 标签用于生成一个单行文本框和下拉列表框的组合，但这两个元素对应于一个请求参数，只有单行文本框里的值才是请求参数真正的值，而下拉列表框只是起到了辅助输入的作用。在使用该标签时，需要通过一个 list 属性指定 combobox 标签中列表项的数据源，该数据源可以是数组、List、Map 和对象数组。下面代码中 combobox 标签的 list 属性是一个 List 对象。

```
<!-- combobox.jsp -->
使用 combobox 标签生成下拉列表框
<s:form>
    <!-- 组合框组件 -->
    <s:combobox  name="book" label="请选择您感兴趣的图书" labelposition="top"
        list="{'EJB3 从入门到精通','Spring2 精解','ASP.NET 实例开发手册'}"></s:
        combobox>
    <s:submit value="提交" />
</s:form>
```

如果 list 属性是一个数组或 List 对象，则选择下拉列表框后，被选中项的相应信息会
被赋给单行文本框。在浏览器地址栏中输入如下的 URL：

```
http://localhost:8080/webdemo/chapter14/combobox.jsp
```

在下拉列表框中选择其中任意一项，则会出现如图 14.30 所示的效果。

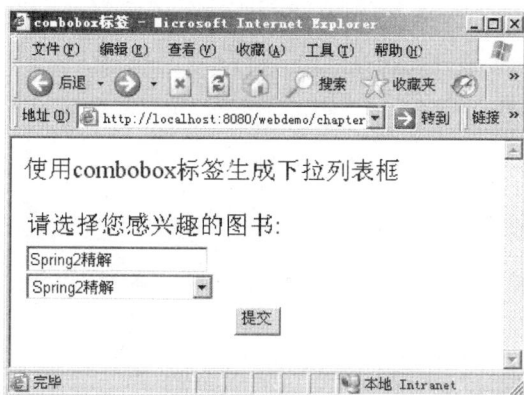

图 14.30　使用 combobox 标签和 List 对象生成的界面效果

从图 14.30 中可以看出，被选中的"Spring2 精通"列表项被赋给了上面的单行文本框。
如果 list 属性的值是 Map 对象或对象数组，则选中列表项后，被赋给单行文本框的值是
Map 或对象数组中相应元素的 key，如下面的代码所示。

```
<!-- 使用 Map 对象 -->
<s:form>
    <!-- 组合框组件 -->
    <s:combobox  name="book" label="请选择您感兴趣的图书" labelposition="top"
        list="#{'ejb3':'EJB3 从入门到精通', 'spring2':'Spring2 精解', 'asp.
        net':'ASP.NET 实例开发手册'}"></s:combobox>
    <s:submit value="提交" />
</s:form>
<!-- 建立一个 Cities 对象 -->
<s:bean id="cities" name="chapter14.Cities"/>
<!-- 使用对象数组 -->
<s:form>
    <!-- 组合框组件 -->
    <s:combobox  name="city" label="请选择您感兴趣的城市" labelposition="top"
        list="#cities.cities" listKey="abbreviation" listValue="name" />
    <s:submit value="提交" />
```

```
</s:form>
```

在上面的代码中，第 1 个 combobox 标签使用了一个 Map 对象作为 list 属性的值，而第 2 个 combobox 标签使用了 Cities 对象数组作为 list 属性的值，在这两个 combobox 标签中选择列表项时，都会将各自的 key 赋给单行文本框。在浏览器地址栏中输入如下的 URL：

```
http://localhost:8080/webdemo/chapter14/combobox.jsp
```

分别在两个下拉列表框中选择其中任意一项，则会出现如图 14.31 所示的效果。

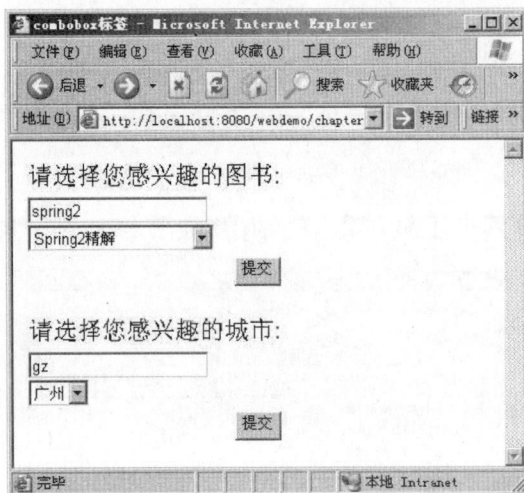

图 14.31　使用 combobox 标签和 Map 对象与对象数组生成的页面效果

如果提交如图 14.31 所示的表单，则得到的 book 和 city 请求参数值分别是 spring2 和 gz，从 combobox 标签生成的 HTML 代码也可以看出这一点。combobox 标签和 Map 对象生成的 HTML 代码如下：

```html
<input type="text" name="book" value="" id="combobox_book"/><br />
<!-- 选择框组件 -->
<select onChange="autoPopulate_combobox_book(this);">
    <option value="ejb3">EJB3 从入门到精通</option>
    <option value="spring2">Spring2 精解</option>
    <option value="asp.net">ASP.NET 实例开发手册</option>
</select>
```

从上面的代码可以看出，文本框的 name 属性值是 book。因此，在提交表单时，实际上提交的是文本框的值，所以用户也可以在文本框中直接输入相应的信息。

14.4.6　实现组合文本框和日期、时间选择框的标签 datetimespicker

datetimespicker 标签用于生成一个文本框和日期、时间选择框的组合，当选中日期、时间选择框中的某个日期时，系统会将被选中的日期输入该标签生成的文本框中。

系统将被选中的日期和时间输入文本框时，必须使用格式化字符串对日期和时间进行格式化，下面所述的是 datetimespicker 标签支持的几种格式符。

❑ dd：使用两位数字来显示当前日期的日。如果日是一位，如 2、3，则显示为 02、03。

- ❑ d：如果日是一位数字，则按一位数字显示日，如果日是两位，则按两位显示日，如 2、23 会显示为 2、23。
- ❑ MM：使用两位数字来显示当前时期中的月，规则和 dd 相同。
- ❑ M：使用一位或两位数字来显示日期中的月，规则和 d 相同。
- ❑ yyyy：使用 4 位数字显示年。
- ❑ hh：使用两位数字显示当前时间中的时（12 进制）。
- ❑ HH：使用两位数字显示当前时间中的时（24 进制）。
- ❑ mm：使用两位数字显示当前时间中的分。
- ❑ ss：使用两位数字显示当前时间中的秒。

datetimepicker 标签有如下几个常用属性（下面的属性都是可选的）。

- ❑ displayFormat：该属性指定了格式化日期的字符串，例如，可以使用 yyyy-MM-dd 作为日期的格式化字符串。
- ❑ displayWeeks：该属性指定是否在日期选择框中显示星期。
- ❑ endDate：该属性指定可选择的最后一个日期，例如 2054-12-31，一旦指定了该日期，则后面的日期不可用。
- ❑ formatLength：该属性指定日期显示的格式，它可设置的值有 long、short、medium 和 full 4 个。
- ❑ language：该属性指定日期显示的 Locate，例如指定简体中文，则要指定 zh_CN。
- ❑ startDate：该属性指定第一个可选的日期，例如 1920-01-01，一旦指定了该日期，则前面的日期不可用。
- ❑ toggleDuration：该属性指定日期、时间选择框弹出、关闭的切换时间。
- ❑ toggleType：该属性指定日期、时间选择框弹出、关闭的方式，它可以设置 plain、wipe、explode 和 fade 4 个值。
- ❑ type：该属性指定 datatimepicker 标签显示的是日期选择框，还是时间选择框它可以设置的值是 date 和 time，分别代表日期选择框和时间选择框。
- ❑ value：该属性指定当前的日期和时间，如 2003-12-03，如果要显示当前的日期或时间，可以使用 today。
- ❑ weekStartsOn：该属性指定日期选择框中哪一天才是一周的第一天。周日是 0，周六是 6。

🔔注意：从 strtus2.1.x 开始，Struts 2 团队将 dojo 从核心包里提取出来，成为一个 struts2 的插件 struts2-dojo-plugin-*.jar，因此在 jsp 页面上，若要使用 dojo，必须引入如下标签库：　<%@ taglib prefix="sx" uri="/struts-dojo-tags"%><sx:head />。同时在使用 datetimepicker 标签的同时必须使用<s:head.../>标签，而且如果 type 属性被设为 time 时，必须将 head 标签和 form 标签的 theme 属性设为 ajax，同时将 datetimepicker 标签的 language 属性设为 en-us 时，才能正常显示时间选择框，并按正确的时间格式显示。

下面的代码演示了 datetimepicker 标签的用法。

```
<!-- datetimepicker.jsp -->
<%@ page contentType="text/html; charset=UTF-8" pageEncoding="UTF-8"%>
```

```
<%@ taglib prefix="s" uri="/struts-tags"%>
<%@ taglib prefix="sx" uri="/struts-dojo-tags"%>
<html>
    <head>
        <title>datetimepicker 标签</title>
        <!-- head 标签必须和 datetimepicker 标签一起使用 -->
        <s:head theme="ajax" />
    </head>
    <body>
        <!-- 如果使用时间选择框，form 标签的 theme 属性必须为 ajax -->
        <s:form theme="ajax">
            <!-- 第 1 个 datetimepicker 标签 -->
            <sx:datetimepicker name="birthday" labelposition="top" label="
            日期选择框（toggleType: explode,value: today）" toggleType=
            "explode" value="today" />
            <!-- 第 2 个 datetimepicker 标签 -->
            <sx:datetimepicker name="birthday" labelposition="top"
                label="日期选择框（toggleType: explode,value: 2008-02-14,
                displayFormat: yyyy 年 M 月 d 日）" toggleType="explode" value=
                "2008-02-14" displayFormat="yyyy 年 M 月 d 日" />
            <!-- 第 3 个 datetimepicker 标签 -->
            <sx:datetimepicker name="birthday" labelposition="top" label="
            日期选择框（toggleType: explode, weekStartsOn: 3）" toggleType=
             "explode" weekStartsOn="3"/>
            <!-- 第 4 个 datetimepicker 标签 -->
            <sx:datetimepicker        language="en-us"        labelposition="top"
label="
            时间选择框（language: en-us, value=08:30）" type="time" value=
            "08:30" />
        </s:form>
    </body>
</html>
```

在浏览器地址栏中输入如下的 URL：

```
http://localhost:8080/webdemo/chapter14/datetimepicker.jsp
```

浏览器显示的效果如图 14.32 所示。

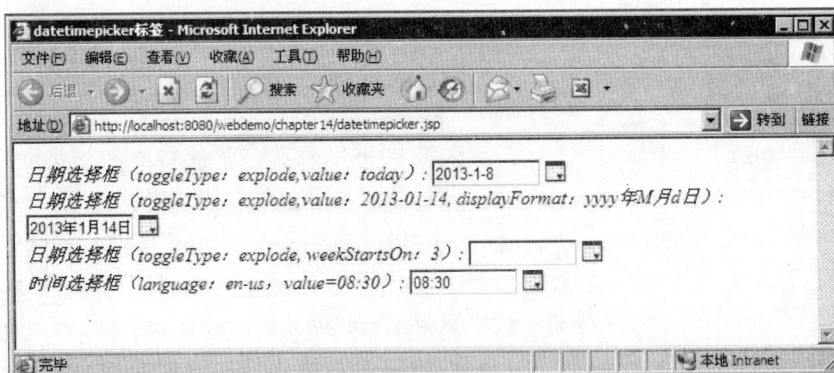

图 14.32　使用 datetimepicker 标签生成日期和时间选择框

在图 14.32 所示的第 3 个 datetimepicker 标签中指定了 weekStartsOn 为 3，说明星期三为一周的第一天。单击图 14.32 所示的第 3 个 datetimepicker 标签中侧的按钮，将显示如图

14.33 所示的日期选择框。

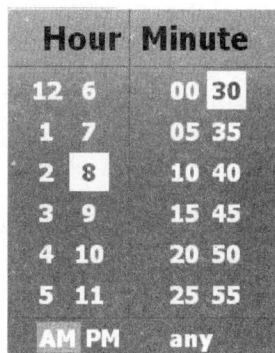

从图 14.33 中可以看出，第 1 列的开头是"三"，说明星期三为一周的第一天。

单击如图 14.32 所示的最后一个文本框右侧的按钮弹出时间选择框，如图 14.34 所示。

从图 14.34 中可以看出，在时间选择框中可以选择时间中所有的时（12 进制），但只能选择一定间隔的分（间隔为 5 分钟），如 05、10 等。如果 displayFormat 属性的格式为 HH:mm:SS，虽然选择的是 12 进制的时间，但在文本框中显示的时间仍然是 24 进制的时间，如选择 PM 1:05，则显示的时间是 13:05。如果选择 any 选项，系统会清空时间文本框，以待用户自行输入更精确的时间。

图 14.33　日期选择框　　　　图 14.34　时间选择框

14.4.7　生成级联列表框的标签 doubleselect

doubleselect 标签用于生成一个级联列表框，实际上，该标签生成的级联列表框由两个列表框组成，当选中一个列表框的某一项时，另一个列表框的内容会随之改变。

由于 doubleselect 标签会生成两个列表框，因此需要为这两个列表框指定相应的属性。与这两个列表框相关的属性如下。

❑ list：该属性指定第 1 个列表框中的选项集合。

❑ listKey：该属性指定集合元素中作为列表框的 value 的属性（也就是请求参数值），如集合元素为 Student 对象实例，当 listKey 为 student.name 时，说明该列表框提交时将 student.name 属性值作为列表框的 value，也就是请求参数值。

❑ listValue：该属性指定元素中用于在列表框中显示的属性。

❑ doubleList：该属性指定根据第 1 个列表框显示的第 2 个列表框的集合。

❑ doubleListKey：该属性和 listKey 类似，只是相对第 2 个列表框而言的。

❑ doubleListValue：该属性和 listValue 类似，只是相对第 2 个列表框而言的。

❑ doubleName：指定第 2 个列表框的 name 属性。

下面的代码演示了 doubleselect 标签的基本使用方法。

```
<!-- doubleselect.jsp -->
<!-- 表单标签 -->
<s:form action="xyz">
```

```
    <s:doubleselect name="province" list="{'辽宁省', '广东省'}"
        doubleList="top == '辽宁省'?{'沈阳市', '大连市', '抚顺市'}:{'深圳市',
        '珠海市', '汕头市'}"
        doubleName="city"></s:doubleselect>
    <s:submit value="提交" />
</s:form>
```

在使用<s:doubleselect.../>标签时，form 标签必须使用 action 属性指定一个 Action（这个 Action 可以不存在），否则系统会抛出异常。在浏览器地址栏中输入如下的 URL：

```
http://localhost:8080/webdemo/chapter14/doubleselect.jsp
```

浏览器显示的效果如图 14.35 所示。

为了使代码更容易维护，可以利用 OGNL 表达式为 list 及 doubleList 属性赋值。在默认情况下，doubleselect 标签生成的是下拉列表框，但如果将第 1 个列表框的 size 属性值和第 2 个列表框的 doubleSize 属性值设为大于 2 的整数，那么第 1 个下拉列表框和第 2 个下拉列表框就会变成普通的列表框（非下拉式）。下面的代码使用 Map 对象保存两个列表框所需要的数据，并通过 OGNL 表达式引用这些数据，同时将 size 和 doubleSize 属性设为 3。

```
<!-- 创建一个 Map 对象，key 为字符串，value 为集合  -->
<s:set name="pc"
 value = "#{'辽宁省':{'沈阳市', '大连市','抚顺市'},
          '广东省':{'深圳市', '珠海市', '汕头市'},
          '浙江省':{'杭州市', '宁波市', '温州市'}}"/>
<!-- form 表单  -->
<s:form action="myAction">
    <!-- 创建一个级联列表框，并使用 Map 对象中的数据   -->
    <s:doubleselect name="province" list="#pc.keySet()"
        size="3"
        doubleList="#pc[top]"
        doubleName="city"
        doubleSize="3"/>
        <s:submit value="提交" />
</s:form>
```

在浏览器地址栏中输入如下的 URL：

```
http://localhost:8080/webdemo/chapter14/doubleselect.jsp
```

浏览器显示的效果如图 14.36 所示。

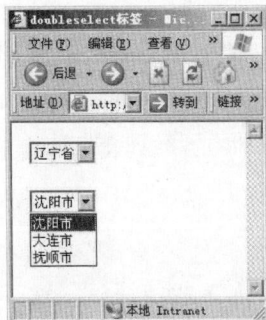

图 14.35　使用 doubleselect 标签生成的级联列表框

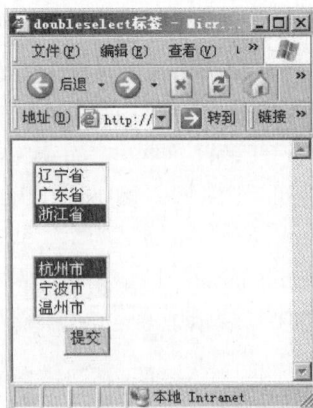

图 14.36　使用 Map 对象来生成级联列表框

14.4.8　添加 CSS 和 JavaScript 的标签 head

head 标签用于生成 HTML 页面中的 CSS 和 JavaScript 部分。如果 UI 标签需要 Struts 2 内置的 CSS 和 JavaScript，应该在 JSP 页面的开头部分（一般是在<head>...</head>中）加上<s:head/>标签。当 UI 控制需要 AJAX 支持时，应该为 head 标签指定 theme 属性，并将该属性的值设为 ajax，如下面的代码所示。

```
<s:head theme="ajax"/>
```

在 14.3.6 节介绍的 datetimespicker 标签就需要在 JSP 页面的开头指定 head 标签，读者可以参考 14.3.6 节提供的示例代码。

14.4.9　生成可交互的两个列表框的标签 optiontransferselect

optiontransferselect 标签用来创建两个列表框，并且这两个列表框中的选项可以通过该标签生成的一系列按钮来回移动，而且在同一个列表框中的选项可以上下移动。在提交表单时，两个列表框被选中的选项都会被作为请求参数提交。

由于 optiontransferselect 标签涉及两个列表框，因此需要同时设置和这两个列表框相关的如下所示属性。

- ❑ addAllToLeftLabel：该属性设置了全部移动到左边按钮上的文本。
- ❑ addAllToRightLabel：该属性设置了全部移动到右边按钮上的文本。
- ❑ addToLeftLabel：该属性设置了向左移动按钮上的文本。
- ❑ addToRightLabel：该属性设置了向右移动按钮上的文本。
- ❑ allowAddAllToLeft：该属性设置是否显示全部移动到左边的按钮。
- ❑ allowAddAllToRight：该属性设置是否显示全部移动到右边的按钮。
- ❑ allowAddToLeft：该属性设置是否显示移动到左边的按钮。
- ❑ allowAddToRight：该属性设置是否显示移动到右边的按钮。
- ❑ allowSelectAll：该属性设置了是否显示全部选择按钮。
- ❑ leftTitle：该属性设置了左边列表框的标题。
- ❑ rightTitle：该属性设置了右边列表框的标题。
- ❑ selectAllLabel：该属性设置了全部选择按钮上的文本。
- ❑ doubleList：该属性用于设置第 2 个列表框的集合。
- ❑ doubleListKey：该属性用于设置第 2 个列表框选项的 value 属性。
- ❑ doubleListValue：该属性用于设置第 2 个列表框选项显示的文本。
- ❑ doubleName：该属性用于设置第 2 个列表框的 name 属性。
- ❑ doubleValue：该属性用于设置第 2 个列表框的 value 属性。
- ❑ doubleMultiple：该属性用于设置第 2 个列表框是否允许多选。
- ❑ list：该属性用于设置第 1 个列表框的集合。
- ❑ listKey：该属性用于设置第 1 个列表框选项的 value 属性。
- ❑ listValue：该属性用于设置第 1 个列表框选项显示的文本。

❏ name：该属性用于设置第 1 个列表框的 name 属性。

❏ value：该属性用于设置第 1 个列表框的 value 属性。

❏ multiple：该属性用于设置第 1 个列表框是否允许多选。

⚠️注意：optiontransferselect 标签在表单提交时，将会根据第 1 个和第 2 个列表框中被选中的项生成相应的请求参数，如果其中一个列表框未被选中，则不生成相应的请求参数。

　　下面的代码演示了 optiontransferselect 标签的使用方法，在该例子中使用 optiontransferselect 标签生成了两个列表框，并使用 Map 对象为第 1 个列表框赋值，代码如下：

```jsp
<%@ page language="java" pageEncoding="UTF-8"%>
<%@ taglib prefix="s" uri="/struts-tags"%>
<html>
    <head>
        <title>optiontransferselect 标签</title>
    </head>
    <body>
        <!-- 输出请求参数的值  -->
        ${param.books}<br>
        ${param.selectBooks}<br>
        <!-- 创建一个 Map 对象  -->
        <s:set name="books"  scope="request"
            value="#{'spring':'Spring2 从入门到精通',
                    'ssh':'Struts、Hibernate、Spring 整合实例精解',
                    'tcpp':'Thinking in C++(2nd)',
                    'jdbc':'Jdbc 3.0 Java Database Connectivity',
                    'struts':'Struts.The.Complete.Reference.2nd.Edition'}"
        />
        <s:form action="/chapter14/optiontransferselect.jsp">
            <!-- 使用 optiontransferselect 标签创建两个列表框  -->
            <s:optiontransferselect label="请选择你喜欢的图书"
                        labelposition="top"
                        name="books"
                        leftTitle="待选择的图书"
                        rightTitle="喜欢的图书"
                        list="#attr.books"
                        multiple="true"
                        addToRightLabel="向右移动"
                        addToLeftLabel="向左移动"
                        selectAllLabel="全部选择"
                        addAllToRightLabel="全部右移"
                        addAllToLeftLabel="全部左移"
                        rightDownLabel="向上"
                        rightUpLabel="向下"
                        leftDownLabel="向下"
                        leftUpLabel="向上"
                        headerKey="cnKey"
                        headerValue="----请选择您喜欢的图书----"
                        emptyOption="true"
                        doubleList=""
                        doubleName="selectBooks"
                        doubleHeaderKey="enKey"
```

```
                            doubleHeaderValue="----喜欢的图书----"
                            doubleEmptyOption="true"
                            doubleMultiple="true"
                            />
            <s:submit  value = "提交"/>
        </s:form>
    </body>
</html>
```

在浏览器地址栏中输入如下的 URL：

```
http://localhost:8080/webdemo/chapter14/optiontransferselect.jsp
```

当浏览器显示出页面后，将第 1 个列表框中的选项移到第 2 个列表框中，并分别选中第 1 个列表框和第 2 个列表框中的某项，单击"提交"按钮，浏览器显示的效果如图 14.37 所示。

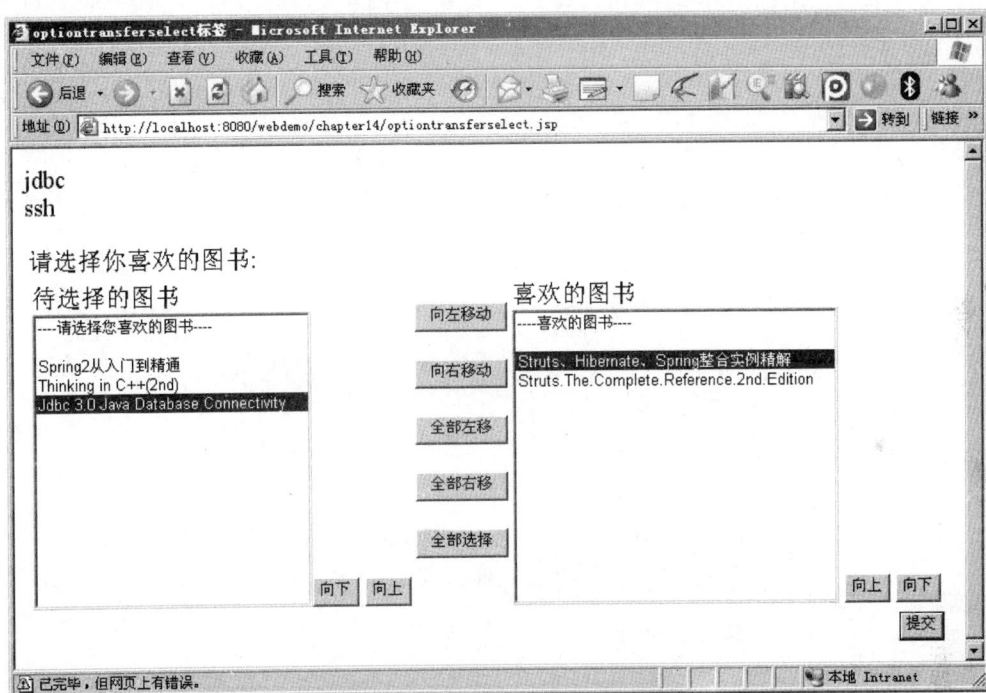

图 14.37　使用 optiontransferselect 标签的效果

14.4.10　生成列表框的标签 select

select 标签用于生成一个列表框，该标签有如下几个常用的属性。

❑ list：该属性指定列表框的集合。

❑ listKey：该属性指定集合元素中作为列表框选项的 key 的属性。

❑ listValue：该属性指定集合元素中作为列表框选项显示内容的属性。

❑ multiple：该属性指定列表框是否允许多选。

下面的代码演示了 select 标签的用法。

```
<!--  select.jsp  -->
<s:form>
    <!--  使用 List 对象来生成下拉列表框  -->
    <s:select name="books" label="请选择您喜欢的图书" labelposition="top"
        multiple="true"
        list="{'Spring2 从入门到精通',
            'Struts、Hibernate、Spring 整合实例精解',
            'Thinking in C++(2nd)',
            'Jdbc 3.0 Java Database Connectivity'}" />
    <!--  使用 Map 对象生成下拉列表框  -->
    <s:select name="books1" label="请选择您喜欢的图书" labelposition="top"
        multiple="true"
        list="#{'spring':'Spring2 从入门到精通',
            'ssh':'Struts、Hibernate、Spring 整合实例精解',
            'tcpp':'Thinking in C++(2nd)'}" />
    <!--  创建一个 Cities 对象  -->
    <s:bean name="chapter14.Cities" id="cities" />
    <!--  使用对象数组生成下拉列表框  -->
    <s:select name="cities" label="请选择您喜欢的城市" labelposition="top"
        multiple="true" list="#cities.cities" listKey="abbreviation"
        listValue="name" />
</s:form>
```

在浏览器地址栏中输入如下的 URL：

```
http://localhost:8080/webdemo/chapter14/select.jsp
```

浏览器显示的效果如图 14.38 所示。

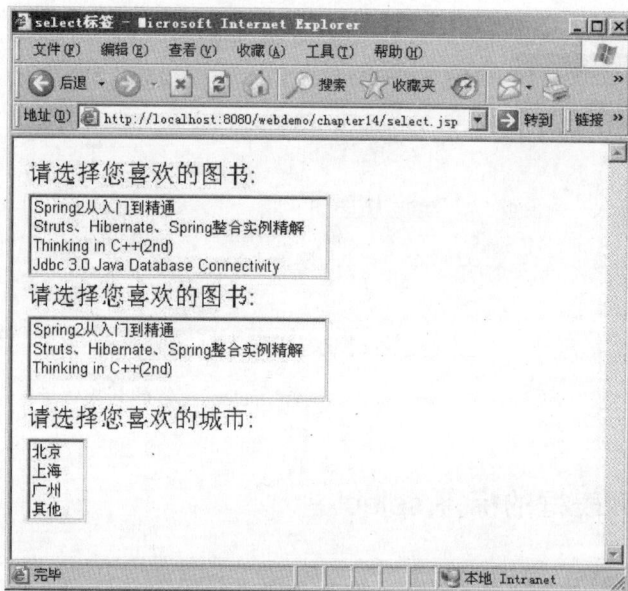

图 14.38　使用 select 标签生成的下拉列表框

14.4.11　生成下拉列表框选项组的标签 optgroup

optgroup 标签用于生成一个下拉列表框的选项组。该标签必须作为<s:select.../>标签的子标签使用。一个下拉列表框中可以包含多个选项组，因此，一个<s:select.../>标签中可以有多个<s:optgroup.../>标签。

使用 optgroup 标签也需要指定该标签的 list、listKey、listValue 等属性。这些属性和 select 标签的相应属性含义相同。

在 optgroup 标签中也有一个 label 属性，但这个属性并不会作为下拉列表框的 label 显示，而是作为选项组名显示在下拉列表框中。下面的代码演示了 optgroup 标签的使用方法。

```
<s:form>
    <!-- 使用 Map 对象建立一个下拉列表框  -->
    <s:select name="books" labelposition="top" label="你选择您喜欢的图书"
        list="#{'spring':'Spring2 从入门到精通',
            'ssh':'Struts、Hibernate、Spring 整合实例精解' }">
    <!-- 使用 Map 对象建立一个选项组  -->
    <s:optgroup label="Java"
        list="#{'jsp':'Apress.Pro.JSP.Third.Edition', 'jsf':'Java
        Server Faces in Action'}" />
    <!-- 使用 Map 对象建立一个选项组  -->
    <s:optgroup label="C#" list="#{'csharp':'begin c# 2008 databases'}" />
    <!-- 使用一个对象数组建立一个选项组  -->
    <s:bean name="chapter14.Cities">
        <s:optgroup  label="请选择您喜欢的城市"
            list="cities" listKey="abbreviation"
            listValue="name" />
    </s:bean>
    </s:select>
</s:form>
```

在上面的代码中，select 标签中有 3 个 optgroup 标签，用于生成 3 个选项组。在浏览器的地址栏中输入如下的 URL：

```
http://localhost:8080/webdemo/chapter14/optgroup.jsp
```

浏览器显示的效果如图 14.39 所示。

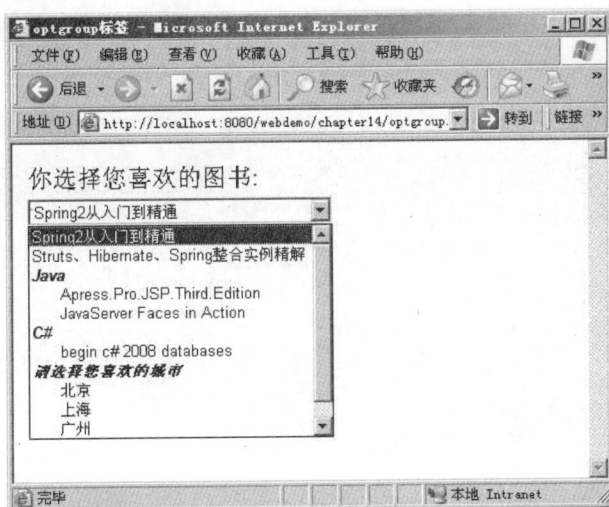

图 14.39　使用 optgroup 标签生成选项组

从图 14.39 中可以看出，使用 select 标签中的 list 属性生成的是单独的选项，而使用 optgroup 标签的 list 属性生成的是选项组中的选项。单独的选项和选项组中的选项用户都可以选择，但选项组的组名用户无法选择。

14.4.12　生成多个单选框的标签 radio

radio 标签和 checkboxlist 标签的用法非常相似，也就是说，这两个标签的相关属性，如 label、list、listKey 和 listValue 等用法完全相同。但这两个标签唯一的不同就是 checkboxlist 标签生成的是多选框，而 radio 标签生成的是单选框。下面的代码演示了 radio 标签的用法。

```
使用 radio 标签生成多个单选框
<s:bean name="chapter14.Cities">
    <s:form action="investigate" namespace="/chapter14">
        <!-- 使用 List 对象生成多个单选框 -->
        <s:radio name="hobbies" label="请选择您的兴趣爱好"
labelposition="top"
            list="{'登山', '游泳', '阅读'}" />
        <!-- 使用 Map 对象生成多个单选框 -->
        <s:radio name="j2eeServers" label="请选择您擅长的 J2EE 服务器" labe-
lposition="top"
            list="#{'weblogic':'Weblogic（Oracle）', 'websphere':'WebSphere
（IBM）','jboss':'JBoss（开源）'}" />
        <!-- 使用对象数组生成多个单选框 -->
        <s:radio name="cities" label="请选择您最想去的城市" labelposition="top"
            list="cities" listKey="abbreviation" listValue="name" />
        <s:submit value="确定" align="left" />
    </s:form>
</s:bean>
```

在浏览器地址栏中输入如下的 URL：

```
http://localhost:8080/webdemo/chapter14/radio.jsp
```

浏览器显示的效果如图 14.40 所示。单击"确定"按钮，将会得到类似图 14.29 所示的显示信息。

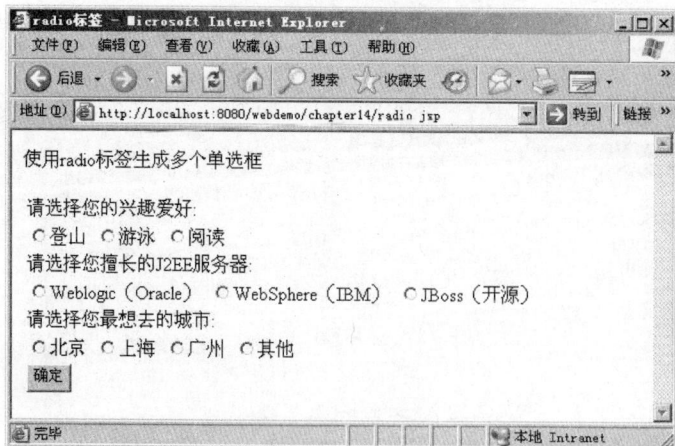

图 14.40　使用 radio 标签生成多个单选框

14.4.13 防止多次提交表单的标签 token

token 标签可用于防止多次提交表单,例如,该标签可避免由于刷新页面而造成的多次提交问题。要想使 token 标签起作用,必须在 Struts 2 的配置文件中引用 token 或 tokenSession 拦截器。这两个拦截器都未在 defaultStack 拦截器栈中引用,因此要通过手工的方式在 package 中配置 token 或 tokenSession 拦截器。配置代码如下:

```
<package name="chapter14" namespace="/chapter14" extends="struts-default">
    <interceptors>
        <!-- 配置包含 defaultStack 和 token 的拦截器栈 -->
        <interceptor-stack name="newStack">
            <interceptor-ref name="defaultStack" />
            <interceptor-ref name="token" />
        </interceptor-stack>
    </interceptors>
    <!-- 引用 newStack -->
    <default-interceptor-ref name="newStack" />
    ...
</package>
```

注意:在 struts-default.xml 文件中为 tokenSession 拦截器定义了另外一个名字 token-session,这个名字将在 Struts 2.1.0 中被去掉,因此,建议不要用这个名字配置该拦截器。

token 标签的实现原理是在表单中增加两个隐藏域。其中一个隐藏域的 value 属性值是另一个隐藏域的 name 属性值。在每次加载页面时,第 2 个隐藏域的 value 属性值都不同。token 或 tokenSession 拦截器通过检测第 2 个隐藏域的 value 属性值是否相同,来防止表单多次提交。也就是说如果两次提交的 value 属性值相同,则表明是重复提交。使用 token 标签时不需要任何属性,代码如下:

```
<!-- 使用 token 标签生成两个防止重复提交的隐藏域 -->
<s:token/>
```

token 标签不会在页面中输出任何东西,但会输出如下两个隐藏域。

```
<input type="hidden" name="struts.token.name" value="struts.token" />
<input type="hidden" name="struts.token" value="4L7E1JO1SDUHGYWDASYM
UEO19D20VL9H" />
```

14.4.14 生成高级列表框列表的标签 updownselect

updownselect 标签和 select 标签的用法类似,只是 updownselect 标签支持上下移动列表框中的选项和全选功能。除此之外,这两个标签的其他相关属性,如 list、listKey 和 listValue 等属性的用法完全相同。updownselect 标签还有如下几个特有的属性。

❑ allowMoveUp:设置是否显示上移按钮,默认值是 true。
❑ allowMoveDown:设置是否显示下移按钮,默认值是 true。
❑ allowSelectAll:设置是否显示全选按钮,默认值是 true。
❑ moveUpLabel:设置上移按钮上的文本,默认值是 "^" 符号。
❑ moveDownLabel:设置下移按钮上的文本,默认值是 "v" 符号。

❑ selectAllLabel：设置全选按钮上的文本，默认值是"*****"符号。

❑ emptyOption：设置是否为列表框加一个空选项，默认值是 false。

下面是使用 updownselect 标签的示例。在该示例中分别使用了 List 对象、Map 对象和对象数组生成 3 个列表框，并指定了相应的 moveUpLabel、moveDownLabel 和 selectAllLabel 属性，来改变这 3 个控制按钮上的文本。

```
<!-- updownselect.jsp -->
<s:form>
   <!-- 使用 List 对象生成可上下移动选项的列表框  -->
   <s:updownselect name="books1" label="请选择您喜欢的图书" labelposition="top"
   moveUpLabel="向上移动"  moveDownLabel="向下移动"
   list="{'Spring2 从入门到精通',
         'Struts、Hibernate、Spring 整合实例精解',
         'Thinking in C++(2nd)',
         'Jdbc 3.0 Java Database Connectivity'}"/>
   <!-- 使用 Map 对象生成可上下移动选项的列表框  -->
   <s:updownselect name="books2" label="请选择您喜欢的图书" labelposition="top"
   moveUpLabel="向上移动"  selectAllLabel="全选"
   list="#{'spring':'Spring2 从入门到精通',
         'ssh':'Struts、Hibernate、Spring 整合实例精解',
         'tcpp':'Thinking in C++(2nd)',
         'jdbc':'Jdbc 3.0 Java Database Connectivity'}"/>
   <!-- 创建了一个 Cities 对象  -->
   <s:bean name="chapter14.Cities" id="cities" />
   <!-- 使用对象数组生成可上下移动选项的列表框  -->
   <s:updownselect name="cities" label="请选择您喜欢的城市" labelposition="top"
   moveDownLabel="向下移动"  selectAllLabel="全选" emptyOption="true"
   list="#cities.cities"  listKey="abbreviation" listValue="name"/>
</s:form>
```

在浏览器地址栏中输入如下的 URL：

```
http://localhost:8080/webdemo/chapter14/updownselect.jsp
```

浏览器显示的效果如图 14.41 所示。

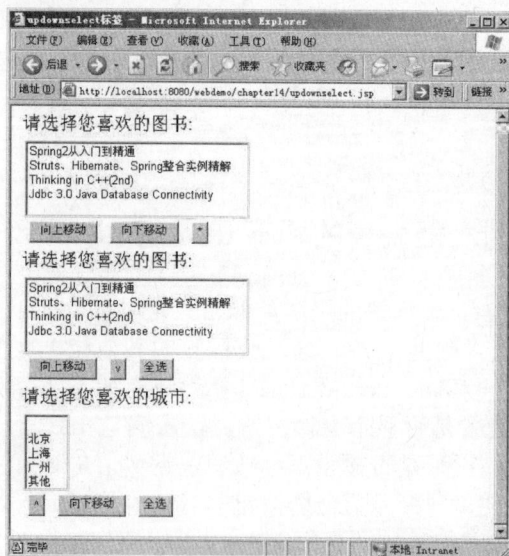

图 14.41　使用 updownselect 标签生成可上下移动选项的列表框

从图 14.41 中可以看出，第 3 个列表框的顶端多了一个空选项，这是因为 updownselect 标签的 emptyOption 属性值是 true。列表框中的选项一旦被选中，就无法取消选中状态，所以加空选项的目的就是如果想取消选中状态，选中空选项即可。

14.4.15　其他常见的表单标签

除了前面介绍的几个表单标签外，还有一些表单标签未介绍，不过这些表单标签非常简单，它们都是和 HTML 标签一一对应的，关于这些标签的介绍如下。

❏ checkbox 标签：对应于<input type="checkbox" .../>标签。

❏ file 标签：对应于<input type="file".../>标签。

❏ label 标签：对应于<label...>...</label>标签。

❏ password 标签：对应于<input type="password".../>标签。

❏ textarea 标签：对应于<textarea .../>标签。

❏ textfield 标签：对应于<input type="text".../>标签。

14.5　学习非表单标签

非表单标签主要用于生成一些非可视化的元素，或根据服务器端的处理结果显示一些信息，如 div、actionerror 等。非表单标签主要有以下几个。

❏ actionerror：如果 Action 对象的 getActionErrors()方法返回非 null 值，则该标签负责输出 getActionErrors 方法返回的错误信息。

❏ actionmessage：如果 Action 对象的 getActionMessages()方法返回非 null 值，则该标签负责输出 getActionMessages 方法返回的错误信息。

❏ component：该标签生成一个自定义组件。

❏ div：该标签生成一个 HTML div 元素。

❏ fielderror：如果 Action 对象发生类型转换错误、校验错误，该标签负责输出这些错误信息。

14.5.1　显示字段错误信息的标签 fielderror

fielderror 标签用于显示字段错误信息，也就是 Action 对象的 getFieldErrors 方法返回的错误信息。在 Action 类中可以通过 addFieldError 方法添加字段错误信息，该方法通常用于添加校验错误信息。假设有一个 ErrorsAction 类，在该类的 execute 方法中添加了 3 条字段错误信息，代码如下：

```
// 继承 ActionSupport 类的 Action
public class ErrorsAction extends ActionSupport
{
    @Override
    public String execute() throws Exception
    {
        // 添加 3 条字段错误信息
        addFieldError("field1", "field1 的第 1 条错误信息!");
        addFieldError("field1", "field1 的第 2 条错误信息!");
```

```
        addFieldError("field2", "field2的第1条错误信息!");
        return SUCCESS;
    }
}
```

ErrorsAction 类的配置代码如下：

```
<package name="chapter14" namespace="/chapter14" extends="struts-default">
    ...
    <!-- 配置动作 -->
    <action name="errors" class="chapter14.action.ErrorsAction">
        <result name="success">/chapter14/errors.jsp</result>
    </action>
</package>
```

其中 errors.jsp 页面使用 fielderror 标签显示字段错误信息，该页面的实现代码如下：

```
<%@ page language="java" pageEncoding="UTF-8"%>
<%@ taglib prefix="s" uri="/struts-tags"%>
<html>
    <head>
        <title>显示错误信息</title>
    </head>
    <body>
        <!-- 显示字段错误信息 -->
        <s:fielderror/>
    </body>
</html>
```

在浏览器地址栏中输入如下的 URL：

```
http://localhost:8080/webdemo/chapter14/errors.action
```

浏览器显示的信息如图 14.42 所示。

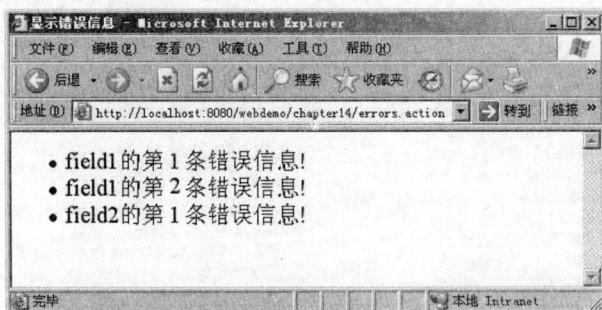

图 14.42　使用 fielderror 标签显示字段错误信息

关于 fielderror 在输入校验中的应用请读者详见第 11 章中关于"Struts 2 的输入校验"的讲解。

14.5.2　显示动作错误和动作消息的标签 actionerror 和 actionmessage

actionerror 和 actionmessage 标签的使用方法非常类似，它们并不需要指定任何属性。其中 actionerror 标签负责显示 getActionErrors 方法返回的错误信息，而 actionmessage 标签负责显示 getActionMessages 方法返回的普通消息。在 ErrorsAction 类中分别使用

addActionError 和 addActionMessage 方法添加这两类信息，代码如下：

```
//  继承类 ActionSupport 的 Action
public class ErrorsAction extends ActionSupport
{
    //  处理控制逻辑的 execute 方法
    @Override
    public String execute() throws Exception
    {
        //  添加两条 Action 错误信息
        addActionError("第 1 条 Action 错误!");
        addActionError("第 2 条 Action 错误!");
        //  添加两条 Action 消息
        addActionMessage("第 1 条 Action 消息!");
        addActionMessage("第 2 条 Action 消息! ");
        return SUCCESS;
    }
}
```

如果在 errors.jsp 页面中使用<s:actionerror/>和<s:actionmessage/>标签，则会输出上述 4 条信息，代码如下：

```
<!--  输出 getActionErrors 方法返回的错误信息  -->
<s:actionerror/>
<!--  输出 getActionMessages 方法返回的普通信息  -->
<s:actionmessage/>
```

在浏览器地址栏中输入如下的 URL：

```
http://localhost:8080/webdemo/chapter14/errors.action
```

浏览器显示的信息如图 14.43 所示。

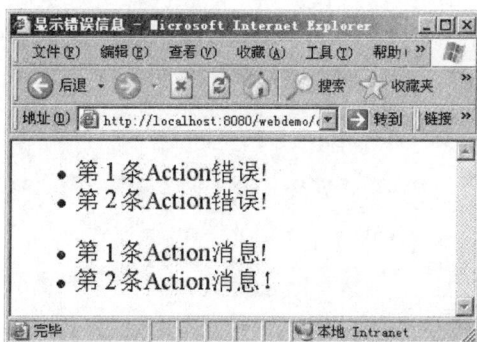

图 14.43　使用 actionerror 和 actionmessage 标签显示 Action 对象的信息

14.5.3　调用模板的标签 component

　　component 标签用于使用自定义的组件。如果开发人员经常要使用某一个代码片段，可以将该代码片段放到一个 JSP 页面中，该页面文件也被称为模板文件。然后可以在 component 标签中调用模板文件，并且可以向模板文件传递参数。

　　component 标签有如下 3 个常用的属性。

　　❑　theme：自定义组件的主题，如果不指定该属性，则默认值是 xhtml。

❑ templateDir：自定义组件的主题目录，如果不指定该属性，则默认值是 template。
❑ template：指定自定义组件所使用的模板。

🔔注意：模板文件的路径为/${templateDir}/${theme}/${template}，也就是说，如果
　　　　templateDir 属性的值为 abcd，theme 属性的值为 custom，template 的值为 xyz.jsp，
　　　　那么模板文件路径为/abcd/custom/xyz.jsp。

下面的代码使用 component 标签引用了一个 JSP 模板文件。

```
<!--  templateDir 和 theme 属性都使用模板值  -->
<s:component  template="mytemplate.jsp" >
    <!--  向模板传递参数  -->
    <s:param name="list" value="#{'spring':'Spring2 从入门到精通',
        'ssh':'Struts、Hibernate、Spring 整合实例精解',
        'tcpp':'Thinking in C++(2nd)',
        'jdbc':'Jdbc 3.0 Java Database Connectivity'}"/>
</s:component>
```

其中 mytemplate.jsp 页面是一个 JSP 模板。该模板应该在/template/xhtml 目录下，为了调试方便，读者可以将 struts-core-2.0.11.2.jar 包中的 template 目录及其子目录和文件复制到 webdemo 工程的 WebRoot 目录下（该目录为 Web 根目录），然后在/template/xhtml 目录下建立一个 mytemplate.jsp 文件，代码如下：

```
<%@ page contentType="text/html; charset=UTF-8" pageEncoding="UTF-8"%>
<%@ taglib prefix="s" uri="/struts-tags"%>
<s:updownselect name="books2" label="请选择您喜欢的图书" labelposition="top"
        moveUpLabel="向上移动" moveDownLabel="向下移动" selectAllLabel="
        全选"
        list="parameters.list"/>
<!--  显示上述 3 个属性的  -->
templateDir=${templateDir}<br>
theme=${theme}<br>
template=${template}<br>
模板路径=/${templateDir}/${theme}/${template}
```

在浏览器地址栏中输入如下的 URL：

```
http://localhost:8080/webdemo/chapter14/component.jsp
```

浏览器的显示效果如图 14.44 所示。

图 14.44　使用 component 标签引用 JSP 模板

component 标签除了可以使用 JSP 模板外，也可以使用 FreeMarker 和 Velocity 模板。

14.6　小　　结

本章介绍了 Struts 2 的主要标签，这些标签包括控制标签、数据标签、表单标签和非表单标签。虽然在本章按不同的类别介绍这些标签，但实际上 Struts 2 并未对这些标签进行分类，所有的 Struts 2 标签都被放在了一个 s 标签库中。Struts 2.x 标签比 Struts 1.x 中的标签支持更多的表达式，如 EL、OGNL 和 Lamdba 表达式等。OGNL 和 Lamdba 表达式可以直接在 Struts 2 标签中使用，但 EL 表达式自从 Struts 2.0.10 版本开始，默认情况就将其关闭了，要想在 Struts 2 标签中使用 EL 表达式，就需要在 struts-tags.tld 文件中单独打开某个标签的 EL 支持，也就是将该 EL 的<rtexprvalue>标签值设为 true。

14.7　实　战　练　习

一. 选择题

1. 在 Struts 2 框架中，提供了许多标签，其中（　　）不属于 UI 标签。

　　A. 数据标签　　　　　　　　　B. 表单标签

　　C. 非表单标签　　　　　　　　D. AJAX 标签

2. 为了便于实现各种业务逻辑，Struts 2 提供了许多内置对象，其中（　　）该框架不支持。

　　A. parameters 对象　　　　　　B. session 对象

　　C. att 对象　　　　　　　　　　D. servletconfig 对象

二. 编码题

某 CRM（客户管理系统）中有一个添加订单页面（如图 14.45 所示），通过 Struts 2 框架中的标签实现该页面。

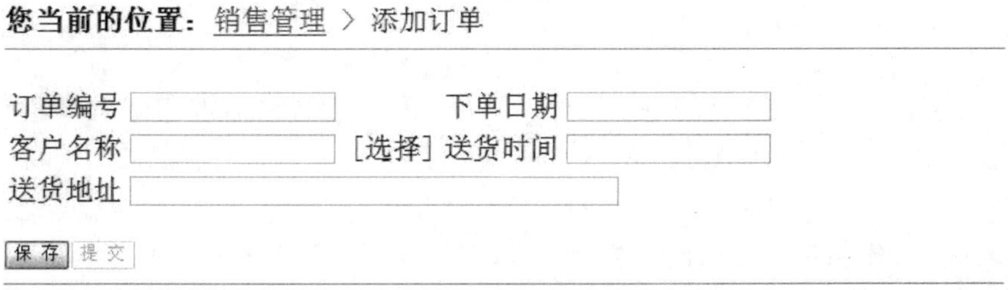

您当前的位置： 销售管理 ＞ 添加订单

订单编号 _____　　　　下单日期 _____
客户名称 _____ [选择] 送货时间 _____
送货地址 _____

保 存　提 交

图 14.45　添加订单

【提示】可以通过 Struts 2 所支持的文本框和日期选择框实现。

第 15 章　Struts 2 对 AJAX 的支持

AJAX 是近年来流行的 Web 开发技术之一，该种技术支持异步请求，而且无须等待服务器响应。当服务器成功响应客户端时，浏览器会利用 DOM 技术将服务端响应数据无刷新地加载到指定页面元素中。

Struts 2 为了更好地支持 Web 开发，不仅实现了非常完善的 MVC 支持，而且也在 AJAX 的支持上下了很大的功夫。Struts 2 框架支持很多 AJAX 框架，如 Dojo、DWR、JSON 等，使得在 Struts 2 中操作这些 AJAX 框架变得更加透明、简单。Struts 2 利用这些 AJAX 框架支持了很多通用的功能，如输入校验、表单提交等。而对这些基于 AJAX 的功能的实现和非 AJAX 的实现基本相同。因此可以看出，Struts 2 已经将基于 AJAX 的 Web 应用和非 AJAX 的 Web 应用的界限变得非常模糊了。本章的主要内容如下：

- ❑ Struts 2 的 AJAX 主题；
- ❑ 基于 AJAX 的输入校验；
- ❑ Struts 2 提供的发布-订阅（pub-sub）事件模型；
- ❑ 阻止请求；
- ❑ div 标签的 AJAX 支持；
- ❑ submit 和 a 标签的 AJAX 支持；
- ❑ autocompleter 标签的 AJAX 支持；
- ❑ tabbedPanel 标签的 AJAX 支持；
- ❑ node 和 treenode 标签的 AJAX 支持；
- ❑ 使用 JSON 技术与服务端的交互。

15.1　了解 Struts 2 的 AJAX 主题

由于 AJAX 技术在近几年的广泛流行，以及 AJAX 技术可以非常好地改进传统 Web 应用，因此 Struts 2 实现了 AJAX 功能。Struts 2 对 AJAX 的支持相对它的两个前身 Struts 1.x 和 WebWork 有了很大的提高。

在 Struts 1.x 中虽然也可以使用类似于 DWR 这样的 AJAX 框架，但 Struts 1.x 并未对 AJAX 框架进行封装，因此在使用 AJAX 框架时要麻烦很多。而 WebWork 只提供了一些支持 AJAX 的标签，通过这些标签，可以获得一定 AJAX 支持。Strut 2 不仅提供了更丰富的 AJAX 标签，而且还支持 AJAX 插件。

Struts 2 框架所支持的 AJAX 功能主要依赖两个 AJAX 框架，即 DWR 和 Dojo。其中 DWR 是一个服务端的 AJAX 框架，主要用来实现以非常方便快捷的方式在客户端和服务端传递数据。开发人员可以直接在客户端页面通过 JavaScript 调用远程 Java 方法，就像调用本地的 JavaScript 方法一样。Dojo 是一个客户端的 AJAX 框架，该框架提供了丰富的组件库和页面效果，通过该框架，可以很容易地实现具有丰富用户体验的 Web 应用。

虽然 AJAX 技术从理论上可以实现跨平台，但事实并非如此。由于 AJAX 的核心是 JavaScript，而不同版本的浏览器对 JavaScript 的支持却有很大的差别。如果读者使用的浏览器是 IE，建议使用 5.5 及以上版本，如果读者使用的浏览器是 Firefox，建议使用 1.0 及以上版本。

Struts 2 对 AJAX 的支持是通过 AJAX 主题实现的，如果想查看 Struts2 所支持的主题，读者可以在 MyEclipse 中打开 struts2-core-2.3.4.1.jar 包，在该包的根位置有一个 template 目录，Struts 2 支持的所有内建的主题都被放在这个目录中。如果想查看关于 Struts 2.3.4 所支持的 AJAX 主题，则需要打开 struts2-dojo-plugin-2.1.2.jar 包，关于 AJAX 主题的所有相关文件都放在了 template.ajax 目录中，如图 15.1 所示。

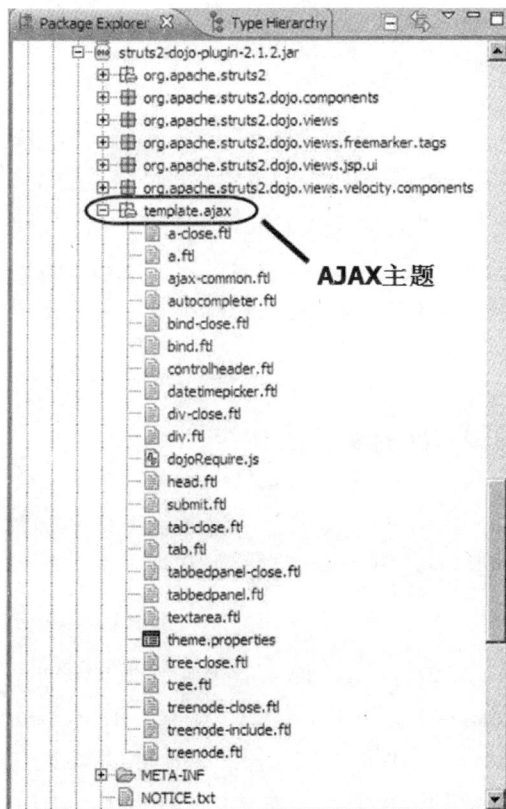

图 15.1　AJAX 主题的目录结构

在 AJAX 主题中还有很多支持 AJAX 的模板，如 tree.ftl、treenode.ftl 和 tab.ftl 等。通过这些模板，可以使很多 Struts 2 标签支持 AJAX。读者可以发现，在 ajax 目录中有一个 controlheader.ftl 文件。该文件的内容更复杂，代码如下：

```
<#if parameters.label?if_exists != "">
    <#include "/${parameters.templateDir}/xhtml/controlheader.ftl" />
</#if>
<#if parameters.form?exists && parameters.form.validate?default(false) ==
true>
```

```
    <#-- can't mutate the data model in freemarker -->
    <#if parameters.onblur?exists>
        ${tag.addParameter('onblur',
"validate(this);${parameters.onblur}")}
    <#else>
        ${tag.addParameter('onblur', "validate(this);")}
    </#if>
</#if>
```

从上面的代码可以看出,AJAX 主题会检查 validate 属性是否为 true,以决定是否需要使用基于 AJAX 的输入校验。如果 form 的 validate 属性为 true,则每个 HTML 标签的 onblur 事件(失去焦点事件)都会设置一个校验请求。也就是说,当某个输入组件失去焦点时,就会立即对该字段进行校验。

15.2　基于 AJAX 的输入校验

虽然基于 AJAX 的输入校验也是利用 JavaScript 技术,但这种校验并不是客户端校验。基于 AJAX 的输入校验实际上是通过异步的方式将校验请求提交给服务端程序,然后由服务端校验后,将校验结果发送给客户端,如果校验失败,客户端再通过 DOM 技术以无刷新的方式显示错误信息。Struts 2 的 AJAX 校验是建立在 DWR 和 Dojo 两个框架上的,其中 DWR 负责和服务端进行通信,也就是发送校验请求和接收校验结果,而 Dojo 负责显示校验错误信息。

15.2.1　下载和安装 DWR 框架

在 Struts 2.x 的早期发行包中并未提供 DWR 框架的 jar 包,因此,要想在 Struts 2 中使用 DWR,需要通过如下的网址下载 DWR 的最新版本。

```
http://directwebremoting.org/dwr/download
```

本书使用的 Struts 2.x 为 Struts 2.3.4,在发行包中提供了 DWR 框架的 jar 包(dwr-1.1.1.jar)。在 webdemo 工程中引用该包(dwr-1.1.1.jar、struts2-dwr-plugin-2.3.4.1.jar 和 commons-logging-1.1.1.jar)。DWR 的工作原理是通过一个 Servlet 来接收客户端的请求,然后进行处理,并返回处理结果。因此需要在 web.xml 中配置 DWR 框架使用的 Servlet(该 Servlet 为 uk.ltd.getahead.dwr.DWRServlet,在 dwr-1.1.1.jar 包中)。配置代码如下:

```
<servlet>
    <!-- 指定处理 DWR 请求的 Servlet 名  -->
    <servlet-name>dwr-invoker</servlet-name>
    <!-- 指定处理 DWR 请求的 Servlet 类名 -->
    <servlet-class>uk.ltd.getahead.dwr.DWRServlet</servlet-class>
    <!-- 配置 DWR Servlet 所需的参数  -->
    <init-param>
        <param-name>debug</param-name>
        <param-value>true</param-value>
    </init-param>
    <init-param>
```

```
        <param-name>scriptCompressed</param-name>
        <param-value>false</param-value>
    </init-param>
    <load-on-startup>1</load-on-startup>
</servlet>
<!-- 配置 DWR 在客户端的访问路径 -->
<servlet-mapping>
    <servlet-name>dwr-invoker</servlet-name>
    <url-pattern>/dwr/*</url-pattern>
</servlet-mapping>
```

从上面的配置代码可以看出，DWRServlet 类的 Servlet 名被设为 dwr-invoker，并且设置了两个初始化参数，其中如果想以压缩的方式发送和接收数据，可以将 scriptCompressed 参数设为 true。DWRServlet 类的 URL 映射是"/dwr/*"，这说明所有以"/dwr/"开头的请求都会被 DWRServlet 截获，也就是说，这些请求都是由 DWR 框架的客户端部分发送的。

除了需要配置 DWRServlet 外，还需要在 WEB-INF 目录中建立一个 dwr.xml 文件，该文件的内容如下：

```
<?xml version="1.0" encoding="UTF-8"?>
<!-- START SNIPPET: dwr -->
<!DOCTYPE dwr PUBLIC
    "-//GetAhead Limited//DTD Direct Web Remoting 1.0//EN"
    "http://www.getahead.ltd.uk/dwr/dwr10.dtd">
<dwr>
    <allow>
        <!-- 允许 JavaScript 模拟建立一个 Java 对象 -->
        <create creator="new" javascript="validator">
            <param name="class" value="org.apache.struts2.validators.
            DWRValidator"/>
        </create>
        <convert converter="bean" match="com.opensymphony.xwork2.Validati-
        onAwareSupport"/>
    </allow>
    <signatures>
        <![CDATA[
        import java.util.Map;
        import org.apache.struts2.validators.DWRValidator;
        DWRValidator.doPost(String, String, Map<String, String>);
        ]]>
    </signatures>
</dwr>
```

在上面的配置文件中，将 org.apache.struts2.validators.DWRValidator 创建为一个新的 JavaScript 对象，该对象名为 validator。实际上，这里所说的创建只是形象的说法，在 JavaScript 中根本不可能直接创建 Java 的对象，这种创建只是模拟创建的过程，其实在客户端调用 validator 方法，是通过采用异步远程调用的方式来访问 DWRValidator 实例的。

15.2.2　编写具有 AJAX 校验功能的注册页面

要想使用 Struts 2 的 AJAX 功能，所使用的 Struts 2 标签必须使用 AJAX 主题，而且在页面中必须使用<s:head.../>标签导入 AJAX 主题的 controlheader.ftl，并且必须将<s:form.../>标签的 validate 属性设为 true。下面是支持 AJAX 校验功能的发布页面代码。

```
<!-- register.jsp -->
<%@ page language="java" pageEncoding="UTF-8"%>
```

```
<!--  导入 Struts 2 的标签库  -->
<%@ taglib prefix="s" uri="/struts-tags"%>
<html>
    <head>
        <title>带有 AJAX 校验功能的用户发布页面</title>
        <style type="text/css">
        input {
            width: 200px
        }
        </style>
        <!--  导入 ajax 主题的 controlheader.ftl  -->
        <s:head theme="ajax"/>
    </head>
    <body>
        <!--  必须将表单的 theme 属性设为 ajax, validate 属性设为 true  -->
        <s:form action="register" namespace="/chapter15" theme="ajax" vali-
        date="true">
            <s:textfield label="用户名" name="username" />
            <s:password label="密码" name="password" />
            <s:password label="重新输入密码" name="repassword" />
            <s:textfield label="年龄" name="age" />
            <s:textfield label="生日" name="birthday" />
            <s:submit value="发布" cssStyle="width:50px" />
        </s:form>
    </body>
</html>
```

在编写上面的代码时，需要注意以下 3 点：

❑ 必须使用<s:head.../>标签导入 controlheader.ftl，而且该标签的 theme 属性必须设为
ajax。

❑ <s:form.../>标签的 theme 属性必须设为 ajax。

❑ <s:form.../>标签的 validate 属性必须设为 true。

除了上面 3 点外，该页面其他部分和不支持 AJAX 输入校验的发布页面相应部分完全
一样。在完成上面的代码后，当某个输入组件失去焦点后，系统就会自动将输入的内容发
送到服务端，并由服务端负责校验。

15.2.3　编写 Action 类

在 register.jsp 页面中涉及一个 Action 类，该类负责处理用户的注册信息。这个类的实
现代码如下：

```
public class RegisterAction extends ActionSupport
{
    private String username;        //  封装 username 请求参数的属性
    private String password;        //  封装 password 请求参数的属性
    private int age;                //  封装 age 请求参数的属性
    private Date birthday;          //  封装 birthday 请求参数的属性
    //  此处省略了属性的 getter 和 setter 方法
    ...
    //  处理控制逻辑的 execute 方法
    public String execute() throws Exception
    {
```

```
        return SUCCESS;
    }
}
```

RegisterAction 类的配置代码如下：

```
<package name="chapter15" namespace="/chapter15" extends="struts-
default">
    <!-- 配置 RegisterAction 类 -->
    <action name="register" class="chapter15.action.RegisterAction">
        <result name="success">/chapter15/success.jsp</result>
        <result name="input">/chapter15/input.jsp</result>
    </action>
</package>
```

15.2.4　设置校验规则

为了完成输入校验，需要自定义一个校验规则文件完成各个字段的校验工作，本校验规则文件使用了字段校验器风格来配置校验规则。配置代码如下：

```
<?xml version="1.0" encoding="UTF-8"?>
<!-- 指定校验规则配置文件的 DTD 信息 -->
<!DOCTYPE validators PUBLIC "-//OpenSymphony Group//XWork Validator
1.0.2//EN"
"http://www.opensymphony.com/xwork/xwork-validator-1.0.2.dtd">
<validators>
    <!-- 校验 Action 的 username 属性 -->
    <field name="username">
        <!-- username 属性必须满足 requiredstring 规则 -->
        <field-validator type="requiredstring">
            <message>用户名必须输入</message>
        </field-validator>
        <!-- username 属性必须满足 stringlength 规则 -->
        <field-validator type="stringlength" short-circuit="true">
            <param name="minLength">4</param>
            <param name="maxLength">20</param>
            <param name="trim">true</param>
            <message>用户名长度必须介于 4 和 20 之间！</message>
        </field-validator>
        <!-- username 属性必须匹配正则表达式 -->
        <field-validator type="regex">
            <param name="expression"><![CDATA[(^\w*$)]]></param>
            <param name="trim">true</param>
            <message>用户名必须是字母和数字！</message>
        </field-validator>
    </field>
    <!-- 校验 Action 的 password 属性 -->
    <field name="password">
        <!-- password 属性必须满足 requiredstring 校验规则 -->
        <field-validator type="requiredstring">
            <message>密码必须输入</message>
        </field-validator>
        <!-- password 属性必须满足 stringlength 校验规则 -->
        <field-validator type="stringlength">
            <param name="minLength">8</param>
            <param name="maxLength">30</param>
```

```
        <param name="trim">true</param>
        <message>密码的长度必须介于 8 和 30 之间!</message>
      </field-validator>
  </field>
<!-- 校验 Action 的 age 属性  -->
<field name="age">
    <!-- age 属性必须满足 int 校验规则  -->
    <field-validator type="int">
      <param name="min">1</param>
      <param name="max">200</param>
      <message>您必须输入一个有效的年龄!</message>
    </field-validator>
</field>
<!-- 校验 Action 的 birthday 属性  -->
<field name="birthday">
    <!-- birthday 属性必须满足 requiredstring 校验规则  -->
    <field-validator type="requiredstring" >
      <message>出生日期必须输入</message>
    </field-validator>
    <!-- date 属性必须满足 date 校验规则  -->
    <field-validator type="date">
      <param name="min">1900-1-1</param>
      <param name="max">2020-1-1</param>
      <message>出生日期必须在 ${min}和${max}之间!</message>
    </field-validator>
</field>
</validators>
```

实际上,该校验规则与前面章节介绍的校验规则并没太大区别,这也说明在 Struts2 中实现基于 AJAX 输入校验是非常容易的。在浏览器地址栏输入如下的 URL:

```
http://localhost:8080/webdemo/chapter15/register.jsp
```

浏览器显示出发布页面后,在"用户名"文本框中输入 ab,然后将焦点移动到其他的文本框,将会显示如图 15.2 所示的错误信息。

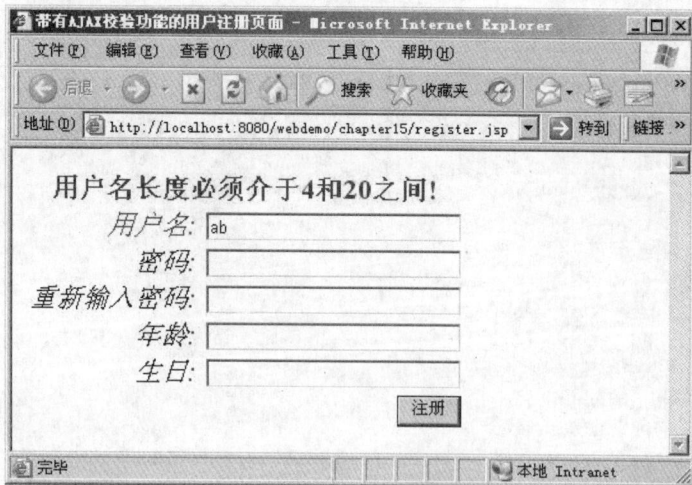

图 15.2　基于 AJAX 的输入校验

15.3　在表单中使用 AJAX

Struts 2 在提交表单时，也可以采用基于 AJAX 的异步方式提交。如果采用这种方式提交表单，当前页面不会有任何变化，而且也不会因为服务端未及时响应而将当前页面阻塞。当服务端响应后，系统会采用 DOM 技术无刷新地更新页面中相应的部分。

15.3.1　实现可异步提交的表单

可异步提交的表单和普通的表单没有太大的区别。为了给表单增加异步提交的功能，只需要将表单的 theme 属性设为 ajax 即可。当然，仍然需要使用<s:head theme="ajax" />标签在页面中加入异步提交所需的 JavaScript。

设置表单的 theme 属性为 ajax 虽然可以很容易地实现异步提交的问题，但当客户端以异步的方式接收到服务端的响应信息后，又会涉及如何处理这些响应信息的问题。一般的处理方法是使用这些响应信息更新页面的某个位置，如<label>标签。为了使这些信息自动更新相应的位置，就需要让客户端系统提前知道要更新的区域。

在<s:submit.../>标签中有一个 targets 属性，该属性可用来设置当前表单接收到的服务端响应信息要更新的区域。实际上，targets 属性就是 HTML 元素的 id 值。如果要设置多个要更新的区域，中间用逗号（,）分隔。下面的代码演示了如何利用 ajax 主题为表单增加异步提交的功能。

```
<!-- ajaxform.jsp -->
<%@ page language="java" pageEncoding="UTF-8"%>
<%@ taglib prefix="s" uri="/struts-tags"%>
<html>
    <head>
        <title>使用 AJAX 技术异步提交表单</title>
        <!-- 导入 ajax 主题的 controlheader.ftl -->
        <s:head theme="ajax"/>
    </head>
    <body>
        <s:label value="您喜欢的城市: " />
        <!-- 该 label 标签是要被异步更新的标签 -->
        <s:label cssStyle="color:#FF0000" id="myCity"/>
        <s:form action="ajaxAction" theme="ajax">
            <s:textfield name="city" label="请输入您最喜欢的城市" />
            <!-- 需要将 submit 标签的 targets 属性设为 myCity, 以更新该标签 -->
            <s:submit value="提交并修改 label 中的信息" targets="myCity" />
        </s:form>
    </body>
</html>
```

15.3.2　实现 Action 类

不管是处理普通表单提交的请求，还是处理 AJAX 表单提交的请求，Action 类的实现大同小异。在本节中的 Action 类需要封装一个名为 city 的请求参数，因此在 Action 类中要有一个 city 属性。

经笔者测试，如果通过 AJAX 发送中文信息时，Action 类的相应属性值是以 ISO-8859-1 编码格式，将提交的 UTF-8 编码格式的中文信息转换成了字符串，因此，在使用 getter 方法取出该属性值时，需要使用下面的代码进行转换。

```
city = new String(city.getBytes("ISO-8859-1"), "UTF-8");
```

Action 类的实现代码如下：

```
public class AjaxAction extends ActionSupport
{
    private String city;            //  封装 city 请求参数的属性
    // city 属性的 getter 方法
    public String getCity()
    {
        return city;
    }
    // city 属性的 setter 方法
    public void setCity(String city)
    {
        this.city = city;
    }
    public String execute() throws Exception
    {
        //  需要进行编码转换，才能正常显示中文信息
        city = new String(city.getBytes("ISO-8859-1"), "UTF-8");
        return SUCCESS;
    }
}
```

AjaxAction 类的配置代码如下：

```
<package name="chapter15" namespace="/chapter15" extends="struts-default">
    <!-- 配置 AjaxAction 类 -->
    <action name="ajaxAction" class="chapter15.action.AjaxAction">
        <!-- 设置 success 结果 -->
        <result name="success">/chapter15/ajaxSuccess.jsp</result>
    </action>
</package>
```

15.3.3　实现结果处理页面

响应 AJAX 请求的结果处理页面只需要显示相应的处理结果信息。因此，结果处理页面并不需要一个完整的 JSP 页面，而只需要这个页面可以输出数据即可。结果处理页面的代码如下：

```
<!-- ajaxSuccess.jsp -->
<%@ page language="java" pageEncoding="UTF-8"%>
<%@ taglib prefix="s" uri="/struts-tags"%>
<!-- 用于输出 city 属性值 -->
<s:property value="city" />
```

从上面的代码可以看出，除了两条 JSP 指令外，只有一个<s:property.../>标签用于输出 city 属性的值。异步提交的表单将使用 ajaxSuccess.jsp 页面的内容更新 label 中的信息。在浏览器地址栏输入如下的 URL：

```
http://localhost:8080/webdemo/chapter15/ajaxform.jsp
```

在浏览器显示输入文本框后，在"请输入您喜欢的城市"文本框中输入"沈阳"，并单击"提交并修改 label 中的信息"按钮，文本框上面的 label 中的信息会更新为"沈阳"，如图 15.3 所示。

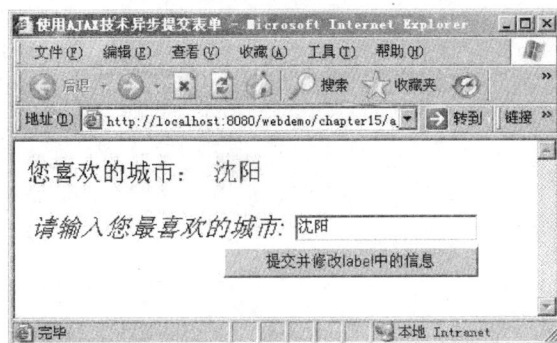

图 15.3　异步提交和更新

从图 15.3 中所示的效果可以看出，当前页面并没有被提交，而在页面无刷新的情况下，更新了 label 中的值。

15.3.4　执行 JavaScript 代码

异步提交表单也可以执行服务端返回的 JavaScript 代码，但需要将<s:submit.../>标签的 executeScript 属性设为 true，代码如下：

```
<s:submit value="提交并修改 label 中的信息，同时弹出对话框" targets="myCity "
executeScripts="true"  />
```

下面修改 ajaxform.jsp 页面中的代码，为该页面增加一个异步提交表单，该表单除了以对话框形式显示服务端响应的信息（服务端返回的 JavaScript 代码）外，还同时更新了两个 label。ajaxform.jsp 页面修改后的代码如下：

```
<%@ page language="java" pageEncoding="UTF-8"%>
<%@ taglib prefix="s" uri="/struts-tags"%>
<html>
   <head>
      <title>使用 AJAX 技术异步提交表单</title>
      <!--  导入 ajax 主题的 controlheader.ftl  -->
      <s:head theme="ajax"/>
   </head>
   <body>
      <s:label value="您喜欢的城市：" />
      <!-- 该 label 标签是要被异步更新的标签  -->
      <s:label cssStyle="color:#FF0000" id="myCity"/>
```

```
    <!-- 第 1 个异步提交表单 -->
    <s:form action="ajaxAction" theme="ajax">
        <s:textfield name="city" label="请输入您最喜欢的城市" />
        <!-- 需要将 submit 标签的 targets 属性设为 myCity，以更新该标签 -->
        <s:submit value="提交并修改 label 中的信息" targets="myCity" />
    </s:form>
    <hr>
    <s:label value="您喜欢的城市：" />
    <!-- 该 label 标签是要被异步更新的标签 -->
    <s:label cssStyle="color:#FF0000" id="myCity1"/>
    <!-- 第 2 个异步提交表单 -->
    <s:form action="jsAction" theme="ajax">
        <s:textfield name="city" label="请输入您最喜欢的城市" />
        <!-- 要想执行 JavaScript 代码，executeScript 属性必须为 true -->
        <s:submit value="提交并修改 label 中的信息，同时弹出对话框" targets=
        "myCity,myCity1" executeScripts="true" />
    </s:form>
    </body>
</html>
```

在上面的代码中有两个异步提交表单，其中第 2 个表单<s:submit.../>标签的 execute-Script 属性被设为 true，而且 targets 属性设置了两个更新区域的 id，分别为 myCity 和 myCity1，中间用逗号（,）分隔。

第 2 个表单向 jsAction.action 提交请求，该动作类实际上也是 AjaxAction，只是重新定义了动态名字，配置代码如下：

```
<package name="chapter15" namespace="/chapter15" extends="struts-
default">
    <!-- 为 AjaxAction 类配置新的名字 -->
    <action name="jsAction" class="chapter15.action.AjaxAction">
        <!-- 配置 success 处理结果 -->
        <result name="success">/chapter15/jsSuccess.jsp</result>
    </action>
</package>
```

其中结果处理页面 jsSuccess.jsp 的代码如下：

```
<%@ page language="java" pageEncoding="UTF-8"%>
<%@ taglib prefix="s" uri="/struts-tags"%>
<script type="text/javascript">
    // 将 city 属性值以对话框形式返回
    alert("<s:property value="city" />");
</script>
<!-- 输出 city 属性值 -->
<s:property value="city" />
```

上面的代码多了几行 JavaScript 代码，这些 JavaScript 代码将被客户端执行，并显示出一个对话框。在浏览器地址栏输入如下的 URL：

```
http://localhost:8080/webdemo/chapter15/ajaxform.jsp
```

在浏览器显示输入文本框后，在第 2 个"请输入您最喜欢的城市"文本框中输入"沈阳"，并单击"提交并修改 label 中的信息，同时弹出对话框"按钮，文本框上面的两个 label 中的信息会更新为"沈阳"，并且会弹出一个显示"沈阳"信息的对话框，如图 15.4 所示。

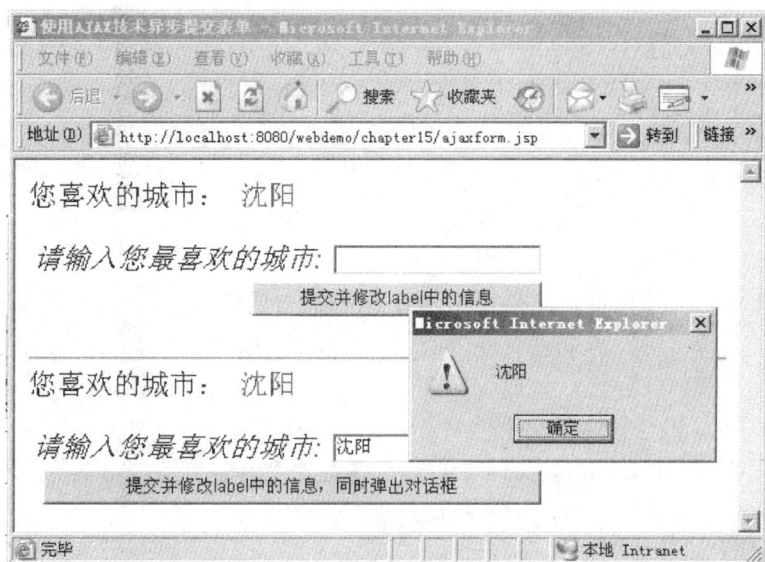

图 15.4　更新两个 label 和显示 JavaScript 对话框

15.4　发布-订阅（pub-sub）事件模型

pub-sub 是 publish-subscribe 两个单词的缩写，其含义是发布-订阅。pub-sub 事件模型提供了一种处理事件的方式，在该方式下，可通过触发一个事件调用多个函数。实际上，Struts 2 的 pub-sub 事件模型主要采用了 Dojo 的 pub-sub 事件模型。

15.4.1　了解 pub-sub 事件模型的原理

pub-sub 事件模型实际上是一种简化的事件监听方式，通过 pub-sub 事件模型，可以在引发 JavaScript 事件时按订阅顺序先后调用多个处理函数。也就是说，如果一个或多个 JavaScript 函数或 Struts 2 标签订阅某一个已经发布的事件，那么一旦该事件被触发，则系统会根据订阅该事件上的 JavaScript 函数或 Struts 2 标签的顺序来调用相应的 JavaScript 函数或执行某些动作。

如果想发布一个事件，可以使用 publish 函数，代码如下：

```
// 发布 myEvent 事件
dojo.event.topic.publish("myEvent", "data");
```

其中第 1 个参数可以是任意字符串，表示事件名，第 2 个参数是传入的数据，可以在订阅该事件的 JavaScript 函数中获得。如果某个 JavaScript 函数要订阅 myEvent 事件，可以使用如下的 JavaScript 代码。

```
// 订阅 myEvent 事件的函数
function subscribeEvent(data, type, request)
{
    alert(data);
```

```
}
// 订阅 myEvent 事件
dojo.event.topic.subscribe("myEvent", subscribeEvent);
```

当执行上面的 subscribe 方法后，再调用 publish 发布事件，系统就会自动调用订阅 myEvent 事件的 subscribeEvent 方法。

Struts 2 在支持 AJAX 的标签中加入了一些支持 pub-sub 事件模型的属性，其中最常用的有如下两个。

- ❑ listenTopics：该属性指定要监听的事件名，如果有多个事件需要监听，则在事件名之间用逗号（,）分隔。设置该属性的 Struts 2 标签将用于调用服务端资源，并加载响应信息。实际上，该属性相当于订阅事件，也就是调用 subscribe 方法。
- ❑ notifyTopics：该属性指定事件名，如果有多个事件，则事件名之间用逗号（,）分隔。设置该属性的 Struts 2 标签会发布该属性指定的事件。在发布事件时，会传递 3 个参数，分别是 data、type 和 request。

在发布事件时总会传递的 3 个参数 data、type 和 request，这 3 个参数的含义如下。

- ❑ data：表示从服务端返回的数据。
- ❑ type：表示与服务端交互的状态，该参数只有 3 个值，即 before（交互之前）、load（正在加载数据）和 error（服务器响应出错）。
- ❑ request：表示请求对象本身。

15.4.2　实现 pub-sub 事件模型

在本例中发布了一个 abcd 事件，并且有两个 JavaScript 函数订阅了 abcd 事件。发布事件可以通过 JavaScript 的 publish 函数，也可以通过 Struts 2 标签的 notifyTopics 属性。发布和订阅事件的代码如下：

```
<!-- pubsub.jsp -->
<%@ page language="java" pageEncoding="UTF-8"%>
<%@ taglib prefix="s" uri="/struts-tags"%>
<html>
    <head>
        <title>pub-sub 事件模型</title>
        <s:head theme="ajax" />
    </head>
    <body>
        <script type="text/javascript">
        // 第 1 个订阅 abcd 事件的函数
        function subscribe1(data, type, request)
        {
            alert("数据（subscribe1）: " + data);
        }
        // 第 2 个订阅 abcd 事件的函数
        function subscribe2(data, type, request)
        {
            alert("数据（subscribe2）: " + data);
        }
        // 发布事件的函数
        function publishEvent()
        {
```

```
            //  从 data 文本框中获得传递的数据
        dojo.event.topic.publish('abcd',data.value);
    }
        //  subscribe1 订阅 abcd 事件
    dojo.event.topic.subscribe("abcd", subscribe1);
        //  subscribe2 订阅 abcd 事件
    dojo.event.topic.subscribe("abcd", subscribe2);
    </script>
    请输入数据：<input type="text" name="data" /> <p/>
    <!--  使用 JavaScript 发布事件  -->
    <input type="button" value="发布事件" onclick="publishEvent()"/><p/>
    <!--  使用 notifyTopics 属性发布事件  -->
    <s:submit  theme="ajax" align="left"  value="发布事件" notifyTopics=
    "abcd" name="mySubmit"   />
    </body>
</html>
```

在上面的代码中分别使用了 JavaScript 代码和 notifyTopics 属性来发布 abcd 事件，并且该事件被 subscribe1 和 subscribe2 函数先后订阅。在浏览器地址栏中输入如下的 URL：

```
http://localhost:8080/webdemo/chapter15/pubsub.jsp
```

在"数据"文本框中输入"超人"，并单击第 1 个"发布事件"按钮，系统将会弹出显示"超人"的对话框，如图 15.5 所示。

图 15.5　发布和订阅事件

图 15.5 所示的对话框是调用 subscribe 1 函数时弹出的，在关闭该对话框后，又会继续调用 subscribe 2 函数，仍然会弹出一个对话框。单击第 2 个"发布事件"按钮，效果和单击第 1 个"发布事件"按钮的效果类似，只是将<s:submit.../>标签的 name 属性值作为 data 进行传递。除了 JavaScript 函数可以订阅事件外，Struts 2 的 AJAX 标签也可以订阅事件，代码如下：

```
<%@ page language="java" pageEncoding="UTF-8"%>
<%@ taglib prefix="s" uri="/struts-tags"%>
<html>
    <head>
        <title>pub-sub 事件模型</title>
        <s:head theme="ajax" />
    </head>
    <body>
        <script type="text/javascript">
```

```
    //  订阅/pubsub 事件的函数
    function subscribe1(data, type, request)
    {
        alert("数据（subscribe1）: " + data);
    }
    //  subscribe1 订阅/pubsub 事件
    dojo.event.topic.subscribe("/pubsub", subscribe1);
</script>
<s:submit theme="ajax" align="left" value="发布事件" notifyTopics="/
pubsub" name="ajaxSubmit" /><p/>
<!--  通过 listenTopics 属性来订阅/pubsub 事件  -->
随机数: <s:div name="myDiv" theme="ajax" listenTopics="/pubsub" href=
"pubsub.action" />
</body>
</html>
```

上面的代码通过<s:submit.../>标签的 notifTopics 属性发布了"/pubsub"事件，该事件先后由 subscribe1 函数和<s:div.../>标签订阅。当发布 pubsub 事件时，首先会弹出一个对话框，然后<s:div.../>标签会调用 href 属性指定的 Web 资源（在本例是 pubsub.action），并使用该 Web 资源返回的数据更新<div>标签里的内容。

pubsub.action 并没有对应任何 Action 类，在 struts.xml 文件中只是将其直接映射到了 pubsub_success.jsp 页面上。pubsub.action 的配置代码如下:

```
<package      name="chapter15"      namespace="/chapter15"      extends="struts-
default">
    <action name="pubsub">
        <result>/chapter15/pubsub_success.jsp</result>
    </action>
</package>
```

pubsub_success.jsp 页面的实现代码如下:

```
<%@ page language="java" pageEncoding="UTF-8"%>
<%@ taglib prefix="s" uri="/struts-tags"%>
<%
    java.util.Random rand = new java.util.Random();
    out.println(rand.nextInt(10000));
%>
```

上面的代码产生一个在 0～10000 之间的随机数。在浏览器地址栏中输入如下的 URL:

```
http://localhost:8080/webdemo/chapter15/pubsub.jsp
```

单击"发布事件"按钮，将弹出一个对话框，如图 15.6 所示。

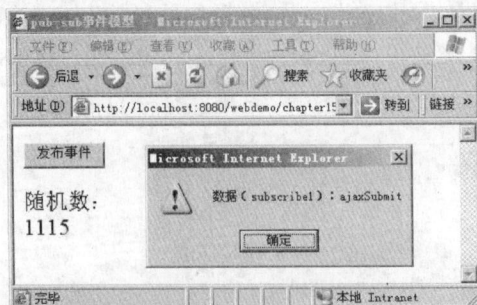

图 15.6　Struts 2 标签订阅事件

关闭图 15.6 所示的对话框后，读者就会发现"发布事件"按钮下方的 div 标签被刷新了，并在该标签中显示了新的随机数。

15.4.3　阻止请求服务端资源

在 15.4.1 节讲过发布事件时传递的 type 参数可以有 3 个值：before（交互之前）、load（正在加载数据）和 error（服务器响应出错）。从这 3 个值的含义可以了解到 before 是在交互之前传递的，也就是在客户端向服务端发送请求前传递的。而在传递 load 时，客户端已经成功请求了服务端资源。error 表示请求服务端资源出错。从上面的描述可以得出如下的调用过程：

（1）客户端第一次调用订阅函数，并传递 before，这时客户端还未开始请求服务端资源。

（2）在第一次调用订阅函数后，客户端开始尝试请求指定服务端资源，如果请求成功，则第二次调用订阅函数，并传递 load；如果请求失败（可能是因为服务端资源访问路径错误），也会再次调用订阅函数，并传递 error。

从上面两步可以看出，before、load 和 error 这 3 个值不可能同时在一次调用中出现。如果请求服务端资源成功，则调用两次订阅函数，分别传递 before 和 load，如果请求服务端资源失败，也调用两次订阅函数，分别传递 before 和 error。

既然在访问服务端资源之前调用了一次订阅函数，那么就有可能在第一次调用订阅函数时将后面的请求服务端资源的操作取消。这有点像 Struts 2 的拦截器，在某个拦截器中如果满足某个条件，就不再执行后面的操作了。

通过将订阅函数的第 3 个参数 request 的 cancel 属性设为 true，可以取消后面请求服务端资源的操作。下面的示例演示了如何取消请求操作，在该示例中通过一个复选框来控制是否取消请求操作。

```jsp
<!-- prevent.jsp -->
<%@ page language="java" pageEncoding="UTF-8"%>
<%@ taglib prefix="s" uri="/struts-tags"%>
<html>
    <head>
        <title>阻止请求</title>
        <s:head theme="ajax" />
    </head>
    <body>
    <script type="text/javascript">
        // 订阅事件的方法
        function subscribe(data, type, request)
        {
            alert(type);
            // 如果将复选框设为 true，则阻止请求
            if(prevent.checked)
                request.cancel = true;
        }
        // 订阅 abcd 事件
        dojo.event.topic.subscribe("abcd", subscribe);
    </script>
```

```
    <s:url id="action" action="ajaxAction" />
    <s:checkbox name="prevent" label="是否阻止请求"    />
    <p/>
    <!-- 发布 abcd 事件  -->
    <s:submit align="left" name="ajax" value="提交" theme="ajax" notify-
    Topics="abcd" href="%{action}" />
  </body>
</html>
```

在浏览器地址栏中输入如下的 URL：

```
http://localhost:8080/webdemo/chapter15/prevent.jsp
```

选中"是否阻止请求"复选框，单击"提交"按钮，这时会弹出一个显示 before 的对话框，如图 15.7 所示。

图 15.7　阻止请求服务端资源

关闭图 15.7 所示的对话框，将不会再显示其他的对话框。这是因为已经通过 cancel 属性阻止了请求服务端资源。如果取消选中"是否阻止请求"复选框，则会再弹出显示 load 的对话框。

15.5　使用 Struts 2 中的 AJAX 标签

Struts 2 提供了一些支持 AJAX 的标签，通过这些标签可以满足一般的 AJAX 需求。但对于更复杂的 AJAX 系统，只使用这些 AJAX 标签还远远不够。幸好 Struts 2 还提供了更为强大的 JSON 支持，利用 Struts 2 的 JSON 插件，可以实现非常复杂的 AJAX 应用。关于 JSON 的知识将在 15.6 节详细介绍。

15.5.1　掌握 div 标签的基本应用

div 标签用于生成一个 HTML div 元素，但 div 标签生成的内容不是静态的，而是从服务端获取的动态内容。如果想为 div 标签指定动态内容，必须为 div 标签指定一个 href 属性，该属性可以是任何 Web 资源（如 Action、JSP、HTML 等）。在使用 div 标签的 AJAX 功能时，同样需要将 theme 属性设为 ajax。

还可以使 div 标签按照一定的时间间隔更新内容，以及为 div 标签指定加载延迟。除此之外，还可以修改 div 标签的加载等待信息和错误信息的默认值，并且可以为 div 标签指定一个指示标志。为了完成上述的设置工作，可以使用 div 标签的如下几个属性。

- ❑ updateFred：指定 div 标签的更新时间间隔，单位是毫秒。如果不指定该属性，页面只在加载时更新 div 标签的内容。
- ❑ delay：指定更新 div 标签内容的延迟时间，单位是毫秒。如果不指定该属性，且指定了 updateFreq 属性，则计时立刻开始。如果没有指定 updateFreq 属性，则 delay 属性不起作用，也就是说页面会立即更新 div 标签的内容。
- ❑ loadingText：指定正在加载过程中显示的信息，默认值是 "Loading..."。
- ❑ errorText：指定请求 Web 资源失败时显示的信息，默认值是 "Error loading 'xxxx' (404 xxxx)"，其中 xxxx 表示 Web 资源的路径。
- ❑ showErrorTransportText：指定是否显示错误信息（errorText 属性指定的信息），默认值是 false，也就是不显示错误信息。
- ❑ indicator：指定一个指示元素的 id 值。

下面的代码演示了 div 标签的基本用法。

```jsp
<!-- Div.jsp -->
<%@ page language="java" pageEncoding="UTF-8"%>
<%@ taglib prefix="s" uri="/struts-tags"%>
<html>
    <head>
        <title>div 标签</title>
        <s:head theme="ajax" />
        <!-- 设置 CSS 样式 -->
        <style type="text/css">
        div
        {
           border:1px solid black;
           background-color:#bbbbbb;
           width:500px;
           padding-top:10px;
           padding-left:10px;
           padding-bottom: 10px;
        }
        </style>
    </head>
    <body>
       <s:url id="random" action="random" />
       <br>仅第一次获得服务端的内容
       <s:div id="div1" theme="ajax"  href="%{random}"/>
       <hr>
       每隔 2 秒刷新一次（指定 updateFreq 属性为 2000）<br>
       indicator="indicator1"
       <s:div id="div2"
               theme="ajax"
               href="%{random}"
               updateFreq="2000"
               indicator="indicator1"/>
       <s:url id="image" value="/images/indicator.gif"/>
       <!-- 使用 img 标签作为第 1 个指示器 -->
       <img id="indicator1" src="<s:property value='image'/>" />
        <hr>
```

```
    5 秒后开始更新（指定 delay 属性为 5000）<br>
    loadingText="正在加载服务端数据..."<br>
    indicator="indicator2"
    <s:div id="div3"
          theme="ajax"
          href="%{random}"
          updateFreq="2000"
          delay="5000"
          loadingText = "正在加载服务端数据..."
          />
    <!-- 使用 img 标签作为第 2 个指示器  -->
    <img id="indicator2" src="<s:property value='image'/>" />
    <hr>
    显示系统错误信息，每 3 秒更新一次<br>
    updateFreq="3000"<br>
    showErrorTransportText="true"
    <s:div id="div4"
          theme="ajax"
          href="/error.html"
          updateFreq="3000"
          showErrorTransportText="true"
          />
    </body>
</html>
```

在上面的代码中使用了 4 个<s:div.../>标签，其中 div2 和 div3 使用 indicator 属性分别指定了一个指示器。实际上，该指示器是和 loadingText 属性的内容一起显示的，也就是说，指示器也是一个加载状态标志。上面代码中的前 3 个标签都请求了 random.action，这个动作一般需要通过<s:url.../>指定，并将该动作的路径保存在 Stack Context 中，如下面的代码所示。

```
<s:url id="random" action="random" />
```

通过上面的代码，将生成如下的动作访问路径：

```
/webdemo/chapter15/random.action
```

在访问该路径时，需要使用"%{random}"，代码如下：

```
<s:url href="%{random}" .../>
```

random.action 并没有对应的 Action 类，而是直接将其映射成 random.jsp 页面。random.action 的配置代码如下：

```
<package    name="chapter15"    namespace="/chapter15"    extends="struts-
default">
    <action name="random">
        <result>/chapter15/random.jsp</result>
    </action>
</package>
```

random.jsp 页面的代码如下：

```
<%@ page language="java" pageEncoding="UTF-8"%>
<%@ taglib prefix="s" uri="/struts-tags"%>
<%
    java.util.Random rand = new java.util.Random();
    out.println("服务端显示的随机数字（0 至 10000）: " + rand.nextInt(10000));
```

```
    //  延迟 10 秒
    Thread.sleep(10000);
%>
```

为了方便查看指示标志的显示情况，在 random.jsp 页面中加了一条 Thread.sleep(10000) 语句，使该页延迟 10 秒。在浏览器地址栏中输入如下的 URL：

```
http://localhost:8080/webdemo/chapter15/div.jsp
```

等待 5 秒后，浏览器显示的信息如图 15.8 所示。

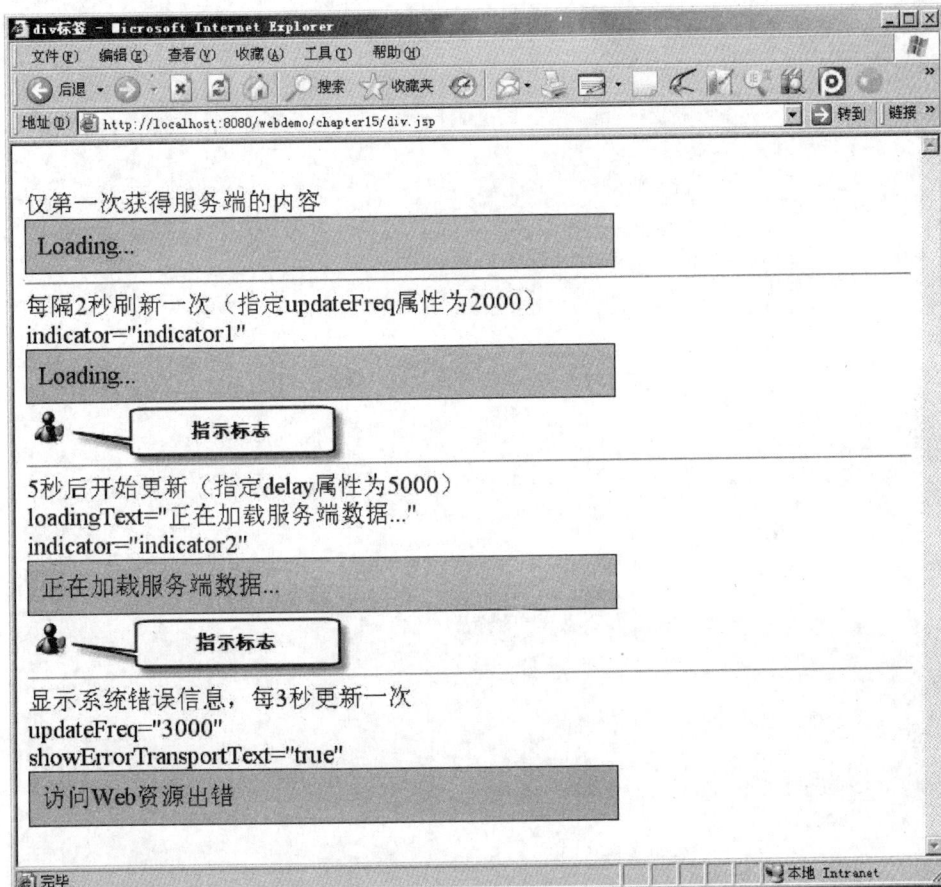

图 15.8　div 标签的基本用法

从图 15.8 所显示的信息可以看出，div2 和 div3 指定的指示标志（img 标签所显示的图像）都显示在了加载等待信息的下方。

15.5.2　通过 div 标签执行 JavaScript

div 标签也可以执行 JavaScript 代码，如果 div 标签要执行从服务端返回的 JavaScript 代码，必须将 executeScripts 属性设为 true，如下面的代码所示。

```
<s:div id="div1" executeScripts="true" .../>
```

如果 div 标签只需要执行客户端的 JavaScript 代码，则需要通过 handler 属性指定 JavaScript 方法函数名，如下面的代码所示。

```
<s:div id="div2" handler="fun" .../>
```

当执行客户端的 JavaScript 代码时，只需要指定 handler 属性，并不需要指定 executeScripts 属性。下面代码中的两个 div 标签分别执行了客户端的 JavaScript 代码和服务端返回的 JavaScript 代码。

```jsp
<!-- div_javascript.jsp -->
<%@ page language="java" pageEncoding="UTF-8"%>
<%@ taglib prefix="s" uri="/struts-tags"%>
<html>
    <head>
        <title>div 标签执行 JavaScript 代码</title>
        <!--  设置 CSS 样式  -->
        <style type="text/css">
        div {
            border:1px solid black;
            background-color:#bbbbbb;
            width:350px;
            padding-top:10px;
            padding-left:10px;
            padding-bottom: 10px;
        }
        </style>
        <s:head theme="ajax" />
        <script type="text/javascript">
            //  被 div 标签调用的 JavaScript 函数
            function msg()
            {
                div1.innerText = "您最喜欢的哪一个城市？";
                alert("您最喜欢哪一个城市？");
            }
        </script>
    </head>
    <body>
        <!--  得到 javascript 动作的请求路径  -->
        <s:url id="js" action="javascript" />
        <br>
        执行客户端的 JavaScript 代码
        <s:div id="div1"
            name="div1"
            theme="ajax"
            updateFreq="2000"
            handler="msg"
            href="%{js}" /><br><hr><br>
        执行服务端返回的 JavaScript 代码
        <s:div id="div2"
            name = "div2"
            theme="ajax"
            updateFreq="2000"
            executeScripts="true"
            href="%{js}" />
    </body>
</html>
```

上面代码中的 JavaScript 是一个动作，该动作的配置代码如下：

```
<package name="chapter15" namespace="/chapter15" extends="struts-
default">
    <action name="javascript">
        <result>/chapter15/javascript.jsp</result>
    </action>
</package>
```

javascript.jsp 页面的实现代码如下：

```
<%@ page language="java" pageEncoding="UTF-8"%>
我最喜欢的城市：沈阳
<script type="text/javascript">
    alert("我最喜欢的城市：沈阳");
</script>
```

在上面的代码中，既返回了一个普通字符串，也返回了 JavaScript 代码。因此，div 标签在弹出对话框之前，会用将返回的信息来更新 div 标签。在浏览器地址栏中输入如下的 URL：

```
http://localhost:8080/webdemo/chapter15/div_javascript.jsp
```

在浏览器弹出第 1 个对话框后，关闭该话框，会立即弹出另一个对话框，如图 15.9 所示。

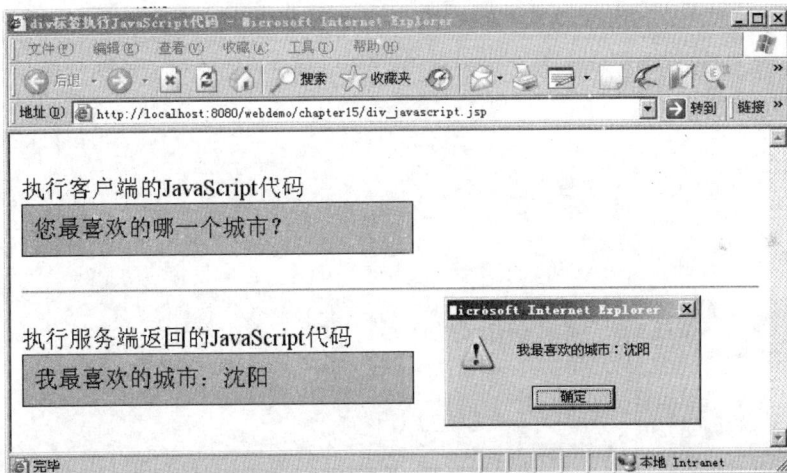

图 15.9　使用 div 标签执行 JavaScript 代码

当关闭图 15.9 所示的对话框后，等待 2 秒，会再次弹出访问该页面时弹出的对话框，这个过程将一直持续。

📖注意：如果同时指定 href 和 handler 属性，href 属性将被忽略，也就是说，div 标签会执行 handler 属性指定的 JavaScript 函数。

15.5.3　手动控制 div 标签的更新

除了上面介绍的 div 标签的一些特性外，还可以通过 JavaScript 代码手动控制 div 标签的更新。也可以用手动的方式启动和停止 div 标签的定时器。除此之外，div 标签还可以提交表单,并将表单里的表单域作为 div 标签的请求参数。div 标签可通过如下几个属性完成上述的工作。

- ❑ formId:该属性指定表单的 id,div 标签将提交该属性指定的表单。
- ❑ listenTopics:该属性设置一个监听事件,每当发布该事件时,div 标签被更新一次。
- ❑ startTimerListenTopics:该属性设置一个监听事件,当发布该事件时,div 标签的计时器被启动。
- ❑ stopTimerListenTopics:该属性设置一个监听事件,当发布该事件时,div 标签的计时器被停止。

下面的例子演示了如何通过手工的方式更新 div 标签,以及启动和关闭 div 标签的计时器。

```jsp
<!-- div_manual.jsp -->
<%@ page language="java" pageEncoding="UTF-8"%>
<%@ taglib prefix="s" uri="/struts-tags"%>
<html>
    <head>
        <title>手动控制 div 标签</title>
        <!-- 设置 CSS 样式 -->
        <style type="text/css">
        div {
            border:1px solid black;
            background-color:#bbbbbb;
            width:550px;
            padding-top:10px;
            padding-left:10px;
            padding-bottom: 10px;
        }
        </style>
        <!-- 设置 ajax 主题 -->
        <s:head theme="ajax" />
        <script type="text/javascript">
            // 定义一个函数数组,用于在引发不同事件后触发相应的函数
            var controller= {
                manual: function(){alert("手动刷新");},
                start: function(){alert("启动自动刷新");},
                stop: function(){alert("停止自动刷新");}
            }
            // 将 controller 的 manual 方法注册成/manual 事件的发布者
            dojo.event.topic.registerPublisher("/manual", controller, "man-
            ual");
            // 将 controller 的 start 方法注册成/start 事件的发布者
            dojo.event.topic.registerPublisher("/start", controller, "st-
            art");
            // 将 controller 的 stop 方法注册成/stop 事件的发布者
            dojo.event.topic.registerPublisher("/stop", controller, "st-
            op");
        </script>
    </head>
    <body>
        <s:form id="form">
            <s:textfield label="您最喜欢的城市" name="city"/>
        </s:form>
        <input type="button" value="手动刷新" onclick="controller.manual()"
        />  
        <input type="button" value="开始自动刷新" onclick="controller.
        start()"/>  
```

```
            <input type="button" value="停止自动刷新" onclick="controller.
        stop()"/>
            <p/>
            <s:url id="random"  action="city" />
            <!--  服务端发送到客户端的内容将更新到该 div  -->
            <s:div id="div1"
                theme="ajax"
                href="%{random}"
                loadingText="正在加载服务器的内容..."
                listenTopics="/manual"
                startTimerListenTopics="/start"
                stopTimerListenTopics="/stop"
                updateFreq="3000"
                autoStart="false"
                formId="form"
                />
        </body>
</html>
```

city 动作的配置代码如下：

```
<package name="chapter15" namespace="/chapter15" extends="struts-
default">
    <action name="city">
        <result>/chapter15/city.jsp</result>
    </action>
</package>
```

city.jsp 页面的代码如下：

```
<%@ page language="java" pageEncoding="UTF-8"%>
<%
    java.util.Random rand = new java.util.Random();
    out.println("服务端显示的随机数字（0 至 10000）: " + rand.nextInt(10000));
%>
${param.city}
```

在浏览器地址栏中输入如下的 URL：

```
http://localhost:8080/webdemo/chapter15/div_manual.jsp
```

在"您最喜欢的城市"文本框中输入"沈阳"，单击"手动更新"按钮，就会看到 div 标签被更新了，如图 15.10 所示。

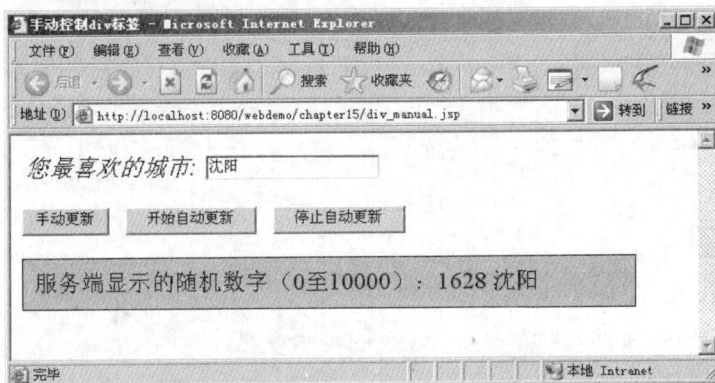

图 15.10　手动更新 div 标签

从图 15.10 所示的效果可以看出，文本框中输入的信息已经被发送到了服务端，并由 city.jsp 页面接收，按原样返回给客户端。当单击"开始自动更新"按钮，系统会每隔 3 秒请求一次服务端，并更新 div 标签的内容。如果单击"停止自动更新"按钮，系统就会停止请求服务端。

15.5.4　发送异步请求的标签 submit 标签

submit 标签都用于向服务端发送异步请求，并将服务端返回的信息加载到指定的 HTML 元素中。submit 标签有如下几个常用的属性。

- ❑ href：该属性指定了请求 Web 资源的 URL，当单击 submit 标签生成的按钮时，就会异步请求该属性指定的 URL。
- ❑ targets：该属性指定了 HTML 元素的 id，当服务端返回数据后，系统会将服务端返回的数据加载到该属性指定的 HTML 元素中。如果有多个 id，中间用逗号（,）分隔。
- ❑ executeScripts：如果该属性为 true，表示可以执行服务端返回的 JavaScript 代码。
- ❑ handle：该属性指定一个客户端的 JavaScript 函数。如果指定该属性，submit 标签将会调用该属性指定的 JavaScript 函数。
- ❑ notifyTopics：该属性指定要发布的事件名。如果有多个事件，中间用逗号（,）分隔。
- ❑ loadingText：该属性用于指定正在加载时显示的等待提示信息。
- ❑ errorText：该属性用于指定请求 Web 资源出错后显示的信息。
- ❑ formId：该属性指定要提交的表单的 id 值。

下面的代码演示了 submit 标签的使用方法。

```
<!-- submit.jsp -->
<%@ page language="java" pageEncoding="UTF-8"%>
<%@ taglib prefix="s" uri="/struts-tags"%>
<html>
    <head>
        <title>submit 标签</title>
        <s:head theme="ajax" />
        <!-- 设置 CSS 样式 -->
        <style type="text/css">
        .div_style {
            border: 1px solid black;
            background-color: #bbbbbb;
            width: 500px;
            padding-top: 10px;
            padding-left: 10px;
            padding-bottom: 10px;
        }
        </style>
        <script type="text/javascript">
        // 该函数和/event 事件对应
        function myEvent(data, type, request)
        {
            alert("发布事件，类型：" + type);
            if(prevent.checked)
```

```
                request.cancel = true;
        }
        //  myEvent 函数订阅了/event 事件
        dojo.event.topic.subscribe("/event", myEvent);
        </script>
    </head>
    <body>
        <!--  这个div 标签将加载服务端返回的数据  -->
        <s:div id="div1" cssClass="div_style" />
        <!--  下面 3 个url 标签得到相应的 Web 资源路径  -->
        <s:url id="random" action="random" />
        <s:url id="image" value="/images/indicator.gif" />
        <s:url id="random_image" value="/images/random.jpg" />
        <!--  这个 img 标签用于一个指示器  -->
        <img id="indicator" src="<s:property value='image'/>" style=
        "display: none;" />
        <p />
        通过简单提交请求 random.action，指定了 indicator 属性
        <s:submit theme="ajax" value="显示随机数" targets="div1" href=
        "%{random}"
                align="left" indicator="indicator" />
        <hr>
        通过 pub-sub 事件模型请求 random.action, notifyTopics="/event"
        <s:submit theme="ajax" value="显示随机数（发布事件）" targets="div1"
            href="%{random}" align="left" indicator="indicator" notify-
            Topics="/event" />
        <br>
        是否阻止请求
        <input type="checkbox" name="prevent" />
        <hr>
        将提交按钮改成图片，type="image"
        <s:submit type="image" theme="ajax" value="显示随即数" targets="div1"
        src="%{random_image}" indicator="indicator" align="left" href="%
        {random}"  />
        <hr>
        提交表单
        <s:form id="form" action="city">
            <s:textfield label="请输入您喜欢的城市" name="city" />
        </s:form>
        <s:submit  theme="ajax" align="left" formId="form" value="提交"
        targets="div1"/>
    </body>
</html>
```

在浏览器地址栏中输入如下的 URL：

```
http://localhost:8080/webdemo/chapter15/submit.jsp
```

单击“显示随机数”按钮，浏览器显示的效果如图 15.11 所示。

单击“显示随机数（发布事件）”按钮，除了会弹出两个显示 type 的对话框外，div 标签中显示的信息完全一样（除了随机数不同外）。如果“是否阻止请求”复选框被选中，由于请求被阻止，则系统不会再请求服务端资源。单击图像链接的效果和单击“显示随机数”按钮的效果完全相同。如果在“请输入您喜欢的城市”文本框中输入一个字符串，单击“提交”按钮，在 div 标签中显示的效果类似图 15.10。

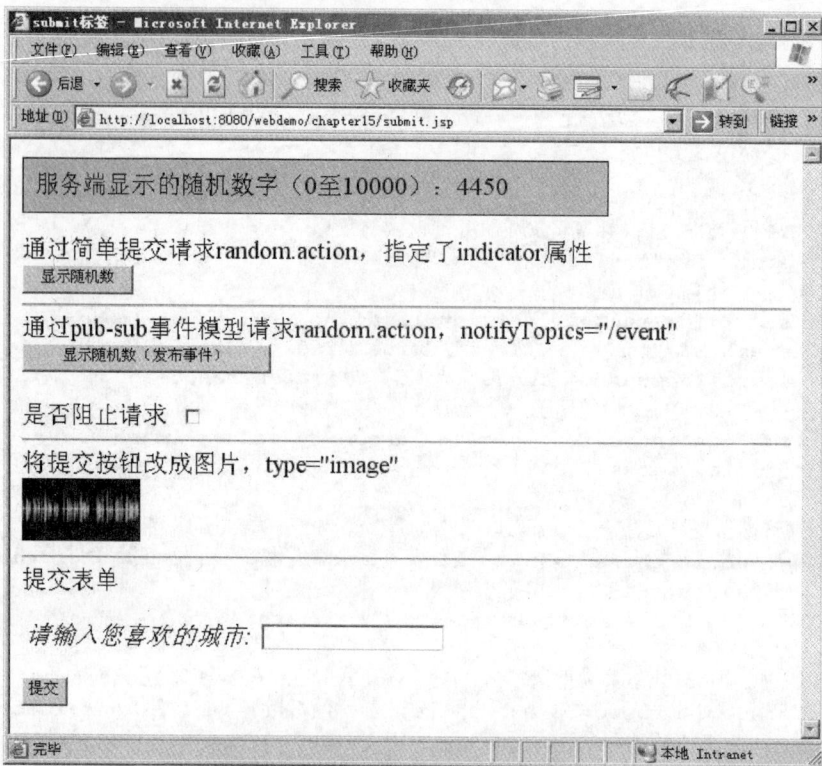

图 15.11　使用 submit 标签实现异步请求

15.5.5　异步提交请求的链接 a 标签

a 标签的功能和 submit 标签基本一样，它们唯一的不同就是 a 标签显示成一个链接，而 submit 标签显示成一个按钮或图片。但在 Struts 2.0.11.2 版本中，经过笔者测试，s 标签库中的 a 标签有一些问题。在 Struts2.0.11.2 版的官方文档中已经将 a 标签移动到了 Dojo 的标签库中，该标签库并未包含在 Struts 2.0.11.2 版的发行包中，因此，要使用 Dojo 的标签库，可以从 http://struts.apache.org 下载 Struts 2.1.2 Beta 发行版，在压缩包中找到 struts2-dojo-plugin-2.1.2.jar 文件，Dojo 标签库就在这个文件中（struts-dojo-tags.tld 文件）。在 webdemo 工程中引用该 jar 文件，并在 JSP 页面中使用如下的代码引用 Dojo 标签库。

```
<%@ taglib prefix="sx" uri="/struts-dojo-tags" %>
```

下面的代码演示了 Dojo 标签库中的 a 标签的使用方法。

```
<!-- a.jsp -->
<%@ page language="java" pageEncoding="UTF-8"%>
<%@ taglib prefix="s" uri="/struts-tags"%>
<!-- 引用 Dojo 标签库 -->
<%@ taglib prefix="sx" uri="/struts-dojo-tags" %>
<html>
    <head>
        <title>a 标签</title>
        <s:head theme="ajax" />
        <!-- 设置 CSS 样式 -->
        <style type="text/css">
```

```
.div_style {
    border: 1px solid black;
    background-color: #bbbbbb;
    width: 500px;
    padding-top: 10px;
    padding-left: 10px;
    padding-bottom: 10px;
}
</style>
<script type="text/javascript">
// 该函数和/event 事件对应
function myEvent(data, type, request)
{
    alert("发布事件，类型: " + type);
    if(prevent.checked)
        request.cancel = true;
}
// myEvent 函数订阅了/event 事件
dojo.event.topic.subscribe("/event", myEvent);
</script>
</head>
<body>
    <s:div id="div1" cssClass="div_style" />
    <p/>
    <s:div id="div2" cssClass="div_style" />
    <s:url id="random" action="random" />
    <s:url id="javascript" action="javascript" />
    <s:url id="image" value="/images/indicator.gif" />
    <!-- 该 img 标签为指示器 -->
    <img id="indicator" src="<s:property value='image'/>" style="display: none;" />
    <!-- 显示正在加载的图像 -->
    <img id="loadingImage" src="images/loadingAnimation.gif" style="display:none"/><p/>
    <sx:a href="%{random}"
        indicator="indicator"
        targets="div1,div2">
        同时更新 div1 和 div2
    </sx:a>
    <p/>
    <sx:a href="%{random}"
        indicator="indicator"
        notifyTopics="/event"
        targets="div1,div2">
    同时更新 div1 和 div2（使用 Dojo 事件模型）
    </sx:a>
    <p/>
    <sx:a href="%{random}"
        indicator="indicator"
        loadingText="正在加载数据..."
        notifyTopics="/event"
        targets="div1,div2">
        同时更新 div1 和 div2（loadingText="正在加载数据..."）
    </sx:a>
    <p/>
    <sx:a href="%{javascript}"
        indicator="indicator"
        loadingText="正在加载数据..."
        notifyTopics="/event"
        executeScripts="true"
```

```
            targets="div1,div2">
        同时更新 div1 和 div2 (executeScripts="true")
    </sx:a>
    <p/>
    提交表单
    <s:form id="form" action="city">
        <s:textfield label="请输入您喜欢的城市" name="city" />
    </s:form>
    <sx:a
        indicator="indicator"
        loadingText="正在加载数据..."
        formId="form"
        targets="div1,div2">
         提交表单 (formId="form")
    </sx:a>
    </body>
</html>
```

在上面的代码中单击 a 标签生成的链接，都会同时更新 div1 和 div2。在浏览器地址栏中输入如下的 URL：

```
http://localhost:8080/webdemo/chapter15/a.jsp
```

单击第 1 个链接，浏览器显示的效果如图 15.12 所示。

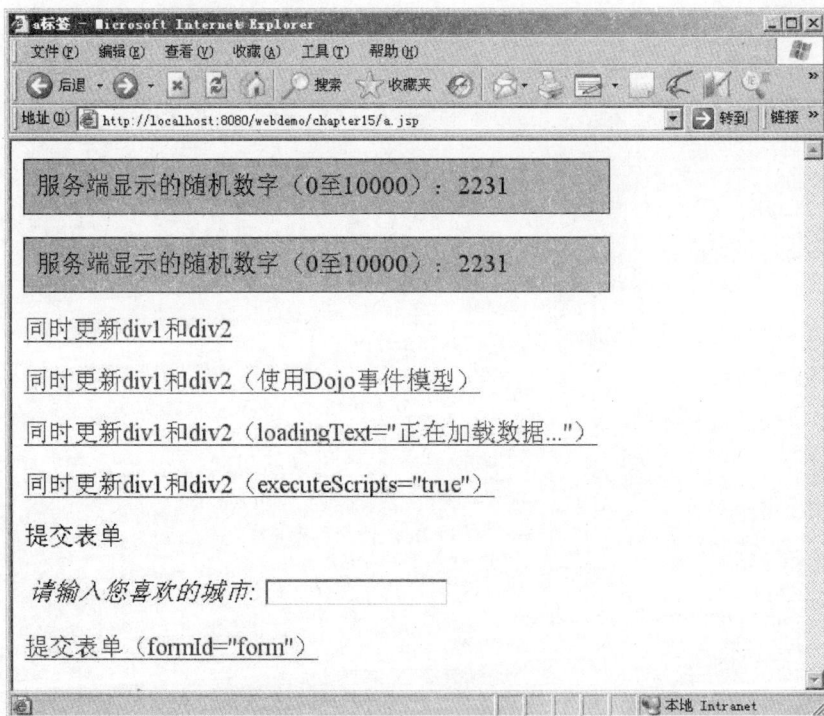

图 15.12　使用 a 标签实现异步提交

单击图 15.12 所示的各种链接的效果和使用 submit 标签相同，如在"请输入您喜欢的城市"文本框中输入"沈阳"，单击下方的链接，div1 和 div2 就会同时被更新，更新的内容和图 15.10 类似。

　　Dojo 标签库除了 a 标签外，还有其他几个支持 AJAX 的标签，如 div、submit 和 head 等，这些标签和 s 库中的相应标签的使用方法类似，只是不需要指定 theme 属性，因为 Dojo 标签库中的标签已经是 AJAX 标签了。

15.5.6　自运完成功能的文本框 autocompleter 标签

　　autocompleter 标签用于生成一个带下三角按钮的单行文本输入框，当用户单击下三角按钮时，将看到一些下拉列表项，选择某个列表项时，该列表项就会填入单行文本框。

　　下拉列表项在页面加载时会自动加载，而且当用户在文本框中输入信息时，系统会按照一定的规则在下拉列表项中寻找相匹配的选项，并只会列出匹配的列表项。用户也可通过上下箭头选择合适的列表项，并将选定的列表项填入单行文本框中。autocompleter 标签有如下几个常用的属性。

- autoComplete：设置是否将匹配成功的列表项显示在单行文本框中，以完成自动输入。
- forceValidOption：设置是否必须输入列表框中的选项，默认值是 false。
- delay：指定显示下拉列表框之间的延迟时间。
- href：指定请求的 Web 资源路径。
- searhType：设置下拉列表框的匹配模式。该属性可以接受 3 个值，即 startstring（显示以文本框中字符串开头的列表项，这是默认值）、startword（显示以文本框中单词开头的列表项）和 substring（显示包含文本框中字符串的列表项）。
- list：指定用于加载列表框的集合。
- loadOnTextChange：指定当用户在单行文本框中输入时，是否重新加载列表项，默认值是 false。
- showDownArrow：设置是否显示下三角按钮，默认值是 true。
- value：当 theme 属性设为 simple 时，指定 autocompleter 标签的默认值。
- formId：指定作为请求参数的表单域所在表单的 id。
- dropdownHeight：指定下拉列表框的高度，默认是 120。
- dropdownWidth：指定下拉列表框的宽度，默认值与单行文本框的宽度相同。

　　如果使用 href 属性指定请求的 Web 资源的路径，则该 Web 资源返回的信息必须符合 JSON 的格式。标准的 JSON 格式如下：

```
[
    ["Display Text1", "Value1"],
    ["Display Test2", "Value2"]
]
```

　　上面格式中的 Display Text1 和 Display Text2 是显示在下拉列表框中的选项，而 Value1 和 Value2 是提交后返回的值。下面是 autocompleter 标签的代码示例。

```
<%@ page language="java" pageEncoding="UTF-8"%>
<%@ taglib prefix="s" uri="/struts-tags"%>
<html>
    <head>
        <title>autocompleter 标签</title>
        <!-- 使用 ajax 主题 -->
```

```
        <s:head theme="ajax" />
        <!-- 设置 CSS 样式  -->
        <style type="text/css">
            input {
                width:400px
            }
        </style>
    </head>
<body>
    <!--  生成访问 books 动作的 URL  -->
        <s:url id="books" action="books" />
        请求 books.action<br>
        不使用自动完成功能(autocomplete="false")<br>
        使用子串匹配模式(searchType="substring")<br>
        <s:autocompleter name="book" href="%{books}" theme="ajax"
            autoComplete="false" searchType="substring" />
        <hr>
        不显示下拉箭头(showDownArrow="false")<br>
        使用自动完成功能(autoComplete="true")<br>
        <s:autocompleter name="book" href="%{books}" theme="ajax"
            showDownArrow="false"
            autoComplete="true"  searchType="substring" />
        <hr>
        theme="simple"<br>
        使用 list 属性设置列表框集合<br>
        <s:autocompleter name="book" list="{'C++网络基础', 'Thinking in java
        4th'}" theme="simple"
            autoComplete="true" />
        <hr>
        使用 startword 搜索模式(searchType="startword")<br>
        强迫必须输入下拉列表框项(forceValidOption="true")<br>
        在用户输入时，重新加载下拉列表(loadOnTextChange="true")<br>
        <s:autocompleter name="book" href="%{books}" theme="ajax"
            searchType="startword"
            autoComplete="true"
            forceValidOption="true"
            loadOnTextChange="true" />
        <hr>
        禁止下拉列表框(disabled="true")<br>
        <s:autocompleter name="book" href="%{books}" theme="ajax"
        disabled="true"/>
        <hr>
        设置下拉列表框的宽度和高度<br>
        <s:autocompleter name="book" href="%{books}" theme="ajax"
            autoComplete="true"  dropdownWidth="600"  dropdownHeight=
            "200"/>
    </body>
</html>
```

上面代码中请求的 books.action 实际上只对应一个 books.jsp 页面，该页面的代码如下：

```
<%@ page language="java" pageEncoding="UTF-8"%>
<%
    java.util.Random rand = new java.util.Random();
%>
[
    ["Spring2.5 从入门到精通<%=rand.nextInt(10000)%>", "spring"],
    ["ASP.NET3.5 实例精解<%=rand.nextInt(10000)%>", "asp.net"],
    ["Search.Engine.Optimization<%=rand.nextInt(10000)%>", "seo"],
```

```
    ["Apache Server 2 Bible<%=rand.nextInt(10000)%>", "apache"]
]
```

上面的代码按照 JSON 格式给出了 4 个列表项,并在每一个列表项后面加一个随机数,以观察在用户输入数据时,是否重新加载了列表框。books.action 的配置代码如下:

```
<package name="chapter15" namespace="/chapter15" extends="struts-
default">
    <!-- 配置 books.action -->
    <action name="books">
        <result>/chapter15/books.jsp</result>
    </action>
</package>
```

在浏览器地址栏中输入如下的 URL:

```
http://localhost:8080/webdemo/chapter15/autocompleter.jsp
```

浏览器显示的效果如图 15.13 所示。

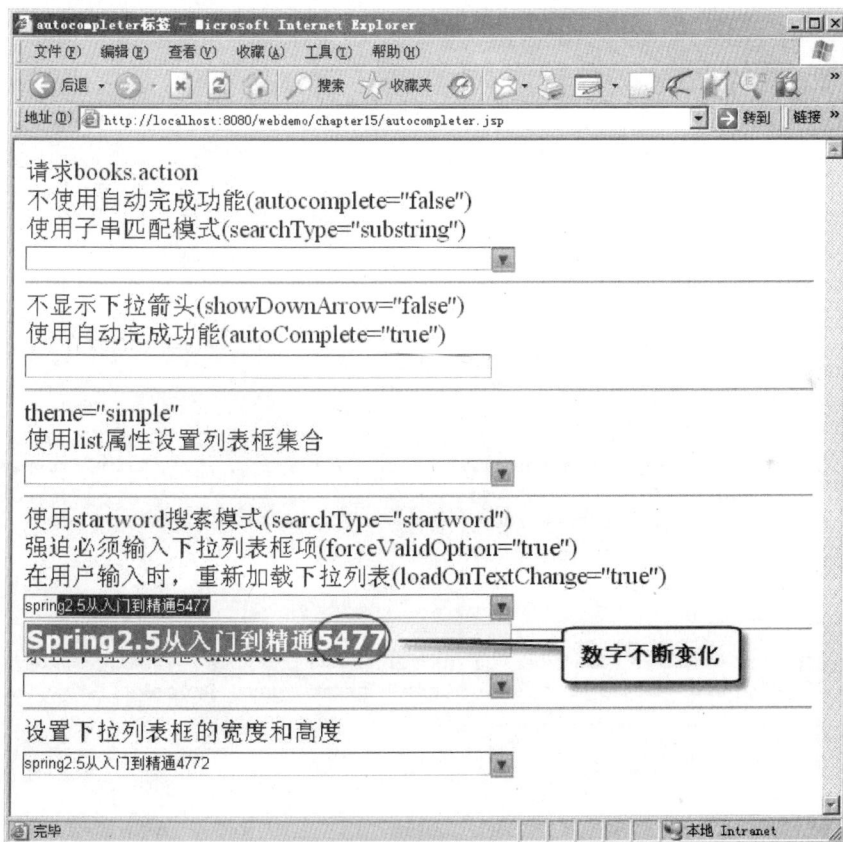

图 15.13　使用 autocompleter 标签生成自动完成列表框

图 15.13 所示的第 4 个列表框可以随着用户在文本框中输入新的内容而重新加载列表框。读者可以在该文本框中输入"Spring 2.5",当输到"Spr"时,在下拉列表框中开始显示"Spring 2.5 从入门到精通 xxxx",其中 xxxx 表示随机数。以后每输入一个字符,后面的随机数就会不断变化,这就证明在每次输入时,都重新加载新的列表框。

通过指定 autocompleter 标签的 formId 属性，可以使两个<s:autocompleter>标签关联起来进行联动。如在某些网站的注册系统中，可以选择注册用户所在的省和所有的市，当用户选择某一个省时，在市列表框中就会列出该省所有的市。这个功能使用 autocompleter 标签非常容易实现。

实现该功能的基本原理是将显示省的 autocompleter 标签放在<s:form.../>标签中，并使用 notifyTopics 属性发布一个事件。然后在显示市的 autocompleter 标签中使用 listenTopics 属性监听该事件，并通过 formId 属性指定<s:form.../>标签的 id 值。一旦显示省的 autocompleter 标签成功发布事件，显示市的 autocompleter 标签就会立即监听到该事件，提交表单，以获得该省的所有市，并显示在 autocompleter 标签中。下面的代码显示了省和市的列表。

```jsp
<!-- autocompleter_city.jsp -->
<%@ page language="java" pageEncoding="UTF-8"%>
<%@ taglib prefix="s" uri="/struts-tags"%>
<html>
    <head>
        <title>两个 autocompleter 标签联动</title>
        <!-- 使用 ajax 主题 -->
        <s:head theme="ajax" />
        <!-- 设置 CSS 样式 -->
        <style type="text/css">
            input {
                width: 200px
            }
        </style>
    </head>
    <body>
        <!-- 指定获得省列表的 Action -->
        <s:url id="provinces" action="provinces"/>
        <s:form id="form">
            <!-- 显示省的 autocompleter 标签 -->
            <s:autocompleter theme="ajax" autoComplete="true" name="prov-
            ince" href="%{provinces}"
                notifyTopics="/provinces" forceValidOption="true" />
        </s:form>
        <!-- 指定获得市列表的 Action -->
        <s:url id="cities" action="cities" />
        <!-- 显示市的 autocompleter 标签 -->
        <s:autocompleter theme="ajax" href="%{cities}" autoComplete="true"
            formId="form" listenTopics="/provinces" forceValidOption="true"
            />
    </body>
</html>
```

上面代码中的 provinces.action 和 cities.action 实际上对应一个 Action 类，只是它们对应了不同的逻辑处理方法。这两个 Action 的配置代码如下：

```xml
<package name="chapter15" namespace="/chapter15" extends="struts-
default">
    <!-- 配置 provinces.action -->
    <action name="provinces" class="chapter15.action.CityAction" method=
    "provinces">
        <result>/chapter15/provinces.jsp</result>
    </action>
```

```
<!-- 配置 cities.action -->
<action name="cities" class="chapter15.action.CityAction" method=
    "cities">
    <result>/chapter15/cities.jsp</result>
</action>
</package>
```

从上面的代码可以看出，provinces.action 对应了 provinces 方法，而 cities.action 对应了 cities 方法。CityAction 是一个 Action 类，在该类中定义了省和市的列表，并提供了一系列的 getter 和 setter 方法获得和设置数据。CityAction 类的实现代码如下：

```
public class CityAction extends ActionSupport
{
    private String province;          // 封装 province 请求参数的属性
    private static Map<String, List<String>> provinces = new HashMap<String,
    List<String>>();
    private int cityCount = 0;         // 当前省中的城市数
    static
    {
        // 初始化省市列表
        List<String> cities_ln = new ArrayList<String>();
        cities_ln.add("沈阳市");
        cities_ln.add("大连市");
        cities_ln.add("本溪市");
        cities_ln.add("抚顺市");
        provinces.put("辽宁", cities_ln);
        List<String> cities_gd = new ArrayList<String>();
        cities_gd.add("深圳市");
        cities_gd.add("珠海市");
        cities_gd.add("汕头市");
        cities_gd.add("江门市");
        provinces.put("广东", cities_gd);
        List<String> cities_hxj = new ArrayList<String>();
        cities_hxj.add("哈尔滨市");
        cities_hxj.add("齐齐哈尔市");
        cities_hxj.add("大庆市");
        cities_hxj.add("佳木斯市");
        provinces.put("黑龙江", cities_hxj);
    }
    // province 属性的 getter 方法
    public String getProvince()
    {
        return province;
    }
    // province 属性的 setter 方法
    public void setProvince(String province) throws Exception
    {
        this.province = province;
    }
    // provinces 属性的 getter 方法
    public Set<String> getProvinces()
    {
        return provinces.keySet();
    }
    // 获得省的总数
    public int getProvinceCount()
    {
```

```
        return getProvinces().size();
    }
    //  获得指定省的城市列表
    public List<String> getCities()
    {
        List<String> cities = provinces.get(province);
        cityCount = cities.size();          //  获得城市数
        return cities;
    }
    //  获得指定省的城市总数
    public int getCityCount()
    {
        return cityCount;
    }
    //  返回省列表的逻辑处理方法
    public String provinces() throws Exception
    {
        return SUCCESS;
    }
    //  返回市列表的逻辑处理方法
    public String cities() throws Exception
    {
        return SUCCESS;
    }
}
```

在返回省列表和市列表的过程中涉及了 provinces.jsp 和 cities.jsp 页面，这两个页面的代码如下。provinces.jsp 的实现代码如下：

```
<%@ page language="java" pageEncoding="UTF-8"%>
<%@ taglib prefix="s" uri="/struts-tags"%>
[
    <s:iterator status="status" value="provinces" >
    ["<s:property/>"]
    <s:if test="#status.count < provinceCount">,
    </s:if>
    </s:iterator>
]
```

cities.jsp 的实现代码如下：

```
<%@ page language="java" pageEncoding="UTF-8"%>
<%@ taglib prefix="s" uri="/struts-tags"%>
[
    <s:iterator status="status" value="cities" >
    ["<s:property/>"]
    <s:if test="#status.count < cityCount">,
    </s:if>
    </s:iterator>
]
```

在浏览器地址栏输入如下的 URL：

```
http://localhost:8080/webdemo/chapter15/autocompleter_form.jsp
```

在省列表中选择"辽宁"，则在下面的列表框中将显示辽宁省中的市列表（这里显示的只是在 CityAction 类中定义的部分市），如图 15.14 所示。

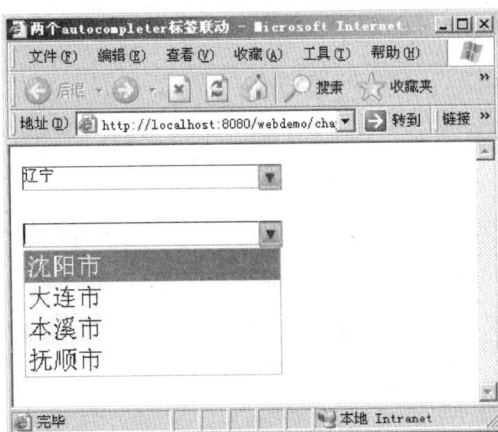

图 15.14　两个列表框联动

15.5.7　生成 Tab 页的标签 tabbedPanel 标签

　　tabbedPanel 标签用于生成类似 Windows 程序的 Tab 页的 HTML 代码，通过使用 Tab 页，可以将页面中过多的内容分在不同页中显示。

　　tabbedPanel 标签生成的 Tab 页的内容既可以是静态的，又可以是动态的。如果是静态的，直接写在 JSP 页面中即可；如果是动态的，则可以使用 JavaScript 动态添加。

　　tabbedPanel 标签生成的 Tab 框架是一个 div 标签，而每一页也是一个 div 标签。由于 Struts 2 的 div 标签是一个动态的标签，里面的内容可以动态变化，因此，tabbedPanel 标签生成的 Tab 框架中每一页的内容也可以动态变化。下面是 tabbedPanel 标签的几个常用属性。

- □ closeButton：指定 Tab 页上显示的关闭按钮的位置，该属性可接受的值是 tab 和 pane。
- □ selectedTab：指定在加载页面是选择哪个 Tab 作为初始页面，该属性需要设置 div 标签的 id 值。
- □ doLayout：设置 tabbedPanel 标签是否显示固定高度，如果该属性值为 false，则 tabbedPanel 标签的高度会随着 Tab 页大小的改变而改变。
- □ labelposition：设置了 Tab 页中标签的位置，该属性可接受的值是 top（顶端，这是默认值）和 left（左端）。

　　下面是一个 tabbedPanel 标签的简单示例。在该示例中有两个 Tab 页，这两个 Tab 页的内容都是静态文本，并且在加载页面时将第 2 页作为初始页面。

```
<!-- tabbelpanel.jsp -->
<%@ page language="java" pageEncoding="UTF-8"%>
<%@ taglib prefix="s" uri="/struts-tags"%>
<html>
  <head>
    <title>tabbedpanel 标签</title>
    <s:head theme="ajax" />
  </head>
  <body>
    <s:tabbedPanel id="tab1" closeButton="tab" selectedTab="books">
      <!-- 第 1 个 Tab 页 -->
```

```
            <s:div id="city" label="城市列表" theme="ajax" cssStyle="">
                <ul>
                    <li>
                        北京市
                    </li>
                    <li>
                        上海市
                    </li>
                    <li>
                        沈阳市
                    </li>
                    <li>
                        深圳市
                    </li>
                </ul>
            </s:div>
            <!--  第 2 个 Tab 页  -->
            <s:div id="books" label="我最喜欢的图书" theme="ajax">
            <p/><p/><p/>
                <ul>
                    <li>
                        Spring2.5 从入门到精通
                    </li>
                    <li>
                        ASP.NET3.5 实例精解
                    </li>
                    <li>
                        Search.Engine.Optimizations
                    </li>
                    <li>
                        Apache Server 2 Bible
                    </li>
                </ul>
            </s:div>
        </s:tabbedPanel>
    </body>
</html>
```

在浏览器地址栏中输入如下的 URL：

```
http://localhost:8080/webdemo/chapter15/tabbedpanel.jsp
```

浏览器显示的效果如图 15.15 所示。

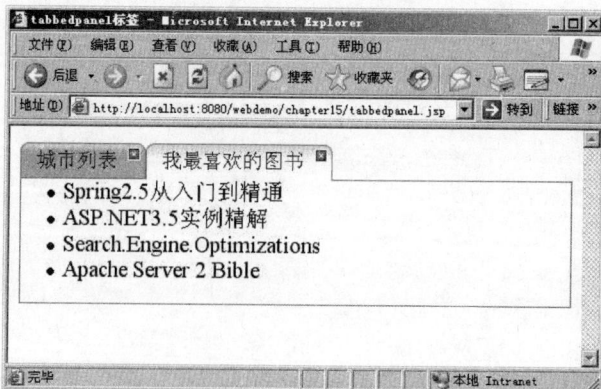

图 15.15　使用 tabbedpanel 标签生成静态内容的 Tab 页

从图 15.15 所示的页面可以看出，在两个 Tab 页的右上角显示了关闭按钮，单击该按钮将关闭相应的 Tab 页。

除此之外，tabbedPanel 标签也支持动态的内容，如下面代码中的 tabbedPanel 标签包含了 3 个 Tab 页，每一个页面都可以利用 AJAX 技术动态更新。

```jsp
<%@ page language="java" pageEncoding="UTF-8"%>
<%@ taglib prefix="s" uri="/struts-tags"%>
<html>
    <head>
        <title>tabbedpanel 标签</title>
        <!-- 使用 AJAX 主题 -->
        <s:head theme="ajax" />
        <!-- 设置 CSS 样式 -->
        <style type="text/css">
        .div {
            border:1px solid black;
            background-color:#bbbbbb;
            width:550px;
            padding-top:10px;
            padding-left:10px;
            padding-bottom: 10px;
        }
        </style>
        <script type="text/javascript">
        // 该函数和/event 事件相对应
        function myEvent(data, type, request)
        {
            alert("发布事件，类型: " + type);
            if(prevent.checked)
                request.cancel = true;
        }
        // myEvent 函数订阅/event 事件
        dojo.event.topic.subscribe("/event", myEvent);
        // 定义一个函数数组，用于和各种事件对应
        var controller= {
            manual: function(){alert("手动更新");},
            start: function(){alert("启动自动更新");},
            stop: function(){alert("停止自动更新");}
        }
        dojo.event.topic.registerPublisher("/manual",controller, "manu
al");
        dojo.event.topic.registerPublisher("/start", controller, "start");
        dojo.event.topic.registerPublisher("/stop", controller, "stop");
        </script>
    </head>
    <body>
        <s:tabbedPanel id="tab2" closeButton="tab" doLayout="true" cssStyle
="width:650px; height:260px" >
            <!-- 第 1 个动态 Tab 页面 -->
            <s:div id="city" label="动态 Tab 页一" theme="ajax">
                <s:form id="form">
```

```
                <s:textfield label="您最喜欢的城市" name="city"/>
            </s:form>
            <input type="button" value="手动更新" onclick="controller.
            manual()"/>  
            <input type="button" value="开始自动更新" onclick="controller.
            start()"/>  
            <input type="button" value="停止自动更新" onclick="controller.
            stop()"/>
            <p/>
            <s:url id="random"  action="city" />
            <s:div
                theme="ajax"
                href="%{random}"
                loadingText="正在加载服务器的内容..."
                listenTopics="/manual"
                startTimerListenTopics="/start"
                stopTimerListenTopics="/stop"
                updateFreq="3000"
                autoStart="false"
                formId="form"
                cssClass="div"
            />
        </s:div>
        <!--   第 2 个 Tab 页面   -->
        <s:div id="random" label="动态 Tab 页二" theme="ajax">
            <s:div id="div1" cssClass="div" /><p/>
            <s:url id="random" action="random" />
            <s:url id="random_image" value="/images/random.jpg" />
            将提交按钮改成图片，type="image"
            <p/>
            <s:submit type="image" theme="ajax" value="显示随即数" targe-
            ts="div1"
            src="%{random_image}" align="left" href="%{random}"  />
        </s:div>
        <!--   第 3 个 Tab 页面   -->
        <s:div id="books" label="动态 Tab 页三" theme="ajax" >
            <s:url id="books" action="books" />
            请求 books.action<p/>
            <s:autocompleter name="book" href="%{books}" theme="ajax"
                autoComplete="false" searchType="substring" dropdown-
                Width="500" />
        </s:div>
    </s:tabbedPanel>
  </body>
</html>
```

在浏览器地址栏中输入如下的 URL：

```
http://localhost:8080/webdemo/chapter15/tabbedpanel.jsp
```

浏览器显示的效果如图 15.16 所示。

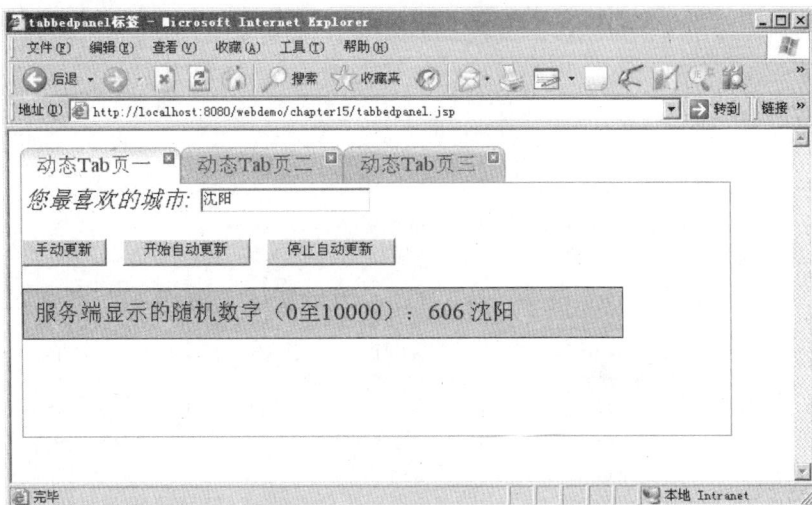

图 15.16　自动更新的 Tab 页面

图 15.16 所示的是第一个 Tab 页面，在该页面中显示了可动态更新的内容。选择"动态 Tab 页二"标签，显示的效果如图 15.17 所示。

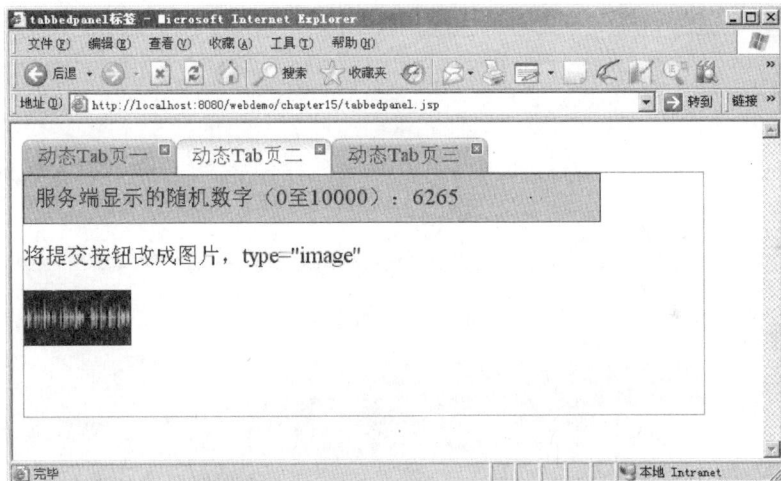

图 15.17　带图像按钮的动态更新页面

15.5.8　实现树节点和树的组件：treenode 和 tree 标签

treenode 和 tree 标签用于生成显示树形结构的 HTML 代码。这两个标签的基本用法很简单，只需要指定它们的 label 属性即可，该属性是显示在页面上的节点名。下面的代码使用 treenode 标签和 tree 标签生成一个 3 层的树，第 2 层是省，第 3 层是每个省中的市。

```
<!-- tree.jsp -->
<%@ page language="java" pageEncoding="UTF-8"%>
<%@ taglib prefix="s" uri="/struts-tags"%>
<html>
   <head>
```

```
        <title>tree 标签</title>
        <s:head theme="ajax" />
    </head>
    <body>
        使用 s:tree 和 s:treenode 标签生成静态树<p/>
        <s:tree label="省市列表" theme="ajax" showRootGrid="true"  showGrid=
        "true">
            <s:treenode label="辽宁省" theme="ajax">
                <s:treenode label="沈阳市" theme="ajax" />
                <s:treenode label="大连市"  theme="ajax"/>
                <s:treenode label="本溪市"  theme="ajax"/>
                <s:treenode label="抚顺市"  theme="ajax"/>
            </s:treenode>
            <s:treenode label="黑龙江省" theme="ajax">
                <s:treenode  label="哈尔滨市" theme="ajax" />
                <s:treenode label="齐齐哈尔市"  theme="ajax"/>
                <s:treenode label="大庆市"  theme="ajax"/>
            </s:treenode>
            <s:treenode label="广东省" theme="ajax">
                <s:treenode  label="深圳市" theme="ajax" />
                <s:treenode label="珠海市"  theme="ajax"/>
                <s:treenode label="江门市"  theme="ajax"/>
            </s:treenode>
        </s:tree>
    </body>
</html>
```

从上面的代码可以看出，最外层是<s:tree.../>标签，里面嵌套了多层<s:treenode.../>标签。其中<s:tree.../>标签将作为树的根节点显示，而<s:treenode.../>标签将作为树的子节点显示。在浏览器地址栏中输入如下的 URL：

```
http://localhost:8080/webdemo/chapter15/tree.jsp
```

展开所有的节点后，浏览器显示的效果如图 15.18 所示。

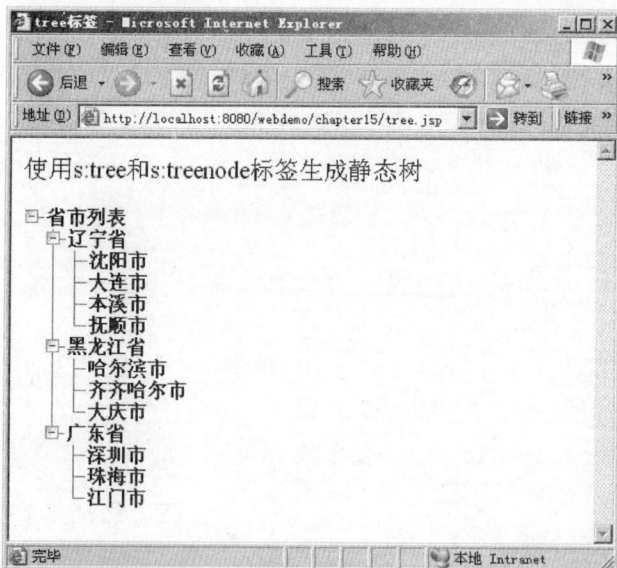

图 15.18　使用 treenode 和 tree 标签生成树形结构

15.6　使用 JSON 插件实现 AJAX

JSON 是 Struts 2 的一个插件，通过该插件，可以使用 JavaScript 非常方便地以 JSON 格式调用服务端的 Action 类。JSON 插件提供了一个 json 的 Result，通过指定该 Result，可以将格式化响应信息（格式化成 JSON 格式）的任务交给 JSON 插件来完成，而 Action 在返回时不再需要转入视图资源处理响应信息。

15.6.1　下载和安装 JSON 插件

JSON 插件并没有包含在 Struts 2 的发行包中，读者可以从下面的地址下载该插件。

```
http://code.google.com/p/jsonplugin/downloads/list
```

该插件只是一个 jar 包，下载该包后，在 webdemo 工程中引用该 jar 包。

🔔注意：在 JSON 插件的 jar 包中有一个 struts-plugin.xml 配置文件，在该文件中定义了 json 结果，该结果定义在 json-default 包中，而 json-default 包是从 default-struts 包继承的，因此，如果在 Web 应用中使用 JSON 插件，Action 类所在的包可以直接继承 json-default。

15.6.2　下载和安装 prototype.js

当然，只通过 JSON 插件是可以调用 Action 类的，但是客户端必须使用 JavaScript 编写大量的代码。这将大大增加开发人员的工作量，因此，在本节介绍一个可以简化开发过程的客户端 AJAX 组件：prototype.js。该组件只有一个 JavaScript 脚本文件，在该文件中定义了大量通过 JSON 格式调用服务端程序的类和方法。读者可以通过如下的地址下载 prototype.js 文件的最新版本。

```
http://www.prototypejs.org/assets/2007/11/6/prototype.js
```

在笔者写作本书时，prototype.js 的最新版本是 1.6。在下载完 prototype.jsp 文件后，将其复制到 webdemo 工程目录中的 WebRoot\javascript 目录中，其中 WebRoot 是 Web 应用程序的根目录。目前 prototype.js 支持的浏览器如表 15.1 所示。

表 15.1　prototype.js支持的浏览器种类和版本

浏　览　器	版　　本
Mozilla Firefox	≥ 1.5
Microsoft Internet Explorer	≥ 6.0
Apple Safari	≥ 2.0
Opera	≥ 9.25

15.6.3　实现 Action 类

在本节中将编写一个 Action 类，该类主要有以下功能：

❑ 计算两个整数之和。

❑ 获得指定省的所有市列表。

❑ 获得所有省市的列表。

这个 Action 类的实现代码如下：

```
public class MyJSON
{
    private  int num1;         //  封装 num1 请求参数的属性
    private  int num2;         //  封装 num2 请求参数的属性
    private int sum;
    private String province;
    private static Map<String, List<String>> provinces = new HashMap<String,
List<String>>();
    //  此处省略了 num1、num2、sum 和 province 属性的 getter 及 setter 方法
    ...
    //  处理逻辑的 execute 方法
    public String execute()
    {
        //  求两个整型数的和
        sum = num1 + num2;
        //  初始化省市列表
        List<String> cities_ln = new ArrayList<String>();
        cities_ln.add("沈阳市");
        cities_ln.add("大连市");
        cities_ln.add("本溪市");
        cities_ln.add("抚顺市");
        provinces.put("辽宁", cities_ln);
        List<String> cities_gd = new ArrayList<String>();
        cities_gd.add("深圳市");
        cities_gd.add("珠海市");
        cities_gd.add("汕头市");
        cities_gd.add("江门市");
        provinces.put("广东", cities_gd);
        List<String> cities_hxj = new ArrayList<String>();
        cities_hxj.add("哈尔滨市");
        cities_hxj.add("齐齐哈尔市");
        cities_hxj.add("大庆市");
        cities_hxj.add("佳木斯市");
        provinces.put("黑龙江", cities_hxj);
        return Action.SUCCESS;
    }
    //  获得指定省的城市列表
    public List<String> getCities()
    {
        return  provinces.get(province);
    }
    //  使用注释改变返回的方法名
    @JSON(name="myProvinces")
    //  provinces 属性的 getter 方法
```

```
public Map<String, List<String>> getProvinces()
{
    return provinces;
}
}
```

在上面的代码中使用 JSON 注释将 provinces 属性名改为 myProvinces。在配置 MyJSON 类时需要注意如下两点：

❑ 包含 Action 的包需要从 json-default 继承。

❑ Action 类的结果中需要包含 json 结果。

MyJSON 类的配置代码如下：

```
<package name="chapter15" namespace="/chapter15" extends="json-default">
    <!-- 配置 MyJSON 类 -->
    <action name="MyJSON" class="chapter15.action.MyJSON">
        <!-- 指定 json 结果，该结果不需要指定任何页面资源 -->
        <result type="json" />
    </action>
</package>
```

15.6.4　在 JSP 页面中通过 Prototype 请求 Action

为了简化调用 Action 的过程，在本节将使用 prototype.js 脚本文本中的相关类和方法来完成调用 MyJSON 类的任务，JSP 页面的代码如下：

```
<!-- json.jsp -->
<%@ page language="java" contentType="text/html; charset=UTF-8"%>
<!-- 引用 prototype.js 脚本文件 -->
<script src="../javascript/prototype.js" type="text/javascript">
</script>
<script language="JavaScript">
    function jsonClick()
    {
        // 定义要请求的 Action
        var url = 'MyJSON.action';
        // 将 form1 表单域的值转换成请求参数
        var params = Form.serialize('form1');
        // 创建一个 Ajax.Request 对象来发送请求
        var myAjax = new Ajax.Request(
        url,
        {
            // 指定请求方法为 POST
            method:'post',
            // 指定请求参数
            parameters:params,
            // 指定回调函数
            onComplete: processResponse,
            // 指定通过异步方式发出请求和接收响应信息
            asynchronous:true
        });
    }
    // 该方法为异步处理响应信息的函数
    function processResponse(request)
```

```
    {
        //  将返回的 JSON 格式信息显示在页面上
        $("response").innerHTML = request.responseText;
        //  将返回的 JSON 格式的信息转换成 JavaScript 对象
        var obj = request.responseText.evalJSON();
        //  下面的代码分别取出转换后对象中的属性值，并赋给相应的 HTML 元素
        $("sum").innerHTML = "<font color='red'>" + obj.sum + "</font>";
        $("cities").innerHTML = "<font color='red'>" + obj.cities +
        "</font>";
        $("ln").innerHTML = "<font color='red'>" + obj.myProvinces['辽宁']
         + "</font>";
        $("hlj").innerHTML = "<font color='red'>" + obj.myProvinces['黑龙
        江'] + "</font>";
        $("gd").innerHTML = "<font color='red'>" + obj.myProvinces['广东']
        + "</font>";
    }
</script>
<html>
    <head>
        <title>JSON 插件测试</title>
    </head>
    <body>
        <form id="form1" name="form1" method="post">
            操作数 1: <input TYPE="text" name="num1" id="num1" style="width:
            50px" /> + 
            操作数 2: <input TYPE="text" name="num2" id="num2" style="width:
            50px" /> =
            <label id="sum"></label>
            <p/>
            请输入省名:
            <input TYPE="text" name="province" id="province" style="width:
            100px" />   
            <label id="cities"></label>
            <p/>
            辽宁: <label id="ln"></label><br>
            黑龙江: <label id="hlj"></label><br>
            广东: <label id="gd"></label>
            <p/>
            <input TYPE="button" value="提交" onClick="jsonClick();" />
        </form>
        <!--  该标签用于显示 JSON 格式的响应信息   -->
        <label id="response">
        </label>
    </body>
</html>
```

　　从上面的代码可以看出，使用 prototype.js 请求 Action，并且使用返回的信息（实际上将返回的信息映射成了一个 JavaScript 对象）就像直接使用 Java 对象一样容易。在浏览器地址栏中输入如下的 URL：

```
http://localhost:8080/webdemo/chapter15/json.jsp
```

　　并在页面中的文本框中输入相应的信息，单击"提交"按钮，浏览器显示的效果如图15.19 所示。

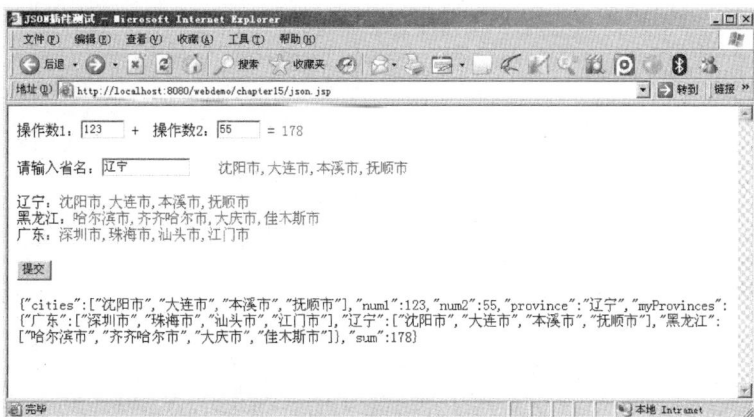

图 15.19　使用 JSON 插件调用 Action 类

15.7　小　　结

本章介绍了 Struts 2 对 AJAX 的支持。输入校验是一个完善的应用系统必不可少的功能，但对于 Web 应用程序，基于客户端的输入校验只能进行一些基础的校验，而对于更复杂的校验（如需要访问数据库才能进行的校验）却无能为力。而服务端校验虽然可以完成复杂的校验工作，但 Web 页面却总是以提交到其他页面的方式来显示校验结果信息，或是以刷新当前页面的方式显示校验结果信息，这样非常不友好。然而利用 AJAX 技术却可以解决这个问题。为此，Struts 2 利用 DWR 框架提供了基于服务端的 AJAX 输入校验，从而使得基于 AJAX 的输入校验更容易实现。

除此之外，Struts 2 还提供了一些带有 AJAX 功能的标签（如 div、a、submit 和 tree 等）。利用这些标签，可以很容易地实现无刷新地用服务端响应的信息更新当前页面。而且还可以利用发布-订阅模型实现更复杂的 AJAX 应用，如两个标签实现联动。虽然通过这些 Struts 2 AJAX 标签可以完成很多通用的功能，但对于更复杂的功能则有些捉襟见肘。在 Struts 2 中要完成更复杂的功能有很多方法，然而在本章介绍了一种通过 JSON 插件和 prototype.js 脚本文件实现客户端异步调用 Action 类的方法，通过这种方法，可以实现非常复杂的功能。

15.8　实　战　练　习

编码题

某 CRM（客户管理系统）需要使用 AJAX 技术实现放大镜，辅助选择订单客户和送货地址。具体需求如下：

（1）在添加订单的页面中，需要选择数据库表中数据进行输入。

（2）为了便于操作，需要在客户名称输入框旁边放"选择"按钮。单击"选择"按钮则显示隐藏层，通过 AJAX 技术获得客户列表供用户选择。

（3）在放大镜中选中某一个客户后，放大镜隐藏，自动输入选中的客户名称和送货地址。

【提示】

隐藏层（放大镜）代码如下：

```
<table id="tCusList" >
    <tr>
        <td>正在加载 ... </td>
    </tr>
</table>
```

dwr.xml 代码如下：

```
<dwr>
    <allow>
        <create creator="new" javascript="JCustomer">
            <param                                      name="class"
value="y2ssh.dlc.chp2.service.CustomerManager" />
            <include method="getAll" />
        </create>
        <convert                    match="y2ssh.dlc.chp2.entity.CusCustomer"
converter="bean"></convert>
    </allow>
</dwr>
```

回调函数和显示放大镜代码：

```
    var reply0 = function(data){
      if (data != null && typeof data == 'object'){
        if (data.length){
            var outHtml = "<table>";
            for(var i=0;i<data.length;++i){
                var cus = data[i];
                outHtml += "<tr>";
                outHtml += "<td width='180'>" + cus.cusName + "</td>";
                outHtml      +=      "<td>[<span      style=\"cursor:hand;\"
onclick=\"SelectCus('" +
                        cus.cusName + "','" + cus.cusAddr + "');\" >
选择</span>]</td>";
                outHtml += "</tr>";
            }
            outHtml += "</table>";
            var oTable = document.getElementById("tCusList");
            oTable.outerHTML = outHtml;
        }
      }
    }
    function ShowCusMag(){
        JCustomer.getAll(reply0);
        ShowDiv('dvCus');
    }
```

关闭放大镜设置客户名称和送货地址的 JavaScript 代码：

```
    function SelectCus(cusName,cusAddr){
        var                        oCusNameInput                        =
document.forms[0].elements["item.odrCustomerName"];
        oCusNameInput.value = cusName;
        var                        oCusAddrInput                        =
document.forms[0].elements["item.odrDeliverAddr"];
        oCusAddrInput.value = cusAddr;
        CloseDiv('dvCus');
    }
```

第16章 用 Struts 2 实现注册登录系统

在本章实现的注册登录系统和第 6 章给出的注册登录系统的功能完全一样，只是在本章采用了 Struts 2 来实现注册登录系统。在该系统中使用了 Struts 2 的一些功能和特性，如 Action 类、类型转换、输入校验和拦截器等。读者通过对本章的学习，可以了解使用 Struts 2 开发一个完整系统的过程。本系统仍然使用了在第 6 章建立的 webdb 数据库中的 t_users 表。关于注册登录系统的功能简介请参阅 6.1.1 节的内容。

16.1 系统总体结构

本章给出的注册登录系统和第 6 章系统的结构非常类似。但这两个系统有如下几点不同：

❑ 在第 6 章的系统中，登录页面和注册页面都向 Servlet 提交信息。但本章的系统使用 Action 取代 Servlet。

❑ 在本章的系统中注册页面不管是否注册成功，都会返回当前的注册页面。如果注册成功，则弹出一个提示对话框；如果注册失败，则在当前注册页面的相应位置显示错误信息（由 Struts 2 的校验框架控制）。

注册登录系统的工作流程如图 16.1 所示。

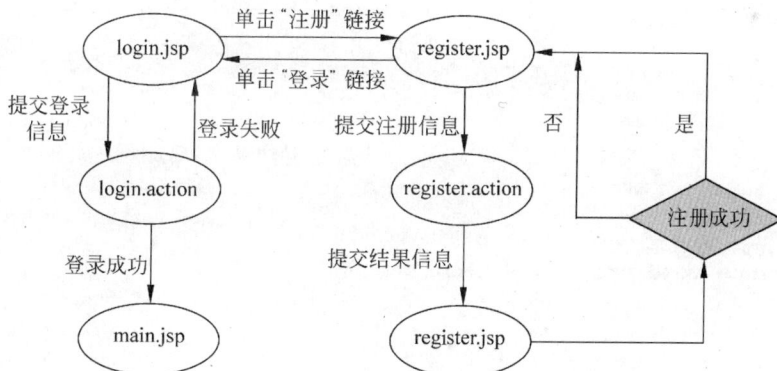

图 16.1 注册登录系统工作流程图

16.2 实现 DAO 层

在本章的注册登录系统中将数据操作、逻辑处理的功能从系统中分离出来，单独形成若干个 DAO（数据访问对象，Data Access Object）接口和实现类。通过这种方式组织程序，可以使系统更容易维护和升级，以及使系统的层次更清晰。由于本系统只涉及了一个 t_users 表，因此，只需要有一个 DAO 接口（UserDAO）和 DAO 实现类（UserDAOImpl）即可。除了这两个类外，还需要一个直接访问数据库的类（DAOSupport），所有的 DAO 实现类都应继承该类，以使 DAO 实现类获得数据库的访问能力。

16.2.1　实现 DAOSupport 类

DAOSupport 类是一个负责操作数据库的类，所有的 DAO 实现类都应该继承 DAOSupport 类。该类主要有如下几个功能：

❑ 打开数据库连接（Connection）。

❑ 关闭数据库连接。

❑ 执行 SQL 语句（包括返回结果集和不返回结果集的 SQL 语句）。

DAOSupport 类的实现代码如下：

```java
package chapter16.dao;
public class DAOSupport
{
    // 用于连接数据库的 Connection 对象
    protected java.sql.Connection conn = null;
    // 执行各种 SQL 语句的方法
    protected java.sql.ResultSet execSQL(String sql, Object... args)
            throws Exception
    {
        openConnection();                        // 打开数据库连接
        // 建立 PreparedStatement 对象
        java.sql.PreparedStatement pStmt = conn.prepareStatement(sql);
        // 为 pStmt 对象设置 SQL 参数值
        for (int i = 0; i < args.length; i++)
        {
            pStmt.setObject(i + 1, args[i]);     // 设置 SQL 参数值
        }
        pStmt.execute();                         // 执行 SQL 语句
        // 返回结果集，如果执行的 SQL 语句不返回结果集，则返回 null
        return pStmt.getResultSet();
    }
    // 打开数据库连接
    private void openConnection()
    {
        try
        {
            // 如果 conn 为 null，打开数据库连接
            if (conn == null)
            {
                // 获取上下文对象
                javax.naming.Context ctx = new javax.naming.Initial-
                Context();
                // 获取数据源
                javax.sql.DataSource ds = (javax.sql.DataSource) ctx
                        .lookup("java:/comp/env/jdbc/webdb");
                conn = ds.getConnection(); // 创建一个 Connection 对象
            }
```

```
        }
        catch (Exception e)
        {
        }
    }
    // 关闭数据库连接
    public void close()
    {
        try
        {
            //  如果数据库连接正常打开，关闭它
            if (conn != null)
                conn.close();
        }
        catch (Exception e)
        {
        }
    }
}
```

DAOSupport 类使用了数据库连接池来获得数据库连接。在使用完数据库连接后，应该关闭该连接，否则数据库连接池无法回收连接对象，如果单位时间内请求过多，可能会由于无法获得数据库连接而拒绝客户端请求。

16.2.2　实现 UserDAO 接口

UserDAO 是 DAO 类的接口，在该接口中定义了如下两个方法。

❑ validateUser：该方法用来校验用户的登录信息是否正确，即用户名是否存在，密码是否正确。

❑ addUser：该方法用来实现登录功能，即将用户的相关信息插入到 t_users 表中。

UserDAO 接口的实现代码如下：

```
package chapter16.dao.interfaces;
import chapter16.model.*;
public interface UserDAO
{
    // 校验用户登录信息
    public boolean validateUser(User user) throws Exception;
    // 向 t_users 表添加一个注册用户
    public void addUser(User user) throws Exception;
}
```

在上面代码中涉及一个 User 类。该类实际上是一个模型类，用来封装用户请求（同时被登录和注册页面使用）。User 类的实现将在 16.3.1 节介绍。

16.2.3　实现 UserDAOImpl 类

UserDAOImpl 类实现了 UserDAO 接口。该类的代码如下：

```
package chapter16.dao;
import chapter16.model.*;
import chapter16.dao.interfaces.*;
```

```
//  继承 DAOSupport 和实现接口 UserDAO 的 Action 类
public class UserDAOImpl extends DAOSupport implements UserDAO
{
    //  向 t_users 添加一条用户记录
    public void addUser(User user) throws Exception
    {
        try
        {
            //  使用 MD5 算法对用户加密
            String password_md5 = common.Encrypter.md5Encrypt(user.getPass-
            word());
            //  调用 execSQL 类的 execSQL() 方法
            this.execSQL(
                        "insert into t_users(user_name, password_md5,
                        email) values(?,?,?)",
                        user.getUsername(), password_md5, user.getEma
                        il());
        }
        catch (Exception e)
        {
            throw new Exception("注册用户时出现异常!");
        }
        finally
        {
            close();                        //  关闭数据库连接
        }
    }
    //  校验用户登录信息
    public boolean validateUser(User user) throws Exception
    {
        try
        {
            //  执行 select 语句, 查询登录用户信息
            java.sql.ResultSet rs = this.execSQL(
                "select password_md5 from t_users where user_name=?",
                user.getUsername());
            //  如果用户存在, 则继续校验用户密码
            if (rs.next())
            {
                //  用 MD5 算法为密码加密
                String password_md5 = common.Encrypter.md5Encrypt(user.
                getPassword());
                //  如果密码正确, 返回 true
                if (password_md5.equals(rs.getString("password_md5")))
                {
                    return true;
                }
            }
        }
        catch (Exception e)
        {
        }
        finally
        {
            close();                        //  关闭数据库连接
        }
        return false;
    }
}
```

在上面的代码中涉及了一个用 MD5 算法加密的类 Encrypter，该类的实现代码请读者参阅 6.3.2 节的内容。

16.3　实现 Action 类

在本章的例子中将使用 Action 类代替 Servlet 类来处理客户端请求。本系统为登录页面和注册页面分别提供了 LoginAction 和 RegisterAction 两个 Action 类，来处理它们各自的请求。除了这两个 Action 类外，还需要有一个模型类（User），该类封装了注册页面和登录页面的请求参数信息（注册页面和登录页面共用一个 User 类）。

16.3.1　实现模型类（User）

由于注册页面和登录页面共用一个 User 类，因此，该类的属性必须满足注册页面和登录页面的需求，而注册页面的内容包含登录页面，也就是说 User 类只需要封装注册页面发送的请求参数即可。注册页面有如下请求参数需要封装：

❑ username（用户名）。

❑ password（密码）。

❑ repassword（重新输入的密码），封装该请求参数是为了在校验规则文件中可以利用 OGNL 表达式来校验两次输入的密码是否相等。关于校验规则文件的编写将在 16.4 节详细介绍。

❑ email（电子邮件地址）。

❑ validateCode（验证码）。

User 类的实现代码如下：

```
package chapter16.model;
public class User
{
    private String username;        //  封装 username 请求参数的属性
    private String password;        //  封装 password 请求参数的属性
    private String repassword;      //  封装 repassword 请求参数的属性
    private String email;           //  封装 email 请求参数的属性
    private String validationCode;  //  封装 validationCode 请求参数的属性
    // validationCode 属性的 getter 方法
    public String getValidationCode()
    {
        return validationCode;
    }
    // validationCode 属性的 setter 方法
    public void setValidationCode(String validationCode)
    {
        this.validationCode = validationCode;
    }
    // username 属性的 getter 方法
    public String getUsername()
    {
        return username;
```

```
        }
        // username 属性的 setter 方法
        public void setUsername(String username)
        {
            this.username = username;
        }
        // password 属性的 getter 方法
        public String getPassword()
        {
            return password;
        }
        // password 属性的 setter 方法
        public void setPassword(String password)
        {
            this.password = password;
        }
        // email 属性的 getter 方法
        public String getEmail()
        {
            return email;
        }
        // email 属性的 setter 方法
        public void setEmail(String email)
        {
            this.email = email;
        }
        // repassword 属性的 getter 方法
        public String getRepassword()
        {
            return repassword;
        }
        // repassword 属性的 setter 方法
        public void setRepassword(String repassword)
        {
            this.repassword = repassword;
        }
}
```

16.3.2　实现 LoginAction 类

　　LoginAction 类是处理登录请求的 Action 类。该类的主要功能是通过 UserDAOImpl 类的 validateUser 方法校验用户的登录信息是否正确。如果校验失败，则添加 Action 错误，并返回 INPUT；如果校验成功，将 username 保存在 HttpSession 对象中，key 为 username。

　　为了获得 HttpSession 对象，LoginAction 类实现了 ServletRequestAware 接口来获得 HttpServletRequest 对象，并通过该对象获得 HttpSession 对象。在前面的章节曾讲过，如果要在 Action 类中使用模型类，该 Action 类必须实现 ModelDriven 接口。因此，LoginAction 类实现了 ModelDriven<User>接口。LoginAction 类的实现代码如下：

```
package chapter16.action;
import javax.servlet.http.HttpServletRequest;
import com.opensymphony.xwork2.*;
import org.apache.struts2.interceptor.*;
import javax.servlet.http.*;
```

```
import chapter16.model.*;
import chapter16.dao.interfaces.*;
import chapter16.dao.*;
// 继承类 ActionSupport，同时实现接口 ModelDriven 和 ServletRequestAware
public class LoginAction extends ActionSupport implements ModelDriven
ServletRequestAware
{
    private User user = new User();        // 定义模型类，并建立模型类对象实例
    private HttpServletRequest request; // 定义 HttpServletRequest 对象实例
    // 实现 ModelDriven 接口的 getModel 方法，封装请求参数
    public User getModel()
    {
        return user;
    }
    // 实现 ServletRequestAware 接口的 setServletRequest 方法，以获得
    HttpServletRequest 对象
    public void setServletRequest(HttpServletRequest request)
    {
        this.request = request;
    }
    // 处理登录请求的 execute 方法
    public String execute() throws Exception
    {
        // 建立 DAO 类的对象实例
        UserDAO userDAO = new UserDAOImpl();
        // 从 Session 中获得验证码，以便和用户输入的验证码进行比较
        Object obj = ActionContext.getContext().getSession().get("validati-
on_code");
        String validationCode = (obj != null) ? obj.toString() : "";
        // 比较两个验证码
        if (!validationCode.equalsIgnoreCase(user.getValidationCode()))
        {
            if (user.getValidationCode() != null)
            {
                this.addActionError("验证码输入错误!");
            }
            return INPUT;
        }
        // 校验用户登录信息是否正确
        if (!userDAO.validateUser(user))
        {
            this.addActionError("用户名或密码错误!");
            return INPUT;
        }
        // 登录成功，将 username 保存在 HttpSession 对象中
        HttpSession session = request.getSession();
        // 将用户名保存在 session 域中
        session.setAttribute("username", user.getUsername());
        // 设置 session 的有效时间
        session.setMaxInactiveInterval(60 * 60 * 3);
        return SUCCESS;
    }
}
```

LoginAction 类的配置代码如下：

```
<package name="chapter16" namespace="/chapter16" extends="struts-
default">
```

```
<!-- 配置 LoginAction 类 -->
<action name="login" class="chapter16.action.LoginAction">
    <!-- 指定 success 结果，该结果直接重定向到 main.action  -->
    <result name="success" type="redirectAction">main</result>
    <!-- 指定 input 结果 -->
    <result name="input">/chapter16/login.jsp</result>
</action>
…
</package>
```

在编写 LoginAction 类时有如下几点需要注意：

❑ 模型类（User）必须事先实例化，Struts 2 中的接口类 ModelDriven 并不会自动实例化模型类。

❑ 在 LoginAction 类中从 HttpSession 对象中获得了验证码，该验证码是在生成验证码时保存在 HttpSession 对象中的。关于验证码的生成将在 16.6.1 节详细介绍。

16.3.3　实现 RegisterAction 类

RegisterAction 类是一个处理注册请求的 Action 类。RegisterAction 类和 LoginAction 类一样，也会先核对用户输入的验证码。如果验证码输入正确，则使用 UserDAOImpl 的 addUser 方法向数据库中添加一条用户记录，并返回处理结果。RegisterAction 也需要使用模型类，因此 RegisterAction 类也需要实现 ModelDriven<User>类。RegisterAction 类的实现代码如下：

```java
package chapter16.action;
import com.opensymphony.xwork2.*;
import chapter16.model.*;
import chapter16.dao.interfaces.*;
import chapter16.dao.*;
// 继承类 ActionSupport，同时实现接口 ModelDriven
public class RegisterAction extends ActionSupport implements ModelDriven
<User>
{
    private User user = new User();       // 定义模型类，并建立模型类对象实例
    private String result;                // 封装处理结果的属性
    // 实现 ModelDriven 接口的 getModel 方法
    public User getModel()
    {
        return user;
    }
    // 处理注册请求的 execute 方法
    public String execute() throws Exception
    {
        UserDAO userDAO = new UserDAOImpl();
        // 从 HttpSession 对象的属性集合中获得验证码
        Object obj = ActionContext.getContext().getSession().get("valid-
        ation_code");
        String validationCode = (obj != null) ? obj.toString() : "";
        // 核对用户输入的验证码
        if (!validationCode.equalsIgnoreCase(user.getValidationCode()))
        {
            if (user.getValidationCode() != null)
            {
```

```
                  this.addActionError("验证码输入错误!");
          }
          return INPUT;
      }
      try
      {
          userDAO.addUser(user);                  //  向数据库中添加用户
      }
      catch (Exception e)
      {
          //  添加动作错误信息
          this.addActionError(e.getMessage());
          return INPUT;
      }
      result = "用户<" + user.getUsername() + ">注册成功!";
      return SUCCESS;
  }
  // result 属性的 getter 方法
  public String getResult()
  {
      return result;
  }
  // result 属性的 setter 方法
  public void setResult(String result)
  {
      this.result = result;
  }
}
```

由于在上面的代码中使用了 ActionContext 类的 getSession 方法获得 HttpSession 对象的属性集合,因此 RegisterAction 类并不需要实现 ServletRequestAware 接口。RegisterAction 类的配置代码如下:

```
<package name="chapter16" namespace="/chapter16" extends="struts-
default">
    <!-- 配置动作 -->
    <action name="register" class="chapter16.action.RegisterAction">
        <result name="success">register.jsp</result>
        <result name="input">register.jsp</result>
    </action>
</package>
```

16.4　实现输入校验

在第 6 章注册登录系统中的服务端校验是通过在 Servlet 类中手工方式进行校验的,而客户端校验也是通过手工方式编写 JavaScript 代码进行校验的。在 Struts 2 中这些工作基本都可以由框架内置功能代劳,而开发人员要做的就是指定校验规则。

16.4.1　校验登录页面

由于页面在提交的过程中,Struts 2 会将请求参数封装在 Action 或模型对象中。在本例中将请求参数封装在了 User 对象中。因此校验登录页面实际上就是校验 User 对象中的封装请求参数的属性。

在 Struts 2 中可以通过校验规则指定如何校验对象属性。校验登录页面的校验规则文件名为 LoginAction-validation.xml，将其放在 LoginAction.class 文件所在的目录。LoginAction-validation.xml 文件的内容如下：

```xml
<?xml version="1.0" encoding="UTF-8"?>
<!DOCTYPE validators PUBLIC "-//OpenSymphony Group//XWork Validator
1.0.2//EN"
"http://www.opensymphony.com/xwork/xwork-validator-1.0.2.dtd">
<validators>
    <!-- username 字段必须输入 -->
    <validator type="requiredstring">
        <param name="fieldName">username</param>
        <message>用户名必须输入</message>
    </validator>
    <!-- password 字段必须输入 -->
    <validator type="requiredstring">
        <param name="fieldName">password</param>
        <message>密码必须输入</message>
    </validator>
    <!-- validateCode 字段必须输入 -->
    <validator type="requiredstring">
        <param name="fieldName">validationCode</param>
        <message>验证码必须输入</message>
    </validator>
</validators>
```

上面的校验规则指定了 username、password 和 validationCode 这 3 个表单域必须输入值。

16.4.2　校验注册页面

校验注册页面和校验登录页面类似，只是需要指定更多的校验规则。校验注册页面的校验规则文件名为 RegisterAction-validation.xml。该文件的内容如下：

```xml
<?xml version="1.0" encoding="UTF-8"?>
<!DOCTYPE validators PUBLIC "-//OpenSymphony Group//XWork Validator
1.0.2//EN"
"http://www.opensymphony.com/xwork/xwork-validator-1.0.2.dtd">
<validators>
    <!-- username 字段必须输入 -->
    <validator type="requiredstring">
        <param name="fieldName">username</param>
        <message>用户名必须输入</message>
    </validator>
    <!-- password 字段必须输入 -->
    <validator type="requiredstring">
        <param name="fieldName">password</param>
        <message>密码必须输入</message>
    </validator>
    <!-- validateCode 字段必须输入 -->
    <validator type="requiredstring">
        <param name="fieldName">validationCode</param>
        <message>验证码必须输入</message>
    </validator>
```

```
    <!--  两次输入的密码必须一致  -->
    <validator type="expression">
        <!--  指定校验器表达式  -->
        <param name="expression">repassword == password</param>
        <!--  指定校验失败的错误提示信息  -->
        <message>密码输入不一致</message>
    </validator>
    <!--  限制 username 字段的长度  -->
    <validator type="stringlength" >
        <param name="fieldName">username</param>
        <param name="minLength">4</param>
        <param name="maxLength">20</param>
        <param name="trim">true</param>
        <message>用户名长度必须介于 4 和 20 之间!</message>
    </validator>
    <!--  指定 password 字段的长度  -->
    <validator type="stringlength">
        <param name="fieldName">password</param>
        <param name="minLength">8</param>
        <param name="maxLength">30</param>
        <param name="trim">true</param>
        <message>密码的长度必须介于 8 和 30 之间!</message>
    </validator>
    <!--  username 字段只能是字母或数字  -->
    <validator type="regex">
        <param name="fieldName">username</param>
        <param name="expression"><![CDATA[(^\w*$)]]></param>
        <param name="trim">true</param>
        <message>用户名必须是字母和数字!</message>
    </validator>
    <!--  使用非字段校验器风格来配置 email 校验器，校验 email 属性  -->
    <validator type="email">
        <!--  指定需要校验的字段名  -->
        <param name="fieldName">email</param>
        <!--  指定校验浮点数失败的错误提示信息  -->
        <message>电子邮件地址必须是一个有效的邮件地址! </message>
    </validator>
</validators>
```

16.5　实现表现层页面

在本系统涉及的表现层页面有如下 3 个。

❑ login.jsp：登录页面。

❑ register.jsp：注册页面。

❑ main.jsp：主页面。

在下面将详细介绍上面 3 个页面的实现。

16.5.1　实现登录页面（login.jsp）

在 login.jsp 页面中使用了 Struts 2 标签实现页面元素。在 login.jsp 页面中并不需要编写用于客户端校验的 JavaScript 代码，这些代码将由 Struts 2 自动生成。login.jsp 页面的实现代码如下：

```
<%@ page language="java" pageEncoding="UTF-8"%>
<!-- 引入 struts2 标签 -->
<%@ taglib prefix="s" uri="/struts-tags"%>
<html>
    <head>
        <link type="text/css" rel="stylesheet" href="../css/style.css" />
        <title>用户登录</title>
        <script type="text/javascript">
        // 获得验证码图像
        function refresh()
        {
            // 获得显示图形验证码的 img 标签
            var img = document.getElementById("img_validation_code");
            // 设置图形验证码的 url
            img.src = "validate_code.action?" + Math.random();
        }
    </script>
    </head>
    <body>
        <center>
            <div
                style="margin-top: 20px; margin-left: 20px; font-size: 20px;
                height: 50px">
                请输入用户名和密码
            </div>
            如果您还没注册，单击此处<a href="register.jsp">注册</a>
            <!-- 显示动作错误 -->
            <FONT color="red"><s:actionerror/></FONT>
            <!-- 用于输入登录信息的表单 -->
            <s:form action="login" namespace="/chapter16" validate="true" >
                <s:textfield label="用户名" cssClass="input_list" name=
                "username" />
                <s:password label="密码" name="password" cssClass="input_
                list" />
                <s:textfield label="验证码" name="validationCode" cssClass=
                "input_list" />
                <s:submit value="登录" />
            </s:form>
            用户验证码: <img id="img_validation_code" src="validate_code.
            action"/>
            <a href="#" onClick="refresh()">重新获得验证码</a>
        </center>
    </body>
</html>
```

在浏览器地址栏中输入如下的 URL：

```
http://localhost:8080/webdemo/chapter16/login.jsp#
```

浏览器显示的登录页面如图 16.2 所示。单击"登录"按钮，将显示如图 16.3 所示的错误信息。

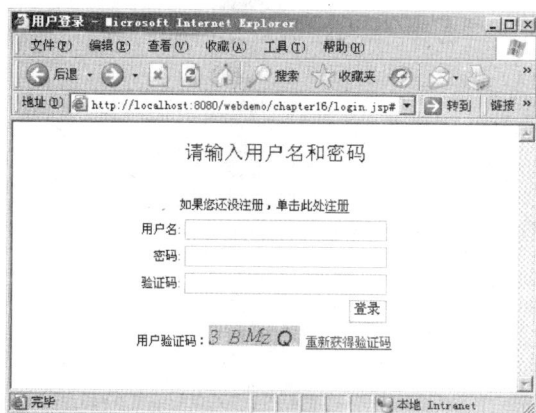

图 16.2　登录页面

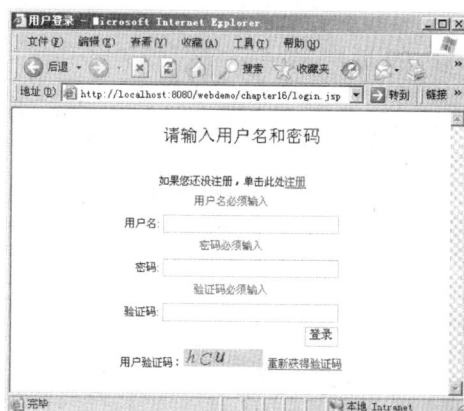

图 16.3　登录失败

16.5.2　实现注册页面（register.jsp）

register.jsp 页面的实现和 login.jsp 页面类似，只是多了一些文本框用于输入用户注册信息。register.jsp 页面的实现代码如下：

```
<%@ page language="java" pageEncoding="UTF-8"%>
<%@ taglib prefix="s" uri="/struts-tags"%>
<html>
    <head>
        <link type="text/css" rel="stylesheet" href="../css/style.css" />
        <title>用户注册</title>
        <script type="text/javascript">
        // 获得验证码图像
        function refresh()
        {
            // 获得显示图形验证码的 img 标签
            var img = document.getElementById("img_validation_code");
            // 设置图形验证码的 url
            img.src = "validate_code.action?" + Math.random();
        }
        </script>
    </head>
    <body>
        <center>
            <div
                style="margin-top: 20px; margin-left: 20px; font-size: 20px;
                height: 50px">
                请输入用户注册信息
            </div>
             单击此处<a href="login.jsp">登录</a>
            <FONT color="red"><s:actionerror /> </FONT>
            <!-- form 表单 -->
            <s:form action="register" namespace="/chapter16" validate=
            "true">
                <s:textfield label="用户名" cssClass="input_list" name=
                "username"
                    required="true" value="" />
                <s:password label="密码" name="password" cssClass="input_
```

```
                list"
                required="true" />
            <s:password label="请再次输入密码" name="repassword" cssClass=
            "input_list"
                required="true" />
            <s:textfield label="邮箱地址" name="email" cssClass="input_
            list" value=""/>
            <s:textfield label="验证码" name="validationCode" cssClass=
            "input_list"
                required="true" value=""/>
            <s:submit value="注册" />
        </s:form>
        用户验证码:
        <img id="img_validation_code" src="validate_code.action" />
        <a href="#" onClick="refresh()">重新获得验证码</a>
    </center>
    <script type="text/javascript">
        //  如果结果不为 null，则表示注册成功，弹出一个提示对话框
        <s:if test="result!=null">alert('<s:property value="result"
        escape="false" />');</s:if>
    </script>
</body>
</html>
```

在浏览器地址栏中输入如下的 URL：

```
http://localhost:8080/webdemo/chapter16/register.jsp
```

浏览器显示的注册页面如图 16.4 所示。在"用户名"文本框中输入 abc，在"密码"和"请再次输入密码"文本框中输入"1234"，单击"注册"按钮，将显示如图 16.5 所示的出错信息。

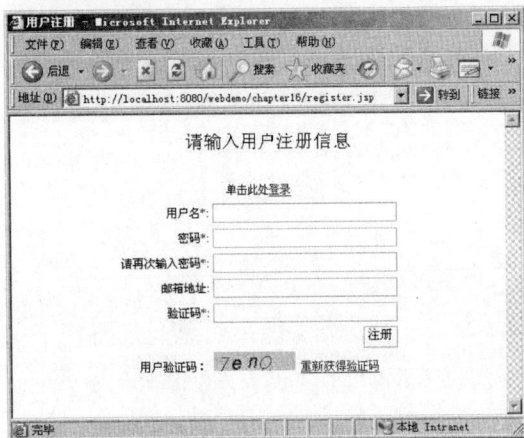

图 16.4　注册页面

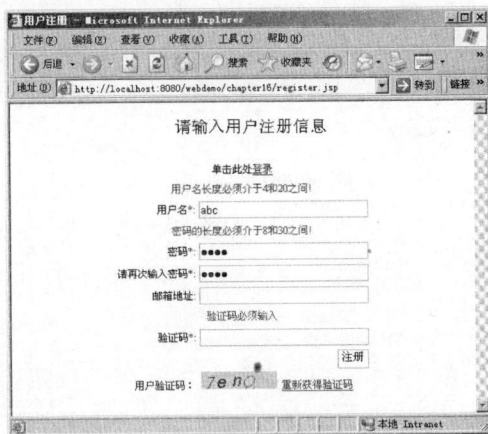

图 16.5　注册失败

如果注册成功，浏览器将弹出如图 16.6 所示的对话框。

图 16.6　注册成功提示对话框

16.5.3　实现主页面（main.jsp）

如果登录成功，系统将转入 main.jsp 页面。该页面只是一个表示登录成功的页面，它的实现非常简单，只显示了当前登录用户的名字，并提示登录成功。main.jsp 页面的实现代码如下：

```
<%@ page language="java" pageEncoding="UTF-8"%>
<%@ taglib prefix="s" uri="/struts-tags"%>
<html>
    <body>
        <!-- 显示登录用户名 -->
        <s:property value="#session.username"/>已成功登录!
    </body>
</html>
```

在一个完善的系统中，如果用户未成功登录，则无法访问主页面及其他需要身份验证的页面的。因此为了安全，需要将 main.jsp 页面放到 WEB-INF\chapter16 目录中，该目录下的 Web 资源不能通过浏览器直接访问，必须由服务端转发才可以访问。

为了使要进行身份验证的页面在 Struts 2 的监视之下，需要为每个 JSP 页面指定一个 Action，但这样做太麻烦，因此，可以使用通配符来完成这个工作，配置代码如下：

```
<package name="chapter16" namespace="/chapter16" extends="struts-
default">
    ...
    <!-- 配置 Action -->
    <action name="*">
        <result>/WEB-INF/chapter16/{1}.jsp</result>
    </action>
</package>
```

从上面的配置代码可以看出，所有需要身份验证的页面都使用通配符"*"映射成了 WEB-INF\chapter16 目录中的相应的 JSP 文件。

16.6　实现其他的功能

在 16.5 节介绍的登录和注册页面涉及了一个生成验证码图像的 Action 类。验证码图像的生成过程和第 6 章所给出的实现过程类 Servlet 非常类似。只是在 Action 中操作 HttpServletResponse 和 HttpSession 的方式不同。在 16.5.3 节将 main.jsp 映射成了 main.action，这样就算未登录也可以访问该 Action，这在一个实际的系统中是不允许的，因此就需要使用拦截器对 main.action 进行身份验证，以保证只有在成功登录的情况下才能访问 main.action。

16.6.1　使用 Action 类生成验证码图像

ValidationCodeAction 类用于生成验证码图像。该类的实现代码如下：

```
package chapter16.action;
import com.opensymphony.xwork2.*;
import java.awt.Color;
import java.awt.Font;
import java.awt.Graphics;
import java.awt.image.BufferedImage;
import java.io.OutputStream;
import java.util.*;
import javax.imageio.ImageIO;
import javax.servlet.http.*;
import org.apache.struts2.interceptor.*;
// 继承 ActionSupport 类和实现 ServletResponseAware、ServletRequestAware 接口
public class ValidationCodeAction extends ActionSupport implements
        ServletResponseAware, ServletRequestAware
{
    // 创建 request 对象
    private HttpServletRequest request;
    // 创建 response 对象
    private HttpServletResponse response;
    public void setServletResponse(HttpServletResponse response)
    {
        this.response = response;
    }
    public void setServletRequest(HttpServletRequest request)
    {
        this.request = request;
    }
    // 图形验证码的字符集合，系统将随机从这个字符串中选择一些字符作为验证码
    private String codeChars = "%#23456789abcdefghkmnpqrstuvwxyzABCDE-
FGHKLMNPQRSTUVWXYZ";
    // 返回一个随机颜色（Color 对象）
    private Color getRandomColor(int minColor, int maxColor)
    {
        Random random = new Random();
        // 保存 minColor 最大不会超过 255
        if (minColor > 255)
            minColor = 255;
        // 保存 minColor 最大不会超过 255
        if (maxColor > 255)
            maxColor = 255;
        // 获得红色的随机颜色值
        int red = minColor + random.nextInt(maxColor - minColor);
        // 获得绿色的随机颜色值
        int green = minColor + random.nextInt(maxColor - minColor);
        // 获得蓝色的随机颜色值
        int blue = minColor + random.nextInt(maxColor - minColor);
        return new Color(red, green, blue);
    }
    public String execute() throws Exception
    {
        // 获得验证码集合的长度
        int charsLength = codeChars.length();
        // 下面 3 条记录是关闭客户端浏览器的缓冲区
        // 这 3 条语句都可以关闭浏览器的缓冲区，但是由于浏览器的版本不同，对这 3 条语句
           的支持也不同
        // 因此，为了保险起见，建议同时使用这 3 条语句来关闭浏览器的缓冲区
        response.setHeader("ragma", "No-cache");
        response.setHeader("Cache-Control", "no-cache");
```

```
response.setDateHeader("Expires", 0);
int width = 90, height = 20;      // 设置图形验证码的长和宽（图形的大小）
BufferedImage image = new BufferedImage(width, height,
        BufferedImage.TYPE_INT_RGB);
Graphics g = image.getGraphics();// 获得用于输出文字的 Graphics 对象
Random random = new Random();
g.setColor(getRandomColor(180, 250));    // 随机设置要填充的颜色
g.fillRect(0, 0, width, height);         // 填充图形背景
// 设置初始字体
g.setFont(new Font("Times New Roman", Font.ITALIC, height));
g.setColor(getRandomColor(120, 180));    // 随机设置字体颜色
// 用于保存最后随机生成的验证码
StringBuilder validationCode = new StringBuilder();
// 验证码的随机字体
String[] fontNames = { "Times New Roman", "Book antiqua",  "Arial" };
// 随机生成 3～5 个验证码
for (int i = 0; i < 3 + random.nextInt(3); i++)
{
    // 随机设置当前验证码的字符的字体
    g.setFont(new Font(fontNames[random.nextInt(3)], Font.ITALIC,
    height));
    // 随机获得当前验证码的字符
    char codeChar = codeChars.charAt(random.nextInt(charsLength));
    validationCode.append(codeChar);
    // 随机设置当前验证码字符的颜色
    g.setColor(getRandomColor(10, 100));
    // 在图形上输出验证码字符，x 和 y 都是随机生成的
    g.drawString(String.valueOf(codeChar), 16 * i + random.next-
    Int(7),
        height - random.nextInt(6));
}
HttpSession session = request.getSession();
// 设置 session 对象 5 分钟失效
session.setMaxInactiveInterval(5 * 60);
// 将验证码保存在 session 对象中，key 为 validation_code
session.setAttribute("validation_code", validationCode.toStri-
ng());
g.dispose();                              // 关闭 Graphics 对象
OutputStream os = response.getOutputStream();
// 以 JPEG 格式向客户端发送图形验证码
ImageIO.write(image, "JPEG", os);
return null;
}
}
```

ValidationCodeAction 类的配置代码如下：

```
<package name="chapter16" namespace="/chapter16" extends="struts-
default">
   ...
   <!-- 配置 Action -->
   <action name="validate_code"
       class="chapter16.action.ValidationCodeAction" />
</package>
```

在配置 ValidationCodeAction 类时不需要指定任何 Result，因为该类除了生成验证码图像，并没有其他功能。

16.6.2　使用拦截器验证页面访问权限

　　验证访问权限的方法有很多，然而最方便的应该是使用拦截器对所有的 Action 进行验证。通过这种方式，不仅可以尽量减少工作量，而且更灵活。当不需要验证或更换验证规则时，只需要在配置文件中删除或替换拦截器即可。AuthorizationInterceptor 类是实现进行身份验证的拦截器，该类的实现代码如下：

```
package chapter16.interceptor;
import com.opensymphony.xwork2.ActionInvocation;
import com.opensymphony.xwork2.interceptor.*;
import com.opensymphony.xwork2.*;
import java.util.*;
// 实现 AbstractInterceptor 类的拦截器类
public class AuthorizationInterceptor extends AbstractInterceptor
{
    private String ignoreActions;          // 封装拦截器参数的属性
    // ignoreActions 属性的 getter 方法
    public String getIgnoreActios()
    {
        return ignoreActions;
    }
    // ignoreActions 属性的 setter 方法
    public void setIgnoreActions(String ignoreActions)
    {
        this.ignoreActions = ignoreActions;
    }
}
    // 覆盖拦截器方法
    @Override
    public String intercept(ActionInvocation invocation) throws Exception
    {
        // 获取上下文对象 ctx
        ActionContext ctx = invocation.getInvocationContext();
        Map session = ctx.getSession();
        // 从 HttpSession 对象的属性集合中获得 username
        String user = (String) session.get("username");
        boolean ignore = false;
        // 获得当前的 Action 名
        String currentAction = invocation.getProxy().getActionName();
        // 以逗号为分隔符来分隔被忽略的动作
        String[] actions = ignoreActions.split(",");
        // 过滤被忽略的 Action
        for (String action : actions)
        {
            // 如果当前 Action 被忽略，跳出循环
            if (action.trim().equals(currentAction))
            {
                ignore = true;
                break;
            }
        }
        // 如果身份验证通过，继续调用下一个拦截器或 Action 对象的处理逻辑的方法
        if (user != null || ignore == true)
        {
            return invocation.invoke();
```

```
        }
        //   如果身份验证失败，则转入登录页面
        else
        {
            return Action.LOGIN;
        }
    }
}
```

从上面的代码可以看出，AuthorizationInterceptor 类可以通过设置 Action 名的方式忽略
对某些 Action 的验证。这是因为有一些 Action，如 login、register 等，并不需要进行身份
验证。安装 AuthorizationInterceptor 拦截器的配置代码如下：

```
<package name="chapter16" namespace="/chapter16" extends="struts-
default">
    <interceptors>
        <!-- 配置 AuthorizationInterceptor 拦截器 -->
        <interceptor name="authorization" class="chapter16.interceptor.
        AuthorizationInterceptor" />
        <interceptor-stack name="myStack">
            <interceptor-ref name="authorization">
                <!-- 指定不需要身份验证的 Action，中间用逗号（,）分隔 -->
                <param name="ignoreActions">
                    validate_code,register,login
                </param>
            </interceptor-ref>
            <interceptor-ref name="defaultStack" />
        </interceptor-stack>
    </interceptors>
    <!-- 设置默认的拦截器引用 -->
    <default-interceptor-ref name="myStack" />
    <global-results>
        <!-- 设置全局 Result -->
        <result name="login">/chapter16/login.jsp</result>
    </global-results>
    ...
</package>
```

假设系统还未登录，在浏览器中输入如下的 URL：

```
http://localhost:8080/webdemo/chapter16/main.action
```

系统将转入登录页面。如果将上面的拦截器配置代码注释掉，则再访问上面的 URL
时，将直接进入 main.jsp 页面。

16.7 小   结

本章给出了一个使用 Struts 2 框架实现注册登录系统的例子。在这个例子中将操作数
据库和处理逻辑的代码单独封装在 DAO 实现类中。这样将更有利于代码的维护，也使得
代码的层次更清晰。在本章的最后还给出了使用 Action 类来生成验证码图像及如何通过拦
截器来进行身份验证的方法。

16.8　实　战　练　习

编码题

通过 Struts 2 框架实现网上购物系统，主要包含以下功能：

（1）管理用户。

（2）管理货物类别。

（3）管理货物。

（4）浏览和购买货物。

（5）修改购货记录。

对该网上购物系统，拥有如下的业务规则：

（1）一个用户可以购买多个货物。

（2）同一个货物只能被一个用户购买。

（3）一个货物类别可以对应多个货物。

（4）新增、修改货物名称、货物类别名称时，不能重复。

【提示】关于各种模型类的代码如下：

关于地址模型类具体代码如下：

```
public class Address implements Serializable {
    private int id;
    private String detail;
    private String post;
    private User user;
    public Address(String detail, String post) {
        this.detail = detail;
        this.post = post;
    }
    public Address() {
    }
...
}
```

关于部门模型类具体代码如下：

```
public class Department implements Serializable {
    private int id;
    private String name;
    private User user;
    public Department(String name) {
        this.name = name;
    }
    public Department() {
    }
...
}
```

关于商品模型类具体代码如下：

```
public class Goods  implements Serializable{
    private int id;
```

```
    private String name;
    private String releaseDate;
    private int count;
    private GoodsType goodsType;
    private Set<ShoppingLog> shoppingLog;
    public Goods() {
    }
...
}
```

关于商品类型模型类具体代码如下：

```
public class GoodsType  implements Serializable{
    private int id;
    private String name;
    private List<Goods> goods;
    public GoodsType() {
    }
...
}
```

关于电话模型类具体代码如下：

```
public class Phone implements Serializable {
    private int id;
    private String number;
    private User user;
    public Phone(String number) {
        this.number = number;
    }
    public Phone() {
    }
...
}
```

关于购买记录模型类具体代码如下：

```
public class ShoppingLog  implements Serializable{
    private int id;
    private double price;
    private int count;
    private String date;
    private String remark;
    private User user;
    private Goods goods;
    public ShoppingLog() {
    }
    public int getId() {
        return this.id;
    }
...
}
```

关于用户模型类具体代码如下：

```
public class User implements Serializable {
    private int id;
    private String username;
    private String password;
    private String cardId;
    private Set<Address> address;
    private Set<Department> department;
```

```
    private Set<Phone> phone;
    private Set<ShoppingLog> shoppingLog;
    private String password1;
    public User(String username, String password, String cardId) {
        this.username = username;
        this.password = password;
        this.cardId = cardId;
    }
    public User() {
    }
...
}
```

第 3 篇　Hibernate 篇

▶▶　第 17 章　Hibernate 的 Helloworld 程序

▶▶　第 18 章　实现 Hibernate 基本配置

▶▶　第 19 章　Hibernate 的会话与 O/R 映射

▶▶　第 20 章　Hibernate 的查询与更新技术

第 17 章　Hibernate 的 Helloworld 程序

Hibernate 是一个持久化的框架，主要用于进行 O/R 映射。本章将会给出一个简单的例子来学习如何将 Hibernate 框架应用到应用程序中。本章将使用 Struts 2 和 Hibernate 框架整合的方式开发这个例子。如果读者对 Hibernate 框架已经有了初步的了解，可以跳过本章，继续下一章的学习。本章的主要内容如下：

- ❑ Hibernate 和 ORM 的关系；
- ❑ Hibernate 和 EJB 的关系；
- ❑ 如何让 MyEclipse 支持 Hibernate 4；
- ❑ 下载和安装新版本的 Hibernate；
- ❑ Struts 2 和 Hibernate 4 整合开发 Helloworld 程序。

17.1　关于 Hibernate 概述

Hibernate 是一个强大的、高性能的对象/关系映射框架。在 Hibernate 官方网站上说 Hibernate 的目标是使开发人员从 95% 的数据持久化工作中解脱出来（详见 http://www.hibernate.org/344.html）。Hibernate 通过 XML 配置文件（在 Java SE5 及以上 JDK 版本中可以使用注释代替 XML 配置文件）将数据库表与实体 Bean（普通的 Java 类）进行映射，这些映射关系包括联合（association）、继承（inheritance）、多态（polymorphism）、组合（composition）以及 collections。同时，Hibernate 还允许使用一种在语法上类似 SQL 的 HQL 语言、标准（Criteria）API 和实例（Example）API 来操作持久化类。

Hibernate 和其他的持久化框架的区别是 Hibernate 并不禁止开发人员使用 SQL。继续支持 SQL 的好处是可以保证开发人员在 SQL 方面的知识仍然可以使用。Hibernate 除了提供了 Java 版本外，还提供了一个.NET 版本的 Hibernate：NHibernate。

17.1.1　为什么要使用 ORM

ORM 的全称是关系/对象映射（Object/Relational Mapping）。下面先看一看对象和关系有什么不同。如图 17.1 是一个类继承关系的层次图。

从图 17.1 中可以看出，使用类来描述这种层次关系是非常容易的。在这个图中描述了一个交通工具的层次关系。如所有的交通工具都会移动（在 vehicle 类中可以有一个 move 方法），所有的汽车都有轮子，所有的飞机都会飞。父类已经实现的动作，在子类中就可以直接继承这个动作。因此可以得出一个结论，使用对象模型来描述现实世界的事物是非常容易的。

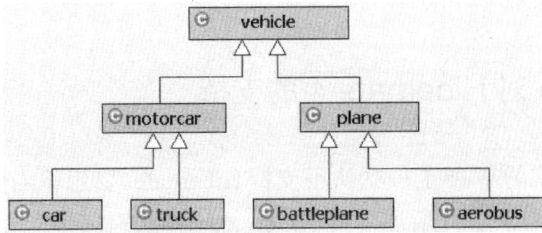

图 17.1　类继承关系的层次图

而在关系数据库中，所有的数据是以表、视图形式来展现的二维表，并且使用 SQL 操作这些数据。因此在关系数据库中，可以很容易地将这些表、视图以横向关系连接起来，但遗憾的是，使用 SQL 及其他关系数据库技术很难将这些表、视图以纵向（层次）的关系进行描述。

为了将关系数据库中的数据保存在面向对象编程语言的对象中，就必须有一种机制可以将关系逻辑转换为层次逻辑。而 Hibernate 正是这样一种框架，它可以无缝地将关系数据库映射成用实体 Bean。

17.1.2　Hibernate 和 EJB 的关系

虽然 EJB 从技术角度上说，已经可以很好地完成对象/关系映射工作了。但 EJB 至少有以下几个缺点：

- ❑ 配置繁琐，开发成本高。
- ❑ 需要编写大量的 Java 类才可以成功映射。
- ❑ 实体 Bean 必须运行在 J2EE 容器中。
- ❑ 运行速度比较慢（至少给人很笨重的感觉）。

虽然 EJB 3.x 有所改变，但仍然不能脱离 J2EE 容器运行。而 Hibernate 与 EJB 相比，其是轻量级框架，而且更容易使用。Hibernate 最值得称道的是可以单独运行，用户甚至可以在控制台程序中使用 Hibernate 来进行 O/R 映射。同时 Hibernate 可以将关系数据映射成一个普通的 Java 类（POJO）。在 Hibernate 4.x 中还可以使用注释来代替 XML 进行 O/R 映射。总之 Hibernate 从某种程度上已经取代 EJB，从而成为事实上的 ORM 标准了。

17.2　在应用程序中使用 Hibernate 4

在应用程序中使用 Hibernate 框架非常简单，只要在 CLASSPATH 环境变量中指定 Hibernate 框架的 jar 包，就可以在程序中像使用其他的 jar 包一样使用 Hibernate。但要想在 Java Web 程序中使用 Hibernate 框架，除了加入 Hibernate 框架的 jar 包，还需要进行一些必要配置。如果系统比较大的话，应用 Hibernate 框架将会产生非常大的工作量。因此要想更好地使用 Hibernate，就需要一个支持 Hibernate 的 IDE。MyEclipse 是用于开发 J2EE

应用的 IDE，在 MyEclipse 中不仅支持大多数 Hibernate 配置，还可以自动生成一些相关的 Java 代码。

17.2.1　MyEclipse 对 Hibernate 4 的支持

在 MyEclipse 中建立的 Web 工程默认不支持 Hibernate。要想让当前工程支持 Hibernate，需要按照如下的步骤为当前工程增加支持 Hibernate 的能力。

（1）选中当前工程（webdemo），在右键快捷菜单中选择 MyEclipse|Add Hibernate Capabilities 命令，打开 New Hibernate Project 对话框。在该对话框的第 1 页保留默认值，如图 17.2 所示。

在 Add Hibernate Capabilities 对话框的第 1 页可以选择 Hibernate 的版本，在本书中使用了 MyEclipse 10.6 所支持的 Hibernate 的最高版本（Hibernate 4.1），如图 17.2 所示。除此之外，还可以选择要使用的 Hibernate 库，这些都保留默认值即可。

（2）单击 Next 按钮，进入 Add Hibernate Capabilities 对话框的下一页，如图 17.3 所示。

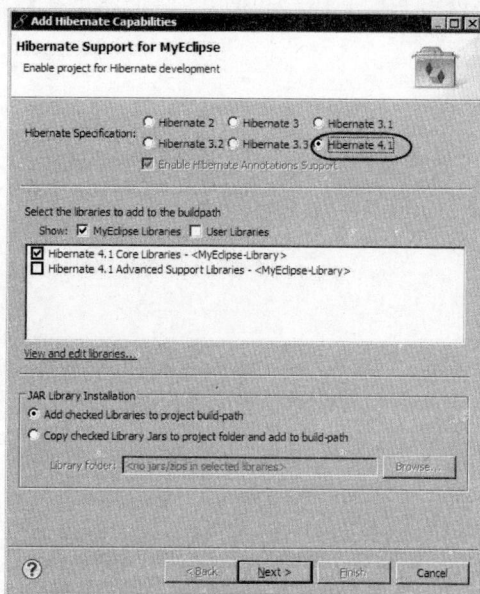

图 17.2　选择 Hibernate 版本和相关的库　　图 17.3　设置 Hibernate 的配置文件名和保存的位置

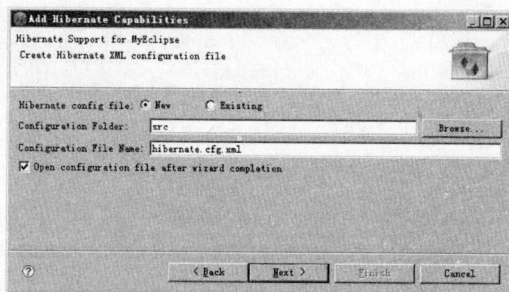

在第 2 页可以选择是否使用已经存在的 Hibernate 配置文件。如果选择新建 Hibernate 配置文件，需要设置该文件保存的路径及文件名。这些都保留默认值即可。

（3）单击 Next 按钮，进入 Add Hibernate Capabilities 对话框的第 3 页，并按照如下的内容进行相应的配置。

- ❏ Connect URL：jdbc:mysql://localhost/webdb；
- ❏ Driver Class：com.mysql.jdbc.Driver；
- ❏ Username：root；
- ❏ Password：root；

    ❑　Dialect：MySQL。

如图 17.4 显示了第 3 页的设置情况。读者也可以根据自己的情况设置其他的用户名和密码。

（4）单击 Next 按钮，进入 Add Hibernate Capabilities 对话框的第 4 页。在该页面需要指定用于建立 Hibernate Session 的 Java 类名，以及该类的包和保存的路径。这些都保留默认值即可。第 4 页的设置情况如图 17.5 所示。

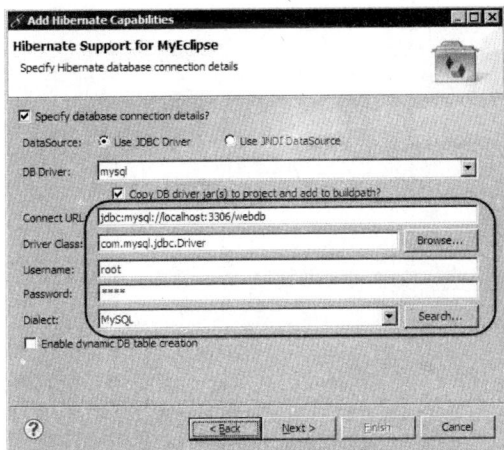

图 17.4　设置数据库连接信息

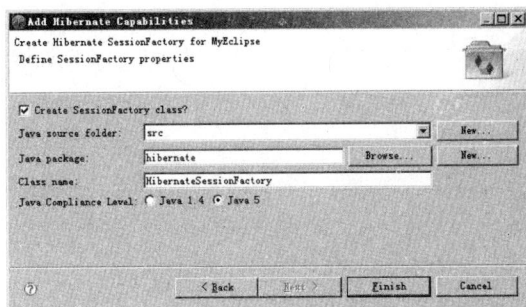

图 17.5　设置建立 Hibernate Session 的 Java 类

到现在为止，所有的设置工作都完成了，单击 Finish 按钮完成设置。

在按照上面的方法配置完 webdemo 工程后，MyEclipse 会在 WEB-INF\classes 目录中建立一个 hibernate.cfg.xml 文件。MyEclipse 可以使用配置视图、设计视图和源代码 3 种方式来打开 hibernate.cfg.xml 文件。如图 17.6 是 hibernate.cfg.xml 文件的配置视图。

从图 17.6 所示的 hibernate.cfg.xml 文件的设计视图可以看出，在 Add Hibernate Capabilities 对话框的第 3 页设置的数据库连接信息都保存在了 hibernate.cfg.xml 文件中。

要想使用设计视图查看 hibernate.cfg.xml 文件的内容，可以选择图 17.6 所示下方的 Design 标签，hibernate.cfg.xml 文件的设计视图如图 17.7 所示。

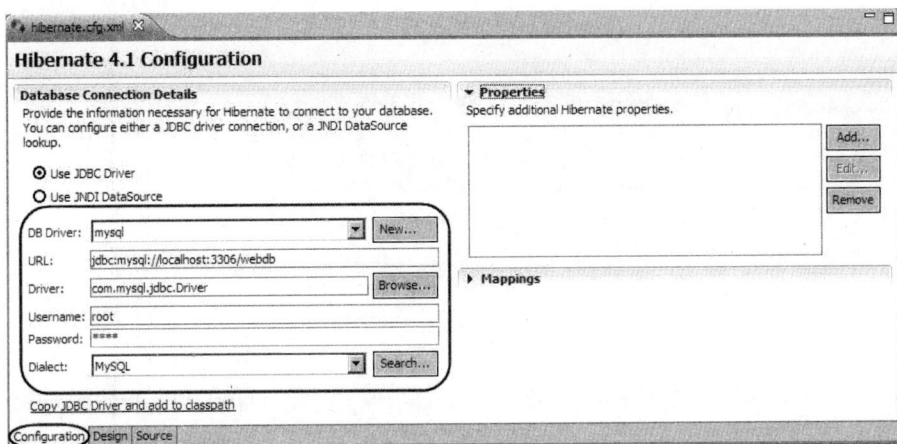

图 17.6　hibernate.cfg.xml 文件的配置视图

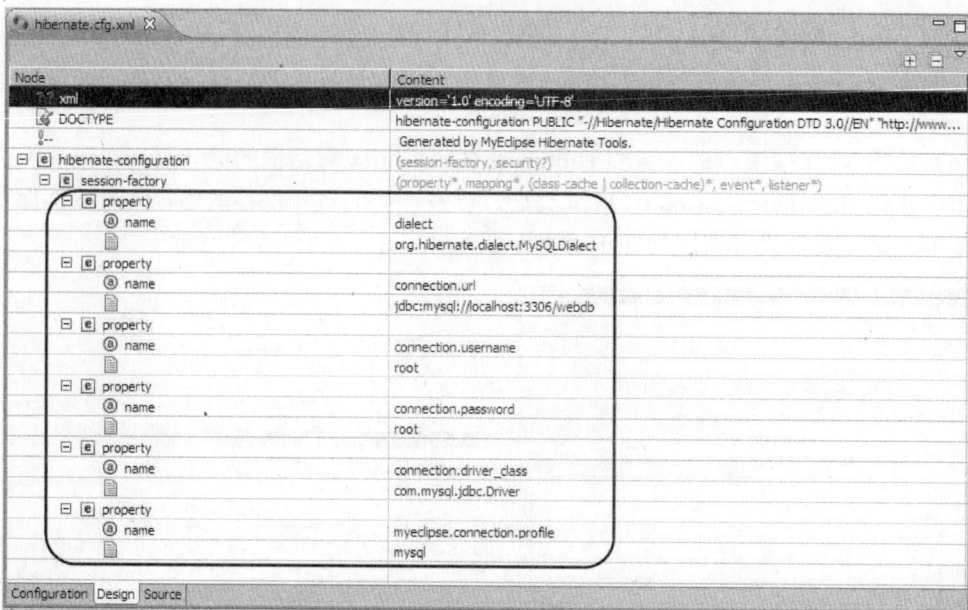

图 17.7　hibernate.cfg.xml 文件的设计视图

选择图 17.7 中的 Source 标签可以通过源代码方式查看 hibernate.cfg.xml 文件，如图 17.8 所示。

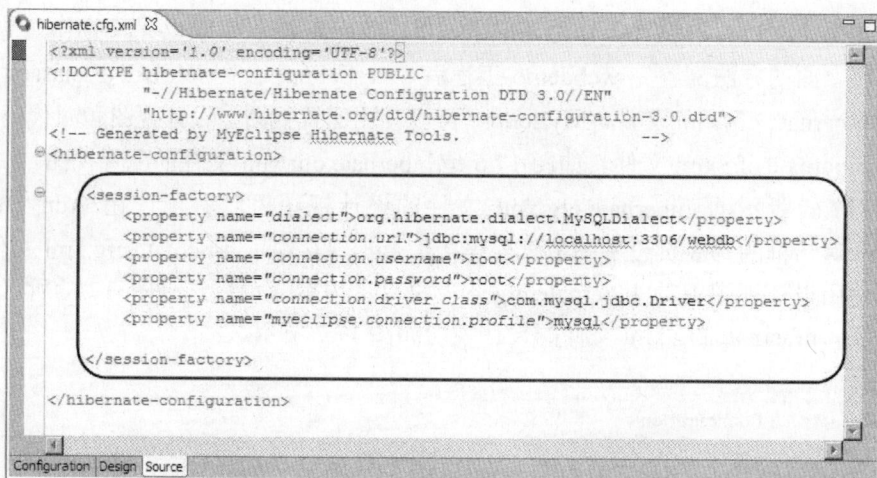

图 17.8　hibernate.cfg.xml 文件的源代码视图

17.2.2　下载和安装新版本的 Hibernate 4

MyEclipse 10.6 支持的 Hibernate 最新版本是 4.1，如果读者想使用特定版本的 Hibernate，可以直接在 webdemo 工程中引用该版本 Hibernate 的 jar 包，或者选择 Window|Preferences...命令，打开 Preferences 对话框，在对话框左侧的树结构中选择 MyEclipse Enterprise Workbench | Project Capabilities | Hibernate 节点，在对话框右侧出现了

Hibernate 各种版本的设置，选择 Hibernate 4.1 标签，如图 17.9 所示。

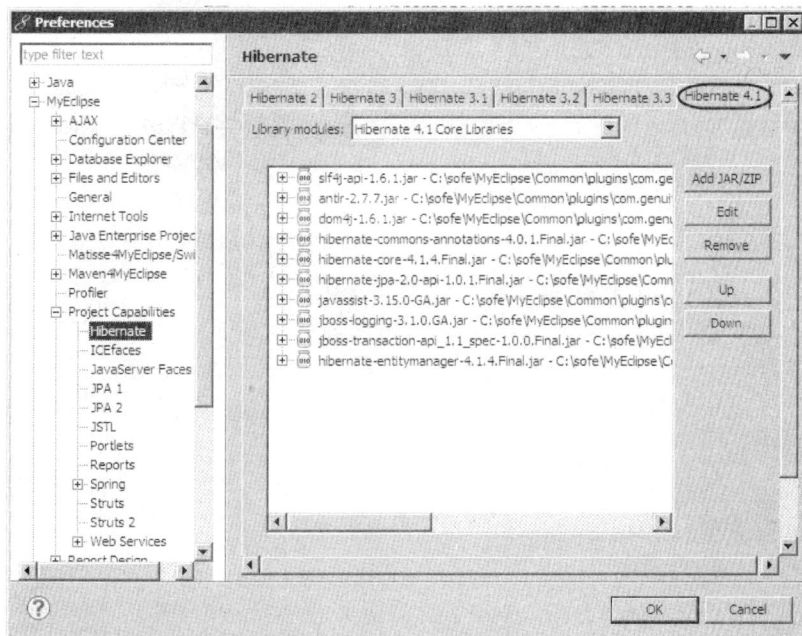

图 17.9　配置 Hibernate 4.1

在 Library modules 下拉列表框中选择相应的 Hibernate 组件，并通过单击 Add JAR/ZIP 按钮增加特定版本的 Hibernate jar 包。如果要覆盖某个 jar 包，应在列表中删除原 jar 包（单击 Remove 按钮删除），再添加新的 jar 包。

在按照上面的方法设置完 Hibernate 4.1 后，MyEclipse 中所有引用 Hibernate 4.1 的工程都会自动更新为新设置的 Hibernate jar 相关文件。但要注意，在运行 Web 程序之前，需要先删除 WEB-INF\lib 目录中原来的 Hibernate 相关 jar 文件，否则这些文件不会被自动删除。

17.3　实现第 1 个 Hibernate 程序

在本节将给出一个示例演示如何编写基于 Struts 2 和 Hibernate 4 的 Web 应用程序。本示例有一个 JSP 页面用于录入信息。该页面将用户录入的信息通过 AJAX 的异步方式提交给 Action 类，在 Action 类中使用 Hibernate 框架将客户端提交的信息添加到 t_message 表中，并返回是否添加成功的提示。

17.3.1　开发 Hibernate 程序的基本步骤

开发一个基于 Hibernate 的应用程序的基本步骤如下。

（1）配置 Hibernate：由于使用 Hibernate 的主要目的是操作数据库，所以在使用 Hibernate 之前必须要为 Hibernate 指定连接数据库的信息（连接字符串、用户名、密码等）。在 Hibernate 中可以使用 JDBC 或 JNDI DataSource 连接数据库。同时至少还要为 Hibernate

指定一个映射文件。虽然 MyEclipse 生成的默认 Hibernate 配置文件名是 hibernate.cfg.xml，但是可以修改成其他文件。

（2）建立映射文件：虽然在第（1）步 Hibernate 已经可以成功连接数据库了，但是 Hibernate 并不知道该数据库下的数据表与实体 Bean 的对应关系，也不知道数据表中字段与实体 Bean 中属性的对应关系，因此就需要在文件中定义这些映射关系。映射文件就是来完成这项工作的。

（3）建立实体 Bean：实体 Bean 也称为映射类，一般一个实体 Bean 对应于一个表。数据表中的每一个字段对应于类中一个属性（这个映射关系也需要在映射文件中定义）。

（4）建立会话工厂(SessionFactory)类：虽然这步不是必须的，但是建立一个会话工厂类来获得 Hibernate Session 对象是一个好习惯，因为在程序中要经常获得 Session 对象。

（5）使用 Hibernate 操作数据库：这一步是编写基于 Hibernate 的应用程序的核心步骤，也是程序的业务逻辑部分。这一步无法使用 MyEclipse 来自动完成，但有了 MyEclipse 会很快进行到该步。

17.3.2 建立数据表

在本节将在 webdb 数据库中建立一个数据表（t_message）。在后面的程序中将会经常使用这个数据表。建立 t_message 表的 SQL 语句如下：

```
# 建立表 t_message
CREATE TABLE IF NOT EXISTS webdb.t_message (
  id int(11) NOT NULL,
  name varchar(20) NOT NULL,
  PRIMARY KEY (id)
) ENGINE=InnoDB DEFAULT CHARSET=UTF8;
```

17.3.3 建立 Hibernate 配置文件

在 17.2.1 节介绍的设置过程中已经建立了一个默认的 Hibernate 配置文件 hibernate.cfg.xml，该文件位于 WEB-INF\classes 目录中。当然该文件可以位于任何的目录中，但必须在会话工厂类（将在 17.3.4 节详细介绍）中指定该文件的准确位置。

使用 MyEclipse 自动生成的 Hibernate 配置文件还不能使 Hibernate 框架正常工作，必须在 hibernate.cfg.xml 文件中添加映射文件（将在 17.3.6 节介绍映射文件的细节）才可以使 Hibernate 正常操作数据库。如果读者想调试 Hibernate，可以在 hibernate.cfg.xml 文件中将 show_sql 属性设为 true，以使 Hibernate 在工作时将生成的 SQL 语句显示在控制台上，以方便调试。本例所使用的 hibernate.cfg.xml 文件的完整配置代码如下：

```
<?xml version='1.0' encoding='UTF-8'?>
<!DOCTYPE hibernate-configuration PUBLIC
        "-//Hibernate/Hibernate Configuration DTD 3.0//EN"

"http://hibernate.sourceforge.net/hibernate-configuration-3.0.dtd">
<!-- Generated by MyEclipse Hibernate Tools.           -->
<hibernate-configuration>
    <session-factory>
        <!-- 由 MyEclipse 自动生成的部分  -->
```

```
        <!--  配置用户  -->
        <property name="connection.username">root</property>
        <!--  配置 JDBC 连接数据库的 URL  -->
        <property name="connection.url">
            jdbc:mysql://localhost:3306/webdb
        </property>
        <!--  配置 Hibernate 数据库方言  -->
        <property name="dialect">
            org.hibernate.dialect.MySQLDialect
        </property>
        <!--  配置用户密码  -->
        <property name="connection.password">root</property>
        <!--  配置 JDBC 驱动类  -->
        <property name="connection.driver_class">
            com.mysql.jdbc.Driver
        </property>
        <!--  将 show_sql 属性设为 true  -->
        <property name="show_sql">true</property>
        <!--  指定映射文件  -->
        <mapping resource="mapping.xml" />
    </session-factory>
</hibernate-configuration>
```

17.3.4　建立会话工厂（SessionFactory）类

在使用 Hibernate 来操作数据库之前，需要得到一个 Hibernate Session 对象。通常 Session 对象可以通过 org.hibernate.SessionFactory 类的 openSession 方法创建，但由于 Java Web 服务端可以并发处理多个用户请求，如果在处理多个用户请求时共享同一个 Hibernate Session 对象可能会造成冲突。例如一个线程正在使用 Session 对象操作数据库时，而另外一个线程关闭了该 Session 对象，这样就可能会抛出异常。

解决这个问题的最简单的方法就是使每一个线程拥有完全独立的 Session 对象。通过 ThreadLocal 类可以很容易达到这个目的。ThreadLocal 并不是线程类，该类实际上只是封装了一个 Map 对象，Map 对象中每个元素的 key 就是线程的 id。因此，可以将不同线程的 Session 对象保存在 ThreadLocal 对象中。由于在每个线程中建立的 Session 对象都使用了当前线程的 id 作为 key 保存在 ThreadLocal 对象中，因此这也就达到了每一个线程只拥有一个 Session 对象实例的目的。下面的代码演示了利用 ThreadLocal 对象保存当前线程的 Session 对象的基本过程。

```
//  创建 threadLocal 对象
private ThreadLocal<Session> threadLocal = new ThreadLocal<Session>();
//  获取 Session
public Session openSession()
{
    //  从 ThreadLocal 对象中获得当前线程的 Session 对象
    Session session = (Session) threadLocal.get();
    //  如果 ThreadLocal 对象中没有当前线程的 Session 对象，
    //  或 Session 对象未打开，则新建一个 Session 对象
    if (session == null || !session.isOpen())
    {
        //  新建一个 Session 对象
        session = sessionFactory.openSession();
```

```
        //  将新建的 Session 对象重新保存在了 ThreadLocal 对象中
        threadLocal.set(session);
    }
}
```

实际上，如果使用 MyEclipse 开发基于 Hibernate 的应用程序，根本就不用开发人员自己编写这些代码，在为 webdemo 工程配置 Hibernate 时，MyEclipse 就已经自动生成了一个默认的会话工厂类，默认类名是 HibernateSessionFactory。下面是 HibernateSessionFactory 类的代码：

```
package hibernate;
import org.hibernate.HibernateException;
import org.hibernate.Session;
import org.hibernate.cfg.Configuration;
public class HibernateSessionFactory
{
    //  指定 Hibernate 的配置文件名
    private static String CONFIG_FILE_LOCATION = "/hibernate.cfg.xml";
    //  定义 ThreadLocal 对象
    private static final ThreadLocal<Session> threadLocal = new ThreadLocal
    <Session>();
    //  定义 Configuration 对象，用于读取 Hibernate 配置文件
    private static Configuration configuration = new Configuration();
    //  定义 SessionFactory 对象，用于建立 Session 对象
    private static org.hibernate.SessionFactory sessionFactory;
    private static String configFile = CONFIG_FILE_LOCATION;
    static
    {
        try
        {
            //  开始读取 Hibernate 配置文件（hibernate.cfg.xml)
            configuration.configure(configFile);
            //  建立一个 SessionFactory 对象实例
            sessionFactory = configuration.buildSessionFactory();
        }
        catch (Exception e)
        {
            System.err.println("%%%% Error Creating SessionFactory %%%%");
            e.printStackTrace();
        }
    }
    private HibernateSessionFactory()
    {
    }
    //  获得一个 Session 对象
    public static Session getSession() throws HibernateException
    {
        //  从 ThreadLocal 对象中获得 Session 对象
        Session session = (Session) threadLocal.get();
        //  如果 ThreadLocal 对象中没有当前线程的 Session 对象，
        //  或 Session 对象未打开，则新建一个 Session 对象
        if (session == null || !session.isOpen())
        {
            //  如果未建立 SessionFactory 对象，重新建立一个 SessionFactory 对象
            if (sessionFactory == null)
            {
                rebuildSessionFactory();
            }
```

```
            //  如果成功建立了 SessionFactory 对象，则通过 openSession 方法建立一个
            Session 对象
        session = (sessionFactory != null) ? sessionFactory.openSession
        (): null;
            //  将新建立的 Session 对象保存在 ThreadLocal 对象中
        threadLocal.set(session);
    }
    return session;
}
//  重新建立一个 SessionFactory 对象
public static void rebuildSessionFactory()
{
    try{
        configuration.configure(configFile);//  装载 hibernate 配置文件
        sessionFactory = configuration.buildSessionFactory();
        //  创建 SessionFactory 对象
    }
    catch (Exception e){
        System.err.println("%%%% Error Creating SessionFactory %%%%");
        e.printStackTrace();
    }
}
//  关闭 Session 对象
public static void closeSession() throws HibernateException
{
    //  从 ThreadLocal 对象中获得当前线程的 Session 对象
    Session session = (Session) threadLocal.get();
    //  删除 ThreadLocal 对象中当前线程的 Session 对象
    threadLocal.set(null);
    if (session != null){
        session.close();
    }
}
//  获得 SessionFactory 对象
public static org.hibernate.SessionFactory getSessionFactory()
{
    return sessionFactory;
}
//  设置新的 Hibernate 配置文件
public static void setConfigFile(String configFile)
{
    HibernateSessionFactory.configFile = configFile;
    sessionFactory = null;
}
//  获得 Configuration 对象
public static Configuration getConfiguration()
{
    return configuration;
}
}
```

从上面的代码可以看出，MyEclipse 已经生成了会话工厂类的基本功能。使用这个自动生成的 HibernateSessionFactory 类，可以满足大多数用户的需求。如果读者使用其他的 IDE 开发基于 Hibernate 的应用，也可以使用 HibernateSessionFactory 类建立 Session 对象。

17.3.5　建立实体 Bean 和 Struts 2 的模型类

　　实体 Bean 用来映射数据库中的表。一般一个实体 Bean 对应于一个数据表。表中的每个字段也可以对应于实体 Bean 中的某个属性（字段不一定都有相对应的属性）。如果在应用程序中采用了 Struts 2，Hibernate 的实体 Bean 需要与 Struts 2 的模型类相吻合。

　　Struts 2 中的模型类封装了客户端提交的请求参数，而对于很多应用来说，这些请求参数就是要保存在数据表中的字段值，或是需要查询数据表中的记录所需要的条件（如注册页面提交的请求参数，基本都在数据表中有相对应的字段）。Hibernate 的实体 Bean 也拥有同样的功能。也就是说，数据表中的字段将封装请求参数的模型类和映射数据表的实体 Bean 联系起来，也可以认为模型类和实体 Bean 就是同一个类。

　　综上所述，只需要建立一个封装请求参数的模型类即可。在 Hibernate 需要实体 Bean 时，也可以将模型类当成实体 Bean 来处理。由于在本例中客户端提交的请求参数只有 id 和 name，因此，模型类（实体 Bean）的实现代码如下：

```java
package chapter17.entity;
public class MyMessage
{
    private int id;              // 封装 id 字段的属性
    private String name;         // 封装 name 字段的属性
    // id 属性的 getter 方法
    public int getId()
    {
        return id;
    }
    // id 属性的 setter 方法
    public void setId(int id)
    {
        this.id = id;
    }
    // name 属性的 getter 方法
    public String getName()
    {
        return name;
    }
    // name 属性的 setter 方法
    public void setName(String name)
    {
        this.name = name;
    }
}
```

17.3.6　建立映射文件

　　封装请求参数的模型类不需要进行任何设置，但是 Hibernate 并不知道在 17.3.5 节建立的 MyMessage 类和 t_message 表的关系，因此需要使用映射文件来指定实体 Bean 和数据表的关系。

　　本例使用的映射文件的名字为 mapping.xml，位于 WEB-INF\classes 目录中，该文件的内容如下：

```
<?xml version="1.0"?>
<!DOCTYPE hibernate-mapping PUBLIC
  "-//Hibernate/Hibernate Mapping DTD//EN"
  "http://hibernate.sourceforge.net/hibernate-mapping-3.0.dtd">
<hibernate-mapping>
    <!-- 将 MyMessage 类和 t_message 关联起来 -->
    <class name="chapter17.entity.MyMessage" table="t_message">
        <!-- 将 id 属性和 id 字段关联起来 -->
        <id name="id" column="id" type="int" />
        <!-- 将 name 属性和 name 字段关联起来 -->
        <property name="name" column="name" />
    </class>
</hibernate-mapping>
```

mapping.xml 文件已经在 hibernate.cfg.xml 文件中配置了，请读者参阅 17.3.3 节所介绍的内容。

17.3.7　建立添加记录的 Action 类

在本例中使用 Action 类调用 Hibernate 框架向 t_message 表添加记录。使用 Hibernate 框架向数据表中添加记录的基本步骤如下。

（1）使用 HibernateSessionFactory 类的 openSession 方法获得一个 Session 对象。

（2）使用 Session 接口的 openTransaction 方法开始一个新事务。

（3）使用 Session 接口的 save 方法保存和 t_message 表对应实体 Bean（模型类）的对象实例。

（4）如果插入记录成功，则使用 Transaction 接口的 commit 方法提交事务，否则使用 Transaction 接口的 rollback 方法回滚事务。

（5）关闭 Session 对象。

FirstHibernateAction 是向 t_message 表中添加记录的 Action 类，该类的实现代码如下：

```
package chapter17.action;
import hibernate.HibernateSessionFactory;
import com.opensymphony.xwork2.*;
import org.hibernate.Session;
import org.hibernate.Transaction;
import chapter17.entity.*;
//  继承类 ActionSupport 和实现接口 ModelDriven 的 Action
public class FirstHibernateAction extends ActionSupport implements
ModelDriven<MyMessage>
{
    //  定义模型类，并实例化该模型类
    private MyMessage myMessage = new MyMessage();
    private String result;                          //  封装处理结果的属性
    //  result 属性的 getter 方法
    public String getResult()
    {
        return result;
    }
    //  result 属性的 setter 方法
    public void setResult(String result)
```

```
    {
        this.result = result;
    }
    //  获得模型类对象
    public MyMessage getModel()
    {
        return myMessage;
    }
    //  处理客户端请求的 execute 方法
    public String execute() throws Exception
    {
        //  使用 HibernateSessionFactory 类的 getSession 方法获得 Session 对象
        Session session = HibernateSessionFactory.getSession();
        Transaction tx = null;                      //  创建事务对象
        try
        {
            tx = session.beginTransaction();        //  开始事务
            session.save(myMessage);                //  保存数据
            tx.commit();                            //  提交事务
            setResult("成功添加记录!");
        }
        catch (Exception e)
        {
            setResult(e.getMessage());              //  设置处理结果
            tx.rollback();                          //  回滚事务
        }
        finally
        {
            session.close();                        //  关闭 Session 对象
        }
        return SUCCESS;
    }
}
```

注意：在 Session 中修改表中的数据时，必须在一个事务中进行操作，而且在操作完后，还需要提交当前事务。

FirstHibernateAction 类的配置代码如下：

```
<package name="chapter17" namespace="/chapter17" extends="struts-
default">
    <!--  配置动作  -->
    <action name="firsthibernate" class="chapter17.action.FirstHiberna-
    teAction">
        <result name="success">/chapter17/firsthibernate.jsp</result>
        <result name="input">/chapter17/firsthibernate.jsp</result>
    </action>
</package>
```

其中 firsthibernate.jsp 是处理结果的 JSP 页面，该页面的代码如下：

```
<%@ page language="java" pageEncoding="UTF-8"%>
<%@ taglib prefix="s" uri="/struts-tags"%>
<!--  显示结果信息  -->
{"result":"<s:property value="result"/>"}
```

17.3.8　建立录入信息的 JSP 页面

在本例中负责采集用户录入信息的是一个 JSP 页面。该 JSP 页面使用了 Struts 2 标签编写用于录入信息的表单域，并使用 JSON 插件和订阅-发布模型通过异步的方式请求 FirstHibernateAction，并接收返回的数据。不管是否成功插入记录，系统都会弹出一个提示对话框。JSP 页面的实现代码如下：

```jsp
<!-- addrecord.jsp -->
<%@ page language="java" contentType="text/html; charset=UTF-8"%>
<%@ taglib prefix="s" uri="/struts-tags"%>
<script src="../javascript/prototype.js" type="text/javascript">
</script>
<link type="text/css" rel="stylesheet" href="../css/style.css" />
<s:head theme="ajax"/>
<script language="JavaScript">
    function jsonClick(data, type, request)
    {
        // 定义要请求的 Action
        var url = 'firsthibernate.action';
        // 将 form1 表单域的值转换成请求参数
        var params = Form.serialize('form1');
        // 创建一个 Ajax.Request 对象来发送请求
        var myAjax = new Ajax.Request(
        url,
        {
            // 指定请求方法为 POST
            method:'post',
            // 指定请求参数
            parameters:params,
            // 指定回调函数
            onComplete: processResponse,
            // 指定通过异步方式发出请求和接收响应信息
            asynchronous:true
        });
    }
    // 该方法为异步处理响应信息的函数
    function processResponse(request)
    {
        // 将返回的信息转换成 JavaScript 对象
        var obj = request.responseText.evalJSON();
        alert(obj.result);
    }
    // 订阅/hibernate 事件
    dojo.event.topic.subscribe("/hibernate", jsonClick);
</script>
<html>
    <head>
        <title>第 1 个 Struts 2 和 Hibernate 整合的程序</title>
    </head>
```

```
      <body>
        <center>
          <s:label>向 t_message 表添加记录</s:label>
          <!--  form 表单  -->
          <s:form id="form1" name="form1" >
            <s:textfield label="id" name="id" />
            <s:textfield label="name" name="name" />
          </s:form>
          <s:submit value="提交" align="center"  theme="ajax" notify-
          Topics="/hibernate"  />
        </center>
      </body>
    </html>
```

在浏览器地址栏中输入如下的 URL：

```
http://localhost:8080/webdemo/chapter17/addrecord.jsp
```

浏览器显示的页面如图 17.10 所示。在 id 文本框中输入“4321”，在 name 文本框中输入“宇宙飞船”。单击“提交”按钮，如果 t_message 表中没有 id 为“4321”的记录，则会弹出如图 17.11 所示的提示对话框。

图 17.10　录入信息的页面

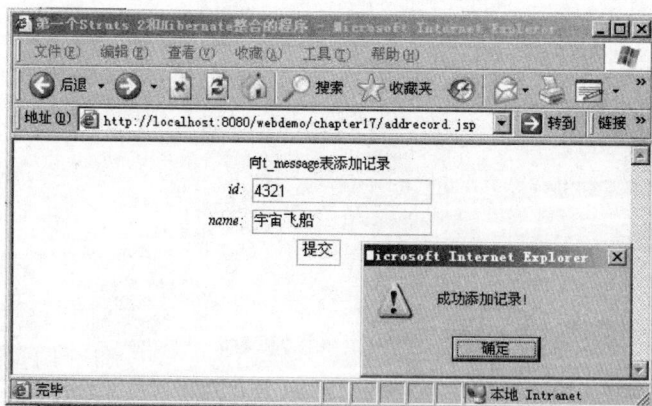

图 17.11　添加记录成功

图 17.12 是由封装请求参数的模型类（实体 Bean）添加的记录。

当再次单击图 17.10 中的“提交”按钮，由于 id 值为“4321”的记录在 t_message 中已经存在，因此，将弹出如图 17.13 所示的错误提示对话框。

图 17.12　添加的记录　　　　　　　　图 17.13　添加记录失败

17.4　小　　结

　　Hibernate 框架是目录最流行的 ORM 框架之一。Hibernate 和 EJB 相比最大的优势就是轻量级。开发人员可以在任何 Java 应用程序中使用 Hibernate，而无须借助其他容器的支持。Hibernate 的核心之一就是实体 Bean 和映射文件，通过映射文件，可以将数据表和实体 Bean 联系起来。而实体 Bean 又和 Struts 2 的模型类非常相似，因此，可以将实体 Bean 和 Struts 2 的模型类合二为一。在本章的最后给出了一个整合 Struts 2 和 Hibernate 的例子。在这个例子中，实体 Bean 和模型类共享了 MyMessage 类。在客户端通过 Struts 2 标签以及 JSON 插件、订阅-发布模型等技术实现了异步请求 Action 的功能。

17.5　实　战　练　习

一．选择题

1. 下面关于 Hibernate 的说法，错误的是（　　　）。

　　A．Hibernate 是一个"对象-关系映射"的实现

　　B．Hibernate 是一种数据持久化技术

　　C．Hibernate 是 JDBC 的替代技术

　　D．使用 Hibernate 可以简化持久化层的编码

2. Hibernate 配置文件中，不包含下面的（　　　）。

　　A．"对象-关系映射"信息　　　　　　　B．实体间关联的配置

　　C．show_sql 等参数的配置　　　　　　D．数据库连接信息

二．编程题

在本章的 17.3 节通过 Hibernate 框架实现添加信息功能，具体实现时，不仅需要创建

实体类而且还需要编写该实体类的映射文件。对于 MyEclipse 10.6 开发工具，如果已经存在数据库表，则可以通过 Hibernate 的反转引擎自动生成实体类和映射文件。通过 Hibernate 的反转引擎重构添加信息功能。

【提示】在 MyEclipse Hibernate 视图里，通过右击表，在弹出的快捷菜单中选择 Hibernate Reverse Engineering 命令，就会出现 Hibernate Reverse Engineering 对话框。关于 Hibernate 的反转引擎如图 17.14 所示。

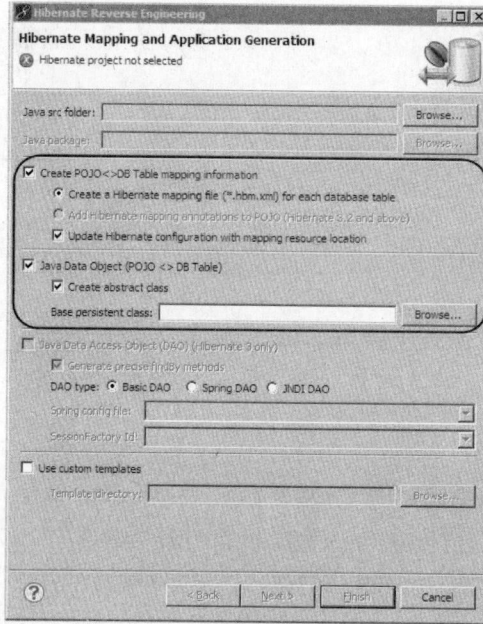

图 17.14　反转引擎

第 18 章　实现 Hibernate 基本配置

在使用 Hibernate 之前，必须要对 Hibernate 进行配置。在 Hibernate 框架中需要配置的部分有 Hibernate 配置文件、映射文件及 Hibernate 配置文件所需要的 JNDI 数据源等，其中 Hibernate 配置文件可以使用 XML 格式编写，也可以使用属性文件的格式编写。除了可以在文件中配置 Hibernate 外，还可以通过编程的方式配置 Hibernate。

映射文件是 Hibernate 框架的核心配置文件。从 Hibernate 3 开始，Hibernate 框架不仅可以通过文件的方式编写映射文件，而且如果开发人员使用的是 Java SE5 及以上的 JDK 版本，还可以使用注释取代映射文件的功能，从而使实体 Bean 具有自我描述的功能。本章的主要内容如下：

- ❏　用 XML 文件配置 Hibernate；
- ❏　用属性文件配置 Hibernate；
- ❏　用编程的方式配置 Hibernate；
- ❏　SQL 方言（Dialect）；
- ❏　Hibernate 框架的配置属性；
- ❏　配置映射文件；
- ❏　使用注释配置 Hibernate。

18.1　用传统的方法配置 Hibernate

在 Hibernate 3 之前的 Hibernate 版本中，配置 Hibernate 主要以 XML 格式的配置文件为主，当然也可以使用属性文件来配置 Hibernate 框架。实际上 Hibernate 框架经常使用的配置文件只有两种：Hibernate 配置文件（MyEclipse 生成的默认配置文件名为 hibernate.cfg.xml）和映射文件。其中 Hibernate 配置文件主要用来配置和数据库相关的信息和对映射文件位置进行设置，除此之外，还可以对 Hibernate 的一些表现行为进行设置，如是否在控制台显示 SQL 语句等。

18.1.1　用 XML 文件配置 Hibernate

使用 XML 文件对 Hibernate 框架进行配置是最常用的方式，也是官方建议的配置方式。默认的 XML 配置文件是 hibernate.cfg.xml，但也可以使用其他任何文件名（甚至扩展名也可以不是.xml）。

在 XML 配置文件的开始部分是一个 DTD 定义，并且使用<hibernate-configuration>标签作为根节点，如下面的配置代码所示。

```
<?xml version='1.0' encoding='UTF-8'?>
<!DOCTYPE hibernate-configuration PUBLIC
        "-//Hibernate/Hibernate Configuration DTD 3.0//EN"
        "http://hibernate.sourceforge.net/hibernate-configuration-
        3.0.dtd">
<hibernate-configuration>
    ...
</hibernate-configuration>
```

　　读者并不需要记忆上面的 DTD 定义部分，在 Hibernate 自带的官方文档中可以找到该 DTD 定义的代码，只要将其复制过来即可。

　　在 XML 配置文件中除了可以配置连接数据库的信息外，还可以配置映射文件、缓冲和监听器等信息（这些配置信息将在后面的部分介绍）。根据 DTD 的定义，<hibernate-configuration>标签中的第 1 个子标签必须是<session-factory>，而且只能有一个<session-factory>标签。也就是说，一个 Hibernate 配置文件只能连接一个数据库，如果要想连接多个数据库，可以建立多个 Hibernate 配置文件。下面是 DTD 定义<hibernate-configuration>标签的代码。

```
<!ELEMENT hibernate-configuration (session-factory,security?)>
```

　　读者可以在 Hibernate 框架提供的源代码中找到 hibernate-configuration-3.0.dtd 文件。Hibernate 配置文件一般被放到 CLASSPATH 环境变量指定路径的根目录，但并非局限于此，实际上 Hibernate 配置文件可以被放到任何路径下。为了找到并装载 Hibernate 配置文件（hibernate.cfg.xml），需要使用 org.hibernate.cfg.Configuration.Configuration 类的 configure 方法。这个方法有 4 种重载形式，它们的定义如下：

```
public Configuration configure() throws HibernateException;
public Configuration configure(String resource) throws HibernateException;
public Configuration configure(URL url) throws HibernateException;
public Configuration configure(File configFile) throws HibernateException;
```

　　当使用没有参数的 configure 方法时，将加载默认的配置文件 hibernate.cfg.xml。另外 3 个 configure 方法的参数含义如下。

- ❑ resource：表示 Hibernate 配置文件的相对路径（相对于 CLASSPATH 变量中指定的路径）。如配置文件在 hibernate 目录中，那么 resource 参数的值是 hibernate/hibernate.cfg.xml。要注意的是，resource 不能是绝对路径。
- ❑ url：表示封装 Hibernate 配置文件 url 的 URL 对象。如 http://localhost:8080/hibernate.cfg.xml 就是一个指向 Hibernate 配置文件的 url。
- ❑ configFile：表示封装 Hibernate 配置文件绝对路径的 File 对象。如 C:\config\hibernate.cfg.xml 是一个 Hibernate 配置文件的绝对路径。

　　这 3 个带参数的 configure 方法几乎可以覆盖 Hibernate 配置文件位置的所有情况，但最常用的是前两个 configure 方法的重载形式，如 MyEclipse 自动生成的 hibernate.cfg.xml 文件就使用了 configure 方法的第 2 种重载形式，代码如下：

```
public class HibernateSessionFactory
{
    ...
private  static Configuration configuration = new Configuration();
```

```
    // 创建 Configuration 对象
    private static String CONFIG_FILE_LOCATION = "/hibernate.cfg.xml";
    // 指定 Hibernate 配置文件
    private static String configFile = CONFIG_FILE_LOCATION;
    static
    {
        try
        {
            // 使用 Hibernate 配置文件的相对路径进行定位
            configuration.configure(configFile);
            sessionFactory = configuration.buildSessionFactory();
            // 创建 SessionFactory 对象
        }
        catch (Exception e)
        {
            ...
        }
    }
    ...
}
```

Hibernate 配置文件的主要功能之一就是配置连接数据库的信息，下面是一段标准的配置代码，在该配置代码中使用了 JDBC 方式连接 MySQL 数据库。

```xml
<hibernate-configuration>
    <session-factory>
        <!-- 设置登录数据库的用户名 -->
        <property name="connection.username">root</property>
        <!-- 设置登录密码 -->
        <property name="connection.password">root</property>
        <!-- 设置 JDBC 连接字符串 -->
        <property name="connection.url">
            jdbc:mysql://localhost/webdb
        </property>
        <!-- 设置数据库方言 -->
        <property name="dialect">
            org.hibernate.dialect.MySQLDialect
        </property>
        <!-- 设置 MySQL 的 JDBC 驱动类 -->
        <property name="connection.driver_class">
            com.mysql.jdbc.Driver
        </property>
    </session-factory>
</hibernate-configuration>
```

在上面的配置代码中，大多数配置信息都很好理解。只有一个数据库方言（Dialect）是在其他操作数据库的方式中没有遇到过的。这个数据库方言实际上就是 Hibernate 提供的一系列 Java 类。由于在 Hibernate 框架中操作数据库是透明的，因此就需要在 Hibernate 框架内部使用这些 Java 类解决不同数据库之间的差异性。

如对查询记录的分页显示，不同数据库的处理方式不同，因此就需要对每种数据库进行单独处理。Hibernate 框架中的 Dialect 类就是为了解决该问题而出现的，这类似于 Java 的跨平台特性。

18.1.2　用属性文件配置 Hibernate

除了使用 XML 格式的 Hibernate 配置文件外，还可以使用属性文件配置 Hibernate。属性文件的格式是 key-value 对。配置 Hibernate 框架的属性文件名为 hibernate.properties，应将该文件放在 CLASSPATH 变量指定路径的根目录。下面的代码在 hibernate.properties 文件中配置了数据库连接信息。

```
hibernate.connection.username = root
hibernate.connection.password = 1234
hibernate.connection.url = jdbc:mysql://localhost/webdb
hibernate.dialect = org.hibernate.dialect.MySQLDialect
hibernate.connection.driver_class = com.mysql.jdbc.Driver
```

属性文件可以配置 XML 文件的大多数内容，但不能指定映射文件。如表 18.1 描述了上面配置代码中每个属性的含义。

表 18.1　与数据库相关的属性的含义

属 性 名	描　　述
hibernate.connection.username	用户名
hibernate.connection.password	密码
hibernate.connection.url	JDBC连接字符串
hibernate.dialect	Hibernate方言类
hibernate.connection.driver_class	JDBC驱动类

从表 18.1 中可以看出，在 Hibernate 配置文件中的属性和属性文件中的相应属性的含义相同，所不同的是属性文件中的属性名比 Hibernate 配置文件中的属性名多了个 hibernate. 前缀。

🔔注意：基于 XML 格式的 Hibernate 配置文件要比属性文件的优先级高，也就是说，XML 配置文件中的属性将覆盖属性文件中同名的属性值。

18.1.3　用编程的方式配置 Hibernate

除了使用文件配置 Hibernate 框架外，还可以通过编程的方式配置 Hibernate。如下面的代码通过编程的方式设置了数据库连接信息。

```
// 创建 configuration 对象
Configuration configuration = new Configuration();
// 指定属性文件和设置各种属性
configuration.addResource("mapping.xml")
.setProperty("connection.username", "root")
.setProperty("connection.password","root")
.setProperty("dialect", "org.hibernate.dialect.MySQLDialect")
.setProperty("connection.url", "jdbc:mysql://localhost/webdb")
.setProperty("connection.driver_class", "com.mysql.jdbc.Driver");
```

上面的代码通过 addResource 方法指定了一个映射文件（mapping.xml），除了使用

addResource 方法直接指定映射文件外,还可以通过指定实体 Bean 的方式让 Hibernate 自己去搜索相应的映射文件, 如下面的代码所示。

```
//  创建 configuration 对象
Configuration configuration = new Configuration();
//  指定实体 Bean 类和设置各种属性
configuration.addClass(chapter17.entity.MyMessage.class)
.setProperty("connection.username", "root")
.setProperty("connection.password","root")
.setProperty("dialect", "org.hibernate.dialect.MySQLDialect")
.setProperty("connection.url",
"jdbc:mysql://localhost/webdb?characterEncoding=UTF8")
.setProperty("connection.driver_class", "com.mysql.jdbc.Driver");
```

如果使用上面的代码配置 Hibernate, 映射文件的文件名必须为 MyMessage.hbm.xml, 而且还要存放在 WEB-INF\classes\chapter17\entity 目录中。

18.1.4 学习 Hibernate 框架的配置属性

除了上面所讲的 Hibernate 属性名, 在 Hibernate 框架中还可以使用更多的属性对 Hibernate 进行更灵活地控制, 这些属性主要分为如下几种:

- ❑ Hibernate JDBC 属性;
- ❑ Hibernate Datasource 属性;
- ❑ Hibernate 配置属性;
- ❑ Hibernate JDBC 和连接属性;
- ❑ Hibernate 缓存属性;
- ❑ Hibernate 事务属性;
- ❑ 其他的 Hibernate 属性。

如表 18.2~表 18.8 分别对这 7 类属性进行了详细描述。

表 18.2　Hibernate JDBC属性

属 性 名	描 述
hibernate.connection.driver_class	JDBC驱动类
hibernate.connection.url	JDBC连接字符串
hibernate.connection.username	数据库用户名
hibernate.connection.password	数据库用户名密码
hibernate.connection.pool_size	数据库连接池的最大连接数

Hibernate 框架本身虽然自带一个数据库连接池, 也能通过 hibernate.connection.pool_size 属性设置该数据库连接池的连接数, 但 Hibernate 框架本身带的连接池在性能上并不高, 因此笔者建议使用第三方的数据库连接池。

在 Hibernate 的发行包中带了一个第三方的开源数据库连接池 C3P0, 如果 Hibernate 框架使用了第三方的数据库连接池, 需要关闭 Hibernate 框架本身的数据库连接池。如果读者想在 hibernate.properties 文件中配置 C3P0, 可以使用如下的配置代码:

```
hibernate.connection.driver_class = com.mysql.jdbc.Driver
hibernate.connection.url = jdbc:mysql://localhost/webdb
hibernate.connection.username = root
hibernate.connection.password = 1234
hibernate.c3p0.min_size=10
hibernate.c3p0.max_size=30
hibernate.c3p0.timeout=1800
hibernate.c3p0.max_statements=50
hibernate.dialect = org.hibernate.dialect.MySQLDialect
```

如果在 Web 服务器中使用 Hibernate，也可以使用以 JNDI 方式注册的数据源配置 Hibernate。关于 Hibernate 数据源的配置属性如表 18.3 所示。

表 18.3　Hibernate Datasource属性

属 性 名	描　　述
hibernate.connection.datasource	数据源的JNDI名称
hibernate.jndi.url	JNDI连接字符串（可选）
hibernate.jndi.class	实现JNDI接口InitialContextFactory的类名（可选）
hibernate.connection.username	数据库用户名（可选）
hibernate.connection.password	数据库用户密码（可选）

除此之外，还有很多属性可以控制 Hibernate 在运行时的行为。这些属性都是可选的，并且有相应的默认值。但要注意，在这些属性中有一些是系统级的属性。系统级属性只能通过java -Dproperty=value 或 hibernate.properties 文件才能设置。这些属性如表 18.4、表 18.5、表 18.6、表 18.7 和表 18.8 所示。

表 18.4　Hibernate配置属性

属 性 名	描　　述
hibernate.dialect	Hibernate方言类名。通过该属性配置的Dialect类可以允许Hibernate为某种数据库进行单独优化
hibernate.show_sql	设置当使用Hibernate框架操作数据库时是否在控制台显示在操作过程中生成的SQL语句，如果为了调试方便，可以先将该属性设为true，以打开显示SQL的功能。该属性可设置的值是true和false
hibernate.format_sql	该属性和hibernate.show_sql属性类似。只是如果设置该属性，将以更可读的格式在控制台或日志文件中输出SQL语句。该属性可设置的值是true或false
hibernate.default_schema	指定默认的数据库schema
hibernate.default_catalog	指定默认的数据库
hibernate.session_factory_name	指定SessionFactory。一旦SessionFactory对象被建立，就会立即与以JNDI方式注册的名字进行绑定
hibernate.max_fetch_depth	设置外连接的深度。一般用在one-to-one、many-to-one连接方式上。如果将该属性设为0，则表示禁止外连接。官方推荐将该属性设为0～3中的一个值
hibernate.default_batch_fetch_size	设置Hibernate在加载相关联的实体Bean时的默认实体Bean个数。建议将该值设为2的倍数，一般设为4、8或16
hibernate.default_entity_mode	为由当前SessionFactory打开的所有Session指定默认的实体表现模式。该属性可设置的值有dynamic-map、dom4j、pojo

续表

属　性　名	描　　述
hibernate.order_updates	强制Hibernate按照被更新记录的主键，为SQL更新排序。这么做将减少在高并发系统中事务的死锁。该属性可设置的值是true和false
hibernate.generate_statistics	如果将该属性设为true，Hibernate将收集有助于性能调节的统计数据。该属性可设置的值是true和false
hibernate.use_identifer_rollback	如果将该属性设为true，在对象被删除时生成的标识属性将被重设为默认值。该属性可设置的值是true和false
hibernate.use_sql_comments	如果将该属性设为true，Hibernate将在输出的SQL中生成有助于调试的注释信息，默认值为false。该属性的取值是true和false

表 18.5　Hibernate JDBC和连接属性

属　性　名	描　　述
hibernate.jdbc.fetch_size	非零值，指定JDBC抓取数据量的大小（通过调用Statement.setFetchSize方法来设置该属性值）
hibernate.jdbc.batch_size	非零值，允许Hibernate使用JDBC2的批量更新。建议该属性的取值在5～30之间
hibernate.jdbc.batch_versioned_data	如果想让JDBC驱动在调用executeBatch方法时返回正确的行数，那么应将该属性设为true（开启这个选项通常是安全的）。同时，Hibernate将为自动版本化的数据使用批量DML。该属性的默认值是false
hibernate.jdbc.factory_class	选择一个自定义的Batcher，多数应用程序不需要这个配置属性，例如，classname.of.Batcher
hibernate.jdbc.use_scrollable_resultset	允许Hibernate使用JDBC2的可滚动结果集，只有在使用用户提供的JDBC连接时，该属性才是必需的，否则Hibernate会使用连接元数据。该属性的取值是true和false
hibernate.jdbc.use_streams_for_binary	设置在JDBC读写binary（二进制）或serializable（可序列化）类型时是否使用流（stream）（系统级属性）。取值true | false
hibernate.jdbc.use_get_generated_keys	设置在向表中插入记录后，是否允许使用JDBC3 PreparedStatement.getGeneratedKeys方法来获取数据库生成的key（键）。需要JDBC3+驱动和JRE1.4+，如果数据库驱动在使用Hibernate的标识生成器时遇到问题，请将该属性的值设为false。默认情况下将使用连接的元数据来判定驱动的能力，取值true|false
hibernate.connection.provider_class	设置自定义ConnectionProvider的类名，此类用来向Hibernate提供JDBC连接
hibernate.connection.isolation	设置JDBC事务隔离级别，可以查看java.sql.Connection来了解各个隔离级别的具体含义，但要注意的是大多数数据库都不支持所有的隔离级别，该属性的取值是1，2，4，8
hibernate.connection.autocommit	允许JDBC连接池中的连接开启自动提交(autocommit)功能，并不建议将该属性设为true，取值true | false

续表

属　性　名	描　述
hibernate.connection.release_mode	指定Hibernate什么时候释放JDBC连接。在默认情况下，JDBC连接直到Session对象被显式关闭或被断开连接时才会被释放。对于应用程序服务器的JTA数据源，你应当使用after_statement，这样在每次JDBC调用后，都会主动的释放连接。对于非JTA的连接，可以使用after_transaction在每个事务结束时释放连接。auto将为JTA和CMT事务策略选择after_statement，为JDBC事务策略选择after_transaction。取值 on_close | after_transaction | after_statement | auto
hibernate.connection.*<propertyName>*	将名为propertyName的JDBC属性传递到DriverManager.get-Connection方法中去
hibernate.jndi.*<propertyName>*	将名为propertyName的JNDI属性传递到JNDI InitialContext-Factory中去

表 18.6　Hibernate缓存属性

属　性　名	描　述
hibernate.cache.provider_class	自定义的 CacheProvider 的类名。取值 classname.of. CacheProvider
hibernate.cache.use_minimal_puts	优化二级缓存来最小化写操作，但该操作会使读操作更频繁。在Hibernate3中，这个设置对集群缓存非常有用，对集群缓存的实现而言，默认是开启的。取值true|false
hibernate.cache.use_query_cache	允许查询缓存，个别查询仍然需要被设置为可缓存的。取值true|false
hibernate.cache.use_second_level_cache	该属性可以完全禁止使用二级缓存，对那些指定<cache>映射的类，会默认开启二级缓存。取值true|false
hibernate.cache.query_cache_factory	自定义实现QueryCache接口的类名，默认为内建的StandardQueryCache类。取值classname.of.QueryCache
hibernate.cache.region_prefix	二级缓存区域名的前缀。取值prefix
hibernate.cache.use_structured_entries	强制Hibernate以更人性化的格式将数据存入二级缓存。取值true|false

表 18.7　Hibernate事务属性

属　性　名	描　述
hibernate.transaction.factory_class	一个实现 TransactionFactory 接口的类名，用于 Hibernate Transaction API（默认为 JDBCTransactionFactory）。取值 classname.of.TransactionFactory
jta.UserTransaction	一个JNDI名字，被JTATransactionFactory用来从应用服务器获取JTA UserTransaction。取值jndi/composite/name
hibernate.transaction.manager_ lookup_class	一个实现TransactionManagerLookup接口的类名 - 当使用JVM级缓存，或在JTA环境中使用hilo生成器的时候需要该类。取值classname.of.TransactionManagerLookup

续表

属 性 名	描 述
hibernate.transaction.flush_before_completion	如果开启，session在事务完成后将被自动清空(flush)。 现在更好的方法是使用自动session上下文管理。取值true | false
hibernate.transaction.auto_close_session	如果开启，session在事务完成后将被自动关闭。现在更好的方法是使用自动session上下文管理。取值true | false

表 18.8 其他的Hibernate属性

属 性 名	描 述
hibernate.current_session_context_class	为"当前"Session指定一个(自定义的)策略。取值jta | thread | custom.Class
hibernate.query.factory_class	选择HQL解析器的实现。 取值org.hibernate.hql.ast.ASTQuery - TranslatorFactory 或 org.hibernate.hql.classic.ClassicQuery-TranslatorFactory
hibernate.query.substitutions	eg. hqlLiteral=SQL_LITERAL, hqlFunction=SQLFUNC 将Hibernate查询中的符号映射到SQL查询中的符号 (符号可能是函数名或常量名字)。 取值 hqlLiteral=SQL_LITERAL, hqlFunction=SQLFUNC
hibernate.hbm2ddl.auto	在SessionFactory创建时，自动检查数据库结构，或者将数据库schema的DDL导出到数据库。使用 create-drop时，在显式关闭SessionFactory时，将删除数据库schema。 取值validate | update | create | create-drop
hibernate.cglib.use_reflection_optimizer	开启CGLIB来替代运行时反射机制(系统级属性)，反射机制有时在除错时比较有用。注意即使关闭这个优化，Hibernate还是需要CGLIB。不能在hibernate.cfg.xml中设置此属性。取值true | false

18.1.5 掌握 SQL 方言（Dialect）

SQL 方言实际上是一系列类，这些类分别为不同的数据库进行优化。在 hibernate.properties 文件中可以通过 hibernate.dialect 属性设置 SQL Dialect，在 hibernate.cfg.xml文件中则通过dialect属性设置SQL Dialect。Hibernate 4支持的SQL Dialect 如表 18.9 所示。

表 18.9 Hibernate 3 支持的SQL Dialect

数 据 库	SQL Dialect类
DB2	org.hibernate.dialect.DB2Dialect
DB2 AS/400	org.hibernate.dialect.DB2400Dialect
DB2 OS390	org.hibernate.dialect.DB2390Dialect
PostgreSQL	org.hibernate.dialect.PostgreSQLDialect
MySQL	org.hibernate.dialect.MySQLDialect
MySQL with InnoDB	org.hibernate.dialect.MySQLInnoDBDialect

数　据　库	SQL Dialect类
MySQL with MyISAM	org.hibernate.dialect.MySQLMyISAMDialect
Oracle (any version)	org.hibernate.dialect.OracleDialect
Oracle 9i/10g	org.hibernate.dialect.Oracle9Dialect
Sybase	org.hibernate.dialect.SybaseDialect
Sybase Anywhere	org.hibernate.dialect.SybaseAnywhereDialect
Microsoft SQL Server	org.hibernate.dialect.SQLServerDialect
SAP DB	org.hibernate.dialect.SAPDBDialect
Informix	org.hibernate.dialect.InformixDialect
HypersonicSQL	org.hibernate.dialect.HSQLDialect
Ingres	org.hibernate.dialect.IngresDialect
Progress	org.hibernate.dialect.ProgressDialect
Mckoi SQL	org.hibernate.dialect.MckoiDialect
Interbase	org.hibernate.dialect.InterbaseDialect
Pointbase	org.hibernate.dialect.PointbaseDialect
FrontBase	org.hibernate.dialect.FrontbaseDialect
Firebird	org.hibernate.dialect.FirebirdDialect

hibernate.dialect 属性应设为表 18.9 中第 2 列的值。

18.1.6　使用 JNDI 数据源

Hibernate 可以使用两种方式连接数据库，一种是直接使用 JDBC 进行连接，另一种就是使用 JNDI 数据源来连接数据库。配置 JNDI 数据源的方法很简单。在<Tomcat 安装目录>\conf\Catalina\localhost 中建立一个 webdemo.xml 文件，然后输入如下内容：

```
<!--  定义局部数据源连接池  -->
<Context path="/webdemo" docBase="webdemo" debug="0">
    <Resource name="jdbc/webdb" auth="Container"
            type="javax.sql.DataSource"
            driverClassName="com.mysql.jdbc.Driver"
            url="jdbc:mysql://localhost:3306/webdb"
            username="root"
            password="1234"
            maxActive="200"
            maxIdle="50"
            maxWait="3000"/>
</Context>
```

关于 JNDI 数据源更详细的内容请读者参阅第 4 章 4.2.1 节的讲解。在 hibernate.cfg.xml 文件中配置 JNDI 数据源时只需要使用 connection.datasource 属性指定 JNDI 名称，配置代码如下：

```
<?xml version='1.0' encoding='UTF-8'?>
<!DOCTYPE hibernate-configuration PUBLIC
        "-//Hibernate/Hibernate Configuration DTD 3.0//EN"
"http://hibernate.sourceforge.net/hibernate-configuration-3.0.dtd">
```

```
<hibernate-configuration>
    <session-factory>
        <property name="connection.datasource">
            java:/comp/env/jdbc/webdb
        </property>
    </session-factory>
</hibernate-configuration>
```

从上面的配置代码可以看出，在 hibernate.cfg.xml 文件中配置 JNDI 数据源非常方便，只需要指定一个 connection.datasource 属性即可。如果在 hibernate.properties 文件中配置 JNDI 数据源，需要指定 hibernate.connection.datasource 属性。如果 Java Web 应用正处于开发阶段，可以使用 JDBC 来连接数据库，但在系统发布后，建议使用 JNDI 数据源连接数据库，这样有助于提升系统的性能。

18.1.7　掌握配置映射文件

在建立映射文件后，需要让 Hibernate 知道这些映射文件被放到了什么位置。一般可以使用 Hibernate XML 配置文件的<mapping>标签指定映射文件的位置。在<mapping>标签中有如下 3 个属性可以用于指定映射文件的位置。

❏ resource：该属性表示映射文件的相对路径（相对于 CLASSPATH 变量指定的路径，包括 jar 包），例如在 CLASSPATH 变量中指定了一个 map.jar 包，在 jar 包中的 hibernate 目录里有一个 mapping.xml 文件，则可以使用<mapping resource="hibernate/mapping.xml"/>来指定这个 mapping.xml 文件。

❏ file：该属性表示映射文件的绝对路径，如 file="C:\hibernate\mapping.xml"。

❏ jar：该属性表示映射文件所有的 jar 包。Hibernate 将搜索 jar 包中所有以.hbm.xml 结尾的映射文件（包括子目录中的.hbm.xml 文件）。如指定 jar="C:\jars\mapping.jar" 后，该包中的所有以.hbm.xml 结尾的文件都会成为 Hibernate 的映射文件。

除了使用 XML 配置文件指定映射文件，还可以使用编程的方式指定映射文件。在 Configuration 类中有 6 个方法可以使用不同的方式指定映射文件，这 6 个方法定义及功能如下：

```
// 相当于<mapping>标签的 resource 属性
public Configuration addResource(String resourceName) throws MappingExce
ption;
// 相当于<mapping>标签的 file 属性
public Configuration addFile(String xmlFile) throws MappingException;
// 相当于<mapping>标签的 file 属性，需要一个 File 对象来封装映射文件的路径
public Configuration addFile(File xmlFile) throws MappingException;
// 通过指定一个实体 Bean 来指定映射文件（Hibernate 将实体 Bean 所在的 package 中的所
// 有以.hbm.xml 结尾的文件都作为映射文件
public Configuration addClass(Class persistentClass) throws Mapping-
Exception;
// 相当于<mapping>标签的 jar 属性
public Configuration addJar(File jar) throws MappingException;
// 通过一个 File 对象来指定一个目录，Hibernate 将指定目录中的所有以.hbm.xml 结尾的
// 文件作为映射文件
public Configuration addDirectory(File dir) throws MappingException;
```

18.2　使用注释（Annotations）配置 Hibernate

在 Hibernate 4 中可以使用注释来配置 Hibernate 的映射。注释技术是从 Java SE5 开始支持的。通过在实体 Bean 中嵌入注释，可以起到和在映射文件中配置实体 Bean 相同的效果，而且注释提供了很多默认的值，从而使配置实体 Bean 变得更快捷。

18.2.1　了解 Hibernate 注释

Hibernate 框架和其他的 ORM 工具一样，都需要使用元数据（metadata）来管理数据库表和类之间的映射。在 Hibernate 2.x 中，映射元数据大多数时候是基于 XML 的映射文件。当然还可以使用 XDoclet 技术，这种技术可以利用 Javadoc 源代码注释和一个预编译处理器自动生成 XML 映射文件。但在 Hibernate 4 中加入了对注释的支持，要想将 Hibernate 注释作为映射元数据，必须使用 Java SE5.0 及以上的 JDK 版本。由于 Java 注释被编译进了 .class 文件，因此使用 Hibernate 注释作为映射元数据后，就不再需要映射文件了。

为了不再重复定义，Hibernate 除了几个特殊的注释外，其他的都使用了 EJB3.0 的注释。这些注释都在 javax .persistence 包中，总之在 Hibernate 4 中可以使用如下 3 种方法来建立映射：

- ❏ 建立基于 XML 的映射文件。
- ❏ 使用 Hibernate XDoclet 标签来注释实体 Bean（也可以称为 POJO），并且在编译时产生基于 XML 的映射文件。
- ❏ 使用 Hibernate 注释来映射实体 Bean（需要 Java SE5.0 或更高版本的 JDK）。

18.2.2　安装 Hibernate 注释

如果读者使用的是 MyEclipse 10.6，则无须安装 Hibernate 注释包（MyEclipse 10.6 已自带了这些 jar 包）。如果使用低版本的 MyEclipse，需要从如下的地址下载 Hibernate 的注释包。

```
http://www.hibernate.org
```

在 Hibernate 注释包中有如下 3 个 .jar 文件。

```
hibernate-annotations.jar
hibernate-commons-annotations.jar
ejb3-persistence.jar
```

18.2.3　使用 @Entity 注释实体 Bean

@Entity 是第一个需要使用的注释，该注释将一个 JavaBean 标识成实体 Bean。使用 @Entity 注释的实体 Bean 必须满足以下 3 个条件：

☐　实体 Bean 必须有一个没有参数的构造方法，而且这个构造方法只能被声明为 public。

☐　实体 Bean 必须被声明为 public。

☐　实体 Bean 不能是被声明为 abstract。

@Entity 注释有一个可选的 name 属性，表示在 HQL（将在后面详细讲解）中所使用的实体名，这个属性的默认值是 JavaBean 的类名。

18.2.4　使用@Table 注释实体 Bean

@Table 注释允许为一个要映射到实体 Bean 上的数据表指定更详细的信息。@Table 注释有如下 4 个属性。

☐　catalog：数据库名。默认值是在 Hibernate 配置文件中指定的数据库。使用这个属性可以将当前的实体 Bean 映射到其他数据库中的相应表上。

☐　name：表名。默认值是实体 Bean 的类名。

☐　schema：表的所有者名。默认值是数据库的默认所有者。

☐　uniqueConstraints：表的约束。默认值是没有约束。

下面的代码演示了@Entity 和@Table 的用法。

```
@Entity
@Table(name="t_user", catalog="mydb")
public class User
{
    ...
}
```

在上面的代码中，将 User 类定义为实体 Bean，并将该实体 Bean 映射到 mydb 数据库的 t_user 表上。

18.2.5　使用@Id 注释主键

每一个实体 Bean 都必须有一个主键，这个主键使用@Id 注释进行配置。主键可以是一个属性，也可以是多个属性的组合。但一般情况下，只使用一个字段作为主键。

如果@Id 不加任何属性，将采用 Hibernate 的默认访问策略。@Id 可以应用于实体 Bean 的属性，也可以被应用于实体 Bean 的 getter 方法。如果应用于属性，getter 方法将不会被调用，如下面的代码所示。

```
@Entity
@Table(name="t_user")
public class User
{
    @Id
    public int id;                          // 封装 id 字段的属性
    // Hibernate 并不会调用这个方法，因此这个方法可以去掉
    public int getId()
    {
        return id;
    }
    public void setId(int id)
```

```
    {
        this.id = id;
    }
}
```

如果@Id 应用于 getter 方法，由 Hibernate 将调用 getter 方法，如下面的代码所示。

```
@Entity
@Table(name="t_user")
public class User
{
    int id;                          //  封装 id 字段的属性
    //  id 属性的 getter 方法
    @Id
    public int getId()
    {
        return id;
    }
    //  id 属性的 setter 方法
    public void setId(int id)
    {
        this.id = id;
    }
}
```

除此之外，还可以使用@GenerateValue 注释覆盖@Id 的默认访问策略。@GenerateValue 有如下两个属性。

❑ generator：主键产生器名（也就是@SequenceGenerator、@TableGenerator 和@GenericGenerator 的 name 属性值）。

❑ strategy：Hibernate 提供的主键产生策略。

其中 strategy 属性值是一个枚举类型，该属性值必须是下列值中的一个。

❑ javax.persistence.GenerationType.AUTO：自动确定主键的类型，这是 strategy 属性的默认值。

❑ javax.persistence.GenerationType.IDENTITY：由数据库确定下一个主键的值，如递增类型字段。

❑ javax.persistence.GenerationType.SEQUENCE：主键是 SEQUENCE 类型字段。

❑ javax.persistence.GenerationType.TABLE：保证另一个使用这个主键的表记录的唯一性。

下面的代码使用@GeneratedValue 覆盖了@Id 的默认访问策略。

```
@Entity
@Table(name="t_user")
public class User
{
    int id;          //  封装 id 字段的属性
    @Id
    @GeneratedValue(strategy=javax.persistence.GenerationType.IDENTITY)
    //  id 属性的 getter 方法
    public int getId()
    {
        return id;
    }
    //  id 属性的 setter 方法
```

```
    public void setId(int id)
    {
        this.id = id;
    }
}
```

18.2.6　使用@GenericGenerator 注释产生主键值

@GenericeGenerator 注释是在 Hibernate 中定义的，该注释类在 org.hibernate.annotations 包中。这个注释可以使用 Hibernate 内置的各种主键生成策略生成主键值。如下面的代码使用 uuid 策略来生成主键值。

```
@Id
@org.hibernate.annotations.GenericGenerator(name    =    "hibernate-uuid",
strategy = "uuid")
@GeneratedValue(generator="hibernate-uuid")
//  并不需要使用 setter 方法为这个 id 赋值，Hibernate 会自动根据 uuid 策略产生键值
public String getId()
{
    return id;
}
```

如果要使用 uuid 策略，作为主键的字段类型必须是字符串类型，而且长度不能小于 32。如果使用上面的代码生成主键值，就会看到图 18.1 所示的效果。

	id	name
□	2147483647djieflj23568905345345sdfsd8946	我的信息
□	2147483647djiefljfsd5688h953468906685468	my message
*	(NULL)	(NULL)

图 18.1　使用 uuid 策略生成的主键值

从图 18.1 所示的效果可以看出，使用 uuid 策略生成的主键值是唯一的字符串。除了 uuid 策略外，Hibernate 还支持很多其他的生成策略，这些生成策略有的依赖于数据库，有的则完全独立于数据库（如 uuid 策略），读者可以从下面的地址来查看更详细的生成策略信息。

```
http://www.hibernate.org/hib_docs/v3/reference/en/html/mapping.html#map
ping-declaration-id-generator
```

18.2.7　使用@Basic 和@Transient 注释

在默认情况下，实体 Bean 中的属性都是可持久化的。Hibernate 将每一个属性对应于一个数据表字段。如果在实体 Bean 中某个属性没有对应的数据表字段，在使用实体 Bean 时将会抛出异常。这种默认映射的数据类型可以是简单类型（int、long 等）、简单类型数组、枚举及任何实现了 Serializable 的接口，而且本身不是实体 Bean 的类。

实际上，这种默认映射就相当于使用@Basic 来注释属性（使用@Basic 的默认值）。@Basic 有如下两个属性。

❏ fetch：设置装载数据的策略，默认值是 EAGER。但也可以将其设为 LAZY，如果将该属性设为 LAZY，实体 Bean 的属性只有在使用时才装载数据。但在大多数时候由于实体 Bean 的属性值并没有那么大的数据量，因此，并不需要将该属性设为 LAZY。如果将小数据量的属性设为 LAZY，将会影响系统的性能。

❏ optional：设置当前属性是否可以为 null，默认值是 true。如果设为 false，则当前属性不能为 null。

实体 Bean 的某些属性可以只在运行时使用，而在持久化时需要被忽略（这些属性并不对应数据表中的字段）。而如果使用@Basic 注释这些属性，在使用实体 Bean 时会抛出异常。因此，EJB3 规范提供了一个@Transient 注释，该注释用于设置只在运行时使用的属性。如下面代码中的 msg 属性在数据表中并没有对应的字段，因此需要使用@Transient 来设置该字段。

```
@Transient
public String getMsg()
{
    return msg;
}
```

18.2.8　更高级的 Hibernate 注释

除了前面介绍的几个简单的注释外，Hibernate 4 还包含了很多更复杂的注释，如@ManyToOne、@ManyToAny、@OrderBy 和@Cache 等，这些高级的注释将在后面的部分陆续介绍，读者可以从下面的地址来获得 Hibernate 4 提供的注释的详细信息。

```
EJB3 注释: http://www.hibernate.org/hib_docs/ejb3-api/
Hibernate4 注释: http://www.hibernate.org/hib_docs/annotations/api/
```

18.3　使用注释重新实现添加信息程序

在本节将使用注释重新实现第 17 章的例子。如果使用注释来配置实体 Bean，就不再需要映射文件了，但仍需要在 hibernate.cfg.xml 文件中指定使用注释配置的实体 Bean。而且 Session 工厂类不能再使用 Configuration 类处理 Hibernate 配置文件，而要使用 AnnotationConfiguration 类来处理 Hibernate 配置文件。AnnotationConfiguration 类是 Configuration 类的子类，该类也在 org.hibernate.cfg 包中。

18.3.1　使用注释配置实体 Bean

使用注释配置的实体 Bean（MyMessage 类）和第 17 章给出的实体 Bean 的属性完全相同，而它们有如下两点不同：

❏ 在实体 Bean 中要引用 javax.persistence 包（在这个包中定义了 EJB3 Annotations）。

❏ 在类名的上方要使用@Entity 标明这个类是一个实体 Bean，并且使用@Table 指定一个表名。在 **getId** 方法上方使用@Id 标明这个属性是一个 ID。

修改后的 MyMessage 类的代码如下：

```java
package chapter18.entity;
import javax.persistence.*;
@Entity
@Table(name="t_message")
public class MyMessage
{
    //  封装 id 和 name 字段的属性
    private int id;            //  封装 id 字段的属性
    private String name;       //  封装 name 字段的属性
    //  id 属性的 getter 方法
    @Id
    public int getId()
    {
        return id;
    }
    //  id 属性的 setter 方法
    public void setId(int id)
    {
        this.id = id;
    }
    //  name 属性的 getter 方法
    public String getName()
    {
        return name;
    }
    //  name 属性的 setter 方法
    public void setName(String name)
    {
        this.name = name;
    }
}
```

注意：@Id 只能用来注释 getId 方法（用@Id 注释 setId 或 id 都是不行的）。如果将 id 变量声明为 public，也可以用@Id 注释 id 变量。

18.3.2　在 Hibernate 配置文件中指定实体 Bean 的位置

由于将映射文件和实体 Bean 配置在一起可能会引起冲突，因此本例使用了一个新的 Hibernate 注释文件 annotation.cfg.xml。该文件和 hibernate.cfg.xml 在同一目录下。这两个文件的内容基本一样，只是在指定实体 Bean 的位置时，需要使用<mapping>标签的 class 属性，如下面的配置代码所示。

```xml
<hibernate-configuration>
    <session-factory>
        ...
        <mapping class="chapter18.entity.MyMessage" />
    </session-factory>
</hibernate-configuration>
```

如果使用映射文件和注释配置同一个实体 Bean（映射的表不同），那么在默认情况下，

Hibernate 会以映射文件为准。也就是说，XML 映射文件的优先级要高于 Hibernate 注释。因此在这种情况下，将会首先使用映射文件作为映射元数据。如果要改变这种优先级，可以将 hibernate.mapping.precedence 属性值设为 class，配置代码如下：

```
<hibernate-configuration>
    <session-factory>
        ...
        <property name="hibernate.mapping.precedence">class</property>
    </session-factory>
</hibernate-configuration>
```

hibernate.mapping.precedence 属性的默认值为 hbm，也就是会优先考虑映射文件中的配置。

18.3.3　使用 AnnotationConfiguration 类处理 annotation.cfg.xml 文件

需要使用 AnnotationConfiguration 类处理配置实体 Bean 的 Hibernate 映射文件。因此，在本例将使用一个新的 Session 工厂类（AnnotationSessionFactory）来获得 Session 对象。该类和 HibernateSessionFactory 类的实现代码基本相同，但有如下两点差异：

❑ 需要在 AnnotationSessionFactory 类中指定 annotation.cfg.xml 文件。

❑ 必须使用 AnnotationConfiguration 类来处理 annotation.cfg.xml 文件。

AnnotationSessionFactory 类的实现代码如下：

```
package hibernate;
import org.hibernate.HibernateException;
import org.hibernate.Session;
import org.hibernate.cfg.*;
public class AnnotationSessionFactory
{
    // 在此处理指定了 annotation.cfg.xml 文件
    private static String CONFIG_FILE_LOCATION = "/annotation.cfg.xml";
    private static final ThreadLocal<Session> threadLocal = new ThreadLocal
    <Session>();
    // 必须使用 AnnotationConfiguration 类处理 annotation.cfg.xml 文件
    private static AnnotationConfiguration configuration = new Annotation-
    Configuration();
    private static org.hibernate.SessionFactory sessionFactory;
    private static String configFile = CONFIG_FILE_LOCATION;
    static
    {
        try
        {
            // 加载配置文件
            configuration.configure(configFile);
            // 获取 sessionFactory 对象
            sessionFactory = configuration.buildSessionFactory();
        }
        catch (Exception e)
        {
            System.err.println("%%%% Error Creating SessionFactory %%%%");
            e.printStackTrace();
        }
```

```
        }
        ...
}
```

除 了 可 以 在 annotation.cfg.xml 文 件 中 指 定 MyMessage 类 外 ， 还 可 以 使 用 AnnotationConfiguration 类 的 addAnnotatedClass 方 法 配 置 MyMessageAnnotation，代 码 如下：

```
configuration.addAnnotatedClass(chapter18.entity.MyMessage.class);
```

18.3.4　通过 AnnotationSessionFactory 类获得 Session 对象

为了方便，在本例中使用 JSP 程序来代替 Action 类。其实使用 AnnotationSessionFactory 类和 HibernateSessionFactory 类获得 Session 对象的方法完全一样，下面是该 JSP 页面的实现代码。

```jsp
<%@ page pageEncoding="UTF-8"%>
<!--  导入相应的包  -->
<%@page import="hibernate.*,chapter18.entity.*,org.hibernate.*"%>
<html>
    <head>
        <title>测试 Hibernate Annotation</title>
    </head>
    <body>
        <%
        // 获得 Session 对象
        Session mySession = AnnotationSessionFactory.getSession();
        // 开启事务
        Transaction tx = mySession.beginTransaction();
        MyMessage message = new MyMessage();
        // 从请求参数中获得 id 和 name 属性的值
        message.setId(Integer.parseInt(request.getParameter("id")));
        message.setName(request.getParameter("name"));
        // 如果记录存在，修改当前记录 msg 字段值，如果不存在，插入记录
        mySession.saveOrUpdate(message);
        // 提交事务
        tx.commit();
        out.println("插入成功!");
        mySession.close();                     // 关闭 Session
        %>
    </body>
</html>
```

上面的代码在保存 MyMessage 对象时使用了 saveOrUpdate 方法。如果使用该方法来保存实体 Bean 对象，当主键值在数据库中存在时，更新已经存在的记录，如果不存在，则插入一条新记录。在浏览器地址栏中输入如下的 URL：

```
http://localhost:8080/webdemo/chapter18/annotation.jsp?id=1234&name=
bill
```

浏览器将会显示"插入成功"信息。

18.4　小　　结

本章介绍了配置 Hibernate 框架的主要方法。在 Hibernate 3 之前，只能通过 XML 配置文件或 Hibernate XDoclet 标签配置 Hibernate，而在 Hibernate 4 中还可以使用注释技术配置 Hibernate。读者可以根据实际需要选择其中一种配置方法，也可以同时使用多种配置方法。在本章的最后使用了注释重新实现了第 17 章的 Helloworld 程序。读者可以从该程序中了解使用注释配置 Hibernate 的基本步骤。

18.5　实　战　练　习

一. 选择题

1. 在 Hibernate 中，实体类的映射文件用于说明实体类和数据库表的映射关系，以及实体类的属性和表字段的映射关系，每个实体类对应映射文件中一个（　　）节点。

　　A. id　　　　　　　　B. class　　　　　　　C. table　　　　　　　　D. property

2. 使用 Hibernate 技术实现数据持久化时，下面（　　）不在 Hibernate 配置文件中配置。

　　A. 数据库连接信息　　　　　　　　B. 数据库类型（dialect）

　　C. show_sql 参数　　　　　　　　　D. 数据库表和实体的映射信息

二. 编码题

只要在应用程序中使用 Hibernate 框架，就会用到工具类 SessionFactory，在本章 SessionFactory 工具类都是通过 MyEclipse 客户端工具自动生成，查看该工具类，自定义一个可以实现相同功能的工具类。

【提示】关键代码如下：

```
    private   static   final   ThreadLocal<Session>   sessThreadLocal=new
ThreadLocal<Session>();
    //释放 transacion
    private   static   final   ThreadLocal<Transaction>   tranThreadLocal=new
ThreadLocal<Transaction>();
    public Hibernate_Util()
    {
    }
    static{
    conf.configure(config_file);
    factory=conf.buildSessionFactory();
    }
    //得到一个 Session 对象
    public static Session getSession()
    {
      Session session=sessThreadLocal.get();
      try{
        if(session==null)
        {
          if(factory==null)
           factory=conf.buildSessionFactory();
          session=factory.openSession();
```

```
        log.info("Session 创建成功！");
        sessThreadLocal.set(session);
    }
  }catch(Exception e){
  e.printStackTrace();
  log.error("Session 创建失败！");
  }
    return session;
}
public static void beginTran()
{
  Session session=getSession();
  try{
  if(session!=null)
  {
    Transaction tran=session.beginTransaction();
    log.info("事务开始成功！");
    tranThreadLocal.set(tran);
  }
  }catch(Exception e){
  e.printStackTrace();
  log.error("事务开始失败！");
  }
}
public static void commitTran()
{
  Transaction tran=tranThreadLocal.get();
  try{
  if(tran!=null&&!tran.wasCommitted()&&!tran.wasRolledBack())
  {
    tran.commit();
    log.info("事务提交成功！");
    tranThreadLocal.set(null);
  }
  }catch(Exception e){
  e.printStackTrace();
  log.error("事务提交失败！");
  }
}
```

第 19 章　Hibernate 的会话与 O/R 映射

会话（Session）是 Hibernate 的核心。要想使用 Hibernate 框架操作数据库，必须先获得一个 Session 对象。然后就可以在当前的 Session 对象中对数据库中的表进行增、删、改、查等操作。由于数据表之间可能存在不同的关系，如一对一、一对多等关系。因此 Hibernate 框架也提供了映射数据表之间关系的功能。本章的主要内容如下：

- ❑ 会话的基本应用；
- ❑ 映射主键；
- ❑ 映射复合主键；
- ❑ 映射普通属性；
- ❑ 建立多对一单向关联关系；
- ❑ 建立多对一双向关联关系；
- ❑ 建立一对一的关联映射。

19.1　会话（Session）的基本应用

使用 Hibernate 读、写数据库表中的数据时，必须依赖 Session 类对象。在前面的章节给出的例子中不止一次地使用 HibernateSessionFactory 类的 getSession 方法获得一个 Session 对象，然后通过 Session 对象的不同方法保存、装载实体 Bean 对象实例。为了进一步了解 Session 对象，在本节将介绍 Session 的一些基本的应用。

19.1.1　保存持久化对象

创建一个实体 Bean 的对象实例，并使用 XML 配置文件或注释对实体 Bean 进行映射后，并不能将实体 Bean 对象中的数据保存到数据库表中。而要想将实体 Bean 对象中的数据保存到数据库表中，就必须使用 Session 接口的 save 方法（实际上，save 方法的功能就是向数据表中插入记录）。save 方法有如下两种重载形式：

```
public Serializable save(Object object) throws HibernateException;
public Serializable save(String entityName, Object object) throws
HibernateException;
```

其中，object 参数表示实体 Bean 的对象实例。entityName 表示实体 Bean 的类名（package.classname）。如果指定了 entityName 参数，在调用 save 方法引发的 onSaveOrUpdate 事件中，可以通过事件方法参数 event 调用 getEntityName 方法获得这个实体名（Hibernate 事件将在后面的部分详细介绍）。但通常只使用 save 方法的第一种重载形式。下面的代码演示了如何通过 save 方法持久化实体 Bean 对象。

```
User user = new User();              // 建立 User 对象实例
user.setName("bill");                // 初始化 name 属性
// 通过 HibernateSessionFactory 类的 getSession 方法获得 Session 对象
Session session = HibernateSessionFactory.getSession();
Transaction tx = null;
tx = session.beginTransaction();     // 开启事务
session.save(user);                  // 持久化 user 对象
tx.commit();                         // 提交事务
```

注意：使用 save 方法持久化对象实例，必须要开启一个事务，而且在调用 save 方法后，要使用 Transaction 接口的 commit 方法提交事务，才能将持久化对象中的数据保存在数据库中。

虽然 save 方法可以将对象持久化，但如果当前要保存的对象已经被持久化，再调用 save 方法就会抛出异常。如果很难判断当前要保存的对象是否已经持久化，最好的方法是使用 Session 接口的 saveOrUpdate 方法，这个方法有如下两种重载形式。

```
public void saveOrUpdate(Object object) throws HibernateException;
public void saveOrUpdate(String entityName, Object object) throws
HibernateException;
```

saveOrUpdate 和 save 方法的参数含义完全相同。只是当前要持久化的对象如果已经被持久化，saveOrUpdate 方法就会将对象中的数据更新到数据库表中。

19.1.2　判断持久化对象之间的关系

对于一个实体 Bean 的对象实例来说，代表着两层含义。一层是在 JVM（Java 虚拟机）中的普通对象实例，另一层是数据表中的数据记录。

当从同一个 Session 中获得同一个持久化对象时，也就相当于获得同一条记录。因此可以使用 "==" 判断获得的是否为同一个持久化对象。如果从不同的 Session 中获得持久化对象，那么 Hibernate 将为每个 Session 产生不同的对象实例，这时使用 "==" 判断它们是否相等，将会返回 false。

如果要判断从不同 Session 中获得的持久化对象是否相等，需要在实体 Bean 中覆盖 equals 方法，如下面代码所示。

```
// 定义和创建 Session 工厂
org.hibernate.SessionFactory sessionFactory;
// 创建 Session Factory 对象实例
sessionFactory = configuration.buildSessionFactory();
// 使用 openSession 方法获得两个 Session 对象
Session session1 = sessionFactory.openSession();
Session session2 = sessionFactory.openSession();
// 从不同的 Session 对象中装载 3 个 User 对象实例
User user1 = (User) session1.get(User.class, id);
User user2 = (User) session1.get(User.class, id);
User user3 = (User) session2.get(User.class, id);
// 条件为 true
if(user1 == user2)
```

```
{
    ...
}
// 条件为 false，要判断 user1 和 user3，需要在 User 类中覆盖 equals 方法
if(user1 == user3)
{
    ...
}
//  需要覆盖 User 类的 equals 方法，否则使用 hashcode 进行比较，仍然不相等
if(user1.equals(user3))
{
    ...
}
```

从上面的结论中还可以得出一个推论：在同一个 Session 中不能有两个或两个以上持久化对象的主键值相同。或者说同一个 Session 对象中所有主键值相同的持久化对象实际上都是同一个持久化对象。

19.1.3　装载持久化对象

在 Session 接口中提供了一个 load 方法，该方法可以根据主键从数据库表中装载数据，并以持久化对象形式返回。load 方法有如下 5 种重载形式。

```
public Object load(Class theClass, Serializable id) throws Hibernate-
Exception;
public Object load(String entityName, Serializable id) throws Hibernate-
Exception;
public void load(Object object, Serializable id) throws HibernateException;
public Object load(String entityName, Serializable id, LockMode lockMode)
throws HibernateException;
public Object load(Class theClass, Serializable id, LockMode lockMode)
throws HibernateException;
```

其中 id 表示主键值，该主键值所对应的类必须实现 Serializable 接口，theClass 表示要查找的持久化对象的 Class，entityName 表示持久化对象的类名（package.classname），object 表示要装载的持久化对象。前两个 load 方法都返回了一个 Object 对象，这个返回值就是已经装载的持久化对象。而第 3 个 load 方法并没有返回值，而是通过 object 参数先指定主键值，如果成功装载持久化对象，Hibernate 就会装载该对象的其他属性值。最后两个重载形式的 lockMode 参数表示装载持久化过程中的锁类型，下面所述的是 3 种常用的锁类型。

- □ LockMode.NONE：在这种锁模式下，如果持久化对象在 Cache 中已存在，就从 Cache 中获得这个持久化对象。这是 Hibernate 的默认锁模式。
- □ LockMode.READ：防止在当前事务中其他的 SELECT 来读取数据。
- □ LockMode.UPGRADE: upgrade 锁。在这种锁模式下，在当前事务中，使用 SELECT 为 UPDATE 语句来锁定数据，直到事务结束。

Session 接口还提供了另外一个装载持久化对象的 get 方法。get 方法有如下 4 个重载形式。

```
public Object get(Class clazz, Serializable id) throws HibernateException;
public Object get(String entityName, Serializable id) throws
HibernateException;
```

```
public Object get(String entityName, Serializable id, LockMode lockMode)
throws HibernateException;
public Object get(Class clazz, Serializable id, LockMode lockMode) throws
HibernateException;
```

　　get 方法和 load 方法的功能基本相同,只是在装载持久化对象时,如果要装载的持久化对象不存在(也就是要查的记录不存在),load 方法仍然会返回一个持久化对象,只是这个持久化对象除了主键属性外,访问其他的属性或方法,都会抛出一个异常。而 get 方法当持久化对象不存在时会返回一个 null。因此在不能确定要装载的持久化对象是否存在时,最好使用 get 方法。下面的代码演示了如何使用 get 方法和 load 方法装载持久化对象,以及抛出异常的情况。

```jsp
<!-- loadentitybean.jsp -->
<%@ page pageEncoding="UTF-8"%>
<%@page import="hibernate.*,chapter17.entity.*,org.hibernate.*"%>
<html>
    <head>
        <title>装载实体 Bean 对象实例</title>
    </head>
    <body>
        <%
        // 使用 HibernateSessionFactory 类的 getSession 方法获得一个 Session 对象
        Session mySession = HibernateSessionFactory.getSession();
        // 开启一个事务
        Transaction tx = mySession.beginTransaction();
        MyMessage myMessage = new MyMessage();   // 创建 MyMessage 对象实例
        myMessage.setId(200);                    // 初始化 id 属性
        myMessage.setName("carcjgong");          // 初始化 name 属性
        mySession.saveOrUpdate(myMessage);       // 持久化 myMessage 对象
        // 使用 get 方法装载 id 值为 200 的 MyMessage 对象
        Object obj = mySession.get(MyMessage.class, 200);
        if(obj != null)                          // 当 obj 不为空时
        {
            myMessage = (MyMessage)obj;
            out.println("id: " + myMessage.getId() + "  name: " +
            myMessage.getName());
        }
        Else                                     // 当 obj 为空时
        {
            out.println("未找到 id 为 200 的记录!");
        }
        out.println("<br>");
        // 使用 get 方法装载 id 值为 12345678 的 MyMessage 对象
        // 假设该 id 值不存在,则 get 方法返回 null
        obj = mySession.get(MyMessage.class, 12345678);
        if(obj == null)                          // 当 obj 为空时
        {
            out.println("未找到 id 为 12345678 的记录!<br>");
        }
        try
        {
            // 使用 load 方法装载 id 值为 12345678 的 MyMessage 对象
            // 假设该 id 值不存在,则 load 方法仍然返回 MyMessage 对象
            obj = mySession.load(MyMessage.class, 12345678);
            myMessage = (MyMessage)obj;
            myMessage.getName();                 // 调用 getName 方法时抛出异常
```

```
        }
        catch(Exception e)
        {
            out.println(e.getMessage());
        }
        tx.commit();                              //  提交事务
        mySession.close();                        //  关闭 Session
        %>
    </body>
</html>
```

在浏览器地址栏中输入如下的 URL：

```
http://localhost:8080/webdemo/chapter19/loadentitybean.jsp
```

浏览器显示的信息如图 19.1 所示。

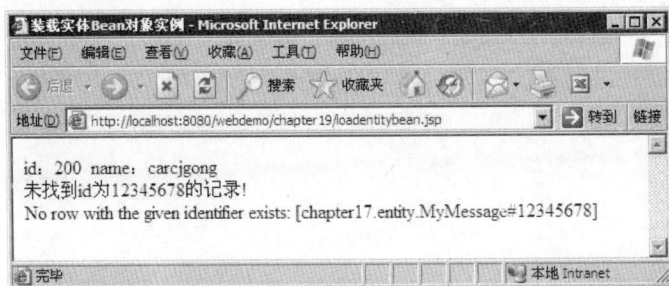

图 19.1　使用 get 方法和 load 方法装载持久化对象

从图 19.1 所示的输出信息可以看出，使用 load 方法装载持久化对象后，如果 id 不存在，则仍然返回持久化对象，但当调用 getName 方法时，则抛出了异常信息。该异常信息显示不存在指定 id 值的记录（No row with the given identifier exists）。

19.1.4　刷新持久化对象

Hibernate 提供了一种机制，可以根据数据库表中的数据来刷新持久化对象中的属性值。Session 接口的 refresh 方法用来完成这个功能。refresh 方法有如下两种重载形式。

```
public void refresh(Object object) throws HibernateException;
public void refresh(Object object, LockMode lockMode) throws Hibernate-
Exception;
```

假设 t_message 表中有一条 id 值 200 的记录，并且 name 字段值为 car。下面的代码演示了刷新 MyMessage 对象前的 name 属性值和刷新后的 name 属性值的变化。

```
<!-- refresh.jsp -->
<%@ page pageEncoding="UTF-8"%>
<!-- 导入包 -->
<%@page import="hibernate.*,chapter17.entity.*,org.hibernate.*"%>
<%
// 创建 Session 对象
Session mySession = HibernateSessionFactory.getSession();
MyMessage myMessage = new MyMessage();
// 查找 id 值为 200 的数据记录
```

```
Object obj = mySession.get(MyMessage.class, 200);
//  成功装载 MyMessage 对象
if(obj != null)                              //  当对象 obj 不为空时
{
    //  将 get 方法返回的对象转换成 MyMessage 对象
    myMessage = (MyMessage)obj;
    myMessage.setName("abcdcjgong");         //  为 name 属性赋值
    out.println("name 属性的新值;" + myMessage.getName() + "<hr>");
    //  刷新 myMessage 对象后，name 属性值又恢复到和当前记录的 name 字段相同的值
    mySession.refresh(myMessage);
    out.println("刷新后的 name 属性值;" + myMessage.getName());
}
mySession.close();                           //  关闭 Session 对象
%>
```

在浏览器地址栏中输入如下的 URL：

```
http://localhost:8080/webdemo/chapter19/refresh.jsp
```

浏览器显示的信息如图 19.2 所示。

图 19.2　使用 refresh 方法刷新持久化对象

19.1.5　更新持久化对象

如果持久化对象的属性值变化了，Hibernate 在默认情况下会自动将这些已经改变了的属性值持久化。从开发人员的角度来说，并不需要做任何工作显式地保存数据。但却可以利用 setFlushMode 方法修改 Hibernate 默认的更新模式，也可以使用 getFlushMode 方法获得当前的更新模式。这两个方法的定义如下：

```
public void setFlushMode(FlushMode flushMode);
public FlushMode getFlushMode();
```

其中 flushMode 参数表示更新模式，该参数可设置的值如下。

❑ FlushMode.MANUAL：手动更新。除非调用了 Session 接口的 flush 方法，否则 Hibernate 不自动更新持久化对象。

❑ FlushMode.COMMIT：当提交事务时更新持久化对象。

❑ FlushMode.AUTO：由 Hibernate 来管理持久化对象的更新，以保证被返回的数据是最新的。这是 Hibernate 的默认更新模式。

❑ FlushMode.ALWAYS：在每一条查询语句执行之前 Session 都会被更新。

除此之外，还可以通过 Session 接口的 isDirty 方法判断持久化对象中的属性值是否和

数据表中相应的字段的值一致。如果一致则返回 false，否则返回 true。isDirty 方法的定义
如下：

```
public boolean isDirty() throws HibernateException;
```

下面的代码演示了 isDirty 方法返回 true 和 false 的情况。

```
//　获得 Session 对象
Session mySession = HibernateSessionFactory.getSession();
MyMessage myMessage = new MyMessage();          //　创建 MyMessage 对象
//　装载 id 值为 200 的 MyMessage 对象
Object obj = mySession.get(MyMessage.class, 200);
if(obj != null)
{
    //　将 get 方法返回的对象转换成 MyMessage 对象
    myMessage = (MyMessage)obj;
    System.out.println(mySession.isDirty());    //　输出 false
    myMessage.setName("abcd");                  //　初始化 name 属性
    System.out.println(mySession.isDirty());    //　输出 true
}
mySession.close();                              //　关闭 Session 对象
%>
```

从上面的代码可以看出，当成功装载持久化对象后，isDirty 方法返回 false，表示属性
值和相应的字段值完全一样，当修改持久化对象的属性值后，isDirty 方法返回 true，表示
属性值和相应的字段值不一致。

19.1.6　删除持久化对象

使用 Hibernate 删除持久化对象（也就是数据表中的记录）的最简单的方法就是使用
Session 接口的 delete 方法，delete 方法有如下两个重载形式。

```
public void delete(Object object) throws HibernateException;
public void delete(String entityName, Object object) throws Hibernate-
Exception;
```

其中 object 参数表示要删除的持久化对象，entityName 表示实体 Bean 的类名
（package.classname）。在 Hibernate 中，除了使用 delete 方法删除持久化对象外，还可以使
用 HQL、SQL 等其他方式删除（将在后面详细讲解）。

19.2　建立 O/R 映射

O/R 映射是 Hibernate 框架的核心功能之一。通过 O/R 映射，可以将二维的数据表和
实体 Bean 进行关联。这些关联包括数据表中的主键及属性的映射，以及数据表之间的关
系，如一对一、多对一等。除此之外，还可以进行更高级的映射，如复合主键、组件映
射等。

19.2.1　映射主键

在前面已经讲过，映射实体 Bean 的基本属性主要有两种方法：XML 映射和注释映射。虽然这两种方法都可以满足各种映射需求，但它们也有一定的区别。它们的差异主要表现在对未映射属性的解释不同。对于 XML 映射来说，如果未在 XML 映射文件中映射实体的 Bean 属性，Hibernate 会认为这些属性只是普通的属性。而注释映射将所有未注释的属性都解释成映射属性，要想将这些属性变为普通属性，需要使用@javax.persistence.Transient 对这些属性进行注释（详见第 18 章 18.2.7 节的内容）。

每一个实体 Bean 必须有一个主键（可以是一个属性，也可以是多个属性的组合）。这个主键在基于 XML 的映射文件中使用<id>标签来定义。<id>标签的所有属性都是可选的。也就是说，可以只使用<id/>来将实体 Bean 中的 id 属性映射为主键。<id>的常用属性如下。

❑ name（可选）：实体 Bean 的属性名。默认值是 id。

❑ column（可选）：数据表中的主键字段名。默认值是 name 属性的值。

❑ type（可选）：字段类型。默认值是 name 属性指定的实体 Bean 属性的类型。

在<id>标签中有一个可选的<generator>子标签，用来指定产生主键值的策略。<generator>标签只有一个 class 属性（这个属性是必须的），用来指定主键值生成策略的类或别名，如 increment、identity、assigned 等。如果不指定<generator>标签，class 属性的默认值是 assigned，表示这个主键值应该和普通属性一样由程序为其赋值。下面的代码演示了一个标准的<id>标签的使用方法。

```
<id name="id" column="customer_id" type="int" >
    <!-- 定义该主键值的生成策略是自增型  -->
    <generator class="increment" />
</id>
```

19.2.2　映射复合主键

数据表中的主键除了可以是一个字段外，还可以由多个字段组成。如 t_keys 表的主键是由 key1 和 key2 两个字段组成的复合主键。建立 t_keys 表的 SQL 语句如下：

```
CREATE TABLE IF NOT EXISTS webdb.t_keys (
  key1 int(11) NOT NULL,
  key2 varchar(255) collate utf8_unicode_ci NOT NULL,
  data varchar(255) collate utf8_unicode_ci default NULL,
  PRIMARY KEY  (key1,key2)
) ENGINE=InnoDB DEFAULT CHARSET=utf8 COLLATE=utf8_unicode_ci;
```

由于映射文件的 DTD 的限制，在<class>标签中只能有一个<id>子标签，因此不可能使用<id>标签映射复合主键。为此，Hibernate 框架提供了一个<composite-id>标签，专门映射复合主键。在映射复合主键时，可以使用<composite-id>标签的 name 和 class 属性。其中 name 属性表示实体 Bean 中和复合主键对应的属性，class 表示复合主键对应的类。

从上面的描述可知，要将复合主键所涉及的字段单独封装在一个 JavaBean 中。这个

JavaBean 并不是实体 Bean。但这个封装复合主键字段的 JavaBean 必须实现 java.io.Serializable 接口。对于上面建立的 t_keys 表，可以建立如下的复合主键类。

```java
package chapter18.entity;
//  实现接口 Serializable
public class PrimaryKey implements java.io.Serializable
{
    //  封装复合主键的两个字段的属性
    private int key1;
    private String key2;
    //  key1 属性的 getter 方法
    public int getKey1()
    {
        return key1;
    }
    //  key1 属性的 setter 方法
    public void setKey1(int key1)
    {
        this.key1 = key1;
    }
    //  key2 属性的 getter 方法
    public String getKey2()
    {
        return key2;
    }
    //  key2 属性的 setter 方法
    public void setKey2(String key2)
    {
        this.key2 = key2;
    }
}
```

在<composite-id>标签中需要使用<key-property>子标签映射复合主键中的每一个字段。下面的配置代码将 t_keys 表和 Keys 类进行了映射。

```xml
<hibernate-mapping>
    ...
    <class name="chapter18.entity.Keys" table="t_keys">
        <!-- 映射复合主键 -->
        <composite-id name="primaryKey"
            class="chapter18.entity.PrimaryKey">
            <key-property name="key1" column="key1" />
            <key-property name="key2" column="key2" />
        </composite-id>
        <!-- 映射 data 字段 -->
        <property name="data" column="data"/>
    </class>
</hibernate-mapping>
```

其中 Keys 类是一个实体类，该类将在 19.2.3 节详细介绍。

19.2.3　实例：主键和复合主键的查询和更新

在本节给出一个实例演示如何使用主键、复合主键查询和更新持久化对象。在本实例中主键表是 t_message，与该表对应的实体 Bean 是 Chapter17.MyMessage。复合主键表是

t_keys，与该表对应的实体 Bean 是 chapter19.Keys，封装复合主键的 JavaBean 是 chapter19.PrimaryKey。要完成实例程序需要执行如下几步。

（1）编写用于查询和更新的 Action 类。PKAction 是一个 Action 类，在该类中有 4 个逻辑处理方法，分别负责查询和更新 t_message 和 t_keys 表中的记录。这 4 个方法如下。

- ❑ querypk：根据主键（id）查询 t_message 表中的记录（装载 MyMessage 对象）。
- ❑ queryCompositePK：根据复合主键（key1 和 key2）查询 t_keys 表中的记录（装载 Keys 对象）。
- ❑ updatepk：更新 t_message 表中的记录（持久化 MyMessage 对象）。
- ❑ updateCompositePK：更新 t_keys 表中的记录（持久化 Keys 对象）。

PKAction 类的实现代码如下：

```
package chapter19.action;
//  导入包
import hibernate.HibernateSessionFactory;
import com.opensymphony.xwork2.*;
import org.hibernate.Session;
import org.hibernate.Transaction;
import chapter17.entity.*;
import chapter19.entity.*;
public class PKAction extends ActionSupport
{
    private int id;              //  封装 id 请求参数的属性
    private String name;         //  封装 name 请求参数的属性
    private int key1;            //  封装 key1 请求参数的属性
    private String key2;         //  封装 key2 请求参数的属性
    private String data;         //  封装 data 请求参数的属性
    private String result;       //  封装处理结果的属性
    //  此处理省略了封装请求参数和处理结果的属性的 getter 和 setter 方法
    ...
    //  根据主键（id）查询 t_message 表中的记录（装载 MyMessage 对象）
    public String querypk() throws Exception
    {
        //  获取 Session 对象
        Session session = HibernateSessionFactory.getSession();
        //  根据主键装载 MyMessage 对象
        Object obj = session.get(MyMessage.class, id);
        if(obj != null){
            MyMessage myMessage = (MyMessage)obj;
            //  将处理结果赋给 result 属性
            setResult("查询: id=" + id + ", name=" + myMessage.getName());
        }else{
            setResult("在 t_message 表中未找到任何记录！");
        }
        session.close();
        return SUCCESS;
    }
    //  根据复合主键（key1 和 key2）查询 t_keys 表中的记录（装载 Keys 对象）
    public String queryCompositePK() throws Exception
    {
        Session session = HibernateSessionFactory.getSession();
        //  创建复合主键类的对象实例
        PrimaryKey pk = new PrimaryKey();
        //  初始化复合主键值
```

```
        pk.setKey1(key1);
        pk.setKey2(key2);
        // 装载 Keys 对象
        Object obj = session.get(Keys.class, pk);
        if(obj != null){
            Keys keys = (Keys)obj;
            // 将处理结果赋给 result 属性
            setResult("查询: key1=" + key1 + ", key2=" + key2 + ", data=" +
            keys.getData());
        }else{
            setResult("在 t_keys 表中未查到任何记录!");
        }
        session.close();
        return SUCCESS;
    }
    // 更新 t_message 表中的记录（持久化 MyMessage 对象）
    public String updatepk() throws Exception
    {
        // 获取 Session 对象
        Session session = HibernateSessionFactory.getSession();
        Transaction tx = session.beginTransaction();// 开始事务
        MyMessage myMessage = new MyMessage();          // 创建 MyMessage 对象
        myMessage.setId(id);                            // 初始化 id 属性
        myMessage.setName(name);                        // 初始化 name 属性
        session.saveOrUpdate(myMessage);                // 持久化 MyMessage 对象
        // 将处理结果赋给 result 属性
        setResult("保存: id=" + id + ", name=" + myMessage.getName());
        tx.commit();                                    // 提交事务
        session.close();
        return SUCCESS;
    }
    // 更新 t_keys 表中的记录（持久化 Keys 对象）
    public String updateCompositePK() throws Exception
    {
        // 获取 Session 对象
        Session session = HibernateSessionFactory.getSession();
        Transaction tx = session.beginTransaction();// 开启事务
        // 创建复合主键类的对象实例
        PrimaryKey pk = new PrimaryKey();
        // 初始化复合主键对象的属性值
        pk.setKey1(key1);
        pk.setKey2(key2);
        Keys keys = new Keys();                         // 创建 keys 对象实例
        // 初始化 Keys 对象的属性值
        keys.setPrimaryKey(pk);
        keys.setData(data);
        session.saveOrUpdate(keys);                     // 持久化 Keys 对象
        // 将处理结果赋给 result 属性
        setResult("保存: key1=" + key1 + ", key2=" + key2 + ", data=" +
        keys.getData());
        tx.commit();                                    // 提交事务
        session.close();                                // 关闭 Hibernate 会话
        return SUCCESS;
    }
}
```

在 PKAction 类中定义了 5 个属性，分别用来封装 5 个请求参数。这 5 个请求参数也是 MyMessage 和 Keys 实体 Bean 的相应属性。读者也可以通过定义模型来封装它们。

（2）配置 Action 类。虽然 PKAction 类有 4 个逻辑处理方法，但这些逻辑处理方法并不需要在配置文件中指定，而是由客户端提交的 URL 来指定调用哪一个逻辑处理方法。PKAction 类的配置代码如下：

```
<package name="chapter19" namespace="/chapter19" extends="struts-
default">
    <!-- 配置动作 -->
    <action name="pk" class="chapter19.action.PKAction">
        <result name="success">
            /chapter19/success.jsp
        </result>
    </action>
</package>
```

（3）编写用于录入数据的 JSP 页面。pk.jsp 页面用于采集查询和更新数据库所需要的信息。该页面有 4 个信息采集域，分别用来采集查询 t_message 表的主键值；更新 t_message 表中的属性值；查询 t_keys 表的复合主键值；更新 t_keys 表的属性值。pk.jsp 页面采用 JSON 插件实现了异步提交请求和更新页面的信息。pk.jsp 页面的实现代码如下：

```
<%@ page pageEncoding="UTF-8"%>
<html>
    <head>
        <title>主键与复合主键</title>
        <!-- 设置 CSS 样式 -->
        <style type="text/css">
        .div
        {
            border: 1px solid black;
            background-color: #bbbbbb;
            width: 500px;
            padding-top: 10px;
            padding-left: 10px;
            padding-bottom: 10px;
        }
        </style>
        <!-- 引用 prototype.js 脚本 -->
        <script src="../javascript/prototype.js" type="text/javascript">
        </script>
        <script language="JavaScript">
        function jsonClick(data, method)
        {
            // 定义要请求的 Action
            var url = 'pk!' + method + '.action';
            // 将表单域的值转换成请求参数
            var params = Form.serialize(data);
            // 创建一个 Ajax.Request 对象来发送请求
            var myAjax = new Ajax.Request(
            url,
            {
                // 指定请求方法为 POST
                method:'post',
                // 指定请求参数
                parameters:params,
                // 指定回调函数
                onComplete: processResponse,
```

```
                       //  指定通过异步方式发出请求和接收响应信息
               asynchronous:true
           });
       }
       // 该方法为异步处理响应信息的函数
       function processResponse(request)
       {
           // 将 JSON 格式转换为 JavaScript 对象
           var obj = request.responseText.evalJSON();
           // 下面的代码分别取出转换后对象中的属性值，并赋给相应的 HTML 元素
           $("div").innerHTML = $("div").innerHTML + obj.result + "<br>" ;
       }
   </script>
</head>
<body>
   <div id="div" class="div" ></div><p/>
   第 1 个信息采集区，用于采集用于查询的 id 主键值<br>
   <div id="data1">
       id:  <input type="text" name="id" />
   </div><p/>
   <input type="button" value="查询" onclick="jsonClick('data1',
   'querypk')" />
   <hr>
   第 2 个信息采集区，用于采集用于更新的 id 主键值和 name 属性值<br>
   <div id="data2">
       id:  <input type="text" name="id" />
       name:  <input type="text" name="name"/>
   </div>
   <p/>
   <input type="button" value="更新" onclick="jsonClick('data2',
   'updatepk')" />
   <hr>
   第 3 个信息采集区，用于采集用于查询的复合主键值 key1 和 key2 的值<br>
   <div id="data3">
       key1:  <input type="text" name="key1" />
       key2:  <input type="text" name="key2"/>
   </div>
   <p/>
   <input type="button" value="查询" onclick="jsonClick('data3',
   'queryCompositePK')" />
   <hr>
   第 4 个信息采集区，用于采集用于更新的复合主键值 key1 和 key2 的值，以及 data 属
   性值<br>
   <div id="data4">
       key1:  <input type="text" name="key1" />
       key2:  <input type="text" name="key2"/><p/>
       data:  <input type="text" name="data"/>
   </div>
   <p/>
   <input type="button" value="查询" onclick="jsonClick('data4',
   'updateCompositePK')" />
   </body>
</html>
```

　　上面的代码使用了 4 个<div>标签作为 4 个信息采集区。在这 4 个<div>标签中分别是 4 个信息采集区的表单域。由于 pk.jsp 页面是通过 AJAX 技术发送请求的，因此表单域并不需要被包含在表单中。在使用 Form.serialize 方法将表单域转换成请求参数时，这些表单域除了可以被包含在<form>标签中外，还可以包含在其他的 HTML 标签中，如下面的代码

都可以成功地将表单域转换成请求参数。

```
<div id="data1">
    id:  <input type="text" name="id" />
</div><p/>
<label id="data2">
    id:  <input type="text" name="id" />
</label><p/>
```

在浏览器地址栏中输入如下的 URL：

```
http://localhost:8080/webdemo/chapter19/pk.jsp
```

浏览器显示的效果如图 19.3 所示。当在图 19.3 所示的 4 个信息采集区域输入相应的信息后，并进行相应的查询和更新，将显示如图 19.4 所示的效果。

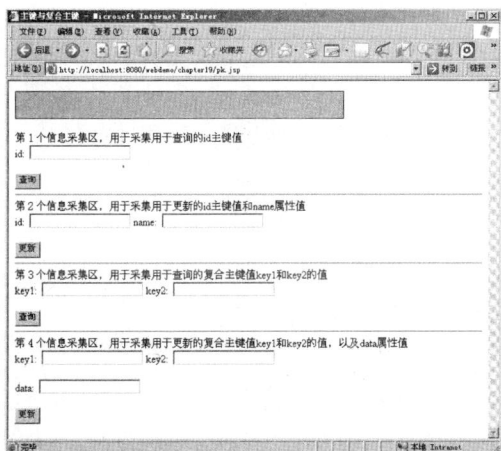

图 19.3　pk.jsp 的运行效果

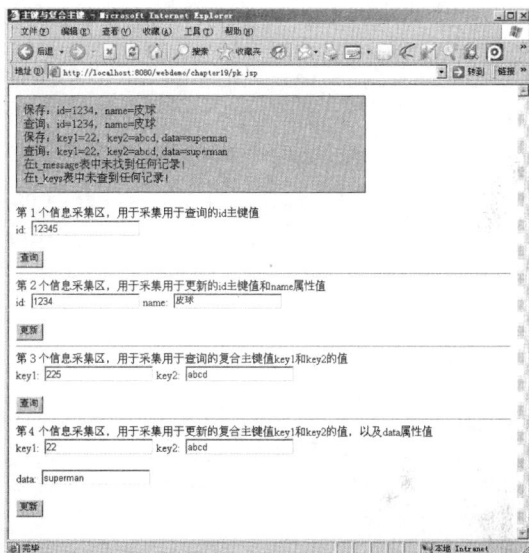

图 19.4　查询和更新数据后的效果

从图 19.4 所示的效果可以看出，执行了 6 次操作，由于 show_sql 属性为 true，因此在执行上面的操作过程中，会在 Tomcat 控制台输出如下 6 条 SQL 语句。

```
Hibernate: select mymessage_.id, mymessage_.name as name0_ from t_message
mymessage_ where mymessage_.id=?
Hibernate: select mymessage0_.id as id0_0_, mymessage0_.name as name0_0_
from t_message mymessage0_ where mymessage0_.id=?
Hibernate: select keys_.key1, keys_.key2, keys_.data as data1_ from t_keys
keys_ where keys_.key1=? and keys_.key2=?
Hibernate: select keys0_.key1 as key1_1_0_, keys0_.key2 as key2_1_0_,
keys0_.data as data1_0_ from t_keys keys0_ where keys0_.key1=? and
keys0_.key2=?
Hibernate: select mymessage0_.id as id0_0_, mymessage0_.name as name0_0_
from t_message mymessage0_ where mymessage0_.id=?
Hibernate: select keys0_.key1 as key1_1_0_, keys0_.key2 as key2_1_0_,
keys0_.data as data1_0_ from t_keys keys0_ where keys0_.key1=? and
keys0_.key2=?
```

从这一点可以看出，Hibernate 在后台也是将持久化对象的操作转换成本地的 SQL 语句，并由相应的 DBMS 执行这些 SQL 语句。

19.2.4　映射普通属性

实体 Bean 的普通属性需要使用<property>标签映射。<property>标签的常用属性如下所示。

- □ name（必选）：该属性表示实体 Bean 的属性名。这个属性是必须的。
- □ column（可选）：该属性表示数据表的字段名。默认值是 name 属性指定的值。
- □ type（可选）：该属性表示字段类型。默认值是 name 属性指定的实体 Bean 属性的类型。
- □ not-null（可选）：该属性表示 name 属性指定的实体 Bean 属性可否为 null。默认值是 true，表示不能为 null。

在某些情况下，<property>标签中会有一个或多个<column>标签。可以使用<column>标签进行更复杂的映射。例如<column>标签有更多的属性，提供了更大的灵活性，一个属性可以映射到多个列上等。

除了使用<property>标签映射普通属性外，还可以使用注释映射普通属性。例如，@Basic 注释相当于<property>标签，@Column 注释相当于<column>标签。下面代码分别演示了如何使用<property>和@Basic 注释映射普通属性。先来看基于 XML 格式的映射程序。

```
<property name="name">
    <column name="name" not-null="false" />
</property>
```

再来看基于注释的映射程序。

```
@Basic
@Column(nullable = false)
public String getName()
{
    return name;
}
```

19.2.5　建立组件（Component）映射

如果实体 Bean 中的某些属性属于同一个类别，或者在很多实体 Bean 中都有这些属性，那么就需要将这些属性组合起来，放到一个单独的 JavaBean 中。如姓名可分为姓和名，或是 firstName 和 lastName。这两个属性可以放到 Name 类中，代码如下：

```
public class Name
{
    private String first;          //  封装 first 字段的属性
    private String last;           //  封装 last 字段的属性
    //  此处省略了 first 和 last 属性的 getter 和 setter 方法
    ...
}
```

假设有 Teacher 和 Student 两个类。这两个类中都有 firstName 和 lastName 属性，就可以使用 Name 类封装这两个属性。Teacher 类的实现代码如下：

```
public class Teacher
{
    private Name name;                 // 封装 name 组合字段的属性
    private int courseId;              // 封装 courseId 字段的属性
    // 此处省略了 name 属性和 courseId 属性的 getter 和 setter 方法
    ...
}
```

Student 类的实现代码如下：

```
public class Student
{
    private Name name;                 // 封装 name 组合字段的属性
    private int age;                   // 封装 age 字段的属性
    // 此处省略了 name 属性和 age 属性的 getter 和 setter 方法
    ...
}
```

Teacher 和 Student 类中的 name 属性被称为"组件属性"。Name 类被称为"组件类"。如果要在映射文件中映射 Teacher 和 Student 类，显然不能直接使用 Name 作为类型。要想映射这两个类，就需要使用<component>标签，代码如下：

```
<!-- 配置组件映射 -->
<component name="name" class="chapter19.entity.Name" >
    <!-- 映射 first 属性 -->
    <property name="first" column="first"/>
    <!-- 映射 last 属性 -->
    <property name="last" column="last"/>
</component>
```

<component>标签的用法有些像映射复合主键的<composite-id>标签。在这两个标签中，都由相应的子标签定义组件类和复合主键类中的属性。<component>标签使用<property>子标签定义组件类中的属性，而<composite-id>标签使用<key-property>子标签定义复合主键类中的属性。

19.2.6　实例：组件映射的应用

本节给出一个实例来演示使用组件映射的步骤。在本实例中涉及一个 t_persons 表，其中该表的 first 和 last 字段将使用 Name 类进行封装。实现本节的实例需要执行如下几步。

（1）建立 t_persons 表。建立 t_persons 表的 SQL 语句如下：

```
CREATE TABLE IF NOT EXISTS webdb.t_persons (
  id int(11) NOT NULL,
  first varchar(10) NOT NULL,
  last varchar(10) NOT NULL,
  birthday date NOT NULL,
  PRIMARY KEY  (id)
) ENGINE=InnoDB DEFAULT CHARSET=utf8 COLLATE=utf8_unicode_ci;
```

（2）建立组件类。Name 是封装 first 和 last 属性的组件类，该类的实现代码如下：

```
package chapter19.entity;
public class Name
```

```
{
    //  封装 first 和 last 字段的属性
    private String first;
    private String last;
    //  first 属性的 getter 方法
    public String getFirst()
    {
        return first;
    }
    //  first 属性的 setter 方法
    public void setFirst(String first)
    {
        this.first = first;
    }
    //  last 属性的 getter 方法
    public String getLast()
    {
        return last;
    }
    //  last 属性的 setter 方法
    public void setLast(String last)
    {
        this.last = last;
    }
    //  覆盖 Object 类的 toString 方法，以输出更人性化的字符串
    public String toString()
    {
        return first + " " + last;
    }
}
```

在 Name 类中覆盖了 Object 的 toString 方法。该方法返回由 first 和 last 属性组合而成的字符串。

（3）建立实体 Bean。Person 是和 t_persons 表对应的实体 Bean。Person 类的实现代码如下：

```
package chapter19.entity;
//  表示人的 JavaBean
public class Person
{
    //  封装 id、birthday 字段和 name 组合字段的属性
    private int id;
    private Name name;
    private java.util.Date birthday;
    //  id 属性的 getter 方法
    public int getId()
    {
        return id;
    }
    //  id 属性的 setter 方法
    public void setId(int id)
    {
        this.id = id;
    }
    //  name 属性的 getter 方法
    public Name getName()
    {
        return name;
```

```
    }
    //  name 属性的 setter 方法
    public void setName(Name name)
    {
        this.name = name;
    }
    //  birthday 属性的 getter 方法
    public java.util.Date getBirthday()
    {
        return birthday;
    }
    //  birthday 属性的 setter 方法
    public void setBirthday(java.util.Date birthday)
    {
        this.birthday = birthday;
    }
    //  格式化日期的方法
    public String formatBirthday()
    {
        //  创建 SimpleDateFormat 对象，用于格式化 birthday 属性值
        java.text.SimpleDateFormat format = new java.text.SimpleDateFormat
            ("yyyy-MM-dd");
        //  按指定模式格式化 birthday 属性值
        return format.format(birthday);
    }
}
```

（4）映射实体 Bean。在 WEB-INF\classes\chapter19\entity 目录中建立一个 person.hbm.xml 文件，并输入如下的内容：

```xml
<?xml version="1.0"?>
<!DOCTYPE hibernate-mapping PUBLIC
"-//Hibernate/Hibernate Mapping DTD//EN"
"http://hibernate.sourceforge.net/hibernate-mapping-3.0.dtd">
<hibernate-mapping>
    <class name="chapter19.entity.Person" table="t_persons">
        <!-- 将 id 属性映射成主键 -->
        <id name="id" column="id" type="int"/>
        <!-- 映射 birthday 属性 -->
        <property name="birthday" column="birthday" type="date"/>
        <!-- 映射组件属性 -->
        <component name="name" class="chapter19.entity.Name" >
            <!-- 映射 first 属性 -->
            <property name="first" column="first"/>
            <!-- 映射 last 属性 -->
            <property name="last" column="last" />
        </component>
    </class>
</hibernate-mapping>
```

在 hibernate.cfg.xml 文件中添加如下的内容指定 person.hbm.xml 文件。

```xml
<hibernate-configuration>
    <session-factory>
        ...
        <!-- 设置映射文件路径 -->
        <mapping resource="chapter19\entity\Person.hbm.xml" />
    </session-factory>
</hibernate-configuration>
```

（5）编写使用组件属性的 Servlet 类。MyComponent 是一个 Servlet 类，负责使用 Person
和 Name 对象向 t_persons 表中添加记录，并读取相应的数据。MyComponent 类的实现代
码如下：

```java
package chapter19.servlet;
// 导入包
import java.io.*;
import javax.servlet.ServletException;
import javax.servlet.http.*;
import org.hibernate.*;
import chapter19.entity.*;
import hibernate.*;
// 继承 HttpServlet 的 Servlet
public class MyComponent extends HttpServlet
{
    // 处理 HTTP GET 请求的 doGet 方法
    public void doGet(HttpServletRequest request, HttpServletResponse
    response)
            throws ServletException, IOException
    {
        response.setContentType("text/html");    // 设置 Content-Type 字段值
        response.setCharacterEncoding("UTF-8"); // 设置响应消息的字符集编码
        PrintWriter out = response.getWriter(); // 获得 PrintWriter 对象
        // 获取 Session 对象
        Session session = HibernateSessionFactory.getSession();
        // 开启事务
        Transaction tx = session.beginTransaction();
        Person person = new Person();            // 创建 Person 类的对象实例
        person.setId(1234);                      // 初始化 Person 对象的属性
        // 创建对象 cal
        java.util.Calendar cal = java.util.Calendar.getInstance();
        cal.set(1985, 11, 25);                   // 设置指定的日期
        person.setBirthday(cal.getTime());       // 初始化 birthday 属性
        Name name = new Name();                  // 建立 Name 类的对象实例
        name.setFirst("bill");                   // 初始化 first 属性
        name.setLast("gates");                   // 初始化 last 属性
        person.setName(name);                    // 初始化 name 属性
        session.saveOrUpdate(person);            // 持久化 person 对象
        tx.commit();                             // 开始另外一个新事务
        // 装载 Person 对象
        person = (Person)session.get(Person.class, 1234);
        if(person != null)                       // 当 person 不为空
        {
            out.println(person.getName().toString() + "  Birth-
            day:" + person.formatBirthday());
        }
        tx.commit();                             // 提交事务
        session.close();                         // 关闭 Session 对象
        out.close();                             // 关闭 PrintWriter 对象
    }
}
```

MyComponent 类的配置代码如下：

```xml
<!-- 定义 Servlet 本身的属性  -->
```

```
<servlet>
    <servlet-name>component</servlet-name>
    <servlet-class>chapter19.servlet.MyComponent</servlet-class>
</servlet>
<!--  定义 Servlet 映射信息  -->
<servlet-mapping>
    <servlet-name>component</servlet-name>
    <url-pattern>/chapter19/component</url-pattern>
</servlet-mapping>
```

在浏览器地址栏中输入如下的 URL：

```
http://localhost:8080/webdemo/chapter19/component
```

浏览器显示的信息如图 19.5 所示。

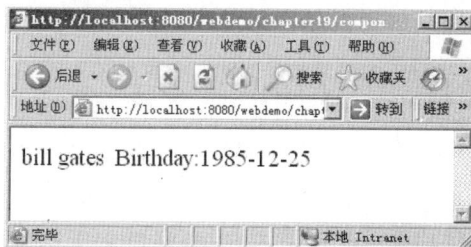

图 19.5　输出组件属性值

19.2.7　基于注释的组件映射

除了使用基于 XML 的映射文件来映射组件属性外，还可以使用注释来映射组件属性。与组件属性相关的注释有如下几个。

❑ @Embeddable：该注释作用于 JavaBean，表明该 JavaBean 是组件类。

❑ @Embedded：该注释用于组件属性，以标明实体 Bean 的组件属性。

❑ @ AttributeOverrides：该注释作用于组件属性，用来指定组件类封装了哪些属性，相当于 XML 映射文件中的<component>标签。

❑ @ AttributeOverride：该注释作用于组件属性，用来配置组件类中的属性，相当于 XML 映射文件中<component>标签的<property>子标签。

❑ @Column：该注释用来映射实体 Bean 中普通属性，在这里用于配置组件类中的属性。

使用注释来映射组件属性需要执行如下几步。

（1）修改组件类。需要使用@Embeddable 注释来配置 Name 类，代码如下：

```
@Embeddable
public class Name
{
    ...
}
```

（2）修改实体 Bean。需要使用@Embedded 注释对 Person 类的 name 属性进行配置，代码如下：

```
@Entity
@Table(name = "t_persons")
public class Person
{
    ...
    @Embedded
    @AttributeOverrides
    ({
        @AttributeOverride(name = "first", column = @Column(name = "first")),
        @AttributeOverride(name = "last", column = @Column(name = "last"))'
    })
    public Name getName()
    {
        return name;
    }
    ...
}
```

🗘注意：如果组件类（Name 类）的属性和字段一致，可以不使用@AttributeOverrides 注释，甚至也可以不使用 @Embedded 注释。这是因为 Hibernate 框架根据 @Embeddable 注释就已经可以猜出 name 是一个组件属性了。

（3）在 Hibernate 配置文件中指定 Person 类的位置。在 annotation.cfg.xml 文件中加入如下代码指定 Person 类的位置。

```
<mapping class="chapter19.entity.Person" />
```

19.2.8 建立多对一（many-to-one）单向关联关系

多对一关系是数据库中最常用的关联关系。以客户（t_customers）和定单（t_orders）的关系为例。一个定单只能属于一个客户，而一个客户可以有多个定单。因此，t_orders 相对于 t_customers 来说就是多对一的关系，而 t_customers 相对于 t_orders 来说就是一对多的关系，这两个表的字段及关系如图 19.6 所示。

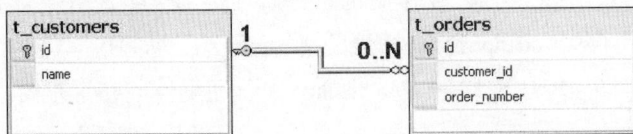

图 19.6 t_customers 和 t_orders 的关联关系

从图 19.6 中可以看出，t_customers 和 t_orders 中的 id 都是主键。t_orders 中的 customer_id 是外键，并和 t_customers 中的 id 字段形成多对一的关系。

要想在映射文件中映射多对一关系，需要使用<many-to-one>标签。假设 t_customers 和 t_orders 表对应的实体 Bean 分别是 chapter19.entity.Customer 和 chapter19.entity.Order，则在关于定单的映射文件中需要添加如下映射代码设置多对一关系：

```
<many-to-one name="customer" column="customer_id"
    class="chapter19..entity.Customer" not-null="true" cascade=
```

```
    "save-update">
</many-to-one>
```

<many-to-one>标签建立了 t_orders 表的外键 customer_id 和 Customer 类的主键 id 之间的关系。它包括以下常用属性。

- ❏ name（必选）：表示实体 Bean 的属性名。
- ❏ column（可选）：表示数据表中的外键名。默认值是 name 属性的值。
- ❏ class（可选）：表示关联类的名称。默认值是当前属性的类型。
- ❏ not-null（可选）：如果该属性为 true，表示当前属性不能为 null。默认值是 true。
- ❏ cascade（可选）：该属性指定哪些操作是级联操作。在上面的配置代码中将该属性指定为 save-update，表示在插入（save）或更新（update）时进行级联操作。该属性可设置的值主要有 persist、merge、delete、save-update、evict、replicate、lock、refresh。如果设置了多个值，中间用逗号（,）分隔。默认值没有级联操作。

19.2.9　实例：多对一关系的演示

在本节给出了一个实例演示如何映射并使用多对一关系。在本实例中使用了 t_orders 和 t_customers 表，与这两个表对应的实体 Bean 为 Order 和 Customer。实现本实例需要执行如下几步。

（1）建立 t_orders 和 t_customers 表。建立上述两个表的 SQL 语句如下：

```
#  建立表 t_orders
CREATE TABLE IF NOT EXISTS webdb.t_orders (
  id int(11) NOT NULL,
  customer_id int(11) NOT NULL,
  order_number varchar(10) NOT NULL,
  PRIMARY KEY  (id)
) ENGINE=InnoDB DEFAULT CHARSET=utf8 COLLATE=utf8_unicode_ci;
#  建立表 t_customers
CREATE TABLE IF NOT EXISTS webdb.t_customers (
  id int(11) NOT NULL,
  name varchar(50) NOT NULL,
  PRIMARY KEY  (id)
) ENGINE=InnoDB DEFAULT CHARSET=utf8 COLLATE=utf8_unicode_ci;
```

（2）编写 Customer 类。Customer 类对应于 t_customers 表，该类的实现代码如下：

```
package chapter19.entity;
import java.util.*;
public class Customer
{
    private int id;          // 封装 id 字段的属性
    private String name;     // 封装 name 字段的属性
    // id 属性的 getter 方法
    public int getId()
    {
        return id;
    }
    // id 属性的 setter 方法
    public void setId(int id)
    {
        this.id = id;
```

```
    }
    // name 属性的 getter 方法
    public String getName()
    {
        return name;
    }
    // name 属性的 setter 方法
    public void setName(String name)
    {
        this.name = name;
    }
}
```

（3）编写 Order 类。Order 类对应于 t_orders 表，该类的实现代码如下：

```
package chapter19.entity;
public class Order
{
    private int id;                  //  封装 id 字段的属性
    private String number;           //  封装 number 字段的属性
    private Customer customer;       //  封装 Customer 对象的属性
    // id 属性的 getter 方法
    public int getId()
    {
        return id;
    }
    // id 属性的 setter 方法
    public void setId(int id)
    {
        this.id = id;
    }
    // number 属性的 getter 方法
    public String getNumber()
    {
        return number;
    }
    // number 属性的 setter 方法
    public void setNumber(String number)
    {
        this.number = number;
    }
    // customer 属性的 getter 方法
    public Customer getCustomer()
    {
        return customer;
    }
    // customer 属性的 setter 方法
    public void setCustomer(Customer customer)
    {
        this.customer = customer;
    }
}
```

由于一个 Order 只能有一个 Customer，因此，customer 属性使用了 Customer 类作为属性类型。

（4）映射实体 Bean。在 WEB-INF\classes\chapter19 目录中建立两个映射文件 Order.hbm.xml 和 Customer.hbm.xml。这两个文件分别用于映射 Order 和 Customer 类。映

射 Order 的配置代码如下：

```xml
<?xml version="1.0"?>
<!DOCTYPE hibernate-mapping PUBLIC
"-//Hibernate/Hibernate Mapping DTD//EN"
"http://hibernate.sourceforge.net/hibernate-mapping-3.0.dtd">
<hibernate-mapping>
    <class name="chapter19.entity.Order" table="t_orders">
        <!-- 将 id 属性映射成自增型主键 -->
        <id name="id" column="id" type="int">
           <generator class="increment" />
        </id>
        <!-- 映射 number 字段 -->
        <property name="number" column="order_number" type="string" />
        <!-- 映射 customer 属性 -->
        <many-to-one name="customer" column="customer_id"
           class="chapter19.entity.Customer"
           cascade="save-update" >
        </many-to-one>
    </class>
</hibernate-mapping>
```

映射 Customer 的配置代码如下：

```xml
<?xml version="1.0"?>
<!DOCTYPE hibernate-mapping PUBLIC
"-//Hibernate/Hibernate Mapping DTD//EN"
"http://hibernate.sourceforge.net/hibernate-mapping-3.0.dtd">
<hibernate-mapping>
    <class name="chapter19.entity.Customer" table="t_customers">
        <!-- 将 id 属性映射成自增型主键 -->
        <id name="id" column="id" type="int">
           <generator class="increment" />
        </id>
        <!-- 映射 name 属性 -->
        <property name="name" column="name" type="string" />
    </class>
</hibernate-mapping>
```

在 hibernate.cfg.xml 文件中加入如下的代码来指定 Order.hbm.xml 和 Customer.hbm.xml
文件的位置。

```xml
<hibernate-configuration>
    <session-factory>
       ...
       <!-- 指定映射文件的路径 -->
       <mapping resource="chapter19\entity\Customer.hbm.xml" />
       <mapping resource="chapter19\entity\Order.hbm.xml" />
    </session-factory>
</hibernate-configuration>
```

（5）编写使用多对一关系的控制台程序。ManyToOne 类是一个控制台程序，负责使用
多对一关系持久化 Order 和 Customer 对象，并装载这两个对象。ManyToOne 类的实现代
码如下：

```java
package chapter19;
import hibernate.*;
import org.hibernate.*;
```

```
import chapter19.entity.*;
public class ManyToOne
{
    public static void main(String[] args)
    {
        // 获得 Hibernate Session 对象
        Session session = HibernateSessionFactory.getSession();
        // 开始一个新事务
        Transaction tx = session.beginTransaction();
        Customer customer = new Customer();   // 创建一个 Customer 对象实例
        customer.setName("Bea");               // 初始化 name 属性
        Order order = new Order();             // 创建 Order 对象实例
        order.setNumber("2008012401");         // 初始化 number 属性
        order.setCustomer(customer);           // 初始化 customer 属性
        session.save(order);                   // 持久化 order 和 customer 对象
        tx.commit();                           // 提交事务
        // 获得已经被持久化的 order 对象的 id 值
        int id = order.getId();
        tx = session.beginTransaction();       // 开始一个新事务
        // 装载 order 和 customer 对象
        order = (Order)session.get(Order.class, id);
        if(order != null)                      // 当 order 不为空时
        {
            System.out.println("Customer: " + order.getCustomer().
            getName());
            System.out.println("Order Number: " + order.getNumber());
        }
        tx.commit();                           // 提交事务
        session.close();                       // 关闭 Hibernate Session 对象
    }
}
```

从上面的代码可以看出，由于 Order 和 Customer 使用了 <many-to-one> 进行关联，因此，在装载 Order 对象的同时，Customer 对象同时也被装载了。如果 <many-to-one> 标签的 cascade 属性的值不是 save-update，在持久化 Order 对象之前，必须先调用 session.save（customer）来持久化 Customer 对象。运行 ManyToOne 程序，将在控制台中输出如下的信息：

```
Hibernate: select max(id) from t_orders
Hibernate: select max(id) from t_customers
Hibernate: insert into t_customers (name, id) values (?, ?)
Hibernate: insert into t_orders (order_number, customer_id, id) values
(?, ?, ?)
Customer: Bea
Order Number: 2008012401
```

由于 Customer 和 Order 的 id 属性都使用了 increment 主键值产生器。而从上面的 SQL 中可以看出，increment 的产生主键值的策略就是通过 max 函数获得 t_orders 和 t_customers 表的 id 字段的最大值，然后加 1 就会获得新的主键值。在持久化 Order 和 Customer 对象过程中通过 insert 语句分别向 t_orders 和 t_customers 表插入记录。

在 ManyToOne 类的最后装载了 Order 对象，但却没有生成相应的 SQL 语句。这是由于在 Hibernate 持久化 Order 和 Customer 对象时，已经将这两个对象放到 Cache 中，如果在同一个会话中装载已经被持久化的对象，Hibernate 就会首先从 Cache 中获得，如果 Cache 没有，再从数据库中装载对象。显然，ManyToOne 类是从 Cache 中装载的 Order 和 Customer 对象，因此，并未生成 SQL 语句。读者可以将 get 方法的第 2 个参数值改为未被持久化对象的 id，这样 Hibernate 就会生成如下的 SQL 语句：

```
select order0_.id as id3_0_, order0_.order_number as order2_3_0_,
order0_.customer_id as
    customer3_3_0_ from t_orders order0_ where order0_.id=?
select customer0_.id as id2_0_, customer0_.name as name2_0_ from t_customers
customer0_
    where customer0_.id=?
```

19.2.10　基于注释的多对一关系映射

<many-to-one>对应的注释为@ManyToOne。指定 Cascade 属性有如下两种方法。

❑ 使用@ManyToOne 注释的 cascade 属性。但 cascade 属性值是 EJB3 规范提供的枚举类型值，而 EJB3 规范并不支持 Hibernate 的所有级联动作，因此如果要使用 Hibernate 特有的级联动作，可以使用第 2 种方法进行映射。

❑ 使用 Hibernate 框架提供的@org.hibernate.annotations.Cascade 注释。

如果外键字段名和属性名不同，需要使用@JoinColumn 注释指定外键字段名。下面的代码演示了如何使用注释来映射 Order 类。

```
@Entity
@Table(name="t_orders")
public class Order
{
    ...
    @ManyToOne
    @Cascade(value={org.hibernate.annotations.CascadeType.SAVE_UPDATE})
    @JoinColumn(name="customer_id")
    public Customer getCustomer()
    {
        return customer;
    }
    ...
}
```

19.2.11　建立一对多（one-to-many）的双向关联关系

t_customers 对 t_orders 的就是一对多的关系，也就是说，一个客户（Customer）可以有多个定单（Order）。但在数据库中无法表示 t_customers 到 t_orders 的一对多关系，也就是说，获得一条 t_customers 记录后，就可以知道和这条记录相关联的 t_orders 中的记录，但在实体 Bean 中这种关系就很容易表示。如果要表示 Customer 到 Order 的一对多的关系，只需要在 Customer 类中加一个集合（Set）类型的属性。将每一个和 Customer 对象相关联的 Order 对象都保存在这个 Customer 对象的集合属性中即可。在映射文件中需要使用<set>

标签映射 Customer 类中的集合属性，配置代码如下：

```
<set name="orders" cascade="save-update" >
    <key column="customer_id" />
    <one-to-many class="chapter19.entity.Order" />
</set>
```

在上面的配置代码中，<set>标签使用了如下属性。

❑ name：表示集合属性名。

❑ cascade：表示参与级联的操作类型。如果将该属性设为 save-update，表示在 save
和 update 时进行级联操作。

在<set>标签中包含了如下两个子标签。

❑ <key>：集合属性中的元素（Order 对象）中的外键（customerId）。

❑ <one-to-many>：指定属性中的元素所对应的实体 Bean（chapter19.entity.Order）。

19.2.12　实例：一对多双向关联的演示

在本节给出了一个实例来演示如何映射并使用一对多关系。在本实例中将使用
t_orders、t_customers 表及和它们相对应的 Order、Customer 类。完成本节的实例需要执行
如下几步。

（1）修改 Customer 类。实现一对多的关系需要在 Customer 类中定义一个 Set<Order>
类型的属性。代码如下：

```
public class Customer
{
    private int id;               //   封装 id 字段的属性
    private String name;          //   封装 name 字段的属性
    //  定义映射一对多关系的 orders 属性
    private Set<Order> orders = new HashSet<Order>();
    // orders 属性的 getter 方法
    public Set<Order> getOrders()
    {
        return orders;
    }
    // orders 属性的 setter 方法
    public void setOrders(Set<Order> orders)
    {
        this.orders = orders;
    }
    //   此处省略了 id、name 属性的 getter 和 setter 方法
    ...
}
```

（2）映射 Customer 类。要想映射一对多关系，需要在 Customer.hbm.xml 文件中加一
个<set>标签。配置代码如下：

```
<?xml version="1.0"?>
<!DOCTYPE hibernate-mapping PUBLIC
"-//Hibernate/Hibernate Mapping DTD//EN"
"http://hibernate.sourceforge.net/hibernate-mapping-3.0.dtd">
<hibernate-mapping>
```

```
    <class name="chapter19.entity.Customer" table="t_customers">
       <!--  将 id 属性映射成主键  -->
       <id name="id" column="id" type="int">
          <generator class="increment" />
       </id>
       <property name="name" column="name" type="string" />
       <!--  映射一对多关系的 orders 属性  -->
       <set  name="orders" cascade="save-update,delete"
          order-by="order_number asc" lazy="true">
          <key column="customer_id" />
          <one-to-many class="chapter19.entity.Order" />
       </set>
    </class>
</hibernate-mapping>
```

虽然很多时候在装载 Customer 对象时，自动装载 Order 对象显得很方便，但是如果只想获得 Customer 对象中的信息，这时再装载 Order 对象就显得有些得不偿失。因此，在上面的配置代码中将<set>标签的 lazy 属性设为 true，这样就可以使 Hibernate 框架只在使用 Customer 的 orders 属性时才装载 Order 对象。如果程序未访问 orders 属性，Hibernate 是不会自动装载 Order 对象的。

lazy 可取的值为 true、false 和 extra。默认值是 true，表示在不访问 orders 属性时 Hibernate 框架不装载 Order 对象。如果设为 extra（一般用在比较大的集合对象上），表示大多数对集合属性的操作都不会初始化集合对象。

<set>标签还可以通过设置 where 属性过滤 orders 属性中的 Order 对象。where 属性的值就是 SQL 中 where 子句的内容。

除此之外，<set>标签还可以对 orders 属性中的 Order 对象进行排序。排序 Order 对象需要设置 order-by 属性。该属性的值就是 SQL 语句中 order by 子句的内容，where 和 order-by 属性的使用方法如下面代码所示。

```
<set name="orders" cascade="save-update,delete"
  where="order_number='2008012401'"
  order-by="order_number asc" lazy="true">
  <key column="customer_id" />
  <one-to-many class="chapter19.entity.Order" />
</set>
```

（3）编写使用一对多关系的控制台程序。OneToMany 类是一个控制台程序，负责使用一对多关系持久化 Order 和 Customer 对象，并装载这两个对象。OneToMany 类的实现代码如下：

```
package chapter19;
import hibernate.*;
import org.hibernate.*;
import chapter19.entity.*;
public class OneToMany
{
    public static void main(String[] args)
    {
        // 获得 Hibernate Session 对象
        Session session = HibernateSessionFactory.getSession();
        // 开启一个事务
        Transaction tx = session.beginTransaction();
        // 创建两个 Order 类的对象实例，并为其属性赋值
```

```
    Order order1 = new Order();         // 创建第 1 个 Order 对象实例
    order1.setNumber("2008012401"); // 初始化 number 属性
    Order order2 = new Order();         // 创建第 2 个 Order 对象实例
    order2.setNumber("2008012402"); // 初始化 number 属性
    // 创建一个 Customer 类的对象实例，并为其属性赋值
    Customer customer = new Customer();
    customer.setName("Bea");
    // 将 Customer 对象实例加入两个 Order 对象实例中
    order1.setCustomer(customer);
    order2.setCustomer(customer);
    // 向 Customer 对象实例加入两个 Order 对象实例
    customer.getOrders().add(order1);
    customer.getOrders().add(order2);
    // 持久化 Customer 对象
    session.save(customer);
    tx.commit();                         // 提交事务
    // 获得被持久化的 Customer 对象的 id 值
    int id = customer.getId();
    // 通过 Customer 的 id 值装载 Customer 对象
    Object obj = session.get(Customer.class, id);
    // 如果数据库中存在相应的记录，则输出 Customer 对象中的属性值
    if(obj != null)
    {
        customer = (Customer)obj;
        System.out.println("customer.id=" + customer.getId());
        System.out.println("customer.name=" + customer.getName());
        java.util.Set<Order> orders = customer.getOrders();
        for(Order order: orders)     // 通过遍历循环输出信息
        {
            System.out.println("order.id=" + order.getId());
            System.out.println("order.number=" + order.getNumber());
        }
    }
    session.close();
    }
}
```

运行 OneToMany 程序后，将在控制台中输出如下信息。

```
Hibernate: select max(id) from t_customers
Hibernate: select max(id) from t_orders
Hibernate: insert into t_customers (name, id) values (?, ?)
Hibernate: insert into t_orders (order_number, customer_id, id) values
(?, ?, ?)
Hibernate: insert into t_orders (order_number, customer_id, id) values
(?, ?, ?)
Hibernate: update t_orders set customer_id=? where id=?
Hibernate: update t_orders set customer_id=? where id=?
customer.id=1
customer.name=Bea
order.id=1
order.number=2008012401
order.id=2
order.number=2008012402
```

　　从上面的输出结果可以看出，Hibernate 先使用两个 insert 语句向 t_orders 表中插入了两条记录。然后又使用两个 update 语句更新刚插入的两条记录。显然最后两条 update 语句是多余的。产生这种情况的原因是 Hibernate 在处理双向关联时，会同时为关联的双方生成

相应的 SQL 语句。

前面两个 insert 语句是 Hibernate 自动调用 save 方法持久化 order1 和 order2 时生成的，而最后两个 update 语句是 Hibernate 在更新 order1 和 order2 时生成的。要想避免这种情况，就需要将<set>标签的 inverse 属性设为 true（inverse 的默认值是 false），如下面的代码所示。

```
<hibernate-mapping>
    <class name="chapter19.entity.Customer" table="t_customers">
        ...
        <!-- 将 inverse 属性设为 true  -->
        <set  name="orders" cascade="save-update,delete" inverse="true"
            order-by="order_number asc" lazy="true">
            <key column="customer_id" />
            <one-to-many class="chapter19.entity.Order" />
        </set>
    </class>
</hibernate-mapping>
```

inverse 属性的功能就是通知 Hibernate 只将双向关联的 many（也就是 Order 对象）当成是一个镜像，并不用为镜像去生成 SQL 语句。这样就可以避免 Hibernate 生成最后两个 update 语句，从而使 Hibernate 执行的 SQL 语句数量减小，提高系统的运行效率。

19.2.13　基于注释的一对多映射

映射一对多关系需要使用如下几个注释。

❑ @OneToMany：相当于<one-to-many>标签。

❑ @Where：相当于<set>标签的 where 属性。

❑ @Cascade：相当于<set>标签的 cascade 属性。

❑ @OrderBy：相当于<set>标签的 order-by 属性。

使用注释映射一对多关系的代码如下：

```
@Entity
@Table(name="t_customers")
public class Customer
{
    ...
    // 配置一对多关系
    @OneToMany(targetEntity =Order.class,mappedBy="customer")
    // 配置集合中元素的查询条件
    @org.hibernate.annotations.Where(clause="order_number='2008012401'")
    // 配置 cascade 属性
    @Cascade(value={org.hibernate.annotations.CascadeType.ALL})
    // 配置集合中元素的排序方式
    @OrderBy(value="number asc")
    public Set<Order> getOrders()
    {
        return orders;
    }
    ...
}
```

19.2.14　建立基于外键的一对一（one-to-one）的关系映射

在两个数据表之间的一对一关系可以有两种实现方法，其中一种就是在一个表上设一个外键（外键值是唯一的），并通过这个外键和另一个表的主键相连。如有两个表：t_employees（雇员）和 t_addresses（地址）。每一个雇员有唯一的地址，每一个地址对应于唯一的雇员。这两个表就是基于外键的一对一关系。

一对一关系映射需要使用 \<many-to-one\> 和 \<one-to-one\> 标签来映射。其中 \<many-to-one\>标签用来映射 Employee 对象中的外键（addresses），如下面的代码所示。

```
<many-to-one name="address"
  class="chapter19.entity.Address"  column="address_id"
  cascade="all" unique="true" />
```

在使用\<many-to-one\>映射一对一关系时，需要使用 unique="true"，表示外键（addressId）的值是唯一的。

\<one-to-one\>标签并不用来映射实际的字段，而是用来指明 Address 对象和 Employee 对象是一对一关系，如下面的代码所示。

```
<one-to-one name="employee" class="chapter19.entity.Employee" property-
ref="address" />
```

其中 property-ref 属性用来指定 Address 对象中的主键和 Employee 对象的哪个外键属性（address）相连。

19.2.15　实例：基于外键的一对一关系演示

本节给出一个实例演示如何映射并使用基于外键的一对一关系。在本实例中涉及了两个表 t_employees 和 t_addresses。其中 t_employees 表的 address_id 字段和 t_addresses 表的 id 字段进行关联，形成一对一关系。与这两个表对应的实体 Bean 是 Employee 和 Address。完成本节的实例需要执行如下几步。

（1）建立 t_employees 和 t_addresses 表。建立 t_employees 表的 SQL 语句，如下所示。

```
#  创建表 t_employees
CREATE TABLE IF NOT EXISTS webdb.t_employees (
 id int(11) NOT NULL,
 name varchar(20) NOT NULL,
 address_id int(11) NOT NULL,
 PRIMARY KEY (id),
 UNIQUE KEY address_id (address_id)
) ENGINE=InnoDB DEFAULT CHARSET=utf8 COLLATE=utf8_unicode_ci;
```

建立 t_orders 表的 SQL 语句，如下所示。

```
#  创建表 t_addresses
CREATE TABLE IF NOT EXISTS webdb.t_addresses (
 id int(11) NOT NULL,
 address varchar(100) NOT NULL,
 PRIMARY KEY (id)
) ENGINE=InnoDB DEFAULT CHARSET=utf8 COLLATE=utf8_unicode_ci;
```

（2）编写 Employee 类。Employee 类对应于 t_employees 表，该类的实现代码如下：

```java
package chapter19.entity;
public class Employee
{
    //  封装了 id 和 name 字段的属性
    private int id;
    private String name;
    //  映射 address_id 字段的属性
    private Address address;
    //  id 属性的 getter 方法
    public int getId()
    {
        return id;
    }
    //  id 属性的 setter 方法
    public void setId(int id)
    {
        this.id = id;
    }
    //  name 属性的 getter 方法
    public String getName()
    {
        return name;
    }
    //  name 属性的 setter 方法
    public void setName(String name)
    {
        this.name = name;
    }
    //  address 属性的 getter 方法
    public Address getAddress()
    {
        return address;
    }
    //  address 属性的 setter 方法
    public void setAddress(Address address)
    {
        this.address = address;
    }
}
```

注意：在实体 Bean 中封装外键字段时，不要直接进行封装，而要使用外键所对应的实体 Bean（Address）作为外键属性（address）的类型。

（3）编写 Address 类。Address 类对应于 t_addresses 表，该类的实现代码如下：

```java
package chapter19.entity;
public class Address
{
    //  封装 id 和 address 字段的属性
    private int id;
    private String address;
    //  该属性并不对应于 t_addresses 表的字段，而是指明 Address 和 Employee 是一对
    //    多的关系
    private Employee employee;
    //  通过构造方法传递属性值
    public Address(String address)
```

```
{
    this.address = address;
}
// 无参数的构造方法
public Address()
{
}
// employee 属性的getter 方法
public Employee getEmployee()
{
    return employee;
}
// employee 属性的setter 方法
public void setEmployee(Employee employee)
{
    this.employee = employee;
}
// id 属性的getter 方法
public int getId()
{
    return id;
}
// id 属性的setter 方法
public void setId(int id)
{
    this.id = id;
}
// address 属性的getter 方法
public String getAddress()
{
    return address;
}
// address 属性的setter 方法
public void setAddress(String address)
{
    this.address = address;
}
}
```

（4）映射 Employee 和 Address 类。在 WEB-INF\classes\chapter19\entity 目录中建立两个映射文件，Employee.hbm.xml 和 Address.hbm.xml，这两个映射文件分别用来映射 Employee 和 Address 类。Employee.hbm.xml 文件的内容如下：

```
<?xml version="1.0"?>
<!DOCTYPE hibernate-mapping PUBLIC
"-//Hibernate/Hibernate Mapping DTD//EN"
"http://hibernate.sourceforge.net/hibernate-mapping-3.0.dtd">
<hibernate-mapping>
<class name="chapter19.entity.Employee" table="t_employees">
    <!-- 映射 id 属性 -->
    <id name="id" column="id" type="int">
        <generator class="increment" />
    </id>
    <!-- 映射 name 属性 -->
    <property name="name" column="name" type="string" />
    <!-- 映射 address 属性 -->
    <many-to-one name="address" class="chapter19.entity.Address"
    column="address_id"
        cascade="all" unique="true" />
```

```
    </class>
</hibernate-mapping>
```

Address.hbm.xml 文件的内容如下：

```
<?xml version="1.0"?>
<!DOCTYPE hibernate-mapping PUBLIC
"-//Hibernate/Hibernate Mapping DTD//EN"
"http://hibernate.sourceforge.net/hibernate-mapping-3.0.dtd">
<hibernate-mapping>
<class name="chapter19.entity.Address" table="t_addresses">
    <!-- 映射 id 属性 -->
        <id name="id" column="id" type="int">
            <generator class="increment" />
        </id>
        <!-- 映射 address 属性 -->
        <property name="address" column="address" />
        <!-- 映射 employee 属性，与 Employee 实体是一对一关系 -->
        <one-to-one name="employee" class="chapter19.entity.Employee"
        property-ref="address" />
    </class>
</hibernate-mapping>
```

（5）编写使用基于外键的一对一关系的控制台程序。OneToOne 类是一个控制台程序，负责使用基于外键的一对一关系持久化 Employee 和 Address 对象，并装载这两个对象。OneToOne 类的实现代码如下：

```
package chapter19;
import hibernate.*;
import org.hibernate.*;
import chapter19.entity.*;
public class OneToOne
{
    public static void main(String[] args)
    {
        // 获得 Hibernate Session 对象
        Session session = HibernateSessionFactory.getSession();
        Transaction tx = session.beginTransaction();    // 开始一个新事务
        // 创建 Address 和 Employee 类的对象实例
        Address address = new Address("my address");
        // 创建 Employee 对象实例
        Employee employee = new Employee();
        // 初始化 Address 和 Employee 对象的属性
        employee.setName("比尔");
        address.setEmployee(employee);
        employee.setAddress(address);
        // 持久化 employee 对象
        session.save(employee);
        tx.commit();
        int id = employee.getId();
        // 根据指定 id 值装载 Employee 对象
        Object obj = session.get(Employee.class, id);
        // 成功装载 Employee 对象
        if(obj != null)
        {
            employee = (Employee)obj;
            // 输出 Employee 对象的相应属性值
            System.out.println("employee.id=" + employee.getId());
```

```
        System.out.println("employee.name=" + employee.getName());
        System.out.println("address.id=" + employee.getAddress().
        getId());
        System.out.println("address.address=" + employee.getAddress().
        getAddress());
    }
    session.close();
    }
}
```

执行 OneToOne 程序后，在控制台中将输出如下的信息：

```
Hibernate: select max(id) from t_employees
Hibernate: select max(id) from t_addresses
Hibernate: insert into t_addresses (address, id) values (?, ?)
Hibernate: insert into t_employees (name, address_id, id) values (?, ?, ?)
employee.id=1
employee.name=比尔
address.id=1
address.address=my address
```

19.2.16　建立基于主键的一对一的关系映射

基于主键的一对一关系也可以使用两个表的主键相互关联。假设有两个表 t_products（产品）和 t_product_details（产品详细信息），这两个表通过各自的主键相连形成一对一的关系。如果要建立基于主键的一对一关系映射，两个实体 Bean 的映射文件都需要使用 <one-to-one> 标签进行映射。

19.2.17　实例：基于主键的一对一关系映射

本节给出一个实例演示如何映射并使用基于主键的一对一关系。在本实例中涉及了两个表 t_products 和 t_product_details。其中 t_products 表的 id 字段和 t_product_details 表的 id 字段进行关联，形成一对一关系。与这两个表对应的实体 Bean 是 Product 和 ProductDetail。完成本节的实例需要执行如下几步。

（1）建立 t_products 和 t_product_details 表。建立 t_products 表的 SQL 语句如下：

```
# 创建表 t_products
CREATE TABLE IF NOT EXISTS webdb.t_products (
  id int(11) NOT NULL,
  name varchar(30) NOT NULL,
  PRIMARY KEY (id)
) ENGINE=InnoDB DEFAULT CHARSET=utf8 COLLATE=utf8_unicode_ci;
```

建立 t_product_details 表的 SQL 语句如下：

```
# 创建表 t_product_details
CREATE TABLE IF NOT EXISTS webdb.t_product_details (
  id int(11) NOT NULL,
  detail varchar(200) NOT NULL,
  PRIMARY KEY (id)
) ENGINE=InnoDB DEFAULT CHARSET=utf8 COLLATE=utf8_unicode_ci;
```

（2）编写 Product 类。Product 类对应于 t_products 表，该类的实现代码如下：

```
package chapter19.entity;
public class Product
{
    //  封装 id 和 name 字段的属性
    private int id;
    private String name;
    //  productDetail 属性引用了 ProductDetail 实体对象
    private ProductDetail productDetail;
    //  带 name 参数的构造方法
    public Product(String name)
    {
        this.name = name;
    }
    //  无参数的构造方法
    public Product()
    {
    }
    //  id 属性的 getter 方法
    public int getId()
    {
        return id;
    }
    //  id 属性的 setter 方法
    public void setId(int id)
    {
        this.id = id;
    }
    //  name 属性的 getter 方法
    public String getName()
    {
        return name;
    }
    //  name 属性的 setter 方法
    public void setName(String name)
    {
        this.name = name;
    }
    //  productDetail 属性的 getter 方法
    public ProductDetail getProductDetail()
    {
        return productDetail;
    }
    //  productDetail 属性的 setter 方法
    public void setProductDetail(ProductDetail productDetail)
    {
        this.productDetail = productDetail;
    }
}
```

（3）编写 ProductDetails 类。ProductDetails 类对应于 t_product_details 表，该类的实现代码如下：

```
package chapter19.entity;
public class ProductDetail
{
    //  封装 id 和 detail 字段的属性
    private int id;
```

```
    private String detail;
    //  product 属性引用了 Product 实体对象
    private Product product;
    //  使用构造方法传递 detail 属性
    public ProductDetail(String detail)
    {
        this.detail = detail;
    }
    //  id 属性的 getter 方法
    public int getId()
    {
        return id;
    }
    //  id 属性的 setter 方法
    public void setId(int id)
    {
        this.id = id;
    }
    //  detail 属性的 getter 方法
    public String getDetail()
    {
        return detail;
    }
    //  detail 属性的 setter 方法
    public void setDetail(String detail)
    {
        this.detail = detail;
    }
    //  product 属性的 getter 方法
    public Product getProduct()
    {
        return product;
    }
    //  product 属性的 setter 方法
    public void setProduct(Product product)
    {
        this.product = product;
    }
}
```

（4）映射 Product 和 ProductDetails 类。在 WEB-INF\classes\chapter19\entity 目录中建立两个映射文件，Product.hbm.xml 和 ProductDetail.hbm.xml，这两个映射文件分别用来映射 Product 和 ProductDetail 类。Product.hbm.xml 文件的内容如下：

```xml
<?xml version="1.0"?>
<!DOCTYPE hibernate-mapping PUBLIC
"-//Hibernate/Hibernate Mapping DTD//EN"
"http://hibernate.sourceforge.net/hibernate-mapping-3.0.dtd">
<hibernate-mapping>
<class name="chapter19.entity.Product" table="t_products">
    <!-- 映射 id 属性 -->
    <id name="id" column="id" type="int">
        <generator class="increment" />
    </id>
    <!-- 映射 name 属性 -->
    <property name="name" column="name" type="string" />
    <!-- 映射 productDetail 属性 -->
    <one-to-one name="productDetail"
```

```
                class="chapter19.entity.ProductDetail" cascade="all" />
    </class>
</hibernate-mapping>
```

ProductDetail.hbm.xml 文件的内容如下：

```
<?xml version="1.0"?>
<!DOCTYPE hibernate-mapping PUBLIC
"-//Hibernate/Hibernate Mapping DTD//EN"
"http://hibernate.sourceforge.net/hibernate-mapping-3.0.dtd">
<hibernate-mapping>
<class name="chapter19.entity.ProductDetail" table="t_product_details">
    <!-- 映射 id 属性，id 属性也是 Product 实体对象的主键 -->
    <id name="id" column="id" type="int">
        <generator class="foreign">
            <param name="property">product</param>
        </generator>
    </id>
    <!-- 映射 detail 属性 -->
    <property name="detail" column="detail" />
    <!-- 映射 product 属性，和 Product 实体对象是一对一关系 -->
    <one-to-one name="product" class="chapter19.entity.Product"
        constrained="true" />
    </class>
</hibernate-mapping>
```

（5）编写使用基于主键的一对一关系的控制台程序。OneToOneKey 类是一个控制台程序，负责使用基于外键的一对一关系持久化 Product 和 ProductDetail 对象，并装载这两个对象。OneToOneKey 类的实现代码如下：

```
package chapter19;
import hibernate.*;
import org.hibernate.*;
import chapter19.entity.*;
public class OneToOneKey
{
    public static void main(String[] args)
    {
        // 获得 Hibernate Session 对象
        Session session = HibernateSessionFactory.getSession();
        // 开始一个新事务
        Transaction tx = session.beginTransaction();
        // 创建 Product 和 ProductDetail 类的对象实例
        ProductDetail productDetail = new ProductDetail("product detail");
        Product product = new Product("Car");    // 创建 Product 对象实例
        productDetail.setProduct(product);        // 初始化 product 属性
        // 初始化 productDetail 属性
        product.setProductDetail(productDetail);
        session.save(product);                    // 持久化 product 对象
        tx.commit();                              // 提交事务
        int id = product.getId();
        // 根据指定的 id 值装载 Product 对象
        Object obj = session.get(Product.class, id);
        // 成功装载 Product 对象
        if(obj != null)
        {
            product = (Product)obj;
            // 输出 Product 对象的相应属性值
```

```
        System.out.println("Product.id=" + product.getId());
        System.out.println("Product.name=" + product.getName());
        System.out.println("ProductDetail.id=" + product.getProduct-
        Detail().getId());
        System.out.println("ProductDetail.detail=" + product.getProduc-
        tDetail().getDetail());
    }
    session.close();                              // 关闭 session 对象
    }
}
```

执行 OneToOneKey 程序，在控制台将输出如下的信息：

```
Hibernate: select max(id) from t_products
Hibernate: insert into t_products (name, id) values (?, ?)
Hibernate: insert into t_product_details (detail, id) values (?, ?)
Product.id=1
Product.name=Car
ProductDetail.id=1
ProductDetail.detail=product detail
```

19.3　小　　结

本章介绍了 Hibernate 的两个核心技术，即会话和 O/R 映射。Hibernate 框架的所有操作都是在会话中完成的，因此在进行数据库操作之前，需要使用会话工厂类（HibernateSessionFactory）创建一个 Session 对象。Session 接口中封装了很多操作数据库的方法，如 load、get 和 refresh 等。通过这些方法，可以完成很多常用的数据库操作。

O/R 映射是 Hibernate 以及其他 ORM 框架必须拥有的功能。通过 O/R 映射可以将数据表的记录映射成实体 Bean 的对象实例（一条记录对应于一个对象实例）。数据表的字段在实体 Bean 中都有对应的属性。除了映射单表外，Hibernate 还可以映射多个数据表之间的关系，常用的关系有多对一（many-to-one）、一对多（one-to-many）以及一对一（one-to-one）。通过这些表和关系的映射，可以像操作对象一样操作数据表，从而使访问和存储数据库记录更直观和人性化。

19.4　实　战　练　习

一．选择题

1．Hibernate API 中的接口可以分为（　　　）类。

　　A．提供访问数据库的操作的接口，包括 session、Transaction、Query 接口

　　B．用于配置 Hibernate 的接口，Configuration

　　C．间接接口，使应用程序接受 Hibernate 内部发生的事件，并作出相关的回应，包括 Interceptor、Lifecycle、Validatable

　　D．用于扩展 Hibernate 功能的接口，如 UserType、CompositeUserType、IdentifierGenerator 接口

2. 以下（　　）不属于 Session 的方法。

    A．load()　　　　　B．save()　　　　　C．delete()

    D．update()　　　　E．open()　　　　　F．close()

二．编程题

在权限管理系统中，经常会遇到 4 个基本概念，分别为用户（user）、角色（role）、模块（Module）和功能（Function）。所谓功能就是指一个程序的操作，各个功能之间是可以形成树形结构，即每一个功能可以有父功能和子功能。所谓模块就是功能的集合，即多个不能分割的功能定义为一个模块。4 个基本概念的关系如图 19.7 所示。

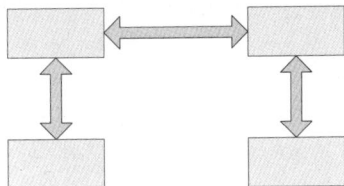

图 19.7　基本概念

具体要求如下：

（1）创建 4 张表，分别表示用户、角色、功能和模块。

（2）根据 4 张表创建实体 Bean。

（3）编写每个实体 Bean 的映射文件。

【提示】

用户实体 Bean 的具体内容如下：

```
public class Userinfo implements java.io.Serializable {
    // 对应数据表字段的变量
    private Integer id;
    private String username;
    private String password;
    private Set<UserRole> userRoles = new HashSet<UserRole>(0); //对应关联
                                                                      变量
    public Userinfo() {                                          //空构造
                                                                      方法
    }
    //省略属性 id、username、password 和 userroles 的 set 和 get 方法
...
}
```

角色实体 Bean 的具体内容如下：

```
public class Role implements java.io.Serializable {
    //创建对应数据表字段的变量
    private Integer id;
    private String rolename;
    //创建 userroles 和 roleFunctions 关联变量
    private Set<UserRole> userRoles = new HashSet<UserRole>(0);
    private Set<RoleFunction> roleFunctions = new HashSet<RoleFunction>(0);
    public Role() {                                    //空构造方法
    }
    //省略属性 id、rolename、userroles 和 rolefunctions 的 get()和 set()方法
...
```

```
}
```

模块实体 Bean 的具体内容如下：

```
public class Module implements java.io.Serializable {
    //创建对应数据表字段的变量
    private Integer id;
    private String modulename;
    //创建 functions 对应关联变量
    private Set<Function> functions = new HashSet<Function>(0);
    public Module() {                                    //空构造方法
    }
    //省略属性 id、modulename 和 functions 的 get()和 set()方法
    ...
}
```

功能实体 Bean 的具体内容如下：

```
public class Function implements java.io.Serializable {
    //创建对应数据表字段的变量
    private Integer id;
    private Module module;
    private String url;
    private String functionname;
    //创建 RoleFunction 对应关联变量
    private Set<RoleFunction> roleFunctions = new HashSet<RoleFunction>(0);
    public Function() {                                  //创建空构造方法
    }
    //省略属性 module、functionname、id、url、RoleFunction 的 get()和 set()方法
    ...
}
```

第 20 章　Hibernate 的查询与更新技术

Hibernate 框架虽然可以使用 Session 接口的 get 或 load 方法装载持久化对象，但这只是根据主键来检索数据，局限性非常大。为此 Hibernate 框架提供了很多强大的查询技术，这些查询技术包括标准（Criteria）查询 API 和 HQL，除此之外，Hibernate 还支持直接使用 SQL，这将使 Hibernate 在操作数据库方面更加灵活。HQL 和 SQL 不仅可以查询记录，而且还可以对记录进行增、删、改操作。本章的主要内容如下：

- ❑ 标准查询 API 概述；
- ❑ 标准查询 API 的约束条件；
- ❑ 对标准查询 API 的查询结果进行分页；
- ❑ 对查询结果进行排序；
- ❑ 多个 Criteria 之间的关联；
- ❑ 聚合与分组；
- ❑ 用标准查询 API 聚合字段值；
- ❑ 使用 QBE（Query By Example）；
- ❑ HQL 的 From、Select、Where、Update、Delete、Insert 语句；
- ❑ 在 HQL 中使用命名参数；
- ❑ 使用 HQL 进行分页；
- ❑ 使用 HQL 进行排序和分组；
- ❑ 使用 SQL。

20.1　学习标准（Criteria）查询 API

在 Hibernate 框架中提供了 3 种操作数据库表中数据的方法，分别是标准查询 API、HQL 和 SQL。其中标准查询 API 可以建立基于 Java 的嵌套的、结构化的查询表达式，并提供了编译时语法检查的功能，而这在使用 HQL 和 SQL 时是无法办到的。在 Hibernate 中，标准查询 API 还提供了投影（projection）、聚合（aggregation）和分组（group）的方法。

20.1.1　实例：一个简单的例子

要想使用标准查询 API，就要用到 org.hibernate.Criteria 接口。通过 Session 的 createCriteria 方法可以创建 Criteria 对象。如果想查询表中的数据，可以使用 Criteria 接口的 list 方法。这个方法将以 java.util.List 对象的形式返回所有符合条件的持久化对象（查询到的记录）。下面的例子使用 list 方法查询 MyMessage 对象。在这个例子中使用 Criteria

接口的 setMaxResults 方法限制返回的最大持久化对象数。

```java
package chapter20;
import hibernate.*;
import org.hibernate.*;
import chapter17.entity.*;
import java.util.*;
public class MyCriteria
{
    public static void main(String[] args)
    {
        // 获取对象 session
        Session session = HibernateSessionFactory.getSession();
        // 使用 createCriteria 方法创建一个 Criteria 对象
        Criteria crit = session.createCriteria(MyMessage.class);
        // 限制只返回前两个持久化对象
        crit.setMaxResults(2);
        // 开始查询持久化对象
        List<MyMessage> messages = crit.list();
        // 输出查询到的所有持久化对象中的信息
        for(MyMessage message: messages)
        {
            System.out.print(message.getId() + "  " + message.getName());
            System.out.println();
        }
        session.close();                          // 关闭 session 对象
    }
}
```

在执行 MyCriteria 程序后，在控制台将输出如下的信息：

```
Hibernate: select this_.id as id0_0_, this_.name as name0_0_ from t_message
this_ limit ?
1  bike
2  car
```

从上面的输出结果可以看出，标准查询 API 最终也被翻译成 SQL 语句，并将生成的 SQL 语句交由相应的 DBMS 来执行，最后返回查询结果。在最后两行是查询到的两个 MyMessage 对象中的属性值。即使 t_messages 表中符合条件的记录多于两条，MyCriteria 程序仍然会只输出查询结果集中前两个持久化对象的属性值。这是由于调用了 Criteria 接口的 setMaxResult 方法限制了返回的持久化对象数。该方法也可以用来对查询结果进行分页（将在后面的部分详细介绍）。

20.1.2　设置查询的约束条件

在标准查询 API 中可以非常容易地使用 Criteria 接口的 add 方法为查询增加约束条件。每一个查询条件是一个 SimpleExpression 对象，由 org.hibernate.criterion.Restrictions 类的静态方法获得相应的 SimpleExpression 对象。如查询 id 属性等于 2 的 MyMessage 对象的代码如下：

```java
Criteria crit = session.createCriteria(MyMessage.class);
// eq 方法表示"等于"
crit.add(Restrictions.eq("id", 2));
```

```
List<MyMessage> messages = crit.list();
```

除了 eq 方法外，还可以使用如下方法表示其他的逻辑关系。

```
//  表示不等于（!=）
public static SimpleExpression ne(String propertyName, Object value);
//  表示小于（<）
public static SimpleExpression lt(String propertyName, Object value);
//  表示大于（>）
public static SimpleExpression gt(String propertyName, Object value);
//  表示小于等于（<=）
public static SimpleExpression le(String propertyName, Object value);
//  表示大于等于（>=）
public static SimpleExpression ge(String propertyName, Object value);
```

标准查询 API 不仅能搜索精确的结果，还能搜索模糊的结果。在 SQL 语句中使用 like 实现模糊查询，而在标准查询 API 中却可以使用 like 或 ilike 方法实现相应的功能。like 方法则具体查询时不区分大小写，而 ilike 方法则区分大小写（实际上，所谓不区分大小写，只是通过 MySQL 的 lower 函数将字段值都转换成小写，然后再将要比较的值也转换成小写，最后再进行比较，读者可以将这两个方法生成的 SQL 语句显示出来进行对比）。在进行模糊的查询时可以使用如下两种方法。

1. 使用通配符

这种方式和 SQL 语句的 like 子句的语法类似。使用%作为通配符，如下面的代码查询所有 name 属性包含 msg 的 MyMessage 对象。

```
//  创建一个 Criteria 对象
Criteria crit = session.createCriteria(MyMessage.class);
crit.add(Restrictions.like("name","%msg%"));    //  添加 like 模糊查询条件
List<MyMessage> messages = crit.list();          //  通过 list 方法获得查询结果
```

2. 使用MatchMode

这种方式通过 MatchMode 类的静态常量指定了如下 4 个不同的匹配策略。

❏ MatchMode.ANYWHERE：相当于%msg%。

❏ MatchMode.START：相当于 msg%。

❏ MatchMode.END：相当于%msg。

❏ MatchMode.EXACT：精确匹配，相当于 msg。

如下面的代码也可以查询所有 name 属性中包含 msg 的 MyMessage 对象。

```
//  创建一个 Criteria 对象
Criteria crit = session.createCriteria(MyMessage.class);
//  通过匹配模式添加 like 模糊查询条件
crit.add(Restrictions.like("name","msg", MatchMode.ANYWHERE));
List<MyMessage> messages = crit.list();    //  通过 list 方法获得查询结果
```

如果对于一个 Criteria 对象，多次使用 add 方法加入约束条件，那么这些约束条件之间关系的默认值是 and。也可以使用 LogicalExpression 将它们的关系改为 or，如下面的代码所示。

```
//  创建一个 Criteria 对象
Criteria crit = session.createCriteria(MyMessage.class);
SimpleExpression id = Restrictions.eq("id", 2);//  设置 id 等于 2
SimpleExpression name = Restrictions.like("name","msg", MatchMode.
ANYWHERE);
//  将 id 和 name 的关系改为 or
LogicalExpression orExp = Restrictions.or(id, name);
crit.add(orExp);                                 //  添加 "或" 关系
List results = crit.list();                      //  通过 list 方法获得查询结果
```

Hibernate 将根据上面的代码生成如下 SQL 语句。

```
select this_.id as id0_0_, this_.name as name0_0_ from t_message this_ where
(this_.id=? or
this_.name like ?)
```

虽然 LogicalExpression 类可以很好地生成 or 逻辑关系，但当关系比较复杂的话，使用 LogicalExpression 类就显得有些麻烦。Hibernate 提供了一个更容易的解决方案生成 or 逻辑关系，这就是 Disjunction 类（如果要生成 and 关系，可以使用 Conjunction 类）。下面的代码演示了如何使用 Conjunction 和 Disjunction 生成 and 和 or 关系。

```
//  创建一个 Criteria 对象
Criteria crit = session.createCriteria(MyMessage.class);
Criterion id1 = Restrictions.gt("id", 2);        //  大于 2
Criterion id2 = Restrictions.lt("id", 20);       //  小于 20
Criterion name = Restrictions.like("name","msg", MatchMode.ANYWHERE);
Conjunction conjunction = Restrictions.conjunction();
conjunction.add(id1);
conjunction.add(id2);
Disjunction disjunction = Restrictions.disjunction();
disjunction.add(conjunction);                    //  添加 id1 和 id2 的关系
//  name 和 id1、id2 是 or 关系
disjunction.add(name);
crit.add(disjunction);                           //  向 Criteria 对象中添加关系
List results = crit.list();
```

上面的代码生成的 SQL 语句如下：

```
select this_.id as id0_0_, this_.name as name0_0_ from t_message this_ where
((this_.id>? and this_.id<?) or this_.name like ?)
```

除此之外，还可以使用 Restrictions 类的 sqlRestriction 方法直接写 SQL 语句，代码如下：

```
crit.add(Restrictions.sqlRestriction("{alias}.name like '%d%'"));
```

也可以在 SQL 语句中加入 "？" 作为参数，代码如下：

```
crit.add(Restrictions.sqlRestriction("{alias}.name like ?", "%d%",new org.
hibernate.type.StringType()));
```

其中第 1 个参数中的 {alias} 是表名，Hibernate 在生成 SQL 语句时，会自动将其替换成 t_messages。第 2 个参数要和第 1 个参数中的 "？" 相对应。第 3 个参数表示在条件中使用的字段类型（也就是 name 字段的类型，在这里是 String 类型）。如果查询条件中有多个 "？"，第 2 个和第 3 个参数要使用数组形式来传递多个参数值和类型。

20.1.3　对查询结果进行分页

分页是 Web 应用程序中经常要用到的技术。如在一个论坛程序中，可能会有成千上万的帖子，这些帖子肯定不能在一个页面中显示出来，但却可以分成若干页面来显示。达到这种效果的一般实现方法是单击某一页的链接后，在服务端再重新查询整个记录集，然后通过某些特殊的手段将要在当前页面显示的记录取出，并显示在客户端浏览器中。

实际上，只获得查询结果的部分内容对于不同的数据库来说难易程度也不同。如 SQL Server 2000 中的实现就比较复杂（要从一个大的结果集中取得满足要求的结果集，效率不是很高），在 SQL Server 2005 中由于提供新的功能，所以实现分页要比 SQL Server 2000 容易一些。而在 MySQL 中，笔者认为它的分页功能是最容易实现的，只需要简单地使用 limit 关键字指定开始记录的位置（从 0 开始）和所要获取的记录数即可，如下面的代码只取查询结果中从第 2 条记录开始的两条记录。

```
select * from t_message limit 1, 2
```

从上面的描述可以看出，对于不同的数据库来说，各种数据库的分页方法各不相同，有的效率高，有的效率低。为了能统一大多数常用数据库的分页方法，并尽可能地提高效率，Hibernate 提供了一种非常简便的方式来实现这个目标。在 Criteria 接口中有两个方法，即 setFirstResult 方法和 setMaxResults 方法。其中 setFirstResult 设置了记录的开始位置（0 表示第 1 条记录），setMaxResults 设置了返回的记录数。如下面的代码从 t_message 表中获得了从第 2 条记录开始的两条记录。

```
Criteria crit = session.createCriteria(MyMessage.class);
//  返回结果的开始位置（从第 2 条记录开始），第 1 行记录的位置是 0
crit.setFirstResult(1);
crit.setMaxResults(2);                    //  返回的记录（持久化对象）数
List<MyMessage> messages = crit.list();
```

如果不使用 setFirstResult 方法设置记录的开始位置，默认值是 0。Hibernate 会根据不同的数据库采用不同的分页策略，由于本书使用的数据库是 MySQL，因此，Hibernate 会使用 limit 进行分页处理。其实，setFirstResult 和 setMaxResults 方法设置的值就是 limit 关键字的第 1 个和第 2 个参数值。Hibernate 根据上面的代码生成的 SQL 语句如下：

```
select this_.id as id0_0_, this_.name as name0_0_ from t_message this_
limit ?, ?
```

下面是查询 t_message 表中第 2 条和第 3 条记录的完整实现代码。

```
package chapter20;
import hibernate.*;
import org.hibernate.*;
import chapter17.entity.*;
import java.util.*;
public class Pagination
{
    public static void main(String[] args)
    {
        //  获取 Session 对象
        Session session = HibernateSessionFactory.getSession();
```

```
        // 根据 MyMessage 创建 Criteria 对象实例
        Criteria crit = session.createCriteria(MyMessage.class);
        // 设置取记录位置，参数 1 表示从第 2 条记录开始
        crit.setFirstResult(1);
        // 设置要返回的 MyMessage 对象数
        crit.setMaxResults(2);
        // 返回指定数量的 MyMessage 对象
        List<MyMessage> messages = crit.list();
        // 输出返回的 MyMessage 对象的 id 和 name 属性值
        for (MyMessage message : messages)
        {
            System.out.print(message.getId() + "  " + message.getName());
            System.out.println();
        }
        session.close();
    }
}
```

20.1.4　实例：实现 Web 分页功能

本节给出一个实例演示如何整合 Struts 2 和 Hibernate 这两个框架，通过使用标准查询 API 实现 Web 分页。在该实例中服务端使用了 Action 类，客户端在 JSP 页面中使用 Struts 2 标签读取分页数据，并通过<table>标签进行布局显示。

PaginationAction 是处理分页请求的 Action 类。在该类中通过读取 Action 参数来确定查询哪个实体 Bean，以及显示实体 Bean 的哪个属性和每页显示的行数。PaginationAction 类的实现代码如下：

```
package chapter20.action;
import hibernate.HibernateSessionFactory;
import org.hibernate.Criteria;
import org.hibernate.Session;
import com.opensymphony.xwork2.*;
import java.util.*;
public class PaginationAction extends ActionSupport
{
    private String entity;              // 封装 entity 参数的属性
    private String fields;              // 封装 fields 参数的属性
    private int rows;                   // 封装 rows 参数的属性
    private int currentPage;            // 封装 currentPage 请求参数的属性
    // 返回成功装载的持久化对象
    private List records = new ArrayList();
    // 处理控制逻辑的 execute 方法
    public String execute() throws Exception
    {
        // 获得 Hibernate Session 对象
        Session session = HibernateSessionFactory.getSession();
        // 根据 entity 属性值创建 Criteria 对象实例
        Criteria crit = session.createCriteria(entity);
        // 设置返回记录的开始行
        crit.setFirstResult((currentPage - 1) * rows);
        crit.setMaxResults(rows);          // 设置返回的记录行数
        List list = crit.list();           // 使用 list 方法查询结果
        // 将装载的持久化对象返回给客户端的 JSP 页面
```

```
        for (Object obj : list)
        {
            records.add(obj);
        }
        session.close();                        //  关闭 Hibernate Session 对象
        return SUCCESS;
    }
    //  fields 属性的 getter 方法
    public String getFields()
    {
        return fields;
    }
    //  fields 属性的 setter 方法
    public void setFields(String fields)
    {
        this.fields = fields;
    }
    //  rows 属性的 getter 方法
    public int getRows()
    {
        return rows;
    }
    //  rows 属性的 setter 方法
    public void setRows(int rows)
    {
        this.rows = rows;
    }
    //  entity 属性的 getter 方法
    public String getEntity()
    {
        return entity;
    }
    //  entity 属性的 setter 方法
    public void setEntity(String entity)
    {
        this.entity = entity;
    }
    //  currentPage 属性的 getter 方法
    public int getCurrentPage()
    {
        return currentPage;
    }
    //  currentPage 属性的 setter 方法
    public void setCurrentPage(int currentPage)
    {
        this.currentPage = currentPage;
    }
    //  records 属性的 getter 方法
    public List<List<String>> getRecords()
    {
        return records;
    }
    //  records 属性的 setter 方法
    public void setRecords(List<List<String>> records)
    {
        this.records = records;
    }
```

```
    //  fieldList 属性的 getter 方法
    public String[] getFieldList()
    {
        return fields.split(",");
    }
}
```

PaginationAction 类的配置代码如下：

```xml
<package name="chapter20" namespace="/chapter20" extends="struts-
default">
    <!--  配置动作  -->
    <action name="pagination" class="chapter20.action.PaginationAction">
        <result name="success">/chapter20/pagination.jsp</result>
        <!--  指定要装载的实体 Bean  -->
        <param name="entity">chapter17.entity.MyMessage</param>
        <!--  指定要显示的字段，中间用逗号（,）分隔  -->
        <param name="fields">id,name</param>
        <!--  指定每页最多显示的记录数  -->
        <param name="rows">4</param>
    </action>
</package>
```

pagination.jsp 页面负责显示服务端返回的信息。该页面的代码如下：

```jsp
<%@ page pageEncoding="UTF-8"%>
<!-- 导入 struts 标签 -->
<%@ taglib prefix="s" uri="/struts-tags"%>
<html>
    <head>
        <title>分页</title>
    </head>
    <body>
        <center>
            <table border="1" width="150" style="text-align: center">
                <!--  输出表头  -->
                <thead>
                    <s:iterator id="field" value="fieldList">
                        <td>
                            <s:property value="field" />
                        </td>
                    </s:iterator>
                </thead>
                <!--  输出持久化对象中的属性值（记录的字段值）  -->
                <s:iterator id="row" value="records">
                    <tr>
                        <s:iterator id="field" value="fieldList">
                        <td>
                            <s:property value="#row[#field]"  />
                        </td>
                        </s:iterator>
                    </tr>
                </s:iterator>
            </table>
            <p/>
            <!--  输出页码  -->
            <s:iterator id="page" value="{1,2,3,4,5}">
                <a href="pagination.action?currentPage=<s:property value=
                "#page"/>">
                    <s:property value="#page"/>
```

```
          </a>   
      </s:iterator>
    </body>
  </center>
</html>
```

在浏览器地址栏中输入如下的 URL：

`http://localhost:8080/webdemo/chapter20/pagination.action?currentPage=1`

浏览器显示的效果如图 20.1 所示。

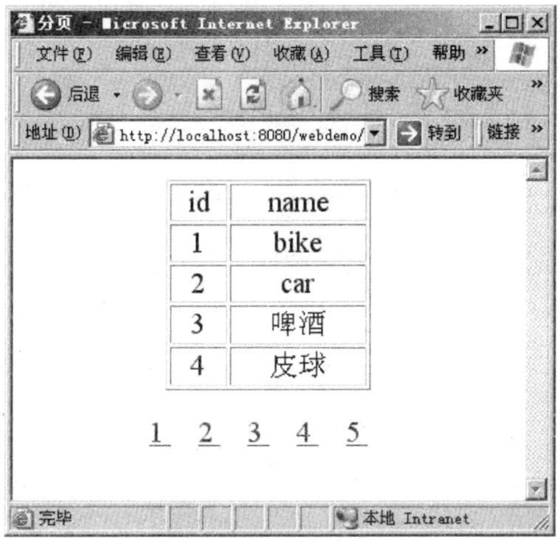

图 20.1　Web 分页

单击图 20.1 中所示的页码，就会显示相应页的信息。读者也可以通过配置<action>标签参数对其他的数据表进行分页。

20.1.5　实现只获得一个持久化对象

在某些情况下，只需要获得一条记录或一个持久化对象。如在统计记录数时，只想返回一条只包含一个字段的记录，或是只想返回查询结果集的第 1 条记录。在这种情况下，可以使用 Criteria 接口的 uniqueResult 方法。这个方法返回了一个 Object 对象，而不是一个 List 对象。如果未查到记录，uniqueResult 方法返回 null。如果无法保证返回的结果集只有一条记录，可以使用 setMaxResults 方法将返回的结果集记录数设为 1，如下面的代码所示。

```
public class UniqueResult
{
    public static void main(String[] args)
    {
        // 获得一个 Hibernate Session 对象
        Session session = HibernateSessionFactory.getSession();
        // 获取 crit 对象
        Criteria crit = session.createCriteria(MyMessage.class);
        crit.setMaxResults(1);                    // 设置只返回一条记录
        crit.add(Restrictions.eq("id", 1));// 添加一个 id 属性等于 1 的条件
        // 装载第一个持久化对象
```

```
        MyMessage message = (MyMessage)crit.uniqueResult();
        //  如果成功装载 MyMessage 对象，输出该对象的 name 属性值
        if(message != null)
            System.out.println(message.getName());
        session.close();                              // 关闭 Hibernate Session 对象
    }
}
```

注意：在调用 uniqueResult 方法时必须保证查询结果集只有一条记录，否则 uniqueResult
方法将抛出一个 org.hibernate.NonUniqueResultException 异常。

20.1.6　对查询结果进行排序

在标准查询 API 中可以使用 org.hibernate.criterion.Order 类对查询结果进行排序。Order
类有两个静态方法，即 asc 和 desc。这两个方法都返回 Order 对象。使用这两个方法可以
指定要排序的持久化对象的属性。下面的代码演示了如何使用 Order 类对结果集进行排序。

```
public class SortResult
{
    public static void main(String[] args)
    {
        //  获取对象 session
        Session session = HibernateSessionFactory.getSession();
        //  获取对象 crit
        Criteria crit = session.createCriteria(MyMessage.class);
        //  对查询结果进行排序
        crit.addOrder(org.hibernate.criterion.Order.desc("id"));
        //  返回相应的 MyMessage 对象
        List<MyMessage> messages = crit.list();
        //  输出所有被装载的 MyMessage 对象的 id 和 name 属性值
        for (MyMessage message : messages)
        {
            //  输出当前 Message 对象的 id 和 name 属性值
            System.out.print(message.getId() + "  " + message.getName());
            System.out.println();
        }
        session.close();                              // 关闭 Hibernate Session 对象
    }
}
```

在执行上面的代码后，Hibernate 将生成如下的 SQL 语句。

```
select this_.id as id0_0_, this_.name as name0_0_ from t_message this_ order
by this_.id desc
```

20.1.7　实现多个 Criteria 之间的关联

在标准查询 API 中也可以处理多个实体 Bean 关联的情况。如像 Order 和 Customer 对
象这样的多对一关系，要想描述这种关系，需要使用 Criteria 接口的 createCriteria 方法创
建另一个 Criteria 对象，这个 createCriteria 方法的参数是一个属性名。要建立 Order 和

Customer 对象的多对一关系，要先使用 Session 接口的 createCriteria 方法为 Order 建立一个
Criteria 对象，然后再使用这个 Criteria 对象的 createCriteria 方法为 Order 类的 customer 属
性创建一个 Criteria 对象，代码如下：

```java
public class Associations
{
    public static void main(String[] args)
    {
        // 获取 session 对象
        Session session = HibernateSessionFactory.getSession();
        // 建立 Order 和 Customer 对象的多对一关系
        Criteria crit1 = session.createCriteria(Order.class);
        Criteria crit2 = crit1.createCriteria("customer");
        // 添加约束条件
        crit1.add(Restrictions.ne("number", "2008012402"));
        crit2.add(Restrictions.eq("name", "bea"));
        // 按 name 字段降序排序
        crit2.addOrder(org.hibernate.criterion.Order.desc("name"));
        List<Order> orders = crit1.list();
        for (Order order : orders)
        {
            // 输出当前 Order 对象的 number 和 name 属性值
            System.out.print(order.getNumber() + "  " + order.getCustomer().
            getName());
            System.out.println();
        }
        session.close();                              // 关闭 session 对象
    }
}
```

在上面的代码中除了建立了 Order 和 Customer 的多对一的关系外，还设置了查询条件
（使用 Criteria 接口的 add 方法为 crit1 和 crit2 添加约束，详见 20.1.2 节的内容）。

20.1.8　实现聚合和分组查询

在标准查询 API 中可以使用 org.hibernate.criterion.AggregateProjection 类进行聚合操
作，并且使用 org.hibernate.criterion.Projections 类的相应静态方法来建立 AggregateProjection
对象，最后使用 Criteria 接口的 setProjection 方法设置相应的 AggregateProjection 对象。如
获得表的记录数的代码如下：

```java
Criteria crit = session.createCriteria(MyMessage.class);
// 通过 Projections 类的 rowCount 方法获得记录数
crit.setProjection(Projections.rowCount());
Integer value = (Integer)crit.uniqueResult();
System.out.println(value);
```

要注意的是，setProjection 方法只在最后一次有效。也就是说，对一个 Criteria 对象多
次使用 setProjection 方法后，后一次将覆盖前一次的聚合操作。如果要为 Criteria 对象设置
多个聚合操作，可以使用 org.hibernate.criterion.ProjectionList 类。下面的代码是使用聚合方
法的一个完整示例。

```java
public class MyProjections
{
```

```
    public static void main(String[] args)
    {
        // 创建 Hibernate Session 对象
        Session session = HibernateSessionFactory.getSession();
        // 创建 Criteria 对象
        Criteria crit = session.createCriteria(MyMessage.class);
        crit.setProjection(Projections.rowCount()); //  统计记录数
        // 使用 uniqueResult 方法统计记录的行数
        Integer value = (Integer)crit.uniqueResult();
        System.out.println(value);
        crit.setProjection(Projections.max("id"));  //  求 id 属性的最大值
        // 使用 uniqueResult 方法获取 id 字段的最大值
        value = (Integer)crit.uniqueResult();
        System.out.println(value);
        crit.setProjection(Projections.sum("id"));  //  求 id 属性之和
        // 使用 uniqueResult 方法对 id 字段值之和
        value = (Integer)crit.uniqueResult();
        System.out.println(value);
        // 创建 ProjectionList 对象
        ProjectionList projList = Projections.projectionList();
        // 同时使用三个聚合方法
        projList.add(Projections.rowCount());
        projList.add(Projections.max("id"));
        projList.add(Projections.sum("id"));
        // 设置 ProjectionList
        crit.setProjection(projList);
        List results = crit.list();                     //  同时执行 3 个聚合操作
        Object[] array = (Object[]) results.get(0);
        for(int i = 0; i < array.length; i++)
        {
            System.out.println(array[i]);
        }
        // 关闭 Hibernate Session 对象
        session.close();
    }
}
```

如果 Criteria 对象有多个聚合操作，Hibernate 仍返回一条记录，但这条记录并不是持久化对象，而是一个包含每一个聚合值的 Object 数组（一个数组元素表示一个聚合值）。如执行上面的代码后将生成如下的 4 条 SQL 语句。

```
select count(*) as y0_ from t_message this_
select max(this_.id) as y0_ from t_message this_
select sum(this_.id) as y0_ from t_message this_
select count(*) as y0_, max(this_.id) as y1_, sum(this_.id) as y2_ from
t_message this_
```

由于上面的 SQL 语句只有 3 个字段，因此 Hibernate 生成了一个长度为 3 的 Object 数组。聚合与分组也可混合使用。下面代码是一个同时使用聚合与分组方法的完整的示例。

```
public class ProjectionsGroup
{
    public static void main(String[] args)
    {
        // 获取 session 对象
        Session session = HibernateSessionFactory.getSession();
        // 获取 crit 对象
```

```
Criteria crit = session.createCriteria(MyMessage.class);
// 获取 projList 对象
ProjectionList projList = Projections.projectionList();
// 使用聚合方法
projList.add(Projections.rowCount());
// 使用分组方法
projList.add(Projections.groupProperty("name"));
crit.setProjection(projList);
List list = crit.list();                    // 执行聚合、分组操作
Object[] array = null;
// 输出查询结果
for (int i = 0; i < list.size(); i++)
{
    array = (Object[]) list.get(i);  // 将当前元素转换成对象数组
    for(int j = 0; j < array.length; j++)
        System.out.print(array[j] + "  ");
    System.out.println();
}
session.close();                            // 关闭 Hibernate Session 对象
}
}
```

在执行上面的代码后，Hibernate 将生成如下的 SQL 语句。

```
select count(*) as y0_, this_.name as y1_ from t_message this_ group by
this_.name
```

20.1.9　使用 QBE（Query By Example）

除了使用标准查询 API 后，还可以用 QBE 实现查询功能。QBE 可以直接根据对象实例指定查询条件。从前面的内容可以知道，在标准查询 API 中要使用 Criterion 对象指定查询条件。而 org.hibernate.criterion.Example 类实现了 Criterion 接口，并且 Example 类可以使用 create 方法根据一个实体 Bean 对象来建立 Criterion 对象（实际上，QBE 的意思就是使用 Example 类生成 Criterion 对象，并进行查询）。下面的代码是一个使用 Example 查询数据的简单例子。

```
// 获取对象 crit
Criteria crit = session.createCriteria(MyMessage.class);
MyMessage message = new MyMessage();
message.setName("我的信息");
// 用 Example 类的 create 方法生成一个 Criterion 对象
crit.add(Example.create(message));
List<MyMessage> result = crit.list();
```

在执行上面的代码后，Hibernate 将生成如下的 SQL 语句。

```
select this_.id as id0_0_, this_.name as name0_0_ from t_message this_ where
(this_.name=?)
```

从上面 SQL 语句可以看出，Hibernate 根据实体 Bean 对象生成了用于查询的 SQL 语句。但大家要注意一下，在默认情况下，Example 会将实体 Bean 中的所有属性（不包括主键属性）作为查询条件放到 where 子句中，但会忽略值为 null 的属性，也就是说，在生成 SQL 语句时，值为 null 的属性不会出现在 where 子句中。

但有的属性类型是 Java 简单类型（如 int），而不是复杂类型（如 Integer）。对于 Java 简单类型，如 int 简单类型，在未赋值时的默认值是 0。而 Example 并不会过滤值为 0 的属性。因此，这就需要使用 Example 类的 excludeZeroes 或 excludeNone 方法忽略值为 0 的属性，也可以使用 excludeProperty 方法指定不参与查询的属性，代码如下：

```
// 获取 crit 对象
Criteria crit = session.createCriteria(Person.class);
Person person = new Person();        // 创建 Person 对象实例
java.util.Calendar cal = java.util.Calendar.getInstance();
cal.set(1955, 4, 7);                 // 设置指定日期
person.setBirthday(cal.getTime());   // 初始化 birthday 属性
Name name = new Name();              // 创建 Name 对象实例
name.setFirst("Gannon");             // 初始化 first 属性
name.setLast("gates");               // 初始化 last 属性
person.setName(name);
// 获取 example 对象
Example example = Example.create(person);
// person 对象中值为 0 的属性不值出现 where 子句中
example.excludeZeroes();
// birthday 不会出现在 where 子句中
example.excludeProperty("birthday");
crit.add(example);
List<Person> result = crit.list();
```

在执行上面的代码后，Hibernate 将生成如下的 SQL 语句。

```
select this_.id as id1_0_, this_.birthday as birthday1_0_, this_.first as
first1_0_, this_.last as
last1_0_ from t_persons this_ where (this_.first=? and this_.last=?)
```

使用 Example 类的 enableLike 方法可以将所有 String 类型的属性都使用 like，而不是用 "=" 进行查询，如下面的代码所示。

```
// 获取 crit 对象
Criteria crit = session.createCriteria(Person.class);
Person person = new Person();        // 创建 Person 对象实例
// 设置 Person 对象的属性值
java.util.Calendar cal = java.util.Calendar.getInstance();
cal.set(1955, 4, 7);
person.setBirthday(cal.getTime());
Name name = new Name();
name.setFirst("Gannon");
name.setLast("gates");
person.setName(name);
// 获取 example 对象
Example example = Example.create(person);
// 所有 String 类型的属性都使用 like 关键字进行查询
example.enableLike();
crit.add(example);
List<Person> result = crit.list();
```

在执行上面的代码后，Hibernate 将生成如下的 SQL 语句。

```
select this_.id as id1_0_, this_.birthday as birthday1_0_, this_.first as
first1_0_, this_.last as last1_0_ from
t_persons this_ where (this_.birthday=? and this_.first like ? and this_.last
like ?)
```

在使用 Example 类生成查询条件时要注意，实体 Bean 中参与查询的属性之间的关系都是 and。

20.2　掌握 HQL 和 SQL 技术

HQL（Hibernate Query Language）是 Hibernate 框架提供的另一种操作数据的方式。其在语法上非常接近 SQL，但却是面向对象的，也就是说 HQL 所操作的都是持久化对象，而不是表。使用 HQL 操作数据可以直接返回相应的持久化对象。另外，Hibernate 也可以将 SQL 查询出来的数据转换为持久化对象。

20.2.1　实例：使用 HQL 的第一个例子

最简单的 HQL 查询是根据指定的实体 Bean 返回所有满足条件的持久化对象。在这个查询中只含有一个 from 关键字，from 后面直接跟着实体 Bean 的类名，如下面的代码所示。

```
from MyMessage
```

注意：HQL 和 SQL 不同，在 HQL 语句中实体 Bean 的名称和属性名是区分大小写的，而 SQL 语句中的表名和字段名不区分大小写，但 HQL 语句中的关键字不区分大小写，如 from 也可以写成 From。

通过编程方式执行 HQL 语句首先要使用 Session 接口的 createQuery 方法建立一个 Query 对象。然后使用 Query 类的 list 方法获得满足条件的持久化对象。createQuery 方法的定义如下：

```
public Query createQuery(String queryString) throws HibernateException;
```

下面的代码是一个执行 HQL 语句的例子，在这个例子中返回了 MyMessage 类的所有持久化对象。

```
package chapter20;
import hibernate.*;
import org.hibernate.*;
import chapter17.entity.*;
import java.util.*;
public class FirstHQL
{
    public static void main(String[] args)
    {
        //  获取 session 对象
        Session session = HibernateSessionFactory.getSession();
        String hql = "from MyMessage";              //  定义 HQL 语句变量
        //  通过指定的 SQL 语句创建 Query 对象
        Query query = session.createQuery(hql);
        //  执行 HQL，并返回相应的 MyMessage 对象
        List<MyMessage> messages = query.list();
        //  输出所有被装载的 MyMessage 对象的 id 和 name 属性信息
```

```
    for (MyMessage message : messages)
    {
        // 输出当前 MyMessage 对象的 id 和 name 属性值
        System.out.print(message.getId() + " " + message.getName());
        System.out.println();
    }
    session.close();
}
```

与标准查询 API 一样，Hibernate 也会根据 HQL 语句生成相应的 SQL 语句，如执行上面的代码后，Hibernate 将生成如下的 SQL 语句的 HQL 语句。

```
select mymessage0_.id as id0_, mymessage0_.name as name0_ from t_message
mymessage0_
```

20.2.2　使用 From 子句简化实体 Bean 类名

在 20.2.1 节已经接触过 from 子句了。from 后面可直接跟实体 Bean 的类名，但有时实体 Bean 的类名较长，使用不方便，因此有时需要为较长的类名起一个别名，代码如下：

```
from MyMessage as m
```

其中 as 关键字是可选的，因此也可以使用如下的 HQL 语句为实体 Bean 起别名。

```
from MyMessage m
```

如果类名和当前类引用名中的类型冲突时，也可以使用 package.classname 的方式，代码如下：

```
from chapter17.entity.MyMessage m
```

如果 from 后面有多个类名，中间用逗号（,）分隔，代码如下：

```
from EntityBean1 as b1, EntityBean2 as b2
```

from 后面不但可以跟实体 Bean，也可以跟实体 Bean 的父类，如下面的 HQL 语句所示。

```
from java.lang.Object
```

由于 Object 类是所有 Java 类的父类，因此，上面的 HQL 将返回所有在 Hibernate 映射文件中定义的实体 Bean。Hibernate 会根据上面的 HQL 语句生成如下的 SQL 语句。

```
select product0_.id as id7_, product0_.name as name7_ from t_products
product0_
select productdet0_.id as id8_0_, productdet0_.detail as detail8_0_ from
t_product_details productdet0_ where productdet0_.id=?
select address0_.id as id6_, address0_.address as address6_ from t_addresses
address0_
select productdet0_.id as id8_, productdet0_.detail as detail8_ from
t_product_details productdet0_
select person0_.id as id2_, person0_.birthday as birthday2_, person0_.first
as first2_, person0_.last as last2_ from t_persons person0_
select order0_.id as id4_, order0_.order_number as order2_4_,
order0_.customer_id as customer3_4_ from t_orders order0_
```

```
select mymessage0_.id as id0_, mymessage0_.name as name0_ from t_message
mymessage0_
select keys0_.key1 as key1_1_, keys0_.key2 as key2_1_, keys0_.data as data1_
from t_keys keys0_
select customer0_.id as id3_, customer0_.name as name3_ from t_customers
customer0_
select employee0_.id as id5_, employee0_.name as name5_, employee0_.
address_id as address3_5_ from t_employees employee0_
```

如果想让 Hibernate 生成查询相关实体 Bean 对象的 SQL 语句，可以建立一个父类，让这些实体 Bean 都继承这个父类，如有一个 Father 类，MyMessage 和 Employee 都继承于该类，代码如下：

```
public class Father
{
    ...
}
public class MyMessage extends Father
{
    ...
}
public class Employee extends Father
{
    ...
}
```

可以使用如下的 HQL 生成查询 MyMessage 和 Employee 对象的 SQL 语句。

```
from chapter20.entity.Father
```

上面的 HQL 语句生成的 SQL 语句如下：

```
select mymessage0_.id as id0_, mymessage0_.name as name0_ from t_message
mymessage0_
select employee0_.id as id5_, employee0_.name as name5_, employee0_.
address_id as address3_5_ from t_employees employee0_
```

注意：如果 from 后面跟的是未在 Hibernate 映射文件中映射的实体 Bean，必须使用 package.classname 的形式，如使用 Father 类时，必须使用 chapter20.entity.Father，而不能只使用 Father。

20.2.3　使用 Select 子句选择返回属性

Select 子句要比 From 子句提供了更多的控制。通过 Select 语句，可以选择返回的属性。如下面的 HQL 语句只返回 MyMessage 对象的 name 属性。

```
select name from MyMessage
```

如果使用 Select 语句，Hibernate 就不会返回相应的持久化对象，而是根据情况返回不同类型的 List 对象。如上面的 HQL 语句只返回了 name 属性，那么 Hibernate 就会返回 List<Object>类型的 List 对象。

如果 select 语句包含了多个属性，Hibernate 就会返回 List<Object[]>类型的 List 对象（每一个 Object 数组元素表示一个属性值）。下面代码是一个演示 select 子句用法的完整示例。

```
public class HQLSelect
{
    public static void main(String[] args)
    {
        // 获取 session 对象
        Session session = HibernateSessionFactory.getSession();
        // select 子句只有一个属性的情况
        String hql = "select name from MyMessage";
        // 根据 hql 语句创建 Query 对象
        Query query = session.createQuery(hql);
        // 使用 list 方法装载符合条件的 MyMessage 对象
        List<String> messages = query.list();
        for(String name: messages)
        {
            // 输出查询到的实体 Bean 对象的 name 属性值
            System.out.println(name);
        }
        // select 子句包含两个属性：id 和 name
        hql = "select id,name from MyMessage";
        query = session.createQuery(hql);     // 根据 hql 语句创建 Query 对象
        messages = query.list();              // List 对象元素是 Object 数组
        for(Object obj: messages)             // 遍历属性的值
        {
            Object[] properties = (Object[])obj;
            System.out.println(properties[0] + " " + properties[1]);
        }
        session.close();
    }
}
```

在运行 HQLSelect 程序后，Hibernate 将输出如下两条 SQL 语句。

```
select mymessage0_.name as col_0_0_ from t_message mymessage0_
select mymessage0_.id as col_0_0_, mymessage0_.name as col_1_0_ from
t_message mymessage0_
```

20.2.4　使用 Where 子句指定条件

在 HQL 语句中可以使用 where 子句进一步限制要查询的持久化对象。HQL 的 where
子句和 SQL 的 where 子句的用法类似，如下面的 HQL 所示。

```
select name from MyMessage where id > 2
```

如果 where 子句包含多个条件，中间需要使用 or 或 and 指定这些条件之间的关系。下
面代码是一个演示 where 子句用法的完整示例。

```
public class HQLWhere
{
    public static void main(String[] args)
    {
        // 获取 session 对象
```

```
Session session = HibernateSessionFactory.getSession();
// 包含一个查询条件的 where 子句
String hql = "select name from MyMessage where id > 1";
// 根据 hql 语句创建一个 Query 对象
Query query = session.createQuery(hql);
// 使用 list 方法装载 MyMessage 持久化对象
List<String> messages = query.list();
for (Object obj : messages)                      //  遍历输出查找到的信息
{
    System.out.println(obj);
}
// 包含两个查询条件的 where 子句
hql = "select id, name from MyMessage where id > 1 and not (name like
'%c%')";
// 根据 hql 语句创建一个 Query 对象
query = session.createQuery(hql);
// 使用 list 方法装载 MyMessage 持久化对象
messages = query.list();
for (Object obj : messages)                      //  遍历输出查找到的信息
{
    Object[] properties = (Object[])obj;
    System.out.print(properties[0]);
    System.out.println(properties[1]);
}
session.close();                                 //  关闭 session
}
```

在运行 HQLWhere 程序后，Hibernate 将输出如下两条 SQL 语句。

```
select mymessage0_.name as col_0_0_ from t_message mymessage0_ where
mymessage0_.id>1
select mymessage0_.id as col_0_0_, mymessage0_.name as col_1_0_ from
t_message mymessage0_ where mymessage0_.id>1 and (mymessage0_.name not like
'%c%')
```

HQL 的 where 子句和 SQL 的 where 子句在大多数符号和关键字的使用上类似，但也有一些不同的地方。读者可以访问下面的 URL 来了解 HQL 的 where 子句更详细的信息。

```
http://www.hibernate.org/hib_docs/v3/reference/en/html/queryhql.html#qu
eryhql-expressions
```

20.2.5　使用命名参数

HQL 和 JDBC 一样，也支持查询参数。但它们不同的是 JDBC 的查询参数只支持按位置赋值（按 "?" 出现的位置），而 HQL 的查询参数同时支持按位置和参数名赋值。HQL 查询参数不使用 "?" 表示，而是使用名称表示（称为命名参数）。HQL 命名参数使用冒号（：）开头，如下面的代码所示。

```
from MyMessage where id > :id
```

在为命名参数赋值时，需要使用 Query 接口的 setXxx 方法，其中 Xxx 表示为相应数据类型的命名参数赋值，如下面的代码是为整型数据赋值。

```
// 包含参数 id 的子句
```

```
String hql = "from MyMessage where id > :id";
// 创建 query 对象
Query query = session.createQuery(hql);
query.setInteger("id", 1);                          // 按参数名赋值
```

HQL 的查询参数不仅可以使用 Java 简单类型作为参数类型，也可以使用实体 Bean 作为参数类型，代码如下：

```
// 相当于 e.address_id = address.id
String hql = "from Employee e where e.address = :address";
// 获取 query 对象
Query query = session.createQuery(hql);
// 使用 setEntity 方法为实体 Bean 类型的参数赋值
query.setEntity("address", address);
```

下面代码是一个演示命名参数的完整示例。

```
public class HQLNamedParameters
{
    public static void main(String[] args)
    {
        // 获取 session 对象
        Session session = HibernateSessionFactory.getSession();
        // 定义带 Integer 类型命名参数的 HQL 语句
        String hql = "from MyMessage where id > :id";
        // 获取 query
        Query query = session.createQuery(hql);
        // 为 Integer 类型的命名参数赋值
        query.setInteger("id", 1);
        // 使用 list 方法装载 MyMessage 持久化对象
        List<MyMessage> messages = query.list();
        for (MyMessage message : messages)          // 遍历输出查找到的信息
        {
            System.out.print(message.getId() + "  " + message.getName());
            System.out.println();
        }
        Address address = new Address();
        address.setId(1);
        // 定义带 Address 类型命名参数的 HQL 语句
        hql = "from Employee e where e.address = :address";
        // 获取 query
        query = session.createQuery(hql);
        // 为 Address 类型的命名参数赋值
        query.setEntity("address", address);
        Object obj = query.uniqueResult();          // 唯一查询结果
        if (obj != null)
        {
            Employee employee = (Employee) obj;
            System.out.println(employee.getName());
        }
        session.close();                            // 关闭 session
    }
}
```

在运行 HQLNamedParameters 程序后，Hibernate 将输出如下两条 SQL 语句。

```
select mymessage0_.id as id0_, mymessage0_.name as name0_ from t_message
mymessage0_ where mymessage0_.id>?
```

```
select    employee0_.id    as    id5_,    employee0_.name    as    name5_,
employee0_.address_id as address3_5_ from t_employees employee0_ where
employee0_.address_id=?
```

从上面的第 2 条 SQL 语句可以看出，在使用实体 Bean 作为命名参数类型时，Hibernate 会使用该实体 Bean 的主键（也是数据表的主键字段，address_id）作为 where 子句的查询条件。

20.2.6　使用 Query 进行分页

Query 接口和 Criteria 接口一样，也可以使用 setFirstResult 和 setMaxResults 方法进行分页，如下面代码所示。

```
String hql = "from MyMessage "; //  创建 hql 子句
//  获取 query 对象
Query query = session.createQuery(hql);
query.setFirstResult(10);           // 从第 11 条记录开始
query.setMaxResults(10);            // 最多返回 10 条查询结果
//  通过 list 方法获取查询结果
List<MyMessage> messages = query.list();
```

Query 和 Criteria 接口的 setFirstResult、setMaxResults 的使用方法完全一样（关于 Criteria 接口的这两个方法的详细内容，详见 20.1.3 节中的介绍）。

20.2.7　实例：使用 HQL 实现 Web 分页功能

在本节给出一个实例来演示如何整合 Struts2 和 Hibernate 框架，然后通过使用 HQL 实现 Web 分页。本实例实现的功能和 20.1.4 节所使用标准查询 API 实现的 Web 分页功能相同，只是服务端的 Action 类使用了 HQL 对数据库表进行查询。

HQLPaginationAction 是处理分页请求的 Action 类。该类和 20.1.4 节中 PaginationAction 类的功能相同，只是在 execute 方法中使用了 HQL 技术来查询数据。HQLPaginationAction 类的实现代码如下：

```
public class HQLPaginationAction extends ActionSupport
{
    //  封装各种 Action 参数的属性
    private String entity;
    private String fields;
    private int rows;
    //  封装 currentPage 请求参数的属性
    private int currentPage;
    //  返回成功装载的持久化对象
    private List records = new ArrayList();
    //  使用 HQL 语句查询数据的 execute 方法
    public String execute() throws Exception
    {
        //  获取 session 对象
        Session session = HibernateSessionFactory.getSession();
        //  根据 HQL 语句获得 Query 对象
        Query query = session.createQuery("from " + entity);
```

```
    //  进行分页处理
    query.setFirstResult((currentPage - 1) * rows);
    query.setMaxResults(rows);
    List list = query.list();                    //  通过 list 方法获取查询结果
    for (Object obj : list)                      //  遍历查询结果
    {
        records.add(obj);
    }
    session.close();                             //  关闭 session
    return SUCCESS;
}
    //  由于 HQLPaginationAction 类和 PaginationAction 类的 getter 和 setter 的实
现代码完全相同,
    //  因此,这里省略了这些 getter 和 setter 方法
    ...
}
```

HQLPaginationAction 类的配置代码如下:

```xml
<package name="chapter20" namespace="/chapter20" extends="struts-
default">
    <!--  配置动作  -->
    <action name="hqlpagination" class="chapter20.action.HQLPagination-
    Action">
        <result name="success">/chapter20/pagination.jsp</result>
        <!--  指定要装载的实体 Bean  -->
        <param name="entity">chapter17.entity.MyMessage</param>
        <!--  指定要显示的字段,中间用逗号 (,) 分隔  -->
        <param name="fields">id,name</param>
        <!--  指定指页最多显示的记录数  -->
        <param name="rows">4</param>
    </action>
</package>
```

其中 pagination.jsp 页面和 20.1.4 节中实现的 pagination.jsp 页面的代码完全相同,请读者参阅 20.1.4 节中的相关代码。在浏览器地址栏中输入如下的 URL:

```
http://localhost:8080/webdemo/chapter20/pagination.action?currentPage=1
```

在浏览器中将会显示和图 20.1 相同的效果。

20.2.8　使用 HQL 进行排序和分组

在 HQL 中可以使用 order by 子句对查询结果进行排序。与 SQL 中的 order by 子句一样,使用 asc 表示升序,使用 desc 表示降序。如果按多个字段进行排序,中间使用逗号 (,)分隔,如下面的 HQL 语句所示。

```
select name from MyMessage order by id, name desc
```

也可以使用 group by 子句对查询结果进行分组,如下面的 HQL 语句按照 MyMessage 类的 name 属性进行分组,并统计每组的记录数。

```
select count(*) from MyMessage group by name
```

order by 和 group by 子句也可以同时使用,如下面的 HQL 语句所示。

```
select count(*),name from MyMessage group by name order by name
```

下面代码是一个演示排序和分组的完整示例。

```java
public class HQLOrderGroup
{
    public static void main(String[] args)
    {
        //  获取 session 对象
        Session session = HibernateSessionFactory.getSession();
        //  使用 order by 子句对 id 和 name 属性进行排序
        String hql = "select name from MyMessage order by id desc, name asc";
        //  根据 hql 语句创建 Query 对象实例
        Query query = session.createQuery(hql);
        //  使用 list 方法装载符合条件的 MyMessage 对象
        List<String> messages = query.list();
        //  输出所有被装载的 MyMessage 对象的 name 属性值
        for(String name: messages)
        {
            System.out.println(name);
        }
        //  使用 order by 和 group by 子句分别对 id 和 name 属性进行排序和分组
        hql = "select count(*), name from MyMessage group by name order by id";
        //  为 query 对象赋值
        query = session.createQuery(hql);
        //  通过 list 方法获取查询结果
        List result = query.list();
        for(Object obj: result)                         //  通过遍历输出查询结果信息
        {
            Object[] properties = (Object[])obj;
            System.out.print(properties[0]);
            System.out.println(properties[1]);
        }
        session.close();                                //  关闭 session
    }
}
```

在运行 HQLOrderGroup 程序后，Hibernate 将输出如下两条 SQL 语句。

```
select mymessage0_.name as col_0_0_ from t_message mymessage0_ order by
mymessage0_.id desc, mymessage0_.name asc
select count(*) as col_0_0_, mymessage0_.name as col_1_0_ from t_message
mymessage0_ group by mymessage0_.name order by mymessage0_.id
```

从上面的 SQL 语句可以看出，Hibernate 将 HQL 中的 order by 和 group by 子句转换成了 SQL 的 order by 和 group by 子句。

20.2.9　实现关联查询

HQL 允许进行关联查询，也就是说在查询中使用多个实体 Bean。在 HQL 中支持如下 4 种连接类型。

❑ inner join：内连接；

❑ left outer join：左外连接；

❑ right outer join：右外连接；

❑ full join：完全连接（笛卡尔积）。

这 4 种连接类型和 SQL 的连接类型非常类似。只是在 HQL 中要使用实体 Bean 进行连接，而在 SQL 中使用的是表连接。如下面的 HQL 语句从 Customer 和 Order 中查询 id、name 和 number 属性值。

```
select c.id, c.name, o.number from Customer c inner join c.orders as o
```

上面的 HQL 语句用的是 inner join（内连接），由于使用了 select 子句，因此 Hibernate 会返回一个 List<Object[]>对象。上面的 HQL 语句也可以使用 left outer join（左连接）和 right outer join（右连接）。但要注意，这两个连接中的 outer 可以省略，如这两个连接可以写成 left join 和 right join。

如果不使用 select 子句，Hibernate 将以 Object 数组形式同时返回 Customer 和 Order 对象，代码如下：

```
// 创建 hql 子句
String hql = "from Customer c inner join c.orders as o";
// 获取 query 对象
Query query = session.createQuery(hql);
// 通过 list 方法获取查询结果
List<Object[]> result = query.list();
for (Object[] obj : result)                    // 通过循环输出查询结果信息
{
    Customer customer = (Customer)obj[0];
    Order order = (Order)obj[1];
    System.out.print(customer.getId() + " " + customer.getName() + "  "
    + order.getNumber());
    System.out.println();
}
```

从上面的代码可以看出，不使用 select 子句，Hibernate 仍然会返回一个 List<Object[]>对象，但 Object 数组中只有两个元素，分别是 Customer 和 Order 对象。

如果想优化查询性能，可以使用 fetch 关键字（放在 join 后面）。如果使用 fetch，Hibernate 在查询时只返回 Customer 对象，如果 Customer 类的 orders 是 lazy 属性，只有访问当前 Customer 对象的 orders 属性时，系统才会装载相应的 Order 对象，代码如下：

```
public class HQLAssociations
{
    public static void main(String[] args)
    {
        // 获取 session 对象
        Session session = HibernateSessionFactory.getSession();
        // 使用内连接关联 Customer 和 Order 对象
        String hql = "select c.id, c.name, o.number from Customer c inner join
        c.orders as o";
        // 获取 query 对象
        Query query = session.createQuery(hql);
        // 通过 list 方法获取查询结果
        List<Object[]> result = query.list();
        for (Object[] row : result)                    // 通过循环输出信息
        {
            for (int i = 0; i < row.length; i++)
            {
                System.out.print(row[i] + "  ");
```

```
        }
        System.out.println();
    }
    System.out.println("--------------------------------");
    //  不使用 select 子句，将返回一个 List<Object[]>类型的对象
    hql = "from Customer c inner join c.orders as o";
    //  为对象 query 赋值
    query = session.createQuery(hql);
    //  通过 list 方法获取查询结果
    result = query.list();
    for (Object[] obj : result)                      //  通过循环输出信息
    {
        Customer customer = (Customer)obj[0];
        Order order = (Order)obj[1];
        System.out.print(customer.getId() + "  " + customer.getName() +
        "  " + order.getNumber());
        System.out.println();
    }
    System.out.println("--------使用 fetch----------");
    //  使用 fetch 关键字，只返回 List<Customer>对象
    hql = "from Customer c inner join fetch c.orders as o";
    //  为对象 query 赋值
    query = session.createQuery(hql);
    //  通过 list 方法获取查询结果
    List<Customer> customers = query.list();
    for (Customer customer : customers)              //  通过循环输出信息
    {
        System.out.println(customer.getId() + "  " + customer.
        getName());
        for(Order order: customer.getOrders())
            System.out.println(order.getNumber());
        System.out.println("--------------");
    }
    session.close();                                 //  关闭 session 对象
  }
}
```

在运行 HQLAssociations 程序后，Hibernate 将输出如下的 SQL 语句。

```
select customer0_.id as col_0_0_, customer0_.name as col_1_0_, orders1_.
order_number as col_2_0_ from t_customers customer0_ inner join t_orders
orders1_ on customer0_.id=orders1_.customer_id
--------------------------------
select customer0_.id as id3_0_, orders1_.id as id4_1_, customer0_.name as
name3_0_, orders1_.order_number as order2_4_1_, orders1_.customer_id as
customer3_4_1_ from t_customers customer0_ inner join t_orders orders1_ on
customer0_.id=orders1_.customer_id
--------------------------------
select customer0_.id as id3_0_, orders1_.id as id4_1_, customer0_.name as
name3_0_, orders1_.order_number as order2_4_1_, orders1_.customer_id as
customer3_4_1_, orders1_.customer_id as customer3_0__, orders1_.id as id0__
from t_customers customer0_ inner join t_orders orders1_ on customer0_.
id=orders1_.customer_id order by orders1_.order_number asc
```

20.2.10　实现聚合函数查询

在 HQL 中也支持类似 SQL 中的聚合函数。HQL 支持的聚合函数如下所示。

- ❑ avg（...）：求属性的平均值；
- ❑ sum（...）：求属性值之和；
- ❑ min（...）：求属性的最小值；
- ❑ max（...）：求属性的最大值；
- ❑ count（... 或 * 或 distinct...）：获得持久化对象数。

下面的 HQL 语句可获得订单总数。

```
select count(*) from Order
```

distinct 关键字可以使重复值的属性不参与统计。如有 100 个 Order 对象，其中有 10 个 Order 对象和另一个 Order 对象有同一个客户编号，那么使用下面的 HQL 语句获得的 Order 对象数为 90。如下面的 HQL 语句所示。

```
select count(distinct customer) from Order
```

与上面的 HQL 语句对应的 SQL 语句如下：

```
select count(distinct order0_.customer_id) as col_0_0_ from t_orders order0_,
t_customers customer1_ where order0_.customer_id=customer1_.id
```

20.2.11　使用 Update 和 Delete 语句更新持久化对象

在 Query 接口中提供了一个 executeUpdate 方法用于执行 HQL 的 update 和 delete 语句。executeUpdate 方法的定义如下：

```
public int executeUpdate() throws HibernateException;
```

executeUpdate 方法返回一个 int 值，表示更新或删除的持久化对象数。update 和 delete 的使用方法和 SQL 中的 update 和 delete 类似。下面的 HQL 语句将 Customer 中值为 bea 的 name 属性更新成 sun。

```
update Customer set name = 'sun' where name='bea'
```

下面的 HQL 语句删除所有 name 属性值为 sun 的 Customer。

```
delete from Customer where name='sun'
```

下面代码是一个更新和删除持久化对象的完整示例。

```
public class HQLUpdateDelete
{
    public static void main(String[] args)
    {
        // 调用 OneToMany 类的 main 方法向表中添加记录
        chapter19.OneToMany.main(args);
        // 获取 session 对象
        Session session = HibernateSessionFactory.getSession();
        // 开始一个新事务
        Transaction tx = session.beginTransaction();
        // 定义更新 Customer 对象的 HQL 语句
        String hql = "update Customer set name = 'sun' where name='bea'";
        // 根据 hql 语句创建一个 Query 对象
```

```
            Query query = session.createQuery(hql);
            int count = query.executeUpdate();          // 执行 update 语句
            tx.commit();                                // 提交事务
            System.out.println(count);
            // 定义删除 Customer 对象的 HQL 语句
            hql = "delete from Customer where name='sun'";
            tx = session.beginTransaction();            // 开始一个新事务
            // 为对象 query 赋值
            query = session.createQuery(hql);
            count = query.executeUpdate();              // 执行 delete 语句
            tx.commit();                                // 提交事务
            System.out.println(count);
            // 关闭 Hibernate Session 对象
            session.close();
    }
}
```

在 HQL 中通过 UpdateDelete 类调用了 OneToMany 向 t_customers 和 t_orders 表中插入了一些记录。然后使用 update 和 delete 子句更新或删除表 t_customers 中的记录。

🔔注意：在执行 update 和 delete 语句修改表中数据时，需要使用 Session 接口的 beginTransaction 方法开始事务，并使用 Transaction 的 commit 方法提交事务，否则 Hibernate 不会真正修改数据库中的数据。

20.2.12　使用 Insert 语句插入记录

HQL 也支持 Insert 语句。在 HQL 中的 Insert 语句的语法如下：

```
INSERT INTO EntityName properties_list select_statement
```

从上面的 Insert 语句的语法可以看出，在 HQL 中的 Insert 语句并不支持 values，要想指定要插入的值，必须使用 select 语句。下面代码是一个演示 Insert 语句用法的完整示例。

```
public class HQLInsert
{
    public static void main(String[] args)
    {
        Session session = HibernateSessionFactory.getSession();
        Transaction tx = session.beginTransaction();
        // 定义 delete 语句
        String hqlDelete = "delete MyMessage where id=20";
        // 删除 id=20 的 MyMessage 对象
        Query query = session.createQuery(hqlDelete);
        query.executeUpdate();                      // 执行 delete 语句
        // 创建 hql 变量
        String hql = "insert into MyMessage(id,name) select 20, name from
        MyMessage where id = 1";
        // 向 t_message 表中插入一条记录（id=20）
        query = session.createQuery(hql);
        int count = query.executeUpdate();    // 执行 insert 语句
        tx.commit();                          // 提交事务
        System.out.println(count);
```

```
        session.close();                          // 关闭 Hibernate Session 对象
    }
}
```

在上面的代码中首先删除了 t_message 表中 id 等于 20 的记录。然后使用 insert 语句向 t_message 表中插入了一条 id 等于 20 的记录，name 属性值是 id 等于 1 的 MyMessage 对象的 name 属性值。

在执行 HQLInsert 程序后，Hibernate 将生成如下两条 SQL 语句。

```
delete from t_message where id=20
insert into t_message ( id, name ) select 20 as col_0_0_, mymessage0_.name
as col_1_0_ from t_message mymessage0_ where mymessage0_.id=1
```

20.2.13　掌握命名查询

HQL 的一个重要的特性就是命名查询。在 HQL 中允许将 HQL 和 SQL 语句保存在映射文件中，并在程序中执行映射文件中的 HQL 或 SQL 语句，这样做至少有如下 3 点好处：
- 可以共享映射文件中的 HQL 和 SQL 语句。
- 开发人员在获得命名查询时并不需要知道是 HQL 还是 SQL，这将更有利于将基于 SQL 的应用程序移植到 Hibernate 上。
- 保存在映射文件中的 HQL 和 SQL 要比在硬编码到 Java 中的 HQL 和 SQL 更容易维护。

在 WEB-INF\classes 目录中建立一个 query.xml 映射文件，该文件用来保存 HQL（在 <query> 标签中定义）和 SQL（在 <sql-query> 标签中定义）语句。query.xml 文件的代码如下：

```
<?xml version="1.0"?>
<!DOCTYPE hibernate-mapping PUBLIC "-//Hibernate/Hibernate Mapping
DTD//EN"
  "http://hibernate.sourceforge.net/hibernate-mapping-3.0.dtd">
<hibernate-mapping>
    <!-- 定义 HQL 语句 -->
    <query name="myhql">
        <![CDATA[select name from MyMessage where name = :name]]>
    </query>
    <!-- 定义 SQL 语句 -->
    <sql-query name="mysql">
        <![CDATA[select name from t_message where name = :name]]>
    </sql-query>
</hibernate-mapping>
```

要想使用 query.xml 文件，必须在 hibernate.cfg.xml 中指定该文件的位置，代码如下：

```
<mapping resource="query.xml" />
```

通过 Session 接口的 getNamedQuery 方法可以获得命名查询，该方法的定义如下：

```
public Query getNamedQuery(String queryName) throws HibernateException;
```

queryName 属性表示查询名，也就是 <query> 和 <sql-query> 标签的 name 属性值。使用命名查询的代码如下：

```java
public class HQLNamedQuery
{
    public static void main(String[] args)
    {
        // 获取 session 对象
        Session session = HibernateSessionFactory.getSession();
        // 通过命名参数 myhql 创建 Query 对象
        Query query = session.getNamedQuery("myhql");
        query.setString("name", "bike");        // 设置命名查询的参数值
        List<String> messages = query.list();// 执行命名查询
        for (String name : messages)            // 通过遍历输出查询结果
        {
            System.out.println(name);
        }
        // 通过命名参数 mysql 创建 Query 对象
        // 获得 mysql 命名查询对象
        query = session.getNamedQuery("mysql");
        query.setString("name", "car");         // 设置 name 命名参数的值
        messages = query.list();                // 执行命名查询
        for (String name : messages)            // 通过遍历输出查询结果
        {
            System.out.println(name);
        }
        session.close();                        // 关闭 Hibernate Session 对象
    }
}
```

从上面的代码可以看出，使用 getNamedQuery 方法既可以获得 HQL 的命名查询，也可以获得 SQL 的命名查询，而且该方法返回的是 Query 对象。由于执行 SQL 语句是由 SQLQuery 对象（将在 20.2.14 节介绍）完成的，而 SQLQuery 是 Query 类的子类，因此，getNamedQuery 方法返回的 SQL 命名参数的 Query 对象也可以执行 SQL 语句。实际上，如果使用 getNamedQuery 方法获得 SQL 命名参数，返回的是 SQLQuery 对象，读者可以使用下面的代码输出 Query 对象的类名。

```java
System.out.println(session.getNamedQuery("mysql").getClass());
```

在执行上面的代码后，将输出如下的信息：

```
class org.hibernate.impl.SQLQueryImpl
```

其中 SQLQueryImpl 是实现 SQLQuery 接口的类。

20.2.14　使用 SQL 查询

虽然 HQL 可以完成大多数的数据库操作，但 HQL 并不支持数据库的所有特性，因此，在某些时候就需要直接使用 SQL 操作数据库。

在 HQL 中使用 org.hibernate.SQLQuery 对象执行 SQL 语句，SQLQuery 对象实例由 Session 的 createSQLQuery 方法创建。createSQLQuery 方法的定义如下：

```java
public SQLQuery createSQLQuery(String queryString) throws Hibernate-
Exception;
```

其中 everyString 表示 SQL 语句。如果想让 SQL 语句查询出来的结果映射到持久化对象中，需要使用 SQLQuery 接口的 addEntity 方法指定相应的实体 Bean。addEntity 方法的定义如下：

```
// 如果 SQL 语句中只有一个表，可以使用这个重载形式
public SQLQuery addEntity(Class entityClass);
public SQLQuery addEntity(String alias, Class entityClass);
```

其中 entityClass 表示实体 Bean 的 Class 对象，alias 表示 SQL 语句中表的别名。如果不使用 addEntity 方法指定实体 Bean，Hibernate 会将用 SQL 查询出来的数据映射成 List<Object[]>，每一个 Object[]对象的元素就是当前记录的字段值。

在 SQL 中使用聚合函数产生数值结果时，一般需要使用 SQLQuery 的 addScalar 方法指定字段的类型，如下面的代码统计了 t_message 表中的记录数，并以 Long 类型返回结果。

```
String sql = "select count(*) as c from t_message";
SQLQuery sqlQuery = session.createSQLQuery(sql);
sqlQuery.addScalar("c", Hibernate.LONG);          // 指定记录数以 Long 类型返回
Long count = (Long)sqlQuery.uniqueResult();
```

下面代码是一个演示在 Hibernate 中使用 SQL 语句的完整示例。

```
public class NativeSQL
{
    public static void main(String[] args)
    {
        Session session = HibernateSessionFactory.getSession();
        String sql = "select * from t_message m";          // 定义 SQL 语句
        SQLQuery sqlQuery = session.createSQLQuery(sql);
        // 使用 addEntity 方法将查询结果映射到 MyMessage 对象中
        sqlQuery.addEntity("m", MyMessage.class);
        List<MyMessage> messages = sqlQuery.list();
        for (MyMessage message : messages)
        {
            System.out.println(message.getId() + "  " + message.getName());
        }
        // 定义使用关联查询的 SQL 语句
        sql = "select c.*, o.order_number as n from t_customers c , t_orders
        o where c.id = o.customer_id";
        sqlQuery = session.createSQLQuery(sql);
        List<Object[]> result = sqlQuery.list();
        for (Object[] obj : result)
        {
            for (int i = 0; i < obj.length; i++)
                System.out.print(obj[i] + " ");
            System.out.println();
        }
        // 定义使用聚合函数的 SQL 语句
        sql = "select count(*) as c from t_message";
        sqlQuery = session.createSQLQuery(sql);
        // 定义聚合后的结果为 Long 型
        sqlQuery.addScalar("c", Hibernate.LONG);
        Long count = (Long)sqlQuery.uniqueResult();
        System.out.println(count);
        session.close();                                    // 关闭 session
    }
}
```

20.3　小　　结

本章介绍了 Hibernate 框架支持的查询和更新技术。在 Hibernate 框架中可以使用标准查询 API、HQL 和 SQL 查询数据。其中标准查询 API 是一套符合 Java 语法的查询 API，而 HQL 和 SQL 在语法上非常类似，但 HQL 查询的是持久化对象，而 SQL 查询的是表。

如果想更新数据库中的记录，可以使用 HQL 和 SQL 的 insert、delete 和 update 语句对数据表的记录进行增、删和改操作。除此之外，HQL 还支持很多高级特性，如排序和分组、关联查询、聚合函数等。为了使程序更容易维护，也可以使用命名查询将 HQL 或 SQL 保存在映射文件中，以供程序调用。

20.4　实战练习

一. 选择题

1. 以下（　　）不是 Hibernate 的检索方式。

A. 导航对象图检索　　　　　　　B. OID 检索　　　　　　　C. ORM 检索

D. QBC 检索　　　　　　　　　　E. 本地 SQL 检索　　　　　F. HQL 检索

2. 以下（　　）不是 Hibernate 对象的 3 种状态。

A. 瞬时态　　　　B. 超长态　　　　C. 脱管态　　　　　D. 持久态

二. 编程题

一个功能强大的网站系统经常会遇到这种情形，浏览者通过 IE 浏览器请求 Web 服务器查询数据，而查询结果却是成千上万条记录。这些记录在浏览器上如何显示才能让浏览者接受呢？这就需要一种非常实用的技术——分页显示。通过 Hibernate 框架实现部门管理系统，该系统中显示部门信息的页面需要通过分页进行显示。

【提示】关于封装分页的实体 Bean 的具体代码如下：

```java
public class Pageinfo{
    private int curpage=1;              //创建 curpage 属性
    private int allpage;                //创建 allpage 属性
    private int allrecord;              //创建 allrecord 属性
    private int pagerecord;             //创建 pagerecord 属性
    private int nextpage;               //创建 nextpage 属性
    private int previouspage;           //创建 previouspage 属性
    private List pagedata;              //创建 pagedata 属性
    public Pageinfo()                   //无参构造函数
    {
    }
    //有参构造函数
    public Pageinfo(int allrecord,int pagerecord,List pagedata)
    {
        this.allrecord=allrecord;
        this.pagerecord=pagerecord;
```

```
        this.pagedata=pagedata;
        this.allpage=(allrecord+pagerecord-1)/pagerecord;
    }
    //省略属性 allpage、allrecord、pagerecord、nextpage、previouspage 和
pagedata 的配置
    …
}
```

第 21 章　Hibernate 的高级技术

在本章将介绍一些 Hibernate 框架的高级技术。对于数据库操作来说，保证数据准确一致的手段之一就是事务。在 Hibernate 中提供了对不同级别事务的封装，如 JDBC 事务、JTA 事务等。除此之外，本章还介绍查询缓存、拦截器、事件等技术的应用。本章的主要内容如下：

- 事务概述；
- 事务的隔离等级；
- Hibernate 的事务管理；
- 基于 JDBC 的事务管理；
- 基于 JTA 的事务管理；
- 悲观锁和乐观锁；
- 查询缓存；
- 拦截器和事件；
- 过滤器。

21.1　什么是事务

事务是 DBMS 中最重要的一项技术，也是保证数据完整一致的重要手段。Hibernate 框架对各种级别的事务进行封装，实现了事务的各种隔离级别。在本节将介绍 Hibernate 框架关于事务的基础知识，读者可以从中了解并掌握 Hibernate 操作事务的基本方法。

21.1.1　事务的特性

"事务"是一个逻辑工作单元，它包含了一系列的操作。事务包括 4 个基本的特性，也就是常说 ACID。这 4 个特性如下。

1. Atomic（原子性）

这里的"原子"代表事务中的所有操作是不可分割的，也就是说，在事务中的操作要么全部成功执行，要么全部失败。

如两个银行卡 A 和 B 之间进行转账，将 A 中的钱转入 B，在这个过程中需要进行两个操作，首先会减少 A 中的钱，然后会增加 B 中的钱（和 A 减少的数额相等）。读者可以将这两个操作看成是原子的，因此它们必须放到一个事务中，也就是说，这两个操作要么全部成功，要么全部失败（也就是事务回滚，相当于这两个操作都没有执行过）。否则，单纯的 A 余额的减少或 B 余额的增加势必会造成财务上的混乱。

2．Consistency（一致性）

所谓一致性是指写入数据库的数据必须符合数据库的约束，如在外键约束中，写入外键字段的值必须在主键表中存在，否则将破坏外键约束。如果写入的数据不满足数据库的任何约束，则事务应该将其回滚到最初的状态。

3．Isolation（隔离性）

隔离性是指当一个事务在未提交之前，必须将它正在操作的数据锁住，而不被其他正在执行的事务看到。这样可以避免"脏数据"等异常情况发生。也就是说，事务的隔离性是对数据安全的一种保障。

4．Durability（持久性）

持久性是指在事务成功提交后，必须将数据保存在数据库或其他可永久保存数据的介质上。

21.1.2　认识事务的隔离等级

事务隔离是指通过某种机制，使并行的多个事务之间进行隔离，也就是使这些并行事务的操作互不影响。Hibernate 的事务隔离依赖于底层数据库提供的隔离机制，因此数据库的隔离机制在 Hibernate 中同样适用。在介绍事务的隔离等级之前，先来看一下在操作数据库的过程中可能出现的 3 种副作用。

- ❑ 脏读（Dirty Reads）：一个事务读取了另一个事务未提交的数据。
- ❑ 不可重复读（Non-repeatable Reads）：当一个事务再次读取曾经读过的数据时，发现要读取的数据已经被另一个事务修改。
- ❑ 幻读（Phantom Reads）：一个事务重新执行了一个查询，但返回的记录中包括其他提交的事务产生的新记录。

为了避免产生上述 3 种副作用，在标准的 SQL 中定义了如下 4 种隔离等级。

- ❑ 未提交读（Read Uncommitted）：最低等级的事务隔离。它仅仅能保证在读取数据过程中不会读取到非法的数据。使用这种事务隔离机制，上述的 3 种副作用都有可能发生。
- ❑ 已提交读（Read Committed）：此级别保证了一个事务不会读到另一个事务已经修改，但尚未提交的数据。也就是说，这种隔离机制避免了"脏读"。
- ❑ 可重复读（Repeatable Read）：此级别可以避免"脏读"和"不可重复读"。也就是说，使用这种隔离机制后，一个事务不可能更新由另一个事务修改但尚未提交（回滚）的数据。
- ❑ 可序列化（Serializable）：最高级的隔离级别。上面 3 种副作用都不会发生。实际上，这种隔离机制模拟了事务的串行执行，也就是说，所有的事务都在一个执行队列中，依次按顺序执行，而不是并行。虽然这种隔离机制可以保证对数据的操作不会产生任何的副作用，但是所付出的代价也是非常高昂的（必将牺牲性能作为代价）。因此这种隔离机制一般在实际的系统中很少使用。如果确实有必要，可以使用后面将讲到的锁机制来处理。

如表 21.1 总结了操作数据库的副作用的隔离机制之间的关系。

表 21.1　操作数据库的副作用的隔离机制之间的关系

隔 离 等 级	脏　　读	不可重复读	幻　　读
未提交读	可能	可能	可能
已提交读	不可能	可能	可能
可重复读	不可能	不可能	可能
可序列化	不可能	不可能	不可能

21.1.3　Hibernate 所支持的事务管理

Hibernate 只是对 JDBC、JTA 事务的轻量级封装，本身并不具备事务管理的能力。在事务管理层，Hibernate 将其委托给了底层的 JDBC 或 JTA（Java Transaction API）来管理事务。

Hibernate 默认的事务处理机制是 JDBC Transaction，但也可以使用 JTA 管理事务。要想使用 JTA，必须在配置文件中设置相应的事务工厂类，代码如下：

```
<hibernate-configuration>
    <property name="hibernate.transaction.factory_class">
        org.hibernate.transaction.JTATransactionFactory
    </property>
    ...
</hibernate-configuration>
```

21.1.4　基于 JDBC 的事务管理

毫无疑问，基于 JDBC 的事务管理是最简单的方式，而 Hibernate 对其的封装也使得使用非常简单。如下面的代码使用 Session 接口的 beginTransaction 方法提交了一个事务。

```
// 获取 session 对象
Session session = HibernateSessionFactory.getSession();
// 开启事务
Transaction tx = session.beginTransaction();
...
// 提交事务
tx.commit();
```

从 JDBC 层面上看，上面的代码实际上对应着如下的代码：

```
// 获取 conn 对象
Connection conn = DriverManager.getConnection(...);
// 设置为手动提交方式
conn.setAutoCommit(false);
...
// 提交事务
conn.commit();
```

Hibernate 在开始事务的过程中，会将 Connection 的 autoCommit 属性设为 false（实际上在获得 Session 对象时就已经将 autoCommit 属性设为 false 了，然后在调用 beginTransaction 方法时会再次将 autoCommit 属性设为 false），以保证只有在调用 commit 方法时才能将数据持久化到数据库中。如果不在事务中持久化到数据库中，被持久对象中的数据是无法写到数据库表中的，如下面的代码所示。

```
//  获取 session 对象
Session session = HibernateSessionFactory.getSession();
//  保存对象 person
session.saveOrUpdate(person);          //  无法持久化 Person 对象
session.close();                       //  关闭 session
```

要想使 person 持久化到数据库中，必须使用 Transaction.beginTransaction 方法开始一个事务，并且使用 Transaction.commit 方法提交这个事务，代码如下：

```
//  获取 session 对象
Session session = HibernateSessionFactory.getSession();
//  开启事务
Transaction tx = session.beginTransaction();
session.saveOrUpdate(person);          //  成功持久化 Person 对象
conn.commit();                         //  提交事务
session.close();                       //  关闭 session
```

21.1.5　基于 JTA 的事务管理

JTA 提供跨 Session 的事务管理能力，这是它和 JDBC Transaction 的最大区别。JDBC Transaction 实际上是在 Connection 中实现的，事务的周期仅限于 Connection 的生命周期。而 JTA 事务管理则是由 JTA 容器实现的，JTA 容器对当前加入的所有 Connection 进行调度，以实现其事务性要求。因此，JTA 的事务周期可以跨多个 JDBC Connection 的生命周期，而对于使用 JTA 管理事务的 Hibernate 而言，则可以跨多个 Session。

Tomcat 本身并不支持 JTA，所以需要借助其他的解决方案。一种选择是使用开源的 JTA 实现，如 ObjectWeb 的一个开源项目 JOTM（Java Open Transaction Manager）。JOTM 实际上是开源应用程序服务器 JOnAS（Java Open Application Server）的一部分，JOTM 也可以为 Tomcat 提供 JTA 支持。读者可以从如下的地址下载 JOTM。

```
http://jotm.objectweb.org/download/index.html
```

21.2　学习锁（Locking）

在实现业务逻辑的过程中，往往需要对数据进行排他处理。也就是说，在处理数据的过程中，不希望由于外界因素的影响而使数据发生改变。为了保证当前正在处理的数据不被外界干扰，就要对数据加“锁”。在 Hibernate 中支持两种锁机制，即悲观锁（Pessimistic Locking）和乐观锁（Optimistic Locking）。

21.2.1 认识悲观锁（Pessimistic Locking）

就像悲观锁的名字一样，该锁对来自外界的数据修改持悲观和谨慎的态度。在整个处理过程中，数据将被锁定。悲观锁一般依赖于数据库本身的锁机制。当然，也只有依赖于数据库本身的锁机制，才能真正地将数据锁住。否则，就算当前系统本身无法修改数据，而其他的系统还是可以修改数据的。在 MySQL 中，悲观锁的典型应用是使用 for update 子句，如下面的 SQL 语句所示。

```
select * from t_message where id = 1 for update
```

在执行上面的 SQL 语句后，并在当前事务结束之前，id 等于 1 的记录中的所有字段将被锁定，也就是在当前事务结束之前，在任何其他的事务中都无法修改 id 等于 1 的记录中的字段值。

在 Hibernate 中使用 Query 接口的 setLockMode 来获得悲观锁。下面的代码演示了获得悲观锁的过程。

```java
public class PessimisticLocking
{
    public static void main(String[] args) throws Exception
    {
        //  获取 session 对象
        Session session = HibernateSessionFactory.getSession();
        //  开启事务
        Transaction tx = session.beginTransaction();
        tx.begin();                                         //  开启事务
        //  创建实现查询功能的 HQL 语句
        String hql = "from MyMessage as my where id = 1";
        //  获取 query 对象
        Query query = session.createQuery(hql);
        query.setLockMode("my", LockMode.UPGRADE);          //  获得悲观锁
        List<MyMessage> messages = query.list();            //  执行 HQL 语句
        for(MyMessage my: messages)                         //  遍历查询结果
            System.out.println(my.getName());
        System.out.println("现在 id=1 的记录已无法修改，按回车后可修改");
        //  从控制台读入一个字符，使程序处于等待状态
        System.in.read();
        tx.commit();                                        //  提交事务
        session.close();                                    //  关闭 session 对象
    }
}
```

在运行上面的程序后，先不要退出程序。在这时，使用其他任何修改数据库的工具都无法修改 t_message 表中 id=1 的记录中的字段值。当退出 PessimisticLocking 程序后，就可以修改 id=1 的记录中的字段值了。

使用 setLockMode 方法获得悲观锁后，Hibernate 会生成如下的 SQL 语句。

```
select mymessage0_.id as id0_, mymessage0_.name as name0_ from t_message
mymessage0_
where mymessage0_.id=1 for update
```

从上面的 SQL 语句可以看出，Hibernate 是通过在 SQL 语句中加入 for update 获得对 MySQL 的悲观锁的。Hibernate 支持如下 6 种加锁机制。

- ❑ LockMode.NONE：无加锁机制。
- ❑ LockMode.READ：在读取记录时将自动获取。
- ❑ LockMode.WRITE：在插入和更新记录时将自动获取。通过在 SQL 语句中加入 for update 子句实现，不能使用在 Session 的 load 和 lock 方法中，否则会抛出 java.lang.IllegalArgumentException 异常。
- ❑ LockMode.UPGRADE：利用数据库的 for update 子句加锁。
- ❑ LockMode.FORCE：与 LockMode.UPGRADE 类似，只是它在数据库中通过强制增加对象的版本，来表明它已经被当前事务修改。
- ❑ LockMode.UPGRADE_NOWAIT：Oracle 的特定实现，利用 Oracle 的 for update nowait 子句来加锁。如果 Hibernate 使用的是 MySQL，仍然会使用 for update 子句为数据加锁。

在 Hibernate 中除了使用 Query 的 setLockMode 加锁外，还可以使用如下的方法进行加锁。

```
Criteria.setLockMode(...)
Session.load(...)
Session.lock(...)
Session.get(...)
```

21.2.2　认识乐观锁（Optimistic Locking）

相对于悲观锁而言，乐观锁更加宽松些。虽然悲观锁依赖于数据库本身的锁机制，这样可以很好地防止外部程序修改数据，但同时也带来了性能上的巨大损失。而乐观锁一般是基于数据版本（version）实现的，因此对于同一个应用程序，它可以很好地实现锁机制。

所谓数据版本，就是在表中建立一个 version 字段（这个字段可以是任何名字），字段类型可以是 long、integer、short、timestamp 或 calendar。当一个事务中持久化某个对象时，并修改相应的属性值后，会将当前的版本号（version 属性值）和数据表的 version 字段值进行比较，如果当前版本号大于 version 字段值，就正常更新记录。否则，提交请求被拒绝。下面的例子演示了乐观锁的操作过程。要完成这个例子需要执行如下 4 步。

（1）建立 t_messagelock 表。在这个例子中要使用到一个 t_messagelock 表，建立该表的 SQL 语句如下：

```
#  建立表 t_messagelock
CREATE TABLE IF NOT EXISTS webdb.t_messagelock (
  id int(11) NOT NULL,
  name varchar(20) NOT NULL,
  version int(11) NOT NULL,
  PRIMARY KEY (id)
) ENGINE=InnoDB DEFAULT CHARSET=utf8 COLLATE=utf8_unicode_ci;
```

（2）建立实体 Bean。下面建立一个和 t_messagelock 表对应的实体 Bean，代码如下：

```
public class MyMessageLock
{
```

```
    private int version;      //  封装 version 字段的属性
    private int id;           //  封装 id 字段的属性
    private String name;      //  封装 name 字段的属性
    //  此处省略了属性的 getter 和 setter 方法
        ...
}
```

（3）配置实体 Bean。在 WEB-INF\classes\chapter21 目录中建立一个 MyMessage Lock.hbm.xml 文件，该文件的内容如下：

```xml
<hibernate-mapping>
    <class name="chapter21.entity.MyMessageLock" table="t_messagelock"
        optimistic-lock="version">
        <!--  将 id 属性映射成主键  -->
        <id name="id" column="id" type="int" />
        <!--  映射 version 属性，用于保存数据的修改版本  -->
        <version column="version" name="version" type="integer" />
        <!--  映射 name 属性  -->
        <property name="name" column="name" />
    </class>
</hibernate-mapping>
```

其中 optimistic-lock 属性表示乐观锁策略，它有如下 4 个可选值。

❑ none：不使用乐观锁。

❑ version：使用数据版本机制实现乐观锁，是 optimistic-lock 的默认值。

❑ dirty：通过检查脏数据实现乐观锁。

❑ all：通过检查所有属性实现乐观锁。

Hibernate 官方推荐使用 version 作为乐观锁策略，因为 version 机制是目前 Hibernate 唯一在持久化对象脱离 Session 时，被修改的情况下依然有效的锁机制。

🔔注意：在配置 MyMessageLock 中的 version 属性时，<version>必须仅跟着<id>标签，也就是说，<version>标签不能放到<property>标签的后面。

（4）为 MyMessageLock 添加乐观锁。对于乐观锁来说，并不需要像悲观锁那样使用 setLockMode 或其他方法添加，而添加乐观锁的工作完全由 Hibernate 代劳了。因此，对带有乐观锁的对象和普通对象的持久化代码是完全的一样的，代码如下：

```java
public class OptimisticLocking
{
    public static void main(String[] args) throws Exception
    {
        //  获取 session 对象
        Session session = HibernateSessionFactory.getSession();
        //  开启事务
        Transaction tx = session.beginTransaction();
        //  创建 Query 对象
        Query query = session.createQuery("from MyMessageLock where id = 1");
        //  返回唯一的 MyMessageLock 对象实例
        MyMessageLock message = (MyMessageLock) query.uniqueResult();
        if (message != null)
        {
            message.setName("message1");
            //  持久化 MyMessageLock 对象
```

```
        session.saveOrUpdate(message);
    }
    System.in.read();                    //  从控制台读入一个字符，以暂停程序
    tx.commit();                         //  提交事务
    session.close();                     //  关闭 session
    }
}
```

先在 t_messagelock 表中插入一条 id=1 的记录，当运行程序时，如果 name 属性值和 name 字段值不同，则持久化 MyMessage 对象，version 字段值增 1。否则，不持久化 MyMessage 对象，version 字段值不变。

如果同时运行两次上面的程序（都不按回车键，使程序暂停到 System.in.read()），这时，对其中一个程序按下回车使其提交事务。由于这时 version 已经加 1，而另一个程序实现的 version 属性值和当前记录的 version 字段值是一样的，因此，对另外一个程序按下回车键提交事务后，就会抛出一个 org.hibernate.StaleObjectStateException 异常，表示提交请求被拒绝。

21.3　应用查询缓存（Query Cache）

如果在程序中多次执行完全相同的 SQL 语句，而每次执行时 Hibernate 都会到数据库中去查询，这将会降低系统的性能，因此 Hibernate 提供了查询缓存来解决这个问题。

如果使用 Hibernate 的查询缓存，当查询数据时，Hibernate 首先会到缓冲区中查询当前提交的 SQL 语句是否已经被执行过，也就是说查询 Cache 中是否已经有符合当前查询条件的数据。如果存在，Hibernate 会直接从 Cache 中返回这些数据，而无须再到数据库中去查询。如当第一次执行下面的 SQL 语句时，Hibernate 会将查询结果保存到 Cache 中，以供下次查询时使用。请看下面的 SQL 语句：

```
select * from t_person where id < 10
```

如果系统再执行和上面 SQL 语句完全一样的查询，Hibernate 就直接从 Cache 中取得数据。要想使用 Hibernate 的查询缓冲，首先需要在 hibernate.cfg.xml 中使用下面的配置打开查询缓冲，并指定缓冲类。

```xml
<hibernate-configuration>
    <session-factory>
        …
        <property name="cache.use_query_cache">true</property>
        <property name="cache.provider_class">
            org.hibernate.cache.HashtableCacheProvider
        </property>
        …
    </session-factory>
</hibernate-configuration>
```

在使用查询缓存之前，需要使用 Query 接口的 setCacheable 方法启动缓冲区，下面的代码是一个使用查询缓存的示例。

```
public class QueryCache
```

```
{
    public static void main(String[] args)
    {
        // 获取 session 对象
        Session session = HibernateSessionFactory.getSession();
        // 创建 hql 变量
        String hql = "from Person where id = :id";
        // 共查询三次
        for (int i = 0; i < 3; i++)
        {
            // 获取 query 对象
            Query query = session.createQuery(hql).setInteger("id", 1);
            query.setCacheable(true);              // 打开查询缓冲区
            List<Person> persons = query.list();// 获取查询结果
            for (Person person : persons)          // 遍历查询结果
            {
                System.out.println(person.getName());
            }
        }
        session.close();                           // 关闭 session
    }
}
```

上面的代码在 for 循环中同一个查询共执行了 3 次，但 Hibernate 生成的 SQL 语句却只有如下一条。

```
select person0_.id as id2_, person0_.birthday as birthday2_, person0_.first
as first2_, person0_.last as last2_ from t_persons person0_ where
person0_.id=?
```

这说明 Hibernate 执行的后两次查询是从 Cache 中获得数据的。如果将 query.setCacheable 语句注释掉，Hibernate 将会生成 3 条和上面完全一样的 SQL 语句。

21.4　学习拦截器和事件

Hibernate 在操作数据库的过程中会执行很多动作，这些动作是对用户透明的，也就是说，用户完全感觉不到这些动作的发生。但在某些情况，需要在某个动作完成或开始之前做一些工作，这就需要通过拦截器在动作执行后或执行之前插入一些代码完成相应任务。除了使用拦截器外，Hibernate 还提供了另一种拦截动作的机制，这就是事件。事件可以通过更灵活的机制来拦截动作，甚至可以取代拦截器。

21.4.1　了解拦截器（Interceptors）

Hibernate 拦截器（Interceptor）可以拦截大多数动作，也就是在这些动作发生之前或之后做一些额外的工作，如事务开始之后（afterTransactionBegin）、事务完成之前（包括提交或回滚，beforeTransactionCompletion）、事务完成之后（afterTransactionCompletion）、持久化对象之前（onSave）。

一个拦截器类必须实现 org.hibernate.Interceptor 接口，上面括号中的都是 Interceptor

接口中的方法,如实现了 onSave 方法后,在持久化一个对象之前,Hibernate 就会调用 onSave 方法。为了使编写拦截器类更方便,Hibernate 提供了一个名为 org.hibernate.EmptyInterceptor 的类,这个类对 Interceptor 接口做了一个空的实现,也就是说,在 Interceptor 中的无返回值的方法,没有任何实现代码,而返回值是 boolean 类型的方法返回 false,返回值是 Object 类型的方法返回 null。如果拦截器类从 EmptyInterceptor 类继承,就无须实现所有的 Interceptor 接口的方法,而只需要重写与所需要拦截动作相对应的方法即可。

21.4.2　实例：编写一个 Hibernate 拦截器

在本节将实现一个简单的拦截器,这个拦截器的功能是在事务提交后,输出当前事务中所有持久化的对象类名及其属性名和属性值。实现这个拦截器需要执行如下 4 步。

(1)编写保存持久化对象信息的类(EntityInfo)。EntityInfo 类用于保存持久化对象的对象实例、id 值和属性名,并且在这个类中覆盖了 toString 方法,用于输出类名、属性名和属性值。EntityInfo 类的实现代码如下:

```
package chapter21.interceptor;
import java.io.Serializable;
public class EntityInfo
{
    public Object entityBean;
    public Serializable id;
    public String[] properties;
    //  覆盖 toString 方法
    public String toString()
    {
        String info = "";
        if (entityBean != null)
        {
            info = entityBean.getClass().toString() + "\r\nid:" + id + "\r\n";
            if (properties != null)
            {
                //  处理 properties 数组中的所有元素
                for (String property : properties)
                {
                    try
                    {
                        //  得到 getter 方法名
                        String getter = "get" + property.substring(0, 1).
                        toUpperCase()
                                + property.substring(1);
                        //  使用反射技术和 getter 方法名获得 Method 对象
                        java.lang.reflect.Method method = entityBean.
                        getClass().getMethod(getter);
                        //  调用 getter 方法,并追加生成要返回的信息
                        info = info + property + ":" + method.invoke
                        (entityBean).toString() + "\r\n";
                    }
                    catch (Exception e)
                    {
                    }
                }
            }
        }
```

```
        return info;
    }
}
```

（2）实现拦截器类（EntityBeanIntercetpor）。该拦截器类的实现代码如下：

```java
// 继承 EmptyInterceptor 类的拦截器
public class EntityBeanInterceptor extends EmptyInterceptor
{
    // 创建 ThreadLocal 类型对象 entityBeans
    private ThreadLocal entityBeans = new ThreadLocal();
    // 重写 afterTransactionBegin 方法
    @Override
    public void afterTransactionBegin(Transaction tx)
    {
        entityBeans.set(new HashSet<EntityInfo>());
    }
    // 重写 afterTransactionCompletion 方法
    @Override
    public void afterTransactionCompletion(Transaction tx)
    {
        if (tx.wasCommitted())
        {
            Iterator i = ((Collection) entityBeans.get()).iterator();
            // 在提交事务之后，输出实体 Bean 的信息
            while (i.hasNext())
            {
                EntityInfo info = (EntityInfo) i.next();
                // 调用 processEntityBean 方法输出 EntityInfo 对象 info
                processEntityBean(info);
            }
        }
        entityBeans.set(null);
    }
    // 通过调用 EntityInfo 类的 toString 方法输出 EntityInfo 对象
    private void processEntityBean(EntityInfo info)
    {
        System.out.println(info);
    }
    // 重写 onSave 方法
    @Override
    public boolean onSave(Object entity, Serializable id, Object[] state,
            String[] propertyNames, Type[] types)
    {
        EntityInfo info = new EntityInfo();
        info.entityBean = entity;
        info.properties = propertyNames;
        info.id = id;
        // 在持久化对象后，将对象信息保存在当前线程的 HashSet<EntityInfo>对象中
        ((HashSet<EntityInfo>) entityBeans.get()).add(info);
        return false;
    }
}
```

（3）注册拦截器。可以使用如下的两种方法注册拦截器。

❑ 使用 Session 的构造方法注册 Session 范围的拦截器。用这种方式注册的拦截器只在当前的 Session 中有效。

❑ 使用 Configuration 类的 setInterceptor 方法注册 SessionFactory 范围的拦截器。用这

种方式注册的拦截器对所有使用当前的 SessionFactory 建立的 Session 都有效。

由于本书的 Session 使用了 HibernateSessionFactory 类来建立,因此,就需要修改这个类的代码,以使其可以注册拦截器。在本例中使用第 1 种方法注册拦截器。因此只需要修改 HibernateSessionFactory 类 中 的 getSession 方 法 就 可 以 达 到 这 个 目 的 。HibernateSessionFactory 类的 getSession 方法将修改成如下形式:

```
public class HibernateSessionFactory
{
    ......
    //  获取 session 对象
    public static Session getSession(Interceptor... interceptor)
        throws HibernateException
    {
        //  从 ThreadLocal 对象中获得 Session 对象
        Session session = (Session) threadLocal.get();
        if (session == null || !session.isOpen())
        {
            //  如果 Session 工厂为 null,重新建立一个 Session 工厂
            if (sessionFactory == null)
            {
                rebuildSessionFactory();
            }
            //  如果 interceptor 参数值中包含拦截器对象,则安装该拦截器
            session = (sessionFactory != null) ? ((interceptor.length == 0) ?
            sessionFactory
                    .openSession()
                    : sessionFactory.openSession(interceptor[0]))
                    : null;
            //  如果 ThreadLocal 对象中没有属于当前线程的 Session 对象,则添加一个
               Session 对象
            threadLocal.set(session);
        }
        return session;                              //  返回 session
    }
    ...
}
```

在 getSession 方法中加了一个 interceptor 参数。这个参数是一个 Interceptor...类型,这种类型是 J2SE5.0 提供的一个新类型,类似于数组。但和数组不同的是可不传递这个参数值,也就是可以直接使用 getSession()形式。而对于数组来说,就算数组中没有数据,也必须传递个长度为 0 的数组或是 null。之所有要使用 Interceptor...类型,主要是为了和本书的其他例子代码兼容。因为在本书中大多数基于 Hibernate 的程序都未使用拦截器,也就是说,都是使用 getSession()的形式调用的 getSession 方法。如果要使用 getSession 注册拦截器,只需使用如下代码即可。

```
Session session = HibernateSessionFactory.getSession(new EntityBean-
Interceptor());
```

在 getSession 方 法 内 部 只 使 用 interceptor 参 数 值 的 第 1 个 拦 截 器 对 象 实 例 interceptor[0]。如果读者想使用第 2 种方法来注册拦截器,可以修改 HibernateSessionFactory 类的 static 部分。只需要在调用 buildSessionFactory 方法之前加上如下的代码即可。

```
configuration.setInterceptor(new chapter21.interceptor.EntityBean-
Interceptor());
```

要想使用 SessionFactory 范围的拦截器，必须要在调用 buildSessionFactory 之前调用 Configuration.setInterceptor 方法，而不能使用如下的代码来注册拦截器。

```
HibernateSessionFactory.getConfiguration().setInterceptor(new
EntityBeanInterceptor());
```

（4）测试拦截器。TestInterceptor 类使用了在本例中实现的拦截器，该类的实现代码如下：

```
public class TestInterceptor
{
    public static void main(String[] args)
    {
        //  注册拦截器
        Session session = HibernateSessionFactory
            .getSession(new EntityBeanInterceptor());
        //  开启事务
        Transaction tx = session.beginTransaction();
        Customer customer = new Customer(); //  创建 Customer 对象
        customer.setName("Bea");                 //  设置 Customer 对象的 name 属性
        Order order = new Order();               //  创建 Order 对象
        //  设置 Order 对象的 number 和 customer 属性
        order.setNumber("2008012401");
        order.setCustomer(customer);
        session.save(order);                     //  持久化 Order 对象
        MyMessage message = new MyMessage();//  创建 MyMessage 对象
        //  设置 MyMessage 对象的 id 和 name 属性
        message.setId(new Random().nextInt(100000));
        message.setName("bill");
        session.saveOrUpdate(message);           //  持久化 MyMessage 对象
        tx.commit();                             //  提交事务
        session.close();                         //  关闭 session
    }
}
```

在执行上面的程序后，输出的结果如图 21.1 所示。

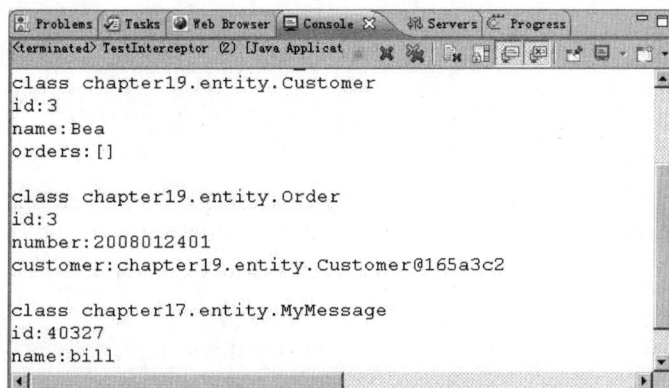

图 21.1　拦截器的输出结果

21.4.3　了解事件（Events）

除了拦截器外，Hibernate 还提供了另一种更强大、更灵活的截获动作的机制，这就是事件。可以使用事件来取代拦截器。实际上，Session 接口的所有方法都可以和事件关联。每一个事件是一个类，这些事件类必须实现相应的 Listener 接口。这些接口可以在 org.hibernate.event 包中找到。如表 21.2 是 Hibernate 所支持的事件 type 名和相应的 Listener 接口。

表 21.2　Hibernate支持的事件type名和相应的Listener接口

Type 名	Listener 接口
auto-flush	AutoFlushEventListener
create	PersistEventListener
create-onflush	PersistEventListener
delete	DeleteEventListener
dirty-check	DirtyCheckEventListener
evict	EvictEventListener
flush	FlushEventListener
flush-entity	FlushEntityEventListener
load	LoadEventListener
load-collection	InitializeCollectionEventListener
lock	LockEventListener
merge	MergeEventListener
post-collection-recreate	PostCollectionRecreateEventListener
post-collection-remove	PostCollectionRemoveEventListener
post-collection-update	PostCollectionUpdateEventListener
post-commit-delete	PostDeleteEventListener
post-commit-insert	PostInsertEventListener
post-commit-update	PostUpdateEventListener
post-delete	PostDeleteEventListener
post-insert	PostInsertEventListener
post-load	PostLoadEventListener
post-update	PostUpdateEventListener
pre-collection-recreate	PreCollectionRecreateEventListener
pre-collection-remove	PreCollectionRemoveEventListener
pre-collection-update	PreCollectionUpdateEventListener
pre-delete	PreDeleteEventListener
pre-insert	PreInsertEventListener
pre-load	PreLoadEventListener
pre-update	PreUpdateEventListener
refresh	RefreshEventListener

Type 名	Listener 接口
replicate	ReplicateEventListener
save	SaveOrUpdateEventListener
save-update	SaveOrUpdateEventListener
update	SaveOrUpdateEventListener

在 Hibernate 的 org.hibernate.def 包中已经定义了这些接口的默认实现，因此在注册自己的事件时，并不需要直接实现表 21.2 所示的接口。如要处理 save-update 事件，事件类可以继承 org.hibernate.event.def.DefaultSaveOrUpdateEventListener 类。

注意：如果需要覆盖事件方法，必须调用父类（在 org.hibernate.def 包中的默认实现类）的相应方法才能继续相应的工作。如在 save-update 事件中，如果覆盖了 DefaultSaveOrUpdateEventListener 类的 onSaveOrUpdate 方法，方法最后需要调用 super.onSaveOrUpdate(event)才能正常持久化对象。

21.4.4　实例：编写和注册事件类

在本节将编写一个简单的 save-update 事件类，这个事件类的功能是强迫 MyMessage 类的 name 属性长度不能小于 5，否则不持久化 MyMessage 对象。

MySaveOrUpdateEventListener 是一个事件类，在该事件类中检测 MyMessage 对象的 name 属性值，当 name 属性值的长度小于 5 时，输出错误信息，并取消持久化操作。MySaveOrUpdateEventListener 类的实现代码如下：

```java
// 继承 DefaultSaveOrUpdateEventListener 类的事件类
public class MySaveOrUpdateEventListener extends
     DefaultSaveOrUpdateEventListener
{
    // 重写方法 onSaveOrUpdate
    @Override
    public void onSaveOrUpdate(SaveOrUpdateEvent event)
    {
        if (event.getObject() instanceof MyMessage)
        {
            // 获得当前被持久化的 MyMessage 对象
            MyMessage message = (MyMessage) event.getObject();
            if (message.getName().length() < 5)
            {
                System.out.println("name 属性长度不能小于 5");
                return;
            }
        }
        super.onSaveOrUpdate(event);    // 调用父类的 onSaveOrUpdate 方法
    }
}
```

从上面的代码可以看出,当 name 属性值的长度小于 5 时,直接返回,并未调用父类的 onSaveOrUpdate 方法,因此 MyMessage 对象不会被持久化。在触发事件之前,需要注册这个事件。注册事件的方法有如下两种。

1．使用配置文件

在 hibernate.cfg.xml 中加入如下的配置代码:

```
<listener type="save-update" class="chapter21.event.MySaveOrUpdateEven-
tListener" />
```

但要注意<listener>标签必须在<property>和<mapping>标签之后配置。

2．使用编程方式配置事件

在 HibernateSessionFactory 类的 static 块中加入如下的代码:

```
configuration.setListener("save-update", new chapter21.event.MySaveOr-
UpdateEventListener());
```

注意:必须在建立 Session 工厂之前调用 setListener 方法来注册事件。读者可以根据自己的需要选择其中一种方式来注册事件。

TestEvent 类分别使用 MyMessage 对象的长度小于 5 和大于 5 的 name 属性值测试事件的触发。TestEvent 类的代码如下:

```
public class TestEvent
{
    public static void main(String[] args)
    {
        //  获得一个 Hibernate Session 对象
        Session session = HibernateSessionFactory.getSession();
        //  开始一个新事务
        Transaction tx = session.beginTransaction();
        MyMessage message = new MyMessage();      //  创建 MyMessage 对象实例
        //  将 id 属性设置成一个随机数
        message.setId(new Random().nextInt(100000));
        message.setName("bill");                  //  设置 name 属性的值为 bill
        session.saveOrUpdate(message);            //  不能持久化 MyMessage 对象
        MyMessage message1 = new MyMessage();     //  创建另一个 MyMessage 对象
        //  设置 id 属性值为一个随机数
        message1.setId(new Random().nextInt(100000));
        //  设置 name 属性值为 bill gages
        message1.setName("bill gates");
        session.saveOrUpdate(message1);           //  成功持久化 MyMessage 对象
        tx.commit();                              //  提交事务
        //  关闭 Hibernate Session 对象
        session.close();
    }
}
```

执行上面的代码后,会发现 name 属性值为 bill 的 MyMessage 对象并未被持久化。这是由于该对象的 name 属性值的长度小于 5，因此，该持久化对象在 onSaveOrUpdate 事件中被取消了持久化动作。

21.5　学习过滤器

Hibernate 的过滤器（Filters）可以对数据表中的数据进行过滤。如果不使用过滤器，查询数据的范围是整个表，而如果使用过滤器，可以先对表中的数据进行过滤，然后再从过滤后的数据中进行查询。因此 Hibernate 过滤器就相当于数据库中的视图（Views）。

过滤器可以应用在 Hibernate 映射文件的<class>标签和集合标签（如<set>）上。如果应用到<class>标签上，就相当于对<class>所对应的表进行数据过滤。而应用到集合标签上时，对于一对多或多对多关系时集合属性值就无须将所有符合条件的都装载，这样将会更大地节省系统的资源。

过滤器和事件、拦截器不同，不能在运行时注册，而只能在 Hibernate 映射文件中使用<filter-def>标签预先定义。下面的配置代码定义了一个简单的过滤器。

```xml
<!-- mapping.xml -->
<hibernate-mapping>
<class name="chapter17.entity.MyMessage" table="t_message">
    <!-- 映射 id 属性 -->
        <id name="id" column="id" type="int" />
    <!-- 映射 name 属性 -->
        <property name="name" column="name" />
    <!-- 映射过滤器 -->
        <filter name="myFilter" condition=":maxId > id" />
    </class>
    <!-- 定义过滤器 -->
    <filter-def name="myFilter" >
        <filter-param name="maxId" type="integer" />
    </filter-def>
</hibernate-mapping>
```

在上面配置代码中定义了一个 myFilter 过滤器，这个过滤器有一个 maxId 参数。该参数值可以在程序中指定。在<class>标签中使用了该过滤器，使用该过滤器就相当于一个只包含 id 属性值小于 maxId 记录的视图（:maxId > id）。在过滤器条件中要使用属性名，而不要直接使用数据表的字段名，并且必须将<filter-def>标签放到<class>标签的后面。

Hibernate 在默认情况下是关闭过滤器的，要想使用过滤器，需要使用 Session.enableFilter 方法启动过滤器。如下面的代码所示。

```java
public class TestFilter
{
    public static void main(String[] args)
    {
        // 获取 session 对象
        Session session = HibernateSessionFactory.getSession();
        // 开启事务
        Transaction tx = session.beginTransaction();
        for (int i = 0; i < 5; i++)
        {
```

```
      // 创建和设置对象 message
      MyMessage message = new MyMessage();
      message.setId(new Random().nextInt(100000));
      message.setName("bill gates");
      session.saveOrUpdate(message);               // 实现持久化
  }
  tx.commit();                                     // 提交事务
  // 开启过滤器
  Filter filter = session.enableFilter("myFilter");
  filter.setParameter("maxId", 50000);            // 为过滤器指定参数值
  // 获取 query 对象
  Query query = session.createQuery("from MyMessage");
  List<MyMessage> messages = query.list();        // 执行查询
  for (MyMessage message : messages)              // 通过遍历输出对象信息
      System.out.println(message.getId());
  session.close();                                 // 关闭 session 对象
  }
}
```

在运行 TestFilter 程序后，Hibernate 生成的 SQL 语句如下：

```
select mymessage0_.id as id0_, mymessage0_.name as name0_ from t_message
mymessage0_
where ? > mymessage0_.id
```

从上面的 SQL 语句可以看出，Hibernate 过滤器只是在生成 SQL 时简单地将过滤条件
转换成相应的 where 子句条件。

🔔注意：过滤器只对使用 HQL 和标准查询 API 时起作用，而直接使用 SQL 查询时，过滤
　　　器并不会工作。

21.6　小　　结

　　本章介绍了 Hibernate 的一些高级技术。在基于数据库的应用中，事务是必不可少的技
术，DBMS 通过对事务的管理，可以有效地解决数据的各种冲突。Hibernate 本身并不支持
事务，而是对各种级别的事务进行了封装，如在本章介绍了 Hibernate 对 JDBC 和 JTA 两
个级别的事件事务进行了封装。谈到事务，就要涉及锁的概念。实际上，事务从技术层面
上讲，是通过锁机制来解决数据冲突的。Hibernate 同样也对锁机制进行了支持，在 Hibernate
中支持悲观锁和乐观锁。

　　为了干预 Hibernate 在执行不同动作时的行为，在 Hibernate 中提供了拦截器和事件机
制。这两种机制类似，只是事件机制更灵活，更强大。通过这两个机制，可以在 Hibernate
动作执行之前或之后执行由用户自己编写的代码。如在持久化对象之前，可以在拦截器或
事件中检查持久化对象是否满足持久化的条件，如果不满足，可以取消持久化。除此之外，
还可以利用 Hibernate 的过滤器事件对要装载的持久化对象进行过滤，以免装载过多的持久
化对象。过滤器相当于数据库中的视图。

21.7 实战练习

一．选择题

1．以下（　　）不是事务的特性。

A．Atomic（原子性）　　B．Consistency（一致性）

C．No-Isolation（不隔离性）　　D．Durability（持久性）

2．以下（　　）不属于 Hibernate 隔离等级。

A．脏读　　B．已提交读

C．可重复读　　D．可序列化

二、编程题

某客户关系管理系统中的回款管理模块的业务背景是如下：

每个订单由销售人员确认后生成一个发货申请单，库管人员根据发货单申请生成对应的发货单，发货单状态变为“出库确认”的同时，自动生成一个“汇款单”。汇款单包含以下数据：回款单编号（编码规则：56W8F-NNNNN，56W8F 表示单据类型为汇款单，NNNNN 是 5 位流水号，16 进制。）、对应的出库单编号、客户名称、送货地址、联系人、联系电话、发货时间、金额（不含税）、税率、发票编号。需要回款的数值=金额×（1+税率），税率默认为 0.17。

客户可能采取月结的方式，一次回款付清几次发货的货款（每次发货都对应一个回款单），也可能一次发货的货款分几次付清。对于前一种情况，对每个回款单都会添加一个“回款单明细”。对于后一种情况，每次回款都添加一条回款单明细。每条回款单明细都包括汇款单编号、回款日期、回款金额、客户方经手人、财务经手人、原始单据编号、原始单据（二进制图片）。

最终，回款单如图 21.2 所示。

回款单

主单：

回款单编号	56W8F-F9EA5	回款金额	135,720
对应的出库单编号	56E2N-F005E	已回款	130,000
客户名称	聪海大钟寺店	待回款	5,720
送货地址	北三环西路51号南楼	状态	回款中
联系人	刘迎春		
联系电话	010-68478996-8352		
发货时间	2007-10-26 9:09		
金额（不含税）	116,000		
税率	0.17		
发票编号	1100061620-12548707		

明细：

回款日期	回款金额	客户方经手人	财务经手人	原始单据编号	原始单据
2007-10-29	100,000	刘迎春	刘汉粮		
2007-11-5	30,000	刘迎春	刘汉粮		

图 21.2　回款单样式

（1）设计数据库表实现回款管理功能。

（2）使用 MyEclipse 10.6 工具生成实体类和映射文件。

（3）编写程序实现以下需求。

❑ 查询指定编号的回款单，包含明细数据。

❑ 查询指定编号回款单"待回款"的数额，使用 HQL 实现。

❑ 实现一个查询方法，可以根据回款单号、发货单号、客户名称、发货日期、发票编号、状态查询回款单。使用 HQL 实现。

【提示】数据库设计，设计回款单和回款单明细两个表，回款金额、已回款、待回款可以根据其他字段计算出来，无须设置数据库字段保存。

第 4 篇   Sping 篇

▶▶　第 22 章　Spring 的第一个 Helloworld 程序

▶▶　第 23 章　反向控制（Ioc）与装配 JavaBean

▶▶　第 24 章 Spring 中的数据库技术

▶▶　第 25 章　Spring 的其他高级技术

第22章 Spring 的第一个 Helloworld 程序

Spring 是目前最流行的 Java 框架之一。该框架以其强大的功能和卓越的性能受到了众多开发人员的喜爱。本章将以一个简单的示例带领读者进入 Spring 世界。通过本章的例子，读者可以对 Spring 的核心功能之一的装配 Bean 有一个初步了解，并为后面章节的学习打下基础。本章的主要内容如下：

- ❑ Spring 的主要特性；
- ❑ Spring 的核心技术；
- ❑ MyEclipse 10.6 对 Spring 的支持；
- ❑ Spring 的下载和安装；
- ❑ 开发一个基于 Spring 框架的 Helloworld 程序。

22.1 Spring 简介

Spring 是一个开源框架，由 Rod Johnson 组织和开发，其产生的目的是为了简化企业级开发。虽然企业级应用比较复杂，但并不是所有的都非常复杂。因此对于那些并不复杂的企业应用，如果使用 EJB 这样的企业级组件，就需要像处理复杂应用那样按照繁琐的步骤来进行。而如果使用了 Spring，就会使应用复杂度和实现的复杂程度成正比。也就是说，越复杂的企业应用，实现起来也会越复杂，而相对简单的企业应用，实现起来也会较轻松。

22.1.1 了解 Spring 的主要特性

为了更高效地使用 Spring，需要了解 Spring 的如下特性：

- ❑ Spring 是一个非入侵（non-invasive）框架。Spring 框架可以使应用程序代码对框架的依赖最小化。在 Spring 中配置 JavaBean 时甚至不需要引用 Spring API，而且还可以对很多旧系统中未使用 Spring 的 Java 类进行配置。
- ❑ Spring 提供了一种一致的，在任何环境下都可以使用的编程模型。Spring 应用程序不仅可以运行在 J2EE 和 Web 容器中，也可以运行在其他的环境下，如桌面程序。在 Spring 中提供了一种编程模型来隔离应用程序代码和运行环境，以使代码对它们的运行环境的依赖达到最小化。
- ❑ 提高代码的重用性。Spring 可以尽量避免在程序中硬编码。它可以将应用程序中的某些代码抽象出来（一般是在 XML 中配置），以便这些代码可以在其他的程序中使用。
- ❑ Spring 可以使系统架构更容易选择。Spring 的目标之一就是使应用的每一层都可以更容易替换。如在中间层可以在不同的 O/R 映射框架之间切换，而这种切换过程对商业逻辑的影响是非常小的。或是切换不同的 MVC 框架（Struts、Spring MVC、WebWork 等），这样做并不影响系统的中间层。

❑ Spring 并不重造轮子。尽管 Spring 所涉及的范围非常广，但是大多数应用并没有自己的实现，如 O/R 映射，就是使用了很多流行的框架，如 Hibernate。还有像连接池、分布式事务、远程协议或其他的系统服务，Spring 也是使用了已经存在的解决方案，而不是选择自己去创造。这样做的好处是可以尽量保护投资，也就是说，开发人员仍然可以在 Spring 中使用旧的框架实现自己的应用程序。

22.1.2　学习 Spring 的核心技术

在 Spring 中提供了以下的核心技术。

1. 反向控制（Inversion of Control, Ioc）和依赖注入

当一个对象需要另外一个对象时，在传统的设计过程中，往往需要通过调用者创建被调用者的对象实例。但在 Spring 中，创建被调用者的工作不再由调用者来完成，也就是说，调用者被剥夺了创建被调用者的权利。因此，这种设计模式被称为反向控制。在反向控制模式下，一般被调用者的创建是由 Spring Ioc 容器来完成的，因此也称为依赖注入。

2. 面向方面编程（AOP）

AOP 是近年来比较热门的编程方式，但它并不能取代 OOP，而只是作为 OOP 的扩展和补充。在 OOP 中，类、接口的关系是一个层次结构（或称为树结构），子类（子节点）会自动继承父类（父节点）的所有特性。这种继承关系虽然使代码重用达到了一定的高度，但在某些情况下，代码仍然会出现冗余。如要想在同一层的兄弟节点（或是在一些指定的节点）都插入一段写日志的代码。在这种情况下，如果采用 OOP 思想，最简单的做法是将写日志的功能封装在一个类中，然后在要写日志的类中调用。但这样做有一个问题，如果要将写日志的功能关闭，或是传递不同的参数，就需要修改很多个调用点，而且很容易出错。而使用 AOP，这个问题就可以迎刃而解了。

AOP 采用的是一种“横向切割”的方式（OOP 实际上是“纵向继承”）进行编程。所谓横向切割，就是将类层次树横向切一刀，并且会自动在这一刀所波及到的类（节点）中插入同样的代码。也就是说，横向切割的作用就是找到符合某一规则的类（如以 Test 开头的类），并在这些类中统一插入代码。这些被插入的代码并不在类中，而是写在了方面（Aspect）中，Aspect 在 AOP 中的地位相当于 Class 在 OOP 中的地位。这样在修改这些代码时，只需要修改 Aspect 中的代码，所有被插入的代码就会自动更改。

在 Spring 中提供了自己的 AOP 框架，叫做 Spring AOP，当然 Spring 也可以使用其他的 AOP 框架，如 AspectJ 和 JBoss AOP 等。

3. 一致性抽象

Spring 所使用的大多数框架并不是自己提供的，而是使用了现成的框架。并且对同类的框架提供了相同的访问接口，如基于 MVC 的 Web 框架、ORM 框架等。

4．异常处理

在 Spring 中提供了统一的异常类，如数据访问层的 org.springframework.dao.DataAccess
Exception。而且这些类实际上是 RuntimeException 的子类，并不需要使用 try…catch 进行
捕捉，因此可以使处理异常的代码最小化。

5．资源管理

Spring 可以管理很多其他的资源，如 JDBC、JNDI、JTA 等，这使得管理这些资源变
得更容易。

22.2　在应用程序中使用 Spring

在应用程序中使用 Spring 框架非常简单，只要在 CLASSPATH 环境变量中指定 Spring
框架的 jar 包，就可以在程序中像使用其他的 jar 包一样使用 Spring。但要想在 Java Web
程序中使用 Spring 框架，除了加入 Spring 框架的 jar 包，还需要进行一些配置。如果系统
比较大的话，应用 Spring 框架将会产生非常大的工作量。因此要想更好地使用 Spring，就
需要一个支持 Spring 的 IDE。MyEclipse 是用于开发 J2EE 应用的 IDE，在 MyEclipse 中不
仅支持大多数 Spring 配置，还可以自动生成一些相关的 Java 代码。

22.2.1　MyEclipse 10.6 对 Spring 的支持

在 MyEclipse 10.6 中已经支持了 Spring 3.1。使用步骤如下。

（1）选中 webdemo 工程，选择 MyEclipse|Add Spring Capabilities 命令，弹出 Add Spring
Capabilities 对话框，并按照图 22.1 所示设置各类选项。

（2）单击 Next 按钮，进入如图 22.2 所示的设置页面。

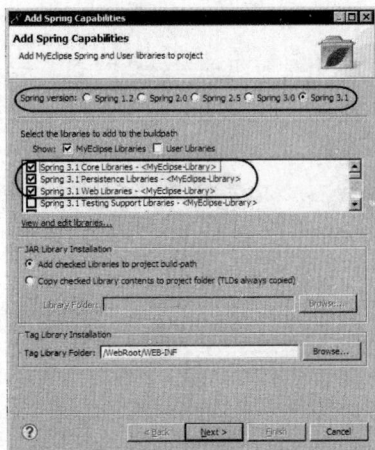

图 22.1　设置 Spring 版本和所使用的库

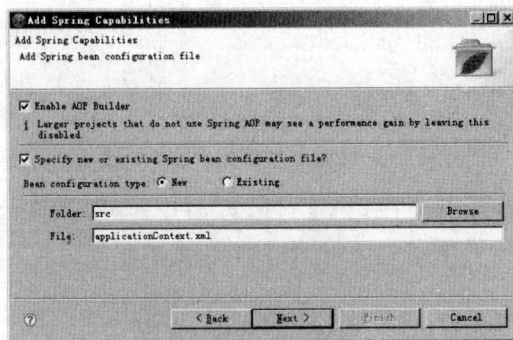

图 22.2　设置 Spring 配置文件名和保存目录

在图 22.2 所示的设置页面中可以设置 Spring 的配置文件名和保存目录。在默认情况下，Spring 的配置文件名为 applicationContext.xml，保存目录是 src。一般并不需要修改这一页的设置。

（3）单击 Next 按钮，进入如图 22.3 所示的设置页面。

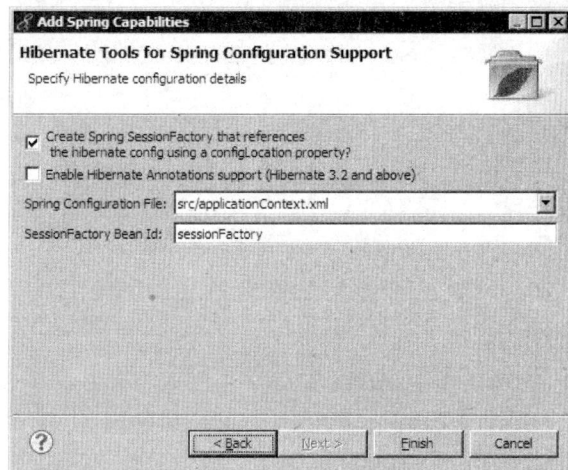

图 22.3　设置 Hibernate 会话工厂

图 22.3 所示的界面主要用来设置 Hibernate 会话工厂。MyEclipse 会将这些配置添加到 applicationContext.xml 文件中。在程序中可以通过该会话工厂建立 Hibernate Session 对象。

（4）单击 Finish 按钮，此时 MyEclipse 除了向 webdemo 工程添加了相关的包外，还添加了一个 applicationContext.xml 文件，该文件用于配置 Spring 框架中所需的资源。MyEclipse 生成的默认代码如下：

```xml
<?xml version="1.0" encoding="UTF-8"?>
<beans xmlns="http://www.springframework.org/schema/beans"
    xmlns:xsi="http://www.w3.org/2001/XMLSchema-instance"
xmlns:p="http://www.springframework.org/schema/p"
    xsi:schemaLocation="http://www.springframework.org/schema/beans
http://www.springframework.org/schema/beans/spring-beans-3.1.xsd">
    <!--  设置会话工厂  -->
    <bean id="sessionFactory"
    class="org.springframework.orm.hibernate4.LocalSessionFactoryBean">
        <property                              name="configLocation"
value="classpath:hibernate.cfg.xml">
        </property>
    </bean>
</beans>
```

在上面的配置代码中的 <bean> 标签就是在图 22.3 所示的设置界面中配置的会话工厂。关于如何在 Spring 中使用会话工厂，将在后面的部分详细介绍。

22.2.2　下载和安装 Spring

如果读者想使用 Spring 的更新版本 Spring 3.2，可以到如下的地址去下载：

```
http://www.springframework.org/download
```

读者可以选择 Window|Preferences...命令,打开 Preferences 对话框引用 Spring 的 jar 包。在 Preferences 对话框左侧的树结构中选择 MyEclipse |Project Capabilities|Spring 节点。在右侧出现了 Spring 各种版本的设置,其中 Spring 3.1 标签内容如图 22.4 所示。

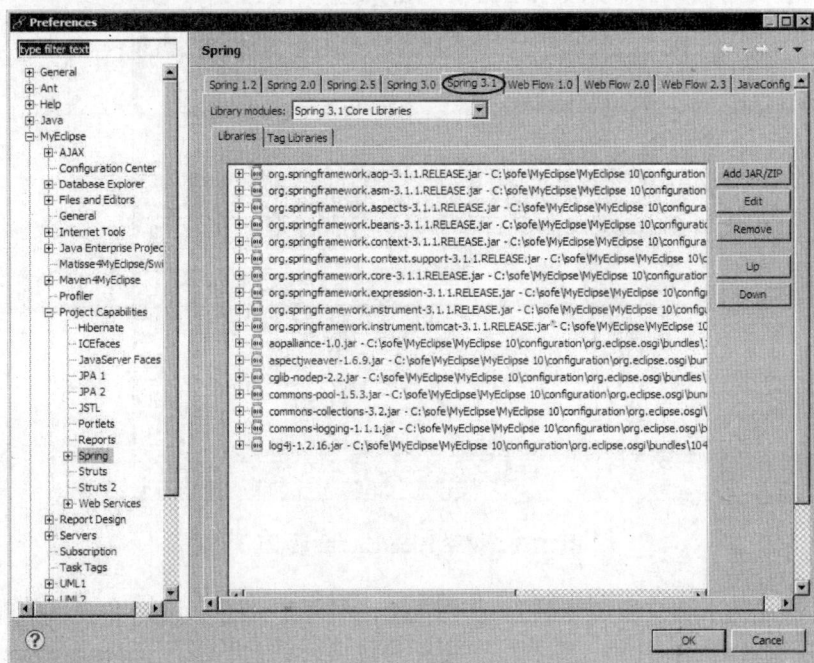

图 22.4　配置 Spring 3.1

在如图 22.4 所示的界面中添加或替换相应的 jar 包后,如果当前应用程序使用了 Spring 2.5,这些包就会自动加到当前的应用程序中,这一点和第 17 章引用新版本的 Hibernate 类似。

22.3　实例:开发一个 Helloworld 程序

在本节中给出了一个再简单不过的例子,就是在很多书中都会有的 Hello world。这个例子用普通的方法编写也非常简单,但是在这一节将使用 Spring 框架通过装配 Bean 的方式实现这个例子。这个例子的基础部分非常简单,就是一个接口和一个实现类。接口定义了一个 getGreeting 方法,用来返回“问候语”。

22.3.1　编写 HelloService 接口

HelloService 接口中定义了一个 getGreeting 方法,该方法返回一句问候语。HelloService 接口的实现代码如下:

```
package chapter22;
//  设置接口 HelloService
public interface HelloService
```

```
{
    public String getGreeting();
}
```

22.3.2　编写 HelloServiceImpl 类

HelloServiceImpl 类实现了 HelloService 接口，该类的实现代码如下：

```
package chapter22;
//  实现接口 HelloService 的类 HelloServiceImpl
public class HelloServiceImpl implements HelloService
{
    private String greeting;
    //  greeting 属性的 getter 方法
    public String getGreeting()
    {
        return "hello " + greeting;
    }
    //  greeting 属性的 setter 方法
    public void setGreeting(String greeting)
    {
        this.greeting = greeting;
        System.out.println("设置 greeting 属性");
    }
}
```

22.3.3　装配 HelloServiceImpl 类

在 HelloServiceImpl 类中，通过 setGreeting 方法为 greeting 属性设置问候语。如果使用通常的方法，可以使用下面的代码建立 HelloServiceImpl 类的对象实例，并输出结果。

```
//  创建对象 hello
HelloServiceImpl hello = new HelloServiceImpl();
//  设置 greeting 属性的值
hello.setGreeting("Michael Jackson");
//  输出 greeting 属性的值
System.out.println(hello.getGreeting());
```

下面使用 Spring 的 xml 配置文件建立 HelloServiceImpl 类的对象实例（也称为装配 Bean）。打开 applicationContext.xml 文件，向该文件添加装配 HelloServiceImpl 类的代码。

```
<?xml version="1.0" encoding="UTF-8"?>
<beans xmlns="http://www.springframework.org/schema/beans"
    xmlns:xsi="http://www.w3.org/2001/XMLSchema-instance"
xmlns:p="http://www.springframework.org/schema/p"
    xsi:schemaLocation="http://www.springframework.org/schema/beans
http://www.springframework.org/schema/beans/spring-beans-3.1.xsd">
    ...
    <!-- 装配 HelloServiceImpl -->
    <bean id="greeting" class="chapter22.HelloServiceImpl">
        <!-- 初始化 greeting 属性 -->
        <property name="greeting">
            <value>Michael Jackson</value>
```

```
        </property>
    </bean>
</beans>
```

从上面的配置代码可以看出，每一个 JavaBean 都对应一个<bean>标签。其中 id 属性是给这个 JavaBean 起的别名，也是唯一标识这个 JavaBean 的名字。class 属性的值是类的全名（package.classname）。<property>子标签用来使用 JavaBean 的 setter 方法装配 greeting 属性。上面的配置代码实际上就相当于如下的代码：

```
HelloServiceImpl hello = new HelloServiceImpl();
hello.setGreeting("Michael Jackson");
```

22.3.4 通过装配 Bean 的方式获得 HelloService 对象

FirstSpring 类用来测试装配的 Bean。为了使用装配的 Bean，需要使用 Application Context 对象。实现 ApplicationContext 接口的类很多，在本例中可以使用 FileSystemXmlApplicationContext 类建立 ApplicationContext 对象，代码如下：

```
package chapter22;
import org.springframework.context.ApplicationContext;
import
org.springframework.context.support.FileSystemXmlApplicationContext;
public class FirstSpring
{
    public static void main(String[] args)
    {
        // 装配 applicationContext.xml 文件
        ApplicationContext context = new FileSystemXmlApplicationContext(
            "src\\applicationContext.xml");
        // 获得被装配的 HelloService 对象实例
        HelloService hello = (HelloService) context.getBean("greeting");
        // 输出 greeting 属性的值
        System.out.println(hello.getGreeting());
    }
}
```

在上面的代码中，使用 ApplicationContext 接口的 getBean 方法获得了一个叫 greeting 的被装配的 Bean。运行上面的程序后，将输出如下的内容：

```
设置 greeting 属性
hello Michael Jackson
```

22.4 小   结

在本章介绍了 Spring 的主要特性和核心技术。整个 Spring 框架的核心就是装配 Bean，通过装配 Bean，可以更有效地使代码得到复用。除此之外，Spring 还提供了一个 AOP 框架，但 Spring 中的大多数功能并不是自身提供，而是封装了很多第三方的框架或技术，如 Hibernate、JDBC 和 Struts 等。因此使用 Spring 框架可以尽可能地保护用户的投资。

22.5　实战练习

一．选择题

1. 下面关于 Spring 的描述错误的是（　　　）。

    A．Spring 是一系列轻量级 Java EE 框架的集合

    B．Spring 中包含一个"依赖注入"模式的实现

    C．使用 Spring 可以实现声明式事务

    D．Spring 提供了 AOP 方式的日志系统

2. 下面关于依赖注入的说法正确的是（　　　）。

    A．依赖注入的目标是在代码之外管理组件间的依赖关系

    B．依赖注入即是"面向接口"编程

    C．依赖注入是面向对象技术的替代品

    D．依赖注入的使用会增大程序的规模

二．编码题

某程序系统中有如下类。

```
public class Equip{                              //装备
    private String name="无敌装备";             //装备名称
    private String type="无敌手套";             //装备的类型
    private Long speedPlus=100;                  //速度增效
    private Long attackPlus=100;                 //攻击增效
    private Long defencePlus=100;                //防御增效
...
}
```

通过 Spring 框架，输出"无敌装备"的相关属性

【提示】关于装备和玩家的装配文件如下：

```
<bean id="zhangShenArmet" class="Equip">
</bean>
```

第 23 章　反向控制（Ioc）与装配 JavaBean

Ioc 是 Spring 框架的核心模式。在项目中应用 Ioc，会使代码变得更加易读和维护。在通常的程序中，往往将创建 JavaBean 对象及初始化 JavaBean 对象属性的工作硬编码到程序中。这样并不利于代码复用，而且还可能编写大量重复的代码。因此，Spring 提供了通过配置文件装配 JavaBean 的方式。通过这种方式，可以将创建 JavaBean 对象和初始化对象的代码提取出来，这样会使应用程序更灵活，也更容易复用。本章的主要内容如下：

- ❏　什么是依赖注入；
- ❏　用 Ioc 降低耦合度；
- ❏　装配 Bean 的方法；
- ❏　装配普通属性；
- ❏　装配集合属性；
- ❏　设置属性值为 null；
- ❏　装配构造方法；
- ❏　自动装配 Bean；
- ❏　分散配置；
- ❏　定制属性编辑器。

23.1　为什么要使用反向控制（Ioc）

对象工厂模式按照传统方式建立对象时，一般是在对象工厂的方法里通过 new 关键字来建立相应的对象实例。然而这种方式使建立的对象和对象工厂耦合度过高。为了降低耦合度，使用反向控制模式是最直接的方法。反向控制模式的核心思想就是使建立对象的过程在对象工厂外部进行，而对象工厂通过多态的方式来建立相应的对象（实际上是返回一个实现某个接口的对象）。

23.1.1　什么是依赖注入

任何有应用价值的系统都至少有两个类来互相配合工作。通过由一个主要的入口类来启动程序，然后在这个类中创建另一个类的对象实例，并进行相应的操作。这种工作方式是由调用者主动创建对象实例，是主动的工作方式。

而如果使用 Ioc，创建对象的任务并不是由调用者来完成的，是通过外部的协调者（在 Spring 中是 Spring Ioc 容器）来完成的。因此也可以认为调用者要依赖 Spring Ioc 容器来获得（或称为注入）对象实例，所以也可以将 Ioc 称为依赖注入。

23.1.2 传统解决方案的缺陷

假设有一个人事管理系统，有两个类，即 Employee 和 Contact。Employee 类表示雇员的基本信息（如姓名、性别、年龄等），而 Contact 类表示雇员的联系方式（如住址、Email、电话等）。Employee 类的实现代码如下：

```
public class Employee
{
    private String name;        //  封装姓名的属性
    private char sex;           //  封装性别的属性
    private short age;          //  封装年龄的属性
    …
}
```

Contact 类的实现代码如下：

```
public class Contact
{
    public String getEmail()
    {
        String email = "abc@126.com";
        return email;
    }
}
```

如果要在 Employee 类中也可以获得雇员的联系方式，就需要在 Employee 类中访问 Contact 对象实例。也许有很多读者马上就会想到，可以直接在 Employee 类中建立 Contact 对象实例，并在 Employee 类的相应方法（如 getEmail 等）中访问 Contact 对象的相关方法。如下面的代码所示。

```
public class Employee
{
    private String name;           //  封装姓名的属性
    private char sex;              //  封装性别的属性
    private short age;             //  封装年龄的属性
    private Contact contact;       //  封装联系人信息的属性
    …
    //  Employee 类的构造方法
    public Employee()
    {
        contact = new Contact();
    }
    //  获得联系人的 E-mail
    public String getEmail()
    {
        return contact.getEmail();
    }
}
```

虽然上面的代码看上去很简单，但是却存在着如下 3 点缺陷：

❑ Employee 和 Contact 类耦合度较高。由于在 Employee 类中创建了 Contact 对象，因此，当需要使用另外一个获得雇员联系方式的类时，就需要修改 Employee 类的代码。如果在系统中存在很多这种情况，就会牵一发而动全身，将会使出现 bug

的几率大大增加。

- ❑ 在测试 Employee 类时，就会间接测试了 Contact 类。但是 Contact 对象实例是在 Employee 内部创建并使用的，也就是在外界并不了解 Employee 类的内部使用情况，因此就无法保证测试了 Contact 类的所有可能情况。
- ❑ 由于在 Contact 类中可能会访问其他的资源，如网络资源。当这些资源没有准备好时，Employee 就会因为 Contact 类而无法正常工作。如果要换一个拥有同样接口的类暂时代替 Contact 类，就需要修改 Employee 类的代码。这样也会容易出现第 1 点所描述的情况。

23.1.3　通过 Ioc 降低耦合度

从 23.1.2 节所描述的 3 个缺陷可以看出，问题的关键就出在 Employee 和 Contact 类的耦合度非常紧密，也就是说，如果能够降低这两个类的耦合度，就可以弥补这 3 个缺陷。

Ioc 模式提供了一个行之有效的方案来解决耦合度过高的问题，这就是使用接口降低耦合性。也就是说，创建 Contact 类的任务并不在 Employee 类中进行，而是在 Employee 类的外部创建 Contact 对象实例（可以使用 new 创建或是通过 Spring Ioc 容器创建对象，在本节只采用 new 创建对象，关于 Spring Ioc 容器创建对象将在后面详细讲解）。对于 Contact 类来说，需要实现一个接口，这个接口中包含了 Contact 中方法的定义。而在 Employee 类中通过 setter 方法或构造方法将 Contact 对象实例传递给 Employee 对象。ContactDef 接口的实现代码如下：

```
//  设计接口
public interface ContactDef
{
    public String getEmail();
    …
}
```

Contact 类的实现代码如下：

```
//  实现接口 ContactDef 的类 Contact
public class Contact implements ContactDef
{
    //  重写 getEmail 方法
    public String getEmail()
    {
        String email = "abc@126.com";
        //  获得 email 的代码
        return email;
    }
}
```

在本例中将使用 setter 方法向 Employee 对象传递 Contact 对象实例，代码如下：

```
public class Employee
{
    private String name;         //  封装姓名的属性
    private char sex;            //  封装性别的属性
    private short age;           //  封装年龄的属性
    private Contact contact;     //  封装联系人信息的属性
```

```
...
// 使用 ContactDef 接口作为参数类型
public void setContact(ContactDef contact)
{
    this.contact = contact;
}
// 获得联系人的 E-mail
public String getEmail()
{
    return contact.getEmail();
}
}
```

从上面代码可以看出，在 setContact 方法中使用了 ContactDef，而不是 Contact 作为参数类型，这样做就可以大幅度降低 Employee 和 Contact 类的耦合度。因为 Employee 和 Contact 类之间的耦合仅限于做什么事（getEmail 方法），而并不限于如何做。可以使用如下的代码创建 Contact 和 Employee 对象实例。

```
// 创建对象 contact 和 employee
ContactDef contact = new Contact();
Employee employee = new Employee();
// 设置对象 contact
employee.setContact(contact);
// 输出 email 信息
System.out.println(employee.getEmail());
```

大家可以看到，按照上面的做法，要想换另外一种 Contact 的实现，这个新的 Contact 类只需要实现 ContactDef 接口，并修改上面代码的第 1 行即可。Employee 类的代码并不需要修改。

23.2　手动装配 JavaBean

装配 Bean 实际上就是在 XML 中配置文件 JavaBean 的相关信息，然后由 Spring 框架读取该配置文件，并创建相应 JavaBean 对象实例的过程。通常来讲，需要用手工的方式指定 Spring 装配 JavaBean 时的动作，如调用哪一个构造方法，初始化指定的 JavaBean 属性等。

23.2.1　掌握装配 Bean 的方法

在 Spring 容器中将 Bean 进行配置后，然后返回 Bean 对象实例叫做装配 Bean。有如下两种方法可以装配 Bean。

❏　Bean 工厂（BeanFactory）；

❏　应用上下文（ApplicationContext）。

第 1 种方法使用了 org.springframework.beans.factory.BeanFactory 接口获得 Bean 对象实例。在 Spring 中有很多 BeanFactory 接口的实现，但最常用的是 org.springframework. beans.factory.xml.XmlBeanFactory。通过 XmlBeanFactory 类，可以从 XML 配置文件中读取

Bean 的装配信息，并在 Spring 容器中建立相应的 JavaBean 对象实例，并返回该 JavaBean 对象实例。

要想建立一个 XmlBeanFactory 对象实例，需要将配置文件通过 FileSystemResource 对象传入 XmlBeanFactory 类的构造方法，并通过 BeanFactory 类的 getBean 方法获得 Bean 的对象实例，如下面的代码所示。

```
package chapter23;
//  导入相应的包
import org.springframework.beans.factory.BeanFactory;
import org.springframework.beans.factory.xml.XmlBeanFactory;
import org.springframework.core.io.FileSystemResource;
import chapter22.*;
public class TestBeanFactory
{
    public static void main(String[] args)
    {
        //  根据 applicaitonContext.xml 文件的内容创建 BeanFactory 对象
        BeanFactory factory = new XmlBeanFactory(new FileSystemResource(
            "src\\applicationContext.xml"));
        //  从 Spring 配置文件中装配 greeting，并将返回的对象转换成 HelloService 对象
        HelloService hello = (HelloService)factory.getBean("greeting");
        //  调用 HelloService 对象的 getGreeting 方法，并输出相应的信息
        System.out.println(hello.getGreeting());
    }
}
```

第 2 种方法通过 org.springframework.context.ApplicationContext 接口来装配 Bean。在 Spring 中有如下两种 ApplicationContext 的实现类经常会用到。

- ❑ FileSystemXmlApplicationContext：通过绝对或相对路径指定 XML 配置文件，并装载 XML 文件的配置信息。
- ❑ ClassPathXmlApplicationContext：从类路径中搜索 XML 配置文件。可以使用 FileSystemXmlApplicationContext 类替换 ClassPathXmlApplicationContext，但要将构造方法的参数值改为 applicationContext.xml。

单从装配 Bean 上看，ApplicationContext 和 BeanFactory 类似，但 AppliicationContext 比 BeanFactory 提供了更多的功能，如国际化，装载文件资源、向监听器 Bean 发送事件等。因此，如果要使用更多的功能，最好使用 ApplicationContext 来装配 Bean。

23.2.2　掌握与 Bean 相关的接口

如果被装配的 Bean 实现了相应的接口，就可以在 Bean 中获得相应的信息，或者进行某些操作。这些接口如下所述（这些接口都在 org.springframework.beans.factory 包中）。

- ❑ BeanNameAware：获得 Bean 名，也就是<bean>标签的 id 属性值。需要实现 setBean Name 方法。
- ❑ BeanClassLoaderAware：获得装载过程中的 ClassLoader 对象。需要实现 setBean ClassLoader 方法。
- ❑ BeanFactoryAware：获得 BeanFactory 对象。需要实现 setBeanFactory 方法。要注意的是，不管使用 BeanFactory，还是 ApplicationContext 装载 Bean，Spring 都会

调用 setBeanFactory 方法。而如果实现了 org.springframework.context.Application ContextAware 接口的 setApplicationContext 方法，就只会在使用 ApplicationContext 来装载 Bean 时调用 setBeanFactory 方法。

❑ InitializingBean：在 Bean 的所有属性设置完后，并且在调用了相应的接口方法（如上面所述的 3 个 setter 方法）后，调用 InitializingBean 接口的 afterPropertiesSet 方法。

❑ DisposableBean：当销毁 Bean 时，DisposableBean 的 destroy 方法被调用。

Spring 会按照如下步骤装载一个 Bean。

（1）实例化 Bean。

（2）设置 Bean 的属性（也就是调用 JavaBean 对象的 setter 方法）。

（3）如果 Bean 实现了 BeanNameAware 接口，调用 setBeanName 方法。

（4）如果 Bean 实现了 BeanClassLoaderAware 接口，调用 setBeanClassLoader 方法。

（5）如果 Bean 实现了 BeanFactoryAware 接口，调用 setBeanFactory 方法。

（6）如果 Bean 实现了 ApplicationContext 接口，并且使用了 applicationContext 装载 Bean，则调用 setApplicationContext 方法。

（7）如果 Bean 实现了 InitializingBean 接口，调用 afterPropertiesSet 方法。

（8）如果 Bean 被销毁，并且实现了 DisposableBean 接口，调用 destroy 方法。

23.2.3 了解<bean>标签的常用属性

每一个 JavaBean 需要一个<bean>标签进行配置。这个<bean>标签有如下一些常用的属性。

1．id和class属性

id 和 class 是<bean>中最基本的两个属性。其中 id 表示 Bean 的唯一标识。class 表示类的全名（package.classname），如下面的代码所示。

```
<bean id="greeting" class="chapter22.HelloServiceImpl">
    ...
</bean>
```

2．name属性

name 属性可以为同一个 JavaBean 起多个别名，多个别名之间可使用空格、逗号（,）或分号（;）来分隔（也可以混合使用这 3 种分隔符号），如下面的代码所示：

```
<bean id="greeting" class="chapter22.HelloServiceImpl" name = "alias1,
alias2; alias3>
    ...
</bean>
```

在 BeanFactory 和 ApplicationContext 接口的 getBean 方法中可以使用 Bean 的别名，代码如下：

```
ApplicationContext context = new FileSystemXmlApplicationContext("src\\
applicationContext.xml");
```

```
HelloService hello = (HelloService) context.getBean("alias1");
```

可以使用 name 属性来取代 id 属性。

3．scope属性

在默认情况下，Spring 以单实例模式装载 Bean，也就是说对于同一个 Bean，多次调用 getBean 方法返回的都是同一个 Bean 对象。如下面代码输出的 hashcode 值相同：

```
System.out.println(context.getBean("greeting").hashCode());
System.out.println(context.getBean("greeting").hashCode());
```

要想让每次使用 getBean 方法时都获得一个新的 Bean 对象，需要使用<bean>标签的 scope 属性，这个属性的默认值是 singleton，如果将其设为 prototype，就可以达到这个目的。配置代码如下：

```
<bean id="greeting" class="chapter22.HelloServiceImpl" scope="prototype">
    ...
</bean>
```

如果按照上面的配置代码重新配置 greeting，则使用下面的代码就可以获得两个完全不同的 hashcode 值。

```
System.out.println(context.getBean("greeting").hashCode());
System.out.println(context.getBean("greeting").hashCode());
```

4．init-method和destroy-method属性

在 23.2.2 节已经讲过，Bean 可以通过实现 InitializingBean 和 DisposableBean 接口来执行装配和销毁 Bean 的代码。但也可以使用其他的方式来执行这些代码。

通过<bean>标签的 init-method 属性可以指定一个用于初始化的方法。通过 destroy-method 属性也可以指定一个用于执行销毁代码的方法。这两个属性所定义的方法必须在 Bean 中存在，否则无法成功装载 Bean。配置代码如下：

```
<bean id="greeting" class="chapter22.HelloServiceImpl" init-method="init"
destroy-method="destroy">
    ...
</bean>
```

使用这两个属性并不影响 InitializingBean 和 DisposableBean 接口中相应方法的调用，如果 Bean 既定义了这两个属性，又实现了 InitializingBean 和 DisposableBean 接口，那么 Spring 会先调用这两个接口中的相应方法，然后再调用 init-method 和 destroy-method 属性所指定的方法。

23.2.4　装配普通属性

Spring 还允许在装配 Bean 的过程中装配 Bean 的属性。如果装配简单类型的属性（如 String、int 等）是非常容易的，使用<property>和<value>标签即可完成装配工作，代码如下：

```
<bean id="greeting" class="chapter22.HelloServiceImpl">
```

```
   <!-- 装配 greeting 属性  -->
   <property name="greeting">
     <value>Michael Jackson</value>
   </property>
</bean>
```

一般不需要指定属性的类型（Spring 会通过反射技术来确定属性的类型），但如果需要，也可以使用<value>标签的 type 属性指定属性的具体类型，代码如下：

```
<bean id="greeting" class="chapter22.HelloServiceImpl">
   <!-- 装配 greeting 属性  -->
   <property name="greeting">
      <value type="java.lang.String">Michael Jackson</value>
   </property>
</bean>
```

type 属性的取值可以是简单类型所对应的类名，如 java.lang.String、java.lang.Integer，也可以是 Java 定义的简单类型名，如 int、char 等。

如果属性类型是另外一个被装载的类，可以使用<ref>标签装配属性值。如 MyBean 类的 hello 属性是 HelloService 类型，代码如下：

```
public class MyBean
{
   //  封装各种属性
   private String name;
   private int value;
   private HelloService hello;               //  HelloService 类型属性 hello
   …
   //  hello 属性的 getter 方法
   public HelloService getHello()
   {
      return hello;
   }
   //  hello 属性的 setter 方法
   public void setHello(HelloService hello)
   {
      this.hello = hello;
   }
}
```

装配 hello 属性有如下两种方法：

❑ 使用<bean>标签；

❑ 使用<ref>标签。

使用<bean>标签非常简单，只要在<property>标签中加一个完整的<bean>标签即可。代码如下：

```
<bean id="myBean" class="chapter23.MyBean">
   …
    <!- 装配 hello 属性  -->
    <property name="hello">
      <!-- 使用 bean 标签创建一个 HelloServiceImpl 对象实例，并初始化  -->
      <bean class="chapter22.HelloServiceImpl">
        <property name="greeting">
          <value>Michael Jackson</value>
        </property>
      </bean>
```

```
  </property>
</bean>
```

但这样做就造成重复定义 greeting。因此，建议使用<ref>标签来装配 hello 属性，代码如下：

```
<!-- 装配 HelloServiceImpl 对象  -->
<bean id="greeting" class="chapter22.HelloServiceImpl">
  <property name="greeting">
    <value>Michael Jackson</value>
  </property>
</bean>
<bean id="myBean" class="chapter23.MyBean">
  <property name="hello">
    <!-- 使用 ref 标签来装配 hello 属性  -->
    <ref bean="greeting" />
  </property>
  <property name="name">
    <value>bill gates</value>
  </property>
</bean>
```

其中<ref>标签的 bean 属性表示另一个 Bean 的 id 属性值或别名。除此之外，还有一个<idref>标签，这个标签很容易和<ref>混淆。实际上，<idref>标签也表示一个字符串值。这个字符串值就是另外一个 Bean 的 id 属性值或别名，如下面代码所示。

```
<bean id="myBean" class="chapter23.MyBean">
  <property name="hello">
    <!-- 使用 ref 标签来装配 hello 属性  -->
    <ref bean="greeting" />
  </property>
  <property name="name">
    <!-- 使用 idref 标签来装配字符串  -->
    <idref bean="greeting"/>
  </property>
</bean>
```

上面的代码实际上和如下的代码等价。

```
<bean id="myBean" class="chapter23.MyBean">
  <property name="hello">
    <!-- 使用 ref 标签来装配 hello 属性  -->
    <ref bean="greeting" />
  </property>
  <property name="name">
    <!-- 装配字符串  -->
    <value>greeting</value>
  </property>
</bean>
```

既然可以直接为 name 属性赋值，为什么要多此一举地使用<idref>呢？其实原因很简单，只是为了验证名为 greeting 的 Bean 是否存在，如果这个 Bean 未在 applicationContext.xml 中定义，那么 Spring 将无法成功装配 myBean。而如果使用<value>标签直接将 name 属性装配为 greeting，Spring 就不会进行验证。如果想将另外一个已经存在 Bean 的 id 别名作为另一个 Bean 属性的初始值，建议使用<idref>进行装配。

除此之外，还可以使用<property>标签的两个属性 value 和 ref 来代替<value>及<ref>

标签对属性进行装配（<property>标签没有 idref 属性，因此要使用 idref，只能使用<idref>标签），代码如下：

```
<bean id="myBean" class="chapter23.MyBean">
    <property name="name" value="greeting"/>
    <property name="hello" ref="greeting" />
</bean>
```

下面的代码装配了 MyBean，并访问了 MyBean 对象的 name 和 hello 属性。

```
public class TestMyBean
{
    public static void main(String[] args)
    {
        //  加载配置文件
        ApplicationContext context = new FileSystemXmlApplicationContext(
                "src\\applicationContext.xml");
        //  获得 MyBean 对象实例
        MyBean my = (MyBean) context.getBean("myBean");
        //  输出 MyBean 对象的 name 属性值
        System.out.println(my.getName());
        //  输出 MyBean 对象的 greeting 属性值
        System.out.println(my.getHello().getGreeting());
    }
}
```

运行上面的程序后，将输出如下的信息：

```
设置 greeting 属性
greeting
hello Michael Jackson
```

23.2.5 装配集合属性

在 Spring 中可以装配 4 种集合类型属性，分别是 List、Set、Map 和 Properties。与这 4 种集合类型相对应的标签是<list>、<set>、<map>和<props>。CollectionBean 是一个包含上述 4 种集合类型的 JavaBean，该类的代码如下：

```
public class CollectionBean
{
    private java.util.List<String> myList;      // 封装 List 集合对象的属性
    private String[] myArray;                   // 封装数组对象的属性
    private java.util.Set mySet;                // 封装 Set 集合对象的属性
    private java.util.Map myMap;                // 封装 Map 集合对象的属性
    // 封装 Properties 集合对象的属性
    private java.util.Properties myProperties;
    // myProperties 属性的 getter 方法
    public java.util.Properties getMyProperties()
    {
        return myProperties;
    }
    // myProperties 属性的 setter 方法
    public void setMyProperties(java.util.Properties myProperties)
    {
        System.out.println("Properties 类型:" + myProperties.getClass().
```

```
        getName());
        this.myProperties = myProperties;
    }
    // myMap 属性的 getter 方法
    public java.util.Map getMyMap()
    {
        return myMap;
    }
    // myMap 属性的 setter 方法
    public void setMyMap(java.util.Map myMap)
    {
        System.out.println("Map 类型: " + myMap.getClass().getName());
        this.myMap = myMap;
    }
    // mySet 属性的 getter 方法
    public java.util.Set getMySet()
    {
        return mySet;
    }
    // mySet 属性的 setter 方法
    public void setMySet(java.util.Set mySet)
    {
        System.out.println("Set 类型: " + mySet.getClass().getName());
        this.mySet = mySet;
    }
    // myList 属性的 getter 方法
    public java.util.List<String> getMyList()
    {
        return myList;
    }
    // myList 属性的 setter 方法
    public void setMyList(java.util.List<String> myList)
    {
        System.out.println("List 类型: " + myList.getClass().getName());
        this.myList = myList;
    }
    // getArray 属性的 getter 方法
    public String[] getMyArray()
    {
        return myArray;
    }
    // setArray 属性的 setter 方法
    public void setMyArray(String[] myArray)
    {
        this.myArray = myArray;
    }
}
```

下面是装配上述 4 种集合类型属性的配置代码。

1. 装配java.util.List类型的属性

装配 java.util.List 类型的属性可以使用<list>标签，配置代码如下：

```
<bean id="collectionBean" class="chapter23.CollectionBean">
    <property name="myList">
        <list>
            <value>abcd</value>
```

```
            <idref bean="myBean" />
        </list>
    </property>
    ...
</bean>
```

<list>标签中可以为 myList 属性装配任何类型的值，但在 CollectionBean 类中使用泛型将 myList 属性类型定义为 List<String>，因此，在<list>标签中只能使用<value>和<idref>来装配 String 类型的值。<list>标签除了可以装配 List 类型的属性，还可以装配数组类型的属性，如将 myList 属性的类型改为 String[]后，Spring 仍然能成功装配 collectionBean。

2．装配java.util.Set类型的属性

装配 java.util.Set 类型的属性可以使用<set>标签，配置代码如下：

```
<property name="mySet">
    <set>
        <value>test</value>
        <ref bean="myBean" />
    </set>
</property>
```

<set>只能装配 java.util.Set 类型的属性，使用方法和使用<list>标签类似。

3．装配java.util.Map类型的属性

装配 java.util.Map 类型的属性可以使用<map>标签，配置代码如下：

```
<property name="myMap">
    <map>
        <entry>
            <key>
                <value>hello</value>
            </key>
            <value>1234</value>
        </entry>
        <entry key="abcd">
            <ref bean="greeting" />
        </entry>
        <entry>
            <key>
                <ref bean="greeting" />
            </key>
            <ref bean="myBean" />
        </entry>
    </map>
</property>
```

Map 对象的每一个元素使用<entry>标签指定 key 和 value。当 key 和 value 都是简单类型（如 String、int 等）时，可以使用<entry>的 key 和 value 属性为其赋值，也可以使用<key>和<value>标签为其赋值。如果 key 或 value 属性的类型是另外一个 Bean 时，只能在<key>或<value>标签中使用<ref>标签指定另外一个 Bean。

4．装配java.util.Properties类型的属性

装配 java.util.Properties 类型的属性可以使用<props>标签，配置代码如下：

```
<property name="myProperties">
    <props>
        <prop key="abcd">value1</prop>
        <prop key="prop">myProp</prop>
    </props>
</property>
```

虽然 java.util.Properties 对象的 key 和 value 的值可以是任何数据类型，但使用<props>装配只能装配 key 和 value 都是 String 类型的 Properties 对象。由于 value 属性值的类型是 String，因此，就没有必要使用<value>标签来明确指定为 String 类型。

下面的代码使用 ApplicationContext 接口的 getBean 方法创建了 CollectionBean 对象，并访问了相关属性。

```java
public class TestCollectionBean
{
    public static void main(String[] args)
    {
        //  加载配置文件
        ApplicationContext context = new FileSystemXmlApplicationContext(
                "src\\applicationContext.xml");
        //  获取对象 collectionBean
        CollectionBean collectionBean = (CollectionBean) context.getBean
        ("collectionBean");
        System.out.println("-----------测试 List------------");
        for (String s : collectionBean.getMyList())
            System.out.println(s);
        System.out.println("-----------测试 Array------------");
        for (String s : collectionBean.getMyArray())
            System.out.println(s);
        System.out.println("-----------测试 Set-------------");
        for (Object obj : collectionBean.getMySet())
            System.out.println(obj.getClass().getName());
        System.out.println("-----------测试 Map-------------");
        for (Object key : collectionBean.getMyMap().keySet())
        {
            System.out.println(key + "=" + collectionBean.getMyMap().get
            (key));
        }
        System.out.println("----------测试 Properties--------");
        for(Object key: collectionBean.getMyProperties().keySet())
        {
            System.out.println(key + "=" + collectionBean.getMyProperties().
            get(key));
        }
    }
}
```

在运行上面的程序后，将输出如下的信息：

```
设置 greeting 属性
List 类型：java.util.ArrayList
Set 类型：java.util.LinkedHashSet
Map 类型：java.util.LinkedHashMap
Properties 类型:java.util.Properties
----------------测试 List----------------
abcd
```

```
myBean
----------------测试 Array----------------
myArray
greeting
----------------测试 Set----------------
java.lang.String
chapter23.MyBean
----------------测试 Map----------------
hello=1234
abcd=chapter22.HelloServiceImpl@d3c65d
chapter22.HelloServiceImpl@d3c65d=chapter23.MyBean@d6b059
----------------测试 Properties------------
abcd=value1
prop=myProp
```

在装配集合类型属性时应注意以下两点。

（1）Bean 的集合属性不需要使用 new 来建立对象实例，Spring 容器根据 XML 配置文件中的装配信息自动来实例化这些属性。

（2）Spring 分别为上述 4 种集合类型指定了如下的特定集合类来实例化。

❑ <list>：java.util.ArrayList；

❑ <set>：java.util.LinkedHashSet；

❑ <map>：java.util.LinkedHashMap；

❑ <props>：java.util.Properties。

Spring 容器在自动实例化集合属性时，将使用上面的相应集合类来实例化相应的属性，读者在进行类型转换时应注意这一点。

23.2.6　设置属性值为 null

在前面已经讲了如何装配 Bean 的普通属性和集合属性，但如果不想装配 Bean 的某些属性，那么在一般情况下可以有如下两个选择。

❑ 什么都不做，保留 Bean 的默认属性值（这些值是在 Bean 内部被初始化的）。

❑ 将这些属性值设为 null。在这种情况下，最好使用<null>标签将这些属性值设为 null。使用<null>标签可以保证这些属性一定为 null。<null>标签的用法为：<property name= "myMap"><null/></property>。

23.2.7　装配构造方法

并不是每一个 JavaBean 都只有一个无参数的构造方法，如果一个 JavaBean 的构造方法的参数有一个或多个，就需要使用<constructor-arg>标签为这些构造方法设置相应的参数值，如下面的 JavaBean 有 3 个带参数的构造方法。

```java
public class ConstructorBean
{
    // 封装各种属性
    private String name;
    private String message;
    private int number;
```

```
//  带 name 参数的构造方法
public ConstructorBean(String name)
{
    this.name = name;
}
//  带 name 和 number 参数的构造方法
public ConstructorBean(String name, int number)
{
    this.name = name;
    this.number = number;
}
//  带 name 和 message 参数的构造方法
public ConstructorBean(String name, String message)
{
    this.name = name;
    this.message = message;
}
//  name 属性的 getter 方法
public String getName()
{
    return name;
}
//  message 属性的 getter 方法
public String getMessage()
{
    return message;
}
//  number 属性的 getter 方法
public int getNumber()
{
    return number;
}
}
```

要使用第 1 个构造方法创建 ConstructorBean 对象非常简单，也毫无悬念，配置代码如下：

```
<bean id="constructor1" class="chapter23.ConstructorBean">
    <constructor-arg>
        <value>Michael</value>
    </constructor-arg>
</bean>
```

Spring 会自动寻找 ConstructorBean 类中只有一个参数的构造方法，正好 ConstructorBean 类中也只有一个构造方法有一个参数，因此 Spring 容器只能使用这个构造方法来创建 ConstructorBeanod 的对象实例。如果调用第 2 个和第 3 个构造方法创建 ConstructorBean 对象，也许有的读者会给出如下的配置代码：

```
<bean id="constructor2" class="chapter23.ConstructorBean">
    <constructor-arg>
        <value>bill</value>
    </constructor-arg>
    <constructor-arg>
        <value>20</value>
    </constructor-arg>
</bean>
```

可能有很多初次使用 Spring 的人都会认为上面的代码调用了第 2 个构造方法创建

ConstructorBean 对象实例，而事实上调用的是第 3 个构造方法。在 Spring 中搜索 Bean 的构造方法时，会先将参数值当成 String 类型数据来看。也就是说，Spring 首先会将"20"当成是 String 类型，而不是 int 类型。因此首先找到的是第 3 个构造方法。当然，如果没有第 3 个构造方法，那么就会调用第 2 个构造方法了。

在这种情况下，如果想调用第 2 个构造方法，只需要指定某一个参数值的类型，就可以解决问题了。也就是说使用如下的代码就可以调用第 2 个构造方法了。

```xml
<bean id="constructor2" class="chapter23.ConstructorBean">
    <constructor-arg>
        <value>bill</value>
    </constructor-arg>
    <!-- 使用 type 属性指定数据类型 -->
    <constructor-arg type="int">
        <value>20</value>
    </constructor-arg>
</bean>
```

在默认情况下，Spring 会根据 type 属性值确定哪个<constructor-arg>标签对应哪个参数，如果按照这种规则，构造方法的参数类型必须是有区别的，也就是说，构造方法中不能有两个以上参数拥有相同的参数类型。但如果所有的参数都是 String 类型时，Spring 会根据<constructor-arg>出现的位置确认和参数的对应关系，代码如下：

```xml
<bean id="constructor3" class="chapter23.ConstructorBean">
    <!-- 对应构造方法的第 1 个参数 -->
    <constructor-arg >
        <value>bike</value>
    </constructor-arg>
    <!-- 对应构造方法的第 2 个参数 -->
    <constructor-arg>
        <value>John</value>
    </constructor-arg>
</bean>
```

上面的代码调用了第 3 个构造方法，分别将 bike 和 John 作为第 1 个和第 2 个参数值传入第 3 个构造方法。可以使用<constructor-arg>标签的 index 属性改变传递参数的顺序。index 属性表示构造方法参数的位置，从 0 开始。如下面的代码将 John 传给了第 1 个参数，而将 bike 传给了第 2 个参数。

```xml
<bean id="constructor3" class="chapter23.ConstructorBean">
    <!-- 对应构造方法的第 2 个参数 -->
    <constructor-arg index="1" >
        <value>bike</value>
    </constructor-arg>
    <!-- 对应构造方法的第 1 个参数 -->
    <constructor-arg index="0">
        <value>John</value>
    </constructor-arg>
</bean>
```

TestConstructorBean 类测试了 Spring 装配 ConstructorBean 类的 3 个构造方法的过程，上面的配置代码在 ConstructorBean.xml 文件中。TestConstructorBean 类的实现代码如下：

```java
public class TestConstructorBean
{
```

```
public static void main(String[] args)
{
    //  加载配置文件
    ApplicationContext context = new FileSystemXmlApplicationContext(
        "src\\ConstructorBean.xml");
    //  使用第 1 个构造方法装配 ConstructorBean 对象
    ConstructorBean constructorBean = (ConstructorBean) context.getBean
    ("constructor1");
    //  输出 ConstructorBean 对象的 name 属性值
    System.out.println(constructorBean.getName());
    //  使用第 2 个构造方法装配 ConstructorBean 对象
    constructorBean = (ConstructorBean) context.getBean("constructor
    2");
    //  输出 ConstructorBean 对象的 name 属性值
    System.out.println("name:" + constructorBean.getName());
    //  输出 ConstructorBean 对象的 message 属性值
    System.out.println("message:" + constructorBean.getMessage());
    //  输出 ConstructorBean 对象的 number 属性值
    System.out.println("number:" + constructorBean.getNumber());
    //  使用第 3 个构造方法装配 ConstructorBean 对象
    constructorBean = (ConstructorBean) context.getBean("constructor
    3");
    //  输出 ConstructorBean 对象的 name 属性值
    System.out.println(constructorBean.getName());
    //  输出 ConstructorBean 对象的 message 属性值
    System.out.println(constructorBean.getMessage());
}
}
```

运行上面的程序后，将输出如下的信息：

```
Michael
name:bill
message:null
number:20
John
Bike
```

23.3　自动装配 JavaBean

如果 Bean 中需要装配的属性过多，那么将这些属性都在 XML 文件中配置就会有些麻烦，因此 Spring 允许设置<bean>标签的 autowire 属性来自动装配这些属性。autowire 属性可取如下所示的 4 个值。

❑ byName：试图在 Spring 容器中寻找和自动装配的 Bean 属性名相同的 Bean 名，如果未找到和属性同名的 Bean，就不装配这个属性。如果由于某些原因，要装配的属性名无法和要查找的 Bean 起同样的名字，可以为要查找的 Bean 起一个和当前要装配的属性名相同的别名（使用<bean>标签的 name 属性起别名）。

❑ byType：试图在 Spring 容器中寻找和要自动装配的 Bean 属性类型相同或是其子类的 Bean。如果没有找到相符的 Bean，则不装配这个属性，如果找到多个相符的 Bean，则会抛出一个 org.springframework.beans.factory.UnsatisfiedDependency

Exception 异常。当要装配的 Bean 属性类型恰好是某些已装配 Bean 的父类时，最容易发生找到多个相符的 Bean 的情况。如要自动装配的属性类型是 java.lang.Object，那么几乎可以肯定会抛出这个异常，因为 Object 是所有 Java 类的父类。

❑ constructor：和 byType 类似，只是这种方式用来自动装配构造方法。如果某个构造方法的参数都可以在容器中找到同类型的 Bean，并且不会发生冲突，那么这个 Spring 将会自动装配这个构造方法。如果在 Bean 中有多个构造方法满足自动装配条件，Spring 会优先调用参数最多的构造方法，如果恰巧这些符合条件的构造方法的参数个数相同，Spring 会根据这些构造方法在 Java 源代码中的定义顺序调用。如果在找同类型的 Bean 的过程中发生了冲突，容器会抛出 org.springframework.beans.factory.UnsatisfiedDependencyException 异常。

❑ autodetect：首先会尝试使用 constructor 来匹配 Bean，然后会使用 byType 来匹配 Bean。不确定性的处理与 constructor 和 byType 方式相同。

下面是一个有 3 个属性的 JavaBean。

```
public class AutowireBean
{
    //  封装各种属性
    private HelloService greeting;
    private MyBean bean;
    private Object myBean;
    …
}
```

在 AutowireBean 类中有 3 个属性，分别是 greeting、bean 和 myBean。下面先来自动装配 greeting 和 myBean 属性，配置代码如下：

```
<bean    id="autowireBean"    class="chapter23.AutowireBean"    autowire="by
Name"/>
```

由于在 Spring 容器中已经有了一个叫 greeting 的 Bean，因此通过 byName 方式，Spring 很容易为 greeting 找到和其同名的 Bean。myBean 属性的类型虽然是 Object，但是在 Spring 容器中也有一个叫 myBean 的 Bean。因此，使用上面的配置代码后，greeting 和 myBean 属性被装配，而 bean 属性未被装配（bean 属性值为 null）。

装配 bean 属性最简单的方法是在<bean id = "myBean" ...>标签中通过 name 属性为 myBean 另起一个叫 bean 的别名。这样 Spring 就可以找到和 bean 属性同名的 Bean 了，如下面的配置代码所示：

```
<bean id="myBean" class="chapter23.MyBean" name="bean">
    …
</bean>
```

如果将 autowire 属性设为 byType，greeting 和 bean 可以成功被装配，但是由于 myBean 属性的类型是 Object，因此在容器中存在多个相符的 Bean，所以会抛出异常。解决的方法是混合使用自动装配和手动装配，也就是说，greeting 和 bean 使用自动装配，而 myBean 属性使用手动装配，配置代码如下：

```
<bean id="autowireBean" class="chapter9.AutowireBean" autowire="byType">
    <property name="myBean">
```

```
        <ref bean="myBean" />
    </property>
</bean>
```

如果 AutowireBean 类有一个构造方法只有一个参数，并且这个参数类型是 Hello Service，那么使用下面的自动装配代码后，Spring 将会使用这个构造方法建立 AutowireBean 的对象实例。

```
<bean id="autowireBean" class="chapter23.AutowireBean" autowire= "cons-
tructor">
</bean>
```

要注意的是，使用 constructor 方式后，所有的属性都不会自动装配，需要手动装配这些属性。使用<property>和<constructor-arg>标签可以覆盖属性和构造方法的自动装配设置。如果想同时自动装配构造方法和属性，可以使用 autodetect 方式，配置代码如下：

```
<bean id="autowireBean" class="chapter23.AutowireBean" autowire= "auto-
detect">
    <property name="myBean">
        <ref bean="myBean" />
    </property>
</bean>
```

虽然自动装配可以减少很多工作量，但是也会带来很多不确定性，并且可能在改动一个 Bean 的配置后，影响其他被自动装配的 Bean。因此，笔者建议可以采用自动装配和手动装配结合的方式，至于这些构造方法和属性采用自动装配，还是手动装配，可根据具体情况而定。下面的代码测试了 Spring 的自动装配过程。

```
public class TestAutowireBean
{
    public static void main(String[] args)
    {
        //  加载配置文件
        ApplicationContext context = new FileSystemXmlApplicationContext(
            "src\\applicationContext.xml");
        //  自动装配 AutowireBean 对象
        AutowireBean autowire = (AutowireBean) context.getBean("autowire
        Bean");
        // 调用 AutowireBean 对象的 getGreeting 方法
        System.out.println("greeting:" + autowire.getGreeting());
        //  调用 AutowireBean 对象的 getBean 方法
        System.out.println("bean:" + autowire.getBean());
        //  调用 AutowireBean 对象的 getMyBean 方法
        System.out.println("myBean:" + autowire.getMyBean());
    }
}
```

23.4　分　散　配　置

虽然可以使用一个 Bean 装配文件配置整个应用程序，但这样做既不利于管理，也不利于维护。最好的方法是将相关的装配信息放到同一个装配文件中。在 Spring 中可以使用两种方法进行分散配置。

　　如果使用 ApplicatonContext 来装配 Bean，可以通过传递多个装配文件进行分散配置。如有两个配置文件，a.xml 和 b.xml，可以使用下面的代码同时读取这两个装配文件中的装配信息。

```
ApplicationContext  context  =  new  FileSystemXmlApplicationContext(new
String[]{"a.xml", "b.xml"});
```

　　将属性值分散到属性文件中。再通过占位符变量（${变量名}形式）来读取这些属性值。如有一个属性文件 MyBean.properties，内容如下：

```
MyBean.name = 超人
MyBean.value = 30
```

　　在使用占位符变量读取属性值之前，需要装配 PropertyPlaceholderConfigurer，这个类用来读取.properties 文件的属性值，该类可以在 org.springframework.beans.factory.config 包中找到。装配 PropertyPlaceholderConfigurer 类的代码如下：

```
<bean id="propertyConfigurer"

class="org.springframework.beans.factory.config.PropertyPlaceholderConf
igurer">
    <property name="location">
      <value>src\MyBean.properties</value>
    </property>
</bean>
```

　　从上面的代码可以看出，location 属性表示属性文件的位置。如果有多个属性文件，则可以使用 locations 属性，代码如下：

```
<bean id="propertyConfigurer"

class="org.springframework.beans.factory.config.PropertyPlaceholderConf
igurer">
    <property name="locations">
      <list>
        <value>src\MyBean.properties</value>
        <value>src\HelloService.properties</value>
      </list>
    </property>
</bean>
```

　　注意：在装配 PropertyPlaceholderConfigurer 类时，id 属性值可以任意设置（不一定是 propertyConfigurer），Spring 并不是通过 id 属性在容器中查找 PropertyPlaceholder Configurer 对象实例的。

　　下面是装配 MyBean 的代码。

```
<bean id="newMyBean" class="chapter23.MyBean">
    <property name="name">
      <value>${MyBean.name}</value>
    </property>
    <property name="value">
      <value>${MyBean.value}</value>
    </property>
</bean>
```

下面的代码测试了 Spring 的分散配置。

```
public class MultiConfig
{
    public static void main(String[] args)
    {
        //  装置配置文件
        ApplicationContext context = new FileSystemXmlApplicationContext(
                new String[] { "src\\applicationContext.xml",
                        "src\\ConstructorBean.xml" });
        //  获取对象
        Object obj = context.getBean("constructor1");
        System.out.println(obj);
        //  获取对象
        MyBean myBean = (MyBean) context.getBean("newMyBean");
        System.out.println(myBean.getName());
        System.out.println(myBean.getValue());
    }
}
```

23.5　定制属性编辑器

在解释什么叫属性编辑器之前，先看一个例子。NetBean 类有一个 java.net.URL 类型的属性。该类的代码如下：

```
public class NetBean
{
    private java.net.URL url;                         //  封装属性 url
    //  url 属性的 getter 方法
    public java.net.URL getUrl()
    {
        return url;
    }
    // url 属性的 setter 方法
    public void setUrl(java.net.URL url)
    {
        this.url = url;
    }
}
```

装配 NetBean 的代码如下：

```
<!--  装配 bean  -->
<bean id="netBean" class="chapter23.NetBean">
    <!--  初始化属性 url  -->
    <property name="url">
        <value>http://nokiaguy.blogjava.net</value>
    </property>
</bean>
```

从上面的装配代码可以发现，装配 url 属性时并未使用<ref>引用一个类型为 URL 或其子类的 Bean，而是直接使用<value>标签为该属性赋一个字符串值。这种初始化属性的方法就是通过本节要讲的属性编辑器实现的。

其实属性编辑器就是一个从 java.beans.PropertyEditorSupport 继承的类。在 Spring 中已经实现了一些常用的属性编辑器。这些属性编辑器类都在 org.springframework.beans. propertyeditors 包中，如 URLEditor 就是在上面代码中通过字符串装配 java.net.URL 类型属性的编辑器，除了这个属性编辑器外，还有 ClassEditor（通过类的全名设置 java.lang.Class 类型属性）、FileEditor（通过文件名设置 java.io.File 类型属性）等。

Spring 还允许开发人员实现自己的属性编辑器。在本节中将给出一个实现属性编辑器的例子。这个属性编辑器的功能是使用 String 类型的值设置 PhoneNumber 类型的属性，并且有如下两种设置方式。

❑ 通过 <value> 标签设置。通过这种方式可以将 <value> 标签中的值直接赋给 PhoneNumber 对象中的 number 属性。

❑ 通过 <list> 标签设置。通过这种方式可以将电话号码的不同组成部分使用 "-" 分割，如 +86-024-12345678-4028。

在实现属性编辑器之前，先实现两个类：Contact 和 PhoneNumber。后面将会用本节实现的属性编辑器来装配这两个类。Contact 类的实现代码如下：

```
public class Contact
{
    private PhoneNumber phoneNumber1;    //  封装第一个电话号的属性
    private PhoneNumber phoneNumber2;    //  封装第二个电话号的属性
    //  phoneNumber1 属性的 getter 方法
    public PhoneNumber getPhoneNumber1()
    {
        return phoneNumber1;
    }
    //  phoneNumber1 的 setter 方法
    public void setPhoneNumber1(PhoneNumber phoneNumber1)
    {
        this.phoneNumber1 = phoneNumber1;
    }
    //  phoneNumber2 的 getter 方法
    public PhoneNumber getPhoneNumber2()
    {
        return phoneNumber2;
    }
    //  phoneNumber2 的 setter 方法
    public void setPhoneNumber2(PhoneNumber phoneNumber2)
    {
        this.phoneNumber2 = phoneNumber2;
    }
}
```

PhoneNumber 类的实现代码如下：

```
public class PhoneNumber
{
    private String number;                    //  封装电话数字的属性
    //  带 s 参数的构造方法
    public PhoneNumber(String s)
    {
        this.number = s;
    }
    number 属性的 getter 方法
    public String getNumber()
```

```
    {
        return number;
    }
}
```

如果只使用 String 类型装配属性，只需要在属性编辑器中覆盖 PropertyEditorSupport 类的 setAsText 方法即可，但本例中还有一个 List 类型，因此，不仅要覆盖 setAsText 方法，而且要覆盖 setValue 方法。属性编辑器类的实现代码如下：

```java
public class PhoneEditor extends java.beans.PropertyEditorSupport
{
    //  覆盖 setAsText 方法
    @Override
    public void setAsText(String text) throws IllegalArgumentException
    {
        //  实现字符串类型属性转换
        setValue(new PhoneNumber(text));
    }
    //  覆盖 setValue 方法
    @Override
    public void setValue(Object value)
    {
        //  实现 list 类型属性转换
        super.setValue(null);
        //  处理使用<list>标签设置的电话号
        if (value instanceof List)
        {
            String number = "";
            List<String> moreNumber = (List) value;
            for (String s : moreNumber)
                number += "-" + s;
            super.setValue(new PhoneNumber(number.substring(1)));
        }
        //  处理使用<value>标签设置的电话号
        else if (value instanceof PhoneNumber)
            super.setValue(value);
    }
}
```

如果 Spring 容器通过字符串装配属性时，会首先调用 setValue 方法，然后再调用 setAsText 方法，否则只调用 setValue 方法，而不调用 setAsText 方法。其中 setValue 方法的 value 就表示在 XML 配置文件中为这个属性配置的初始值。如使用<list>装配属性时，value 参数值就是一个 ArrayList 对象。当使用字符串来装配属性时，setAsText 方法的 text 参数值就是这个用来装配属性的字符串。在 PropertyEditorSupport 类的 setValue 方法中将 value 值赋给了 PropertyEditorSupport 类的一个 Object 类型的属性，Spring 容器会通过 getValue 方法获得这个属性值，并将其赋给被装配的 Bean 的属性。

要注意的是 setValue 方法的第 1 行语句：super.setValue(null)。之所以要将 value 属性设为 null，是因为在 Spring 容器中只使用了一个属性编辑器对象处理每一个相关的属性。如果这时未使用<list>或<value>标签来装配属性，而是使用<set>标签装配属性，那么当前被装配的属性将不会为其创建新的 PhoneNumber 对象。这时当前属性的值就会和上一次装配的属性值相同。读者可以试着将这条语句注释掉，再将后面装配 Contact 类中的<list>改为<set>。这时 Contact 类的 phoneNumber1 和 phoneNumber2 属性都指向了同一个 Phone

Number 对象。

下面来安装这个属性编辑器。安装一个属性编辑器实际上就是装配 org.springframe work.beans.factory.config.CustomEditorConfigurer 类，配置代码如下：

```xml
<!-- 装配 bean -->
<bean id="customerEditor"
class="org.springframework.beans.factory.config.CustomEditorConfigurer">
    <!-- 装配 customEditors 属性 -->
    <property name="customEditors">
      <map>
          <entry key="chapter23.PhoneNumber">
              <bean id="phoneEditor" class="chapter23.PhoneEditor" />
          </entry>
      </map>
    </property>
</bean>
```

从上面的代码可以看出，需要装配 CustomEditorConfigurer 类的 customEditors 属性，这个属性是一个 Map 类型。key 表示属性编辑器要处理的 JavaBean 的类名，如在本例中要处理的是 PhoneNumber 类，因此，这个 key 必须是 chapter23.phoneNumber。而 value 是属性编辑器类的对象实例，可以使用<ref>，也可以使用<bean>来装配。下面是装配 Contact 类的代码。

```xml
<!-- 装配 bean -->
<bean id="contact" class="chapter23.Contact">
    <!-- 装配 phoneNumber1 属性 -->
    <property name="phoneNumber1">
        <list>
            <value>+86</value>
            <value>024</value>
            <value>12345678</value>
            <value>4028</value>
        </list>
    </property>
    <!-- 装配 phoneNumber2 属性 -->
    <property name="phoneNumber2">
        <value>87654321</value>
    </property>
</bean>
```

从上面的代码可以看出，phoneNumber1 属性使用了<list>标签进行装配，而 phoneNumber2 属性使用了<value>标签进行装配。下面是测试属性编辑器的代码。

```java
public class TestPropertyEditor
{
    public static void main(String[] args)
    {
        // 根据 applicaitonContext.xml 文件的内容创建 BeanFactory 对象
        ApplicationContext context = new FileSystemXmlApplicationContext(
            "src\\PropertyEditor.xml");
        // 从 Spring 配置文件中装配 contact，并将返回的对象转换成 Contact 对象
        Contact contact = (Contact) context.getBean("contact");
        // 输出相应信息
        if (contact.getPhoneNumber1() != null)
            System.out.println(contact.getPhoneNumber1().getNumber());
        // 输出相应信息
```

```
        if (contact.getPhoneNumber2() != null)
            System.out.println(contact.getPhoneNumber2().getNumber());
    }
}
```

运行上面的代码后，将输出如下的信息：

```
+86-024-12345678-4028
87654321
```

23.6　小　　结

本章介绍了反向控制和装配 JavaBean。反向控制模式是 Spring 框架的核心模式，通过使用这种模式，可以降低类之间的耦合度，从而使程序更容易维护和升级。

介绍了装配 Bean 的 Spring 的核心技术。为了将建立 JavaBean 对象实例，初始化 JavaBean 的属性等操作提取出来重复使用，Spring 允许使用 XML 配置文件来配置这些操作。除了可以手动装配 JavaBean 的所有属性和构造方法外，还可以通过利用自动配置的方式来达到同样的目的。由于某些参数类型是另一个 JavaBean，因此，Spring 还允许通过属性编辑器的方式进行装配类型转换，也就是说，在装配时使用一个字符串类型的值，在装配过程中通过属性编辑器将其转换成相应的 JavaBean 类型，除此之外，Spring 还允许开发人员实现满足特殊需求的自定义属性编辑器。

23.7　实　战　练　习

一．选择题

1. Spring 配置文件中有如下代码片段，则下面说法正确的是（　　　）。

```xml
<bean id="testBean"class="test.TestBean">
    <property name="dp" value="10"/>
    <property name="sp" value="hlliu"/>
</bean>
```

    A. TestBean 中一定有代码 private Integer dp;

    B. TestBean 中一定有 public void setDp(Integer dp)方法

    C. TestBean 中一定有代码 private String sp;

    D. TestBean 中一定有 public void setSp(String sp)方法

2. Spring 可以实现多种方式的依赖注入，则下面说法不正确的是（　　　）。

    A. 接口注入　　　　　　　　　　　　B. 通过 setXXX()方法注入

    C. 通过方法注入　　　　　　　　　　D. 通过构造函数注入

二．编码题

1. 某程序系统中有如下几个类。

```java
public class Equip{                          //装备
    private String name;                     //装备名称
```

```
    private String type;                          //装备的类型
    private Long speedPlus;                       //速度增效
    private Long attackPlus;                       //攻击增效
    private Long defencePlus;                       //防御增效
...
}
```

```
public class play{                                //玩家
    private Equip armet;                          //头盔
    private Equip loricae;                        //铠甲
    private Equip boot                            //靴子
    private Equip ring                            //指环
...
    public updateEquip(Equip equip){
        if("头盔".equals(equip.getType())){
            System.out.println(armet.getName()+"升级为"+equip.getName());
            this.armet=equip;
        }
    }
}
```

根据上述信息，使用 Spring 的依赖注入配置一个拥有如下装备的玩家。

装备	战神头盔	连环锁子甲	波斯追风靴	蓝魔指环
速度增效	2	6	8	8
攻击增效	4	4	2	12
防御增效	6	15	3	2

【提示】关于装备和玩家的装配文件如下：

```
<bean id="zhangShenArmet" class="Equip">
    <property name="name" value="战神头盔"/>
    <property name="type" value="头盔"/>
    <property name="speedplus" value="战神2"/>
    ...
</bean>
```

```
<bean id="zhangsan" class="Player">
    <property name="armet" ref="zhanShenArmet"/>
    ...
</bean>
```

2. 继续上题，编写程序代码，以如下格式输出蓝魔指环的属性：
蓝魔指环{速度增加：8；攻击增加：12；防御增加：2}

第 24 章　Spring 中的数据库技术

Spring 对很多目前流行的数据库技术进行了封装，如 JDBC、Hibernate、JDO 等。在 Spring 中封装这些数据库的技术就是模板（Template），如封装 JDBC 的是 JdbcTemplate 模板，封装 Hibernate 的是 HibernateTemplate。这些模板在使用方法上非常相似，而且隐藏了这些数据库技术的差异性。本章的主要内容如下：

- ❑ 获得 DataSource 的方法；
- ❑ 使用 JdbcTemplate 模板；
- ❑ 使用 HibernateTemplate 模板；
- ❑ 获得自增键；
- ❑ 异常处理。

24.1　获得 DataSource

通过 Spring 操作数据库之前，需要获取 javax.sql.DataSource 对象。在 Spring 框架中有如下 3 种获得 DataSource 对象的方法：

- ❑ 从 JNDI 获得 DataSource。
- ❑ 从第三方的连接池获得 DataSource。
- ❑ 使用 DriverMangerDataSource 获得 DataSource。

24.1.1　通过 JNDI 获得 DataSource

要使用这种方法获得 DataSource，程序必须运行在支持 JNDI 服务的容器中，如 Tomcat、WebLogic 等。要想从 JNDI 获得 DataSource，需要在装配文件中装配 JndiObjectFactoryBean，代码如下：

```
<bean id="datasource"
  class="org.springframework.jndi.JndiObjectFactoryBean">
  <!-- 设置 JNDI 数据源  -->
  <property name="jndiName">
    <value>java:/comp/env/jdbc/webdb</value>
  </property>
</bean>
```

在 JndiObjectFactoryBean 类中有一个 jndiName 属性，表示在容器中配置的 JNDI 名。在 Web 程序中可以使用如下代码获得 DataSource 对象。

```
//  加载数据源文件
```

```
ApplicationContext context = new FileSystemXmlApplicationContext(
    this.getServletContext().getRealPath("\\WEB-INF\\classes\\datasource.
    xml"));
//  获取数据源对象
javax.sql.DataSource datasource = (javax.sql.DataSource)context.getBean
("datasource");
```

在一般情况下，并不需要在程序中获得 DataSource 对象，而只需要在装配文件中使用 <ref>标签装配所需要的 DataSource 对象的属性即可。

24.1.2　从第三方的连接池获得 DataSource

并不是所有使用 Spring 框架的程序都运行在支持 JNDI 的环境中，如控制台程序就无法直接从 JNDI 中获得 DataSource。在这种情况下，就只能使用第三方的连接池获得 DataSource。

在这里笔者推荐使用 Jakarta Commons DBCP，这是一个开源的连接池。读者可以到 http://commons.apache.org/dbcp/下载最新版本。DBCP 还需要一个 Jakarta Commons Pool，可以到 http://commons.apache.org/pool/下载最新版本。DBCP 中 BasicDataSource 类实现了 DataSource 接口，因此需要装配这个 Bean，代码如下：

```
<!--  装配 bean  -->
<bean id="myDatasource" class="org.apache.commons.dbcp.BasicDataSource">
    <!--  指定 JDBC 驱动类  -->
    <property name="driverClassName">
        <value>com.mysql.jdbc.Driver</value>
    </property>
    <!--  指定连接数据库的 URL  -->
    <property name="url">
        <value>jdbc:mysql://localhost:3306/webdb</value>
    </property>
    <!--  指定用户名  -->
    <property name="username">
        <value>root</value>
    </property>
    <!--  指定用户名密码  -->
    <property name="password">
        <value>root</value>
    </property>
</bean>
```

在上面的代码中装配了 BasicDataSource 类的 4 个属性，其中在装配 url 属性时要注意：如果使用<value>标签装配 url 属性，url 前后不能有空格、回车、tab 等字符，否则无法成功连接数据库。如采用下面的配置后，连接数据库将失败。

```
<property name="url">
    <!--  错误的设置  -->
    <value>
        jdbc:mysql://localhost:3306/webdb
    </value>
</property>
```

🔔注意：使用<property>标签的 value 属性装配 url 属性时，也和使用<value>标签装配 url 属性一样，url 前后不能有空格、回车、tab 等字符，否则无法成功连接数据库。

24.1.3　使用 DriverManagerDataSource

为了更方便地获得 DataSource，Spring 提供了一个轻量级的 DataSource 接口的实现：DriverManagerDataSource。可以使用如下的代码来装配 DriverManagerDataSource。

```
<!--  装配 bean  -->
<bean id="myDatasource1"
    class="org.springframework.jdbc.datasource.DriverManagerDataSource">
    <property name="driverClassName">
        <value>com.mysql.jdbc.Driver</value>
    </property>
    <property name="url">
        <value>
            jdbc:mysql://localhost:3306/webdb
        </value>
    </property>
    <property name="username">
        <value>root</value>
    </property>
    <property name="password">
        <value>root</value>
    </property>
</bean>
```

装配 DriverManagerDataSource 类时，url 属性值前后可以有空格、回车、tab 等字符。读者可以根据需要选择使用其中的一种或几种获得 DataSource 的方法。

24.2　在 Spring 中使用 JDBC

虽然现在有很多操作数据库的 ORM 框架，如 Hibernate、JDO 等，但有时仍然会使用 JDBC 操作数据库。虽然使用 JDBC 操作数据库并不复杂，但是基于 JDBC 的程序却有很多代码冗余。因此 Spring 对 JDBC 进行了进一步的封装，使代码冗余尽可能地减少。

24.2.1　装配 JdbcTemplate 类

由于使用 JDBC 操作过程中，真正和业务相关的代码是非常少的，而大部分的代码是处理一些边缘问题，如错误捕捉、打开和关闭 Connection 等。这些操作几乎在每一个操作数据库的程序模块中都要去做。为了使操作数据库的代码量更进一步地减少，Spring 提供了一个 JdbcTemplate 类，这个类将所有基于 JDBC 的程序都要用到的功能进行封装。而开发人员只需要编写和业务有关的代码就可以了。下面是装配 JdbcTemplate 的代码。

```
<!--  装配 bean  -->
<bean id="jdbcTemplate"
    class="org.springframework.jdbc.core.JdbcTemplate">
```

```xml
        <!-- 指定数据源 -->
        <property name="dataSource">
            <ref bean="myDatasource1" />
        </property>
</bean>
```

其中<ref>标签所引用的 myDatasource1 是在 24.1.3 节装配的 DataSource。可以使用下面的代码获得 JdbcTemplate 对象实例。

```java
// 加载配置文件
ApplicationContext context = new FileSystemXmlApplicationContext( new
String[]
            { "src\\MyDataSource.xml", "src\\jdbctemplate.xml" });
// 获取 jdbcTemplate 对象
JdbcTemplate jdbcTemplate = (JdbcTemplate) context.getBean("jdbcTemplate");
```

其中 MyDataSource.xml 中装配了 DataSource，jdbctemplate.xml 中装配了 JdbcTemplate。

24.2.2　向数据库中写数据

JdbcTemplate 类有很多方式来更新数据库。下面先介绍使用接口方式向 t_message 表中插入记录。使用接口方式来插入记录，需要有一个实现 PreparedStatementCreator 接口的类。这个接口有一个 createPreparedStatement 方法，定义如下：

```java
public PreparedStatement createPreparedStatement(Connection con) throws
SQLException
```

这个方法在系统更新数据之前被调用，用来返回一个 PreparedStatement 对象。其中通过 con 参数可以获得 Connection 对象，可以使用这个对象来设置参数值。

如果实现了 PreparedStatementCreator 接口，一般也需要实现 SqlProvider 接口。Spring 可以通过 SqlProvider 接口的 getSql 方法获得 SQL 字符串，并将这些 SQL 字符串写入日志，这对于调试程序是非常有用的。下面的代码演示了如何使用 PreparedStatementCreator 和 SqlProvider 接口向 t_message 表中插入记录。

```java
// 实现接口 PreparedStatementCreator 和 SqlProvider 的类
public class InsertMessage implements PreparedStatementCreator, Sql-
Provider
{
    // 定义 INSERT 语句
    private String sql = "insert into t_message(id, name) value(?, ?)";
    private int id;                              // 封装 id 字段的属性
    private String name;                         // 封装 name 字段的属性
    // 实现了 SqlProvider 接口的 getSql 方法
    public String getSql()
    {
        return sql;
    }
    // 设置 INSERT 语句的参数
    public void setParams(int id, String name)
    {
        this.id = id;
        this.name = name;
    }
```

```
    // 实现 PreparedStatementCreator 接口的 createPreparedStatement 方法
    public PreparedStatement createPreparedStatement(Connection con)
            throws SQLException
    {
        // 创建 PreparedStatement 对象
        PreparedStatement ps = con.prepareStatement(sql);
        ps.setInt(1, id);                       // 设置 SQL 语句的 id 参数
        ps.setString(2, name);                  // 设置 SQL 语句的 name 参数
        return ps;
    }
}
```

在 InsertMessage 类中定义了一个 sql 变量保存要执行的 insert 语句。在这条 insert 语句中有两个参数。这两个参数值通过 setParams 方法指定，并在 createPreparedStatement 方法中进行设置。

JdbcTemplate 类的 update 方法有一个重载形式，该重载形式的参数类型是 PreparedStatementCreator 接口，因此可以使用 InsertMessage 对象作为 update 方法的参数值。该 update 方法的重载形式如下：

```
public int update(PreparedStatementCreator psc) throws DataAccess Exception;
```

下面的代码通过 update 方法和 InsertMessage 类向 t_message 插入了两条记录。

```
// 装置配置文件
ApplicationContext context = new FileSystemXmlApplicationContext(
        new String[] { "src\\MyDataSource.xml", "src\\jdbctemplate.xml" });
// 获取 jdbcTemplate 对象
JdbcTemplate jdbcTemplate = (JdbcTemplate) context
        .getBean("jdbcTemplate");
// 删除 t_message 表中的记录
jdbcTemplate.update("delete from t_message");
// 使用接口方式来插入记录
InsertMessage insertMessage = new InsertMessage();
insertMessage.setParams(1, "msg1");            // 设置 SQL 语句的第 1 个参数
System.out.println("插入" + jdbcTemplate.update(insertMessage) + "条记录");
insertMessage.setParams(2, "msg2");            // 设置 SQL 语句的第 2 个参数
System.out.println("插入" + jdbcTemplate.update(insertMessage) + "条记录");
```

除此之外，还可以向 update 方法中直接传入 SQL 语句、参数值和类型。3 个可以接收 SQL 语句的 update 方法的重载形式如下：

```
public int update(final String sql) throws DataAccessException
public int update(String sql, Object[] args) throws DataAccessException
public int update(String sql, Object[] args, int[] argTypes) throws Data
AccessException
```

其中 sql 表示 SQL 语句，args 表示 SQL 语句中的参数值，argTypes 表示参数类型。下面的代码演示了如何使用上面的 update 方法插入数据。

```
// 直接传递 SQL 语句
jdbcTemplate.update("insert into t_message(id, name) value(3, 'msg3')") ;
// 创建一个长度为 2 的 Object 数组，作为 SQL 的参数值
Object[] params = new Object[]{4, "msg4"};
// 传递 SQL 语句和参数值
```

```
jdbcTemplate.update("insert into t_message(id, name) value(?, ?)", params);
//  创建一个长度为 2 的 Object 数组，作为 SQL 的参数值
params = new Object[]{5, "msg5"};
int[] types = new int[]{java.sql.Types.INTEGER, java.sql.Types.VARCHAR};
//  传递 SQL 语句、参数值和参数值类型
jdbcTemplate.update("insert into t_message(id, name) value(?, ?)", params,
types);
```

如果想一次执行多条更新语句（insert、update 或 delete），可以使用 JdbcTemplate 的 batchUpdate 方法，batchUpdate 方法的定义如下：

```
public int[] batchUpdate(final String[] sql) throws DataAccessException
```

下面的代码使用 batchUpdate 方法向 t_message 表插入了两条记录。

```
//  创建一个长度为 2 的 String 数组，作为 SQL 的参数值
String[] sqls = new String[]{
    "insert into t_message(id, name) value(6, 'msg6')",
    "insert into t_message(id, name) value(7, 'msg7')" };
//  执行多条 SQL 语句
int[] count = jdbcTemplate.batchUpdate(sqls);
for (int c : count)                                          //  输出相应信息
    System.out.println("插入" + c + "条记录");
```

🔔注意：update 和 batchUpdate 方法只能执行 update、insert 或 delete 语句，不能执行 select
语句，否则会抛出 DataIntegrityViolationException 异常。

本节的演示代码请读者参阅 WritingData.java 文件。

24.2.3 从数据库中读数据

通过 JdbcTemplate 类的 query 方法可以从数据库中查询记录。通过 query 方法可以获得单条记录，也可以获得包含多条记录的记录集。读者可以通过实现 RowCallbackHandler 接口将一条记录转换为相应的对象。RowCallbackHandler 接口有一个 processRow 方法，通过这个方法可以完成上述的工作。该方法的定义如下：

```
void processRow(ResultSet rs) throws SQLException;
```

每获得一条记录，系统就会调用一次 processRow 方法。下面的代码在 processRow 方法中将 t_message 表的一条记录转换为 MyMessage 对象。

```
//  创建各种属性
private MyMessage message = null;
private String sql = "select * from t_message where id = ?";
//  关于 message 属性的 getter 方法
public MyMessage getMessage(final int id)
{
    jdbcTemplate.query(sql, new Object[] { id },
        //  隐式实现 RowCallbackHandler 接口
        new org.springframework.jdbc.core.RowCallbackHandler()
        {
            //  实现 processRow 方法
            public void processRow(ResultSet rs) throws SQLException
```

```
        {
            message = new MyMessage();              //  创建 MyMessage 对象
            message.setId(id);                      //  初始化 id 属性
            message.setName(rs.getString("name")); //  初始化 name 属性
        }
    });
    return message;
}
```

上述的代码隐式实现了 RowCallbackHandler 接口，并在 processRow 方法中创建了 MyMessage 对象实例，同时设置了相应的属性值。在编写上述代码时需要注意的是最好在 processRow 方法中创建 MyMessage 对象实例。如果在定义 message 变量时，或是在 getMessage 方法中建立 MyMessage 对象实例，当未查到符合要求的记录时，getMessage 方法仍然会返回 MyMessage 对象，只是 MyMessage 对象的属性并未设置。而读者最希望的是当未查到符合要求的记录时，getMessage 方法也返回 null。由于 processRow 方法只有在查到符合要求的记录时才被调用，因此，在 processRow 方法中创建 MyMessage 对象是最佳的选择。

除了使用 RowCallbackHandler 接口来获得查询结果外，还可以使用 RowMapper 接口和 RowMapperResultSetExtractor 类方便地获得一条或多条记录。下面的代码使用了 RowMapper 接口来获得一条记录。

```
public class QueryMessage
{
    //  定义各种属性
    private MyMessage message;
    private String sql = "select * from t_message where id = ?";
    private JdbcTemplate jdbcTemplate;
    //  带 jdbc 模板参数的构造方法
    public QueryMessage(JdbcTemplate jdbcTemplate)
    {
        this.jdbcTemplate = jdbcTemplate;
    }
    //  根据 id 属性值返回 MyMessage 对象
    public MyMessage getOneMessage(int id)
    {
        //  使用 JDBC 模板查询数据
        List<MyMessage> message = jdbcTemplate.query(sql, new Object[]
        { id }, new OneMessage());
        if (message.size() > 0)
            return message.get(0);
        else
            return null;
    }
    //  实现 RowMapper 接口的内嵌类
    public class OneMessage implements RowMapper
    {
        //  实现方法 mapRow
        public Object mapRow(ResultSet rs, int rowNum) throws SQLException
        {
            message = new MyMessage();
            message.setId(rs.getInt("id"));
            message.setName(rs.getString("name"));
            return message;
        }
```

```
    }
}
```

其中 mapRow 和 processRow 方法的调用方式类似，也是每查询到一条记录，就调用一次。所不同的是，mapRow 返回了一个 Object 对象。一般返回了和当前记录相对应的对象或其他形式（如数组）。

query 方法的重载形式返回了一个 List 对象。该对象保存了所有满足条件的 MyMessage 对象。其中 List 对象的每一个元素就是 mapRow 方法的返回值。

除此之外，还可以通过 RowMapper 的实现类 RowMapperResultSetExtractor 获得多条查询记录，代码如下：

```
public List<MyMessage> getAllMessages()
{
    String sql = "select * from t_message";
    // 返回多条查询记录
    return (List<MyMessage>) jdbcTemplate.query(sql,
        new RowMapperResultSetExtractor(new OneMessage()));
}
```

RowMapperResultSetExtractor 类的构造方法需要一个实现 RowMapper 接口的对象实例，因此，正好可以利用一下 OneMessage 类。

JdbcTemplate 类还提供了一些用于获得单值的方法，如 queryForInt、queryForObject 等。下面的代码通过 queryForInt 方法获得了 t_message 表的记录数。

```
public int getRecordCount()
{
    return jdbcTemplate.queryForInt("select count(*) from t_message");
}
```

还可以使用 queryForObject 来获得某一个字段的值，如下面的代码获得了 t_message 表中某一条记录的 name 字段值。

```
public String getName(int id)
{
    // 定义带参数的 SQL 语句
    String sql = "select name from t_message where id = ?";
    String name = null;
    try
    {
        // 使用 queryForObject 方法执行 SQL 语句，并传递 SQL 语句的参数值
        name = (String) jdbcTemplate.queryForObject(sql, new Object[]{ id },
        String.class);
    }
    catch (Exception e)
    {
        name = null;
    }
    return name;
}
```

在使用 queryForInt 和 queryForObject 方法时应注意以下两点：

❏ 必须保证查询语句返回的是一行一列的记录集，否则如果返回的记录集有多个列，将会抛出 IncorrectResultSetColumnCountException 异常；如果返回的记录集有多行，将会抛出 IncorrectResultSizeDataAccessException 异常。

❑ 如果未查到符合条件的记录集，则抛出 EmptyResultDataAccessException 异常。因此，如果要在未查到记录时返回其他的值，如 null，应使用 try…catch 语句来处理，或者将这个异常移交到上一级方法中处理。

除了这两个方法，还有一些方法可以更灵活地获得记录行数据，如 queryForMap 方法将记录行数据映射成 java.util.Map 对象，key 表示字段名，value 表示字段值，如下面的代码所示。

```
public Map getSingleRow(int id)
{
    Map row = null;
    try
    {
        //  使用 queryForMap 方法执行 SQL 语句，并返回一个 Map 对象
        row = jdbcTemplate.queryForMap(sql, new Object[]{ id });
    }
    catch (Exception e)
    {
    }
    return row;
}
```

在上面的代码中，如果未查到符合条件的记录，getSingleRow 方法返回 null。本节的源代码详见 QueryMessage.java 和 ReadingData.java 文件。

24.2.4　调用存储过程

有时希望将操作写在存储过程中，而不是以 SQL 形式写在程序中。对于存储过程来说，Spring 也提供了同样的支持。如果存储过程返回的是一个记录集，仍然可以使用前面介绍的方法来调用。先来建立一个存储过程，SQL 语句如下：

```
#  创建存储过程
DELIMITER $$
DROP PROCEDURE IF EXISTS webdb.query_message $$
CREATE PROCEDURE webdb.query_message (minId INT, maxId INT)
BEGIN
    SELECT * FROM t_message WHERE id >= minId and id <= maxId;
END $$
DELIMITER ;
```

这个存储过程返回了一个记录集，并且有两个参数 minId 和 maxId，分别表示 t_message 表的最小 id 值和最大 id 值。下面的代码使用 JdbcTemplate 类的 query 方法调用了 query_message 存储过程，并输出查询结果。

```
//  使用 query 方法调用存储过程，并返回一个 List 对象
java.util.List<MyMessage> messages = (List<MyMessage>) jdbcTemplate
        .query("call query_message(?,?)", new Object[]{ 2, 4 }, new Row
        MapperResultSetExtractor(new OneMessage()));
//  输出所有返回的 MyMessage 对象的 id 属性值和 name 属性值
for(MyMessage message: messages)
{
    System.out.println(message.getId());          //  输出 id 属性值
    System.out.println(message.getName());        //  输出 name 属性值
}
```

　　其中 OneMessage 类实现了 RowMapper 接口。如果存储过程是做一些其他的操作，如执行或更新记录，可以使用 JdbcTemplate 的 execute 方法和 PreparedStatementCallback 接口来调用该存储过程，代码如下：

```
// 调用 execute 方法
Object result = jdbcTemplate.execute("call query_message(?,?)",
        // 隐式实现 PreparedStatementCallback 接口
    new PreparedStatementCallback()
    {
        // 实现 doInPreparedStatement 方法
        public Object doInPreparedStatement(PreparedStatement ps)
                throws SQLException, DataAccessException
        {
            ps.setInt(1, 3);                        // 设置存储过程的第 1 个参数
            ps.setInt(2, 5);                        // 设置存储过程的第 2 个参数
            // 返回 ResultSet 对象
            java.sql.ResultSet rs = ps.executeQuery();
            // 输出所有的查询结果
            while (rs.next())
            {
                System.out.println(rs.getInt(1));
                System.out.println(rs.getString(2));
            }
            return null;
        }
    });
```

　　在上面的代码中隐式地实现了 PreparedStatementCallback 接口，并在 doInPreparedStatement 方法中调用了 PreparedStatement 接口的 executeQuery 方法以返回一个 ResultSet 对象（如果存储过程不返回记录集，读者可以使用 PreparedStatement 的其他方法执行存储过程），并且输出了查询结果。本节的源代码详见 CallStoredProcedure.java。

24.3　实现自增键

　　在 Spring 中除了可以利用数据库本身的自增字段外，也可以在应用层生成自增键值。通过 org.springframework.jdbc.support.incrementer.DataFieldMaxValueIncrementer 接口的 nextIntValue 方法可以很方便地获得下一个自增键值。在 Spring 中为一些常用的数据库实现了 DataFieldMaxValueIncrementer 接口，如 MySQL 的实现类是 MySQLMaxValueIncrementer。下面在 incrementer.xml 文件中装配这个类，装配代码如下：

```
<!-- 装配 bean -->
<bean id="incrementer"
    class="org.springframework.jdbc.support.incrementer.MySQLMaxValue
    Incrementer">
    <property name="incrementerName" value="t_incrementer" />
    <property name="columnName" value="id" />
    <property name="cacheSize" value="10" />
    <property name="dataSource" ref="MyDataSource" />
</bean>
```

其中 columnName 和 incrementerName 属性分别表示用于维护自增键的表和字段名，cacheSize 属性表示产生自增键值所需的缓冲区大小。也就是说，如果 cacheSize 为 10，那么当第一次调用 nextIntValue 方法时，会连续产生 10 个键值，然后再次调用 nextIntValue 方法时，就依次从这 10 个值中取，等这些值用完时，再产生 10 个值放到缓冲区中。下面的 SQL 语句建立 t_incrementer 表：

```
#  创建表 t_incrementer
CREATE TABLE IF NOT EXISTS webdb.t_incrementer (
  id int(11) default NULL
)ENGINE=InnoDB DEFAULT CHARSET=utf8 COLLATE=utf8_unicode_ci;
```

在 t_incrementer 表中需要有一行初始记录，id 的初始值可任意设置，一般设为 0。当调用 nextIntValue 方法后，id 的值会自动加 1。下面的代码使用了 nextIntValue 方法获得了 10 个自增键值，并用这 10 个值向 t_message 表中插入了 10 条记录。

```
public class TestIncrementer
{
    public static void main(String[] args)
    {
        // 加载配置文件
        ApplicationContext context = new FileSystemXmlApplicationContext
        (new String[]
                { "src\\MyDataSource.xml", "src\\incrementer.xml","src\\
        jdbcTemplate.xml" });
        // 获取 jdbcTemplate 对象
        JdbcTemplate jdbcTemplate = (JdbcTemplate) context.getBean("jdbc
        Template");
        // 删除 t_message 表中的记录
        jdbcTemplate.update("delete from t_message");
        // 装配 incrementer
        DataFieldMaxValueIncrementer incrementer = (DataFieldMaxValueInc
        rementer) context
            .getBean("incrementer");
        // 执行 10 次 insert 语句，向 t_message 表中插入 10 条记录
        for (int i = 0; i < 10; i++)
            jdbcTemplate.update("insert into t_message(id, name) value
                ("+ incrementer.nextIntValue() + ",'msg" + i + "')");
        System.out.println("成功插入 10 条记录!");
    }
}
```

注意：当第一次调用 nextIntValue 方法时，会使 t_incrementer 表的 id 字段值增加 cacheSize 属性指定的值。也就是说，如果 cacheSize 属性值是 10，则第一次调用 nextIntValue 方法时，会使 t_incrementer 表的 id 字段值增 10，而不是增 1。

24.4　Spring 的异常处理

Spring 在操作数据库的过程中，并不会抛出与特定数据库或技术相关的异常，如 SQLException 和 HibernateException 等，而是抛出与特定技术无关的 DataAccessException

异常类的子类，这个异常类在 org.springframework.dao 包中。这样做可以使 Spring 集成多种持久化技术，或将 JDBC 和持久化技术混合使用，而在程序中并不用处理这些技术所抛出的异常。也就是说，这些和具体技术相关的异常在程序中是不可见的，从而可以降低程序和这些具体技术的耦合度。

DataAccessException 类是 RuntimeException 类的子类，因此，DataAccessException 是运行时产生的异常，并不需要在程序中使用 try…catch 语句或 throws 关键字来处理这些异常。但如果截获这些异常，并做进一步的处理，仍然可以使用 try…catch 语句。

在 Spring 中抛出的与数据库相关的异常都是 DataAccessException 的子类。如表 24.1 是一些常用的异常类。

表 24.1　Spring中的数据库异常类

异　常　类	抛　出　条　件
CannotAcquireLockException	获得更新锁失败，如在执行"select for update"期间获得update锁失败
CleanupFailureDataAccessException	释放数据库资源失败
DataAccessResourceFailureException	访问数据资源失败，如无法连接数据库
DataIntegrityViolationException	更新数据时违反了完整性，如更新insert或update数据时违反了唯一性原则
DataRetrievalFailureException	无法获得要检索的数据。这个异常由O/R映射工具或DAO工具抛出
EmptyResultDataAccessException	查询结果为null
PermissionDeniedDataAccessException	无权访问数据

24.5　在 Spring 中使用 Hibernate

Spring 可以和目前很多流行的 ORM 框架进行集成，从而使代码量进一步减小，也使程序更容易维护。这些 ORM 框架主要包括 Hibernate、JDO 等。Spring 和这些 ORM 框架集成主要使用了 Template 类，如 Spring 和 Hibernate 集成通过 HibernateTemplate 类。

24.5.1　集成 Spring 和 Hibernate

在学习完第 3 篇的 Hibernate 技术后，可以知道编写基于 Hibernate 程序的步骤。编写一个基于 Hibernate 程序的基本步骤如下。

（1）至少需要一个用于映射实体 Bean 的.hbm.xml 文件（也可以是其他的文件扩展名）。

（2）需要一个 Hibernate 配置文件。文件的内容主要是 Hibernate 中需要设置的属性，以及.hbm.xml 文件的位置。在本书中 Hibernate 配置文件是 hibernate.cfg.xml。

（3）需要建立 Configuration 对象读取 hibernate.cfg.xml 中的设置。

（4）需要建立 SessionFactory 对象获得 Session 对象。

其中最后两步的操作都由 MyEclipse 自动生成的 HibernateSessionFactory 类代劳了。但如果不使用 MyEclipse，这些工作就必须要自己来完成。而第 1 步所需的.hbm.xml 文件和 Spring 没什么关系。因此，不管是使用 Hibernate，还是使用 Spring 和 Hibernate 集成的方式来编写程序，都用的是同样的.hbm.xml 文件。综上所述，在引入 Spring 后，就是改变了最后 3 步的编程方式。

Spring 使用 org.springframework.orm.hibernate3.LocalSessionFactoryBean 类来完成第 2 步的工作。这个类可以指定在程序中要用到的数据源、hibernate.cfg.xml 文件中的属性以及.hbm.xml 文件的位置。装配 LocalSessionFactoryBean 的代码如下：

```xml
<!-- 装配 bean -->
<bean id="sessionFactory"
    class="org.springframework.orm.hibernate3.LocalSessionFactoryBean">
    <property name="hibernateProperties">
        <props>
            <!-- 指定数据库方言类 -->
            <prop key="hibernate.dialect">
                org.hibernate.dialect.MySQLDialect
            </prop>
            <!-- 显示 Hibernate 生成的 SQL 语句 -->
            <prop key="show_sql">true</prop>
            <!-- 打开查询缓冲区 -->
            <prop key="hibernate.cache.use_query_cache">true</prop>
            <!-- 指定提供查询缓冲区支持的类 -->
            <prop key="hibernate.cache.provider_class">
                org.hibernate.cache.HashtableCacheProvider
            </prop>
            <!-- 指定用户名 -->
            <prop key="hibernate.connection.username">root</prop>
            <!-- 指定用户密码 -->
            <prop key="hibernate.connection.password">root</prop>
            <!-- 指定 JDBC 驱动类 -->
            <prop key="hibernate.connection.driver_class">
                com.mysql.jdbc.Driver
            </prop>
            <!-- 指定连接数据库的 URL -->
            <prop key="hibernate.connection.url">
                jdbc:mysql://localhost/webdb
            </prop>
        </props>
    </property>
    <!-- 指定映射文件 -->
    <property name="mappingResources">
        <list>
            <value>mapping.xml</value>
        </list>
    </property>
</bean>
```

从上面的装配代码可以看出，通过 LocalSessionFactoryBean 类的 hibernateProperties 属性设置了在 hibernate.cfg.xml 中需要配置的属性，使用了 mappingResources 属性指定了.hbm.xml 文件的位置（在本例中指定了 mapping.xml 文件，这个文件映射了 MyMessage 类）。

上面的配置代码虽然可以正确地装配 LocalSessionFactoryBean 类，但很多配置信息与 hibernate.cfg.xml 文件中的内容重复，为此可以使用 LocalSessionFactoryBean 的 configLocation 属性直接指定 hibernate.cfg.xml 文件的位置，装配代码如下：

```xml
<bean id="sessionFactory"
```

```
                class="org.springframework.orm.hibernate3.LocalSessionFactoryBean">
    <!-- 指定 Hibernate 的配置文件  -->
    <property name="configLocation"
        value="classpath:hibernate.cfg.xml">
    </property>
</bean>
```

与使用 JDBC 类似，使用 Hibernate 也需要一个模板类，这个模板类是 Hibernate Template，在 org.springframework.orm.hibernate3 包中可以找到这个类。下面的代码装配了 HibernateTemplate 类。

```
<bean id="hibernateTemplate" class="org.springframework.orm.hibernate3.
HibernateTemplate">
    <property name="sessionFactory" ref="sessionFactory" />
</bean>
```

从上面的装配代码可以看出，HibernateTemplate 类通过 sessionFactory 属性指定了上面装配的 LocalSessionFactoryBean 类。

24.5.2　使用 HibernateTemplate

HibernateTemplate 类有一个 load 方法，这个 load 方法和 org.hibernate.Session 接口的 load 方法功能相同。下面的代码使用 HibernateTemplate 类的 load 方法装载了 id 等 1 的 MyMessage 对象：

```
public class SpringHibernate
{
    public static void main(String[] args)
    {
        // 装配配置文件
        ApplicationContext context = new FileSystemXmlApplicationContext
        ("src\\applicationContext.xml" );
        // 装配 hibernate 模板
        HibernateTemplate hibernateTemplate = (HibernateTemplate)context.
        getBean("hibernateTemplate");
        // 装载 id 属性值为 1 的 MyMessage 对象实例
        MyMessage message = (MyMessage)hibernateTemplate.load(MyMessage.
        class, 1);
        System.out.println(message.getId());          // 输出 id 属性值
        System.out.println(message.getName());         // 输出 name 属性值
    }
}
```

如果读者执行上面的代码，将会抛出一个 org.hibernate.LazyInitializationException 异常。抛出这个异常的原因是 Spring 不会根据 .hbm.xml 文件中的配置决定采用 lazy 或非 lazy 的方式装载数据。在默认情况下，Hibernate 4 采用了 lazy 方式装载数据。因此，当 Spring 将 MyMessage 类的 id 属性值装载完后，name 属性并未马上装载，直接调用了 name 属性。而在装载 id 属性后，Spring 就将 Session 对象关闭了，因此，在装载 name 属性时，由于 Session 对象已经关闭，所以就会抛出 LazyInitializationException 异常。可以使用如下两种方法解决这个问题。

1．设置lazy属性

将.hbm.xml 文件中的<class>标签的 lazy 属性设为 false，代码如下：

```
<class name="chapter7.model.MyMessage" table="t_message" lazy="false" opt
imistic-lock="version">
    …
</class>
```

这种解决方案虽然很容易实现，但是这样做，Hibernate 就会将整个对象一下子装载到内存中，如果程序中对象比较多时，会显著降低程序的性能（当然，如果程序中没有太多对象时，使用这种方法是很方便的）。

2．直接使用Session对象

读者可以使用 HibernateTemplate 类的 getSessionFactory 方法获得 SessionFactory 对象，并通过该对象的 openSession 方法创建一个新的 Session 对象，代码如下：

```
//  获取 session 对象
org.hibernate.Session session = hibernateTemplate.getSessionFactory().
openSession();
//  直接使用 Session 对象装载 MyMessage 对象
MyMessage message = (MyMessage)session.load(MyMessage.class, 1);
System.out.println(message.getId());              //  输出 id 属性值
System.out.println(message.getName());            //  输出 name 属性值
```

至于采用以上哪种方法解决问题，读者可以根据具体情况决定。除此之外，Hibernate Template 类也支持 Hibernate 的其他高级特性，如执行 HQL，代码如下：

```
//  使用 find 方法执行 HQL 语句
java.util.List<String> names = hibernateTemplate.find("select name from
MyMessage");
for(String name: names)                          //  输出相应信息
    System.out.println(name);
```

24.6　小　　结

本章介绍了 Spring 中的数据库技术。Spring 本身并不能直接访问数据库，而是通过封装各种数据库技术或框架对数据库进行访问。在 Spring 中通过 JdbcTemplate 类可以使用 JDBC 访问数据库。除此之外，Spring 还封装了很多 ORM 框架，如 Hibernate、JDO 等。由于 Spring 框架对这些数据库访问技术进行了封装，从而降低了使用这些技术的复杂性，减少了冗余的代码量，并且可以使程序在各种 ORM 框架之间的移植变得非常容易。

24.7　实　战　练　习

一．选择题

1．下面关于 Spring 描述错误的是（　　　）。

    A．Spring 支持可插入的事务管理器，使事务划分更轻松，同时无须处理底层的问题

    B．Spring 事务管理的通用抽象层还包括 JTA 策略和一个 JDBC DataSource

    C．与 JTA 或 EJB CMT 一样，Spring 的事务支持依赖于 Java EE 环境

    D．Spring 事务语义通过 AOP 应用于 POJO 通过 XML 或 Java SE 5 注释进行配置

2．在 Spring 框架中，可以通过多种方式获取数据源，不属于 Spring 的方式是（　　）。

    A．从 JNDI 获得 DataSource

    B．从第三方的连接池获得 DataSource

    C．从 JTA 获的 DataSource

    D．使用 DriverMangerDataSource 获得 DataSource

二．编程题

某程序系统中有如下要求。

（1）获取表单提交的注册信息，插入到数据库。数据库表结构如下：

user(user_id,user_name,user_passworld,user_sex)

（2）使用 Spring 和 Hibernate 框架实现，通过 JNDI 获取数据源对象，利用 HibernateTempter 进行各种数据库操作。

【提示】关于数据源的配置如下：

```
<Context path="/webdemo" docBase="webdemo" debug="0">
    <Resource name="jdbc/webdb" auth="Container"
          type="javax.sql.DataSource"
          driverClassName="com.mysql.jdbc.Driver"
          url="jdbc:mysql://localhost:3306/webdb"
          username="root"
          password="root"
          maxActive="200"
          maxIdle="50"
          maxWait="3000"/>
</Context>
```

第 25 章　Spring 的其他高级技术

本章着重介绍 Spring 的两种技术，Spring AOP 和事务管理。Spring AOP 是一个基于 AOP（面向切面编程）编程模式的框架。在 Spring 框架中有很多其他的技术都建立在 Spring AOP 的基础之上。Spring 框架可以采用不同的方式进行事务管理，还可以对特定属性指定单独的事务处理机制。本章的主要内容如下：

- ❑ AOP 概述；
- ❑ AOP 术语简介；
- ❑ 四种通知（Advice）的作用；
- ❑ 通过 Advisor 指定切入点；
- ❑ 使用控制流切入点；
- ❑ 使用程序控制事务；
- ❑ 声明式事务；
- ❑ 事务属性的种类；
- ❑ 设置事务属性；
- ❑ 运程调用；
- ❑ 发送 E-mail；
- ❑ 调度任务。

25.1　Spring AOP

AOP 和 OOP（面向对象编程）类似，也是一种编程模式。但 AOP 并不能取代 OOP，它只是对 OOP 的扩展和补充。Spring AOP 是基于 AOP 编程模式的一个框架，其实现了 AOP 规范内的绝大多数功能，包括 Advice、Pointcut 等。

25.1.1　了解 AOP 基本概念

对于 Java 程序员来说，应该对面向对象编程（OOP）并不陌生。OOP 通过继承、封装和组合 3 个特性，大大增强了代码的重用性。然而，使用 OOP 也不可避免地存在着代码重用盲点。

虽然 OOP 可以通过层次树结构继承方法及其他的类成员，而达到重用的目的，但这种方式也只能是纵向的重用。如果要在不同类（这些类可能毫无关系）的某些方法中加入特定的功能，如在这些方法执行完后，将执行结果写到日志文件中。按照面向对象的方法，这样的功能可以通过组合或继承的方式来达到重用。但是即使这样，同样的写日志代码仍然会分散到各个方法中，这样一来，要想关闭这些功能，或是修改日志的方式，就必须要修改所有相关的方法。从而会给开发人员带来更多的工作量，当然出现 bug 的几率也会大大增加。

　　对于 OOP 中存在的这种问题，有人提出将这些分散到不同方法中的代码提出来，然后在程序编译时，或是在程序运行时，再将这些代码放到它们应该在的地方。这显然用 OOP 的思想无法办到。因为 OOP 只能实现父—子关系的纵向重用。而这种重用方式却属于横向重用。因此，这种方法就形成了一种新的编程思想，这就是面向方面编程（AOP，Aspect Oriented Programming）。虽然 AOP 是一种新的编程思想，但却不是 OOP 的替代品，而只是 OOP 的延伸和补充。

　　OOP 中的第 1 个 O 表示 Object，也可以认为是 Class，而 AOP 中的 A 表示 Aspect。从这一点可以看出，Aspect 就相当于 Class。为了横向重用而提取出来的代码就放在 Aspect 中。如图 25.1 可以很好地描述 OOP 和 AOP 的关系。

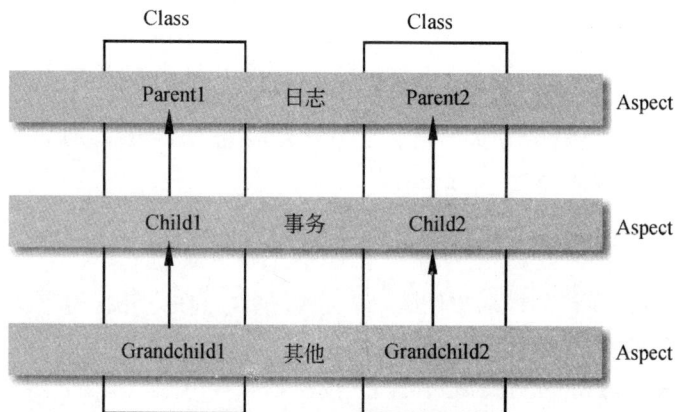

图 25.1　OOP 和 AOP 的关系

　　从图 25.1 中可以看出，通过 Aspect，分别向 Parent1 和 Parent2、Child1 和 Child2 及 Grandchild1 和 Grandchild2 加入了日志、事务和其他需要横向重用的功能。

25.1.2　了解 AOP 术语

　　为了更好地理解 AOP，就需要对 AOP 的相关术语有一些了解，主要包含方面、通知、连接点、切入点、目标、代理和织入。下面就详细解释一下 AOP 的一些术语的含义。

- ❑ 方面（Aspect）：方面相当于 OOP 中的类，就是封装用于横插入系统的功能，日志是最典型的方面。可以创建一个日志切面为系统提供日志功能。
- ❑ 通知（Advice）：在 OOP 中，代码一般要写在类的方法中。AOP 也是一样，用于横切的代码不能写在方法中，而需要写在和方法类似的实体中，这个实体就被称为通知。因此 AOP 中的通知相当于 OOP 中的方法，是编写实际代码的地方。
- ❑ 连接点（Joinpoint）：连接点是应用程序执行过程中插入方面的地点。这个地点可以是方法调用、异常抛出或者是类的字段。在 Spring AOP 中，只支持在方法调用和异常抛出中插入方面代码。

- □ 切入点（Pointcut）：切入点定义了通知要应用的连接点。通常这些切入点指的是类或方法名。如某个通知要应用所有以 method 开头的方法中，那么所有满足这个规则的方法都是切入点。
- □ 目标（Target）：目标可以是类或接口。因此，也可将其称为目标类或目标接口。总之，目标就是 AOP 要拦截的靶子。如果没有 AOP，在目标中就会包含主要逻辑和与其交叉的业务逻辑。如果使用 AOP，在类中只需要关注主要的逻辑，而这些交叉的业务逻辑就可以用 AOP 插入到相应的切入点中。
- □ 代理（Proxy）：代理实际上也是类，也可以将这个类看做是目标类的子类，或是实现了目标接口的类。AOP 在工作时通过代理对象（代理类建立的对象实例）来访问目标对象，从而达到在目标对象中插入方面代码的目的。
- □ 织入（Weaving）：在目标对象中插入方面代码的过程就叫织入。织入可以在编译时（如 AspectJ）或运行时（如 Spring AOP）进行。

25.1.3　掌握 4 种通知（Advice）的作用

在 Spring AOP 中有 4 种通知类型，它们分别是前置（Before）通知、后置（After）通知、环绕（Around）通知和异常（Throws）通知。

1．前置通知（Before Advice）

前置通知用于将切面代码插入方法之前，也就是说，在方法执行前，会首先执行前置通知中的代码。包含前置通知代码的类就是"方面"（Advice），这个类需要实现 org.springframework. aop.MethodBeforeAdvice 接口。该接口的定义如下：

```
// 继承 BeforeAdvice 类的接口 MethodBeforeAdvice
public interface MethodBeforeAdvice extends BeforeAdvice
{
    void before(Method method, Object[] args, Object target) throws Throw-
    able;
}
```

当处于切点的方法在执行前，AOP 会先调用 before 方法。其中 method 表示了处于切点的方法，args 表示这些方法的参数值，target 表示这些方法所在的类对象实例。下面的例子实现了前置通知，实现这个例子需要如下 5 步。

（1）编写目标类。在 Spring AOP 中的目标类需要通过接口生成代理类，因此需要定义一个接口，代码如下：

```
// 设计接口
public interface MyInterface
{
    public String getHello(String name);
    public int getRandomInt(int max);
}
```

其中 getHello 方法返回了一个字符串，getRandomInt 方法返回了一个在 0 和 max 之间的随机整数。下面的代码实现了 MyInterface 接口：

```
// 实现接口 MyInterface
```

```
public class MyClass implements MyInterface
{
    //  实现了 getHello 方法
    public String getHello(String name)
    {
        System.out.println("调用 getHello 方法");
        return "hello " + name;
    }
    //  实现了 getRandomInt 方法
    public int getRandomInt(int max)
    {
        java.util.Random random = new java.util.Random();
    //  创建一个用于产生随机数的 Random 对象
        System.out.println("调用 getRandomInt 方法");
        return random.nextInt(max);
    //  产生一个随机整数，并返回该整数
    }
}
```

（2）装配目标类。由于要使用 Spring AOP，因此，最好的获得对象实例的方式就是使用装配文件装配类。在 aop.xml 文件中加入如下的装配代码：

```
<bean id="myClass" class="chapter25.MyClass" />
```

通过如下的代码就可以获得 MyClass 的对象实例，并执行 getHello 和 getRandomInt 方法。

```
//  加载配置文件
ApplicationContext context = new FileSystemXmlApplicationContext("src\\
aop.xml");
//  获取对象 myClass
MyClass myClass = (MyClass) context.getBean("myClass");
System.out.println(myClass.getHello("bill"));
System.out.println(myClass.getRandomInt(100));
```

上面的代码虽然可以成功地执行 getHello 和 getRandomInt 方法，但却没有使用 Spring AOP 插入相应的方面代码。在接下来的步骤中，将会向其中插入前置通知代码。

（3）编写和装配前置通知类。前置通知类（也可称为方面类）需要实现 org.springframework.aop.MethodBeforeAdvice 接口。代码如下：

```
//  实现接口 MethodBeforeAdvice 的类 BeforeAdvice
public class BeforeAdvice implements MethodBeforeAdvice
{
    //  实现 MethodBeforeAdvice 接口的 before 方法
    public void before(Method method, Object[] args, Object target)
        throws Throwable
    {
        System.out.println("beforeAdvice:" + target.getClass().getName() +
        "." + method.getName()+ "  参数值：" + args[0]);
        //  判断当前方法是否为 getHello，如果是 getHello 方法，修改该方法的参数值
        if(method.getName().equals("getHello"))
        {
            args[0] = "超人";
        }
    }
}
```

```
}
```

从上面的代码可以看出，在 before 方法中使用 println 方法输出 method、args 和 target 的值。在使用 Spring AOP 后，before 方法将在 getHello 和 getRandomInt 方法之前执行。

下面是装配 BeforeAdvice 类的代码。

```
<bean id="beforeAdvice" class="chapter25.BeforeAdvice" />
```

🔔**注意**：如果修改了 before 方法中的 args 参数值后，被拦截的方法中的参数值也将改变。

（4）建立代理类。这是最关键的一步。需要使用 ProxyFactoryBean 类建立一个 MyClass 的代理类。装配代码如下：

```
<!-- 装配 bean -->
<bean id="myClassProxy" class="org.springframework.aop.framework.Proxy
FactoryBean">
    <property name="proxyInterfaces">
        <list>
            <value>chapter25.MyInterface</value>
        </list>
    </property>
    <property name="interceptorNames">
        <list>
            <value>beforeAdvice</value>
        </list>
    </property>
    <property name="target">
        <ref bean="myClass" />
    </property>
</bean>
```

从上面的装配代码可以看出，使用了 ProxyFactoryBean 类的 3 个属性，即 proxyInterfaces、interceptorNames 和 target。这 3 个属性的含义如下。

❑ proxyInterfaces：代理所实现的接口。在本例中是 MyInterface。Spring AOP 无法截获未在该属性指定的接口中的方法。

❑ interceptorNames：用于拦截方法的拦截器名，通知类是其中之一（在本例中是 beforeAdvice）。也可以是 Advisor（将在后面详细讲解）。

❑ target：目标类。在本例中是 myClass。需要注意的是，一个代理只能有一个 target。因此，target 属性直接使用<ref>进行装配。

（5）最后是测试。前 4 步已经编写完这个前置通知的例子。在这一步将测试一下这个例子。如果想让 Spring AOP 来拦截 MyInterface 中的两个方法，就需要使用 myClassProxy 来获得 MyInterface 对象。代码如下：

```
// 装配 myClassProxy
MyInterface myInterface = (MyInterface) context.getBean("myClassProxy");
// 调用 getHello 方法，并输出该方法返回值
System.out.println(myInterface.getHello("bill"));
// 调用 getRandomInt 方法，并输出该方法返回值
System.out.println(myInterface.getRandomInt(100));
```

需要注意的是，上面代码的第一行使用了 myClassProxy 来获得 MyInterface 对象。这

是由于 Spring AOP 将根据接口来拦截相应的方法，而不是类。从 ProxyFactoryBean 的 proxyInterfaces 属性就可以看出这一点。如果将上面代码中的 MyInterface 换成 MyClass，将抛出 java.lang.ClassCastException 异常。由此可见，myClassProxy 所表示的代理类只是实现了 MyInterface 接口，并不是 MyClass 的子类。下面的代码调用了 getHello 方法和 getRandomInt 方法。

```java
public class TestAdvice
{
    public static void main(String[] args)
    {
        //  装置配置文件
        ApplicationContext context = new FileSystemXmlApplicationContext
        ("src\\aop.xml");
        //  装配 myClassProxy
        MyInterface myInterface = (MyInterface) context.getBean("myClass
        Proxy");
        //  调用 getHello 方法，并输出该方法返回值
        System.out.println(myInterface.getHello("bill"));
        //  调用 getRandomInt 方法，并输出该方法返回值
        System.out.println(myInterface.getRandomInt(100));
    }
}
```

在执行 TestAdvice 程序后，将输出如下的结果：

```
beforeAdvice: chapter25.MyClass.getHello  参数值: bill
调用 getHello 方法
hello 超人
beforeAdvice: chapter25.MyClass.getRandomInt  参数值：100
调用 getRandomInt 方法
9
```

2．后置通知（After Advice）

后置通知的代码在调用被拦截的方法后调用。后置通知类需要实现 AfterReturning Advice 接口。下面是一个后置通知类的代码：

```java
//  实现接口 AfterReturningAdvice 的类 AfterAdvice
public class AfterAdvice implements AfterReturningAdvice
{
    //  实现方法 afterReturning
    public void afterReturning(Object returnValue, Method method,
            Object[] args, Object target) throws Throwable
    {
        System.out.println("afterAdvice:" + target.getClass().getName() +
        "." + method.getName() + "的返回值: " + returnValue + "  参数值: " +
        args[0]);
    }
}
```

从上面的代码可以看出，afterReturning 方法比 before 方法多了一个 returnValue 参数，这个参数表示被拦截的方法的返回值（由于 afterReturning 方法在被拦截的方法之后调用，因此，可以获得方法的返回值）。下面是装配 AfterAdvice 类的代码。

```
<bean id="afterAdvice" class="chapter25.AfterAdvice" />
```

在装配完 AfterAdvice 类后，需要通过 ProxyFactoryBean 类的 interceptorNames 属性指定 afterAdvice，代码如下：

```
<!-- 装配 bean -->
<bean  id="myClassProxy"  class="org.springframework.aop.framework.Proxy
FactoryBean">
    ...
    <property name="interceptorNames">
        <list>
            <value>beforeAdvice</value>
            <value>afterAdvice</value>
        </list>
    </property>
</bean>
```

执行 TestAdvice 程序后，将会输出如下的结果：

```
beforeAdvice: chapter25.MyClass.getHello  参数值：bill
调用 getHello 方法
AfterAdvice: chapter25.MyClass.getHello 的返回值：hello 超人  参数值：超人
hello 超人
beforeAdvice: chapter25.MyClass.getRandomInt  参数值：100
调用 getRandomInt 方法
AfterAdvice: chapter25.MyClass.getRandomInt 的返回值：96  参数值：100
96
```

从上面的输出结果可以看出，afterReturning 方法在 getHello 方法和 getRandomInt 方法执行后被调用。

🔔注意：由于在调用 afterReturning 方法之前，被拦截的方法已经执行完毕，因此再改变 afterReturning 方法的 args 参数值已经没有任何意义了。

3. 环绕通知（Around Advice）

环绕通知和前置通知、后置通知有如下两点不同：

❑ 环绕通知可以控制被拦截方法的执行。也就是说，通过环绕通知，可以阻止被拦截的方法执行。开发人员可以利用这一特性关闭程序中的某些方法，如某些只用来调试程序的方法。当发布系统时，需要将这些方法关闭。

❑ 环绕通知可以控制被拦截方法的返回值。也就是说，环绕通知的返回值可以与原方法的返回值不同。

环绕通知类需要实现 org.aopalliance.intercept.MethodInterceptor 接口，如下面的代码所示。

```
// 实现接口 MethodInterceptor 的类 AroundAdvice
public class AroundAdvice implements MethodInterceptor
{
    // 实现方法 invoke
    public Object invoke(MethodInvocation invocation) throws Throwable
    {
        // 如果当前方法是 getHello, 设置该方法的参数值（字符串类型）
        if(invocation.getMethod().getName().equals("getHello"))
```

```
            invocation.getArguments()[0] = "Mike";
        //  如果当前方法是 getRandomInt，设置该方法的参数值（整数类型）
        else if(invocation.getMethod().getName().equals("getRandomInt"))
            invocation.getArguments()[0] = 1000;
        return invocation.proceed();        //  调用被拦截的方法
    }
}
```

其中 invocation 参数可以获得和被拦截方法相关的信息。在本例的 invoke 方法中，修改了 getHello 和 getRandomInt 方法的参数值，并通过 MethodInvocation 类的 proceed 方法继续执行原来的方法（如果不调用 proceed 方法，原来的方法将不会执行）。下面的代码装配了 AroundAdvice。

```
<bean id="aroundAdvice" class="chapter10.AroundAdvice" />
```

在装配完 AroundAdvice 后，需要通过 ProxyFactoryBean 的 interceptorNames 属性指定 aroundAdvice，代码如下：

```
<!--  装配 bean  -->
<bean  id="myClassProxy"  class="org.springframework.aop.framework.Proxy
FactoryBean">
    ...
    <property name="interceptorNames">
        <list>
            <!--  指定前置通知  -->
            <value>beforeAdvice</value>
            <!--  指定后置通知  -->
            <value>afterAdvice</value>
            <!--  指定环绕通知  -->
            <value>aroundAdvice</value>
        </list>
    </property>
</bean>
```

在执行 TestAdvice 程序后，将输出如下的信息。

```
beforeAdvice: chapter25.MyClass.getHello  参数值：bill
调用 getHello 方法
AfterAdvice: chapter25.MyClass.getHello 的返回值：hello Mike  参数值：Mike
hello Mike
beforeAdvice: chapter25.MyClass.getRandomInt  参数值：100
调用 getRandomInt 方法
AfterAdvice: chapter25.MyClass.getRandomInt 的返回值：340  参数值：1000
340
```

从上面的输出结果可以看出，这两个方法中的参数值已经改变。

4．异常通知（Throws Advice）

如果在调用方法时发生异常，异常通知类可以提供一个机会处理所发生的异常。异常通知类需要实现 org.springframework.aop.ThrowsAdvice 接口。与其他的通知接口不同的是 ThrowsAdvice 接口只是个标志接口，并没有任何方法需要实现。但异常通知类中至少要有如下 afterThrowing 方法的两个重载形式中的一个。

```
public void afterThrowing(Throwable e);
```

```
public void afterThrowing(java.lang.reflect.Method method, Object[] args,
Object target, Throwable e);
```

如果不需要方法的其他信息，使用第 1 种重载形式就可以。其中 e 表示方法抛出的异常类型。如果参数 e 的类型与异常类型不匹配，afterThrowing 方法不会被调用。如果这两个重载形式同时存在，并且都匹配抛出的异常类型，那么第 1 种重载形式优先调用。下面的代码是一个异常通知类：

```
//  实现 ThrowsAdvice 接口的类 ExceptionAdvice
public class ExceptionAdvice implements ThrowsAdvice
{
    //  实现方法 afterThrowing
    public void afterThrowing(java.lang.reflect.Method method, Object[]
args,
            Object target, IllegalArgumentException e)
    {
        System.out.println(method.getName() + "抛出异常!");
    }
    public void afterThrowing(IllegalArgumentException e)
    {
        System.out.println(e.getMessage());
    }
}
```

按着上面的方法装配 ExceptionAdvice 类后，修改 AroundAdvice 类，将 1000 改为-1，则 getRandomInt 方法就会抛出一个 IllegalArgumentException 异常。在调用 getRandomInt 方法后，只输出了 "n must be positive"，这说明，参数多的 afterThrowing 方法并未被调用。

注意：在系统调用了 afterThrowsing 方法后，仍然会继续抛出原来的异常。要想阻止方法抛出异常的唯一方法就是使用 try…catch 捕捉异常。

如果由于某种原因，想将 Spring AOP 从应用程序中去掉，最简单的方法就是将装配文件中的代理类的 name 属性（本例中是 myClassProxy）改成其他的值。然后将工作类的 name 属性值（myClass）改成代理类原来的 name 属性值，并且将代理类的 target 属性值改成工作类新的 name 属性值即可。代码如下：

```
<bean id="myClassProxy" class="chapter25.MyClass" />
<bean id="myClassProxy1"
    class="org.springframework.aop.framework.ProxyFactoryBean">
    …
    <property name="target">
        <ref bean="myClassProxy" />
    </property>
</bean>
```

当然，还可以将代码类的装配代码直接从配置文件中删除。这样在不修改程序的前提下，就可以将 Spring AOP 从程序中删除了。

25.1.4　通过 Advisor 指定切入点

虽然使用在 25.1.3 节所讲到的通知可以很好地拦截方法，并插入相应的代码。但却存在一个问题，这个问题就是 Spring AOP 拦截了目标类中的所有方法。而在通常的情况下，只需要拦截部分的方法。为了达到这个目的，Spring AOP 提供了 Advisor 和 PointcutAdvisor 接口。这两个接口可以在 org.springframework.aop 包中找到。通过这两个接口，可以将通知和切入点放到一个对象中，这样就可以为 Spring AOP 提供要拦截的方法信息了。Advisor 接口的定义如下：

```
//   设计接口
public interface Advisor
{
    Advice getAdvice();
    boolean isPerInstance();
}
```

PointcutAdvisor 接口的定义如下：

```
//   继承 Advisor 的接口 PointcutAdvisor
public interface PointcutAdvisor extends Advisor
{
    Pointcut getPointcut();
}
```

getPointcut 方法返回了一个 Pointcut 对象，实际上，Pointcut 是一个接口，表示一个切入点，该接口的定义如下：

```
//   设计接口 Pointcut
public interface Pointcut
{
    ClassFilter getClassFilter();
    MethodMatcher getMethodMatcher();
    Pointcut TRUE = TruePointcut.INSTANCE;
}
```

虽然实现上述的接口可以获得相应的切入点，但是却比较麻烦。因此，Spring AOP 提供了一些默认的切入点类，如 NameMatchMethodPointcut。通过该切入点，可以拦截指定名称的方法。下面的切入点类继承了 NameMatchMethodPointcut 类。

```
//   继承 NameMatchMethodPointcut 的切入点类 Pointcut
public class Pointcut extends NameMatchMethodPointcut
{
    @Override
    public boolean matches(Method method, Class targetClass)
    {
        this.setMappedName("getHello");                //   设置匹配的方法名
        //   调用父类的 matches 方法和匹配要拦截的方法
        return super.matches(method, targetClass);
    }
}
```

其中 Spring AOP 在调用每一个方法之前，就会调用 matches 方法判断是否应该拦截该方法，当 matches 方法返回 true 时，表明当前方法可以被拦截。如果要想指定被拦截的方法，需要通过 NameMatchMethodPointcut 的 setMappedName 方法。在本例中指定了 getHello 方法。也可以使用 "*" 作为通配符。如下面的代码拦截所有以 get 开头的方法。

```
this.setMappedName("get*");
```

下面是装配 Pointcut 类的代码：

```
<bean id="pointcut" class="chapter25.Pointcut"./>
```

要想使用 Pointcut 类，必须装配 DefaultPointcutAdvisor 类，装配代码如下：

```
<!-- 装配 javabean -->
<bean    id="myAdvisor"    class="org.springframework.aop.support.Default
PointcutAdvisor">
    <!-- 配置属性 pointcut -->
    <property name="pointcut">
        <ref local="pointcut" />
    </property>
    <!-- 配置属性 advice -->
    <property name="advice">
        <ref local="beforeAdvice" />
    </property>
</bean>
```

其中 pointcut 属性指定了切入点（在本例中就是 pointcut），advice 属性指定了通知（在本例中指定的是 beforeAdvice）。

使用切入点的最后一步是在装配 ProxyFactoryBean 类的代码中将 beforeAdvice 换成 myAdvisor。代码如下：

```
<!-- 装配 bean -->
<bean   id="myClassProxy"   class="org.springframework.aop.framework.Proxy
FactoryBean">
    …
    <!-- 配置属性 interceptorNames -->
    <property name="interceptorNames">
        <list>
            <value>myAdvisor</value>
            <value>afterAdvice</value>
            <value>aroundAdvice</value>
            <value>exceptionAdvice</value>
        </list>
    </property>
</bean>
```

现在执行 TestAdvice 程序就会发现，由于在 matches 方法中并未指定 getRandomInt 方法，因此 Spring AOP 并未拦截 getRandomInt 方法。

除此之外，还可以通过 RegexpMethodPointcutAdvisor 类在装配文件中通过正则表达式确定要拦截的方法。装配 RegexpMethodPointcutAdvisor 的代码如下：

```
<!-- 装配 bean -->
<bean   id="regexpAdvisor"   class="org.springframework.aop.support.Regexp
MethodPointcutAdvisor">
    <!-- 配置属性 -->
    <property name="patterns">
        <list>
            <value>chapter25.MyClass.getRandomInt</value>
        </list>
    </property>
    <!-- 配置属性 -->
    <property name="advice">
        <ref local="afterAdvice" />
    </property>
```

```
</bean>
```

其中 patterns 指定了正则表达式。如果只有一个正则表达式，可以使用 pattern 属性。advice 指定了通知（在这里是 afterAdvice）。最后一步需要在装配 ProxyFactoryBean 的代码中将 afterAdvice 改为 regexpPointcut，装配代码如下：

```
<!-- 装配 bean -->
<bean id="myClassProxy" class="org.springframework.aop.framework.Proxy
FactoryBean">
    …
    <!-- 配置属性 -->
    <property name="interceptorNames">
        <list>
            <value>myAdvisor</value>
            <value>regexpAdvisor</value>
            <value>aroundAdvice</value>
            <value>exceptionAdvice</value>
        </list>
    </property>
</bean>
```

现在执行 TestAdvice 程序就会发现，getHello 方法并未被拦截。

25.1.5　使用控制流切入点

如果有这样的需求，即只拦截在某种情况下调用的方法，这就需要 Spring AOP 提供的一个 ControlFlowPointcut 类。下面将用这个类来实现一个例子。这个例子只在 TestControlFlow 类的 method 方法中调用 getHello 时才拦截 getHello。下面是通知类的代码。

```
// 实现接口 MethodInterceptor 的类 ControlFlowAdvice
public class ControlFlowAdvice implements MethodInterceptor
{
    // 实现方法 invoke
    public Object invoke(MethodInvocation invocation) throws Throwable
    {
        System.out.println("method:" + invocation.getMethod().getName());
        return invocation.proceed();
    }
}
```

下面的代码装配了 ControlFlowAdvice 类：

```
<bean id="controlFlowAdvice" class="chapter25.ControlFlowAdvice" />
```

下面是配置 ControlFlowPointcut 类的代码。

```
<!-- 装配 bean -->
<bean id="controlFlowPointcut" class="org.springframework.aop.support.
ControlFlowPointcut">
    <!-- 对应构造方法的第一个参数 -->
    <constructor-arg index="0">
        <value>chapter25.TestControlFlow</value>
    </constructor-arg>
    <!-- 对应构造方法的第二个参数 -->
    <constructor-arg index="1">
        <value>method</value>
```

```
    </constructor-arg>
</bean>
```

上面的装配代码向 ControlFlowPointcut 类的构造方法中传入了两个参数值。其中第一个参数表示调用 getHello 的方法所在的类，第二个参数表示调用 getHello 的方法名。下面的装配代码将 controlFlowAdvice 和 controlFlowPointcut 组合在一起。

```xml
<!-- 装配 bean -->
<bean  id="controlFlowAdvisor"  class="org.springframework.aop.support.
DefaultPointcutAdvisor">
    <!-- 装配控制流切入点  -->
    <property name="pointcut">
        <ref local="controlFlowPointcut" />
    </property>
    <!-- 装配控制流通知  -->
    <property name="advice">
        <ref local="controlFlowAdvice" />
    </property>
</bean>
```

最后将 controlFlowAdvisor 加到 ProxyFactoryBean 类的 interceptorNames 属性中。代码如下：

```xml
<!-- 装配 bean -->
<bean id="myClassProxy"  class="org.springframework.aop.framework.Proxy
FactoryBean">
    …
    <!-- 配置属性 interceptorNames -->
    <property name="interceptorNames">
        <list>
            …
            <value>controlFlowAdvisor</value>
        </list>
    </property>
    <!-- 配置属性 interceptorNames -->
    <property name="target">
        <ref bean="myClass" />
    </property>
</bean>
```

下面的代码测试了控制流切入点。

```java
public class TestControlFlow
{
    public static void main(String[] args)
    {
        // 加载配置文件
        ApplicationContext context = new FileSystemXmlApplicationContext
        ("src\\aop.xml");
        // 获取 MyInterface 类型对象
        MyInterface myInterface = (MyInterface) context.getBean("myClass
        Proxy");
        System.out.println(myInterface.getHello("bill"));
        // 这个方法未被拦截
        method(myInterface);
    }
    // 创建被拦截方法
    public static void method(MyInterface my)
    {
```

```
        my.getHello("bill");                                    // 这个方法被拦截
    }
}
```

从上面代码的运行结果可以看出，直接调用 getHello 方法时未被拦截，而使用 method 方法调用 myInterface 时就会被拦截（也就是执行 ControlFlowAdvice 类的 incoke 方法）。

在使用 ControlFlowAdvice 时要注意，它是动态的切入点（前面讲的几种切入点都是静态的），性能不高。因此，在需要高性能的程序中应尽量少使用这个切入点。

25.2　学习 Spring 的事务管理

Spring 并没有直接管理事务，而是通过一些事务管理器将管理事务的工作委托给其他的 JTA 或持久化实现（如 JDBC、Hibernate 等）。如使用 DataSourceTransactionManager 委托 JDBC 管理事务，使用 HibernateTransactionManager 委托 Hibernate 来管理事务。在本节将介绍 Spring 如何通过委托的方式来管理事务。

25.2.1　实例：使用程序控制事务

在本节给出一个例子演示如何使用 DataSourceTransactionManager 委托 JDBC 来管理事务。完成这个例子需要执行如下几步。

（1）装配 DataSourceTransactionManager 类。要想将管理事务的工作委托给 JDBC，首先要装配事务管理器。下面的代码装配了 DataSourceTransactionManager 类：

```
<!-- 装配 bean -->
<bean id="transactionManager" class="org.springframework.jdbc.datasource.
DataSourceTransactionManager">
    <property name="dataSource">
        <ref bean="datasource" />
    </property>
</bean>
```

其中 dataSource 属性表示数据源，在本例中使用了 MyDataSource.xml 文件中装配的数据源。

（2）装配事务模板（TransactionTemplate）。在 Spring 中使用 JDBC 需要一个 Jdbc Template，而在 Spring 中使用事务，也需要一个 TransactionTemplate。下面是装配 TransactionTemplate 类的代码。

```
<!-- 装配 bean -->
<bean id="transactionTemplate" class="org.springframework.transaction.
support.TransactionTemplate">
    <property name="transactionManager">
        <ref bean="transactionManager" />
    </property>
</bean>
```

在 TransactionTemplate 类中有一个 transactionManager 属性，表示事务管理类的对象实例。在本例中是在第（1）步装配的 transactionManager。

（3）获得相应的对象实例。在这一步需要获得 TransactionTemplate 和 JdbcTemplate 类的对象实例，代码如下：

```
//  加载配置文件
ApplicationContext context = new FileSystemXmlApplicationContext(
        new String[] { "src\\transaction.xml", "src\\MyDataSource.xml",
"src\\jdbctemplate.xml" });
//  获取 TransactionTemplate 类对象
TransactionTemplate transactionTemplate = (TransactionTemplate) context.
getBean("transactionTemplate");
//  获取 JdbcTemplate 类对象
final JdbcTemplate jdbcTemplate = (JdbcTemplate) context.getBean("jdbc
Template");
```

其中 transaction.xml 文件是装配 DataSourceTransactionManager 和 TransactionTemplate 的配置文件。需要注意的是，在定义 jdbcTemplate 对象时使用了 final 关键字。这是因为下一步要在 inner class 中使用这个变量。

（4）使用 execute 方法更新数据库。在这一步要在事务中删除 t_message 表中的记录，并向这个表中插入两条记录。进行这个操作的最直接的方法就是使用隐式实现接口的方式调用 TransactionTemplate 类的 execute 方法。execute 方法的定义如下：

```
public Object execute(TransactionCallback action) throws Transaction
Exception;
```

其中 action 参数表示一个回调事务类的对象实例。这个回调类需要实现 TransactionCallback 接口，这个接口的定义如下：

```
public interface TransactionCallback
{
    public Object doInTransaction(TransactionStatus status);
}
```

从上面的代码可以看出，TransactionCallback 接口只有一个方法，当事务开始后，Spring 会通过回调的方式来调用 doInTransaction 方法。如果这个方法正常返回，则成功提交事务。否则可以通过 TransactionStatus 的 setRollbackOnly 方法回滚事务。通过 execute 方法更新数据库的代码如下：

```
transactionTemplate.execute(new TransactionCallback()
{
    //  实现 doInTransaction 方法
    public Object doInTransaction(TransactionStatus status)
    {
        try
        {
            jdbcTemplate.update("delete from t_message");//执行 delete 语句
            //  执行 insert 语句
            jdbcTemplate.update("insert into t_message(id, name) values(1,
            '信息1')");
            //  执行 insert 语句
            jdbcTemplate.update("insert into t_message(id, name) values(2,
            '信息2')");
        }
        catch (Exception e)
        {
```

```
        status.setRollbackOnly();      // 回滚操作
    }
    return null;
  }
});
```

在编写上面代码时应注意，必须使用 JdbcTemplate 更新数据库，而不能直接使用
DataSource 进行同样的操作，因为这样 Spring 就无法在当前事务中更新数据库了。如果使
用 HibernateTransactionManager 将事务管理委托给 Hibernate 时，也应使用
HibernateTemplate 类操作数据库。本节的装配文件和测试程序详见 transaction.xml 和
TestTransaction.java。

25.2.2　掌握声明式事务

除了可以通过编程的方式使用 Spring 管理事务外，也可以在装配文件中声明事务。由
于事务是系统级的，凌驾于主要功能之上，因此 Spring 声明事务使用 AOP 框架实现。

事务有一个重要的概念，就是"事务属性"。关于事务属性将在 25.2.3 节详细讲述。
本节只介绍一下装配事务属性的最简单的方法。通过简单地装配 MatchAllwaysTransaction
AttributeSource 类（无须装配任何属性），就可以实现一个默认的事务属性。下面是装配
MatchAllwaysTransactionAttributeSource 的代码：

```
<bean id="attributeSource"
   class="org.springframework.transaction.interceptor.MatchAllwaysTransa
ctionAttributeSource" />
```

由于 Spring 声明事务是通过 AOP 框架实现的，因此需要装配一个代理工厂类。这个
代理工厂类就是 TransactionProxyFactoryBean 类。在装配 TransactionProxyFactoryBean 类之
前，需要编写一个 MessageImpl 类，然后通过 Spring 声明式事务使 MessageImpl 类中的方
法运行在一个事务中。MessageImpl 类实现了一个 Message 接口。下面是 Message 接口和
MessageImpl 类的实现代码，Message 接口的实现代码如下：

```
//  设计接口 Message
public interface Message
{
   public void process();
}
```

MessageImpl 类的实现代码如下：

```
//  实现接口 Message 的类 MessageImpl
public class MessageImpl implements Message
{
   private JdbcTemplate jdbcTemplate;                // 封装 jdbc 模板的属性
   //  jdbcTemplate 属性的 getter 方法
   public JdbcTemplate getJdbcTemplate()
   {
      return jdbcTemplate;
   }
   //  jdbcTemplate 属性的 setter 方法
```

```
public void setJdbcTemplate(JdbcTemplate jdbcTemplate)
{
    this.jdbcTemplate = jdbcTemplate;
}
// 实现方法 process
public void process()
{
    jdbcTemplate.update("delete from t_message");    // 执行 delete 语句
    jdbcTemplate.update("insert into t_message(id, name) values(1, '信
    息1')");                                          // 执行 insert 语句
    jdbcTemplate.update("insert into t_message(id, name) values(2, '信
    息2')");                                          // 执行 insert 语句
}
}
```

从上面的代码可以看出，process 方法中使用 JdbcTemplate 执行了 3 条 SQL 语句。如果使用 TransactionProxyFactoryBean 拦截了 process 方法，那么这 3 条 SQL 语句会运行在同一个事务中。只要 process 方法抛出异常，就会发生事务回滚。下面的代码装配了MessageImpl：

```
<!-- 装配 bean -->
<bean id="messageTarget" class="chapter25.MessageImpl">
    <!-- 装配 jdbc 模板属性 -->
    <property name="jdbcTemplate">
        <ref bean="jdbcTemplate" />
    </property>
</bean>
```

在一般情况下，如果使用 Spring AOP，被代理类的 id 属性值后面跟 Target，以便区别于代理类的 id 值。如下面装配 TransactionProxyFactoryBean 类的代码中的 id 属性值就使用了 message。

```
<!-- 装配 bean -->
<bean  id="message"  class="org.springframework.transaction.interceptor.
TransactionProxyFactoryBean">
    <!-- 配置属性 -->
    <property name="proxyInterfaces">
        <list>
            <value>chapter25.Message</value>
        </list>
    </property>
    <!-- 配置属性 -->
    <property name="target">
        <ref bean="messageTarget" />
    </property>
    <property name="transactionManager">
        <ref bean="transactionManager" />
    </property>
    <property name="transactionAttributeSource">
        <ref bean="attributeSource" />
    </property>
</bean>
```

其中 proxyInterfaces 属性表示要拦截的方法所在的接口，target 属性表示被代理类。transactionManager 属性表示事务管理类，transactionAttributeSource 属性表示事务属性源。

下面的代码测试了声明式事务：

```
public class TestDeclarationTransaction
{
    public static void main(String[] args) throws Exception
    {
        // 加载配置文件
        ApplicationContext context = new FileSystemXmlApplicationContext(
                new String[]{ "src\\transaction.xml", "src\\MyDataSource.
                xml", "src\\jdbctemplate.xml" });
        // 获取 message 对象
        Message message = (Message) context.getBean("message");
        // 现在 process 方法已经在事务中运行了
        // 当任何一条 SQL 语句在执行的过程中发生异常时，事务将回滚
        message.process();
    }
}
```

感兴趣的读者可以将 process 方法的代码改成下面的形式，查看事务是否回滚。

```
public void process()
{
    jdbcTemplate.update("delete from t_message");
    int i = 1/0;             // 将抛出一个 java.lang.ArithmeticException 异常
    jdbcTemplate.update("insert into t_message(id, name) values(1, '信息
    1')");
    jdbcTemplate.update("insert into t_message(id, name) values(2, '信息
    2')");
}
```

上面的代码使用了 int i = 1/0 引发一个异常。如果 process 不运行在事务中，那么 t_message 表中的数据将被删除。而在删除数据后，就抛出了异常，因此后面两条 insert 语句就没有执行到。而当 process 运行在事务中时，当 process 抛出异常后，delete 语句的执行结果被回滚。因此如果执行 process 方法后，t_message 表中的数据不会有任何变化。

只有当 process 方法抛出异常时事务才会回滚。如下面代码中的第一条 insert 语句虽然有错误（表名写成了 t_message1），但由于使用了 try...catch 语句进行捕捉，因此，process 方法并不会抛出异常（当然，事务也不会回滚），所以只在 t_message 表中成功插入一条记录。

```
public void process()
{
    jdbcTemplate.update("delete from t_message");
    try
    {
        // 执行 update 语句时将抛出异常
        jdbcTemplate.update("insert into t_message1(id, name) values(1,
        '信息1')");
    }
    catch(Exception e)
    {
    }
    jdbcTemplate.update("insert into t_message(id, name) values(2, '信息
    2')");
}
```

25.2.3　了解事务属性的种类

如果想掌握 Spring 框架中所支持的事务,就需要掌握在该框架中可以设置的关于事务的属性,这些属性分别为传播行为、隔离级别、只读和事务超时。本章将详细介绍这些属性。

1．传播行为

传播行为定义了被调用方法的事务边界。在 Spring 中定义了 7 种传播行为,这 7 种传播行为如表 25.1 所示。

表 25.1　Spring支持的 7 种传播行为

传　播　行　为	意　　义
PROPAGATION_MANDATORY	表示方法必须运行在一个事务中,如果当前事务不存在,则抛出异常
PROPAGATION_NESTED	表示如果当前事务存在,则方法应该运行在一个嵌套事务中。否则,它看起来和PROPAGATION_REQUIRED没什么两样
PROPAGATION_NEVER	表示方法不能运行在一个事务中,否则抛出异常
PROPAGATION_NOT_SUPPORTED	表示方法不能运行在一个事务中,如果当前存在一个事务,则该方法将被挂起
PROPAGATION_REQUIRED	表示当前方法必须运行在一个事务中,如果当前存在一个事务,那么该方法将运行在这个事务中,否则,将创建一个新的事务
PROPAGATION_REQUIRES_NEW	表示当前方法必须运行在自己的事务中,如果当前存在一个事务,那么这个事务将在该方法运行期间被挂起
PROPAGATION_SUPPORTS	表示当前方法不需要运行在一个事务中,但如果有一个事务已经存在,该方法也可以运行在这个事务中

2．隔离级别

在操作数据时可能会带来 3 个副作用,分别是脏读、不可重复读和幻读。为了避免这 3 种副作用的发生,在标准的 SQL 语句中定义了 4 种隔离级别,分别是未提交读、已提交读、可重复读和可序列化。而在 Spring 事务中,提供了 5 种隔离级别来对应在 SQL 中定义的 4 种隔离级别,如表 25.2 所示。

表 25.2　Spring支持的 5 种隔离级别

隔　离　级　别	意　　义
ISOLATION_DEFAULT	使用后端数据库默认的隔离级别
ISOLATION_READ_UNCOMMITTED	允许读取未提交的数据(对应未提交读),可能导致脏读、不可重复读和幻读
ISOLATION_READ_COMMITTED	允许在一个事务中读取另一个已经提交的事务中的数据(对应已提交读)。可避免脏读,但无法避免不可重复读和幻读
ISOLATION_REPEATABLE_READ	一个事务不可能更新由另一个事务修改但尚未提交(回滚)的数据(对应可重复读)。可避免脏读和不可重复读,但无法避免幻读
ISOLATION_SERIALIZABLE	这种隔离级别使所有的事务都在一个执行队列中,依次顺序执行,而不是并行(对应可序列化)。可避免脏读、不可重复读和幻读。但这种隔离级别效率很低,因此,除非必须,否则不建议使用

3．只读

如果在一个事务中所有关于数据库的操作都是只读的，也就是说，这些操作只读取数据库中的数据，而并不更新数据，那么应将事务设为只读模式（READ_ONLY_MARKER），这样更有利于数据库进行优化。

因为只读的优化措施是事务启动后由数据库实施的，因此，只有将那些具有可能启动新事务的传播行为（PROPAGATION_NESTED、PROPAGATION_REQUIRED 和 PROPAGATION_REQUIRES_NEW）的方法的事务标记成只读才有意义。

如果使用 Hibernate 作为持久化机制，那么将事务标记为只读后，会将 Hibernate 的 flush 模式设为 FLUSH_NEVER，以告诉 Hibernate 避免和数据库之间进行不必要的同步，并将所有更新延迟到事务结束。

4．事务超时

如果一个事务长时间运行，这时为了尽量避免浪费系统资源，应为这个事务设置一个有效时间，使其等待数秒后自动回滚。与设置"只读"属性一样，事务有效属性也需要给那些具有可能启动新事务的传播行为的方法的事务标记成只读才有意义。

25.2.4　设置事务属性

在 25.2.2 节曾讲过使用 MatchAlwaysTransactionAttributeSource 来设置默认的事务属性。用这个类所设置的默认的传播行为是 PROPAGATION_REQUIRED，而默认的隔离级别是 ISOLATION_DEFAULT。除此之外，也可以通过 MatchAlwaysTransactionAttributeSource 的 transactionAttribute 属性改变这些默认值。transactionAttribute 属性是 DefaultTransactionAttribute 类型，因此需要先装配 DefaultTransactionAttribute 类。代码如下：

```xml
<bean id="newTransactionAttribute"

class="org.springframework.transaction.interceptor.DefaultTransactionAttribute">
    <!-- 传遍行为 -->
    <property name="propagationBehaviorName">
        <value>PROPAGATION_REQUIRES_NEW</value>
    </property>
    <!-- 隔离级别 -->
    <property name="isolationLevelName">
        <value>ISOLATION_REPEATABLE_READ</value>
    </property>
    <!-- 只读 -->
    <property name="readOnly">
        <value>false</value>
    </property>
    <!-- 事务超时 -->
    <property name="timeout">
        <value>5</value>
```

```
    </property>
</bean>
```

从上面的装配代码可以看出，使用了 DefaultTransactionAttribute 的 4 个属性分别设置了上述的 4 个事务属性。其中使用了 timeout 属性将事务超时时间设为 5 秒。下面将 MessageImpl 类的 process 方法的代码改为如下形式来测试事务有效属性。

```
public void process()
{
    //  执行删除语句
    jdbcTemplate.update("delete from t_message");
    //  执行插入语句
    jdbcTemplate.update("insert into t_message(id, name) values(1, '信息
1')");
    try
    {
        Thread.sleep(7000);                      // 使 process 方法等待 7 秒
    }
    catch (Exception e)
    {
    }
    //  执行插入语句
    jdbcTemplate.update("insert into t_message(id, name) values(2, '信息
2')");
}
```

从上面的代码可以看出，使用了 sleep 方法使 process 方法等待了 7 秒，而 timeout 属性设置的是 5 秒。因此在 process 方法等待 7 秒的过程中，该方法就会抛出 Transaction TimedOutException 异常，而使事务回滚。

25.2.5　设置特定方法的事务属性

前面所讲的设置事务属性的方法只是将一个接口中的所有方法都设置成同样的事务属性值。而在 Spring 事务中可以进行更灵活的设置。通过 NameMatchTransaction AttributeSource 类可以设置某一个特定方法的事务属性。

1．设置传播行为和隔离级别

如果希望将 process 方法的传播行为和隔离级别设置成 PROPAGATION_REQUIRES_ NEW 和 ISOLATION_REPEATABLE_READ，那么可以使用如下的装配代码：

```
<!-- 装配 bean -->
<bean id="methodAttributeSource"

class="org.springframework.transaction.interceptor.NameMatchTransaction
AttributeSource">
    <property name="properties">
        <props>
            <!-- 为 process 方法单独指定事务属性  -->
            <prop key="process">
                PROPAGATION_REQUIRES_NEW, ISOLATION_REPEATABLE_READ
            </prop>
        </props>
```

```
        </property>
</bean>
```

在上面的代码中，通过 NameMatchTransactionAttributeSource 类的 properties 属性指定了要为 process 方法设置的事务属性。如果要设置多个属性的话，则中间用逗号（,）分隔。

2. 设置只读属性

除此之外，还可以通过指定 readOnly 属性为某一方法设置事务只读属性。代码如下：

```xml
<!-- 装配 bean -->

<bean id="methodAttributeSource"

class="org.springframework.transaction.interceptor.NameMatchTransaction
AttributeSource">
    <property name="properties">
        <props>
            <!-- 不能设成 process，因为在 process 方法中有更新数据操作  -->
            <prop key="method">
                PROPAGATION_REQUIRES_NEW, ISOLATION_REPEATABLE_READ, read
                Only
            </prop>
        </props>
    </property>
</bean>
```

3. 指定回顾规则

在 25.2.2 节中曾经使用了 int i = 1/0 使 process 方法抛出一个 ArithmeticException 异常。这使 process 方法所在的事务发生回滚，但也可以使发生异常时事务不回滚，而继续提交。

通过在异常前指定"-"，可实现当方法抛出异常后回滚事务，而指定"+"后，则即使方法抛出异常，事务仍然会正常提交。如下面的装配代码指定了当 process 方法抛出 ArithmeticException 异常后，当前事务仍然可以成功提交。

```xml
<bean id="methodAttributeSource"

class="org.springframework.transaction.interceptor.NameMatchTransaction
AttributeSource">
    <property name="properties">
        <props>
            <!-- 设置+符号  -->
            <prop key="process">

PROPAGATION_REQUIRES_NEW,ISOLATION_REPEATABLE_READ,+ArithmeticException
            </prop>
        </props>
    </property>
</bean>
```

4. 使用通配符

为了使设置方法的事务属性更方便，也可以使用"*"匹配一组方法，并将这组方法设置成同样的事务属性值，装配代码如下：

```
<bean id="methodAttributeSource"
class="org.springframework.transaction.interceptor.NameMatchTransaction
AttributeSource">
    <property name="properties">
        <props>
            <!-- 设置所有以 get 开头的方法的事务属性  -->
            <prop key="get*">
                PROPAGATION_REQUIRES_NEW,ISOLATION_REPEATABLE_READ
            </prop>
        </props>
    </property>
</bean>
```

25.3　实例：建立和访问 RMI 服务

在 Spring 中提供了更方便调用远程服务的机制。在 Spring 中可以很容易地建立 RMI、Hessian、Burlap 和 HTTP invoker 服务，并调用这些服务，以及对 EJB 和 Web Service 的调用。在本节中给出一个使用 Spring 建立和调用 RMI 服务的例子。要完成这个例子需要如下步骤。

（1）建立一个 POJO 类。在 Spring 中支持将任何一个 POJO 类发布成为 RMI 服务。下面是提供 RMI 服务的类和这个类所实现接口的代码。MessageService 接口的代码如下：

```
package chapter25.rmi;
// 设计接口
public interface MessageService
{
    public String getMessage();
}
```

MessageServiceImpl 类的代码如下：

```
package chapter25.rmi;
// 实现接口的类 MessageServiceImpl
public class MessageServiceImpl implements MessageService
{
    // 实现方法 getMessage
    public String getMessage()
    {
        return "hello world";
    }
}
```

从上面的代码可以看出，getMessage 方法只返回了一个 hello world 字符串。这个 getMessage 方法将通过 RMI 方式来调用。

（2）装配 MessageServiceImpl。下面是装配 MessageServiceImpl 的代码：

```
<bean id="messageService" class="chapter25.rmi.MessageServiceImpl" />
```

（3）注册 RMI 服务。在 Spring 中可以使用 RmiServiceExporter 类注册 RMI 服务。在

注册 RMI 服务时需要指定如下 3 个属性。

- ❑ service：该属性表示提供服务的类（在本例中是在第（2）步装配的 messageService）。
- ❑ serviceName：该属性表示服务名。该属性值就是连接 RMI 的 URL 中的服务名。
- ❑ serviceInterface：该属性表示服务接口名，在本例中是 chapter25.rmi.Message Service。

下面是装配 RmiServiceExporter 的代码：

```
<!-- 装配 bean -->
<bean class="org.springframework.remoting.rmi.RmiServiceExporter">
    <!-- 配置属性 service -->
    <property name="service">
        <ref bean="messageService" />
    </property>
    <!-- 配置属性 serviceName -->
    <property name="serviceName">
        <value>MessageService</value>
    </property>
    <!-- 配置属性 serviceInterface -->
    <property name="serviceInterface">
        <value>chapter25.rmi.MessageService</value>
    </property>
</bean>
```

在装配 RmiServiceExplorter 时应注意，id 属性不是必须的，因为并不需要在程序中获得 RmiServiceExplorter 类的对象实例。

（4）建立服务端程序。建立 RMI 服务端程序很简单，只要使用 FileSystemXmlApplication Context 对象装载 XML 配置文件即可。代码如下：

```
package chapter25.rmi;
// 导入包
import org.springframework.context.ApplicationContext;
import
org.springframework.context.support.FileSystemXmlApplicationContext;
public class RMIService
{
    public static void main(String[] args)
    {
        // 加载配置文件
        ApplicationContext context = new FileSystemXmlApplicationContext
        ("src\\rmi.xml");
    }
}
```

在运行 RMIService 后，程序会被阻塞。这时说明 RMI 服务已经启动了。

（5）建立客户端调用程序。在客户端调用 RMI 服务时，需要提供 MessageService 接口。也就是说，在发布客户端程序时，MessageService.class 文件也要一同发布。

Spring 是通过 RmiProxyFactoryBean 类来调用 RMI 服务的，装配 RmiProxyFactoryBean 的代码如下：

```
<!-- 装配 bean -->
<bean id="messageServiceClient"
    class="org.springframework.remoting.rmi.RmiProxyFactoryBean">
    <!-- 配置属性 serviceUrl -->
```

```
   <property name="serviceUrl">
      <value>rmi://localhost/MessageService</value>
   </property>
   <!-- 配置属性 serviceInterface -->
   <property name="serviceInterface">
      <value>chapter25.rmi.MessageService</value>
   </property>
</bean>
```

其中 serviceUrl 属性是连接 RMI 服务的 URL。最后一部分是 MessageService，也就是在第（3）步的 serviceName 属性的值。serviceInterface 属性表示服务接口。

🔊注意：上面的配置代码应写在另外一个装配文件中（在本例中是 rmiclient.xml），否则　　　　Spring 就会连同 RMI 服务一起装配了。

下面的代码调用了 RMI 服务。

```
package chapter10.rmi;
import org.springframework.context.ApplicationContext;
import
org.springframework.context.support.FileSystemXmlApplicationContext;
public class TestRMI
{
   public static void main(String[] args)
   {
      //   加载配置文件
      ApplicationContext context = new FileSystemXmlApplicationContext
("src\\rmiclient.xml");
      //   获取 MessageService 类对象
      MessageService ms=(MessageService)context.getBean("message Service
Client");
      System.out.println(ms.getMessage());          // 输出 hello world
   }
}
```

在运行 TestRMI 程序之前，要先运行 RMIService 程序。

25.4　实例：发送 E-mail

在 Spring 中通过 org.springframework.mail.javamail.JavaMailSenderImpl 类可以发送电子邮件。但在使用这个类之前需要做以下准备：

❑ JavaMailSenderImpl 类除了需要 spring.jar 外，还需要 activation.jar 和 mail.jar（这两个文件都在 Spring 的发行包中）。

❑ 如果使用 MyEclipse 10.6 开发程序，MyEclipse 自身带的 javaee.jar 中的某些类和 mail.jar、activation.jar 中的相应类会发生冲突。因此，在本节将另建立一个 Mailer 工程，并只加入和 Spring 相关的 jar 包。读者也可以将 javaee.jar 从 MyEclipse 中删除。如果 Web 程序需要 HttpServlet、Filter 等类时，可以将 Tomcat 中的相应包加入该工程。

在做完上面的准备工作后，下面来开发一个简单的 E-mail 发送程序。为了完成这个程序，需要如下 3 步。

（1）装配 SimpleMailMessage 类。在发送 E-mail 之前，需要指定一些必要的信息。这些信息包括收件人邮箱、发件人邮箱、标题和正文。而这些信息是通过装配 SimpleMailMessage 类指定的。代码如下：

```
<!-- 装配 bean -->
<bean    id="mailMessage"    class="org.springframework.mail.SimpleMail
Message">
    <!-- 收件人邮箱 -->
    <property name="to">
        <value>target@126.com</value>
    </property>
    <!-- 发件人邮箱 -->
    <property name="from">
        <value>source@126.com</value>
    </property>
    <!-- 邮件主题 -->
    <property name="subject">
        <value>标题</value>
    </property>
    <!-- 邮件内容 -->
    <property name="text">
        <value>正文</value>
    </property>
</bean>
```

读者可以将上面的相应信息修改成其他内容。

（2）装配 JavaMailSenderImpl 类。可以通过 JavaMailSenderImpl 类的 send 方法发送邮件，但发送邮件之前，需要先装配这个类。代码如下：

```
<!-- 装配 bean -->
<bean id="mailSender" class="org.springframework.mail.javamail.JavaMail
SenderImpl">
    <!-- 配置 126 的 smtp 服务器地址 -->
    <property name="host">
        <value>smtp.126.com</value>
    </property>
    <!-- 配置邮箱密码 -->
    <property name="password">
        <value>password</value>
    </property>
    <!-- 配置邮箱登录用户名 -->
    <property name="username">
        <value>user</value>
    </property>
</bean>
```

在装配 JavaMailSenderImpl 类时设置了 3 个属性，即 host、password 和 username。其中 host 属性指定了 SMTP 服务器的域名（126 的 SMTP 服务器是 smtp.126.com）。password 和 username 是为了进行 SMTP 验证而设置的。目前大多数邮件服务器都要求 SMTP 验证，也就是说，在发邮件时也得提供身份验证，以防止利用 SMTP 服务器发送大量垃圾邮件。关于上述 3 个属性的值，读者可以根据需要，指定自己 E-mail 所在的 SMTP 服务器、用户和密码。

（3）编写发送邮件的程序。这个发送邮件的程序需要 SimpleMailMessage 和 JavaMail SenderImpl 的对象实例。这两个对象实例可以使用 getBean 方法从装配文件中获得，代码如下：

```
package chapter25.mail;
// 导入包
import org.springframework.mail.javamail.JavaMailSenderImpl;
import org.springframework.context.ApplicationContext;
import org.springframework.context.support.FileSystemXmlApplication Con-
text;
import org.springframework.mail.SimpleMailMessage;
public class SendMail
{
    public static void main(String[] args) throws Exception
    {
        // 加载配置文件
        ApplicationContext context = new FileSystemXmlApplicationContext
        ("src\\mail.xml");
        // 获取 JavaMailSenderImpl 类对象
        JavaMailSenderImpl mailSender = (JavaMailSenderImpl)context.getBean
        ("mailSender");
        // 获取 SimpleMailMessage 类对象
        SimpleMailMessage mailMessage = (SimpleMailMessage)context.getBean
        ("mailMessage");
        // 进行 SMTP 身份验证
        mailSender .getJavaMailProperties().put("mail.smtp.auth", "true");
        mailSender .send(mailMessage);              // 开发发送邮件
    }
}
```

在编写上面代码时应注意，必须将 mail.smtp.auth 属性设为 true，否则程序不会进行 SMTP 身份验证。经笔者测试发现，对于使用刚注册的 126 邮箱发邮件时，可能会抛出 MailAuthenticationException 异常，这可能是 126 的 SMTP 服务器的原因。读者在运行 SendMail 时应注意这一点，也可以使用其他的邮件服务器测试这个程序。

25.5　调度任务

并不是所有的动作都由用户来触发。在服务端有一些动作也可以按照一定的规则（如时间间隔）自动触发。在本节中将介绍 java.util.Timer 类，该类提供了按照一定时间间隔来调用的方法。

一个调度任务类需要从 java.util.TimerTask 继承，并实现 run 方法（这一点和编写线程类的方式类似）。代码如下：

```
package chapter25;
// 继承类 TimerTask 的类 MyTimerTask
public class MyTimerTask extends java.util.TimerTask
{
    // 创建时间格式类对象 format
    private java.text.SimpleDateFormat format = new java.text.SimpleDate
    Format("yyyy-MM-dd HH:mm:ss");
    // 实现 run 方法
```

```
    public void run()
    {
    // 输出当前时间
        System.out.println(format.format(new java.util.Date()));
    }
}
```

上面代码中的 run 方法输出了当前的时间，读者从输出结果就可以看出程序是否按照一定的时间间隔来调用 run 方法。下面的代码装配了 MyTimerTask 类：

```
<bean id="timeTask" class="chapter25.MyTimerTask" />
```

通过 Spring 的 ScheduledTimerTask 类可以定义任务运行的周期，装配 ScheduledTimerTask 类的代码如下：

```
<!-- 装配 bean -->
<bean id="scheduledTask" class="org.springframework.scheduling.timer.
ScheduledTimerTask">
    <property name="timerTask">
        <ref bean="timeTask" />
    </property>
    <!-- 指定开始计时之前的等待时间  -->
    <property name="period">
        <value>5000</value>
    </property>
    <!-- 指定每一次调用任务的时间  -->
    <property name="delay">
        <value>3000</value>
    </property>
</bean>
```

其中 timeTask 属性通过<ref>标签指定了要调用的类（在本例中是 timeTask），period 表示调度任务的时间间隔，delay 表示程序从运行时起到第一次调度任务的时间。这两个时间的单位都是毫秒。

接下来需要启动定时器，Spring 的 TimerFactoryBean 类负责完成这个任务。装配 TimerFactoryBean 的代码如下：

```
<!-- 装配 bean -->
<bean class="org.springframework.scheduling.timer.TimerFactoryBean">
    <property name="scheduledTimerTasks">
        <list>
            <ref bean="scheduledTask" />
        </list>
    </property>
</bean>
```

在装配 TimerFactoryBean 类时并不用指定 id 属性，因为在程序中并不需要 TimerFactoryBean 对象实例。下面的代码演示了如何启动定时器。

```
package chapter25;
import org.springframework.context.ApplicationContext;
import org.springframework.context.support.FileSystemXmlApplicationCon
text;
public class TestTimerTask
{
    public static void main(String[] args)
    {
```

```
        //  加载配置文件
        ApplicationContext context = new FileSystemXmlApplicationContext
        ("src\\scheduler.xml");
    }
}
```

运行 TestTimerTask 后，程序会每隔 5 秒在控制台中输出当前的时间。

25.6　小　　结

本章主要介绍了 Spring 框架的 AOP 和事务管理技术。Spring AOP 是一个符合 AOP 规范的框架，该框架可以通过横切的方式向程序中插入代码。这样做的主要好处是在修改插入的代码时，只需要修改 Advice 中的代码即可。

Spring 本身并不支持事务，而将事务管理的工作委派了出去。在 Spring 中可以通过程序或声明来管理事务，其中声明式事务是建立在 Spring AOP 框架的基础之上的。也就是说，Spring 通过 AOP 技术使切入点运行在指定的事务中。除此之外，Spring 框架还提供了更容易的方式发布和调用远程服务，发送 E-mail、调度任务等功能。

25.7　实　战　练　习

一．选择题

1．关于声明式事务的说法，下面说法错误的是（　　）。

　　A．Spring 采取 AOP 的方式实现声明式事务

　　B．声明式事务是非侵入式的，可以不修改原来代码就给系统增加事务支持

　　C．配置声明式事务需要 tx 和 aop 两个命令空间的支持

　　D．配置声明式事务时我们主要关注 "在哪儿" 和 "采取什么样的事务策略"

2．某业务方法 materielApply(UserEntity user,List materiels) 需要对其进行事务控制，下面的声明方式不能起到效果的是（　　）。

　　A．将查询方式声明为只读事务，其他方法声明为 REQUIRED

　　B．声明 do 开头的方法为 REQUIRED，并修改方法名为 doMaterielApply

　　C．<tx:method name="*Apply" propagation="REQUIRED"/>

　　D．事务的 propagation 属性声明为 SUPPORTS

二．编码题

登录模块是各种系统中不可缺少的模块功能，有些系统由于保密性比较高，所以要求用户登录成功时，要在系统日志表里插入相应的信息。

（1）查询用户表信息进行登录，同时插入信息到系统日志表。数据库表结构分别如下：

user(id,name)

log(id,type,detail,time)

（2）使用 Spring 和 Hibernate 框架实现，通过事务实现系统需求。

【提示】关于事务的配置代码如下：

```xml
<beans>
    <!-- 配置 sessionFactory -->
    <bean                                          id="sessionFactory"
class="org.springframework.orm.hibernate3.LocalSessionFactoryBean">
        <property name="configLocation">
            <value>classpath:hibernate.cfg.xml</value>
        </property>
    </bean>
    <!-- 配置事务管理器 -->
    <bean                                       id="transactionManager"
class="org.springframework.orm.hibernate3.HibernateTransactionManager">
        <property name="sessionFactory">
            <ref bean="sessionFactory"/>
        </property>
    </bean>
    <!-- 配置事务的传播特性 -->
    <tx:advice id="txAdvice" transaction-manager="transactionManager">
        <tx:attributes>
            <tx:method name="add*" propagation="REQUIRED"/>
            <tx:method name="*" read-only="true"/>
        </tx:attributes>
    </tx:advice>
    <!--配置相关类的相关方法参与事务 -->
    <aop:config>
        <aop:pointcut    id="allManagerMethod"    expression="execution(*
com.cjg.user.manager.*.* (..))"/>
        <aop:advisor                       pointcut-ref="allManagerMethod"
advice-ref="txAdvice"/>
    </aop:config>
</beans>
```

第 5 篇　综合实例篇

▶▶ 第 26 章　Struts 2 与 Hibernate、Spring 的整合

▶▶ 第 27 章　网络硬盘

▶▶ 第 28 章　论坛系统

第 26 章　Struts 2 与 Hibernate、Spring 的整合

在前面的章节介绍了 Struts 2、Hibernate 4 和 Spring 3 这 3 个框架的安装和使用方法，但只是单独使用了这些框架。在本章将利用这 3 个框架的特性将它们整合到一起。既然是整合，就不是简单地在项目中一起使用，而是十分紧密的绑定在一起。本章的主要内容如下：

- ❑ 整合的思路；
- ❑ 整合后的系统层次；
- ❑ 实现数据访问层；
- ❑ 实现业务逻辑层；
- ❑ Struts 2 和 Hibernate 共享实体 Bean；
- ❑ 使用 Spring 装配各层中的类；
- ❑ 使用 Struts 2 的 Spring 插件。

26.1　整合 Struts 2 和 Hibernate 框架

一个 Web 应用程序主要有两部分：显示给客户的表现层和服务端的数据访问层。这两部分正好和 Struts 2 及 Hibernate 相对应。Struts 2 是基于 MVC 模式的 Web 框架，主要用来控制客户端页面的显示。而 Hibernate 是 ORM 框架，主要用来操作数据库。在本节将介绍如何将这两个框架整合到一起。

26.1.1　整合的思路

最基本的整合方式就是将 Struts 2 和 Hibernate 放到一起使用。由于 Struts 2 主要由用户驱动，如用户单击"保存"按钮，就会调用相应的 Struts 2 动作。因此 Struts 2 和 Hibernate 的基本整合方式应该是在 Struts 2 的 Action 类中使用 Hibernate 框架访问数据库。

由于 Struts 2 的 Action 类相当于 MVC 中的 C（Controller），在这一层并不建议加入过多访问数据和业务逻辑的功能。因此在系统中将各种功能分层处理，然后在 Action 类中访问相应层的组件。这样 Action 类会显得非常简单（在第 27 章和第 28 章的例子中可以看到这一点），而且由于将不同的操作分到不同的层中，维护和升级也更容易。

整合除了互相进行调用外，还包含更深一层的含义。其中之一就是参与整合的组件可以共享数据。由于 Struts 2 可以使用模型类来接收客户端的请求参数，Hibernate 的实体 Bean 又和数据表对应，而且模型类和实体 Bean 都是 POJO 对象。如果客户端提交的请求参数恰巧是数据表的一部分，这时模型类和实体 Bean 可以共用一个，详见 26.1.5 节的内容。

26.1.2　整合后的系统层次

由于一个标准的 Web 应用程序除了显示用户信息和控制页面显示的表示层和数据库（如 MySQL、SQL Server 等）外，就只有访问数据库和业务逻辑两层功能，因此至少可以将其分为两层：数据访问层和业务逻辑层。

数据访问层主要负责和数据库相关的操作。这一层和业务毫无关系，也就是说这一层是通用的，如果业务变了，这一层是不需要修改的（除非数据库结构变了）。如果使用 Hibernate 操作数据库，在这一层主要是和持久、装载实体 Bean、HQL、SQL、标准查询 API 等数据库操作打交道。

业务逻辑层顾名思义，主要用于处理业务逻辑。在这一层并不直接访问数据库，而是通过数据访问层的组件访问数据库。因此对于业务逻辑层，数据库是透明的。如果数据库改变了，业务逻辑层并不需要修改。

26.1.3　实现数据访问层

数据访问层包含操作数据表的基本操作，如保存、删除数据等。假设数据访问层需要对用户表的数据进行添加、更新和删除，首先应为这 3 个操作定义一个接口。代码如下：

```
// 设计接口
public interface UserDAO
{
    // 向用户表添加记录
    public void save(Session session, User user);
    // 根据实体 Bean 删除用户表中的记录
    public void delete(Session session, User user);
    // 根据 id 值删除用户表中的记录
    public void delete(Session session, int id);
    // 更新用户表中的记录
    public void update(Session session, User user);
}
```

由于利用 Hibernate 操作数据需要使用 Session 对象，因此每个方法需要有一个 Session 类型的参数。而 User 是 Hibernate 中的实体 Bean。上面的 UserDAO 接口的实现代码如下：

```
// 实现接口 UserDAO 的类 UserDAOImpl
public class UserDAOImpl implements UserDAO
{
    // 向用户表添加记录
    public void save(Session session, User user)
    {
        session.save(user);
    }
    // 根据实体 Bean 删除用户表中的记录
    public void delete(Session session, User user)
    {
        session.delete(user);
    }
    // 根据 id 值删除用户表中的记录
    public void delete(Session session, int id)
```

```
{
        session.delete(session.get(User.class, new Integer(id)));
    }
    //  更新用户表中的记录
    public void update(Session session, User user)
    {
        session.update(user);
    }
}
```

如果数据访问层的类很多的话，可以使用 DAO 工厂模式先创建所有数据访问层类的对象实例。假设有 UserDAO、CustomerDAO 和 OrderDAO 这 3 个接口，实现它们的类则分别是 UserDAOImpl、CustomerDAOImpl 和 OrderDAOImpl，下面的代码实现了工厂模式，该 DAO 工厂负责建立这 3 个类的对象实例。

```
//  实现 DAO 工厂
public class DAOFactory
{
    //  保存所有的数据访问层类的对象实例
    private java.util.Map<String, Object> daoMap = new java.util.HashMap
<String, Object>();
    //  用于获得 DAOFactory 类的对象实例（singleton 模式）
    private static DAOFactory daoFactory;
    //  构造方法必须是 private，阻止用户使用 new 建立 DAOFactory 对象实例
    private DAOFactory()
    {
        try
        {
            //  建立 UserDAO 对象实例
            UserDAO userDAO = new dao.UserDAOImpl();
            //  建立 CustomerDAO 对象实例
            CustomerDAO customerDAO = new dao.CustomerDAOImpl();
            //  建立 OrderDAO 对象实例
            OrderDAO orderDAO = new dao.OrderDAOImpl();
            //  将 DAO 对象实例添加到 daoMap 集合中
            daoMap.put("userDAO", userDAO);
            daoMap.put("customerDAO", customerDAO);
            daoMap.put("orderDAO", orderDAO);
        }
        catch(Exception e)
        {
        }
    }
    //  创建 DAOFactory 对象实例（singleton 模式的静态方法）
    public static DAOFactory getInstance()
    {
        //  当 DAOFactory 对象实例未创建时，创建 DAOFactory 对象实例
        if(daoFactory == null)
        {
            daoFactory = new DAOFactory();
        }
        return daoFactory;
    }
    //  该方法用于根据 DAO 的 id 获得 DAO 对象
    public Object getDAO(String id)
    {
        return daoMap.get(id);
    }
```

```
}
```

从 DAOFactory 类的代码可以看出，DAO 工厂负责创建 DAO 对象，并通过 getDAO 方法返回指定的 DAO 对象实例。在 26.1.4 节要实现的业务逻辑层将直接通过 DAOFactory 类的 getDAO 方法获得相应的 DAO 对象实例，并通过该 DAO 对象实例操作数据。

26.1.4　实现业务逻辑层

业务逻辑层和数据访问层的实现大体相同。只是数据访问层会直接和数据库以及 Hibernate 会话打交道，而业务逻辑层实现的是业务逻辑，该层的数据并不是从数据库中直接获得，而是从数据访问层获得。业务逻辑层由两部分组成：业务逻辑组件的接口和业务逻辑组件实现类。下面是业务逻辑组件接口的代码。

```
// 设计接口 CustomerService
public interface CustomerService
{
    // 持久化 Customer 和 Order 对象的方法
    void addCustomerAndOrder(String customerName, String[] orderName, float
[] price) throws Exception;
}
```

上面的代码定义了一个业务逻辑方法，在该方法中主要实现增加一个客户及这个客户的定单。下面是该业务逻辑组件接口的实现类代码。

```
// 实现接口 CustomerService 的类 CustomerServiceImpl
public class CustomerServiceImpl implements CustomerService
{
    // 持久化 Customer 和 Order 对象的方法
    public void addCustomerAndOrder(String customerName, String[] orderName,
float[] price) throws Exception
    {
        try
        {
            //通过 DAO 工厂获得 CustomerDAO 对象
            CustomerDAO customerDAO =
                (CustomerDAO)DAOFactory.getInstance().getDAO("customerDAO");
            //通过 DAO 工厂获得 OrderDAO 对象
            OrderDAO orderDAO = (OrderDAO)DAOFactory.getInstance().getDAO
("orderDAO");
            // 获得 Session 对象
            Session session = HibernateSessionFactory.getSession();
            // 开启事务
            Transaction tx = session.beginTransaction();
            Customer customer = new Customer();          //创建 Customer 对象
            customer.setName(customerName);              //初始化 name 属性值
            customerDAO.save(session, customer);         //持久化 Customer 对象
            // 为 Customer 实体增加 Order 实体
            for(int i =0; i < orderName.length; i++)
            {
                Order order = new Order();               // 创建 Order 对象
                order.setName(orderName[i]);             // 初始化 name 属性
                order.setPrice(price[i]);                // 初始化 price 属性
                order.setCustomer(customer);             // 初始化 customer 属性
```

```
        orderDAO.save(session, order);          //  持久化 Order 对象
    }
    tx.commit();                                //  提交事务
    //  关闭 Hibernate Session 对象
    session.close();
}
catch(Exception e)
{
    e.printStackTrace();
    throw new Exception("处理业务异常");
}
}
}
```

从上面的代码可以看出，只需要通过 DAO 工厂就可以获得数据访问组件。由于 DAO 工厂采用了 Singleton 模式，因此在应用程序中只可能有一个 DAO 工厂对象实例存在。

对于业务逻辑层组件，也需要像数据访问层组件一样使用一个 Service 工厂类来建立业务逻辑层组件的对象实例。假设有 3 对 Service 接口和类，即 UserService（UserServiceImpl）、CustomerService（CustomerServiceImpl）和 OrderService（OrderServiceImpl）。建立这 3 个 Service 类对象实例的 Service 工厂类的实现代码如下：

```
//  创建工厂类
public class ServiceFactory
{
    //  保存所有的业务逻辑层组件的对象实例
    private java.util.Map<String, Object> serviceMap = new java.util.HashMap
    <String, Object>();
    //  用于获得 ServiceFactory 类的对象实例（singleton 模式）
    private static ServiceFactory serviceFactory;
    //  构造方法必须是 private，阻止用户使用 new 建立 ServiceFactory 对象实例
    private DAOFactory()
    {
        try
        {
            //  建立 UserService 对象实例
            UserService userService = new dao.UserServiceImpl();
            //  建立 CustomerService 对象实例
            CustomerService customerService = new dao.CustomerServiceImpl();
            //  建立 OrderService 对象实例
            OrderService orderService = new dao.OrderServiceImpl();
            //  将 Service 对象实例添加到 serviceMap 集合中
            serviceMap.put("userService", userService);
            daoMap.put("customerService", customerService);
            daoMap.put("orderService", orderService);
        }
        catch(Exception e)
        {
        }
    }
    //  创建 ServiceFactory 对象实例（singleton 模式的静态方法）
    public static ServiceFactory getInstance()
    {
        //  当 ServiceFactory 对象实例未创建时，创建 ServiceFactory 对象实例
        if(serviceFactory == null)
        {
            serviceFactory = new ServiceFactory();
```

```
        }
        return serviceFactory;
    }
    // 该方法用于根据 Service 的 id 获得 Service 对象
    public Object getService(String id)
    {
        return serviceMap.get(id);
    }
}
```

通过 Service 工厂，可以让 Action 只依赖于业务逻辑层组件。

26.1.5　实现 Struts 2 和 Hibernate 共享实体 Bean

由于 Struts 2 的模型类和 Hibernate 的实体 Bean 非常相似，在某些情况下可以共享。如用户实体 Bean（User 类）的实现代码如下：

```
public class User
{
    private int id;                 // 封装 id 请求参数的属性
    private String name;            // 封装 name 请求参数的属性
    private String password;        // 封装 password 请求参数的属性
    // name 属性的 getter 方法
    public String getName()
    {
        return name;
    }
    // name 属性的 setter 方法
    public void setName(String name)
    {
        this.name = name;
    }
    // password 属性的 getter 方法
    public String getPassword()
    {
        return password;
    }
    // password 属性的 setter 方法
    public void setPassword(String password) throws Exception
    {
        this.password = password;
    }
}
```

在上面的代码中，name 和 password 属性既封装了由页面提交的 name 和 password 请求参数，也封装了 t_users 表中的 name 和 password 字段。因此，从客户提交请求到持久化或查询数据，都可以使用 User 类。下面是登录页面的代码：

```
<%@ page language="java" pageEncoding="UTF-8"%>
<%@ taglib prefix="s" uri="/struts-tags"%>
<html>
    <head>
        <title>用户登录</title>
    </head>
    <body>
        <!-- 用户登录表单 -->
```

```
        <s:form action="login" >
            <!--   文本和密码标签   -->
            <s:textfield label="用户名" name="name" />
            <s:password label="密码" name="password" />
            <s:submit value="登录" />
        </s:form>
    </body>
</html>
```

从上面的代码可以看出，form 中有两个文本输入框，name 属性值是 name 和 password，
由这两个输入框生成的请求参数是 name 和 password。这两个请求参数将由模型类对象实
例（User 类）封装。该页面请求的 Login 类的代码如下：

```
// 实现接口 ModelDriven 的 Action 类 LoginAction
public class LoginAction implements ModelDriven<User>
{
    private User user = new User();          //  模型类对象实例
    // 实现 getModel 方法
    public User getModel()
    {
        return user;
    }
    // 执行方法
    public String execute() throws Exception
    {
        // 通过 Service 工厂的 getInstance 方法获得 UserService 对象
        UserService userService=(UserService)ServiceFactory.getInstance().
        getService("userService");
        // 验证登录用户是否合法
        if(userService.verifyUser(user))
            return SUCCESS;
        else
            return ERROR;
    }
    // 此处省略了其他的处理代码
    ...
}
```

在 LoginAction 类中使用了 User 作为模型类来接收客户端的请求参数。而且
UserService 类的 verifyUser 方法的参数类型也是 User。因此，可以直接将 User 对象传入
verifyUser 方法。在 verifyUser 方法的内部可以从 User 对象中取出用户名和密码进行验证，
如果是用于注册的 Action，也可以直接将 User 对象持久化。

26.2　整合 Spring 框架

在 26.1 节介绍了如何整合 Struts 2 和 Hibernate 框架。实际上，这两个框架已经足可以
完成应用程序的各种任务了。但读者可能会发现，在上面的代码中有很多是重复的，如频
繁地创建类对象实例、开始和提交 Hibernate 事务等。这些代码和数据及业务没有太大的关
系，它们只是为了保证程序能正常运转而编写的。为了尽可能地避免这些重复代码的存在，
又使系统尽可能地灵活，可以在整合体系中再加入一个框架，这就是 Spring 框架。

26.2.1　装配数据访问层

如果将 Spring 和 Struts 2、Hibernate 整合，首先应改进数据访问层组件。从这一层的组件类中可以看出，每一个方法都有一个 Session 类型的参数。从这一点可以看出，在数据访问层直接访问了 Hibernate 的 Session 对象。而整合 Spring 框架后，可以使用 HibernateTemplate 对象来代替 Session 对象，并且该对象可以在组件类的构造方法中传入相应的组件类。改进的代码如下所示。UserDAO 接口的实现代码如下：

```
// 设计接口 UserDAO
public interface UserDAO
{
    // 向用户表添加记录
    public void save(User user);
    // 根据实体 Bean 删除用户表中的记录
    public void delete(User user);
    // 更新用户表中的记录
    public void update(User user);
}
```

UserDAOImpl 类的实现代码：

```
// 实现接口 UserDAO 的类 UserDAOImpl
public class UserDAOImpl implements UserDAO
{
    private HibernateTemplate template;          // 封装 Hibernate 模板的属性
    // 构造函数
    public UserDAOImpl(HibernateTemplate template)
    {
        this.template = template;
    }
    // 向用户表添加记录
    public void save(User user)
    {
        template.save(user);
    }
    // 根据实体 Bean 删除用户表中的记录
    public void delete(User user)
    {
        template.delete(user);
    }
    // 更新用户表中的记录
    public void update(User user)
    {
        template.update(user);
    }
}
```

在 UserDAOImpl 类中通过构造方法传入了 HibernateTemplate 对象。如果按照传统的方法，要在 UserService 类中调用 UserDAOImpl 类，就必须在 UserService 中建立 HibernateTemplate 对象，并传入 UserDAOImpl 类的构造方法。而使用 Spring 框架，则可以通过装配 Bean 的方法自动创建 UserDAOImpl 对象实例，并传入 HibernateTemplate 对象。完成这些工作的配置代码如下：

```
<!--  指定 hibernate.cfg.xml 文件的位置  -->
<bean id="sessionFactory" class="org.springframework.orm.hibernate3.Local
SessionFactoryBean">
    <property name="configLocation"
      value="classpath:hibernate.cfg.xml">
    </property>
</bean>
<!--  装配 HibernateTemplate 对象  -->
<bean id="hibernateTemplate"  class="org.springframework.orm.hibernate3.
HibernateTemplate">
    <property name="sessionFactory" ref="sessionFactory" />
</bean>
<!--  装配 UserDAOImpl 对象  -->
<bean id="userDAO" class="dao.UserDAOImpl">
    <constructor-arg>
        <ref bean="hibernateTemplate" />
    </constructor-arg>
</bean>
```

从上面的配置代码可以看出，首先装配了 LocalSessionFactoryBean 和 HibernateTemplate 对象。然后将装配好的 HibernateTemplate 对象传入 UserDAOImpl 对象实例。

26.2.2　装配业务逻辑层

业务逻辑层组件的改进方法和数据访问层组件的改进方法类似。可以通过业务逻辑层组件类的构造方法将 DAO 对象传入 Service 对象实例。代码如下：

```
//  实现接口 UserService 的类 UserServiceImpl
public class UserServiceImpl implements UserService
{
    //  创建属性 userDAO
    private UserDAO userDAO;
    //  通过构造方法将 UserDAO 对象传入 UserServiceImpl 对象
    public UserServiceImpl(UserDAO userDAO)
    {
        this.userDAO = userDAO;
    }
    //  验证登录用户
    public boolean verifyUser(User user)
    {
        if(userDAO.verifyUser(user))
            return true;
        else
            return false;
    }
    //  此处省略了其他的处理方法
    ...
}
```

也可以在 Spring 中装配 UserServiceImpl 对象。配置代码如下：

```
<bean id="userService" class="service.UserServiceImpl">
    <constructor-arg>
        <ref bean="userDAO" />
    </constructor-arg>
```

```
</bean>
```

26.2.3　使用 Struts 2 的 Spring 插件

虽然 DAO 和 Service 对象都使用了 Spring 进行装配。但在 Action 中要想使用这些装配的对象，需要使用 ApplicationContext 对象指定 applicationContext.xml 文件的位置，并通过 getBean 方法获得相应的对象实例。在每一个 Action 类中都要包含这样的代码，显然是重复的。为了避免写这样的代码，可以使用 Struts 2 提供的 Spring 插件自动完成这个工作。

该插件是 struts2-spring-plugin-2.3.4.1.jar，可以在 Struts 2 的发行包中找到。使用 Spring 插件的目的是通过装配名的方式自动装配 Action 中的属性。为了方便，建立一个管理 Service 对象实例的类 ServiceManager。代码如下：

```
public class ServiceManager
{
    //  封装各种属性
    private UserService userService;
    private CustomerService customerService;
    private OrderService orderService;
    //  省略了属性的 getter 和 setter 方法
    ...
}
```

ServiceManager 对象的属性都由 Spring 自动装配。装配代码如下：

```
<!--  装配 bean  -->
<bean id="serviceManager" class="service.ServiceManager">
    <!--  配置属性  -->
    <property name="userService">
        <ref bean="userService" />
    </property>
    <!--  配置属性  -->
    <property name="customerService">
        <ref bean="customerService" />
    </property>
    <!--  配置属性  -->
    <property name="orderService">
        <ref bean="orderService" />
    </property>
</bean>
```

在 Action 类中需要定义一个 ServiceManager 类型的属性，并不需要对其进行实例化。Spring 插件会自动完成这个工作。Action 类的代码如下：

```
//  继承类 ActionSupport 的类 LoginAction
public class LoginAction extends ActionSupport
{
    //  创建属性 serviceManager
    private ServiceManager serviceManager;
    //  设置服务管理对象
    public void setServiceManager(ServiceManager serviceManager)
    {
        this.serviceManager = serviceManager;
    }
```

```
//　处理控制逻辑的 execute 方法
public String execute()
{
    UserService userService = serviceManager.getUserService();
    //　获得用户服务类的对象实例
    …
    return SUCCESS;
}
…
}
```

在上面的 Action 被访问时，Spring 插件会自动实例化 ServiceManager 对象，然后就可以通过 ServiceManager 类的相关方法获得 Service 对象实例了。

26.3　小　　结

在本章介绍了整合 Struts 2、Hibernate 4 和 Spring 3 这 3 个框架的思想和基本方法。虽然在 Struts 2 中可以直接使用 Hibernate，但更科学的方法是将各类操作进行分层，如将操作数据的功能放到数据访问层中，而将处理业务的功能放到业务逻辑层中。Spring 虽然并未提供直接访问数据的技术，但 Spring 框架封装了很多流行的数据访问框架，Hibernate 就是这些框架中的一个。通过整合 Spring 框架，可以使 Web 应用程序更进一步地"瘦身"，而且更容易维护和升级。读者从后面两章提供的完整例子中将会更进一步地体会到这一点。

26.4　实　战　练　习

一．选择题

1. 关于 Spring 对 Hibernate 的支持，下面说法错误的是（　　）。（选两项）

    A. Spring 提供基类完成了繁琐的异常处理代码

    B. Spring 提供基类完成了繁琐的事务处理代码

    C. Spring 提供的基类对查询没有提供良好的支持

    D. Spring 提供的基类需要注入 sessionFactory 才能正常运行

2. 关于 Struts 2 与 Hibernate 的集成，下面说法正确的是（　　）。

    A. 在持久对象层进行集成　　　　　　　B. 在数据访问层进行集成

    C. 在业务逻辑层进行集成　　　　　　　D. 在 Web 表现层进行集成

二．编码题

某 CRM（客户管理系统）中，需要使用 AJAX 实现放大镜，辅助选择订单客户和送货地址。具体需求如下：

（1）在添加订单的页面，需要选择数据库表中数据进行输入。

（2）为了便于进行选择，需要实现 AJAX 的放大镜功能。即在客户名称输入框旁放"选择"按钮，单击"选择"按钮则显示隐藏层，通过 AJAX 技术获得客户列表供用户选择。

content(cot_id,cot_title,cot_author,cot_source,cot_create_date,cot content,cot_editor,cot_url)

（3）使用 SSH 框架实现，利用二层框架，同时使用 Spring 框架对业务方法进行事务控制。

【提示】写文件的 Java 代码如下：

```
public void write(String filepath,String fileContent){
    BufferedWriter out=
    new BufferedWriter(new FileWriter(filepath));
    out.write(fileContent);
    out.close();
}
```

第27章 网络硬盘

本章介绍了一个网络硬盘系统，该系统的实现不再单纯依赖于某个框架，而是由 Struts 2、Hibernate 4 和 Spring 3 这 3 个框架通过一定的方式整合而实现的。通过这个系统，读者可以了解并掌握通过整合 Struts 2、Hibernate 4 和 Spring 3 框架来开发 Web 应用程序的方法。本章的主要内容如下：

- ❑ 系统功能简介；
- ❑ 系统架构设计；
- ❑ 数据库设计；
- ❑ 实体 Bean 设计；
- ❑ 映射 MySQL 存储过程；
- ❑ 定义 DAO 接口；
- ❑ 实现 DAO 接口；
- ❑ 配置 DAO 组件；
- ❑ 处理用户登录和注册；
- ❑ 管理目录信息；
- ❑ 管理文件信息；
- ❑ 配置业务逻辑层组件；
- ❑ 实现服务管理类；
- ❑ 实现基础动作类；
- ❑ 实现用户页面和相应的动作类；
- ❑ 实现文件上传；
- ❑ 实现文件和目录下载；
- ❑ 删除文件和目录；
- ❑ 使用拦截器控制页面访问权限。

27.1 了解系统功能

本系统是一个基于轻量级 Java EE 技术（Struts 2、Hibernate 4 和 Spring 3）的 Web 应用。Java EE 技术不仅拥有良好的可扩展性，而且还可以与异构系统或平台进行整合。因此使用 Java EE 开发出的应用程序会更加开放。在本章所介绍的网络硬盘系统就是一个典型的例子。

27.1.1 系统功能简介

本章所介绍的系统是一个简单的网络硬盘系统，功能和"网易网盘"类似。虽然这个系统并不复杂，但相关的配置文件和程序仍然很多，因此本章只给出核心的配置文件和源程序，关于更完整的配置文件和源代码，读者可以参阅本书提供的光盘中的内容。网络硬盘从业务需求上来说并不复杂。一个典型的网络硬盘系统需要包含如下几个功能。

- ❑ 用户注册和登录；
- ❑ 上传一个或多个文件；
- ❑ 建立目录；
- ❑ 下载文件和目录；
- ❑ 删除文件和目录；
- ❑ 查看目前已使用的空间大小。

在本章介绍的网络硬盘系统实现了上述的所有功能。其中有一些技术如上传文件、登录注册，在前面的章节曾经介绍过，但本系统中在细节方面更完善，读者阅读完后面的内容就会发现这一点。在这里需要着重提一下的是"下载文件和目录"功能。这个功能需要考虑如下 3 种情况。

- ❑ 下载单个文件：在这种情况下，可以直接下载这个文件。
- ❑ 下载单个目录：在这种情况下，需要将要下载的目录压缩成 zip 文件，再进行下载。zip 文件名就是要下载的目录名。
- ❑ 下载多个文件和目录：在这种情况下，也需要将下载的文件和目录压缩成 zip 文件，再进行下载。zip 文件名是这些要下载的文件和目录的父目录名，如果当前正处于根目录，则 zip 文件名为"网络硬盘根目录.zip"。

利用"删除文件和目录"功能在删除目录时，需要同时删除目录中的所有子目录和文件，并且删除数据库中的相应记录，这一点将在后面的部分详细介绍。

本系统通过 Struts 2 的拦截器增加了页面的访问权限。如果用户登录成功，系统会在服务端的 HttpSession 对象中保存一个标记。如果用户再次访问系统时，并且 HttpSession 对象未过期，则直接进入系统，而无须再次登录。

如图 27.1 是本章要实现的网络硬盘系统的主页面。在本章后面的部分将逐渐实现主页面中的所有功能。

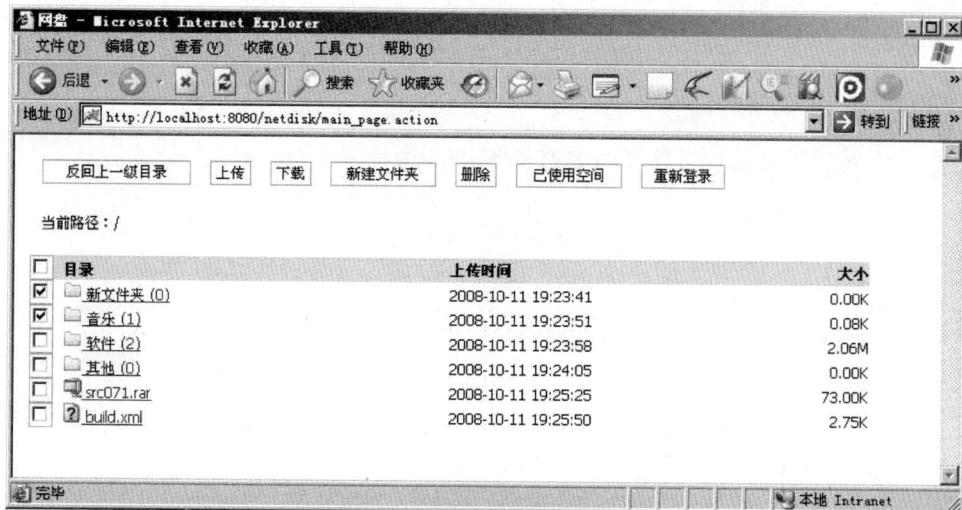

图 27.1　网络硬盘系统的主页面

27.1.2　系统架构设计

本系统采用了 Java EE 的 3 层结构，即表现层、业务逻辑层和数据服务层。在 3 层体系中各层泾渭分明，也就是说，表现层只和业务逻辑层打交道，而业务逻辑层通过数据服务层来操作数据库。表现层并不直接访问数据服务层。

为了使程序更容易维护和升级，应在表现层的 JSP 页面中禁止嵌入 Java 脚本，因此，需要在 JSP 页面中通过 Struts 2 标签、EL 和 JSTL 进行逻辑控制。本系统采用了 Struts 2+ Hibernate 4 + Spring 3 的解决方案实现，并且可细分为如下几个层次。

- ❑ Web 表现层：该层主要包括 JSP 页面、MVC 中的 C（Controller）。其中 C 就是 Struts 2 中的 Action 类。在 Action 类中主要负责调用业务逻辑层的组件，并返回相应的结果（result）。
- ❑ 业务逻辑层（Service 层）：该层由若干接口和类组成。在本系统中业务逻辑层的接口后缀统一使用 Service，如 UserService 表示处理用户业务逻辑的接口。实现接口的类的命名原则是在接口名后面加 Impl，如 UserServiceImpl 表示实现 UserService 接口的类。该层的接口和类需要在 Spring 中进行配置。
- ❑ 数据访问层（DAO 层）：该层和业务逻辑层类似，也是由若干接口和类组成。接口名的后缀是 DAO，如 UserDAO 表示操作用户名的数据访问层接口。接口的实现类的命名规则是在接口名后加 Impl，如 UserDAOImpl 表示实现 UserDAO 接口的类。该层的接口和类需要在 Spring 中进行配置。
- ❑ 持久对象层（PO 层）：该层由若干实现类组成，这些类需要在映射文件中配置，可以在数据访问层的实现类中通过 Hibernate 框架访问持久对象层。

从上面的描述可以看出，使用 Struts 2、Hibernate 和 Spring 3 个框架主要可实现持久对象层、数据访问层、业务逻辑层和 Controller 层，可以将这 4 部分称为中间层。如图 27.2 是本系统的基本层次结构。

图 27.2　网络硬盘系统的基本层次结构

其中"中间层"中的各组件调用关系如图 27.3 所示。

图 27.3　"中间层"中各组件的调用关系

27.2　实现数据库设计

在本节将建立"网络硬盘"系统所使用的数据库（disk）、数据表及存储过程。本系统涉及如下 3 个表。

- ❏ t_users：保存用户信息。
- ❏ t_directories：保存目录信息。
- ❏ t_files：保存文件信息。

除此之外，本系统还涉及一个存储过程（p_dir_info），该存储过程可以获得上面 3 个表中没有的信息，如目录中的文件总大小（包括子目录中的文件）。下面的 SQL 语句建立了 disk 数据库。

```sql
CREATE DATABASE IF NOT EXISTS disk DEFAULT CHARACTER SET utf8 COLLATE
utf8_unicode_ci;
```

t_users 表的结构如图 27.4 所示。

	Field	Type	Comment
🔑	user	varchar(20) NOT NULL	
	password_md5	varchar(50) NOT NULL	
	xm	varchar(10) NULL	
	email	varchar(20) NULL	
	phone	varchar(20) NULL	
	qq	varchar(12) NULL	

图 27.4 t_users 表的结构

其中，password_md5 字段保存的是经过 MD5 算法加密后的密码字符串。建立 t_users 表的 SQL 语句如下：

```sql
CREATE TABLE IF NOT EXISTS disk.t_users (
  user varchar(20) NOT NULL,
  password_md5 varchar(50) NOT NULL,
  xm varchar(10) default NULL,
  email varchar(20) default NULL,
  phone varchar(20) default NULL,
  qq varchar(12) default NULL,
  PRIMARY KEY  (user)
) ENGINE=InnoDB DEFAULT CHARSET=utf8 COLLATE=utf8_unicode_ci;
```

t_directories 表的结构如图 27.5 所示。

	Field	Type	Comment
🔑	id	int(11) NOT NULL	
	user	varchar(20) NOT NULL	
	path	varchar(255) NOT NULL	
	parent_path	varchar(255) NOT NULL	
	dir	varchar(20) NOT NULL	
	create_time	datetime NOT NULL	

图 27.5 t_directories 表的结构

建立 t_directories 表的 SQL 语句如下：

```sql
CREATE TABLE IF NOT EXISTS disk.t_directories (
  id int(11) NOT NULL auto_increment,
  user varchar(20) NOT NULL,
  path varchar(255) NOT NULL,
  parent_path varchar(255) NOT NULL,
  dir varchar(20) NOT NULL,
  create_time datetime NOT NULL,
  PRIMARY KEY  (id),
```

```
  UNIQUE KEY user (user,path)
) ENGINE=InnoDB DEFAULT CHARSET=utf8 COLLATE=utf8_unicode_ci;
```

t_files 表的结构如图 27.6 所示。

Field	Type	Comment
id	int(11) NOT NULL	
user	varchar(20) NOT NULL	
file	varchar(255) NOT NULL	
path	varchar(255) NOT NULL	
size	bigint(11) NOT NULL	
upload_time	datetime NOT NULL	

图 27.6　t_files 表的结构

建立 t_files 表的 SQL 语句如下：

```
CREATE TABLE IF NOT EXISTS disk.t_files (
  id int(11) NOT NULL auto_increment,
  user varchar(20) NOT NULL,
  file varchar(255) NOT NULL,
  path varchar(255) NOT NULL,
  size bigint(11) NOT NULL,
  upload_time datetime NOT NULL,
  PRIMARY KEY  (id),
  UNIQUE KEY file (file,path)
) ENGINE=InnoDB DEFAULT CHARSET=utf8 COLLATE=utf8_unicode_ci;
```

在存储过程 p_dir_info 中只包含一条复合 SELECT 语句。该语句接收由 p_dir_info 传入的两个参数：user 和 parent_path，分别表示用户名和查询的目录名。p_dir_info 主要用于获得指定目录中的文件数和文件总大小。该存储过程的实现代码如下：

```
DELIMITER $$
DROP PROCEDURE IF EXISTS disk.p_dir_info$$
CREATE DEFINER=root@localhost PROCEDURE  disk.p_dir_info(in user varchar
(20), in parent_path varchar(255))
BEGIN
select * from
(select d.user, d.path , d.parent_path, d.dir, d.create_time ,
(case isnull(sum(f.count)) when true then 0 else sum(f.count) end) as count,
(case isnull(sum(f.size)) when true then 0 else sum(f.size) end) as size
from t_directories d left join
(select path, count(file) as count, sum(size) as size from t_files group
by path)  f on instr(f.path, d.path) = 1
where d.user=user and d.parent_path=parent_path group by path) dir order
by create_time;
END $$
DELIMITER ;
```

27.3　实现持久对象层

为了让读者可以快速地理解和掌握网络硬盘系统，在具体讲解时按照面向应用的方式对该系统分成 4 层：持久对象层、数据访问层、业务逻辑层和 Web 表示层。本节将详细介绍如何设计持久对象层。持久对象层包括如下几个实体 Bean。

❑ User：该实体 Bean 和 t_users 表对应，每一个 User 对象表示 t_users 表中的一条

记录。

- ❑ Directory：该实体 Bean 和 t_directories 表对应，每一个 Directory 对象表示 t_directories 表中的一条记录。
- ❑ File：该实体 Bean 和 t_files 表对应，每一个 File 对象表示 t_files 表中的一条记录。
- ❑ DirInfo：该实体 Bean 和存储过程 p_dir_info 返回的记录集相对应。

27.3.1　实现用户实体 Bean

用户实体 Bean 是 User，该实体 Bean 的属性和 t_users 表中的字段一一对应。用户实体 Bean 的实现代码如下：

```
package entity;
//  设计类 User
public class User
{
    private String user;                //  封装 user 字段的属性
    private String password;            //  封装 password 请求参数的属性
    private String repassword;          //  封装 repassword 请求参数的属性
    private String passwordMD5;         //  封装 password_md5 字段的属性
    private String xm;                  //  封装 xm 字段的属性
    private String email;               //  封装 email 字段的属性
    private String phone;               //  封装 phone 字段的属性
    private String qq;                  //  封装 qq 字段的属性
    private String validationCode;      //  封装 validationCode 请求参数的属性
    //  此处省略了属性的 getter 和 setter 方法
    ...
    //  passwordMD5 属性的 getter 方法
    public String getPasswordMD5() throws Exception
    {
        //  Encrypter.md5Encrypt 方法使用 MD5 算法对密码进行加密
        return common.Encrypter.md5Encrypt(password);
    }
}
```

由于 User 类在本系统中不仅用来作为实体 Bean，也用来作为 Struts 2 的模型类，因此在 User 类中除了有和 t_users 表的字段对应的属性外，还有 3 个属性（password、repassword 和 validationCode）在 t_users 表中并没有相应的字段。这 3 个属性是专门为接收客户端请求参数而准备的，其中 password 表示用户输入的密码字符串（未加密）。

Repassword 属性表示用户重新输入的密码，可以通过 password 属性和 repassword 属性校验两次输入的密码是否一致。validationCode 属性表示用户输入的校验码，服务端通过核对验证码是否正确来决定是否进行下面的操作。关于 User 类映射文件的配置代码如下：

```
<!--  User.hbm.xml  -->
<?xml version="1.0"?>
<!DOCTYPE hibernate-mapping PUBLIC "-//Hibernate/Hibernate Mapping DTD//EN"
"http://hibernate.sourceforge.net/hibernate-mapping-3.0.dtd">
<hibernate-mapping>
    <!--  映射 User 类和 t_users 表  -->
    <class name="entity.User" table="t_users">
        <!--  映射 user 属性和 user 字段，user 属性为主键  -->
```

```
            <id name="user" column="user"/>
        <!-- 映射 passwordMD5 属性和 password_md5 字段  -->
        <property name="passwordMD5" column="password_md5" />
        <!-- 映射 xm 属性和 xm 字段  -->
        <property name="xm" column="xm"  />
        <!-- 映射 email 属性和 email 字段  -->
        <property name="email" column="email"  />
        <!-- 映射 phone 属性和 phone 字段  -->
        <property name="phone" column="phone"  />
        <!-- 映射 qq 属性和 qq 字段  -->
        <property name="qq" column="qq"  />
    </class>
</hibernate-mapping>
```

27.3.2 实现目录实体 Bean

目录实体 Bean 是 Directory，该实体 Bean 的属性和 t_directories 表的字段一一对应。
目录实体 Bean 的实现代码如下：

```
package entity;
import java.util.*;
// 设计类 Directory
public class Directory
{
    private int id;                        //  封装 id 字段的属性
    private String user;                   //  封装 user 字段的属性
    private String path;                   //  封装 path 字段的属性
    private String parentPath;             //  封装 parent_path 字段的属性
    private String dir;                    //  封装 dir 字段的属性
    private Date createTime;               //  封装 create_time 字段的属性
    //  此处省略了属性的 getter 和 setter 方法
    ...
}
```

关于 Directory 类映射文件的配置代码如下：

```
<!-- Directory.hbm.xml -->
<?xml version="1.0"?>
<!DOCTYPE hibernate-mapping PUBLIC"-//Hibernate/Hibernate Mapping DTD//EN"
"http://hibernate.sourceforge.net/hibernate-mapping-3.0.dtd">
<hibernate-mapping>
    <!-- 映射 Directory 类和 t_directories 表  -->
    <class name="entity.Directory" table="t_directories">
        <!-- 将 id 属性映射成自增型主键  -->
        <id name="id" column="id" type="int">
            <generator class="increment" />
        </id>
        <!-- 映射 user 属性和 user 字段  -->
        <property name="user" column="user" />
        <!-- 映射 path 属性和 path 字段  -->
        <property name="path" column="path" />
        <!-- 映射 parentPath 属性和 parent_path 字段  -->
        <property name="parentPath" column="parent_path" />
        <!-- 映射 dir 属性和 dir 字段  -->
        <property name="dir" column="dir" />
```

```
        <!-- 映射 createTime 属性和 create_time 字段 -->
        <property name="createTime" column="create_time" />
    </class>
</hibernate-mapping>
```

27.3.3　实现文件实体 Bean

文件实体 Bean 是 File，该实体 Bean 的属性和 t_files 表中的字段一一对应。文件实体 Bean 的实现代码如下：

```java
package entity;
import java.text.SimpleDateFormat;
import java.util.*;
// 设计类 File
public class File
{
    private int id;              // 封装 id 字段的属性
    private String user;         // 封装 user 字段的属性
    private String file;         // 封装 file 字段的属性
    private String path;         // 封装 path 字段的属性
    private long size;           // 封装 size 字段的属性
    private Date uploadTime;     // 封装 upload_time 字段的属性
    private String time;         // 表示格式化 uploadTime 属性后的时间字符串
    // 此处省略了属性的 getter 和 setter 方法
    ...
    // time 属性的 getter 方法
    public String getTime()
    {
        SimpleDateFormat dateFormat = new SimpleDateFormat("yyyy-MM-dd HH:mm:
ss");
        // 使用指定的模式格式化 uploadTime 属性值
        return dateFormat.format(uploadTime);
    }
}
```

在 File 类中的 time 属性只有一个 getter 方法，该方法返回了格式化 uploadTime 属性后的日期字符串。关于 File 类映射文件的配置代码如下：

```xml
<!-- File.hbm.xml -->
<?xml version="1.0"?>
<!DOCTYPE hibernate-mapping PUBLIC "-//Hibernate/Hibernate Mapping DTD//EN"
"http://hibernate.sourceforge.net/hibernate-mapping-3.0.dtd">
<hibernate-mapping>
    <!-- 映射 File 类和 t_files 表 -->
    <class name="entity.File" table="t_files">
        <!-- 将 id 属性映射成自增型的主键 -->
        <id name="id" column="id" type="int">
            <generator class="increment" />
        </id>
        <!-- 映射 user 属性和 user 字段 -->
        <property name="user" column="user" />
        <!-- 映射 file 属性和 file 字段 -->
        <property name="file" column="file" />
        <!-- 映射 path 属性和 path 字段 -->
        <property name="path" column="path" />
```

```
          <!-- 映射 size 属性和 size 字段  -->
          <property name="size" column="size" />
          <!-- 映射 uploadTime 属性和 upload_time 字段  -->
          <property name="uploadTime" column="upload_time" />
    </class>
</hibernate-mapping>
```

27.3.4　映射 MySQL 存储过程

映射存储过程 p_dir_info 的实体 Bean 是 DirInfo。该实体 Bean 和 p_dir_info 返回的记录集中的字段一一对应。DirInfo 类的实现代码如下：

```
package entity;
import java.text.SimpleDateFormat;
import java.util.*;
// 设计类 DirInfo
public class DirInfo
{
    private String user;               //   封装 user 字段的属性
    private String path;               //   封装 path 字段的属性
    private String parentPath;         //   封装 parent_path 字段的属性
    private String dir;                //   封装 dir 字段的属性
    private Date createTime;           //   封装 create_time 字段的属性
    //  返回格式化 createTime 属性后的日期字符串
    private String time;
    private int count;                 //   封装 count 字段的属性
    private long size;                 //   封装 size 字段的属性
     //   此处省略了属性的 getter 和 setter 方法
    ...
    //  time 属性的 getter 方法
    public String getTime()
    {
        SimpleDateFormat dateFormat = new SimpleDateFormat("yyyy-MM-dd
        HH:mm:ss");
        //  使用指定的模式格式化 createTime 属性值
        return dateFormat.format(createTime);
    }
}
```

关于 DirInfo 类映射文件的配置代码如下：

```
<-- DirInfo.hbm.xml  -->
<?xml version="1.0"?>
<!DOCTYPE hibernate-mapping PUBLIC "-//Hibernate/Hibernate Mapping DTD//
EN"
"http://hibernate.sourceforge.net/hibernate-mapping-3.0.dtd">
<hibernate-mapping>
    <!-- 映射 DirInfo 实体 Bean  -->
    <class name="entity.DirInfo">
        <!-- 将 path 属性映射成主键  -->
        <id name="path" column="path" >
            <generator class="assigned"/>
        </id>
        <!-- 映射 user 属性和 user 字段  -->
        <property name="user" column="user" />
```

```
            <!-- 映射 parentPath 属性和 parent_path 字段 -->
            <property name="parentPath" column="parent_path" />
            <!-- 映射 dir 属性和 dir 字段 -->
            <property name="dir" column="dir" />
            <!-- 映射 createTime 属性和 create_time 字段 -->
            <property name="createTime" column="create_time"/>
            <!-- 映射 count 属性和 count 字段 -->
            <property name="count" column="count" />
            <!-- 映射 size 属性和 size 字段 -->
            <property name="size" column="size" />
    </class>
    <!-- 定义调用存储过程的命名查询 -->
    <sql-query callable="true" name="myDirInfo">
        <return alias="dirInfo" entity-name="entity.DirInfo">
            <!-- 映射返回字段 user 和 user 属性 -->
            <return-property name="user" column="user" />
            <!-- 映射返回字段 path 和 path 属性 -->
            <return-property name="path" column="path" />
            <!-- 映射返回字段 parent_path 和 parentPath 属性 -->
            <return-property name="parentPath" column="parent_path" />
            <!-- 映射返回字段 dir 和 dir 属性 -->
            <return-property name="dir" column="dir" />
            <!-- 映射返回字段 create_time 和 createTime 属性 -->
            <return-property name="createTime" column="create_time" />
            <!-- 映射返回字段 count 和 count 属性 -->
            <return-property name="count" column="count" />
            <!-- 映射返回字段 size 和 size 属性 -->
            <return-property name="size" column="size" />
        </return>
        <!-- 调用 p_dir_info -->
        {call p_dir_info(:user,:parentPath) }
    </sql-query>
</hibernate-mapping>
```

27.3.5 配置 hibernate.cfg.xml

在编写和配置完实体 Bean 后，需要在 hibenrate.cfg.xml 文件中配置映射文件的位置和相关的属性。hibernate.cfg.xml 文件的配置代码如下：

```
<?xml version='1.0' encoding='UTF-8'?>
<!DOCTYPE hibernate-configuration PUBLIC
        "-//Hibernate/Hibernate Configuration DTD 3.0//EN"

"http://hibernate.sourceforge.net/hibernate-configuration-3.0.dtd">
<hibernate-configuration>
    <session-factory>
        <!-- 配置与数据库相关的属性 -->
        <property name="connection.username">root</property>
        <property name="connection.url">
            jdbc:mysql://localhost/disk?characterEncoding=UTF8
        </property>
        <property name="dialect">
            org.hibernate.dialect.MySQLDialect
        </property>
        <property name="show_sql">true</property>
```

```
            <property name="connection.password">root</property>
            <property name="connection.driver_class">
                com.mysql.jdbc.Driver
            </property>
            <!-- 配置映射文件的位置　-->
            <mapping resource="entity\User.hbm.xml" />
            <mapping resource="entity\Directory.hbm.xml" />
            <mapping resource="entity\DirInfo.hbm.xml" />
            <mapping resource="entity\File.hbm.xml" />
        </session-factory>
</hibernate-configuration>
```

27.4　实现数据访问层

本节将详细介绍如何设计数据访问层。数据访问层包括如下所述的 DAO 接口和 DAO 接口实现类。

❑ UserDAO 接口和 UserDAOImpl 类：通过 HibernateTemplate 操作持久对象层中的 User 对象。

❑ DirectoryDAO 接口和 DirectoryDAOImpl 类：通过 HibernateTemplate 操作持久对象层中的 Directory 对象。

❑ FileDAO 接口和 FileDAOImpl 类：通过 HibernateTemplate 操作持久对象层中的 File 对象。

27.4.1　实现 DAOSupport 类

所有的 DAO 实现类都继承于 DAOSupport 类，通过该类的构造方法可传入一个 HibernateTemplate 对象，该对象需要通过使用 Spring 注入的方式传入（将在后面详细介绍）。 DAOSupport 类的实现代码如下：

```
package dao;
import org.springframework.orm.hibernate3.HibernateTemplate;
// 设计类 DAOSupport
public class DAOSupport
{
    // 创建属性 template
    protected HibernateTemplate template;
    // 构造方法，通过 Spring 注入的方式传入 HibernateTemplate 对象
    public DAOSupport(HibernateTemplate template)
    {
        this.template = template;
    }
}
```

27.4.2　实现 UserDAO 接口和 UserDAOImpl 类

UserDAO 接口定义了操作访问 User 实体 Bean 的方法，实现对表 t_users 操作：保存

用户功能、查询用户是否存在功能和返回指定用户的经加密的密码字符串功能。该接口的
实现代码如下：

```
package dao.interfaces;
import entity.User;
//  设计接口 UserDAO
public interface UserDAO
{
    //  持久化 User 对象
    public void save(User user);
    //  判断指定用户是否存在
    public boolean exists(User user);
    //  返回指定用户的经加密的密码字符串，如果该用户不存在，则返回 null
    public String getPasswordMD5(User user);
}
```

UserDAOImpl 类实现了 UserDAO 接口，该类的实现代码如下：

```
package dao;
import org.springframework.orm.hibernate3.HibernateTemplate;
import dao.interfaces.UserDAO;
import entity.User;
//  继承了类 DAOSupport 和实现接口 UserDAO 的类 UserDAOImpl
public class UserDAOImpl extends DAOSupport implements UserDAO
{
    //  构造方法，通过 DAOSupport 类的构造方法传入一个 HibernateTemplate 对象
    public UserDAOImpl(HibernateTemplate template)
    {
        super(template);
    }
    //  实现 save 方法
    public void save(User user)
    {
        template.save(user);
    }
    //  实现 getPasswordMD5 方法
    public String getPasswordMD5(User user)
    {
        //  定义 HQL 语句
        String hql = "select passwordMD5 from User where user = ?";
        //  使用 find 方法执行 HQL 语句，并查找指定的用户
        java.util.List<String> passwordMD5 = template.find(hql, user.get
User());
        //  如果指定用户存在，则返回经过加密的密码字符串
        if(passwordMD5.size() > 0)
            return passwordMD5.get(0);
        return null;
    }
    //  实现 exists 方法
    public boolean exists(User user)
    {
        //  根据是否成功返回密码来判断指定用户是否存在
        return (getPasswordMD5(user) != null)?true:false;
    }
}
```

27.4.3 实现 DirectoryDAO 接口和 DirectoryDAOImpl 类

DirectoryDAO 接口定义了访问 Directory 实体 Bean 的方法，实现对表 t_directories 操作：保存目录功能、删除目录功能和返回指定用户和路径的所有子目录的信息功能。该接口的实现代码如下：

```
package dao.interfaces;
import java.util.List;
import common.*;
import entity.*;
//  设计接口 DirectoryDAO
public interface DirectoryDAO
{
    //  持久化 Directory 对象
    public void save(Directory directory);
    //  删除目录信息
    public void delete(UserInfo userInfo, String path);
    //  返回指定用户和路径的所有子目录的信息
    public List<DirInfo> getDirInfo(String user, String parentPath);
}
```

DirectoryDAOImpl 类实现了 DirectoryDAO 接口。该类的代码如下：

```
package dao;
import java.util.*;
import org.springframework.orm.hibernate3.HibernateTemplate;
import dao.interfaces.DirectoryDAO;
import entity.DirInfo;
import entity.Directory;
import common.*;
//  继承了类 DAOSupport 和实现接口 DirectoryDAO 的类 DirectoryDAOImpl
public class DirectoryDAOImpl extends DAOSupport implements DirectoryDAO
{
    //  构造方法，通过 DAOSupport 类的构造方法传入一个 HibernateTemplate 对象
    public DirectoryDAOImpl(HibernateTemplate template)
    {
        super(template);
    }
    //  实现 delete 方法
    public void delete(UserInfo userInfo, String path)
    {
        //  删除 t_directories 表中的指定用户和路径记录
        template.bulkUpdate("delete from Directory where user = ? and path
        = ?",
            new Object[]{userInfo.getCookieUser(), path});
        //  删除 t_directories 表中的指定用户和路径的所有子目录的记录
        template.bulkUpdate("delete from Directory where user=? and parent
        Path like ?",
            new Object[]{userInfo.getCookieUser(), path + "%"});
    }
    //  实现 save 方法
    public void save(Directory directory)
    {
        template.save(directory);
    }
}
```

```
//  实现 getDirInfo 方法
public List<DirInfo> getDirInfo(String user, String parentPath)
{
    //  通过调用 p_dir_info 获得指定用户和路径中的所有子目录的信息
    List<DirInfo> directories = template.findByNamedQueryAndNamedParam
    ("myDirInfo",new
        String[]{"user", "parentPath"}, new Object[] {user, parent
        Path });
    return directories;
}
}
```

在 DirectoryDAO 接口和 DirectoryDAOImpl 类中涉及一个 UserInfo 类，该类实际上是一个 Java Bean。该类在本系统中有很多用途，如向 Service 类传递信息，作为 Struts 2 的模型类接收客户端提交的请求参数等。该类的实现代码如下：

```
package common;
import java.io.File;
//  设计类 UserInfo
public class UserInfo
{
    private String cookieUser;      //  封装 Cookie 中的用户名的属性
    private String root;            //  封装网络硬盘的根目录（本地路径）的属性
    private String userRoot;        //  封装指定用户在网络硬盘的本地路径中的路径
    private String dir;             //  封装 dir 请求参数的属性
    private String parentPath;      //  封装 parentPath 请求参数的属性
    private String time;            //  封装格式化后的目录创建日期和时间
    //  此处隐藏了属性的 getter 和 setter 方法
    ...
    //  返回 path 路径对应于网络硬盘根目录的本地路径
    public String getAbsolutePath(String path)
    {
        String absolutePath = userRoot + (File.separator.equals("\\") ?
        path.replaceAll("/", "\\\\") : path);
        return absolutePath;
    }
}
```

27.4.4 实现 FileDAO 接口和 FileDAOImpl 类

FileDAO 接口定义了访问 File 实体 Bean 的方法，实现对表 t_files 操作：保存文件功能、删除指定用户和路径中的所有文件记录功能、删除指定用户和文件的记录功能、返回指定用户已使用的网络硬盘大小功能和返回指定用户和路径中的所有文件信息（不包括子目录中的文件）功能。该接口的实现代码如下：

```
package dao.interfaces;
import java.util.*;
import entity.*;
import common.*;
//  设计接口 FileDAO
public interface FileDAO
{
    //  持久化 entity.File 对象
    public void save(File file);
```

```
// 删除指定用户和路径中的所有文件记录
public void deleteFiles(UserInfo userInfo, String path);
// 删除指定用户和文件的记录
public void delete(UserInfo userInfo, String file);
// 返回指定用户已使用的网络硬盘大小
public long getUserDiskSize(String username);
// 返回指定用户和路径中的所有文件信息（不包括子目录中的文件）
public List<File> getFiles(String username, String path);
}
```

上面代码中的 File 并不是 java.io.File 类，而是 entity.File 实体 Bean。FileDAOImpl 类
实现了 FileDAO 接口。该类的代码如下：

```
package dao;
import java.util.List;
import org.springframework.orm.hibernate3.HibernateTemplate;
import common.UserInfo;
import dao.interfaces.*;
import entity.*;
// 继承了类 DAOSupport 和实现接口 FileDAO 的类 FileDAOImpl
public class FileDAOImpl extends DAOSupport implements FileDAO
{
    // 构造方法，通过 DAOSupport 类的构造方法传入一个 HibernateTemplate 对象
    public FileDAOImpl(HibernateTemplate template)
    {
        super(template);
    }
    // 实现 deleteFiles 方法
    public void deleteFiles(UserInfo userInfo, String path)
    {
        // 执行 HQL 语句，删除相应的记录
        template.bulkUpdate("delete from File where user=? and path
        like ?",new Object[]
            { userInfo.getCookieUser(), path });
    }
    // 实现 delete 方法
    public void delete(UserInfo userInfo, String file)
    {
        template.bulkUpdate("delete from File where user = ? and concat(path,
        file) = ?",new Object[]
            { userInfo.getCookieUser(), file });
    }
    // 实现 save 方法
    public void save(File file)
    {
        template.save(file);
    }
    // 实现 getFiles 方法
    public List<File> getFiles(String username, String path)
    {
        return template
            .findByNamedParam(
                "from File where user = :user and path = :path order
                by uploadTime",
                new String[]
                { "user", "path" }, new Object[]
```

```
                              { username, path });
    }
    //  实现 getUserDiskSize 方法
    public long getUserDiskSize(String username)
    {
        List<Long> fileSize = template.find("select sum(size) from File where
        user = ?", username);
        if(fileSize.size() > 0)
            return fileSize.get(0);
        return 0;
    }
}
```

27.5　实现业务逻辑层

本节将详细介绍如何设计业务逻辑层。业务逻辑层也称为 Service 层。该层由若干接口和类组成。在该层的类中通过访问数据访问层组件来完成和数据库相关的业务。该层所涉及的接口和类如下。

❑ UserService 接口和 UserServiceImpl 类：进行和用户相关的业务处理。

❑ DirectoryService 接口和 DirectoryServiceImpl 类：进行和目录相关的业务处理。

❑ FileService 接口和 FileServiceImpl 类：进行和文件相关的业务处理。

27.5.1　实现 UserService 接口和 UserServiceImpl 类

在 UserService 接口中定义了两个访问 UserDAO 对象的方法 addUser 和 veriftUser。UserService 接口的实现代码如下：

```
package service.interfaces;
import entity.User;
//  设计接口 UserService
public interface UserService
{
    //  向数据库中添加注册用户
    public void addUser(User user) throws Exception;
    //  校验登录用户是否合法
    public boolean verifyUser(User user);
}
```

UserServiceImpl 类实现了 UserService 接口。该类的实现代码如下：

```
package service;
import entity.User;
import dao.interfaces.*;
import service.interfaces.*;
//  实现接口 UserService 的类 UserServiceImpl
public class UserServiceImpl implements UserService
{
    //  创建属性 userDAO
    private UserDAO userDAO;
    //  构造方法，需要通过 Spring 注入的方式传入 UserDAO 对象
```

```java
public UserServiceImpl(UserDAO userDAO)
{
    this.userDAO = userDAO;
}
//  实现 verifyUser 方法
public boolean verifyUser(User user)
{
    //  获得指定用户经过加密后的密码字符串
    String passwordMD5 = userDAO.getPasswordMD5(user);
    boolean result = false;
    try
    {
        result = (user.getPasswordMD5().equals(passwordMD 5))?true:
        false;
    }
    catch(Exception e)
    {
    }
    return result;
}
//  实现 addUser 方法
public void addUser(User user) throws Exception
{
    //  如果注册用户已经存在，抛出异常
    if (userDAO.exists(user))
    {
        throw new Exception("<" + user + ">已经存在！");
    }
    //  向数据库中添加一个用户
    else
    {
        userDAO.save(user);
    }
}
}
```

27.5.2　实现 DirectoryService 接口和 DirectoryServiceImpl 类

在 DirectoryService 接口中定义了 3 个访问 DirectoryDAO 对象的方法 addDirectory、deleteDirectory 和 getDirInfo。DirectoryService 接口的实现代码如下：

```java
package service.interfaces;
import java.util.*;
import entity.*;
import common.*;
//  设计接口 DirectoryService
public interface DirectoryService
{
    //  向数据库中添加目录信息
    public String addDirectory(UserInfo userInfo) throws Exception;
    //  删除目录信息（包括数据库中的记录和本地硬盘中的文件）
    public void deleteDirectory(UserInfo userInfo, String path);
    //  返回指定用户和路径的所有子目录的信息
```

```
    public List<DirInfo> getDirInfo(String user, String parentPath);
}
```

DirectoryServiceImpl 类实现了 DirectoryService 接口。该类的实现代码如下：

```
package service;
import java.io.File;
import java.util.*;
import java.text.*;
import common.UserInfo;
import entity.*;
import dao.interfaces.*;
import service.interfaces.*;
// 实现接口 DirectoryService 的类 DirectoryServiceImpl
public class DirectoryServiceImpl implements DirectoryService
{
    // 创建属性 directoryDAO 和 fileDAO
    private DirectoryDAO directoryDAO;
    private FileDAO fileDAO;
    // 构造方法，需要通过 Spring 注入的方式传入 DirectoryDAO 和 FileDAO 对象
    public DirectoryServiceImpl(DirectoryDAO directoryDAO, FileDAO file
DAO)
    {
        this.directoryDAO = directoryDAO;
        this.fileDAO = fileDAO;
    }
    // 实现 addDirectory 方法
    public String addDirectory(UserInfo userInfo) throws Exception
    {
        // 获得当前路径的本地目录
        String currentPath = userInfo.getUserRoot() + userInfo.getParent
Path()+ userInfo.getDir() + File.separator;
        currentPath = File.separator.equals("\\") ? currentPath.replace All
("/","\\\\") : currentPath;
        // 创建 Directory 对象，并初始化其属性
        Directory directory = new Directory();
        directory.setUser(userInfo.getCookieUser());
        directory.setDir(userInfo.getDir());
        directory.setParentPath(userInfo.getParentPath());
        directory.setPath(userInfo.getParentPath() + userInfo.getDir() +
"/");
        Date date = new Date();
        SimpleDateFormat dateFormat = new SimpleDateFormat("yyyy-MM-dd HH:mm:
ss");
        // 设置 UserInfo 对象的 time 属性值
        userInfo.setTime(dateFormat.format(date));
        directory.setCreateTime(date);
        directoryDAO.save(directory);
        File dir = new File(currentPath);
        // 如果该本地目录不存在，则建立这个目录
        if (!dir.exists())
        {
            dir.mkdirs();
        }
        return "成功建立目录";
    }
    // 实现 getDirInfo 方法
    public List<DirInfo> getDirInfo(String user, String parentPath)
    {
```

```
            return directoryDAO.getDirInfo(user, parentPath);
    }
    //  删除目录信息
    public void deleteDirectory(UserInfo userInfo, String path)
    {
        //  删除 t_directories 表中的相关目录信息
        directoryDAO.delete(userInfo, path);
        //  删除 t_files 表中在指定目录下的文件信息
        fileDAO.deleteFiles(userInfo, path);
        //  删除本地硬盘中的相应文件和目录信息
        common.MyFile.deleteAny(userInfo.getAbsolutePath(path));
    }
}
```

在 DirectoryServiceImpl 类中涉及了一个 MyFile 类。该类的 deleteAny 方法用来删除指定目录中的所有子目录和文件。MyFile 类的实现代码如下：

```
package common;
import java.io.File;
//  设计类 MyFile
public class MyFile
{
    //  删除指定文件或指定目录中的所有子目录和文件
    public static void deleteAny(String path)
    {
        File file = new File(path);
        if (file.exists())
        {
            //  如果 path 表示的是目录，则继续扫描该目录中的子目录和文件
            if (file.isDirectory())
            {
                File[] files = file.listFiles();
                for (File myFile : files)
                {
                    //  发现一个子目录，递归调用 deleteAny 方法
                    if (myFile.isDirectory())
                        deleteAny(myFile.getPath());
                    //  发现一个文件，直接删除
                    else
                        myFile.delete();
                }
            }
            //  直接删除 path 参数指定的文件
            file.delete();
        }
    }
}
```

27.5.3 实现 FileService 接口和 FileServiceImpl 类

在 FileService 接口中定义了 4 个访问 FileDAO 对象的方法，分别是 addFiles、deleteFile、getUserDiskSize 和 getFiles。FileService 接口的实现代码如下：

```
package service.interfaces;
import java.util.*;
import entity.*;
```

```
import common.*;
// 设计接口 FileService
public interface FileService
{
    // 向数据库中添加多个上传文件信息，并将上传文件保存在本地硬盘中
    public void addFiles(UploadFile uploadFile) throws Exception;
    // 从数据库和本地硬盘删除指定的文件
    public void deleteFile(UserInfo userInfo, String file);
    // 返回指定用户已经使用的网络硬盘大小
    public long getUserDiskSize(String username);
    // 返回指定用户和目录中的所有文件细信息（不包括子目录中的文件）
    public List<File> getFiles(String username, String path);
}
```

FileServiceImpl 类实现了 FileService 接口。该类的实现代码如下：

```
package service;
import java.io.File;
import java.io.FileOutputStream;
import java.io.InputStream;
import java.util.List;
import common.*;
import dao.interfaces.*;
import service.interfaces.*;
// 实现接口 FileService 的类 FileServiceImpl
public class FileServiceImpl implements FileService
{
    // 创建属性 fileDAO
    private FileDAO fileDAO;
    // 构造方法，需要通过 Spring 注入的方式传入 FileDAO 对象
    public FileServiceImpl(FileDAO fileDAO)
    {
        this.fileDAO = fileDAO;
    }
    // 将一个上传文件保存在本地硬盘上
    private String saveFile(File uploadFile, String fn) throws Exception
    {
        File file = new File(fn);
        int index = 0;
        String filename = file.getName();
        // 检测上传文件的文件名是否有重复，如果有重名文件，则修改上传文件的文件名
        while (file.exists())
        {
            int extIndex = filename.lastIndexOf(".");
            // 判断上传文件是否有扩展名
            if (extIndex > 0)
            {
                fn = filename.substring(0, extIndex) + "("+ String.valueOf
                (index) + ")" + filename.substring(extIndex);
            }
            else
            {
                fn = filename + "(" + String.valueOf(index) + ")";
            }
            // 产生新的文件名
            fn = file.getPath().substring(0, file.getPath().lastIndexOf
            (file.getName())) + fn;
            file = new File(fn);
            index++;
```

```
        }
        // 通过 OutputStream 将文件写到本地硬盘上（每次写 8K 字节）
        FileOutputStream fos = new FileOutputStream(fn);
        InputStream is = new java.io.FileInputStream(uploadFile);
        byte[] buffer = new byte[8192];
        int count = 0;
        while ((count = is.read(buffer)) > 0)
        {
            fos.write(buffer, 0, count);
        }
        fos.close();
        is.close();
        // 返回最终的上传文件名
        return file.getName();
    }
    // 实现 addFiles 方法
    public void addFiles(UploadFile uploadFile) throws Exception
    {
        int i = 0;
        // 扫描上传的文件，并逐个处理这些文件
        for(File f: uploadFile.getUpload())
        {
            String currentPath = uploadFile.getUserInfo().getUserRoot()
                    + (File.separator.equals("\\") ? uploadFile.getUpload
                    Path().replaceAll("/","\\\\") : uploadFile.getUpload
                    Path());
            // 将上传文件保存到本地硬盘
            String fn = saveFile(f, currentPath + uploadFile.getUploadFile
            Name().get(i));
            // 建立 entity.File 对象
            entity.File file = new entity.File();
            // 为 entity.File 对象的属性赋值
            file.setUser(uploadFile.getUserInfo().getCookieUser());
            file.setFile(new File(fn).getName());
            file.setPath(uploadFile.getUploadPath());
            file.setSize(f.length());
            file.setUploadTime(new java.util.Date());
            // 持久化 entity.File 对象
            fileDAO.save(file);
            i++;
        }
    }
    // 实现 deleteFile 方法
    public void deleteFile(UserInfo userInfo, String file)
    {
        // 删除数据库中的相关文件记录
        fileDAO.delete(userInfo, file);
        // 删除本地硬盘中的文件
        common.MyFile.deleteAny(userInfo.getAbsolutePath(file));
    }
    // 实现 getFiles 方法
    public List<entity.File> getFiles(String username, String path)
    {
        return fileDAO.getFiles(username, path);
    }
    // 实现 getUserDiskSize 方法
    public long getUserDiskSize(String username)
    {
        return fileDAO.getUserDiskSize(username);
```

```
        }
    }
```

当保存上传文件时，如果在服务器存在同名的文件，则系统会在文件名后面加 "(n)"，其中 n 表示从 0 开始的整数。如 abc.txt 如果重名，则将以 abc(0).txt 保存；如果该文件也存在，则以 abc(1).txt 保存，依次类推。

27.5.4　实现服务管理类

在每一个 Action 类中都可以访问上面 3 个 Service 类，为了方便操作，在本节实现了一个服务管理类（ServiceManager）返回上面 3 个 Service 类的对象实例。ServiceManager 类的实现代码如下：

```java
package service;
import service.interfaces.*;
// 设计类 ServiceManager
public class ServiceManager
{
    // 封装 3 个 Service 类对象实例的属性
    private UserService userService;
    private DirectoryService directoryService;
    private FileService fileService;
    //fileService 属性的 getter 方法
    public FileService getFileService()
    {
        return fileService;
    }
    // fileService 属性的 setter 方法
    public void setFileService(FileService fileService)
    {
        this.fileService = fileService;
    }
    //directoryService 属性的 getter 方法
    public DirectoryService getDirectoryService()
    {
        return directoryService;
    }
    //directoryService 属性的 setter 方法
    public void setDirectoryService(DirectoryService directoryService)
    {
        this.directoryService = directoryService;
    }
    //userService 属性的 getter 方法
    public UserService getUserService()
    {
        return userService;
    }
    //userService 属性的 setter 方法
    public void setUserService(UserService userService)
    {
        this.userService = userService;
    }
}
```

ServiceManager 类的 3 个属性都是通过 Spring 注入的方式赋值的，在 27.5.5 节将介绍如何在 Spring 中配置持久对象层、数据访问层和业务逻辑层的组件。

27.5.5　配置 applicationContext.xml

由于上面介绍的各个层的类都是通过 Spring 进行装配的，因此这些类都需要在 Spring 配置文件（applicationContext.xml）中进行配置。除此之外，还需要在 applicationContext.xml 文件中配置 Hibernate、事务等信息。在 WEB-INF 目录中建立一个 applicationContext.xml 文件，该文件代码内容很多，这里根据配置方向来划分。首先来看配置 Hibernate 的内容：

```xml
<?xml version="1.0" encoding="UTF-8"?>
<beans xmlns="http://www.springframework.org/schema/beans"
  xmlns:xsi="http://www.w3.org/2001/XMLSchema-instance"
  xsi:schemaLocation="http://www.springframework.org/schema/beans
http://www.springframework.org/schema/beans/spring-beans-2.5.xsd">
    <!-- 指定 Hibernate 的配置文件 -->
    <bean id="sessionFactory" class="org.springframework.orm.hibernate3.
LocalSessionFactoryBean">
        <property name="configLocation"
            value="classpath:hibernate.cfg.xml">
        </property>
    </bean>
    <!-- 装配 HibernateTemplate 对象 -->
    <bean id="hibernateTemplate" class="org.springframework.orm.hibernate
3.HibernateTemplate">
        <property name="sessionFactory" ref="sessionFactory" />
    </bean>
```

再来看对事务进行配置的内容，代码如下：

```xml
    <!-- 装配事务管理对象 -->s
    <bean id="transactionManager"
class="org.springframework.orm.hibernate3.HibernateTransactionManager">
        <property name="sessionFactory">
            <ref bean="sessionFactory" />
        </property>
    </bean>
    <!-- 装配事务拦截器 -->
    <bean id="transactionInterceptor"
        class="org.springframework.transaction.interceptor.Transaction-
        Interceptor">
        <!-- 为 transactionManager 属性指定一个事务管理对象 -->
        <property name="transactionManager">
            <ref bean="transactionManager" />
        </property>
        <!-- 设置事务属性 -->
        <property name="transactionAttributes">
            <props>
                <prop key="get*">PROPAGATION_REQUIRED, readOnly</prop>
                <prop key="getDirInfo">PROPAGATION_REQUIRED</prop>
                <prop key="*">PROPAGATION_REQUIRED</prop>
            </props>
        </property>
    </bean>
```

然后来看对代理数据及装配的配置，代码如下：

```xml
<!-- 通过 Bean 名自动代理数据访问层对象 -->
<bean class="org.springframework.aop.framework.autoproxy.BeanNameAuto Prox
yCreator">
    <!-- 指定需要代码类的实现的接口 -->
    <property name="beanNames">
        <list>
            <value>userDAO</value>
            <value>directoryDAO</value>
            <value>fileDAO</value>
        </list>
    </property>
    <property name="interceptorNames">
        <list>
            <value>transactionInterceptor</value>
        </list>
    </property>
</bean>
<!-- 下面的代码装配数据访问层类 -->
<!-- 装配 UserDAOImpl 类 -->
<bean id="userDAO" class="dao.UserDAOImpl">
    <constructor-arg>
        <ref bean="hibernateTemplate" />
    </constructor-arg>
</bean>
<!-- 装配 DirectoryDAOImpl 类 -->
<bean id="directoryDAO" class="dao.DirectoryDAOImpl">
    <constructor-arg>
        <ref bean="hibernateTemplate" />
    </constructor-arg>
</bean>
<!-- 装配 FileDAOImpl 类 -->
<bean id="fileDAO" class="dao.FileDAOImpl">
    <constructor-arg>
        <ref bean="hibernateTemplate" />
    </constructor-arg>
</bean>
<!-- 下面的代码装配业务逻辑层的类 -->
<!-- 装配 UserServiceImpl 类 -->
<bean id="userService" class="service.UserServiceImpl">
    <constructor-arg>
        <ref bean="userDAO" />
    </constructor-arg>
</bean>
<!-- 装配 DirectoryServiceImpl 类 -->
<bean id="directoryService" class="service.DirectoryServiceImpl">
    <constructor-arg>
        <ref bean="directoryDAO" />
    </constructor-arg>
    <constructor-arg>
        <ref bean="fileDAO" />
    </constructor-arg>
</bean>
<!-- 装配 FileServiveImpl 类 -->
<bean id="fileService" class="service.FileServiceImpl">
    <constructor-arg>
```

```
        <ref bean="fileDAO" />
    </constructor-arg>
</bean>
<!--  装配 ServiceManager 类  -->
<bean id="serviceManager" class="service.ServiceManager">
    <!--  装配 userService 属性  -->
    <property name="userService">
        <ref bean="userService" />
    </property>
    <!--  装配 directoryService 属性  -->
    <property name="directoryService">
        <ref bean="directoryService" />
    </property>
    <!--  装配 fileService 属性  -->
    <property name="fileService">
        <ref bean="fileService" />
    </property>
</bean>
```

最后是对网络硬盘根目录进行配置，代码如下：

```
<!--  指定外部的资源文件，在该文件中配置了网络硬盘的根目录  -->
<bean   class="org.springframework.beans.factory.config.PropertyPlace
holderConfigurer">
    <property name="location">
        <value>WEB-INF\netdisk.properties</value>
    </property>
</bean>
<!--  装配 UserInfo 类  -->
<bean id="userInfo" class="common.UserInfo" scope="prototype">
    <!--  从资源文件中读取根目录来初始化 root 属性  -->
    <property name="root" value="${disk.root}" />
</bean>
</beans>
```

在上面的配置中对 getDirInfo 方法外的 getter 方法使用了 readOnly 事务类型，这是为了对只读操作进行优化。netdisk.properties 文件的内容如下：

```
disk.root=e:\\netdisk\\
```

需要注意的是，在配置网络硬盘根目录时需要使用两个反斜杠，否则系统会对其进行转义处理。

27.6　实现 Web 表现层

本节将详细介绍如何设计 Web 表示层。Web 表示层由 JSP 页面和若干 Action 类组成。在本系统中，JSP 页面并不能直接访问，而是通过 Action 来访问相应的 JSP 页面。这样做主要是为了可以通过 Struts 2 的拦截器为 JSP 页面添加访问权限。为了完成这一点，需要将 JSP 页面放到 WEB-INF 目录中，这样在客户端就无法直接访问 JSP 页面了。

27.6.1　实现基础动作类（BaseAction）

BaseAction 类封装了每一个 Action 类都可能用到的功能，如建立并保存 Cookie，获得 HttpServletRequest、HttpServletResponse 和 ServiceManager 对象等。BaseAction 类从 ActionSupport 继承，因此其他的 Action 类只需要从 ActionSupport 类继承就可以了。BaseAction 类的实现代码如下：

```
package action;
import com.opensymphony.xwork2.*;
import java.util.*;
import javax.servlet.http.*;
import common.*;
import service.*;
// 实现接口 ServletRequestAware、ServletResponseAware 和继承 ActionSupport 的
// 类 BaseAction
public class BaseAction extends ActionSupport implements
        org.apache.struts 2.interceptor.ServletRequestAware,
        org.apache.struts 2.interceptor.ServletResponseAware
{
    // 创建各种属性
    // 封装 ServiceManager 对象的属性
    protected ServiceManager serviceManager;
    protected UserInfo userInfo;                    // 封装 UserInfo 对象的属性
    protected String result;                        // 封装处理结果的属性
    protected Map<String, String> cookies;
    protected javax.servlet.http.HttpServletResponse response;
    protected javax.servlet.http.HttpServletRequest request;
    // 实现 setServletResponse 方法，获得 HttpServletResponse 对象
    public void setServletResponse(HttpServletResponse response)
    {
        this.response = response;
    }
    // 实现 setServletRequest 方法，获得 HttpServletRequest 对象
    public void setServletRequest(HttpServletRequest request)
    {
        this.request = request;
        // 为 UserInfo 对象的 cookieUser 和 userRoot 属性赋值
        userInfo.setCookieUser(getCookieValue("user"));
        userInfo.setUserRoot(userInfo.getRoot() + userInfo.getCookie User
        ());
    }
    // 返回一个指定的 Cookie 值
    protected String getCookieValue(String name)
    {
        javax.servlet.http.Cookie cookies[] = request.getCookies();
        if (cookies != null)
        {
            // 扫描请求消息头的所有 Cookie，以找到指定的 Cookie
            for (Cookie cookie : cookies)
            {
                if (!cookie.getName().equals(name))
                    continue;
                // 找到指定的 Cookie，返回 Cookie 值
```

```
                    return cookie.getValue();
            }
        }
        //  如果未到指定的 Cookie，则返回 null
        return null;
    }
    //  result 属性的 getter 方法
    public String getResult()
    {
        return result;
    }
    //  result 属性的 setter 方法
    public void setResult(String result)
    {
        this.result = result;
    }
    //  通过 Struts 2 的 Spring 插件和 Spring 注入来获得 ServiceManager 对象，并通过
       该方法传入
    public void setServiceManager(ServiceManager serviceManager)
    {
        this.serviceManager = serviceManager;
    }
    //  userInfo 属性的 setter 方法
    public void setUserInfo(UserInfo userInfo)
    {
        this.userInfo = userInfo;
    }
    //  保存 Cookie
    protected void saveCookie(String name, String value, int maxAge)
    {
        javax.servlet.http.Cookie cookie = new javax.servlet.http.Cookie
        (name, value);
        cookie.setMaxAge(maxAge);
        response.addCookie(cookie);
    }
}
```

上面代码中的 ServiceManager 对象是通过 Struts 2 提供的 Spring 插件传入 BaseAction 对象实例的，因此需要引用该插件的 jar 包。该 jar 包的文件名是 struts2-spring-plugin-2.3.4.1.jar，可以在 Struts 2 的发行包中找到该文件。

27.6.2　实现用户登录页面和处理登录的 Action 类

用户登录页面（login.jsp）在 WEB-INF\jsp 目录中，该页面的实现代码和第 16 章的注册登录系统的登录页面类似，读者可以参阅本书提供的源代码。

在本系统中负责处理登录请求的 Action 类比较简单，因为在该类中只简单地调用业务逻辑层的组件即可。LoginAction 类负责处理用户登录请求，该类的实现代码如下：

```
//  实现接口 ModelDriven 和继承 BaseAction 的类 LoginAction
public class LoginAction extends BaseAction implements ModelDriven<User>
{
    //  创建用户对象 user
    private User user = new User();
    //  实现 getModel 方法，以返回模型类的对象实例
    public User getModel()
```

```
{
    return user;
}
// 校验用户提交的验证码
@Override
public void validate()
{
    // 如果用户提交的验证码为空，直接返回
    if("".equals(user.getValidationCode())) return;
    // 从 Session 中获得服务端生成的验证码
    Object obj = ActionContext.getContext().getSession().get ("valid
    ation code");
    String validationCode = (obj != null) ? obj.toString() : "";
    // 判断用户输入校验码是否正确
    if (!validationCode.equalsIgnoreCase(user.getValidationCode()))
    {
        // 如果用户输入的验证码不正确，添加字段错误
        if (user.getValidationCode() != null)
        {
            this.addFieldError("validationCode", "验证码输入错误!");
        }
    }
}
// 处理用户请求的 execute 方法
public String execute() throws Exception
{
    try
    {
        // 通过 ServiceManager 对象获得 UserService 对象实例
        UserService userService = serviceManager.getUserService();
        // 校验登录用户是否合法
        if(userService.verifyUser(user))
        {
            // 将用户名保存在 Cookie 中 24 小时
            saveCookie("user", user.getUser(), 24 * 60 * 60);
            HttpSession session = request.getSession();
            // 将用户名以 key 为 username 保存在 Session 中，以便再次访问时不需要
                再登次登录
            session.setAttribute("username", user.getUser());
            // 设置 Session 的有效时间
            session.setMaxInactiveInterval(60 * 60 * 3);
            return SUCCESS;
        }
    }
    catch (Exception e)
    {
    }
    return ERROR;
}
}
```

在 LoginAction 类中使用了 Struts 2 的模型驱动方式接收客户端提交的登录信息。LoginActijon 类的配置代码如下：

```
<!-- 配置动作 -->
<action name="login" class="action.LoginAction" >
    <result name="success" type="redirect">main_page.action</result>
    <result name="input">/WEB-INF/jsp/login.jsp</result>
```

```
</action>
```

由于需要通过 Action 访问 JSP 页面，因此需要使用通配符映射本系统中的 JSP 页面，
配置代码如下：

```
<action name="*_page">
    <result>/WEB-INF/jsp/{1}.jsp</result>
</action>
```

从上面的配置代码可以看出，所有以 "_page" 结尾的 Action 都会转入相应的 JSP 页
面，如 login_page.action 可以访问 login.jsp 页面。

27.6.3　实现注册登录页面和处理注册的 Action 类

用户注册页面（register.jsp）在 WEB-INF\jsp 目录中，该页面的实现代码和第 16 章的
注册登录系统的登录页面类似，读者可以参阅本书提供的源代码。RegisterAction 类负责处
理用户的注册信息，该类的实现代码如下：

```
// 实现接口 ModelDriven 继承类 BaseAction 的类 RegisterAction
public class RegisterAction extends BaseAction implements ModelDriven<User>
{
    …
    // 重写方法 execute
    public String execute() throws Exception
    {
        try
        {
            // 通过 ServiceManager 对象获得 UserService 对象
            UserService userService = serviceManager.getUserService();
            // 添加一个用户
            userService.addUser(user);
            File dir = new File(userInfo.getRoot() + user.getUser());
            // 建立新用户对应的本地硬盘目录，用于保存上传后的文件
            if(!dir.exists())
                dir.mkdir();
            result = "<" + user.getUser() + ">注册成功！";
            return SUCCESS;
        }
        catch (Exception e)
        {
            result = e.getMessage();
            return ERROR;
        }
    }
}
```

从上面的代码可以看出，RegisterAction 类和 LoginAction 类都使用了 User 类作为模型
类来接收用户请求参数。RegisterAction 类的配置代码如下：

```
<!-- 配置动作 -->
<action name="register" class="action.RegisterAction">
    <result name="success">/WEB-INF/jsp/result.jsp</result>
    <result name="input" >/WEB-INF/jsp/register.jsp</result>
</action>
```

LoginAction 类和 RegisterAction 类都有相应的校验文件，读者可以参阅 LoginAction-
validation.xml 和 RegisterAction-validation.xml 文件。

27.6.4　网络硬盘主页

main.jsp 页面是网络硬盘的主页。该页面通过 Struts 2 的标签从服务端获得相应的信息，并通过 JavaScript 语言和 HTML 元素和服务端进行交互。main.jsp 的部分代码如下：

```
<%@ page language="java" pageEncoding="UTF-8"%>
<%@ taglib uri="http://java.sun.com/jsp/jstl/core" prefix="c"%>
<!DOCTYPE HTML PUBLIC "-//W3C//DTD HTML 4.01 Transitional//EN">
<html>
    <head>
        <title>网盘</title>
        <!-- 引入关于 JavaScript 和 CSS 的文件 -->
        <script src="javascript/prototype.js" type="text/javascript">
        </script>
        <script type="text/javascript" src="javascript/common.js">
        </script>
        <link type="text/css" rel="stylesheet" href="css/style.css" />
    </head>
<body>
        <!-- 调用上传文件页面的 form -->
        <form action="upload_page.action" method="post" name="uploadForm">
          <input type="hidden" value="" name="uploadPath" />
        </form>
        <!-- 用于下载文件的 iframe -->
        <iframe src="" id="downloadFrame" style="visibility: hidden;height:
        0px;width: 0px"></iframe>
        <table width="100%">
            <tr>
                <td>
                    <div style="height: 30px; margin-top: 10px; margin-left:
                    10px;">
                        <!-- 在隐藏表单域中保存当前路径 -->
                        <c:choose>
                            <c:when test="${param.current_path == null}">
                              <input type="hidden" value="/" name="txt_path" />
                            </c:when>
                            <c:otherwise>
                                <input type="hidden" value="${param.current_
                                path}" name="txt_path" />
                            </c:otherwise>
                        </c:choose>
                        <!-- 下面是主页面上各种按钮的表单域，每个按钮调用了一个 Java
                        Script 函数 -->
                        <input id="btn_previous" value="返回上一级目录" type=
                        "button"
                            onClick="previous()" />  
                        <input id="btn_upload" value="上传" type="button"
                        onclick="goUpload()" />
                          
                        <input id="btn_download" value="下载" type="button"
                            onclick="downloadMoreFile()" />   
                        <input id="btn_create_dir" value="新建文件夹" type=
                        "button"
                            onClick="showCreateDirDialog()" />   
                        <input id="btn_delete" value="删除" type="button"
                        onClick="deletePath()" />
```

```
                            
                          <input id="btn_delete" value="已使用空间" type="button"
                          onClick="getUsedSize()" />
                            
                          <input id="btn_relogin" value="重新登录" type="button"
                          onClick="relogin()" />
                      </div>
                  </td>
              </tr>
              <tr>
                  <td>
                      <div id="div_current_path" style="height: 30px; margin-
                      top: 10px; margin-left: 10px;">
                      </div>
                  </td>
              </tr>
              <tr>
                  <td>
                      <table id="tbl_list" width="700" order="0" cellspacing=
                      "0"cellpadding="0">
                          <!--  显示文件和目录列表头  -->
                          <tr bgcolor="#DDDDDD" style="font: bold">
                              <td width="50%" >
                                  <input type="checkbox" id="checkbox_head"
                                  onclick="checkAll(this);"/>
                               目录</td>
                              <td width="30%"> 上传时间 </td>
                              <td style="text-align: right"> 大小 </td>
                          </tr>
                      </table>
                  </td>
              </tr>
          </table>
  <script type="text/javascript">
      //  向 tbl_list 表中添加当前目录的子目录和文件
      jsonLoadDirAndFile();
      //  在主页面上显示当前路径
      showCurrentPath();
  </script>
  </body>
</html>
```

如果本系统都完成后，在浏览器地址栏中输入如下的 URL：

```
http://localhost:8080/netdisk/main_page.action
```

　　当第一次访问上面的 URL 时，系统要求用户登录，当登录成功后，将显示如图 27.1 所示的页面。关于 main.jsp 页面中调用的 JavaScript 函数的实现，请读者参阅本书提供的源代码。

27.6.5　建立目录

　　DirectoryAction 类不仅实现在服务器端建立一个新目录，而且还在数据库中添加一条目录信息。该类的实现代码如下：

```
// 实现接口 ModelDriven 和继承类 BaseAction 的类 CreateDirAction
public class CreateDirAction extends BaseAction implements ModelDriven
<UserInfo>
{
    // 实现 getModel 方法，以反加模型类（UserInfo）对象
    public UserInfo getModel()
    {
        return userInfo;
    }
    // 重写执行方法
    public String execute() throws Exception
    {
        try
        {
            // 通过 ServiceManager 类的 getDirectoryService 方法获得 Directory
              Service 对象
            DirectoryService directoryService = serviceManager.getDirectory
          Service();
            // 添加目录信息，并返回处理结果
            setResult(directoryService.addDirectory(userInfo));
            return SUCCESS;
        }
        catch (Exception e)
        {
            setResult("建立目录失败");
        }
        return ERROR;
    }
}
```

在 DirectoryAction 类中使用 UserInfo 作为模型类，在 DirectoryAction 类中通过 UserInfo 对象接收 dir 和 parentPath 属性。CreateDirAction 类的配置代码如下：

```
<!-- 配置动作 -->
<action name="createDir" class="action.CreateDirAction">
    <result name="success">/WEB-INF/jsp/create_dir_result.jsp</result>
</action>
```

单击主页面的"新建文件夹"按钮，会弹出如图 27.7 所示的页面。

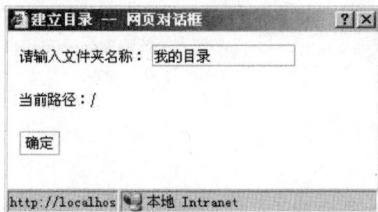

图 27.7　"新建目录"对话框

在文本框中输入"我的目录"或其他的目录名，单击"确定"按钮，系统就会访问 DirectoryAction 类来创建目录。如图 27.7 所示的页面是 create_dir.jsp，读者可以参阅本书提供的源代码。

27.6.6 文件上传

UploadAction 类负责上传文件，主要通过前面章节介绍的 Struts 2 中上传文件组件实现。该类的实现代码如下：

```
// 实现接口 ModelDriven 和继承类 BaseAction 的类 UploadAction
public class UploadAction extends BaseAction implements ModelDriven<Upload
File>
{
    // 创建属性 uploadFile
    private UploadFile uploadFile = new UploadFile();
    // 获得模型类的方法
    public UploadFile getModel()
    {
        return uploadFile;
    }
    // 处理控制逻辑的 execute 方法
    public String execute() throws Exception
    {
        try
        {
            // 设置上传文件过程中要使用的 UserInfo 对象
            uploadFile.setUserInfo(userInfo);
            // 通过 ServiceManager 类的 getFileService 方法获得 FileService 对象
            FileService fileService = serviceManager.getFileService();
            // 开始上传文件，并将上传文件的信息写入数据库
            fileService.addFiles(uploadFile);
            return SUCCESS;
        }
        catch (Exception e)
        {
        }
        return ERROR;
    }
}
```

由于在 UploadAction 类中通过访问业务逻辑层的组件（FileService）来上传文件，因此，UploadAction 类中的代码显得非常简单。UploadAction 类的配置代码如下：

```
<!-- 配置动作中 -->
<action name="upload" class="action.UploadAction">
    <result name="success">/WEB-INF/jsp/upload_success.jsp</result>
</action>
```

27.6.7 文件和目录下载

下载文件和目录功能主要通过前面章节介绍的 Struts 2 中的 stream 来实现，主要通过如下两个 Action 类实现。

❑ DownloadFileAction：该类负责下载单个文件。

❑ DownloadMoreFileAction：该类负责下载多个文件和目录。

DownloadFileAction 类的实现代码如下：

```
//　继承类 BaseAction 的类 DownloadFileAction
public class DownloadFileAction extends BaseAction
{
    //　创建各种属性
    private String name;          //　封装 name 请求参数的属性
    private String path;          //　封装 path 请求参数的属性
    ...
    //　重写执行方法
    public String execute() throws Exception
    {
        try
        {
            if (path != null && name != null)
            {
                //　获得下载文件的本地路径
                String filename = userInfo.getUserRoot() + (File.separator.
                equals("\\") ? path.replaceAll ("/","\\\\") : path) + name;
                //　对下载文件名进行解码（针对非西欧字符）
                filename = java.net.URLDecoder.decode(filename, "UTF-8");
                File file = new File(filename);
                //　如果文件存在，开始下载
                if (file.exists())
                {
                    //　设置下载文件所需的 HTTP 消息响应头
                    response.setContentType("application/octet-stream");
                    response.addHeader("Content-Disposition", "attachment;
                    filename=" + name);
                    response.addHeader("Content-Length", String.valueOf(file.
                    length()));
                    //　使用 FileInputStream 对象打开要下载的文件
                    InputStream is = new FileInputStream(filename);
                    OutputStream os = response.getOutputStream();
                    byte[] buffer = new byte[8192];
                    int count = 0;
                    //　开始向客户端输出下载文件的字节流（每次输出 8K 字节）
                    while ((count = is.read(buffer)) > 0)
                    {
                        os.write(buffer, 0, count);
                    }
                    os.close();
                    is.close();
                }
            }
        }
        catch (Exception e)
        {
        }
        return null;
    }
}
```

DownloadMoreFileAction 类的实现代码如下：

```
//　继承类 BaseAction 的类 DownloadMoreFileAction
public class DownloadMoreFileAction extends BaseAction
{
    //　创建各种属性
    private String[] names;          //　封装多个要下载的文件名、目录和属性
```

```
    private String path;              //  封装 path 请求参数的属性，path 表示当前路径
    //  客户端发送过来的多个文件名和目录是以逗号分隔的字符串，因此，需要在 setNames 方
    //  法中对其拆分
    public void setNames(String names)
    {
        this.names = names.split(";");
    }
    //  path 属性的 getter 方法
    public String getPath()
    {
        return path;
    }
    //  path 属性的 setter 方法
    public void setPath(String path)
    {
        this.path = path;
    }
    //  处理控制逻辑的 execute 方法
    public String execute() throws Exception
    {
        try
        {
            if (path != null && names != null)
            {
                //  设置下载文件需要的 HTTP 响应消息头
                response.setContentType("application/octet-stream");
                if (path.equals("/"))
                {
                    //  如果当前路径是根目录，下载文件名为“网络硬盘根目录.zip"
                    response.addHeader("Content-Disposition", "attachment;
                    filename=" + java.net.URLEncoder.encode("网络硬盘根目录.
                    zip","utf-8"));
                }
                else if (path.length() > 0)
                {
                    String[] array = path.split("/");
                    //  如果当前路径不是根目录，则使用当前目录名作为下载文件名
                    if (array.length > 1)
                    {
                        String zipName = array[array.length - 1] + ".zip";
                        response.addHeader("Content-Disposition", "attac
                        hment;filename=" + zipName);
                    }
                    else
                        return null;
                }
                else
                    return null;
                //  对要下载的文件和目录下载扫描，并处理每一个下载项
                for (int i = 0; i < names.length; i++)
                {
                    String name = names[i];
                    if (!name.equals(""))
                    {
                        //  获得下载项的本地路径
                        String filename = userInfo.getUserRoot() + (File.
                        separator.equals("\\")?path.replaceAll("/", "\\\\") :
                        path) + name;
                        //  对本地路径进行解码
```

```
                        filename = java.net.URLDecoder.decode(filename, "UTF-
                        8");
                        names[i] = filename;
                    }
                }
                // 将要下载的文件或目录压缩成 zip 文件
                Zip.compress(response.getOutputStream(), names);            }
    }
    catch (Exception e)
    {
        System.out.println(e.getMessage());
    }
    return null;
    }
}
```

DownloadFileAction 类和 DownloadMoreFileAction 类的配置代码如下：

```xml
<!-- 配置动作 -->
<action name="downloadFile" class="action.DownloadFileAction"/>
<action name="downloadMoreFile" class="action.DownloadMoreFileAction"/>
```

从上面的配置代码可以看出，这两个 Action 类并不需要转入 JSP 页面。在 DownloadMoreFileAction 类中涉及了一个 Zip 类，该类负责压缩文件和目录。Zip 类的实现代码如下：

```java
package common;
import java.io.*;
import org.apache.tools.zip.*;
// 设计类 Zip
public class Zip
{
    // 压缩指定目录，并通过 zos 参数返回
    private static void zipDirectory(ZipOutputStream zos, String dirName,
        String basePath) throws Exception
    {
        File dir = new File(dirName);
        if (dir.exists())
        {
            // 返回指定目录中所有的文件和目录
            File files[] = dir.listFiles();
            if (files.length > 0)
            {
                // 处理所有的上传文件
                for (File file : files)
                {
                    // 如果 file 是目录，递归压缩该目录
                    if (file.isDirectory())
                    {
                        zipDirectory(zos, file.getPath(), basePath + file.get
                        Name().substring(file.getName().lastIndexOf(File.
                        separator) + 1) + File.separator);
                    }
                    // 如果 file 是文件，将该文件加入到压缩输出流中
                    else
                        zipFile(zos, file.getPath(), basePath);
                }
```

```
        }
        //  添加空目录
        else
        {
            ZipEntry ze = new ZipEntry(basePath);
            zos.putNextEntry(ze);
        }
    }
}
//  压缩指定的文件
private static void zipFile(ZipOutputStream zos, String filename, String
basePath) throws Exception
{
    File file = new File(filename);
    if (file.exists())
    {
        FileInputStream fis = new FileInputStream(filename);
        //  建立 ZipEntry 对象来压缩文件，一个 ZipEntry 对象可以压缩一个文件
        ZipEntry ze = new ZipEntry(basePath + file.getName());
        zos.putNextEntry(ze);                        //  将当前压缩文件加到压缩包中
        byte[] buffer = new byte[8192];
        int count = 0;
        //  开始压缩文件
        while ((count = fis.read(buffer)) > 0)
        {
            zos.write(buffer, 0, count);        //  向压缩包中写入字节流
        }
        fis.close();
    }
}
//  压缩指定文件和目录（可以是多个文件和目录）
public static void compress(String zipFilename, String... paths) throws
Exception
{
    compress(new FileOutputStream(zipFilename), paths);
}
//  压缩指定文件和目录的另一种重载形式
public static void compress(OutputStream os, String... paths) throws
Exception
{
    //  用压缩输出流封装 os 指定的输出流
    ZipOutputStream zos = new ZipOutputStream(os);
    //  扫描所有的压缩路径
    for (String path : paths)
    {
        if(path.equals("")) continue;
        java.io.File file = new java.io.File(path);
        //  如果该路径存在，开始压缩
        if (file.exists())
        {
            //  压缩目录
            if (file.isDirectory())
            {
                zipDirectory(zos, file.getPath(), file.getName() + File.
                separator);
            }
            //  压缩文件
```

```
        else
        {
            zipFile(zos, file.getPath(), "");
        }
      }
    }
    zos.close();
  }
}
```

🔔注意：Zip 类使用了 Apache 组织 Ant 工程中 org.apache.tools.zip 包中的类进行压缩，因此，本系统必须引用 ant.jar 包。该包可以从 http://ant.apache.org 下载。

27.6.8 使用拦截器控制页面访问权限

在本系统中使用 Struts 2 的拦截器控制 JSP 页面的访问权限。该拦截器和 9.6 节介绍的拦截器类似，所不同的是在本系统中的拦截器可以指定一个正则表达式过滤不需要控制的 Action。该拦截器的实现代码如下：

```java
// 继承类 AbstractInterceptor 的类 AuthorizationInterceptor
public class AuthorizationInterceptor extends AbstractInterceptor
{
    …
    // 重写方法 intercept
    @Override
    public String intercept(ActionInvocation invocation) throws Exception
    {
        ActionContext ctx = invocation.getInvocationContext();
        Map session = ctx.getSession();
        // 从 Session 中获得用户名
        String user = (String) session.get("username");
        boolean ignore = false;
        // 获得当前 Action 的名
        String currentAction = invocation.getProxy().getActionName();
        String[] actions = ignoreActions.split(",");
        for (String action : actions)
        {
            // 通过正则表达式过滤不需要控制的 Action
            if (currentAction.matches(action.trim()))
            {
                ignore = true;
                break;
            }
        }
        if (user != null || ignore == true)
        {
            return invocation.invoke();
        }
        else
        {
            return Action.LOGIN;
        }
    }
}
```

下面的配置代码安装了 AuthorizationInterceptor 拦截器。

```
//  设置拦截器
<interceptors>
    <interceptor   name="authorization"   class="interceptor.Authorization
Interceptor" />
    <interceptor-stack name="myStack">
        <interceptor-ref name="authorization">
            <!--  定义需要忽略的 Action  -->
            <param name="ignoreActions">
                validate_code, register.*,.*login.*
            </param>
        </interceptor-ref>
        <!--  引用 defaultStack 拦截器栈  -->
        <interceptor-ref name="defaultStack" />
    </interceptor-stack>
</interceptors>
```

27.6.9　其他的功能

在本系统中还有很多其他的功能，如删除文件和目录、获得当前用户已经用的网络硬盘空间大小、获得当前目录中的文件和目录信息等功能。这些功能大多都很简单，如删除文件和目录功能由 DeleteAction 类实现，该类只是通过调用 DirectoryService 接口的 deleteDirectory 方法实现的。读者要想了解更详细的信息，可以参阅本书提供的源代码。

27.7　小　　结

本章通过一个完整的网络硬盘系统演示了如何以整合 Struts 2、Hibernate 4 和 Spring 3 的方式开发 Web 应用程序。在该系统中涉及了 Struts 2、Hibernate 4 和 Spring 3 框架及其他的很多知识，如 Action、拦截器、实体 Bean 映射、装配 Bean、Struts 2 的 Spring 插件、压缩文件、上传多个文件等。除此之外，本章还通过网络硬盘系统演示了开发一个多层结构应用程序的基本步骤。通过对本章的学习，读者可以对多层应用的层次结构有一个比较全面的了解。

第 28 章 论 坛 系 统

本章使用 Struts 2、Hibernate 4 和 Spring 3 这 3 个框架实现一个论坛系统。该系统和第 27 章介绍的网络硬盘系统的实现过程基本相同，但在论坛系统中使用了一些新的技术和方法，如整合了 FCKEditor 组件，Hibernate 4 的分页功能等。本章的主要内容如下：

- ❑ 系统功能简介；
- ❑ 数据库设计；
- ❑ 实体 Bean 设计；
- ❑ 定义 DAO 接口；
- ❑ 实现 DAO 接口；
- ❑ 整合 FCKEditor 组件；
- ❑ 浏览论坛的主题列表；
- ❑ 发布新主题；
- ❑ 浏览主题和回复的内容；
- ❑ 回复主题。

28.1 系统功能设计

论坛系统是网站系统的一种，例如最著名的有 discuz 论坛系统，动易论坛系统等。为了让读者可以快速地理解和掌握论坛系统，本章将详细介绍该系统所涉及的功能，该系统的主要功能如下：

- ❑ 用户注册和登录；
- ❑ 浏览论坛主题列表；
- ❑ 发布新主题；
- ❑ 浏览论坛主题内容；
- ❑ 回复主题。

在上面的主要功能中，用户注册和登录功能和第 27 章的相关功能类似，在本章将不再介绍，读者可以参阅本书提供的源代码。"发布新主题"和"回复主题"功能采用了 FCKEditor 组件进行内容的录入，该组件类似于 Web 版的 Word，除了具有文字编辑的基本功能外，还具有画表格、上传图片、上传 Flash 文件等功能。除此之外，在浏览论坛主题内容时，如果每页的主题数太多，是需要进行分页显示。每页的主题数可以通过配置文件进行设置。如图 28.1 是论坛系统显示主题的页面。

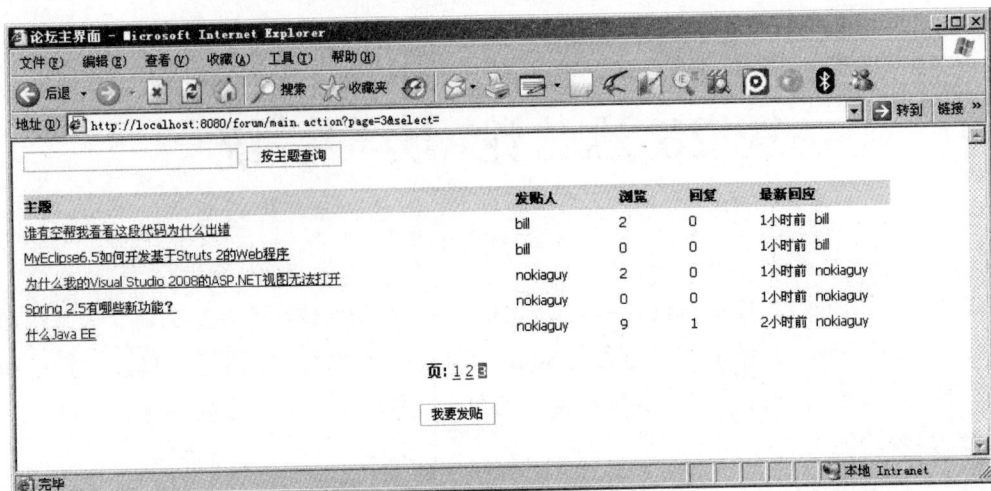

图 28.1　论坛系统的主界面

28.2　实现数据库设计

论坛系统需要建立一个数据库和在该数据库中建立 3 张表,分别是存放表的数据库 forum、存放用户信息的表 t_users、存放主题信息的表 t_topics 和存放回复信息的表 t_reviews。

下面的 SQL 语句建立了 forum 数据库。

```
CREATE DATABASE IF NOT EXISTS forum DEFAULT CHARACTER SET utf8 COLLATE
utf8_unicode_ci;
```

t_users 表的结构如图 28.2 所示。

图 28.2　t_users 表的结构

其中,password_md5 字段保存的是经过 MD5 算法加密后的密码字符串。建立 t_users 表的 SQL 语句如下:

```
CREATE TABLE IF NOT EXISTS forum.t_users (
  id int(11) NOT NULL auto_increment,
user varchar(20) NOT NULL,
  password_md5 varchar(50) NOT NULL,
xm varchar(10) default NULL,
```

```
  email varchar(20) default NULL,
  phone varchar(20) default NULL,
  qq varchar(12) default NULL,
  PRIMARY KEY  (id),
  UNIQUE KEY user (user)
) ENGINE=InnoDB DEFAULT CHARSET=utf8 COLLATE=utf8_unicode_ci;
```

t_topics 表的结构如图 28.3 所示。

Field	Type	Comment
id	int(11) NOT NULL	
topic	varchar(100) NOT NULL	
post_topic_time	datetime NOT NULL	
user_id	int(11) NOT NULL	
view_count	int(11) NOT NULL	
reply_count	int(11) NOT NULL	
last_reply_time	datetime NOT NULL	
last_reply_user_id	int(11) NOT NULL	
topic_path	varchar(10) NOT NULL	

图 28.3　t_topics 表的结构

建立 t_topics 表的 SQL 语句如下：

```
CREATE TABLE IF NOT EXISTS forum.t_topics (
  id int(11) NOT NULL auto_increment,
  topic varchar(100) NOT NULL,
  post_topic_time datetime NOT NULL,
  user_id int(11) NOT NULL,
  view_count int(11) NOT NULL default '0',
  reply_count int(11) NOT NULL default '0',
  last_reply_time datetime NOT NULL,
  last_reply_user_id int(11) NOT NULL,
  topic_path varchar(10) NOT NULL,
  PRIMARY KEY  (id),
  UNIQUE KEY user_path (user_id,topic_path)
) ENGINE=InnoDB DEFAULT CHARSET=utf8 COLLATE=utf8_unicode_ci;
```

t_reviews 表的结构如图 28.4 所示。

Field	Type	Comment
id	int(11) NOT NULL	
review_user_id	int(11) NOT NULL	
topic_id	int(11) NOT NULL	
review_time	datetime NOT NULL	

图 28.4　t_reviews 表的结构

建立 t_reviews 表的 SQL 语句如下：

```
CREATE TABLE IF NOT EXISTS forum.t_reviews (
  id int(11) NOT NULL auto_increment,
  review_user_id int(11) NOT NULL,
  topic_id int(11) NOT NULL,
  review_time datetime NOT NULL,
  PRIMARY KEY  (id),
  KEY user_id (review_user_id)
) ENGINE=InnoDB DEFAULT CHARSET=utf8 COLLATE=utf8_unicode_ci;
```

28.3 实现持久对象层

为了让读者可以快速地理解和掌握论坛系统，在具体讲解时按照面向应用的方式对该系统分成 4 层：持久对象层、数据访问层、业务逻辑层和 Web 表示层。本节将详细介绍如何设计持久对象层。持久对象层包括如下几个实体 Bean。

- ❑ User：该实体 Bean 和 t_users 表对应，每一个 User 对象表示 t_users 表中的一条记录。
- ❑ Topic：该实体 Bean 和 t_topics 表对应，每一个 Topic 对象表示 t_topics 表中的一条记录。
- ❑ Review：该实体 Bean 和 t_reviews 表对应，每一个 Review 对象表示 t_reviews 表中的一条记录。

其中，User 实体 Bean 的代码和第 27 章的 User 实体 Bean 类似，只是多了个 id 属性，并且 id 属性为主键。关于本章的 User 实体 Bean 的实现代码，请读者参阅本书提供的源代码。

28.3.1 实现主题实体 Bean

主题实体 Bean 是 Topic，该实体 Bean 的属性和 t_topics 表中的字段一一对应。主题实体 Bean 的实现代码如下：

```java
package entity;
// 导入类
import common.MyFormat;
// 创建类 Topic
public class Topic
{
    // 创建各种属性
    private int id;                          // 封装 id 字段的属性
    private String topic;                    // 封装 topic 字段的属性
    private User user;                       // 封装 User 对象实例的属性
    private java.util.Date postTopicTime;    // 封装 postTopicTime 字段的属性
    private int viewCount;                   // 封装 viewCount 字段的属性
    private int replyCount;                  // 封装 replyCount 字段的属性
    private java.util.Date lastReplyTime;    // 封装 lastReplyTime 字段的属性
    private User lastReplyUser;              // 封装最后回复用户对象实例的属性
    private String topicPath;                // 封装 topicPath 字段的属性
    // 此处省略了属性的 getter 和 setter 方法
    ...
    // 返回经过格式化的最后回复时间
    public String getLastReplyTimeInterval()
    {
        long time = new java.util.Date().getTime() - lastReplyTime.get
    Time();
        return MyFormat.getTimeInterval(time);
    }
    // 返回结果格式化的提交主题时间
    public String getFormattedPostTopicTime()
```

```
    {
        return MyFormat.formatDate(postTopicTime);
    }
}
```

Topic 类的配置代码如下：

```xml
<?xml version="1.0"?>
<!DOCTYPE hibernate-mapping PUBLIC "-//Hibernate/Hibernate Mapping DTD//
EN"
"http://hibernate.sourceforge.net/hibernate-mapping-3.0.dtd">
<hibernate-mapping>
    <class name="entity.Topic" table="t_topics">
        <!-- 将 id 属性映射成自增主键 -->
        <id name="id" column="id" type="int">
            <generator class="increment" />
        </id>
        <!-- 映射 topic 属性 -->
        <property name="topic" column="topic" />
        <!-- 映射 postTopicTime 属性 -->
        <property name="postTopicTime" column="post_topic_time" />
        <!-- 映射 viewCount 属性 -->
        <property name="viewCount" column="view_count" />
        <!-- 映射 replyCount 属性 -->
        <property name="replyCount" column="reply_count" />
        <!-- 映射 lastReplyTime 属性 -->
        <property name="lastReplyTime" column="last_reply_time" />
        <!-- 映射 topicPath 属性 -->
        <property name="topicPath" column="topic_path" />
        <!-- 将 Topic 和 user 属性映射成多对一的关系 -->
        <many-to-one name="user" column="user_id"
            class="entity.User" cascade="all" lazy="false">
        </many-to-one>
        <!-- 将 Topic 和 lastReplayUser 属性映射成多对一的关系 -->
        <many-to-one name="lastReplyUser" column="last_reply_user_id"
            class="entity.User" cascade="all" lazy="false" >
        </many-to-one>
    </class>
</hibernate-mapping>
```

在上面的代码中涉及一个 MyFormat 类。该类的 getTimeInterval 方法可以将某个时间格式转换成距当前时间的时间差，并以一定的格式返回，如"5 分钟前"、"1 小时前"等，如图 28.1 所示。formatDate 方法可以将指定日期格式化成一定格式的字符串。MyFormat 类的实现代码如下：

```java
package common;
// 创建类 MyFormat
public class MyFormat
{
    // 格式化日期
    public static String formatDate(java.util.Date date)
    {
        String result = "";
        // 定义格式化字符串
        java.text.SimpleDateFormat dateFormat = new java.text.SimpleDate
        Format("yyyy-MM-dd HH:MM:ss");
        // 格式化日期
        result = dateFormat.format(date);
```

```
        return result;
    }
    // 返回距离现在的时间差
    public static String getTimeInterval(long time)
    {
        time = time / 1000;
        long t = 0;
        // 按"年"格式化
        if((t = time / (365*24*3600)) > 0)
            return String.valueOf(t) + "年前";
        // 按"月"格式化
        else if((t = time / (30 * 24*3600)) > 0)
            return String.valueOf(t) + "个月前";
        // 按"周"格式化
        else if((t = time / (7 * 24*3600)) > 0)
            return String.valueOf(t) + "周前";
        // 按"天"格式化
        else if((t = time / (24*3600)) > 0)
            return String.valueOf(t) + "天前";
        // 按"小时"格式化
        else if((t = time / (3600)) > 0)
            return String.valueOf(t) + "小时前";
        // 按"分钟"格式化
        else if((t = time / (60)) > 0)
            return String.valueOf(t) + "分钟前";
        // 按"秒"格式化
        else
            return String.valueOf(time) + "秒钟前";
    }
}
```

28.3.2　实现回复实体 Bean

回复实体 Bean 是 Review 类，该实体 Bean 的属性和 t_reviews 表中的字段一一对应。回复实体 Bean 的实现代码如下：

```
package entity;
import common.MyFormat;
// 创建类 Review
public class Review
{
    // 创建各种属性
    private int id;                          // 封装 id 字段的属性
    private int topicId;                     // 封装 topicId 字段的属性
    private User reviewUser;                 // 封装回复用户对象实例的属性
    private java.util.Date reviewTime;      // 封装 reviewTime 字段对象实例的属性
    // 此处省略属性的 getter 和 setter 方法
    ...
    // 格式化回复时间
    public String getFormattedReviewTime()
    {
        return MyFormat.formatDate(reviewTime);
    }
    // 返回被格式化的回复时间间隔
```

```
public String getReviewTimeInterval()
{
    return MyFormat.getTimeInterval(new java.util.Date().getTime() -
    reviewTime.getTime());
}
}
```

Review 类的配置代码如下：

```xml
<?xml version="1.0"?>
<!DOCTYPE hibernate-mapping PUBLIC "-//Hibernate/Hibernate Mapping
DTD//EN"
"http://hibernate.sourceforge.net/hibernate-mapping-3.0.dtd">
<hibernate-mapping>
    <class name="entity.Review" table="t_reviews">
        <!-- 将 id 属性映射成主键 -->
        <id name="id" column="id" type="int">
            <generator class="increment" />
        </id>
        <!-- 映射 reviewTime 属性 -->
        <property name="reviewTime" column="review_time" />
        <!-- 映射 topicId 属性 -->
        <property name="topicId" column="topic_id" />
        <!-- 将 Review 和 reviewUser 属性映射成多对一关系 -->
        <many-to-one name="reviewUser" column="review_user_id"
            class="entity.User" cascade="all" lazy="false" >
        </many-to-one>
    </class>
</hibernate-mapping>
```

28.3.3　配置 hibernate.cfg.xml

在编写和配置完实体 Bean 后，需要在 hibenrate.cfg.xml 文件中配置映射文件的位置和相关的属性。hibernate.cfg.xml 文件的配置代码如下：

```xml
<?xml version='1.0' encoding='UTF-8'?>
<!DOCTYPE hibernate-configuration PUBLIC
        "-//Hibernate/Hibernate Configuration DTD 3.0//EN"

"http://hibernate.sourceforge.net/hibernate-configuration-3.0.dtd">
<hibernate-configuration>
    <!-- 配置与数据库相关的属性 -->
    <session-factory>
        <property name="connection.username">root</property>
        <property name="connection.url">
            jdbc:mysql://localhost/forum?characterEncoding=UTF8
        </property>
        <property name="dialect">
            org.hibernate.dialect.MySQLDialect
        </property>
        <property name="show_sql">true</property>
        <property name="connection.password">root</property>
        <property name="connection.driver_class">
            com.mysql.jdbc.Driver
        </property>
        <!-- 配置映射文件的位置 -->
        <mapping resource="entity\User.hbm.xml" />
        <mapping resource="entity\Topic.hbm.xml" />
```

```
        <mapping resource="entity\Review.hbm.xml" />
    </session-factory>
</hibernate-configuration>
```

28.4　实现数据访问层

按照面向应用的方式对论坛系统分成 4 层：持久对象层、数据访问层、业务逻辑层和 Web 表示层。本节将详细介绍如何设计数据访问层。数据访问层包括如下 DAO 接口和 DAO 接口实现类。

- ❑ UserDAO 接口和 UserDAOImpl 类：通过 HibernateTemplate 操作持久对象层中的 User 对象。
- ❑ TopicDAO 接口和 TopicDAOImpl 类：通过 HibernateTemplate 操作持久对象层中的 Topic 对象。
- ❑ ReviewDAO 接口和 ReviewDAOImpl 类：通过 HibernateTemplate 操作持久对象层中的 Review 对象。

其中，UserDAO 接口和 UserDAOImpl 类与第 27 章的相应接口或类的实现类似，在本章不再介绍，请读者参阅本书提供的源代码。

28.4.1　实现 TopicDAO 接口和 TopicDAOImpl 类

TopicDAO 接口定义了操作访问 Topic 实体 Bean 的方法，实现对表 t_topics 操作：保存主题功能、查询主题功能和查询当前页的主题功能。该接口的实现代码如下：

```
//  设计接口 TopicDAO
public interface TopicDAO
{
    //  持久化 Topic 对象
    public void save(Topic topic);
    //  返回 hql 语句查询到的数据
    public List query(String hql, Object... params);
    //  分页返回 hql 语句查询到的数据
    public List query(final String hql, final int firstRow, final int maxRow,
    final Object...params);
    //  执行不返回数据的 hql 语句，如 update、delete 等
    public void execute(final String hql, final Object... params);
}
```

TopicDAOImpl 类实现了 TopicDAO 接口。该类的实现代码如下：

```
//  继承类 DAOSupport 和实现接口 TopicDAO 的类 TopicDAOImpl
public class TopicDAOImpl extends DAOSupport implements TopicDAO
{
    //  构造方法，通过 DAOSupport 类的构造方法传入一个 HibernateTemplate 对象
    public TopicDAOImpl(HibernateTemplate template)
    {
        super(template);
    }
    //  实现 query 方法
    public List query(String hql, Object... params)
```

```
    {
        // 使用 find 方法执行 hql 语句，并返回查询结果
        return template.find(hql, params);
    }
    // 实现 query 方法
    public List query(final String hql, final int firstRow, final int maxRow,
        final Object... params)
    {
        // 使用 executeFind 方法通过回调的方式执行 HQL 语句，并返回查询结果
        return template.executeFind(new HibernateCallback()
        {
            // 实现 doInHibernate 方法
            public Object doInHibernate(Session session) throws Hibernate
            Exception, SQLException
            {
                // 创建 query 对象
                Query query = session.createQuery(hql);
                if (params != null)
                {
                    // 设置参数
                    for (int i = 0; i < params.length; i++)
                    {
                        query.setParameter(i, params[i]);
                    }
                }
                // 设置用于分页显示的信息
                query.setFirstResult(firstRow);
                query.setMaxResults(maxRow);
                // 执行 HQL 语句
                return query.list();
            }
        });
    }
    // 实现 save 方法
    public void save(Topic topic)
    {
        template.saveOrUpdate(topic);
    }
    // 实现 execute 方法
    public void execute(final String hql, final Object... params)
    {
        template.bulkUpdate(hql, params);
    }
}
```

在上面代码中的第 2 个 query 方法中使用了 HibernateTemplate 类的 executeFind 方法执行 HQL 语句，这主要是因为 HibernateTemplate 类没有 setFirstResult 方法，无法设置返回记录集的开始位置，因此需要直接使用 Session 对象执行 HQL 语句。

28.4.2　实现 ReviewDAO 接口和 ReviewDAOImpl 类

ReviewDAO 接口定义了操作访问 Review 实体 Bean 的方法，实现对表 t_reviews 操作：保存回复功能和查询回复功能。该接口的实现代码如下：

```
// 设计接口 ReviewDAO
public interface ReviewDAO
```

```
{
    // 持久化 Review 对象
    public void save(Review review);
    // 执行 HQL 语句, 并返回查询结果
    public List query(String hql, Object... params);
}
```

ReviewDAOImpl 类实现了 ReviewDAO 接口。该类的实现代码如下:

```
// 继承类 DAOSupport 和实现接口 ReviewDAO 的类 ReviewDAOImpl
public class ReviewDAOImpl extends DAOSupport implements ReviewDAO
{
    // 构造方法, 通过 DAOSupport 类的构造方法传入一个 HibernateTemplate 对象
    public ReviewDAOImpl(HibernateTemplate template)
    {
        super(template);
    }
    // 实现 query 方法
    public List query(String hql, Object... params)
    {
        return template.find(hql, params);
    }
    // 实现 save 方法
    public void save(Review review)
    {
        template.saveOrUpdate(review);
    }
}
```

28.5 实现业务逻辑层

本节将详细介绍业务逻辑层。业务逻辑层也称为 Service 层, 该层由若干接口和类组成。在该层的类中通过访问数据访问层组件来完成和数据库相关的业务。该层所涉及到的接口和类如下所述。

❑ UserService 接口和 UserServiceImpl 类: 进行和用户相关的业务处理。

❑ TopicService 接口和 TopicServiceImpl 类: 进行和主题相关的业务处理。

❑ ReviewService 接口和 ReviewServiceImpl 类: 进行和回复相关的业务处理。

其中, UserService 接口和 UserServiceImpl 类的实现和第 27 章的实现类似, 在本节不再介绍, 请读者参阅本书提供的源代码。

28.5.1 实现 TopicService 接口和 TopicServiceImpl 类

在 TopicService 接口中定义了两个访问 TopicDAO 对象的方法: addTopic 和 getTopics。TopicService 接口的实现代码如下:

```
// 设计接口 TopicService
public interface TopicService
{
```

```
    // 向数据库添加主题信息
    public void addTopic(UserInfo userInfo,ServletContext servletContext)
throws Exception;
    // 获得指定当前页的主题信息（所有用户的提交的主题）
    public List<Topic> getTopics(UserInfo userInfo);
}
```

TopicServiceImpl 类实现了 TopicService 接口。该类的代码如下：

```
// 实现接口 TopicService 的类 TopicServiceImpl
public class TopicServiceImpl implements TopicService
{
    // 创建各种属性
    private TopicDAO topicDAO;
    private UserDAO userDAO;
    // 构造方法，需要通过 Spring 注入的方式传入 TopicDAO 和 UserDAO 对象
    public TopicServiceImpl(TopicDAO topicDAO, UserDAO userDAO)
    {
        this.topicDAO = topicDAO;
        this.userDAO = userDAO;
    }
    // 实现 addTopic 方法
    public void addTopic(UserInfo userInfo, ServletContext servletContext)
    throws Exception
    {
        // 获得当前用户的 User 对象
        User user = userDAO.load(userInfo.getCookieUser());
        if (user == null)
            return;
        Topic topic = new Topic();                    // 创建 Topic 对象
        topic.setUser(user);                          // 初始化 Topic 对象的属性
        java.util.Date date = new java.util.Date();
        topic.setLastReplyTime(date);                 // 初始化 lastReply 属性
        topic.setPostTopicTime(date);                 // 初始化 postTopicTime 属性
        topic.setLastReplyUser(user);                 // 初始化 lastReplyUser 属性
        topic.setTopic(userInfo.getTitle());          // 初始化 topic 属性
        Random random = new Random();
        // 为当前主题的内容随机生成一个保存目录
        String randomStr = String.valueOf(random.nextInt(Integer.MAX_
VALUE));
        topic.setTopicPath(randomStr);                // 初始化 topicPath 属性
        topicDAO.save(topic);                         // 将主题信息保存在数据库中
        // 获得保存主题的根目录的本地路径
        String fn = servletContext.getRealPath("/content");
        // 获得保存当前用户主题的本地路径
        fn += File.separator + userInfo.getCookieUser() + File.separator +
randomStr;
        File dir = new File(fn);
        // 如果目录不存在，创建这个新目录
        if (!dir.exists()){
            dir.mkdirs();
        }
        // 生成主题文件的本地文件名（一个 txt 文件）
        fn += File.separator + "topic.txt";
        OutputStream os = new FileOutputStream(fn);
        // 将主题内容写入文本文件
        OutputStreamWriter osw = new OutputStreamWriter(os);
        osw.write(userInfo.getContent());
```

```
        // 向文件输出流写入主题的内容
    osw.close();
    os.close();
}
// 根据每页显示的主题数返回主题的页数
public int getPageNumber(int pageTopicNumber, String select)
{
    int count = 1;
    List<Long> cc = null;
    // 如果没有查询条件，根据 t_topics 表中所有记录数返回总页数
    if (select == null)
        cc = topicDAO.query("select count(id) from Topic");
    // 如果有查询条件，则根据查询后得到的记录数返回总页数
    else
        cc = topicDAO.query("select count(id) from Topic where topic
        like ?", "%" + select + "%");
    if (cc.size() > 0){
        count = Integer.parseInt(cc.get(0).toString());
        int n = count % pageTopicNumber;
        count = count / pageTopicNumber;
        // 如果最后一页不足每页显示的最大主题数，则总页数加 1
        if (n != 0)
            count++;
    }
    return count;
}
// 实现 getTopics 方法
public List<Topic> getTopics(UserInfo userInfo)
{
    int totalPage = 1;
    // 根据用户的查询条件返回总页数
    if (userInfo.getSelect() != null && !userInfo.getSelect(). Equals
    (""))
        totalPage = getPageNumber(userInfo.getPageTopicNumber(), user
        Info.getSelect());
    else
        totalPage = getPageNumber(userInfo.getPageTopicNumber(), null);
    // 设置 UserInfo 对象和 totalPage 属性，该属性将会在 JSP 主页面使用
    userInfo.setTotalPage(totalPage);
    // 如果当前页码大于总页数，将总页数设为当前页
    if (userInfo.getPage() > totalPage)
        userInfo.setPage(totalPage);
    // 如果用户提交的 page 请求参数小于 1，则设置当前页为 1
    if (userInfo.getPage() < 1)
        userInfo.setPage(1);
    List<Topic> topics = null;
    String hql1 = "from Topic t where t.topic like ? order by t.lastReply
    Time desc";
    String hql2 = "from Topic t order by t.lastReplyTime desc";
    if (userInfo.getSelect() != null && !userInfo.getSelect(). Equals
    ("")){
        // 根据 select 请求参数指定的条件查询出当前页的主题
        topics = topicDAO.query(hql1, (userInfo.getPage() - 1) * userInfo.
        getPageTopicNumber(),userInfo
            .getPageTopicNumber(),"%" + userInfo.getSelect() + "%");
    }else{
        // 查询所当前页的主题
        topics = topicDAO.query(hql2,(userInfo.getPage() - 1)
            * userInfo.getPageTopicNumber(), userInfo.getPageTopic
```

```
                   Number(),null);
        }
    return topics;
    }
}
```

28.5.2 实现 ReviewService 接口和 ReviewServiceImpl 类

在 ReviewService 接口中定义了两个访问 ReviewDAO 对象的方法：addTopic 和 getTopics。TopicService 接口的实现代码如下：

```
// 设计接口 ReviewService
public interface ReviewService
{
    // 向数据库中添加回复信息
    public void addReview(UserInfo userInfo, ServletContext servletContext)
    throws Exception;
    // 返回指定主题的所有回复，通过 UserInfo 对象的 reviews 属性返回
    public void getReviews(UserInfo userInfo);
}
```

ReviewServiceImpl 类实现了 ReviewService 接口。该类的实现代码如下：

```
// 实现接口 ReviewService 的类 ReviewServiceImpl
public class ReviewServiceImpl implements service.interfaces.ReviewService
{
    // 创建属性
    private UserDAO userDAO;
    private TopicDAO topicDAO;
    private ReviewDAO reviewDAO;
    // 构造方法，需要通过 Spring 注入的方式传入 UserDAO、TopicDAO 和 ReviewDAO
    //   对象
    public ReviewServiceImpl(UserDAO userDAO, TopicDAO topicDAO, ReviewDAO
    reviewDAO)
    {
        this.topicDAO = topicDAO;
        this.reviewDAO = reviewDAO;
        this.userDAO = userDAO;
    }
    // 实现 getReviews 方法
    public void getReviews(UserInfo userInfo)
    {
        // 返回指定主题的 Topic 对象
        List<Topic> topics = topicDAO.query("from Topic t where t.user.name
        = ? and t.topicPath = ?",
                userInfo.getUser(), userInfo.getPath());
        Topic topic = null;
        if (topics.size() > 0)
            topic = topics.get(0);
        // 每浏览一次主题内容，浏览次数（viewCount）加1
        topic.setViewCount(topic.getViewCount() + 1);
        // 持久化 Topic 对象
        topicDAO.save(topic);
        String topicPath = "/content/" + userInfo.getUser() + "/" + userInfo.
        getPath() + "/";
```

```
        //  获得主题内容保存的 web 路径和文件名
        String topicURL = topicPath + "topic.txt";
        List<String> reviewURLs = new ArrayList<String>();
        //  返回指定主题的所有回复信息(List<Review>对象)
        List<Review> reviews = reviewDAO.query("from Review r where r.topicId
        = ? order by review_time asc",
                                               topic.getId());
        for (Review review : reviews)
        {
            //  获得每一个回复的 web 路径和文件名
            reviewURLs.add(topicPath + review.getId() + ".txt");
        }
        //  设置 UserInfo 对象的各种属性
        userInfo.setTopic(topic);
        userInfo.setTopicPath(topicPath);
        userInfo.setPostTopicTime(MyFormat.formatDate(topic.getPostTopic
        Time()));
        userInfo.setTopicURL(topicURL);
        userInfo.setReviewURLs(reviewURLs);
        userInfo.setReviews(reviews);
}
//  实现 addReview 方法
public void addReview(UserInfo userInfo, ServletContext servletContext)
throws Exception
{
    Review review = new Review();                    //  创建 Review 对象
    User reviewUser = userDAO.load(userInfo.getCookieUser());
                                                    //  返回当前用户的 User 对象
    if (reviewUser == null)
        return;
    //  返回当前主题的 Topic 对象
    List<Topic> topics = topicDAO.query("from Topic t where t.user.name
    = ? and t.topicPath = ?",
        userInfo.getUser(), userInfo.getPath());
    if (topics.size() == 0)
        return;
    Topic topic = topics.get(0);
    review.setReviewTime(new java.util.Date()); // 初始化 reivewTime 属性
    review.setReviewUser(reviewUser);             // 初始化 reviewUser 属性
    review.setTopicId(topic.getId());             // 初始化 topicId 属性
    reviewDAO.save(review);                        // 持久化 Review 对象
    //  更新回复数、最新回复时间和最新回复用户
    topicDAO.execute(
        "update Topic t set t.replyCount = ?, t.lastReplyTime = ?,
        t.lastReplyUser.id = ? where t.id = ?",
        topic.getReplyCount() + 1, topic.getLastReplyTime(),
        topic.getUser().getId(), topic.getId());
    String fn = servletContext.getRealPath("/content");
    fn += File.separator + topic.getUser().getName() + File.separator +
    topic.getTopicPath();
    //  获得当前回复内容要保存的本地文件名
    fn += File.separator + String.valueOf(review.getId()).toString() +
    ".txt";
    //  开始写入当前回复内容
    OutputStream os = new FileOutputStream(fn);
    OutputStreamWriter osw = new OutputStreamWriter(os);
```

```
        osw.write(userInfo.getContent());
        osw.close();
        os.close();
    }
}
```

从上面的代码可以看出，每次查看主题和回复时，该主题的浏览次数就会增 1。而每次回复该主题时，该主题的回复次数、最新回复时间和最新回复用户都会更新。

28.5.3　实现服务管理类

本系统的服务管理类（ServiceManager）和第 27 章的服务管理类的功能相似，所不同的是本章的服务管理类返回的是 UserService、TopicService 和 ReviewService 对象。ServiceManager 类的代码如下：

```
//  创建类 ServiceManager
public class ServiceManager
{
    //  封装服务类的属性
    private UserService userService;
    private TopicService topicService;
    private ReviewService reviewService;
    ...
    //  此处省略了属性的 getter 和 setter 方法
}
```

28.5.4　配置 applicationContext.xml

本系统采用了和第 27 章相同的配置方法。只是有个别的细节有区别，如装配 BeanNameAutoProxyCreator 类时需要指定本系统的 3 个接口：userDAO、topicDAO 和 reviewDAO。代码如下：

```
<!--  装配 bean  -->
<bean      class="org.springframework.aop.framework.autoproxy.BeanNameAuto
ProxyCreator">
    <!--  指定 3 个数据访问层接口  -->
    <property name="beanNames">
        <list>
            <value>userDAO</value>
            <value>topicDAO</value>
            <value>reviewDAO</value>
        </list>
    </property>
    <!--  配置属性 interceptorNames  -->
    <property name="interceptorNames">
        <list>
            <value>transactionInterceptor</value>
        </list>
    </property>
</bean>
```

关于其他的配置信息请读者参阅书提供的源代码中的 applicationContext.xml 文件。

28.6　整合 FCKEditor 内容编辑组件

FCKEditor 是一套基于 Web 的内容编辑组件。该组件分为客户端和服务端两部分。客户端由若干 HTML、JavaScript、图像文件组成，而服务端由一些处理客户端请求的程序组成。FCKEditor 组件有不同的服务端版本，如 PHP 版、JSP 版。在 JSP 版本中，服务端程序就是 Servlet。

28.6.1　安装 FCKEditor

在 FCKEditor 发行包中有一个 FCKeditor 目录，将其放到 Web 应用程序的根目录。在该目录中包含了 FCKEditor 组件中全部的客户端资源（HTML、JavaScript 等页面）。在 FCKEditor 组件（JSP 版本）中有一些 Java 源文件，这些源代码分属于如下 4 个包：

- ❑ com.fredck.FCKeditor；
- ❑ com.fredck.FCKeditor.connector；
- ❑ com.fredck.FCKeditor.tags；
- ❑ com.fredck.FCKeditor.uploader。

这些包中的大多数 Java 源文件都不需要修改，如果读者需要上传文件或图片，可以修改 com.fredck.FCKeditor.uploader 包中的 SimpleUploaderServlet 类。在 28.6.3 节将介绍如何修改这个类。读者可以将上面 4 个包直接添加到 MyEclipse 的 forum 工程中，如图 28.5 所示。

最后在 Web 应用程序的根目录下建立一个 UserFiles 目录，在该目录再建立 3 个子目录：File、Flash 和 Image。这 3 个目录分别用来保存上传的文件、Flash 文件和图像文件。UserFiles 目录是 FCKEditor 保存上传文件的默认文件，读者可以通过修改配置文件改变这个路径。

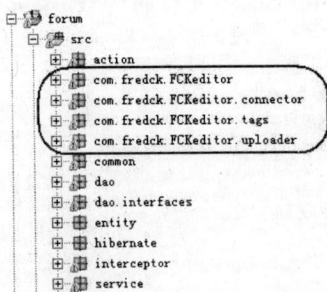

图 28.5　将 FCKEditor 组件的 Java 程序加入 forum 工程

28.6.2　配置 FCKEditor

在 FCKeditor 目录中有一个 fckconfig.js 文件，该文件用来配置 FCKEditor 组件。可以通过该文件配置 FCKEditor 的显示界面、内置的图像等信息。在本系统中为 FCKEditor 添加了一些内置的图像。读者可以将要添加的图像文件放到 <Web 根目录>\FCKeditor\editor\images\smiley\msn 目录中，在本系统中加入了两个图像文件：autobots.gif 和 deceptcon.gif。

在添加完图像文件后，打开 fckconfig.js 文件，找到 FCKConfig.SmileyImages，将这两个文件添加到后面，如下面的代码所示：

```
FCKConfig.SmileyImages   = ['regular_smile.gif','sad_smile.gif','wink_
smile.gif','teeth_smile.gif','confused_smile.gif','tounge_smile.gif',
'embaressed_smile.gif','omg_smile.gif','whatchutalkingabout_smile.gif',
'angry_smile.gif','angel_smile.gif','shades_smile.gif','devil_smile.gif
','cry_smile.gif','lightbulb.gif','thumbs_down.gif','thumbs_up.gif','
heart.gif','broken_heart.gif','kiss.gif','envelope.gif', 'autobots.gif',
'deceptcon. gif'] ;
```

如果这时打开 FCKEditor 的内置图像页面，将显示图 28.6 所示的效果。

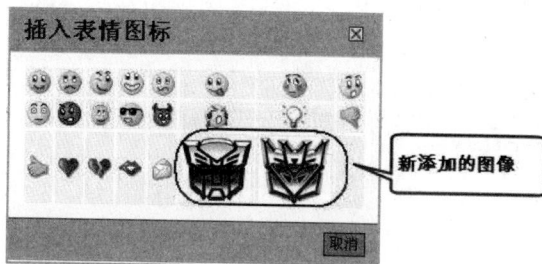

图 28.6　内置图像页面

除此之外，还需要在 fckconfig.js 中修改几处 URL，修改后的代码如下：

```
FCKConfig.LinkBrowserURL   =   FCKConfig.BasePath  +"filemanager/browser/
default/browser.html?Connector=connector.action" ;
FCKConfig.ImageBrowserURL   =   FCKConfig.BasePath  +"filemanager/browser/
default/browser.html?Type=Image&Connector=connector.action" ;
FCKConfig.FlashBrowserURL = FCKConfig.BasePath + "filemanager/browser/
default/browser.html?Type=Flash&Connector=connector.action" ;
```

其中，connector.action 是在 struts.xml 中配置的 Action。代码如下：

```
<!-- 配置动作 -->
<action name="connector">
    <result>
/FCKeditor/editor/filemanager/browser/default/connectors/jsp/connector
    </result>
</action>
```

其中，/FCKeditor/editor/filemanager/browser/default/connectors/jsp/connector 是在 web.xml 中配置的 Servlet。

如果成功进行了上面的配置，使用"浏览服务器"功能将显示在服务端已经存在的资源。如图 28.7 显示了在上传图像时浏览服务器后显示的已经上传的图像。

图 28.7　浏览服务端已经上传的图像

除此之外，还需要在 web.xml 文件中加入如下的内容：

```xml
<?xml version="1.0" encoding="UTF-8"?>
<web-app version="2.5" xmlns="http://java.sun.com/xml/ns/javaee"
  xmlns:xsi="http://www.w3.org/2001/XMLSchema-instance"
  xsi:schemaLocation="http://java.sun.com/xml/ns/javaee
  http://java.sun.com/xml/ns/javaee/web-app_2_5.xsd">
  <!-- 配置监听器 -->
  <listener>
    <listener-class>
        org.springframework.web.context.ContextLoaderListener
    </listener-class>
  </listener>
  <!-- 配置过滤器 -->
  <filter>
    <filter-name>struts2</filter-name>
    <filter-class>org.apache.struts2.dispatcher.FilterDispatcher</
    filter-class>
  </filter>
  <filter-mapping>
    <filter-name>struts2</filter-name>
    <!-- 需要将/*改成*.action -->
    <url-pattern>*.action</url-pattern>
  </filter-mapping>
  <!-- 配置 ConnectorServlet 类 -->
  <servlet>
    <servlet-name>Connector</servlet-name>
    <servlet-class>com.fredck.FCKeditor.connector.ConnectorServlet
    </servlet-class>
    <!-- 配置浏览服务端资源的根目录 -->
    <init-param>
      <param-name>baseDir</param-name>
      <param-value>/UserFiles/</param-value>
    </init-param>
    <init-param>
      <param-name>debug</param-name>
      <param-value>true</param-value>
    </init-param>
    <load-on-startup>1</load-on-startup>
  </servlet>
  <!-- 配置 SimpleUploaderServlet 类 -->
  <servlet>
    <servlet-name>SimpleUploader</servlet-name>
    <servlet-class>com.fredck.FCKeditor.uploader.SimpleUploader
    Servlet</servlet-class>
    <!-- 配置上传文件的根目录 -->
```

```xml
        <init-param>
            <param-name>baseDir</param-name>
            <param-value>/UserFiles/</param-value>
        </init-param>
        <init-param>
            <param-name>debug</param-name>
            <param-value>true</param-value>
        </init-param>
        <init-param>
            <param-name>enabled</param-name>
            <param-value>true</param-value>
        </init-param>
        <!-- 允许上传有如下扩展名的文件 -->
        <init-param>
            <param-name>AllowedExtensionsFile</param-name>
            <param-value></param-value>
        </init-param>
        <!-- 有如下文件扩展名的文件不能上传 -->
        <init-param>
            <param-name>DeniedExtensionsFile</param-name>
            <param-value>
                php|php3|php5|phtml|asp|aspx|ascx|jsp|cfm|cfc|pl|bat|exe
                |dll|reg|cgi
            </param-value>
        </init-param>
        <!-- 允许上传有如下扩展名的图像文件 -->
        <init-param>
            <param-name>AllowedExtensionsImage</param-name>
            <param-value>jpg|gif|jpeg|png|bmp</param-value>
        </init-param>
        <!-- 有如下图像文件扩展名的文件不能上传 -->
        <init-param>
            <param-name>DeniedExtensionsImage</param-name>
            <param-value></param-value>
        </init-param>
        <!-- 允许上传有如下扩展名的 Flash 文件 -->
        <init-param>
            <param-name>AllowedExtensionsFlash</param-name>
            <param-value>swf|fla</param-value>
        </init-param>
        <!-- 有如下 Flash 文件扩展名的文件不能上传 -->
        <init-param>
            <param-name>DeniedExtensionsFlash</param-name>
            <param-value></param-value>
        </init-param>
        <load-on-startup>1</load-on-startup>
    </servlet>
    <!-- 配置 Connector 的访问路径 -->
    <servlet-mapping>
        <servlet-name>Connector</servlet-name>
        <url-pattern>
            /FCKeditor/editor/filemanager/browser/default/connectors/jsp/
            connector
        </url-pattern>
    </servlet-mapping>
    <!-- 配置 SimpleUploader 的访问路径 -->
    <servlet-mapping>
        <servlet-name>SimpleUploader</servlet-name>
        <url-pattern>
            /FCKeditor/editor/filemanager/upload/simpleuploader
```

```
            </url-pattern>
        </servlet-mapping>
</web-app>
```

💬注意：由于 Struts 2 会将 FCKEditor 上传文件的动作拦截，因此，需要将 Struts 2 过滤器的路径设为 *.action，这样，Struts 2 过滤就会只拦截以 .action 结尾的 URL 了。否则，FCKEditor 组件的上传文件功能将失效。

28.6.3　修改 FCKEditor 自带的 Servlet

由于本系统需要用户成功登录才能正常使用，因此每个登录用户的上传文件需要单独保存。在本系统使用了在 Image、Flash 和 File 目录中为每个用户建立子目录的方法保存用户的上传文件，目录名就是用户登录名。

要达到这个目的，需要修改 com.fredck.FCKeditor.uploader.SimpleUploaderServlet 类中的 doPost 方法中的代码。首先需要从 Session 中获得当前登录的用户名。代码如下：

```
String user = session.getAttribute("username").toString();
```

然后将当前上传路径加上用户名，代码如下：

```
String currentPath = baseDir + typeStr + "/" + user;
```

关于修改后的 SimpleUploaderServlet 类的代码，请读者参阅本书提供的源代码。

28.6.4　生成 FCKEditor 的客户端脚本

要想在客户端生成 FCKEditor 编辑器，需要生成客户端代码，这个功能由 WebEditor 完成。代码如下：

```
package common;
import com.fredck.FCKeditor.FCKeditor;
import com.fredck.FCKeditor.FCKeditorConfigurations;
import javax.servlet.http.*;
public class WebEditor
{
    public static void createFCKEditor(HttpServletRequest request, String
    width, String height)
    {
        String path = request.getContextPath();
        FCKeditor oFCKeditor;
        // 定义一个属性来使 Action 通过 request 来获得 FCKeditor 编辑器中的值
        oFCKeditor = new FCKeditor(request, "content");
        FCKeditorConfigurations con = new FCKeditorConfigurations();
        oFCKeditor.setConfig(con);
        // 设置 FCKEditor 的根目录
        oFCKeditor.setBasePath(path + "/FCKeditor/");
        // 设置 FCKEditor 编辑器在客户端显示的宽度
        oFCKeditor.setWidth(width);
        // 设置 FCKEditor 编辑器在客户端显示的高度
        oFCKeditor.setHeight(height);
        // 设置 FCKEditor 编辑器中保存编辑内容的名称，这个名称作为请求参数名提交给服
```

```
务端
    oFCKeditor.setInstanceName("content");
    // 设置 FCKeditor 编辑器打开时的默认值
    oFCKeditor.setValue("");
    // 将生成的客户端代码保存在 request 域中
    request.setAttribute("editor", oFCKeditor.create());
    }
}
```

上面的代码使用 FCKeditor 对象生成了 FCKEditor 组件的客户端代码,并将生成的代码保存在 request 域中。这些代码将在相应的 JSP 页面被取出,并生成 FCKEditor 编辑器。

28.7　实现 Web 表现层

本节将详细介绍 Web 表示层。Web 表示层由 JSP 页面和若干 Action 类组成。在本系统中,JSP 页面并不能直接访问,而是通过 Action 来访问相应的 JSP 页面。这样做主要是为了可以通过 Struts 2 的拦截器为 JSP 页面添加访问权限。为了完成这一点,需要将 JSP 页面放到 WEB-INF 目录中,这样在客户端就无法直接访问 JSP 页面了。

28.7.1　浏览主题列表

在访问系统主页面(main.jsp)时,需要将用户发布的主题显示出来(只显示当前页的主题)。虽然在本系统的 struts.xml 中也使用了通配符来映射 JSP 页面,配置代码如下:

```
<!-- 配置动作 -->
<action name="*_page">
    <result>/WEB-INF/jsp/{1}.jsp</result>
</action>
```

但上面的配置代码只可用来对 JSP 页面的访问进行控制。而在 main.jsp 页面中需要获得当前页的主题及相关的信息。这就需要另外编写一个 Action 来完成这个任务,并且通过该 Action 转入 main.jsp。这个 Action 类是 MainAction,代码如下:

```
// 实现接口 ModelDriven 和继承类 BaseAction 的类 MainAction
public class MainAction extends BaseAction implements ModelDriven<UserInfo>
{
    // 重写方法 execute
    public String execute() throws Exception
    {
        try
        {
            // 通过 getTopicService 方法返回 TopicService 对象
            TopicService topicService = serviceManager.getTopicService();
            // 返回主题的相关信息,将赋给 UserInfo 对象的 topics 属性,该属性将在
            //   main.jsp 页面中使用
            userInfo.setTopics(topicService.getTopics(userInfo));
        }
        catch (Exception e)
        {
        }
```

```
        return SUCCESS;
    }
    // 实现 getModel 方法，以获得模型类对象实现
    public UserInfo getModel()
    {
        return userInfo;
    }
}
```

从 MainAction 类的代码可以看出，该类使用了 UserInfo 作为模型类来接收客户端的请求参数，并通过 TopicService 类的 getTopics 方法获得当前页的主题信息。MainAction 类的配置代码如下：

```
<!--  配置动作  -->
<action name="main" class="action.MainAction">
    <result name="success">/WEB-INF/jsp/main.jsp</result>
</action>
```

main.jsp 页面的实现代码如下：

```
<%@ page language="java" pageEncoding="UTF-8"%>
<%@ taglib prefix="s" uri="/struts-tags"%>
<%@ taglib uri="http://java.sun.com/jsp/jstl/core" prefix="c"%>
<html>
    <head>
        <title>论坛主页面</title>
        <!--  导入外部 JavaScript 和 CSS 文件  -->
        <script type="text/javascript" src="javascript/common.js">
        </script>
        <link type="text/css" rel="stylesheet" href="css/style.css" />
    </head>
    <body>
        <!--  用于提交查询主题请求的 form  -->
        <form action="main.action" method="post">
            <input type="text" name="select" style="width: 200px" /> 
            <input type="submit" value="按主题查询" />
        </form><p />
        <div style="width: 800px; text-align: center">
            <table width="800px" border="0" cellspacing="0" cellpadding="0"
            class="bt">
                <!--  定义显示主题的列表头  -->
                <tr style="height: 23px; font: bold" bgcolor="#DDDDDD">
                    <td>主题</td>
                    <td width="12%">发帖人</td>
                    <td width="8%">浏览</td>
                    <td width="8%">回复</td>
                    <td width="15%">最新回应</td>
                </tr>
                <!--  读取 topics 属性来获得当前页所有的主题信息  -->
                <s:iterator id="element" value="topics">
                    <tr style="height: 23px">
                        <td>
                        <!--  通过单击每一个主题来访问 view_topic.action，以显示主题内
                            容和回复内容  -->
                            <a
                                href="view_topic.action?path=<s:property
                                value='#element.topicPath'/>&user=<s:property
                                value= '#element.user.name'/>">
```

```
                          <s:property value='#element.topic' /> </a>
                    </td>
                    <!--    显示发布主题的用户名   -->
                    <td><s:property value='#element.user.name' /></td>
                    <!--    显示当前主题的浏览数   -->
                    <td><s:property value='#element.viewCount' /></td>
                    <!--    显示当前主题的回复数   -->
                    <td><s:property value='#element.replyCount' /></td>
                    <!--    显示当前主题的最新回复时间和回复用户   -->
                    <td>
                        <s:property value='#element.lastReplyTime
                        Interval' /> 
                        <s:property value='#element.lastReplyUser.name'/>
                    </td>
                </tr>
            </s:iterator>
        </table><p /><p />
        <div class="pages">
            <!--    显示分页信息   -->
            <s:if test="totalPage > 1">
                <b>页: </b>
                <!--    生成用于分页的页码   -->
                <c:forEach var="i" begin="${begin}" end="${totalPage}">
                    <c:choose>
                        <!--    page 请求参数为空时，默认显示第一页，并设置页码背景
                            色   -->
                        <c:when test="${param.page == null and i == 1}">
                            <span class="page_on">${i}</span>
                        </c:when>
                        <!--    在显示当前页时，设置当前页码的背景色   -->
                        <c:when test="${param.page == i}">
                            <span class="page_on">${i}</span>
                        </c:when>
                        <!--    显示未被选中的页码   -->
                        <c:otherwise>
                            <a href='main.action?page=${i}&select=${param.
                            select}'
                                class='blue'>${i}</a>
                        </c:otherwise>
                    </c:choose>
                </c:forEach>
            </s:if>
        </div>
        <!--    用于提交发帖请求的 form   -->
        <form action="new_topic_page.action" method="post">
            <input type="submit" value="我要发帖" />
        </form>
    </div>
  </body>
</html>
```

　　在 main.jsp 页面中涉及到了两个 Action：view_topic.action 和 new_topic_page.action。其中 view_topic.action 用来浏览当前主题和回复的内容。new_topic_page.action 对应于 new_topic.jsp 页面，该页面用来发布新主题。这两个 Action 将在后面的部分详细介绍。在浏览器地址栏中输入如下的 URL：

```
http://localhost:8080/forum/main.action
```

在第一次访问上面的 URL 后，会要求用户登录，当登录成功后，会显示图 28.1 所示的论坛主页面。

28.7.2　发布新主题

单击主页面的"我要发帖"按钮，就会进入 new_topic.jsp 页面（该页面可通过 new_topic_page.action 访问）。new_topic.jsp 页面的实现代码如下：

```jsp
<%@ page language="java" pageEncoding="UTF-8"%>
<html>
    <head>
        <link type="text/css" rel="stylesheet" href="css/style.css" />
        <!-- 生成 FCKEditor 组件的客户端代码 -->
        <% common.WebEditor.createFCKEditor(request, "800", "450"); %>
    </head>
    <body>
        <!-- 返回论坛主页面 -->
        <a href="">返回</a>
        <!-- 用于提交新主题的 form -->
        <form name="postTopic" action="post_topic.action" method="post">
            标题：
            <input type="text" name="title" id="title" style="width: 720px" />
            <p />
                <!-- 从 request 域中取出 FCKEditor 组件的客户端代码，并显示内容输入
                区 -->
                ${requestScope.editor}
        </form><p />
        <input type="button" onclick="new_topic()" value="提交" />
        <script type="text/javascript">
        <!-- 提交请求主题的函数 -->
        function new_topic()
        {
            try
            {
                var title = document.getElementById("title");
                // 保证标签体必须输入
                if(title.value.replace(/(^\s*)/g, "") == "")
                {
                    alert("请输入标题!");
                    title.focus();
                    return;
                }
                // 提交主题
                postTopic.submit();
            }
            catch(e)
            {
                alert(e);
            }
        }
        </script>
    </body>
</html>
```

新主题的页面如图 28.8 所示。

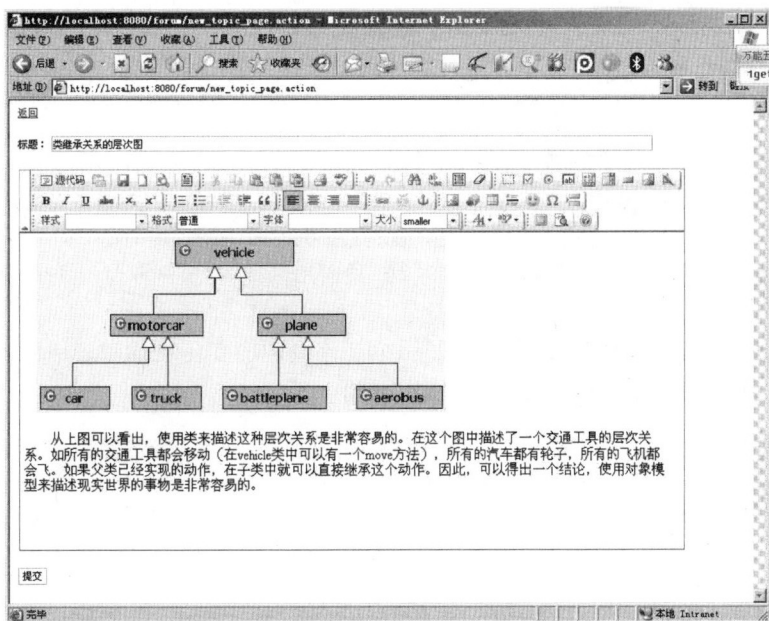

图 28.8　输入新主题页面

28.7.3　浏览某个主题和它的回复内容

当单击主页面中的主题时，就会进入浏览主题和回复内容的页面。在该页面中显示该主题的内容及该主题的所有回复。获得这些信息的工作由 ViewTopicAction 类完成。该类的实现代码如下：

```java
// 实现接口 ModelDriven 和继承类 BaseAction 的类 ViewTopicAction
public class ViewTopicAction extends BaseAction  implements ModelDriven
<UserInfo>
{
    // 实现 getModel 方法
    public UserInfo getModel()
    {
        return userInfo;
    }
    // 重写执行方法
    public String execute() throws Exception
    {
        try
        {
            // 通过 getReviewService 方法获得 ReviewService 对象
            ReviewService reviewService = serviceManager.getReviewService
            ();
            // 获得指定主题和回复的内容及相关信息
            reviewService.getReviews(userInfo);
            // 设置 FCKEditor 组件的回复输入框的大小
            common.WebEditor.createFCKEditor(request, "800", "350");
        }
        catch (Exception e)
        {
            System.out.println(e.getMessage());
```

```
        }
        return SUCCESS;
    }
}
```

ViewTopicAction 类的配置代码如下：

```
<!-- 配置动作 -->
<action name="view_topic" class="action.ViewTopicAction">
    <result name="success">/WEB-INF/jsp/view_topic.jsp</result>
</action>
```

其中 view_topic.jsp 页面用来显示回复页面。该页面的实现很简单，请读者参阅本书提供的源代码。如图 28.9 是浏览主题和回复内容的页面。

图 28.9　浏览主题和回复内容的页面

28.7.4　回复当前主题

单击回复页面的"回复"按钮，就会成功提交回复信息。处理回复请求的功能由 PostReviewAction 类完成。该类的实现代码如下：

```
// 实现接口 ModelDriven 和继承类 BaseAction 的类 PostReviewAction
public class PostReviewAction extends BaseAction implements ModelDriven
<UserInfo>
{
```

```
    // 重写执行方法
    public String execute() throws Exception
    {
        ReviewService reviewService = serviceManager.getReviewService();
        //  向数据库中添加用户回复信息，并将回复内容保存在本地硬盘中的相应位置
        reviewService.addReview(userInfo, servletContext);
        return SUCCESS;
    }
    // 实现 getModel 方法
    public UserInfo getModel()
    {
        return userInfo;
    }
}
```

PostReviewAction 类的配置代码如下：

```
<!-- 配置动作 -->
<action name="post_review" class="action.PostReviewAction">
   <result name="success">/WEB-INF/jsp/post_review.jsp</result>
</action>
```

其中 post_review.jsp 页面负责定位到 view_topic.action。该页面的代码如下：

```
<%@ page language="java" pageEncoding="UTF-8"%>
<%@ taglib prefix="s" uri="/struts-tags"%>
<!-- 编写 JavaScript 语句 -->
<script type="text/javascript">
window.location = "view_topic.action?path=<s:property value='path'/>
&user=<s:property value='user'/>";
</script>
```

在 post_review.jsp 页面中为 view_topic.action 传递了一个 user 请求参数，以保证定位到 view_topic.action 上时仍然可以显示回复主题的信息。

28.8　小　　结

本章给出了一个论坛系统进一步演示 Struts 2、Hibernate 4 和 Spring 3 这 3 个框架整合开发 Web 应用的过程。本系统的开发流程和第 27 章给出的网络硬盘系统的开发流程基本类似。只是在本章增加了一些新的技术，如在 Web 应用中整合 FCKEditor 组件、Hibernate 关系映射等技术。读者可以参考第 27 章的"网络硬盘"和本章的"论坛系统"编写更复杂的基于整合 Struts 2 、Hibernate 4 和 Spring 3 框架的系统。

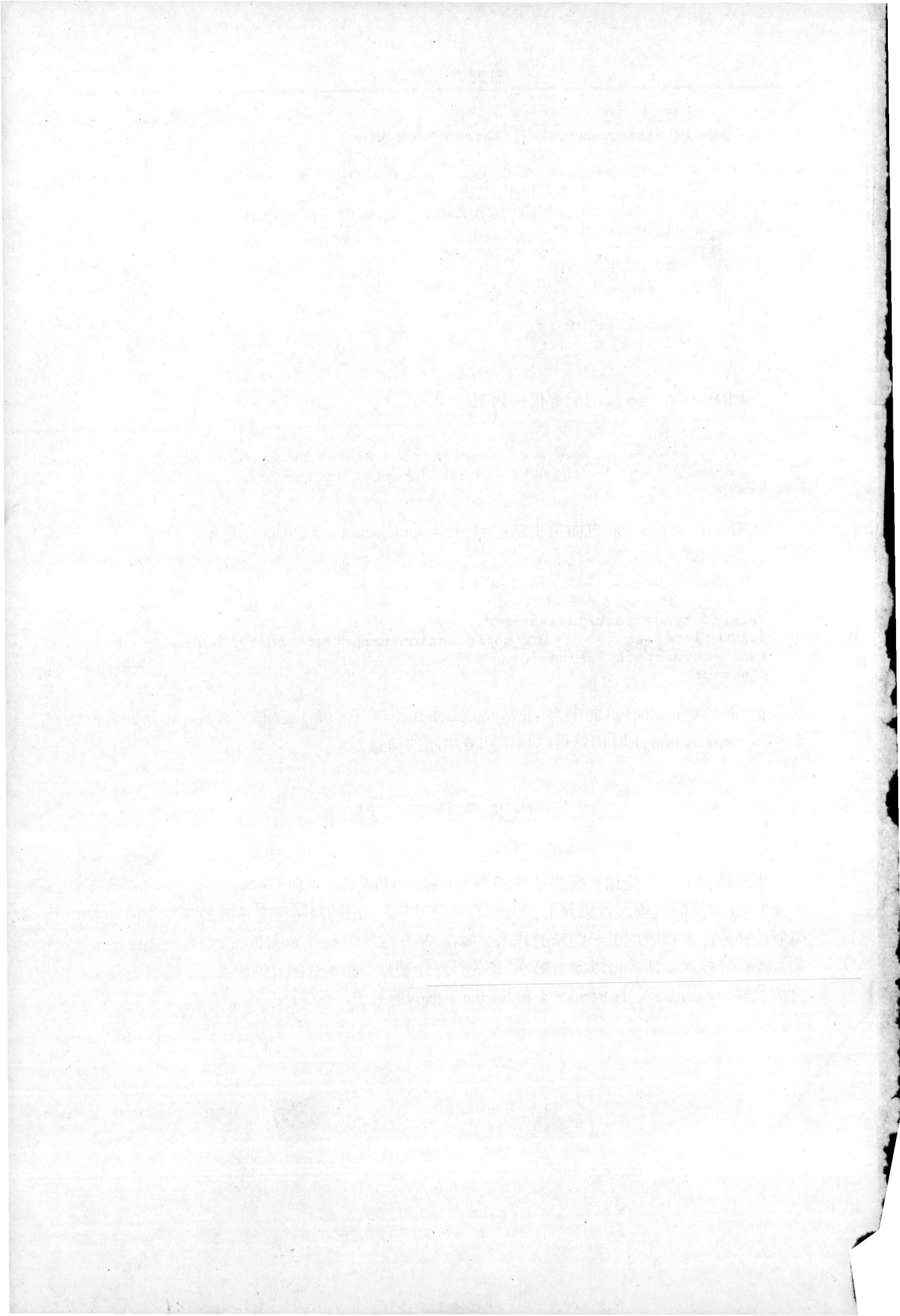